HANDBUCH
DER
LEBENSMITTEL-CHEMIE

HERAUSGEGEBEN VON

A. BÖMER
MÜNSTER I. W.

A. JUCKENACK
BERLIN

J. TILLMANS
FRANKFURT A. M.

SECHSTER BAND

ALKALOIDHALTIGE GENUSSMITTEL GEWÜRZE · KOCHSALZ

BERLIN
VERLAG VON JULIUS SPRINGER
1934

ALKALOIDHALTIGE GENUSSMITTEL · GEWÜRZE KOCHSALZ

BEARBEITET VON

E. BAMES · A. BEYTHIEN · C. GRIEBEL · H. HOLTHÖFER
P. KOENIG · R. STROHECKER · K. TÄUFEL · J. TILLMANS

SCHRIFTLEITUNG:
J. TILLMANS

MIT 344 ABBILDUNGEN

BERLIN
VERLAG VON JULIUS SPRINGER
1934

Softcover reprint of the hardcover 1st edition 1934

ISBN 978-3-642-47108-7 **ISBN 978-3-642-47358-6 (eBook)**
DOI 10.1007/978-3-642-47358-6

Inhaltsverzeichnis.

Alkaloidhaltige Genußmittel und ihre Ersatzstoffe.

Gewürze.

Kochsalz.

Anhang.

Gesetzliche Bestimmungen.

A. Deutsche Gesetzgebung.

Alkaloidhaltige Genußmittel und ihre Ersatzstoffe.

Es gibt eine Reihe von Genußmitteln, welche sich dadurch auszeichnen, daß sie Stoffe enthalten, die bestimmte Wirkungen auf das zentrale Nervensystem entfalten. So enthalten Kaffee und Tee das Coffein, welches die Eigenschaft hat, Müdigkeit und Erschlaffung zu beseitigen (vgl. Bd. I, S. 1116). Der Kakao und die Schokolade enthalten neben kleinen Mengen Coffein ein anderes Alkaloid, das Theobromin (vgl. Bd. I, S. 248). Weniger bedeutungsvoll unter den alkaloidhaltigen Genußmitteln ist der Mate und die Colanuß. Dahingegen spielt der nicotinhaltige Tabak wieder eine sehr große Rolle.

Kaffee, Kaffee-Ersatz und Kaffee-Zusatz.

Von

Professor DR. K. TÄUFEL-München.

Mit 2 Abbildungen.

Kaffee, Kaffee-Ersatz und Kaffee-Zusatz[1] stellen eine in sich geschlossene Gruppe von Lebensmitteln dar. Diese Zusammenfassung findet in erster Linie ihre Begründung darin, daß bei der Heranziehung dieser Stoffklasse zum menschlichen Verzehr die Bedeutung als nährstoffzuführendes Mittel praktisch vollständig vor derjenigen als anregendem und dem Geschmack zusagendem Lebensmittel zurücktritt. Damit sind die einzelnen Vertreter in die Gruppe der sog. Genußmittel einzuordnen, die im wesentlichen zwar nur mittelbar, trotzdem aber sehr bedeutsam auf die Ernährung Einfluß nehmen.

Sinnfällig treten die verbindenden Gemeinschaftsmerkmale dieser Stoffklasse weiterhin durch die Art der Gewinnung und der Zubereitung zum Genuß hervor. Es ist der technologische Vorgang einer relativ starken Röstung, der sowohl für Kaffee wie auch für die Ersatz- und Zusatzstoffe charakteristisch ist. Durch diese empirisch gefundene Behandlung wird vor allem aus den Komponenten der Kohlenhydrate und wohl auch der Proteine der rohen Ausgangsstoffe eine Reihe von Umsetzungsprodukten erzeugt, die hinsichtlich Aroma, Geruch, Geschmack, Aussehen, Farbe, Wirkung usw. untereinander auffällig übereinstimmende Eigenschaften zeigen; letztere machen sich insbesondere auch beim zubereiteten Getränk, dem „Kaffee", in ausgeprägter Weise geltend. Es ist ja ein betontes Ziel, den Ersatz nach dem Grundsatz der möglichst

[1] Im Sinne der Verordnung über Kaffee-Ersatzstoffe und Kaffee-Zusatzstoffe vom 10. Mai 1930 ist hier zwischen Ersatz- und Zusatzstoffen unterschieden derart, daß Kaffee-Ersatzstoffe für sich, mit heißem Wasser ausgezogen, ein kaffeeähnliches Getränk liefern; bei den nur als Kaffee-Zusatzstoffe bezeichneten Erzeugnissen ist dies nicht erforderlich. Kaffee-Ersatzstoffe können daher im allgemeinen auch als Kaffee-Zusatzstoffe bezeichnet werden, während das Umgekehrte nicht der Fall ist.

weitgehenden Angleichung an den Kaffee hinsichtlich des zu verwendenden Rohstoffes auszuwählen und für den Verbrauch zuzubereiten.

Auf der anderen Seite aber bestehen unter den verschiedenen Vertretern der Stoffgruppe Kaffee, Kaffee-Ersatz und Kaffee-Zusatz auch beachtliche Verschiedenheiten. An erster Stelle ist hierbei für den Kaffee sein Gehalt an ihm eigentümlichen Stoffen hervorzuheben, wofür hier als Beispiel nur das Alkaloid Coffein genannt werden soll, von dem eine starke physiologische Wirkung auf das gesamte Nervensystem ausgeht. Demgegenüber entbehren alle Ersatz- und Zusatzstoffe dieses integrierenden Bestandteiles.

Neben dem eben erwähnten bestimmenden Unterschied dürfen aber auch jene nicht gering veranschlagt werden, die insbesondere durch die nach Art und Menge der Bauelemente verschiedenartige stoffliche Zusammensetzung des Kaffees einerseits sowie der Ersatz- und Zusatzstoffe anderseits verursacht werden. Dies wirkt sich charakteristisch am gerösteten Gut aus und verleiht auch dem daraus hergestellten Getränk seine besondere Eigenart.

In die größere Gruppe der Röstwaren gehörig, stellen sich Kaffee sowie Kaffee-Ersatz und -Zusatz somit als Genußmittel dar, deren Zusammenfassung in eine gemeinsame Klasse aus Gründen der Gewinnung, Zubereitung und Zweckbestimmung wohl begründet erscheint. Sie sind in Gestalt des „Kaffeegetränkes" in sehr beachtlicher Weise an der Deckung des Wasserbedarfes des menschlichen Organismus beteiligt. Rund 14,6 g auf den Kopf der Bevölkerung betrug nach H. TRILLICH[1] im Jahre 1913 der tägliche Verbrauch an Röstwaren in Deutschland, die, für das Jahr gerechnet, in etwa 268 Litern Röstgetränken genossen wurden; demgegenüber stellte sich in der gleichen Zeit der Milchverzehr auf 120 Liter, der Bierumsatz auf 102 Liter. Man ersieht aus diesen für die Gegenwart angenähert wohl noch geltenden Zahlen, welche Bedeutung den Getränken aus Röstwaren zukommt.

I. Kaffee.

1. Warenkundliches.

Unter rohem oder grünem Kaffee (Kaffeebohnen, Bohnenkaffee, Semen Coffeae) versteht man die von der Fruchtschale vollständig und von der Samenschale (Silberhaut) nach Möglichkeit befreiten Samen[2] von Pflanzen der Gattung Coffea aus der Familie der Rubiaceae. Man unterscheidet heute wohl fast 100 verschiedene Arten, dem Anbau nutzbar gemacht aber sind im wesentlichen nur deren zwei, nämlich die in Abessinien beheimatete Coffea arabica L. sowie die aus Westafrika (Angola) stammende Coffea liberica BULL. Als von untergeordneter Bedeutung sind noch zu erwähnen Coffea stenophylla G. DON., Coffea Ibo FROCHNER, Coffea canephora, Coffea congensis, Coffea bucobensis usw. Anbauerfahrungen liegen nicht vor bei den von Natur aus coffeinfreien bzw. coffeinarmen Arten Coffea mauritiana, Coffea Gallienii, Coffea Bonnierii, Coffea Mageneti und Coffea Humblotiana, die auf Madagaskar, La Réunion sowie in Zentralafrika wachsen. Ob Coffea robusta CHEV., die auf dem Weltmarkt

[1] H. TRILLICH: Rösten und Röstwaren, 2. Aufl., S. 4. München: B. Heller 1934.

[2] Die Herkunft des Wortes „Kaffee" ist nicht ganz klar. Manche führen es auf „Kaffa" zurück, den Namen einer Landschaft im südlichen Abessinien; von anderer Seite wird das Wort mit dem türkischen „kahveh", einer Ableitung des arabischen „gahwah", in Zusammenhang gebracht. Das Wort „Kaffee" hat sich im 18. Jahrhundert eingebürgert; es wird zur Bezeichnung des Kaffeegetränkes von L. RAUWOLF im Jahre 1582 an Stelle des Wortes „chaube", von OLEARIUS im Jahre 1633 an Stelle des Wortes „cahwe" verwendet. Die Kaffeesamen nennt RAUWOLF „Bunnu", ALPINI (1583) aber „Bon" oder „Ban", das Getränk „Caowa". In Abessinien wird der Kaffeebaum noch heute „Bun" genannt.

steigenden Einfluß gewinnt, eine eigene Art oder nur eine Spielart darstellt, kann nicht mit Sicherheit entschieden werden. Erwähnt sei ferner, daß man Kreuzungen (Hybriden) zwischen Coffea arabica und Coffea liberica versucht hat.

Die Kaffeepflanze, die vielleicht in den Bergländern des tropischen Ostafrikas einheimisch ist, wird heute innerhalb des ganzen Tropengürtels der Erde sowie an gewissen günstigen Stellen der subtropischen Zone angebaut. Wild wachsend erreicht der Kaffeebaum eine Höhe von 5—8 m; in der Kultur aber wird er der leichteren Ernte wegen und, wie öfter angegeben wird, auch zur Steigerung des Ertrages in Busch- oder Strauchform (2—3 m hoch) gezogen. Beim Anbau sind etwa 1000—1500 mm Niederschlag im Jahre erforderlich, d. h. in den trockenen Tropengebieten (z. B. Arabien) muß künstlich bewässert werden. Bevorzugt wird tiefgründiger, humusreicher Boden (jungfräulicher Urwaldboden oder Boden neuvulkanischen Ursprungs); das Klima soll gleichmäßig warm sein. Die Pflanze verträgt eher eine vorübergehende Trockenheit als zu viel Feuchtigkeit. Die Kulturen, von Land zu Land unterschiedlich, legt man durch Anpflanzung von Stecklingen an, und zwar setzt man (bei 2 × 2 bis 4 × 4 m Abstand) auf 1 ha 6000 bis herunter zu 1800 Bäumchen. Anfänglich wird durch Zwischenanbau von Mais usw. für ausreichende Beschattung und Schutz vor dem Wind gesorgt. Die Kaffeesträucher blühen im wesentlichen dreimal im Jahre (Vorblüte, Hauptblüte, Nachblüte) mit einer weißen, stark jasminähnlich duftenden Blüte, die 7—8 Monate später zur Frucht führt. Da nur ausgereifte Früchte gute Erzeugnisse liefern, gibt es demnach drei Ernten. Man pflückt entweder mit der Hand, oder man schüttelt die Kaffeekirschen vom Strauch und sammelt auf. Der erste Ertrag einer jungen Anpflanzung ist im allgemeinen nach 4 Jahren zu erwarten. Er steigt dann auf sein Maximum etwa im 7. bis 10. Jahr; hernach erfolgt ein allmählicher Rückgang. Bei guter Pflege sind aber noch bis zum 20., ja bis zum 30. Jahr gute Erträgnisse zu erzielen.

Die Frucht der Kaffeepflanze ist eine zweifächerige, zweisamige Steinfrucht, die unserer Kirsche ähnlich ist und in einer fleischigen roten Hülle[1] zwei mit ihren platten Seiten gegeneinanderliegende und mit einem Längsspalt versehene Samenkerne (Bohnen) enthält. Sie sind eng von einem zarten, fest anliegenden Häutchen, dem „Silberhäutchen“ (Samenschale), umhüllt, das dem rohen Handelskaffee meist teilweise noch anhängt. Darüber liegt das kräftig entwickelte, gegen das Fruchtfleisch abgrenzende Endokarp, die sog. Pergamentschicht[2] oder Hornschale. Mitunter schlägt eine Samenanlage fehl; dann nimmt der übrigbleibende Same unter entsprechender Ausdehnung eine mehr walzenförmig-rundliche Gestalt an. Man bezeichnet solche Erzeugnisse als „Perlkaffee“. Zu diesen Mißbildungen neigt vor allem Coffea arabica; aber auch bei den anderen Arten wird dies nicht selten beobachtet[3]. Der verlesene Perlkaffee wird bisweilen unter dem Namen „Mokkabohnen“ zu einem durch nichts gegenüber den normalen Bohnen gleicher Herkunft gerechtfertigten erhöhten Preis in den Handel gebracht.

Was die Jahreserträgnisse anlangt, so rechnet man bei Liberiakaffee mit 1,2—2,0 kg Früchten je Baum oder 1100—2200 kg je Hektar. Der Robusta kaffee liefert auf Java bei frischem Kulturland und gut tragenden Bäumchen bis zu 2300 kg auf den Hektar. In schlecht gehegten Plantagen Brasiliens soll der Hektarertrag bis zu 300—900 kg heruntergehen, während er bei guter Pflege bis auf 2600 kg ansteigt. Die Gesamtzahl der auf der Erde im Ertrag stehenden Kaffeesträucher wird auf rund 3,5 Milliarden geschätzt.

Das Verhältnis zwischen dem Gewicht der Kaffeekirschen und demjenigen des handelsfertigen Rohkaffees nennt man „Rendement“. Bei arabischem Kaffee rechnet man auf 5 kg frische Früchte rund 1 kg Bohnen, also Rendement 5. Für Coffea liberica beträgt das Rendement in der Regel etwa 10, bei Ernten aus feuchten Jahren mitunter sogar bis zu 12,5; bei Robusta nimmt man als Mittelwerte solche von etwa 4 hin, bei Maragogype solche von rund 4,4; bei überreifem brasilianischem Kaffee soll das Rendement bis herauf auf 2,3 gehen.

Coffea arabica L. ist in der Kultur wesentlich empfindlicher als Coffea liberica bzw. robusta. Dies gilt auch für die Widerstandsfähigkeit gegen pflanzliche und tierische Schädlinge. Der schädlichste Feind des Kaffeebaumes ist die Hemileia vastatrix, ein Rostpilz,

[1] Die Früchte des Café Botocatu sind in reifem Zustand gelb.

[2] Die von der Pergamentschicht noch umgebenen Kaffeebohnen nennt man „Pergaminos“.

[3] Die aus einsamigen Früchten stammenden rundlichen Bohnen pflegt man z. B. in Brasilien ohne irgendeine innere Berechtigung sogar „Moca“ zu nennen.

der die Blätter befällt. Zuerst 1869 auf Ceylon, dann 1875 verheerend auf Java auftretend, wurden dort die Pflanzungen zum größten Teil vernichtet. Auch Coffea liberica erwies sich nicht als ausreichend widerstandsfähig, dagegen aber Coffea robusta. Man hat versucht, gegen diesen Schädling gefeite Kreuzungen (Hybriden) anzubauen.

Auch in Amerika treten, wenn auch nicht so verheerend, ähnliche Blattkrankheiten auf, z. B. durch Stilbum flavidum, durch Cereospora coffeicola, durch Pelliculana Kolerga (Silberdrahtkrankheit) usw.

Von tierischen Schädlingen sollen als Beispiele genannt werden Motten (weiße Fliegen, Cemiostoma coffeellum), Javafliegen (Oscinis coffeae), Blattläuse (Aphis Coffeae,) Schildläuse (Lecanium viride) usw. An den Früchten richtet den größten Schaden der Kaffeekirschenkäfer an (Stephanoderes coffeae), ein Borkenkäfer, der die Samen zerstört. Hierunter leidet vor allem der Robustakaffee auf Java, Sumatra sowie in Ost- und Westafrika.

Als getrocknete Kaffeekirschen kommt der Kaffee in der Gegenwart kaum mehr in den Handel. Es erfolgt vielmehr in den Erzeugungsländern eine Abtrennung der Bohne von den Hüllbestandteilen. Daß die Art und Weise dieser Aufbereitung auf die Beschaffenheit und damit den Handelswert des Rohkaffees tiefgehenden Einfluß hat, ist leicht verständlich. Man hat grundsätzlich zwei verschiedene Arbeitsverfahren zu unterscheiden, deren älteres als ostindische oder gewöhnliche trockene Methode, deren neueres als westindische oder nasse Methode bezeichnet werden.

Bei der trocknen Aufbereitung werden die geernteten reifen Kaffeekirschen — 1 cbm davon wiegt bei Coffea arabica 700—1000 kg — an der Sonne zum Trocknen ausgebreitet. Der Transport des Erntegutes zur Trockenstelle (Terreiro) erfolgt z. B. in Brasilien vielfach in Rinnen mittels Wassers, wobei gleichzeitig Verunreinigungen, Erde usw. abgeschwemmt werden und auch eine Absonderung unreifer, schlechter, vertrockneter Früchte usw. vor sich geht[1]. Man läßt die Kaffeekirschen vor dem Trocknen mitunter zuerst 1 bis 4 Tage in Haufen liegen, um eine „Fermentation“ einzuleiten, durch welche die Qualität verbessert werden soll. Die getrockneten Kirschen werden dann in geeigneten Maschinen (Stampfern, Kollern, „Trilla“, Schälmaschinen) in der Weise bearbeitet, daß die Bohnen unverletzt bleiben, während die abgelösten Fruchtfleischbestandteile, die Hornschale sowie die Silberhaut auf Windsichtern weggeblasen werden.

Bei der nassen Aufbereitung wird das Erntegut[2] meist mittels eines Wasserstromes einer Maschine (Despolpador, Pulper) zugeführt, die die Bohne aus dem Fruchtfleisch (Pulpa) herausschält und auf einem Siebe davon abtrennt[3]. Sie gelangt dann auf eine bestimmte Zeit in eine Gärzisterne (Gärtank), wo durch einen Fermentationsprozeß, bei dem sich eine alkoholische, eine Essigsäure- und eine Milchsäuregärung nebeneinander abspielen[4], die letzten Reste des Fruchtfleisches, wohl vor allem unter der lösenden Wirkung der gebildeten Milchsäure, von der Hornschale so weit gelockert werden, daß sie bei der nun folgenden gründlichen Waschung (bis die Bohnen sich nicht mehr schleimig anfühlen) entfernt werden können. Welchen Einfluß diese Fermentation, die je nach der Temperatur 40—70 Stunden, bei Coffea liberica aber bis zu 5 Tagen dauern kann, auf die Qualität des Kaffees ausübt, ist noch sehr umstritten. Nunmehr wird der entpulpte Kaffee getrocknet (an der Sonne oder in Trockenhäusern bzw. in besonderen Trockenapparaten). Hieran schließt sich dann die Entfernung der Hornschale und des Silberhäutchens in besonderen Schälmaschinen, wobei man in analoger Weise wie bei der trockenen Aufbereitung verfährt.

Liberiakaffee muß wegen des zähen Fruchtfleisches fast ausschließlich nach dem nassen Verfahren behandelt werden. Bei Coffea arabica sind beide Arbeitsweisen im Gebrauch[5]. Man kann schätzen, daß etwa ein Drittel des gesamten Kaffees „gewaschen“ (nasse Zubereitung) auf den Weltmarkt kommt.

Der anfallende handelsfertige Rohkaffee erfährt in den Erzeugungsländern oder in den Umschlagsorten bzw. -Häfen mitunter noch eine Schönung, um sein Aussehen zu verbessern und den Absatz zu erleichtern. Der durch die Reibung

[1] Solcher Kaffee wird im Handel mitunter als „gewaschener“ Kaffee bezeichnet, was aber nicht mit den Erzeugnissen der nassen Aufbereitung verwechselt werden darf.

[2] Es können hier nur vollständig ausgereifte Früchte verwendet werden.

[3] Es ist wichtig, daß bei dieser Behandlung die Hornschale unverletzt bleibt, da sonst die Qualität bei der sich anschließenden Fermentation verschlechtert würde.

[4] K. GORTER: Ann. Chem. 1910, **372**, 237.

[5] In Arabien benutzt man auch heute noch im wesentlichen die trockene Aufbereitung; vgl. hierzu W. LUDORFF: Deutsch. Nahrungsm.-Rundschau 1929, 121.

in der Schälmaschine erzeugte Glanz der Bohnen wird verstärkt durch Zugabe von Poliermitteln (Sägemehl, Talk, Ocker, Holzkohle usw.). Auch gefärbt[1] wurde der Rohkaffee bisweilen. Diese früher öfter vorgenommene Behandlung, die bei Verwendung gesundheitsunschädlicher Farben nach der Kaffeeverordnung zulässig ist, sofern nicht dadurch eine minderwertige Beschaffenheit verdeckt werden soll, spielt heute fast keine Rolle mehr. Dies ist vor allem darauf zurückzuführen, daß der Rohkaffee ein Kleinhandelsprodukt eigentlich nicht mehr ist, sondern praktisch fast ausschließlich über die Röstereien im gerösteten Zustand an den Verbraucher gelangt. In Brasilien läßt man vielfach noch eine Sortierung nach der Größe der Bohnen folgen und bei sehr hochwertigen Erzeugnissen auch noch ein Verlesen auf dem laufenden Bande mit der Hand (Ausscheidung schlecht ausgereifter, mißfarbiger, schwarzer oder sonstiger minderwertiger Bohnen).

Der Versand des Rohkaffees erfolgt in Säcken aus Jutestoff. In Brasilien beträgt das Gewicht eines Sackes etwa 60 kg (132 englische lb.) netto und 60,5 kg brutto; aus Zentralamerika kommen Gebinde von 66, 70, 90 und 100 kg zur Versendung. In größeren Plantagen erhält jeder Sack meist einen Marken- oder Firmenstempel; auch nach den Verschiffungshäfen wird bezeichnet. Der Rohkaffee braucht zur vollen Entwicklung seines Aromas eine gewisse Lagerzeit (1—3 Jahre); es leuchtet ein, daß hierbei Ort und nähere Umstände weitgehenden Einfluß auf die Güte des Produktes gewinnen.

Die Handelsbezeichnungen des Rohkaffees sind im wesentlichen Herkunftsnamen, die auf das Erzeugungsgebiet oder den Verschiffungshafen zurückgehen. Diese Bezeichnungen wirken sich in der Bewertung aus. Die pflanzliche Herkunft spielt im Verkehr kaum eine Rolle, da ein Liberiakaffee z. B. aus sehr verschiedenen Produktionsländern stammen, also recht verschiedenen Handelswert haben kann. Ein als „Mokka" oder als „Mokkakaffee" bezeichnetes Erzeugnis aber muß aus Arabien oder Abessinien stammen[2]; diese Bezeichnung darf den Lieferungen anderer Gegenden nicht beigelegt werden.

Die wichtigsten Handelssorten entstammen den nachstehend angeführten Erzeugungsländern:

Südamerika: Brasilianische Sorten[3] (Santos-, Rio-, Bahia-, Viktoria-, Parana-, Pernambucokaffee), Kaffee aus Venezuela, Columbia, Ecuador und Peru.

Mittelamerika: Kaffee aus Guatemala, Costarica, Mexiko, Nicaragua, Salvador und Honduras.

Westindien: Kaffee aus Cuba, Jamaica, Haiti, Domingo und Portorico.

Ostindien: Kaffee aus Mysore, Coorg, Neilgherry, Java und Sumatra (Padang), Celebes (Menado) und Timor.

Arabien: Mokkakaffee[4].

Afrika: Kaffee aus Abessinien (Mokka, Harrarkaffee), Ostafrika (Uganda-, Nairobi-, Mozambique-, Kilimandscharokaffee), Westafrika (Angola-, Amboin-, Liberiakaffee), Kongokaffee.

Die rohen Bohnen haben je nach Art, Gewinnung und Herkunft ziemlich helle, gelbliche, grünliche, olivenähnliche, bräunliche oder bläuliche Farbe. Sie sind sehr zäh, schwer schneidbar, von schwachem eigentümlichem Geruch und etwas herbem Geschmack. Ihre Größe schwankt im Mittel zwischen etwa 7 bis 10 mm Länge, 5,5—7,3 mm Breite und 3,1—3,8 mm Dicke. Liberia- und

[1] Es sollen sogar Färbungen mit chrom- und bleihaltigen Farben beobachtet worden sein.

[2] Der Verschiffungshafen Mokka hat heute keine Bedeutung mehr; die Ausfuhr erfolgt im wesentlichen über die Häfen Aden und Hodeida, in geringerer Menge über Massowah und Djibouti; vgl. hierzu auch W. Ludorff: Deutsch. Nahrungsm.-Rundschau 1929, 121. Unter „Mokka" als Getränk versteht man lediglich einen besonders starken Bohnenkaffee.

[3] Die Kaffees der Provinz Minas Geraes kommen unter der Bezeichnung „Sul de Minas" in den Handel.

[4] Der in Europa gehandelte „Mokka"-Kaffee soll nicht selten ein ausgesuchter kleinbohniger Java- oder Sumatrakaffee sein.

Maragogypekaffees fallen als besonders großbohnig aus der Norm heraus mit einer Länge bis zu 13—14 mm. Der Robustakaffee ist vielfach kleinbohnig. Der Mauritiuskaffee hat meist kleine, tränenförmige, der Perlkaffee rundliche Bohnen mit einer Dicke von 5 mm und mehr. Mittelgroß sind die Bohnen des Riokaffees.

Ausgezeichnete Erzeugnisse liefern Venezuela (Maracaibo- und Caracaskaffee) sowie Mittelamerika (hell- bis dunkelblaugrüner Costarica- und dunkelbläulicher Guatemalakaffee). Die Sorte „Rio 7" ist das geringstwertige Produkt, das in Europa in den Handel kommt[1]. Eine Einteilung der verschiedenen Kaffeesorten nach ihrer Qualität stößt auf Schwierigkeiten, da einmal je nach Sorte, Ernte, Behandlung, Lagerung, Röstung, Herstellung des Getränkes usw. sogar bei Produkten gleicher Herkunft erhebliche Unterschiede bestehen können und zum andern der von Mensch zu Mensch schwankende Geschmack hinsichtlich Geruch, Aroma, Extrakt usw. sehr verschiedene Anforderungen stellt. Hinzu kommt, daß gewissen Vorzügen eines Kaffees in dieser oder jener Richtung meist einige Nachteile in anderer Beziehung gegenüberstehen. Folgende Gruppierung möge einige Anhaltspunkte vermitteln[2]:

Kaffee mit feinem Duft und starkem Aroma. Guatemala (hohe Lagen), Columbia, Bogota, Portorico.

Kaffee mit hohem Gehalt und guter Würze. Salvador (alt), Maracaibo, Columbia, Bucamaranga, Java, Sumatra.

Kaffee mit starker Säure. Costarica, Mexiko, Bourbon, Mokka, Mysore, Abessinische Kaffees.

Kaffee von neutralem Charakter. Guatemala (niedere Lagen), Salvador, Santos, Jamaica.

Kaffee mit wenig Aroma. Rio, Minas, Bahia, Viktoria, Guayaquil-Robusta (neue Ernte).

Tabelle 1. Welterzeugung an Kaffee[3] (in 1000 Sack zu je 60 kg).

Land	1933/34	1932/33	1931/32	1930/31	1929/30	1928/29
Santos	—	11500	19000	10555	22070	5987
Rio	1100	3000	4000	3910	4498	1951
Viktoria	—	1000	1700	1818	1666	1016
Paranagua	400	100	560	286	707	357
Bahia	250	250	255	424	279	345
Pernambuco	100	70	135	148	133	80
Niederländisch-Indien	600	1600	1150	1048	1369	1851
Britisch-Indien	185	130	270	263	216	167
Mexiko	500	—	600	512	498	527
Guatemala	800	—	650	960	754	702
Honduras	25	30	20	19	23	25
Salvador	750	—	800	977	780	885
Nicaragua	225	—	200	295	368	240
Costarica	300	360	250	380	392	328
Columbien	3000	3100	3200	3017	3060	2608
Venezuela	950	—	970	1000	1072	900
Ecuador	160	—	120	148	122	153
Britisch-Westindien	—	—	70	64	63	77
Dominikanische Republik	600	600	600	488	650	461
Portorico	20	25	40	15	4	10
Ostafrika	674	860	750	840	604	870
Westafrika	150	240	200	187	172	200

[1] Dieses Erzeugnis stellt die Standardtype der New Yorker Kaffeebörse dar; die täglichen Preisnotierungen werden auf dieser Grundlage festgestellt.
[2] Vgl. hierzu E. MÜLLER: Kaffee und Rösten, S. 122. Hamburg: Kateka-Verlag 1929.
[3] Zusammengestellt nach Angaben der Kateka-Ztg., Jahrgänge 1929—1934.

Um den verschiedenen Geschmacksrichtungen der Verbraucher Rechnung zu tragen, Erzeugnisse zu erträglichen Preisen und von gleichbleibender Qualität liefern zu können, vorhandene Mängel auszugleichen usw., werden im modernen Kaffeehandel aus den geeigneten Sorten die zusagenden Mischungen zusammengestellt. Dazu gehört neben großer warenkundlicher Kenntnis über die verfügbaren Kaffeesorten insbesondere ein sehr eingehendes und gesichertes Vertrautsein mit der Einstellung der Käufer. Wirklich abgestimmtes Mischen des Kaffees ist eine Kunst, die derjenigen der Teesorten an die Seite gestellt werden muß.

Der Ausdruck „gewaschener" (lavé, lavado) Kaffee bedeutet, wie schon erwähnt, Gewinnung nach dem nassen Verfahren. Sorten, die z. B. erst in Europa gewaschen werden, berechtigen nicht zu dieser Bezeichnung. Hingewiesen sei hier noch darauf, daß auch die entkernten Früchte im gerösteten Zustand mitunter Verwendung finden; man bezeichnet diese Produkte als „Sakka"- oder „Sultan"-Kaffee. Man stellt daraus auch Extrakte her, mit deren Hilfe man Kaffee-Ersatzstoffen usw. ein gutes Kaffeearoma zu verleihen sucht.

Über die gesetzlichen Bestimmungen, die für Rohkaffee gelten, vgl. die an anderer Stelle dieses Bandes abgedruckte Kaffeeverordnung vom 10. Mai 1930.

Tabelle 2. Einfuhr sowie Verbrauch an Kaffee in Deutschland [1].

Jahr	Einfuhr		Verbrauch auf den Kopf der Bevölkerung
	Menge dz	Wert in 1000 RM	kg
1913	—	—	2,53
1928	1351425	308065	2,09
1929	1477710	377049	2,29
1930	1541271	295738	2,38
1931	1564473	222463	2,42
1932	1302956	145195	2,02
1933	1298974	125086	2,01

Tabelle 3. Anteil der wichtigsten Kaffeesorten am deutschen Verbrauch [2].

Sorte	1933 %	1932 %	1931 %	1930 %	1929 %
Brasilien	37,6	44,3	44,3	33,1	36,9
Guatemala	17,2	17,4	18,0	22,0	20,0
Salvador	10,2	8,1	10,8	12,5	11,4
Columbien	7,5	4,8	3,7	4,4	4,9
Mexiko	6,6	5,3	6,7	6,9	6,5
Costarica	6,3	4,9	4,9	7,4	6,0
Venezuela	5,2	4,7	4,7	6,0	5,9
Afrika	3,2	3,6	2,3	1,6	1,4
Nicaragua	2,6	1,7	2,3	2,5	2,1
Niederländisch-Indien	2,3	3,7	1,4	1,9	2,6
Britisch-Indien	0,7	0,7	1,0	1,2	1,2
Honduras	0,2	0,2	0,1	0,1	0,1
Peru	0,1	0,1	—	—	—
Dominikanische Republik	0,1	0,1	—	—	—

Zur Unterrichtung über die Welterzeugung an Kaffee sowie über die Einfuhr und den Verbrauch in Deutschland während der letzten Jahre sollen die Tabellen 1—3 dienen.

2. Zusammensetzung.

Wie bei den meisten Lebensmitteln, so ist auch bei Rohkaffee die ins einzelne gehende Zusammensetzung nicht bekannt. Man muß sich vielmehr im wesentlichen mit den nach Stoffgruppen unterscheidenden analytischen Angaben begnügen. Bei Durchsicht des Schrifttums fällt auf, daß auf einzelnen Gebieten in dieser Beziehung erhebliche Widersprüche bestehen oder empfindliche Lücken klaffen. Es wäre im Interesse eines klaren Überblickes sehr wünschenswert, wenn neuere Untersuchungen nach zuverlässigen Arbeitsmethoden hier vorwärtsführen würden.

In der nachstehenden Tabelle 4 sind Mittelwerte für die Hauptbestandteile zusammengestellt.

[1] Kateka-Ztg. 1934, 161 u. 163. [2] Kateka-Ztg. 1934, 163.

Tabelle 4. Mittlere Zusammensetzung von Rohkaffee.

Wasser	9—12%	Dextrin	0,8%
Ätherextrakt (Fett und Wachs)	10—15%	Chlorogensäure [1]	5—7%
Stickstoffsubstanzen (Eiweiß)	10—15%	Rohfaser [2]	20—30%
Coffein	0,9—2%	Pentosane [2]	4—6%
Saccharose	6—12%	Asche	3—5%

In der folgenden Tabelle 5 ist zur weiteren Unterrichtung ein Überblick über die Zusammensetzung der auf den Philippinen angebauten Kaffeesorten gegeben[3]; bemerkenswert ist der ziemlich hohe Gehalt an Coffein sowie der niedrige Gehalt an Fett und reduzierendem Zucker.

Tabelle 5. Zusammensetzung von Philippinischem Kaffee.

Art des Kaffees	Wasser %	Coffein %	Fett %	Reduzierender Zucker %	Rohfaser %	Stickstoffsubstanzen %	Asche %
Coffea robusta	8,1	1,79	9,4	4,1	18,6	13,7	4,6
,, liberica	8,2	1,69	9,7	4,8	17,9	15,0	4,1
,, canephora	11,7	2,42	7,4	6,4	25,8	11,3	4,3
,, abcocuta	8,9	1,74	9,1	6,9	17,7	12,0	3,7
,, excelsa	10,5	1,83	9,5	4,6	22,8	13,1	3,5
,, ugandae	10,5	2,06	7,4	6,1	18,4	12,5	4,1
,, arabica	11,1	1,62	8,2	4,0	16,5	13,0	4,4

Was den Wassergehalt anlangt, so bewegt er sich bei den normalen Handelsprodukten zwischen 9—12%. Wenn diese Grenzen überschritten werden, dann ist der Verdacht auf feuchte Lagerung, Beschwerung mit Wasser, Havarie usw. zum mindesten naheliegend.

Der Ätherextrakt eines untersuchten rohen Kaffees besteht nach den neuesten Angaben von A. HEIDUSCHKA und R. KUHN[4] zu 14,3% aus Carnaubasäure, 23,6% aus Palmitinsäure, 1,1% aus Stearinsäure, 0,3% aus Caprinsäure, 37,6% aus Linolsäure und 20,2% aus Ölsäure. Es sind also vor allem die Glyceride der Palmitin-, Carnauba-, Öl- und Linolsäure am Aufbau des bei Zimmertemperatur flüssigen Kaffeefettes beteiligt[5]. Im Unverseifbaren findet sich ein dem Sitosterin ähnliches Phytosterin[6]; daneben ist auch ein wachsartiger Anteil vorhanden, der vielleicht mit dem von R. O. BENGIS und R. J. ANDERSON[6] aufgefundenen Kahweol identisch ist, einer gut krystallisierenden, hoch ungesättigten, optisch aktiven, sehr empfindlichen Substanz von der mutmaßlichen Zusammensetzung $C_{19}H_{26}O_3$.

Die analytischen Kennzahlen des Fettes sind zufolge den Angaben von A. HEIDUSCHKA und R. KUHN die folgenden (Tabelle 6).

---

[1] Die Chlorogensäure stellt im wesentlichen jenen Stoff dar, der die alte Bezeichnung „Kaffee-Gerbsäure" führt.

[2] Diese Summenbegriffe bedürfen dringend einer näheren Kennzeichnung.

[3] A. VALENZUELA: Philippine Journ. Science 1929, **40**, 349; vgl. auch **C.** 1930, I, 1237.

[4] A. HEIDUSCHKA u. R. KUHN: Journ. prakt. Chem. 1934, N. F. **139**, 269; vgl. auch UBBELOHDES Handbuch der Chemie und Technologie der Fette und Öle, 2. Aufl., herausgeg. von H. HELLER, Bd. 2/1, S. 526. Leipzig: S. Hirzel 1932. — A. GRÜN u. W. HALDEN: Analyse der Fette und Wachse, Bd. 2, S. 119. Berlin: Julius Springer 1929. — Eine neuere eingehendere Untersuchung des Kaffeebohnenfettes stammt von R. O. BENGIS u. R. J. ANDERSON: Die Chemie der Kaffeebohne. 2. Die Zusammensetzung der Glyceride des Kaffeebohnenöls. Journ. Biol. Chem. 1934, **105**, 139; **C.** 1934, II, 454.

[5] Für den Ätherextrakt werden Werte von 5—15% angegeben.

[6] R. O. BENGIS u. R. J. ANDERSON: Journ. Biol. Chem. 1932, **97**, 99; **C.** 1932, II, 2834.

Tabelle 6. Analytische Kennzahlen des Kaffeefettes[1].

Schmelzpunkt	6,3°	HEHNER-Zahl	97,0
Erstarrungspunkt	4,5°	REICHERT-MEISSL-Zahl	0,1
Säurezahl	5,3	Jodzahl	86,8
Esterzahl	175,0	Glyceringehalt	9,6%
Refraktionszahl (25° C)	77,4	Neutralfett	95,2%
Unverseifbares	2,0%		

Die Esterzahl (bzw. die Verseifungszahl, wofür im Schrifttum Werte zwischen 170—195 angegeben werden) zeigt durch ihre Größe das Vorhandensein von höhermolekularer Fettsäure an; diese ist nun als Carnaubasäure erkannt.

Neben dem fetten Öl enthält der Rohkaffee noch geringe Mengen von 0,1 bis 0,2% ätherisches Öl, über dessen chemische Natur bisher noch nichts Näheres bekannt ist.

Die Stickstoffsubstanz ist nicht einheitlich. Sie setzt sich aus Komponenten zusammen, die in sehr verschiedene Stoffgruppen gehören, z. B. in diejenige der Proteine, der Alkaloide und verwandter Stoffe usw. Wirklich zuverlässige Angaben sind wohl nur über das Coffein vorhanden. Welche Vertreter von den Eiweißstoffen anwesend sind, ist nicht bekannt. Man rechnet mit einem Gehalt von etwa 2,5% Albumin; daneben soll auch Pflanzencasein (Legumin) vorhanden sein[2].

Als Hauptalkaloid enthält der Kaffee das Coffein, ein 2,6-Dioxy-, 1,3,7-Trimethylpurin von der Bruttoformel $C_8H_{10}N_4O_2$. Von schwach bitterlichem Geschmack, krystallisiert es in langen seidenglänzenden Nadeln mit 1 Mol Krystallwasser, das sich bei 100° verflüchtigt. Der Schmelzpunkt liegt bei 236,5°. Schon wenig oberhalb 100° aber beginnt das Coffein sich in kleinen Anteilen zu verflüchtigen; bei 180° sublimiert es. Von ihm geht die am Kaffee gesuchte physiologische Wirkung aus, die sich in erster Linie auf das Zentralnervensystem, das Herz, die Gefäße, die Skeletmuskeln und die Nieren erstreckt (vgl. hierzu auch Abschnitt VI). In großen Dosen tritt akute Vergiftung ein; bei dauerndem Kaffeemißbrauch kann es zu einer subakuten oder chronischen Coffeinvergiftung kommen[3].

Das Coffein findet sich im Kaffee im wesentlichen in chemisch gebundener Form vor, und zwar als Kalium-Coffein-Doppelsalz der Chlorogensäure. Dieser Komplex wurde erstmals wohl von PAYEN[4] isoliert. K. GORTER[5] bestätigte diesen Befund. Aus dieser Tatsache heraus versteht man, daß zur erschöpfenden Extraktion des Coffeins mittels geeigneter Lösungsmittel (z. B. Chloroform, Tetrachlorkohlenstoff) erst ein Aufschluß erforderlich ist, der die Freisetzung des schwach basischen Alkaloids aus dem Doppelsalz bezweckt.

Der Gehalt des Rohkaffees an Coffein bewegt sich im allgemeinen etwa zwischen den Grenzen 0,9 und 1,5%. Er kann aber auch auf über 2% ansteigen (vgl. hierzu Tabelle 5). Durch sehr hohe Gehalte zeichnen sich vor allem einige wild wachsende Sorten in Afrika aus; man hat hierbei Werte bis zu 2,6% festgestellt (z. B. beim Kaffee Novo Redondo in Westafrika 2,43%, beim Cazengokaffee[6] 2,6%).

[1] In der Literatur wird sonst angegeben: Schmp. 8—9°, Erstarrungspunkt 3—11°; Jodzahl 79—91; Esterzahl 172—178.

[2] Die Identifizierung des Eiweißanteiles des Kaffees dürfte eine vordringlich zu leistende analytische Arbeit darstellen.

[3] Vgl. E. ROST: Gifte (und sonstige gesundheitlich bedenkliche Stoffe). Handbuch der Lebensmittelchemie, Bd. 1, S. 1116f.

[4] PAYEN: Ann. Chim. et Phys. 1849 [3], **26**, 108.

[5] K. GORTER: Ann. Chem. 1908, **358**, 327.

[6] Vgl. K. LENDRICH u. F. E. NOTTBOHM: Z. 1909, **18**, 304; nach den gleichen Autoren findet sich das Coffein zum wesentlichsten Anteil in den Bohnen; die Samenhäutchen enthalten nur etwa den fünften Teil davon, die Hülsen nur etwa den zehnten Teil.

Auf Grund von Untersuchungen von G. BERTRAND[1] sind in das Schrifttum Angaben übergegangen, wonach es einige Kaffeesorten gibt, die von Natur aus coffeinarm bzw. coffeinfrei sind. Als solche Arten werden, wie schon erwähnt, angeführt: Coffea mauritiana (Bourbonkaffee), Coffea Humblotiana, Coffea Gallienii, Coffea Bonnierii; auch die Sorten von Tonkin, Madagascar und Mozambique sollen dazu gehören. J. PRITZKER und R. JUNGKUNZ[2] prüften diese Angaben an einigen, ihnen vom Handel als coffeinarm gelieferten Arten von Bourbon- (Madagascar-) und Couillon- (Madagascar-) Kaffee nach. Es wurden 1,75 bzw. 1,95% Coffein festgestellt; zwei unter den gleichen Gesichtspunkten geprüfte Bukobasorten enthielten 1,23 bzw. 2,27%, ein Java-Robusta und ein Novo Redondo 2,04 bzw. 2,43% Alkaloid. Nur ein allerdings verkümmerter Mozambiquekaffee (wohl nicht ausgereift) hatte einen Gehalt von 0,72%. Das Vorkommen von natürlich coffeinarmen bzw. -freien Kaffeesorten, worüber auch H. TRILLICH[3] berichtet hat, ist damit etwas in Zweifel gezogen. Eine Aufklärung dieser Unstimmigkeiten erscheint sehr erwünscht, vor allem auch aus der Fragestellung heraus, ob nicht vielleicht durch entsprechende Zuchtwahl ein von Haus aus coffeinarmer oder -freier Kaffee zusagender Geschmacksrichtung aufgefunden werden könnte.

Als zweites Alkaloid findet sich im Kaffee das Trigonellin[4], und zwar in einer Menge, die etwa $^1/_3$ des Gehaltes an Coffein[5] ausmacht. Diese Verbindung, die als das Methylbetain der Nicotinsäure von der Bruttoformel $C_7H_8NO_2$ anzusehen ist, hat sich als identisch mit dem von P. PALLADINO[6] aus Kaffee abgeschiedenen und von ihm als Coffearin bezeichneten Stoff erwiesen.

Das Trigonellin ist nach den bisherigen Feststellungen physiologisch wenig wirksam; insbesondere sind Beobachtungen über irgendeine Giftigkeit bisher nicht gemacht worden. Neuerdings ist dieses Alkaloid aus dem Harn gesunder Menschen bei normaler Ernährung isoliert worden[7]. Die Verbindung schmilzt bei 218°. Ihre Identifizierung erfolgt nach F. E. NOTTBOHM und F. MAYER[8] meist als Goldsalz, nachdem sie aus dem entsprechenden Extrakt als Jodverbindung (keine einheitliche Molekularverbindung) abgetrennt worden ist. Das Golddoppelsalz besitzt je nach den Versuchsbedingungen verschiedene Zusammensetzung und damit auch verschiedene Schmelzpunkte.

Weiterhin ist im Kaffee mit einer kleinen Menge von Cholin zu rechnen, dessen Anwesenheit schon seit langem vermutet[9], dessen exakter Nachweis aber erst von F. E. NOTTBOHM und F. MAYER[10] erbracht worden ist. In einem Santos-Erzeugnis wurden z. B. 0,022% nachgewiesen. Von Interesse ist diese Feststellung im Hinblick auf das physiologische Verhalten des Kaffees überhaupt, da diese Base bekanntlich die Darmperistaltik anzuregen vermag. Es erhebt sich ferner die Frage, welche Veränderungen das Cholin beim Röstprozeß erleidet.

Die älteren Analysen[11] des Rohkaffees führen einen beachtlichen Gehalt an Gerbsäure an, die wegen ihrer von dieser Stoffklasse sonst abweichenden Eigenschaften meist als „Kaffeegerbsäure"[12] bezeichnet wird. In der Folgezeit

---

[1] G. BERTRAND: Compt. rend. Paris 1905, **141**, 209.

[2] J. PRITZKER u. R. JUNGKUNZ: **Z.** 1926, **51**, 108; vgl. hier auch weitere Literatur.

[3] H. TRILLICH: **Z.** 1908, **15**, 701.

[4] K. POLSTORFF u. O. GÖRTE: **C.** 1909, II, 2014. — K. GORTER: Ann. Chem. 1910, **372**, 237.

[5] F. E. NOTTBOHM u. F. MAYER: **Z.** 1932, **63**, 177.

[6] P. PALLADINO: Ber. Deutsch. Chem. Ges. 1894, **27**, R 406.

[7] Vgl. E. ROST: Handbuch der Lebensmittelchemie, Bd. 1, S. 1120.

[8] F. E. NOTTBOHM u. F. MAYER: **Z.** 1931, **61**, 202; vgl. auch die Identifizierung als Quecksilberdoppelsalz. — E. SCHULZE: Landw. Vers.-Stationen 1896, **46**, 23. — K. LENDRICH u. F. MAYER: **Z.** 1930, **60**, 569.

[9] H. STRUVE: Zeitschr. analyt. Chem. 1900, **39**, 1.

[10] F. E. NOTTBOHM u. F. MAYER: **Z.** 1932, **63**, 176.

[11] ROBIQUET u. BOUTRON: Ann. Chim. et Phys. 1837, **23**, 93. — F. ROCHLEDER: Ann. Chem. 1844, **50**, 224; 1846, **59**, 300.

[12] Der Name wurde von F. ROCHLEDER eingeführt.

hat sich aber insbesondere durch Arbeiten von K. GORTER[1] herausgestellt, daß diese vermeintliche Kaffeegerbsäure ein Gemisch verschiedener Substanzen ist, unter denen die von PAYEN[2] erstmals isolierte und später von C. GRIEBEL[3] wieder abgeschiedene Chlorogensäure den Hauptbestandteil darstellt.

Die Chlorogensäure[4] ($C_{16}H_{18}O_9$) ist durch die Arbeiten von K. GORTER sowie neuerdings von K. FREUDENBERG[5] als eine Verbindung erkannt worden, in der die beiden Komponenten Chinasäure und Kaffeesäure depsidartig miteinander verknüpft sind, und zwar ist die Carboxylgruppe der Kaffeesäure mit dem Hydroxyl des dritten Kohlenstoffatoms der Chinasäure verestert[6]. Die Chlorogensäure gehört damit, wie auch ihr Verhalten zeigt, nicht zu den Gerbstoffen. Über ihre Menge im Rohkaffee, nach einem später zu besprechenden colorimetrischen Verfahren ermittelt, unterrichtet die folgende Zusammenstellung, deren Werte einer Arbeit von W. HOEPFNER[7] entnommen sind (auf Trockensubstanz berechnet).

Tabelle 7. Gehalt verschiedener Kaffeesorten an Chlorogensäure.

Herkunft	Gehalt %	Herkunft	Gehalt %	Herkunft	Gehalt %
Santos	7,7	Salvador . . .	7,1	Blauer Java . .	7,5
Columbia	7,2	Montebello . .	7,1	Costarica	7,3
Porto Cabello . .	7,2	Rio	6,9	Blasser Santos .	7,2
Guatemala. . . .	7,0	Liberia	7,5	Menado	6,3

Man kann im Kaffee, wie schon erwähnt, im Mittel mit 1,1% Coffein rechnen. Zur Bildung des erwähnten chlorogensauren Coffeinkaliums wären dann etwa 2,4% Chlorogensäure erforderlich. Demnach muß diese Säure gemäß der vorstehenden Zusammenstellung (Tabelle 7) noch in anderer Form vorhanden sein; hierbei ist wohl in erster Linie an das Kaliumsalz zu denken. Auf der andern Seite kann mittelbar gefolgert werden, daß die Gesamtmenge des Coffeins gebunden vorliegt, was mit dessen Verhalten bei der Extraktion, beim Rösten usw. im Einklang steht.

Die Chlorogensäure[8] (Schmp. 206—207°), die mit $^1/_2$ Mol Krystallwasser krystallisiert[9], ist in Wasser und Alkohol löslich, im Gegensatz zur Kaffeesäure aber praktisch unlöslich in Äther, Chloroform und Tetrachlorkohlenstoff. Sie besitzt adstringierenden, schwach sauren Geschmack und dreht das polarisierte Licht nach links. Sie liefert einen gelben Blei-, einen graugrünen Kupfer-Niederschlag. Nach W. PLÜCKER und W. KEILHOLZ[10] scheint sie in zwei Formen vorzukommen, die sich durch das Drehungsvermögen unterscheiden. Man hat, ohne daß etwas Näheres bekannt ist, den sog. „harten" oder „strengen" Geschmack gewisser Kaffeesorten mit ihrem Gehalt an Chlorogensäure in Zusammenhang gebracht. Auch soll diese Säure ihre adstringierenden Eigenschaften auf die

[1] K. GORTER: Ann. Chem. 1908, **358**, 327; **359**, 217; Arch. Pharmaz. 1909, **247**, 184; Ann. Chem. 1911, **379**, 110.
[2] PAYEN: Ann. Chim. et Phys. 1849 [3], **26**, 108.
[3] C. GRIEBEL: Diss. München 1903.
[4] Vgl. J. TILLMANS u. P. HIRSCH: Handbuch der Lebensmittelchemie, Bd. 1, S. 552.
[5] K. FREUDENBERG: Ber. Deutsch. Chem. Ges. 1920, **53**, 232.
[6] E. O. FISCHER u. G. DANGSCHAT: Ber. Deutsch. Chem. Ges. 1932, **65**, 1009. 1037.
[7] W. HOEPFNER: **Z.** 1933, **66**, 238.
[8] Die grüne Farbe, die beim Liegen von rohem Kaffee in Wasser (vor allem bei Gegenwart von Ammoniak oder Ammoniumcarbonat) entsteht, rührt von gelöster Chlorogensäure her, die sich durch Luftoxydation allmählich grün färbt („Viridinsäure").
[9] K. FREUDENBERG: Ber. Deutsch. Chem. Ges. 1920, **53**, 232.
[10] W. PLÜCKER u. W. KEILHOLZ: **Z.** 1933, **66**, 200.

Schleimhäute des Magens ausüben und dadurch bei entsprechend disponierten Menschen zu Unzuträglichkeiten führen. Diese und andere physiologische Beobachtungen haben die Chlorogensäure neuerdings in den Mittelpunkt des analytischen Interesses gerückt.

Hier sei ferner erwähnt, daß K. Gorter[1] bei der Aufarbeitung eines Liberiakaffees neben der Chlorogensäure noch eine weitere schwer lösliche, bei 255° schmelzende, bisher nie wieder dargestellte Säure isoliert hat, die er Coffalsäure nannte. Näheres ist darüber nicht bekannt.

Was die Kohlenhydrate des Kaffees anlangt, die mehr als die Hälfte der Bohnen darstellen, so können wirklich zuverlässige Angaben nicht gemacht werden; im Schrifttum bestehen vielmehr gerade auf diesem Gebiete noch mannigfache Widersprüche und Lücken.

E. Schulze[2] wies im heiß hergestellten alkoholisch-wäßrigen Extrakt des (entfetteten) Rohkaffees Saccharose neben einer kleinen Menge Dextrin[3] nach. Der Rückstand lieferte 6,7% Pentosan; bei seiner Hydrolyse mit 1,25%iger Schwefelsäure wurde im Hydrolysat neben Glucose auch Galaktose gefunden. Im Restanteil war Mannose nachweisbar.

Hier sei erwähnt, daß der von E. Schulze angegebene Pentosangehalt sicher zu hoch ist. Diese Werte wurden nämlich nach dem Phloroglucinverfahren erhalten, das fehlerhaft erhöhte Ergebnisse liefert[4]. Eigene, noch nicht veröffentlichte, in Gemeinschaft mit H. Thaler an Santos-Kaffee vorgenommene Untersuchungen führten zu Pentosanwerten von 2,8—2,9%.

Von L. Graf[5] wurden bei der Untersuchung eines Réunion-Kaffees weder freie Glucose, noch irgendein anderer reduzierender Zucker gefunden (vgl. hierzu die gegensätzlichen Angaben nach Tabelle 5). Saccharose aber war eindeutig zu erkennen (5—10%); der Gehalt an Cellulose wurde zu rund 26% ermittelt.

Überblickt man diese Angaben, dann dürften in den neben der Cellulose sowie der Glucose und der Saccharose gefundenen Bestandteilen (Pentosane, Mannose und Galaktose) nichts Anderes als die Bauelemente der Zellmembran[6] des Kaffees zu erblicken sein. Hierfür sprechen auch die Feststellungen von K. Gorter[7], wonach bei der Darstellung von chlorogensaurem Coffeinkalium eine kleine Menge eines schleimigen Produktes (Pektin?) anfiel, bei dessen Hydrolyse Galaktose und eine nicht identifizierte Pentose entstanden.

Die Mineralbestandteile des Rohkaffees (3—5%) bestehen nach J. Bell[8] aus folgenden Anteilen:

Kaliumoxyd	51,5—55,8%	Eisenoxyd	0,5— 1,0%
Natriumoxyd	—	Schwefelsäure (SO_3) .	3,1— 4,5%
Calciumoxyd	4,1—6,2%	Chlor (Cl)	0,5— 1,1%
Magnesiumoxyd . . .	8,2—8,9%	Phosphorsäure (P_2O_5) .	10,2—11,6%.

Auffällig ist der hohe Gehalt der Asche an Kalium, was wiederum die relativ hohe Alkalität derselben verständlich macht. Von J. Röszenyi[9] werden dafür

[1] K. Gorter: Ann. Chem. 1907, **358**, 327.
[2] E. Schulze: Chem.-Ztg. 1893, **17**, 1263.
[3] Ob das Dextrin wirklich ein primärer Bestandteil oder erst bei der Analyse gebildet worden ist, kann nicht entschieden werden.
[4] B. Peter, H. Thaler u. K. Täufel: **Z. 1933, 66**, 143.
[5] L. Graf: Zeitschr. angew. Chem. 1901, **14**, 1077.
[6] Zur Aufklärung sind eigene Arbeiten mit H. Thaler im Gange. Nach den bisherigen Ergebnissen enthält die Zellmembran eines Santos-Kaffees, bezogen auf die Trockensubstanz, 29,9% Cellulose, 15,3% Mannan, 1,8% Xylan und 5,6% Inkrusten (Galaktan, Araban, Pektin).
[7] K. Gorter: Ann. Chem. 1908, **358**, 327.
[8] J. Bell: Die Analyse und Verfälschung der Nahrungsmittel, S. 48.
[9] J. Röszenyi: Chem.-Ztg. 1913, **37**, 1482.

Zahlen von 10,5 bis über 12 angegeben. Eine Überschlagsrechnung lehrt, daß in einer Tasse starkem Kaffee 0,3—0,4 g Kaliumsalze enthalten sein können. Man hat daraus, von der Eigenschaft des Kaliums als Blutgift ausgehend, auf eine schädliche Wirkung des Kaffees schließen wollen. Dies ist aber abwegig, da vom Magendarmkanal aus das Kalium des Kaffeegetränkes ebensowenig eine Giftwirkung zu entfalten vermag wie jene verhältnismäßig großen Mengen, die der Mensch davon mit den Kartoffeln zu sich nimmt[1].

Von Säuren ist, abgesehen von der Phosphor-, der Kieselsäure usw., insbesondere Citronensäure als anwesend erkannt worden[2]. Fernerhin wird von F. NETOLITZKY[3] darauf hingewiesen, daß sich im Parenchym des Endosperms Krystallsandzellen zeigen, die vermutlich von Oxalaten herrühren. E. HERNDLHOFER[4] hat diese Annahme bestätigt und Oxalsäure bzw. ihr Kaliumsalz im Samen in einer Menge von rund 0,05% festgestellt. Auch Apfelsäure war in kleinen Mengen nachweisbar.

Der letztere Autor[5] gelangte bei seinen Untersuchungen über den Enzymgehalt der Kaffeepflanze zu dem Ergebnis, daß im Samen proteolytische, amylolytische sowie katalatische Fermente vorhanden sind; Peroxydase war nur in sehr geringer Menge erkennbar, während Lipasen nicht festgestellt werden konnten.

3. Rösten.

Soweit bekannt ist, dürfte die ursprüngliche Form des Genusses von Kaffee diejenige des Kauens oder vielleicht auch diejenige des Trinkens einer Abkochung der Blätter, Früchte oder Samen gewesen sein. Wann der Übergang zum gerösteten Gut erfolgt ist, entzieht sich der genauen Kenntnis; wegleitend ist wahrscheinlich das Vorbild des gerösteten Getreides gewesen. Als der Kaffee nach Europa kam, war die Röstung und die Art der Herstellung des Aufgußgetränkes bereits gang und gäbe.

Das Rösten des Rohkaffees vollzieht sich, wie weiter unten noch näher zu betrachten ist, in der Weise, daß man Wärmegrade von 200—220° C darauf einwirken läßt. Bei diesen hohen Temperaturen erleidet die organische Substanz tiefgehende Veränderungen. Dies gibt sich äußerlich dadurch kund, daß die im rohen Zustand hornartige, zähe, schwierig zu zerkleinernde Bohne spröde und mürbe wird, braune Farbe annimmt und einen intensiven Röstgeruch und -Geschmack erhält. Hinsichtlich der physiologischen Wirkung ist zu sagen, daß sich zu der vom Coffein ausgehenden Anregung diejenige von seiten der Röstprodukte her neu hinzugesellt.

Eine Vorstellung über die stofflichen Änderungen, die sich beim Röstvorgang abspielen, soll die folgende Tabelle 8 vermitteln. Hierzu sei bemerkt, daß die Analysenwerte wegen der Verschiedenheit des Kaffees nach Herkunft, Röstung sowie nach der Art der Untersuchung nur dann vergleichsweise herangezogen werden können, wenn sie nach der gleichen Arbeitsweise am gleichen Produkt gewonnen worden sind.

Gemäß dieser Tabelle macht der Gesamtgewichtsverlust 17,8% aus. Dieser Wert hängt aber sehr von der Behandlung des Gutes und der Art der Röstung ab. J. PRITZKER und R. JUNGKUNZ[6], die sich mit Versuchen in einer Großrösterei beschäftigt haben, geben als mittleren Verlust 18,5% an; die einzelnen Werte schwankten zwischen 16,6—21,6% (stark geröstet). Dem

---

[1] Vgl. E. ROST: Handbuch der Lebensmittelchemie, Bd. 1, S. 1121.

[2] K. GORTER: Ann. Chem. 1910, **372**, 237; nach eigenen, noch nicht veröffentlichten Versuchen mit K. SCHOIERER sind im Rohkaffee rund 0,5% Citronensäure enthalten.

[3] F. NETOLITZKY: **Z.** 1910, **20**, 221.

[4] E. HERNDLHOFER: Biochem. Zeitschr. 1933, **259**, 168.

[5] E. HERNDLHOFER: Biochem. Zeitschr. 1932, **255**, 250.

[6] J. PRITZKER u. R. JUNGKUNZ: **Z.** 1926, **51**, 97.

Rückgang im Gewicht steht infolge Blähung der Bohne eine Volumenzunahme von durchschnittlich $^1/_3$—$^1/_2$ des Volumens der Ausgangsmenge gegenüber. Dementsprechend geht das Spez. Gewicht[1] zurück; bei Santos z. B. von ursprünglich 1,126 auf 0,570, bei Costarica von 1,272 auf 0,694.

Tabelle 8. Zusammensetzung des Kaffees im rohen und im gerösteten Zustand[2].

	Menge	Wasser	Stickstoffsubstanz	Coffein	Ätherextrakt (Fett)	Zucker	Dextrin	Kaffeegerbsäure[3]	Rohfaser	Asche	Wasserauszug
	%	%	%	%	%	%	%	%	%	%	%
Kaffee, roh . .	100	11,3	12,6	1,18	11,7	7,8	0,8	8,4	23,9	3,8	29,5
Kaffee, geröstet	82,2	2,7	13,9	1,24	14,4	2,8	1,3	4,7	23,9	3,9	28,8

Tabelle 8 zeigt, daß vom gesamten Gewichtsverlust[4] in Höhe von 17,8% insgesamt 8,6%, also etwa die Hälfte, auf das entwichene Wasser entfallen.

Welche Veränderungen sich beim Rösten an den Eiweißstoffen vollziehen, ist, was bei der bisherigen Unkenntnis dieser Stoffkomponente nicht überrascht, nicht näher bekannt. Es ist anzunehmen, daß Umsetzungen zum Ablauf gelangen, die zu stickstoffhaltigen, cyclischen Verbindungen (z. B. Pyridin) einerseits und zu pyrogenen Aminen (z. B. Histamin in sehr kleiner Menge) anderseits führen. Im Histamin hätte man nach A. BICKEL wohl einen jener wichtigen Bestandteile zu erblicken, die die Magensaftabscheidung anregend beeinflussen (vgl. Abschnitt IV, S. 108).

Vom Fett dürfte höchstens eine kleine Menge beim Rösten verändert werden. Es besteht die Möglichkeit, daß neben einer geringen Glyceridspaltung vielleicht auch eine Aufsprengung ungesättigter Fettsäuren erfolgt. Auf diese Weise wäre die Erhöhung der Säurezahl (von ursprünglich z. B. 5,3 auf 7,9) erklärt[5]. Da der Verlust an Fett geringer ist als die Abgabe an Wasser, nimmt der Gehalt an Fett im gerösteten Gut prozentual zu. Für das Kaffeearoma ist das Fett, wie später erörtert wird, als Lösungsmittel und Träger der dafür in Betracht kommenden wertvollen Stoffe sehr wichtig.

Der absolute Gehalt an Coffein erfährt durch Sublimation und durch Zersetzung eine kleine Verringerung. Nach Arbeiten von F. LENDRICH und F. E. NOTTBOHM[6] beläuft sich dieselbe auf etwa 1,5—8,5% des Ausgangswertes. Da die Wasserabgabe gleich groß oder größer ist, stellt sich der prozentuale Coffeingehalt des gerösteten Kaffees meist annähernd auf denjenigen des rohen Gutes, mitunter sogar etwas höher. An der Aromabildung dürfte das Coffein, soweit bisher bekannt, kaum beteiligt sein.

In welcher Richtung sich die Einwirkungen des Röstens bei der Chlorogensäure erstrecken, ist sehr schwer zu entscheiden. Sicher ist, daß Verluste zustande kommen, die von der Dauer und Temperaturhöhe des Röstens abhängig sind. Nach W. HOEPFNER[7] schwankt der Chlorogensäuregehalt des Röstproduktes etwa zwischen den Grenzen 3,2—4,5% gegenüber 6,3—7,7% bei der rohen Bohne (bezogen auf die Trockensubstanz).

[1] Rohkaffee sinkt nach Benetzung in Wasser unter, gerösteter Kaffee schwimmt obenauf.

[2] Entnommen bei J. KÖNIG: Nahrung und Ernährung des Menschen, S. 196. Berlin: Julius Springer 1926. Diese Tabelle enthält, was die Gruppe der Kohlenhydrate anlangt, sicherlich beachtliche Fehler.

[3] Im wesentlichen Chlorogensäure.

[4] Der Gewichtsverlust hängt selbstverständlicherweise sehr vom Wassergehalt des Rohkaffees ab.

[5] A. HEIDUSCHKA u. R. KUHN: Journ. prakt. Chem. 1934, N. F. **139**, 269.

[6] F. LENDRICH u. F. E. NOTTBOHM: Z. 1909, **18**, 307.

[7] W. HOEPFNER: Z. 1933, **66**, 238.

Durch die Untersuchungen von K. FREUDENBERG[1] ist festgestellt worden, daß die Chlorogensäure beim Erhitzen in saurer oder alkalischer Lösung primär in Chinasäure und in Kaffeesäure zerlegt wird. Letztere zerfällt weitgehend unter Abgabe von Kohlendioxyd in 3,4-Dioxystyrol, während erstere relativ stabil ist. Es ist vielleicht nicht abwegig, diesen Weg des Abbaues auch beim Rösten des Kaffees anzunehmen; allerdings muß dabei beachtet werden, daß sich durch die zur Anwendung gelangenden hohen Temperaturen sekundär tiefer gehende pyrogene Umsetzungen vollziehen werden. Im Einklang damit steht die Beobachtung von W. PLÜCKER und W. KEILHOLZ[2], daß beim Abbau Kaffeesäure höchstens in sehr geringer Menge, 3,4-Dioxystyrol überhaupt nicht nachgewiesen werden konnten.

Über das Verhalten des Trigonellins, des Cholins sowie der anwesenden organischen Säuren beim Rösten sind experimentell und erfahrungsmäßig gestützte Tatsachen bisher nicht bekannt geworden.

Zweifellos am wichtigsten für das Ergebnis des Röstvorganges ist die Gruppe der Kohlenhydrate, die die Bohne zu mehr als der Hälfte aufbauen. Sie fallen je nach ihrer Widerstandsfähigkeit mehr oder minder leicht dem pyrogenen Abbau, der Caramelisierung anheim. Unter den hierbei gebildeten Stoffen, die in einer bisher nur sehr lückenhaft entwirrten Vielheit auftreten, finden sich die hauptsächlichsten Träger des Aromas und des Geschmackes des gerösteten Kaffees (vgl. auch S. 20) sowie diejenigen der färbenden Wirkung.

Über den Weg der Caramelisierungsvorgänge und die dabei auftretenden Zwischen- und Endprodukte lassen sich nur wenige Aussagen machen. Festgestellt ist[3], daß sich aus einer sauren wäßrigen Lösung von Caramel (aus irgendeinem Zucker hergestellt) Methylglyoxal abdestillieren läßt. Dieser außerordentlich reaktionsfähige Aldehyd, dessen nahe Beziehungen zum Glycerinaldehyd und zum Dioxyaceton vom fermentativen Kohlenhydratumsatz her bekannt sind, wird sekundär leicht weiter umgewandelt. Neben Kondensations- und Polymerisierungsprozessen, denen die färbenden und sonstigen höhermolekularen Bestandteile des Caramels wenigstens teilweise ihr Zustandekommen verdanken dürften, erfolgt aber nach F. FISCHLER und Mitarbeitern[4] noch ein weiterer Abbau. Hierbei werden Acet- und Formaldehyd gebildet.

Wendet man diese Erfahrungen auf das Rösten des Kaffees an, dann wird die Anwesenheit von Acetaldehyd, von Ameisen- und Essigsäure[5] sowie von Methylalkohol in den „Röstölen“ des Kaffees erklärlich. Man gewinnt auf diese Weise auch ein gewisses Verständnis für die Bildung der Mercaptanderivate und des von H. SCHMALFUSS und H. BARTHMEYER[6] im Kaffeearoma nachgewiesenen Diacetyls; letzteres, das wohl immer als Endprodukt pyrogener Zersetzungsvorgänge an Zuckerarten auftritt, stellt den einen wesentlichen Träger des Geruches des Caramels dar. Den eben theoretisch betrachteten

---

[1] K. FREUDENBERG: Ber. Deutsch. Chem. Ges. 1920, **53**, 232; nach W. PLÜCKER und W. KEILHOLZ: (**Z.** 1933, **66**, 200) erfolgt der Abbau der Chlorogensäure schon beim längeren Erhitzen in wäßriger Lösung. Hierbei wirkt sich anscheinend der saure Charakter der Säure aus, die mit einer Dissoziationskonstanten von $K = 2{,}2 \cdot 10^{-3}$ (bei 27 °) wesentlich stärker als die Essigsäure ist.

[2] W. PLÜCKER u. W. KEILHOLZ: **Z.** 1933, **66**, 200.

[3] Nach einer privaten Mitteilung von F. FISCHLER-München.

[4] F. FISCHLER u. Mitarbeiter: Biochem. Zeitschr. 1930, **227**, 140; vgl. auch F. FISCHLER, W. HAUSS u. K. TÄUFEL: Biochem. Zeitschr. 1933, **265**, 181.

[5] Essigsäure überwiegt mengenmäßig. Die Säurebildung weist sich im Extrakt deutlich aus. Während derselbe bei einem Salvador-Kaffee (gewaschen) im rohen Zustande den Säuregrad von 8 hatte, fand sich in demjenigen des mittelstark gerösteten Produktes ein Wert von 20, in demjenigen des stark gerösteten aber ein Wert von 12. Dieser Wiederrückgang des Säuregrades des Extraktes bei sehr starker Röstung ist darauf zurückzuführen, daß die gebildete Säure durch die längere Dauer der Erhitzung zu einem größeren Anteil flüchtig gegangen ist, als Neubildung erfolgte; vgl. hierzu auch J. PRITZKER und R. JUNGKUNZ: **Z.** 1926, **51**, 102.

[6] H. SCHMALFUSS u. H. BARTHMEYER: Biochem. Zeitschr. 1929, **216**, 330; **Z.** 1932, **63**, 283.

Umsetzungen muß auf Grund ihrer Eigenschaften die Saccharose besonders leicht zugänglich sein. Sie wird dementsprechend beim Rösten viel mehr als die Cellulose in Mitleidenschaft gezogen. Der Gehalt an diesem Disaccharid sinkt denn auch von ursprünglich 6—12% bis auf 2% und weniger herab; nach C. I. Kruisheer[1] fehlt im Aufguß des gerösteten Kaffees die Fructose meist vollständig.

Neben der eben erörterten Reaktionsfolge spielt bei der Caramelbildung aber noch eine zweite eine Rolle, nämlich diejenige, die unter Ringschluß zu heterocyclischen Verbindungen führt. Als bekannteste Stoffe solcher Art sind hier das Furfurol, der Furfuralkohol, das Oxymethylfurfurol[2] sowie sonstige Vertreter aus dieser Reihe im Kaffeearoma zu nennen. Ihnen allen, die ihre Herkunft aus Kohlenhydraten eindeutig verraten, kommt für Aroma und Geschmack (und sicherlich auch für die physiologische Wirkung) eine beachtliche Rolle zu.

Eine weitere Stoffgruppe, die bei der Röstung des Kaffees aus der Kohlenhydratkomponente gebildet werden könnte, ist diejenige gewisser Zuckeranhydride, z. B. das Lävulosin, das Glucosin[3]; allerdings kann darüber nichts Näheres ausgesagt werden.

Die Angaben des Schrifttums über den Einfluß des Röstvorganges auf die Extraktmenge sind nicht ohne Widerspruch. Bald hat man einen Rückgang derselben (vgl. Tabelle 8) festgestellt, bald eine Zunahme. J. Pritzker und R. Jungkunz[4] teilen folgende Werte mit:

Salvador-Kaffee	(gewaschen), roh	20,1%	wäßriger Extrakt
,,	(gewaschen), leicht geröstet . .	24,3%	,,
,,	mittel geröstet	24,9%	,,
,,	stark geröstet	28,0%	,,

Durch neuere Arbeiten von Ciupka[5] ist auf diesem Gebiete etwas mehr Klarheit geschaffen worden. Darnach hat man zwischen den natürlichen Extraktivstoffen des Rohkaffees und jenen zu unterscheiden, die durch die Röstung sekundär gebildet werden. Ciupka wies nach, daß durch die Hitze-Einwirkung Verluste an den ursprünglichen Extraktivstoffen auftreten, daß aber durch pyrogenen Umsatz neue wasserlösliche Substanzen gebildet werden. Sie sind es vor allem, die den Typ und die Qualität des Röstkaffees bestimmen. Ihre Menge ist gegenüber derjenigen der primären Extraktivstoffe relativ gering und hängt sehr von der Führung der Röstung ab. Die widersprechenden Angaben der Literatur werden erklärlich, wenn man bedenkt, daß der Extraktwert des gerösteten Gutes einerseits von den Verlusten an ursprünglichen. anderseits von der Neubildung an pyrogenen wasserlöslichen Stoffen abhängig ist. Die Differenzierung der Extraktivstoffe nach den genannten beiden Gruppen ist recht zweckmäßig und für die weitere Forschung vielleicht von heuristischem Wert.

Beim Rösten des Kaffees hat man vier Hauptphasen zu unterscheiden: es sind dies die Trocknung, die Entwicklung, die Zersetzung und die Vollröstung.

Das Zellengefüge des Kaffees mit seinen mannigfachen Inhaltsstoffen erfährt bei der zunächst langsamen Steigerung der Temperatur auf etwa 50° die ersten Veränderungen. Dieser einleitende Prozeß muß so geführt werden, daß die verschiedenen Gewebeschichten, die die Wärme nur langsam weiterleiten.

---

[1] C. I. Kruisheer: Z. 1933, **65**, 287.
[2] Es liegt nahe, in der Fructosekomponente der Saccharose die Muttersubstanz für das Oxymethylfurfurol zu erblicken.
[3] Vgl. C. I. Kruisheer: Z. 1933, **65**, 275.
[4] J. Pritzker u. R. Jungkunz: Z. 1926, **51**, 102.
[5] Ciupka: Chem.-Ztg. 1930, **54**, 803.

infolge ungleichmäßiger Durchwärmung nicht auseinander reißen. Unter dem Einfluß des anwesenden Wassers spielen sich gleichzeitig gewisse hydrolytische Prozesse ab. Temperaturen von 60—70° bringen das Eiweiß zum Gerinnen. Bei weiterer Steigerung verdampft das gesamte Wasser. Mit seinen Dämpfen entweichen Geruchsstoffe der rohen Bohne. Erst nach dieser Periode der Trocknung steigt die Temperatur auf über 100° an. Nunmehr wird die organische Substanz stärker angegriffen. Es kommt, da der Luftzutritt beschränkt ist, zu einer Art „Schwelen" oder „trockener Destillation". Bräunung (erste Caramelbildung) setzt ein, und sauer reagierende Röstdämpfe entweichen, die das durch Zersetzung der organischen Substanz gebildete Wasser mit sich führen. Von etwa 150° an, der Periode der Entwicklung, erfolgt durch Blähung des anwesenden Zuckers, der Rohfaser usw. eine deutliche Volumenvermehrung. Bei 180—200°, der Phase der Zersetzung, macht sich unter Knistern und Krachen (Sprengen der Bohnen) ein bläulicher Rauch mit dem charakteristischen Kaffeearoma bemerkbar. Die Caramelbildung schreitet rasch voran (Röstbitter, Assamar). Dadurch zeigt sich die Nähe der vollständigen Röstung an, der Vollröstung. Bei 220° schließlich verstärken sich die Dämpfe. Nun muß man, um Verbrennungen oder Verkohlungen zu vermeiden, die Hitzezufuhr rechtzeitig unterbrechen und das heiße Röstgut sofort abkühlen. Längeres Erhitzen würde zu einer richtigen „trockenen Destillation" führen und damit den Kaffee verderben bzw. wertlos machen. Es bedarf einer genauen Abstimmung aller Handgriffe sowie einer von einer gründlichen Erfahrung geleiteten Art des Erhitzens, um ein wirklich vollwertiges Röstgut herzustellen.

Das Rösten des Kaffees ist eine Kunstfertigkeit. Man versteht, warum das früher allgemein am häuslichen Herd ausgeführte „Brennen" infolge sehr häufiger Mißerfolge mehr und mehr auf die Großröstereien übergegangen ist, die mit geschultem Personal und mit den entsprechenden apparativen Einrichtungen diesen technologischen Vorgang zweckentsprechend vollziehen.

Es würde hier zu weit führen, wenn man in eine eingehendere Betrachtung über die Entwicklung und die Arbeitsweise des Röstens von der Rösttrommel bis zur modernen elektrisch beheizten Röstmaschine eintreten wollte[1]. Nur einige wichtigere Tatsachen seien hier hervorgehoben.

Man hat grundsätzlich zwei Arten von Röstverfahren zu unterscheiden. Bei der einen Gruppe, bei der sich das zu röstende Gut in einem allseitig geschlossenen Gefäß befindet, das von den heißen Feuergasen außen umspült wird, erfolgt die Röstung langsam. Man spricht deshalb von einer „Langröstung". Diesem Verfahren steht die „Schnellröstung" gegenüber, bei der das Gut in einer entsprechenden Apparatur unter Durchsaugen oder Durchpressen mit den Feuergasen bzw. der reinen Heißluft unmittelbar behandelt wird. Bei normalem Kaffee ist hierbei die Röstung in 6—10 Minuten vollendet, gegenüber 20—30 Minuten beim ersten Verfahren. Dem Schnellröstverfahren sagt man nach, daß die Durchröstung im Innern der Bohnen mitunter ungenügend ist. In der Praxis werden vielfach beide Möglichkeiten des Röstens nebeneinander angewendet. Bei der direkten Erhitzung ist Sorge zu tragen, daß Unreinlichkeiten der Feuergase (Teer, Staub, Schweflige Säure usw.) nicht mit dem Gut in Berührung kommen.

Die modernen Röstmaschinen (Kugel- oder Zylinderform) arbeiten vielfach automatisch. Aus einem Fülltrichter gelangt der Kaffee in die Rösttrommel und wird hier durch ein Flügelsystem in fortwährender Bewegung gehalten. Durch geeignete Vorrichtungen ist die Kontrolle der Wärmezufuhr gewährleistet. Die Entleerung des heißen Gutes erfolgt auf Kühlsiebe, die mit Absaugevorrichtungen sowie mit Rührwerk versehen sind[2]. Dadurch ist ein nachträgliches Verbrennen der Bohnen durch Wärmestauung hintangehalten. Man hat vorgeschlagen, um die nach der Unterbrechung der Erhitzung sich fortsetzende Nachröstung möglichst rasch zu beenden, die Kühlung durch Wasserzusatz zu beschleunigen. Dieses Verfahren ist aber wenig empfehlenswert, weil bei Zugabe des Kühlwassers eine heftige

---

[1] Hinsichtlich ausführlicher Fachliteratur vgl. E. Müller: Kaffee und Rösten. Hamburg: Kateka-Verlag 1929. — H. Trillich: Rösten und Röstwaren, 2. Aufl. München: B. Heller 1934.

[2] Bei viereckigen Kühlsieben muß mit der Hand gerührt werden.

Wasserdampfentwicklung zustande kommt, die, als Wasserdampfdestillation wirkend, erhebliche Anteile des Aromas entführt[1].

Hier sei ferner bemerkt, daß man die beim Rösten entstehenden Dämpfe einer Verwertung hat zuführen wollen. Die eine Richtung der Bestrebungen geht dahin, die Röstdämpfe überhaupt nicht entweichen zu lassen, die andere versucht eine Verdichtung derselben. Das Kondensat soll dem Kaffee selbst oder anderer Röstware zugesetzt werden.

In den Kreisen der Kaffeeröster verwendet man die Ausdrücke „originale Röstung" sowie „naturelle Röstung". Erstere ist nicht genau umschrieben. H. Trillich schlägt vor, dafür klarer zu sagen, eine Röstung der „unbelesenen" oder der „belesenen" Ware. Unter „natureller Röstung" (bzw. Röstung des unbearbeiteten Gutes) versteht man eine solche, bei der der Kaffee nur eine mechanische Reinigung durchgemacht hat und ohne Zutaten (keine Glasierung und Kandierung) geröstet wird.

Der fertige Röstkaffee hängt in seinen Eigenschaften, abgesehen von der Art des Rohkaffees bzw. der benutzten Mischung, in erster Linie von der richtigen und sachgemäßen Führung des Röstvorganges ab. Die Kunstfertigkeit des Rösters besteht darin, alle im Rohstoff schlummernden Eigenschaften zur besten Entwicklung zu bringen. Die Farbe, die man zweckmäßig auf Muster einstellt, soll gleichmäßig durch die ganze Masse der Bohnen sein. Bei zu heller Röstung ist das Aroma nicht voll entwickelt, bei zu starker Röstung (die z. B. in Spanien, Griechenland usw. vielfach üblich ist) sind bereits Verluste eingetreten und der bittere Geschmack macht sich deutlich geltend.

Eine besondere Erscheinung ist das „Schwitzen" des gerösteten Kaffees. Es besteht in einem Austreten öliger Bestandteile aus Rissen und Sprüngen der Bohne und macht sich vor allem bei zu starker Röstung oder bei zu rascher Erhitzung bemerkbar. Die austretenden Öle, die reich an Aromastoffen sind, verteilen sich über das ganze Gut und verleihen ihm ein glänzendes Aussehen sowie starken Geruch. Infolge der großen Oberflächenentwicklung treten durch Flüchtiggehen aber bald erhebliche Verluste an den Aromabestandteilen ein. Hinzukommt, daß das ausgetretene Öl durch den Luftzutritt rasch autoxydiert und verdirbt (Ranzigwerden!). Dieses „Schwitzen", das beim Lagern nicht ganz zu vermeiden ist, muß durch Vermeidung aller Fehler beim Rösten wenigstens in seiner vorzeitigen Entwicklung hintangehalten werden.

Dem Röstprozeß wird zur Wertsteigerung des Endproduktes eine Reinigung von Fremdbestandteilen (Erde, Staub, Sackfasern, Reste der Hornschale usw.) durch entsprechende Sieb- oder auch Waschanlagen (gewaschener Kaffee wird vor dem Rösten wieder getrocknet), ferner eine Sortierung und eine Polierung (Poliermaschine) vorausgeschickt. Bei hochwertigen Erzeugnissen schließt sich daran vielfach eine Verlesung mit der Hand an. Zur Geschmacksverbesserung ist auch eine vorherige Wässerung[2] vorgeschlagen worden, deren Zweckmäßigkeit allerdings verschiedentlich in Frage gezogen wird. Es kommt hinzu, daß hierbei die Gefahr eines Entzuges wertvoller Inhaltsstoffe besteht. Damit wäre aber nach der Verordnung über Kaffee vom 10. Mai 1930 der Sachverhalt einer gesetzwidrigen Behandlung erfüllt. Geteilter Meinung ist man in der Praxis auch über die Vorschläge, den Kaffee zur Entfernung schlecht schmeckender Stoffe mit alkalischen Flüssigkeiten (Natriumcarbonat- oder Kaliumcarbonatlösungen, Kalkwasser usw.) zu behandeln und dann mit Wasser nachzuwaschen; die Gefahr der Extrakteinbuße ist hierbei besonders groß.

Scharfes Rösten des Kaffees führt, wie schon erwähnt, zum Schwitzen desselben. Diese Produkte sind, äußerlich beurteilt, anfangs sehr aromareich und werden deshalb vielfach bevorzugt. Man hat versucht, dem Kaffee durch „Ölen" das hierfür charakteristische Aussehen zu verleihen. Solche mit fettem Öl geschönte Erzeugnisse werden aber leicht ranzig. Aus diesem Grunde hat man z. B. in Italien hierfür reines Paraffinöl in einer Menge von $^1/_2$% zugelassen, das dort gleichzeitig als einzig erlaubtes Glasiermittel verwendet wird. Man erreicht damit eine gewisse Haltbarmachung des Röstkaffees in bezug auf das Aroma, ohne daß Ranzigkeit zu befürchten ist. In Deutschland ist das Ölen verboten.

---

[1] Außerdem besteht die Möglichkeit, daß es dabei zu einer gesetzwidrigen Beschwerung des Kaffees mit Wasser kommt.

[2] Erwähnt sei hier auch kurz das Waschverfahren für Kaffee nach Thum, das mit einem Bürstprozeß verbunden ist und dadurch eine weitgehende Abscheidung aller Unreinlichkeiten gewährleistet.

Es nimmt nicht wunder, daß der frisch geröstete Kaffee, insbesondere infolge seiner porösen Beschaffenheit, relativ rasch typischen wertvermindernden Umsetzungen bei der Lagerung ausgesetzt ist: er altert. Das Aroma wird geringer, sei es daß es flüchtig geht, sei es daß es durch chemische Prozesse verändert wird. Weiterhin kommt es, wie schon erwähnt, allmählich zu einem „Schwitzen" des Produktes, und das ausgetretene Öl fällt unter dem Einfluß von Licht und Luft einem ziemlich raschen Verderben anheim. Alle diese Veränderungen sind nach eigenen, noch nicht veröffentlichten Untersuchungen zum guten Teil auf autoxydative Vorgänge zurückzuführen. Durch Ausschluß der Luft könnte der wirksame Sauerstoff ausgeschaltet und damit eine Haltbarmachung erzielt werden. Von den in dieser Richtung auf Grund rein empirischer Beobachtungen gemachten Vorschlägen seien hier nur diejenigen erwähnt, die eine praktische Bedeutung erlangt haben. Es sind dies die Verfahren des Caramelisierens (Kandierens) und des Glasierens. Der Unterschied zwischen diesen Arbeitsmethoden besteht vor allem darin, daß die letztere Operation dem Röstgut einen undurchlässigen dünnen Überzug zu verleihen bestrebt ist, um auf diese Weise Aromaverluste hintanzuhalten und gleichzeitig der Feuchtigkeit sowie der Luft den Zutritt zu verwehren. Das Caramelisieren hingegen will darüber hinaus dem Kaffeegetränk außerdem eine dunklere Färbung, einen ausgeprägteren Geschmack sowie einen besseren „Körper" verleihen.

Caramelisieren (Kandieren). Das Verfahren des Kandierens wurde von J. von Liebig[1] angegeben. Er schlug vor, um einen Schutz vor dem Zutritt der Luft herbeizuführen, den hellbraun gerösteten Kaffee mit gepulverter Saccharose zu überstreuen. Der Zucker schmilzt auf dem heißen Gut und überzieht es mit einer dünnen glänzenden Haut. Dabei findet, wie ohne weiteres ersichtlich ist, nur eine schwache Caramelisierung statt. Der Überzug selbst ist wenig haltbar. Infolge seiner starken Hygroskopizität wird er, besonders bei feuchtem Wetter, bald klebrig und rissig und bietet dann keinen Schutz mehr.

Besser und widerstandsfähiger wird das Erzeugnis, wenn man eine wirkliche Caramelisierung vornimmt, indem man nach dem Zuckerzusatz — es kommen nach der Verordnung über Kaffee vom 10. Mai 1930 nur Rüben- oder Rohrzucker sowie Stärkezucker als Kandiermittel in Betracht[2] — auf Temperaturen zwischen 180—220° erhitzt. Aber auch nach dieser Behandlung tritt bei großer Luftfeuchtigkeit das erwähnte Klebrigwerden auf. Man hat das Verfahren der Kandierung deshalb mit dem nachstehend beschriebenen Glasieren verknüpft.

Die praktische Durchführung der Caramelisierung wird verschieden gehandhabt. Es ist eine nicht ganz leichte Operation, da das Garrösten mit der richtigen Caramelisierung gleichzeitig beendet sein muß. Nach der Verordnung über Kaffee vom 10. Mai 1930 dürfen bis zu 8 Tle. Zucker auf 100 Tle. rohen Kaffee verwendet werden.

Der „kandierte" Kaffee nach J. von Liebig fand wenig Anklang. Dagegen hat sich das caramelisierte Produkt von Bonn aus („Bonner Kaffee"), teilweise in Mischung mit gewöhnlichem Röstkaffee („Melange"), in gewissen Gegenden durchgesetzt. Voraussetzung dafür ist, daß der Verbraucher mit der durch das Caramel verursachten stärkeren Färbung sowie dem stärker bitteren Geschmack einverstanden ist[3]. Kandierter Kaffee ist als solcher zu kennzeichnen.

Glasieren. Wie die Bezeichnung klar ausdrückt, handelt es sich bei dieser Behandlung darum, dem gerösteten Gut einen schützenden, widerstandsfähigen und durchsichtigen Überzug zu verleihen. Man benutzt hierfür Harze und Wachse. Als bekanntestes und ältestes Kaffee-Glasiermittel ist der Schellack

---

[1] J. von Liebig: Deutsch. Ind.-Ztg. 1866, 18.

[2] Bei anderen Röstprodukten finden ferner Milchzucker, Farinzucker sowie flüssige Mittel, z. B. Sirup, Melassen, Maiszuckersirup, Malzextrakt usw. Anwendung.

[3] Besonders die geringeren Kaffeesorten können durch diese Behandlungsweise „extraktreicher" und vollmundiger gemacht werden.

zu nennen, der einen Überzug mit starkem Glanz und großer Haltbarkeit liefert. Früher erfolgte der Zusatz meist in der Rösttrommel selbst. Dabei mußte scharf darauf geachtet werden, daß die Temperatur von 150° wegen der Zersetzungsgefahr nicht überschritten wird. Deshalb gibt man heute den Schellack[1] (Schmp. 115—120°) in gekörntem Zustand auf dem Kühlsieb zu. Zulässig ist nach der Kaffeeverordnung eine Menge von 0,5%, bezogen auf den Rohkaffee. An Stelle des relativ teuren Schellackes werden auch andere geeignete Harze und Wachse bzw. deren Mischungen verwendet, z. B. Vertreter aus der Gruppe der Akaroidharze (Ausscheidungsprodukte der australischen Gras- oder Gelbharzbäume), der Kopale, ferner Benzoeharz sowie die von den flüchtigen Bestandteilen befreiten Coniferenharze (Kolophonium) usw. Häufig werden diese Harze, vor allem zum Zwecke der Weichmachung, mit Schellack, mit Wachs usw. verschmolzen. Voraussetzung für die Anwendung der Glasuren ist aus hygienischen Gründen einmal die gesundheitliche Unbedenklichkeit[2] sowie aus technologischen Gründen die Geruch- und Geschmacklosigkeit; die Produkte dürfen auch nicht künstlich gefärbt sein.

Die Anwendung von flüssigen Glasiermitteln ist nach der Kaffeeverordnung vom 10. Mai 1930 nicht zulässig. Dagegen kann die Caramelisierung mit der Glasierung innerhalb der vorgeschriebenen Grenzen verbunden werden.

Aroma des gerösteten Kaffees. Die wertgebenden Eigenschaften des gerösteten Kaffees beruhen, wenn man vom Coffein absieht, in erster Linie auf dem Gehalt an den dem Menschen zusagenden Aroma-, Geschmacks- und Anregungsstoffen. Sie sind von Natur aus nur zum kleinsten Teile in der rohen Bohne vorgebildet, sondern werden sekundär durch den Röstvorgang aus den Inhaltsstoffen selbst bzw. durch deren Wechselwirkung untereinander gebildet. Damit ist von vornherein zu erwarten, daß das Kaffee-Aroma, da einmal die Zusammensetzung der rohen Bohnen je nach ihrer Herkunft schwankt und zum anderen die Führung des Röstvorganges sehr verschieden gehandhabt wird, nicht gleichbleibend und einheitlich sein kann. Der hohe Wert, den man dieser Stoffgruppe beilegt, hat begreiflicherweise die Frage nach Art und Menge der das Aroma und den Geschmack bedingenden Bestandteile schon sehr oft stellen lassen, ohne daß es indessen bisher gelungen wäre, eine erschöpfende Antwort zu geben.

Soweit ein Urteil abgegeben werden kann, sind es, wie schon erwähnt, in erster Linie die Kohlenhydrate, die beim pyrogenen Umsatz, unter teilweiser Mitwirkung des Luftsauerstoffes, den Hauptanteil der „Röstöle" (mitunter auch Ustol, Tostol genannt) liefern; in zweiter Linie erst dürfte der Eiweißanteil in Betracht zu ziehen sein. Dem Fett kommt anscheinend eine unmittelbare Bedeutung nicht zu, dagegen eine indirekte als Träger und „Fixateur" der Aromastoffe.

Was sich im gerösteten Kaffee als „Aroma" vorfindet, stellt einmal den im Erzeugnis zurückbleibenden Rest der als Röstdämpfe entweichenden Zersetzungsprodukte dar; hierbei ist allerdings zu berücksichtigen, daß schon eine gewisse Differenzierung des Stoffgemisches auf Grund der verschiedenen Flüchtigkeit erfolgt ist. Zum andern handelt es sich um jene aromatischen Röstprodukte, die gerade in der kritischen Zeit der Garröstung entstanden sind.

O. BERNHEIMER[3] glaubte, in den Röstölen neben Essigsäure, Palmitinsäure und Coffein ein bei 195—197° C siedendes Öl gefunden zu haben, das er als „Caffeol" bezeichnet und

[1] Schellack besteht in der Hauptsache aus der mit einem Harzalkohol veresterten Aleuritinsäure.

[2] Vgl. hierzu F. FLURY: Deutsch. Nahrungsm.-Rundschau 1916, 115.

[3] O. BERNHEIMER: Monatsh. Chem. 1880, **1**, 456. — O. BERNHEIMER spricht auch von der Anwesenheit sehr kleiner Mengen von Hydrochinon, Methylamin, Pyrrol und Aceton.

in dem er ein Methylderivat des Saligenins erblicken wollte. MONARI und SCOCCIANTI[1] wiesen einwandfrei Pyridin darin nach. H. JAECKLE[2] stellte die Anwesenheit von Aceton, Furfurol, Coffein, Ammoniak, Trimethylamin, Ameisensäure und Essigsäure fest. E. ERDMANN[3] erhielt aus geröstetem gemahlenem Santos-Kaffee durch Destillation mit gespanntem ($1^1/_2$ Atmosphären) Wasserdampf ein stark sauer reagierendes „Kaffeeöl“ in einer Ausbeute von etwa 0,06%; dessen Spez. Gewicht betrug 1,0844 bei 16^0 C, bezogen auf Wasser von 4^0 C. Als Säuren wurden Essig- und Methyl-Äthylessigsäure (Isovaleriansäure) erkannt. Das ätherlösliche neutrale Öl lieferte bei der Vakuumdestillation zu etwa 50% Furfuralkohol; letzterer soll nach V. GRAFE[4] in erster Linie der Rohfaser bzw. den Hemicellulosen entstammen. Daneben waren Furfurol, Pyridin, Phenole (Kreosot) und stickstoffhaltige Stoffe anwesend. Das Vorhandensein von Furfuralkohol sowie von gewissen stickstoffhaltigen Bestandteilen, die nach E. ERDMANN integrierend am Kaffeearoma (und wohl auch an den physiologischen Wirkungen) beteiligt sind, ist später wiederholt bestätigt worden, z. B. von S. BERTRAND und G. WEISSWEILLER[5], von V. GRAFE[6] sowie von J. ABELIN und M. PERELSTEIN[7].

Durch diese orientierenden Untersuchungen war die Uneinheitlichkeit des Kaffeearomas festgestellt. Damit richtete sich die Frage nach dessen Zusammensetzung in erster Linie darauf, die entscheidend beteiligten Komponenten zu erkennen und ihrer Art und Menge nach festzulegen. In dieser Richtung ist in den letzten Jahren vor allem durch H. STAUDINGER und durch T. REICHSTEIN sehr erfolgreiche Arbeit geleistet worden, die in einer Reihe von Patenten[8] niedergelegt ist und zur Erzeugung eines künstlichen Kaffeearomas geführt hat.

Tabelle 9. Zusammensetzung der „Röstöle“ von geröstetem Kaffee. (Ausgangsmaterial 100 kg.)

	Gerösteter Kaffee (Venezuela und Mokka) g	Coffeinfreier Kaffee g
Wasser	1600	1900
Essigsäure	170	150
Methylalkohol	vorhanden	vorhanden
Acetaldehyd	1	0,6
Aceton	3	1,1
Methyläthyl-Acetaldehyd	0,9	0,8
Acetol	10	14,5
Diacetyl und Acetyl-Propionyl	1,5	0,7
Furfurol	1,3	3,1
5-Methylfurfurol	1,5	3,3
Furfuralkohol[10]	18	39
Acetylfuran	vorhanden	0,5
Pyridin	4,8	1,1
Pyrazinbasen	4,0	3,8
Maltol	vorhanden	vorhanden
Methylmercaptan	0,07	0,03
Furfurylmercaptan	0,07	0,03
Rohsäuren[11]	4,0	3,0
Rohphenole[12]	2,0	2,7
Pentanlösliche Neutralstoffe[13]	7,0	6,3

Es wurden nicht die beim Rösten weggehenden Produkte, sondern die aus geröstetem zerkleinertem Kaffee im hohen Vakuum (2—5 mm Quecksilberdruck) bei 100 bis 110^0 C[9] und unter dauerndem Rühren abdestillierenden Stoffe untersucht. Die Kondensation erfolgte unter stufenweiser Abkühlung bis zu —180^0 C (flüssige Luft) herab. Auf diese Weise wurden Fraktionen erhalten, deren systematische Aufarbeitung eine ganze Reihe

[1] MONARI u. SCOCCIANTI: Ann. Chim. e Farm. 1895, **1**, 70.
[2] H. JAECKLE: Z. 1898, **1**, 457.
[3] E. ERDMANN: Ber. Deutsch. Chem. Ges. 1902, **35**, 1846.
[4] V. GRAFE: Monatsh. Chem. 1912, **33**, 1389.
[5] S. BERTRAND u. G. WEISSWEILLER: Compt. rend. Paris 1913, **157**, 212.
[6] V. GRAFE: Monatsh. Chem. 1912, **33**, 1389.
[7] J. ABELIN u. M. PERELSTEIN: Münch. med. Wochenschr. 1914, **61**, 867.
[8] Z. B. DRP. 457266, 484244, 489613 usw.
[9] Höhere Temperaturen wurden vermieden, um die Gefahr sekundärer Zersetzung tunlichst hintanzuhalten.
[10] Beim Kaffee ist die Zahl 18 wohl zu niedrig; genaue Bestimmung wurde hier nicht ausgeführt, da dieser Stoff für das Aroma nicht wichtig ist.
[11] Außer den identifizierten Vertretern.
[12] Außer ganz leicht wasserlöslichen Vertretern.
[13] Aldehyd- und phenolfrei.

bisher noch nicht erkannter Stoffe auffinden ließ. In der Tabelle 9 findet sich die Zusammensetzung der „Röstöle", bezogen auf je 100 kg geröstetes Ausgangsmaterial; zum Vergleich sind die Ergebnisse der Untersuchung von coffeinfreiem Kaffee mit angeführt[1].

Die in der Tabelle 9 angegebenen Zahlenwerte können zwar nur als Mindestwerte gelten, sind aber sonst als größenordnungsmäßig orientierend zu betrachten. Auf Grund dieser Erfahrungen ist es möglich geworden, wie vorher schon erwähnt, synthetische Kaffeearomen recht guter Naturähnlichkeit zusammenzustellen.

Es dürfte von besonderem Interesse sein, daß im Kaffeearoma merkwürdigerweise Vertreter aus der Gruppe der schwefelhaltigen aliphatischen Mercaptane gefunden werden. Es handelt sich dabei um leicht flüchtige Flüssigkeiten mit außerordentlich durchdringendem Geruch; Äthylmercaptan macht sich z. B. noch in einer Verdünnung von 1 : 460000000 in der Luft bemerkbar.

Die eben beschriebenen Untersuchungen lehren, daß das Kaffeearoma, entgegen der früher geäußerten Anschauung, nicht einheitlich ist, sondern durch das abgestimmte Zusammenwirken sehr verschiedenartiger Stoffe zustande kommt. Damit entbehrt die Bezeichnung Caffeol oder Caffeon, die etwas chemisch Definiertes erwarten läßt, einer inneren Begründung, und man verzichtet am besten darauf.

4. Herstellung des Kaffeegetränkes. Zubereitungen aus Kaffee.

a) Kaffeegetränk. Entgegen den Gebräuchen des türkisch-arabischen Orients, wo der Kaffee vorwiegend als Trübgetränk (einschließlich des Satzes aus dem feinstgemahlenen Kaffee) genossen wird[2], ist es bei uns seit jeher Sitte gewesen, ein Klargetränk herzustellen, das von den ausgelaugten Kaffeebestandteilen nach Möglichkeit abgetrennt ist. Es handelt sich also um die Herstellung eines Extraktes, der aber über die im Hinblick auf die Farbe, den Geschmack, die Vollmundigkeit, die anregende Wirkung usw. zu fordernden Stoffe hinaus auch noch die leicht flüchtigen Aromastoffe in möglichster Vollständigkeit enthalten soll. Damit ist der Bereitung des Kaffeegetränkes eine bestimmte, nicht ganz einfach zu lösende Aufgabe gestellt. Denn ausreichende Erschöpfung des gerösteten Kaffees an Extraktivstoffen setzt längere Einwirkung[3] des heißen Wassers voraus, wobei aber gleichzeitig, wenn nicht entsprechende Vorsichtsmaßregeln getroffen sind, mit einem größeren Verlust an flüchtigen Aromastoffen zu rechnen ist. Nimmt man hinzu, daß die Qualität des Rohkaffees, die Art der Röstung, das Alter des Röstkaffees, die Feinheit der Mahlung, die Art des Wassers und der Extraktherstellung usw. von tiefgehendem Einfluß sind, dann versteht man die Vielheit der Rezepte und der Zubereitungsvorrichtungen.

Es sind im wesentlichen drei Verfahren, die einzeln oder in vielgestaltigen Übergängen benutzt werden: die Aufbrüh-, die Auslaug- und die Filtrationsverfahren.

Die Aufbrühverfahren stellen die einfachste Methode dar. Man verfährt im Prinzip so, daß der gemahlene Kaffee in einem vorgewärmten, am besten irdenen Gefäß mit siedendem Wasser übergossen wird. Die Feinheit der Mahlung[4] spielt eine wichtige Rolle.

---

[1] Entnommen bei H. Trillich: Rösten und Röstwaren, 2. Aufl., S. 432. München: B. Heller 1934.

[2] Es ist nicht zu ermitteln, ob die ursprüngliche Art des Kaffeegenusses diejenige in Form des Trüb- oder des Klargetränkes gewesen ist; es scheint aber, daß mit dem Aufkommen der ersten Kaffeehäuser in Europa (1671 Marseille, 1667 Paris, 1673 London, 1666 Amsterdam, 1686 Nürnberg, 1683 Wien, 1686 Prag) bereits klarer Kaffee verabreicht wurde.

[3] Allerdings nicht solange, daß unerwünschte Geschmacksstoffe mit extrahiert werden.

[4] Über die Feinheit der Mahlung bestehen erhebliche Meinungsverschiedenheiten.

Man läßt eine bestimmte Zeit im bedeckten Gefäß „ziehen“ und gießt dann durch ein Sieb (Seiher) oder einen Filtersack vom Satz ab.

Bei den Auslaugverfahren hängt man den in einem durchlässigen Beutel befindlichen gemahlenen Kaffee in heißes Wasser (Topf bedeckt) ein. Hierbei dauert das Ziehen infolge des behinderten Wasserzutrittes länger als beim Aufgußverfahren. Die Ausnutzung des Kaffees ist bei diesem Verfahren nicht erschöpfend.

Die Filtrationsverfahren gehen in der Weise vor, daß das Kaffeepulver, das sich auf einer filtrierenden Unterlage befindet, mit heißem Wasser extrahiert wird. Das filtrierende Material (Papierfilter, Leinenfilter usw.) muß in seiner Durchlässigkeit auf die Korngröße der Mahlung eingestellt sein.

Das Filtrationsprinzip liegt den meisten sog. Kaffeemaschinen (Karlsbader, Pariser, Bremer, Wiener Maschinen usw.) zugrunde. Es gibt dafür sehr zahlreiche Konstruktionen von der Kaffeemaschine für den Haushalt bis zur Großmaschine (Expreßmaschine) für Kaffeehäuser, Gasthäuser usw.[1].

Eine Verbindung von Auslaug- und Aufbrühverfahren stellt jene Methode dar, die schon von BRILLAT-SAVARIN als sehr zweckmäßig gerühmt und neuerdings von K. LEHMANN[2] wieder vorgeschlagen worden ist. Drei Viertel des gemahlenen Kaffees laugt man im bedeckten Gefäß mit der entsprechenden, im Sieden zu erhaltenden Wassermenge aus. Dann nimmt man den Topf von der Wärmequelle, setzt das letzte Viertel des Kaffees zu, läßt ziehen und seiht dann vom Satz ab. Auf diese Weise wird das Gut sehr weitgehend ausgenutzt. Man gewinnt zuerst den Extrakt (Dekokt) und dann die erstrebten Aromastoffe (Infus). Einen Überblick über die Extraktausbeute bei den verschiedenen Verfahren möge die folgende Tabelle 10 geben.

Tabelle 10. Extraktausbeute nach verschiedenen Verfahren der Kaffeebereitung[3].

Art des Verfahrens	Menge des			Wasserlösliche Extraktstoffe des Kaffees
	Kaffees g	Wassers g	Auszuges g	%
I. Gebrüht:				
Erster Auszug	10	200	166,3	21,7
Zweiter Auszug	Rückstand des ersten Auszuges	200	192,0	5,2
II. Getrichtert:				
Erster Auszug	10	200	172,2	22,0
Zweiter Auszug	Rückstand des ersten Auszuges	200	194,0	4,9
III. ARNDTscher Trichter:				
Erster Auszug	10	200	176,7	26,6
Zweiter Auszug	Rückstand des ersten Auszuges	200	194,5	2,0
IV. Nach M. DENNSTEDT[4] in der Flasche:				
Erster Auszug	10	200	176,5	20,7

Bei der türkisch-arabischen Bereitung wird der staubfein gemahlene Kaffee (Mokkamühlen) in Messingkannen mit kaltem Wasser übergossen, mit reichlich Zucker versetzt und nun rasch zum Sieden erhitzt. Man gießt unter Mitnahme des Satzes in kleine Tassen um. Bis zum Trinken hat sich derselbe meist abgesetzt; die Orientalen genießen ihn mit. Die Auslaugung des Kaffees ist nach diesem Verfahren sehr weitgehend.

Man rechnet auf 1 Liter Wasser bei sehr dünnem Kaffee 20—40 g Kaffee, für ein mittelstarkes Hausgetränk 50—70 g, für einen starken Kaffee 80—100 g, für einen extrastarken Kaffee sogar bis zu 150—200 g. In Europa nimmt man

[1] Ausführliches über Kaffeemaschinen vgl. bei H. TRILLICH: Rösten und Röstwaren, 2. Aufl., S. 541 f. München: B. Heller 1934. Hier auch Angaben über Kaffeemühlen auf S. 536.

[2] K. LEHMANN: Die Fabrikation des Surrogatkaffees. Wien 1910.

[3] Entnommen bei K. LENDRICH: Gesundheits-Ingenieur 1916, Nr. 36 vom 2. September 1916.

[4] M. DENNSTEDT: Das Verfahren (Chem.-Ztg. 1916, 40, 383) wurde während des Krieges als sehr sparsam empfohlen, allerdings, wie die Tabelle 10 zeigt, ohne Berechtigung.

dazu vielfach noch Milch oder Rahm. Durch Zugabe von Zusatzstoffen (Zichorie, Feigenkaffee usw.) erhöht man den Extrakt (Vollmundigkeit) und verstärkt die Farbe[1].

Normale geröstete Kaffees enthalten, wie früher schon erwähnt, zwischen 20 und 30% in heißem Wasser lösliche Bestandteile[2], die je nach der Zubereitungsweise mehr oder weniger vollständig in das Getränk übergehen. Fast quantitativ findet man die löslichen Mineralstoffe darin wieder (90—95% der gesamten Menge). Auch das Coffein tritt, allerdings in starker Abhängigkeit von der Bereitungsweise, in den Extrakt über. J. KATZ[3] stellte rund 80% der vorhandenen Gesamtmenge fest, P. WAENTIG[4] bis zu 95%, F. E. NOTTBOHM und F. MAYER[5] fanden rund 81%. Von den löslichen Kohlenhydraten (stickstoffreien Extraktivstoffen) findet man je nach den Umständen 60—75% im Kaffeegetränk wieder, vom Trigonellin rund 70%[5].

In einem Kaffee aus 15 g gerösteten Bohnen auf 200 ccm Wasser genießt man rund 3,8 g Extraktivstoffe, von denen 0,2—0,3 g auf Coffein, 0,7 g auf Fett, 2,2 g auf Kohlenhydrate usw. und 0,6 g auf Mineralstoffe entfallen.

Der Kaffeeaufguß reagiert sauer. Sein Säuregehalt hängt sehr von der Art des Kaffees, der Röstung und dem Alter des Röstkaffees ab. Die Oberflächenspannung ist geringer als diejenige des Wassers[6]. Der Aufguß ist dem Blut gegenüber hypertonisch, woraus E. HARNACK zum Teil die erregende Wirkung auf den Magen ableitet. Beim Stehen verliert das Getränk relativ rasch sein Aroma, und die braune Farbe schlägt allmählich in braunschwarz bis fast schwarz um. Dies tritt vor allem beim Wiederaufkochen des erkalteten Getränkes ein. Nach eigenen, noch nicht veröffentlichten Untersuchungen sind beim Altern und Farbumschlag vor allem Oxydationsvorgänge integrierend beteiligt.

b) Kaffee-Extrakte. Nach § 1, Abs. 9 der Kaffeeverordnung vom 10. Mai 1930 sind Kaffee-Extrakt bzw. Kaffee-Essenz ausschließlich aus gerösteten, zerkleinerten Kaffeebohnen hergestellte, mehr oder weniger weit eingedickte wäßrige Auszüge, die nach § 2, Abs. 1, Nr. 1 bzw. 3 nicht mit gesundheitsschädlichen Farbstoffen gefärbt[7] oder mit Borsäure, deren Salzen oder deren Verbindungen behandelt worden sind[8]. Diese Erzeugnisse stellen gewissermaßen Kaffeekonserven dar, die durch einfaches Auflösen in siedendem Wasser ein mundfertiges Getränk liefern.

Die Herstellung der Kaffee-Extrakte erfolgt nach mannigfachen, meist patentierten Verfahren[9]. Die Präparate, die in Sirup- oder in Tablettenform in den Handel kommen, haben in sehr beschränktem Ausmaße sich nur bei Touristen, in Gasthäusern usw. sowie im Ausland (Nordamerika) etwas eingeführt. Das liegt in erster Linie daran, daß neben dem relativ hohen Preis

---

[1] Reiner Kaffeeaufguß nimmt mit Milch oder Sahne meist eine graubraune Farbe an, während bei Zusatz von Zichorie- oder Feigenkaffee ein reines Lichtbraun zustande kommt.

[2] Vgl. J. PRITZKER u. R. JUNGKUNZ: Z. 1926, 51, 102.

[3] J. KATZ: Arch. Pharmaz. 1904, 242, 42.

[4] P. WAENTIG: Arb. Kaiserl. Gesundh.-Amt 1906, 23, 315.

[5] F. E. NOTTBOHM u. F. MAYER: Z. 1931, 61, 429.

[6] Vgl. J. TRAUBE u. F. BLUMENTHAL: Zeitschr. exper. Path. 1906, 2, 117; ferner E. HARNACK: Münch. med. Wochenschr. 1911, Nr 11.

[7] Da das Färben von geröstetem Kaffee nach § 5, Nr. 8 verboten ist, dürfte die künstliche Färbung von Kaffee-Extrakt oder -Essenz überhaupt unzulässig sein.

[8] Gemäß dem Entwurf einer Verordnung über Konservierungsmittel (1932) ist die Konservierung der flüssigen und halbflüssigen Kaffee-Extrakte mit 100 mg des p-Oxybenzoesäureäthyl- oder -propylesters, auch in Form der Natriumverbindungen oder Mischungen untereinander, auf 100 g Substanz zulässig; allerdings ist dann die Bezeichnung „Chemisch konserviert" erforderlich.

[9] Vgl. hierzu H. TRILLICH: Rösten und Röstwaren, 2. Aufl., S. 388f. München: B. Heller 1934.

Aroma, Haltbarkeit (leichte Säuerung) und meist auch Geschmack viel zu wünschen übrig lassen.

Die Zusammensetzung der Kaffee-Extrakte schwankt, was im Hinblick auf die Verschiedenheiten in der Herstellungsweise und dem Eindickungsgrad verständlich ist, innerhalb sehr weiter Grenzen. So wurden bei älteren Untersuchungen folgende Ergebnisse erhalten[1]; neuere analytische Daten liegen, soweit hier bekannt, nicht vor.

	Extrakt %	Coffein %	Mineralstoffe %
7 englische Erzeugnisse[2]	27,9—51,5	0,28—1,98	0,43—4,25
6 französische Erzeugnisse[3]	42,3—47,8	0,38—1,31	2,70—3,61
1 deutsches Erzeugnis	4,9	0,15	0,75

c) Coffeinfreier Kaffee. Die Erkenntnis von der pharmakologisch-physiologischen Wirkung des Coffeins, die sich bei Herzkranken und Nervösen in sehr empfindlicher Weise als nachteilig erweist und die sich auch bei gesunden Menschen bei übermäßigem Kaffeegenuß in unangenehmen Erscheinungen (Schlaflosigkeit, innere Unruhe, Schweißausbrüche usw.) äußern kann, führte dazu, dem Kaffee das Coffein zu entziehen, ohne indessen seinen Geschmackswert zu beeinträchtigen. In den letzten Dezennien des vergangenen Jahrhunderts seinen Ausgang nehmend, hat dieser Gedanke relativ lange Zeit bis zur befriedigenden technischen Verwirklichung gebraucht, und zahlreiche, heute meist wertlose Patente[4] kennzeichnen den Werdegang des coffeinfreien Kaffees. Durchgesetzt hat sich im wesentlichen nur das Produkt der Bremer Kaffee-Handels-Aktiengesellschaft (Kaffee Hag)[5], bei dem der Entzug des Coffeins in der rohen Bohne stattfindet. Daneben spielen aber auch jene Verfahren eine gewisse Rolle, bei denen das Ziel der Verringerung des Gehaltes des Getränkes an diesem Alkaloid durch Behandlung des Aufgusses mit adsorbierenden Mitteln zu erreichen versucht wird.

Bei der Entcoffeinierung der ganzen Rohbohne sind vor allem zwei Probleme zu lösen. Einmal muß durch eine entsprechende Vorbehandlung das Zellgefüge der Bohne so verändert („aufgeschlossen") werden, daß das Extraktionsmittel in erschöpfender Weise einwirken kann. Zum anderen ist eine sorgfältige Auswahl des anzuwendenden Extraktionsmittels zu treffen; denn das letztere muß das Coffein möglichst weitgehend herauslösen, ohne daß andere Extraktivstoffe in Mitleidenschaft gezogen werden. Fernerhin darf irgendeine auch noch so kleine geschmackliche oder geruchliche Beeinträchtigung nicht eintreten. In diesen beiden Punkten: Aufschluß der Bohne und Art des Extraktionsmittels unterscheiden sich die mannigfachen Patente[6] voneinander, die hier nicht besprochen werden können. Erwähnt sei nur, daß der Aufschluß der rohen Bohne durch Behandlung mit Wasser (Quellen), mit wäßrigen Flüssigkeiten (verdünnter Alkohol, alkalische Flüssigkeiten usw.), mit nassem oder mit gespanntem Dampf, mit saurem oder basischem Dampf usw. erfolgt, daß als Lösungsmittel Tetrachlorkohlenstoff, Tetrachloräthan, Trichloräthylen, Chloroform, Dichlorbenzol, Äther, Benzol, Dichlormethan, Essigester u. a. angegeben werden.

Der Werdegang des als Typ aufzufassenden Kaffee Hag ist etwa der folgende. Der Rohkaffee wird nach sorgfältigster Reinigung von Begleitstoffen, Schmutz usw. in den etwa

[1] Vgl. J. König: Handbuch, Bd. 1, S. 996. Berlin: Julius Springer 1903.

[2] C. G. Moor u. M. Priest: Analyst 1889, **24**, 281.

[3] F. Jean: Rev. Chim. analyt. Appl. 1895, **3**, 164.

[4] Vgl. H. Trillich: Rösten und Röstwaren, 2. Aufl., S. 223f. München: B. Heller 1934.

[5] Versuche in der Schweiz, einen Atoxikaffee, Asakaffee in den Handel zu bringen, waren erfolglos; neuerdings liefert die Firma K. Bühler und Co. in Luzern einen coffeinfreien Kaffee „Calma", hergestellt nach dem Verfahren der Cafesa-S.A., Antwerpen. J. Pritzker und R. Jungkunz (**Z.** 1926, **51**, 97) berichten über einen Schweizer coffeinfreien Kaffee „Rival".

[6] Vgl. die ausführlichen Darstellungen bei H. Trillich: Rösten und Röstwaren, 2. Aufl., S. 223f. sowie 456f. München: B. Heller 1934. — K. H. Wimmer: Über Coffein, Kaffee und coffeinfreien Kaffee. Bremen 1907.

6 cbm fassenden Extrakteuren durch Dampfbehandlung aufgeschlossen. Hieran schließt sich in kontinuierlichem Betrieb die Extraktion[1] mit dem Coffeinlösungsmittel, wobei gleichzeitig auch das sog. Kaffeewachs von der Oberfläche der Bohnen abgelöst wird. Ist die Extraktion beendet, dann wird das Lösungsmittel abgeblasen; dessen letzte Reste entfernt man durch Ausdämpfen. Nunmehr wird der getrocknete, coffeinfreie Rohkaffee, nach entsprechender chemischer und geschmacks-physiologischer Prüfung, in Spezialröstern unter Einwirkung einer direkten Leuchtgasgebläseflamme bis zur erwünschten Entwicklung von Farbe, Aroma und Geschmack geröstet. Vom Kühlsieb gelangt das Fertigprodukt dann über automatisch arbeitende Verpackungsmaschinen in die fest verschlossenen Handelspäckchen.

Auf Grund der Kaffeeverordnung vom 10. Mai 1930 ist als „coffeinfreier Kaffee" nach § 1, Abs. 11, ein solcher anzusprechen und zu bezeichnen, der maximal 0,08% Coffein enthält; ein Gehalt von über 0,08% bis höchstens 0,2% fällt nach § 1, Abs. 10, unter die Bezeichnung „coffeinarmer Kaffee". Nach § 5, Nr. 16, dieser Verordnung dürfen bei der Herstellung dieser Produkte, unbeschadet kleiner, technisch nicht vermeidbarer Mengen, andere wasserlösliche Extraktivstoffe nicht entzogen worden sein.

Die chemische Zusammensetzung von geröstetem Kaffee Hag stellt sich im Durchschnitt etwa folgendermaßen dar:

Wasser	2,1%	Coffein[2]	0,05%
Fett	16,9%	Mineralstoffe	4,2 %
Eiweiß	11,6%	Wasserlösliche Stoffe	23,7 %.

Es ist von Wichtigkeit, darauf hinzuweisen, daß der Extraktwert bei Kaffee Hag gegenüber dem nicht extrahierten Kaffee eine in Betracht kommende Erniedrigung nicht erfahren hat; der Verlust[3] beläuft sich maximal auf 1—2%.

Der coffeinfreie Kaffee nimmt gewissermaßen eine Mittelstellung zwischen Kaffee und Kaffee-Ersatz ein. Die wertvollen Geschmacks- und Aromaeigenschaften des Vollkaffees sind erhalten. Seine Vollmundigkeit hat eine Einbuße nicht erlitten, und die erstrebte Einwirkung auf Magen und Darm (Peristaltik und Sezernierung des Magensaftes) ist unverändert geblieben. Das Alkaloid Coffein aber ist praktisch vollständig verschwunden. Während eine Tasse Getränk aus normalem geröstetem Kaffee (15 g) mit einem Gehalt von 1,2% Coffein insgesamt rund 144 mg Coffein enthält[4], treffen bei Verwendung der gleichen Menge eines coffeinfreien Kaffees mit dem maximal zulässigen Gehalt von 0,08% nur mehr rund 10 mg auf die Tasse, also eine Menge, die unter der Wirkungsschwelle liegt.

Eine zweite Möglichkeit, zu einem coffeinarmen Getränk zu gelangen, gründet sich darauf, dem fertigen Aufguß durch selektiv wirkende Adsorptionsmittel das Coffein wenigstens teilweise zu entziehen bzw. durch Zugabe geeigneter Stoffe physiologisch unschädlich zu machen.

Für das erstere Verfahren sind verschiedene Patente erteilt worden[5]. Hier sei nur erwähnt das DRP. 55547/1927 (J. Päffgen, Köln), darin bestehend,

[1] Das entzogene Coffein findet nach entsprechender Reinigung pharmazeutische Verwendung.

[2] Der Coffeingehalt wurde bei neueren Untersuchungen innerhalb folgender Grenzen gefunden: J. Pritzker und R. Jungkunz (Z. 1921, **51**, 97) sowie J. Grossfeld und G. Steinhoff (Z. 1931, **61**, 38) zwischen 0,05 und 0,07%. — H. Jesser (Deutsch. Nahrungsm.-Rundschau 1931, 182) zwischen 0,04 und 0,066%.

[3] Vgl. hierzu auch J. Pritzker und R. Jungkunz: Z. 1921, **51**, 97 (Extraktwert 21,6% gegen ursprünglich 23,2%). Die gleichen Autoren zeigten beim coffeinfreien Kaffee „Rival", daß dessen Extrakt, wohl infolge der Verluste bei der Herstellung, bis herunter auf 16,1% gesunken war, also unter jene Grenze von 20%, die das Schweizerische Lebensmittelbuch verlangt.

[4] Im Mittel gehen nur etwa 80% des gesamten Coffeins in den Aufguß über; vgl. H. Jesser: Deutsch. Nahrungsm.-Rundschau 1931, 182. — K. Braunsdorf: Z. 1933, **65**, 460.

[5] Vgl. H. Trillich: Rösten und Röstwaren usw., S. 550f.

daß der Kaffeeaufguß durch eine aktive Adsorptionsschicht von z. B. hochaktiver Kohle, Kieselsäure usw. (evtl. mit den Rauchgasen von aromatischen Harzen oder von der Kaffeeröstung her beladen, um Aromaverluste auf ein Minimum herabzudrücken) geschickt wird. Der Absorbo-Holding AG. in Glarus (DRP. 531567/1927) ist ein Filterkörper mit Träger (z. B. Papierstoff) geschützt, in welchem das Adsorbens in dosierbarer Menge und einheitlicher Schicht in das Trägermaterial eingebettet ist. Von der Firma L. J. G. MÜLLER und Co.[1] in Düsseldorf wird ein Präparat „Kaffeeraffin" vertrieben, das ein Gemisch von Kohlepulver mit Zucker (Caramel) darstellt.

Eine eingehende Studie über die Wirkungsweise einiger Adsorptionsmittel gegenüber wäßrigen Coffeinlösungen und Kaffeeaufgüssen, z. B. von verschiedenen Kohlesorten, von Silargel, von Flußspatpulver usw. ist von F. SARTORIUS und W. OTTEMEYER[2] ausgeführt worden. Danach steht an der Spitze die chemisch aktivierte A.K.T.-Kohle[3] der I.-G. Farbenindustrie, dann folgen Eponit[4] A. C., Eponit A.M.N., Norit usw. Wesentlich geringer ist der Effekt mit Silargel (Chlorsilber-Kieselsäuregel). Die Hauptadsorption des Coffeins — diejenige für Farbe und Aroma war relativ gering — erfolgt zu Beginn des Kontaktes; später setzt sich meist ein wechselnd starker Rückgang durch. Bei rein wäßrigen Lösungen wurde das Coffein von den besten Kohlen zu fast 100% adsorbiert. Beim Durchfluß durch A.K.T.-Kohlefilter wirkten sich Temperatur und Durchflußmenge in der Adsorption deutlich aus. Anfangs wird viel Coffein zurückgehalten, bald aber läßt die Wirkung nach. Aus Kaffeeaufgüssen wird weniger Coffein adsorbiert als aus rein wäßrigen Lösungen. Bei 1—2maligem Gebrauch für kleinere Portionen ist der Effekt mit A.K.T.-Kohle recht befriedigend.

Bei dieser Adsorptionsbehandlung, bei der je nach den Bedingungen auch Verluste an Extrakt, Farbe usw. zustande kommen, ergeben sich recht beachtliche Rückgänge im Coffeingehalt, wie nebenstehende Zahlen zeigen[5].

	Coffeingehalt des Aufgusses		Rückgang des Coffeingehaltes
	ohne Adsorptionsmittel %	mit Adsorptionsmittel %	%
Rio Santos, 1,3% Coffein	0,76	0,31	59,2
Menado, 1,28% Coffein .	0,90	0,35	61,1

Die physiologische Unwirksammachung des Coffeins durch Zuschläge[6] ist bis jetzt praktisch nicht von Bedeutung. Die erteilten Patente benutzen als wirksames Mittel lösliche saure Salze der Wein-, der Citronen- oder der Phosphorsäure, ferner Calciumhydroxyd, Magnesiumhydroxyd, organsaure Lipoide, Gerbstoffe und schließlich auch die Chlorogensäure aus dem Kaffee selbst. Analytische Zahlen über die Wirkung solcher Zusätze sind, soweit hier bekannt, in der Literatur nicht vorhanden.

d) Sonstige Vorbehandlungsweisen des Kaffees. Von K. LENDRICH[7] wurde ein Verfahren angegeben, wonach der Rohkaffee vor der Röstung mit gespanntem Wasserdampf behandelt wird. Dabei sollen sich Umsetzungen vollziehen, durch welche die bei manchen Menschen beobachtete Unverträglichkeit

[1] DRP. 553800 (Juni 1932).
[2] F. SARTORIUS u. W. OTTEMEYER: Z. 1929, 58, 353.
[3] Durch Chlorzinkbehandlung aktiviert.
[4] Durch Wasserdampfbehandlung aktiviert.
[5] Nach einer Privatmitteilung des Herrn Dr.-Ing. Dr. phil. W. DIEMAIR: Deutsche Forschungsanstalt für Lebensmittelchemie in München.
[6] Vgl. H. TRILLICH: Rösten und Röstwaren usw., S. 550f.
[7] K. LENDRICH: DRP. 576514/1927 und Auslandspatente.

des gewöhnlichen Kaffees verschwindet. Ein in dieser Richtung vorbehandeltes Erzeugnis wird von der Firma J. J. DARBOVEN in Hamburg als „Idee-Kaffee" in den Handel gebracht. Den Angriffspunkt für die Einwirkung des gespannten Wasserdampfes bildet nach K. LENDRICH die schon erwähnte Chlorogensäure, die in ihre beiden Komponenten Chinasäure und Kaffeesäure aufgespalten und dadurch ihrer (bis jetzt allerdings noch nicht ganz klargestellten) physiologischen Wirksamkeit entkleidet werden soll. Um dieser wichtigen Frage weiter nachgehen zu können, ist in den letzten Jahren die quantitative Ermittlung der Chlorogensäure zu einem Mittelpunkt des analytischen Interesses geworden. In dieser Richtung liegen eingehende Untersuchungen insbesondere von W. PLÜCKER und W. KEILHOLZ[1], von W. HOEPFNER[2] sowie von C. GRIEBEL[3] vor. Die bisherigen Ergebnisse sind aber noch zu sehr im Flusse, um zum Problem der Wasserdampfbehandlung des Rohkaffees und ihrer Einflußnahme auf die Chlorogensäure eine klare Stellungnahme zu finden. Insbesondere von C. GRIEBEL wird die Anschauung vertreten, daß dadurch ein Rückgang an Chlorogensäure nicht erfolgt. Auch J. TILLMANS konnte durch Wasserdampfbehandlung des Kaffees eine Abnahme der Chlorogensäure nicht feststellen.

In anderer Weise sucht H. DYCKERHOFF[4] die Chlorogensäure zu zerstören bzw. zu verändern. Er behandelt den durchfeuchteten Rohkaffee entweder mit Tannase, die diese Säure hydrolysiert, oder mit Ozon, ozonhaltiger Luft bzw. ozonhaltigem Sauerstoff; hierbei entstehen oxydative Spaltprodukte, die beim Rösten verdampfen bzw. durch elektro-osmotische Behandlung entfernt werden sollen. H. JORDT[5] will ebenfalls durch Ozonbehandlung die Bitterstoffe bzw. Chlorogensäure entfernen.

Im Handel finden sich, soweit bekannt, von dieser Gruppe von Erzeugnissen außer „Idee-Kaffee" bisher in den Vereinigten Staaten „Detannadet Brand Coffee", „Dutch Coffee" und „Digesto Coffee". Über den Diätakaffee der Quietawerke Leipzig liegen fabrikatorische und analytische Angaben nicht vor.

Nach W. HOEPFNER[6] beträgt, auf Trockensubstanz bezogen, der Gehalt an Chlorogensäure bei Ideekaffee etwa 3,7%. Sein Extraktgehalt stellt sich im gerösteten Zustand (bei sieben Proben) im Mittel auf 25,4% gegenüber 26,3 bis 28,5% beim unbehandelten Kaffee (Mittel aus 24 Proben).

5. Untersuchung des Kaffees und des Kaffeegetränkes[7].

Bei der Untersuchung des Kaffees im rohen oder im gerösteten Zustand sowie des Kaffeegetränkes treten je nach dem verfolgten Zweck recht verschiedene Gesichtspunkte in den Vordergrund. Die im Hinblick auf Ein- oder Verkauf vorzunehmende Prüfung der Qualität betont andere Momente als diejenige mit dem Ziel der Überwachung des Verkehrs mit Kaffee; ganz andere Fragestellungen wiederum ergeben sich, wenn es sich um die Lösung von Aufgaben der wissenschaftlichen oder technologischen Forschung handelt. Ohne

[1] W. PLÜCKER u. W. KEILHOLZ: Z. 1933, **66**, 200; Chem.-Ztg. 1933, **57**, 875; Zeitschr. analyt. Chem. 1934, **96**, 249; Angew. Chem. 1934, **47**, 460.

[2] W. HOEPFNER: Chem.-Ztg. 1932, **56**, 991; Z. 1933, **66**, 238.

[3] C. GRIEBEL: Z. 1934, **67**, 452; Chem.-Ztg. 1933, **57**, 353.

[4] H. DYCKERHOFF: DRP. 61319/1931.

[5] H. JORDT: DRP. 42559/1931.

[6] W. HOEPFNER: Z. 1933, **66**, 238.

[7] A. BEYTHIEN: Laboratoriumsbuch für den Nahrungsmittelchemiker. Dresden u. Leipzig: Theodor Steinkopff 1931. — J. GROSSFELD: Anleitung zur Untersuchung der Lebensmittel. Berlin: Julius Springer 1927. — J. KÖNIG: Chemie der menschlichen Nahrungs- und Genußmittel, 4. Aufl., Bd. 1, S. 985—1004; Bd. 2, S. 1067—1097. Berlin: Julius Springer 1904. Nachtrag zu Bd. 1, S. 664—692. Berlin: Julius Springer 1923.

daß auf alle Einzelheiten eingegangen werden kann, soll hier nur ein allgemein in Betracht kommender Gang der Untersuchung dargestellt werden.

Die Probe, die in ausreichender Größe[1] (etwa 200—500 g, je nach Umfang der Prüfung) zu entnehmen ist und einem wirklichen Durchschnitt des Erzeugnisses (vor allem beim Vorliegen von Gemischen aus Kaffee und Ersatzstoffen) entsprechen muß, ist so zu verpacken, daß nachträgliche Veränderungen, insbesondere eine Wasseraufnahme oder -abgabe, nicht erfolgen können[2].

a) Sinnenprüfung.

Bei der Durchmusterung des Untersuchungsmaterials (evtl. unter Zuhilfenahme einer Lupe) sucht man verdächtig aussehende sowie fremde Bestandteile heraus. Unreife, havarierte, verschimmelte, künstlich gefärbte, beim Polieren beschwerte (Reste des Poliermittels in der Furche zu suchen!), durch Frost geschädigte, verbrannte, ranzig gewordene, sehr stark glasierte[3] Bohnen usw. lassen sich hierbei vielfach schon erkennen. Zur quantitativen Ermittlung werden aus mindestens 100 g Kaffee die Verunreinigungen[4] bzw. die minderwertigen Bohnen ausgelesen und gewogen[5]. Künstlich hergestellte Kaffeebohnen verraten sich meist durch Fehlen der Längsspalte; in Wasser zerfallen sie oft leicht (z. B. bei Herstellung aus Brotteig). Echte Bohnen schwimmen in Äther, Kunstprodukte sinken vielfach unter; Rohkaffee sinkt im Wasser unter, gerösteter Kaffee schwimmt darauf. Naturbohnen färben im gerösteten Zustand das Wasser nicht oder wenig (Caramel vom Kandieren); Kunstbohnen aus Ersatzstoffen liefern meist sehr stark gefärbte Lösungen.

Bei gemahlenem Kaffee gibt sich die Anwesenheit gewisser Ersatzmittel (Zichorie, Feigenkaffee usw.) daran zu erkennen, daß bei Behandlung mit kaltem Wasser rasch eine intensiv braun gefärbte Lösung entsteht[6]. Beim Vorliegen von Kaffee-Essenzen oder -Extrakten ist auf Schimmelbildung an der Oberfläche bzw. an den Verschlußkorken usw. besonders zu achten.

Die Feststellung der Herkunft des Kaffees, die gegebenenfalls für die Bewertung bzw. für die Kontrolle der Bezeichnung sehr wichtig ist, setzt umfassende Warenkenntnis voraus. Chemische Methoden hierfür gibt es nicht; es sind daher vor allem die botanischen Merkmale (Größe, Form, Farbe der Bohnen usw.) heranzuziehen. Die sinnesphysiologische Prüfung von Geruch, Aroma, Geschmack usw. kann, soweit es sich nicht um augenfällige Merkmale der guten Beschaffenheit oder der Wertverminderung handelt, nur auf der Grundlage einer geschulten Erfahrung zu einem klaren und richtigen Urteil führen. Zur Ermittlung des Geschmackes des gerösteten Kaffees ist eine „Tassenprobe" vorzunehmen. Man stellt aus 8 g gemahlenem Produkt auf 150 ccm Wasser in der üblichen Weise einen Aufguß her.

b) Physikalische Prüfung.

Es kann sich hierbei um die Ermittlung des durchschnittlichen Bohnengewichtes, des Schüttgewichtes, der Sortierung, der Größe der Bohnen, des Spez. Gewichtes usw. handeln. Für den Kaffee ist diese Untersuchung wohl nur im Großhandel von einiger Bedeutung.

[1] Beim Vorliegen von Kleinhandelspackungen ist mindestens eine Originalpackung mit unversehrter Umhüllung zu entnehmen.

[2] Zur Prüfung von Kaffeegetränk auf den Coffeingehalt etwa zur Feststellung, ob ein Aufguß aus coffeinfreiem Kaffee vorliegt oder nicht, sind rund 150—200 ccm Aufguß zu entnehmen.

[3] Gegebenenfalls sind die Bohnen nach dem Abwaschen mit heißem Wasser bzw. wäßrigem Alkohol und dem Wiedertrocknen nochmals auf Aussehen, Geruch und Geschmack zu prüfen.

[4] Liegt eine Verunreinigung in größerer Menge vor, so empfiehlt es sich, dieselbe für sich zu bestimmen.

[5] In gleicher Weise verfährt man, wenn Mischungen von Kaffee und Ersatzstoffen (Malz-, Gersten-, Roggenkaffee usw.) vorliegen.

[6] Eine Messerspitze des Kaffeepulvers wird vorsichtig auf kaltes Wasser gebracht. Bei Anwesenheit von Zichorie, Feigenkaffee, Caramel usw. umgeben sich die einzelnen zu Boden sinkenden Teilchen, im Gegensatz zu Kaffee, mit braunen Wölkchen.

c) Chemische Prüfung.

Wasser. 5—10 g der rohen oder gerösteten Bohnen[1] bzw. des Kaffeepulvers werden im Wasserdampf-Trockenschrank bis zur Gewichtskonstanz getrocknet; hierfür sind etwa 3 Stunden erforderlich. Der Gewichtsverlust wird als Wasser bzw. als Trockenverlust berechnet.

Bei der Wasserbestimmung in dickflüssigen Kaffee-Extrakten ist es vorteilhaft, durch Zugabe von ausgeglühtem Seesand das Trocknen zu begünstigen.

Von J. Pritzker und R. Jungkunz[2] wird darauf hingewiesen, daß insbesondere beim gerösteten Kaffee[3] durch das Trocknen bei erhöhter Temperatur mit dem Wasser auch andere flüchtige Stoffe mit zu Verlust gehen; hierdurch wird ein erhöhter Wasserwert vorgetäuscht. Die beiden Analytiker schlagen deshalb vor, an Stelle der indirekten Trockenmethode das Destillationsverfahren mit einem geeigneten Übertreibmittel, z. B. mit Xylol, zu benutzen. Dies dürfte sich vor allem bei Schiedsanalysen empfehlen, um das Ergebnis des Trockenverfahrens auf diese Weise sicherzustellen.

Bestimmung der Asche und ihre Untersuchung. Zur Bestimmung des Aschengehaltes werden 10 g des zerkleinerten Kaffees bzw. des Extraktes in einer gewogenen Platinschale (oder Quarzschale) zunächst langsam verkohlt und dann nach dem Ausziehen der Asche mit heißem Wasser über der starken Gasflamme weiß gebrannt. Nach Zugabe des wäßrigen Extraktes verdampft man hierauf zur Trockne, glüht schwach und wägt nach dem Erkalten im Exsiccator[4].

Zur Ermittlung der Aschenalkalität wird die Asche mit einigen Tropfen Wasser befeuchtet und nach Zugabe von einem Tropfen Hydroperoxyd (30%ig) möglichst fein zerrieben. Man setzt einen gemessenen Überschuß von $^1/_4$-Normal-Salzsäure zu und erwärmt 10 Minuten lang auf dem Wasserbad. Nach dem Erkalten titriert man unter Verwendung von Methylorange als Indicator mit $^1/_4$-N.-Alkalilauge zurück. Die zur Neutralisation der Asche verbrauchten Milligramm-Äquivalente (= ccm Normalsäure), bezogen auf 100 g Untersuchungsmaterial, stellen die „Alkalität" der Asche dar.

Die Bestimmung des in Salzsäure unlöslichen Teiles der Asche (Sand) erfolgt in der Weise, daß man die Asche von 25 g (nötigenfalls mehr) Untersuchungsmaterial in der Platinschale mit etwa 50 ccm 6%iger Salzsäure versetzt und auf dem siedenden Wasserbade 30 Minuten lang erwärmt. Dann filtriert man durch ein aschefreies Filter, verascht dasselbe in einer Platinschale, läßt erkalten und wägt.

Von Interesse kann die Ermittlung des Gehaltes der Asche an Chlorion sein, z. B. bei der Feststellung, ob ein Kaffee durch Meerwasser (Kochsalzgehalt desselben) havariert ist. Man stellt in der üblichen Weise aus 10 g Untersuchungsmaterial (nötigenfalls mehr) die Asche her, ohne wegen der drohenden Verluste an Chloriden (vgl. weiter unten) zu hoch und zu lange zu erhitzen. Die Asche wird mit salpetersäurehaltigem Wasser aufgenommen. Man filtriert vom Rückstand ab, wäscht das Filter nach, versetzt mit einem gemessenen Überschuß an $^1/_{10}$ N.-Silbernitratlösung und titriert, ohne auf den Niederschlag von Silberchlorid Rücksicht zu nehmen, nach Volhard unter Verwendung von Ferriammoniumsulfatlösung als Indicator in ausreichender Menge mit $^1/_{10}$ N.-Rhodankalium- oder -Rhodanammoniumlösung zurück. 1 ccm entspricht 3,55 mg Chlorion bzw. 5,85 mg Natriumchlorid.

[1] Nach J. Pritzker und R. Jungkunz (Z. 1926, 51, 98) kann man sich das große Mühe bereitende Zerkleinern der rohen Bohnen schenken; beim Trocknen entweicht das Wasser auch aus den ganzen Bohnen praktisch vollständig.

[2] J. Pritzker u. R. Jungkunz: Z. 1926, 51, 99.

[3] Bei Rohkaffee dürfte diese Gefahr weniger in Betracht kommen.

[4] Der Glührückstand ist stark hygroskopisch; daher ist Wägen in einer verschließbaren Wägekapsel, z. B. einem großen Wägeglas, einem Aluminiumbecher, vorteilhaft.

Auch bei Gegenwart von basischen Stoffen ist beim Veraschen organischer Substanzen (Lebensmittel[1]) die Gefahr des Flüchtiggehens eines Teiles der Chloride nicht ausgeschaltet. Deshalb wird empfohlen[2], da das Chlor meist als wasserlösliches Natriumchlorid vorliegt (auch beim havarierten Kaffee), abgesehen von der Bestimmung in der Asche, einen wäßrigen Auszug des Untersuchungsmaterials herzustellen. 10 g desselben (nötigenfalls mehr) werden im zerkleinerten Zustande im Meßkolben von 200 ccm mit 100 ccm Wasser übergossen. Unter häufigem Umschütteln läßt man mindestens 1 Stunde lang stehen. Nun füllt man mit Wasser bis zur Marke auf und filtriert durch ein trockenes Filter. Das Filtrat, von dem man 100 ccm benutzt und das leicht getrübt sein kann, wird, gegebenenfalls nach Neutralisation (Phenolphthalein als Indicator), unmittelbar nach MOHR mit $^1/_{10}$ N.-Silbernitratlösung unter Benutzung von Kaliumchromatlösung als Indicator titriert. Oder aber man bestimmt das Chlorion, nachdem man auf 100 ccm Filtrat 10 ccm verdünnte Salpetersäure zugesetzt hat, nach VOLHARD in der oben beschriebenen Weise. Ist das chlorionhaltige Filtrat aber ganz klar, dann führt man die Bestimmung am besten nach dem von E. VOTOČEK[3] angegebenen Verfahren aus, das von J. GROSSFELD[4] als für Lebensmitteluntersuchungen sehr brauchbar befunden worden ist. Man bringt 10 g des zerkleinerten Untersuchungsmaterials in einen 200-ccm-Meßkolben, fügt etwa 0,05—0,1 g Nitroprussidnatrium und 100 ccm einer 1%igen Lösung von Salpetersäure hinzu und läßt unter häufigem Umschütteln stehen (mindestens 1 Stunde lang). Dann füllt man mit Wasser bis zur Marke auf, schüttelt durch und filtriert durch ein feinporiges Filter (am besten mit etwas Kieselgur beschickt). Vom ganz klaren Filtrat werden 100 ccm mit 0,1 N.-Mercurinitratlösung bis zur eben wahrnehmbaren bleibenden Trübung titriert. 1 ccm 0,1 N.-Mercurinitratlösung entspricht 3,55 mg Chlorion bzw. 5,85 mg Natriumchlorid.

Bei der Bestimmung der Phosphorsäure in der Asche ist immer darauf acht zu geben, daß von der Mineralisierung (zweckmäßig mit einem Zusatz von Magnesiumacetat) her ein Teil der Säure als Pyrosäure vorliegt. Besteht diese Möglichkeit, dann muß durch Erhitzen mit Salz- oder Salpetersäure für Überführung in die Orthoverbindung gesorgt werden. Es ist auch möglich, an Stelle der Veraschung einen nassen Aufschluß des Kaffees mit konz. Schwefel-Salpetersäure nach A. NEUMANN auszuführen und darin die Phosphorsäure zu bestimmen.

Gravimetrisch kann die Phosphorsäure in der Aufschlußlösung mit Vorteil nach der von N. VON LORENZ[5] angegebenen Methode mit Ammoniummolybdat (gewogener Niederschlag mal empirischer Faktor 0,01440 = vorhandener Phosphor; mal 0,04409 = vorhandenes PO_4) bestimmt werden. Dieses Verfahren, das für die Ermittlung mikrochemischer Mengen[6] ausgearbeitet ist, kann auch titrimetrisch ausgeführt werden[7]. Des weiteren wird insbesondere von J. GROSSFELD[8] die Arbeitsweise nach WOY vorgeschlagen (1 ccm 0,25 N.-Lauge = 0,27003 mg Phosphor).

Über sonstige Bestimmungen des Phosphates, z. B. nach B. PFYL und W. SAMTER vgl. bei J. GROSSFELD[9]. Mitunter kann es wünschenswert werden, eine Differenzierung der Phosphate nach dem löslichen und dem unlöslichen Anteil vorzunehmen; näheres hierüber ist beschrieben in „Kaffee", H. 5 der Entwürfe zu Festsetzungen über Lebensmittel[10].

Prüfung auf Borax: 10 g des feingemahlenen Kaffees werden zweimal mit je 50 ccm Wasser aufgekocht. Die filtrierten vereinigten Auszüge verdampft man zur Trockne und verascht den Rückstand. Die Asche wird in

---

[1] Vgl. J. DROST: **Z.** 1925, **49**, 332.

[2] Vgl. J. GROSSFELD: Anleitung zur Untersuchung der Lebensmittel, S. 94. Berlin: Julius Springer 1927.

[3] E. VOTOČEK: Chem.-Ztg. 1918, **42**, 257, 270.

[4] J. GROSSFELD: **Z.** 1924, **48**, 133.

[5] N. VON LORENZ: Landw. Vers.-Stationen 1901, **55**, 183.

[6] Vgl. G. KLEIN: Handbuch der Pflanzenanalyse, Bd. 1, S. 180. Wien: Julius Springer 1931.

[7] Vgl. hierzu A. BÄURLE, W. RIEDEL und K. TÄUFEL: **Z.** 1934, **67**, 274; hier auch nähere Angaben über die Grenzen des Verfahrens.

[8] J. GROSSFELD: **Z.** 1933, **65**, 322.

[9] J. GROSSFELD: Anleitung zur chemischen Untersuchung der Lebensmittel, S. 98. Berlin: Julius Springer 1927.

[10] Berlin: Julius Springer 1915.

möglichst wenig Wasser aufgenommen, tropfenweise mit 25%iger Salzsäure bis zur schwach sauren Reaktion versetzt, mit Wasser auf 5 ccm aufgefüllt, mit weiteren 0,5 ccm Salzsäure versetzt und nun mit Curcumapapier geprüft. Entsteht dabei eine rötliche bis orangerote Färbung, die beim Betupfen mit Natriumcarbonatlösung (20%ig) in Blau umschlägt, so sind Borsäure bzw. Borax nachgewiesen.

Wasserlösliche Stoffe (Extrakt)[1]. 10 g des feingemahlenen Kaffees[2] werden unter Mittarieren eines Glasstabes mit 200 ccm Wasser übergossen und gewogen. Dann erhitzt man unter Rühren vorsichtig zum Sieden und erhält 5 Minuten lang darin. Nach dem Erkalten füllt man mit destilliertem Wasser auf das ursprüngliche Gewicht auf, mischt durch und filtriert den Rückstand durch ein trockenes Faltenfilter ab. 25 ccm des Filtrates werden in einer gewogenen flachen Platin- oder auch Nickelschale auf dem Wasserbad eingedampft, im Wasserdampftrockenschrank 3 Stunden lang getrocknet und dann zur Wägung gebracht. Man gibt den Extraktwert in Prozenten an. Bei dieser Arbeitsweise sind kleine Verluste an flüchtigen Stoffen in Kauf zu nehmen.

Eine mittelbare Methode der Extraktbestimmung haben J. PRITZKER und R. JUNGKUNZ[3] angegeben. Sie ermitteln das Spez. Gewicht der wie vorstehend hergestellten Untersuchungslösung bei 15^0 und berechnen aus dem gefundenen Wert den Extrakt in Prozenten nach der Formel $E = (S - 1) \times 5160$; hierin bedeuten S = Spez. Gewicht, E = Extrakt.

C. KRAUCH[4] ist bestrebt, den Extrakt vollständig zu erfassen. Nach ihm digeriert man 30 g Kaffee mit 500 ccm Wasser etwa 6 Stunden auf dem Wasserbad. Man filtriert durch ein trockenes gewogenes Filter und wäscht so lange mit Wasser aus, bis das Filtrat 1000 ccm beträgt. Der Rückstand wird auf dem Filter getrocknet und gewogen. Aus dem Ergebnis berechnet man die Menge der wasserlöslichen Stoffe. Auf das Eindampfen des Extraktes und Wägen des getrockneten Rückstandes wird verzichtet, weil hierbei, wie schon erwähnt, gewisse Stoffe flüchtig gehen. Eine sehr weitgehende Extraktion wenden auch R. R. TATLOCK und R. T. THOMSON[5] an, indem sie 1 g Kaffeepulver mit 400 ccm Wasser 1 Stunde am Rückflußkühler erhitzen; wie bei C. KRAUCH wird der Filterrückstand gewogen. Bei diesen erschöpfenden Extraktionen ist der Auszug gegenüber der sonst üblichen partiellen Extraktion erhöht, allerdings nach W. MÜLLER[6] in unregelmäßiger Weise zwischen etwa 25 bis 29%. Ein weiteres Verfahren der Extraktermittlung, mit der Coffeinbestimmung verknüpft, wird von E. HELBERG[7] angegeben.

Außer den vorgenannten Methoden gibt es noch eine Arbeitsweise, die vor allem bei Kaffee-Zusatzstoffen Anwendung findet. Man übergießt 10 g gemahlene Substanz im Becherglas mit 200 ccm Wasser, erhitzt zum Sieden (Glasstab zum Rühren!), hält genau 5 Minuten darin, gießt samt Bodensatz in einen Meßkolben von 250 ccm um und füllt nach dem Erkalten bis zur Marke auf. Man filtriert durch ein trockenes Faltenfilter und dampft 100 ccm Filtrat in einer flachen Nickelschale auf dem siedenden Wasserbad zur Trockne ein. Hernach trocknet man 4 Stunden bei 102^0 C, läßt 15 Minuten im Exsiccator erkalten und wägt.

Es leuchtet ein, daß jedes der verschiedenen Verfahren zur Extraktbestimmung unterschiedliche Ergebnisse liefert; deshalb sind die Resultate, wie

[1] Eine amtlich vorgeschriebene Methode gibt es nicht; deshalb ist jeder Extraktwert durch die Angabe der Arbeitsweise näher zu charakterisieren. Bei der hier angegebenen Methode gehen die wasserlöslichen Stoffe während der 5 Minuten dauernden Behandlung nicht vollständig in Lösung, sondern nur der Hauptteil.

[2] Rohkaffee ist, um das Zerkleinern zu erleichtern, vorsichtig vorzutrocknen, eventuell über Phosphorpentoxyd im evakuierten Exsiccator.

[3] J. PRITZKER u. R. JUNGKUNZ: **Z.** 1921, **41**, 145.

[4] C. KRAUCH: Ber. Deutsch. Chem. Ges. 1878, **11**, 277.

[5] R. R. TATLOCK u. R. T. THOMSON: Journ. Soc. chem. Ind. 1910, **29**, 138.

[6] W. MÜLLER: Mitt. Lebensmittelunters. Hygiene 1926, **17**, 305.

[7] E. HELBERG: Mitt. Lebensmittelunters. Hygiene 1933, **24**, 54.

eingangs dieses Abschnittes schon erwähnt, durch Angabe der Arbeitsweise zu bezeichnen.

Bestimmung der freien Säure. Man verbindet diese analytische Aufgabe am besten mit der Extraktbestimmung, indem man einen aliquoten Teil des Extraktes mit 0,1 oder 0,25 N.-Alkalilauge unter Verwendung eines geeigneten Indicators austitriert. Bei Rohkaffee kann mit Lackmus oder Phenolphthalein wie üblich gearbeitet werden. Bei der Untersuchung von Röstkaffee wendet man zweckmäßig die Tüpfelmethode mit neutralem Lackmuspapier oder Azolitminpapier an. Auch die Möglichkeit der unmittelbaren Titration unter Benutzung eines Titrierstäbchens kann zweckmäßig sein[1].

Man gibt den Säuregehalt meist in Kubikzentimetern N.-Lauge für 100 g Untersuchungssubstanz an[2].

Bei Kaffee ist der Ermittlung der freien Säure bisher nur wenig Aufmerksamkeit geschenkt worden. Es sei aber hervorgehoben, daß damit unter Umständen, z. B. bei gemahlenem Röstkaffee, ein wichtiger Anhaltspunkt für die Beurteilung hinsichtlich des Alters des Erzeugnisses gewonnen werden kann. In gewissen Fällen ist es vielleicht sogar erforderlich, eine Unterscheidung der Gesamtsäure nach flüchtigem und nichtflüchtigem Anteil vorzunehmen. Hierbei wird man sich zweckmäßig an die Arbeitsvorschriften halten, wie sie für die Untersuchung des Weines vorgeschrieben sind.

Bestimmung des Fettes (Äther- oder Petrolätherextrakt). 10 g des feingemahlenen Kaffees[3] werden im SOXHLET-Apparat in bekannter Weise mit Äther oder Petroläther erschöpfend extrahiert. Das vom Lösungsmittel befreite Rohfett reinigt man durch dreimaliges Schwenken mit konz. Natriumchloridlösung. Man nimmt wieder in Petroläther auf, trocknet die Lösung mit wasserfreiem Natriumsulfat und filtriert unter Nachwaschen des Filterrückstandes mit trockenem Petroläther. Nach Abdunsten des Lösungsmittels wird 2 Stunden im Dampftrockenschrank getrocknet und nach dem Erkalten gewogen[4].

Stickstoffsubstanz. Man zerstört 5 g des zerkleinerten Untersuchungsmaterials nach J. KJELDAHL[5] und bestimmt im Aufschluß in bekannter Weise das Ammoniak bzw. den Stickstoff. Nach Abzug des dem anwesenden Coffein entstammenden Stickstoffs kann man durch Multiplikation mit dem mittleren Faktor 6,25 auf Stickstoffsubstanz (Eiweiß) umrechnen.

Kohlenhydrate. Zucker. 10 g des feingemahlenen Kaffees bzw. des eingetrockneten Aufgusses werden mit Petroläther entfettet, die letzten Anteile desselben durch Erwärmen vertrieben und der Rückstand mit 100 ccm 75%igem Alkohol am Rückflußkühler eine halbe Stunde lang im gelinden Sieden gehalten. Man filtriert ab und behandelt den hinterbleibenden Rückstand 10 Minuten lang in der gleichen Weise noch zweimal mit je 50 ccm des 75%igen Alkohols in der Hitze[6]. Die vereinigten Auszüge werden eingedampft; den Rückstand nimmt man mit Wasser auf. Die Lösung wird mit möglichst wenig Bleiessig entfärbt und das überschüssige Blei mit gesättigter Natriumsulfatlösung

---

[1] Mit bestem Erfolg wurde von uns zur Ermittlung der Säure die potentiometrische Titration unter Benutzung des p_H-Apparates nach Dr. G. ROEDER (Dr. N. Gerbers G. m. b. H. in Leipzig C 1) benutzt.

[2] Vgl. J. PRITZKER u. R. JUNGKUNZ: Z. 1921, 41, 152.

[3] Rohkaffee wird erst im Trockenschrank vorsichtig getrocknet und dann zerkleinert. Handelt es sich um die Untersuchung eines Kaffee-Extraktes, dann trocknet man diesen am besten mit Seesand ein und überführt dann in den SOXHLET-Apparat.

[4] Der Extrakt enthält bei Röstkaffee unter Umständen auch die zum Glasieren benutzten Harze und ähnliches.

[5] Zugabe von etwas Selen wirkt sehr stark beschleunigend bei der Zerstörung der organischen Substanz; vgl. K. TÄUFEL u. J. DÜSING: Z. 1934 (im Druck).

[6] Es dürfte sich empfehlen, nicht den bisher meist angegebenen 75%igen, sondern einen 85%igen Alkohol zur Extraktion zu benutzen, um die Gefahr einer Hydrolyse der polymeren Kohlenhydrate (Mannan, Xylan), wodurch dextrinähnliche Stoffe gebildet werden könnten, tunlichst hintanzuhalten.

entfernt. Ohne Berücksichtigung des Niederschlages wird die Lösung nunmehr auf ein bestimmtes Volumen aufgefüllt und durch ein trockenes Filter filtriert. In einem aliquoten Teil des Filtrats bestimmt man den Zucker gewichtsanalytisch oder titrimetrisch mit FEHLINGscher Lösung oder mit alkalischer Jodlösung nach einer der angegebenen Arbeitsweisen vor sowie nach der Inversion. Man berechnet den Zucker bei Kaffee meist als Saccharose; bei anderen Erzeugnissen kann die Angabe auch als Maltose, Fructose, Glucose erwünscht sein.

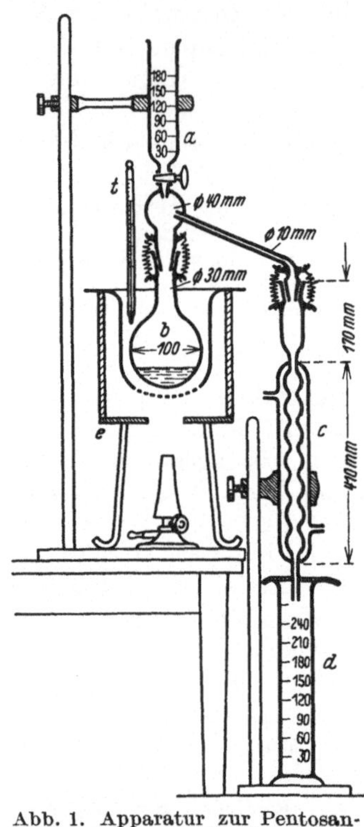

Abb. 1. Apparatur zur Pentosanbestimmung. *a* Destillationsaufsatz mit Zulaufzylinder, *b* Kolben (Jenaer Glas, 400 ccm), *c* Kühler, *d* Meßzylinder (250 ccm), *e* Lufterhitzer, *t* Thermometer.

In Zucker überführbare Kohlenhydrate. 5 g des feingemahlenen Kaffees bzw. des eingedampften Extraktes werden mit 200 ccm 2,5 %iger Salzsäure eine halbe Stunde lang am Rückflußkühler erhitzt. Dann neutralisiert man die Säure mit Alkali, entfärbt die Lösung mit möglichst wenig Bleiessig und entfernt das überschüssige Blei mit gesättigter Natriumsulfatlösung. Ohne Rücksicht auf den Niederschlag füllt man auf ein bekanntes Volumen auf, filtriert durch ein trockenes Filter und bestimmt in einem abgemessenen Volumen den reduzierenden Zucker titrimetrisch oder gravimetrisch. Bei der Berechnung ist der Reduktionswert für den im vorhergehenden Abschnitt bestimmten Zucker in Abzug zu bringen. Der Restwert wird meist auf Glucose umgerechnet. Man kann den auf diese Weise gefundenen Wert durch Multiplikation mit 0,9 auf die Menge der in Zucker überführbaren Kohlenhydrate (als $C_6H_{10}O_5$ angegeben) umrechnen.

Rohfaser. Man wendet meist das Verfahren nach J. KÖNIG[1] an. 3 g des Kaffees werden im feingemahlenen Zustand mit 200 ccm Glycerinschwefelsäure[2] in einem Literkolben verteilt und dann eine Stunde lang am Rückflußkühler zum Sieden erhitzt. Nach dem Erkalten verdünnt man mit Wasser auf 800 ccm, kocht nochmals auf und filtriert heiß durch einen Filtertiegel. Der Rückstand wird mit etwa 400 ccm heißem Wasser, darauf mit warmem Alkohol und zuletzt mit Äther ausgewaschen, bis letzterer farblos abfließt. Dann trocknet[3] man bei 105—110° zum konstanten Gewicht, verascht den Rückstand und wägt zurück. Der Unterschied zwischen beiden Wägungen wird als sog. „Rohfaser“ angegeben[4].

Pentosane. Man wendet am besten das Destillationsverfahren an, indem man durch Einwirkung 12 %iger Salzsäure in der Hitze die Pentosane in Furfurol überführt und letzteres gravimetrisch ermittelt (s. auch Bd. II, S. 930f.).

[1] J. KÖNIG: Z. 1898, 1, 1. Auch das Verfahren nach W. HENNEBERG und FR. STOHMANN (Weender-Verfahren; vgl. A. BEYTHIEN: Laboratoriumsbuch für den Nahrungsmittelchemiker, S. 372. Dresden und Leipzig: Theodor Steinkopff 1931) wird benutzt.

[2] 20 g konz. Schwefelsäure mit Glycerin (Spez. Gewicht 1,23) zum Liter auffüllen.

[3] Das früher angegebene Verbringen des Rückstandes aus dem Tiegel in eine Platinschale dürfte sich erübrigen.

[4] Diese „Rohfaser“ stellt einen empirischen Wert dar, der sehr stark von der angewandten Arbeitsweise abhängig ist. Die für Kaffee im Schrifttum angegebenen Rohfaserwerte dürften allesamt unter dem wirklichen Gehalt an Cellulose liegen; eigene Arbeiten zur Richtigstellung sind im Gange.

Der möglichst feingepulverte Kaffee bzw. eingedampfte Extrakt (2—3 g) wird im Destillationskolben der angegebenen Apparatur[1] (vgl. Abb. 1) nach Zugabe einiger Siedesteinchen mit 100 ccm 12%iger Salzsäure (Spez. Gewicht 1,06) übergossen. In vorgeschriebener Weise wird destilliert, so daß in 10—12 Minuten je 30 ccm Destillat[2] übergehen; diese Menge wird jeweils durch Zugabe von wieder 30 ccm 12%iger Salzsäure in den Destillationskolben ergänzt. Man destilliert insgesamt 210 ccm über und gießt dann aus dem Auffangemeßzylinder unter Nachspülen mit zweimal je 10 ccm 12%iger Salzsäure in ein Becherglas um. Nun wird mit einer Lösung von 0,5 g Barbitursäure in 25 ccm 12%iger Salzsäure gefällt. Der Niederschlag bleibt mindestens 18 Stunden bedeckt stehen. Dann filtriert man durch einen bei 130° C konstant getrockneten Berliner Porzellan- (A_2) oder Jenaer Glasfiltertiegel (1 AG 3/5—7). Der Rest des Niederschlages wird mit dem Filtrat auf den Filtertiegel gespült. Zum Auswaschen füllt man den Tiegel zweimal mit destilliertem Wasser und saugt scharf ab. Man trocknet bei 130° bis zur Gewichtskonstanz (bei der Wägung eventuell Benutzung eines Aluminiumbechers, da der Niederschlag stark hygroskopisch ist). Aus der Menge des Niederschlages berechnet man das Furfurol nach der Formel:

$$\text{Furfurol} = (N + L \cdot 0{,}0000122) \cdot 0{,}4659.$$

Hierin bedeuten: N = Menge des Niederschlages in g; L = Gesamtvolumen der Fällungsflüssigkeit in ccm (210 ccm Destillat + 20 ccm 12%ige Salzsäure als Spülflüssigkeit + 25 ccm Barbitursäurelösung); der Faktor 0,0000122 stellt die Löslichkeit der Furalbarbitursäure in 1 ccm 12%iger Salzsäure dar; der Faktor 0,4659 ist der Quotient aus dem Molekulargewicht des Furfurols (96,03) und demjenigen der Furalbarbitursäure (206,13). Die Versuchswerte sind mit einer Genauigkeit von ± 0,3% reproduzierbar. Die Umrechnung des Furfurols auf Pentosan beruht auf sehr unsicherer Grundlage; man begnügt sich deshalb vielleicht am besten mit der Angabe des Furfurolwertes als eines Maßstabes für den Pentosangehalt.

Die bisher zur Pentosanbestimmung fast ausschließlich angewandte Phloroglucinmethode ist nicht empfehlenswert, da im Kaffee, vor allem im gerösteten Kaffee, mit dem Vorhandensein von Oxymethylfurfurol bzw. dessen Bildung bei der Destillation zu rechnen ist. Dieses aber wird durch Phloroglucin teilweise mitgefällt, wodurch ein erhöhter Furfurolwert vorgetäuscht wird. Die seitherigen Literaturangaben über den Pentosangehalt des Kaffees dürften daher alle zu hoch sein.

Künstliche Färbung. Die Untersuchung von rohem Kaffee vollzieht sich etwa folgendermaßen. Man übergießt in einem Kolben etwa 50 g Bohnen mit soviel Petroläther, daß sie gerade bedeckt sind, und erwärmt (gegebenenfalls am Rückflußkühler) unter wiederholtem Umschütteln $^1/_2$ Stunde lang auf etwa 50° C. Die entstehende trübe Flüssigkeit überführt man in einen hohen Glaszylinder und läßt bis zur Klärung stehen. Dann gießt man den klaren Petroläther soweit wie möglich ab und bringt den Rückstand in ein Becherglas. Man verdunstet die letzten Anteile an Petroläther bis auf etwa $^1/_2$ ccm und setzt nun 10 ccm Chloroform zu. Auf Grund des Unterschiedes in den Spez. Gewichten trennen sich die Gewebsteile des Kaffees sowie die evtl. zum Färben zugesetzten Stoffe, wie Kohle, Sägemehl usw., die auf der Oberfläche schwimmen, von den mineralischen Bestandteilen (Talk, Ocker, Bleichromat usw.), die auf dem Boden bleiben. Letztere werden nach den üblichen Verfahren der Mineralanalyse untersucht; möglicherweise läßt sich auch durch die mikroskopische Prüfung[3] eine Aufklärung herbeiführen.

Nach J. Grossfeld[4] liefert folgende Voruntersuchung gewisse Anhaltspunkte:

Indigo: Blaufärbung der Chloroformlösung, Entfärbung durch Salpetersäure.
Curcuma: Gelbfärbung der Chloroformlösung, gelber Niederschlag mit Salpetersäure.
Berlinerblau: Der Bodensatz wird mit Kalilauge braungelb, mit Salzsäure wieder blau.

---

[1] B. Peter, H. Thaler u. K. Täufel: **Z. 1933, 66**, 143.
[2] Sollte es getrübt sein (übergegangenes Fett bzw. Fettsäuren), so ist vor der Fällung mit Barbitursäure durch ein trockenes Filter zu filtrieren.
[3] E. v. Raumer: Forschungsber. 1896, **3**, 333.
[4] J. Grossfeld: Anleitung zur chemischen Untersuchung der Lebensmittel, S. 262. Berlin: Julius Springer 1927.

Chromgelb: Bei der gleichen Probe mit Salpetersäure ein gelber Niederschlag.
Ultramarin: Mit Kalilauge unverändert, mit Säuren entfärbt.
Smalte: Mit Kalilauge und Salzsäure unverändert blau.
Bleichromat: Mit Schwefelwasserstoff und Salzsäure braun bis schwarz.
Mennige: Desgleichen.
Ocker: Braune Teilchen, regelmäßig wiederkehrend, nicht mit Erde verwechseln.

Rohkaffee gibt beim Stehen in Wasser, das schwach alkalisch oder ammoniakalisch ist, eine mehr oder weniger intensiv grüne bis blaugrüne Färbung, die durch Oxydation der in Lösung gegangenen Chlorogensäure verursacht wird.

Zur Prüfung auf organische Farbstoffe wird die Oberfläche der Bohnen abgekratzt, zweckmäßig durch Schütteln in einem zylindrischen Reibeisen, das von einem entsprechend weiten Glaszylinder umgeben ist. Das erhaltene Pulver wird mit siedendem Alkohol behandelt; es lösen sich Indigo, Curcuma sowie gewisse Teerfarbstoffe. Man färbt auf Wolle aus und prüft die Ausfärbung in üblicher Weise.

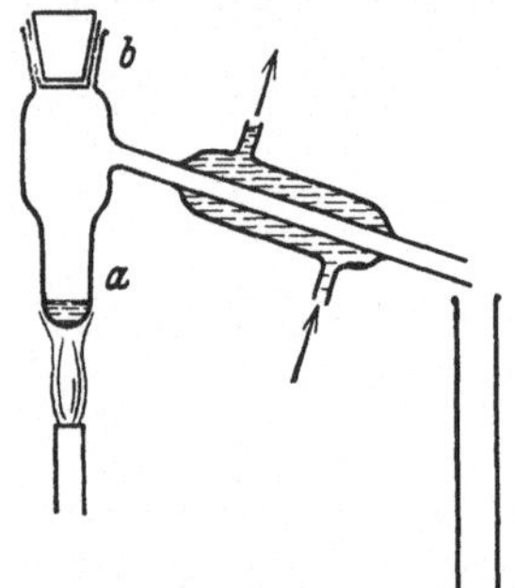

Abb. 2. Destillationsapparatur zur Glycerinbestimmung.

Überzugsmittel. Abwaschbare Stoffe (Glycerin, Zucker, Tragant, Agar-Agar, Dextrin, Gummi, Gelatine, Eiweiß usw.). 20 g Kaffeebohnen werden dreimal mit je 50 ccm eines 50 volumprozentigen Alkohols in der Weise ausgezogen[1], daß nach dem Übergießen der Bohnen sofort eine Minute geschüttelt wird und dann das Gemisch 1 Stunde lang stehen bleibt. Die jeweils abfiltrierten Auszüge werden mit Wasser auf 250 ccm aufgefüllt. Von der Lösung dampft man 50 ccm in einer flachen Platinschale auf dem Wasserbad ein und trocknet im Wasserdampftrockenschrank 3 Stunden lang. Nach dem Wägen verascht man und bestimmt wiederum das Gewicht. Die Differenz zwischen beiden Wägungen gibt die Menge der abwaschbaren Stoffe an.

Ein anderer Teil dieses alkoholisch-wäßrigen Auszuges kann zur Prüfung auf sonstige Stoffe dienen.

Glycerin[2]. 50 g Kaffeebohnen werden mit 100 ccm Wasser aufgekocht. Nach dem Abfiltrieren wiederholt man die Operation. Die vereinigten Filtrate versetzt man mit 5 ccm einer 4%igen Schwefelsäure und erwärmt zur Hydrolyse der Saccharose unter Ersatz des verdampfenden Wassers etwa 10 Minuten lang auf dem Wasserbad. Nunmehr setzt man 3—4 g eines 40%igen Kalkbreies hinzu und dampft in einer Porzellanschale ein. Um die Zerstörung der reduzierenden Zuckerarten vollständig zu machen, befeuchtet man den Rückstand mit Wasser und verdampft nochmals zur Trockne.

Der Rückstand wird mit einem vorn platt gedrückten Glasstab pulverisiert; Zugabe von einigen Tropfen absolutem Alkohol (Durchfeuchtung der spröden Masse) ist dabei vorteilhaft. Nun extrahiert man dreimal mit je 3—4 ccm absolutem Alkohol und verdampft die vereinigten Auszüge auf dem Wasserbad. Der hinterbleibende sehr geringe Rückstand wird mit 3 ccm eines gleichteiligen Gemisches von absolutem Alkohol und absolutem Äther aufgenommen und filtriert; man spült mit 3 ccm des gleichen Gemisches nach.

Um alle Verluste zu vermeiden, verdampft man das gesamte Filtrat portionsweise in dem in der obigen Abb. 2 schematisch dargestellten Destillationsapparat aus Jenaer Glas, indem man jeweils nur so viel eingießt, daß der untere Ansatz *a* nicht mehr als bis zur Hälfte gefüllt ist. Der Gummistopfen *b* ist zum Schutze innen mit Stanniol umkleidet.

Der Rückstand im Ansatzrohr *a* wird mit etwas Bimssteinpulver sowie mit etwa 15 Tropfen verflüssigter krystallisierter Phosphorsäure versetzt. Man erhitzt unter Fächeln mit kleiner Flamme zum Sieden. Das im Kühler verdichtete Destillat wird in einem kleinen

[1] Eine eingehende Studie über die Überzugsmittel bei Kaffee und ihr Verhalten bei Herstellung der wäßrigen, alkoholischen sowie ätherischen Auszüge verdankt man A. SCHUGOWITSCH (**Z.** 1927, **54**, 330).

[2] Nachweisverfahren des Glycerins nach K. TÄUFEL und H. THALER: Zeitschr. analyt. Chem. **1933**, **95**, 235; dieses Verfahren dürfte schärfer sein als die sonstigen bisher benutzten Arbeitsweisen.

Reagensglas (100 mm lang, 13 mm Durchmesser) aufgefangen. Beim Erhitzen tritt am Anfang meist Schäumen auf; es wird so lange destilliert, bis das Sieden fast aufgehört hat (Dauer etwa 5 Minuten).

Das aus einigen wenigen Tropfen bestehende, Acrolein enthaltende Destillat wird mit 1 Tropfen einer 3%igen Lösung von Hydroperoxyd und anschließend mit 1 ccm konz. Salzsäure versetzt. Man kühlt unter fließendem Wasser ab und schüttelt 1 Minute lang zur Oxydation des Acroleins zum Epihydrinaldehyd ($CH_2-CH \cdot CHO$, mit O-Brücke zwischen CH_2 und CH) kräftig durch. Hierauf gibt man zur Zerstörung des überschüssigen Hydroperoxyds 1 Tropfen einer 10%igen Lösung von Kaliumjodid zu und nimmt das ausgeschiedene Jod sofort durch Zugabe einer ausreichenden Menge einer 10%igen Lösung von Natriumthiosulfat weg.

Die derart vorbereitete Lösung wird mit 0,5 ccm einer 1,5%igen ätherischen Lösung von Phloroglucin versetzt und umgeschüttelt. Bei Gegenwart von Glycerin, das nunmehr über das Acrolein in Epihydrinaldehyd übergeführt ist, tritt je nach dessen Menge eine rote bis violettrote Färbung auf. Die Beobachtungszeit dehnt man bis auf 30 Minuten aus. Mitunter färbt sich das Reaktionsgemisch gelblich, wodurch die Feststellung der roten Farbe sehr erschwert ist. Durch Verdünnen mit wenig Wasser, wobei gleichzeitig das gelegentlich ausgefallene Natriumchlorid in Lösung geht, pflegt die gelbe Farbe zu verschwinden, und das reine Rot tritt hervor.

Zucker. Man erkennt Kaffeebohnen, die mit Zucker oder anderen beim Rösten caramelbildenden Stoffen behandelt worden sind, vor allem daran, daß sie ein auffälliges Aussehen haben, einen eigentümlich bitteren Geschmack besitzen und im Wasser letzterem eine gelbe bis braune Farbe erteilen.

Tragant. 5 g feingemahlener Kaffee werden in einer Reibschale tropfenweise mit soviel einer 25%igen Schwefelsäure unter fortwährendem Reiben versetzt, daß ein dicker Brei entsteht. Man vermischt diesen innig mit etwa 10 Tropfen Jod-Jodkaliumlösung und untersucht dann mikroskopisch. Tragant zeigt bei 100—200facher Vergrößerung blaugefärbte, von Stärke deutlich unterscheidbare Körnchen.

Agar-Agar. Es werden 5—10 g Kaffeebohnen mit der etwa 10fachen Wassermenge unter beständigem Umrühren 2—3 Minuten lang zum Sieden erhitzt. Man filtriert heiß durch ein dichtes Papierfilter und läßt stehen. Beim Abkühlen wird sich, sofern Agar-Agar anwesend war, ein feinflockiger Niederschlag von gallertartiger Beschaffenheit absetzen. Der Nachweis kann mikroskopisch (Diatomeen im Niederschlag vor dem Filtrieren; man bildet ein Sediment durch Zentrifugieren) sichergestellt werden.

Dextrin. Man stellt aus 20—40 g Bohnen mit 50 ccm lauwarmem Wasser durch Schütteln eine Lösung her. Einen Teil der filtrierten Lösung versetzt man mit der etwa 10fachen Menge an absolutem Alkohol. Bei Anwesenheit von Dextrin (Stärkesirup, Stärkezucker) tritt die bekannte weißliche Trübung ein.

Ein anderer Teil der filtrierten Lösung wird auf Arabischen Gummi geprüft, der daran kenntlich ist, daß mit Bleiessig eine Fällung, mit Bleizucker aber keine Fällung eintritt.

Eiweiß. Auf Zugabe von Tanninlösung, von Pikrinsäurelösung oder von sonstigen Eiweißfällungsmitteln flockt aus der Lösung der entsprechende Niederschlag aus, der gegebenenfalls nach Gelatine, Eiereiweiß usw. zu differenzieren ist.

Schellack und andere Harze. 50 g (gegebenenfalls mehr) Kaffee werden mit so viel 80%igem Alkohol übergossen, daß die Bohnen gerade damit bedeckt sind; nun erwärmt man bis zum Aufkochen des Alkohols. Der Verdunstungsrückstand des abfiltrierten Auszuges ist bei Gegenwart von Harzen in der Wärme zähflüssig, nach dem Abkühlen lackartig fest. Er gibt beim vorsichtigen Erwärmen mit kleiner Flamme bei Anwesenheit von Kolophonium und den meisten anderen Harzen einen eigentümlichen Geruch. Bei Schellack beobachtet man nichts Auffälliges. Durch Bestimmung von Säurezahl, Jodzahl usw. lassen sich evtl. Anhaltspunkte für die Art des Harzes (sofern kein Harzgemisch Anwendung gefunden hatte) gewinnen.

Kolophonium[1] im besonderen kann durch den Nachweis der Abietinsäure erkannt werden. 10 g Kaffeebohnen werden mit 30 ccm 0,5 N.-Alkalilauge und etwas Kieselgur 3 Minuten lang geschüttelt und dann filtriert. Das Filtrat säuert man mit verdünnter Schwefelsäure an und schüttelt mit 30 ccm Äther aus. Die ätherische Lösung wird filtriert, mit je 25 ccm Wasser einige Male gewaschen, getrocknet und dann verdunsten gelassen. Der Rückstand wird in 1—1,5 ccm Essigsäureanhydrid gelöst. Zu dieser Lösung läßt man im schräg gehaltenen Reagensglas einen Tropfen einer 62,5%igen Schwefelsäure (Spez. Gewicht

[1] O. SCHUGOWITSCH: Z. 1927, 54, 336.

1,53) langsam zufließen. Eine blauviolette Färbung, über schmutzigbraun in gelb übergehend, zeigt Abietinsäure und damit Kolophonium an. Bei Abwesenheit des letzteren tritt höchstens ein schwach rosafarbiger Stich auf, der sich nicht weiter verändert.

Arsenhaltiger Schellack. Man behandelt 100 g Kaffeebohnen unter wiederholtem Umrühren auf dem Wasserbad $^1/_2$ Stunde lang mit 100—150 ccm 96%igem Alkohol und 10 ccm einer etwa 10%igen alkoholischen Kalilauge. Die Lösung gießt man ab und dampft ein. Der Rückstand wird mit alkoholischer Kalilauge bis zur Auflösung behandelt und dann fast bis zur Trockene verdampft. Nun nimmt man mit etwa 10 ccm Wasser auf, säuert mit Salzsäure an, filtriert und prüft das Filtrat nach GUTZEIT oder MARSH auf Arsen.

Fette, Paraffin, Mineralöl. Man extrahiert 50 g Bohnen 10 Minuten lang mit einer das Untersuchungsmaterial gerade bedeckenden Menge Petroläther (Siedep. 30—50°), gießt den Auszug ab und wiederholt diese Operation noch zweimal. Die vereinigten Lösungen werden vom Petroläther befreit. Den Rückstand behandelt man mit etwas warmem Wasser, gießt letzteres ab und nimmt den Rückstand wieder mit wenig Petroläther auf. Nach dem Filtrieren wird das Lösungsmittel in einer gewogenen Schale verdunstet; der Rückstand wird nach dem Trocknen gewogen. Reiner gerösteter Kaffee liefert hierbei in der Regel nicht mehr als 0,5 g Fett. Ist der Rückstand größer, so ist, sofern Harze (Kolophonium) nicht anwesend waren (Prüfung vgl. vorangehend), auf Fett oder mineralisches Fett zu prüfen. Man ermittelt Verseifungszahl, Lichtbrechung, Jodzahl und andere analytische Konstanten. Mineralfett gibt sich nach der Verseifung als „Unverseifbares“ zu erkennen[1].

Coffein. Zur Bestimmung des Coffeins ist eine ganze Anzahl von Arbeitsverfahren[2] angegeben worden, deren frühere von K. LENDRICH und F. E. NOTTBOHM[3] sowie von G. FENDLER und W. STÜBER[4] kritisch besprochen worden sind. Neuerdings haben sich J. GROSSFELD und G. STEINHOFF[5] wieder eingehend damit befaßt, vor allem mit der Vorschrift: „Kaffee“, Heft 5 der Entwürfe zu Festsetzungen über Lebensmittel[6]; diese Arbeitsweise stützt sich auf die Angaben von K. LENDRICH und F. E. NOTTBOHM.

Die analytische Aufgabe läuft darauf hinaus, das Coffein aus dem Gemisch der mannigfachen Bestandteile vollständig und praktisch rein abzutrennen und zur Bestimmung zu bringen. Dabei ist im Auge zu behalten, daß die Arbeitsweise nicht zu umständlich und nicht zu kostspielig sein darf.

Eine Hauptschwierigkeit, die bei der quantitativen Erfassung zu überwinden ist, besteht darin, Verluste an Coffein durch Adsorption desselben an den vorhandenen oberflächenaktiven Stoffen, z. B. an Kohle, Caramel usw.[7] zu vermeiden. Ferner ist zu beachten, daß das extrahierte Alkaloid, vor allem bei der Abscheidung aus Röstkaffee, mitunter von kleinen Mengen an unbekannten Fremdstoffen begleitet ist, wodurch die unmittelbare Wägung unmöglich wird. Sind diese Begleitstoffe stickstoffrei, dann entfällt der Fehler, wenn man, was allerdings wieder Zeit und Arbeit erfordert, den Extrakt auf seinen Stickstoffgehalt untersucht und daraus das Coffein berechnet. Nachstehend sind die drei gebräuchlichsten Arbeitsverfahren aufgeführt[8].

---

[1] Vgl. auch J. RUFFY: Mitt. Lebensmittelunters. Hygiene 1933, **24**, 243.

[2] J. KÖNIG: Chemie der menschlichen Nahrungs- und Genußmittel, Bd. 3, 3. Teil, S. 161—169. Berlin: Julius Springer 1918.

[3] K. LENDRICH u. F. E. NOTTBOHM: **Z.** 1909, **17**, 241.

[4] G. FENDLER u. W. STÜBER: **Z.** 1914, **28**, 9.

[5] J. GROSSFELD u. G. STEINHOFF: **Z.** 1931, **61**, 38; vgl. auch E. HELBERG und O. HÖGL: Mitt. Lebensmittelunters. Hygiene 1924, **18**, 357. — E. HELBERG: Mitt. Lebensmittelunters. Hygiene 1933, **24**, 54.

[6] Herausgeg. vom Kaiserl. Gesundh.-Amt. Berlin: Julius Springer 1915.

[7] Vgl. hierzu F. SARTORIUS und W. OTTEMEYER: **Z.** 1929, **58**, 353. Im gerösteten Kaffee liegt wenigstens teilweise gewissermaßen eine Adsorptionskohle vor.

[8] Die jodometrische Bestimmungsmethode nach M. GOMBERG (Journ. Amer. Chem. Soc. 1896, **18**, 331; **C.** 1896, I, 1084) hat sich wegen verschiedener Mängel nicht eingeführt.

Verfahren nach A. HILGER, A. JUCKENACK und K. WIMMER[1]. 20 g feingemahlener Kaffee werden in einem tarierten Emailletopf mit 900 g Wasser übergossen und (bei geröstetem Kaffee) 1 Stunde lang unter Ersatz des verdampfenden Wassers zum Sieden erhitzt. Nach dem Erkalten fügt man 75 g einer 7,5—8%igen Lösung von basischem Aluminiumacetat unter Umrühren dazu und hierauf 1,5 g Natriumbicarbonat in Substanz. Man bringt das Gesamtgewicht auf 1020 g, filtriert und dampft 750 g des Filtrates ein (entsprechend 15 g Kaffee). Bei Sirupkonsistenz fügt man 11 g gefälltes gepulvertes Aluminiumhydroxyd und eine ausreichende Menge sehr feinen Sand hinzu, verrührt zum gleichmäßigen Gemisch und dampft nunmehr auf dem Wasserbad zur Trockne ein. Der Rückstand wird in zerkleinertem Zustand vollständig in eine Extraktionshülse übergeführt, wobei man den Rest aus der Abdampfschale mit etwas angefeuchteter Watte auswischt und letztere ebenfalls in die Extraktionshülse gibt[2]. Es wird 8—10 Stunden im SOXHLET-Apparat mit reinem Tetrachlorkohlenstoff extrahiert. Die erhaltene abgetrennte Coffeinlösung gibt man in einen KJELDAHL-Kolben, verdampft das Lösungsmittel, zerstört mit konz. Schwefelsäure und bestimmt den Stickstoff in bekannter Weise. 1 ccm 0,25 N.-Schwefelsäure entspricht 0,01216 g Coffein.

Verfahren nach G. FENDLER und W. STÜBER, in der Ausführung nach J. PRITZKER und R. JUNGKUNZ[3]. 10 g des Kaffeepulvers werden mit 10 ccm 10%igem Ammoniak und 50 ccm Chloroform in einem Kolben 1 Stunde lang am Rückflußkühler erhitzt. Die Lösung wird abgesaugt und der Rückstand fünfmal mit je 10 ccm Chloroform ausgewaschen. Den Abdampfrückstand der vereinigten Chloroformauszüge übergießt man mit 80 ccm heißem Wasser und digeriert nun unter Umschwenken 10 Minuten lang auf dem siedenden Wasserbad. Zur erkalteten Lösung werden bei geröstetem Kaffee 20 ccm, bei Rohkaffee 10 ccm einer 1%igen Lösung von Kaliumpermanganat[4] hinzugesetzt; man läßt $^1/_4$ Stunde bei Zimmertemperatur stehen. Durch kubikzentimeterweisen Zusatz von 3%iger Wasserstoffperoxydlösung (1 ccm Eisessig auf 100 ccm der Lösung) wird das überschüssige Kaliumpermanganat vorsichtig reduziert. Ist die Lösung nicht mehr rot oder rötlich gefärbt, dann stellt man den Kolben auf das siedende Wasserbad und setzt in der Hitze nochmals so lange jeweils 0,5 ccm Hydroperoxydlösung zu, bis die Flüssigkeit nicht mehr heller wird. Diese letztere Behandlung dauert etwa 15 Minuten. Nun kühlt man ab und filtriert durch ein glattes Filter (9 cm Durchmesser); Kolben und Filter werden mit kaltem Wasser nachgewaschen. Das klare Filtrat (etwa 200 ccm) wird zunächst mit 50 ccm, dann dreimal mit je 25 ccm Chloroform ausgeschüttelt. Die vereinigten chloroformischen Auszüge werden in einem gewogenen Kölbchen (etwa 250 ccm Fassungsvermögen) eingedunstet; die letzten Anteile an Chloroform entfernt man zweckmäßig durch vorsichtiges Ausblasen. Man trocknet bei 100° bis zur Gewichtskonstanz, wozu im allgemeinen $^1/_2$stündiges Erwärmen ausreichend ist. Der Rückstand wird als Coffein gewogen.

Bei der Untersuchung coffeinarmer Produkte, bei denen sich die Verunreinigungen in dem durch Wägung ermittelten Coffeingehalt sehr stark auswirken, ist es angezeigt, die

[1] Siehe bei J. GROSSFELD u. G. STEINHOFF: **Z.** 1931, **61**, 45.

[2] Die geringe Menge Feuchtigkeit der Watte reicht hin, um die Extraktion des Coffeins durch Tetrachlorkohlenstoff quantitativ zu machen.

[3] J. PRITZKER u. R. JUNGKUNZ: **Z.** 1926, **51**, 100.

[4] Zur Oxydation vorhandener störender organischer Stoffe; das Coffein wird dabei, wie von verschiedener Seite bestätigt worden ist, nicht angegriffen. Dagegen können nach J. GROSSFELD und G. STEINHOFF (**Z.** 1931, **61**, 38), wohl durch Oxydation von Kaffeefett, kleine Mengen von wasserlöslichen Stoffen, wahrscheinlich von wasserlöslichen Fettsäuren, entstehen, die das Coffein in allerdings nur sehr kleiner Menge verunreinigen und dadurch den unmittelbaren Wägewert etwas erhöhen.

Reinheit des Coffeins durch eine Stickstoffbestimmung sicherzustellen bzw. den Gehalt daraus zu berechnen.

Verfahren nach K. LENDRICH und F. E. NOTTBOHM[1], in der Ausführung des Kaiserl. Gesundheitsamtes[2], verbessert von J. GROSSFELD und G. STEINHOFF[3]. 10 g des feingemahlenen Kaffees — 20 g bei coffeinfreiem Kaffee — versetzt man im Becherglas mit 5 bzw. 10 ccm einer 10%igen Lösung von Ammoniak und läßt unter zeitweiligem Umrühren bei Rohkaffee 2 Stunden, bei Röstkaffee (und Tee) 1 Stunde lang stehen. Hierauf mischt man 10—15 g bzw. 20—30 g grobkörnigen Sand zu, verbringt verlustlos in die Hülse des Extraktionsapparates[4] und extrahiert erschöpfend (etwa 3 Stunden lang) mit reinem Tetrachlorkohlenstoff (direkte Erhitzung des Extraktionskolbens auf dem Drahtnetz). Bei coffeinfreiem Kaffee — bei gewöhnlichem Kaffee (oder Tee) ist dies überflüssig — fügt man zum Extrakt 1 g reines festes Paraffin[5] (D.A.B. 6) und destilliert dann das Lösungsmittel ab. Der Rückstand wird mit etwa 50 ccm Wasser zum Sieden erhitzt und unter Nachspülen mit heißem Wasser in einen Meßkolben von 200 ccm übergeführt, bis dieser zu $^3/_4$ gefüllt ist.

Nach dem Abkühlen setzt man 10 ccm einer wäßrigen Lösung von Kaliumpermanganat (5 g/100 ccm) hinzu und läßt 15 Minuten stehen. Dann fügt man 5 ccm einer Lösung von 20 g krystallisiertem Kupfersulfat in 100 ccm Wasser (zur Entfernung stickstoffreier Verunreinigungen, wahrscheinlich wasserlöslicher Fettsäuren) und zur Zerstörung des Permanganatüberschusses 5 ccm einer wäßrigen Lösung von Natriumthiosulfat (10 g/100 ccm) hinzu. Nach weiterem Zusatz von 5 ccm N.-Natronlauge wird bis zur Marke aufgefüllt, durchgemischt und durch ein trockenes Faltenfilter filtriert.

In 100 ccm des klaren, schwach blauen Filtrates wird das Coffein entweder durch einstündige Perforation mit Chloroform im Perforationsapparat, z. B. demjenigen nach C. VON DER HEIDE[6], oder in Ermangelung desselben durch viermaliges Ausschütteln mit zuerst 50 ccm, dann je 25 ccm Chloroform ausgezogen. Die vereinigten Auszüge filtriert man durch ein vorher entfettetes Filter in einen gewogenen ERLENMEYER-Kolben passender Größe, wäscht mit Chloroform nach, destilliert das Lösungsmittel auf dem Wasserbad ab, trocknet den Kolben in liegender Stellung im Wasserdampftrockenschrank bis zur Gewichtskonstanz und wägt den Rückstand als Coffein.

Bei Rohkaffee (und Tee) kann die Behandlung mit Kaliumpermanganat und Natriumthiosulfat wegfallen; es genügt die Reinigung mit Kupfersulfat und Natronlauge.

Das Verfahren liefert bei korrekter Durchführung meist ein so reines Coffein (über 98%ig), daß auf die Sicherstellung des gravimetrischen Wertes durch die Stickstoffbestimmung verzichtet werden kann. Dies bedeutet den früheren Methoden gegenüber eine wesentliche Vereinfachung. Nur bei besonders gelagerten Untersuchungen wird man die Stickstoffbestimmung noch heranziehen; 1 ccm 0,1 N.-Säure = 4,853 mg Coffein.

---

[1] K. LENDRICH u. F. E. NOTTBOHM: Z. 1909, 17, 241.

[2] Kaffee: Heft 5 der Entwürfe zu Festsetzungen über Lebensmittel. Berlin: Julius Springer 1915.

[3] J. GROSSFELD u. G. STEINHOFF: Z. 1931, 61, 38.

[4] Von J. GROSSFELD und G. STEINHOFF (Z. 1931, 61, 38) wird ein besonderer Apparat empfohlen, in dem die erschöpfende Extraktion in 2 Stunden beendet ist gegenüber 3 Stunden im gewöhnlichen Apparat; vgl. dazu Z. 1929, 58, 227.

[5] Das Paraffin nimmt gewisse Stoffe (caramelähnlich) auf, die sonst das Coffein verunreinigen. Diese Vorsichtsmaßregel, die bei höherem Coffeingehalt nicht von Belang ist, macht sich beim coffeinfreien bzw. coffeinarmen Kaffee erforderlich.

[6] Vgl. J. KÖNIG: Chemie der menschlichen Nahrungs- und Genußmittel, Bd. 3, Teil 1. S. 468. Berlin: Julius Springer 1910.

In sinngemäßer Abänderung können die eben genannten drei Verfahren auch zur Untersuchung von Kaffeeaufgüssen auf ihren Coffeingehalt benutzt werden. Zur raschen Bestimmung gibt H. JESSER[1] eine kombinierte Methode mit folgender Arbeitsweise an.

150 ccm filtrierter Aufguß werden in einer Porzellanschale auf etwa 50 ccm eingeengt, mit 20 ccm $^1/_2$ N.-Alkalilauge unter Nachspülen mit Wasser quantitativ in einen Scheidetrichter übergeführt und dann viermal nacheinander mit 50, 40, 30 und schließlich 20 ccm Chloroform ausgeschüttelt. Aus den vereinigten Auszügen wird das Chloroform abdestilliert. Den Rückstand behandelt man mit 100 ccm heißem Wasser. Die erhaltene Coffeinlösung wird nach dem Erkalten in der von J. GROSSFELD und G. STEINHOFF angegebenen Weise weiter behandelt. Das zu wägende Coffein ist ab und zu durch die Stickstoffbestimmung auf Reinheit zu prüfen.

Chlorogensäure. Die quantitative Ermittlung dieser Säure, die auf Grund der von ihr angenommenen mittelbaren oder unmittelbaren physiologischen Wirkung im Mittelpunkt des analytischen Interesses steht, ist bisher in wirklich befriedigender Weise noch nicht gelöst. Daher dürfte es sich erübrigen, auf die bis jetzt angegebenen Bestimmungsmethoden in allen Einzelheiten näher einzugehen. Es seien nur einige grundsätzliche Angaben gemacht, sonst aber muß auf die Fachliteratur verwiesen werden.

Im älteren Schrifttum sind drei, sich in der Ausführung etwas unterscheidende Bestimmungsverfahren angegeben. Sie bedienen sich der Abscheidung der Chlorogensäure aus den verschiedenartig hergestellten Extrakten durch Fällung als Bleisalz; es sind dies die Verfahren nach BELL[2], nach W. H. KRUG[3] sowie nach H. TRILLICH und H. GÖCKEL[4]. An diese Verfahren anknüpfend, haben W. PLÜCKER und W. KEILHOLZ[5] folgende verbesserte Arbeitsweisen entwickelt.

Verfahren nach W. PLÜCKER und W. KEILHOLZ. 100 g feingeschroteter Rohkaffee werden mit Petroläther (am besten im SOXHLET-Apparat) 12 Stunden lang entfettet. 25 g des an der Luft getrockneten (1 Tag lang) Rückstandes werden unter Erhitzen mit 300 ccm eines 80%igen Alkohols 1 Stunde am Rückflußkühler extrahiert. Nach dem Dekantieren des ersten Extraktes wiederholt man diese Behandlung noch dreimal, und zwar das zweitemal 2 Stunden, das drittemal und viertemal je 4 Stunden lang. Aus den vereinigten, auf 500 ccm eingedampften Auszügen fällt man die Citronensäure und Phosphorsäure durch Zugabe von 5 ccm gesättigter Bariumacetatlösung aus und setzt zwecks besserer Filtrierbarkeit etwas Kieselgur zu. Nach Stehen über Nacht wird abgenutscht und der Rückstand mit 80%igem Alkohol ausgewaschen. Man dampft bis auf 100 ccm ein und bringt dann unter Nachspülen in einen Meßkolben von 250 ccm Inhalt. Nach dem Erkalten wird bis zur Marke aufgefüllt. Mit dieser Lösung kann die Bestimmung der Chlorogensäure als Bleichlorogenat oder auf dem Wege über das Bleisulfat durchgeführt werden[6].

Ein anderer Weg besteht darin, aus der vorstehend erwähnten Lösung die Chlorogensäure über das Bleisalz zu reinigen. Man verfährt dabei etwa folgendermaßen:

100 ccm der chlorogensäurehaltigen Untersuchungslösung werden mit 10 ccm 25%iger Bleiacetatlösung und 42,5 ccm 0,1 N.-Lauge versetzt. Der nach dem Stehen über Nacht abfiltrierte und mit Wasser 5mal ausgewaschene Niederschlag wird mit möglichst wenig Wasser in einen Kolben von etwa 300 ccm Inhalt übergeführt. Man schüttelt bis zur gleichmäßigen Verteilung des Niederschlages kräftig um, leitet 1 Stunde lang Schwefelwasserstoff zur Bleifällung ein und verdrängt den Schwefelwasserstoff vollständig[7] unter Durchleiten von Leuchtgas[8] (gereinigt der Reihe nach mit 10%iger Natronlauge, mit konz. Schwefelsäure, mit festem Natriumhydroxyd in Pastillenform). Nun wird filtriert und der Filterrückstand dreimal mit Wasser ausgewaschen. Das klare Filtrat wird im Meßkolben auf 250 ccm

[1] H. JESSER: Deutsch. Nahrungsm.-Rundschau 1931, 182. Vgl. auch Chem.-Ztg. 1932, **56**, 842, worin über eine abgekürzte Methode berichtet wird, die allerdings nur bei normalem, coffeinhaltigem Kaffee anwendbar ist.

[2] BELL: Nach MIRIUS: Analyse und Verfälschung von Nahrungsmitteln, S. 18, 1882.

[3] W. H. KRUG: Foods and foods Adulterantes 1892, 7, 26.

[4] H. TRILLICH u. H. GÖCKEL: **Z.** 1898, **1**, 101.

[5] W. PLÜCKER u. W. KEILHOLZ: **Z.** 1933, **66**, 200.

[6] Näheres vgl. **Z.** 1933, **66**, 200.

[7] Prüfung mit Bleiacetatpapier.

[8] Das entweichende Leuchtgas verbrennt man am besten im Bunsenbrenner.

aufgefüllt. Hierin kann die Chlorogensäure auf verschiedene Weise ermittelt werden. W. Plücker und W. Keilholz ziehen heran die elektrometrische Titration sowie die Ermittlung des Abdampfrückstandes entweder der Säure selbst oder der durch Hydrolyse daraus in Freiheit gesetzten Kaffeesäure[1].

Neuerdings hat sich auch M. Jurany[2] mit der Ermittlung der Chlorogensäure im Kaffee beschäftigt. Er benutzt hierzu die Titration des über das Bleisalz gewonnenen Auszuges sowie die von der Säure verursachte Linksdrehung des polarisierten Lichtes. Gegen die Richtigkeit der angewandten Arbeitsweise wenden sich aber W. Plücker und W. Keilholz[3].

Verfahren nach W. Hoepfner[4]. Diese Bestimmungsmethode gründet sich auf die Beobachtung, daß die Chlorogensäure in saurer Lösung (Essigsäure, Phosphorsäure) auf Zugabe von Alkalinitrit eine hochgelbe Färbung liefert, die beim Alkalisieren mit Alkalilauge in ein intensives Carminrot umschlägt. Die oxydierende und dadurch störende Wirkung von Stickoxyd (NO_2) kann durch Harnstoff eingeschränkt werden. Die Empfindlichkeit der Reaktion beträgt rund 1 : 100000. Die Farbe, für die das Beersche Gesetz innerhalb der geprüften Konzentrationen praktisch gilt, ist nicht beständig. Je nach den Lichtverhältnissen geht sie mehr oder weniger schnell zurück[5]. W. Hoepfner[6] hat aber festgestellt, daß die Farbe $^1/_2$ Stunde nach Anstellung der Reaktion so beständig ist, daß die Messung ausgeführt werden kann.

Die Bestimmung der Farbintensität führt W. Hoepfner mittels des Stufenphotometers nach Pulfrich unter Benutzung von Vergleichslösungen aus reiner Chlorogensäure oder aus chlorogensaurem Kaliumcoffein aus. C. Griebel[7] hat hierzu einmal das Leitzsche Absolutcolorimeter nach A. Thiel und W. Thiel[8] sowie zum andern die objektive Methode der Farbmessung mit Hilfe des lichtelektrischen Colorimeters nach W. Lange benutzt. Wegen der Einzelheiten des letzteren Verfahrens[9] muß auf die Originalliteratur verwiesen werden. Hier sei nur noch kurz auf die Gewinnung des zur Untersuchung benötigten Kaffeeauszuges eingegangen.

5 g zerkleinerte Rohbohnen werden 30 Minuten lang mit siedendem Aceton[10] entfettet. Dann läßt man das getrocknete Untersuchungsmaterial einige Stunden mit 50 ccm gesättigter Natriumchloridlösung stehen. Man füllt auf 100 ccm auf und kocht 15 Minuten lang. Nach dem Dekantieren gibt man 50 ccm Wasser dazu und kocht wieder 15 Minuten. Diese Behandlung wird 4—5mal wiederholt. In den vereinigten Lösungen ist die Chlorogensäure vollständig enthalten. Man verdünnt auf 250 ccm, läßt absitzen und filtriert durch Kieselgur, wenn die Lösung noch warm ist. Das Filtrat dient zur colorimetrischen Messung. Seine Eigenfarbe wird dadurch eliminiert, daß man der rotgefärbten Reaktionslösung beim Farbvergleich auf der Seite der Vergleichslösung die gleiche Extraktlösung ohne alle Zusätze entgegensetzt.

Die Farbreaktion wird etwa folgendermaßen ausgeführt. 5 ccm einer 0,001 %igen Lösung von Chlorogensäure werden mit 25 ccm Wasser verdünnt. Man gibt 0,5 ccm einer gesättigten Lösung von Natriumnitrit zu und dann eine zimmerwarme Lösung von 10 g Harnstoff in wenig Wasser. Unter Umschütteln werden rasch 0,5 ccm konz. Essigsäure zugesetzt. Man läßt stehen. Genau 3 Minuten nach Zugabe des Nitrites erfolgt der Zusatz von 5 ccm Natronlauge. Man füllt auf 100 ccm auf. Nach 30 Minuten wird die carminrote Lösung colorimetriert; am besten eignet sich hierzu ein Licht von der Wellenlänge zwischen 610 und 570 $\mu\mu$.

Nach unveröffentlichten Untersuchungen von J. Tillmans, bei denen eine Nachprüfung des Hoepfnerschen Verfahrens auf colorimetrischem und photometrischem Wege vorgesehen wurde, ergab sich die Unbrauchbarkeit der Methode. Es zeigte sich, daß die Lichtdurchlässigkeit unter den angewandten Versuchsbedingungen nicht proportional der Konzentration war. Sie hängt offenbar in erster Linie von anderen Dingen ab.

Neuerdings weisen W. Plücker und W. Keilholz[11] darauf hin, daß sich das colorimetrische Verfahren von W. Hoepfner nicht ohne weiteres auf Röstkaffee übertragen läßt, da gewisse Stoffe, z. B. Brenzcatechin, Protocatechusäure, Dioxystyrol, ähnliche Färbungen

---

1 Näheres **Z.** 1933, **66**, 200.
2 M. Jurany: Zeitschr. analyt. Chem. 1933, **94**, 225.
3 W. Plücker u. W. Keilholz: Zeitschr. analyt. Chem. 1934, **96**, 249.
4 W. Hoepfner: Chem.-Ztg. 1932, **56**, 991.
5 C. Griebel: Chem. Ztg. 1933, **57**, 353; **Z.** 1934, **67**, 452.
6 W. Hoepfner: **Z.** 1933, **66**, 238.
7 C. Griebel: Chem.-Ztg. 1933, **57**, 353; **Z.** 1934, **67**, 452.
8 A. Thiel u. W. Thiel: Chem. Fabrik 1932, **5**, 409.
9 W. Lange: Chem. Fabrik 1932, **5**, 457.
10 Nach C. Griebel ist Petroläther besser, da Aceton etwas Chlorogensäure löst.
11 W. Plücker u. W. Keilholz: Angew. Chem. 1934, **47**, 460; **Z.** 1934, **68**, 97.

wie die Chlorogensäure geben und solche Substanzen im gerösteten Kaffee vorhanden sind. Die beiden Forscher schlagen daher vor, an Stelle des direkten Verfahrens nach W. HOEPFNER ein mittelbares anzuwenden, das sich auf die colorimetrische Erfassung der aus Chlorogensäure abgespaltenen Kaffeesäure gründet und das eindeutig sein soll.

Trigonellin. Nach F. E. NOTTBOHM und F. MAYER[1] verbindet man die Bestimmung zweckmäßig mit derjenigen des Coffeins. 20 g des feingepulverten Kaffees werden nach dem Verfahren von K. LENDRICH und F. E. NOTTBOHM (vgl. S. 40) mit Chloroform[2] erschöpfend (3 Stunden) extrahiert. Man entfernt das Chloroform möglichst weitgehend und zieht nun 3 Stunden lang mit 96%igem Alkohol aus; nach 1 Stunde wird das Extraktionsmittel erneuert. Die vereinigten alkoholischen Auszüge liefern mit 8 ccm Bleiessig einen orangegelben Niederschlag, der unter Nachwaschen mit Alkohol auf einem Faltenfilter abfiltriert wird. Nun wird das Blei mittels Schwefelwasserstoffes aus dem alkoholischen Filtrat gefällt, abfiltriert, das Filtrat mit 3 ccm Salzsäure (Spez. Gewicht 1,124) angesäuert und auf 50 ccm eingedampft. Das sich nach kurzer Zeit abscheidende Öl wird abfiltriert. Nunmehr dampft man die Flüssigkeit nach Zugabe einer Messerspitze voll Tierkohle zur Trockne ein. Das Abdampfen wird zur Abscheidung der Verunreinigungen noch drei- bis viermal mit der gleichen Menge Salzsäure wiederholt[3]. Nun wird der in Wasser aufgenommene Rückstand nach Zugabe von etwas Tierkohle zum Sieden erhitzt, filtriert und auf 5 ccm eingeengt. Aus dieser Lösung wird das Trigonellin nach dem Ansäuern mit 2—3 Tropfen Salzsäure mit 0,1 N.-Jodlösung (11 ccm) als Jodverbindung ausgefällt. Man filtriert nach dem Absitzen und Krystallinischwerden (10 Minuten) durch ein Asbestfilter (Allihnröhrchen) ab und wäscht mit wenig kaltem Wasser nach. Der Niederschlag wird nach dem Auflösen in warmem Alkohol und starkem Verdünnen mit Wasser mit 0,1 N.-Thiosulfatlösung titriert. Stöchiometrische Verhältnisse können der Berechnung nicht zugrunde gelegt werden. Man muß sich deshalb mit einem empirischen Faktor begnügen, den man erhält, indem man die Bestimmung unter den gleichen Bedingungen mit einer bekannten Menge von reinem Trigonellin ausführt[4].

Zwischen dem Coffein- und dem Trigonellingehalt des Kaffees scheinen nach F. E. NOTTBOHM und F. MAYER[5] gewisse Zusammenhänge zu bestehen. Sie schlagen deshalb die Ableitung einer „Alkaloidzahl“ vor, die sich als der Quotient Coffein: Trigonellin darstellt. Dieser Zahlenwert liegt bei den geprüften Kaffeesorten des Handels zwischen 4,5—5,5, in 63% aller Fälle zwischen 4,7—5,3. Man kann einen mittleren Wert von rund 5 zugrundelegen und gewinnt auf diese Weise die Möglichkeit, z. B. ein Urteil über den Gehalt einer Kaffeemischung an Ersatz- oder Zusatzstoff abzugeben. Eine solche Aufgabe kann an Hand der bloßen Kenntnis des Coffeingehaltes, der bekanntlich innerhalb ziemlich weiter Grenzen schwankt, kaum gemacht werden. Bemerkt sei allerdings, daß bei den stark coffeinhaltigen Kaffeesorten (wilde Sorten, Liberia-Kaffee) die Alkaloidzahl nach den bisherigen Feststellungen im Mittel 11,4 (9,7—13,7) beträgt, also mehr als doppelt so hoch liegt wie bei den üblichen Handelssorten.

Bei der Ermittlung des Trigonellins in Kaffee-Aufgüssen treten insofern Schwierigkeiten auf, als der Extrakt auch nach mehrmaligem Behandeln mit Salzsäure nach dem Eindampfen immer lackartig bleibt, also störende Stoffe enthält. Abhilfe wird dadurch erzielt, daß man den Kaffee-Aufguß nicht für sich, sondern auf einem Kaffeepulver eintrocknet, dem das Coffein und das Trigonellin schon entzogen sind, und dann der vorgeschriebenen Behandlung unterwirft.

---

[1] F. E. NOTTBOHM u. E. MAYER: Z. 1931, **61**, 202.

[2] Diese Chloroformextraktion verfolgt den Zweck, zusammen mit dem Coffein möglichst viel der Extraktstoffe zu entfernen, welche die Bestimmung des Trigonellins stören.

[3] Bei geröstetem Kaffee, bei dem die Zuckerarten weitgehend abgebaut sind, tritt nach 1—2maliger Behandlung mit Salzsäure eine ölige Abscheidung nicht mehr auf.

[4] Bei Versuchen von F. E. NOTTBOHM und F. MAYER entsprach z. B. 1 ccm 0,1 N.-Jodlösung = 4,90 mg Trigonellin.

[5] F. E. NOTTBOHM u. F. MAYER: Z. 1931, **61**, 429.

Cholin. Die Bestimmung erfolgt nach F. E. Nottbohm und F. Mayer[1] im Anschluß an die Trigonellinabscheidung. Die nach dem Abfiltrieren des auskrystallisierten Trigonellinchlorids erhaltene alkoholische Lösung wird auf dem Wasserbad vom Alkohol befreit, mit heißem Wasser auf 50 ccm gebracht und zur Zerstörung noch vorhandenen Zuckers mit 10 ccm Salzsäure (Spez. Gewicht 1,124) einer Autoklavenbehandlung bei 4,5 Atmosphären unterworfen.

Die Reaktionsflüssigkeit[2] wird ohne Rücksicht auf die kohligen Teilchen mit etwas Tierkohle aufgekocht und das Filtrat bis zur Sirupkonsistenz eingedampft. Die beim Abkühlen hinterbleibende zähe, an den Rändern lackartige Masse bringt man nach und nach unter kräftigem Verrühren mit absolutem Alkohol (etwa 40 ccm) in Lösung. Nach kurzem Stehen scheiden sich reichlich weißgraue Flocken ab, die abfiltriert werden. Man vertreibt den Alkohol; der Rückstand wird in 25 ccm Wasser unter Zusatz von 3 ccm Salzsäure (Spez. Gewicht 1,124) gelöst und erneut mit Tierkohle behandelt. Das Filtrat wird im Vakuum der Wasserstrahlpumpe eingedampft. Die salzhaltige Masse extrahiert man nach dem Erkalten dreimal mit je 5 ccm absolutem Alkohol. Letzterer wird vertrieben und durch 25 ccm Wasser ersetzt, die mit 2 ccm Salzsäure angesäuert sind. Nunmehr wird das Cholin mit 10—15 ccm einer 20%igen wäßrigen Lösung von Phosphorwolframsäure ausgefällt. Der feinkörnige weiße Niederschlag wird abgenutscht, mit einigen Kubikzentimetern 5%iger Salzsäure gewaschen und mit kaltgesättigter Bariumhydroxydlösung zerlegt, deren Menge sich nach der Zugabe an Phosphorwolframsäure richtet. Nach Entfernung der Barium-Phosphorwolframsäureverbindung wird das Filtrat mit Salzsäure angesäuert und in einem kleinen Kolben im Vakuum eingedampft. Den Rückstand, der in der Hauptsache aus salzsaurem Trigonellin, Bariumchlorid und Cholin besteht, behandelt man zweimal mit je 7 ccm kaltem absolutem Alkohol, filtriert durch ein kleines Filter in ein Glasschälchen und verdampft das Lösungsmittel. Zur Entfernung der letzten Reste an Feuchtigkeit trocknet man über Nacht im Schwefelsäure-Exsiccator.

Der Rückstand wird nacheinander mit 2,5 ccm, 2 ccm und schließlich 1 ccm kaltem absolutem Alkohol ausgezogen. Nach dem Eindampfen der vereinigten Auszüge wird der Rückstand mit Wasser aufgenommen und auf genau 10 ccm Volumen gebracht. Zu 1 ccm dieser Cholinlösung setzt man in einem spitzen Zentrifugenglas 0,3 ccm Jod-Jodkaliumlösung (157 g Jod und 200 g Jodkalium in 1 Liter). Der braunschwarze Niederschlag, der sich sofort bildet, setzt sich ölig zu Boden und erstarrt beim Abkühlen des verschlossenen Glases in Eiswasser zu schwarzbraunen Nadeln; hierbei wird gleichzeitig die Ausfällung vollständig. Nach $^1/_2$stündigem Stehen filtriert man durch ein kleines Asbestfilter, wäscht mit 5 ccm eisgekühltem Wasser aus, löst den Niederschlag in etwa 10 ccm absolutem Alkohol, verdünnt stark mit Wasser und titriert mit 0,1 N.-Natriumthiosulfatlösung.

Der Berechnung legt man stöchiometrische Verhältnisse zugrunde, da die Jod-Cholinverbindung (Enneajodid) 9 Atome Jod enthält; 1 ccm 0,1 N.-Natriumthiosulfatlösung entspricht 1,335 mg Cholin.

Nachweis von Ersatzmitteln im Kaffee. J. Tillmans und G. Hollatz[3] stellten fest, daß Chloramin den Kaffee-Auszügen gegenüber eine wesentlich

---

[1] F. E. Nottbohm u. F. Mayer: Z. 1932, **63**, 176. Einzelheiten über die Arbeitsweise siehe an der Originalstelle.

[2] Die etwas umständliche Arbeitsweise ist erforderlich, um die in der alkoholischen Lösung enthaltenen Reste von Trigonellin, zuckerartigen Stoffen, anorganischen Salzen usw., welche die titrimetrische Ermittlung des Cholins stören würden, vollständig zu entfernen.

[3] J. Tillmans u. G. Hollatz: Z. 1929, **57**, 502.

stärkere Oxydationswirkung entfaltet als den Auszügen von Ersatzmitteln gegenüber. Auf diese Beobachtung gründeten sie die folgende Untersuchungsmethode.

5 g des zu prüfenden Pulvers werden mit 100 ccm siedendem Wasser übergossen, umgeschüttelt und erkalten gelassen. Zur Vorprüfung versetzt man einige Kubikzentimeter des (gegebenenfalls verdünnten) Filtrates, ohne zu schütteln, mit einigen Tropfen Eisenchloridlösung. Tritt eine dunkle Verfärbung nicht auf, so ist Kaffee abwesend[1]. Zu einigen anderen Kubikzentimetern gibt man nach entsprechender Verdünnung etwas Jodlösung. Blaufärbung erweist die Anwesenheit von Getreidekaffee (Malz-, Gersten- oder Kornkaffee). Einige weitere Kubikzentimeter versetzt man mit dem gleichen Volumen FEHLINGscher Lösung. Starke Reduktion deutet auf Zichorie, Feige usw. hin. Zur Bestimmung der Extraktzahl dampft man 50 ccm des Aufgusses in der üblichen Weise ein und wägt nach $^1/_2$stündigem Erwärmen im Wasserdampftrockenschrank; das Gewicht stellt die Extraktzahl (Ex) dar.

Zur Ermittlung der Chloraminzahl verdünnt man 10 ccm des Aufgusses mit Wasser auf 100 ccm. Je 10 ccm der Verdünnung werden in drei ERLENMEYER-Kolben mit 10, bzw. 20 und 40 ccm 0,01 N.-Chloraminlösung (1,4082 g/1000 ccm) und 3 ccm Acetatpuffer (gleiche Teile 2 N.-Essigsäure und 0,1 N.-Natronlauge) versetzt und 10 Minuten lang bei 18—20° C unter Ausschluß des unmittelbaren Sonnenlichtes aufbewahrt. Dann gibt man einige Kubikzentimeter Jodkaliumlösung (20%ig) zu, säuert mit verdünnter Schwefelsäure (1 + 3) an und titriert das ausgeschiedene Jod mit 0,01 N.-Natriumthiosulfatlösung (Stärke als Indicator) zurück. Von den drei Versuchen zieht man denjenigen heran, bei dem der Überschuß an Chloramin das 4—5fache des Verbrauches beträgt. Diesen Versuchswert, ausgedrückt in Kubikzentimetern 0,01 N.-Chloraminlösung, bezeichnet man als Chloraminzahl (Chl). Die in 100 ccm Aufguß enthaltene Menge Kaffee bzw. Ersatz findet man, wenn Korn oder Malz zugegen ist, größenordnungsmäßig nach den folgenden empirischen Formeln:

$$\text{g Kaffee} = 0{,}5645\ \text{Chl} - 1{,}3970\ \text{Ex}$$
$$\text{g Ersatz} = 7{,}1240\ \text{Ex} - 0{,}3794\ \text{Chl}.$$

Bei Anwesenheit von zuckerhaltigen Stoffen legt man die nachstehenden Beziehungen zugrunde:

$$\text{g Kaffee} = 0{,}587\ \text{Chl} - 1{,}824\ \text{Ex}$$
$$\text{g Ersatz} = 3{,}414\ \text{Ex} - 0{,}187\ \text{Chl}.$$

Sind beide Arten von Ersatz oder Zusatz zugegen, so muß man aus den jeweils nach beiden Gleichungen errechneten Werten das Mittel nehmen.

„Färbekraft" (Ergiebigkeit). Die Färbekraft wird am besten nach dem Verfahren von J. PRITZKER und R. JUNGKUNZ[2] bestimmt; vgl. hierzu auch die Ausführungen auf S. 75.

Konservierungsmittel. Die für Kaffee, insbesondere für Kaffee-Extrakte in Betracht kommenden Konservierungsmittel, wie Salicyl-, Bor-, Ameisen-, Benzoe-, Flußsäure sowie Formaldehyd usw. und deren Derivate, vor allem auch die Ester der p-Oxybenzoesäure, werden nach den üblichen Verfahren der analytischen Chemie qualitativ und quantitativ nachgewiesen[3].

---

[1] 0,005 g Kaffee sind noch erkennbar.

[2] J. PRITZKER u. R. JUNGKUNZ: **Z.** 1921, **41**, 151.

[3] TH. VON FELLENBERG u. ST. KRAUZE: Nachweis von Konservierungsmitteln. Mitt. Lebensmittelunters. Hygiene 1932, **23**, 111.

Mikroskopische Untersuchung des Kaffees.

Von Professor Dr. C. GRIEBEL-Berlin.

Mit 8 Abbildungen.

Für die mikroskopische Untersuchung des gemahlenen Kaffees empfiehlt es sich, das nötigenfalls zerriebene, aber noch körnige Pulver zur teilweisen Entfärbung mit Ammoniak zu behandeln und dann in Chloralhydratlösung zu bringen. Rascher gelingt die Aufhellung bzw. völlige Entfärbung durch mehrstündige Einwirkung von JAVELLEscher Lauge oder von konz. Wasserstoffsuperoxyd, dem man einige Tropfen Ammoniak zugesetzt hat. Als Reagenzien verwendet man nach Auswaschung der Bleichmittel Jodlösung zur Erkennung etwa vorhandener Stärke und weiter Phloroglucin-Salzsäure zur Hervorhebung verholzter Elemente.

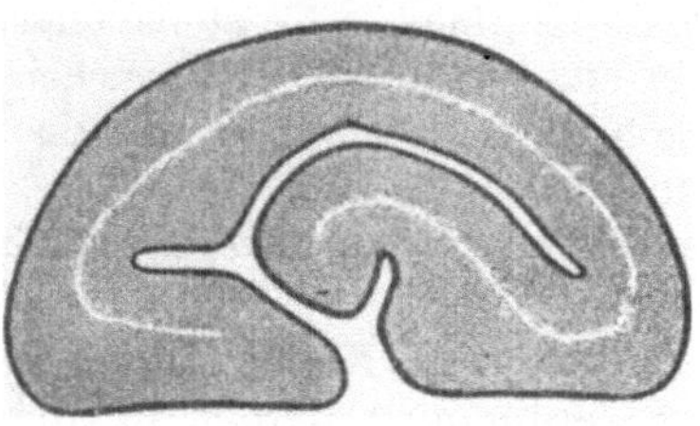

Abb. 3. Vergrößerter Querschnitt der Kaffeebohne. (Nach J. MOELLER.)

Zweckmäßig wird eine Voruntersuchung des auf einer Glasplatte ausgebreiteten Pulvers mit der Lupe vorgenommen, wobei man die auffallenden Teile absondert, durch Aufdrücken einer erweichten Paraffinkerze fixiert, von ihnen Schnitte anfertigt und diese mittels Xylol vom Paraffin befreit. Bei der Untersuchung ungemahlenen Kaffees sucht man ebenfalls mit der Lupe auffallende Bohnen heraus, läßt sie einige Stunden in Wasser weichen und macht nun Querschnitte und Schabepräparate. Ersatzstoffe werden hierbei leicht erkannt. Künstliche Kaffeebohnen würden schon durch das Fehlen der Silberhaut (s. unten) auffallen. Im übrigen enthalten sie kein

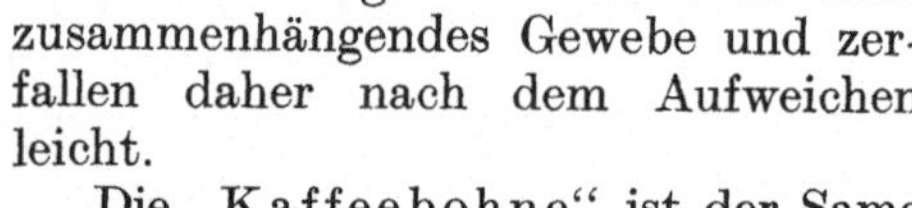

zusammenhängendes Gewebe und zerfallen daher nach dem Aufweichen leicht.

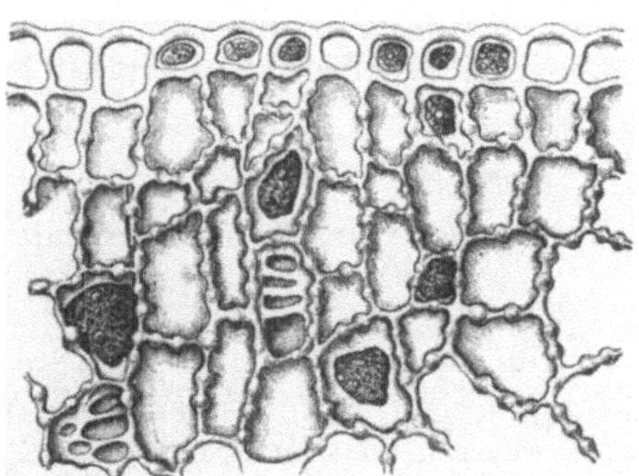

Abb. 4. Nährgewebe der Kaffeebohne im Querschnitt. (Nach J. MOELLER.)

Die „Kaffeebohne“ ist der Same von Kulturformen und Kreuzungen verschiedener Coffeaarten insbesondere von Coffea arabica L., Coffea liberica BULL., Coffea robusta CHEV. Die reifen Früchte des Kaffeebaumes sind etwa kirschengroße Steinfrüchte von meist rotvioletter Farbe, die zwei bzw. einen Samen (Perlkaffee) enthalten.

Die Hauptmasse des Samenkerns bildet das hornartige Nährgewebe, das der Länge nach von beiden Seiten eingerollt ist (Abb. 3). Im Umriß sind die Kaffeebohnen meist elliptisch, im Querschnitt plankonvex oder schwach konkav-konvex; auf der Innenseite findet sich, entstanden durch die Faltung des Nährgewebes, eine gewöhnlich etwas hin- und hergebogene Längsrinne, die an dem oberen Ende knapp vor dem Rande endet, am unteren Ende meist schief in den Rand einschneidet. An dieser Stelle liegt der kleine Keimling, dessen keulenförmiges Würzelchen beim Aufquellen der Bohnen (auch durch Dämpfen) häufig hervortritt. Die das Nährgewebe umschließende Samenhaut („Silberhaut“) begleitet, da die Faltung des Endosperms erst bei der späteren Entwicklung des Samens stattfindet, die Oberfläche des Nährgewebes auch in den Falten; sie kann also hier nicht beseitigt werden, auch wenn sie an der äußeren Oberfläche der Kaffeebohne bei der Gewinnung des Kaffees entfernt wird; Teile von ihr müssen sich daher auch in gemahlenem Kaffee stets finden. Endosperm und Samenhaut haben so kennzeichnende Gewebselemente, daß sie daran immer leicht erkennbar sind.

Das Endosperm (Abb. 4) besteht in der äußersten Schicht aus in der Flächenansicht polygonalen, im Querschnitt fast isodiametrischen Zellen, die von einer dünnen Cuticula bedeckt sind. Die nach innen folgenden, lückenlos aneinandergereihten Parenchymzellen sind isodiametrisch-polyedrisch oder etwas radial gestreckt, ihre Membran ist ziemlich stark verdickt (Reservecellulose), grob getüpfelt. An Querschnitten erscheinen die Zellwände daher perlschnurförmig bis knotig verdickt, in der Fläche durch die großen ovalen Poren gefenstert.

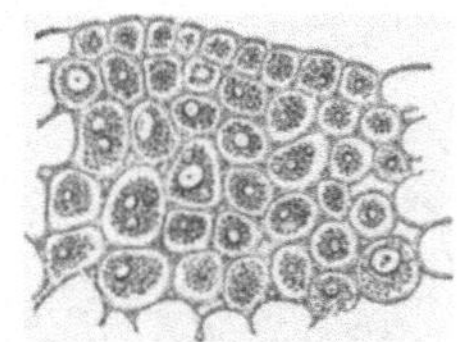

Abb. 5. Embryonalgewebe des Kaffees (J. MOELLER).

Der Inhalt der Zellen besteht beim Rohkaffee aus ölhaltigem Plasma, das außerdem hauptsächlich Saccharose, Chlorogensäure und chlorogensaures Kalicoffein enthält. Stärke fehlt. Die sich bei Zusatz von Jodlösung dunkel färbenden kugeligen Gebilde bestehen vielmehr aus in Chloroform löslichen harzigen und wachsartigen Stoffen.

Dünnschnitte färben sich auf Zusatz verdünnter Eisenchloridlösung sofort tief grün (Chlorogensäure). Ammoniak bewirkt sofort lebhafte Gelbfärbung, die nach einiger Zeit in Grün übergeht (Viridinsäurebildung).

Im mittleren Teil des Endosperms findet man kleinere und größere Komplexe verschleimter Zellen, die fast keine Struktur mehr erkennen lassen.

Die Zellen des Embryos (Abb. 5), die man im gemahlenen Kaffee aber nur ganz selten antrifft, sind rundlich, von Plasma erfüllt und lassen kleine Intercellularräume zwischen sich erkennen.

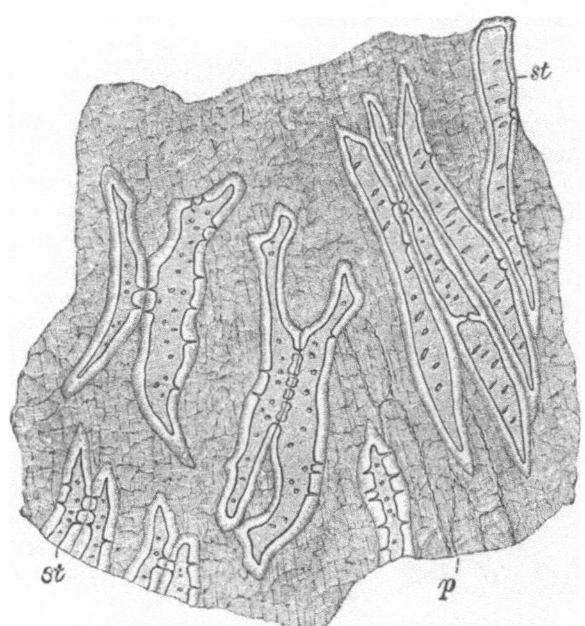

Abb. 6. Samenhaut der Kaffeebohne (J. MOELLER). *p* obliterierte Membran, *st* Steinzellen.

Die Samenhaut — durch Einweichen der Samen und Aufrollen des Endosperms kann man die eingeschlossenen Anteile der „Silberhaut“ leicht freilegen — ist ein Gewebe aus mehreren Lagen von dünnwandigen, zusammengepreßten Zellen, in dessen Außenschicht zu Gruppen vereinigte oder einzelnstehende, stellenweise auch dichtgedrängte Sklereiden (Steinzellen) eingelagert sind (Abb. 6). Diese sind in Form und Größe sehr verschieden, vorwiegend spindel- oder wetzsteinförmig oder unregelmäßig knorrig; die verholzte Wand ist von meist schief gestellten, spaltenförmigen oder elliptischen Tüpfeln durchsetzt. Die Tüpfelung der Seitenwände ist meist undeutlich.

Wegen ihrer charakteristischen Form sind die Sklereiden der Silberhaut von besonderer Bedeutung für den Nachweis von Kaffee. Doch kann die Diagnose erst dann als gesichert gelten, wenn zugleich auch Trümmer des Kaffee-

Endosperms aufgefunden werden; denn es ist vorgekommen, daß Kaffee-Ersatzstoffe mit der als Abfall gewonnenen zerkleinerten Silberhaut vermengt waren.

Bei Coffea liberica BULL. — im unzerkleinerten Zustand an den viel größeren bis 16 mm langen und 11 mm breiten Bohnen erkennbar — sind die Sklereiden im ganzen derber und größer, an den Enden meist abgerundet, die Konturen der reich und deutlich getüpfelten Zellwand — die Tüpfel sind hier klein und rundlich — gegen das Lumen schärfer absetzt als bei Coffea arabica. Die Größe der Bohnen allein ist übrigens nicht beweisend für das Vorliegen von Coffea liberica. So hat die aus Brasilien stammende als „Maragogype" bezeichnete Varietät von Coffea arabica ebenfalls bis 16 mm lange und 10,5 mm breite Samen.

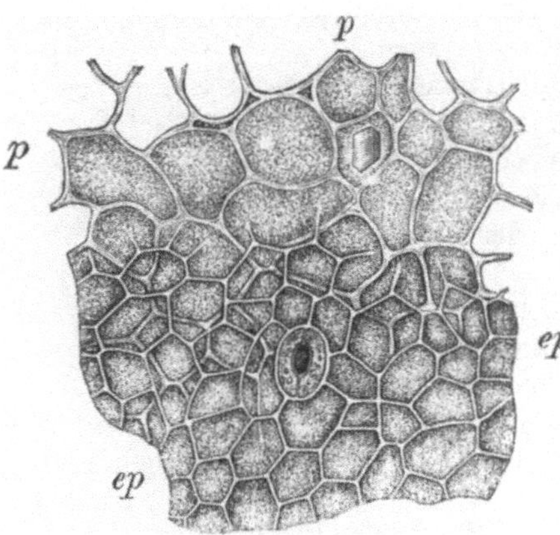

Abb. 7. Außenschichten der Kaffeefrucht in der Flächenansicht (J. MOELLER). ep Oberhaut, p Parenchym.

Bei Coffea robusta CHEV., die kleinere Samen als Coffea liberica hervorbringt — der Name bezieht sich auf die Wuchsform —, sind die Sklereiden meist schlanker als bei Coffea arabica. Die reichlich und deutlich getüpfelten Seitenwände sind meist scharf gegen das Lumen der Zelle abgesetzt. Die Tüpfel sind meist länglich, aber nicht ausgesprochen spaltenförmig.

In der Silberhaut von Coffea arabica lassen sich im polarisierten Licht leicht kleine Calciumoxalatkrystalle nachweisen (Unterschied von Coffea liberica und Coffea robusta).

In geröstetem Kaffee ist natürlich die ursprünglich farblose Wand der Endosperm- und Samenhautzellen, je nach dem Grade der Röstung, mehr oder weniger stark gebräunt und der Zellinhalt deformiert. In reinem Kaffee findet man stets, aber auch ausschließlich, Teile des Nährgewebes und der Samenhaut (sehr selten des Keimlings).

Die Fruchtschale des Kaffees fand zur Bereitung von Kaffeesurrogaten, z. B. des Sakka- oder Sultankaffees Verwendung (vgl. S. 101); in Arabien bereitet man auch aus dem frischen Fruchtfleisch ein gärendes Getränk (Kischer, Gischr oder Kescher). Die Fruchtwand besteht aus der Oberhaut (Epikarp), einer starken Parenchymschicht (Fruchtfleisch), einer einfachen Lage radial gestreckter Schleimzellen und dem aus einer starken Sklerenchymschicht gebildeten Endokarp (Pergamentschale). Die Oberhaut (Abb. 7) zeigt in der Flächenansicht kleine polygonale, ziemlich derbwandige Zellen, dazwischen einzelne eirunde, von zwei ungleichen Nebenzellen umgebene Spaltöffnungen. Bei Coffea stenophylla finden sich auch spärliche kurze, stark getüpfelte Haare, während die Epidermis der übrigen Kaffeefruchtarten kahl ist.

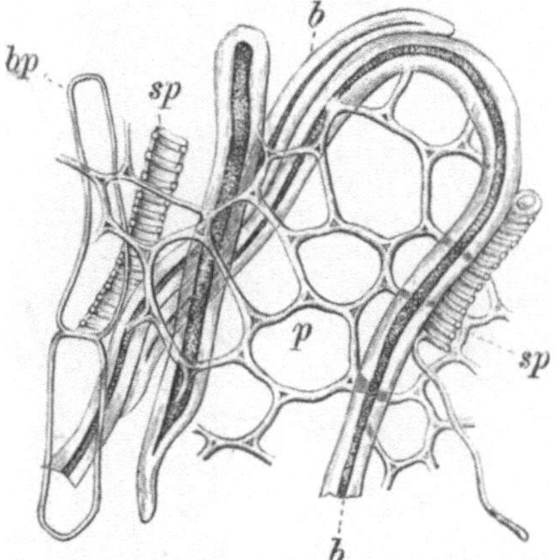

Abb. 8. Fruchtfleischgewebe des Kaffees (J. MOELLER). p Parenchym, bp Bündelparenchym, b Bastfasern, sp Gefäße.

Die Parenchymzellen des Fruchtfleisches (Abb. 8) sind derbwandig, von einer braunen, krümeligen Masse erfüllt; zuweilen enthalten sie Oxalatkrystalle oder Krystallsand. Nach innen zu wird das Parenchym großzelliger und zeigt in der Nähe der Gefäßbündel collenchymatische Ausbildung. Die Leitbündel enthalten enge Spiralgefäße, die von langen, dickwandigen Bastfasern begleitet sind.

Das *Endokarp* (Abb. 9) ist eine zähe Platte aus langgestreckten, dickwandigen, vielgestaltigen Sklerenchymfasern, die gruppenweise nach verschiedenen Richtungen orientiert sind. Eine Verwechslung dieser Zellen mit denen der Samenhaut ist nur bei einzelnen, isolierten Elementen möglich (Abb. 10), während sie in größeren Gruppen leicht zu unterscheiden sind, da die Steinzellen der Samenhaut stets von dem dünnwandigen Parenchym begleitet werden.

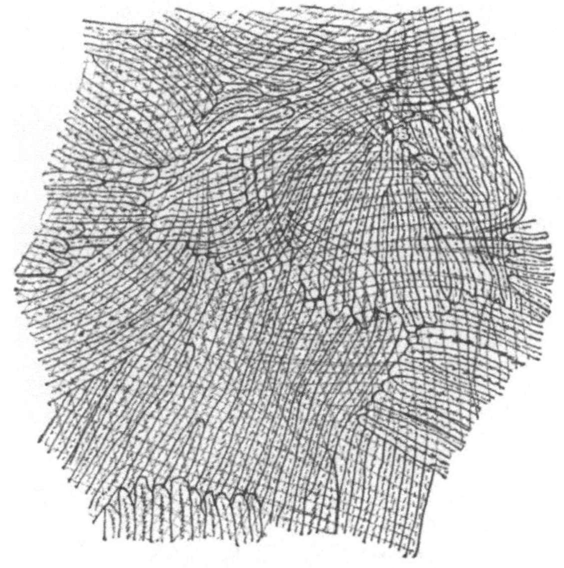

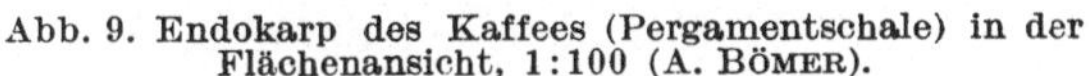

Abb. 9. Endokarp des Kaffees (Pergamentschale) in der Flächenansicht, 1:100 (A. BÖMER).

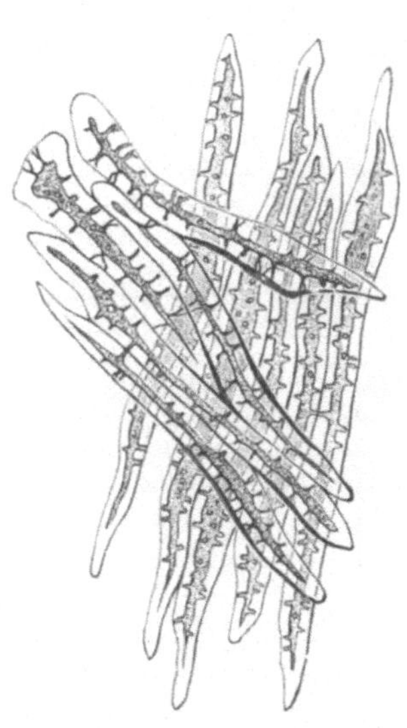

Abb. 10. Sklereiden aus dem Kaffee-Endokarp (J. MOELLER).

Durch die mikroskopische Untersuchung läßt sich auch eine *künstliche Färbung* des Rohkaffees nachweisen, sowie die Verwendung von *Poliermitteln*.

Künstliche Färbung erkennt man schon, wenn man ganze Bohnen bei etwa 50facher Vergrößerung betrachtet. Fremde Farbstoffe machen sich dann als kleine Pünktchen oder Flecken bemerkbar. v. RAUMER[1] stellte dünne Oberflächenschnitte her und prüfte diese im Wasserpräparat, nachdem durch Erwärmen mit kleiner Flamme die Luft ausgetrieben war, bei etwa 200facher Vergrößerung unter Anwendung von Reagenzien.

Hat ein Abreiben des Kaffees mit einem *Poliermittel* (z. B. Sägemehl) stattgefunden, so finden sich hiervon zumeist noch geringe Mengen in der Furche der Bohne, die man auskratzt, um das erhaltene Material mikroskopisch zu prüfen.

Verschimmelter Kaffee wird zuweilen durch Abreiben und Trocknen wieder äußerlich verbessert. Jedoch lassen sich auf diese Weise die Schimmelbildungen im Spalt der Bohnen nicht beseitigen. Mit Hilfe des Mikroskops findet man daher in solchen Fällen im Spalt die Schimmelpilze leicht auf.

[1] v. RAUMER: Forschungsberichte über Lebensmittel usw., Bd. 3, S. 333, 1896.

d) Physiologische Prüfung.

Die physiologische Prüfung des Kaffees hat sich einmal auf die geschmackliche Untersuchung vor allem des Getränkes, und zum andern auf die Einwirkung des Kaffees selbst bzw. der darin enthaltenen Bestandteile und Röstprodukte auf den Organismus zu erstrecken.

Was die geschmacksphysiologische Beurteilung anlangt, die sich vor allem auf die Ergebnisse der Prüfung des Aufgusses gründet, so setzt diese eine durch Erfahrung geschulte Kritik voraus. Man rechnet bei der haushaltüblichen Herstellung des Aufgusses auf 150 ccm (eine Tasse) 8 g gerösteten Kaffee. Für den beurteilenden Lebensmittelchemiker wird diese Tassenprobe mit der Feststellung irgendeiner qualitätsherabsetzenden Geschmackstönung (dumpfig, ranzig, sauer usw.) meist ihr Bewenden haben. In der Praxis des Kaffeehandels aber sowie bei der Herstellung von Mischungen aus Sorten verschiedener Herkunft (zur Senkung des Preises, zur Ausgleichung der Geschmacksnuancen, zur Sicherstellung der gleichbleibenden Art eines Erzeugnisses, unabhängig von den verschiedenen Ernten usw.) muß sie alle nur irgendwie in Betracht kommenden Faktoren erfassen; beruht doch der Ruf eines Kaffeehandelshauses oft auf der Zusammenstellung solcher beim Verbraucher ansprechender Mischungen. Man versteht, daß das Verkosten (besondere Prüfräume) im Hinblick auf Aroma, Kraft, Gehalt, Geschmack und „Säure" eine außerordentlich empfindsame Zunge und eine scharfe Geschmackskritik voraussetzt. Der geschulte „Kaffeekoster" ist (wie der „Teekoster") eine in der Praxis sehr wichtige Persönlichkeit.

Was die pharmakologische Prüfung des Kaffees und seiner Bestandteile sowie der Röstprodukte anlangt, so müssen dafür der Selbst-, der Personen-, der Reihen-, der Massen- sowie der Tierversuch herangezogen werden. Höher als die hierbei erhaltenen Ergebnisse, die vielfach durch die subjektive Einstellung und Disposition der Versuchspersonen getrübt sein können, sind diejenigen zu werten, die der experimentelle Physiologe, Psychologe oder Pharmakologe [Ermittlung von Pulsschlag, Herztätigkeit (Diastole, Systole, Schlagvolumen), Blutdruck, Atmung, von geistigen Leistungen, Fütterungsversuche, Ausnützungsversuche, Prüfung auf Organveränderungen usw.] feststellt. Darauf kann aber hier nicht des näheren eingegangen werden; es muß daher auf die einschlägige Fachliteratur[1] verwiesen werden.

6. Anforderungen und Beurteilung.

Die bei der Beurteilung von Kaffee oder Kaffeegetränk sich ergebenden Hauptfragestellungen, wobei die im Kaffeehandel übliche Qualitätsbewertung außer acht gelassen sei, betreffen insbesondere folgende Punkte:

a) Bezeichnung eines Erzeugnisses als Kaffee, das den dafür in Betracht kommenden Begriffsbestimmungen nicht entspricht.

b) Irreführende Angaben über die Kaffeesorte oder über die bei Mischungen verwendeten Ersatzstoffe bzw. unrichtige Angaben über das Mischungsverhältnis.

c) Beurteilung eines Kaffees, der nicht so weit wie technisch möglich von minderwertigen oder wertlosen Bestandteilen befreit ist, sofern nicht als „unverlesener" Kaffee bezeichnet.

d) Feststellung der Verdorbenheit, der Havarie eines Kaffees; Verdorbenheit eines Kaffee-Extraktes.

e) Feststellung einer Verfälschung des Kaffees oder der Kaffee-Extrakte.

f) Feststellung, ob ein Kaffee, eine Kaffeemischung oder ein Kaffee-Extrakt gesundheitsschädliche oder verbotene Stoffe enthält (Farbstoffe, Überzugsstoffe, Konservierungsmittel usw.).

Die Grundlage für Art und Umfang der anzustellenden Untersuchungen sowie für die Abgabe des Urteils bildet die gemäß § 5 des Lebensmittelgesetzes

---

[1] A. HEFTER: Handbuch der experimentellen Pharmakologie, fortgeführt von W. HEUBNER. Berlin: Julius Springer. — MEYER-GOTTLIEB: Die experimentelle Pharmakologie als Grundlage der Arzneibehandlung. 8. Aufl. Wien: Urban & Schwarzenberg 1933; ferner die Jahrgänge der Zeitschrift Naunyn-Schmiedebergs Archiv für experimentelle Pathologie und Pharmakologie.

vom 5. Juli 1927 erlassene Verordnung[1] über Kaffee vom 10. Mai 1930, die S. 529 im Wortlaut abgedruckt und eingehend erläutert ist.

Auch über „Kaffeegetränke" ist dort das Erforderliche gesagt.

Bei der Überwachung des Verkehrs mit coffeinarmen und coffeinfreien Kaffeegetränken kann man bei der Ermittlung des Coffeingehaltes davon ausgehen, daß rund 80% des Coffeins beim normalen Aufguß in das Getränk übergehen. Bei Kenntnis der verwendeten Menge an Röstkaffee (bzw. der entsprechenden Schätzung) ist dann der Rückschluß auf die Art des Ausgangskaffees möglich[2].

Zu § 5, Nr. 18 und 19 der Kaffeeverordnung — Vermischung von Kaffee mit Kaffee-Ersatzstoffen oder Kaffee-Zusatzstoffen — sei hier noch bemerkt:

Auf eine Vermischung von Kaffee mit Ersatzstoffen oder Zusatzstoffen weisen vor allem folgende analytische Daten hin; daneben sind hierbei die mikroskopische Durchmusterung des Untersuchungsmaterials sowie die Prüfung nach J. Tillmans und G. Hollatz[3] heranzuziehen.

a) Ein ungewöhnlich hoher Gehalt an Extraktivstoffen; die meisten Kaffeesorten enthalten 24—27%, einige Sorten, wie Liberiakaffee, bis zu 33% wasserlösliche Stoffe. Durch Behandlung mit Überzugsstoffen, vor allem mit Zucker, können diese Werte noch um einige Prozente erhöht sein.

b) Ein auffallend niedriger Gehalt an Coffein (unter 1%), sofern nicht ein coffeinarmes oder coffeinfreies Produkt vorliegt.

c) Ein Gehalt an Zucker von mehr als 2% und ein Gehalt an in Zucker überführbaren Kohlenhydraten von mehr als 20%.

d) Ein Aschegehalt von weniger als 3,9%; die meisten Kaffee-Ersatzstoffe, außer Zichorie, liegen erheblich darunter.

e) Eine Alkalität der Asche von weniger als 57 mg-Äquivalenten für 100 g Kaffee (bei normalem Kaffee beträgt sie meist gegen 60, bei Kaffee-Ersatzstoffen wesentlich weniger; bei Getreidekaffee z. B. nur etwa 10).

f) Ein Gesamtgehalt der Asche an Phosphorsäure (PO_4) von mehr als 0,70 g auf 100 g. Reiner gerösteter Kaffee besitzt Werte zwischen 0,50 und 0,65 g; bei Getreide und Lupinen liegt die Zahl zwischen 1,00—1,25.

g) Ein Eisen- und Aluminiumgehalt, der mehr als 12% der Gesamtphosphorsäure (PO_4) bindet (normal 5—10%).

h) Ein nennenswerter Gehalt an Kieselsäure; Kaffee enthält nur in vereinzelten Fällen bis zu etwa 0,5% Kieselsäure, bezogen auf die Asche; Zichorie-, Feigen- und Getreidekaffee aber enthalten davon wesentlich mehr.

II. Allgemeines über Kaffee-Ersatzstoffe und Kaffee-Zusatzstoffe.

Geschichtlich betrachtet, stellt die Bezeichnung Kaffee-Ersatz eigentlich einen Anachronismus dar. Es ist erwiesen, daß in Europa lange vor dem Bekanntwerden des Kaffees Aufgüsse aus geröstetem kohlenhydrathaltigem Gut meist in Form von Suppen oder Trübgetränken genossen worden sind. So gibt z. B. P. Alpini aus Padua im Jahre 1592 an, daß der Geschmack des Absudes aus dem erst bekannt werdenden Bohnenkaffee demjenigen aus Zichorie am nächsten kommt. Nach belgischen Quellen ist letztere dort sicher zu Ende des 16. Jahrhunderts, vielleicht aber auch schon früher gebraucht worden. Wesentlich älter als der Kaffee sind weiterhin die Trübgetränke, Brennsuppen, Brenntunken usw. aus gerösteten Zerealien; man darf wohl annehmen, daß das Rösten derselben lange vor dem Vermahlen ausgeübt worden ist. Wann der Übergang vom Trübgetränk zum jetzt üblichen klaren Aufgußgetränk erfolgt ist, entzieht sich der genaueren Kenntnis[4].

[1] Nachstehend als KaffeeVO abgekürzt.

[2] Vgl. H. Jesser: Deutsch. Nahrungsm.-Rundschau 1931, 182.

[3] J. Tillmans u. G. Hollatz: Z. 1929, 57, 502.

[4] Es wird berichtet, daß im Jahre 1797 J. S. Graebe in Magdeburg Roggen und Gerste zur Herstellung von Aufgußgetränk gewerbsmäßig röstete; im Jahre 1799 stellte er Gemische aus gerösteter Zichorie und gemahlener gerösteter Gerste her.

Es ist zweifellos die hinsichtlich Geruch, Geschmack, Wirkung, Anregung usw. außerordentlich hohe Wertschätzung gewesen, auf Grund deren der Kaffee allmählich zum Inbegriff eines Getränkes aus stark geröstetem kohlenhydrathaltigem Material geworden ist. Hierdurch haben die älteren einheimischen Produkte mehr und mehr den Charakter eines „Kaffee-Ersatzes" angenommen, ohne daß dadurch ihre Verwendung wesentlich beeinträchtigt worden ist. Im Gegenteil, durch die aus nationalwirtschaftlichen Gründen in den meisten Ländern vorgenommene Zollbelastung des Kaffees sowie aus ernährungsphysiologischen und hygienischen Gründen hat die Suche nach geeigneten Ersatzstoffen und nach zweckmäßigen Fabrikationsverfahren immer wieder neue Anregung erhalten. Hinsichtlich der Zweckbestimmung hat sich allmählich eine gewisse Differenzierung vollzogen. Gemäß der Verordnung[1] über Kaffee-Ersatzstoffe und Kaffee-Zusatzstoffe vom 10. Mai 1930 ist, wie früher schon kurz erwähnt, zweckmäßig zwischen Ersatzstoffen und Zusatzstoffen[2] zu unterscheiden. Erstere Gruppe umfaßt solche Erzeugnisse, die durch Ausziehen mit heißem Wasser ein kaffeeähnliches Getränk liefern [§ 1 (1) der KaffeeErsVO.], die zweite Gruppe solche, die als Zusatz zu Kaffee oder Kaffee-Ersatz dienen sollen, also für sich ein selbständiges Getränk nicht geben [§ 1 (2) der KaffeeErsVO.]. Die Grenze zwischen den beiden Gruppen kann insofern nicht scharf gezogen werden, als die Ersatzstoffe vielfach zur Streckung des Bohnenkaffees Verwendung finden, dadurch also zu Zusatzstoffen werden.

Die Fabrikation der Ersatz- und Zusatzstoffe, deren Verwendung die heimische Landwirtschaft und das heimische Lebensmittelgewerbe in beachtlicher Weise stärkt, stellt einen wichtigen Industriezweig[3] dar, wie die nachfolgende, das Jahr 1913 betreffende Tabelle 11 lehrt. Neuere Zahlen auf Grund statistischer Angaben sind nicht vorhanden. Nach zuverlässigen Schätzungen aber

Tabelle 11. Verbrauch[4] an Kaffee-Ersatzstoffen, Kaffee-Zusatzstoffen und Kaffee in Deutschland[5] im Jahre 1913.

Art des Erzeugnisses	Menge in Tonnen	Art des Erzeugnisses	Menge in Tonnen
Gerstenkaffee	35500	Eichelkaffee	1500
Malzkaffee	66000	Zuckercaramel	3000
Roggenkaffee	23000	Sonstige Ersatzstoffe	3570
Weizenkaffee	230	Gerösteter Kaffee	134394
Zichorien- und Rübenkaffee	60000	Kaffee-Ersatz- und -Zusatzstoffe	194500
Feigenkaffee	1700		

dürfte sich der Gesamtumsatz, wobei die durch Selbsterzeuger verbrauchten Mengen nicht mitberücksichtigt sind, im Jahre 1933 in Deutschland auf rund 220000 t gerösteten Ersatz und Zusatz belaufen gegenüber rund 120000 t

[1] RGBl. 1930, I, S. 171; die Verordnung wird nachstehend mit KaffeeErsVO. abgekürzt.

[2] Für Kaffee-Zusatzstoffe ist gemäß § 1 (2) der KaffeeErsVO. auch der Ausdruck „Kaffeegewürze" zulässig. An Stelle dieses sprachlich und sachlich wenig guten Wortes „Gewürz" ist nunmehr auch die Bezeichnung „Kaffeewürze" erlaubt; vgl. Rundschreiben des Reichsministers des Innern vom 16. Dezember 1933 (Reichsgesundh.-Bl. 1934, Nr. 2, S. 22).

[3] Vgl. hierzu auch die statistischen Angaben bei H. TRILLICH: Rösten und Röstwaren, 2. Aufl., S. 4—7. München: B. Heller 1934.

[4] Nach F. BÜRSTNER: Die Kaffee-Ersatzmittel vor und während der Kriegszeit (Beiträge zur Kriegswirtschaft, H. 43, 1918).

[5] Nach J. PRITZKER: Allgemeine Warenkunde, S. 197, Basel: Buchhandlung V.S.K. 1929, betrug der Umsatz an Kaffee und Surrogaten in der Schweiz im Jahre 1926 insgesamt 32600 t gerösteten Kaffee, 4500 t Zichorie, 700 t Getreidekaffee, 600 t Feigenkaffee und 100 t Kaffee-Ersatz aus Zucker oder Melasse.

geröstetem Bohnenkaffee in der gleichen Zeit. Der Verbrauch hat sich demnach, wohl aus wirtschaftlichen Gründen, gegenüber dem Jahr 1913 wesentlich zugunsten der Ersatz- und Zusatzstoffe verschoben, die damit einen immer größeren Anteil bei der Deckung des Flüssigkeitsbedarfes des Menschen gewinnen. Nicht unerwähnt darf bleiben, daß durch den Genuß von Getränken aus Röstwaren der Verzehr an Milch durch Erwachsene in sehr begrüßenswerter Weise gefördert wird.

Die Zahl der Rohstoffe, die für die Herstellung von Ersatz- und Zusatzstoffen in Betracht kommen, ist recht groß. Die KaffeeErsVO. führt in § 1 (4), ohne daß die Aufzählung erschöpfend sein soll, als allgemein verwendete Produkte die folgenden an:

1. Gerste, Roggen und andere stärkereiche Früchte.
2. Gerstenmalz, Roggenmalz und anderes gemälztes Getreide.
3. Zichorie, Zuckerrüben und andere Wurzelgewächse.
4. Feigen, Johannisbrot und andere zuckerreiche Früchte.
5. Erdnüsse, Sojabohnen und andere öl- und fettreiche Samen, auch teilweise oder ganz entölt.
6. Eicheln und andere gerbstoffreiche Pflanzenteile.
7. Zuckerarten.

Als Rohstoffe für die eigentlichen Ersatzstoffe kommen praktisch wohl nur die unter 1. und 2. genannten Getreidearten in Betracht; auch die Erzeugnisse nach 5. und 6. dürften gelegentlich als Ersatz Verwendung finden. Die unter 3., 4. und 7. aufgezählten Rohstoffe dagegen werden wohl ausschließlich auf Zusatzstoffe verarbeitet. Dabei mag zugegeben werden, daß z. B. aus gerösteter Zichorie allein gegebenenfalls auch ein genießbarer Aufguß hergestellt werden kann.

In der nachstehenden Tabelle 12 ist zur Gewinnung eines Überblickes die mittlere Zusammensetzung der wichtigsten Kaffee-Ersatzstoffe und -Zusatzstoffe aufgeführt. Wie daraus hervorgeht, sind besondere Merkmale, die erfüllt sein müssen, damit ein Rohstoff für die hier zu betrachtenden Zwecke geeignet ist, nicht zu erkennen. Entsprechend den früheren Ausführungen (vgl. Abschnitt I, 3 dieses Kapitels über Kaffee, Kaffee-Ersatz und Kaffee-Zusatz) darf aber als sicher hingestellt werden, daß vor allem ausreichende Mengen an Kohlenhydraten anwesend sein müssen, damit das gesuchte Röstaroma zustande kommen kann.

Was früher (vgl. Abschnitt I, 3 und 4) hinsichtlich des Röstens des Kaffees, seines Aromas, der Herstellung des Aufgusses usw. ausgeführt wurde, gilt in sinngemäßer Abwandlung auch für die Anwendung der Ersatz- und Zusatzstoffe; es wird darüber an entsprechender Stelle jeweils noch Näheres auszuführen sein.

In diesem Zusammenhange sei noch erwähnt, daß man bei der Herstellung von Kaffee-Ersatz aus gerösteten Zerealien mehr und mehr vom rohen zum gekeimten Getreide übergegangen ist. Den Anstoß hierzu gab der Naturheilkundige Pfarrer SEBASTIAN KNEIPP im Jahre 1889. Sein Gesundheitskaffee war ein Gemisch aus gemahlenem geröstetem Bohnenkaffee und gemahlenem geröstetem Caramelmalz. Auf Veranlassung von H. TRILLICH wurde dieses Erzeugnis im Jahre 1890 durch Malzkaffee in Körnern ersetzt. Es ist dann vor allem die Firma F. Kathreiner Nachfolger in München gewesen, die das Erzeugnis Malzkaffee wegen seiner Kaffeeähnlichkeit, seiner Ergiebigkeit, seiner ausgezeichneten Färbekraft sowie seiner Haltbarkeit zu weitreichender Bedeutung gebracht hat.

Es sind also zwei Arten von Getreidekaffee-Ersatzstoffen zu unterscheiden, diejenigen aus der rohen und diejenigen aus der gekeimten Frucht; es wird

Gelegenheit zu nehmen sein, auf die sich im Gefolge des biologischen Vorganges der Keimung einstellenden Unterschiede an entsprechender Stelle noch einzugehen.

Tabelle 12. Zusammensetzung der wichtigsten Kaffee-Ersatzstoffe und Kaffee-Zusatzstoffe[1] (nach H. TRILLICH).

Art des Ersatzes oder Zusatzes	Wasser %	Fett (Ätherextrakt) %	Stickstoffsubstanz %	Kohlenhydrate %	Rohfaser %	Mineralstoffe %	Wäßriger Extrakt %
Zichorienkaffee.	11,8	2,5	7,3	63,4	10,0	5,0	63,3
Zuckerrübenkaffee	11,6	4,5	8,6	58,5	9,8	5,2	65,2
Löwenzahnkaffee*	8,5	2,5	7,8	56,0	18,6	5,1	55,7
Kartoffelkaffee*	5,2	0,3	7,8	69,0	7,0	3,4	33,0
Zuckerrohrkaffee*	10,0	0,3	1,2	46,5	23,7	2,1	51,8
Feigenkaffee	14,7	3,8	4,1	55,8	10,2	4,2	71,9
Bananenkaffee*	12,4	0,4	2,9	76,6	0,9	1,6	64,0
Birnenkaffee*	7,0	0,3	2,1	59,2	8,3	2,4	42,3
Gerstenkaffee	2,0	2,2	13,9	68,1	10,9	2,9	51,4
Malzkaffee.	5,8	2,0	14,2	78,9	11,3	2,3	45,5
Haferkaffee*.	6,0	4,8	12,2	63,4	10,6	3,2	38,8
Maiskaffee*	7,8	5,1	11,4	58,0	8,0	1,8	66,6
Roggen- (Korn-) Kaffee . .	12,5	1,9	12,2	59,8	8,4	2,0	42,1
Roggenmalzkaffee	5,3	1,9	11,6	71,7	8,1	1,9	33,1
Erdnußkaffee*.	3,1	27,7	45,7	16,0	6,2	4,2	27,1
Lupinenkaffee*	7,1	5,6	39,5	28,1	15,2	4,5	25,1
Sojabohnenkaffee*	4,9	21,7	45,6	24,1	4,7	5,2	19,0
Eichelkaffee	10,5	4,0	5,8	73,0	4,5	2,1	28,9
Kaffeeschalen, geröstet* .	14,4	1,5	8,6	nicht bestimmt	31,2	7,8	17,9
Johannisbrot, geröstet* . .	6,7	3,5	8,7	70,8	7,6	2,6	58,1
Dattelkerne, geröstet* . .	6,6	7,9	5,5	50,9	27,8	1,3	12,7
Spargelsamen, geröstet*. .	8,8	19,7	12,9	—	—	5,4	8,9
Weintraubenkerne, geröstet*	—	9,0	8,5	—	52,4	1,5	3,3
Bohnenkaffee	2,4	13,8	14,1	46,9	18,1	4,6	28,7

Noch ein zweiter grundsätzlicher Gesichtspunkt ist bei der Bewertung des Getreidekaffees zu beachten. Man verdankt insbesondere H. TRILLICH[2] den wichtigen Hinweis, daß große Verschiedenheiten hinsichtlich Farbe, Ergiebigkeit, Geschmack und Haltbarkeit auftreten, je nachdem ob das Gut als trockener oder als durchfeuchteter Rohstoff zur Röstung gelangt. Dies gilt sowohl für das ungemälzte wie auch für das vorher gemälzte Getreide. H. TRILLICH gibt dafür folgende Erklärung:

Bei der trockenen Röstung entstehen infolge der erforderlichen relativ hohen Temperaturen (bis zu rund 220° C) Erzeugnisse, die äußerlich dunkel sind, innerlich aber noch einen mehligen Bruch aufweisen. Bei der auf diese Weise zubereiteten ungemälzten Frucht finden sich in den äußeren Schichten stark dextrinierte[3] und caramelisierte Stärkeanteile, die bitterlich und scharf schmecken; bei der trockenen Verarbeitung der gemälzten Frucht ergeben sich ähnliche Eigenschaften. Wird dagegen das gleiche Ausgangsmaterial im feuchten Zustand geröstet (Näheres später), dann erzielt man eine gleichmäßig braune Durchröstung schon bei Temperaturen von etwa 180—200°. Die Entstehung der stark brenzlichen Geschmacksstoffe wird hintangehalten.

[1] Die mit * bezeichneten Erzeugnisse sind im Handel nicht anzutreffen, bzw. ihre Herstellung ist verboten.

[2] H. TRILLICH: Rösten und Röstwaren, 2. Aufl., S. 210, 578, 579. München: B. Heller 1934.

[3] Das Getränk erhält dadurch einen unschönen grauen Farbton, besonders bei Zusatz von Milch.

Der Bruch ist glasig-krystallinisch, die Farbe des Aufgusses goldbraun (mit Milch kaffeebraun), der Geschmack angenehm bitter.

Einen analytischen Ausdruck finden diese Unterschiede zwischen trockener und feuchter Röstung in den Extraktwerten. Diese liegen im ersteren Falle im allgemeinen wesentlich höher als bei der nassen Behandlung, wie die folgende Zusammenstellung[1] lehrt.

	Extrakt %
Gerste, trocken geröstet	62,5
Gerste, nach dem Weichen feucht geröstet	53,5
Gerste, nach Dämpfung unter Druck feucht geröstet	53,2
Malz, trocken geröstet	61,2
Malz, durchfeuchtet geröstet	45,2

Die Anwesenheit von Wasser beim Röstvorgang bedingt also wesentliche Unterschiede in den Eigenschaften des Fertigproduktes: Veränderungen in der Wärmeleitung, Ablauf chemischer Umsetzungen unter Beteiligung des Wassers (hydrolytische Vorgänge) und als Folge davon besonderer Verlauf der Röstung und der Caramelisierung, alle diese Umstände mögen zusammenwirken. Gegenüber den schon erwähnten, sehr wertvollen Vorzügen des feucht gerösteten Gutes nimmt man den Nachteil des Extraktrückganges gern in Kauf.

1. Kaffee-Ersatz aus ungemälztem Getreide.

Bei den in die Gruppe der Kaffee-Ersatzstoffe aus ungemälztem Getreide gehörigen Erzeugnissen ist, wie vorstehend erwähnt, zu unterscheiden, ob das Gut im rohen oder im geweichten bzw. gedämpften Zustand der Röstung zugeführt worden ist, weil davon die Eigenschaften des Fertigproduktes sowie diejenigen des Aufgusses wesentlich abhängen. Infolgedessen ist die Wortverbindung mit der Bezeichnung Kaffee gemäß der KaffeeErsVO. den geweichten bzw. gedämpften Fabrikaten vorbehalten. Nach § 1 (6) dieser Verordnung stellen Gersten-, Roggen- (Korn-), Weizenkaffee usw. die aus den gereinigten Früchten der betreffenden Pflanzen durch Rösten hergestellten Erzeugnisse dar, die einen Weich- oder Dämpfungsprozeß durchgemacht haben; ob die Röstung selbst im feuchten oder im trockenen Zustand durchgeführt worden ist, darüber ist nichts ausgesagt. Die nicht einflußnehmend in dieser Richtung vorbehandelte geröstete oder gebrannte Getreidefrucht (Gerste, Roggen [Korn], Weizen usw.) berechtigt nicht zur Bezeichnung „Gerstenkaffee“, „Roggenkaffee“ usw.; dies gilt z. B. für die Röstung eines lediglich angefeuchteten Getreides. Für solche Erzeugnisse sind Bezeichnungen wie geröstete Gerste, Röstgerste, gebrannte Gerste usw. anzuwenden.

Was die Herstellung dieser Produkte anlangt, so fordert die KaffeeErsVO. [§ 1 (6); § 2 (1); § 4, Nr. 8; § 4, Nr. 10] die Verwendung einer gereinigten, gesunden, unverdorbenen Frucht. Insbesondere wird die praktisch erreichbare Abtrennung des Sandes und der sonstigen erdigen Bestandteile verlangt, da sonst der zulässige Höchstgehalt an Asche von 4% sowie an Sand von 1% überschritten wird. Besonderes Augenmerk ist der Entfernung giftiger Unkrautsamen (Kornraden- und Taumellolchsamen, Mutterkorn) zuzuwenden, die bis auf die technisch nicht vermeidbaren sehr kleinen Mengen abgetrennt sein müssen. Zur Durchführung dieser Reinigung bedient man sich der beim Verkehr mit Getreide allgemein üblichen Verfahren sowie Apparate [Windfegen, Aspirateure, Magnetapparate (für Eisenteile usw.), Trieure, Sortiermaschinen usw.]. Auf diese trockene Reinigung läßt man zur Verbesserung des Gutes vielfach noch eine Wäsche mit Wasser (hygienisch einwandfrei muß es sein) folgen. Man wird dazu immer greifen,

[1] Ähnliche Zahlen gibt auch W. Meyer an (Pharmaz. Zentralbl. 1923, **64**, 477).

wenn es sich um die Herstellung eines Röstfabrikates aus geweichtem oder gedämpftem Rohstoff handelt.

Das Wässern (Einwässern), Weichen (Einweichen) oder Quellen (Einquellen) der Ausgangsmaterialien verfolgt insbesondere eine Verbesserung des Aussehens sowie des Gebrauchswertes des Fertigproduktes. Daneben tritt eine sehr erwünschte Vergrößerung des Kornes ein. Sie beträgt nach H. TRILLICH bei den Zerealien bis zu 100% der rohen Ware; beim Rösten aber geht diese Volumenzunahme auf etwa die Hälfte zurück. Die Art des Weichens muß sich in erster Linie darnach richten, ob eine nachfolgende Keimung, also biologische Behandlung, beabsichtigt ist. Durch zu heißes Wässern, durch Mangel an Luft (Totwässern) usw. würde die Wirksamkeit der Enzyme und damit die Keimfähigkeit der Frucht beeinträchtigt oder gar unterbunden werden können. Dagegen ist man in dieser Beziehung beim Weichen des Getreides zur Herstellung von Kaffee-Ersatz ohne Mälzung kaum einer Beschränkung unterworfen. Man benutzt kaltes, laues, heißes, siedendes Wasser, man wendet zur Beschleunigung des Wassereintrittes in das Innere des Kornes äußere Druckdifferenzen an (Überdruck oder Unterdruck), man enthärtet das Wasser usw. Erwähnt sei ferner, daß man die Einführung des Wassers in das Gut auch durch Dämpfen, gegebenenfalls unter gleichzeitiger Druckanwendung, ausführt; nach diesem Verfahren wird z. B. der „Agumagerstenkaffee" (gedämpfte Gerste) hergestellt. Die bei dieser Vorbehandlung des zu röstenden Gutes herangezogenen Verfahren sind so mannigfaltig, daß auf Einzelheiten sowie auf die erteilten Patente hier nicht näher eingegangen werden kann[1]. Hingewiesen aber sei darauf, daß es bei allen diesen Behandlungsweisen nicht zu einem Auslaugen wertvoller Inhaltsstoffe kommen darf.

Was die Röstung und die dafür ausgebildeten Arbeitsverfahren anlangt, so ist schon früher gelegentlich der Besprechung des Kaffeeröstens das wichtigste über die beiden Methoden der Langröstung und der Schnellröstung ausgeführt worden. Bei der Verarbeitung des feuchten Gutes ist es sehr wichtig, den Röstvorgang in einem Zuge zu vollenden, damit die erstrebte gute Beschaffenheit des Fertigproduktes erzielt wird.

Bei den Kaffee-Ersatzstoffen sind nach der KaffeeErsVO. [§ 1 (5)] als Zusatz- oder Überzugsstoffe, zum Teil unter Angabe der erlaubten Höchstmenge, zugelassen: Zucker-, gerbsäure- und coffeinhaltige Pflanzenauszüge, Colanüsse, Speisefette und Speiseöle, Speisesalz (Chlornatrium), Alkalicarbonate, Rüben- oder Rohrzucker, Zuckersirup, Invertzucker, Stärkezucker, Stärkesirup, arsenfreier Schellack oder andere gesundheitsunschädliche Harze und Wachse; diese Aufzählung ist erschöpfend. Es handelt sich also um Zuschlagsstoffe zur Kandierung bzw. zur Glasierung (zum Zwecke der Erhaltung des Aromas), zur Geschmacksbeeinflussung (Natriumchlorid, Fett), zur Neutralisierung entstandener Säure (Alkalicarbonat bei Zichorienkaffee, Feigenkaffee usw.), zur Hebung des Anregungswertes (Coffeinzusatz[2]). Die Menge an Coffein darf nach § 4, Nr. 5 der KaffeeErsVO. im Höchstfalle 0,2% betragen.

a) Erzeugnisse aus Roggen[3].

Der verschiedenen Fabrikation entsprechend sind die beiden Produkte gebrannter oder gerösteter Roggen einerseits und Roggenkaffee ander-

[1] Vgl. hierzu H. TRILLICH: Rösten und Röstwaren, 2. Aufl., S. 210f. München: B. Heller 1934.

[2] Erwähnenswert ist, daß der Zusatz von Coffein nur in Form der von Natur aus coffeinhaltigen Pflanzenauszüge zugelassen ist, daß also Coffein als solches oder in Form seiner Salze nicht verwendet werden darf.

[3] Früher wohl öfter als „Gesundheitskaffee" oder ähnlich bezeichnet, was jetzt nach der Kaffee-ErsVO. unzulässig ist.

seits zu unterscheiden. Die Erzeugnisse kommen unglasiert, glasiert, kandiert sowie kandiert und glasiert in den Handel. Der trocken geröstete Roggen enthält nach H. TRILLICH an wasserlöslichen Stoffen bis zu 60% der Trockensubstanz, bei der Röstung im durchfeuchteten Zustand sinkt dieser Wert bis auf 33—40% herab. Über die Zusammensetzung von Kornkaffee des Handels unterrichtet die nebenstehende Tabelle 13 (teilweise dem Werk von H. TRILLICH entnommen).

Tabelle 13. Zusammensetzung von Roggenkaffee.

	Seeligs kandierter Kornkaffee[1] %	Göpperts Kornkaffee %	Kornfranck[1] %
Wasser	2,2	10,1	3,6
Stickstoffsubstanzen	8,7	15,6	7,9
Fett (Ätherextrakt)	1,5	0,9	2,8
Kohlenhydrate	80,2	62,1	67,7
Rohfaser	5,6	8,9	8,8
Mineralstoffe	1,9	0,7	2,7
Extrakt	34,1	37,9	52,4

b) Erzeugnisse aus Weizen.

Über gerösteten Weizen bzw. Weizenkaffee liegen analytische Erfahrungen aus der Praxis kaum vor. Es muß aber auf die Möglichkeit hingewiesen werden, daß sich solche Erzeugnisse, die denjenigen aus Roggen sicherlich recht ähnlich sind, vielleicht im Handel mitunter unter dem Namen „Kornkaffee" finden, allerdings wider die Bestimmung der KaffeeErsVO. (§ 5, Nr. 1).

c) Erzeugnisse aus Gerste.

Die Gerste ist jene Rohfrucht, deren Eignung zur Bereitung von Röstgut am frühesten erkannt worden ist. Bereits im Jahre 1858 stellte E. v. BIBRA fest, daß beim Rösten derselben, wenn ein gewisser Wassergehalt eingehalten wird, ein Produkt entsteht, das ein recht wohlschmeckendes Getränk liefert. Nach ihm ist die Volumenzunahme beim Rösten 54—70% der Ausgangsware, während sich der Gewichtsverlust auf 27—29% beläuft.

Zur Herstellung der gerösteten Fabrikate werden verschiedenartige Gerstensorten verwendet. Die Fertigware wird unglasiert, glasiert oder kandiert[2] geliefert; sie kommt lose oder verpackt in den Handel. Über die Zusammensetzung unterrichten die Angaben der Tabelle 14.

Tabelle 14. Zusammensetzung von gerösteter Gerste und Gerstenkaffee (nach H. TRILLICH).

	Geröstete Gerste %	Gerstenkaffee %	Gerstengraupen, trocken geröstet %
Wasser	2,0	1,0	6,5
Fett (Ätherextrakt)	2,2	1,9	2,6
Stickstoffsubstanzen	13,9	11,7	11,7
Kohlenhydrate	68,1	75,0	75,4
Rohfaser	10,9	7,7	1,6
Mineralstoffe	2,9	2,7	2,2
Extrakt	62,5	53,5	73,0

d) Erzeugnisse aus Mais und Hafer.

Gerösteter Mais sowie Maiskaffee sind früher öfters im Handel aufgetaucht, ohne indes eine bleibende Bedeutung erlangt zu haben; man bezeichnete die Erzeugnisse als Saladin-Kaffee[3], Pandlers Maiskaffee, Zealin usw. Nach J. KÖNIG besteht gerösteter Mais zu 7,8% aus Wasser, 58,0% aus Kohlenhydraten, 8,0% aus Rohfaser, 1,8% aus Mineralstoffen; der Extrakt beläuft sich auf 66,6%[4]. Dem frisch gerösteten Mais sagt man ein

[1] Nach A. BEITTER: Die Kaffee-Ersatzstoffe. Göppingen.
[2] Man verwendet Zucker- wie auch Harzglasuren.
[3] Vgl. G. BENZ: Z. 1908, **16**, 420.
[4] Maiskaffee darf wegen der Gefahr der Verwechslung nach § 5, Nr. 17 der KaffeeVO. nicht mit Kaffee, Maiskaffeebruch nicht im Gemisch mit Kaffeebruch in den Handel gebracht werden.

kräftiges, sehr gut kaffeeähnliches Aroma nach, das aber sehr rasch verschwinden soll. Außerdem treten infolge des relativ hohen Fettgehaltes ziemlich schnell ranziger Geruch und Geschmack auf. Diese Nachteile lassen sich kaum vermeiden, da das vorherige Entfetten der Rohfrucht in der Technik auf Schwierigkeiten stößt.

Auch gerösteter oder gebrannter Hafer und Haferkaffee, deren Herstellung verschiedentlich vorgeschlagen worden ist, unterliegen wegen des Gehaltes an sehr leicht ranzig werdendem Fett einem rasch einsetzenden Verderben. Vor allem aus diesem Grunde wohl sind solche Erzeugnisse in beachtenswertem Ausmaße kaum je in den Handel gekommen. Die mittlere Zusammensetzung ist etwa die folgende:

Wasser	6 %	Kohlenhydrate	63,4%
Fett (Ätherextrakt)	1,8%	Rohfaser	10,6%
Stickstoffsubstanzen	12,2%	Mineralstoffe	3,2%
		Extrakt	38,8%

2. Kaffee-Ersatz aus gemälztem Getreide.

Was schlechthin als „Malzkaffee“ bezeichnet wird, ist nach § 1 (7) der KaffeeErsVO. das aus Gerstenmalz durch Rösten mit oder ohne nachherige Behandlung mit Wasserdampf hergestellte Erzeugnis, das bis zu 12% Wasser enthält und beim Verbrennen bis zu 4% Asche hinterläßt. Sinngemäß gleich lautet die Definition für Roggen- (Korn-) Malzkaffee sowie für Weizenmalzkaffee [§ 1 (8)].

Als sehr wichtige Phase bei der Fabrikation ist die sich an die im vorigen Kapitel schon beschriebene mechanische Reinigung der Frucht anschließende Vermälzung zu betrachten, da hiervon die Eigenschaften des Produktes grundsätzlich abhängen. Mit dieser Bearbeitung wird ein Aufschluß des Mehlkörpers erstrebt, darin bestehend, die wasserunlösliche und relativ schwer zu caramelisierende Stärke in wasserlösliche Kohlenhydrate umzuwandeln. Der Vollzug dieser Umsetzungen wird durch die Keimung[1] erreicht. Hierbei treten amylolytische Fermente in Tätigkeit, unter deren Wirkung es, wie die Untersuchung des wäßrigen Extraktes des keimenden Gutes gelehrt hat, zur Bildung von vor allem Glucose kommt, die ihrerseits teilweise in Fructose verwandelt bzw. mit letzterer zu Saccharose aufgebaut wird. Diesen Tatsachen gegenüber ist der Nachweis von Dextrinen und Raffinose seither noch nicht schlüssig geführt worden. Dies trifft insbesondere auch auf die Maltose zu, die sicher während der Keimung aus der Stärke entsteht. Daß dieses Disaccharid aber bislang nicht mit Sicherheit nachgewiesen worden ist, mag darauf zurückzuführen sein, daß neben der Amylase ein maltatisches Ferment vorhanden ist, welches die intermediär gebildete Maltose rasch zur Glucose abbaut.

Der Ablauf der vorerwähnten, für die Qualität des Malzkaffees grundlegend wichtigen Prozesse setzt die Benutzung einer gesunden, auf ausreichende Keimfähigkeit vorgeprüften Getreidefrucht voraus. Auf den Keimvorgang muß das vorherige Weichen sorgfältig Rücksicht nehmen. Es ist unter Innehaltung der günstigsten Bedingungen (zweckentsprechende Weichapparate, sinngemäß geleitetes Weichverfahren, richtige Temperatur, gute Lüftung usw.) durchzuführen. Die Weichverluste betragen bei der Gerste wenig; im allgemeinen gehen sie nicht über 0,6—0,8% hinaus (Verunreinigungen, lösliche Spelzenbestandteile).

Das kunstgerecht geweichte Getreide[2] wird zur Keimung gebracht. Bei der Verarbeitung des Gutes zu Kaffee-Ersatz finden hierbei zumeist die Kasten- oder die Trommelmälzerei Anwendung. Die Keimung treibt man soweit, bis die Frucht ihre optimale Eignung für den erstrebten Zweck erlangt hat. Bei Gerste

[1] Vgl. H. Lüers: Chemie des Brauwesens, S. 212f. Berlin: Paul Parey 1929.

[2] Näheres siehe bei H. Trillich: Rösten und Röstwaren, 2. Aufl., S. 262f. München: B. Heller 1934.

für Malzkaffee ist dies erfahrungsgemäß erreicht, wenn der Blattkeim[1] bis etwa zur halben Kornlänge[2] entwickelt ist (§ 4, Nr. 12 der KaffeeErsVO.). In diesem Stadium ist der „Aufschluß" des Mehlkörpers durch die Tätigkeit der kräftig wirkenden Diastase durch das ganze Korn hindurch in der erforderlichen Weise vollzogen, ohne daß die durch den Aufbau der Wurzeln, des Blattkeimes sowie durch Veratmung usw. eintretenden Substanzverluste (4—7%) ein zu großes Ausmaß erreichen. „Spitzgerste", fälschlich oft „Spitzmalz" genannt, entspricht den zu stellenden Bedingungen nicht.

Das auf diese Weise erhaltene Grünmalz wird nun meist im feuchten, seltener im trockenen Zustand der Röstung zugeführt, die eine nicht einfache Operation darstellt. Die Beweglichkeit des Gutes in der Rösttrommel ist durch die Wurzelkeime stark behindert, wodurch die Gefahr des Anbrennens droht. Weiterhin wird der Korninhalt infolge der zunächst durch die Diastase und später durch die Hitze-Einwirkung weitergetriebenen Verkleisterung breiig und sirupartig; es kommt unter Umständen leicht zu einem Aufplatzen. Der weiche Inhalt ergießt sich aus dem Korn und ruft nicht selten ein Ankleben an den heißen Wandungen des Röstapparates hervor. Schließlich können auch die bei 100° abfallenden Wurzelkeime sehr lästig fallen. In Ansehung dieser Umstände leuchtet es ein, daß das Rösten des Grünmalzes große Erfahrung voraussetzt und daß die Frage nach der am zweckmäßigsten arbeitenden Röstapparatur nicht einfach zu beantworten ist. Man verwendet in der Technik meist Kugelröster nicht zu großen Inhaltes (70—100 cm Durchmesser mit einem Fassungsvermögen von 200—300 kg Grünmalz), um die Röstung in einem Zuge gleichmäßig durch die ganze Masse hindurch vollziehen zu können. Den Röstprozeß leitet man so, daß man zunächst zum Verzuckern (Maischen) etwa 25 Minuten lang auf 30—65° C erhitzt. Ist dieser Zustand erreicht, dann steigert man die Temperatur auf etwa 100° und verdampft das gesamte Wasser innerhalb der folgenden 60 Minuten. Nun erhitzt man 30 Minuten lang auf 170°, wobei die Wurzelkeime abfallen, das Korn über Gelb allmählich eine braune Farbe annimmt und innerlich schwarzbraun-glasig wird. In diesem Stadium erfolgt der Zusatz der Kandier- und Glasiermittel. Anschließend wird nochmals bis auf 180° (Caramelisierungstemperatur) erhitzt. Dann röstet man an Hand eines Farbmusters zu Ende. Die Röstkugel wird auf das Kühlsieb entleert und das heiße Gut unter Rühren rasch abgekühlt.

a) Malzkaffee.

Der Malzkaffee wird gegenwärtig im Handel wohl ausschließlich in Form ganzer Körner, mit Kandierung oder Glasierung, geliefert. Im Hinblick auf die Qualität handelt es sich durchgängig um das im feuchten Zustand geröstete Malz. Die mittlere Zusammensetzung ergibt sich aus der folgenden Tabelle 15.

Als charakteristischen Bestandteil enthält der Malzkaffee in wenn auch kleiner, so doch qualitativ und quantitativ einwandfrei nachweisbarer Menge Maltol (2-Methyl-3-Oxypyron)[3]. Dieser Stoff, der mit Ferrichlorid eine ähnliche Farbreaktion wie die Salicylsäure ergibt und der von MUNSCHE[4] auch

---

[1] Diese Vorschrift geht auf einen Vorschlag von H. TRILLICH zurück; vgl. **Z.** 1905, **10**, 118. Sie gilt sinngemäß auch für Weizenmalz- und Roggenmalzkaffee.

[2] Es ist zu fordern, daß der Blattkeim nicht künstlich getrieben wird, da hierdurch ein nur mangelhafter „Aufschluß" erreicht wäre (vgl. später).

[3] Das Maltol findet sich natürlich vorkommend in den Nadeln der Weißtanne (W. FEUERSTEIN: Ber. Deutsch. Chem. Ges. 1901, **34**, 1804), in der Lärchenrinde (A. PERATONER u. H. TAMBURELLO: Ber. Deutsch. Chem. Ges. 1903, **36**, 3407), in der japanischen Sojabohne (C. BRILL: The Philippine Journ. Science 1916, **11**, 81).

[4] MUNSCHE: Wochenschr. Brauerei 1893, **10**, 739.

im Caramel- und Farbmalz aufgefunden worden ist, wurde erstmals von J. BRAND[1] im Jahre 1893 aus den Röstprodukten der Malzkaffeefabriken rein dargestellt. Im ursprünglichen Getreide tritt diese Verbindung nach der Röstung nur in sehr kleiner Menge auf. Mit fortschreitendem Mälzungsgrad aber vermehrt sie sich; am stärksten ist der Anstieg beim Übergang von der gespitzten zur gegabelten Frucht. Diese wertvollen, insbesondere auf TH. MERL[5] und H. BEITTER[6] zurückgehenden Feststellungen machen es wahrscheinlich, daß die beim Rösten erfolgende Bildung von Maltol in einem unmittelbaren oder mittelbaren Zusammenhang mit der Anwesenheit bzw. Wirksamkeit der amylolytischen Fermente steht.

Tabelle 15. Zusammensetzung von Malzkaffee[2].

	Trocken geröstet[3]	Feucht geröstet[3] (Kathreiner)	Malzkaffee[4]
Wasser	5,8	4,5	8,4
Fett (Ätherextrakt)	2,2	2,4	2,7
Stickstoffsubstanzen	15,1	13,5	11,5
Kohlenhydrate	68,2	59,1	53,2
Davon Malzzucker	7,9	8,8	—
Rohfaser	12,1	14,3	7,8
Mineralstoffe	2,4	2,4	2,2
Extrakt	61,2	45,2	48,0

Beim Rösten des Malzes geht ein großer Teil des Maltols, wie schon erwähnt, mit den Röstdämpfen flüchtig. Immerhin bleibt bei einem aus vorschriftsmäßigem Malz (Blattkeim von mindestens der etwa halben Kornlänge) hergestellten Malzkaffee auf 1000 g Trockensubstanz eine Menge von mindestens 0,6 g Maltol (im Durchschnitt meist rund 1,0 g) zurück. Diese Tatsache ist von TH. MERL und H. BEITTER zur Grundlage einer zuverlässigen Unterscheidungsmethode von Gersten- und Malzkaffee (s. später) gemacht worden.

Wie TH. MERL und H. BEITTER ferner festgestellt haben, besitzt das Maltol den Charakter eines die Autoxydation verzögernden Katalysators (Antioxydans), d. h. es hält das auf die Autoxydation des Fettes zurückzuführende Verderben (Ranzigwerden) des Malzkaffees zeitlich beträchtlich hintan. Dies macht verständlich, warum ein normaler Malzkaffee gegenüber den maltol-ärmeren Produkten aus Gerste oder nur angekeimtem Rohstoff eine erheblich gesteigerte Lagerfestigkeit besitzt.

Bei Roggen-, Weizen-Malzkaffee usw. liegen die Verhältnisse ganz ähnlich. Auch hier liefert die Rohfrucht nach dem Rösten nur wenig Maltol, dessen Menge aber mit fortschreitendem Mälzungsgrad erheblich ansteigt[7].

Die aus Malzkaffee durch vorsichtiges Erhitzen im hohen Vakuum abgetriebenen und kondensierten Produkte, die dessen „Aroma" darstellen, besitzen nach T. REICHSTEIN[8] die in Tabelle 16 angegebene Zusammensetzung. Im großen und ganzen trifft man darin, von der Mengenverteilung und von einigen sonstigen Unterschieden abgesehen, auf ganz ähnliche Stoffe, wie sie im Kaffeearoma (Tabelle 9) nachgewiesen worden sind.

---

[1] J. BRAND: Zeitschr. Brauwesen 1893, **16**, 303; 1 Hektoliter Malz liefert 2—3 Liter Röstkondensat; aus 1 Liter Kondensat erhielt J. BRAND etwa 0,6 g rohes Maltol.

[2] Weiteres Analysenmaterial siehe bei J. KÖNIG: Nachtrag zu Bd. 1, S. 685. Berlin: Julius Springer 1923.

[3] Nach H. TRILLICH: Rösten und Röstwaren, S. 175.

[4] E. SEEL u. K. HILS: **Z.** 1917, **34**, 193; daselbst auch weitere Analysen.

[5] TH. MERL: **Z.** 1926, **52**, 321; TH. MERL u. H. BEITTER: **Z.** 1928, **56**, 472.

[6] Vgl. Näheres bei H. BEITTER: Zur Kenntnis und Beurteilung der Rösterzeugnisse aus Zerealien mit verschiedenem Mälzungsgrad unter besonderer Berücksichtigung des Malzkaffees. Diss. München, Universität, 1931.

[7] Es ist verständlich, daß auch der geröstete Bohnenkaffee (vgl. Tabelle 9) etwas Maltol enthält.

[8] Vgl. H. TRILLICH: Rösten und Röstwaren, 2. Aufl., S. 448. München: B. Heller 1934.

Tabelle 16. Zusammensetzung der „Röstöle“ von Malzkaffee. (Ausgangsmaterial 100 kg.)

Wasser	1130 g	Acetylfuran	0,04 g
Essigsäure	27 g	Pyridin	0,07 g
Methylalkohol	vorhanden	Pyrazinbasen	0,27 g
Acetaldehyd	0	Maltol	vorhanden
Aceton	0	Methylmercaptan	0,0005 g
Methyläthyl-Acetaldehyd	0,002 g	Furfurylmercaptan	0,0005 g
Acetol (Oxy-Aceton)	0,4 g	Rohsäuren	0,4 g
Diacetyl-Acetylpropionyl	0,033 g	Rohphenole	0,1 g
Furfurol	2,9 g	Pentanlösliche Neutralstoffe	1,0 g
5-Methylfurfurol	0,26 g		
Furfuralkohol	0,1 g		

b) Weizen-, Roggen-, Hafer- und Maismalzkaffee.

Diese Erzeugnisse sind bisher wohl nur vereinzelt in den Handel gebracht worden; zur Zeit spielen sie überhaupt keine Rolle mehr. Die Herstellung erfolgt ähnlich wie beim Malzkaffee[1]. Auch hier setzt die Bezeichnung Weizenmalzkaffee usw. voraus, daß bei mindestens 70% des Gutes die Blattkeime wenigstens die halbe Kornlänge erreicht haben. Was die Zusammensetzung anlangt, so sei auf Tabelle 17 verwiesen; über Weizenmalzkaffee liegen zuverlässige Angaben wohl nicht vor.

Tabelle 17. Zusammensetzung von Roggenmalz- und Maismalzkaffee.

	Wasser %	Äther-extrakt %	Stickstoff-substanzen %	Kohlen-hydrate %	Rohfaser %	Mineral-stoffe %	Extrakt %
Roggenmalzkaffee	5,3	1,9	11,6	71,7	8,1	1,9	33,1
Maismalzkaffee[2]	4,8	5,2	—	—	—	1,6	66,6

3. Kaffee-Ersatzextrakte, Kaffee-Ersatzessenzen und Kaffee-Ersatzmischungen.

Gemäß § 1 (13) der KaffeeErsVO. sind Kaffee-Ersatzextrakt (und Kaffee-Zusatzextrakt) aus Kaffee-Ersatzstoffen (oder Kaffee-Zusatzstoffen) hergestellte, mehr oder weniger eingedickte wäßrige Auszüge, auf welche die sonstigen Bestimmungen der KaffeeErsVO. sinngemäß anzuwenden sind. Aus Ersatzstoffen unter Mitverwendung von Kaffee gewonnene Extrakte sind ebenfalls als Kaffee-Ersatzextrakte zu bezeichnen [§ 1 (9) der KaffeeVO.]; der bei der Herstellung verwendete Gewichtsanteil Kaffee kann angegeben werden (§ 5, Nr. 18 der KaffeeVO.). Über die Fabrikation[3] ist gelegentlich der Besprechung der Kaffee-Extrakte das Grundsätzliche schon erwähnt worden; hierzu sei noch bemerkt, daß man die beim Eindampfen entweichenden Aromastoffe vielfach in irgendeiner Weise abfängt und dem Fertigprodukt wieder einverleibt. Wichtig ist, daß die Erzeugnisse bei der Verwendung leicht und rückstandslos in Lösung gehen.

Solche Kaffee-Ersatzextrakte haben im Handel bisher eine besondere Rolle nicht gespielt. Es ist in den verschiedenen Ländern im Laufe der Zeit eine ganze Reihe dieser Erzeugnisse, meist unter Phantasienamen, aufgetaucht und nach einer gewissen Frist wieder verschwunden [Caffur gleich Extrakt aus Kaffee und Caramel; Cefabukaffee; Zohners Kaffee-Extrakt in Österreich gleich Kaffee

[1] Die einwandfreie Fabrikation von Roggenmalz- sowie Weizenmalzkaffee, etwa in der Art des Gerstenmalzkaffees, ist nach dem gegenwärtigen Stand der Technik nicht möglich.

[2] A. BEYTHIEN, H. HEMPEL u. R. HENNICKE: Pharmaz. Zentralbl. 1908, **49**, 291.

[3] Literatur und Patentbeschreibungen bei H. TRILLICH: Rösten und Röstwaren, 2. Aufl., S. 388f. München: B. Heller 1934.

und Caramel; Camp Coffee, Symingtons Coffee Essence (Kaffee und Zichorie), Clifton Coffee gleich Kaffee und Caramel usw.]. In jüngster Zeit ist ein „Echter Kathreiner Extrakt“ als dickflüssiges, auch mit kaltem Wasser, kalter Milch leicht und klar mischbares Fabrikat in den Handel gekommen.

Unter Kaffee-Ersatzessenz (und Kaffee-Zusatzessenz) versteht man nach § 1 (14) der KaffeeErsVO. aus Zuckerarten, zuckerhaltigen Säften, Melasse oder Gemischen dieser Stoffe durch Caramelisieren hergestellte Erzeugnisse[1]. Diese Produkte, früher meist „Kaffeesurrogate“ oder „Kaffee-Essenzen“ genannt, tauchten erstmals gegen Ende des 18. Jahrhunderts auf. Man gewann sie aus den Melassen des Kolonialzuckers. Später (zur Zeit der Kontinentalsperre) kamen dann Zuckerrübensaft sowie die Abläufe der Rübenzuckerfabrikation in Aufnahme; heute verwendet man wohl auch Stärkezucker, Stärkesirup usw. oder Mischungen dieser und ähnlicher Stoffe. Zur Herstellung erhitzt man bis zur Caramelisierung, läßt dann erkalten (auf Blechen usw.), zerkleinert, vermahlt, sortiert und verpackt. Die Caramelbildung wird durch Zugabe von Alkali, von Säure, durch Anwendung von Druck usw. beeinflußt. Der Zusatz von Alkali dient gleichzeitig zur Neutralisation der beim Erhitzen gebildeten organischen Säuren. Nachstehend einige Analysen von Kaffee-Ersatzessenzen, deren Hauptbedeutung wohl in ihrer Verwendung als Zusatzstoff besteht; dies gilt vor allem für den gebrannten Zucker.

	Wasser %	Mineralstoffe %	Extrakt %
Surrogat H. Franck-Söhne, Ludwigsburg[2] .	4,9	11,2	75,6
Holländ. Zuckeressenz Marti, Winterthur[3] .	2,2	5,3	89,6
Kaffee-Essenz H. Franck Söhne, Basel[3] . .	4,7	8,8	58,0

Unter Kaffee-Ersatzmischungen und gleichsinnig bezeichneten Erzeugnissen (z. B. Ersatzmelange, Volks-Ersatzmelange usw.) versteht man nach § 1 (12) der KaffeeErsVO. Mischungen von Kaffee-Ersatzstoffen, auch mit Kaffee-Zusatzstoffen und auch mit Bohnenkaffee. Die bei ihrer Herstellung zu beachtenden Vorschriften, insbesondere auch für die Deklaration, sind in der KaffeeErsVO. niedergelegt (s. dort). Damit ist eine Grundlage gewonnen, die zuverlässige Anhaltspunkte für die Beurteilung an die Hand gibt. Dies ist um so wertvoller, als in der Vergangenheit die Sachlage durch die Vielheit der verwendeten Rohstoffe, ihrer Mischungsverhältnisse sowie der heute unzulässigen Bezeichnungen („Homöopathischer oder Hygienischer Gesundheits- oder Nährkaffee“, „Familienkaffee“, „Ersparniskaffee“, „Deutsche Kaffeemischung“, „Hamburger Kaffeemischung“, „Sanitätskaffee“ usw.) außerordentlich verwirrend war. Aus dem gleichen Grunde erübrigt sich hier die Angabe ausführlicher Analysen. Erwähnt seien hier nur zwei Erzeugnisse. Die von der Enrilo G. m. b. H. in Berlin in den Handel gebrachte, aus Zichorie und Zerealienkaffe bestehende Kaffee-Ersatzmischung Enrilo hat

Tabelle 18.

	Kaffee-Ersatzmischung Enrilo %	Kaffee-Ersatzmischung Assamba %
Wasser	10,2	4,0
Stickstoffsubstanzen . . .	9,4	23,4
Fett (Ätherextrakt) . . .	2,6	34,8
Zucker	2,5	0,4
Sonstige stickstoffreie Extraktivstoffe	61,3	nicht untersucht
Rohfaser	10,8	desgl.
Mineralstoffe	3,2	2,4
Extrakt	47,3	17,4

[1] Kaffee-Ersatzessenzen enthalten mitunter zum Zwecke der leichteren Auflösung gewisse Auflockerungsstoffe, die durch Rösten von Pflanzenteilen erhalten werden.
[2] Analyse von H. TRILLICH aus dem Jahre 1889.
[3] J. PRITZKER u. R. JUNGKUNZ: Z. 1921, 41, 160f.

nach H. BEITTER die in der vorangehenden Aufstellung (Tabelle 18) verzeichnete Zusammensetzung[1].

Ein neuerdings von J. PRITZKER und R. JUNGKUNZ[2] untersuchter „Assamba Arachis Kaffee-Ersatz“, aus rund $^1/_3$ Bohnenkaffee, 5% caramelisiertem Zucker und 62% gerösteten Erdnüssen bestehend, zeigte die Analysenwerte in Tabelle 18.

4. Untersuchung der Kaffee-Ersatzstoffe.

Die allgemeine Untersuchung der Kaffee-Ersatzstoffe wird nach der bei Kaffee schon beschriebenen Art und Weise durchgeführt. Dies gilt insbesondere für die Sinnenprüfung, für die physikalische, chemische (Wasser, Asche, Extrakt, Säuregehalt, Fett, Stickstoffsubstanzen, Kohlenhydrate, künstliche Farbstoffe, Farbwirkung, Überzugsmittel, Konservierungsmittel) und biologische Prüfung. Was die mikroskopische Untersuchung zum Zwecke der Erkennung von Herkunft, Reinheit, Beschaffenheit usw. anlangt, so ist im entsprechenden späteren Abschnitt ausführlich berichtet. Für den Nachweis seltenerer Stoffe, z. B. von Bestandteilen des Röstaromas usw., können allgemein gültige Angaben nicht gemacht werden, da die Arbeitsmethoden unter Anpassung an die Erfordernisse von Fall zu Fall ausgewählt werden müssen.

Ein empirisches chemisches Verfahren zur Ermittlung des Gewichtsanteiles von Ersatz- oder Zusatzstoffen im Bohnenkaffee ist, wie auf S. 44 schon beschrieben, von J. TILLMANS und G. HOLLATZ[3] entwickelt worden; es kann hier darauf verwiesen werden. Von großer Bedeutung ist ferner die gemäß § 1 (6), (7) und (8) der KaffeeErsVO. notwendige Unterscheidung von geröstetem Getreide, von Getreide- (Gersten-, Roggen-, Weizen-, Mais- usw.) Kaffee und von solchem aus gemälztem Gut (Malzkaffee, Roggenmalzkaffee, Weizenmalzkaffee usw.). Dafür stehen, abgesehen von der eine sehr große Erfahrung voraussetzenden Geschmacksprobe, im wesentlichen zwei Möglichkeiten zur Verfügung, nämlich die morphologische Untersuchung einerseits und die chemische Prüfung anderseits. Beide Proben müssen gegebenenfalls einander ergänzen; beim Vorliegen eines gemahlenen Untersuchungsmaterials müssen die Maltolreaktion bzw. die mikroskopische Prüfung herangezogen werden.

a) Unterscheidung von Gersten- und Malzkaffee.

Morphologische Untersuchung. Das Verfahren gründet sich auf die Beobachtung, daß trotz der durch die hohen Wärmegrade beim Rösten weitgehenden Veränderung und Zerstörung des Korninhaltes einige Merkmale des Blattkeimes erhalten bleiben; letzterer befindet sich bei richtiger Keimung innerhalb der Gerstenspelze und wächst vom spitzeren Kornende an der Rückseite dem etwas stumpferen Grannenende des Gerstenkornes zu. Nach vorsichtiger Entfernung der Spelze hebt sich der dunkle Blattkeim beim gerösteten Gut von der meist etwas helleren Umgebung ziemlich deutlich ab. Zum andern treten, was bei Längsschnitten durch das Korn sichtbar wird, Hohlräume auf, die durch die Schrumpfung der Inhaltssubstanz, insbesondere des Blattkeimes, sowie durch die Veratmungsverluste entstanden sind und auf Grund ihrer Größe auf den Mälzungsgrad schließen lassen. Meistens ist auch an der glatten Rückseite des Kornes von außen eine leichte Erhöhung feststellbar, die soweit reicht, wie sich innen der Keim entwickelt hatte. Im einzelnen kann man zur Prüfung folgendermaßen verfahren:

[1] Die Zusammensetzung von Enrilo ist nicht ein für allemal feststehend.
[2] J. PRITZKER u. R. JUNGKUNZ: Z. 1932, 64, 389.
[3] J. TILLMANS u. G. HOLLATZ: Z. 1929, 57, 502.

α) Anweisung zur Bestimmung der Blattkeimlänge bei Malzkaffee nach den Vorschlägen des Verbandes Deutscher Getreidekaffee-Fabrikanten[1].

Voruntersuchung. Zur Ermittlung des Hohlraumes werden 100 Körner abgezählt, auf die Nabel- oder Raphenseite gelegt, einzeln mit der rechten Hand oder mit einer Pinzette aufgenommen, worauf man mit dem Daumennagel der linken Hand in der Mitte der Rückseite einen leichten Druck ausübt. Ist der Blattkeim bis zu diesem Punkt vorgeschritten gewesen, so dringt der Nagel leicht durch die Spelze in den Hohlraum ein. Die Zahl dieser Körner wird festgestellt und die Probe zur Sicherstellung der Untersuchung an einem zweiten Hundert vorgenommen[2].

Hauptuntersuchung. In Zweifelsfällen, in denen die Vorprobe nicht genügend sicheren Aufschluß gibt, werden 100 Körner in lauwarmem Wasser über Nacht eingeweicht und am nächsten Morgen auf einem Sieb abtropfen gelassen. Dann schneidet man sie mit einem scharfen Messer oder einem geeigneten Schneideapparat der Länge nach auf. Man sieht den Hohlraum, wie auch die Reste des Keimlings infolge der Quellung sehr deutlich und kann deren Länge, verglichen mit derjenigen des ganzen Gerstenkornes, mit einem Millimetermaßstab oder mittels eines Meßzirkels feststellen. Im Bedarfsfalle ist hierfür eine Lupe zur Vergrößerung heranzuziehen. Maßgebend ist nicht die Länge des Blattkeimrestes allein, sondern es muß auch diejenige des entstandenen Hohlraumes entsprechend berücksichtigt werden.

Bei dieser Prüfung darf der längsgestreckte Hohlraum des Blattkeimes nicht verwechselt werden mit den blasigen Hohlräumen, die sich innerhalb der Gewebeschichten des Gerstenkornes zeigen und die teils von der nicht stärkeführenden Basalschicht in der Nähe des Keimlings, teils von der nicht verzuckerten, aber verkleisterten Stärke herrühren.

β) Verfahren nach CL. ZÄCH[3]. Man nimmt das Korn zwischen Daumen und Zeigefinger der linken Hand, das spitze Ende des Kornes gegen sich, die Längsfurche abwärts gerichtet. Nun schiebt man von der Kornspitze her ein feines Messerchen zwischen Spelze und Fruchtschale und entfernt die Spelze vorsichtig. Der Blattkeim hebt sich als dunkles, zungenförmiges Gebilde von der meist helleren Umgebung deutlich ab und wird in seiner Länge geschätzt oder ausgemessen. Vorheriges Einweichen des Kornes, wie es die Vorschrift des Verbandes Deutscher Getreidekaffee-Fabrikanten verlangt, ist nach CL. ZÄCH nicht zu empfehlen. Man prüft auf diese Weise 50 oder 100 Körner und wiederholt die Untersuchung nötigenfalls. Sogar bei überrösteten Proben von Malzkaffee war die Untersuchung noch gut durchführbar. Man berechnet den Prozentsatz jener Körner, deren Blattkeim mindestens die halbe Kornlänge erreicht hat. Dieses Verfahren, das zwar etwas mühsam ist, dafür aber sehr zuverlässige Resultate[4] liefert, wird von verschiedener Seite der unter α) beschriebenen Arbeitsweise vorgezogen.

Chemische Untersuchung. Das Verfahren gründet sich, wie schon erwähnt, auf die Beobachtung von TH. MERL, daß ein vorschriftsmäßig gemälztes und geröstetes Gut eine gewisse Mindestmenge an Maltol enthält, bei deren Unterschreitung eine von der Norm abweichende Behandlungsweise der Gerste anzunehmen ist, sei es bei der Mälzung, sei es bei der Röstung. Man verfährt bei der orientierenden qualitativen Prüfung folgendermaßen[5]:

---

[1] Vom 13. Januar 1932. Berlin W 57, Potsdamer Str. 75d.

[2] Nach CL. ZÄCH ist das Aufsuchen der Hohlräume ein wenig zuverlässiges, mitunter sogar irreführende Ergebnisse lieferndes Verfahren (Mitt. Lebensmittelunters. Hygiene 1931, **22**, 370).

[3] CL. ZÄCH: Mitt. Lebensmittelunters. Hygiene 1931, **22**, 369.

[4] TH. MERL u. M. FRAITZL: Deutsch. Nahrungsm.-Rundschau 1933, 74; TH. MERL und H. BEITTER: Chem.-Ztg. 1932, **56**, 308.

[5] TH. MERL u. H. BEITTER: Z. 1928, **56**, 472; 1930, **60**, 216; ferner H. BEITTER: Diss. München, Universität, 1931.

α) Qualitative Prüfung. Ein Gemisch aus 10 g feingemahlenem Malzkaffee, 1,5 bis 2,0 g Blutkohle (E. Merck) und 25 ccm Chloroform wird in einem Kolben kurz aufgekocht und nach dem Erkalten filtriert; die Lösung zeigt einen schwachen Stich ins Gelbliche. 10 ccm dieses Filtrates werden in einem kleinen Scheidetrichter mit 1—2 ccm Wasser geschüttelt und nach Abscheidung des letzteren unmittelbar in ein Zentrifugiergläschen filtriert. Nach Zusatz von 1 ccm einer stark verdünnten Eisenchloridlösung (2 Tropfen einer 10%igen reinen Eisenchloridlösung auf 20 ccm Wasser; die Verdünnung jedesmal frisch bereitet) wird bis zur Emulsionsbildung kräftig durchgeschüttelt; man trennt nun das Chloroform von der wäßrigen Eisenchloridlösung durch Zentrifugieren ab. Bei Gegenwart von Maltol zeigt letztere eine charakteristische Violettfärbung, deren Intensität — verglichen mit der bekannten Salicylsäure-Eisenchloridreaktion — etwa 0,025 bis 0,05 mg Salicylsäure entspricht.

Bei der Durchführung der Untersuchung muß die Abwesenheit von Salicylsäure sichergestellt sein. Diese Prüfung verbindet man zweckmäßig mit der qualitativen Untersuchung auf Maltol. In diesem Falle geht man von einem Gemisch aus 20 g feingemahlenem Malzkaffee, 3 g Blutkohle und 50 ccm Chloroform aus, erhitzt kurz zum Sieden, filtriert nach dem Erkalten und benutzt 10 ccm des Filtrates zur Prüfung auf Maltol. Weitere 10 ccm des Filtrates werden zur Untersuchung auf Salicylsäure auf dem warmen Wasserbade durch Blasen und Schütteln (nicht zum Sieden erhitzen!) vom Chloroform befreit. Der Rückstand wird mit 5 ccm Phosphorsäure (Spez. Gewicht 1,7) und 15 ccm Wasser versetzt. Von diesem Gemisch destilliert man unter Benutzung eines kurzen LIEBIG-Kühlers 15 ccm ab. Man setzt zum Destillat einige Tropfen einer 10%igen Lösung von Bariumhydroxyd zu. Nun verdampft man in einem Porzellanschälchen auf dem Wasserbad zur Trockne und versetzt den erkalteten Rückstand mit 10 Tropfen Eisessig und 3 Tropfen Reagens nach MANDELIN[1]. Ist Salicylsäure anwesend, dann entstehen indigoblaue Streifen. Die Erfassungsgrenze der Salicylsäure liegt bei dieser Arbeitsweise, die begreiflicherweise mit Verlusten verbunden ist, bei etwa 0,025 mg.

β) Quantitative Bestimmung. Von einem feingemahlenen und durch ein Sieb (Maschenweite $^1/_2$ qmm) getriebenen Malzkaffee werden 10 g mit 5 ccm Wasser durchfeuchtet und 1 Stunde lang unter öfterem Umrühren stehen gelassen. Sodann vermischt man das Gut mit 15 g ausgeglühtem Seesand, 3 ccm Wasser und 1,5 g Blutkohle (E. MERCK) und überführt das Gemenge vollständig in eine Extraktionshülse (SCHLEICHER und SCHÜLL Nr. 603; 33 mm Durchmesser, 94 mm Höhe). Nunmehr wird im SOXHLET-Apparat mit einer nicht zu knapp bemessenen Menge von Tetrachlorkohlenstoff 4—5 Stunden ausgezogen.

Der Extrakt, der meist einen Stich ins Gelbliche zeigt, wird im Scheidetrichter (etwa 200 ccm Inhalt; am besten von zylindrischer Form) mit 100 ccm Eisenchloridlösung (3 Tropfen einer 10%igen Eisenchloridlösung und 2 ccm N.-Salzsäure auf 100 ccm Wasser) kräftig geschüttelt. Nach Trennung der Schichten wird der mehr oder weniger stark violett gefärbte wäßrige Anteil filtriert und das Filtrat im Colorimeter nach DUBOSCQ mit der Standardlösung verglichen[2].

Standardlösung. 5 ccm einer wäßrigen Lösung von reiner Salicylsäure (0,3500 g in 1 Liter), 4 Tropfen einer N.-Salzsäure sowie 1 Tropfen einer 10%igen Eisenchloridlösung werden mit Wasser auf 100 ccm aufgefüllt. Diese Lösung enthält 1,75 mg Salicylsäure in 100 ccm. Sie ist stets frisch zu bereiten; auch die Salicylsäure-Stammlösung ist nur wenige Tage haltbar.

Berechnung. Bei einer Ausgangsmenge von 10 g Substanz und einer zugrunde gelegten Schichtdicke der Vergleichslösung von 25 bzw. 30 mm berechnet sich der Maltolgehalt x einer Maltollösung y, ausgedrückt in Milligramm für 10 g Substanz, nach der folgenden Formel:

$$x = \frac{54 \text{ (bzw. 66)}}{\text{Schichtdicke der Lösung } y \text{ in mm}}.$$

[1] Lösung von 0,5% vanadinsaurem Ammonium in 94—98%iger Schwefelsäure; in brauner Flasche aufbewahrt, ist die Lösung gut haltbar.

[2] Das colorimetrische Verfahren leidet an dem Übelstand, daß die Farbnuancen der Salicylsäure- und Maltolreaktion nicht genau übereinstimmen.

Für das Verfahren nach TH. MERL und H. BEITTER hat CL. ZÄCH[1] in einigen Punkten Abänderungen vorgeschlagen; die ersteren Autoren[2] können darin aber keine Verbesserungen erblicken und verhalten sich abwartend.

TH. MERL und H. BEITTER sowie TH. MERL und M. FRAITZL kommen auf Grund ihrer Untersuchungen, die zahlreiche Malzkaffeesorten aus verschiedenen Fabriken betreffen, zu dem Ergebnis, daß 6 mg Maltol[3], bezogen auf 10 g Malzkaffee (Trockensubstanz), als Mindestmenge zu fordern sind, wenn das Produkt als normales Erzeugnis anerkannt werden soll. CL. ZÄCH[4] will diesen Wert auf 5 mg erniedrigt wissen.

Es ist schon darauf hingewiesen worden, daß die morphologische Prüfung und die chemische Untersuchung auf Maltol, deren letztere aber in der KaffeeErsVO. bisher keine rechtliche Grundlage gefunden hat, in Zweifelsfällen einander in glücklicher Weise ergänzen, besonders in jenen Fällen, wo anormale Verhältnisse hinsichtlich des Keimungs- oder des Röstgrades vorliegen. Die Erfahrung hat gelehrt[5], daß bei richtiger Fabrikation die Maltolzahl und die Bestimmung der Keimlänge einander parallel gehen; die untere Grenzzahl von 6 mg Maltol/10 g Substanz dürfte immer erreicht bzw. überschritten werden. Nun hat man Fälle beobachtet, bei denen trotz ausreichender Keimlänge die Maltolzahl unterschritten wird. Dies ist, wie TH. MERL und M. FRAITZL[6] darlegen, entweder auf ungenügende Röstung[7] oder auf anormale Mälzung zurückzuführen. Was letztere anlangt, so kann man nämlich mittels sog. warmer Führung die Keimung in abgekürzter Zeit, wodurch die Atmungsverluste erheblich verringert werden, so lenken, daß zwar die richtige Länge des Blattkeimes erreicht wird, nicht aber infolge der mangelhaften Einwirkung der Diastase die erforderliche „Auflösung" des Mehlkörpers. Ein aus solchem „getriebenen" Malz hergestellter Malzkaffee ist von geringerer Qualität. Er entspricht zwar hinsichtlich der Länge des Blattkeimes, dem Buchstaben nach, dem § 4, Nr. 12 der KaffeeErsVO., stellt aber der Beschaffenheit nach nicht ein normales Erzeugnis dar; denn nicht die Länge des Blattkeimes ist das entscheidende Merkmal, sondern man hat darin lediglich ein Anzeichen dafür zu erblicken, daß der richtige „Aufschluß" des Kornes erreicht ist. Dies aber ist bei einer „getriebenen" Frucht nicht der Fall.

b) Unterscheidung von Gerstenkaffee und gebrannter Gerste[8].

§ 1 (6) der KaffeeErsVO. fordert, daß ein als Gersten-, Roggenkaffee usw. bezeichnetes Produkt einen wirklichen Weich- oder Dämpfungsprozeß (bloßes Befeuchten ist nicht ausreichend) durchgemacht hat. Wird diese Vorbehandlung nicht vollzogen, dann sind, wie erwähnt, die Erzeugnisse als gebrannte Gerste, Röstgerste, geröstete Gerste usw. zu deklarieren. Es ergibt sich somit die Notwendigkeit einer Erkennung und Unterscheidung der verschiedenartigen Produkte, was am besten durch die mikroskopische Prüfung geschehen kann. Nach der

---

[1] CL. ZÄCH: Mitt. Lebensmittelunters. Hygiene 1931, **22**, 369.

[2] TH. MERL u. H. BEITTER: Chem. Ztg. 1932, **56**, 308.

[3] Hierbei ist der durchschnittliche Ausfall an ungekeimter Frucht und der gemäß § 4, Nr. 12 der KaffeeErsVO. zugestandene Ausfall an ungenügend gekeimter Frucht berücksichtigt.

[4] CL. ZÄCH: Mitt. Lebensmittelunters. Hygiene 1931, **22**, 369; vgl. auch A. HEIDUSCHKA u. H. THOMAS: Z. 1933, **65**, 95.

[5] TH. MERL u. M. FRAITZL: Deutsch. Nahrungsm.-Rundschau 1933, 74.

[6] TH. MERL u M. FRAITZL: Deutsch. Nahrungsm.-Rundschau 1933, 74; vgl. aber A. HEIDUSCHKA u. H. THOMAS: 1933, **65**, 95. — C. MASSATSCH: Deutscher Nahrungsmittel-Großhandel 1934, **24**, 8.

[7] Hierdurch könnte man an Arbeitskraft, an Zeit, Kohlen und Getreidesubstanz sparen, allerdings unter Einbuße an Qualität und Lagerfestigkeit des Fertigproduktes.

[8] Analoges gilt für die Erzeugnisse aus anderen Getreidefrüchten.

Einwirkung von stark verdünnter Jodlösung zeigt der Gerstenkaffee, Roggenkaffee usw. infolge der bei der Weichung oder Dämpfung vor sich gegangenen Quellung nur mehr vereinzelte, in der ursprünglichen Ausbildungsform erhaltene Stärkekörner. Bei den gebrannten Getreidesorten dagegen sind die meisten Körner in ihrer charakteristischen Gestalt unverändert vorhanden.

5. Beurteilung der Kaffee-Ersatzstoffe.

Die Ausführungen über dieses Kapitel sollen mit denjenigen über die Kaffee-Zusatzstoffe vereinigt werden (vgl. S. 104).

III. Kaffee-Zusatzstoffe (Kaffee-Gewürze)[1].

Wie schon wiederholt erwähnt, umfaßt gemäß § 1 (2) der KaffeeErsVO. die Gruppe der Kaffee-Zusatzstoffe jene gerösteten Produkte, die im allgemeinen für sich allein ein brauchbares Aufgußgetränk nicht zu liefern vermögen. Ihre Hauptbedeutung liegt vielmehr darin, als Zusatz zu Kaffee mit dem Ziele der Streckung zu dienen bzw. dem hergestellten Getränk hinsichtlich Farbe, Vollmundigkeit, „Körper", Geschmacksnuancen usw. erwünschte Eigenschaften zu verleihen. Die Unterscheidung zwischen Ersatz und Zusatz ist den früheren Erörterungen gemäß nicht scharf, da der Zusatz bisweilen zum Kaffee-Ersatz (z. B. Zichorie), viel häufiger aber der Kaffee-Ersatz zum Zusatz gemacht wird.

Die Zahl der Rohstoffe, die im Laufe der Zeit zur Herstellung von Kaffee-Zusatz herangezogen wurden, ist außerordentlich groß. Bei entsprechender Aufbereitung können beinahe alle pflanzlichen Produkte, die einigermaßen als Lebensmittel geeignet sind, zur Erzeugung von Röstwaren benutzt werden. Besonders während der Kriegs- und Nachkriegszeit ist in Deutschland von dieser Möglichkeit im Einzelhaushalt ausgiebig Gebrauch gemacht worden. Wesentlich kleiner aber wird die Zahl der geeigneten Rohstoffe, wenn man eine gewerbliche Verwertung ins Auge faßt; denn hierbei ist erste Voraussetzung, daß die Ausgangsmaterialien in ausreichender Menge und zu jeder Zeit des Jahres bei entsprechenden Einstandspreisen zur Verfügung stehen. Somit kann es sich im wesentlichen nur um landwirtschaftlich angebaute Pflanzen handeln, bei denen die durch die Einmaligkeit der Ernte gegebene Lücke in der Versorgung durch Vorratsspeicherung überbrückt werden kann. In der folgenden Tabelle 19 sind die wichtigsten Rohstoffe[2] aufgeführt.

Die Aufstellung nach Tabelle 19 ist bei weitem nicht erschöpfend; sie umfaßt nur die wesentlichsten Vertreter. Kurz hingewiesen sei noch auf die folgenden, zum Teil in der Kriegszeit als Rohstoff herangezogenen Produkte: Serradella[3] (Ornithopus sativus Brot.), Spergel (Spergula arvensis L.) und Akaziensamen[4], Witgatboom[5] (als Ersatz für Zichorie[6]), geröstetes Brot, Fadennudeln, Wicken verschiedener Art (z. B. Astragalus baeticus gleich Kaffeewicke, bekannt als Schweden- oder Stragelkaffee), Nüsse, Bucheckern, Früchte der Wachspalme (Corypha cerifera L. oder Copernicia cerifera Mart.), Samen der Cassia occidentalis („Mogdad"- oder „Neger"-Kaffee) usw.[7].

Von den in Tabelle 19 erwähnten Kaffee-Zusatzstoffen (und -Ersatzstoffen) spielen in der Praxis nur einige wenige eine Rolle, nämlich Zichorie, Feigen-

[1] Neuerdings ist auch, wie schon erwähnt, die Bezeichnung „Kaffeewürze" zulässig.
[2] Vgl. hierzu H. Trillich: Rösten und Röstwaren, S. 123f. München: B. Heller 1934.
[3] C. Griebel: Z. 1918, **35**, 233.
[4] C. Griebel: Z. 1918, **35**, 272; vgl. auch L. H. van Berk: Pharmac. Weekbl. 1917, **14**, 1278.
[5] Als Witgatboom werden in Südafrika vier Bäume bezeichnet: Boscia transvaalensis Pest., B. rehmanni, Macrua pedunculata Sim. und Capparis albitumea. Die Wurzeln dieser Bäume werden geröstet und verwendet.
[6] A. Kloot: Analyst 1918, **43**, 373.
[7] Vgl. hierzu auch die Zusammenstellung bei M. Klassert: Z. 1918, **35**, 80.

Tabelle 19. Rohstoffe zur Herstellung von Kaffee-Zusatzstoffen[1].

Rohstoffgruppe	Art des verwendeten Rohstoffes	Bemerkungen
Zucker- oder stärkehaltige Wurzeln, Rüben, Knollen	Zichorie	—
	Zuckerrübe	—
	Gelbe Rübe, Rote Rübe	Wegen ihres eigenartigen Geschmackes nur zusammen mit Zuckerrübe oder Zichorie verwendbar.
	Kohlrübe[2] (Wruke, Dodsche)	Sehr wenig geeignet.
	Topinambur	Wegen des Inulingehaltes in Italien schon seit langem angebaut und verwendet; kommt für Deutschland nicht in Betracht.
	Löwenzahnwurzel[2]	Nach A. BEITTER[3] gut geeignet; in Deutschland kein Anbau; daher ohne Bedeutung. Industriell verwendet in Schweden und Dänemark (Lövetand-Kaffee-Zusatz).
	Kartoffel, Kartoffelpülpe	Wichtig ist die mittelbare Verwendung in Gestalt des Stärkesirups oder Stärkezuckers zur Herstellung von Kaffee-Ersatzessenz.
Stengel, Holz, Rinden, Mark	Zuckerrohr	Im wesentlichen wohl nur indirekte Verwendung; Verarbeitung des Zuckers zu Kaffee-Ersatzessenzen.
Pilze	Hefe	Findet oder fand Verwendung zur Herstellung von Kaffee-Zusatz, eventuell in Verbindung mit Malzkeimen, mit Zuckersirup usw. (vgl. dazu Patentliteratur bei H. TRILLICH).
Früchte	Bananen	—
	Birnen, Äpfel, entkernte Pflaumen	—
	Weinbeeren	—
	Spargelbeeren[4]	—
	Hagebutten	—
	Feigen	—
	Rainweiden- sowie Ligusterstaudenbeeren[5]	—
	Johannisbrot	„Carobenkaffee“ als Zusatz zu Zichorien- oder Feigenkaffee.
Samen und Kerne	Sojabohnen[6]	„Sojakaffee“, „Chinakaffee“, „Chinafé“.
	Lupinen[7]	Nach Entbitterung; vgl. M. GONNERMANN[8].
	Erdnüsse	—
	Eicheln	—
	Kichererbse	Früher öfter wohl als „Deutscher“ oder „Französischer Kaffee“ bezeichnet.
	Edelkastanien	—
	Roßkastanien	—
	Mandeln[9]	—

[1] Auf die Mitaufführung der Zerealien ist hier verzichtet. Ob die hier aufgeführten bzw. bei der mikroskopischen Untersuchung (S. 78) behandelten Rohstoffe verarbeitet werden dürfen oder nicht, ist aus der KaffeeErsVO. zu entnehmen.

[2] J. PRITZKER u. R. JUNGKUNZ: **Z.** 1921, **41**, 162.

[3] A. BEITTER: Kaffee-Ersatzstoffe. Stuttgart: J. Hoffmann 1918.

[4] G. SCHROETER: **Z.** 1916, **32**, 501.

[5] Vgl. GOTTSCHE: Umschau 1917.

[6] Vgl. BALLAND: Compt. rend. Paris 1918, **167**, 423.

[7] H. ECKENROTH: **Z.** 1918, **35**, 240.

[8] M. GONNERMANN: Chem.-Ztg. 1918, **42**, 296. — C. GRIEBEL: **Z.** 1920, **39**, 297.

[9] Nicht zu verwechseln mit dem Kaffeezusatz aus den Erdmandeln (Cyperus esculenta) oder den Erdnüssen (Arachis hypogaea).

Tabelle 19 (Fortsetzung).

Rohstoffgruppe	Art des verwendeten Rohstoffes	Bemerkungen
Samen und Kerne	Weintraubenkerne	—
	Spargelsamenkerne	—
	Dattelkerne, Steinnüsse, Olivenkerne	Dattelkerne sind geeignet, geben aber nur 9—10% Extrakt; Steinnüsse und Olivenkerne eignen sich nicht.
	Johannisbrotkerne	—
	Akazienkerne	—
Zuckerarten	Zucker, Sirup, Melasse, Stärkezucker, Stärkesirup	Meist zur Herstellung von Kaffee-Ersatzessenzen verwendet; Kandiermittel.

kaffee, gebrannter Zucker, Eichelkaffee sowie vielleicht gewisse Erzeugnisse aus gerösteten Leguminosen. Auf diese Produkte ist nachstehend etwas näher eingegangen. Hinsichtlich der anderen, vielleicht gelegentlich vorkommenden Produkte muß auf das entsprechende Schrifttum verwiesen werden[1]. Die Erkennung ihrer Herkunft wird sich im wesentlichen auf die morphologisch-mikroskopische Untersuchung zu stützen haben.

1. Zichorie.

Nach § 1 (9) der KaffeeErsVO. ist Zichorienkaffee (Zichorie) das aus den gereinigten Wurzeln der Zichorie (Cichorium intybus), auch unter Zusatz von Zuckerrüben, geringer Mengen von Speisefetten, Speiseöl, Speisesalz (Chlornatrium), Alkalicarbonaten, durch Rösten und Zerkleinern mit oder ohne nachherige Behandlung mit Wasserdampf oder Wasser hergestellte Erzeugnis. Zichorienkaffee enthält bis zu 30% Wasser und liefert bis zu 8% Asche.

Die Zichorie, die schon im Altertum als Heilmittel eine Rolle spielte und sich auch in den „Kräuterbüchern" des Mittelalters findet[2], ist, wie bereits angegeben, schon vor dem Bekanntwerden des Kaffees in gewissen Gebieten Europas im gerösteten Zustand zur Herstellung eines Aufgußgetränkes benutzt worden (P. ALPINI: Padua 1592). Der Kaffee aber tat ihr wesentlichen Abbruch. Trotzdem hat sie sich im Auf und Ab der Zeiten als ein sehr wichtiger Zusatzstoff, mitunter auch Ersatzstoff gehalten[3], unbeschadet der wiederholt gegen sie, wie wir heute jedoch wissen, unbegründet[4] erhobenen gesundheitlichen Bedenken.

Die zu den Kompositen gehörige Zichorie, die in großem Umfange in Deutschland[5], in den Staaten des ehemaligen Österreich-Ungarns, in Belgien und in Frankreich feldmäßig angebaut wird[6], sät man im April in einer Reichweite von 15—25 cm aus. Die Ernte erfolgt im Oktober bis Mitte November. Auf

[1] Vgl. z. B. J. KÖNIG: Die menschlichen Nahrungs- und Genußmittel, 4. Aufl., Bd. 2, S. 1087. Berlin: Julius Springer 1904. Hierzu Nachtrag zu Bd. 1, S. 681. Berlin: Julius Springer 1923. — H. TRILLICH: Rösten und Röstwaren, 2. Aufl., S. 479. München: B. Heller 1934.

[2] Verwendung der Grundblätter des ersten Jahres als Gemüse in Westeuropa (Brüsseler Zichorie, Brüsseler Witloof).

[3] Im Jahre 1790 wurde von der Preußischen Regierung eine Konzession zum Anbau der Zichorie und zur fabrikmäßigen Herstellung von Zichorienkaffee an Rantzow von Heine und Chr. G. Foerster erteilt.

[4] O. SCHMIEDEBERG: Arch. Hygiene 1912, **76**, 210.

[5] Vor allem um Magdeburg (Börde), in Württemberg, Baden, Braunschweig, Schlesien und Pommern.

[6] Nach E. BÜRSTNER wurden von der deutschen Zichorien-Industrie im Jahre 1912 insgesamt 780000 Doppelzentner gedarrte Wurzeln verarbeitet, die zu rund 500000 Doppelzentnern im Reich erzeugt, zu rund 300000 Doppelzentnern meist aus Flandern eingeführt wurden.

den Hektar rechnet man mit einem Ertrag von 150—400 Doppelzentner Wurzeln. Die Kultur verlangt leichten, humosen und sandigen Lehmboden und sehr gute Bearbeitung. Die dicke, pfahlförmige, von den Blättern befreite Wurzel wiegt durchschnittlich 300—400 g. Zur Entfernung von Erde, Sand u. dgl. wird gründlich mit Wasser gewaschen. Hierauf werden die Wurzeln quer geschnitzelt und in übereinanderliegenden Horden (Zichoriendarren) vorsichtig und langsam getrocknet (gedarrt)[1]; für die Vor- und Haupttrocknung sind etwa 20 bis 24 Stunden erforderlich. Während dieser Zeit sinkt der Wassergehalt von rund 80% auf 8%. In diesem haltbaren Zustand werden die Zichorienschnitzel in großen Speichern unter Beachtung entsprechender Vorsichtsmaßregeln für die Verarbeitung während des Jahres eingelagert[2].

Im Hinblick auf die gleichmäßig durchzuführende Röstung müssen die Zichorienschnitzel vor der Weiterverarbeitung auf besonderen Maschinen nach der Größe sortiert werden. Dann schreitet man zur Röstung[3]. Hierbei ist sorgfältig darauf zu achten, daß dieselbe langsam und schrittweise vor sich geht [zunächst vorwärmen (75 Minuten lang in den Fülltrichtern), dann 75 Minuten in die obere Rösttrommel, zum Fertigrösten 75 Minuten in die untere Trommel (rund 200°), hier Zugabe von Kochsalz, Sirup, Fett, Öl usw. als sog. Würzzusatz durch die Einfüllöffnung].

Nach beendeter Röstung wird auf besonderen Vorrichtungen rasch abgekühlt. Das Gut wird durch Mahlen auf Walzenstühlen zerkleinert, und zwar entweder zu einem feinen Mehl (Kollergang) oder zu einem Grieß gewünschter Körnung[4].

Wie jedes geröstete Gut, so ist auch die frisch geröstete Zichorie stark hygroskopisch. Sie zieht Wasser an, bis der Gleichgewichtszustand (Wasserdampfdruck der Umgebung = demjenigen im Erzeugnis) erreicht ist. Dabei besteht Gefahr, daß auch Gerüche aus der Umgebung mit aufgenommen werden. Hand in Hand geht damit eine gewisse Volumenabnahme des Produktes. Um alle diese Vorgänge, die sich in der Beschaffenheit auswirken können, unter optimalen Verhältnissen und unter Aufsicht zum Ablauf zu bringen, lagert man die frisch geröstete Zichorie zur „Fermentation" in geeigneten Räumen (bestimmte Temperatur, 90—92% relative Feuchtigkeit)[5]. Erst nach diesem Reifungsvorgang kommt das Erzeugnis in den Handel, sei es im gekörnten Zustand (z. B. in Grießform als Franck Spezial) oder als feingemahlenes Fabrikat in Rollenform; letzteres enthält das zuerst feinpulverige Mehl in einem feuchten, speckigen[6], leicht brechbaren Zustand.

Die chemische Zusammensetzung der frischen, der gedarrten sowie der gerösteten Zichorie ist in der nachstehenden Tabelle 20 angegeben.

Die frische Zichorie enthält nach A. Beitter rund 30—40% Saft (Zichorienmilch) mit etwa 15—18% Trockensubstanz, wovon 80—90% auf das Inulin

[1] Vgl. H. Trillich: Rösten und Röstwaren, 2. Aufl., S. 246. München: B. Heller 1934.

[2] Da die gedarrten Schnitzel hygroskopisch sind, hat man in der Praxis Vorschriften über Höchstwassergehalt festgelegt.

[3] Die der Zichorie meist zugesetzten Zuckerrübenschnitzel müssen für sich geröstet werden, da sie rascher gar sind als die erstere.

[4] Zum Zwecke der Aufhellung des dunkler anfallenden Grießes sollen nach L. Gobert (Ann. Falsif. 1929, **22**, 580; Z. 1934, **67**, 462) bisweilen Zusätze von Lupinenmehl (5—10%) oder von Apfel- oder Birnenmark (5—10%) gemacht werden.

[5] Während dieser Lagerung steigt der Säuregehalt des Erzeugnisses beachtlich an Diese Säurebildung (überwiegend Essigsäure) setzt sich auch späterhin, vor allem bei feuchter Lagerung, fort. Alte Handelsware kann auf diese Weise durch Sauerwerden verderben.

[6] Bis zu den vierziger Jahren des vergangenen Jahrhunderts kam die Zichorie meist in größeren Gebinden als sog. Fett- oder Speckzichorie in den Handel. Der Name rührt von dem speckigen Aussehen her, das aber nicht auf die Anwesenheit von Fett zurückzuführen ist, sondern auf den Gehalt an Feuchtigkeit (wohl bis 30%). Heute ist die „Fettzichorie" im wesentlichen durch die Zichorie in Rollenform verdrängt worden.

entfallen; der Rest verteilt sich im wesentlichen auf Fructose und Mineralstoffe. Im Preßrückstand hinterbleibt noch eine große Menge Inulin; beispielsweise waren bei einem Versuch im Preßsaft 17,7%, im Preßrückstand 11,1% Inulin vorhanden.

Tabelle 20. Mittlere Zusammensetzung von Zichorie und von Zichorienkaffee.

	Frische Wurzel[1] %	Gedarrte Wurzel %	Zichorienkaffee nach J. PRITZKER u. R. JUNGKUNZ[2] %	nach eigenen Untersuchungen[3] %	nach E. SEEL u. K. HILS[4] %	nach A. BEITTER[5] %
Wasser	78,8	7,9	10,7	11	11,1	13,2
Ätherextrakt (Fett)	0,1	0,6	nicht bestimmt	nicht bestimmt	1,8	4,8
Stickstoffsubstanzen	1,0	4,5	desgl.	desgl.	6,0	5,5
Inulin und ähnliches	15,8	63,7	,,	,,	} 52,0	} 61,7
Fruchtzucker u. ä.	2,3	14,8	,,	,,		
Rohfaser	1,1	4,8	,,	,,	13,4	9,2
Mineralstoffe	0,85	3,7	6,3[6]	,,	5,7	4,8
Extrakt	nicht bestimmt	75,8	60,5	66,4	58,0	63,8

Daneben findet sich in der Zichorie in einer Menge von rund 0,7% ein Bitterstoff[7], der von V. GRAFE als „Intybin" bezeichnet wird. Die Isolierung dieser Substanz im analysenreinen Zustand ist wegen ihrer großen Zersetzlichkeit bisher noch nicht gelungen. V. GRAFE stellte aber fest, daß es sich dabei weder um ein Alkaloid noch um einen Gerbstoff noch um Chlorogensäure handelt, sondern um ein Glucosid, dessen Zuckerkomponente Fructose und dessen anderer Bestandteil ein Protocatechuderivat (wahrscheinlich Protocatechualdehyd) ist. Dieser „Bitterstoff" dürfte am bitteren Geschmack der gerösteten Zichorie, der fast ausschließlich wohl auf das Röstbitter (Assamar, Caramel) zurückgeht, nur insofern beteiligt sein, als dadurch eine charakteristische Note hinzugefügt wird. Irgendwelche schädliche Bestandteile enthält die Zichorie nicht[8].

Was die Zusammensetzung des Röstaromas der Zichorie anlangt, so verdankt man die ersten wirklich eingehenden Untersuchungen V. GRAFE[9], der die daran beteiligten Stoffe durch Wasserdampfdestillation aus dem gerösteten Gut abtrieb und aus dem Destillat mittels Ätherextraktion gewann. Das Gemisch (Ausbeute rund 0,1%) nannte er „Cichoreol" (in Anlehnung an das „Caffeol" beim Röstkaffee). Er stellte darin 63,5% Essigsäure, 5,43% Valeriansäure, etwa 2,5% Acrolein, etwa 2,3% Furfurol und etwa 23,3% Furfuralkohol fest; stickstoffhaltige Verbindungen fehlten darin (im Gegensatz zum Caffeol). Neuerdings haben sich T. REICHSTEIN und H. BEITTER[10] in sehr erfolgreicher Weise mit dem Aroma der gerösteten Zichorie befaßt. Das Untersuchungsmaterial gewannen sie in der Weise, daß sie das frisch geröstete Produkt im

1 Vgl. F. HUEPPE: Untersuchungen über Zichorie. Berlin: August Hirschwald 1908.
2 J. PRITZKER u. R. JUNGKUNZ: **Z.** 1921, **41**, 145.
3 Der Säuregehalt belief sich auf 31 ccm N.-Lauge für 100 g Zichorie (Trockensubstanz).
4 E. SEEL u. K. HILS: **Z.** 1917, **34**, 190.
5 A. BEITTER: Kaffee-Ersatzstoffe. Stuttgart: J. Hoffmann 1918.
6 Davon 2,2% Sand.
7 V. GRAFE: Biochem. Zeitschr. 1915, **68**, 1.
8 O. SCHMIEDEBERG: Arch. Hygiene 1912, **76**, 210.
9 V. GRAFE: Biochem. Zeitschr. 1915. **68**, 13.
10 T. REICHSTEIN u. H. BEITTER: Ber. Deutsch. Chem. Ges. 1930, **63**, 816.

Hochvakuum unter dauerndem Rühren bei Temperaturen bis zu 110° einer fraktionierten Destillation unterwarfen (ähnlich wie bei der Untersuchung des Aromas des Röstkaffees).

Tabelle 21. Zusammensetzung der Aromastoffe der frisch gerösteten Zichorie. (Ausgangsmaterial 100 kg.)

Wasser	7 000 g	Furfuralkohol	11,3 g
Essigsäure	700 g	Acetyl-Furan	2 g
Höhere Säuren (außer leicht wasserlöslichen)	2,2 g	Milchsäure (unvollständig im Destillat)	15 g
Palmitinsäure (unvollständig im Destillat)	11 g	Brenztraubensäure	2 g
Acetaldehyd	3 g	Pentanlösliches Neutralöl, Siedepunkt $_{1\,mm}$ bis 150°	2,1 g
Methylalkohol	2 g	Maltol	vorhanden
Furfurol	153 g	Aceton	,,
Aldehyde (Siedep. $_{15\,mm}$ 60°)	4 g	Diacetyl	,,
desgl. (Siedep. $_{1\,mm}$ bis 150°)	21 g	Acetyl-Propionyl	,,
Oxymethylfurfurol (unvollständig im Destillat)	200 g	Furan	,,
Phenole (roh)	2 g	Brenzschleimsäure	,,

Von großem Interesse ist die Feststellung, daß stickstoff- (entsprechend der Beobachtung von V. Grafe) und schwefelhaltige Verbindungen nicht nachgewiesen werden konnten; Mercaptan, Pyridin, Pyrazin und Pyrrolderivate fehlen also im Röstaroma der Zichorie im Gegensatz zu demjenigen des Kaffees. Die identifizierten Stoffe sind im wesentlichen als die pyrogenen Abbauprodukte von Kohlenhydraten zu betrachten. Auffällig hoch ist der Gehalt an Furfurol, besonders aber an Oxymethylfurfurol. Man versteht dies, wenn man bedenkt, daß der Hauptbestandteil der Zichorie das Inulin ist, also ein polymeres Kohlenhydrat aus Fructose, dessen leichter Übergang in Oxymethylfurfurol bekannt ist. Letztere Verbindung ist im reinen Zustand geruchlos und besitzt einen sehr stark bitteren Geschmack, der wahrscheinlich, was experimentell zu beweisen wäre, am Röstbitter der Zichorie grundsätzlich beteiligt ist.

Mit der Untersuchung der beim Rösten sich an der Zichorie vollziehenden stofflichen Umsetzungen hat sich neuerdings C. I. Kruisheer[1] eingehend beschäftigt. Nach seinen Beobachtungen bildet sich beim Rösten in der Technik das Lävulosin, ein Dehydratationsprodukt der Fructose. Gleichzeitig findet Zersetzung eines Teiles dieses Ketozuckers statt, eine Erscheinung, die das Auftreten von relativ viel Oxymethylfurfurol neben wenig Furfurol verständlich macht. Trotz des Abbaues der Fructose stellt sich im gerösteten Produkt nach der Hydrolyse das Verhältnis von Fructose zu Glucose immer noch auf etwa 4 : 1. Dies ist für geröstete Inulinprodukte charakteristisch, womit eine analytische Möglichkeit zum Nachweis von Zichorie in Kaffee und Kaffee-Ersatzmischungen gegeben ist. Auch bei Anwesenheit von geröstetem Zucker ist das Verfahren anwendbar, weil hier ebenfalls nach der Hydrolyse die Fructose nicht überwiegt.

Der Aufguß aus Zichorie reagiert infolge der Anwesenheit organischer Säuren (vgl. Tabelle 21) deutlich sauer; der Extrakt aus 100 g Röstgut (Trockensubstanz) verbraucht z. B. je nach dessen Beschaffenheit, Alter, Aufbewahrung usw. zur Neutralisation 20—40 ccm N.-Lauge. Bei feuchter Lagerung kann der Gehalt an Säure beträchtlich zunehmen (Sauerwerden der Zichorie). Bei zu trockener Aufbewahrung verliert die Zichorie ihre Feuchtigkeit und wird hart; hiermit ist infolge der Verdunstungsverluste meist ein Rückgang der Acidität verbunden.

Erwähnt sei hier, daß die Herstellung der gerösteten Zuckerrüben, die bis zu 25% zur Geschmacksverbesserung der Zichorie zugemischt werden

[1] C. I. Kruisheer: **Z. 1933, 65,** 275.

dürfen (§ 5, Nr. 7 der KaffeeErsVO.), im Prinzip sich analog abspielt wie diejenige der Zichorie. Nach § 4, Nr. 2 der KaffeeErsVO. ist hierbei die Verwendung ausgelaugter Zuckerrübenschnitzel nicht statthaft. Zuckerrübenkaffee, der infolge seines eigenartigen Röstgeschmackes nach A. Beitter für sich allein nicht verwendet wird, stellt sich hinsichtlich seiner Zusammensetzung etwa wie folgt:

Wasser	11,6%	Rohfaser	9,8%
Fett (Ätherextrakt)	4,5%	Mineralstoffe	5,2%
Stickstoffsubstanzen	8,6%	Extrakt	62,2%.
Kohlenhydrate	58,5%		

2. Feigenkaffee.

Feigenkaffee ist das aus Feigen, den zuckerreichen Scheinfrüchten des Feigenbaumes (Ficus carica), durch Rösten und Zerkleinern, mit oder ohne nachherige Behandlung mit Wasserdampf oder Wasser hergestellte Erzeugnis. Feigenkaffee enthält bis zu 20% Wasser und liefert bis zu 7% Asche [§ 1 (10) der KaffeeErsVO.

Tabelle 22. Zusammensetzung der frischen und getrockneten Feigen sowie des Feigenkaffees.

	Frische Feigen	Getrocknete Feigen	Feigenkaffee nach J. Pritzker und R. Jungkunz[1]	Feigenkaffee nach O. v. Czadek[2]	Feigenkaffee nach H. Trillich
Wasser	78,9	26,0	15,6	8,6	14,7
Fett (Ätherextrakt)	0,4	1,3	—	—	3,8
Stickstoffsubstanzen	1,4	3,3	—	—	4,1
Kohlenhydrate	17,3[3]	58,8	—	37,5 (Zucker)	55,8[4]
Rohfaser (+ Kerne)	7,2	nicht bestimmt	—	13,2	10,2
Mineralstoffe	0,6	2,5	2,6	3,3	4,2
Extrakt	nicht bestimmt	etwa 91	66,5	79,8	71,9

Bei den frischen Feigen macht nach Tabelle 22 der Zucker mehr als 70% der gesamten Trockensubstanz aus. Dieser hohe Gehalt prägt sich im hohen Extraktwert des gerösteten Produktes sowie in der auf die starke Caramelisierung zurückgehenden intensiven Färbekraft aus.

Das Rösten der Feigen zu Kaffeezusatz — als Kaffee-Ersatz findet das Erzeugnis seines stark süßen Geschmackes wegen wohl kaum Verwendung — scheint zu Anfang des 19. Jahrhunderts in Österreich aufgekommen zu sein; in Deutschland nahm, nach den Angaben von E. Bürstner, die Firma H. Franck Söhne die Fabrikation im Jahre 1873, die Firma Otto E. Weber 1880 in Hamburg, später in Radebeul auf. Der Feigenkaffee findet vor allem in Österreich und den Nachfolgestaaten sowie in Süddeutschland Anwendung. Nach E. Bürstner wurden vor dem Kriege in Deutschland in etwa 20 Betrieben aus 3000 t Feigen etwa 1700 t Feigenkaffee hergestellt.

Das Rösten der gereinigten, zerkleinerten und vorgetrockneten Feigen erfolgt bei relativ niedriger Temperatur; bei 140° C schon soll die Gare bald erreicht werden. Zur Neutralisation der in der Frucht von Haus aus enthaltenen

[1] J. Pritzker u. R. Jungkunz: **Z.** 1921, **41**, 160; zur Neutralisation der freien Säure waren auf 100 g Substanz 28,0 ccm N.-Lauge erforderlich.

[2] O. v. Czadek: **Z.** 1904, **7**, 559.

[3] Davon 15,6% Zucker. [4] Davon 28,0% Zucker.

sowie der beim Rösten entstandenen Säure setzt man wohl etwas Natriumbicarbonat zu. Das feingemahlene Pulver ist stark hygroskopisch. Der Feigenkaffee kommt meist in Preßstücken oder in Portionstafeln in den Handel. Vor dem Inverkehrbringen macht er, ähnlich wie die Zichorie, eine „Fermentation“ durch. Bei feuchter Lagerung neigt er zu relativ rascher Säuerung.

Vor allem in Österreich und den Nachbarstaaten stellt der Feigenkaffee einen sehr geschätzten Kaffeezusatz dar, und es ist dort seit langem üblich, dem Kaffeepulver 10 bis 25% Feigenkaffee beizumengen. Die Zusammensetzung solcher Gemische, deren Geschmacksnuance innerhalb weiter Grenzen schwankt, wird von den Herstellern meist geheimgehalten, und der Ruf des sog. Wiener oder Karlsbader Kaffees beruht wohl zum Teil auf Verwendung besonders guter Mischungsverhältnisse.

Das Aroma des Kaffees wird durch den Feigenkaffee-Zusatz nur sehr wenig verändert. Auf der andern Seite aber erhält der Aufguß wesentlich mehr „Körper“ (sämige Beschaffenheit) und dazu die Fähigkeit, ohne Beeinträchtigung des Kaffeegeschmackes sowie der lichtbraunen Farbe größere Zugaben an Milch zu vertragen als ohne diesen Zusatz; durch den erheblichen Zuckergehalt des Feigenkaffees bedarf der Aufguß nur einer verringerten Süßung.

3. Eichelkaffee[1].

Nach § 1 (11) der KaffeeErsVO. ist Eichelkaffee das aus den von der Fruchtschale und dem größten Teil der Samenschale befreiten Samen der Eiche (Quercusarten) durch Rösten und Zerkleinern, mit oder ohne nachherige Behandlung mit Wasserdampf oder Wasser hergestellte Erzeugnis. Eichelkaffee enthält bis zu 15% Wasser und liefert bis zu 4% Asche.

Tabelle 23.
Zusammensetzung des Eichelkaffees.

	Nach J. KÖNIG %	Nach C. KORNAUTH %
Wasser	10,5	7,2
Fett (Ätherextrakt)	4,0	2,9
Gerbstoffsubstanz	5,8	nicht bestimmt
Kohlenhydrate	73,0	59,7
Davon Zucker	3,8	4,0
Rohfaser	4,5	3,1
Mineralstoffe	2,1	3,1
Extrakt	28,9	47,1

Das Produkt kommt meist in kleiner Packung (100 g, 125 g) als ein ockerfarbenes bis dunkelbraunes Mehl in den Handel, das einen Extrakt von 30—50% liefert. Je nach Vorbereitung und Röstart fallen die Erzeugnisse sehr unterschiedlich aus.

Charakteristisch für den Eichelkaffee ist sein Gehalt an Gerbsäure (4—6%). Sie ist es, die ihm seinen Ruf als Diäteticum verschafft hat. Noch heute wendet man das Produkt bei diarrhöischen Zuständen bei Kindern und Erwachsenen als Hausmittel mit gutem Erfolge an. Abgesehen von dieser diätetischen Bedeutung ist der Eichelkaffee nie ein wichtiges Handelsprodukt gewesen[2].

4. Röstprodukte aus sonstigen Samen.

Die von verschiedener Seite vorgeschlagenen gerösteten Erzeugnisse aus Hülsenfrüchten haben sich nicht einzuführen vermocht. Dies liegt wohl vor allem daran, daß ihr im frisch gerösteten Zustand recht starkes und kaffeeähnliches Aroma sich rasch verflüchtigt, daß sich weiterhin der Röstgeschmack bald nachteilig verändert und daß schließlich wegen des Fettgehaltes mit schnellem Ranzigwerden zu rechnen ist.

Die deutschen Bohnen liefern kein brauchbares Getränk; besser geeignet sind die japanischen Puff- oder Canavaliabohnen (Canavalia ensiformis DC.),

[1] Eichelkaffee wurde in Deutschland erstmals von L. O. BLEIBTREU in Braunschweig (1781) hergestellt. Trotzdem er eigentlich keinen Kaffee-Zusatz darstellt, sei er an dieser Stelle kurz abgehandelt.

[2] Heute wird der Eichelkaffee vielfach durch den wohlschmeckenderen, aber auch kostspieligeren Eichelkakao ersetzt.

die Ende der 1880er Jahre viel von sich reden machten, aber sich ebenfalls nicht durchsetzen konnten. Auch die Bohnen afrikanischen und brasilianischen Ursprungs (Cassia occidentalis), die als „Kongokaffee", „Negerkaffee", „Mogdadkaffee", „Stephaniekaffee" einst in den Handel kamen, sind wieder verschwunden. Erbsen geben recht schmackhafte Erzeugnisse; Ackererbsen wurden in Deutschland während des Krieges verwendet, die Kichererbsen (Cicer arietinum L.) benutzt man heute in Südbulgarien (Leblebii)[1]. Erwähnt sei ferner der Ersatz aus den reifen oder unreifen Samen der Kaffeewicke (Astragalus baeticus), der einst als „Schwedischer Kontinentalkaffee" (bis etwa zum Jahre 1830) eine große Rolle spielte, heute aber fast ganz vergessen ist.

Recht oft fanden ferner geröstete Lupinen als Zusatz oder Mischkaffee teils im natürlichen, teils im entbitterten Zustand Verwendung[2]. Auch die Sojabohne, zur Hintanhaltung des Ranzigwerdens vielfach nach einer Entölung, wurde versuchsweise herangezogen. Desgleichen benutzte man die afrikanische Erdnuß (Arachis hypogaea).

Nach § 1 (4), Nr. 5 der KaffeeErsVO. sind Sojabohnen, Erdnüsse und andere öl- und fettreiche Samen, auch teilweise oder ganz entölt, zur Herstellung von Ersatz oder Zusatz zugelassen; die vorgeschriebenen Bezeichnungen sind nach § 5, Nr. 5, 6, 7 und 8 geregelt. Was die Zusammensetzung der vorerwähnten Produkte anlangt, so sei auf Tabelle 12 verwiesen.

5. Kaffee-Zusatzextrakte und Kaffee-Zusatzessenzen.

Was über Herstellung, Zusammensetzung usw. dieser Erzeugnisse auszusagen ist, deren Abgrenzung von den entsprechenden Ersatzpräparaten kaum durchgeführt werden kann, so wurde das Wichtigste und Wissenswerte im Abschnitt II, 3 dargestellt.

6. Untersuchung der Kaffee-Zusatzstoffe.

Hinsichtlich der Sinnenprüfung, der biologischen, physikalischen und allgemein chemischen Untersuchung, deren letztere durch die in der KaffeeErsVO. niedergelegten Anforderungen Richtung und Ziel erhält, erübrigen sich nach den entsprechenden Ausführungen an früherer Stelle eingehende Betrachtungen. Es sollen daher hier nur einige noch nicht behandelte analytische Fragen besprochen werden. Hingewiesen sei darauf, daß es im Hinblick auf die bei Zichorie, Feigenkaffee usw. leicht eintretende und rasch voranschreitende Säuerung zweckmäßig ist, immer auf den Gehalt an freier Säure zu prüfen.

„Färbekraft" (Ergiebigkeit) nach J. Pritzker und R. Jungkunz[3]. Man stellt sich einen 5%igen Aufguß her. Davon verdünnt man 1 ccm mit Wasser auf 100 ccm. Als Vergleichslösung wird eine $^1/_{20}$ normale Jodlösung benutzt. Von diesem Standard werden so viele Kubikzentimeter mit Wasser auf 100 ccm verdünnt, bis seine Farbe und diejenige der Aufgußlösung im Colorimeter übereinstimmen. Die Intensität wird durch die Anzahl der verbrauchten Kubikzentimeter $^1/_{20}$ normale Jodlösung ausgedrückt. Nach diesem Verfahren findet man für Feigen- oder Zichorienkaffee Werte von 0,8 bis 1,7, für gebrannten Zucker von 1,7—2,1, für Malzkaffee von etwa 0,3, für Roggenkaffee von etwa 0,1, für Bohnenkaffee von 0,2—0,3; es braucht nicht besonders hervorgehoben zu werden, daß der Grad der Röstung die Färbung stark beeinflußt.

Nachweis von Zichorie, Feigenkaffee usw. in Kaffee, Kaffee-Ersatz sowie in den entsprechenden Aufgüssen. Über das für diese Zwecke von J. Tillmans

[1] A. Zlataroff: Z. 1917, 33, 107.

[2] Einstige, heute unzulässige Handelsnamen: Deutscher Volkskaffee, Deutscher Perlkaffee, Kraftkaffee, Allerweltskaffee, Kaiserschrotkaffee usw.

[3] J. Pritzker u. R. Jungkunz: Z. 1921, 41, 151.

und G. HOLLATZ[1] angegebene Verfahren wurde früher berichtet. Als weitere analytische Methoden seien hier die folgenden genannt.

Vorprüfung. Man ermittelt den Extrakt und zieht daraus die entsprechenden Schlüsse. Nach J. PRITZKER und R. JUNGKUNZ[2] weist ein Extraktwert von mehr als 25% bei Kaffee im allgemeinen auf das Vorhandensein eines extraktreichen Ersatz- oder Zusatzstoffes hin. Auch die Intensität der Färbung kann nach den vorangehenden Ausführungen symptomatisch zur Gewinnung von Anhaltspunkten herangezogen werden.

Wertvolle Ergebnisse sind weiterhin durch die Ermittlung des Reduktionsvermögens des Aufgusses gegenüber FEHLINGscher Lösung zu erhalten. Kaffeeaufguß reduziert praktisch nicht, Zichorien-, Feigenkaffee usw. entfalten eine sehr kräftige, Zerealienkaffeearten je nach Herkunft und Herstellung eine wesentlich weniger starke Wirkung[3]. Man geht bei dieser Prüfung so vor, daß man den Aufguß zunächst mit Natronlauge und Bleiessig behandelt; das Filtrat wird mit FEHLINGscher Lösung versetzt und gekocht. Ein Zusatz von z. B. 2,5% Zichorie zu Kaffee ruft bereits eine deutliche Abscheidung von Cuprooxyd hervor.

Arbeitsweise nach C. I. KRUISHEER[4]. Das Verfahren ist vor allem für die Ermittlung von Zichorie geeignet. Es gründet sich, wie vorstehend schon angedeutet, darauf, daß im Kaffee und in Ersatzmischungen im gerösteten Zustand Fructose bzw. Fructoseverbindungen (Lävulosin) nur dann die Menge an Glucose nach der Hydrolyse überwiegen, wenn Zichorie anwesend ist (Verhältnis von Fructose: Glucose bei Zichorie = 4 : 1). Feigenkaffee enthält keine Fructose. Im Falle der Verwendung von Zusatzstoffen aus saccharosehaltigen Präparaten findet sich zwar ebenfalls Fructose bzw. Lävulosin, der Glucose gegenüber aber im Unterschuß. Die Beurteilung setzt nach C. I. KRUISHEER folgende analytische Bestimmungen voraus.

α) Bestimmung der Fructose nach der Inversion der Untersuchungslösung mit 3%iger Salzsäure, wobei 10 Minuten lang auf 68—70° C zu erwärmen ist.

β) Bestimmung der Gesamtreduktion nach der eben erwähnten Inversion mit 3%iger Salzsäure, aber 1 Stunde lang im siedenden Wasserbad erhitzt.

γ) Bestimmung der Fructose nach der gleichen Inversion mit 3%iger Salzsäure, 1 Stunde lang im siedenden Wasserbad erhitzt.

α) Bestimmung der Fructose[5]. Zur Herstellung der Untersuchungslösung (Stammlösung) geht man von so viel Untersuchungsmaterial aus, daß im Extrakt höchstens 3,5 g gelöste Substanz enthalten sind[6]. Der Extrakt wird in bekannter Weise hergestellt[7]. Nach dem Erkalten füllt man auf 100 ccm auf und filtriert (Stammlösung). Alkalisch oder sauer reagierende Auszüge werden vor dem Auffüllen neutralisiert (Tüpfeln!).

Von der Stammlösung werden 50 ccm im Meßkolben von 100 ccm mit 5 ccm 30%iger Salzsäure versetzt und 10 Minuten lang bei 68—70° invertiert. Nach dem Abkühlen neutralisiert man mit Alkalilauge genau gegen Methylorange und füllt bis zur Marke auf. Von dieser Lösung werden wiederum 50 ccm im 100 ccm-Meßkolben mit 5 ccm 4 N.-Natronlauge und so viel Jodlösung[8] (13 g Jod + 15 g Kaliumjodid zu 100 ccm aufgefüllt) versetzt, bis ein Überschuß an Jod vorhanden ist (Feststellen durch Tüpfeln auf Stärkepapier). Man läßt 5—7 Minuten zur Oxydation der Aldosen stehen. Es werden 3 ccm 4 N.-Schwefelsäure hinzugefügt; das überschüssige Jod wird mit 20%iger Natriumsulfitlösung weggenommen.

---

[1] J. TILLMANS u. G. HOLLATZ: Z. 1929, 57, 502.

[2] J. PRITZKER u. R. JUNGKUNZ: Z. 1921 41, 167.

[3] J. PRITZKER u. R. JUNGKUNZ: Z. 1921, 41, 165; vgl. auch J. TILLMANS u. G. HOLLATZ: Z. 1929, 57, 502.

[4] C. I. KRUISHEER: Z. 1933, 65, 275; vgl. auch Z. 1929, 58, 261, 282.

[5] Methode nach I. M. KOLTHOFF: Z. 1923, 45, 141.

[6] Vermutet man die Anwesenheit von viel und stark reduzierenden Stoffen (wie z. B. bei reiner Zichorie), dann ist die Einwaage an Untersuchungsmaterial entsprechend herabzusetzen.

[7] Von der Entfärbung mit Bleiacetat und Natriumphosphat ist, wenn möglich, Abstand zu nehmen, um Verluste an Zuckerarten u. dgl. durch Adsorption zu vermeiden.

[8] Im allgemeinen reichen 15—20 ccm aus.

Zu diesem Zwecke setzt man zunächst 10—15 Tropfen einer 2%igen Stärkelösung[1] als Indicator zu und nun allmählich die Sulfitlösung; gegen Schluß verwendet man am besten eine 2%ige Natriumsulfitlösung. Das Jod muß sehr exakt reduziert werden; einen Überschuß an zugegebener Sulfitlösung muß man durch Zugabe von etwas Jodlösung wieder unschädlich machen.

Nach Zusatz von Methylorange als Indicator wird nunmehr mit 4 N.-Natronlauge auf ganz schwach saure Reaktion eingestellt. Man kühlt ab und füllt auf 100 ccm auf. Eine passende Menge der fructosehaltigen Lösung prüft man auf ihr Reduktionsvermögen nach LUFF-SCHOORL[2] oder nach LEHMANN-SCHOORL[2]. Das Ergebnis berechnet man als Prozente Fructose.

β) Bestimmung der Gesamtreduktion (1stündige Inversion). 25 ccm der obengenannten Stammlösung werden im 100 ccm-Kolben mit 25 ccm Wasser und 5 ccm 30%iger Salzsäure 1 Stunde lang im siedenden Wasserbad erhitzt[3]. Nach raschem Abkühlen wird genau neutralisiert. Da der Umschlag des Indicators Methylorange sehr schwer erkennbar ist, setzt man einfach die der anfänglich zugegebenen Menge Salzsäure äquivalente Menge Lauge (= 11,9 ccm 4 N.-Natronlauge) zu. Ohne den gegebenenfalls gebildeten Niederschlag abzufiltrieren, füllt man auf 100 ccm auf und bestimmt in einer abgemessenen Menge (z. B. 25 ccm der Verdünnung 25/100 ccm) das Reduktionsvermögen nach LUFF-SCHOORL, und zwar nach der von N. SCHOORL angegebenen Ausführungsweise (Cupribestimmung nach der Rhodanmethode von G. BRUHNS[4]). Das Ergebnis berechnet man als Prozente der ursprünglichen Substanz.

γ) Bestimmung der Fructose (1stündige Inversion). 50 ccm der vorgenannten Stammlösung werden, wie vorstehend beschrieben, in 3%ig salzsaurer Lösung 1 Stunde im siedenden Wasserbad invertiert. Hernach oxydiert man, wie unter α) angegeben, die Aldosen in alkalischer Lösung mit Jod, reduziert das überschüssige Jod mit Natriumsulfitlösung und ermittelt nunmehr die Fructose nach LUFF-SCHOORL oder LEHMANN-SCHOORL. Das Ergebnis berechnet man als Prozente Fructose, bezogen auf die ursprüngliche Substanz.

Gegebenenfalls können noch einige weitere analytische Daten ermittelt werden[5]. Die nach α) bis γ) bestimmten Werte gewähren einen wertvollen Einblick in den Gehalt an Fructose (andere Ketosen kommen praktisch nicht in Betracht) bzw. fructosehaltigen Kohlenhydraten (z. B. Lävulosin, Inulin). Die kurze Inversion unter α) gibt die freie Fructose an sowie jene Fructose, die durch Hydrolyse des Inulins gebildet wird[6]. Durch einstündige Hydrolyse im siedenden Wasserbad erfährt man nach γ) die Menge an Fructose einschließlich derjenigen aus schwer aufspaltbaren Produkten (dem Lävulosin nach WOHL). Durch Differenzbildung zwischen β) und γ) wird der Wert für die Menge an Glucose nach einstündiger Hydrolyse erhalten. Das Verhältnis von Fructose zu Glucose kann dann in dem eingangs dieses Abschnittes erörterten Sinne ausgewertet werden.

Während bei Kaffee, in dessen Aufgüssen die Kohlenhydrate praktisch keine Rolle spielen, die gefundenen Reduktionswerte sehr niedrig liegen, macht sich der Zusatz von gebranntem Zucker, von Feigenkaffee, von Zichorie usw. in den Reduktionswerten deutlich bemerkbar.

Unterscheidung von Zichorienkaffee und Rübenkaffee. Ein von J. VONDRÁK[7] angegebenes Verfahren beruht darauf, daß bei Zichorie der Gehalt an Betain- und Cholin-Stickstoff ein Bruchteil desjenigen in der Zuckerrübe darstellt; Näheres vgl. an Originalstelle.

---

[1] Die Stärkelösung soll keine Eigenreduktion besitzen, oder sie muß in dieser Beziehung definiert sein.

[2] N. SCHOORL: Z. 1929, 57, 566; vgl. auch bei I. M. KOLTHOFF: Die Maßanalyse, Teil 2, S. 417. Berlin: Julius Springer 1928.

[3] Die Erhitzungszeit wird vom Augenblick des Einbringens des Kölbchens in das kräftig siedende Wasserbad an gemessen.

[4] G. BRUHNS: Chem.-Ztg. 1918, 42, 301. Dieses Verfahren liefert die genauesten Ergebnisse; die Methode LEHMANN-SCHOORL ist wegen der Störung durch die Zersetzungsprodukte der Fructose nicht brauchbar.

[5] Vgl. Näheres hierzu bei C. I. KRUISHEER: Z. 1929, 58, 261, 282; 1933, 65, 275.

[6] Normales Inulin ist in 3%ig salzsaurer Lösung bei 10 Minuten langer Erwärmung auf 68—70° vollständig hydrolysiert; durch das Rösten aber treten Veränderungen ein (Lävulosinbildung), die längeres Erhitzen (3 Stunden) bis zur quantitativen Hydrolyse erforderlich machen.

[7] J. VONDRÁK: Zeitschr. Zuckerind. Cechoslovak. Rep. 1929, 53, 366; Z. 1934, 67, 463.

Mikroskopische Untersuchung der Kaffee-Ersatzstoffe und Kaffee-Zusatzstoffe.

Von Professor Dr. C. GRIEBEL-Berlin.

Mit 48 Abbildungen.

Die Kaffee-Ersatzmittel stellen seit längerer Zeit selbständige Produkte dar, die einerseits zuweilen zur Verfälschung von gemahlenem Kaffee Verwendung finden, andererseits aber auch selbst wieder der Verfälschung durch minderwertige Stoffe ausgesetzt sind. Im allgemeinen sind nur zucker- oder stärkereiche Pflanzenteile für die Herstellung derartiger Produkte geeignet. In Betracht kommen hauptsächlich drei anatomisch gut charakterisierte Gruppen, nämlich Wurzeln, Zerealienfrüchte und Leguminosensamen, daneben aber auch noch eine ganze Reihe anderer Rohstoffe.

Bei der Prüfung geht man in der Weise vor, daß man die zumeist mehr oder weniger zerkleinerten Produkte zunächst mit der Lupe bei etwa 10facher Vergrößerung durchmustert, wobei alle irgendwie auffallenden Teilchen ausgelesen werden. Hierbei erkennt man kleinere Früchte oder Samen (z. B. Zerealien, Traubenkerne, Feigenkerne usw.) unmittelbar an der Form, da sich fast immer einige unverletzte oder nur unvollkommen zertrümmerte Stücke vorfinden. Rindenteilchen verraten sich durch ihre faserige Beschaffenheit, auch Steinschalentrümmer sind leicht als solche erkennbar. Aus größeren Teilchen unbekannter Natur werden nach entsprechendem Aufhellen Schnitt- oder Zupfpräparate hergestellt. Man verfährt hierbei nach Bd. II, S. 502. Kleine Samen, die sich zwischen Kork oder Holundermark nicht schneiden lassen, drückt man in ein Stück erweichtes Paraffin ein. Falls die mechanische Trennung des Paraffins von den Schnitten mit Hilfe der Präpariernadel nicht gelingt, kann seine Entfernung leicht durch Behandeln mit Äther oder Chloroform erfolgen. Da die meisten Pflanzenteile durch den Röstprozeß dunkelbraun gefärbt werden, ist zumeist eine Aufhellung erforderlich, um überhaupt Einzelheiten der Struktur erkennen zu können. Behandeln mit starker Ammoniakflüssigkeit führt zwar in vielen Fällen zum Ziel, jedoch empfiehlt es sich in der Regel sogleich energischer wirkende Mittel, wie Perhydrol, mit etwas Ammoniakzusatz oder noch besser selbstbereitete JAVELLEsche Lauge (vgl. Bd. II, S. 512) zu verwenden. Das vollständige Entfärben nimmt mehrere Stunden, ausnahmsweise sogar mehrere Tage in Anspruch. Im letzteren Fall ist wiederholtes Erneuern der Bleichflüssigkeit erforderlich.

Nach dem Auswaschen der Bleichflüssigkeit (am besten auf dem Filter) untersucht man zunächst in Wasser, dann unter Zusatz von Glycerin. Von der Bleichung herrührende Sauerstoffblasen werden am besten durch Überführen der Objekte in frisch ausgekochtes und wieder erkaltetes Wasser beseitigt.

Neben der Untersuchung der gebleichten Präparate ist aber stets auch eine Prüfung des ungebleichten Materials vorzunehmen, da zuweilen die Beschaffenheit des Zellinhaltes wertvolle Fingerzeige liefert.

Die Mikroskopie der wichtigsten Ersatz- und Zusatzstoffe einschließlich der während des Weltkrieges vielfach zur Verwendung gelangten Streckungsmittel wird im folgenden näher behandelt. Ganz allgemein sei bemerkt, daß von den wichtigsten Rohstoffen die Getreidearten durch die Schalenbestandteile und Stärkekörner gekennzeichnet sind. Von Wurzeln herrührende Teile fallen hauptsächlich durch weite Netzgefäße auf. Leguminosensamen lassen sich als solche durch die Palisaden und Trägerzellen der Samenschale leicht charakterisieren (ausgenommen Erdnuß). Feigen erkennt man an großen Milchsaftschläuchen und den gelben „Kernen", Eicheln an Kleisterklumpen, die von Gerbstoff durchsetzt sind. Steinzellnester lassen auf Birnen schließen, Inklusen auf Karoben.

a) Getreidefrüchte.

In Betracht kommen Erzeugnisse aus Gerste, Roggen, Weizen, selten aus Mais oder Hafer, die entweder durch unmittelbares Rösten des trockenen Ausgangsmaterials, oder nach vorherigem Einweichen oder Dämpfen, oder aus gemälztem Getreide bereitet werden.

Die Getreideart, die zur Herstellung Verwendung gefunden hat, läßt sich bei unzerkleinerten Körnern makroskopisch, außerdem mikroskopisch leicht feststellen (vgl. Bd. V). Auch die Art der Vorbehandlung ergibt sich gewöhnlich aus dem makroskopischen oder mikroskopischen Befund. Bei einem aus trocken gebranntem Getreide hergestellten Produkt (z. B. bei gebrannter Gerste) sind die meisten Stärkekörner in ihrer Form noch unverändert erhalten, wenn auch mehr oder weniger deutlich konzentrische Schichtung erkennbar wird, während bei Getreidekaffee, der durch Rösten eingeweichter oder gedämpfter Getreidekörner gewonnen sein muß[1], nur noch einzelne in der ursprünglichen Form erhaltene Stärkekörner gefunden werden, wogegen die übrigen deformiert erscheinen.

Erzeugnisse aus gemälztem Getreide verdienen nur dann die Bezeichnung Malzkaffee, wenn die Keimung der Körner einen bestimmten Grad erreicht hatte, und zwar muß nach § 4 Ziff. 12 der Verordnung vom 10. Mai 1930 bei wenigstens 70% der Körner der Blattkeim bis mindestens zur Hälfte der Kornlänge entwickelt sein.

Der Inhalt der Körner ist bei derartiger Ware dunkel extraktartig, wie krystallinisch, die Stärkekörner sind durchweg stark verändert. Nach der Beobachtung von MERL und FRAITZL ist allerdings bei sog. getriebener Gerste trotz vorschriftsmäßiger Blattkeimlänge die Auflösung des Korninhaltes eine ungenügende; denn der Körnerinhalt ist zuweilen bei derartigen Erzeugnissen mehlig, von heller Farbe und weist keine Hohlräume auf. Dementsprechend sind die Stärkekörner in der Form auch zum Teil nicht so stark verändert, doch ist eine sichere Unterscheidung solcher Ware auf mikroskopischem Wege kaum möglich.

Über die am besten mit Hilfe der Lupe auszuführende Bestimmung der Blattkeimlänge vgl. S. 64. Hierzu sei jedoch bemerkt, daß das vom Verband Deutscher Getreidekaffee-Fabrikanten in der Anweisung vorgeschriebene Einweichen über Nacht nicht selten ein Platzen eines Teiles der Körner zur Folge hat, was die einwandfreie Messung der Blattkeimlänge vereiteln kann. Es empfiehlt sich daher im allgemeinen nur eine Einweichdauer von 2—3 Stunden.

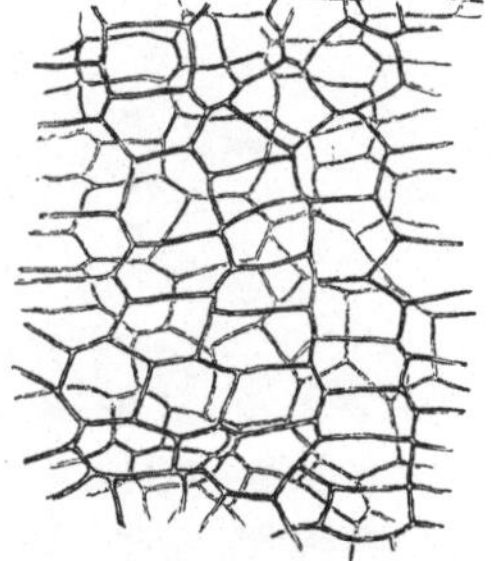

Abb. 11. Kork der Zichorienwurzel von der Fläche gesehen (J. MOELLER).

b) Wurzeln.

Zichorie. Der Zichorienkaffee wird hergestellt aus der in der Kultur fleischig gewordenen Wurzel der Wegwarte, Zichorie (Cichorium Intybus L.-Compositae). An einem Querschnitt sind folgende Schichten zu erkennen: 1. ein mehrschichtiger Kork aus zartwandigen, braun gefärbten Zellen (Abb. 11); 2. die Rinde (Abb. 12), die sich aus dünnwandigem Parenchym zusammensetzt, in dem Siebröhrenbündel und Milchsaftgefäße verlaufen; sklerenchymatische Elemente fehlen. Die Milchsaftgefäße (*sch*), die grobkörnigen Inhalt aufweisen, haben keine Querscheidewände und stehen untereinander durch spitz- oder rechtwinklig

[1] Vgl. § 1, Ziff. 6 der Verordnung vom 10. Mai 1930.

abzweigende Äste in Verbindung; Weite 6—15 μ (Unterschied von Ficus). Man darf sie nicht mit den Siebröhren (*s*) verwechseln, die immer in Bündeln auftreten, unverzweigt und an den Enden ihrer Glieder oft callös verdickt sind. 3. Der Holzkörper

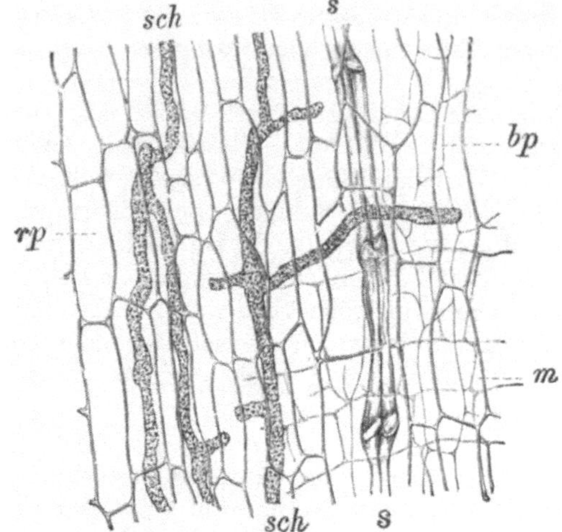

Abb. 12. Rinde der Zichorienwurzel im Radialschnitt (J. MOELLER). *rp* Rindenparenchym, *sch* Milchschläuche, *s* Siebröhrenbündel, *bp* Bastparenchym, *m* Markstrahl.

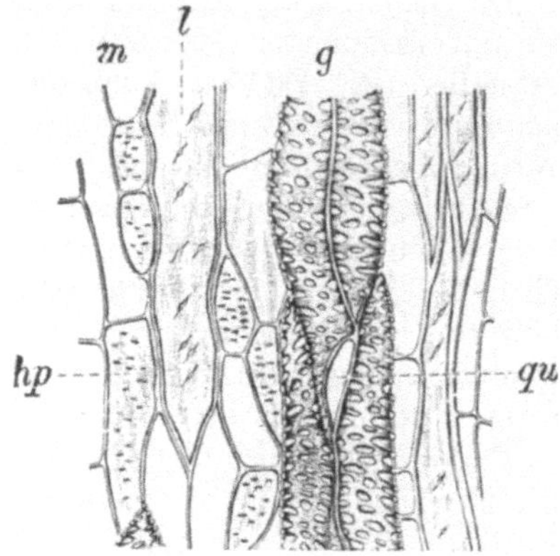

Abb. 13. Holz der Zichorienwurzel im Tangentialschnitt (J. MOELLER). *g* Gefäße mit der Perforation *qu*, *hb* Holzparenchym, *l* Holzfasern, *m* Markstrahl.

(Abb. 13), der vorwiegend aus spärlich getüpfelten Parenchymzellen besteht, zwischen die Gefäße, in radialen Reihen, Gruppen oder Bündeln, selten einzeln, sowie Holzfasern eingelagert sind. Die Gefäße sind aus etwa 20—60 μ weiten, ziemlich kurzen Gliedern aufgebaut, deren Wände dicht mit quergestellten, zuweilen behöften Spaltentüpfeln besetzt sind. Die Länge der Tüpfel beträgt selten

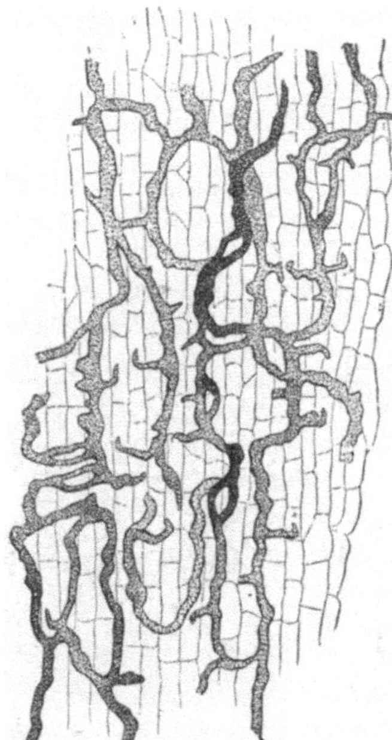

Abb. 14. Milchsaftschläuche der Löwenzahnwurzel (TSCHIRCH).

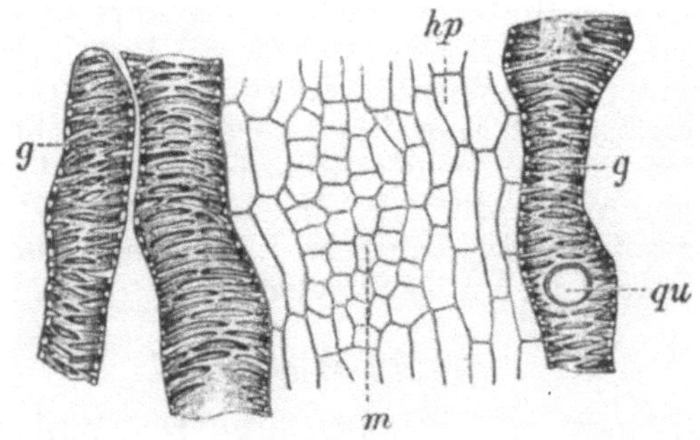

Abb. 15. Holz der Löwenzahnwurzel (J. MOELLER). *g* Gefäße, *qu* Perforation, *hp* Holzparenchym, *m* Markstrahl.

mehr als $^1/_3$ des Gefäßdurchmessers (Unterschied von der Löwenzahnwurzel). Die Holzfasern (*l*) sind derbwandig, mit einzelnen schiefen spaltenförmigen Tüpfeln versehen. Die Markstrahlen sind ein- bis höchstens dreireihig, ihre Zellen im Querschnitt rund.

Für den mikroskopischen Nachweis der Zichorienwurzel kommen in erster Linie die Milchsaftgefäße in Betracht, die aber oft nur bei sorgfältiger

Untersuchung zu erkennen sind. Erleichtert wird ihre Auffindung durch Färbung des Präparates, z. B. durch Jodlösung. Charakteristisch sind auch die kurzgliedrigen Gefäße, in deren Begleitung die schwach verdickten Holzfasern vorkommen.

Löwenzahn. Angeblich wird die Wurzel des bei uns wild vorkommenden

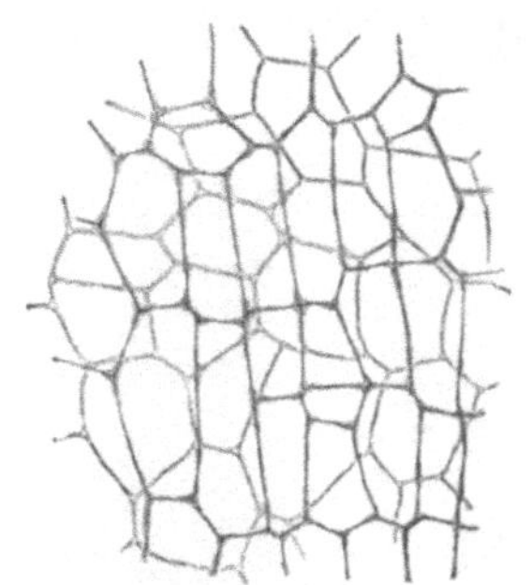

Abb. 16. Kork der Runkelrübe in der Flächenansicht (J. MOELLER).

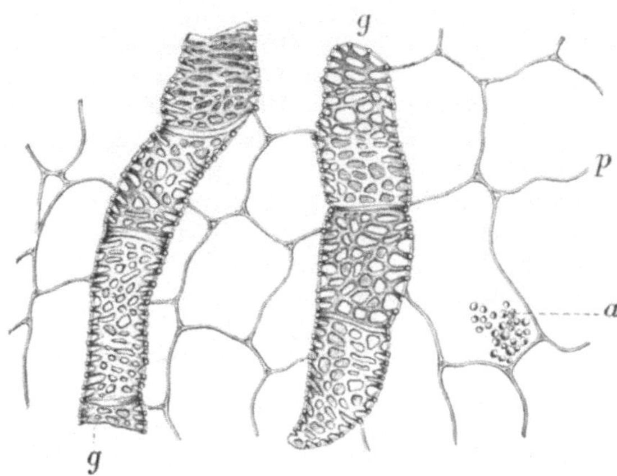

Abb. 17. Längsschnitt durch die weiße Rübe (J. MOELLER). *g* Netzgefäße, *p* Parenchym, *a* Proteinkörner.

Löwenzahns (Taraxacum officinale WIGG.—Compositae) zuweilen der Zichorienwurzel beigemengt und mit ihr verarbeitet. Die Wurzel hat eine breite, weiß gezonte Rinde, die einen dünnen gelben Holzkörper einschließt. In ihrem mikroskopischen Bau ist sie der Zichorie recht ähnlich. Insbesondere enthält der

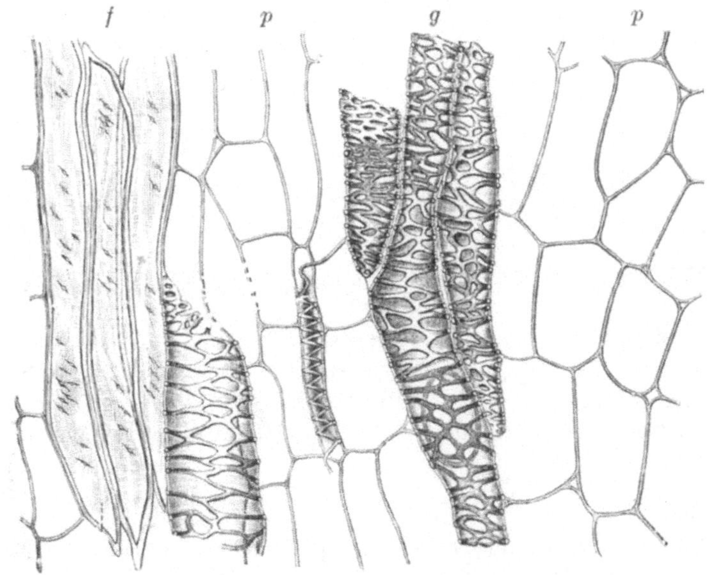

Abb. 18. Längsschnitt durch die Runkelrübe (J. MOELLER). *g* Netzgefäße, *p* Parenchym, *f* Holzfasern

Rindenteil ebenfalls anastomosierende Milchsaftschläuche (Abb. 14) und ähnliche Siebröhrenbündel wie die Zichorie. Der Holzkörper besteht nur aus Parenchymzellen und Gefäßen, während Holzfasern vollständig fehlen. Dieses Merkmal ist jedoch deswegen weniger charakteristisch, weil Fasern auch bei der Zichorie nicht immer auffindbar sind. Das wesentlichste Unterscheidungsmerkmal sind die bis 80 μ breiten Netzgefäße, deren schmale Spaltentüpfel stark in die Länge gestreckt sind (Abb. 15).

Rüben. Während die Hauptmenge des Rübenkaffees aus der zu den Chenopodiaceen gehörenden Runkelrübe (Beta vulgaris L.) bzw. aus der Zuckerrübe oder den bei der Rübenzuckergewinnung abfallenden Rübenschnitzeln hergestellt wird, werden seltener als Rohstoffe auch die zu den Cruciferen gehörende weiße Rübe (Brassica Rapa L.) sowie die zu den Umbelliferen gehörende Möhre (Daucus Carota L.) verwendet. Ihrer Herkunft aus verschiedenen Pflanzenfamilien entsprechend ist der Bau der genannten Rüben etwas verschieden, ihre Unterscheidung in Gemengen ist aber schwierig. Zur Herstellung der Präparate genügt in der Regel Kochen mit Wasser und leichtes Zerdrücken. Für die Unterscheidung kommen das Korkgewebe, die Parenchymzellen und die Gefäße in Betracht.

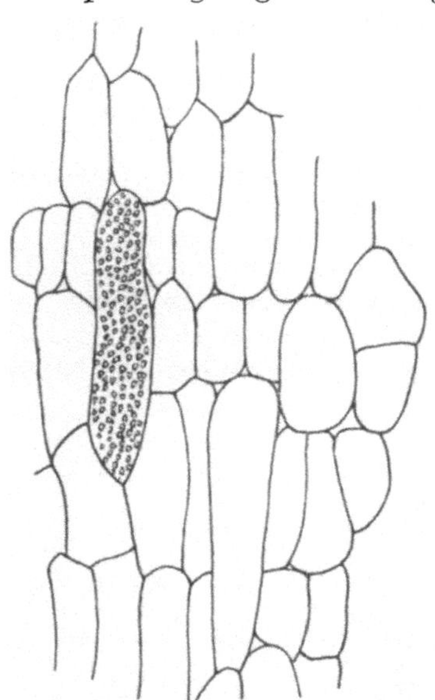

Abb. 19. Parenchym der Runkelrübe mit Krystallsandschlauch, 1 : 225 (C. Griebel).

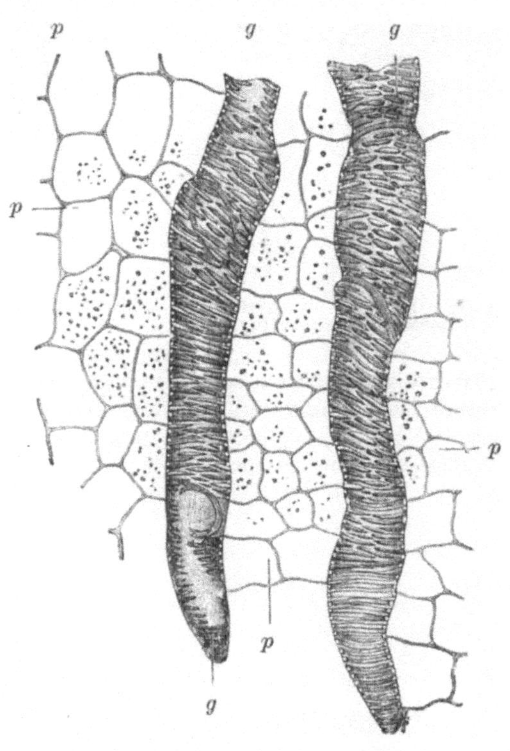

Abb. 20. Längsschnitt durch die Möhre (J. Moeller). g Netzgefäße, p Parenchym.

Die Korkzellen sind bei der Runkelrübe (30—75 μ) und der Möhre etwa so groß wie bei der Zichorie und derbwandig (Abb. 16), bei der weißen Rübe dagegen erheblich kleiner (15—30 μ).

Das Parenchym besteht aus großen rundlichen oder stumpfeckig-isodiametrischen Zellen, die nur in der Nähe der Gefäßbündel etwas stärker gestreckt sind. Die Größe dieser Zellen ist je nach ihrer Lage verschieden; am größten sind sie im allgemeinen bei der weißen Rübe (Abb. 17). Hier enthalten sie oft zahlreiche farblose, in der Form an kleinkörnige Stärke erinnernde Proteinkörner. Bei der Runkelrübe (Abb. 18) ist das Parenchym ziemlich derbwandig, vereinzelte Zellen sind mit Krystallsand (Calciumoxalat) gefüllt (Abb. 19). Am kleinsten sind die Zellen bei der Möhre (Abb. 20), hier führen sie winzige, gelbe Farbstoffkörperchen, dagegen keinen Krystallsand.

Die Wandverdickung der Gefäße oder Tracheiden ist netzartig, bei den einzelnen Arten etwas verschieden. Bei der Runkelrübe ist das Netz sehr weitmaschig, die Gefäße sind etwa 40 μ (vereinzelt bis 80 μ) weit. Bei der Möhre sind die Verdickungsleisten eng aneinander gedrängt, daher die Poren schmal, spaltenförmig, die Weite der Gefäße ist selten über 50 μ, zuweilen finden sich Übergänge zu Spiral- und Treppengefäßen. Bei der weißen Rübe sind die Gefäße sehr kurzgliedrig, das Verdickungsnetz ist kleinmaschig (Abb. 17).

Als Unterscheidungsmerkmal von der Zichorienwurzel und Löwenzahnwurzel dient das Fehlen der Milchsaftschläuche bei allen Rübenarten.

Die Kohlrübe, die während des Krieges ebenfalls vorübergehend zur Herstellung von Kaffee-Ersatz diente, ist für diese Zwecke wenig geeignet, weil die gerösteten Erzeugnisse einen unangenehmen Geschmack aufweisen.

c) Feigen, Eicheln.

Feigen. Die Feige, der Fruchtstand (Scheinfrucht) des Feigenbaumes, besteht aus dem fleischig gewordenen birnförmigen Blütenboden, in dessen Innerem zahlreiche Früchtchen, die sog. Kerne, sitzen.

Die Oberhaut der Scheinfrucht (Abb. 21) ist kleinzellig,

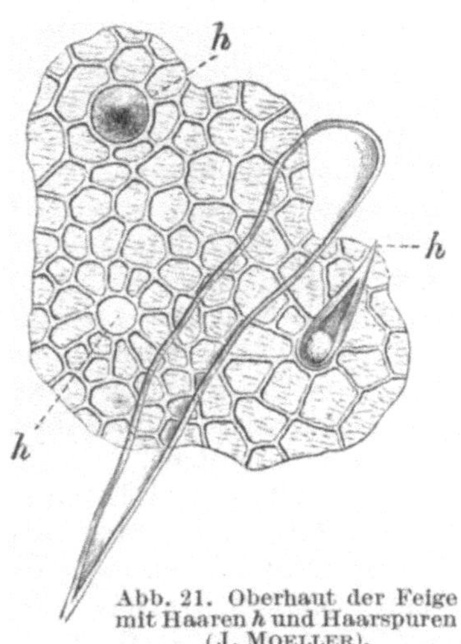

Abb. 21. Oberhaut der Feige mit Haaren *h* und Haarspuren (J. MOELLER).

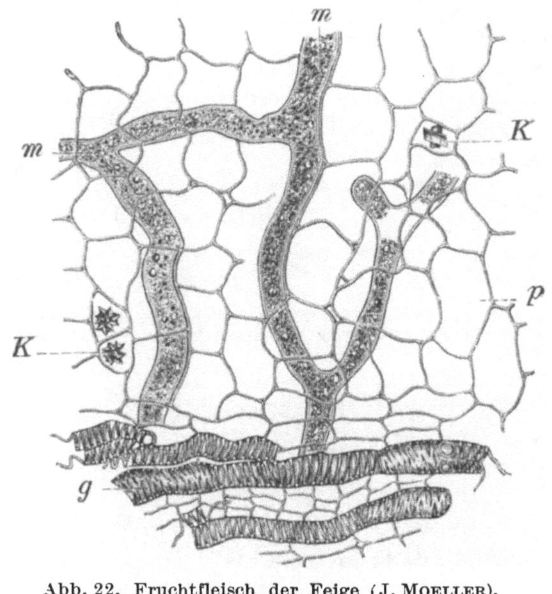

Abb. 22. Fruchtfleisch der Feige (J. MOELLER). *p* Parenchym, *m* Milchsaftschläuche, *g* Gefäße, *K* Oxalatdrusen.

sie zeigt vereinzelte Spaltöffnungen und trägt spärliche Haare. Letztere sind einzellig, meist kurz kegelförmig und dickwandig, aber auch bis 300 μ lang. Die Oberhautzellen sind um die Ansatzstellen der Haare rosettenartig angeordnet, zuweilen ist der abgebrochene Fußteil des Haares als dicker Ring in der Rosette sichtbar. Größere Haare finden sich zahlreich auch an der inneren Epidermis des Fruchtbodens. Die Mittelschicht des Fruchtfleisches besteht aus dünnwandigem, nach innen zu immer großzelliger werdendem Parenchym (Abb. 22), in dem Milchsaftschläuche und Gefäßbündel verlaufen. Die Parenchymzellen enthalten zum Teil Oxalatdrusen. Die Milchsaftschläuche sind weit (20—50 μ), regellos verteilt, ungegliedert, dichotom (nicht netzartig) verzweigt; ihr kautschukartiger Inhalt ist grobkörnig, farblos,

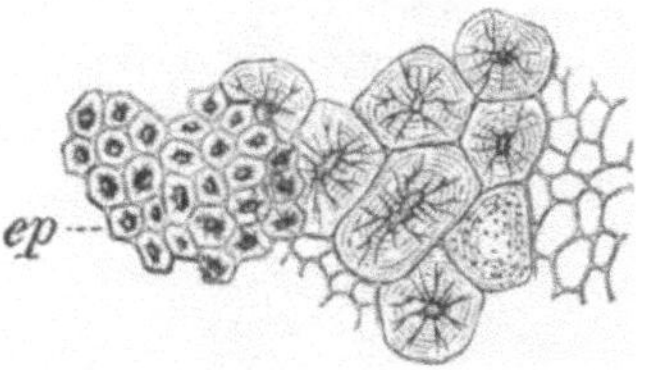

Abb. 23. Steinzellengruppen der „Feigenkerne" (J. MOELLER).

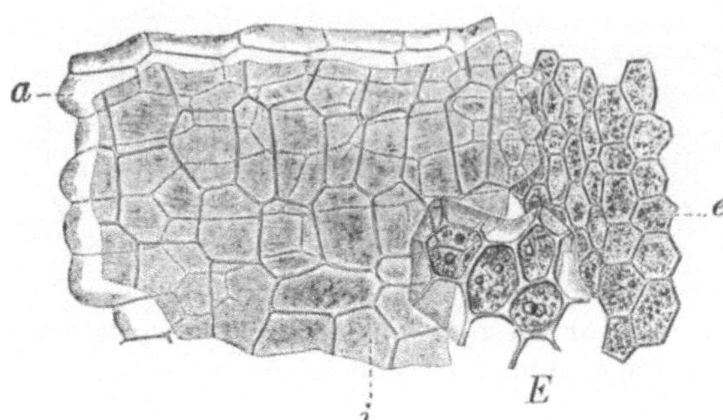

Abb. 24. Gewebe des Feigensamens (J. Moeller). *a* farblose äußere, *i* braune innere Schicht, *E* Nährgewebe, *e* Embryonalgewebe.

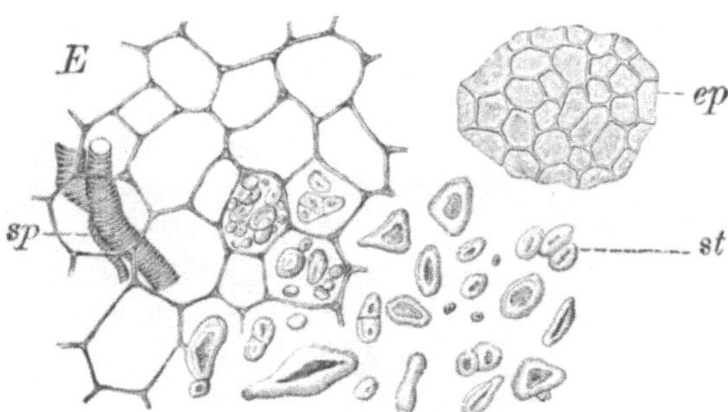

Abb. 25. Keimblattgewebe der Eichel (J. Moeller). *E* Parenchym, *ep* Oberhaut, *st* Stärkekörner, *sp* Spiroïden.

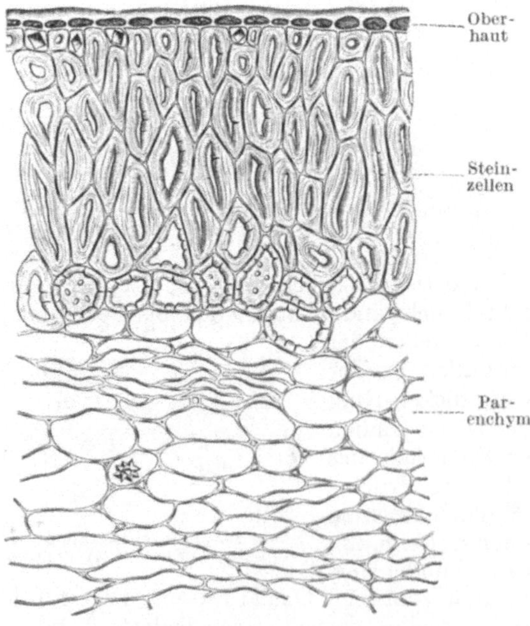

Abb. 26. Steinschale der Eichel im Querschnitt (J. Moeller).

oft tropfenartig zusammengeballt. Die Leitbündel weisen enge (6—25 μ) Spiral-, Ring-, seltener auch Netzgefäße auf.

Die gelben Steinfrüchtchen (1—1,5 mm), die im Feigenkaffee meist noch unversehrt enthalten sind, sind rundlich birnenförmig, seitlich leicht zusammengedrückt. Sie sind mit einer sklerosierten Schale versehen, deren äußerste Schicht aus einer Lage sehr kleiner (15 μ) Steinzellen besteht (Abb. 23). Auf diese folgen mehrere Reihen größerer, rundlich-eckiger, bis wellig buchtiger, sehr stark verdickter, getüpfelter Steinzellen, die bei tiefer Einstellung zahlreiche Porenkanäle zeigen. Unter den Steinzellen liegt ein dünnwandiges Parenchym.

Der Same (Abb. 24) hat eine dünne, braune, aus wenigen Lagen zusammengedrückter Zellen bestehende Schale, ein ölreiches, stärkefreies Endosperm und einen aus zartwandigem Parenchym bestehenden Embryo, dessen Zellen wie beim Endosperm Öl und Aleuronkörner enthalten.

Die wichtigsten Erkennungsmerkmale für den Feigenkaffee sind demnach die Steinfrüchtchen, die Oberhaut, die Milchröhren und Spiralgefäße des Fruchtfleisches.

Da Feigenkaffee ein ziemlich teures Ersatzmittel ist, wird er seinerseits gelegentlich durch billigere Zusätze verfälscht, insbesondere durch Zerealien, Hülsenfrüchte, Zichorie oder andere Wurzeln. Das Vorhandensein von Stärke läßt auf Zerealien, Eicheln (vgl. S. 85) oder Hülsenfrüchte schließen, Palisaden- und Trägerzellen auf Hülsenfrüchte. Weite Netzgefäße deuten auf Wurzeln hin, wenn sich zugleich netzartig verzweigte Milchröhren finden, auf Zichorie (S. 79). Birnenzusatz ist an den großen Steinzellnestern und an den Fensterzellen der Epidermis zu erkennen. Traubenkerne (S. 95) fallen durch ihre Raphiden auf.

Auch die für den Feigenkaffee so kennzeichnenden „Kerne" sind schon durch fremde Samen (Klee, Cruciferen) vorgetäuscht worden. Die Schale der Kleesamen zeigt den für Leguminosen charakteristischen Bau (Palisaden- und Trägerzellen), Cruciferen erkennt man an der eigenartigen Sklereidenschicht (vgl. S. 504).

Eicheln. Mikroskopische Kennzeichen: Da zur Herstellung des Eichelkaffees eigentlich nur die Samenlappen dienen sollen, so besteht der reine Eichelkaffee vorwiegend aus den dünnwandigen, rundlich polyedrischen Zellen (30—90 μ) des Kotyledonargewebes (Abb. 25), die mit der in Band V beschriebenen Stärke (Abb. 25 *st*) angefüllt sind; typisch sind die gerundet-dreieckigen Formen (5—25 μ) mit Kernspalte oder größerer Kernhöhle. Infolge der Erhitzung ist die Stärke verkleistert, jedoch ist ihre Form in der Regel noch an zahlreichen Körnern zu erkennen. Diese sind im allgemeinen von koagulierten und von Gerbstoff durchsetzten Eiweißmassen umgeben und so zu genetzten, häufig gebräunten Klumpen vereinigt, die oft auch aus den Zellen herausgefallen sind. Mit Eisenchlorid färben sie sich schmutzig blaugrün. Daneben findet man spärlich auch die aus kleinen polygonalen Zellen bestehende Oberhaut der Kotyledonen (Abb. 25 *ep*), sowie enge Spiroiden aus den Leitbündeln derselben.

Abb. 27. Oberhaut der Eichel in der Flächenansicht (J. MOELLER).

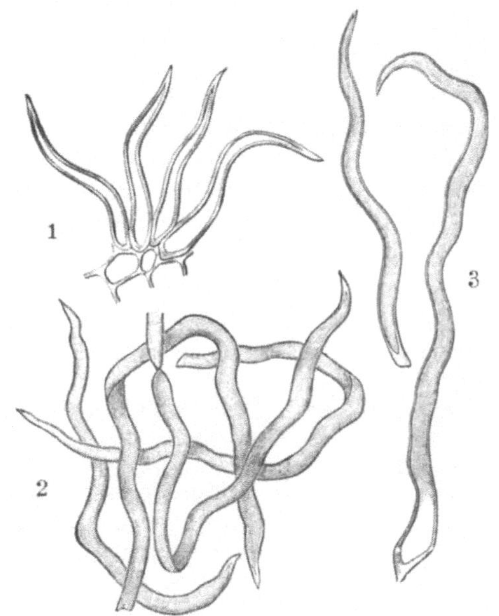

Abb. 28. Haarformen der Eichel (J. MOELLER). 1. der Schalenaußenseite, 2. der Schaleninnenseite, 3. der Samenhaut.

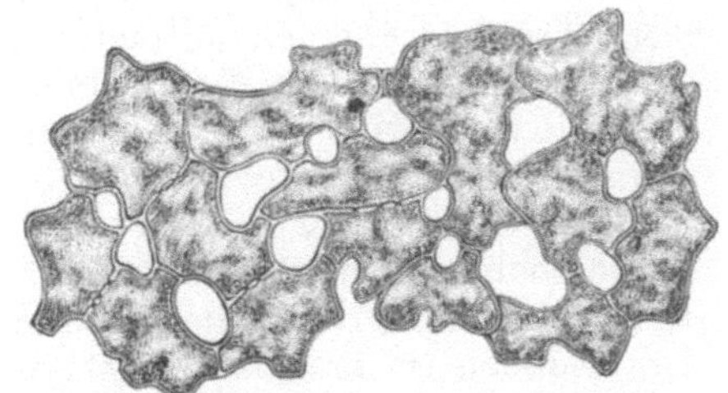

Abb. 29. Braunes Schwammparenchym der Eichelschale (J. MOELLER).

Bestandteile der Fruchtschale dürfen höchstens als geringfügige Verunreinigung vorhanden sein. Finden sie sich in größerer Menge, so läßt dies auf absichtliche Verwendung der Schale (Verfälschung) schließen. Die Schale (Abb. 26) zeigt eine Oberhaut aus kubischen, in der Fläche reihenweise geordneten Zellen (Abb. 27), die in der Scheitelregion einzeln oder in Büscheln stehende, einzellige, dickwandige, meist gekrümmte Haare tragen (Abb. 28, *1*).

Unter der Oberhaut liegt eine Steinschale aus radial gestreckten, spindelförmigen, sehr stark verdickten Zellen mit spärlichen Tüpfeln; nach innen zu werden die Zellen isodiametrisch und weniger verdickt. Die äußerste Reihe der Steinzellenschicht enthält Oxalatkrystalle. Auf die Steinzellen folgt ein braunes, Oxalatdrusen enthaltendes Parenchym, in dem die Leitbündel verlaufen und das zum Teil als Schwammparenchym ausgebildet ist (Abb. 29). Die Innenepidermis trägt zahlreiche lange, dünnwandige, oft zusammengefallene, gekrümmte Haare (Abb. 28, *2*). Auch das der Fruchtwand anhaftende kollabierte Parenchym der Samenhaut enthält Calciumoxalat, und zwar in Form von Einzelkrystallen, Drusen und Sand, ihre Oberhaut trägt ähnliche, aber etwas derbere Haare (Abb. 28, *3*) wie die Innenseite der Fruchtschale.

Eichelkaffee ist auch schon durch Zusatz von Birnen und Rüben verfälscht worden. Erstere sind an den Oberhautteilchen und Steinzellnestern (vgl. S. 438), letztere an den großen Netzgefäßen (vgl. S. 82) leicht erkennbar.

d) Leguminosensamen und -Früchte.

Zu nennen sind hier Erbse, Wicke, Platterbse, Kichererbse, Erdnuß, Lupine, Sojabohne, Kaffeestragel, der sog. Sudan- und Mogdadkaffee, Karoben und Seradella.

Erbsen, Wicken, Platterbsen, Kichererbsen. Während die übrigen oben genannten Leguminosensamen und -Früchte, die als Kaffee-Ersatzmittel Verwendung finden — mit Ausnahme von Erdnuß —, stärkefrei sind, zeichnen sich die Kotyledonen von Erbse, Wicke, Platterbse und Kichererbse durch einen sehr hohen Gehalt an Stärke aus. Die mikroskopische Unterscheidung dieser Arten ist durch die verschiedene Ausbildung der Palisaden- und Trägerzellen der Samenschale gegeben (vgl. Bd. V).

Erdnuß. Kennzeichnend für Erdnußsamen (vgl. Bd. IV) ist das fettreiche Kotyledonargewebe, dessen poröse Zellen runde Stärkekörner (bis 15 μ) enthalten, sowie die Oberhaut der Samenschale, deren Zellen sägezahnartige Wandverdickungen aufweisen (vgl. S. 425). Wurden die ganzen Früchte verarbeitet, so finden sich außerdem die Faserelemente der Fruchtwand, die sich in verschiedenen Richtungen kreuzen.

Lupine. Der mikroskopische Bau der Lupinensamen wurde bereits im Bd. V (s. unter Leguminosen) behandelt. In Kaffee-Ersatzstoffen erkennt man die Lupine an den großen, isoliert auftretenden, geknieten Palisaden, den Trümmern der dickwandigen, oft collenchymatisch ausgebildeten eiweißreichen, aber stärkefreien Zellen der Kotyledonen (Abb. 30) und den großen spulenförmigen Trägerzellen. Hinzu kommen in geringerer Menge stark verdickte, zum Teil sternförmig verzweigte Zellen aus dem unter dem Nabel liegenden Schalenparenchym (vgl. Bd. V).

Sojabohne. Charakteristisch für die Sojabohne sind die hohen Trägerzellen, die oft die Höhe der Palisaden erreichen. Das eiweißreiche Gewebe der Kotyledonen ist praktisch stärkefrei (vgl. im übrigen Bd. IV).

Mogdad- oder Negerkaffee. Die Samen von Cassia occidentalis L. (Leguminosae), die den Mogdadkaffee liefern, sind graubraun, flacheiförmig, 3—5 mm lang, 3—4 mm breit und zeigen äußerlich wenig Ähnlichkeit mit Leguminosensamen. Zum Unterschied von den meisten Leguminosensamen besitzen sie ein horniges Endosperm, in das der aus zwei dünneren herzförmigen Kotyledonen bestehende Embryo eingebettet ist.

Mikroskopischer Bau: Die Palisadenzellen der Samenschale sind 60—75 μ hoch und dadurch charakterisiert, daß ihre Außenteile bei Wasserzutritt verschleimen und sich in Stücken ablösen. Die Cuticula bleibt hierbei unverändert und läßt in der Flächenansicht die Abdrücke der Palisaden erkennen. Die Lichtlinie befindet sich an der inneren Grenze der verschleimenden Außenzone,

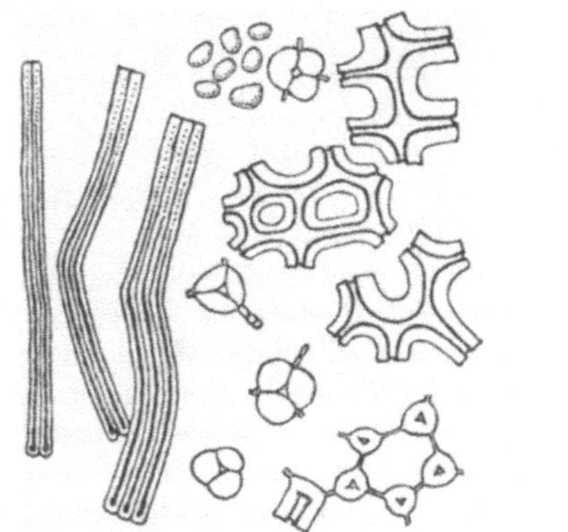

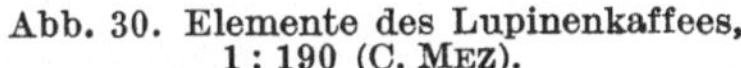

Abb. 30. Elemente des Lupinenkaffees, 1 : 190 (C. MEZ).

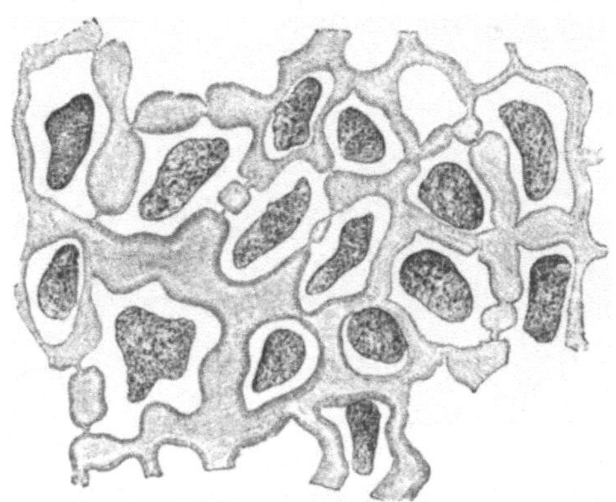

Abb. 31. Nährgewebe des Mogdadkaffees (J. MOELLER).

während eine zweite durch dunklen Zellinhalt verursachte Linie in dem unveränderten inneren Teil der Palisaden sichtbar ist. Die Trägerzellen sind gedrungen, hantelförmig 16—25 μ hoch, 25—40 μ breit, ziemlich dickwandig, mehr

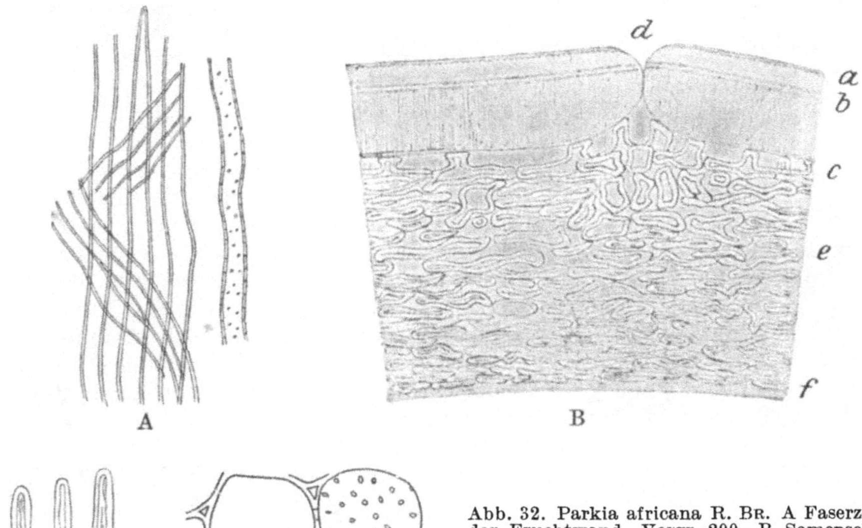

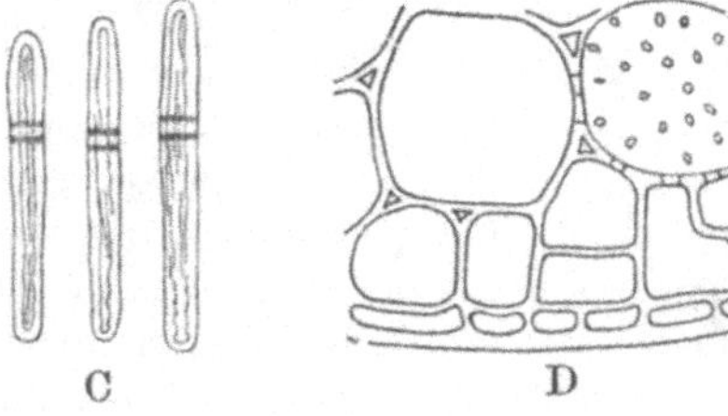

Abb. 32. Parkia africana R. BR. A Faserzellen der Fruchtwand, Vergr. 200. B Samenschale, Querschnitt, Vergr. 80; *a* Cuticula, *b* Lichtlinie, *c* Trägerzellen, *d* Spalt in der Palisadenschicht, *e* Schwammparenchym, *f* obliteriertes Parenchym. C Palisadenzellen, Vergr. 200. D Kotyledonargewebe, Vergr. 200. (Nach H. FINCKE.)

oder weniger von rotbraunen gerbstoffhaltigen Massen erfüllt. Auch das darunterliegende Parenchym besteht aus dickwandigen Zellen mit solchem rotbraunen Inhalt.

Mit der Samenschale verwachsen ist die Endospermschicht, die ungemein dickwandige Zellen mit klumpigem, gelblichem Inhalt aufweist (Abb. 31).

Mit Chlorzinkjod färbt sich der Inhalt citronengelb, während die dicken Zellwände zu einer farblosen Gallerte aufquellen.

Die dünnen Kotyledonen zeigen unter der Innenepidermis zwei Reihen radial gestreckter Palisadenzellen. Sie enthalten Fett und Eiweiß, keine Stärke.

Sudankaffee. Der sog. Sudankaffee wird durch Rösten der Samen von Parkia africana R. Br. (Leguminosae — Mimosoideae) gewonnen, die auch zur Herstellung des Daua-Daua-Käses dienen.

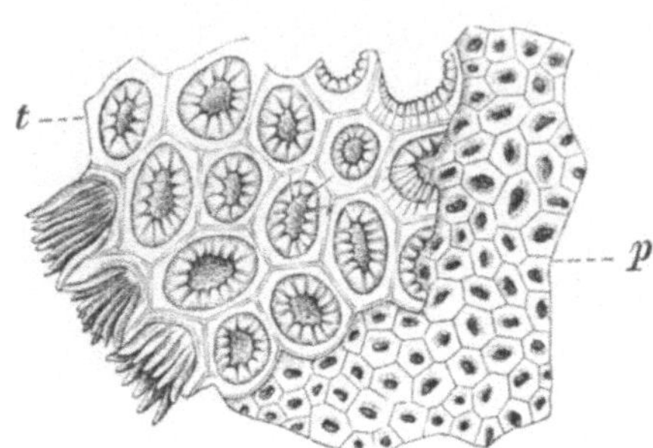

Abb. 33. Palisaden (*p*) und Trägerzellen (*t*) des Stragels (J. Moeller).

Die Samen sind noch vom Endokarp und Teilen des Mesokarps bedeckt, die sich trocken nur unvollständig, nach dem Einweichen in Wasser jedoch leicht abziehen lassen. Die Mesokarpreste bestehen hauptsächlich aus rundlichen, leeren, markartigen Zellen, während sich das ziemlich zähe Endokarp aus langen dünnwandigen schiefgetüpfelten Fasern zusammensetzt (Abb. 32 *A*), zwischen denen lange Reihen von Krystallkammerzellen mit Oxalateinzelkrystallen vorkommen.

Die vom Endokarp befreiten Samen sind eiförmig, etwas flach gedrückt, dunkelbraun, 9—12 mm lang. Auf den beiden Breitseiten ist der mittlere Teil der Samenschale in Ellipsenform durch eine scharfe Linie abgegrenzt. Im Verlauf dieser Linie zeigt die Palisadenschicht eine Unterbrechung (Abb. 32 *B, d*).

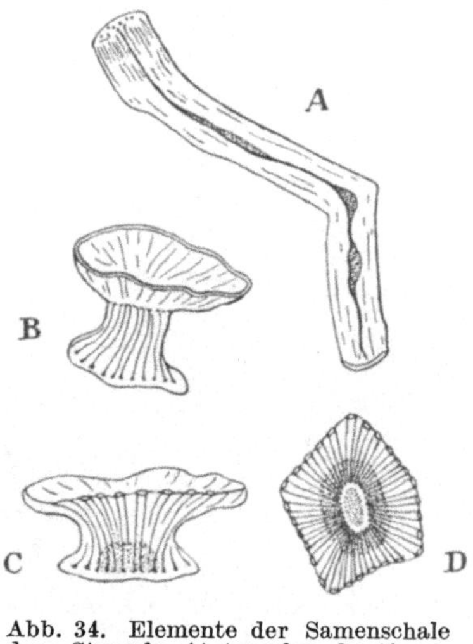

Die Epidermis der Samenschale besteht aus einer Lage 100—135 μ hoher, im äußeren Drittel (bis zur Lichtlinie) farbloser, im inneren Teil brauner Palisaden mit etwas unregelmäßigem Lumen (*C*). Die Trägerzellen sind häufig an der Basis bedeutend breiter als im oberen Teil und gehen in das lückige, sehr derbwandige vielreihige Parenchym der Testa über. Die Trägerzellen, wie die Parenchymzellen enthalten braune Zelleinschlüsse, die hauptsächlich die dunkle Färbung der Samenschale bedingen. Die innersten Lagen des Parenchyms sind weniger derbwandig, zusammengefallen und weniger gefärbt.

Die Kotyledonen (Abb. 32 *D*) sind von einer kleinzelligen Epidermis bedeckt und bestehen im übrigen aus derbwandigen, feinporösen rundlichen Zellen mit Intercellularen. Nicht selten weisen die Zellwände auch große ovale oder elliptische Poren auf. Das Gewebe enthält Fett und Aleuron, aber keine Stärke.

Abb. 34. Elemente der Samenschale des Stragels (Astragalus baeticus), Vergr. 320. A Palisadenzelle, B, C und D Trägerzellen; B und C von der Seite, D von der Fläche gesehen. (Nach D. Ottolenghi.)

Kaffeestragel. Der spanische Traganth oder Kaffeestragel, auch Kaffeewicke genannt (Astragalus baeticus L. — Leguminosae) wird in einigen Teilen Europas der Samen wegen angebaut, die im gerösteten Zustand (schwedischer oder Stragelkaffee) nach Ottolenghi[1] in Italien zur Verfälschung des echten Kaffees dienen, aber auch für sich allein als Kaffee-Ersatzmittel Verwendung finden.

[1] Ottolenghi: Nach Atti R. Accad. Fisiocritici 1903 (3) **15**, 11. **Z.** 1905, **10**, 260.

Die Samen ähneln in Form, Größe und Farbe dem Bockshornklee, sind aber geruchlos. Ihr anatomischer Bau entspricht dem Leguminosentypus. Die Palisadenzellen (Abb. 33 *p* und 34 *A*) sind 125—150 μ (nach OTTOLENGHI

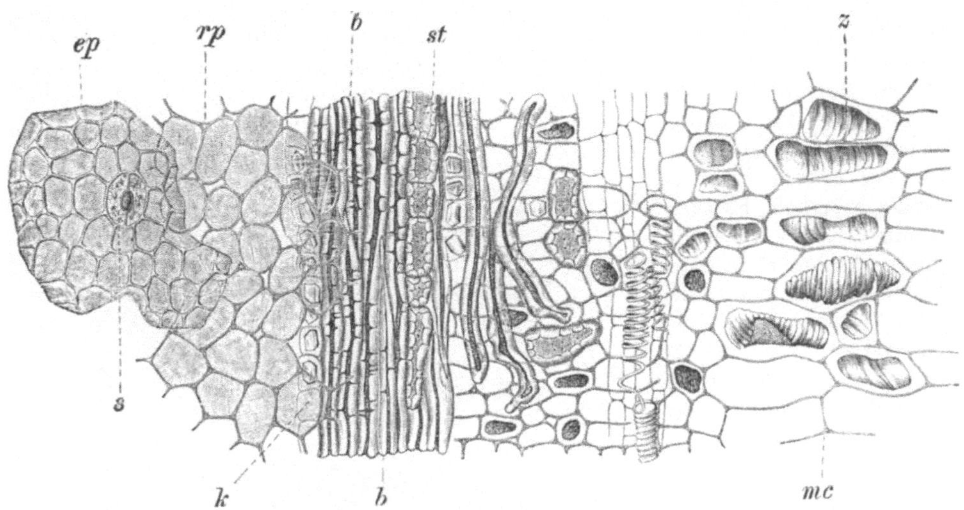

Abb. 35. Gewebe der Karobenschale in der Flächenansicht (J. MOELLER). Erklärung der Buchstaben im Texte.

120—135 μ) hoch, und 12—20 μ (11—15 μ) breit, zum Unterschied von Bockshornklee nicht verschleimt, außerdem gekniet, wie bei der Lupine. Die Trägerzellen (Abb. 33 *t* und 34 *B, C, D*) sind stark gerippt und erscheinen daher in der Flächenansicht rosettenartig.

Die Keimblätter, die von einem dünnen, fast völlig verschleimten Endosperm umhüllt sind, bestehen aus zarten, stärkefreien Zellen.

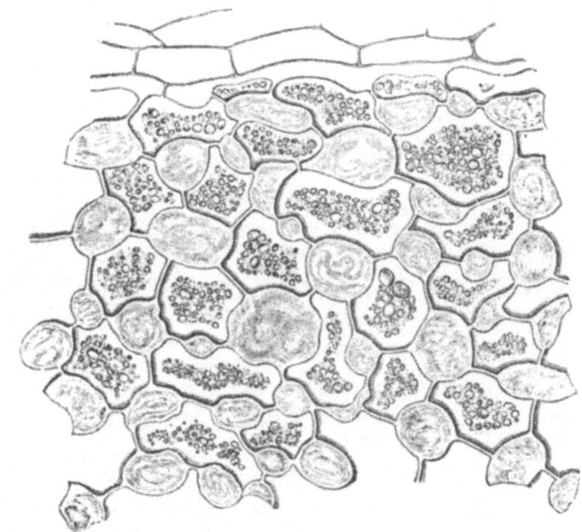

Abb. 36. Nährgewebe des Karobensamens (J. MOELLER).

Karoben. Die Frucht des zu den Leguminosen gehörenden Johannisbrotbaumes (Ceratonia siliqua L.) ist eine quergefächerte Hülse, die in jedem Fache einen Samen enthält.

Die lederartige Fruchtschale (Abb. 35) hat eine aus derbwandigen polygonalen Zellen bestehende Oberhaut (*ep*) mit Spaltöffnungen (*s*); darunter liegt eine mehrreihige Schicht collenchymatischer Zellen (*rp*) mit braunem Inhalt. Es folgt eine kaum unterbrochene Faserschicht (*b*), deren etwa 1 mm lange Fasern stark verdickt und getüpfelt und von Krystallkammerzellen (*k*) mit je einem Oxalatkrystall begleitet sind. In die Faserbündel und das zugehörige Bastparenchym sind Steinzellgruppen (*st*) eingelagert. Der Holzteil (Gefäßteil) ist nur wenig entwickelt und zeigt dünne Spiroiden.

Die Hauptmasse des Fruchtfleisches bildet ein Parenchym aus großen, dünnwandigen, radial gestreckten Zellen, die große gelbliche bis kupferbraune, eigenartig quergestreifte oder gerunzelte gerbstoffreiche Einschlußkörper (Inklusen) enthalten (z). In nicht geröstetem Johannisbrot färben sich diese Massen mit Eisenchlorid blauschwarz, mit kalter verdünnter Lauge grün bis graublau, beim Erhitzen violett; in starker Lauge vorsichtig erwärmt, werden sie prachtvoll dunkelblau und gehen allmählich in Lösung; Vanillinsalzsäure färbt sie leuchtend rot. Im gerösteten Material sind die Reaktionen weniger deutlich.

Die Samenfächer werden von einer pergamentartigen Sklerenchymschicht ausgekleidet, die ähnliche Gewebsformen aufweist wie die äußere Fruchtschale, nämlich Fasern, Steinzellen und Krystallkammerzellen. Diesem Endokarp liegt noch eine innere Oberhaut aus kleinen isodiametrischen Zellen mit perlschnurartig verdickten Wänden auf.

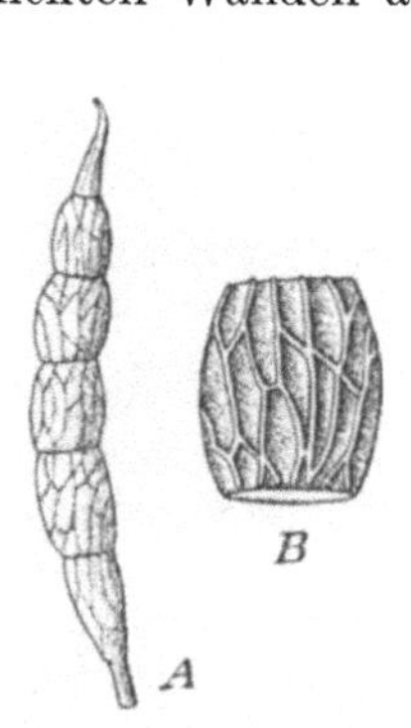

Abb. 37. Seradella (C. GRIEBEL). *A* Gliederhülse, 1 : 2. *B* Teilstück der Gliederhülse, 1 : 5.

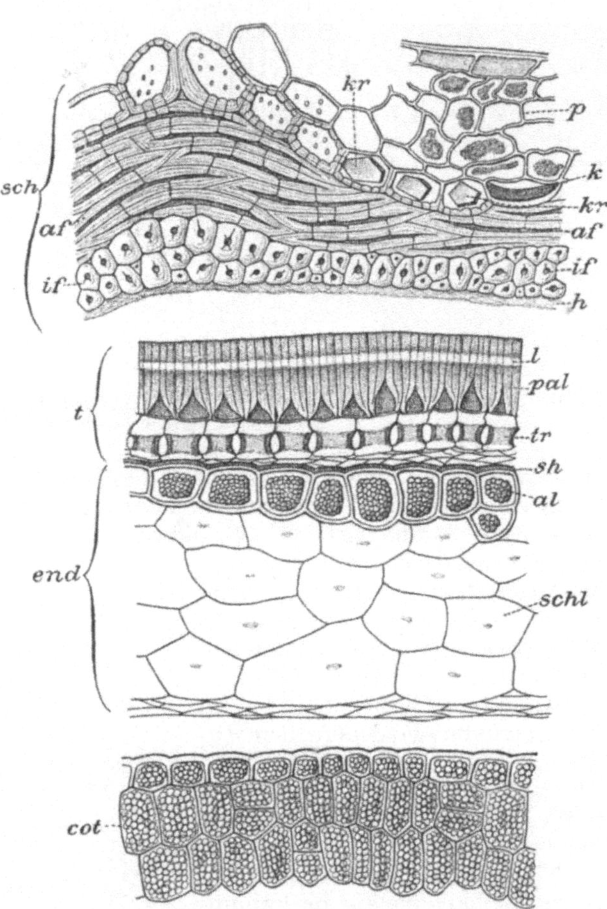

Abb. 38. Seradella, Querschnitt durch die Frucht (C. GRIEBEL). *sch* Fuchtschale, *if* innere Faserschicht, *af* äußere Faserschicht, *h* hautartiges Endokarp, *kr* Krystallzellen, *p* dünnwandiges Gewebe, *k* kahnförmige Zellen mit braunem Inhalt, *t* Samenschale, *pal* Palisadenschicht, *l* Lichtlinie, *tr* Trägerzellen, *end* Endosperm, *sh* Samenhaut, *al* Aleuronschicht, *schl* Schleimzellen, *cot* Kotyledonargewebe. Vergrößerung 1 : 280.

Die Schale der 8 bis 10 mm großen Samen hat 170—250 μ hohe Palisaden, die im äußeren Teil kein Lumen erkennen lassen. Die spindelförmigen Trägerzellen sind bis 35 μ hoch dickwandig, so daß ein Lumen kaum erkennbar ist. Auch das Parenchym ist stark verdickt.

Das hornartig harte Endosperm (Abb. 36) besteht aus unregelmäßig gestalteten außerordentlich stark verdickten, englumigen Zellen, deren Inhalt sich mit Jod gelb färbt. Die Verdickungsschichten der leicht verquellenden Wände lösen sich beim Kochen in Wasser zum Teil auf. Das gemahlene Nährgewebe dient daher auch zur Herstellung von Klebstoffen. Der Keimling ist klein und stärkefrei.

Als Erkennungsmerkmale des Karobenkaffees dienen in erster Linie die charakteristisch geformten Inklusen, die zum Teil noch die oben angeführte

Farbreaktion zeigen, weiter die Trümmer der Faserbündel mit Steinzellen, Teile der Fruchtwandepidermis mit Spaltöffnungen, Palisaden und Trägerzellen der Samenschale sowiedie Trümmer des Endosperms.

Seradella. Die Früchte der Seradella (Ornithopus sativus BROT. — Leguminosae), die als Futtermittel angebaut wird, haben im Weltkrieg und in der darauffolgenden Zeit bei uns vielfach Verwendung zur Herstellung von Kaffee-Ersatz gefunden.

Die Frucht ist eine flache, etwa 2,5 cm lange Gliederhülse, die bei der Reife in einsamige, im Umriß tonnenförmige Glieder zerfällt (Abb. 37). Diese Teilfrüchtchen zeigen auf der Oberfläche ein weitmaschiges Netz feiner Leisten. Die Samen sind braun, etwa bohnenförmig, 2 mm lang.

An der Fruchtwand (Hülse) ist der äußere Teil, der leicht abgestoßen wird und daher häufig fehlt, dünnwandig, der innere sklerosiert. Letzterer besteht aus zwei mehrreihigen Schichten stark verdickter Fasern, die sich rechtwinklig kreuzen (Abbildung 38*sch* und 39*A*). Der äußeren Faserschicht liegen an vielen Stellen Gruppen isodiametrischer Zellen mit je einem großen Oxalatkrystall auf (Abb. 38*kr* und 39*A*, *kr*).

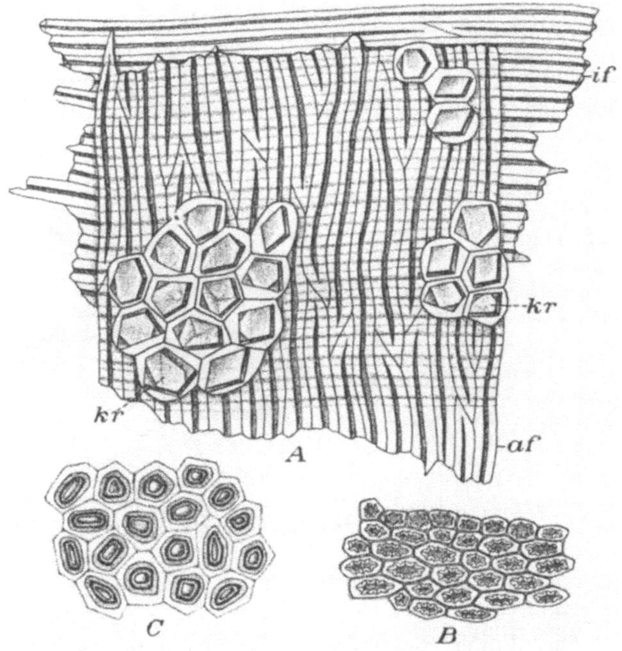

Abb. 39. Elemente des Kaffee-Ersatzes aus Seradella (C. GRIEBEL). *A* Bruchstück der Fruchtschale, *if* innere Faserschicht, *af* äußere Faserschicht, *kr* Krystallzellen, *B* Palisaden in der Flächenansicht, *C* Trägerzellen in der Flächenansicht. Vergrößerung 1 : 280.

Die Palisadenzellen der Samenschale, die etwa an der Grenze des oberen Drittels eine deutliche Lichtlinie zeigen, sind nur 28—38 μ hoch, bis 16 μ breit. Die Trägerzellen (*tr*) sind nur in ihrem mittleren eingezogenen Teil dickwandig, 10—15 μ hoch.

Das Endosperm besteht aus einer 1—2reihigen Aleuronschicht (*al*) und einer mehrreihigen Schleimzellenschicht (*schl*), die in Wasser rasch stark aufquillt. Das Gewebe des Keimlings wird aus dünnwandigen eiweißreichen, stärkefreien Zellen gebildet.

Unzerkleinerte Seradellafrüchte sind in Kaffee-Ersatzmitteln ohne weiteres an der charakteristischen Form zu erkennen. Bei gemahlenen Produkten fallen die Trümmer des Schleimendosperms im ungebleichten Präparat durch die starke Quellung sogleich auf. Im gebleichten Material treten dann die sklerotischen Elemente der Fruchtwand besonders hervor.

e) Früchte, Samen und unterirdische Pflanzenteile verschiedener Art.

Birnen. Gedörrte Birnen, namentlich gerbstoffreiche Sorten, auch Holzbirnen werden nicht selten anderem Material für die Kaffee-Ersatzstoffbereitung beigemengt.

Man erkennt einen Birnenzusatz an den größeren und kleineren Steinzellnestern des Fruchtfleisches und den gefensterten Epidermiszellen der Fruchtschale, seltener kommen Teilchen der Samenschale zur Beobachtung (vgl. Bd. V). Herbe Birnensorten enthalten außerdem in nicht wenigen Mesokarpzellen gerbstoffreiche Einschlußkörper.

Hagebutten. Hagebutten sind die Scheinfrüchte der wilden Rosen, die sowohl als solche wie auch nach Entfernung des Fruchtfleisches Verwendung finden. Charakteristisch für letzteres sind die häufig gefensterten Oberhautzellen und die auf der Innenseite befindlichen bis 2 mm langen einzelligen, dickwandigen, scharf zugespitzten Haare, in die die Steinfrüchtchen eingebettet sind (vgl. Bd. V).

Die gelblichen Steinfrüchtchen sind etwa eiförmig, an den seitlichen Berührungsstellen abgeplattet, 3—4 mm lang und etwa 2 mm breit. Die Oberhautzellen sind gestreckt, nicht sklerosiert. Die 0,3—0,4 mm dicke Steinschale

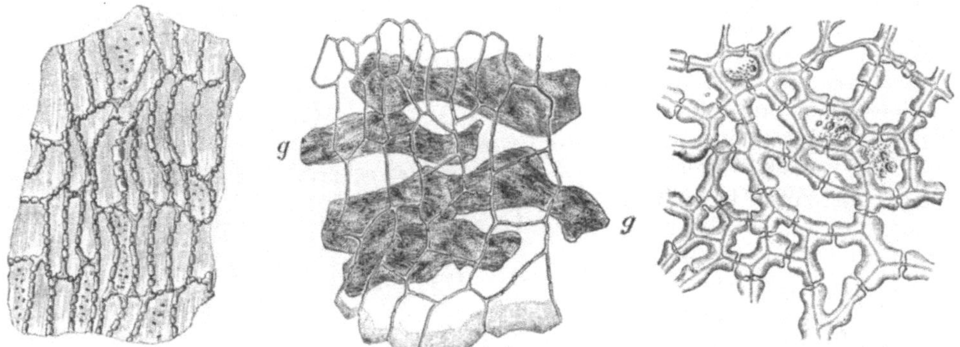

Abb. 40. Samenoberhaut der Dattel (J. Moeller).

Abb. 41. Samenschale der Dattel mit Pigmentschläuchen *g* (J. Moeller).

Abb. 42. Nährgewebe der Dattel (J. Moeller).

besteht aus fast farblosen, stark verdickten, nach innen zu faserförmigen Sklereiden.

Die dünne Samenhaut, das aus einer Aleuronschicht bestehende Nährgewebe und der stärkefreie Keimling bieten für die Erkennung keine besonderen Merkmale.

Datteln und Dattelkerne. Vereinzelt werden ganze Datteln zur Herstellung eines Kaffee-Ersatzmittels verwendet, im allgemeinen aber nur die 2—3 cm langen, walzenförmigen Samen (Kerne), die im wesentlichen aus dem beinharten, an der Bauchseite gefurchten Endosperm bestehen, das von einer dünnen bräunlichen Haut, dem Endokarp, bedeckt ist.

Das Fruchtfleisch der Datteln hat eine aus isodiametrischen farblosen Zellen bestehende Oberhaut. Das Mesokarp zeigt außen eine schmale Zone aus rundlichen und radial gestreckten Steinzellen und besteht im übrigen aus dünnwandigem, zuckerreichem Parenchym, das von einer breiten Zone sehr großer Gerbstoffzellen durchzogen ist, von denen jede einen stark lichtbrechenden, gelblichen bis braunen Einschlußkörper enthält. Die Einschlußkörper färben sich mit verdünntem Eisenchlorid schwarzgrün, mit Vanillinsalzsäure leuchtend rot. Das Endokarp wird aus farblosen zusammengefallenen Zellen gebildet.

Der Same (Kern) der Dattel ist von einer dünnen Schale bedeckt, deren Oberhaut (Abb. 40) aus gestreckten, unregelmäßig geformten, oft gruppenweise nach verschiedenen Richtungen angeordneten Zellen mit verdickten, stark getüpfelten Wänden besteht. Die unter der Oberhaut liegenden Zellen sind in der Regel auseinandergerückt und schlauchartig ausgebildet (Abb. 41). Ihr

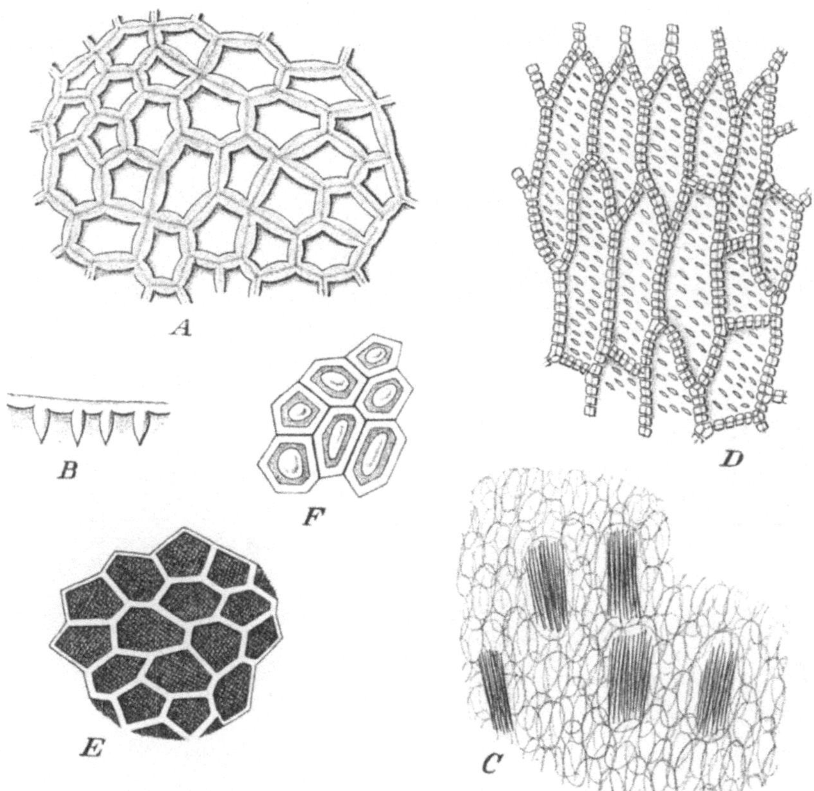

Abb. 43. Kaffee-Ersatz aus Spargelbeeren (C. GRIEBEL). *A* Fruchtoberhaut in der Flächenansicht; *B* Fruchtoberhaut im Querschnitt; *C* Mesokarpgewebe mit Raphiden; *D* Endokarp; *E* Epidermis der Samenschale in der Flächenansicht nach teilweiser Bleichung; *F* Dasselbe nach vollständiger Entfärbung. Vergrößerung bei *A*—*C* 1 : 100, bei *D*—*F* 1 : 190.

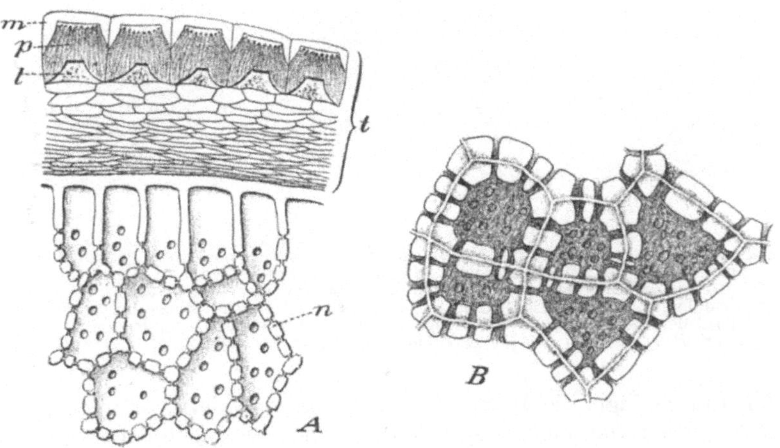

Abb. 44. Spargelsame (C. GRIEBEL). *A* Querschnitt durch die Randpartie des Samens, *t* Testa, *n* Nährgewebe, *m* farblose Membran, *p* schwarzbraune Pigmentkörper, *l* Lumen der Epidermiszellen; *B* Zellgruppe aus dem inneren Teil des Nährgewebes. 1 : 190.

homogener, rotbrauner Inhalt färbt sich mit Eisensalzen meist dunkelgrün (Gerbstoff). In der Richtung kreuzen sie sich mit den hierauf folgenden farblosen Zellen. Charakteristisch ist das Endosperm (Abb. 42). Die Zellen sind

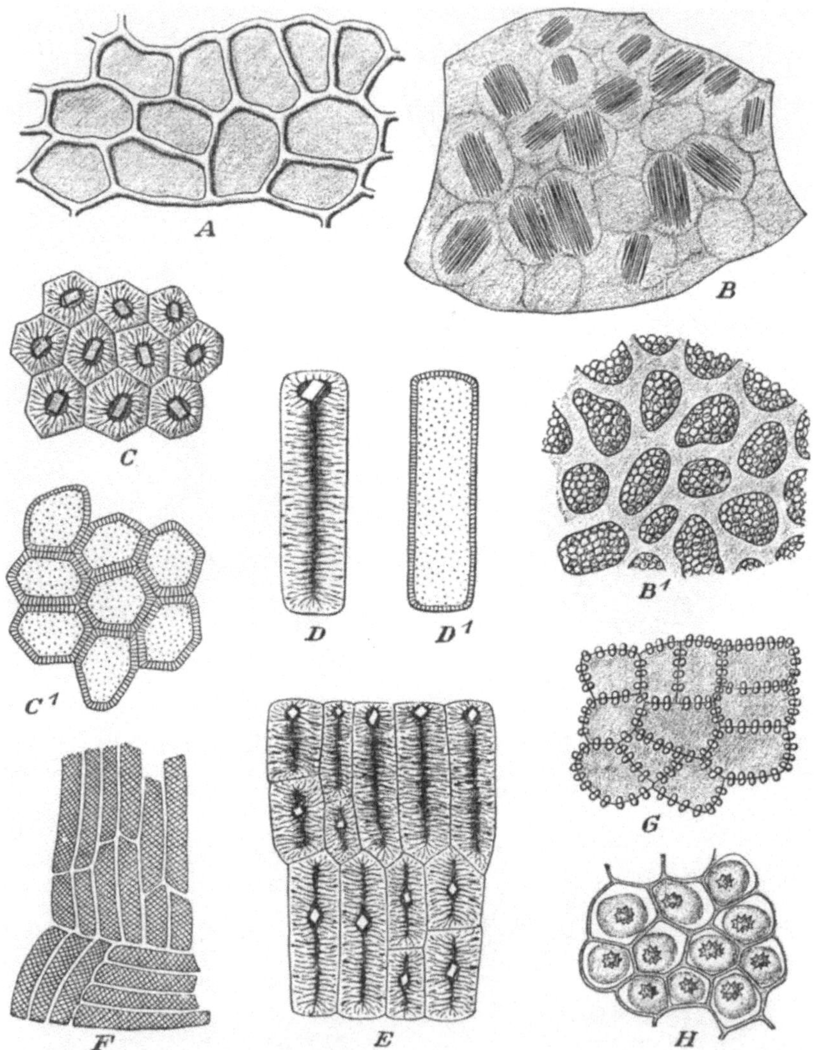

Abb. 45. Kaffee-Ersatz aus Weintrestern (C. GRIEBEL). *A* Epikarp der Weinbeere; *B* Parenchym der Samenschale mit Oxalatraphiden; *B*¹ Oberhaut der Samenschale mit gequollenen Wänden; *C* Sklerenchymplatte in der Flächenansicht (die abgebildeten Zellen enthalten je einen Oxalatkrystall); *C*¹ analoge, wenig verdickte Zellen aus einem verkümmerten Samen; *D* isolierte Zelle der Sklerenchymplatte; *D*¹ entspricht *C*¹; *E* Sklerenchymplatte im Querschnitt; *F* Gitterzellen; *G* innere Oberhaut der Samenschale; *H* Endospermgewebe mit Oxalatdrusen in den Aleuronkörnern. Vergrößerung bei *B* 1 : 85; bei *A*, *B*¹, *E* 1 :190; bei *C*, *C*¹, *D*, *D*¹, *F*, *H* 1 : 280; bei *G* 1 : 500.

dicht aneinandergefügt, die Wände farblos, stark verdickt, breit getüpfelt, die Porenkanäle gegen die meist sehr deutlich sichtbare gelbliche Mittellamelle trichterförmig erweitert, in der Fläche als kreisrunde Doppelringe auffallend. Die Zellen sind in der Nähe der Schale gestreckt, beinahe rechteckig, nach innen zu unregelmäßig rundlich. Die Dicke der doppelten Zellwände beträgt gewöhnlich etwa 15 μ (selten über 30 μ). Die Verdickungsschichten bestehen aus Reservecellulose und quellen in Kalilauge stark auf. Der Zellinhalt ist ein ölhaltiges Plasma.

Die Auffindung gemahlener Dattelkerne im Kaffee ist deswegen nicht ganz leicht, weil die Unterschiede der Tüpfelung der Zellwände durch das Rösten und Mahlen etwas verwischt sind. Doch bilden der Grad der Wandverdickung und die Teilchen der Samenschale sichere Erkennungsmerkmale.

Spargelfrüchte. Die erbsengroßen, zur Reifezeit ziegelroten, beerenartigen Früchte von Asparagus officinalis L. (Liliaceae) oder nur die in ihnen enthaltenen (1—3), schwarzen 3—4 mm großen Samen dienen in manchen Gegenden zur Herstellung von Kaffee-Ersatz.

Die Oberhautzellen der Fruchtwand (Abb. 43 *A*) sind in der Flächenansicht polygonal, dickwandig (50—100 μ), bei tiefer Einstellung dünnwandig, weil sich die Radialwände nach innen zapfenförmig verjüngen (*B*).

Das Mesokarp enthält Zellen mit ziemlich großen Raphidenbündeln (*C*). Das Endokarp (*D*) wird aus gestreckten Zellen gebildet, deren verdickte Wände von zahlreichen runden oder spaltenförmigen Tüpfeln durchzogen sind.

Die Epidermiszellen der Samenschale enthalten einen schwarzbraunen Pigmentkörper (Abb. 44 *A*), der sich nur sehr langsam bleichen läßt. Nach teilweiser Bleichung mit JAVELLEscher Lauge erkennt man die in der Fläche polygonale Form, weil dann die Radialwände der Zellen als weißes Netz hervortreten (Abb. 43 *E*). Der innere Teil der Samenschale ist nicht charakteristisch.

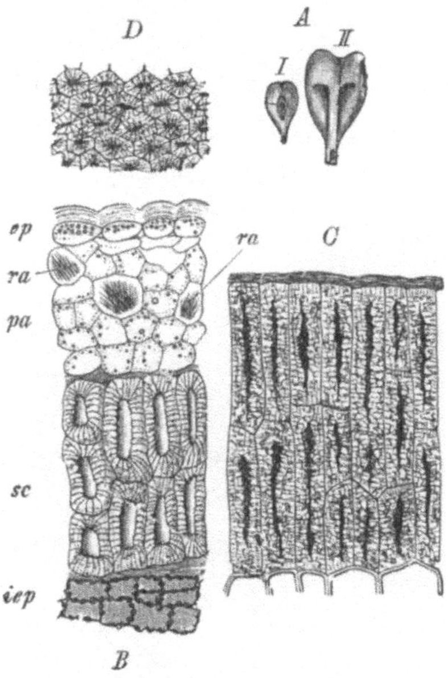

Abb. 46. Weintraube (T. F. HANAUSEK). *A* Weintraubenkerne, *I* Vorderansicht in natürlicher Größe, *II* Rückenansicht, 2fach vergrößert; *B* Querschnitt der Kernschale, *ep* Oberhaut, *pa* Parenchym mit Raphiden *ra*, *sc* Steinzellenschicht, *iep* innere Oberhaut (umgelegt); *C* Steinzellenschicht der Malagatraube; *D* dieselbe in der Aufsicht.

Der Samenkern besteht zur Hauptsache aus Endosperm, das sich aus fett- und eiweißreichen, verdickten porösen Zellen zusammensetzt. Die Wandverdickungen (Reservecellulose) sind bei den äußeren Zellschichten verhältnismäßig gering (Abb. 44 *A*), im inneren Teil des Nährgewebes dagegen sehr erheblich, an das Hornendosperm der Palmen erinnernd (Abb. 44 *B*).

Aus Spargelsamen bereiteter Kaffee-Ersatz enthält hauptsächlich die dickwandigen porösen Endospermzellen; daneben kommen als Kennzeichen die Oberhautzellen der Samenschale in Betracht. Sind zugleich die charakteristischen Teile der Fruchtoberhaut und des Endokarps sowie Gewebe mit Raphiden vorhanden, so sind die ganzen Spargelfrüchte verarbeitet worden.

Weintraubenkerne und Weintrester. Während die ausgesonderten Weintraubenkerne schon früher zur Herstellung von Kaffee-Ersatzmitteln dienten, haben während des Weltkrieges und in der darauffolgenden Zeit die Weintrester als solche für derartige Zwecke Verwendung gefunden.

Am Perikarp der Weinbeere ist bemerkenswert die Oberhaut (Abb. 45 *A*), die sich aus polygonalen derbwandigen Zellen (15—50 μ) zusammensetzt. Im zartzelligen Mesokarp finden sich nadelförmige Oxalatkrystalle und von Krystallkammerzellen begleitete Leitbündel.

Die harten, mit hornigem Endosperm versehenen Samen (Abb. 46 *A*) sind etwa birnförmig 5—8 mm lang und zeigen auf der Bauchseite zwei tiefe Rinnen.

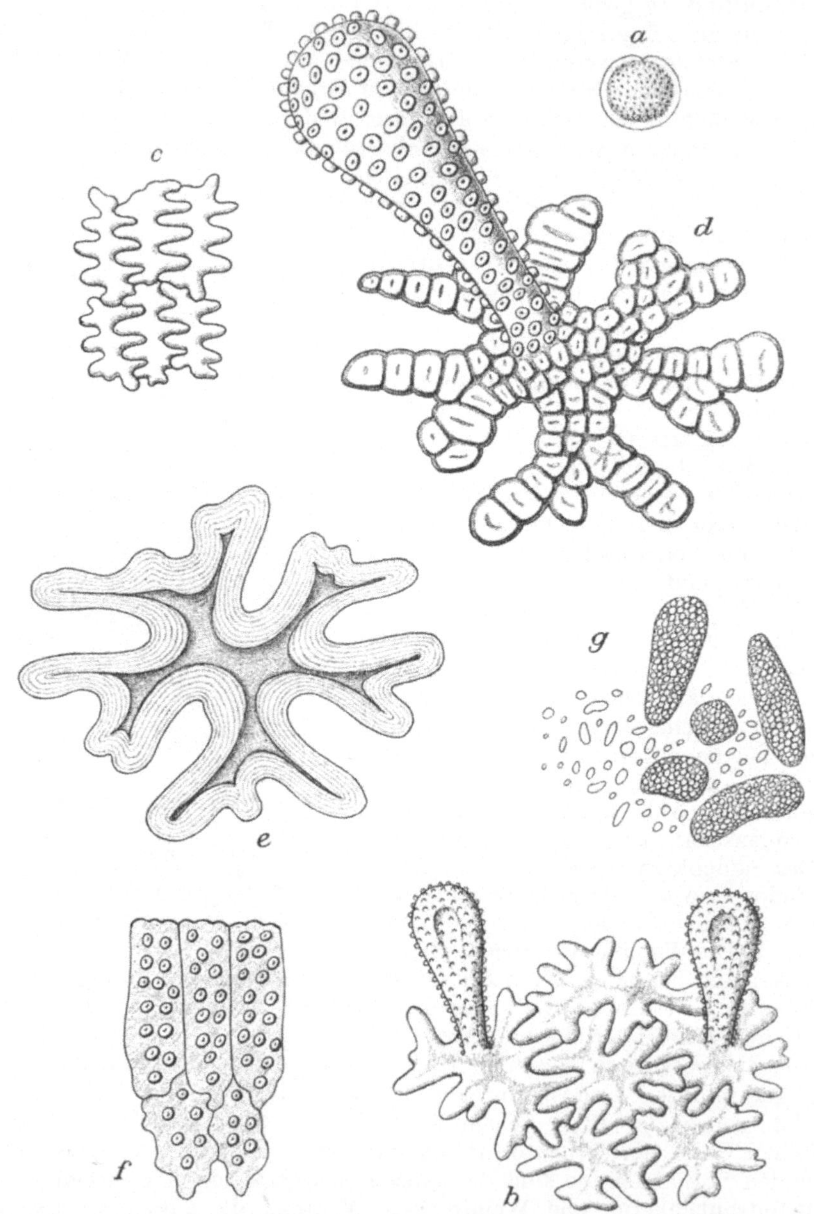

Abb. 47. Ackerspergel. *a* Same, Vergrößerung 1 : 10, *b* Oberhautzellen der Samenschale, zwei davon mit keulenförmigen Auswüchsen, Vergrößerung 1 : 150; *c* Oberhautzellen aus der Nabelgegend, Vergrößerung 1 : 150; *d* isolierte Oberhautzelle der Samenschale bei hoher Einstellung, Vergrößerung 1 : 500; *e* dieselbe Zelle bei tiefer Einstellung, Vergrößerung 1 : 500; *f* Oberhautzellen vom Rande des Flügels, Vergrößerung 1 : 500, *g* zusammengesetzte und Einzelstärkekörner aus dem Nährgewebe, Vergrößerung 1 : 500 (C. Griebel).

An Querschnitten der Samenschale (Abb. 46 *B*) erkennt man 5 Schichten. Die Epidermis (*ep*) aus eiweißreichen, derbwandigen Zellen mit verdickter, quellender Außenseite; das darunter liegende Parenchym (*pa*) mit Oxalatraphiden in zahlreichen Zellen; eine braune 2—3reihige Steinzellplatte (100—300 μ), die den auffälligsten Teil der Schale bildet und aus palisadenartig gestreckten, sehr stark verdickten Sklereiden besteht. Die Wand, dieser in der Flächenansicht sechsseitigen Steinzellen ist dicht von feinen Poren durchsetzt. Je nach der Traubensorte ist ihr Lumen enger oder weiter, ihre Form mehr oder weniger gestreckt. Meist enthalten sie je einen Oxalatkrystall, der bei der oberen Zellreihe an der Außenseite liegt und das Lumen der Zelle fast auszufüllen scheint (Abb. 45*C* u. *E*). Der Innenseite der Steinzellplatte liegt eine Reihe schmaler obliterierter, in der Flächenansicht gitterförmig verdickter Zellen auf (Abb. 45*F*), auf die als innerer Abschluß der Schale eine Schicht brauner Zellen folgt mit zum Teil gebogenen, schön geperlten Wänden (Abb. 45*G* u. 46*B*).

Das von einer hyalinen Schicht bedeckte Endosperm besteht aus mäßig dickwandigen Zellen, die neben Fett und Protein je ein großes Aleuronkorn (bis 25 μ) mit einer Oxalatrosette (5—10 μ) oder einem großen Globoid enthalten.

In Kaffee-Ersatzmitteln, die Weintrester (Abb. 45) enthalten, finden sich nach der Bleichung, die ziemlich viel Zeit in Anspruch nimmt, folgende charakteristische Zellelemente:

1. Trümmer der Steinzellplatte (*C*, *D*, *E*), deren Sklereiden gewöhnlich je einen Krystall beherbergen; 2. Gitterzellen (*F*) fast nur im Zusammenhang mit der Steinzellplatte; 3. die in gebleichten Präparaten zumeist abgelöste innere Oberhaut der Samenschale (*G*); 4. das dünnwandige Parenchym der Samenschale mit Oxalatraphiden (*B*). 5. Endospermgewebe (*H*) mit meist nur noch undeutlich erkennbaren Aleuronkörnern; 6. Epikarpteilchen (*A*), die neben den Sklereidenverbänden am häufigsten vorhanden sind.

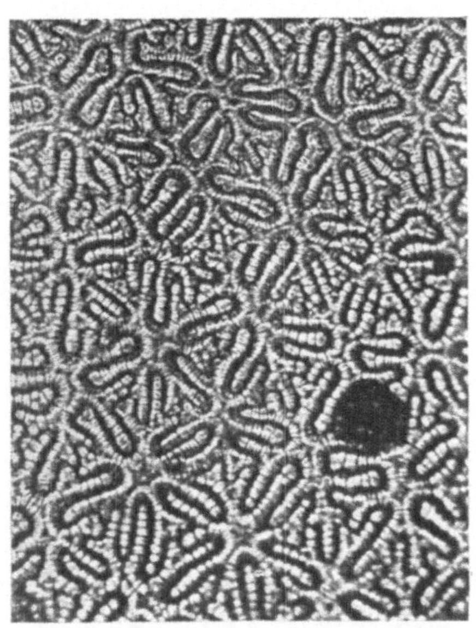

Abb. 48. Oberhaut der Samenschale des Ackerspergels (gebleicht), 1 : 200 (C. Griebel).

Spörgelsamen. Die dunkelbraunen Samen des Ackerspergels oder Spörgels (Spergula arvensis L. — Caryophyllaceae), die zuerst während des Weltkrieges als Kaffee-Ersatzmittel Verwendung fanden, sind nur wenig über 1 mm groß, kreisrund, etwas abgeflacht und von einem schmalen hellen Flügel umgeben (Abb. 47 *a*). Ihre Oberfläche ist feinwarzig und mehr oder weniger reichlich mit dicken keulenförmigen Gebilden besetzt (*b*).

Außerordentlich charakteristisch sind die schwarzbraunen, dickwandigen, tiefgebuchteten, zum Teil zu keuligen, mit kleinen Warzen bedeckten Gebilden ausgewachsenen Oberhautzellen (*b* u. *d*).

Wegen der dunklen Farbe der Epidermis erkennt man aber namentlich bei Röstprodukten Einzelheiten erst nach der Bleichung (Abb. 48). Man bemerkt dann, daß die Oberseite der Epidermiszellen dicht von kleinen stumpfen warzenartigen Erhöhungen bedeckt ist (Abb. 47 *d*). Die keulenförmigen Auswüchse brechen leicht ab und fehlen oft vollständig. Die übrigen aus englumigen Zellen bestehenden Schichten der Samenschale besitzen keine diagnostische Bedeutung.

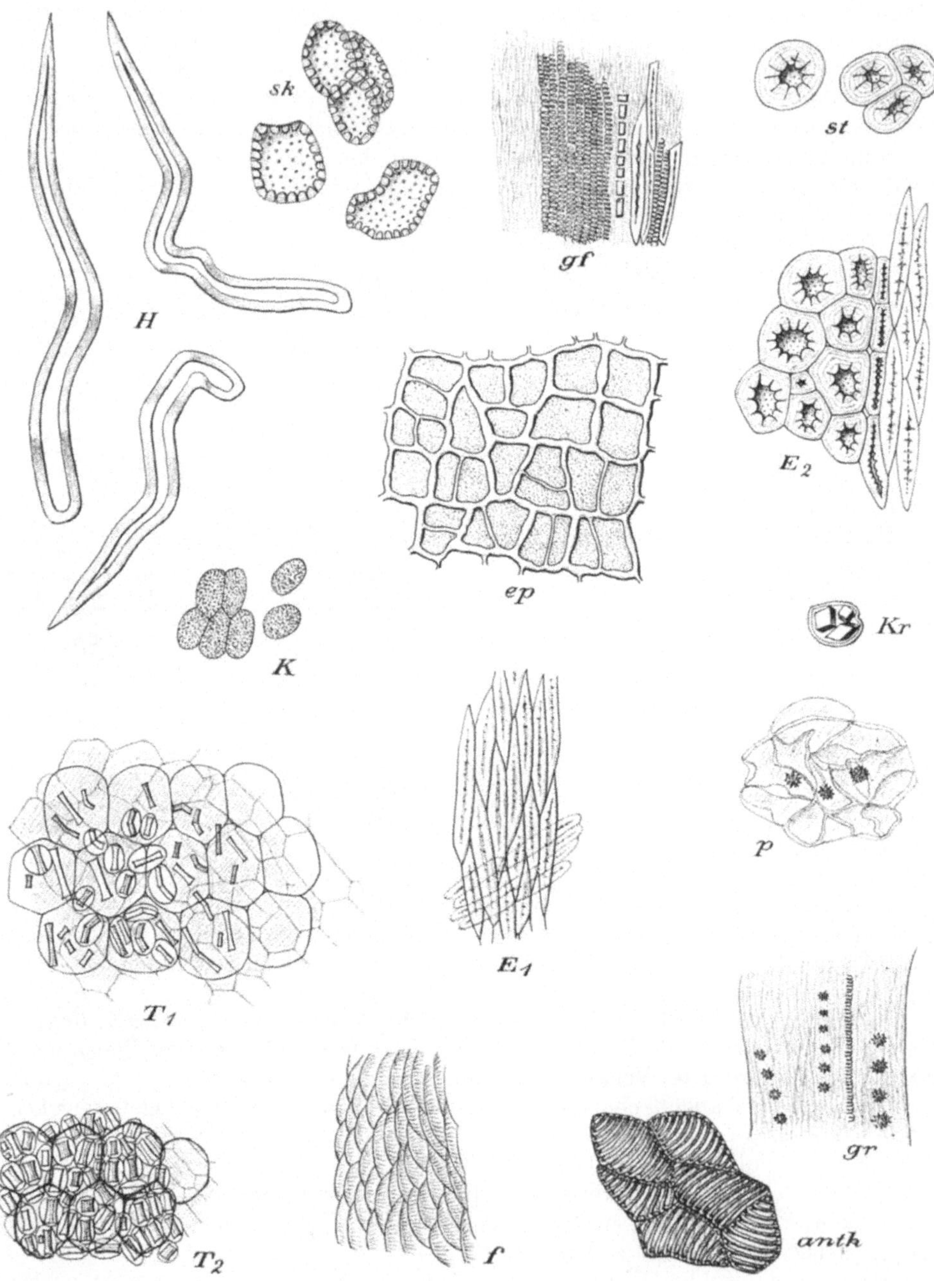

Abb. 49. Kaffee-Ersatz aus Weißdornfrüchten (C. GRIEBEL). *ep* Fruchtoberhaut (Flächenansicht), *p* Mesokarpzellen mit Oxalatdrusen, *Kr* kleine Mesokarpzelle mit Einzelkrystallen, *gf* Gefäße von Krystallkammerzellen und Fasern begleitet, *sk* sklerosierte Mesokarpzellen, E_1 Innenschicht des Endokarps (Flächenansicht), E_2 Innenteil des Endokarps (Seitenansicht), *st* Steinzellen aus dem Endokarp, T_1, T_2 Flächenansicht der Samenschale mit Schleimepidermis und den in der Pigmentschicht liegenden Krystallzellen, *K* Zellen aus dem Keimling, *H* Haare des Griffelpolsters, *gr* Griffelteil mit Oxalatdrusen, *f* Filament (Oberhaut), *anth* fibröse Zellen der Antherennnenschicht. Vergrößerung 1:100; *ep* und *anth* 1:280.

Das Nährgewebe enthält in kleinkörnige Stärkekörner (Füllstärke) eingebettet große längliche hochzusammengesetzte Stärkekörper (Abb. 47 *g*), wie sie auch bei anderen Caryophyllaceen und in verwandten Pflanzenfamilien vorkommen.

Weißdornfrüchte. Die eiförmigen, bis fast kugeligen 1—3steinigen Früchte der Weißdornarten (Mespilus oxyacantha GARTN. und Mespilus monogyna WILD. — Rosaceae), die gewöhnlich als Mehlbeeren bezeichnet werden, sind in der Notzeit zu Kaffee-Ersatz verarbeitet worden.

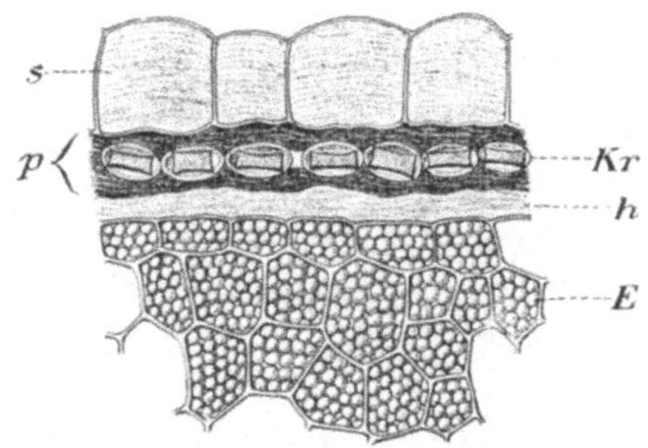

Abb. 50. Querschnitt durch den äußeren Teil des Weißdornsamens (C. GRIEBEL). *s* Schleimepidermis, *p* Pigmentschicht, *Kr* Krystallzellen, *h* Nuzellarrest, *E* Endosperm, 1 : 280.

Die Oberhautzellen der Frucht sind in der Flächenansicht ziemlich dickwandig, gefenstert (Abb. 49 *ep*). Im Mesokarp findet man einzelne oder zu Gruppen vereinigte sklerosierte poröse Zellen (*sk*), in Begleitung der Gefäßbündel auch faserartige Sklereiden. Oxalateinzelkrystalle und Drusen sind im Mesokarp nicht selten. Das als Steinschale ausgebildete Endokarp besteht außen aus stark verdickten rundlichen Steinzellen, innen aus beiderseits zugespitzten kurzfaserigen, in gekreuzter Richtung verlaufenden Sklereiden. Am Querschnitt der Samenschale (Abb. 50) erkennt man eine Epidermis aus Schleimzellen, die in der Fläche sechsseitig erscheinen; darunter eine aus zwei sich kreuzenden Lagen zusammengedrückter Zellen bestehende Pigmentschicht, in die zahlreiche prismatische

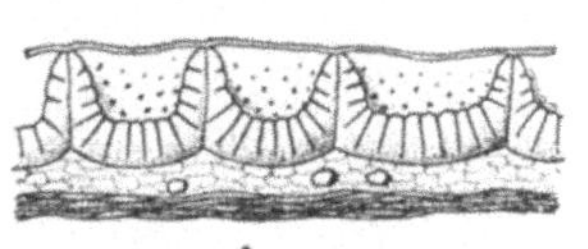

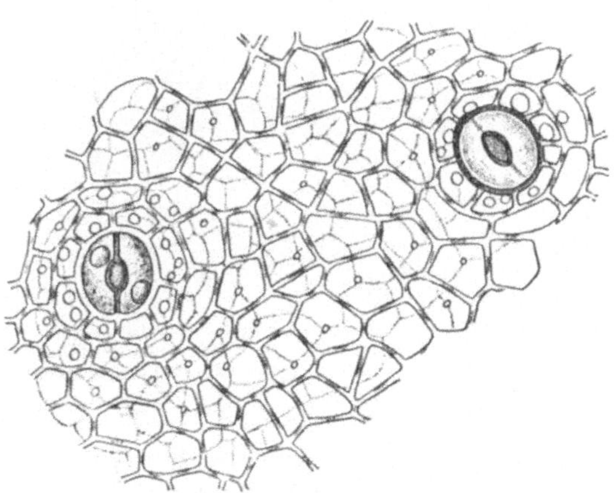
Abb. 51. Oberhaut der Stechpalmenfrucht, 1 : 350 (C. GRIEBEL).

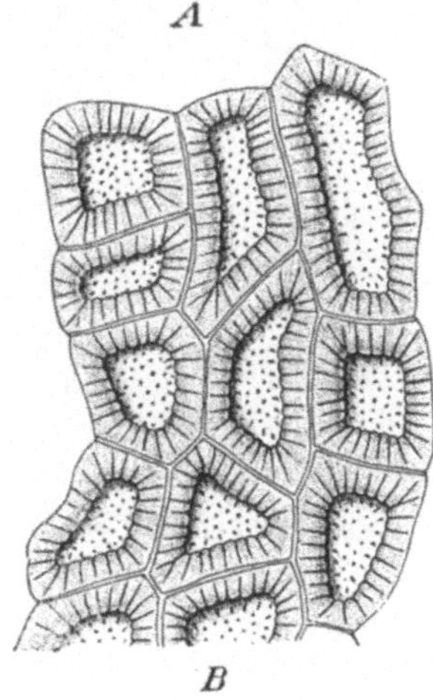

Abb. 52. Samenschale der Stechpalme (C. GRIEBEL). *A* Querschnitt; *B* Flächenansicht, 1 : 200.

Oxalatkrystalle eingelagert sind. Das eiweißreiche Nährgewebe ist stärkefrei, ebenso wie die länglichrunden Zellen des Keimlings.

Bemerkenswert sind einzellige dickwandige, zum Teil an der Basis gekniete, meist wiederholt gekrümmte Haare (Abb. 49 *H*), die dem Griffelpolster entstammen. Neben den Krystallen der Samenschale (T_1, T_2) sind sie für Kaffee-Ersatz aus Weißdornfrüchten besonders charakteristisch.

Kennzeichnend für das gemahlene Produkt sind weiter die Teilchen der Oberhaut (*ep*) und die Trümmer der Steinschale (E_1, E_2, *st*). Weniger treten die sklerosierten und krystallführenden Zellen des Mesokarps, das Gewebe des Keimlings sowie die einzeln vorkommenden Teilchen der ehemaligen Blüte (Bruchstücke des Kelches, der Filamente, der Antherenwand und des Griffels) hervor.

Stechpalmenfrüchte. Die Frucht der Stechpalme (Ilex aquifolium L. — Aquifoliaceae) ist eine erbsengroße rote Steinbeere mit 4 an den Berührungsflächen abgeplatteten, etwa 5 mm langen Steinkernen. Die aus sehr derbwandigen Zellen bestehende

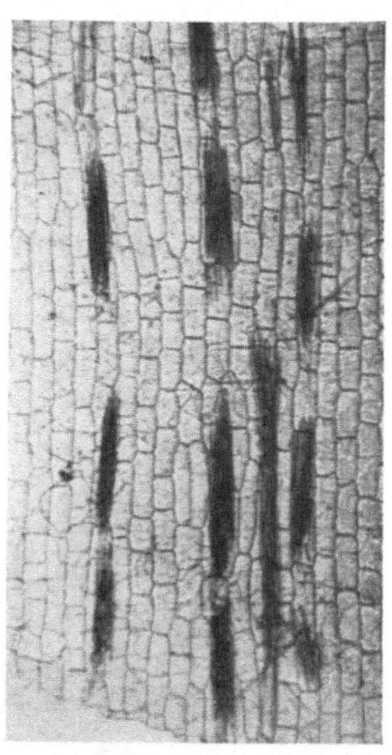

Abb. 53. In Längsreihen angeordnete Raphidenbündel der Narzissenzwiebel. Quetschpräparat aus gebleichtem Kaffee-Ersatz, 1 : 80 (C. Griebel).

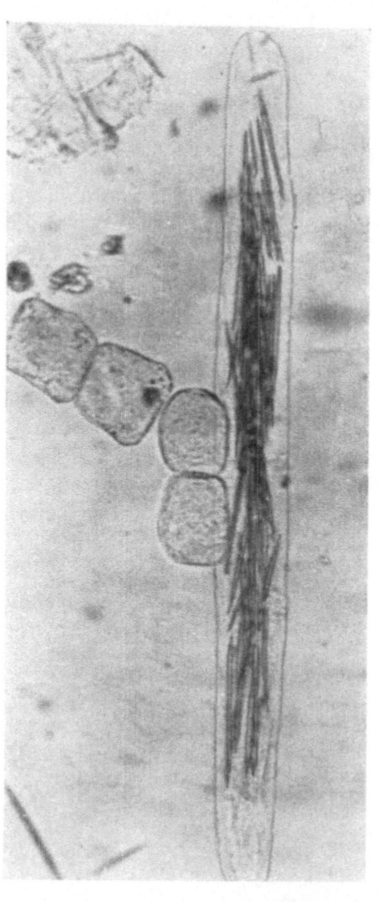

Abb. 54. Narzissenzwiebel. Raphidenschlauch und Stärkeparenchymzellen aus gebleichtem Kaffee-Ersatz, 1 : 200 (Phot. C. Griebel).

Fruchtoberhaut ist der Träger des roten Farbstoffes und enthält ziemlich reichlich Spaltöffnungen, die an Größe die benachbarten Epidermiszellen übertreffen (Abb. 51). Die rundlichen Zellen des Mesokarps sind fast farblos und enthalten zumeist eine oder mehrere kleine Fettkugeln. In einzelnen Mesokarpzellen beobachtet man bis 50 μ große Oxalatdrusen. Sklerosierte Zellen kommen im Mesokarp nur in geringer Menge, namentlich am Scheitel der Frucht vor. Das als Steinschale ausgebildete Endokarp wird aus stark verdickten Fasern gebildet, die sich bündelweise in verschiedenen Richtungen durchkreuzen.

Die Samenschale läßt auf dem Querschnitt 3 Schichten erkennen. Kennzeichnend ist die aus gelbbraunen, reichgetüpfelten und nach innen stark hufeisenförmig verdickten Zellen bestehende Oberhaut (Abb. 52), die sich sehr leicht von den inneren Schichten ablöst und namentlich in der Flächenansicht ein sehr charakteristisches Aussehen zeigt. Die mittlere und innere Schicht der Testa setzt sich aus dünnwandigen obliterierten Zellen zusammen. Das sehr fettreiche Gewebe des Keimlings ist stärkefrei.

Die Erkennungsmerkmale für den Nachweis der Ilexfrüchte bilden die Teilchen der Fruchtoberhaut mit den großen Spaltöffnungen und die Zellverbände der sklerosierten Testaepidermis.

Hibiscussamen. Über die Verwendung der Samen von Hibiscus esculentus L. (Malvaceae) zur Herstellung eines Kaffee-Ersatzmittels hat A. R. CHIAPELLA[1] berichtet. Es sei hierbei erwähnt, daß auch die Samenschale der Malvaceen Palisaden enthält, die denen der Leguminosen ähnlich sind.

Blumenzwiebeln. Während des Weltkrieges sind vielfach auch holländische Blumenzwiebeln, für die sonst kein Absatz bestand, auf Kaffee-Ersatz verarbeitet worden. Wegen ihres Stärkereichtums sind sie hierfür auch ganz gut geeignet. Jedoch enthalten einige Arten starkwirkende Stoffe, die offenbar auch durch den Röstprozeß nicht zerstört werden. Hierzu gehört die Narzissenzwiebel, deren Anwesenheit im Kaffee-Ersatz wiederholt zu Gesundheitsschädigungen (Erbrechen u. dgl.) Anlaß gegeben hat.

Charakteristisch für die Narzissenzwiebel (Narcissus poeticus L. und Narcissus pseudonarcissus L. — Amaryllidaceae) sind Raphidenbündel (Abb. 53), die in schlauchförmig gestreckten Zellen (Abb. 54) hauptsächlich in der Nähe der Epidermis der die Zwiebel bildenden Blattbasen liegen. Das übrige Gewebe besteht, abgesehen von spärlichen Gefäßbündeln, aus reihenweise angeordneten fast isodiametrischen Zellen, die von kleinkörniger Stärke erfüllt sind.

Derartige Raphiden finden sich übrigens auch bei den Schneeglöckchenarten (Leucojum vernum L., Galanthus nivalis L. — Amaryllidaceae).

Die von Blumenzwiebeln stammenden Teilchen fallen unter der Lupe durch gelbbraune Farbe und hornartige Beschaffenheit auf. Nach der Bleichung stellt man einfach Quetschpräparate her.

Kartoffelpülpe. Kartoffelpülpe ist ein bei der Gewinnung der Kartoffelstärke entstehendes Abfallprodukt, das gewöhnlich als Futtermittel dient. Das geröstete Produkt besteht hauptsächlich aus Fetzen des großzelligen Kartoffelparenchyms, das noch Stärkekörner enthält, die trotz der teilweisen Verkleisterung an der charakteristischen Form leicht zu erkennen sind. Außerdem findet man Fetzen des braunen Korkgewebes, während die übrigen Zellelemente der Kartoffel (Spiral-, Ring- und Netzgefäße) sowie die verdickten Zellen der Rindenschicht (vgl. Bd. V unter Kartoffelwalzmehl) wenig in Erscheinung treten.

f) Sonstige Kaffee-Ersatzmittel und -Streckungsmittel.

Zubereitungen, die Coffein enthalten und daher auch in bezug auf die Wirkung die Bezeichnung „Kaffee-Ersatz" verdienen, sind wiederholt hergestellt worden. So bestand ein als „Zipangu" bezeichnetes Produkt nach NOTTBOHM[2] aus etwa 40% Kaffee oder Cola, 15% Zichorie und 45% Steinnuß. Über die Erkennung von Cola s. S. 167. Steinnuß ist durch die mächtigen aus Reservecellulose bestehenden Wandverdickungen der Endospermzellen ausgezeichnet (vgl. unter Pfeffer S. 426).

Auch der bereits erwähnte Sakka- oder Sultankaffee (vgl. S. 48) enthält Coffein.

Von den zahlreichen sonstigen Rohstoffen, die gelegentlich zur Herstellung von Kaffee-Ersatzmitteln dienen, sind die meisten nur auf bestimmte Gegenden

---

[1] A. R. CHIAPELLA: Z. 1908, 15, 424.
[2] NOTTBOHM: Z. 1913, 25, 144.

der Erde beschränkt[1]. Von Interesse sind hier noch die nachstehenden Stoffe, weil sie auch während des Weltkrieges als Streckungsmittel Verwendung fanden.

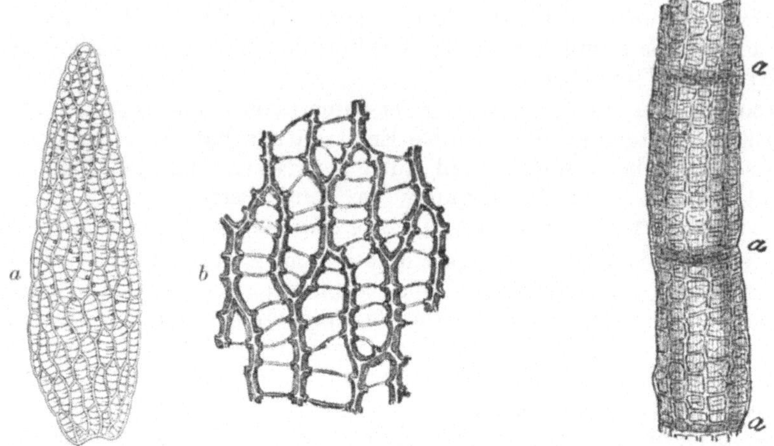

Abb. 55. Torfmoos (A. BÖMER). *a* ganzes Blättchen (1:50), *b* Teil des Blättchens stärker vergrößert (1:200).

Abb. 56. Stengel eines Sphagnummooses. Bei *a* sind die Ansatzstellen der Blättchen sichtbar. Vergr. 50. (Nach A. BÖMER.)

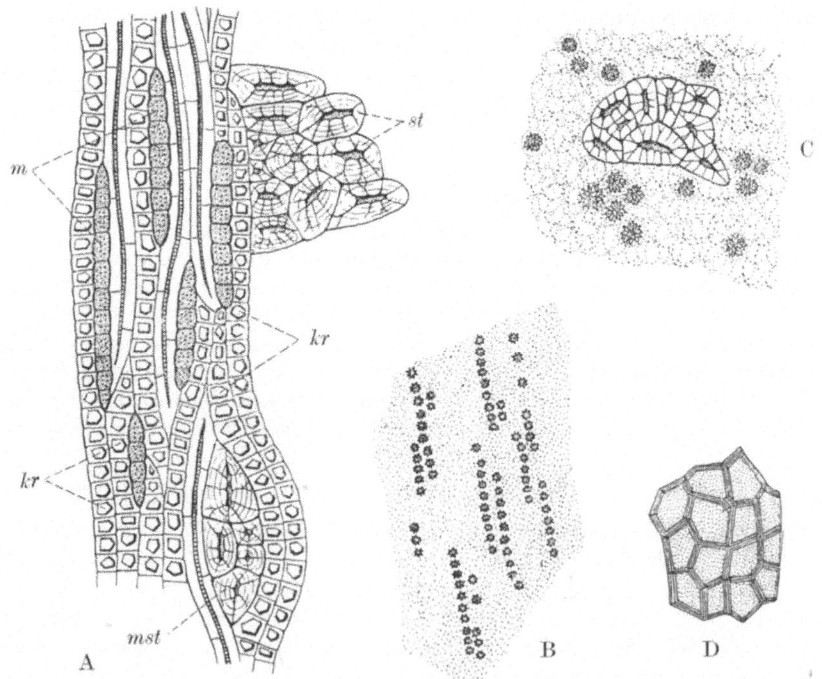

Abb. 57. Eichenlohe. A Bastfaserverband mit Krystallkammerzellen (*kr*) bedeckt; *m* Markstrahlen; *st* Steinzellgruppe; *mst* Steinzellgruppe in einem Markstrahl. B Bastparenchym mit zahlreichen Oxalatdrusen. C Steinzellgruppe von oxalathaltigem Bastparenchym umgeben. D Kork. Vergr. bei A, C und D 1 : 190, bei B 1 : 60. (C. GRIEBEL.)

Steinkerne der Kornelkirsche. Die zweifächerigen Steine sind bis 12 mm lang, ei- oder walzenförmig, von runden Hohlräumen durchsetzt. Die Stein-

[1] Vgl. hierzu HARTWICH: Die Genußmittel. Leipzig 1911.

schale wird aus fast farblosen, zum größten Teil sehr stark verdickten Steinzellen gebildet, die nur in den inneren Lagen faserförmig ausgebildet sind. Die etwa 0,5 mm großen Hohlräume enthalten einen hauptsächlich aus Calciumoxalat bestehenden Klumpen. Der längliche Same ist stärkefrei und besitzt keine für die Erkennung wichtigen Merkmale.

Steinschalen verschiedener Früchte (von Nüssen, Mandeln, Pflaumen u. dgl.). Es handelt sich hierbei durchweg um wertlose Streckungsmittel, die ausschließlich aus stark verdickten Steinzellen zusammengesetzt sind und daher bei der Röstung nur ganz geringfügige Mengen von Extraktivstoffen liefern.

Kakaoschalen. (Über ihren Nachweis vgl. S. 239.)

Torf. Er ist aus abgestorbenen Torfmoosen gebildet und mikroskopisch leicht erkennbar. Die aus einem einschichtigen Gewebe bestehenden Blätter der Torfmoose setzen sich aus zweierlei Zellen zusammen. Die schmalen schlauchartigen, zu einem weitmaschigen Netz vereinigten Zellen enthalten im frischen Zustand Chlorophyll und dienen der Assimilation. Die Maschen des Netzes sind durch große chlorophyllfreie, der Wasserleitung dienende Zellen mit runden Poren und ringförmigen Verdickungsleisten ausgefüllt (Abb. 55). Auch die Stengelteile (Abb. 56) sind sehr charakteristisch.

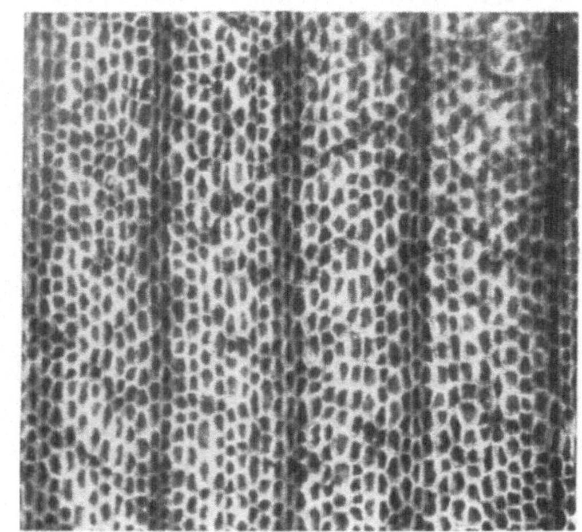

Abb. 58. Seegras; Epidermis mit den darunterliegenden Faserbündeln, 1 : 100 (Phot. C. GRIEBEL).

Lohe. Lohe wird aus Eichenrinde hergestellt. Diese ist gekennzeichnet durch braunen Kork, großen Reichtum an Oxalatdrusen, Steinzellgruppen und Bastfasern. Die letzteren sind dicht mit Krystallkammerzellen bedeckt und treten in tangentialen Platten auf. Bei der Prüfung mit der Lupe fällt Eichenlohe durch zahlreiche, zum Teil schon mit unbewaffnetem Auge sichtbare Faserteilchen auf. Unterm Mikroskop beobachtet man zwischen den dicht von Oxalatkrystallen besetzten Fasern einreihige Markstrahlen als vertikale Zellreihen (Abb. 57 *A*). Die Steinzellen kommen stets in Gruppen vor. Ihre stark verdickten Wände sind von verzweigten Tüpfelkanälen durchzogen. Oxalatdrusen finden sich im Bastparenchym gewöhnlich massenhaft; sie stehen häufig reihenweise übereinander (*B*). Mit Hilfe der Eisenchloridreaktion läßt sich leicht entscheiden, ob ungebrauchte oder bereits ausgezogene Lohe vorliegt. Letztere gibt kaum noch eine Gerbstoffreaktion, erstere färbt sich blauschwarz.

Seegras. Das Seegras (Zostera marina L. — Potamiaceae) hat lange grasartig linealische Blätter, die von mehreren parallelen Längsnerven (3—5) durchzogen werden. Zwischen diesen sieht man unterm Mikroskop noch eine Anzahl Faserbündel, die das Blatt in gleicher Weise durchziehen. Die Fasern sind sehr lang und schmal, fast ohne erkennbares Lumen. Die Blattoberhaut besteht in der Flächenansicht aus 5—6seitigen, derbwandigen, annähernd gleich großen Zellen, die bei mittlerer Vergrößerung als helles Netz erscheinen, unter dem die Faserstränge als dunklere Bänder sichtbar sind (Abb. 58).

7. Beurteilung der Kaffee-Ersatzstoffe und Kaffee-Zusatzstoffe[1].

Die an die Gruppe der Kaffee-Ersatzstoffe und Kaffee-Zusatzstoffe zu stellenden Anforderungen sind in der an anderer Stelle ausführlich abgehandelten KaffeeErsVO. festgelegt. Soweit die Erfüllung grenzzahlenmäßiger Bedingungen verlangt wird, ist das wichtigste in der nachstehenden Tabelle 24 zusammengestellt; Überschreitungen der angegebenen Höchstwerte stempeln ein Erzeugnis zu einem verfälschten Produkt. In anderen Fällen begnügt sich die KaffeeErsVO. wegen der Mannigfaltigkeit der Möglichkeiten mit der Forderung einer handelsüblichen Beschaffenheit. In § 5 der KaffeeErsVO. sind genaue Vorschriften für die Bezeichnung, Angaben und Aufmachung gegeben. Hervorzuheben ist, wie auch in Tabelle 24 angeführt, daß die Bezeichnung „kandiert“ (oder gleichsinnige Angabe) eine Menge von mindestens 2% an abwaschbaren Stoffen voraussetzt. Die Erzeugnisse dürfen nur nach einem bestimmten Rohstoff benannt werden, wenn sie rein vorliegen; bei Zichorie ist aus Gründen der Geschmacksregelung ohne Deklaration ein Zusatz von 25% Zuckerrüben zulässig.

Tabelle 24. Grenzzahlen für Kaffee-Ersatzstoffe und Kaffee-Zusatzstoffe.

	Wassergehalt %	Aschegehalt %	Sandgehalt %	Coffeingehalt (Höchstwert) %	Die Bezeichnung „Kandierung“ verlangt an abwaschbaren Stoffen %
Gersten-, Roggen-(Korn-), Weizenkaffee	12	4			
Malzkaffee	12	4	1		mindestens 2
Roggen-(Korn-)Malzkaffee, Weizenmalzkaffee	12	4			
Kaffee aus Zichorie oder ähnlichen Wurzelgewächsen	30[2]	8	2,5	0,2	
Kaffee aus Feigen (und anderen zuckerreichen Früchten)	20	7	1		
Kaffee aus Eicheln und anderen gerbstoffreichen Pflanzenteilen	15	4	—		mindestens 2
Rösterzeugnisse aus öl- oder fettreichen Samen	10	7	1		

Die Bezeichnung „Malzkaffee“ — Gleiches gilt für die Erzeugnisse aus gemälztem Roggen, Weizen usw. — verlangt nach § 4, Nr. 12 mindestens 70% Körner, deren Blattkeim halbe Kornlänge besitzt. Zur Entscheidung, ob diese Bedingung erfüllt ist, muß die morphologische Untersuchung herangezogen werden. Der Gehalt an Maltol kann das Urteil nach der objektiven Seite hin ergänzen und darüber hinaus einen weiteren Einblick (Mälzungsgrad, Art der Mälzung, Röstgrad usw.) vermitteln; eine rechtliche Anerkennung indes hat die Maltolzahl bisher noch nicht gefunden.

Abgesehen von den allgemeinen Merkmalen des Verdorbenseins (§ 3, Nr. 1 bis 5), deren Feststellung keine Schwierigkeiten bereiten dürfte, und abgesehen von den bei Überschreitung der analytischen Grenzzahlen (Tabelle 24) auszusprechenden Beanstandungen müssen als wichtige, ein Verbot des Produktes nach sich ziehende Gesichtspunkte noch die folgenden hervorgehoben werden:

1. Verwendung ungenügend gereinigter Rohstoffe (§ 4, Nr. 1).

Hierbei ist die makroskopische bzw. mikroskopische Untersuchung insbesondere heranzuziehen; gegebenenfalls führt der Gehalt an Asche bzw. an Sand zu einem Urteil. Als

[1] Vgl. hierzu auch die entsprechenden Ausführungen bei Kaffee.

[2] Dieser Wert gilt für die kaum mehr handelsübliche „Speckzichorie“; die jetzt meist gebräuchliche Zichorie in Rollen- oder Grießform hat einen Wassergehalt von 10—15%.

genügender Grad der Reinigung der Rohstoffe gilt derjenige, der mit Hilfe technisch vollkommener Einrichtungen zu erzielen ist.

2. Verwendung von ausgelaugten Rübenschnitzeln, Obsttrestern, Steinnußabfällen, Nußschalen, Steinobstkernen, ausgelaugtem Kaffee (Kaffeesatz), Farbstoffen oder anderen wertlosen Stoffen (§ 4, Nr. 2).

Makroskopische bzw. mikroskopische Untersuchung ist erforderlich. Die Ermittlung der Asche, des Sandes, der Rohfaser, insbesondere aber des Extraktes (vgl. Tabelle 12), wird je nach den näheren Umständen zur Grundlage des Urteils gemacht werden müssen; auch die Prüfung auf fremde Farbstoffe, wobei die beim Rösten entstandenen färbenden Stoffe nicht als Farbstoffe gelten, ist heranzuziehen.

3. Verwendung von Mineralölen, von Glycerin, von Melassen mit weniger als 45% Gesamtzucker (§ 4, Nr. 3).

Die Prüfung auf Mineralöl und Glycerin wird ähnlich wie bei Kaffee ausgeführt. Schlempe (Rückstand von der Melasse-Entzuckerung) darf überhaupt nicht benutzt werden.

4. Verwendung anderer als der zulässigen [§ 1 (5)] Zusatz- und Überzugsstoffe (§ 4, Nr. 4).

Die Untersuchung erfolgt in der bei Kaffee beschriebenen Weise.

5. Verwendung von Konservierungsmitteln.

Wenn auch nicht besonders erwähnt, so ist doch die Konservierung der Kaffee-Ersatzstoffe und Kaffee-Zusatzstoffe verboten[1]; erlaubt ist nur die Haltbarmachung der flüssigen und halbflüssigen Kaffee-Ersatzextrakte mit p-Oxybenzoesäureäthyl- und -propylester, auch in Form der Natriumverbindungen und in Mischungen untereinander (100 mg Ester auf 100 g Extrakt).

IV. Physiologische Wirkungen von Kaffee, von Kaffee-Ersatzstoffen und Kaffee-Zusatzstoffen[2].

Der Kaffee, und zum Teil auch die Ersatz- und Zusatzstoffe, haben ihrer besonderen Wirkungen auf den Organismus wegen seit jeher eine umstrittene Stellung eingenommen. Den begeisterten Anhängern steht das Lager der Bekämpfer gegenüber, die vor allem im Kaffee ein unnatürliches Reizmittel erblicken, das aus hygienischen Erwägungen heraus abzulehnen ist. Es sind aber oft auch weltverbessernde puritanische Grundsätze oder nationalökonomische Gesichtspunkte gewesen, die gegen den Kaffee ins Feld geführt werden. Wenn in den folgenden Ausführungen zur physiologisch-pharmakologischen Wirkung dieser Gruppe von Lebensmitteln Stellung genommen wird, so kann es sich dabei nur um eine sehr kurze orientierende Umreißung der gegenwärtigen Ansichten für die Zwecke der allgemeinen Unterrichtung des Lebensmittelchemikers handeln; ein Eingehen auf die medizinisch zu ziehenden Folgerungen, auf die Frage nach der diätetischen Anwendung des Kaffees, auf die Umstände, wann ein Verbot des Kaffees für gewisse Menschen angezeigt ist usw., all dies liegt nicht im Rahmen dieser Darstellungen; darüber ist in der Literatur an entsprechender Stelle nachzulesen.

Verhältnismäßig klar liegen die Verhältnisse beim Kaffee hinsichtlich der von seiten des Coffeins ausgehenden, meist stark in den Vordergrund tretenden Wirkungen. Dieses Alkaloid greift im Organismus an sehr verschiedenen Stellen an; in Sonderheit sprechen Herz, Nervensystem, Niere und quergestreifte

---

[1] Entwurf einer Verordnung über Konservierungsmittel. H. 15 der Entwürfe zu Verordnungen über Lebensmittel und Bedarfsgegenstände. Berlin: Julius Springer 1932.

[2] Vgl. hierzu die Ausführungen bei E. Rost: Gifte (und sonstige gesundheitlich bedenkliche Stoffe), Handbuch der Lebensmittelchemie, Bd. 1, S. 1116f.; ferner C. von Noorden u. H. Salomon: Handbuch der Ernährungslehre, Bd. 1, Allgemeine Diätetik, S. 677f. Berlin: Julius Springer 1920. — H. Trillich: Rösten und Röstwaren. 2. Aufl., S. 561. München: B. Heller 1934.

Muskulatur darauf an. Wenn diese Wirkungen unerwünscht sind, greift man zum coffeinfreien Kaffee, bei dem der Coffeinreiz praktisch ausgeschaltet ist.

Was die Einflußnahme des Coffeins auf das Herz und Gefäßsystem anlangt, so heben H. H. Meyer und R. Gottlieb[1] hervor: Erregung des Vasomotorenzentrums (z. B. Konstriktion der Arteriolen, Erhöhung des Blutdruckes), Erregung des herzhemmenden Vaguszentrums (Pulsverlangsamung), Erregung der peripheren beschleunigenden Herzganglien (Pulsbeschleunigung), Beeinflussung des Herzmuskels (Verkleinerung des Schlagvolumens und Verminderung des Blutdruckes), Erweiterung der Coronargefäße[2]. Diese eben erwähnten, teilweise einander entgegengesetzten Wirkungen sowie die Verschiedenheiten der Angriffspunkte und der Erregbarkeit geben eine zwanglose Erklärung für die zunächst auffällige, aber immer wieder gemachte Beobachtung, daß der Kaffee von Mensch zu Mensch, ja beim gleichen Menschen je nach Zustand, Disposition, Zeit usw., recht unterschiedliche Effekte zuwege bringen kann. Hinzu kommt, daß beim Erwachsenen auch die Gewöhnung eine beachtliche Rolle spielt.

Die weiterhin beim Kaffeegenuß von Coffein verursachte Anregung des Nervensystems ist eine allgemein bekannte Tatsache. Das Bedürfnis nach Ruhe und Schlaf wird zeitlich hinausgeschoben, Ermüdungsgefühle werden verscheucht, Auffassung, Vorstellungen, Gedankenassoziationen usw. erfahren Erleichterung und Antrieb. Als Kehrseite dieser oft gesuchten Wirkungen können bei Mißbrauch des Kaffees, insbesondere bei entsprechend veranlagten Personen, Schlaflosigkeit, Überbeanspruchung eines der Ausspannung bedürftigen Nervensystems, Überreizung und schließlich sogar nervöser Zusammenbruch auftreten.

Ob die hier besprochenen, am Zentralnervensystem angreifenden Wirkungen ausschließlich vom Coffein ausgehen, steht noch dahin. Gewisse Unstimmigkeiten zwischen dem Einfluß einer Coffeingabe und dem Kaffeegenuß haben, was pharmakologisch bisher allerdings noch nicht bewiesen ist, zu der Anschauung geführt, daß gewisse andere Stoffe (ätherisches Kaffeeöl, Röstprodukte) daran mitbeteiligt sind.

In der quergestreiften Muskulatur steigert das Coffein die Anspruchsfähigkeit, gleichzeitig aber auch die auf einen Reiz erfolgende Kraftentwicklung. Die Beeinflussung des Muskelsystems stellt damit gewissermaßen eine Ergänzung derjenigen des Nervensystems dar. Ob andere Bestandteile des Kaffees hier außerdem eine Rolle spielen, kann nicht schlüssig entschieden werden.

Die Nieren erhalten vom Kaffee her einen unmittelbaren diuretischen Reiz, der wiederum stark überwiegend vom Coffein ausgeht. Die Harnabscheidung wird beschleunigt, ohne daß damit eine Steigerung der Tagesmenge verbunden zu sein braucht. Diese Wirkung ist mit einer stärkeren Durchblutung der Nieren verknüpft.

Was schließlich die Magen- und Darmtätigkeit bzw. ihre Anregung durch Kaffee anlangt, so ist daran das Coffein, der Erfahrung entsprechend, nicht beteiligt.

Das Schicksal des Coffeins im Körper ist weitgehend bekannt. Es wird zum größten Teil innerhalb relativ kurzer Zeit abgebaut. Versuchstiere z. B. waren bei großen Einzelgaben oder auch bei oft wiederholten kleineren Gaben binnen 24—28 Stunden coffeinfrei. Der Stickstoff dieses abgebauten Anteils tritt im Harn als Harnstoff auf. Nur ein kleiner Teil des Coffeins geht unverändert in

[1] H. H. Meyer u. R. Gottlieb: Die experimentelle Pharmakologie als Grundlage der Arzneibehandlung, S. 391, 8. Aufl. Berlin-Wien: Urban & Schwarzenberg 1933.

[2] Nach dem heutigen Stand der pharmakologischen Erkenntnis sind die Röstprodukte des Kaffees sowie sein ätherisches Öl an der Beeinflussung des Herzens und der Gefäße höchstens nebensächlich beteiligt.

den Urin über; ein anderer wird entmethyliert, und zwar zu Dimethylxanthin, zu Monomethylxanthin oder bis zum methylfreien Xanthin. Eine kumulative Anreicherung des Coffeins im Organismus erfolgt nicht; höchstens vorübergehend findet man es in erhöhter Menge in der Leber.

Neben dem Coffein ist im Kaffee, wie früher erörtert, in beachtlicher Menge (etwa $^1/_3$ des Gehaltes an Coffein) ein zweites Alkaloid anwesend, das in der Pflanzenwelt weit verbreitete Trigonellin. Im biologischen Versuch ist festgestellt worden, daß besondere physiologische Wirkungen, vor allem eine Giftwirkung, von ihm nicht ausgehen und daß es den tierischen Organismus unverändert wieder verläßt[1]. Experimentell gestützte Erfahrungen, ob und welche Veränderungen sich an diesem Stoff beim Rösten vollziehen und ob die dabei gegebenenfalls entstehenden Umsetzungsprodukte physiologisch wirksam werden können, liegen bisher nicht vor.

Weiterhin muß hier an die Anwesenheit der im gerösteten Kaffee in Mengen von etwa 2,5—4% anwesenden, fast ausschließlich wohl im gebundenen Zustand vorliegenden Chlorogensäure gedacht werden. Diese Säure soll gewisse adstringierende Wirkungen auf die Schleimhäute des Mundes und des Magens und außerdem einen Einfluß auf die Eiweißverdauung ausüben. Ferner sagt man ihr nach, daß sie die „Bekömmlichkeit“ des Kaffeegetränkes für Menschen gewisser Veranlagung beeinträchtige. Gesicherte Erfahrungen liegen indes nicht vor, und auf Grund der in der Literatur noch recht gegensätzlich gegenüber stehenden Anschauungen[2] kann die Frage nach dem physiologischen Verhalten dieser Säure noch nicht endgültig beantwortet werden. Das gleiche gilt auch für die bei der Röstung aus der Chlorogensäure möglicherweise entstehenden Zersetzungsprodukte.

Schließlich ist in diesem Zusammenhange noch das Cholin zu erwähnen, das nach F. E. Nottbohm und K. Mayer, wie früher behandelt, in einem Santos-Kaffee in einer Menge von etwa 0,02% vorhanden war. Die von ihm ausgehende Anregung der Magen- und Darmperistaltik ist zwanglos mit der sich in dieser Richtung erstreckenden Wirkung des Kaffeegetränkes in Verbindung zu bringen.

Der vorstehend kurz besprochenen Einflußnahme des Coffeins[3] (und des Cholins) auf den Organismus gesellen sich beim Kaffeegetränk noch jene Wirkungen hinzu, die auf die beim trockenen Erhitzen gebildeten Röststoffe (Pyrogenerate) zurückzuführen sind. Diese Stoffgruppe tritt, wenn auch nach Art und Menge der beteiligten Komponenten sehr unterschiedlich zusammengesetzt, in allen Rösterzeugnissen auf, und die bei Kaffee sowie den Ersatz- und Zusatzstoffen beobachteten ähnlichen Wirkungen gehen im wesentlichen auf diese Grundlage zurück. Allerdings fällt es schwer, was bei der nur teilweise bekannten Vielheit der Röstprodukte — besser unterrichtet ist man bisher nur über die Zusammensetzung der flüchtigen Anteile (Röstaroma[4]) — nicht verwunderlich ist, eine Differenzierung dieser Stoffe nach den von ihnen ausgelösten Reizen vorzunehmen. Man vermag dies bloß in sehr wenigen Fällen; im übrigen lassen sich meist nur Vermutungen aussprechen.

An erster Stelle ist hier die von den „Caramelsubstanzen“ verursachte braune Farbe des Getränkes aus Rösterzeugnissen zu nennen, die sich in psychoreflektorischer Weise wohltuend auf den Organismus auswirkt. Auch der angenehm bittere Geschmack der Zubereitungen aus Kaffee sowie den Ersatz-

---

[1] E. Jahns: Arch. Pharmaz. 1887, **25**, 985.

[2] Vgl. z. B. M. Kochmann: Kann Chlorogensäure im Kaffee Giftwirkungen entfalten? Med. Welt **1934**, **8**, 577.

[3] Es dürfte auf Grund seines bitteren Geschmackes auch teilweise am Geschmack des Kaffees beteiligt sein.

[4] Siehe an entsprechenden früheren Stellen dieser Darstellung.

und Zusatzstoffen ist in seiner physiologischen Wirkung nicht gering anzuschlagen. Man führt diese Empfindung im wesentlichen wieder auf Caramelisierungsprodukte zurück, denen man den chemisch nicht definierten Sammelnamen „Röstbitter“ oder „Assamar“ verliehen hat. Welcher Stoff oder welche Stoffgruppe diese bittere Geschmackskomponente verursachen, ist nur lückenhaft bekannt. Mit ziemlicher Sicherheit ist aber anzunehmen, daß das beim Rösten aus Ketosen leicht entstehende, geruchlose, sehr stark bitter schmeckende Oxymethylfurfurol den Hauptträger des bitteren Geschmackes darstellt[1]. Beim Kaffee spielt hierbei sicher auch das bittere Coffein eine Rolle. Der von Haus aus in der Zichorie enthaltene bitter schmeckende Stoff („Intybin“; nach V. Grafe[2] ein Glucosid aus Fructose und einem Aldehyd vom Protocatechutypus) dürfte, da er infolge seiner relativ leichten Zersetzlichkeit beim Rösten im wesentlichen zerstört wird, für den bitteren Geschmack des Aufgusses weniger in Betracht kommen. Was schließlich das psychisch sich geltend machende Aroma der Rösterzeugnisse anlangt, so ist es, den früheren Ausführungen gemäß, sehr uneinheitlich und schwankt außerdem stark, je nachdem es sich um Kaffee, Zichorie, Malzkaffee, Feigenkaffee usw. handelt. Auf die Frage nach den Trägern des Aromas kann somit eine einfache Antwort nicht gegeben werden.

Hinsichtlich der Wirkungen der durch das Rösten entstandenen Produkte auf die Verdauungstätigkeit ist etwa folgendes festzustellen.

Kaffee ist ein Förderer der Magenverdauung: „Säurelocker“; vom Versuch am Hund weiß man seit langem, daß die Pepsinverdauung des Fleisches im Gegensatz zum Verhalten der alkoholischen Getränke nicht gestört wird. Daher ist der Genuß von Kaffee als Abschluß reichlicher Mahlzeiten bei allen Kulturvölkern eingebürgert. Was für Kaffee gilt, ist neuerdings auf Grund exakter Versuche von A. Bickel bzw. A. Bickel und F. Fleischer[3] auch für Roggen-, Gersten-, Malz- und Zichorienkaffee erwiesen worden. In Abhängigkeit von der Art des Getränkes aus Ersatzmitteln wurde eine mehr oder weniger starke Anregung der Magensaftabsonderung beobachtet, die im wesentlichen auf nervös-reflektorischem Wege zustande kommt. In Parallele dazu steht die beschleunigte Entleerung des Magens. Infuse aus gerösteter Zichorie sind wesentlich weniger wirksam als diejenigen aus geröstetem Kaffee oder gerösteten Zerealien. Die den letzteren Produkten eigene, den Tonus der glatten Darmmuskulatur steigernde Substanz ist in der gerösteten Zichorie nicht vorhanden: es macht den Eindruck, als ob dort sogar gewisse Hemmungsstoffe anwesend wären.

Es erhebt sich die Frage nach der Ursache dieses unterschiedlichen Verhaltens von Zichorie einerseits und Bohnen- bzw. Roggen-, Gersten-, Malzkaffee usw. anderseits. A. Bickel erblickt ihn im Gehalt an Eiweiß. Zichorie ist im Gegensatz zu den letzteren Produkten daran sehr arm. Nun ist bekannt, daß durch Hitze-Einwirkung bei vielen Lebensmitteln insbesondere aus Eiweiß[4] neue Stoffe gebildet werden, die bei parenteraler Zufuhr eine Magensaftabsonderung auslösen; man nennt sie Hitze-Sekretine. Unter diesen Stoffen dürfte das durch Decarboxylierung aus Histidin entstehende Histamin eine besondere Rolle spielen[5]. Auf diese Beobachtungen gründet A. Bickel[6] seine Meinung

---

[1] T. Reichstein u. H. Beitter: Ber. Deutsch. Chem. Ges. 1930, **63**, 816.

[2] V. Grafe: Biochem. Zeitschr. 1915, **68**, 1.

[3] A. Bickel u. F. Fleischer: Arch. Verdauungskrankheiten 1929, **46**, 1; 1929, **46**, 298; vgl. auch S. Schimmel, M. Dye u. C. S. Robinson: **Z.** 1929, **57**, 576.

[4] Vgl. A. Bickel u. C. van Eweyk: Sitzgsber. Preuß. Akad. Wiss., Berlin, 7. April 1921; zit. nach Biochem. Zeitschr. 1929, **199**, 434.

[5] C. van Eweyk u. M. Tennenbaum: Biochem. Zeitschr. 1921, **125**, 238, 246; vgl. auch Feldberg u. E. Schilf: Histamin und histaminähnliche Körper. Berlin: Julius Springer 1929.

[6] A. Bickel: Zeitschr. Volksernährung 1934, **9**, 1.

dahingehend, daß beim Rösten von Kaffee, Getreide oder sonstigen Ersatzstoffen aus den Eiweißstoffen Zerfallsprodukte gebildet werden, darunter in wenn auch sehr geringer Menge das höchst wirksame Histamin. Dieses ist nicht nur ein kräftiger humoral-chemischer Erreger der wichtigsten Verdauungsdrüsen, sondern es steigert auch den Tonus der glatten Muskulatur des Magen-Darmkanals, der Blutgefäße und anderer Organe.

Hat man so im Histamin aller Wahrscheinlichkeit nach einen der durch Röstung entstandenen wirksamen Stoffe mit gleichzeitiger Erkennung der von ihm ausgehenden Reize aufgeklärt, so liegen die Verhältnisse hinsichtlich der Bestandteile des Aromas noch sehr verwickelt. Über die physiologisch-pharmakologische Wirkung der darin vorhandenen, sicher nur teilweise bekannten Komponenten ist etwas Sicheres kaum auszusagen; im Schrifttum bestehen in dieser Beziehung noch erhebliche Lücken und Widersprüche. Noch weniger bekannt ist über die in den Rösterzeugnissen enthaltenen nicht flüchtigen Verbindungen. So viel aber kann gesagt werden, daß nämlich im Kaffee sowie in den von uns gebrauchten Ersatz- und Zusatzstoffen sonstige irgendwie giftige oder schädliche Bestandteile auf Grund der Erfahrung sowie eingehender Untersuchungen nicht vorhanden sind. Insbesondere ist auch eine früher öfter behauptete nachteilige Wirkung, die auf den relativ hohen Kaliumgehalt der Röstprodukte ganz allgemein zurückgehen soll, als nicht bestehend zurückzuweisen; Kalium ist, wie sicher festgestellt, bei peroraler Einverleibung im weiten Ausmaße ungiftig.

Erwähnt sei hier kurz, daß hinsichtlich der charakteristischen physiologischen Wirkung des Eichelkaffees Zweifel nicht bestehen. Es ist sein 4—6% betragender Gehalt an Gerbstoff, der diesem Erzeugnis bei der Behebung von diarrhöischen Zuständen den Ruf eines sehr gut wirkenden Mittels eingetragen hat. Schließlich sei auf die ernährungsphysiologisch interessante und wichtige Tatsache hingewiesen, daß bei Mischungen von Milch mit Wasser, Bohnenkaffee und Malzkaffee die Flockung des Eiweißes hinsichtlich der Feinheit in der Richtung vom Wasser über den Kaffee zum Malzkaffee in sehr starkem Maße zunimmt. Das Eiweißgerinnsel aus Malzkaffee erwies sich, wie zu erwarten war (größte Oberflächenentwicklung), im Tierversuch als am leichtesten verdaulich. Diese Beobachtungen sind experimentell von verschiedener Seite erhärtet worden[1].

Buch-Literatur.

K. von Buchka: Das Lebensmittelgewerbe, Bd. 1. Leipzig: Akademische Verlagsgesellschaft 1914. — Entwürfe zu Festsetzungen über Lebensmittel. H. 5: Kaffee; H. 6: Kaffee-Ersatzstoffe. Herausgeg. vom Kaiserlichen Gesundheitsamt. Berlin: Julius Springer 1915. — Möller-Griebel: Mikroskopie der Nahrungs- und Genußmittel aus dem Pflanzenreich, 3. Aufl. Berlin: Julius Springer 1928. — E. Müller: Kaffee und Rösten. Hamburg: Kateka-Verlag 1929. — H. Trillich: Rösten und Röstwaren, 2. Aufl. München: B. Heller 1934.

[1] Vgl. z. B. E. Heide u. E. Schilf: Biochem. Zeitschr. 1929, **213**, 190.

Tee, Tee-Ersatz, Mate und Colanuß.

Allgemeiner und chemischer Teil

von

Professor Dr. J. Tillmans und Dr. R. Strohecker-Frankfurt a. M.

Mit 2 Abbildungen.

I. Tee.

Begriffsbestimmung. Unter der Bezeichnung „Tee“ in handelsüblichem Sinne versteht man die in besonderer Weise gerollten und fermentierten Blattknospen und jungen Blätter des in verschiedenen Ländern kultivierten Teestrauches (Thea sinensis), sowie einiger Abarten, in erster Linie von Thea assamica; der Teestrauch ist den bei uns bekannten Kamelienarten verwandt.

Der Name „Thea“ war schon vor über 300 Jahren in Europa bekannt. Als botanische Bezeichnung gelangte er erst durch Kämpfer (1712) und Linne (1763) zur Einführung. In China war wahrscheinlich der Tee schon um 300 v. Chr., in Japan um 800 v. Chr. bekannt. Erwähnt wird der Teestrauch schon in einem alten chinesischen Werke aus der Zeit um 2700 v. Chr. Als Handelsbezeichnung für die bearbeiteten Teeblätter gilt im größten Teile Chinas die Bezeichnung „Tscha“ oder „Tschia“, in Südchina die Bezeichnung „Tia“, „Tai“, oder „Ta“. Diese Worte sind in die Sprachen der anderen Völker verändert übernommen worden.

Teekultur. Der Teestrauch (Thea sinensis), wie auch seine Abart, Thea assamica, sind immergrüne Gewächse. Thea sinensis ist ein Strauch, der selbst in wildem Zustande nicht höher als 3—4 m wird, während Thea assamica in manchen Gegenden in wildwachsendem Zustand Höhen von 8—15 m, nach einer Angabe sogar 30 m erreicht. In den Pflanzungen, in denen der Teestrauch kultiviert wird, läßt man ihn nicht über 90 cm groß werden. Die Blätter dieses Strauches sind dunkelgrün gefärbt, sie stehen abwechselnd wechselständig an den Trieben. Frische Teeblätter sind geruchlos. Die Blätter beider Arten sind etwas voneinander verschieden; diejenigen von Thea sinensis sind lanzettlich-oval, sie werden höchstens 12 cm lang. Die seitlichen Adern bilden mit der Mittelrippe einen Winkel von 50—60^0. Die Blätter von Thea assamica sind oval, sie werden bis 25 cm lang, die Seitennerven bilden hier mit der Mittelrippe gewöhnlich einen Winkel von 70^0. Die Blüten entwickeln sich in den Blattachsen der äußeren Zweige. Sie sind weiß bis schwachrosa. In gemäßigten Zonen gedeiht der Assamtee weniger gut als der chinesische. Vielfach werden Kreuzungen der beiden Teearten beobachtet. Die Frage, ob als Urpflanze des Teestrauches Thea assamica oder Thea sinensis anzusehen ist, ist noch unentschieden. Meist gilt der Assamtee als Ursprung.

Während man früher den Teestrauch für ein subtropisches Gewächs hielt, haben Versuche gezeigt, daß der Tee auch in tropischen Gegenden, sowohl im Tiefland, wie auch in der Höhenlage gut gedeiht, wenn auch das Aroma des daraus gewonnenen Handelsproduktes etwas geringer ist als das Aroma des in den Subtropen gewachsenen Tees. Über die Wachstumsbedingungen der Teekultur berichtet E. UNGER[1] eingehend. Der Teestrauch ist sehr anpassungsfähig. Er verträgt sogar Temperaturen bis — 4°. Bei genügender Feuchtigkeit bedingen sehr hohe Temperaturen ein gutes Gedeihen.

Gewöhnlich wird der Teestrauch nicht aus Setzlingen, sondern aus Samen gezogen. Von größter Bedeutung für die Teekultur ist das Beschneiden des Teestrauches, wodurch nicht nur die Qualität der Ware erhöht, sondern auch das Pflücken erleichtert werden soll. Der Teestrauch wird derart beschnitten, daß er allmählich eine tellerförmige Oberfläche erhält, die schon im zweiten Jahr eine geringe Ernte gestattet. Im dritten Jahre wird mit dem regelmäßigen Pflücken begonnen. In China und Japan werden 3—4mal im Jahre die jungen Blätter und Blattknospen, und zwar in Abständen von 6 Wochen, beginnend im März—April, kurz vor der Regenperiode, abgepflückt. Das Pflücken hat besonders sorgfältig zu geschehen, damit keine Beschädigungen auftreten. Die im Mai stattfindende zweite Ernte ist die Haupternte. Es folgt dann mitunter im Juli noch eine dritte Ernte, die jedoch ein qualitativ geringeres Produkt liefert. In sehr günstig gelegenen Gebieten schließt sich mitunter noch eine vierte Ernte an, deren Qualität jedoch noch geringer ist.

In Indien, Ceylon und Java, wo ein verhältnismäßig gleichmäßiges Tropenklima herrscht, pflückt man mit wenigen Ausnahmen das ganze Jahr hindurch in Abständen von etwa 14 Tagen, wodurch sich natürlich die Zahl der Ernten stark erhöht. Das Pflücken selbst übernehmen meist Frauen und Mädchen, die in China und Japan Tagesleistungen von 7—8 kg, in Indien und Java Tagesleistungen von 15—25 kg und mehr aufweisen.

Man bezeichnet die Blattknospe mit dem ersten Blatt des Triebes als Flowery-pekoe. Der daraus bereitete Tee ist neben dem aus dem zweiten Blatt gewonnenen Produkt, das als Orange-pekoe bezeichnet wird, der feinste Tee. Das nun folgende dritte Blatt liefert den an Qualität geringeren Pekoe, das vierte und fünfte Blatt den abermals geringeren Souchong I bzw. II. Die genannten Qualitäten gelten relativ für jede Teekultur. Die Blattknospe ist stets mit einem feinen seidigen Haarüberzug bedeckt, wovon die Bezeichnung Pekoe herrührt, die sich von dem Wort Pek-han, d. h. weißes Haar, ableitet. Souchong bedeutet kleine Pflanze. Das sechste Blatt liefert den Kongotee oder Couchontee. Im dritten Jahr liefert der Teestrauch etwa 240 g, im fünften und sechsten Jahre etwa 800 g Ertrag, der im achten und neunten Jahr einen Höhepunkt erreicht.

Gewinnung der Handelsware.

Die frisch gepflückte Ware wird nach verschiedenen Verfahren aufbereitet. Während man sich in China und Japan noch primitiver Methoden bedient, hat man in den von Europäern geleiteten Pflanzungen in Indien und Java mit Hilfe von Maschinen rationellere Methoden ausgearbeitet.

Die chinesischen und japanischen Aufbereitungsverfahren. Man unterscheidet bei diesen Verfahren die Herstellung des grünen, des schwarzen, des gelben und des roten Tees. Die beiden zuletzt genannten Sorten spielen nur eine untergeordnete Rolle. Zur Herstellung des grünen Tees, der vor allem in China und Japan gewonnen wird, werden die Blätter sofort nach dem Pflücken auf Matten über siedendem Wasser oder im eigenen Safte zum Erhitzen in eisernen Pfannen gedämpft. Hierbei wird die grüne Farbe erhalten. Der grüne Farbstoff rührt angeblich von gerbsauren Eisensalzen her. Nach anderer Anschauung rührt

---

[1] E. UNGER: Der Tee. Hamburg: Kirchner, Fischer & Co. 1932.

die grüne Farbe vom Chlorophyll her, das durch die besondere Behandlungsweise im grünen Tee erhalten bleibt. Sobald der charakteristische Teegeruch auftritt, breitet man die biegsamen Blätter auf Strohmatten oder Tischen in der Sonne aus, wo sie mit der Hand gerollt werden und zwar so lange, bis die Feuchtigkeit fast ganz verschwunden ist. Darauf folgt das Rösten in einer Pfanne, das so lange zu erfolgen hat, bis die Masse dunkelolivgrün geworden ist. Nunmehr werden die einzelnen Qualitäten gesichtet. Der grüne Tee wird in China mitunter durch Kreide und andere Stoffe in bestimmter Weise getönt. Das Optimum der Trocknungstemperatur liegt nach S. SAWAMURA[1] bei 70°.

Die überwiegende Menge des Tees wird auf schwarzen Tee verarbeitet. Das geschieht in der Weise, daß man die Blätter zwölf verschiedenen Operationen unterwirft. Über Nacht läßt man die Blätter welken, in offenen Schuppen kühlt man sie dann mittels Luftzug ab, bis sich ein schwacher Teegeruch entwickelt. Man schichtet jetzt die Blätter in Haufen oder Körben zusammen, bedeckt mit dichten Decken und überläßt der Fermentation. Nach 2—3 Stunden wird dann in ähnlicher Weise geröstet und gerollt wie beim grünen Tee, nur in etwas langsamerem Tempo. Nach dem ersten Rollen bleiben die Blätter einige Stunden auf Matten liegen, um noch ein- oder zweimal geröstet zu werden, bis schließlich kein Saft mehr austritt. Man dörrt dann über Kohlenfeuer, bis die Masse spröde ist, sichtet, sortiert und verpackt.

Vielfach wird in China der grüne Tee parfümiert. Man verwendet hierzu in erster Linie Blüten von Olea fragrans, ferner von Gardenia florida, Orangenblüten, Rosenblüten, Nelken, Jasmin, Samen von Sternanis, Magnolienblüten usw. Auch in Japan wird mitunter parfümiert. Das Parfümieren geschieht in der Weise, daß man die duftspendenden Substanzen in zerkleinertem Zustand 24 Stunden lang in geschlossenen Gefäßen auf den Tee einwirken läßt. Mitunter werden auch die wohlriechenden Pflanzen bzw. Blüten zwischen den Tee oder auf den Boden der Versandkisten gelegt.

Die modernen Gewinnungsverfahren in Britisch- und Holländisch-Indien. Die vorher beschriebenen Aufbereitungsverfahren sind in Indien, Ceylon und Java erheblich vereinfacht worden. Man hat dabei die ganze Aufbereitung auf vier Arbeitsgänge beschränkt, und zwar auf das Welken, das Rollen der Blätter, das Fermentieren und das Trocknen. Zum Welken breitet man die frisch gepflückten Teeblätter auf langen, aus Drahtgeflecht bestehenden Trockengestellen in dünner Schicht aus und überläßt die Masse etwa 18 Stunden bei 25—35° sich selbst. In besonderen Welktrommeln leitet man dann einen vorher erwärmten Luftstrom über die Masse und bringt sie dann in den „Roller“, in dem die Blätter maschinell ohne Zutun der Hand gerollt werden. Neben dem Rollen des Tees bezweckt man durch diese Manipulation ein Zerbrechen der Zellwandungen, wodurch die nach dem Rollen einsetzende Fermentation begünstigt wird. Zum Rollen einer Beschickung benötigt man etwa 20—30 Minuten. Die gerollten Blätter werden sogleich in den Fermentationsraum bei 35—40° in Lagen von 4—15 cm aufgeschichtet. Der Fermentationsvorgang ist jetzt genau zu beachten. Er muß unterbrochen werden, wenn die Blätter eine kupferrote Farbe angenommen haben, was mitunter nach 20—40 Minuten, mitunter nach 2—8 Stunden der Fall ist. Bei der Fermentation entwickelt sich unter Ausscheidung einer klebrigen in Wasser unslöslichen Substanz das Teearoma[2]. In einem automatischen Trockenapparat wird dann die Masse getrocknet, wobei sie eine graubraune bis schwarze Farbe annimmt, anschließend wird sie sortiert, durch Schneide- und Siebmaschinen geleitet und schließlich nach

[1] S. SAWAMURA: Z. 1916, **32**, 436.
[2] A. SCHULTE IM HOFE: Z. 1914, **27**, 209.

Prüfung durch den sog. „Tea-Taster“ zur Verpackung gebracht. Nach S. SAWAMURA [1] erreicht die Trocknungstemperatur bei schwarzem Tee ihr Optimum bei 80°.

Die Bereitung des gelben Tees, auch Blumentee genannt, unterscheidet sich von der des grünen Tees nur dadurch, daß nicht an der Sonne, sondern im Schatten getrocknet wird. Roter Tee, der als zweite Sorte der ersten Lesen gewonnen wird, wird in ähnlicher Weise bereitet wie der schwarze Tee, nur verwendet man hierzu nicht die jungen, sondern die ausgewachsenen Blätter des Teestrauches.

Handelssorten.

a) Chinesischer Tee. Bei grünem chinesischem Tee unterscheidet man sechs Hauptsorten nach den Produktionsgebieten: Moyune, Tenke, Tychow, Taiping, Pingsuey und Kanton. Diese Sorten werden untergeteilt in gun-powder-Tee (Schießpulvertee), der aus kleinen Kugeln besteht, chottscha (Perltee), Blütentee (Imperialtee), hyson-Tee, d. h. Frühlingstee, er stellt die beste Sorte des grünen Tees dar, und twanky oder hysonskin, der als Ausschußtee anzusprechen ist.

Bei schwarzem chinesischem Tee unterscheidet man zwei Hauptgruppen: oolong (= schwarzer Drache) und bohea-Tee. Man teilt den olong-Tee, entsprechend der Herkunft in verschiedene Untergruppen ein, wie Formosa-oolong, Amoy-oolong usw. Bei dem bohea-Tee wählt man für die Untergruppen die schon weiter oben angeführten Bezeichnungen pekoe-flowery, orange-pekoe, pekoe, souchong I und II. Dazu tritt noch der Name der betreffenden Ausfuhrhäfen.

b) Japanischer Tee. Die beste Teesorte wird als sen-cha, hiki-cha oder Pulvertee bezeichnet. Ihm kommt der sog. Perltee oder giyorka nahe. Beide Sorten gelangen nicht zur Ausfuhr. Ausgeführt werden sen-cha-Tee und der geringere ban-cha-Tee. Mitunter werden auch Bezeichnungen gewählt, die auf die Herstellung Bezug haben, wie basket-fired oder pan-fired.

c) Indischer Tee. In Indien gelten im großen und ganzen dieselben Bezeichnungen, wie sie für die Untergruppen des bohea-Tees in China angeführt wurden, wenn sich auch die Sorten nicht vollständig decken. Während orange-pekoe in China beduftet wird, wird er in Indien nicht parfümiert. Blattbruchstücke bezeichnet man als „fannings“, Staub und Abfall als „dust“. Für Ceylon und Java gelten die gleichen Bezeichnungen.

d) Backstein- oder Ziegeltee. Als Backstein- oder Ziegeltee wird in Mittelasien ein Produkt bezeichnet, das aus lederartigen Teeblättern, Stielen, Teestaub, wildwachsendem Tee und sonstigem Teeabfall gewonnen wird. Die genannten Rohstoffe werden nach kurzem Dämpfen in Holzformen von quadratischer oder länglicher Ziegelform eingepreßt. Als Bindemittel dient Reiswasser. Die einzelnen Stücke werden mit chinesischen oder russischen Schriftzeichen versehen. Ziegeltee gilt in Sibirien als Geldverkehrsmittel. Man verwendet ihn sowohl zur Bereitung eines Aufgusses, wie auch als Gemüse.

Erwähnt seien hier zwei weitere Teesorten: Bruchtee und Lügentee (lie-tea). Bruchtee besteht aus Bruchstücken der Teesorten, die durch Absieben oder Aussuchen erhalten worden sind; in viereckige Stücke gepreßt heißt der Tee „Würfeltee“. Lügentee soll angeblich aus dem Staub der Teespitzen, Teebruch und den gepulverten Abfällen des Tees bestehen.

e) Teeblumen. Neuerdings werden getrocknete Teeblütenknospen [2], die einige Tage vor dem Öffnen der Blüten gepflückt sind, unter der Bezeichnung „Teeblumen“ in den Handel gebracht. Der aus Teeblumen hergestellte Aufguß weist in Geruch und Geschmack Teearoma auf, das im übrigen jedoch von dem des normalen Tees etwas abweicht. Fraglich ist, ob die Bezeichnung „Teeblüten“ für ein derartiges Produkt, unter der es auch im Handel erscheint, zulässig ist, da man bisher unter diesem Namen die feinbehaarten Blattspitzen des Tees verstanden hat, die eine besonders feine Qualität darstellen.

Verfälschungen und Verunreinigungen des Tees.

Als Verfälschungen oder Verunreinigungen des Tees sind anzusprechen:

1. Die Unterschiebung geringwertigerer Sorten unter unrichtiger Bezeichnung, z. B. die Bezeichnung Pekoe für Souchongtee.

2. Beimengung minderwertiger Bestandteile, z. B. von Teestengeln in übermäßigen Beimischungen. Zwar enthalten nach H. KREIS [3] fast alle Teesorten

[1] S. SAWAMURA: Zit. S. 112. [2] RUFI: **Z.** 1912, **24**, 278. [3] H. KREIS: **Z.** 1911, **22**, 532.

Stiele, es wurden von ihm Schwankungen von 2,6—21,8% festgestellt, doch ist zweifellos ein übermäßiger Stielgehalt als Verfälschung anzusprechen. Nach A. BESSON[1] enthielten von 43 Proben chinesischen Tees keine über 17,5% Stengel. Bei Ceylon und Indischem Tee wurden von diesem Forscher beträchtliche Unterschiede im Stielgehalt wahrgenommen, keineswegs wurde aber eine Abhängigkeit des Stengelgehaltes vom Preis oder der Qualität beobachtet. Nach T. F. HANAUSEK[2] zeichnen sich Stengeltees durch faden Geschmack und auffallend rote Färbung aus. Von den Teestengeln sind die Blattrippen zu unterscheiden, letztere erkennt man daran, daß sie sich beim Aufquellen in heißem Wasser entfalten, so daß sie deutlich als Blattrippen mit anhaftenden Blattresten erkannt werden können. Rippentee ist nicht als Stengeltee anzusprechen. Er liefert im Gegensatz zu diesem oft ein recht aromatisches Produkt. Ob die genannten Autoren streng zwischen Stengeltee oder Rippentee unterschieden haben, ist nicht ersichtlich. Nach A. BESSON sind die grünen Zweigteile, in denen die Blätter sitzen, als Stengel aufzufassen.

3. Die Herstellung von Tee aus Teeabfällen unter Verwendung von Klebemitteln als Bindesubstanz. In diesem Sinne ist auch z. B. der Ziegeltee, bei dessen Herstellung Abfälle mit Klebemittel verkittet werden, als Fälschung anzusprechen.

4. Der Zusatz von gebrauchten Teeblättern zu normalem Tee.

5. Beimengung von Tee-Ersatzstoffen[3]. Als solche kommen z. B. in Frage: Blätter von Paraguaytee, der kaporische Tee, der aus Blättern von Epilobium angustifolium (Weidenröschen), Spiraea ulmaria und den jungen Laubblättern von Sorbus aucuparia, daneben aus gebrauchten Teeblättern besteht, ferner die Blätter der Erdbeere (Fragaria vesca), der Esche (Fraxinus excelsior), Himbeerblätter, Brombeerblätter, Heidelbeerblätter, Preißelbeerblätter und ähnliche Arten.

6. Die Beschwerung von normalem Tee mit Gips, Ton, Schwerspat u. dgl. und

7. schließlich die Auffärbung des Tees. Als Farbstoffe sollen verwendet werden: Berliner Blau[4], Caramel, Campecheholz, Curcuma, Kohle, Graphit und ähnliche Stoffe, bei grünem Tee werden einzelne Farbstoffe mitunter in Verbindung mit Gips verwendet.

Zusammensetzung des Tees.

Die Zusammensetzung des Tees ist in enger Verbindung mit der Fermentation zu behandeln. Allgemein kann man sagen, daß sich die Zusammensetzung des Tees mit dem Alter der Teeblätter und den Gewinnungsarten ändert. Daher unterliegt sie großen Schwankungen.

An Bestandteilen wurden neben Wasser Protein, Coffein, ätherischem Öl, Fett, Gerbstoffen, Rohfaser, Pflanzengummi, Dextrinen, Pentosanen und Mineralstoffen noch eine Reihe anderer Stoffe in kleinen Mengen festgestellt. Vor allem sind zu erwähnen: Theophyllin (Dimethylxanthin), Methylxanthin, Adenin, Aminopurin, Chlorophyll, Xanthophyll, Carotin[5], Wachse, Spuren von Rohrzucker und Fructose, Quercitrin[6], ein Glucosid des Quercetins (Pentaoxyflavon), und schließlich Enzyme. Von H. O. CALVERY wurde ferner aus Teeblättern Adeninnucleotid[7], Guaninucleotid und Cytosinnucleotid[8] dargestellt. Aus nach-

[1] A. BESSON: Z. 1912, **24**, 477; vgl. auch I. I. B. DEUSS: Z. 1923, **45**, 128.
[2] T. F. HANAUSEK: Z. 1916, **32**, 204.
[3] Vgl. S. 133f.
[4] F. WEST: Z. 1916, **32**, 436; 1913, **26**, 679. — G. W. KNIGHT: Z. 1917, **33**, 93.
[5] R. YAMAMOTO u. T. MURAOKA: Chem. Zentralbl. 1933, **104**, I, 441.
[6] J. J. B. DEUSS: Z. 1925, **49**, 394. [7] H. O. CALVERY: Z. 1930, **59**, 435.
[8] H. O. CALVERY: Z. 1931, **61**, 368.

stehenden Tabellen ergeben sich die Mittelwerte der Hauptbestandteile und ihre Schwankungen. Tabelle 1 stellt eine Zusammenstellung von etwa 160 Analysen dar, Tabelle 2 bringt einige neuere Analysen.

Tabelle 1. Nach etwa 160 älteren Analysen.

Gehalt	Wasser	In der Trockensubstanz										
		Stickstoffsubstanz	Coffein	Ätherisches Öl	Fett, Wachs, Chlorophyll	Dextrine, Gummi	Gerbsäure	Pentosane	Rohfaser	Asche	In Wasser löslich	
											Gesamt	Asche
	%	%	%	%	%	%	%	%	%	%	%	%
Niedrigster	4,0	20,0	1,2	0,5	4,0	0,5	5,0	—	9,5	4,5	30,0	1,7
Höchster	12,0	42,0	5,0	1,1	16,5	11,0	27,5	—	17,0	8,7	55,0	5,5
Mittlerer:												
grüner Tee	8,5	26,3	3,1	0,7	9,0	—	17,2	6,1	11,6	5,7	42,7	3,2
schwarzer Tee	—	—	—	—	—	—	12,0	—	—	5,6	35,0	3,0

Tabelle 2. Nach neueren Analysen[1].

Bezeichnung	Wasser	Stickstoff	Coffein	Ätherextrakt	Gerbsäure (Tannin)	Rohfaser	Asche	In Salzsäure unlösliche Asche	Heißwasserextrakt
	%	%	%	%	%	%	%	%	%
Rein Java	8,09	3,74	2,96	1,19	7,88	9,72	5,53	0,01	41,30
Rein China, schwarz	8,18	3,56	2,49	1,28	5,17	9,78	5,60	0,28	38,60
Rein Ceylon	8,06	4,16	3,23	1,71	9,28	9,05	5,27	0,13	40,10
Rein Indien	8,24	4,02	3,44	1,51	7,97	10,08	5,83	0,19	39,20
Mischtees	7,48	3,66	2,83	1,36	7,44	4,08	4,97	0,03	38,10
	8,66	4,17	3,49	2,70	11,38	11,16	5,78	0,54	41,10

Allgemein kann man sagen, daß Wasser, Stickstoffsubstanz und Coffeingehalt im Laufe der Entwicklung des Teeblattes abnehmen, während Ätherextrakt und Rohfasergehalt zunehmen. Bezüglich des Gerbstoffgehaltes gibt S. Sawamura[2] an, daß auch hier bei fortschreitender Entwicklung eine Zunahme des Gerbstoffes stattfindet. Im Gegensatz hierzu stellte aber A. Schulte im Hofe[3] fest, daß der Gerbstoffgehalt der jungen Blätter größer ist als der der älteren. Während z. B. die Knospe mit dem ersten Blatt 12% Gerbstoff enthielt, wies das zweite Blatt 8,5, das dritte Blatt nur 8% auf. Was nun die Abhängigkeit von der Gewinnung angeht, so wurde gefunden, daß der Gerbstoffgehalt beim Rollen des Tees, das vor allem bezweckt, die löslichen Stoffe zu vermehren (Zerstörung der Zellen und damit Austreten des Saftes), zunimmt, bei dem anschließenden Fermentationsprozeß jedoch wieder, und zwar erheblich, abnimmt.

Im übrigen ändert sich auch der Gerbstoffgehalt mit der Höhenlage, in der die betreffenden Teepflanzen gewachsen sind. Blätter aus höheren Lagen weisen höheren Gerbstoffgehalt auf als Blätter niedrigerer Lagen. A. Schulte im Hofe stellt hierbei fest, daß die Teesorte um so wertvoller ist, je gerbstoffreicher die Blätter sind. C. Hartwich und Du Pasquier[4] nehmen an, daß der größte Teil des Gerbstoffes bei der Fermentation hydrolytisch gespalten wird, was an der bei der Gärung auftretenden kupferroten, auf Phlobaphen zurückzuführenden Färbung zu erkennen ist. Der Gerbstoffgehalt ging unter

[1] **Z.** 1930, **59**, 435. [2] S. Sawamura: **Z.** 1909, **18**, 619.
[3] A. Schulte im Hofe: **Z.** 1914, **27**, 209.
[4] C. Hartwich u. P. A. Du Pasquier: **Z.** 1910, **20**, 100.

anderem in Blättern von Pavia von 29,7 auf 12,59% zurück. In anderen Gegenden nahm der Gerbstoffgehalt von 24,5 auf 8,04% ab. Der Gerbstoffrückgang ist insofern von Bedeutung, als hierdurch der stark herbe Geschmack gemildert wird. Da, wie später gezeigt wird, Coffein zum größten Teil gebunden, und zwar an Gerbstoff gebunden ist, wird durch die Abspaltung des Gerbstoffes Coffein frei und der größte Teil des unzersetzten Gerbstoffcoffeins wird darauf durch Enzyme gespalten. Die freie Gerbstoffverbindung, die ja im Laufe der Behandlung abnimmt, wird darauf nicht durch Bakterien, sondern durch den Sauerstoff der Luft, unter Mitwirkung von Enzymen zersetzt.

Im einzelnen ist über Coffein noch folgendes zu sagen: Das Coffein des Tees wurde früher als Tein bezeichnet, bis man erkannte, daß beide Körper identisch sind. Es wird angenommen, daß das Coffein im frischen Tee an Gerbsäure gebunden vorliegt (s. oben). Nur ein geringer Teil befindet sich in freiem Zustand, was aus nachstehender Tabelle, die gleichfalls die Veränderungen des Wasser- und Gerbstoffgehaltes während der Gewinnung zeigt, hervorgeht.

Tabelle 3. Veränderungen des Tees im Laufe der Bearbeitung.

Zeit der Bestimmung		Wasser %	Gerbstoff %	Freies Coffein %	Gebundenes Coffein %	Gesamtcoffein %
Tee aus Pavia	sofort nach dem Pflücken	75,26	29,70	0,58	3,66	4,24
	nach dem Welken	43,64	—	1,55	2,68	4,23
	nach dem Rollen	38,25	23,17	2,69	1,82	4,51
	nach $2^1/_2$stündiger Fermentation	35,57	17,26	2,72	1,39	4,11
	nach $3^1/_2$stündiger Fermentation	22,19	14,96	2,57	1,68	4,25
	nach dem Rösten (fertiger Tee)	9,67	12,59	3,20	1,07	4,27
Tee von Isola Madre	sofort nach dem Pflücken	73,55	24,55	0,61	3,88	4,49
	nach 4stündiger Fermentation	32,96	21,00	3,87	0,54	4,41
	nach dem Rösten	8,9	8,04	—	—	4,52

Während also in frisch gepflückten Blättern Coffein fast nur in gebundenem Zustand vorliegt, geht es erst beim Welken, Fermentieren und Rösten unter Gerbstoffspaltung in den freien Zustand über.

Das gerbsaure Coffein ist in kaltem Wasser schwerer löslich als in warmem Wasser. Hieraus dürfte sich die Hautbildung beim Kaltwerden der Teeaufgüsse erklären. Der Coffeingehalt unterliegt in den verschiedenen Sorten starken Schwankungen. Er kann nicht als Gradmesser für die Güte eines Tees herangezogen werden. So wurden z. B. in Tee guter Qualität wesentlich geringere Coffeingehalte als in dem minderwertigeren Ziegeltee angetroffen.

Was die Verbreitung des Coffeins in der Teepflanze angeht, so wurde es in allen oberirdischen Teilen der Pflanze mit Ausnahme der Holzteile der Stengel angetroffen, nicht dagegen in den Wurzeln. HARTWICH und DU PASQUIER [1] fanden in chinesischem Tee durchschnittlich 3,1% Coffein, im japanischen Tee schwankten die Gehalte zwischen 1,34 und 3,17%, bei Ceylontee zwischen 3,68 und 4,32%. Blütenknospentee enthielt 1,17% und 1,25%. Nach I. I. B. DEUSS [2] betrug der Coffeingehalt in Javatee nie unter 3%.

Neben Coffein liegen im Tee, allerdings in wesentlich geringerer Menge, noch eine Reihe anderer Alkaloide vor, so das dem Theobromin isomere Theophyllin (Dimethylxanthin), Methylxanthin, Adenin (Aminopurin). Die anregende Wirkung verdankt der Tee dem Coffeingehalt (vgl. Bd. I, S. 245).

[1] C. HARTWICH u. P. A. DU PASQUIER: Zit. S. 168.
[2] I. I. B. DEUSS: **Z.** 1920, **39**, 311.

Für den Geschmack des Tees ist abgesehen vom ätherischen Öl der Gehalt an Gerbstoff von ausschlaggebender Bedeutung. Über seine Konstitution herrscht bisher noch keine völlige Klarheit. STRECKER nimmt für ihn die Formel $C_{27}H_{22}O_{17}$, HLASIWETZ die Formel $C_{14}H_{10}O_9$, und NANNINGA die Formel $C_{20}H_{16}O_9$ an. I. I. B. DEUSS[1] fand in getrockneten frischen Teeblättern einen Gerbstoff vom Molekulargewicht 404, dem die Formel $C_{20}H_{20}O_9$ zukommt. Es handelt sich hierbei um einen sehr oxydablen Körper, der beim Kochen mit verdünnter Schwefelsäure in Gerbstoffrot übergeht. NANNINGA[2] fand durch Extraktion mit Essigäther und anschließender Reinigung einen adstringierend schmeckenden Körper, der Eisenchlorid blau färbt und ein α_D von — 177,3° aufwies. M. TSUJIMURA[3] stellte aus Tee zwei Catechine dar, das Teecatechin und das Teetannin. Ersteres zeigt große Ähnlichkeit mit dem l-Epicatechin (s. Bd. I, S. 520). Es krystallisiert jedoch ohne Wasser. Einzelheiten finden sich Bd. I, S. 563. Teetannin sieht M. TSUJIMURA als Gallusester des Teecatechins an. Teetannin wird aus grünem Tee hergestellt. Dieser Körper stellt ein farbloses amorphes Pulver dar, das leicht an der Luft rotbraun wird (Phlobaphenbildung). Es geht beim Kochen mit 5%iger Schwefelsäure unter Abspaltung einer rotbraunen Substanz in Gallussäure über. Nach dem Erhitzen mit 50%iger Kalilauge auf 180° geht die rotbraune Substanz in Phloroglucin über. I. I. B. DEUSS[4] rechnet den Teegerbstoff zu den „kondensierten Gerbstoffen", die durch Fermente nicht angegriffen werden. Derselbe Verfasser hält das Gerbstoffrot nicht für identisch mit Phlobaphen. Als Gerbstoffrot sieht genannter Verfasser das durch Einwirkung von Säure auf Teegerbstoff ohne Anwesenheit von Luft sich bildende „Rot" an, Teephlobaphen ist eine braune in Teegerbstoff lösliche Substanz, Gerbstoffrot ist in Teegerbstofflösung nicht löslich.

Der Teegerbstoff liegt offenbar nicht als Glucosid vor, denn RUNDQUIST[5] konnte keinen Zucker daraus abspalten. Nach C. HARTWICH und P. A. DU PASQUIER[6] zeigt der Teegerbstoff zum mindesten teilweise glucosidischen Charakter. Neben der Gerbsäure kommt allerdings ein anderes Glucosid im Tee vor, das Quercitrin, ein in Essigäther lösliches Isodulcitderivat, das bei der Spaltung Quercetin (Pentaoxyflavon) liefert. Da dieser Körper später im schwarzen Tee nicht mehr angetroffen wird, besteht die Möglichkeit, daß er bei der Bildung des Teearomas eine Rolle spielt.

Das ätherische Öl, vermutlich der Hauptträger des Teearomas, ist im grünen Tee zu etwa 1% und im schwarzen Tee zu etwa 0,6% enthalten. Da im grünen Teeblatt ätherisches Öl nicht festzustellen ist, ist anzunehmen, daß die Bildung dieses Stoffes erst während der Fermentation vor sich geht. In dem ätherischen Öl wurde nach C. HARTWICH[6] Methylalkohol, Methylsalicylat, Aceton und Alkohol $C_6H_{11}OH$ festgestellt.

Über den Stickstoffgehalt des Tees ist, abgesehen vom Coffeingehalt, nur wenig bekannt. Nach einigen Bestimmungen sind in der Stickstoffsubstanz 1,38—3,64% Albumin enthalten. Im übrigen setzt sich die Stickstoffsubstanz zu 70—80% des Gesamtstickstoffes aus eigentlichem Protein, zu 16—18% aus Coffein und zu 3—4% aus Aminoverbindungen zusammen. Bei der Verarbeitung der Teeblätter nehmen die Amide nach KOZGI zu, die Proteine ab. Während der Entwicklung der Teeblätter fällt der prozentuale Gehalt an Protein mit zunehmendem Alter. Der Gehalt an reinen Proteinen dagegen nimmt anfänglich nur auf Kosten der Amide, später auch auf Kosten des Coffeins zu.

---

[1] I. I. B. DEUSS: Z. 1925, **49**, 393. [2] NANNINGA: Z. 1902, **5**, 473.
[3] M. TSUJIMURA: Chem. Zentralbl. 1929, II, 1015; 1930, II, 3032; 1931, I, 3355.
[4] I. I. B. DEUSS: Z. 1926, **51**, 175.
[5] RUNDQUIST: Z. 1902, **5**, 471.
[6] C. HARTWICH u. P. A. DU PASQUIER: Z. 1910, **20**, 100.

Von stickstofffreien Extraktivstoffen enthält der Tee verhältnismaßig große Mengen. So schwankt der Gehalt an Gummi und Dextrinen zwischen 4,9 und 10,8%. Außerdem wurde ein Pentosangehalt von 5,6% festgestellt. Durch siedendes Wasser konnten Spuren von Fructose und Glucose ausgezogen werden. Säurehydrolyse zeigte schließlich, daß ein Arabinose, Galactose und Glucose lieferndes Kohlenhydrat vorhanden sein muß. Die Fermentation des schwarzen Tees verringert den Gehalt an wasserlöslichen Stoffen. Nachstehende Tabelle gibt einen Überblick über das Verhältnis von Wasserextrakt, Alkoholextrakt und Gerbsäuregehalt in frischen Teeblättern, in schwarzem, grünem und gelbem Tee.

Tabelle 4.

Tee	1. ROMBURG u. LOHMANN			Tee	2. J. M. EDER (Mittelwerte)			
	Wasserextrakt %	Alkoholextrakt %	Gerbsäure %		Wasserextrakt %	Gerbsäure %	Asche Gesamt %	Asche wasserlöslich %
Frische Blätter	48,1	37,9	20,5	Grüner Tee .	41,6	17,4	5,7	2,9
Grüner Tee . .	44,8	34,7	16,8	Schwarzer Tee	39,2	10,4	5,6	2,6
Schwarzer Tee.	38,2	27,7	15,2	Gelber Tee. .	40,8	12,7	5,7	2,6

Nach Untersuchungen von JAM. BELL und G. W. SLATER enthielten grüne Teesorten (Gunpowder) 41,50—46,56%, schwarze Teesorten 26,4—36,8% wasserlösliche Stoffe.

R. R. TATLOCK und R. T. THOMSON [1] fanden in Teeaufgüssen folgende Gehalte an wasserlöslichen Stoffen:

bei indischem Tee . . 43,47—49,75%, im Mittel 46,43%
bei Ceylontee . . . . 41,32—48,25%, „ „ 44,10%
bei chinesischem Tee . 38,43—46,94%, „ „ 43,09%.

Die Versuchsbedingungen sind auf die Bestimmung von größtem Einfluß und deshalb genau einzuhalten (s. weiter unten).

Der Ätherauszug des Tees besteht in der Hauptsache abgesehen vom ätherischen Öl aus Glyceriden der Palmitinsäure, Stearinsäure und Ölsäure, aus Chlorophyll, Wachs und Harz.

Was den Gehalt an Enzymen angeht, so gehen zunächst die Meinungen über das Vorkommen von Oxydasen auseinander. K. ASÖ [2] führt die Fermentation auf die Mischung einer im frischen Blatt vorhandenen im Handelstee jedoch nicht mehr nachweisbaren Oxydase zurück. Nach T. KATAYAMA [3] scheinen Oxydasen bei der Bildung des Aromas nicht mitzuwirken. Y. KOZGI nimmt an, daß Enzyme den Grundstoff des Aromas aus glucosidischer Bindung in Freiheit setzen, und daß dieser Grundstoff durch Einwirkung von Sauerstoff in den eigentlichen Aromastoff übergeführt wird. S. SAWAMURA [4] empfiehlt, die Dämpfung des frisch geernteten Tees so zu regulieren, daß die schädliche Oxydase abgetötet, die aromabildenden und die diastatischen Fermente jedoch intakt bleiben. I. I. B. DEUSS [5] versuchte, oxydierende Fermente aus dem Tee in folgender Weise darzustellen: Die frischen zerkleinerten Blätter wurden stark ausgepreßt und der abgepreßte Saft in 90%igem Alkohol aufgefangen. Der sich bildende Niederschlag wird abfiltriert, abermals in Wasser gelöst und nochmals mit Alkohol gefällt. Das Verfahren wird mehrere Male wiederholt. Der erhaltene Körper, der als das Ferment angesprochen wird, ist unter Alkohol haltbar. Er gibt stets eine Reaktion auf Gerbstoff. Eine Abtrennung des Gerbstoffes führt

[1] R. R. TATLOCK u. R. T. THOMSON: **Z.** 1911, **22**, 531.
[2] K. ASÖ: **Z.** 1902, **5**, 1169. [3] T. KATAYAMA: **Z.** 1909, **18**, 619.
[4] S. SAWAMURA: **Z.** 1916, **32**, 436. [5] I. I. B. DEUSS: **Z.** 1926, **51**, 174.

zur Unwirksamkeit des Fermentes. Das Ferment enthält an Grundstoffen Stickstoff, Schwefel, Phosphor, Mangan, Kalium, Kohlenstoff und Sauerstoff. Der erhaltene Stoff liefert die unter Vorsichtsmaßregeln ausgeführte Guajakreaktion. Die äußeren Schichten des Harzes müssen zuerst entfernt werden, und der Rest wird mehrmals mit Alkohol gewaschen. Geschieht diese Vorbehandlung nicht, so treten störende Blaufärbungen auf. Was die Empfindlichkeit des Fermentes angeht, so wird es in sehr geringer Konzentration von Säuren zerstört. Dabei haben organische Säuren geringeren Einfluß als anorganische Säuren. Die Wirkung der Alkalien ist schwächer. Eine Erhöhung der Aktivität findet statt, wenn man genau neutrales Natriumbicarbonat zusetzt. Aceton aktiviert das Ferment, Chloroform hemmt dagegen. Mangansalze liefern bei Einwirkung des Fermentes starke Blaufärbungen. Blei- und Kupfersalze heben die Wirksamkeit des Fermentes fast völlig auf. Die Guajakreaktion tritt am stärksten bei 45° auf, sehr langsam bei 0—10° und bei 76—88°. 1—3 Stunden langes Kochen macht das Ferment unwirksam.

Die Teeasche zeichnet sich durch einen verhältnismäßig hohen Gehalt an Mangan aus (bis 1,5% Mn_3O_4, berechnet auf die Asche). Auch die Kali- und Kalkgehalte sind recht hoch. Der Mangangehalt scheint von dem Mangangehalt des Bodens abhängig zu sein. Die Asche, die infolge des Mangangehaltes grün gefärbt ist, weist folgende mittlere prozentuale Zusammensetzung auf:

Tabelle 5.

K_2O	Na_2O	CaO	MgO	Fe_2O_3	Mn_3O_4	P_2O_5	SO_3	SiO_2	Cl
34,30	10,21	14,82	5,01	5,48	0,72	14,97	7,05	5,04	1,84

Untersuchung des Tees.

Die Untersuchung des Tees hat sich auf die Sinnesprüfung, die chemische und mikroskopische Prüfung zu erstrecken. Letztere wird in einem besonderen Kapitel behandelt werden. Bei der Sinnesprüfung ist sowohl auf Aussehen, Geruch und Geschmack des Tees, als auch auf Geruch, Geschmack und Klarheit des wäßrigen Auszuges Wert zu legen.

Chemische Untersuchung.

1. Sinnesprüfung. Die Geruchsprüfung des Tees hat so zu erfolgen, daß man etwas davon in eine Schale bringt und nun kräftig anhaucht. Man bringt sofort die Nase dicht an den Tee heran und atmet das vom Tee ausströmende Aroma ein. Auf diese Weise kommen die Feinheiten des Aromas zur Geltung.

Bei Aufgußprüfungen verwendet man für mittelstarken Tee auf 250 ccm Aufgußwasser 5 g Tee, bei starkem Tee 8 g. Das verwendete Wasser soll möglichst weich sein. Man läßt den Aufguß 4—5 Minuten ziehen und unterwirft ihn dann der Kostprobe. In den Produktionsgebieten wird der Tee von dem sog. Tea-Taster in der Weise gekostet, daß die Flüssigkeit im Mund nur mit den geschmacksempfindenden Stellen in Berührung kommt, ohne geschluckt zu werden. Längeres „Ziehen" des Tees ist nicht zweckmäßig, da die wertvollen Bestandteile, das Coffein und die aromatischen Extraktivstoffe, ziemlich schnell in Lösung gehen. Später lösen sich nur Farb- und Gerbstoffe, die dem Aufguß einen adstringierenden Geschmack und eine dunkle Farbe verleihen. Bei gutem Tee hat der wäßrige Auszug eine goldgelbe Farbe, ist klar und weist den eigenartigen Teegruch und -geschmack auf. A. Besson [1] schlägt vor, zur Sinnes-

[1] A. Besson: **Z.** 1912, **24**, 477.

prüfung 2 g Tee mit 200 ccm siedendem Wasser zu übergießen und nach 3 Minuten langem Ziehen Farbe, Klarheit, Geruch und Geschmack zu beobachten.

2. Bestimmung des Wassers. 5—10 g Tee werden bei 100° bis zur Gewichtskonstanz getrocknet. Das Schweizer Lebensmittelbuch empfiehlt nur zweistündiges Erhitzen im Dampftrockenschrank. Nach A. BESSON[1] entweichen bei höheren Trocknungstemperaturen (100—105°) außer Wasser noch andere Stoffe.

3. Bestimmung des wäßrigen Auszuges. Da die löslichen Stoffe des Tees weit schwieriger in Lösung gehen als diejenigen des Kaffees, können die Extraktionsmethoden, die bei Kaffee beschrieben wurden, nicht direkt auf Tee übertragen werden. Das Schweizer Lebensmittelbuch schlägt folgendes indirektes Verfahren vor.

5 g Tee werden in einem Becherglase von 1 Liter Inhalt mit 750 ccm Wasser übergossen, erhitzt und eine Viertelstunde lang im Sieden erhalten. Nach Verlauf dieser Zeit wird abfiltriert, indem man dafür Sorge trägt, daß womöglich keine Blätter auf das Filter gelangen.

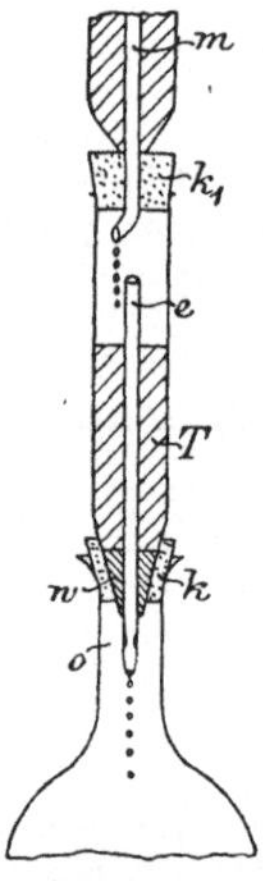

Die Blätter werden von neuem mit 750 ccm Wasser gekocht und dieses Verfahren im ganzen viermal vorgenommen. Der letzte Auszug erscheint völlig farblos und enthält keine Extraktstoffe mehr. Die extrahierten Blätter werden in eine gewogene Porzellanschale gebracht, auf dem Wasserbade vorgetrocknet und darauf im Wassertrockenschrank bis zur Gewichtsbeständigkeit getrocknet.

Vom Gewichtsverlust muß der Wassergehalt des Tees in Abrechnung gebracht werden.

Dagegen empfiehlt der Codex alim. austr. das direkte Bestimmungsverfahren in folgender Weise:

10 g des gut gemischten Tees werden mit 300 ccm siedenden Wassers übergossen und 2 Stunden lang auf dem Wasserbade erhitzt. Sodann wird die Flüssigkeit möglichst klar abgegossen und in einem Literkolben filtriert. Den Rückstand behandelt man neuerdings mit 200 ccm siedendem Wasser und wiederholt das oben angegebene Verfahren, bis der Literkolben nahezu gefüllt ist. Man läßt dann abkühlen, eine eintretende leichte Trübung hat keine Bedeutung, füllt vollständig bis zur Marke auf, schüttelt gut durch und bestimmt den Gehalt an wasserlöslichen Stoffen durch Abdampfen von 100 ccm des Filtrates in einer gewogenen Schale und Trocknen des Rückstandes bei 100° C.

Abb. 1. Tee-Extraktionsapparat nach B. FISCHER.

Mit Rücksicht auf die Verschiedenheit vorstehender Verfahren haben A. BEYTHIEN, P. BOHRISCH und J. DEITER[2] vergleichende Versuche nach verschiedenen Auskochungs- bzw. Ausziehungsverfahren angestellt. Als erstes Verfahren wendeten sie das vorstehende im Schweizerischen Lebensmittelbuch beschriebene Auskochverfahren an. Wegen der Umständlichkeit dieses Verfahrens prüften sie dann weiter:

Das Extraktionsverfahren. Hierzu kann man sich zweckmäßig des zuerst von B. FISCHER angegebenen Apparates bedienen (Abb. 1).

Man zieht eine Glasröhre von 30 mm lichter Wete an einer Seite derartig aus, daß der verjüngte Teil 15 mm weit ist und der weitere Teil der Röhre eine Länge von 15 cm besitzt. Durch den verjüngten Teil führt man ein engeres Glasrohr (*e*), welches unten in eine Spitze ausgezogen ist und in der Nähe dieser Spitze zwei seitliche Öffnungen (*o*) trägt. Durch Hineinpressen von Watte (*w*) in den Zwischenraum zwischen dem weiteren und engeren Glasrohr werden beide in eine feste Verbindung miteinander gebracht. Vermittels eines Korkstopfens (*k*) setzt man die verbundenen Glasröhren auf einen Kolben und verbindet das obere Ende des Extraktionsapparates durch einen Korkstopfen (k_1) mit dem Kühler (*m*).

Zur Ausführung der Extraktbestimmung im Tee wird der Apparat mit einer abgewogenen Menge ausgekochter und wieder getrockneter Watte beschickt und darauf der fein gepulverte Tee (*T*) auf die Watte in den Zwischenraum zwischen beide Glasröhren gebracht. Man wählt als Untersatz einen Literkolben, den man nur zu einem Drittel oder Viertel mit Wasser füllt, weil bei dem bald eintretenden starken Schäumen sonst leicht ein Überschäumen der Flüssigkeit stattfinden kann. Auch empfiehlt es sich, das Wasser im Kolben nach einstündigem Sieden zu entleeren und durch neues zu ersetzen. Man erhitzt über freier Flamme so lange, bis das Wasser farblos abläuft, was nach 8—10 Stunden der Fall zu sein pflegt. Alsdann nimmt man den Apparat auseinander und bringt das ausgezogene Teepulver

---

[1] A. BESSON: Z. 1916, 32, 436.

[2] A. BEYTHIEN, P. BOHRISCH u. J. DEITER: Z. 1900, 3, 145.

quantitativ in eine gewogene Platinschale. Das verlustlose Herausbringen kann durch Auswischen mit der Watte oder nötigenfalls durch Nachspülen mit der Spritzflasche bewirkt werden. Man trocknet das Ganze wie vorhin bis zur Gewichtsbeständigkeit und erfährt nach Abzug des Gewichtes der Watte die Menge des extraktfreien Rückstandes. Zur Ermittlung des wahren Extraktgehaltes muß natürlich der Wassergehalt des Tees berücksichtigt werden.

Ebenso einfach läßt sich aber nach BEYTHIEN und Mitarbeitern das Ausziehen des Tees in folgender Weise erreichen:

Einfaches Auskochverfahren in Säckchen. 3 g fein gepulverter Tee werden auf ein kreisförmig geschnittenes Stück Leinwand von 20 cm Durchmesser gelegt, das Leinen in Form eines Säckchens zusammengefaltet und fest zugebunden. Je 8—10 solcher Säckchen, von denen jedes durch ein Bleigewicht mit hineingekratzter Nummer beschwert wird, hängt man in einen mit Wasser gefüllten Emailletopf, der, auf einem Gaskocher stehend, in lebhaftem Sieden erhalten wird. Nach 2 Stunden hängt man sämtliche Säckchen in einen anderen mit frischem Wasser gefüllten Topf und wiederholt dieses Auskochen, bis das Wasser nach 2 Stunden völlig farblos bleibt. Noch einfacher gestaltet sich das Verfahren, wenn man die Säckchen nicht in frisches Wasser bringt, sondern für einen fortwährenden Zu- und Abfluß sorgt. Durch ein auf den Boden des Gefäßes führendes Heberrohr aus Zinn, welches mit einem Hahn versehen ist, läßt man die extrahierte Flüssigkeit abfließen, während mit gleicher Geschwindigkeit frisches Wasser aus der Leitung hinzuläuft. Auf diese Weise kommt der Inhalt der Säckchen fortwährend mit neuem Extraktionsmittel in Berührung, ohne daß das Sieden je aufhört. Sobald die Flüssigkeit farblos abläuft, hebt man die Säckchen heraus, öffnet sie, breitet sie auf einer Porzellanschale aus und trocknet sie vorläufig. Darauf bringt man ihren Inhalt, der sich jetzt sehr leicht quantitativ von ihnen entfernen läßt, in gewogenee Wägegläschen und trocknet bis zum beständigen Gewicht. Von dem so erhaltenen Extrakte ist natürlich auch hier wieder der Wassergehalt des Tees in Abzug zu bringen.

Nach R. E. ANDREW[1] ermittelt man den wäßrigen Auszug auf folgende Weise: 2 g Tee werden in einem 500-ccm-Kolben mit 200 ccm Wasser eine Stunde lang am Rückflußkühler gekocht. Nach dem Abkühlen füllt man auf 500 ccm auf und bestimmt in 50 ccm des Filtrats den Abdampfrückstand nach einstündigem Trocknen bei 100°.

4. Bestimmung des Coffeins. Den qualitativen Nachweis des Coffeins kann man mit Hilfe der Sublimationsprobe (s. S. 125 und 126) erbringen.

Für die quantitative Bestimmung kommen zunächst die für Coffeinbestimmung in Kaffee bestimmten Verfahren in Frage. Besonders zu erwähnen ist das von LENDRICH-NOTTBOHM empfohlene und von E. PHILIPPE für Tee etwas abgeänderte Verfahren (s. S. 40). E. PHILIPPE[2] geht von 5 g Teepulver aus und behandelt dann weiter wie bei Kaffee. Der Paraffinzusatz kann hier jedoch unterbleiben. Besonders zu empfehlen ist nach F. KRAUSS, C. KLEUCKER und A. KOLLATH[3] die von J. GROSSFELD und G. STEINHOFF[4] abgeänderte Vorschrift von LENDRICH. Bei der abgeänderten Vorschrift wird die Extraktion mit Tetrachlorkohlenstoff auf 2 Stunden abgekürzt und eine Behandlung mit Kupfersulfat und Natronlauge eingeführt.

E. PHILIPPE[5] empfiehlt fernerhin ein Sublimationsverfahren, das in folgender Weise ausgeführt wird[2]: Man gibt 5 g Tee zu 10 ccm Ammoniak, das sich in einem Scheidetrichter befindet. Darauf wird so lange vorsichtig umgeschwenkt, bis der Tee benetzt ist. Dann läßt man einige Minuten stehen. Darauf schüttelt man viermal mit je 50 ccm Chloroform 3 Minuten lang aus und sammelt die Filtrate der Chloroformauszüge in einem Erlenmeyer. Das Lösungsmittel des Filtrats wird auf dem Wasserbad verdunstet, der Rückstand wird mit 120 ccm Wasser und mit 20 ccm 0,1 N.-Schwefelsäure aufgenommen. Man erhitzt die Lösung zum Sieden, filtriert dann und wäscht mit heißem Wasser nach. Das Filtrat wird hierauf quantitativ in einen Scheidetrichter gebracht. Nach Zusatz von 10 ccm Ammoniak und einigen Tropfen Phenolphthalein wird viermal

[1] R. E. ANDREW: **Z.** 1930, **59**, 435.
[2] E. PHILIPPE: Chem. Zentralbl. 1916, I, 529.
[3] F. KRAUSS, C. KLEUCKER u. A. KOLLATH: **Z.** 1933, **66**, 348.
[4] J. GROSSFELD u. G. STEINHOFF: **Z.** 1931, **61**, 54. [5] E. PHILIPPE: **Z.** 1916, **32**, 437.

mit Chloroform ausgeschüttelt. Die vereinigten Auszüge werden durch Abdestillieren zum Teil vom Chloroform befreit und der Rückstand dann in einer flachen Schale getrocknet und verdunstet. In einem Sublimierapparat wird das Coffein sublimiert und das sublimierte Produkt zur Wägung gebracht.

W. A. UGLOW und A. M. SCHAPIRO[1] haben drei Coffeinbestimmungsmethoden und zwar die Methode von LENDRICH und NOTTBOHM, das Verfahren des russischen Militärarzneibuches, das sich an die Methode von S. KELLNER anlehnt, und ein von ihnen selbst angegebenes Verfahren vergleichenden Prüfungen unterworfen; es ergab sich, daß das Verfahren von LENDRICH-NOTTBOHM, wenn man das Ergebnis der von den Verfassern empfohlenen Methode mit 100% bezeichnet, nur 88%, die Methode des russischen Militärarzneibuches nur 80% der Coffeinmenge erfassen ließ.

Die Methode des russischen Militärarzneibuches wird wie folgt ausgeführt: Zu 7 g feinsten Teepulvers gibt man 70 g Chloroform und 2 g Ammoniaklösung. Unter häufigem Umschütteln läßt man $^1/_2$ Stunde stehen und filtriert dann auf ein glattes Filter (10 cm) unter Bedecken mit einer Glasplatte. 51 g Filtrat, entsprechend 5 g Teeblättern, werden von der Hauptmenge des Lösungsmittels befreit. Man setzt dann 10 ccm Wasser zu, entfernt die letzten Reste Chloroform durch Erhitzen und filtriert die abgekühlte Flüssigkeit in einen Scheidetrichter. Nachdem man das Filter sorgfältig ausgewaschen hat, macht man das Filtrat ammoniakalisch und schüttelt dann 2 Minuten lang mit 15 ccm Chloroform aus. Nach der vollständigen Trennung der Schichten sammelt man das Chloroform in einem gewogenen Kolben und schüttelt noch zweimal mit je 10 ccm Chloroform aus. Aus den vereinigten Auszügen verdampft man das Chloroform, trocknet den Rückstand zunächst auf dem Wasserbad, dann im Exsiccator und bringt zur Wägung.

W. A. UGLOW und A. M. SCHAPIRO schlagen folgende eigene Methode vor: 10 g des gepulverten Tees werden 30 Minuten lang unter Ersatz des verdampfenden Wassers mit 400 ccm 4%iger Natriumcarbonatlösung gekocht. Man läßt dann auf 60—70° abkühlen und fällt die Gerb- und Eiweißstoffe mittels gesättigter Kupfersulfatlösung, die man in kleinen Mengen zugibt, aus. Eine höhere Fällungstemperatur ist zu vermeiden, da andernfalls Kohlensäureentwicklung auftritt, wodurch Flüssigkeit infolge Schaumbildung verspritzt würde. Kupfersulfatlösung wird so lange zugesetzt, bis die Lösung gegen Lackmus schwach sauer reagiert. Die gesamte Flüssigkeit füllt man in einen Scheidezylinder und ergänzt darin mit Wasser auf 500 ccm. Man verschließt dann mit dem eingeschliffenen Glasstopfen und schüttelt $^1/_2$ Stunde bis zur vollständigen Homogenisierung der Mischung. Bei mechanischem Schütteln im Schüttelapparat genügen 20 Minuten. Nach weiterem 20 Minuten langem Stehen entnimmt man der klaren Lösung mit Pipette 300 ccm und schüttelt diese in einem Scheidetrichter mit 30 ccm Chloroform aus. Das Ausschütteln hat in der Weise zu geschehen, daß man den Trichter in horizontal schwankende Bewegung versetzt. Bewegung in vertikaler Richtung erzeugt Emulsionen. Das vollständige Abscheiden der Schichten erfordert mehrere Stunden. Das Ausschütteln hat viermal zu erfolgen. Die Chloroformauszüge werden in einem gewogenen Kolben gesammelt, das Chloroform bei 60° abdestilliert, der Rückstand bei 80—90° getrocknet und dann zurückgewogen. Beim Abdestillieren soll die Temperatur von 60° nicht überschritten werden, da andernfalls Verluste durch mitgerissenes Coffein auftreten. Das hiernach erhaltene Coffein ist besonders rein. Nach F. KRAUSS, E. KLEUCKER und A. KOLLATH[2] liefert die Methode LENDRICH-GROSSFELD noch höhere Werte als die Methode UGLOW-SCHAPIRO.

[1] W. A. UGLOW u. A. M. SCHAPIRO: Z. 1928, **55**, 149.
[2] F. KRAUSS, E. KLEUCKER u. A. KOLLATH: Zit. S. 121.

Die Methode ist auch für die Coffeinbestimmung in Kaffee zu verwenden. Es muß dabei nur für die Entfernung des Fettes gesorgt werden, was durch vorherige Petrolätherextraktion geschieht.

C. MONTHULÉ[1] empfiehlt folgende Methode für die Bestimmung von Theobromin und Coffein: 0,2 g des Theobromin und Coffein enthaltenden Gemisches werden in einem 100-ccm-Kolben in etwas Ammoniak gelöst und mit 20 ccm 0,1 N.-$AgNO_3$ versetzt. Ein entstehender Niederschlag wird durch weitere Ammoniakzugabe in Lösung gebracht. Nach dem Verdünnen auf 50 ccm wird nach Zusatz von einem Tropfen Phenolphthaleinlösung genau neutralisiert. Hierbei fällt die Silberverbindung des Theobromins als gelatinöser Niederschlag aus, während diejenige des Coffeins in Lösung bleibt. Nach dem Auffüllen auf 100 ccm wird filtriert. In 50 ccm des Filtrats bestimmt man das nicht gebundene Silber. Die Differenz zwischen Silbernitratzusatz und nicht gebundenem Silber ergibt das an Coffein und Theobromin gebundene Silber. Halogenverbindungen stören, sie sind deshalb getrennt in einem anderen Teil des Filtrates zu bestimmen und beim Ergebnis der obigen Bestimmung zu berücksichtigen. Aus einem anderen Teil des Filtrates wird das Silber durch Zusatz von Chlornatrium gefällt. Das Filtrat der Mischung wird auf dem Wasserbad zur Trockne verdampft und aus dem Rückstand das Coffein mit Chloroform ausgezogen. Nach dem Verdunsten des Chloroforms wird das Coffein zur Wägung gebracht.

G. BONIFAZI und E. CAPT[2] wenden folgende Coffeinbestimmung an: In einer 150 ccm fassenden Flasche wird 1 g feinpulverisierter Tee mit 50 ccm Chloroform und 2 ccm 8%igem Ammoniak übergossen. Darauf wird 1 Stunde mechanisch geschüttelt. Nach dem Absitzen dekantiert man auf ein Faltenfilter und wiederholt die Operation mit 25 ccm Chloroform. Das Filter wird dann zweimal mit 15 ccm Chloroform, das zum Ausspülen des verwendeten Schüttelgefäßes benutzt wird, nachgewaschen. Aus dem Filtrat wird das Chloroform abdestilliert, der Rückstand mit 25 ccm kochendem Wasser aufgenommen. Man filtriert das Wasser ab und extrahiert den Rückstand noch zweimal mit je 10 ccm Wasser, die durch das gleiche Filter gegossen werden. Das Filtrat wird hierauf in einer Porzellanschale zur Trockne gedampft und 4 Stunden im Dampftrockenschrank getrocknet. Man behandelt darauf den Rückstand mehrmals mit je 10 ccm heißem Chloroform und filtriert nach jeder Behandlung ab. Die vereinigten Filtrate werden dann verdunstet, der Rückstand 15 Minuten im Dampftrockenschrank getrocknet und nach dem Sublimieren des Coffeins dieses im trockenen Zustand zur Wägung gebracht. Für das Sublimieren des Rückstandes verwenden Verff. den Apparat von L. BENVEGUIN[3]. Dieser Apparat besteht aus einem elektrisch heizbaren Nickelschälchen, das durch ein gekühltes genau angepaßtes Uhrglas verschlossen wird.

5. Bestimmung des Theophyllins. Die Teeblätter werden nach A. KOSSEL[4] mit Alkohol ausgezogen und der Auszug wird verdunstet; hierbei scheidet sich der größte Teil des Coffeins aus. Das Filtrat bzw. die Mutterlauge wird zur Abscheidung einer harzigen, klebrigen Substanz mit Schwefelsäure versetzt, der Niederschlag nach längerem Stehen abfiltriert, das Filtrat mit Ammoniak bis zur stark alkalischen Reaktion versetzt und sodann mit ammoniakalischer Silberlösung gefällt. Der hierdurch erzeugte Niederschlag wird nach 24 Stunden abfiltriert und mit warmer Salpetersäure digeriert. Die beim Erkalten sich abscheidenden Silberdoppelsalze (des Adenins und des Hypoxanthins) werden durch Filtration abgetrennt und das Filtrat mit Ammoniak übersättigt. Es bildet sich ein dunkelbrauner flockiger Niederschlag, welcher aus den Silberverbindungen des Xanthins und des Theophyllins besteht. Diesen Niederschlag filtriert man nach einigem Stehen ab, schwemmt ihn in Wasser auf und zersetzt ihn mit Schwefelwasserstoff. Es ist vorteilhaft, die Flüssigkeit vor dem Hindurch-

[1] C. MONTHULÉ: **Z.** **1913**, **26**, 676.
[2] G. BONIFAZI u. E. CAPT: Zeitschr. analyt. Chem. **1932**, **88**, 298.
[3] L. BENVEGUIN: Zeitschr. analyt. Chem. **1929**, **77**, 48.
[4] A. KOSSEL: Zeitschr. physiol. Chem. **1889**, **13**, 293.

leiten des Schwefelwasserstoffs mit Salpetersäure anzusäuern, da sich bei neutraler oder alkalischer Reaktion das Schwefelsilber häufig in so fein verteilter Form abscheidet, daß es durch Filtration nicht von der Flüssigkeit zu trennen ist. Das Filtrat wird eingedampft und bleibt mehrere Stunden stehen. Zunächst scheidet sich eine geringe Menge einer amorphen oder undeutlich krystallinischen braunen Materie ab, die den Reaktionen nach Xanthin ist. Nach weiterem Eindampfen krystallisieren braungefärbte Nadeln heraus, zuweilen auch säulenförmige Krystalle, die aus freiem Theophyllin bestehen. Die Mutterlauge enthält noch beträchtliche Mengen der neuen Base, die in folgender Weise gewonnen werden: Die Mutterlauge wird mit salpetersaurem Quecksilberoxyd versetzt. In saurer Lösung entsteht ein unbeträchtlicher, sehr dunkel gefärbter Niederschlag, welcher abfiltriert und verworfen wird. Das Filtrat wird nun mit kohlensaurem Natron versetzt, bis die Reaktion nur noch schwach sauer ist, und dann bei sehr schwach saurer Reaktion wird abwechselnd Quecksilberoxydnitrat und Natriumcarbonat hinzugefügt, solange noch ein weißer Niederschlag entsteht. Die hierdurch ausgefällte Quecksilberverbindung der neuen Base wird gut ausgewaschen, in Wasser zerteilt und mit Schwefelwasserstoff zersetzt; beim Eindampfen der vom Schwefelquecksilber befreiten Flüssigkeit scheidet sich eine zweite fast farblose krystallisierte Portion des Theophyllins aus. Ein dritter Teil des Theophyllins ist der Fällung mit Quecksilbernitrat entgangen und befindet sich noch in der Lösung. Derselbe kann durch Fällung mit Silbernitrat aus schwach ammoniakalischer Lösung gewonnen werden. Die Krystalle des Theophyllins werden durch mehrfaches Umkrystallisieren gereinigt.

Zur quantitativen Bestimmung von Theophyllin empfiehlt PH. W. SCHMITT[1] folgendes Verfahren: Zunächst wird eine Lösung von 12 g Silbernitrat mit Ammonchlorid gefällt. Das ausgewaschene Chlorsilber wird in 90 ccm Ammoniak gelöst und die Lösung auf 1000 ccm aufgefüllt. Man stellt zunächst den Silbergehalt der Lösung fest, dann versetzt man 20 ccm der zu untersuchenden Lösung, die etwa 0,1 g Theophyllin enthält, mit 2,5 ccm Ammoniakwasser (1 + 9) und 50 ccm des obigen Reagenzes. Hierbei fällt eine Silber-Theophyllinverbindung aus, die abfiltriert wird. Im Filtrat wird das Restsilber bestimmt. Der Silberverbrauch, multipliziert mit dem Faktor 1,6693, ergibt die Theophyllinmenge in der Einwage. Zwischen Coffein, Theophyllin und Theobromin bestehen nach L. W. WINKLER[2] in der Löslichkeit folgende Unterscheidungsmerkmale: 1 Tl. Coffein löst sich in 80 Tln., 1 Tl. Theophyllin in 227 Tln. und 1 Tl. Theobromin in 3282 Tln. Wasser bei 18°. Für Chloroform betragen die entsprechenden Werte: 1 : 7,6, 1 : 186 und 1 : 6680. Qualitativ unterscheidet sich Coffein, Theophyllin und Theobromin in folgender Weise: Schüttelt man 0,1 g Theophyllin mit einer Mischung von 5 ccm Wasser, 1 Tropfen 0,1 N.-Natronlauge und 1—2 Tropfen alkoholischer Phenolphthaleinlösung (1 : 100), so wird die ursprünglich rote Lösung sofort entfärbt, während bei Coffein die Farbe auch beim Erwärmen erhalten bleibt. Auch bei Theobromin wird die Farbe erhalten, wenn auch eine kleine Abschwächung der Intensität auftritt. Im Gegensatz zu Coffein verschwindet jedoch beim Theobromin die Farbe beim Kochen, um beim Erkalten wieder aufzutreten. In 1 ccm 10%iger Ammoniakflüssigkeit lösen sich 0,1 g Theophyllin augenblicklich, während Coffein und Theobromin ungelöst bleiben. 0,1 g Theobromin lösen sich klar in 1 ccm 20%iger Natronlauge auf, auf Coffein wirkt Natronlauge jedoch nicht. Theophyllin bildet eine schwer lösliche Natriumverbindung.

6. Bestimmung des Gerbstoffs. Für die Bestimmung des Gerbstoffes ist von der Kommission deutscher Nahrungsmittelchemiker das Verfahren von EDER empfohlen, das auch von dem Schweizerischen Lebensmittelbuch und dem Codex alim. austr. aufgenommen ist:

2 g Tee werden dreimal mit je 100 ccm Wasser $^1/_2$—1 Stunde ausgekocht. Die vereinigten, heiß filtrierten Lösungen werden mit 20—30 ccm einer 4—5%igen wäßrigen Lösung von krystallisiertem Kupferacetat versetzt, der entstehende Niederschlag auf einem Filter gesammelt und mit heißem Wasser ausgewaschen. (Das Filtrat muß grün gefärbt sein, sonst ist zu wenig Kupferacetat angewendet worden.) Der Niederschlag wird getrocknet, geglüht und entweder nach dem Befeuchten mit Salpetersäure durch abermaliges Glühen in Kupferoxyd oder durch Glühen mit Schwefel im Wasserstoffstrom in Kupfersulfür übergeführt. 1 g CuO = 1,3061 g Tannin.

[1] PH. W. SCHMITT: Zeitschr. analyt. Chem. 1932, 87, 238.
[2] L. W. WINKLER: Z. 1925, 49, 393.

TATLOW und THOMSON[1] schlagen für die Gerbstoffbestimmung im Tee folgendes Verfahren vor:

Das Filtrat von der Wasserextraktbestimmung wird auf etwa 15,5° gebracht und mit einer Lösung von 1 g basischem Chininsulfat, in einer Mischung von 25 ccm Wasser und 2,5 ccm N.-Schwefelsäure, versetzt. Man mischt ordentlich durch und läßt 10—15 Minuten stehen. Hierbei scheidet sich das Tannin in Form hellbrauner Flocken als Chinintannat aus. Dies wird auf ein gewogenes Filter gebracht; das Becherglas wird mit etwas von dem Filtrat, nicht mit Wasser, nachgespült. Man läßt abtropfen, bringt dann das Filter mit Inhalt in eine gewogene Schale und trocknet bei 100°. Durch Multiplikation der gefundenen Menge Chinintannat mit 0,75 erhält man die Menge des vorhandenen Gerbstoffes. Bei dieser Behandlung bleibt zwar ein wenig Chinintannat im Filtrat gelöst; dies wird aber durch die geringen Mengen anderer, im Niederschlag zurückbleibenden, löslichen Stoffe aufgewogen.

Eine einfache Methode zur Bestimmung des Gerbstoffes in Tee empfehlen G. BONIFAZI und E. CAPT[2]. Das Verfahren wird in folgender Weise ausgeführt: 1 g Tee wird dreimal mit je 5 ccm Wasser ausgekocht. Nach jedem Kochen läßt man $^1/_2$ Stunde erkalten. Die vereinigten Auskochungen werden filtriert und nochmals aufgekocht. Hierauf fällt man den Gerbstoff durch zweimalige Zugabe von je 10 ccm einer 4%igen Kupferacetatlösung. Die erhaltene Mischung wird dann in einen 200-ccm-Meßkolben übergespült und nach dem Abkühlen auf die Marke aufgefüllt. 100 ccm des Filtrats, die 0,5 g Tee entsprechen, werden dann mit 10 ccm Kupferacetatlösung, 25 ccm 50%iger Essigsäure und 20 ccm 10%iger Kaliumjodidlösung versetzt. Das in Freiheit gesetzte Jod wird mit 0,1 N.-Thiosulfatlösung titriert (*b* ccm). In einem blinden Versuch titriert man eine Mischung von 10 ccm Kupferacetatlösung, 90 ccm destilliertem Wasser, 25 ccm 50%iger Essigsäure und 20 ccm 10%iger Kaliumjodidlösung in derselben Weise (Verbrauch $= a$ ccm). Der Gerbstoffgehalt ergibt sich dann aus nachstehender Gleichung:

$$\text{Gerbstoff} = (a - b) \cdot 2{,}0784.$$

Diese Methode unterscheidet sich von der vorhergehenden nur dadurch, daß das Kupfertannat nicht gravimetrisch bestimmt wird, sondern daß der Kupferüberschuß zur Messung gelangt.

H. L. SMITH[3] empfiehlt folgende Gerbsäurebestimmung: Die Methode gründet sich auf die Fällung der Gerbstoffe mittels Cinchoninsulfat, wobei vorher das Coffein entfernt werden muß. 10 g Tee werden mit 800 ccm Wasser $^1/_2$ Stunde lang gekocht; dann wird noch heiß filtriert und mit 200 ccm Wasser nachgewaschen. Nach dem Erkalten füllt man das Filtrat auf 1 Liter auf. Zur Entfernung des Coffeins schüttelt man 50 ccm des Filtrats viermal mit je 30 ccm Chloroform aus und dampft die zurückbleibende wäßrige Lösung auf $^1/_3$ ihres Volumens ein. Zu der noch heißen Lösung gibt man 50 ccm einer gesättigten Lösung von Cinchoninsulfat. Nach mehreren Stunden filtriert man den gebildeten Niederschlag auf einem mit Asbest beschickten GOOCH-Tiegel ab und wäscht sorgfältig mit halbgesättigter Cinchoninsulfatlösung aus. Nach dem Vortrocknen des Tiegels im Vakuumexsiccator und nach anschließendem Trocknen bei 100° bringt man zur Wägung. Eine colorimetrische Methode zur Bestimmung des Gerbstoffs empfiehlt C. A. MITCHELL[4]. Das Verfahren beruht darauf, daß der Gerbstoff mit einer 0,01%igen Lösung von Osmiumtetroxyd eine rötlich gefärbte Komplexverbindung bildet.

7. Nachweis von bereits gebrauchtem (extrahiertem) Tee. Für den Nachweis von extrahiertem Tee ist in erster Linie die Bestimmung des Extraktes, des Teins, der Gerbsäure und der Mineralstoffe entscheidend; denn gegenüber dem durchschnittlichen Gehalt des natürlichen Tees müssen alle diese Bestandteile mehr oder weniger vermindert sein.

Man hat aber noch einfachere Verfahren zur Erkennung von extrahiertem Tee angegeben.

---

[1] TATLOW u. THOMSON: **Z.** 1911, **22**, 530.

[2] G. BONIFAZI u. E. CAPT: Zeitschr. analyt. Chem. 1932, **88**, 297.

[3] H. L. SMITH: **Z.** 1915, **29**, 456. [4] C. A. MITCHELL: Analyst 1924, **49**, 162.

a) A. TICHOMIROW[1] versetzt den Tee mit einer kalt gesättigten Kupferacetatlösung; echter Tee soll am zweiten Tage eine grünblaue, später eine grüne Farbe annehmen, gebrauchter Tee dagegen sich gar nicht färben. A. E. VOGL[2] spricht sich für, ED. HANAUSEK[3] gegen dieses Verfahren aus.

b) H. MOLISCH[4] verwendet für den Zweck ein mikrochemisches Verfahren; man legt ein Fragment des Teeblattes in einen Tropfen konz. Salzsäure und setzt nach 1 Minute ein Tröpfchen einer etwa 3%igen Goldchloridlösung — auch von HARTWICH empfohlen — hinzu. Sobald ein Teil der Flüssigkeit verdampft ist, schießen bei nicht extrahiertem Tee am Rande des Tropfens mehr oder minder lange, gelbliche, zumeist büschelförmig ausstrahlende, spitz zulaufende Nadeln an. Bei extrahiertem Tee treten nach 1 Stunde noch keine Krystalle auf und erst später am Rande des Tropfens kleinere oder größere, sehr dünne, scheinbar farblose Krystallstäbchen, ferner kürzere und längere dicke, stabförmige gelbe Prismen, niemals aber jene büschel- oder sternförmigen oder federartigen Gebilde wie bei natürlichem Tee.

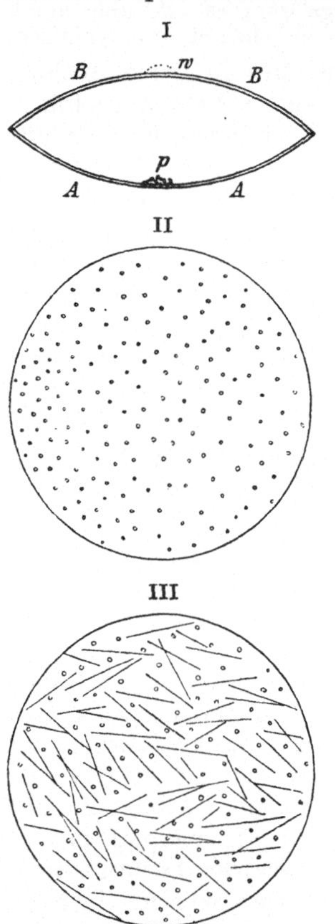

Abb. 2. Teesublimation.

c) H. BEHRENS[5] schlägt folgendes Verfahren vor:

Etwa 50 mg der trockenen Blätter werden grob gepulvert und mit gebranntem Kalk unter Zusatz von so viel Wasser gemengt, daß eine krümelige Masse entsteht. Nach dem Trocknen wird dieselbe mit Alkohol ausgezogen, der Auszug tropfenweise auf einem Objektträger oder einem Glimmerblättchen verdampft und der Rückstand der Sublimation unterworfen. Man erhitzt bis zu beginnender Bräunung und kann bei geschickter Ausführung von einer Menge, die 1 mg Tee entspricht, drei brauchbare Anflüge erhalten. Dieselben sind weiß, oft in der Mitte pulverig, an den Rändern die kennzeichnenden Nadeln zeigend; sie bestehen aus fast reinem Coffein.

P. KLEY hat dieses Verfahren noch etwas verschärft und ausgestaltet, so daß nur $^1/_8$ eines Teeblattes für den Nachweis genügt.

d) Ein auf demselben Grundsatz beruhendes, aber in der Ausführung noch einfacheres Verfahren hat A. NESTLER[6] vorgeschlagen:

Ein gerolltes Blatteilchen von 1 cm Länge wird in einer Reibschale oder einfach zwischen den Fingern zerrieben; das Pulver wird in Form eines kleinen Häufchens (*p*) auf die Mitte eines Uhrglases von 8 cm Durchmesser und etwa 1,5 mm Dicke (Abb. 2 I, *A*) gelegt und mit einem zweiten Uhrglase (*B*) gleicher Größe oder auch mit 1—3 Objektträgern zugedeckt[7]; das Ganze kommt auf ein Drahtnetz über die kleine Flamme eines Bunsenbrenners (Mikrobrenners). Die Spitze dieser kleinen Flamme muß durchschnittlich 7 cm von dem unteren Uhrglase entfernt sein, in welchem sich die Probe (*p*) befindet. Untersucht man nach 5 Minuten der Dauer des Versuches mikroskopisch die konkave Seite des oberen Uhrglases bzw. den Objektträger, so findet man zahlreiche, sehr kleine, tropfenartige Gebilde von 1—2 μ Durchmesser (Abb. 2 II); nach 10 Minuten der Einwirkung der Flamme zeigen sich außer jenen kleinen Punkten zahlreiche feine Krystallnadeln; nach einer Viertelstunde sind diese Nadeln, welche makroskopisch als feiner Anflug bemerkbar sind, in bedeutender Menge vorhanden (Abb. 2 III). Bringt man auf die Außenseite des Uhrglases *B* einen kleinen Wassertropfen (Abb. 2 I, *w*), so genügen 5—10 Minuten zur Bildung überaus zahlreicher Nadeln. Diese Nadeln sind Coffein, nach Zusatz von konz. Salzsäure und 3%iger Goldchloridlösung bilden sich sofort jene obenerwähnten Krystallformen.

Bei extrahiertem Tee bilden sich diese Krystallformen nicht oder erst nach längerem Erwärmen, und dann nur vereinzelt.

---

[1] A. TICHOMIROW: Chem. Zentralbl. 1890, II, 861.

[2] A. E. VOGL: Die wichtigsten vegetabilischen Nahrungs- und Genußmittel.

[3] ED. HANAUSEK: Zeitschr. Nahrungsmittelunters. Hygiene 1892, 6, 100.

[4] H. MOHLISCH: Grundriß einer Histologie der pflanzlichen Genußmittel, 1891, S. 7 u. 15.

[5] H. BEHRENS: Anleitung zur mikrochemischen Analyse der wichtigsten organischen Verbindungen, Bd. 4, S. 15, 1897.

[6] A. NESTLER: Z. 1901, 4, 289; 1902, 5, 245, 476. [7] Z. 1901, 4, 289.

8. Bestimmung der gesamten und der löslichen Asche. Die Gesamtasche sowohl wie die lösliche Asche werden in 2,0—5,0 g Tee in der üblichen Weise ermittelt. Mitunter ist der Nachweis von Blei notwendig. Zur Verpackung des Tees werden im Handel Bleifolien verwendet, die nach BORDAS[1] Bleigehalte von 98,5 und 97,8% aufwiesen, also fast ausschließlich aus Blei bestanden. Bei havariertem Tee, d. h. bei Tee, der durch Seewasser beschädigt ist, besteht daher die Gefahr, daß Blei aufgenommen wird.

9. Nachweis von fremden Farbstoffen. Metallische Färbemittel können durch Prüfung der Asche erkannt werden. Weitere Fingerzeige erhält man, wenn man die feuchten Teeblätter auf weißem Papier reibt, oder wenn man durch leichtes Reiben der trockenen Teeblätter die oberflächlich anhaftenden Farbstoffe entfernt, in dem man das gebildete feine Pulver absiebt. Auch Behandlung des Tees mit Lösungsmitteln, wie Wasser, Alkohol, Chloroform usw. führt mitunter zum Ziel. Campecheholz und Catechu werden in folgender Weise nachgewiesen. 2 g Tee werden nach dem Aufkochen mit Wasser mit 3 ccm Bleiacetatlösung versetzt. Hierauf fügt man Silbernitratlösung zu. Die Gegenwart von Catechu gibt sich durch einen gelbbraunen, flockigen Niederschlag zu erkennen, während echter Tee nur eine schwachbraune Färbung, die von metallischem Silber herrührt, aufweist. Bei Gegenwart von Campecheholz-Farbstoff, der in Wasser teilweise löslich ist, gibt die wäßrige Lösung mit neutralem Kaliumchromat eine schwarzblaue Färbung.

S. HANSAWA und H. JUWASAKI[2] empfehlen zum Nachweis der Farbstoffe und anderer Verfälschungsmittel folgendes Verfahren: 50 g Tee werden mit 150 ccm Petroläther ausgezogen. Dann wird durch ein Kupferdrahtnetz filtriert und mit Petroläther nachgewaschen. Die in dem Filtrat schwimmenden Verunreinigungen werden auf kleinen Filtern gesammelt, wiederum mit Petroläther ausgewaschen und dann auf Verfälschungsmittel geprüft.

Liegt Curcuma vor, so liefert der alkoholische Auszug nach Zusatz von etwas Borsäure und nach dem Eindampfen die bekannte, für Curcuma bzw. Borsäure charakteristische rotbraune Farbe. Indigo gibt sich als ein in Alkohol unlöslicher, in warmem Chloroform dagegen mit blauer Farbe löslicher Rückstand zu erkennen. Aus der blauen Chloroformlösung scheiden sich beim Abdampfen blaue Krystalle aus.

Gips erkennt man daran, daß der Rückstand in Chloroform unlöslich, dagegen in warmem Wasser löslich ist und nach Zusatz von Salzsäure und Bariumchlorid eine Trübung bzw. einen Niederschlag liefert.

Berlinerblau wird nach G. W. KNIGHT[3] in folgender Weise nachgewiesen: 100 g Tee werden fein gemahlen und in einem Destillationskolben mit 30—60 ccm 85%iger Phosphorsäure angefeuchtet. Der Kolben wird mit einem einfach durchbohrten Gummistopfen verschlossen. Durch die Bohrung ragt eine Röhre, welche in einen mit verdünnter Natronlauge (4 ccm 10%ige Natronlauge auf 30—40 ccm Wasser) gefüllten ERLENMEYER-Kolben mündet. Der Kolben wird während des Versuchs gekühlt. Man erhitzt nunmehr das Gemisch in dem Destillationskolben, bis die Phosphorsäure anfängt, überzudestillieren. Für die Destillation genügen 10—15 Minuten. Die aus der Vorlage entweichenden, nicht absorbierten Dämpfe werden zweckmäßig durch Anzünden entfernt. Das Destillat in dem ERLENMEYER-Kolben wird filtriert und evtl. neutralisiert. Nach Zusatz eines Überschusses von 3 ccm 10%iger Natronlauge gibt man zu der Lösung ein Stück festes Ferrosulfat, sowie einige Tropfen Eisenchloridlösung und kocht 1 Minute. Zu der noch heißen Lösung gibt man tropfenweise

---

[1] BORDAS: **Z. 1916, 31,** 325.

[2] S. HANSAWA u. H. JUWASAKI: Vgl. A. HASTERLIK, zit. S. 168.

[3] G. W. KNIGHT: **Z. 1917, 33,** 93.

Salzsäure (Spez. Gewicht 1,2), bis eine deutliche saure Reaktion vorliegt. Darauf filtriert man und wäscht mit 95%igem Alkohol aus, bis das Filtrat farblos abläuft. Alsdann läßt man kalte 10%ige Natronlauge auf das Filter tropfen, um den Niederschlag zu lösen und wäscht mit möglichst wenig Wasser nach. Im allgemeinen genügen 4 ccm Natronlauge und 8 ccm Wasser. Dies Filtrat säuert man mit einigen Tropfen Essigsäure und Salzsäure (Spez. Gewicht 1,2) an, fügt einige Tropfen Eisenchloridlösung hinzu und noch so viel Salzsäure, bis die evtl. entstehende braune Farbe verschwunden ist. Die Lösung wird darauf bis zur Hälfte auf dem Wasserbad eingedampft. Scheiden sich Salze ab, so werden diese durch Wasserzusatz in Lösung gebracht. Das ausgeschiedene Berlinerblau wird durch einen gewogenen GOOCH-Tiegel abfiltriert, mit verdünnter Salzsäure gewaschen und bei 100° bis zur Gewichtskonstanz getrocknet. Das Gewicht in Grammen gibt direkt den Prozentsatz Berlinerblau an. Nach dieser Methode ist noch 1 Tl. Berlinerblau in 200000 Tln. Tee nachweisbar.

FRED WEST[1] erbringt den Nachweis von Berlinerblau in folgender Weise: Filtrierpapier wird mit Oxalsäurelösung getränkt und auf einer Glasplatte ausgebreitet. Darauf streut man den gesiebten Tee auf das Papier. Berlinerblau verrät sich dann beim Trocknen durch entstehende blaue Flecken. Die Methode beruht darauf, daß Berlinerblau in Oxalsäure mit blauer Farbe löslich ist.

Bleichromat gibt sich dadurch zu erkennen, daß der abgesiebte Rückstand, soweit er in Salzsäure unlöslich ist, nach dem Alkalisieren durch Kalilauge und dem darauffolgenden Ansäuern durch Salzsäure als gelber Niederschlag wieder ausgeschieden wird.

Ultramarin gibt sich dadurch zu erkennen, daß auf Zusatz von Salzsäure Schwefelwasserstoff entweicht.

Die Phloroglucinreaktion als diagnostisches Erkennungsmittel. Frische Teeblätter liefern nach MOLISCH bzw. G. J. STRACKE[2] mit starker Salzsäure eine starke Rotfärbung. Getrocknete Blätter liefern eine kaum wahrnehmbare Reaktion. Man kann diese jedoch deutlicher gestalten, wenn man die Teeblätter vorher mit Wasser erwärmt. Hierzu ist ein halbstündiges Einwirken der Salzsäure erforderlich. Blätter von Tee-Ersatzmitteln liefern nach obigen Verfassern die Reaktion nicht.

Beurteilung der Untersuchungsergebnisse.

1. Der vorschriftsmäßig bereitete Aufguß soll, abgesehen von der Parfümierung, den charakteristischen Teegeruch und -geschmack aufweisen. Er soll klar, goldgelb und durchscheinend sein.

2. Beimengungen von fremden Pflanzenteilen[3], abgesehen von den bei der Parfümierung verwendeten Stoffen, sind als Verfälschung anzusprechen. Zweigteile, an denen noch Blätterreste vorhanden sind (Blattrippen), gehören zu den normalen Bestandteilen des Tees. Ihr Gehalt unterliegt in der Handelsware großen Schwankungen. Gegenüber den gleichwertigen Blatteilen sind die Blattrippen als geringwertiger anzusprechen. Größere Mengen Stiele, das sind die eigentlichen Blattstengel, sind als Verfälschung anzusprechen.

3. Der Wassergehalt des Tees beträgt meist 5—10%. Er soll 12% nicht übersteigen.

4. Die wasserlöslichen Stoffe sollen bei grünem Tee 29%, bei schwarzem Tee mindestens 24% betragen. Geringere Werte in Verbindung mit einem geringeren Gehalt an wasserlöslicher Asche, geringerem Proteingehalt und geringerem Gerbstoffgehalt, deuten auf extrahierte Ware. Das Schweizer Lebensmittelbuch und das Deutsche Nahrungsmittelbuch verlangen für grünen Tee

[1] FRED WEST: **Z.** 1916, **32**, 437. [2] G. J. STRACKE: **Z.** 1925, **50**, 438. [3] Vgl. S. 129f. u. 133f.

mindestens 28%, für schwarzen Tee 25% bzw. 24% Mindestgehalt an wasserlöslichen Stoffen.

5. Der Gehalt an Mineralstoffen soll nach dem Schweizer Lebensmittelbuch 8%, der Sandgehalt 2% nicht übersteigen. BEYTHIEN[1] fand bei 130 Teeproben Aschegehalte von 5,3—6,4%, im Mittel 5,8%. Der Kochsalzgehalt der Teeasche beträgt bei normaler Ware etwa 1,8%. Höhere Kochsalzgehalte deuten in Verbindung mit etwaigem Bleigehalt auf durch Seewasser havarierten Tee. Blei darf in der Teeasche nicht nachweisbar sein. — Der in Wasser lösliche Anteil der Gesamtasche soll 50% betragen.

6. Der Coffeingehalt des Tees soll nicht unter 1,5%, bei gutem Tee nicht unter 2% sinken (Schweizer Lebensmittelbuch 1906).

7. Bei grünem Tee soll der Gerbstoffgehalt mindestens 10%, bei schwarzem Tee mindestens 7% betragen.

8. Die Verwendung künstlicher Farbstoffe ist als Verfälschung anzusprechen.

9. Teegrus ist, sofern genügend deklariert, als Bestandteil nicht zu beanstanden.

10. Teestaub und andere mit Stärkekleister zusammengeklebte Erzeugnisse sind mikroskopisch oder durch die Jodreaktion zu erkennen. In nennenswerten Mengen sind sie als Verfälschungen anzusprechen.

II. Tee-Ersatz.

Als Tee-Ersatz kommen eine Reihe von Blättern in Frage, über die ausführlich im mikroskopischen Teil berichtet werden wird. Zum Teil handelt es sich bei diesen sog. Tee-Ersatzmitteln um selbständige Genußmittel, die mitunter schon vor Bekanntwerden des Tees als selbständige Produkte Verwendung gefunden haben. Bei den meisten Tee-Ersatzstoffen ist nur eine Ähnlichkeit im Geruch und Geschmack und in der Bereitungsweise mit dem echten Tee festzustellen. Bei nur wenigen ist auch eine anregende Wirkung infolge eines Gehaltes an Coffein vorhanden. Zu den coffeinhaltigen Ersatzmitteln zählen in erster Linie der Paraguaytee oder Matetee, ferner Guarana und Cassine, über die im nachstehenden Kapitel berichtet werden soll, da sie als selbständige Genußmittel anzusprechen sind.

Von Tee-Ersatzmitteln seien hier folgende angeführt:

1. Die Kaffeebaumblätter. Sie werden in den Kaffeeanbaugebieten entweder zur Verfälschung oder als selbständiger Ersatzstoff des Tees verwendet. Das Kaffeebaumblatt ist länglich-oval, etwa 20 cm lang und bis 6 cm breit, scharf zugespitzt und von lederiger Beschaffenheit, kahl und glänzend dunkelgrün. Die Kaffeebaumblätter werden nicht, wie der Tee, gerollt, sondern nur geröstet. Coffein findet sich in ihnen nur in sehr geringer Menge. Über ihre Zusammensetzung gibt nachstehende Tabelle Auskunft.

Tabelle 6.

Wasser %	Stickstoff %	Ätherextrakt %	Rohfaser %	Asche %	Coffein
73,45	0,75	0,82	3,51	2,17	geringe Mengen

2. Faham-, oder Faam- oder bourbonischer Tee. Die Verwendung des Fahamtees ist bedingt durch seinen Gehalt an Cumarin. Er stammt von einer zu den Orchideen gehörenden Pflanze, Angraecum fragrans Du Petit

[1] BEYTHIEN: Handbuch der Nahrungsmitteluntersuchung, S. 835. Leipzig: Chr. Herm. Tauchnitz 1914.

Thonars. Der Gehalt an Cumarin (o-oxy-Zimtsäureanhydrid) beträgt etwa 0,2%. Nach H. TRILLICH[1] weist Fahamtee folgende Zusammensetzung auf.

Tabelle 7.

Wasser	Stickstoff-substanz	Cumarin	Durch aufeinanderfolgende Behandlung gelöst durch			Alkoholauszug		Asche
			Äther (4 Std.)	Essigäther (5 Std.)	Essigäther (weitere 5 Std.)	In der Wärme löslich	In der Kälte löslich	
%	%	%	%	%	%	%	%	%
8,36	5,21	0,20	3,91	8,46	2,57	18,40	16,16	6,35

3. Böhmischer oder kroatischer (Steinsamenblätter-) Tee. Dieser Tee stammt von den Blättern des in Böhmen wachsenden Strauches Lithospermum officinale, der dort unter dem Namen Thea sinensis angebaut wird, von dem man sogar eine grüne und eine schwarze Teeimitation herstellt.

4. Kaukasischer Tee. Unter kaukasischem Tee werden u. a. Blumenknospen und Blätter der türkischen Melisse (Dracocephalum moldavica) verstanden, die mit Zucker- oder Honigwasser besprengt und nachträglich geröstet worden sind. Auch aus kaukasischen Preißelbeeren (Vaccinium arctostaphylos) wird ein Tee-Ersatzstoff hergestellt und unter der Bezeichnung „Blätter der kaukasischen Preißelbeere“ in den Verkehr gebracht. Nach J. LORENZ[2] weist dieser Tee folgende Zusammensetzung auf.

Tabelle 8.

Wasser	In der Trockensubstanz							
	Stickstoff-substanz	Fett	Gerbstoff	Rohfaser	Asche	In Wasser lösliche Stoffe		
						Gesamt	Asche	Stickstoff-substanz
%	%	%	%	%	%	%	%	%
6,83	22,43	3,82	22,34	6,86	5,37	38,80	3,16	0,57
4,09	—	—	8,64	—	4,11	40,77	1,68	—

5. Kaporischer Tee, Kaporka, Iwantee. Dieser Tee besteht hauptsächlich aus den Blättern von Epilobium angustifolium, von Spiraea ulmaria und aus dem jungen Laub von Sorbus aucuparia. Die Herstellung geschieht in der Weise, daß die getrockneten Blätter mit heißem Wasser aufgeweicht, mit Humus zerrieben und wiederum getrocknet werden. Alsdann besprengt man sie mit schwacher Zuckerlösung, trocknet abermals und parfümiert etwas. Mitunter sollen auch erschöpfte Teeblätter (Rogoschkischertee) zugesetzt werden.

6. Harzer Gebirgstee. Dieser Tee ist ein Gemisch von Blüten der Schafgarbe, Schlehe und Lavendeln mit Huflattich und Pfefferminzblättern, dem noch Sassafrasholz und Süßholzwurzeln zugesetzt werden.

7. Perltee, Imperialtee, Hysontee u. a. bestehen aus Blättern des echten Tees und einer noch unbekannten Pflanze. Mitunter fehlen auch die echten Teeblätter.

Erwähnt sei, daß auch Verfahren[3] zur Herstellung von coffeinarmem Tee ausgearbeitet sind. DRP. 223783 vom 16. Juli 1908 schlägt vor, den Tee mit Lösungsmitteln, die die Aromastoffe lösen, zu zentrifugieren, anschließend das Coffein durch bestimmte Lösungsmittel gleichfalls zu entfernen, um dann die Aromastoffe wieder zuzusetzen.

[1] H. TRILLICH: Z. 1899, **2**, 348. [2] J. LORENZ: Apoth.-Ztg. 1902, **16**, 694.
[3] Z. 1910, **19**, 57; 1911, **22**, 677.

Makro- und mikroskopische Untersuchung des Tees und der Tee-Ersatzmittel.

Von Professor Dr. C. Griebel-Berlin.

Mit 76 Abbildungen.

a) Tee.

Die im frischen Zustand lederartigen Blätter des Teestrauches (Abb. 3) werden bis über 10 cm lang und wechseln in der Form nicht unerheblich. Die Handelsware besteht nur aus den jungen Blättern, denen folgende Merkmale gemeinsam sind: ein kurzer Stiel, in den der Blattgrund allmählich übergeht; die Derbheit des Blattes, das am Rand nach der Unterseite hin etwas umgebogen ist; der gesägte bzw. gezähnte Rand; die im spitzen Winkel vom Hauptnerv abzweigenden Sekundärnerven, die sich in einiger Entfernung vom Rand zu bogenförmigen Schlingen vereinigen, von denen aus feine Abzweigungen nach den Randzähnen verlaufen. Die Randzähne tragen kegelförmige Drüsenzotten, die jedoch nur bei den ganz jungen Blättern noch erhalten, bei den älteren dagegen geschrumpft oder abgefallen sind.

Abb. 3. Chinesischer Tee. Autophotogramm. (Nach J. Moeller.)

Nach der Art der Sortierung, die in den Produktionsländern durch Siebe verschiedener Maschenweite erfolgt, bestehen die feinsten Teesorten nur aus der Knospe und dem ersten Blatt, die mittleren aus dem 1.—3. Blatt und wenig Knospen, die geringsten Sorten aus dem 2.—4. Blatt ohne Knospen. Der an den Konsumenten gelangende Tee ist jedoch keine einheitliche Handelsware mehr, sondern ein nach dem Geschmack des Aufgusses abgestimmtes Gemenge verschiedener Sorten.

Je nach dem Alter zeigen die Teeblätter auch in mikroskopischer Hinsicht Verschiedenheiten, und zwar besonders in bezug auf die Behaarung der Unterseite — die Oberseite ist stets kahl — und die Ausbildung eigenartig gestellter Sklereiden, die einerseits im Mesophyll, andererseits in den Hauptnerven auftreten.

Die Blattknospen — die als Pecco bezeichnete Sorte besteht ausschließlich aus solchen — sind an ihrer Außenseite, die der Unterseite des jungen Blättchens entspricht, dicht seidig behaart. Diese Haare sind mit einem häufig etwas verbreiterten, bei älteren Blättern meist getüpfelten Fuß der Epidermis eingefügt und an ihrer Basis rechtwinklig nach der Blattspitze zu umgebogen, so daß sie der Blattfläche dicht anliegen. Da die Haare sich nicht mehr vermehren, so rücken sie mit zunehmendem Wachstum der Blätter auseinander, ein Teil bricht auch ab oder fällt aus. Sie stehen daher bei Blatt 1 schon locker. Das ausgewachsene Blatt 4 erscheint dem unbewaffneten Auge bereits kahl und erst mit der Lupe erkennt man die vereinzelt und weit voneinander abstehenden Haare. Da die längsten Haare späterhin in der Regel abbrechen, so werden nur bei den jüngsten Blättern solche von 600—900 μ Länge (Breite etwa 15 μ) gefunden. Diese Haare sind noch dünnwandig. Bei dem 4. Blatt sind sie meist nur noch 250—600 μ lang (15—20 μ breit); ihre Wand ist dann fast bis zum Verschwinden des Lumens verdickt.

Querschnitte durch ältere Blätter lassen folgenden Bau erkennen. Die obere und untere Epidermis bestehen aus derbwandigen isodiametrischen Zellen. Die untere Epidermis enthält Spaltöffnungen und vereinzelte Haare der oben beschriebenen Art. Das Mesophyll besteht aus einem zweireihigen

Palisadenparenchym und einem vielreihigen Schwammparenchym, das vereinzelt, zuweilen auch reichlich Oxalatdrusen enthält. Im Mesophyll finden sich weiter charakteristische Sklereiden (Idioblasten), die das Blattgewebe von einer Epidermis zur anderen etwa säulenartig durchsetzen und an den Enden häufig trägerartig verbreitert auch mit seitlichen Verzweigungen versehen sind (Abb. 4). Die Wandverdickung dieser Sklereiden ist vom Alter der Blätter

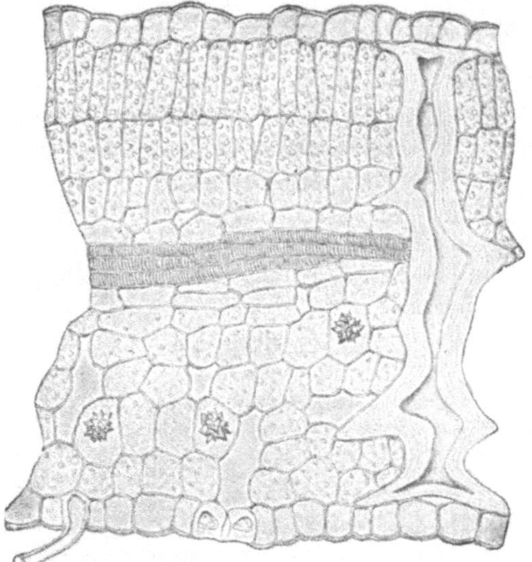

Abb. 4. Querschnitt durch das Teeblatt. Vergr. 250. (Aus HAGER-TOBLER: Mikroskopie, 14. Aufl.)

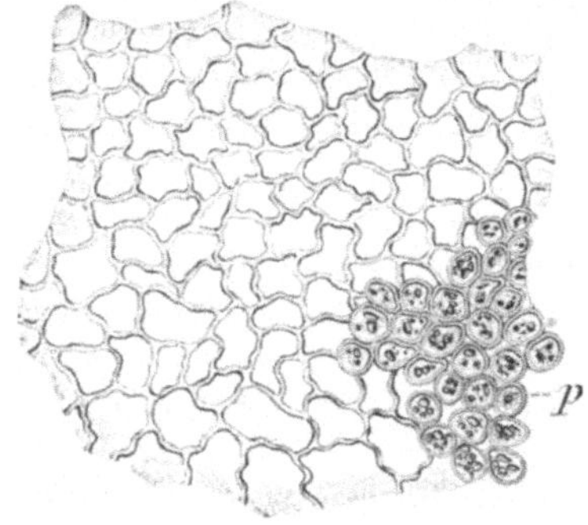

Abb. 5. Epidermis der Oberseite des Teeblattes; von innen gesehen mit einer Gruppe Palisadenzellen *p* (J. MOELLER).

abhängig und kann fast bis zum Verschwinden des Lumens gehen. Die verholzte geschichtete Wand ist von feinen Poren durchsetzt. An Querschnitten durch den Mittelnerv des Blattes beobachtet man in dem das halbmondförmige Gefäßbündel umgebenden Parenchym besonders auf der Unterseite reichlich solche Idioblasten, die wegen ihrer hier mehr sternförmigen Verzweigungen auch als Astrosklereiden bezeichnet werden.

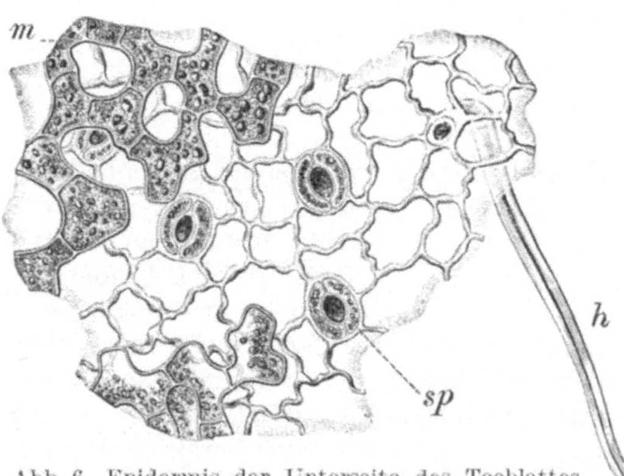

Abb. 6. Epidermis der Unterseite des Teeblattes mit Spaltöffnungen *sp*, einem Haare *h* und einigen Chlorophyllzellen *m* aus dem Mesophyll. (J. MOELLER.)

Die Form der Epidermiszellen in der Flächenansicht ist aus Abb. 5 und 6 ersichtlich. Die Epidermis der Oberseite zeigt weder Spaltöffnungen noch Haare. Die Zellwände sind meist wellig gebogen. Zwischen den etwas größeren Epidermisschichten der Unterseite liegen zahlreiche breit eirunde Spaltöffnungen mit 3—4 Nebenzellen. Ganz vereinzelt finden sich auch die charakteristischen an der Basis umgebogenen Haare, um die sich die Epidermiszellen kreisförmig gruppieren.

An ganz jungen Blättern, bei denen die Gewebe noch meristematischen Charakter haben, sind die Idioblasten überhaupt noch nicht oder doch noch nicht vollständig ausgebildet und zumeist nur in der Nähe der Mittelrippe auffindbar. Die Epidermiszellen zeigen noch gerade Wände. Die Epidermis der

Unterseite trägt noch reichlich die charakteristischen, über der Basis umgebogenen Haare, an denen das Zellumen sich meist noch bis zur Spitze verfolgen läßt.

Die mikroskopische Untersuchung gibt also die Möglichkeit festzustellen, in welchem Verhältnis sich Knospen, junge und ältere Blätter in einer Teeprobe vorfinden.

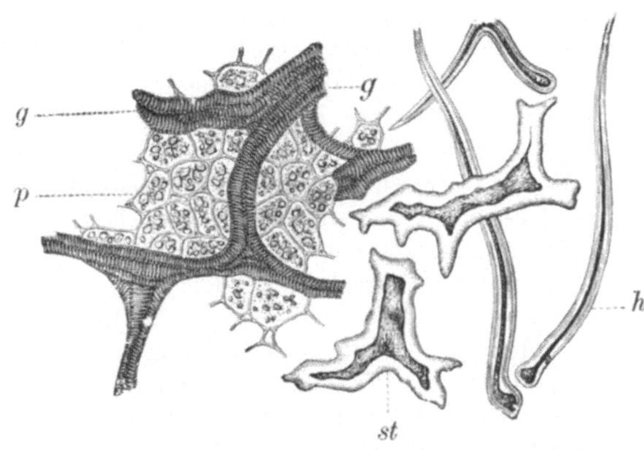

Abb. 7. Gewebe des Teeblattes aus einem Quetschpräparat (J. MOELLER). *g* Endigungen der Blattnerven, *p* Chlorophyllparenchym, *st* Steinzellen (Idioblasten), *h* Haare.

Die Vorbereitung des Materials für die makro- und mikroskopische Untersuchung erfolgt in der Weise, daß man den Tee zunächst mit heißem Wasser aufweicht und auszieht, dann die Teilchen auf einer Glasplatte sorgfältig ausbreitet, mit Fließpapier abtrocknet und mit Hilfe der Lupe betrachtet. Hierbei ist das Augenmerk hauptsächlich auf die Nervatur, den Blatt rand, die Behaarung, bei ganzen Blättern oder größeren Stücken wieter auf den Umriß und den Blattgrund zu richten. Läßt sich auf diese Weise die Herkunft nicht sicher ermitteln, so ist die mikroskopische Prüfung der betreffenden Teilchen erforderlich. Zu dem Zweck werden die durch die Extraktion mit heißem Wasser bereits weitgehend entfärbten Blatteile durch Erwärmen mit Chloralhydratlösung durchsichtig gemacht. Um Querschnitte herzustellen, die den Mittelnerv treffen müssen, härtet man die Teilchen zunächst mit Alkohol. Im allgemeinen genügen aber Quetschpräparate (Abb. 7) aus dem hinreichend aufgehellten Material zur Diagnostizierung des Teeblattes. Die weitestgehende Aufhellung erreicht man mit JAVELLEscher Lauge (vgl. hierzu auch die Ausführungen unter Tee-Ersatzmittel). Hierbei wird das Blattgewebe zugleicsh so tark erweicht, daß sich ohne weiteres Quetschpräparate herstellen lassen.

Abb. 8. Aus dem Tee ausgelesene Früchte (A. L. WINTON).

Bei der makroskopischen Untersuchung ist zugleich auch zu prüfen, ob die betreffende Teeprobe übermäßig viel Grus oder Stiele enthält. Ein an Blattstielen reicher Tee muß aber durchaus nicht immer minderwertig sein. So enthalten insbesondere vorwiegend aus dem untersten Blattabschnitt bestehende Ceylontees im Verhältnis sehr viel Stielteile. Sie sind aber geschmacklich durchaus vollwertig.

Als Verunreinigung findet man im Tee hin und wieder auch einzelne Früchte (Abb. 8).

b) Tee-Ersatzmittel und Tee-Fälschungen.

Die Verfälschung des Tees durch Beimengung fremder Blätter dürfte gegenwärtig zu den Ausnahmen gehören, weil die Hauptmenge der in den Handel gelangenden Ware aus großen, modern eingerichteten Betrieben stammt.

Gleichwohl besteht die Möglichkeit, daß die früher häufiger beobachteten Verfälschungen oder Unterschiebungen bei der im Kleinbetrieb erzeugten Ware gelegentlich noch vorkommen.

In Mitteleuropa haben die Tee-Ersatzmittel in Gestalt von Gemengen aus getrockneten und zerkleinerten einheimischen Blättern und Kräutern während des Weltkrieges größere Bedeutung erlangt. Eine Anzahl derartiger Erzeugnisse befindet sich auch jetzt noch im Gebrauch. Die hierfür in Betracht kommenden Blätter sollen daher im folgenden ebenfalls Berücksichtigung finden. Als aromatische Zusätze dienen häufig Waldmeister, Pfefferminze und ähnliche Würzkräuter.

Von der Beschreibung solcher Drogen, die in Gemengen als „Kräutertee“ oder „Familientee“ im allgemeinen mehr als Heilmittel bzw. Hausmittel zur Herstellung von Teeaufgüssen Verwendung finden, muß jedoch aus räumlichen Gründen hier abgesehen werden.

Die Tee-Ersatzmittel sind mit Ausnahme der Kaffeeblätter sämtlich coffeinfrei, sofern sie nicht mit Coffein imprägniert worden sind. Der coffeinhaltige Paraguaytee (vgl. S. 164) ist eine Handelsware für sich.

Die Untersuchung der Tee-Ersatzmittel beginnt mit einer eingehenden Durchmusterung unter Zuhilfenahme einer 8—10fach vergrößernden Lupe. Soweit es sich um getrocknete und zerkleinerte Blätter handelt, werden die gleichartigen Teile ausgelesen und in kleinen Porzellanschalen vereinigt. Erfahrungsgemäß erkennt man nämlich häufig eine Droge sofort, sobald man eine größere Anzahl von Teilchen vor sich hat. Sind unzerkleinerte oder nur wenig zerkleinerte Blätter vorhanden, so wird nicht selten die Feststellung der Art schon mit Hilfe der Lupe gelingen. Man verfährt dabei in der Weise, daß man die Blatteile nach dem Aufweichen in Wasser auf einer Glas- oder Porzellanplatte vorsichtig ausbreitet und sein Augenmerk auf die Nervatur[1], die Beschaffenheit des Blattrandes, den Blattgrund und besonders auf die Behaarung richtet. Hierbei wird eine Vergleichssammlung natürlich die besten Dienste leisten.

Gelingt auf diese Weise die Ermittlung der Art nicht, so muß man zur mikroskopischen Prüfung übergehen. Eine solche ist aber nicht unmittelbar möglich, weil die Blatteile meist stark gefärbt (gebräunt) und undurchsichtig sind. Am schnellsten läßt sich eine für die optische Durchdringung in vielen Fällen ausreichende Aufhellung durch Kochen mit konz. Chloralhydratlösung (5 Chloralhydrat + 2 Wasser) erzielen. Länger dauernd, aber im allgemeinen empfehlenswerter ist eine Bleichung mit JavelleScher Lauge. Sobald das Material entfärbt ist, wird die Bleichflüssigkeit durch Abgießen und mehrmaliges Auswaschen mit Wasser, nötigenfalls unter Zusatz von wenig Essigsäure, entfernt. Unnötig lange Einwirkung führt bei zarten Blättern leicht zur Zerstörung des Gewebes. Falls die gebleichten Objekte sehr viel Luftblasen enthalten, so müssen diese zunächst durch Erwärmen mit Alkohol entfernt werden. Sodann werden die Blattstücke auf Objektträger gebracht und nach Verdrängung des Alkohols durch Wasser in Glycerin eingebettet, und zwar derart, daß ein Teil mit der Oberseite, der andere mit der Unterseite nach oben zu liegen kommt. Dies geschieht einfach dadurch, daß man das Objekt vor dem Glycerinzusatz mit dem Skalpell halbiert und die eine Hälfte umklappt.

---

[1] Die Dikotyledonenblätter besitzen in den meisten Fällen einen durch die Blattmitte ziehenden Hauptnerv, von dem die Sekundärnerven (auch Nebennerven, oder Seitennerven erster Ordnung genannt) gewöhnlich fiederförmig abzweigen. Handförmig bezeichnet man die Nervatur, wenn vom Blattgrund fast gleichstarke Nerven (meist fünf) strahlenförmig nach dem Blattrand laufen. Die Sekundärnerven laufen entweder vollständig bis zum Blattrand, oder sie bilden vorher Schlingen. Auch die Ausbildung der Tertiärnerven ist oft charakteristisch.

Zuweilen wird neben den Flächenpräparaten auch die Herstellung von Querschnitten erforderlich, die sich nach entsprechender Alkoholhärtung aus gebleichtem oder ungebleichtem Material anfertigen lassen. Man verfährt dabei zweckmäßig in der Weise, daß man eine Anzahl gleichartiger Blattstückchen übereinanderlegt und die Pakete zwischen Holundermark schneidet. Fast immer sind dann einige der so erzielten Schnitte hinreichend dünn und für die Untersuchung geeignet. Die meisten erweisen sich allerdings als unbrauchbar, indem sie sich wegen zu großer Breite umlegen und dann die Ober- oder Unterseite des Blattes zeigen.

Bei der Untersuchung der Flächenpräparate ist das Augenmerk hauptsächlich zu richten auf das Vorkommen von Oxalatkrystallen, sowie deren Form und Anordnung, auf die Gestalt der Epidermiszellen, die Spaltöffnungen und besonders auch auf die Art der Behaarung. Außerdem muß man zunächst darüber Klarheit zu gewinnen suchen, ob man die Ober- oder Unterseite eines Blattes vor sich hat, sofern dies nicht schon bei der Präparation erkennbar war. Wird nach scharfer Einstellung auf die Epidermis der Tubus mit Hilfe der Mikrometerschraube ein wenig gesenkt, so erscheinen bei der Oberseite die Palisadenzellen, meist in Form von dichtstehenden kleinen Kreisen — seltener in mehr polygonalen Umrissen —, bei der Unterseite wird dagegen das Schwammparenchym sichtbar, dessen äußere Lagen oft sternförmig ausgebildet sind, jedenfalls aber fast immer die lückige Struktur des Gewebes erkennen lassen. Eine Ausnahme bilden nur die hier selten in Betracht kommenden zentrisch gebauten Blätter, die auch auf der Unterseite Palisaden enthalten (vgl. unter Salix alba). Ein weiteres Merkmal stellen die Spaltöffnungen dar, die bei den meisten der hier zu besprechenden Blätter nur auf der Unterseite in größeren Mengen vorkommen. Bei einigen Arten finden sich allerdings beiderseits Spaltöffnungsapparate in größerer Anzahl. Sie stehen dann gewöhnlich unten dichter als oben.

Nach zarteren Haargebilden, insbesondere Drüsenhaaren, sucht man hauptsächlich auf den Nerven und in deren Umgebung. In manchen Fällen kommen Trichome nur in den Nervenwinkeln oder am basalen Teil des Blattes vor.

An den Querschnitten haben wir erforderlichen Falles festzustellen, ob ein bifaciales oder ein zentrisches Blatt vorliegt; ferner ob die Palisaden ein- oder mehrreihig, schlank oder kurz sind, wie die Ausbildung des Schwammparenchyms und die Lage der etwa im Mesophyll vorhandenen Oxalatkrystalle ist. Als seltenere Vorkommnisse sind Hypodermbildung, Schleim- und Sekretzellen zu nennen. Schließlich können wir den Bau der Trichome und die nur bei einigen Familien auftretenden Cystolithen an Querschnitten genau studieren.

Die nachstehende Gruppierung der als Teeverfälschungen oder Tee-Ersatzmittel hauptsächlich in Betracht kommenden Blätter nach besonders auffallenden Merkmalen soll die Auffindung der Art erleichtern.

1. Raphidenkrystalle enthalten:
   Asperula odorata, Epilobium-Arten.
2. Krystallsandzellen enthält:
   Coffea.
3. Drusenkrystalle enthalten:
   A. Ohne Einzelkrystalle:
      α) Drusen im Mesophyll vorhanden:
         Salix-Arten (s. auch unter B., β und γ); Ribes nigrum, Rubus idaeus, Camellia japonica; Calluna vulgaris.
      β) Drusen im Mesophyll und längs der Nerven oder in diesen vorkommend:
         Thea sinensis (Drusen im Mesophyll zerstreut bis reichlich; sehr kleine Exemplare in den Nerven);

Prunus Cerasus (Drusen reichlich längs der Nerven, sehr vereinzelt unabhängig von den Nerven im Mesophyll);

Sorbus aucuparia (Drusen fast nur längs der Nerven; s. auch unter B., γ);

Fragaria vesca (s. auch unter B., γ);

Rubus-Arten (längs der Nerven einzelne oder zahlreiche Drusen, zuweilen neben Einzelkrystallen; s. auch unter B., α und γ);

Juglans regia (größere Drusen zahlreich im Mesophyll, in den Nerven nur sehr kleine);

Morus (Drusen vorwiegend längs der Nerven);

Spiraea ulmaria (große Drusenkrystalle reichlich im Mesophyll, vereinzelt in den größeren Nerven).

B. Neben Einzelkrystallen:

α) Mesophyll mit großen Einzelkrystallen, Drusen nur in den Nerven vorkommend:

Rubus caesius (s. auch unter B., γ).

β) Das Mesophyll enthält Drusen, die Nerven Einzelkrystalle, letztere oft massenhaft, meist in Form von Krystallkammerzellen:

Salix alba (Einzelkrystalle in geringer Anzahl in den Nerven, daneben zuweilen auch Drusen);

Crataegus (Drusen im Mesophyll nicht sehr zahlreich; längs der Nerven kommen neben Einzelkrystallen auch einzelne Drusen vor).

γ) Längs der Nerven oder in diesen kommen Drusen und Einzelkrystalle vor:

Fragaria vesca (Drusen und Einzelkrystalle im Mesophyll und hauptsächlich längs der Nerven; vgl. unter A., β);

Sorbus aucuparia (Unabhängig von den Nerven kommen nur vereinzelt Drusen im Mesophyll vor);

Rosa-Arten (Drusen neben Einzelkrystallen vorwiegend längs der Nerven);

Crataegus (s. auch unter B., β);

Prunus spinosa (Drusen und Einzelkrystalle im Mesophyll sehr vereinzelt, zahlreich längs der Nerven, Krystallkammerzellen);

Prunus avium (längs der Nerven vorwiegend Einzelkrystalle [Krystallkammerzellen], in geringerer Menge Drusen, Mesophyll enthält sehr vereinzelte Drusen);

Salix alba (s. auch unter B., β);

Rubus caesius-Bastarde (Einzelkrystalle zurücktretend, Drusen meist reichlich; unabhängig von den Nerven nur vereinzelt im Mesophyll).

4. Nur Einzelkrystalle aus Calciumoxalat in Form von Krystallkammerzellen enthalten:

Vaccinium-Arten (Krystallkammerzellen auf der Unterseite der Nerven).

5. Frei von Oxalatkrystallen sind:

Fraxinus excelsior, Lithospermum officinale, Angraecum fragans.

6. Durch Cystolithen gekennzeichnet sind:

a) Cystolithen in Haaren:

Lithospermum.

b) Cystolithen in vergrößerten Epidermiszellen:

Morus-Arten.

7. Drüsenschuppen besitzen:

Ribes nigrum, Juglans regia, Fraxinus excelsior.

8. Vorkommen sonstiger auffallender Behaarung:

a) Haarfilz unterseits:

Rubus idaeus.

b) Sternförmige Büschelhaare neben einzelligen Borstenhaaren:

Rubus-Arten.

9. Besondere Ausbildung des Spaltöffnungsapparates: Es sind zwei mit dem Spalt gleichgerichtete Nebenzellen vorhanden:

Salix-Arten, Asperula odorata;

Vaccinium-Arten, Coffea.

10. Spaltöffnungen auf beiden Blattflächen besitzen:

Salix-Arten, Vaccinium vitis idaea (oben vereinzelt), Lithospermum.

1. Faham- oder bourbonischer Tee stammt von Angraecum fragans Thouars (Orchideae) und wurde wegen seines vanille- oder waldmeisterartigen Geruches (Cumaringehalt) zum Parfümieren von chinesischem Tee sowie als

Teesurrogat verwendet. Eine Probe aus Réunion hat A. TRILLICH[1] untersucht und beschrieben.

Die teils grünen, teils gelbbraunen Blätter (Abb. 9*a*) sind bandförmig, 7—10 cm lang, 10—12 mm breit, am Ende stumpf und gegen die Mittelrippe eingekerbt. Sie sitzen wechselständig an einem etwa 4 mm dicken Stengel, den sie mit ihrer Basis scheidenartig umfassen.

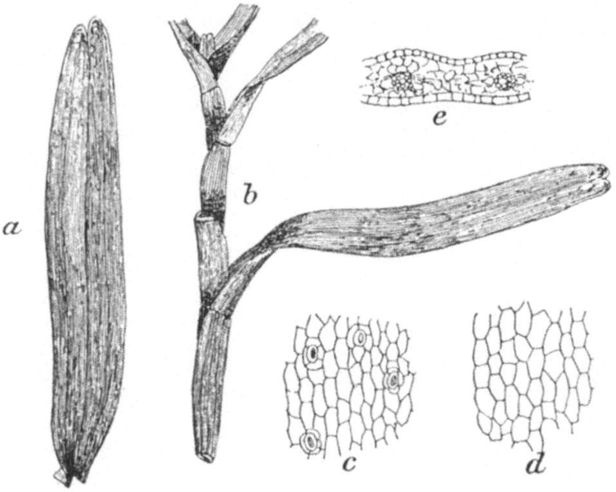

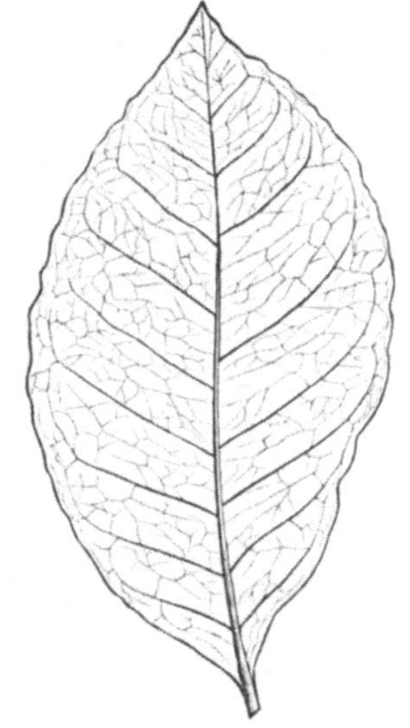

Abb. 9. Fahamtee. *a* Blatt und *b* Stengel in natürlicher Größe, *c* Blattunterseite, *d* Blattoberseite, *e* Querschnitt durch das Blatt. (Nach H. TRILLICH.)

Abb. 10. Blatt von Coffea arabica. (Nach A. SCHOLL.)

An der Oberseite finden sich vereinzelte dünne Haare. Die Oberhautzellen (*d*) sind in der Richtung der Längsachse des Blattes gestreckt. Die untere Epidermis (*c*) enthält Spaltöffnungen. Der Blattquerschnitt (*e*) zeigt wechselnde

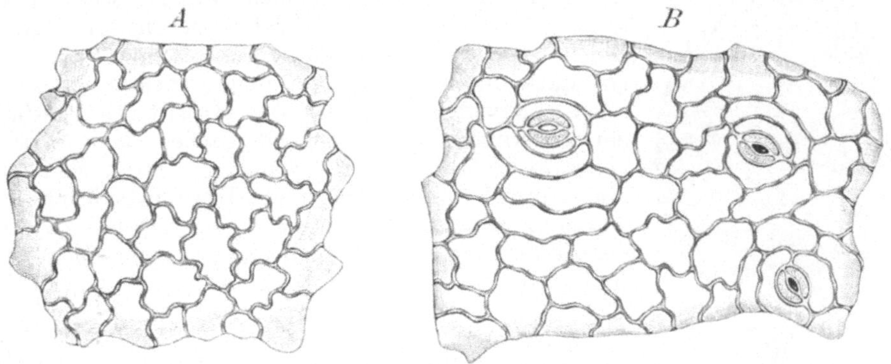

Abb. 11. Oberhaut des Kaffeeblattes (Coffea arabica). Vergr. 160. *A* der Oberseite, *B* der Unterseite. (Nach J. MOELLER.)

Dicke. In den dickeren Partien verlaufen die Nebennerven, die sich in Faserbündel auflösen. Das Mesophyll besteht aus einem sehr lockeren Gewebe.

2. Kaffeeblätter. Die Blätter von Coffea arabica L. (Rubiaceae), die geringe Mengen Coffein enthalten, und in den Kaffeebau treibenden Ländern

[1] A. TRILLICH: Z. 1899, 2, 348.

als Ersatz für Tee Verwendung finden, werden nicht wie der Tee gerollt, sondern geröstet und sind schon deshalb leicht von Teeblättern zu unterscheiden.

Das Kaffeeblatt (Abb. 10) ist ganzrandig, von schwach lederiger Konsistenz, kahl und glänzend dunkelgrün. Die Sekundärnerven zweigen in spitzem Winkel ab und bilden am Rande bogenförmige Schlingen.

Die Epidermis der Oberseite (Abbildung 11 *A*) besteht aus ziemlich großen,

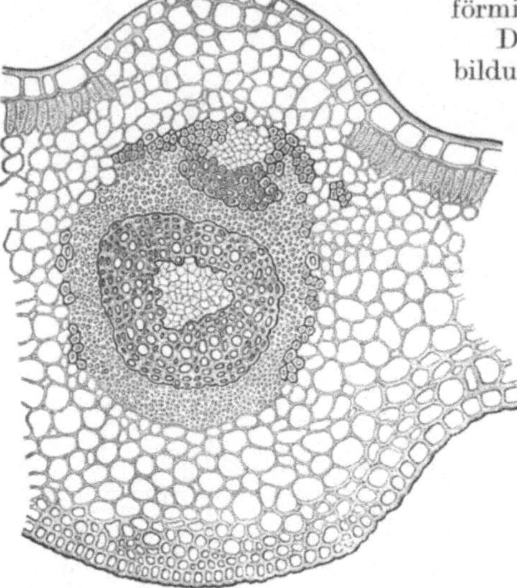

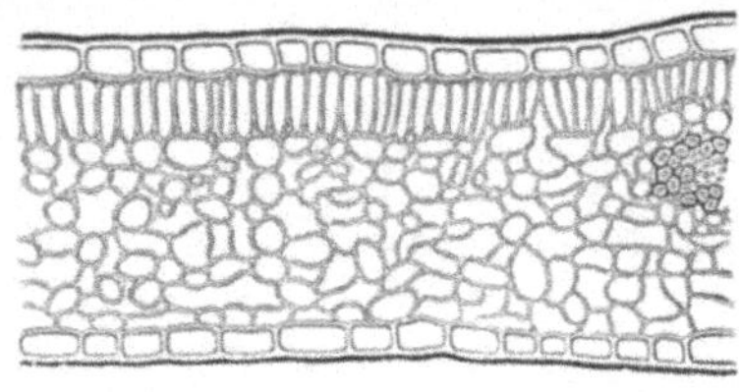

Abb. 12. Blatt von Coffea arabica, Querschnitt durch den Mittelnerv und die Blattspreite. Vergr. 100. (Nach A. Scholl.)

mehr oder weniger stark gewellten Zellen mit teilweise knotig verdickten Wänden. Die Zellen der unteren Epidermis (Abb. 11 *B*) sind im allgemeinen etwas stärker gewellt. Zwischen ihnen liegen zahlreiche elliptische Spaltöffnungen, die von 2—3 zum Spalt parallelen Nebenzellen umgeben sind (Rubiaceentypus).

Abb. 13. Kamelienblatt. Autophotogramm nach J. Moeller.

Am Querschnitt (Abb. 12) sieht man unter der Oberhaut eine einreihige Schicht von schlanken Palisadenzellen, von denen in der Regel mehrere einer gemeinsamen Sammelzelle aufgesetzt sind; darunter ein stark durchlüftetes Schwammparenchym mit zahlreichen Krystallsandzellen. Der Hauptnerv enthält ein kreisrundes oder quer elliptisches, konzentrisch gebautes Gefäßbündel mit zentralem, strahligem, ein Markparenchym einschließendem Holzteil und rings um letzteren gelagertem dünnwandigem Siebteil (hadrozentrischer Bau). Im Siebteil und an seiner Peripherie finden sich zahlreiche einzelne oder locker gehäufte Bastzellen von polygonalem Querschnitt. In dem auf der Blattunterseite vorspringenden Teil des Nervs sieht man einen Collenchymstreifen in unmittelbarer Nähe der Epidermis.

3. Kamelienblätter. Die Blätter der dem Teestrauch verwandten Kamelie (Camellia japonica L.), die kein Coffein enthalten, dienen angeblich zur Teefälschung, obwohl sie wegen ihrer ungewöhnlich derben Beschaffenheit nur wenig dazu geeignet sind.

Die Blätter (Abb. 13) zeigen einen ähnlichen Rand und eine ähnliche Nervatur wie das Teeblatt, sie sind aber größer, breiter und derber. Auch die

Blattknospen sind ungewöhnlich derb und nur am Blattrande behaart, auch fallen die Wimperhaare bald ab, so daß das entwickelte Blatt kahl und glänzend ist.

Die Epidermiszellen der Oberseite (Abb. 14) sind im Querschnitt an der Außenwand stark und eigentümlich wulstig verdickt und von einer starken Cuticula bedeckt. In der Flächenansicht erscheinen sie breitporig und infolge der wulstigen Verdickung oft sehr unregelmäßig geformt. Auf der Blattunterseite (Abb. 15) finden sich fast kreisrunde Spaltöffnungen. Das Mesophyll ist wie beim Teeblatt von Idioblasten durchsetzt und enthält in zerstreuten Zellen große Oxalatdrusen.

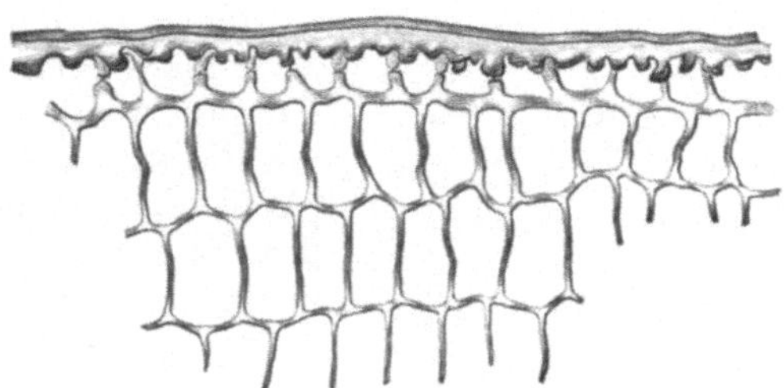

Abb. 14. Oberhaut des Kamelienblattes im Querschnitt (J. MOELLER).

4. Weidenblätter. Sie werden angeblich in China geringwertigen Teesorten beigemengt. Die Weiden — genannt werden hauptsächlich Salix alba L., Salix pentandra L., Salix amygdalina L. (Salicaceae) — haben lanzettliche kurzgestielte oder fast sitzende, am Rande klein gesägte, auf der Unterseite mehr oder weniger stark behaarte, also dem Tee einigermaßen ähnliche Blätter, doch sind die Sekundärnerven viel zahlreicher, und sie bilden am Rande nur undeutliche Schlingen (Abb. 16).

Bei Salix alba L. besteht die Epidermis (Abb. 17) beiderseits aus polygonalen, fast gradwandigen, ziemlich kleinen Zellen und ist reichlich mit Spaltöffnungen durchsetzt. Letztere werden von zwei zum Spalt parallelen Nebenzellen umschlossen. Hinzu kommt an den beiden Polen meist noch je eine normale oder quergerichtete Epidermiszelle. Die Cuticula ist auf der Oberseite deutlich gestreift. Besonders deutlich ist dies bei den Nebenzellen sichtbar, bei denen die Streifung rechtwinklig zum Spalt verläuft. Die Randzähne tragen konische Drüsenzotten mit palisadenartig ausgebildeter Epidermis. Auf der von Wachsausscheidungen bedeckten Unterseite des Blattes befinden sich einzellige, schlanke derbwandige Haare, die der Oberfläche anliegen. Auf der Oberseite beobachtet man — wenigstens an älteren Blättern — nur noch Haarnarben. Das Mesophyll enthält zahlreiche Oxalatdrusen verschiedener Größe; auch in der Mittelrippe finden sich Drusen, während die Seitennerven meist frei von Krystallen sind. Das gesamte Mesophyll besteht aus palisadenartigen Zellen, von denen die unteren Lagen nur kurz sind. Ein Schwammparenchym ist aber nicht deutlich erkennbar. Auf die Epidermis der Unterseite folgt eine aus flachen Zellen bestehende hypodermatische Schicht.

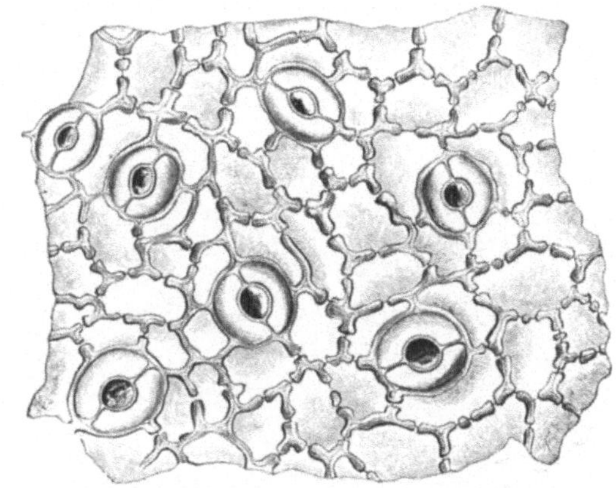

Abb. 15. Epidermis der Unterseite des Kamelienblattes (J. MOELLER).

Die Blätter von Salix pentandra L. sind bifacial, die Spaltöffnungen auf der Oberseite einzeln. Sonst sind sie, wie auch die Blätter anderer Weidenarten, im Bau denen von Salix alba sehr ähnlich.

5. Steinsamenblätter. Die Blätter des Steinsamens (Lithospermum officinale L. — Boraginaceae) werden in Böhmen zu einer dem schwarzen Tee sehr ähnlichen Teeimitation verarbeitet und kommen als „böhmischer" oder „kroatischer Tee" in den Handel.

Abb. 16. Weidenblätter. a älteres, b junges Blatt von Salix alba, c junges Blatt von Salix amygdalina. (Nach T. F. Hanausek.)

Die Blätter sind lanzettlich, ganzrandig, stiellos, bis 8 cm lang, kaum über 15 mm breit, beiderseits rauhhaarig. Die beiden Blatthälften sind häufig nicht ganz symmetrisch. Die Sekundärnerven zweigen unter spitzem Winkel vom Hauptnerv ab und verlaufen nahe am Blattrande, mit diesem parallel, oder einen flachen Bogen bildend (Abb. 18). Mit der Lupe erkennt man, daß die nach der Blattspitze gerichteten Härchen auf einem rundlichen Höcker entspringen.

Die Epidermis der Oberseite (Abb. 19) besteht aus unregelmäßig polygonalen, die der Unterseite (Abb. 20) aus ebensolchen, aber mehr oder minder wellig buchtigen Zellen. Zwischen diesen erheben sich runde, starrwandige Höcker, auf denen die leicht gekrümmten, scharf zugespitzten, grobwarzigen Haare sitzen. Sie sind etwa 0,6 mm lang, mäßig verdickt und enthalten im retortenförmig erweiterten Fußteil einen Cystolithen. Auch die ihre Basis rosettenförmig umgebenden Epidermiszellen enthalten nicht selten cystolithische Gebilde. Oxalat fehlt. Spaltöffnungen kommen hauptsächlich auf der Unterseite vor.

6. Kaukasischer Tee. Als kaukasischer Tee werden in Rußland die Blätter der „kaukasischen Preißelbeere", Vaccinium arctostaphylos L. (Ericaceae) als Tee-Ersatzmittel in den Verkehr gebracht[1]. Sie sind 5—6 cm lang, 2—3 cm breit, eirund, zugespitzt, am Rand dicht drüsig gezähnt.

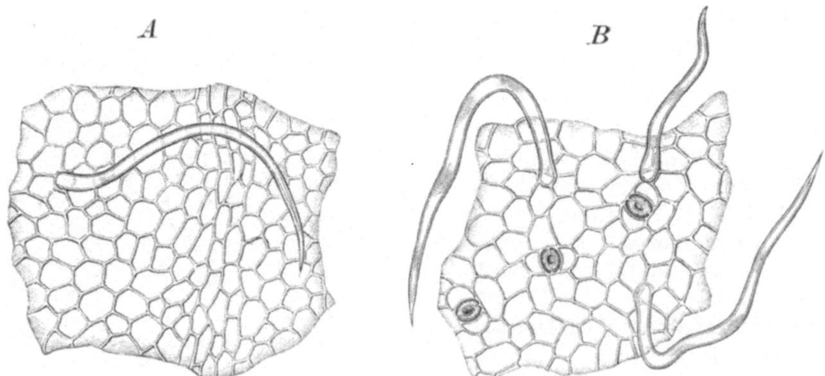

Abb. 17. Oberhaut des Weidenblattes. Vergr. 160. A der Oberseite, B der Unterseite mit Haaren und Spaltöffnungen. (Nach J. Moeller.)

Die Epidermis der Oberseite besteht aus polygonalen derbwandigen Zellen mit streifiger Cuticula (Abb. 21). Die Oberhautzellen der Unterseite (Abb. 22) sind tief wellig-buchtig. Wie bei der Heidelbeere (vgl. weiter unten) finden sich Spaltöffnungen nur unterseits, von zwei zum Spalt parallelen und an den Polen von je einer normalen Epidermiszelle umgeben. Lange einzellige, derbwandige, feinwarzige Haare, die am Grunde etwas aufgetrieben sind, kommen beiderseits vor, am reichlichsten längs des Mittelnerven auf der Unterseite.

[1] J. Lorenz: Apoth.-Ztg. 1902, 16, 694.

Keulenförmige Drüsenzotten finden sich auf den Blattzähnen, spärlich auch auf der Blattspreite. Das Mesophyll enthält vereinzelte Oxalatdrusen und als Belag der Faserbündel Einzelkrystalle.

Kaukasischen Tee liefern nach C. HARTWICH auch die Blätter der Heidelbeere (Vaccinium myrtillus L.). Diese sind eiförmig, bis 3 cm lang, bis 2 cm breit, am Rande fein gesägt (Abb. 23). Jeder Zahn trägt eine gestielte, etwa keulenförmige Drüse (Abb. 24). Die Seitennerven treten nur wenig hervor und anastomosieren schon in ziemlicher Entfernung vom Rande.

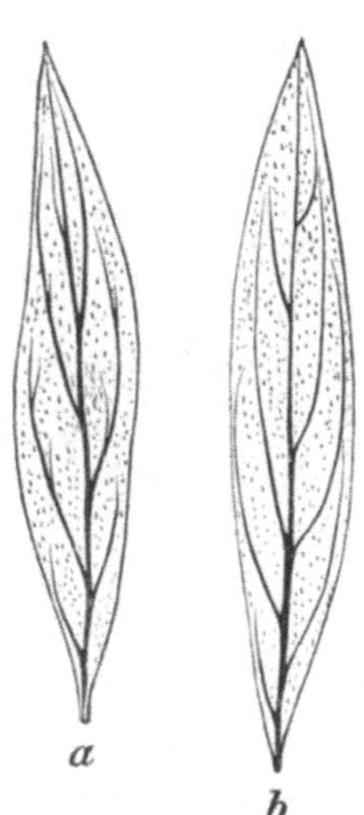

Abb. 18. Steinsamenblätter (Lithospermum officinale). *a* jüngeres Blatt, *b* ausgewachsenes Blatt. (Nach T. F. HANAUSEK.)

Die Epidermiszellen (Abb. 25) sind beiderseits welligbuchtig, die Cuticula ist auf der Oberseite fein gestreift, in der Nähe der Nerven auch unterseits. Stomata wie bei voriger Art. Auf der Hauptrippe finden sich vereinzelt kurze einzellige, zum Teil sichelförmig gekrümmte Haare mit warziger Oberfläche; außerdem hin und wieder keulenförmige Drüsenzotten mit zweizellreihigem Stiel, wie sie auf den Blattzähnen und spärlich auch auf der Unterseite der Nebenrippen vorkommen. Krystalle fehlen im Mesophyll fast vollständig. Längs der Nerven findet man namentlich auf der Unterseite zahlreiche Einzelkrystalle in Kammerzellen als Belag der Fasern.

7. Preißelbeerblätter. Wegen ihrer Ähnlichkeit mit den beiden vorstehenden in anatomischer Hinsicht sollen hier aus der gleichen Gattung noch die Blätter der Gebirgspreißelbeere (Vaccinium vitis idaea L.) Erwähnung finden, die bei uns während des Weltkrieges als Tee-Ersatzmittel dienten.

Die bis über 2 cm langen Blätter (Abb. 26) besitzen lederige Beschaffenheit. Ihre Oberseite ist glänzend, die Unterseite matt, dunkel oder rostfarben

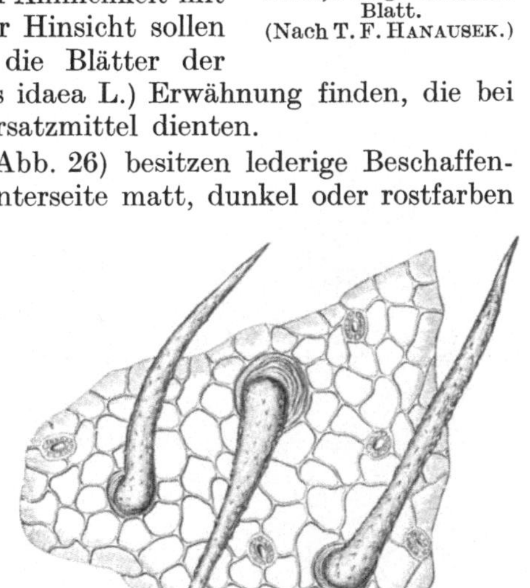

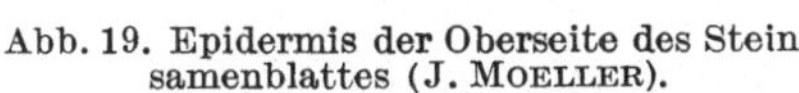
Abb. 19. Epidermis der Oberseite des Steinsamenblattes (J. MOELLER).

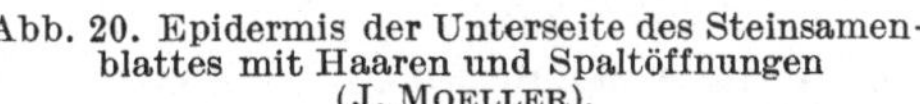
Abb. 20. Epidermis der Unterseite des Steinsamenblattes mit Haaren und Spaltöffnungen (J. MOELLER).

punktiert. Am Rande sind sie etwas zurückgerollt und mit sehr kleinen, entfernt stehenden Zähnchen besetzt. Die Mittelrippe endet meist in eine kleine knopfige Verdickung, die in einer kleinen Einkerbung am Vorderende des Blattes liegt.

Die Seitenwände der Epidermiszellen sind getüpfelt, oberseits weniger, unterseits stärker gebuchtet (Abb. 27). Die Cuticula ist auf der Oberseite

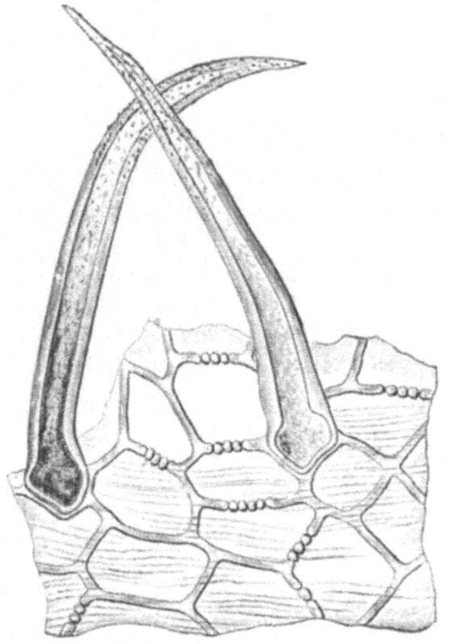

Abb. 21. Epidermis der Oberseite des Blattes von Vaccinium Arctostaphylos (J. Moeller).

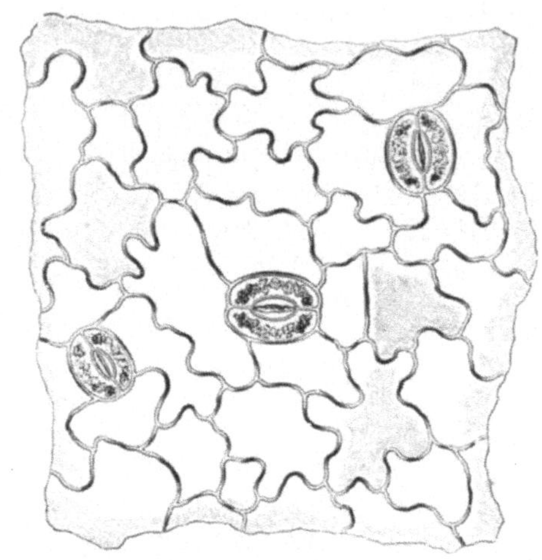

Abb. 22. Epidermis der Unterseite des Blattes von Vaccinium Arctostaphylos (J. Moeller).

Abb. 23. Autophotogramm des Heidelbeerblattes (J. Moeller).

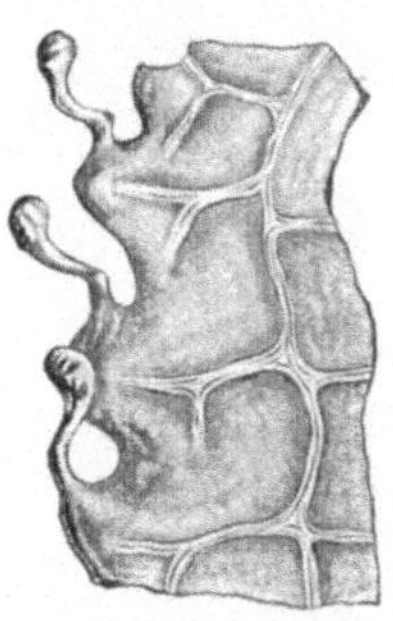

Abb. 24. Rand des Heidelbeerblattes unter der Lupe (J. Moeller).

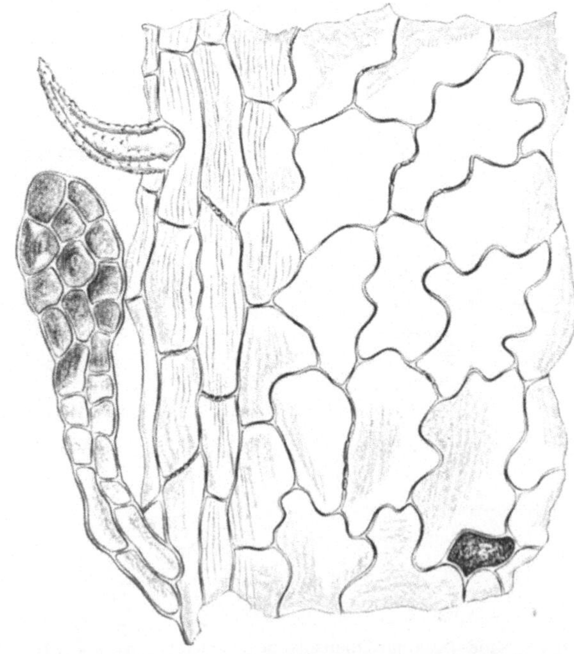

Abb. 25. Epidermis der Oberseite des Heidelbeerbattes (J. Moeller).

mächtig entwickelt und erreicht in der Dicke oft die Höhe des Zellumens. Spaltöffnungen wie bei den vorstehend genannten Vacciniumarten. Auch die Drüsenzotten (Abb. 27), die die Punktierung der Blattunterseite verursachen, zeigen den gleichen Bau wie bei den anderen Arten. Kurze einzellige Deckhaare mit körnig rauher Oberfläche kommen nur spärlich auf den Nerven vor, etwas länger werden sie am Blattstiel. Das Palisadenparenchym ist gewöhnlich dreireihig, das Schwammparenchym vielreihig. Oxalatdrusen kommen im

Abb. 26. Autophotogramm des Preißelbeerblattes (C. GRIEBEL).

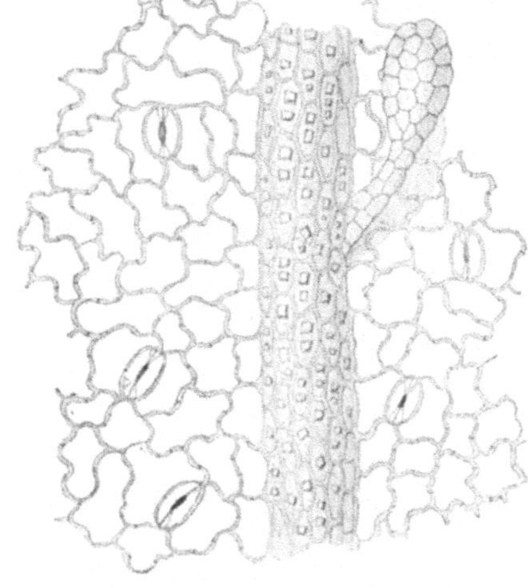

Abb. 27. Untere Epidermis des Preißelbeerblattes. Auf dem Nerv eine Drüsenzotte; der Nerv von zahlreichen Einzelkrystallen bedeckt, 1:150 (C. GRIEBEL).

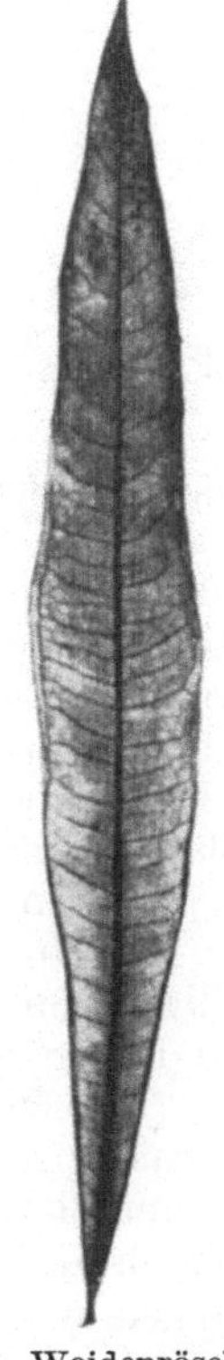

Abb. 28. Weidenröschenblatt (Epilobium angustifolium). (Autophotogramm nach J. MOELLER).

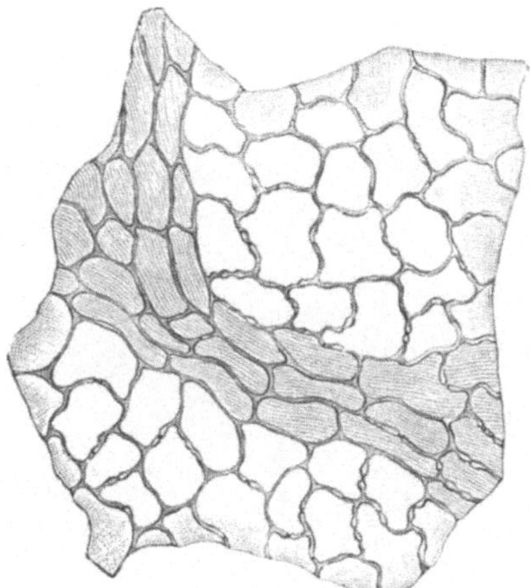

Abb. 29. Oberseite des Weidenröschenblattes (Epilobium angustifolium) (J. MOELLER).

Mesophyll nur selten vor; dagegen findet man auf der Unterseite der Nerven zahlreiche rhomboedrische Einzelkrystalle. Bemerkenswert ist auch ein am Blattrand unter der Epidermis liegendes starkes Bastfaserbündel.

8. Weidenröschenblätter. Namentlich in Rußland und Polen werden die Blätter des schmalblätterigen Weidenröschens (Epilobium angustifolium L. — Oenotheraceae) wie echter Tee verarbeitet und für sich oder auch mit anderen Blättern (Spiraea ulmaria, Sorbus aucuparia) oder mit bereits ausgezogenen

Teeblättern vermengt unter Bezeichnungen wie Kaporischer Tee, Kaporka, Iwantee in den Handel gebracht. Die Blätter (Abb. 28) sind länglich lanzettlich, ganzrandig oder schwach entfernt gezähnt, fast ungestielt. Die zahlreichen von der Mittelrippe fast rechtwinklig abzweigenden, beinahe parallelen Sekundärnerven bilden in der Nähe des Randes flachbogige Schlingen.

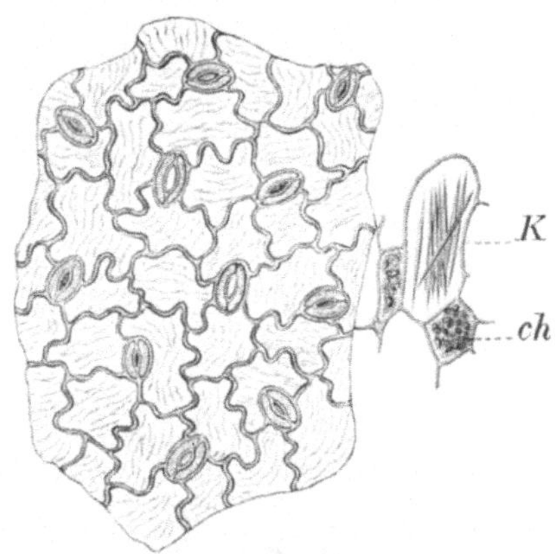

Abb. 30. Unterseite des Weidenröschenblattes (J. Moeller). *K* Raphidenzelle, *ch* Chlorophyllzelle.

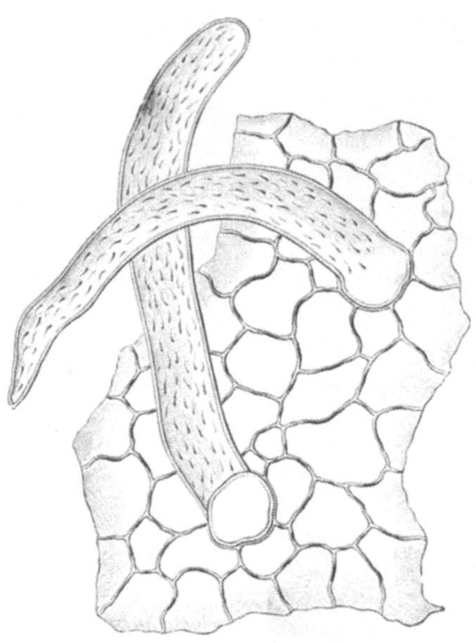

Abb. 31. Haare von Epilobium angustifolium (J. Moeller).

Die Epidermis der Oberseite (Abb. 29) besteht aus polygonalen Zellen, deren Seitenwände kaum gewellt sind. Die Zellen der unteren Epidermis sind tief wellig-buchtig, von einer stark gestreiften Cuticula und feinkörnigem Wachsüberzug bedeckt. Stomata finden sich nur auf der Unterseite (Abb. 30). Haare fehlen an älteren Blättern meist vollständig. Bei jüngeren Blättern trägt die Blattunterseite längs der Nerven einzellige dünnwandige, stark gebogene Haare mit abgerundeten Enden (Abb. 31). Außerordentlich charakteristisch sind die zahlreichen im Blatt vorhandenen Raphidenbündel, die genau den Nerven folgen und dadurch auch den Verlauf feinerer Nerven leicht erkennen lassen (Abb. 32). Nach Behandeln der Blatteilchen mit Chloralhydratlösung oder mit Javellescher Lauge werden sie gut sichtbar.

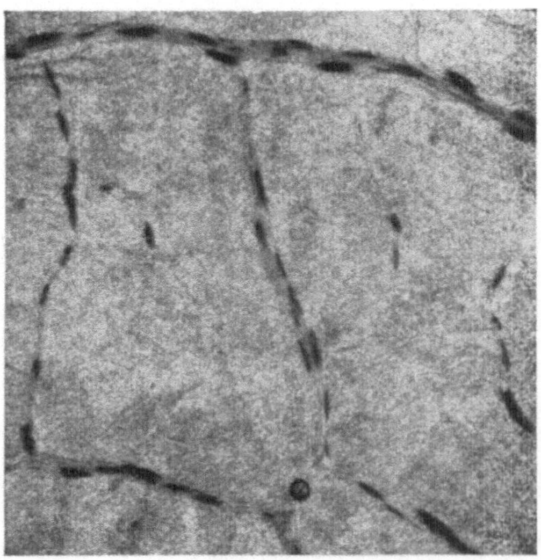

Abb. 32. Epilobium angustifolium L. Blatt mit Raphiden im Zuge der Nerven (gebleichtes Präparat, 1:60). (Phot. C. Griebel.)

Das bei uns ebenfalls häufige Epilobium hirsutum L. hat etwas breitere, ungestielte bis stengelumfassende Blätter (Abb. 33), die am Rande buchtig gezähnt und beiderseits oder jedenfalls unterseits behaart sind. Die bogenförmig abzweigenden Sekundärnerven bilden nahe am Rande undeutliche Schlingen. Der Hauptunterschied von Epilobium augustifolium besteht im Vorkommen von zwei verschiedenen Haarformen. Kennzeichnend sind die einzelligen, glattwandigen, am Ende etwas kolbig verbreiterten Haare, die in eine kleine knopfförmige Erhöhung enden (Abb. 34). Daneben kommen noch viel längere zugespitzte Haare besonders reichlich als Wimperhaare am Blattrand vor. Raphidenbündel finden sich zerstreut im Mesophyll.

9. Blätter der Sumpfspierstaude. Die Blätter von Spiraea ulmaria L. (Rosaceae), die ebenfalls im Kaporischen Tee vorkommen, sind

Abb. 33. Blatt von Epilobium hirsutum L. (Autophotogramm nach J. MOELLER.)

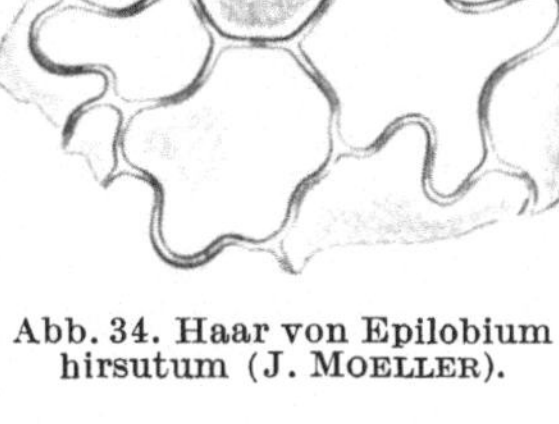

Abb. 34. Haar von Epilobium hirsutum (J. MOELLER).

Abb. 35. Blatt der Sumpfspierstaude. (Autophotogramm nach J. MOELLER.)

unterbrochen gefiedert, die Fiederblättchen länglich eiförmig, doppelt gesägt. Die Seitennerven endigen in größeren Randzähnen, zum Teil anastomosieren sie vorher in einiger Entfernung vom Rand (Abb. 35). Die Epidermiszellen der Oberseite haben nur wenig gebogene, oft getüpfelte Wände (Abb. 36); auf der Unterseite sind sie tief wellig-buchtig (Abb. 37). Spaltöffnungen sind nur unterseits vorhanden. Die beiderseits vorkommenden Deckhaare sind einzellig, derbwandig, etwa dolchförmig, nicht selten gekrümmt, auf der Oberseite größer als auf der Unterseite. Auf den Nerven finden sich unterseits außerdem gewöhnlich peitschenförmig hin und her gebogene Haare. Drüsenhaare mit ein- bis mehrzelligem Stiel und vielzelligem Köpfchen sind meist recht selten. Im Mesophyll kommen ziemlich große Oxalatdrusen vor, seltener in den größeren Nerven.

10. Eberschenblätter. Die Blätter der Vogelbeere (Sorbus [Pirus] aucuparia L. — Rosaceae) (Abb. 38) sind unpaarig gefiedert, die Teilblättchen

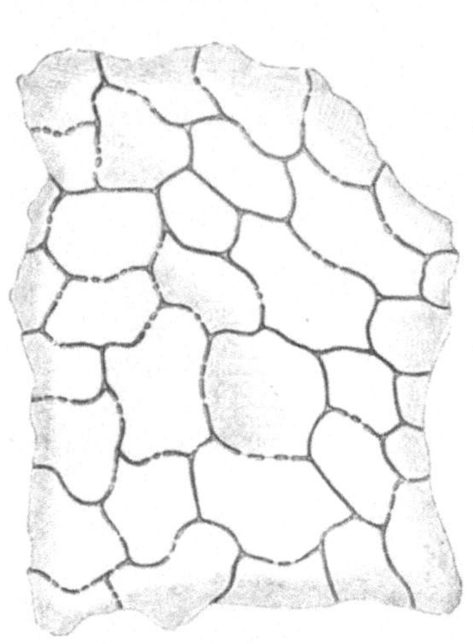

Abb. 36. Epidermis der Oberseite des Sumpfspierstaudenblattes. (Nach J. MOELLER.)

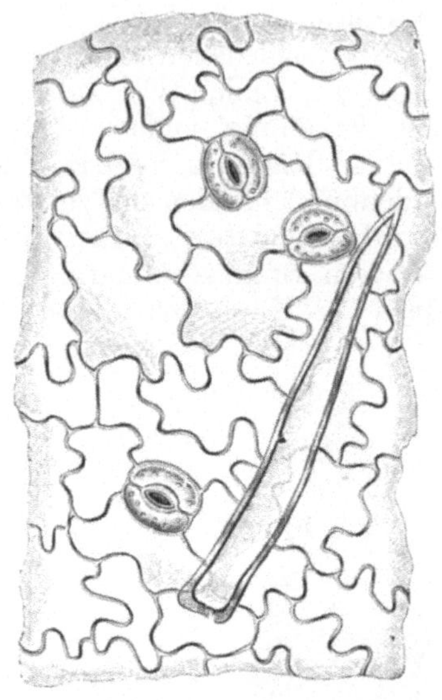

Abb. 37. Epidermis der Unterseite des Sumpfspierstaudenblattes. (Nach J. MOELLER.)

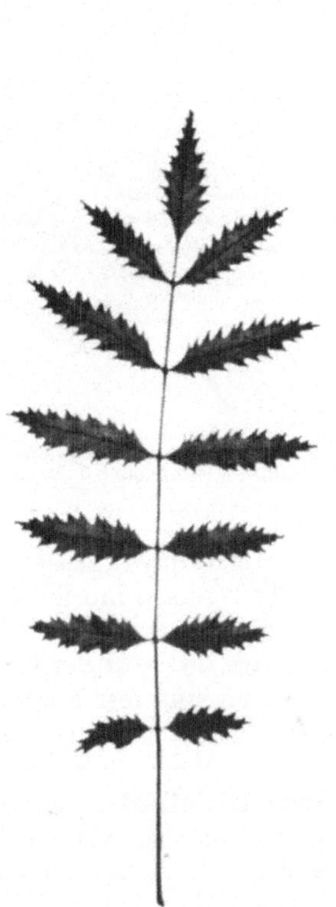

Abb. 38. Ebereschenblatt. (Autophotogramm nach J. MOELLER.)

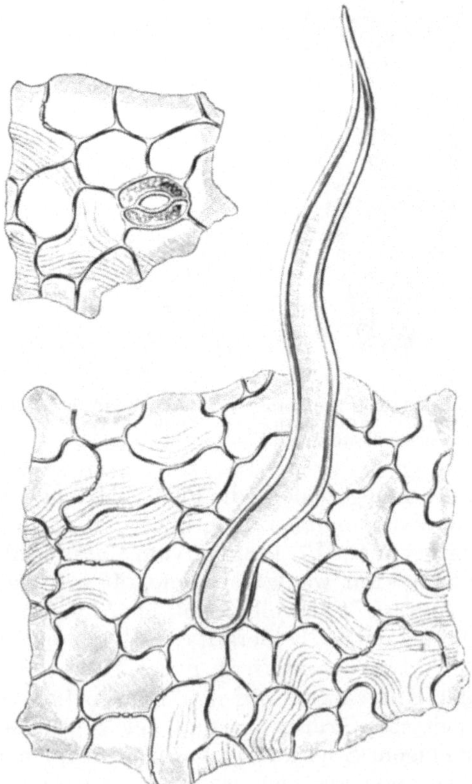

Abb. 39. Oberhaut des Ebereschenblattes (J. MOELLER).

elliptisch, zugespitzt, ungleich gesägt, im Alter fast kahl. Die Sekundärnerven gehen ohne Schlingenbildung bis in die Blattzähne. Die Epidermiszellen (Abb. 39) sind beiderseits nur wenig gebuchtet, von einer gestreiften Cuticula bedeckt.

Abb. 40. Autophotogramm des Weißdornblattes (C. GRIEBEL).

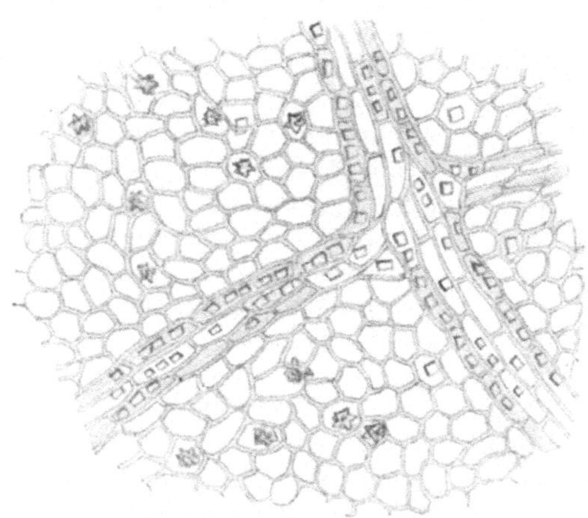

Abb. 41. Obere Epidermis des Weißdornblattes. Oxalatdrusen im Mesophyll. Einzelkrystalle in den Nerven, 1:150 (C. GRIEBEL).

Stomata finden sich nur auf der Unterseite, wo außerdem, namentlich in der Nähe der Mittelrippe, lange, einzellige, dickwandige, wellig gebogene Haare mit abgerundeter Basis vorkommen. Die Nerven enthalten neben Einzelkrystallen reichlich Drusenkrystalle; im Mesophyll beobachtet man nur Drusenkrystalle.

11. Weißdornblätter. Die Blätter des Weißdorns (Crataegus [Mespilus] oxyacantha L. — Rosaceae) sind verkehrt eiförmig dreilappig, die Lappen stumpf und meist kleingesägt (Abb. 40). Die Seitennerven sind aufwärts geneigt, etwas konvergierend.

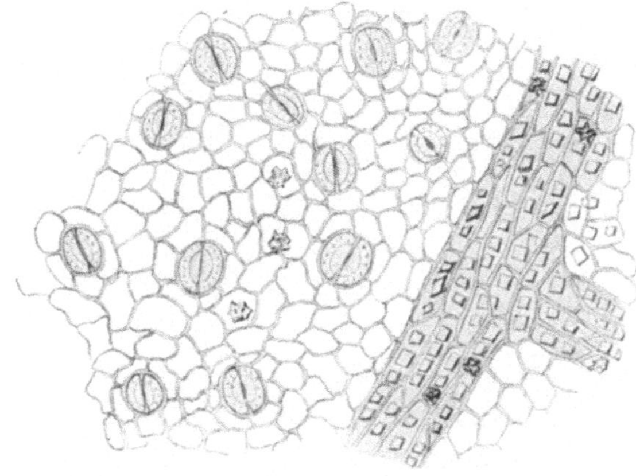

Abb. 42. Untere Epidermis des Weißdornblattes. Nerven mit zahlreichen Einzelkrystallen in Kammerfasern, 1:150 (C. GRIEBEL).

Die Epidermiszellen (Abbildung 41 und 42) sind beiderseits polygonal, ziemlich zartwandig, unterseits zeigen sie flachbuchtige Wände. Die Unterseite trägt zahlreiche, die benachbarten Zellen gewöhnlich an Größe übertreffende Spaltöffnungen. Haare werden nur vereinzelt beobachtet. Sie sind dickwandig und kommen fast nur auf den Nerven vor. Namentlich die dickeren Nerven sind fast immer von Krystallkammerzellen mit ziemlich großen Einzelkrystallen bedeckt. Das Mesophyll enthält außerdem zahlreiche Oxalatdrusen. Die Palisadenzellen sind meist zweireihig, das Schwammparenchym vielreihig.

Die Blätter von Crataegus monogyna JACQU. sind ebenso gebaut und unterscheiden sich nur durch die Form. Sie sind tief 3—5spaltig, die Lappen zugespitzt und ungleich gesägt. Die Blattbasis ist oft keilförmig in den Blattstiel verschmälert.

12. Schlehenblätter. Die Blätter des Schleh- oder Schwarzdorns (Prunus spinosa L. — Rosaceae) sind elliptisch, bis verkehrt eiförmig (Abb. 43), am Rande gesägt, im Alter kahl. Die von der Mittelrippe abzweigenden Sekundärnerven bilden in einiger Entfernung vom Rande Schlingen.

Die Epidermiszellen sind polygonal, ihre Wände gerade oder wenig gebogen, oberseits sehr derb (Abb. 44). Die Unterseite (Abb. 45) trägt zahlreiche Spaltöffnungen, deren Schließzellen mitunter gehörnt sind. Haare fehlen an älteren Blättern fast vollständig. Krystalle finden sich vorwiegend längs der Nerven, und zwar Drusen- und Einzelkrystalle gemischt. Die stärkeren Nerven sind namentlich unterseits dicht mit Krystallkammerzellen bedeckt. Unter den sehr hohen Epidermiszellen der Oberseite liegen zwei Reihen schlanker Palisadenzellen, auf die ein drei- bis vierreihiges, aus kurzen Zellen gebildetes Schwammparenchym folgt.

Abb. 43. Autophotogramm des Schlehenblattes (J. Moeller).

13. Kirschblätter. Die fast lederartigen Blätter der Sauerkirsche (Prunus Cerasus L. — Rosaceae) sind länglich eiförmig, zugespitzt und am Rande doppelt gesägt (Abb. 46). An der Basis tragen sie gewöhnlich beiderseits eine rotbraune Drüse. Behaarung fehlt so gut wie vollständig. Die fiederförmig abzweigenden Nebennerven bilden in der Nähe des Randes Schlingen.

Die Epidermis (Abb. 47 und 48) besteht beiderseits aus polygonalen Zellen mit derben, wenig gebogenen, nicht selten getüpfelten Wänden. Unterseits ist die Cuticula gestreift. Stomata finden sich nur auf der Unterseite. Die Randzähne tragen je eine konische Drüse. In der Begleitung der Nerven beobachtet man zahlreiche, meist recht große Oxalatdrusen; im Mesophyll kommen solche im übrigen nur vereinzelt vor. Die Innenwand der oberen Epidermiszellen ist verschleimt. Die Palisadenschicht ist ein- bis zweireihig, die äußere Lage sehr lang und schmal, das Schwammparenchym locker.

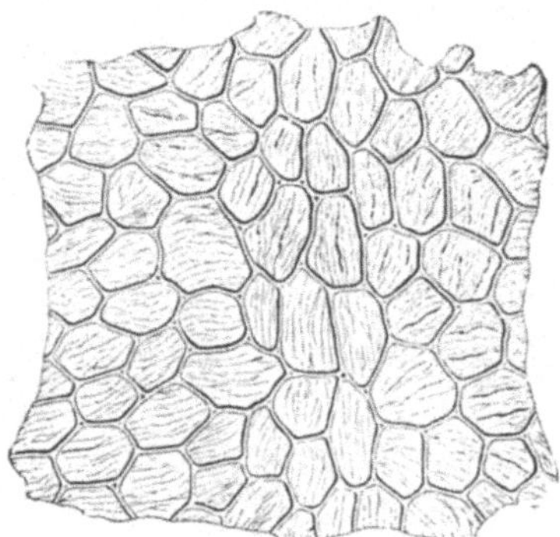

Abb. 44. Epidermis der Oberseite des Schlehenblattes (J. Moeller).

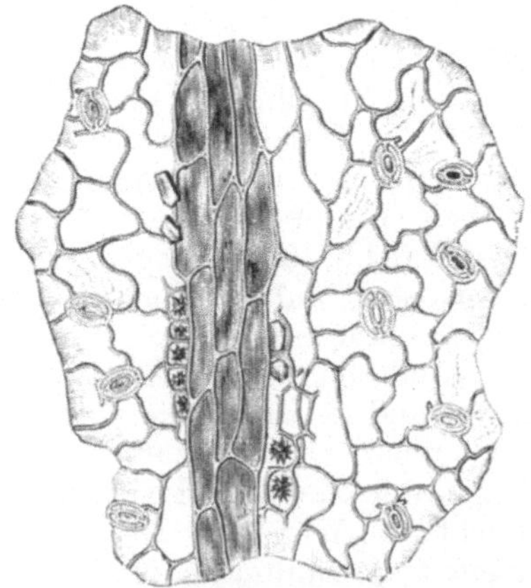

Abb. 45. Epidermis der Unterseite des Schlehenblattes von innen gesehen. Die Krystalle liegen nicht in den Oberhautzellen, sondern in Kammerzellen, welche die Gefäßbündel (Nerven) begleiten (J. Moeller).

Bei der Süßkirsche (Prunus avium L.) sind die Blätter dünner, eiförmig zugespitzt, nach der Basis zu keilförmig verschmälert, auf der Unterseite behaart. Der Blattrand ist schärfer und gröber doppelt gesägt-gezähnt als bei voriger Art. Die Zähne tragen wie bei Prunus Cerasus je eine konische Drüse. Die Sekundärnerven sind zahlreicher als bei der Sauerkirsche.

Der anatomische Bau ist im wesentlichen wie bei Prunus Cerasus. Die Epidermiszellen besitzen stärker gebogene Seitenwände und lassen beiderseits Streifung der Cuticula erkennen. Auf der Oberseite (Abb. 49) kommen namentlich auf den Nerven einzellige, meist dickwandige, kegelförmige Haare vor. Die Unterseite (Abb. 50) trägt sogar ziemlich reichlich einzellige, aber viel längere Haare mit dicker Wand und engem Lumen. In der Begleitung der Nerven finden sich wesentlich weniger und kleinere Oxalatdrusen, als bei der vorigen Art, dagegen kommen hier noch Einzelkrystalle hinzu, die namentlich auf der Unterseite der Nerven als Faserbelag reichlich auftreten. Unabhängig von den Nerven beobachtet man im Mesophyll nur vereinzelte Krystalle.

Abb. 46. Autophotogramm des Sauerkirschenblattes (C. GRIEBEL).

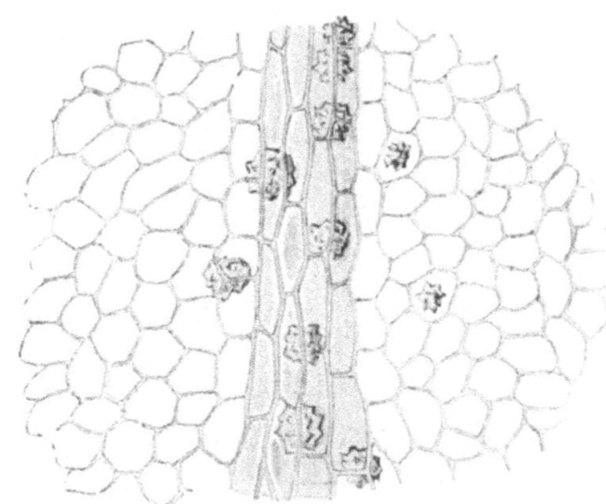

Abb. 47. Obere Epidermis des Sauerkirschenblattes; Oxalatdrusen hauptsächlich in Begleitung der Nerven, 1:150 (C. GRIEBEL).

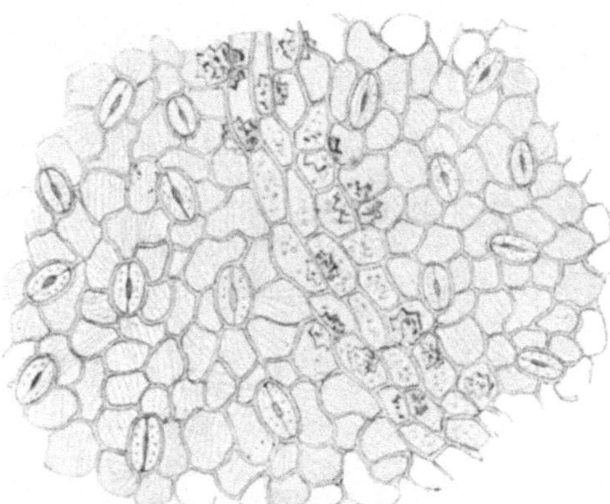

Abb. 48. Untere Epidermis des Sauerkirschenblattes, 1:150 (C. GRIEBEL).

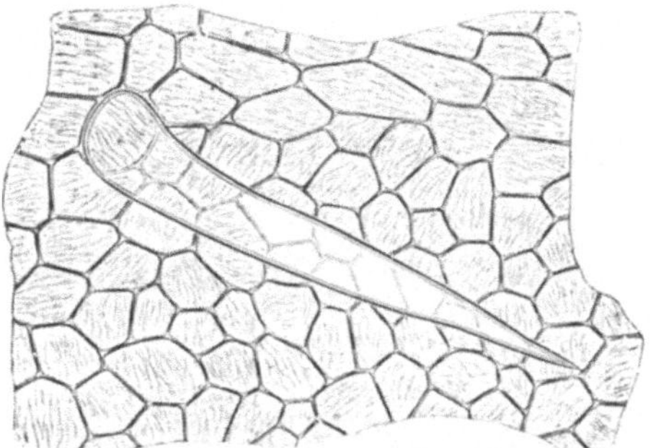

Abb. 49. Epidermis der Oberseite des Kirschblattes (J. MOELLER).

14. Rosenblätter. Die Blätter der Rosensträucher (Rosaarten — Rosaceae) sind unpaarig gefiedert, die Teilblättchen eiförmig zugespitzt, am Rande scharf gesägt bis gezähnt (Abb. 51). Die Randzähne endigen in eine Drüsen-

zotte, die aber oft abgefallen ist. Die von der Mittelrippe fiederförmig abzweigenden Seitennerven teilen sich in der Nähe des Randes gabelig und bilden undeutliche Schlingen.

Die Epidermis besteht oberseits (Abb. 52 *A*) aus polygonalen, fast geradwandigen, unterseits oft aus flachwellig buchtigen Zellen, deren Wände häufig getüpfelt und knotig verdickt sind. Die Innenwand der oberseitigen Epidermiszellen ist meist verschleimt.

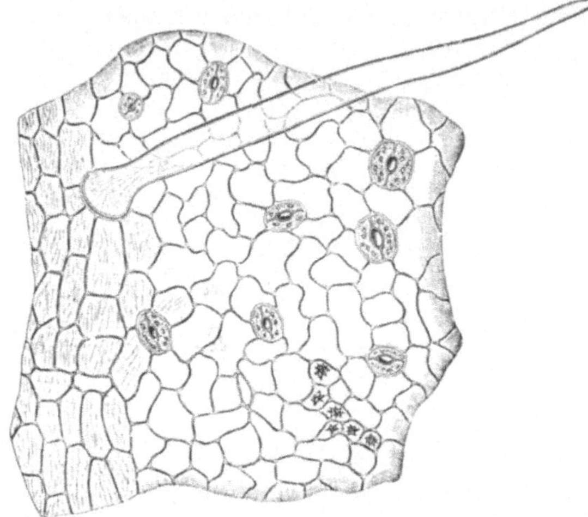

Abb. 50. Epidermis der Unterseite des Kirschblattes (J. MOELLER).

Abb. 51. Autophotogramm des Rosenblattes (J. MOELLER).

Auf der Unterseite (Abb. 52 *B*) finden sich zahlreiche, die umgebenden Epidermiszellen gewöhnlich an Größe übertreffende Stomata. Oxalatdrusen kommen längs der Nerven neben Einzelkrystallen reichlich vor, im Mesophyll oft nur vereinzelt. Die Palisadenzellen sind schlank, zweireihig; das Schwammparenchym ist dicht.

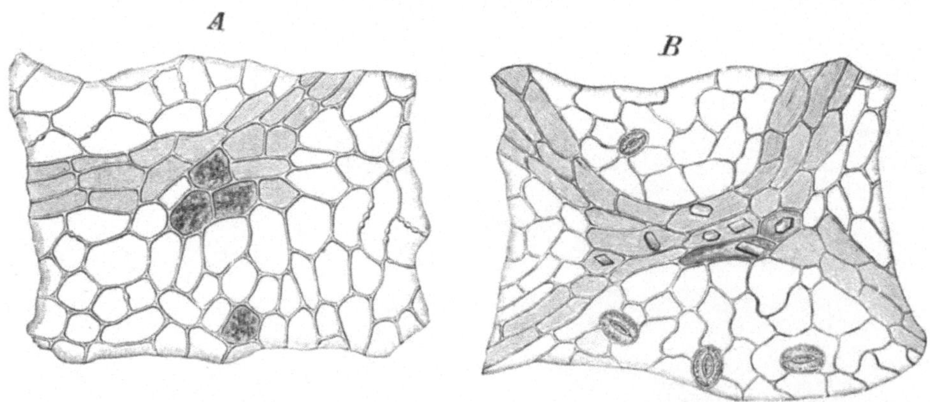

Abb. 52. Oberhaut des Rosenblattes (Rosa canina) (J. MOELLER). *A* Oberseite, *B* Unterseite von innen gesehen mit einigen aufliegenden Krystallen.

15. Erdbeerblätter. Die Blätter der Erdbeere (Fragaria vesca L. — Rosaceae) sind dreizählig, die Teilblättchen (Abb. 53) etwa eiförmig, am Rande grob gesägt und wenigstens auf der Unterseite zottig behaart. Die fiederförmig angeordneten Seitennerven laufen fast parallel und endigen in die etwa in gleicher Zahl vorhandenen Randzähne.

Die Epidermiszellen sind polygonal, die Seitenwände getüpfelt, fast gerade, unterseits zuweilen flachwellig gebogen. Die Innenwände der oberen Epidermiszellen sind verschleimt. Kleine Stomata finden sich nur unterseits. Die Unterseite (Abb. 54) des Blattes trägt zahlreiche, die Oberseite vereinzelte lange, dickwandige, einzellige Deckhaare. Sie besitzen nur in der Nähe der verdickten getüpfelten Basis ein erweitertes Lumen und sind

Abb. 53. Autophotogramm des Erdbeerblattes (J. MOELLER).

Abb. 54. Untere Epidermis des Erdbeerblattes, 1:210 (C. GRIEBEL).

meist über dem basalen Teil fast rechtwinkelig umgebogen, so daß sie der Blattfläche anliegen, ähnlich wie beim Tee. Daneben finden sich Drüsenhaare (Abb. 55) mit ein- bis dreizelligem Stiel und einzelligem Köpfchen. Längs der Nerven beobachtet man zahlreiche Drusenkrystalle, zuweilen auch Einzelkrystalle. Unabhängig von den Nerven kommen nur vereinzelte Drusen im Mesophyll vor. Das Palisadenparenchym ist zweibis dreireihig, locker, das großlückige Schwammparenchym dreireihig.

16. Himbeerblätter. Die drei- bis fünfzähligen Blätter der Himbeere

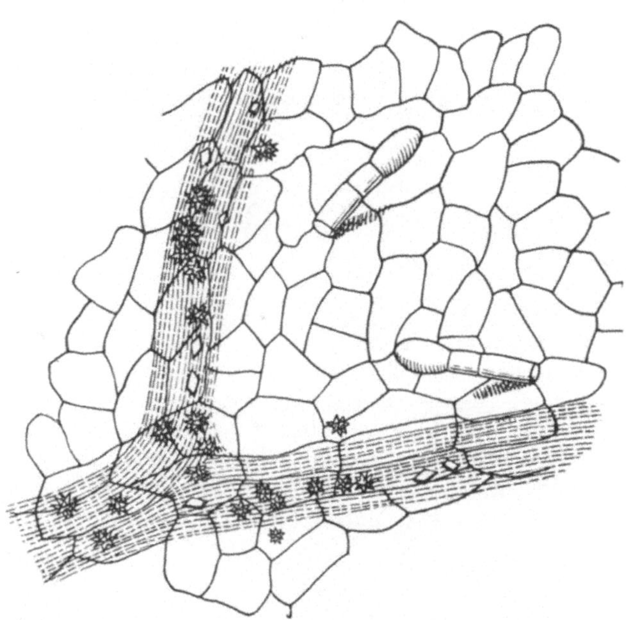

Abb. 55. Obere Epidermis des Erdbeerblattes mit Drüsenhaaren. Die Deckhaare sind nicht eingezeichnet. In den Nerven zahlreiche Oxalatdrusen, auch Einzelkrystalle, 1:210 (C. GRIEBEL).

Abb. 56. Autophotogramm eines Himbeerblättchens (C. GRIEBEL).

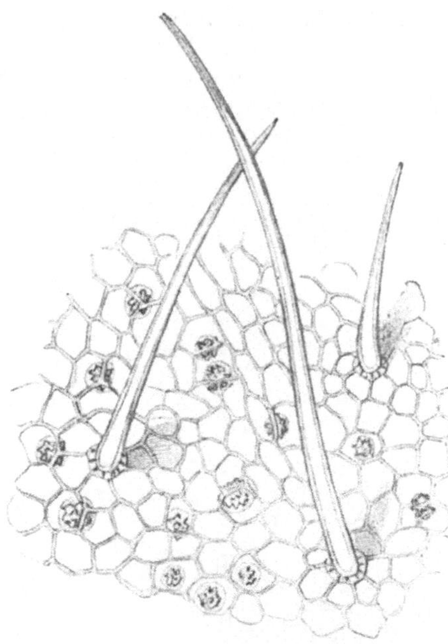

Abb. 57. Obere Epidermis des Himbeerblattes mit einzelligen, am Fuße getüpfelten Haaren; im Mesophyll Oxalatdrusen, 1:150 (C. GRIEBEL).

Abb. 58. Autophotogramm eines Brombeerblättchens (C. GRIEBEL).

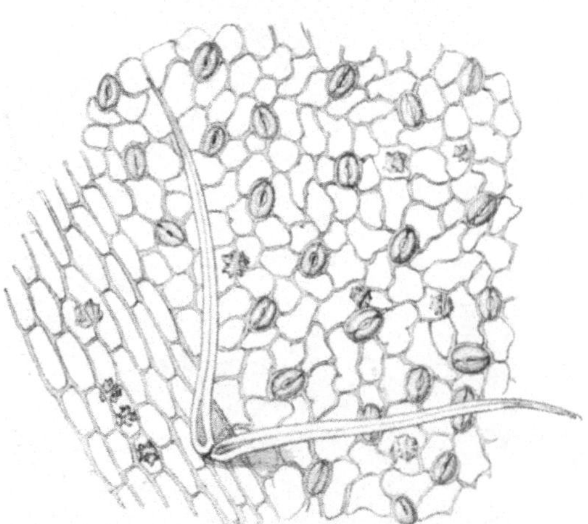

Abb. 59. Untere Epidermis des Brombeerblattes mit zahlreichen, etwas erhöhten Spaltöffnungen. Aus dem Nerv ein zweistrahliges Haar. (Die großen Borstenhaare sind nicht dargestellt.) 1:150 (C. GRIEBEL).

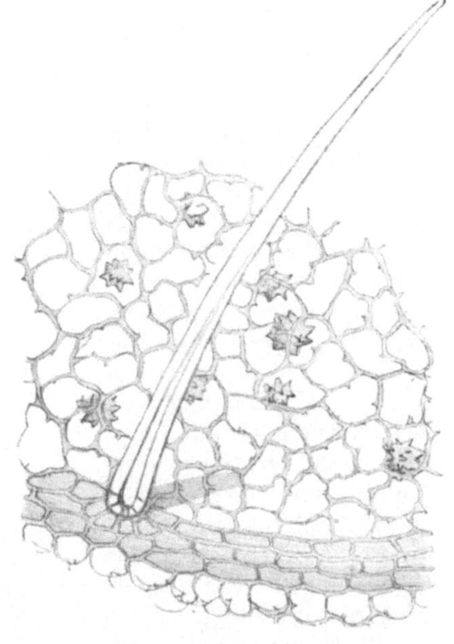

Abb. 60. Obere Epidermis des Brombeerblattes. Auf dem Nerv ein Borstenhaar, im Mesophyll Oxalatdrusen, 1:150 (C. GRIEBEL).

(Rubus idaeus L. — Rosaceae) bestehen aus zugespitzten, etwa eiförmigen Teilblättchen (Abb. 56), die am Rand ungleich scharf gesägt, unterseits weißfilzig und auf der Oberseite schwach behaart sind. Blattstiel und unterer Teil der Hauptrippe tragen oft vereinzelte kleine Stacheln (Lupe). Die von der Mittelrippe fiederförmig abzweigenden Seitennerven laufen bis zu den Rand-

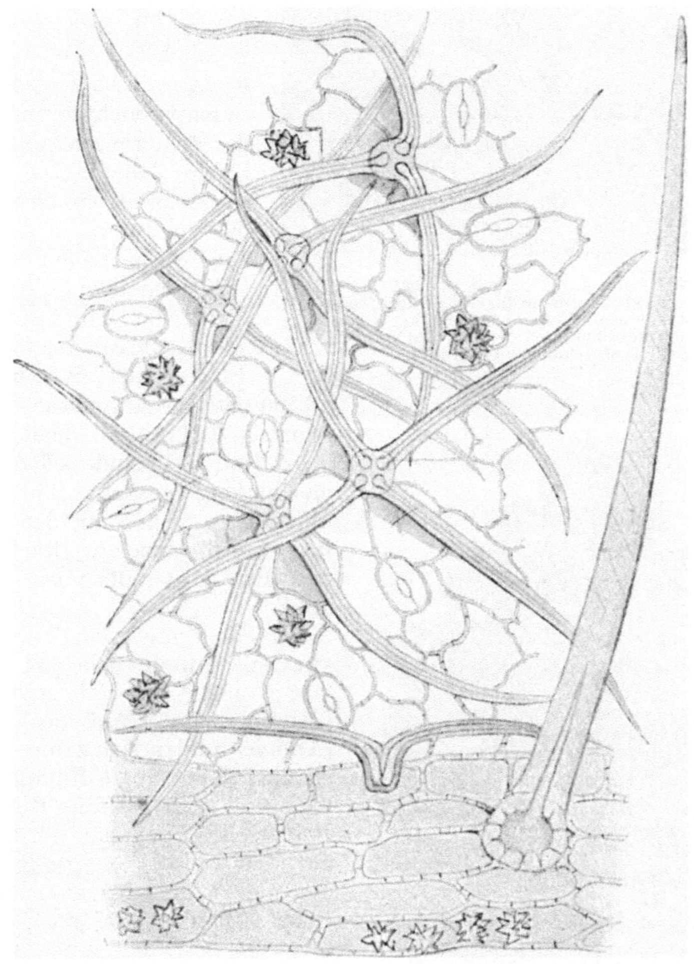

Abb. 61. Epidermis der Blattunterseite einer sternhaarigen Rubusart. Auf dem Nerv ein Borstenhaar und ein zweiarmiges Haar; Oxalatdrusen im Mesophyll und Nervenparenchym, 1:360 (C. GRIEBEL).

zähnen und entsenden zuvor einen oder mehrere starke Äste in benachbarte tieferliegende Zähne.

Die Epidermiszellen sind beiderseits polygonal und besitzen nur wenig gebogene Wände. Die Unterseite trägt zahlreiche Spaltöffnungen, die ebenso wie die Epidermiszellen erst nach Entfernung des dichten weißen Filzes sichtbar werden. Letzterer besteht aus einzelligen, vielfach hin und her gebogenen und miteinander verflochtenen peitschenförmigen Haaren. Die Oberseite (Abb. 57) trägt namentlich auf den Nerven starre spitze Haare, die über der getüpfelten Basis umgebogen sind und daher der Blattfläche anliegen. Ihre Wand ist im oberen Teil oft bis zum Schwinden des Lumens verdickt. Bei

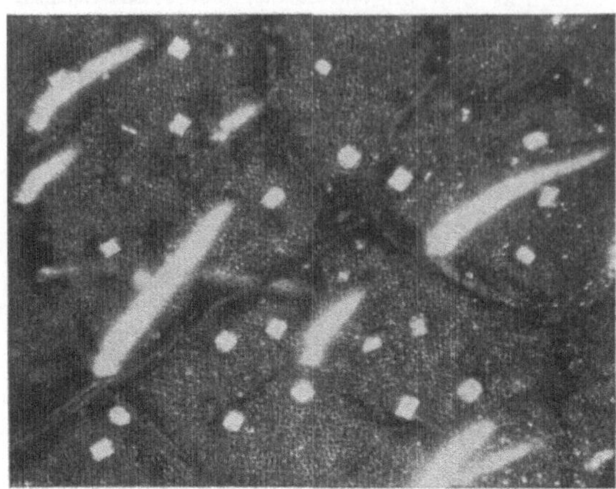

Abb. 62. Rubus caesius L. Gebleichtes Blatt im polarisiertem Licht, die großen Einzelkrystalle im Mesophyll zeigend. Borstenhaare infolge sehr starker Wandverdickung zwischen gekreuzten Nicols ebenfalls vollständig hell, 1:80 (Phot. C. Griebel).

stärkerer Vergrößerung lassen die Haare zwei sich kreuzende Liniensysteme erkennen. Die außerdem vorkommenden Drüsenhaare mit zweizellreihigem Stiel und vielzelligem Köpfchen treten nur wenig hervor. Das Mesophyll enthält zahlreiche, ziemlich große Oxalatdrusen. Sie liegen im Palisadenparenchym meist nahe der Epidermis in größeren rundlichen Zellen. Die Palisaden sind schmal, ein- bis zweireihig; das Schwammparenchym wird aus 3—4 Lagen rundlicher Zellen gebildet.

17. Brombeerblätter. Die meist drei- bis fünfzähligen Blätter der Brombeeren (Rubusarten — Rosaceae) sind etwa eiförmig (Abb. 58), beiderseits behaart und am Rande scharf und ungleichmäßig gesägt. Blattstiel und Mittelrippe tragen auf der Unterseite fast stets einzelne Stacheln. Die Nervatur ist der der vorigen Art sehr ähnlich.

Abb. 63. Autophotogramm des Maulbeerblattes (J. Moeller).

Die Epidermiszellen besitzen beiderseits leicht wellig gebogene, mitunter fast gerade Wände, die zuweilen reich getüpfelt sind. Auf der Unterseite (Abb. 59) finden sich zahlreiche, meist etwas erhöhte Spaltöffnungen. Recht kennzeichnend ist die Behaarung. Beiderseits kommen — vorwiegend auf den Nerven — große dickwandige, einzellige Borstenhaare vor (Abb. 60), die einen getüpfelten Fuß und oft nur im unteren Teil ein Lumen erkennen lassen. Ihre Wand ist durch zwei sich kreuzende Liniensysteme gestreift (Abb. 61). Bei den meisten Arten finden sich weiter auf der Unterseite in verschiedener Menge kleinere, im übrigen ähnlich gebaute Haare, die zu zweien bis vieren zusammenstehen und so sternförmige Büschelhaare mit zurückgebogenen, der Blattspreite mehr oder weniger anliegenden Strahlen bilden (Abb. 61). Die Blätter von Rubus tomentosus und verwandten Arten tragen beiderseits Sternhaare, die auf der Unterseite so dicht stehen, daß die Epidermiszellen meist nicht sichtbar sind.

Neben den auffälligen Deckhaaren treten die Drüsenhaare nur wenig hervor. Sie besitzen einen oft gekrümmten, ein- bis zweizellreihigen Stiel und ein mehrteiliges, bei manchen Arten vielteiliges Köpfchen. Sie finden sich vorwiegend auf der Unterseite der Nerven.

Das Mesokarp enthält bei den meisten Rubusarten Oxalatdrusen, die zum Teil recht groß sind und im Palisadenparenchym in größeren, runden Zellen liegen. Zuweilen treten sie fast nur längs der Nerven auf. Kleinere Drusen kommen im Nervenparenchym bei allen Arten vor. Durch große Einzelkrystalle im Mesophyll sind die Blätter von Rubus caesius L. vorzüglich gekennzeichnet (Abb. 62). Beobachtet man Einzelkrystalle neben Drusen im Mesophyll — erstere treten gewöhnlich sehr zurück —, so läßt dies auf Caesiusbastarde schließen (NETOLITZKY).

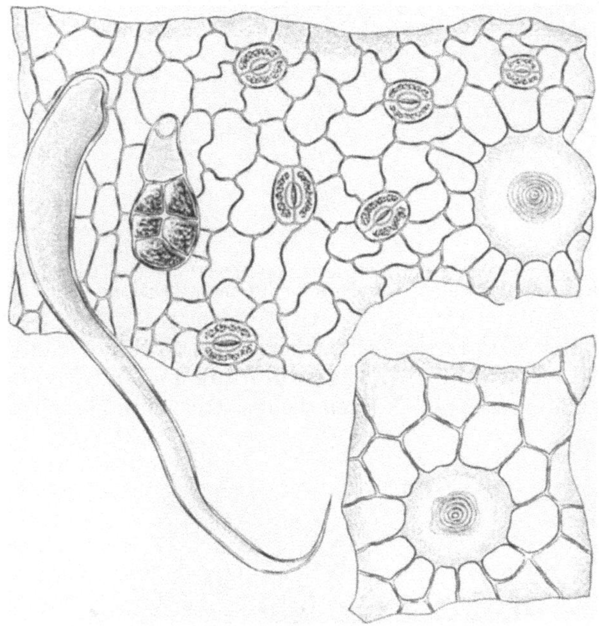

Abb. 64. Oberhaut des Maulbeerblattes (J. MOELLER).

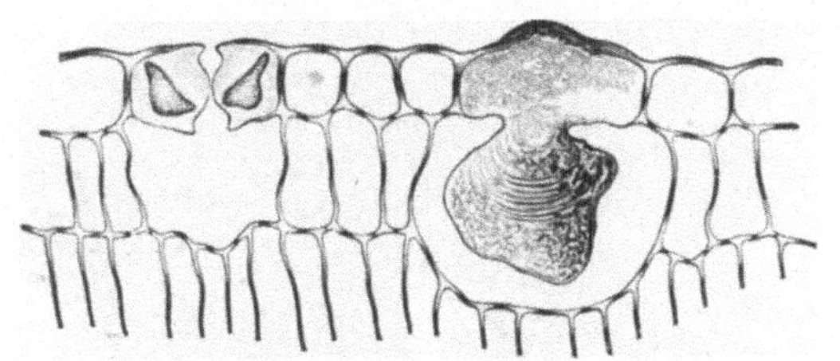

Abb. 65. Maulbeerblatt. Querschnitt der Unterseite mit einer Spaltöffnung und einem Cystolithen (J. MOELLER).

Abb. 66. Autophotogramm eines Eschenblattes (J. MOELLER).

18. Maulbeerblätter. Die Blätter der weißen Maulbeere (Morus alba L. — Moraceae) sind herzförmig eirund, oder schief herzförmig, zuweilen gelappt, am Rande ungleich gesägt (Abb. 63). Die Sekundärnerven und deren Hauptseitenäste führen in die größeren Randzähne. Behaarung ist meist nur unterseits auf den Nerven erkennbar.

Die Epidermiszellen (Abb. 64) sind beiderseits polygonal, unterseits auffallend klein, ihre Wände fast gerade. Auf beiden Seiten kommen reichlich vergrößerte Epidermiszellen vor, die Cystolithen enthalten (Abb. 64 und 65) und von gewöhnlichen Oberhautzellen rosettenförmig umgeben sind.

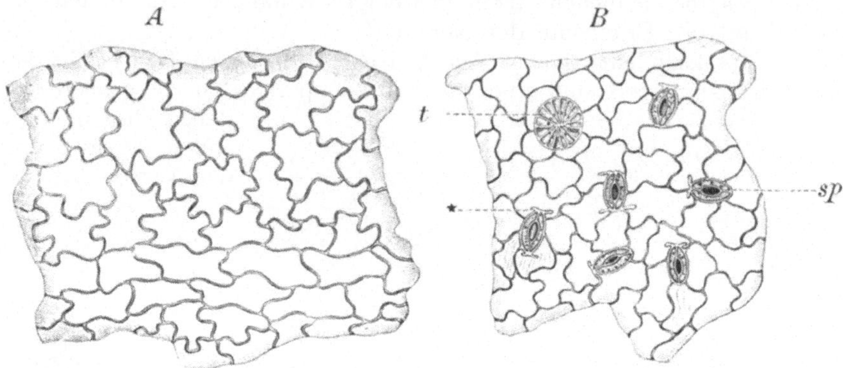

Abb. 67. Oberhaut des Eschenblattes (Fraxinus excelsior), *A* der Oberseite, *B* der Unterseite mit Spaltöffnungen *sp* und einem Drüsenhaare *t*; bei * Hörnchen der Stomata (J. MOELLER).

Stomata finden sich nur auf der Unterseite. Die Oberseite trägt vereinzelte ziemlich dickwandige, einzellige, etwa hakenförmig gebogene und am Grunde erweiterte Haare. Auf der Unterseite der Nerven beobachtet man daneben noch längere, fast gerade Haare und außerdem Drüsenhaare mit einzelligem Stiel und mehrzelligem kugeligem bis ovalem

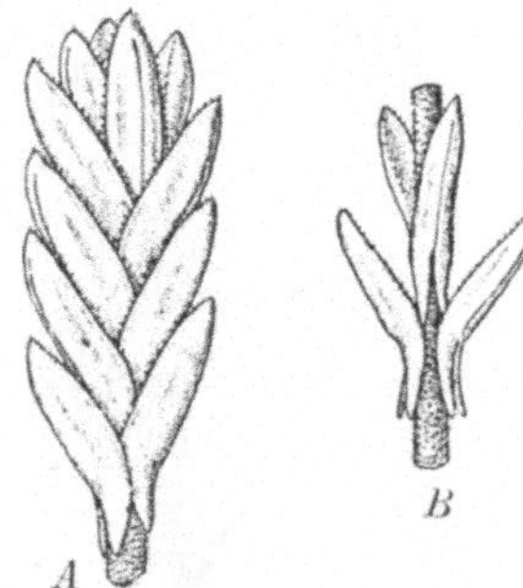

Abb. 68. Heidekraut. *A* Zweigende (1:16), *B* Zweigbruchstück, die spieß- oder pfeilförmige Anheftung der Blättchen zeigend (1:10) (C. GRIEBEL).

Abb. 69. Autophotogramm des Blattes der schwarzen Johannisbeere (C. GRIEBEL).

Köpfchen. Das Mesophyll enthält kleine Oxalatdrusen, die vorwiegend längs der feinen Nerven auftreten. Der Bau des Blattes ist zentrisch.

Die Blätter von Morus nigra L. sind denen von Morus alba sehr ähnlich, aber unterseits weichhaarig.

19. Eschenblätter. Die Blätter der Esche (Fraxinus excelsior L. — Oleaceae) sind unpaarig gefiedert und bestehen aus lanzettlichen zugespitzten, am Rande ziemlich entfernt gesägten Einzelblättchen (Abb. 66), die nur unterseits

auf der Mittelrippe Behaarung erkennen lassen. Die fiederförmig abzweigenden Seitennerven laufen fast bis zum Rande und bilden dann große Schlingen.

Die Epidermiszellen (Abb. 67) besitzen beiderseits mehr oder weniger gebogene, bis wellig buchtige Wände. Die Unterseite enthält zahlreiche ziemlich große Spaltöffnungen, deren Schließzellen nicht selten gehörnt sind. Oxalatkrystalle fehlen dem Eschenblatt vollständig. Deckhaare finden sich nur auf der Unterseite, und zwar auf und in der Nähe der Mittelrippe, sowie im unteren Teil der Seitennerven. Sie sind dünnwandig, oft gebogen, ihre Oberfläche ist meist feingestrichelt. Die Unterseite trägt außerdem — vereinzelt auch die Oberseite — kurzgestielte Drüsenhaare mit scheibenförmigem vielzelligem Köpfchen (Abb. 67).

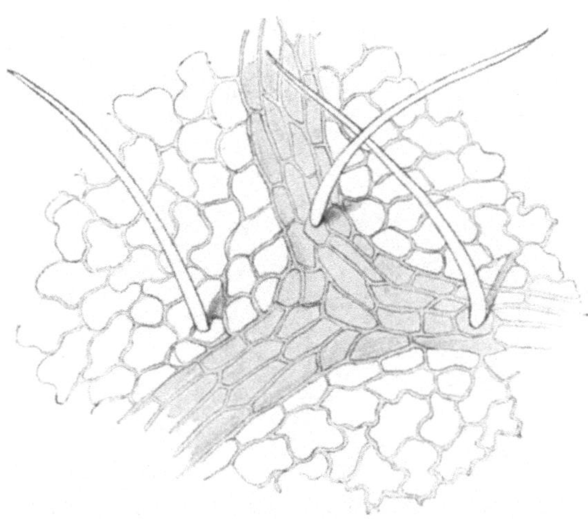

Abb. 70. Schwarze Johannisbeere. Epidermis der Blattoberseite, 1:150 (C. GRIEBEL).

20. Heidekraut. Die kleinen, drei- bis vierkantigen Blättchen des Heidekrautes (Calluna vulgaris SALISB. — Ericaceae) sind bis 3 mm lang, gegenständig oder vierzeilig-dachziegelig angeordnet und am Grunde pfeilförmig angeheftet

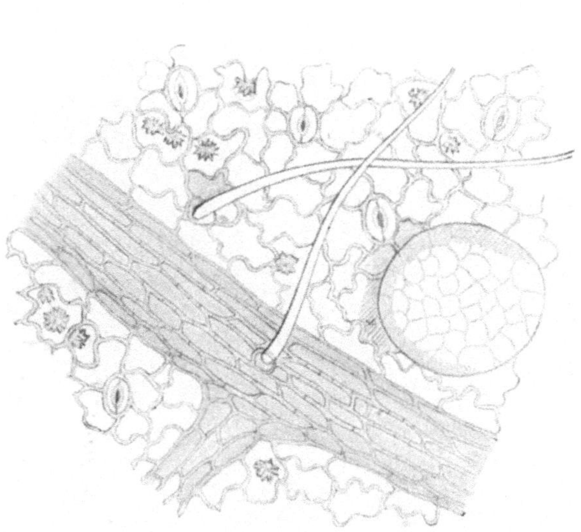

Abb. 71. Schwarze Johannisbeere. Epidermis der Blattunterseite. Rechts eine Öldrüse. Oxalatdrusen im Mesophyll, 1:150 (C. GRIEBEL).

Abb. 72. Autophotogramm eines Fiederblattes der Walnuß (C. GRIEBEL).

(Abb. 68). Hieran, sowie an den allerdings nicht immer vorhandenen kleinen roten Blütchen ist die Heide in Teegemengen leicht kenntlich. Auf der Rückenseite sind die Blättchen mit einer von einzelligen Haaren ausgekleideten Fuge versehen, in der reichlich Spaltöffnungen vorkommen. Der Blattrand trägt kurze kegelförmige, einzellige Haare. Drusenkrystalle finden sich besonders im Blattgrunde.

21. Blätter der schwarzen Johannisbeere. Die langgestielten Blätter der schwarzen Johannisbeere (Ribes nigrum L. — Saxifragaceae) sind tief

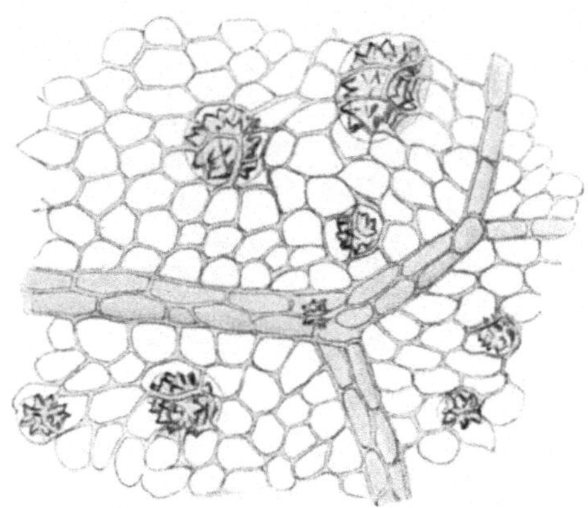

Abb. 73. Obere Epidermis des Walnußblattes. Oxalatdrusen im Mesophyll, 1:150 (C. GRIEBEL).

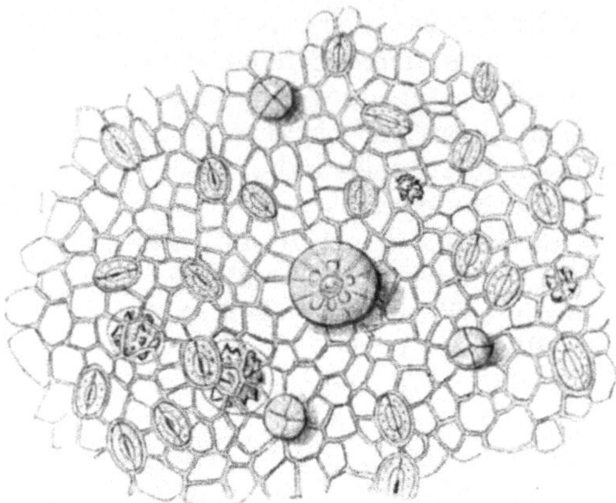

Abb. 74. Untere Epidermis des Walnußblattes mit zwei Formen von Drüsen, 1:150 (C. GRIEBEL).

drei- bis fünflappig, am Grunde herzförmig, doppelt gesägt-gezähnt (Abb. 69). Bis auf die schwach behaarten Rippen sind sie fast kahl, auf der Unterseite durch gelbe Drüsen punktiert. An der Basis des Blattes entspringen drei Hauptrippen, die in drei Hauptlappen führen. Die beiden seitlichen Hauptrippen entsenden in der Nähe der Basis ihrerseits starke Nebenrippen nach den kleinen unteren Blattabschnitten. Im übrigen endigen die Sekundärnerven in die größeren Randzähne.

Abb. 75. Autophotogramm des Waldmeisterblattes (C. GRIEBEL).

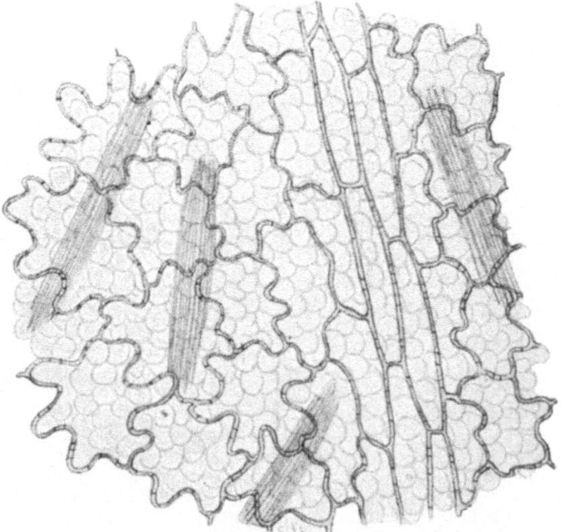

Abb. 76. Obere Epidermis des Waldmeisterblattes; große Raphiden im Mesophyll, 1:200 (C. GRIEBEL).

Die Epidermiszellen (Abbildung 70 und 71) sind beiderseits wellig, auf der Unterseite tiefer gebuchtet. Oberseits besitzen sie oft getüpfelte Wände, unten nur über den Nerven, wo sie durch gestreckte Form und fast gerade Wände auffallen. Spaltöffnungen kommen nur auf der Unterseite vor. Trichome finden sich in zwei verschiedenen Formen, nämlich spärliche meist einzellige, häufig gebogene Deckhaare mit derber Wand und körnig rauher Oberfläche, die vorwiegend unterseits auf den Nerven auftreten, und große gelbe, kurzgestielte Öldrüsen, denen die Unterseite ihr punktiertes Aussehen verdankt. Die letzteren sind in der Fläche scheibenförmig, im Querschnitt linsenförmig und messen in der Breite etwa 160 bis 240 μ. Im Bau ähneln sie den Hopfendrüsen. Ihr unterer Teil besteht aus zahlreichen polygonalen Zellen, deren gemeinsame Cuticula im frischen Zustand durch das Sekret abgehoben und emporgewölbt ist. Das Mesophyll enthält reichlich mittelgroße Oxalatdrusen. Das Palisadenparenchym ist einreihig.

Abb. 77. Untere Epidermis des Waldmeisterblattes; Stomata mit charakteristischen Nebenzellen; Raphiden im Mesophyll, 1:200 (C. GRIEBEL).

22. Walnußblätter. Die Blätter der Walnuß (Juglans regia L. — Juglandaceae) sind unpaarig gefiedert, die Teilblättchen (Abb. 72) etwa eiförmig, ganzrandig, meist zugespitzt, beiderseits scheinbar kahl. Unter der Lupe beobachtet man auf der Unterseite in den Winkeln der Sekundärnerven kleine Haarbüschel. Die Sekundärnerven sind etwas nach aufwärts gebogen und bilden in der Nähe des Blattrandes Schlingen. Die Tertiärnerven stellen oft fast gerade, unter rechtem Winkel abzweigende Verbindungen zwischen den Seitennerven dar.

Die ziemlich kleinen Epidermiszellen sind beiderseits polygonal (Abb. 73 und 74), ihre Wände dünn und fast gerade. Die Unterseite trägt zahlreiche, die Nachbarzellen oft an Größe übertreffende Spaltöffnungen. In den Nervenwinkeln der Unterseite finden sich starre, einzellige Haare mit etwas verbreiterter poröser Basis; ihre Wand ist gewöhnlich derb, die Spitze fast ohne Lumen. Von Drüsenhaaren kommen zwei Formen häufiger vor, nämlich Scheibendrüsen, die wie bei den Labiaten aus radial angeordneten Zellen bestehen und in kleinen Einsenkungen sitzen, sowie außerdem Drüsen mit einzelligem Stiel und kugeligem, vierteiligem Köpfchen. Vereinzelt finden sich auch solche mit mehrzelligem Stiel und ungeteiltem Köpfchen. Besonders auffallend ist der Reichtum des Mesophylls an Oxalatdrusen verschiedener Größe, von denen die kleinsten etwa 15 μ, die

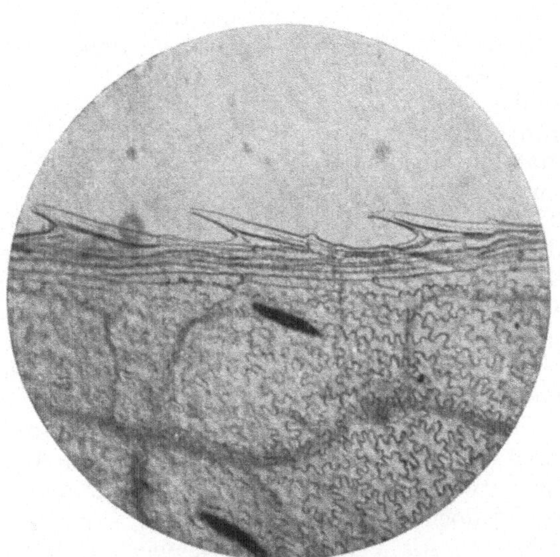

Abb. 78. Blattrand des Waldmeisters mit verkieselten Haaren, 1:50 (C. GRIEBEL).

größten 50 μ und mehr messen. In den Nerven treten ferner besonders auf der Unterseite zahlreiche sehr kleine Drusen auf, die oft in langen Reihen angeordnet sind. Die im Mesophyll vorhandenen Oxalatdrusen liegen in großen rundlichen Zellen des gewöhnlich dreireihigen Palisadenparenchyms.

23. Waldmeister. Die Blätter des Waldmeisters (Asperula odorata L. — Rubiaceae) sind bis 3 cm lang und bis 1 cm breit, länglich lanzettlich, kurz zugespitzt, nach dem Grunde zu etwas verschmälert, ganzrandig, kahl (Abb. 75). Von der Mittelrippe zweigen bogenförmige Sekundärnerven ab, die in einiger Entfernung vom Rande Schlingen bilden.

Die Epidermiszellen (Abb. 76 und 77) sind beiderseits wellig buchtig, auf der Unterseite kleiner und oft tiefer gebuchtet. Spaltöffnungen kommen, abgesehen von der Blattspitze, nur auf der Unterseite vor. Sie besitzen zwei oder drei ziemlich kleine Nebenzellen, die parallel zur Spalte angeordnet sind. Für das Blatt charakteristisch sind außer den Nebenzellen die zahlreichen parallel zur Blattfläche gestreckten Oxalatraphiden, die im Schwammparenchym liegen und zum Teil eine Länge von 400 μ erreichen. Meist messen sie zwischen 150 und 300 μ. Am Blattrand (Abb. 78), einzeln auch auf der Unterseite der Mittelrippe, finden sich kurze, starre, einzellige, dickwandige Haare, die aus breiter Basis entspringen und nach der Blattspitze gerichtet sind. Die Epidermiszellen besitzen dort am Rand ziemlich dicke und fast gerade Wände. Am Querschnitt des Blattes erkennt man eine Reihe kurzer Palisadenzellen und ein zwei- bis dreireihiges Schwammparenchym.

III. Mate oder Paraguaytee.

Die Verwendung von Mate, auch Paraguaytee genannt, war früher auf Südamerika beschränkt. Neuerdings wird Mate auch in anderen Ländern, so auch in Europa, in zunehmendem Maße konsumiert. Die eigentliche Heimat des Mate ist der südliche und mittlere Teil Südamerikas, wo dieses Produkt in großem Maßstabe als Genußmittel in Form eines Aufgusses Verwendung findet. Schon vor Ankunft der Europäer in Südamerika wurde Mate von den Indianern genossen. In den nördlichen Gegenden Südamerikas konkurriert Mate mit anderen coffein- bzw. theobrominhaltigen Genußmitteln, wie Guarana und Kakao. Daß in der ganzen Welt mit Ausnahme von Südamerika der echte Tee als Genußmittel eine Vormachtstellung einnimmt, liegt wohl u. a. daran, daß der Geschmack des aus Mate bereiteten Aufgusses weniger fein ist als der des echten Tees. Nach A. BICKEL und A. M. LOEW[1] ist eine Korrektur des Geschmackes durch Unwirksammachung von Geschmacks- und Riechstoffen mittels chemischer Bindung möglich. Wie schon oben angedeutet, ist Mate im Gegensatz zu anderen Tee-Ersatzmitteln coffeinhaltig und besitzt daher, ähnlich wie der Tee, auch anregende Wirkung.

Der Paraguaytee wird von den Blättern einiger Arten der Gattung Ilex, einer Stechpalmenart aus der Familie der Äquifoliazeen, gewonnen. Im ganzen sind etwa 15 Ilexarten an der Gewinnung beteiligt, die überwiegende Menge wird jedoch von Ilex paraguayensis, einem 1—6 m hohen, immergrünen Baum, geliefert. Als Verfälschung dienen verschiedene coffeinfreie oder nur geringe Coffeinmengen enthaltende Ilexarten, sowie die Blätter von Symplocos lanceolata, Symplocos variabilis, Symplocos caparaoensis. Kein Coffein enthalten die Arten Ilex dumosa[2] und Ilex canguayuensis. Eine als Verfälschung dienende Ilexart, nämlich Ilex amara, ist gesundheitsschädlich. Der Paraguaymate

[1] A. BICKEL u. A. M. LOEW: Z. 1930, 60, 526.

[2] A. LENDNER: Mitt. Lebensmitteluntersuch. Hygiene 1911, 2, 265; 1913, 4, 42.

wird im allgemeinen höher bewertet als der brasilianische Mate[1]. Als zufällige Beimengungen sind die Früchte von Ilex paraguayensis anzusprechen.

Das Hauptproduktionsland für die Gewinnung des Matetees ist Paraguay. Der Matebaum bildet weitverbreitete Waldungen. Erst wenn der Baum ein Alter von etwa 17 Jahren erreicht hat, wird er zur Mategewinnung herangezogen. Die Ernte dauert in Paraguay von Dezember bis August. Nur Bäume, die mindestens 4 Jahre unberührt gestanden haben, sollen geerntet werden. Andernfalls erhält man ein Produkt, das unangenehm schmeckt. Das Mateblatt ist etwa 16 cm lang, selten unter 5 cm, es ist eiförmig und läuft in den kurzen Blattstiel schmal aus. Der Blattrand ist kerbelig gesägt. Ein Baum liefert etwa 30—40 kg Blätter. Bei der Ernte werden etwa kleinfingerdicke Zweige abgeschnitten, gebündelt und in bestimmter Weise durch ein offenes, möglichst rauchloses Feuer gezogen, damit alle Blätter anwelken, ohne anzubrennen. Die Matebündel werden dann mehrmals nacheinander 24 Stunden lang der Einwirkung eines Feuers ausgesetzt. In den Zwischenpausen läßt man das Produkt „schwitzen", wobei eine Fermentation stattfindet. Mitunter röstet man auch in Pfannen, um den Einfluß des Rauches auszuschalten, der den weniger geschätzten Rauchgeschmack bedingt. Für die Unterhaltung des Feuers wählt man verschiedene Arten von Myrrthaceen. Sind die Blätter genügend dürr, so werden sie zerkleinert und als Pulver unter der Bezeichnung „Mate" in den Handel gebracht. Mitunter werden auch die zurückbleibenden Zweigteile zerkleinert und beigemengt. Man unterscheidet folgende Sorten:

a) Caa-cuy oder Caa-cuyo, die beste Sorte. Es handelt sich bei dieser um die eben sich entfaltenden Blattknospen von rötlicher Farbe.

b) Caa-mirien, brasilianisch Herva mansa, stellt die Hauptsorte dar. Es handelt sich um die von Zweigen und Stielen, sowie von der Mittelrippe durch Sieben befreiten Blätter.

c) Caa-guacu, Caauna, Yerva de Palos, stellt die schlechteste Sorte des Mate dar. Sie besteht aus größeren Blättern und Zweigstücken, mitunter in zerstückelter, mitunter in gepulverter Form.

Der Matetee wird in Fässern aus brasilianischem Araucariaholz oder in Körben aus Taquararohr oder mitunter in Ochsenhäuten zum Versand gebracht.

Über die Bekömmlichkeit des Mateaufgusses gehen die Meinungen auseinander. Während F. SCHLODTMANN[2] und H. ZELLNER[3] dem Mate eine gute Wirkung bzw. Unschädlichkeit zuschreiben, sollen nach SÜSS[4] bei Mateaufgüssen gelegentlich Vergiftungserscheinungen infolge einer durch Mikroorganismen verursachten Cholin- und Muscarinbildung auftreten. O. RÜDEL[5] streitet die günstige Wirkung der Mateaufgüsse ab; G. LEGL[6] hat einen schlechten Einfluß auf die Zähne beobachtet. Schließlich sollen die Jesuiten angeblich vor mehreren hundert Jahren den Mate verboten haben, da sein Genuß sexuell anrege.

Als wichtigster Bestandteil des Matetees hat der Coffeingehalt zu gelten, dem dieser Tee seine anregende Wirkung verdankt. Nach älteren Analysen schwankte der Coffeingehalt zwischen 0,2 und 3,3%, also innerhalb weiter Grenzen. Möglicherweise sind diese Schwankungen jedoch auf unzulängliche

[1] A. LENDNER: Mitt. Lebensmittelunters. Hygiene 1911, **2**, 265; 1913, **4**, 42.
[2] F. SCHLODTMANN: Med. Welt 1928, **2**, 1153; **Z.** 1933, **66**, 348.
[3] H. ZELLNER: Med. Welt 1929, **3**, 294; **Z.** 1933, **66**, 348.
[4] SÜSS: Pharm. Zentralh. 1906, **47**, 166; **Z.** 1933, **66**, 348.
[5] O. RÜDEL: Med. Welt 1929, **3**, 295; **Z.** 1933, **66**, 348.
[6] G. LEGL: Med. Welt 1929, **3**, 295; **Z.** 1933, **66**, 349.

Bestimmungsmethoden zurückzuführen. Neuere Untersuchungen ergaben Schwankungen von 0,3—1,5%[1].

Das Coffein liegt zu fast 50% in gebundener Form vor. Neben dem Coffeingehalt ist der Gerbstoffgehalt zu erwähnen, von dem etwa 4—6% vorhanden sind. Im Mittel von 15 Analysen wurden für Paraguaytee folgende Werte gefunden:

Tabelle 9.

Wasser	In der Trockensubstanz						
	Stickstoffsubstanz (N × 6,25)	Coffein	Äther-extrakt	Gerbstoff	Asche	Wasser-extrakt	Alkohol-extrakt
%	%	%	%	%	%	%	%
6,92	12,03	0,95	4,50	7,40	5,99	33,90	33,51

Im Coffeingehalt wurden in der ursprünglichen Substanz Schwankungen von 0,30—1,85%, im Gerbstoffgehalt solche von 4,10—9,59% und im Gehalt an wasserlöslichen Stoffen solche von 24,0—42,75% festgestellt. O. Rammstedt[2] stellte in 17 im Großhandel entnommenen Mateproben im Mittel folgende Werte fest: Wasser 9,40%, Coffein (Matein) in der Trockensubstanz 1,10%, Protein 15,79%, wäßriger Extrakt in der Trockensubstanz 38,81%.

Die chemische Untersuchung wird in ähnlicher Weise wie beim Tee ausgeführt. Nach F. Krauss, E. Kleucker und A. Kollath[3] ist die Methode von Lendrich-Grossfeld für die Coffeinbestimmung in Mate besonders zu empfehlen, da sie nicht nur sehr hohe Werte, sondern auch ein reines Coffein liefert. Für die Bestimmung des Gerbstoffes ist ein anderes Bestimmungsverfahren anzuwenden, weil hier nicht, wie beim Kaffee- oder Tee-Gerbstoff, mit Kupfer- oder Bleisalzen einheitliche Verbindungen ausfallen. Busse und Polenske[4] empfehlen dafür das gewichtsanalytische Verfahren von v. Schröder[5]. Das Verfahren beruht darauf, daß man in einer gerbstoffhaltigen Flüssigkeit die Menge der gelösten organischen Stoffe bestimmt, in einer gleich großen Menge Flüssigkeit den Gerbstoff durch gereinigtes Hautpulver entfernt und in der Lösung wiederum die organischen Stoffe bestimmt. Unter Berücksichtigung der löslichen Stoffe des Hautpulvers läßt sich dann aus der Differenz der Gerbstoff berechnen. Arbeitsweise:

Reinigung des Hautpulvers. Man wäscht allerbestes käufliches Hautpulver aus in einer weiten, unten mit durchbohrtem Korke geschlossenen Glasröhre, die etwa 100 g locker eingefülltes Hautpulver faßt, und in der dann noch ein Raum von etwa 200 ccm frei bleibt. Dieser nimmt das zum Auswaschen verwendete Wasser auf. Das Wasser wird nach Bedarf von oben aufgegossen, dringt durch das Hautpulver, löst dabei die leicht löslichen organischen Substanzen auf und fließt dann wieder ab durch die in dem durchbohrten Kork steckende Glasröhre. 2 Liter Wasser genügen für 100 g Hautpulver. Nach dem Abtropfen des Wassers preßt man den Rest desselben so gut als möglich durch Auswinden passender (kleinerer) Mengen Hautpulver in einem trockenen Leinentuch ab, zerkleinert die sich bildenden Ballen, läßt bei gewöhnlicher Temperatur an einem luftigen Orte trocknen und mahlt dann noch einmal durch.

---

[1] F. Krauss, E. Kleucker u. A. Kollath: **Z.** 1933, **66**, 348; vgl. auch J. Grossfeld u. G. Steinhoff: **Z.** 1931, **61**, 28. — Peyer u. Gstirner: Apoth.-Ztg. 1932, **47**, 672. — Jesser: Chem.-Ztg. 1932, **56**, 842.

[2] O. Rammstedt: Pharm. Zentralh. 1915, **56**, 29.

[3] F. Krauss, F. Kleucker u. A. Kollath: **Z.** 1933, **66**, 348.

[4] Busse u. Polenske: Arb. kaiserl. Gesundh.-Amt 1898, **15**, 171.

[5] v. Schröder: Berl-Lunge, Chemisch-technische Untersuchungsmethoden, 8. Aufl., Bd. 5. Berlin: Julius Springer 1932.

Ausführung der Bestimmung. 15 g[1] Paraguaytee werden mit Wasser 15 Stunden, tunlichst unter Druck, eingeweicht und dann bei 90—95° in üblicher Weise ausgezogen, was in $2^1/_2$—3 Stunden erreicht werden kann. Man bringt die Lösung bei der Eichungstemperatur des Gefäßes auf 1 Liter, filtriert, dampft 100 ccm auf dem Wasserbade ein, trocknet bis zur Gewichtsbeständigkeit bei 100° und wägt. Man äschert den Rückstand ein und bestimmt das Gewicht der Asche, welches abgezogen wird; hierdurch erhält man das Gewicht der organischen Stoffe in 100 ccm Lösung ($= G + N$). Addiert man die Gesamtmenge der gelösten Stoffe und die Feuchtigkeitsmenge in Prozenten der zu untersuchenden Substanz und zieht die Summe von 100 ab, so ergibt sich indirekt das „Unlösliche" bzw. Ungelöste. Dann digeriert man 200 ccm der filtrierten Lösung zunächst mit 10 g gereinigtem Hautpulver $^1/_2$—1 Stunde lang unter häufigem Umschütteln, filtriert durch ein Leinwandfilter, preßt ab und behandelt das Filtrat noch 20—24 Stunden mit 4 g Hautpulver. Hierauf wird zuerst durch ein kleines Leinwandfilter, sodann durch gutes Filtrierpapier filtriert. 100 ccm Filtrat werden eingedampft, bis zur Gewichtskonstanz getrocknet, gewogen und die Menge der Asche ermittelt, die dann abgezogen wird. So erhält man die organischen Nichtgerbstoffe N; von diesen muß immer die geringe Menge der aus dem Hautpulver gelösten organischen Stoffe, die bei einem gleichen Versuche mit destilliertem Wasser in Lösung geht, abgezogen werden.

Zieht man vom Gesamtgewicht der gelösten organischen Stoffe ($G + N$) das Gewicht der „Nichtgerbstoffe" N ab, so erhält man das Gewicht (G) der gerbenden Stoffe.

Abgesehen von dem verschiedenen Geschmack von Matetee und Aufguß von echtem Tee können auch folgende Unterscheidungsmerkmale zur Differenzierung herangezogen werden. Aufguß von echtem Tee ist blaßbraun, während Mateaufguß hellgrün bis braun aussieht. Nach P. DE LYLLE[2] wird Mateaufguß durch Ammoniak und Natronlauge grün gefärbt, während Aufguß von echtem Tee durch Ammoniak rot und durch Natronlauge gelb gefärbt wird. Gibt man Magnesiamixtur, Kalkwasser oder Quecksilbernitratlösung zu Teeaufguß, so entsteht eine braune Fällung, während Mateaufguß einen grünen Niederschlag liefert. Silbernitrat und Eisenchlorid rufen in einem Aufguß von echtem Tee einen roten, in Mateaufguß einen schwarzen bzw. grünen Niederschlag hervor. Auch Jodkaliumquecksilberjodidlösung, Zinksulfat-, Bleisubacetat- und Phenolphthaleinlösung liefern mit beiden Aufgüssen abweichende Reaktionen.

Dem Mate nahe verwandt ist Cassine, ein im Südosten der Vereinigten Staaten benutztes Genußmittel, das aus den Blättern von Ilex cassine, Ilex vomitoria und Ilex caroliana gewonnen wird. Der Coffeingehalt beträgt 0,27 bis 0,32%, der Gerbstoffgehalt 7,4%. Das aus den Blättern hergestellte Getränk kann in dreierlei Weise gewonnen werden: 1. durch Aufguß auf frische Blätter, 2. durch Aufguß auf getrocknete Blätter und 3. durch Vergären eines Aufgusses. In der zuletzt genannten Form soll Cassine berauschend wirken.

Neben Mate und Cassine ist als ein sehr coffeinhaltiges Genußmittel Guarana hervorzuheben. Guarana wird aus den Samen von Paullinia cubana, und zwar in der Weise gewonnen, daß man die vorher in Wasser eingeweichten Samen röstet, zu einem Teig verarbeitet und diesen Teig dann trocknet. Zum Gebrauch wird die erhärtete Paste gerieben und mit kaltem Wasser angerichtet. In dieser Form dient Guarana direkt als Genußmittel. Guarana enthält bis 6,5% Coffein. Guarana ist, wie auch der Paraguaytee, in Südamerika als Genußmittel verbreitet.

---

[1] Man soll nur so viel Substanz anwenden, daß die Lösung höchstens 0,1—0,2 g Gerbsäure in 100 ccm enthält.

[2] P. DE LYLLE: Ann. Chim. analyt. appl. 1912, **17**, 84; vgl. auch A. HASTERLIK: Zit. S. 168.

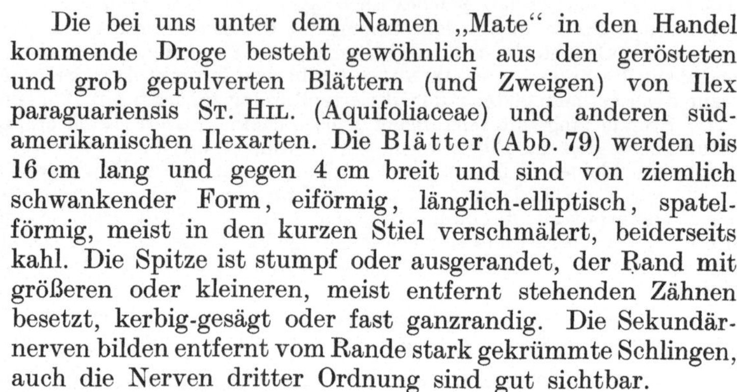

Mikroskopische Untersuchung des Paraguaytees.

Von Professor Dr. C. Griebel - Berlin.

Mit 3 Abbildungen.

Abb. 79. Mateblatt. (Autophotogramm nach J. Moeller.)

Die bei uns unter dem Namen „Mate" in den Handel kommende Droge besteht gewöhnlich aus den gerösteten und grob gepulverten Blättern (und Zweigen) von Ilex paraguariensis St. Hil. (Aquifoliaceae) und anderen südamerikanischen Ilexarten. Die Blätter (Abb. 79) werden bis 16 cm lang und gegen 4 cm breit und sind von ziemlich schwankender Form, eiförmig, länglich-elliptisch, spatelförmig, meist in den kurzen Stiel verschmälert, beiderseits kahl. Die Spitze ist stumpf oder ausgerandet, der Rand mit größeren oder kleineren, meist entfernt stehenden Zähnen besetzt, kerbig-gesägt oder fast ganzrandig. Die Sekundärnerven bilden entfernt vom Rande stark gekrümmte Schlingen, auch die Nerven dritter Ordnung sind gut sichtbar.

Die Epidermis der Oberseite (Abb. 80) besteht aus bis 30 μ großen, rundlich polyedrischen, derbwandigen, zum Teil getüpfelten Zellen, deren Cuticula unregelmäßig verlaufende Falten zeigt. Über den größeren Nerven sind die Zellen oft in mehreren Reihen regelmäßig angeordnet. Die Epidermiszellen der Unterseite (Abb. 81) sind kleiner als die der Oberseite und zeigen ebenfalls, wenn auch geringere Cuticularstreifung. Spaltöffnungen sind nur auf der Unterseite vorhanden, sie sind zumeist größer als die sie umgebenden Epidermiszellen. Das Mesophyll besteht aus einem meist zweireihigen Palisadenparenchym und einem sehr lockeren Schwammparenchym, in dem bis 30 μ große Oxalatdrusen vorkommen. Die Leitbündel haben einen Belag von mäßig verdickten Fasern.

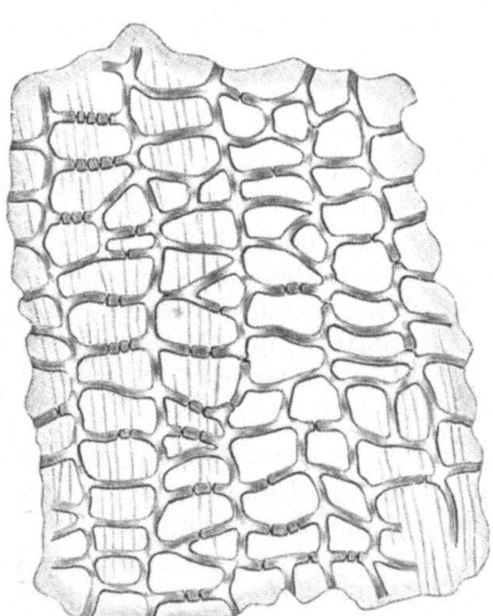

Abb. 80. Epidermis der Oberseite des Mateblattes oberhalb eines Nerven (J. Moeller).

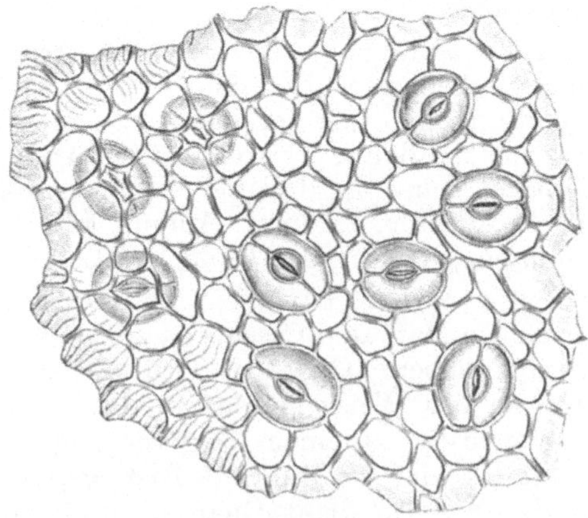

Abb. 81. Epidermis der Unterseite des Mateblattes (J. Moeller).

IV. Colanuß.

Colanuß unterscheidet sich als Genußmittel von Tee und Kaffee dadurch, daß sie nicht in Form eines Aufgusses oder Filtrates, sondern ohne jede Zubereitung genossen wird, was begreiflicherweise eine bessere Ausnützung des darin enthaltenen Coffeins bedingt. Colanuß ist deshalb kein Ersatzmittel für Tee, sondern ein selbständiges Lebensmittel. Eine ausgedehnte Verwendung finden Colanüsse bei den Eingeborenen in Afrika, wo der etwa 20 m hohe Colabaum (Cola acuminata und Cola vera) einheimisch ist. Auch in Europa werden Colanüsse in kleinen Mengen, und zwar in Form verschiedener Zubereitungen gehandelt. Die Colanuß wird am besten frisch, aber auch getrocknet gekaut, oder auch gemahlen in Milch oder Honig verteilt genossen. Sie vertreibt Hunger und Durst. Für den Grad ihrer Hochschätzung ist bezeichnend, daß sie in Afrika als Münze und als Zeichen der Hochachtung dient.

Botanisch ist die Bezeichnung „Colanuß“ falsch. Es handelt sich hier nicht um Nüsse, sondern um die 2—4 cm langen von den Samenschalen befreiten Keimblätter des Samens, in erster Linie von Cola vera, die zu den Sterculiaceen zu zählen ist. Die häufigste Form der Colanuß erinnert rein äußerlich an die Form der Saubohne. Die Frucht des Colabaumes hat die Größe einer Citrone. In der Frucht sitzen fünf runzelige, rotbraune, zuweilen schwarzgefleckte Samen. Gepflückt werden die reifen, im Aufspringen befindlichen Früchte. Die Samen, die im übrigen in einem zuckerhaltigen Fruchtfleisch liegen, zeigen teilweise einen Geruch nach Marschall NIEL-Rosen, bei anderen Arten einen solchen nach Äpfeln. Man läßt die Samen einige Tage liegen und verpackt sie dann nach dem Abwaschen in Körbe, die mit Blättern einer Colaart ausgelegt sind, damit sich die Nüsse frisch erhalten. Nur in frischem Zustand werden die Nüsse von den Negern geschätzt. Bei Transporten, die 3—4 Monate dauern, sind die Blätter nur feucht zu halten. Bei längeren Transporten sind die Nüsse monatlich einmal mit Wasser abzuwaschen und umzupacken. Sie sind dann etwa 8—10 Monate haltbar. Die Colanüsse haben einen bitteren, adstringierenden Geschmack. Nachstehende Tabelle zeigt die Zusammensetzung der Colanüsse (Mittelwerte von 20 Analysen):

Tabelle 10.

Wasser %	Stickstoffsubstanz (N×6,25) %	Coffein %	Theobromin %	Ätherextrakt %	Colarot %	Gerbstoff %	Zucker %	Stärke %	Sonstige stickstofffreie Extraktstoffe %	Rohfaser %	Asche %
12,22	9,22	2,16	0,053	1,35	1,25	3,42	2,75	43,83	15,06	7,85	3,05

Die Zusammensetzung der Colanuß ähnelt derjenigen des Kaffeesamens. Der Coffeingehalt ist allerdings doppelt so hoch. Neben Coffein findet sich in geringer Menge in den Colanüssen Theobromin. Der größte Teil des Coffeins liegt in gebundenem Zustande vor. Nach KNOX und PRESCOTT[1] wurden im Mittel von fünf Untersuchungen bei einem Gesamtcoffeingehalt von 3,17% 1,86% gebundenes Coffein festgestellt. Offenbar hat das Bestreben, die Nüsse möglichst frisch zu halten bzw. in frischem Zustand zu genießen, den Zweck, die Menge an gebundenem Coffein nicht zu verringern.

Früher nahm man an, daß die Alkaloide der Colanuß zusammen mit dem Gerbstoff glucosidisch gebunden sind. Man hat dieses Glucosid als Colanin bezeichnet, da es bei hydrolytischer Spaltung durch Fermente Alkaloide,

[1] KNOX u. PRESCOTT: Vgl. HARTWICH, zit. S. 168.

Gerbstoff und Glucose liefert. Es hat sich aber herausgestellt, daß das rein dargestellte Colanin in seiner Zusammensetzung außerordentlich wechselnd war. Heutzutage steht man auf dem Standpunkt, daß die Alkaloide in Form von Tannaten vorliegen, und daß der bei der Spaltung vorgefundene Glucosegehalt dem glucosidischen Gerbstoff entstammt. Der Gerbstoff zerfällt wahrscheinlich in ein Phlobaphen (Colarot) und Glucose. Diese Zersetzung des Gerbstoffes geht vermutlich unter dem Einfluß von Oxydasen vor sich, was durch die durch Phlobaphenbildung hervorgerufene Braunfärbung der trockenen Nüsse belegt ist. — MASTBAUM[1] hat im übrigen in der Colanuß ein fettspaltendes Ferment, die Colalipase, vorgefunden.

Was den Zuckergehalt der Colanuß angeht, so wurden von L. BOURDET[2] in frischen Colanüssen, die nach der Zerkleinerung und Trocknung mit 60%igem Alkohol ausgezogen wurden, auf Trockensubstanz berechnet 0,748% direkt reduzierender Zucker und 3,252% invertierbarer Zucker (berechnet als Glucose) gefunden. Sehr wahrscheinlich findet sich der Zucker in Form von Glucose oder Fructose oder in Gemischen von beiden in der Colanuß vor.

A. GORIS[3] hat einen glucosidartigen Körper in der Colanuß festgestellt, den er Colatin nennt ($C_8H_{10}O_4$). Dieser Körper wird leicht zu Colarot oxydiert. Er ist in trockenen Colanüssen nicht enthalten. Colatin bildet mit Coffein einen aus verdünntem Alkohol auskrystallisierenden weißen Körper, der direkt mit Chloroform ausgezogen kein, in Gegenwart von Wasser mit Chloroform ausgezogen, Coffein liefert.

Die echte Colanuß wird auch als weibliche Colanuß oder Gurunuß bezeichnet. Die sog. falsche Colanuß wird auch männliche Colanuß oder Cola mala genannt. Sie stammt von den Samen von Garcinia cola. Diese sind frei von Coffein. Cola mala enthält 5,43% Gerbsäure, 5,14% Harz und 3,75% Glucose. Auch sie wird von den Negern als adstringierendes Genußmittel gekaut.

Als Ersatz der Colanuß gelten ferner die Kamjassamen von Pentadesma butyraceum, einer Guttifere, die coffein- und fettreich sind. Aus dem Fett dieser Samen wird im übrigen die Kamjabutter gewonnen.

Aus Colanüssen werden bei uns die verschiedensten Präparate hergestellt. So sind Mischungen von Colanuß, Kakao, Zucker, Calciumphosphat, Vanille und solche aus Colanuß und Malzextrakt als Stärkungsmittel bzw. Anregungsmittel im Handel anzutreffen. Auch Auszüge aus Colanüssen unter Zusatz von Aromatisierungsmitteln oder Lecithin oder Pepsin oder auch Chinarinde sind anzutreffen. Aus Weindestillat wird Colalikör, aus Süßweinen Colawein hergestellt.

Die chemische Untersuchung der Colanuß erfolgt im allgemeinen wie bei Kaffee. Für die Wertbestimmung von Colanuß und Colaextrakt kann folgendes Verfahren angewandt werden:

1. Gesamt-Alkaloid. 10 g der fein geraspelten Droge werden mit Wasser angefeuchtet, mit 10 g ungelöschtem Kalk versetzt und dann mit Chloroform ausgezogen. Der vom Chloroform fast völlig befreite Extrakt wird in 20 ccm 0,1 N.-Natronlauge gelöst, mit Ammoniak alkalisch gemacht und unter öfterem Umschütteln einige Zeit stehen gelassen. Man schüttelt dann im Scheidetrichter dreimal mit je 20 ccm Chloroform aus. Die vereinigten Chloroformauszüge werden verdunstet und der weiße, das Alkaloid darstellende Rückstand wird getrocknet und gewogen.

---

[1] MASTBAUM: Vgl. HARTWICH, zit. S. 168.
[2] L. BOURDET: **Z.** 1911, **21**, 571.
[3] A. GORIS: Ber. Deutsch. Chem. Ges. 1908, **18**, 345; **Z.** 1913, **26**, 679.

2. Freies und gebundenes Alkaloid und Bestimmung des Fettes. 10 g der geraspelten Droge werden mit 10 g grobem Sand vermischt und dann mit Chloroform ausgezogen. Nach dem Verdunsten des Chloroforms wird der Extrakt gewogen. Er stellt eine Mischung von Fett und freiem Coffein dar. Aus dem Rückstand wird durch Kochen mit Wasser das Coffein ausgezogen. Aus der wäß¬igen Lösung wird das Wasser verdampft, der Rückstand mit Salzsäure aufgenommen, die Lösung dann ammoniakalisch gemacht und schließlich mit Chloroform ausgeschüttelt. Man erhält auf diesem Wege das freie Coffein.

Zur Erkennung von ungeröstetem Colapulver kann neben der mikroskopischen Prüfung folgende Methode herangezogen werden: 20 g Colapulver werden mit 10 g Magnesia usta gemischt, mit verdünntem Spiritus befeuchtet und sodann das Ganze mit 100 ccm Alkohol bei geringer Wärme ausgezogen. Nach 12 Stunden filtriert man in ein weißes Glas. Das klare Filtrat zeigt in einer 10 cm dicken Schicht eine blaugrüne, an Curcuma erinnernde Fluorescenz.

Was die Wertbestimmung von Colaextrakt und Colatinktur angeht, so hat sich diese auf die Feststellung der Trockensubstanz des spezifischen Gewichtes, auf die Bestimmung des freien und gebundenen Coffeins zu erstrecken. Die Coffeinbestimmungen werden in derselben Weise ausgeführt wie beim Colapulver. Es ist jedoch dabei darauf zu achten, daß die Flüssigkeiten vorher zur Sirupkonsistenz eingedickt werden.

Mikroskopische Untersuchung der Colanuß.

Von Professor Dr. C. Griebel-Berlin.

Mit 1 Abbildung.

Die getrocknet, in geringer Menge gelegentlich auch frisch nach Deutschland kommenden Colanüsse bestehen aus dem von der Samenschale befreiten Keimling, d. h. hauptsächlich aus 2 (Cola vera) oder 4—6 (Cola acuminata und einige andere Arten) dicken, an den Berührungsflächen gekrümmten und am Rande etwas aufgewulsteten Keimblättern (Kotyledonen), während das kleine Knöspchen und Würzelchen ganz zurücktritt. Im frischen Zustand sind die Keimblätter weiß, rot oder rosa, getrocknet zimtbraun.

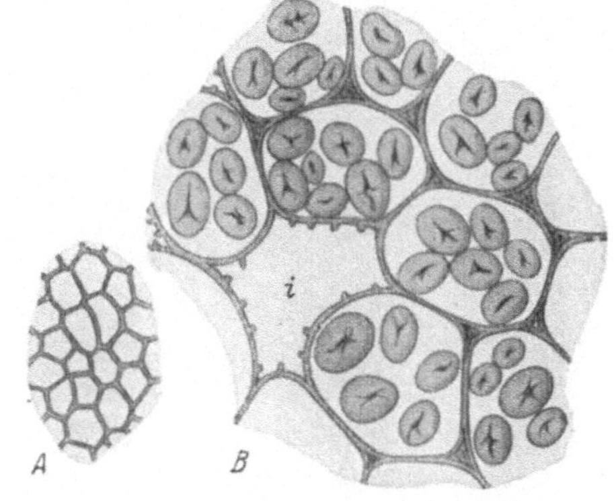

Abb. 82. Schnitt durch die Colanuß. *A* Epidermis, *B* Parenchym der Kotyledonen. *i* Intercellularraum. Vergr. 250. (Nach Mez.)

Der Bau der Keimblätter (Abb. 82) ist sehr einfach. Die äußere Epidermis besteht aus sehr kleinen, derbwandigen radial gestreckten, in der Fläche polygonalen Zellen. Bei der inneren Epidermis sind die Zellen etwas größer, ihre Wände zarter. Das zwischen den Epidermen liegende Parenchym ist in den äußersten Lagen noch kleinzellig, besteht aber im übrigen aus großen, rundlich polyedrischen Zellen mit nicht sehr derben, aber meist deutlich porösen Wänden, die bei frischem Material farblos sind. Bei getrockneten Nüssen sind die Zellwände mit dem aus Colacatechin und ähnlichen Körpern entstandenen braunen Oxydationsprodukt imprägniert und erscheinen daher erheblich dicker. Die Parenchymzellen enthalten vielgestaltige, 5—30 μ (meist 21—24 μ), nach Hartwig bis 46 μ große

Stärkekörner (birn-, keulen-, ei-, nierenförmig, gerundet dreiseitig, kugelig), von denen manche exzentrische Schichtung oder eine meist im breiteren Ende liegende Kernspalte aufweisen.

Bei den roten Varietäten enthalten zahlreiche Zellen im frischen Zustand neben Stärke und Colacatechin, das mit dem vorhandenen Coffein eine lose Verbindung bildet — freies Coffein ist in der frischen Colanuß nicht nachweisbar — noch Anthocyan.

Colapulver ist durch das braunwandige, aus rundlichen Zellen bestehende Stärkeparenchym gekennzeichnet, dessen poröse Beschaffenheit nach Beseitigung der Stärke deutlich sichtbar wird. Neben den Parenchymtrümmern finden sich stets reichlich freiliegende Stärkekörner der oben erwähnten Beschaffenheit. Kleine Sternhaare und einzellige, zum Teil gebogene Einzelhaare, die vom Würzelchen stammen, gelangen nur selten zur Beobachtung.

Buch-Literatur.

E. UNGER: Der Tee. Hamburg: Fischer & Co. 1932. — C. HARTWICH: Die menschlichen Genußmittel. Leipzig: Chr. Hermann Tauchnitz 1911. — A. HASTERLIK: Tee, Tee-Ersatzmittel und Paraguaytee. Leipzig: Akademische Verlagsgesellschaft m. b. H. 1919. — MÖLLER-GRIEBEL: Mikroskopie der Nahrungs- und Genußmittel aus dem Pflanzenreiche, 3. Aufl. Berlin 1928.

Kakao und Schokolade.

Allgemeiner und chemischer Teil

von

Professor Dr. A. Beythien - Dresden.

Mit 27 Abbildungen.

Unter den alkaloidhaltigen Lebensmitteln nimmt der Kakao insofern eine besondere Stellung ein, als er mit der anregenden Wirkung des Theobromins einen erheblichen Nährwert, beruhend auf einem hohen Gehalte an Fett, Eiweiß und Stärke verbindet und daher sowohl ein Genußmittel als auch ein Nahrungsmittel ist. Bei der zur Erzielung einer anregenden Wirkung erforderlichen großen Substanzmenge, die weit höher als bei Kaffee und Tee bemessen wird, erscheint es berechtigt, dem Nährwert des Kakaos den Vorrang vor dem Genußwerte einzuräumen und ihn daher als ein anregendes Nahrungsmittel zu betrachten. Erst seit rund 400 Jahren ist der Gebrauch von Kakao und Schokolade in Europa bekannt geworden und hat sich hier nur ganz allmählich, wie in folgendem geschichtlichen Überblick kurz auseinandergesetzt werden möge, zu seiner heutigen Ausdehnung entwickelt.

Historische Einleitung.

Kakao und Schokolade werden aus den Samen des Kakaobaumes gewonnen, der im tropischen Amerika heimisch ist und hier seit undenklichen Zeiten angebaut wird. Schon Kolumbus fand im Jahre 1502 bei seiner 4. Reise in Yucatan unter den Handelswaren der Guanchen-Indianer „almendras, que llamen Cacao, que en Nueva-España tienen por Moneda“ (d. h. Mandeln, die Kakao heißen und in Neuspanien als Münze gelten), berichtet aber noch nichts von ihrer Verwendung als Lebensmittel. Die Kunde davon kam erst nach Europa, nachdem Fernando Cortez im Jahre 1519 in Mexiko gelandet war und dem Herrscher der Azteken Montezuma die Oberherrschaft Spaniens aufgezwungen hatte. Er erwähnt in seinem an Kaiser Karl V. gerichteten Briefe vom 30. X. 1520 von der seit Jahrhunderten in Mexiko bestehenden Kultur des Kakaobaumes und fährt dann fort: „Selbiger (der Kakao) kommt, klein gestoßen, in den Handel. Er hat so großen Wert, daß die Bohnen auch als Münze gelten und man dafür alles kaufen kann, was man braucht.“ In welcher Weise der Genuß erfolgte, geht aus dem Berichte eines Offiziers aus dem Heere des Cortez hervor, der im Jahre 1529 in italienischer Übersetzung gedruckt wurde und folgenden Absatz enthält: „Es gibt verschiedene Getränke hier zulande. Das vornehmste und beste ist die sog. Schokolade, ein Trank, der aus den Kakaobohnen bereitet wird. . . . Um ein Getränk daraus zu machen, zerreibt man die Kakaobohnen mit anderen kleinen Gewürzkörnern und schüttet die Masse in einen Topf, der eine Schnauze hat. Man mischt Wasser dazu, rührt alles wohl um und gießt es solange aus einem Topf in einen anderen über, bis sich ein dichter Schaum bildet, den man in ein besonderes Geschirr abschöpft. Vor dem Trinken rührt man die Schokolade mit einem kleinen Löffel aus Gold, Silber oder Holz ordentlich um."

Im Gegensatze zu der hieraus abgeleiteten Annahme, daß die Mexikaner das Getränk nur als kalten Aufguß genossen hätten, stehen ausführliche Nachrichten des Toledaner Arztes Francisco Hernandez, der sich im Auftrage Philipps II. während der Jahre 1571—1577 mit der Erforschung Mexikos beschäftigte. Er sagt ausdrücklich, daß der zerriebene Kakao mit Wasser gekocht und nach dem Abschöpfen des oben schwimmenden Fettes warm getrunken wurde. Diese als Cacaua-atl, Coco-atl[1] oder Chocolatl (d. h. Kakaowasser) bezeichnete Masse erhielt meist noch Zusätze von Chilli (d. i. spanischer Pfeffer von Capsicum annuum) und Achiotl (d. i. Orlean von Bixa Orellana) oder auch anderen scharf schmeckenden Stoffen und wurde auch nach Europa gebracht. Ihrer allgemeinen Verbreitung war aber zunächst der bittere Geschmack hinderlich, der zum Teil auf die Verwendung ungerotteter Bohnen, zum Teil wohl auch auf die scharfen Gewürze zurückzuführen war und den Mailänder Girolamo Benzoni zu folgender Elegie verleitete:

„Das ist mehr ein Gesöff für Schweine, als ein Getränk für Menschen. Als ich in jener Provinz mehr als ein ganzes Jahr gewandert bin, habe ich jene Brühe verabscheut. Aber da ich niemals Wein genug zu trinken hatte und Wasser nicht immer trinken mochte, habe ich gelernt, es den anderen nachzumachen. Es ist von etwas bitterem Geschmack, sättigt und kühlt den Körper und macht fast gar nicht betrunken."

Mit der Zeit kam man aber hinter den Geschmack, besonders seitdem an Stelle der scharfschmeckenden Stoffe Zucker zugesetzt wurde, und der Verbrauch der Schokolade dehnte sich ständig weiter, zunächst in Spanien, dann auch den übrigen Ländern aus. Zuerst gelangte sie, um 1606, nach Italien. In Frankreich soll sie durch Anna von Österreich, die Gemahlin Ludwigs XIII. eingeführt und später unter Ludwig XIV. weiter verbreitet worden sein, der im Jahre 1679 die erste Sendung Kakao von der französischen westindischen Kolonie Martinique kommen ließ. 1657 wurde in England das erste „Schokoladenhaus" nach Art der Kaffeehäuser eröffnet.

Es fehlte allerdings auch nicht an Angriffen gegen die überhandnehmende Genußsucht. Kirchenlehrer erörterten mit tiefgründigem Eifer und sittlichem Ernst die Frage, ob dieses Getränk, dessen Nahrhaftigkeit erprobt sei, an Fasttagen verzehrt werden dürfe, und der Geistliche Prof. Franziskus Rauch in Wien verwarf im Jahre 1624 den Gebrauch durch Mönche, weil man ihr die Wirkung eines Aphrodisiakums zuschrieb. Aber die Gegner drangen mit ihren Bedenken nicht durch. Der Pater Escobar prägte seinen Beichtkindern zuliebe den Satz: „Liquidum non frangit jejuinum" (Flüssiges bricht nicht Fasten), und der Kardinal Brancatio in Rom stimmte ihm bei. Der französische Arzt Buchat bezeichnete 1684 in seinem Distichon Anfossis:

„Ambrosi(a) est Superum
Potus coccolata virorum"

die Schokolade als ein der Ambrosia ebenbürtiges Getränk, wovon Linné den botanischen Namen Theobroma (Götterspeise) abgeleitet haben soll.

In dem durch den 30jährigen Krieg verarmten Deutschland setzte das kostbare Genußmittel sich schwer durch, obwohl Bontekoe, der Leibarzt des Großen Kurfürsten durch sein 1679 erschienenes Buch „Tractat van Kruyd, Tee, Coffee, Schocolade" viel zu ihrer Einführung beitrug. Sie dürfte hier zunächst, wie auch Marzipan, durch Handbetrieb in den Apotheken oder auch im kleineren Maßstabe von Zuckerbäckern hergestellt worden sein. Der erste fabrik-

[1] Franz Termer: Kakao und Schokolade bei den alten Mexikanern. Naturwiss. Wochenschr. 1921, H. 5.

mäßige Betrieb soll im Jahre 1756 von dem Verehrer Friedrichs des Großen, dem Fürsten Wilhelm von der Lippe, der dazu Portugiesen in das Land zog, in Steinhude errichtet worden sein. Doch fällt die Gründung eigentlicher Fabriken erst in den Anfang des 19. Jahrhunderts: Jordan und Timaeus in Dresden am 3. V. 1823, Cailler und Sprüngli in der Schweiz 1845, Sarotti in Berlin am 22. VII. 1868 usw. Alle diese Fabriken beschränkten sich zunächst auf die Schokolade, während die Herstellung des teilweise entfetteten Kakaopulvers erst später als Folge der industriellen Entwicklung aufgenommen wurde.

A. Abstammung und Kultur des Kakaobaumes.

I. Beschreibung des Kakaobaumes.

Der zu der Familie der Sterculiaceae-Büttneriaceae gehörige Kakaobaum, dem Linné den Namen Theobroma Cacao, d. h. Götterspeise beilegte, ist ein Kind der Tropen, doch läßt sich seine eigentliche Heimat nicht genau feststellen, da er schon bei der Ankunft der Spanier in Amerika durch die Kultur verbreitet war. Im allgemeinen nimmt man jetzt die Küstengebiete des mexikanischen Meerbusens und die westindischen Inseln, bisweilen wohl auch Südamerika bis zum Orinoko und Amazonas als die Heimat des Baumes in Anspruch, obwohl C. Hartwich die auf Südamerika bezüglichen Angaben nicht als über jeden Zweifel erhaben betrachtet. Von da aus hat er sich durch Kultur bis ungefähr zum 16. Grad südlicher Breite, in Nordamerika bis nach Florida, dem südlichen Georgia und dem Mississippi, sowie weiter zu den übrigen, später zu besprechenden Gebieten verbreitet.

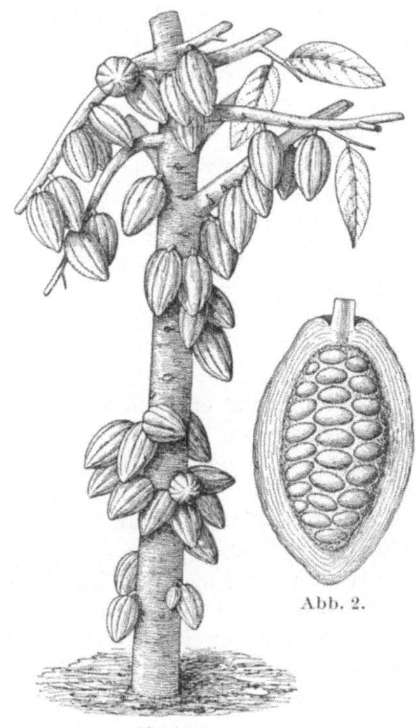

Abb. 1 u. 2. Kakaobaum und Kakaofrucht.

Der prachtvolle, immergrüne Baum, dessen zimtbrauner, meist gebogener und knorriger Stamm eine Höhe von 4 bis über 12 m und eine Dicke bis zu 25 cm erreicht, treibt im Schatten der Urwälder oder, kultiviert, besonders angepflanzter Schattenbäume eine breite und dichte Krone mit dunkelgrünen, oben glänzenden, unten matter gefärbten, leicht behaarten Blättern, die eilänglich, zugespitzt, 30—50 cm lang und 10—18 cm breit sind.

Die kleinen roten und weißen Blüten brechen reichlich, einzeln oder in Büscheln meist unmittelbar am Stamm (daher cauliflor = stammblütig) oder den stärkeren Ästen, seltener an den dünneren Zweigen hervor. Ihre Zahl wird je Baum auf 6000—12000 geschätzt, von denen aber nur 30—50 reife Früchte entstehen (Abb. 1 u. 2).

Die botanisch als Beere anzusprechende Frucht besitzt die Form einer bis zu 25 cm langen und 10 ccm dicken, eiförmig zugespitzten, längsstreifigen und meist gerunzelten Gurke, die, anfangs grün, später gelb, orange oder rot wird. Unter einer 15—20 mm dicken Schale mit ledriger Oberfläche liegen in einem weichen, rötlichen, angenehm süßschmeckenden Fruchtmuse (Pulpa) in 5 Längsreihen dicht aneinander eingebettet 25—40 mandelförmige Samen („Kakaobohnen"). Die im Umriß eiförmigen, meist durch gegenseitigen Druck in der Frucht etwas abgeplatteten Samen, die etwa 21—25 mm lang, 11—15 mm breit und 5—10 mm dick sind, zeigen äußerlich eine hellere oder dunklere rotbraune Farbe und eine ziemlich glatte, aber längsrunzelige oder längsstreifige Oberfläche. Innerhalb der spröden Samenschale liegt der Embryo mit 2 dicken Keimblättern, die aber nicht mit glatten Flächen aneinander grenzen, sondern gegen einander verbogen und gebuchtet sind. Die Farbe des Querschnittes schwankt bei den frischen Bohnen zwischen weiß, hellbraun, graubraun, braunviolett und violett. Die Angabe, daß frische Bohnen stets farblos seien, beruht nach H. FINCKE[1] auf einem Irrtum.

II. Kultur des Kakaobaumes.

Wie schon in der Einleitung erwähnt, ist der Kakao in Mittelamerika heimisch und sonach ein Kind der Tropen. Er verlangt ein feuchtheißes Klima mit einer durchschnittlichen Temperatur von 24—28^{0}, die im Jahresmittel nicht unter 22^{0} und auch in der kälteren Zeit nicht unter 10^{0} sinken darf. Der Baum hat ein hohes Feuchtigkeitsbedürfnis und gedeiht daher am besten in der Nähe größerer Gewässer. Bei Anpflanzung in höheren Lagen (meist nicht über 700 m) muß für ausreichende Bewässerung gesorgt werden, mit deren Hilfe, zur Vermeidung schädlicher Insekten (Termiten), die ganze Anlage unter Wasser gesetzt werden kann. Die jährliche Niederschlagsmenge soll mindestens 2000 mm betragen, doch ist andererseits Grundwasser von ungünstigem Einfluß.

Wegen der weit hinabreichenden Pfahlwurzel soll der Boden möglichst tiefgründig, locker und humos sein und hohen Gehalt an Phosphorsäure, Kalk und Eisen aufweisen. Beigaben von Kali haben günstige Erfolge gehabt.

Da die Kakaosamen sehr schnell (schon nach 4 Wochen) ihre Keimkraft einbüßen, ist ihr Versand mit großen Schwierigkeiten verbunden. Will man trotzdem erprobte Sorten zu anderen Anbaugebieten überführen, so empfiehlt es sich nach C. CHALOT, die ganzen Früchte kurz vor der Reife vom Baume abzunehmen, in geschmolzenes Paraffin einzubetten, nach dem Erkalten in Papier einzuhüllen und erst am Orte der Anpflanzung die Samen herauszustoßen. Am zweckmäßigsten verwendet man die Samen am Gewinnungsorte, indem man sie unter Vermeidung der bisweilen üblichen Baumschulen, weil die empfindlichen jungen Pflanzen beim Umsetzen leicht leiden, gleich auf ihren endgültigen Standort aussät, worauf schon nach 10—14 Tagen die Keimblätter über der Erde erscheinen.

Wegen der Empfindlichkeit des Kakaobaumes gegen direkte Sonnenbestrahlung und Wind muß für ausreichenden Schatten und Windschutz gesorgt werden. Man erreicht beides, indem man bei Pflanzungen auf jungfräulichem Waldboden einzelne Urwaldbäume stehen läßt oder besondere Schattenpflanzen dazwischen setzt. Zum Schutze der jungen Pflanzen werden neben die Kakaosamen Bananen, Ricinus, Mais u. dgl. gesät oder auch wohl Körbe aus Palmblättern übergestülpt, während man den älteren Pflanzen sog. Schattenbäume, besonders die Leguminosen Erythrina indica, glauca oder umbrosa, Albizziaarten, den Jackfruchtbaum (Artocarpus), Cocospalmen, Kautschukbäume usw. von Anfang an beipflanzt. Nur in einigen Gegenden mit gleichmäßig verteiltem Regenfall, wie Grenada in Westindien erscheint diese Schutzmaßnahme entbehrlich.

Zur Unterbringung der Schattenpflanzen ist ein weiter Reihenabstand erforderlich. Es werden daher alle 1—2 m je 4—5 Samen in Reihen gesetzt,

[1] H. FINCKE: Z. 1928, 55, 560.

die 8—10 m von einander entfernt sind. Von den eingepflanzten Samen versagt in der Regel die Mehrzahl infolge klimatischer Einflüsse oder tierischer Schädlinge; gehen davon trotzdem mehr als eine Pflanze auf, so werden die Schwächeren zugunsten der Stärkeren entfernt. Diese Umstände bedingen natürlich einen großen Flächenraum der Kulturen, der für 20000 Bäume auf 50 ha geschätzt wird.

Sobald die Bäumchen nach etwa 2—3 Jahren eine Höhe von 1 m erreicht haben, wird durch Beschneiden dafür gesorgt, daß sie nicht über 5 m hoch werden, und daß sich besonders das Stammholz, an dem die Früchte erscheinen, kräftigt. Außerdem ist durch dauernde gärtnerische Pflege für Beseitigung von Unkraut und Luftwurzeln sowie anderer pflanzlicher und tierischer Schädlinge zu sorgen. Die auf Java beobachteten kleinen Hemipteren Helopeltis Antonii Sigm. und H. theivora Waterhouse sowie die Kakaomotte Gracilaria cramerella Snellen und die in Kamerun auftretende Rindenwanze Sahlbergella singularis Hagl. bekämpft man durch Aufhängen von Nestern ihnen feindlicher Ameisen in den Kakaobäumen[1]. Zur Beseitigung der als „Hexenbesen" bekannten Pilzkrankheit und der in Surinam durch den Pilz Colletotrichum luxificum hervorgerufenen „Kräuselkrankheit" wird energisches Zurückschneiden der kranken Bäume und Bespritzen mit Kupfersulfat angewandt[2]. Die von Mangin beschriebene „Gummikrankheit", die den Baum infolge von Gummibildung in Holz und Rinde zum Absterben bringt, ferner der nach Carruthers[3] durch einen Ascomycetenpilz auf Ceylon verursachte „Cancer" und der Befall der Früchte können nur durch Ausschneiden und Verbrennen der infizierten Teile beseitigt werden.

Die Bäume blühen erst nach 3—5 Jahren, tragen etwa vom 5. Jahre an Früchte und erreichen im 10. bis 12. Jahre den Höhepunkt ihrer bis zu 50 Jahre andauernden Tragfähigkeit. Die Früchte reifen das ganze Jahr hindurch, wenn auch während der Trockenzeit spärlicher, und zwar in den feuchtwarmen Tälern Venezuelas innerhalb 5 Wochen, an anderen weniger begünstigten Lagen im Verlaufe von 4—9 Monaten. Da sie nur vollreif gesammelt werden dürfen, dauert die Ernte das ganze Jahr hindurch, doch findet die Haupternte in Mexiko während der Monate März und April, in Brasilien im Februar und im Juli statt. Das Pflücken muß sehr vorsichtig in der Weise vorgenommen werden, daß ein Abreißen des Fruchtstieles und damit eine Verletzung der Rinde unterbleibt, da am Grunde des alten Fruchtstieles die neuen Blüten und Früchte entstehen. In der Regel bedient man sich dazu langer Bambusstangen, an deren Ende halbmondförmige Messer mit einer meißelförmigen und seitlich davon einer kurzen sichelförmigen Schneide befestigt sind. Die abgeschnittenen Früchte werden in Körben gesammelt, dann zur Nachreife noch 3—4 Tage der Ruhe überlassen und schließlich in der später zu besprechenden Weise (S. 176) von den Samen befreit.

III. Anbaugebiete und deren Erzeugung.

Von der ursprünglichen Heimat des Kakaos hat sich sein Anbau zunächst über die Länder Mittelamerikas, die Antillen und die Staaten des nördlichen Südamerika ausgebreitet, um dann durch Ansiedler oder Maßnahmen der Regierungen nach den Tropengegenden anderer Länder verpflanzt zu werden.

Die Verordnung über Kakaoerzeugnisse führt nach der geographischen Herkunft folgende Kakaosorten an:

---

[1] Tropenpflanzer 1909, 41. [2] Tropenpflanzer 1909, 90.
[3] Carruthers: Zentralbl. Bakteriol. 1899, II, 467.

a) Mittelamerika: Mexiko, Nicaragua, Costarica;

b) Südamerika: Ecuador (Guayaquil, Arriba, Machala, Caraquèz), Brasilien (Bahia, Para), Venezuela (Maracaibo, Puerto Cabello, Caracas, Carupano);

c) Westindien (Antillen): Trinidad, San Domingo;

d) Westafrika: Goldküste (Accra, Lagos, Fernando Po), Togo, Kamerun, San Thomé;

e) Ostafrika;

f) Asien: Ceylon, Java;

g) Australien: Samoa.

Die Aufzählung ist aber nach der dem Verordnungsentwurfe beigegebenen Begründung nicht erschöpfend, die in Klammer beigefügten Handelsnamen stammen meist von den Verschiffungsplätzen her.

Zu den einzelnen Vorkommnissen gibt C. Hartwich noch folgende näheren Erläuterungen:

1. **Mittelamerika** und **Mexiko** kommen zur Zeit für den Welthandel kaum noch in Betracht.

a) In Mexiko wird Kakao an der Ost- und Westküste im Bezirke Piohucalco im Staate Tabasco, sowie in geringer Menge im Staate Michoacan angebaut; die gesamte, auf 3000 Tonnen geschätzte Produktion wird aber mit Ausnahme einer unbedeutenden Ausfuhr nach Nordamerika im Lande verbraucht.

b) In Nicaragua finden sich einige Kulturen am Nicaraguasee, in Costarica, das neuerdings dem Kakao erhöhte Aufmerksamkeit zuwendet, in Puerto Lima am Karaibischen Meer. Salvador hat, freilich oft halb verwilderte, Pflanzungen bei Sonsonate und San Julian an der Costa del balsamo, Guatemala solche an der Küste des Stillen Ozeans bei Azuna, deren bestes Erzeugnis, der Sokonusko, in Menge von etwa 200 Tonnen gewonnen werden soll.

2. **Westindien** verfügt besonders auf den Inseln Trinidad und Grenada über Kulturen von größter Bedeutung; die Zahl der auf Trinidad befindlichen Bäume wird mit 16 Millionen, die Anbaufläche mit 22000 Hektar, die Erzeugung zu Ende des vorigen Jahrhunderts mit 6700 Tonnen angegeben. Im Jahre 1931 betrug sie nach dem Gordian[1] etwa 25000 Tonnen. Für Grenada gibt der Gordian rund 4000 Tonnen an. Von den übrigen Antillen hat die Dominikanische Republik die größte Bedeutung, da ihr im Jahre 1904 auf 6000 Tonnen geschätzter Ertrag nach dem Gordian im Jahre 1930 auf 19400 Tonnen gestiegen war. Unbedeutend sind die Kulturen auf Jamaika, St. Lucia, Haiti, Martinique, St. Vincent und Guadeloupe, die insgesamt etwa 2000 Tonnen erzeugten, aber nicht exportierten.

3. **Südamerika** weist in Brasilien, Venezuela und Ecuador die reichsten Produktionsländer auf, die erst neuerdings von der Goldküste übertroffen werden. Während aber früher Ecuador an der Spitze stand, gefolgt von Venezuela und Brasilien, hat sich jetzt die Reihenfolge Brasilien, Ecuador, Venezuela herausgebildet.

a) Brasilien, in dem früher die wilden Kakaobäume eine erhebliche Rolle spielten, besitzt jetzt besonders in Para und Bahia, in geringerem Ausmaße auch in Maranhao, Ceara, Goyaz und Matto grosso rationell geleitete Kulturen. Die Erzeugung betrug im Mittel der Jahre 1909—1913: 32000, 1924: 69000 und 1931 (nach Gordian) etwa 80000 Tonnen.

b) Ecuador erzeugt in zum Teil großartigen Plantagen die aromatischen und hochgeschätzten Kakaosorten: Arriba (d. h. von oben) aus der oberhalb von Guayaquil am Bodegasfluß gelegenen Provinz Los Rios; Balao aus der Provinz Guayas; Machala aus der Provinz El Oro; alle drei nach dem

[1] Gordian 1931, **37**, H. 869, 10.

Ausfuhrhafen unter der Bezeichnung Guayaquil zusammengefaßt; ferner den aus der Provinz Manabi stammenden Bahia (nach der Hafenstadt Bahia de Caraquez) und Esmeraldas. Die meisten der in Ecuador gezüchteten Sorten gehören derjenigen Spielart an, die man wegen der Ähnlichkeit ihrer Früchte mit einer dort gezogenen Melone als Amelonado bezeichnet. Insgesamt werden etwa 16—18000 Tonnen erzeugt.

c) Venezuela liefert von den als beste angesehenen Criollobäumen die edelsten Sorten. In den Staaten Carabobo, Guzman-Blanco und Lara werden die Criollobäume in den wasserreichen schmalen Erosionstälern, solange es geht, möglichst rein erhalten und nur, wenn einzelne eingehen, durch den derberen und widerstandsfähigeren Carupano ersetzt. Als Ausfuhrhäfen kommen besonders Maracaibo, Puerto Cabello, La Guyara in Betracht. Die Gesamtproduktion beträgt 16—19000 Tonnen.

Von anderen Staaten Südamerikas haben noch weniger ausgedehnte Kakaokulturen Columbien mit den Sorten Cauca und Tumaco aus den Tälern des Magdalenenflusses, holländisch Guayana, das im Jahresmittel von 1909 bis 1913 noch 1600, nach 1924 aber nur noch 750 Tonnen erzeugte („Surinamkakao"), sowie Bolivia und Peru mit geringen, kaum den Eigenbedarf deckenden Erträgnissen.

4. Westafrika. a) Die erste Stelle in der Weltversorgung mit Kakao nimmt jetzt die Goldküste ein, die in überraschend kurzer Zeit alle älteren Erzeugungsländer überflügelt hat. Veranlaßt durch die günstigen Erfolge der Spanier und Portugiesen auf Fernando Po und San Thomé wurden zuerst von Schweizer Missionsgesellschaften um 1885 Kulturen an der ganzen Küste angelegt, die in kurzer Zeit eine hohe Blüte erreichten und bald eine große Ausfuhr ermöglichten. Die hauptsächlich angebauten Forasterobäume liefern eine, zwar den südamerikanischen an Aroma nachstehende, aber für den Massenverbrauch gut geeignete Bohne. Die Erzeugung stieg vom Jahresmittel 1909—1913 mit 40000 im Jahre 1924 auf 269000 und im Jahre 1931 auf mehr als 300000 Tonnen; davon entfielen allein auf Accra 230000, auf Lagos (von Nigeria) 60000 und auf Fernando Po 5000 Tonnen.

b) Weiter kommen von der Elfenbeinküste etwa 25000 und von San Thomé und Principe rund 12000 Tonnen.

c) In den deutschen Kolonien Togo und Kamerun war die Kakaokultur schon frühzeitig in Angriff genommen und mit vielversprechendem Erfolge weitergeführt worden. Unter der Leitung von Dr. P. PREUSS, dem Direktor des botanischen Gartens in Victoria, wurden besonders am Fuße des Kamerunberges Anpflanzungen von Forasterobäumen angelegt, die im Jahre 1913 bereits 13000 Hektar umfaßten und bei der vorhandenen Fläche von 100000 Hektar geeigneten Bodens großer Ausdehnung fähig gewesen wären. Die Erzeugung betrug für das Jahr 1913 in Togo 335, in Kamerun 5265 Tonnen und wäre ohne den Ausbruch des Krieges bis 1920 auf 13—15000 Tonnen gestiegen. Der jetzige Ertrag wird vom Gordian für das Jahr 1930 zu 6300 Tonnen in Togo und zu 12800 Tonnen in Kamerun angegeben, doch sind die Zahlen wegen der veränderten Grenzen mit den früheren nicht vergleichbar.

5. Ostafrika mit Madagaskar, Réunion und Mauritius hat nur unbedeutenden Kakaoanbau, und in Deutsch-Ostafrika war man unter deutscher Herrschaft über Versuche noch nicht hinausgekommen.

6. Asien hat als wichtige Kakaoländer Ceylon und Java.

a) Auf Ceylon hat man um 1878 mit den Kulturen begonnen; im Jahre 1895 waren über 18000 Acres mit Kakaobäumen bepflanzt, und der Export wurde auf 2 Millionen Mark geschätzt. Die Erzeugung betrug in den Jahren 1909—1924 durchschnittlich 3600, im Jahre 1931 etwa 4000 Tonnen.

b) Auf Java finden sich die Plantagen hauptsächlich in den Residentschaften Samarang und Préanger an der Nordseite der Insel. Die Erzeugung stieg 1893/98 von 368 auf 376 Tonnen, betrug im Mittel der Jahre 1909—1913 etwa 2300 und im Jahre 1924 1400 Tonnen. Dazu kommen noch kleine Mengen von Celebes, Bali, Lambok, Timor und Amboina.

c) Die Philippinen zeigen günstige Bedingungen für die Kakaokultur, doch haben heftige Stürme und die Trägheit der Eingeborenen ungünstig gewirkt. Schon um das Jahr 1663 wurde der Kakaoanbau durch die Jesuiten unter der Regierung Salzedos von Mexiko eingeführt, wofür die noch heute übliche Art der mexikanischen Aussaat in Tüten spricht. Die wenig ausgedehnten Kulturen auf den Inseln Maripi, Luzon, Cebu und Negros liefern einen guten Kakao, der aber für den Eigenbedarf nicht ausreicht.

7. **Australien** hat noch aus der Zeit der deutschen Herrschaft in Samoa, Neuguinea, den Carolinen und dem Bismarck-Archipel stammende Anpflanzungen, deren Entwicklung recht aussichtsreich erschien. Die Erzeugung von Samoa, die 1913 890 Tonnen betrug, wird für 1924 zu 1030 Tonnen, diejenige der Neuen Hebriden zu 1500 Tonnen angegeben.

Die **Welterzeugung** an Kakao betrug nach dem Gordian im Jahre 1929: 537000, im Jahre 1930 532500 und von Oktober 1930 bis Mai 1931 403400 Tonnen.

B. Gewinnung und Eigenschaften der Samen.

I. Gewinnung und Aufbereitung.

Um den reifen Früchten die Samen entnehmen zu können, zerschneidet man sie mit einem großen Messer in zwei Hälften, entfernt das Fruchtmus durch Reiben mit den Händen und sammelt die Samen auf ausgebreiteten Bananenblättern.

Das Fruchtmus wird meist weggeworfen, ist aber wegen seines hohen Zuckergehaltes nach angestellten Versuchen zur Herstellung von Gelee, Alkohol oder Essigsäure sehr wohl geeignet, wodurch eine erhebliche Ertragsteigerung der Plantage erzielt werden kann.

Die frischen Samen, deren Erntegewicht 500 g bis zu mehreren Kilogramm je Baum und durchschnittlich 500 kg je Hektar beträgt, wurden früher meist einfach in der Weise getrocknet, daß man sie auf Horden aus Bambusrohr längere Zeit an die Sonne stellte, und ergaben so den „ungerotteten“ oder „Sonnenkakao“. Wegen des stark bitteren, adstringierenden und kaum aromatischen Geschmacks derartig gewonnener Samen unterwirft man sie jetzt fast ausnahmslos einem Fermentationsprozesse, dem „Rotten“, durch den der Kakaogerbstoff in Glucose und Kakaorot gespalten wird. Die roheste Methode ist, die Samen in ein Erdloch zu werfen und mit Bananenblättern und einer dünnen Schicht Erde zu bedecken. Sonst verwendet man zementierte Gräben, Fässer, Holzkisten oder breitet die Samen auf dem Boden oder auf Tischen zu einer 10—20 cm hohen Schicht aus und bedeckt sie ebenfalls mit Bananenblättern und darüber mit Tüchern. Bei der alsbald unter dem Einflusse von Bakterien und Hefen eintretenden Gärung zeigt sich eine erhebliche Temperatursteigerung auf 30°, am 2. und 3. Tage auf 35° und weiter auf 43° und mehr, die zur Vermeidung zu hoher Erhitzung genau reguliert und durch mehrmaliges Umschaufeln unterbrochen werden muß. Das Fortschreiten der Fermentation ist durch dauernde Beobachtung der Farbe der Bohnen zu überwachen und zu beenden, wenn der Kern auf dem Bruche eine rotbraune Farbe angenommen hat. Zur Vermeidung von Gewichtsverlusten zu kurze Zeit gerottete, völlig ausgereifte Bohnen, die einen violetten Kern zeigen, können vor der Verarbeitung später noch nachfermentiert werden, hingegen gelingt dies nicht bei unreif geernteten Bohnen, die beim Rotten eine schiefergraue Farbe annehmen. Nicht minder schädlich ist eine zu lange Dauer der Fermentation, bei der auf der Schale schwärzliche Brandflecke auftreten. Im allgemeinen dauert das Rotten bei den feinen Criollosorten 1—4 Tage, bei dem derben Forastero 6, ja 14 Tage.

Zur gleichmäßigeren Gestaltung des Prozesses hat L. KINDT[1] die Anwendung besonderer Fermentierhäuser empfohlen, die sich bereits an einigen Orten bewährt haben sollen. Sie bestehen aus Gebäuden, deren Außenwand aus einer 30 cm weiten, mit Sägemehl gefüllten Isolierschicht besteht, und in denen die Samen auf schräg liegenden Böden aus rotem Zedernholz ausgebreitet werden. Man bedeckt die höchstens 80 cm hoch aufgeschütteten Kakaobohnen dicht mit Bananenblättern, die mit leichten Brettern beschwert werden, und regelt den Verlauf der Gärung durch Umschaufeln, bis sich die Farbe der „Nibs", d. h. der Kotyledonen von Weiß oder Violett nach Rotbraun verändert hat und ein schwachrötlicher, säuerlicher Saft, der sog. Essig, abfließt. Die Fermentationsdauer ist bei den einzelnen Sorten sehr verschieden und schwankt zwischen $1^1/_2$ und 10 Tagen. Feinere Kakaos verlangen ein Umschaufeln innerhalb 24 Stunden, gröbere erst nach 36 Stunden.

Ein weiteres Fermentierungsverfahren von A. SCHULTE IM HOFE[2] bezweckt, die Bohnen der Einwirkung der im Verlaufe der Alkoholgärung entstehenden Essigsäure auszusetzen. Es soll zwar auf einigen Pflanzungen auf San Thomé praktische Anwendung gefunden haben, wird aber von FINCKE, soweit die theoretische Grundlage in Betracht kommt, abgelehnt, weil nicht eine Essigsäuregärung, sondern vielmehr eine möglichst reine alkoholische Gärung, nötigenfalls unter Zusatz geeigneter Hefen, anzustreben ist.

Nach Beendigung der Fermentation werden die Bohnen durch Waschen mit Wasser von den Verunreinigungen befreit, wodurch zwar ein Gewichtsverlust von 6—15%, gleichzeitig aber eine gleichmäßigere Farbe und ein schönerer Glanz und damit ein höherer Verkaufspreis erzielt wird.

An das Waschen schließt sich das Trocknen, das entweder im Freien an der Sonne oder, wegen des dadurch oft verursachten Rauchgeschmacks weniger zweckmäßig, über Holzkohlenfeuer, neuerdings aber meist in besonderen Trockenräumen mit Wärmezufuhr unter zeitweiligem Durchrechen erfolgt. Bei allen Behandlungsweisen ist die Berührung der Bohnen mit Metallen zu vermeiden.

Die Ansichten über die bei der Fermentation verlaufenden chemischen Prozesse sind noch nicht völlig geklärt, doch wird im großen und ganzen wohl angenommen, daß beim Rotten in den noch anhaftenden Resten des zuckerhaltigen Fruchtfleisches durch eine besondere Hefenart (Saccharomyces Theobromae PREYER) Alkoholgärung hervorgerufen wird, die für den Wert der Bohnen von günstigem Einfluß ist und durch Zusatz von Reinhefe oder Zucker, durch Lüftung und Wärmeregulierung möglichst rein zu halten ist. Im Gegensatze zu der früher verbreiteten Meinung, daß die späterhin durch Bakterien verursachte Überführung des Alkohols in Essigsäure und Buttersäure ebenfalls vorteilhaft wirke, sucht man die Bildung dieser Säuren jetzt möglichst zu verhindern. Während des Fermentationsprozesses wird nun nicht, wie manche Praktiker annahmen, eine Keimung der Samen eingeleitet, sondern im Gegenteil durch den entstandenen Alkohol die Lebenskraft und Keimfähigkeit zerstört. Durch die Wirkung der vorhandenen Enzyme wird eine Spaltung gewisser komplizierter Verbindungen der Gerbstoffe und damit eine Entbitterung und Braunfärbung verursacht. Um welche Verbindung es sich hierbei handelt, ist nicht genau bekannt, doch wird im Gegensatze zu der Auffassung HILGERS[3],

---

[1] L. KINDT: Kultur des Kakaobaumes und seine Schädlinge. Hamburg 1904.

[2] A. SCHULTE IM HOFE: Die Kakaofermentation. Berlin 1908. Z. 1914, 27, 216. Vgl. A. v. PREYER: Tropenpflanzer 1901, 5, 157; Z. 1902, 5, 473.

[3] HILGER: Apoth.-Ztg. 1892, 469; Deutsch. Vierteljahrsschr. öffentl. Gesundh.-Pflege 1893, 3, 559.

daß das stark bitter schmeckende Glucosid des Kakaos in Glucose, Kakaorot und Theobromin (Coffein) zerlegt wird, jetzt meist mit H. Fincke[1] angenommen, daß ein solches Glucosid nicht existiert, vielmehr das Theobromin lediglich an den Gerbstoff gebunden ist. Möglicherweise führen dann Bakterien die durch das Enzym eingeleitete Spaltung weiter. Als Nebenwirkung des Rottens ist noch die für die spätere Verarbeitung erwünschte Lockerung des Zusammenhanges zwischen Samenschale und Keimblättern zu erwähnen.

Die nach dem Trocknen handelsfertigen Bohnen werden bisweilen noch, besonders bei Puerto Cabello mit einer durch Eisen rot gefärbten Erde, seltener mit Ziegelmehl, angeblich auch mit Zinnober überzogen, wodurch angeblich die Haltbarkeit erhöht, wahrscheinlicher aber das den Käufern von dem früher üblichen Rotten in Erdlöchern her noch gewohnte Aussehen hervorgerufen, vielleicht allerdings auch die Verdeckung von Mängeln (Schimmelbefall, Flecken) erzielt werden soll.

II. Eigenschaften der Rohkakaobohnen.

1. Äußere Form und anatomischer Bau.

Die im Handel als Rohkakaobohnen bezeichneten, vom Fruchtfleisch befreiten, getrockneten und dann gerotteten oder seltener ungerotteten rohen Samen des Kakaobaumes haben die Form einer etwas plattgedrückten, im Querschnitt rundlichen Mandel, deren Farbe zwischen hell- und dunkelbraun schwankt, bisweilen auch in Graubraun bis Schwarz übergeht und bei den mit Erde überzogenen Bohnen auch matt hellrötlichbraun sein kann. In bezug auf die Größe zeigen sich außerordentliche Unterschiede (Länge 15—20, Breite 10—15, Dicke 5—15 mm, Gewicht 0,5—2,0 g), die im Abschnitte „Handelssorten" näher besprochen worden sind. Als Merkmal einer guten Ware gilt, daß bei einer bestimmten Sorte alle Bohnen möglichst gleich groß sein sollen.

Innerhalb der spröden Samenschale („Kakaoschale"), deren mikroskopische Beschreibung wie diejenige der übrigen Formelemente sich im Abschnitte „Untersuchung" (S. 239) findet, liegt der Embryo (Kern), der aus zwei dicken Keimblättern und dem keuligen, etwa 5 mm langen Würzelchen (fälschlich Kakaokeim genannt) besteht. Ein kleines Spitzchen auf dem Würzelchen ist die Plumula. Die Keimblätter, die nicht glatt auf einander liegen, sondern gegeneinander verbogen sind, werden von einer zarten glänzenden Haut („Silberhäutchen"), dem Reste des Endosperms überzogen. Da das letztere auch in die Falten der Keimblätter, diese vielfach zerklüftend, eindringt, so zerbrechen die Samen leicht in scharfkantige Stücke. In der trockenen Handelsware klaffen bei nicht zu flachen Samen die Keimblätter auseinander, so daß eine unregelmäßige Höhlung entsteht, und die durch das Eindringen des Endosperms verursachten Falten der Keimblätter weichen durch das Trocknen weiter auseinander und reißen sehr häufig durch das ganze Keimblatt. Die Farbe des Kerns ist an der Außenseite mehr oder weniger braun, auf dem Querschnitt, je nach der Bohnensorte (s. Handelssorten) und dem Verlaufe der Fermentation zwischen Braun und Violett schwankend. Als Zeichen mangelhafter Zurichtung gilt die sog. Schliffigkeit, d. h. die Erscheinung, daß die Masse beim Durchschneiden nicht bröckelt, sondern fest ist und eine schieferige Schnittfläche aufweist. Da als Merkmale guter Kakaobohnen hohes Durchschnittsgewicht, niedriges spez. Gewicht und gleichmäßige Größe geschätzt werden, seien folgende von H. Fincke[2] ermittelten Werte angeführt.

---

[1] H. Fincke: Z. 1928, 56, 330.
[2] H. Fincke: Z. 1924, 48, 293.

Bohnensorte	100-Bohnen-Gewicht			Spez. Gewicht			Bohnenlänge			Schalengehalt		
	Min. g	Max. g	Mittel g	Min.	Max.	Mittel	Min. cm	Max. cm	Mittel cm	Min. %	Max. %	Mittel %
Accra	106,5	115	110	0,90	1,03	0,96	2,12	2,27	2,21	11,5	13,0	12,3
Arriba	136	157	143	0,96	1,05	0,99	2,17	2,33	2,25	11,9	16,0	13,7
Bahia	101	106	103	0,96	1,13	1,03	2,17	2,35	2,26	14,0	15,8	14,9
Thomé	97	121,5	110	0,98	1,08	1,03	2,08	2,28	2,19	11,0	15,1	12,8
Trinidad . . .	112,5	119	116	0,94	1,02	0,99	2,16	2,22	2,19	13,6	16,0	14,9
Puerto Cabello	124,5	150	136	0,94	0,99	0,97	2,14	2,40	2,25	15,0	15,2	15,1

Die Annahme, daß kleine Bohnen unreif geerntet seien, ist nicht zutreffend.

2. Chemische Zusammensetzung.

Die Kakaobohnen enthalten, abgesehen von Wasser und den in sämtlichen Samen vorhandenen Reservestoffen: Eiweiß, Fett, Zucker, Stärke, Cellulose (Rohfaser) und Salzen, noch eine Reihe besonderer Bestandteile, die entweder stickstoffhaltig sind, wie Theobromin und Coffein, sowie Phosphatide, oder zu den sog. stickstofffreien Extraktstoffen gehören wie Kakaorot und organische Säuren, und zum Teil für Kakao charakteristisch sind. Sie finden sich sowohl in den für die Fabrikation später zu entfernenden Kakaoschalen als auch in den geschälten Kernen, wenngleich in verschiedener Menge und Art.

Einen ungefähren Anhalt für die mittlere Zusammensetzung mögen nebenstehende nach J. König[1] zusammengestellten Analysen verschiedener Autoren geben, die zum Teil allerdings, besonders für den Fettgehalt, zu niedrige Werte aufweisen.

Ausgeführte Bestimmungen	Rohe Bohnen		Kakaoschalen %
	ungeschält %	geschält %	
Wasser	7,93	5,58	11,19
Stickstoffsubstanz	14,19	14,13	13,61
Theobromin + Coffein . . .	1,49	1,55	0,76
Fett	45,87	50,09	4,21
Stärke	5,85	8,77	8,73
Andere N-freie Extraktstoffe	22,92	13,91	35,22
Rohfaser	4,78	3,93	17,16
Asche	4,61	3,45	9,88
Sand	0,62	0,14	4,06

a) Wasser. Der natürliche Wassergehalt der frischen Samen wird zur Erzielung ausreichender Haltbarkeit durch Trocknung an der Sonne oder mittels künstlicher Wärmezufuhr erniedrigt. Von der Art des hierbei angewandten Verfahrens, insbesondere der Zeitdauer und der Temperatur hängt die Menge des hinterbleibenden Wassers ab. Sie schwankt nach den zahlreichen veröffentlichten Analysen zwischen 7,83 und 8,27% bei den ungeschälten, zwischen 3,72—8,40% bei den geschälten Rohbohnen und zwischen 10,6 und 12,0% bei den Kakaoschalen. Erheblich über 8 oder 9% liegende Wassergehalte, die nur bei einer einzigen im Jahre 1883 von Boussingault untersuchten Probe zu 11,60% festgestellt worden sind, deuten auf mangelhafte Zurichtung oder Aufbewahrung hin.

b) Eiweißstoffe. Die Kakaobohnen sind durch einen verhältnismäßig hohen Gehalt an stickstoffhaltigen Substanzen ausgezeichnet, der sich durch Multiplikation des Stickstoffs mit 6,25 in den geschälten Rohbohnen zu etwa 13—16%, in den Kakaoschalen zu 8,44—19,12% berechnet. In diesem Werte des sog. Rohproteins sind aber auch andere, nichteiweißartige Stickstoffverbindungen, wie Theobromin, Coffein, Asparaginsäure und Ammoniak enthalten, so daß der wahre Gehalt an eigentlichem Eiweiß geringer anzusetzen ist. H. Weigmann

[1] J. König: Chemie der menschlichen Nahrungs- und Genußmittel, Bd. 1, S. 1021. Berlin 1903.

hat den Gehalt an Reinprotein in Kakaobohnen mit 13,31—15,94% Gesamtprotein zu 9,46—10,94% und in Kakaoschalen mit 13,18—16,25% Rohprotein zu 11,80—13,00% ermittelt. Von diesem Reineiweiß, das sich aus Casein, Albumin, Fibrin (in den Aleuronkörnern), Globulin und Proteiden zusammensetzt, ist aber nur ein Teil in den Verdauungssäften löslich. So fand MÄRCKER in Kakaoschalen mit 12,69—14,13% Gesamtprotein 4,38—7,07% „verdauliches Protein". Ob die Eiweißstoffe der Schalen mit denen der Kerne identisch sind, steht allerdings nicht fest, kann aber wohl als wahrscheinlich angenommen werden. Daß die Keime weniger Gesamtstickstoff enthalten, beruht auf ihrem überaus hohen Fettgehalte.

Von anderen Stickstoffverbindungen, außer dem später zu besprechenden Theobromin, hat H. WEIGMANN noch in 4 Proben ungeschälter Rohbohnen 0,199—0,244, im Mittel 0,219% Asparagin und 0,0192—0,0255, im Mittel 0,0198% Ammoniak gefunden, von denen das letztere bei der Fermentation entstehen dürfte.

c) Theobromin und Coffein. Seine anregende Wirkung verdankt der Kakao der Anwesenheit von Theobromin (Dimethylxanthin), das darin zu etwa 1—2,5% enthalten ist. Die geringeren von ZIPPERER mitgeteilten Gehalte (0,32—0,77%) dürften wegen der früheren, noch unvollkommenen Untersuchungsmethode zu niedrig ausgefallen sein. Nach den als zuverlässiger angesehenen Analysen von WEIGMANN sowie BECKURTS und HEIDENREICH[1] liegen die Gehalte zwischen 0,88 und 2,34, im Mittel bei 1,50%. Die ziemlich erheblichen Schwankungen werden durch die Art der Bohnen bedingt. Die früher von HILGER und LAZARUS[2], C. SCHWEITZER, L. REUTHER u. a. vertretene Ansicht, daß das Theobromin in glucosidischer Form in dem Kakao enthalten sei, ist nach den neueren Untersuchungen von A. KREUTZ[3], H. FINCKE[4] u. a. nicht mehr aufrecht zu erhalten, es muß vielmehr angenommen werden, daß es lediglich mit dem Gerbstoff eine lockere Bindung eingeht, die schon durch Magnesia gelöst wird.

Neben dem Theobromin sind stets noch geringe Mengen des nahe verwandten Coffeins (Trimethylxanthin) vorhanden, die etwa 0,05—0,36, im Mittel 0,17% betragen.

Beide Basen finden sich auch in den Schalen der nach Europa eingeführten Rohbohnen, doch sind sie nach FINCKE nicht von Natur in den frischen Schalen enthalten, sondern in diese erst während der Fermentation aus den Kernen eingewandert. Die lufttrockenen Schalen enthalten etwa 0,32—1,11, im Mittel 0,76% Theobromin und 0,13—0,19, im Mittel 0,16% Coffein. Durch Auskochen der Schalen mit Wasser, Fällung mit Bleiessig, Zerlegung des Niederschlages mit Schwefelwasserstoff und weitere Reinigung mit Magnesia und Alkohol kann das Theobromin als weißes Krystallpulver vom Schmp. 329^0 rein abgeschieden und zur Herstellung pharmazeutischer Präparate verwertet werden. Die leichtlösliche Verbindung des Theobrominnatriums mit Natriumsalicylat findet unter dem Namen Diuretin medizinische Anwendung gegen Wassersucht und als harntreibendes Mittel.

Das Theobromin ruft im allgemeinen eine ähnliche physiologische Wirkung wie das Coffein hervor, indem es in kleinen Dosen die Erregbarkeit des Zentralnervensystems, die Leistungsfähigkeit der quergestreiften Muskeln und die Pulsfrequenz steigert. Auch regt es die Nieren zu lebhafter Arbeit an, ist aber

---

[1] BECKURTS u. HEIDENREICH: Arch. Pharm. 1893, **231**, 687; **C.** 1893, **7**, 902.
[2] HILGER u. LAZARUS: Deutsch. Vierteljahrsschr. öffentl. Gesundh.-Pflege 1893, **3**, 559.
[3] A. KREUTZ: Festschrift zur 31. Delegiertenversammlung des deutschen Drogistenverbandes in Straßburg, Elsaß, 1912.
[4] H. FINCKE: **Z.** 1928, **56**, 330.

ohne Einfluß auf das Herz und den Blutdruck. Erst bei dauerndem Genuß sehr großer Kakaomengen (10 Tage lange täglich 100 g mit 1,5 g Theobromin) stellte R. O. NEUMANN[1] Schweißausbrüche, Zittern, kalten Schweiß auf der Stirn, auffallende Blässe und ziehende Temporal- und Occipitalschmerzen fest, ohne jedoch dauernde Schäden davonzutragen. Von dem Genuß der üblichen Mengen Kakao und Schokolade sind erfahrungsgemäß keinerlei nachteilige Folgen zu befürchten.

d) Kakaofett. Die Kakaobohnen sind durch einen außerordentlich hohen Fettgehalt ausgezeichnet, der zwar bei den einzelnen Handelssorten gewissen Schwankungen unterliegt, im allgemeinen aber zu 41—48% in den ungeschälten Rohbohnen angegeben werden kann. Der Hauptteil des Fettes (41—46%) findet sich in den Kernen, aber auch in den Schalen sind geringe Mengen eines von demjenigen der Kerne verschiedenen Fettes enthalten. Um die mehrfach geäußerte Ansicht nachzuprüfen, die Kakaoschalen seien ursprünglich ganz fettfrei und enthielten lediglich etwas während der Aufbereitung aus den Kernen übergetretenes Fett, hat FINCKE[2] aus verschiedenen Erzeugungsgebieten (Java, Bahia, Trinidad) Kakaoschalen, die von den frisch aus den Früchten entnommenen Bohnen sofort sorgfältig abgelöst waren, bezogen und auf ihren Fettgehalt untersucht. Er erhielt durch Extraktion mit Äther 0,56 bis 1,76% Rohfett, aus dem durch Auflösen in Petroläther 0,29—1,30% Reinfett abgeschieden wurde. Dieses Eigenfett der Kakaoschalen unterscheidet sich von dem Kernfett durch seine zähe Beschaffenheit, seine gelbbraune Farbe, den hohen Säuregrad von 40—110, sowie die erhöhte Refraktion (88 bei 40°) und Jodzahl. Das Fett aus den Schalen fermentierter und gerösteter Rohbohnen, in die ein Teil des Kernfettes übergetreten war, zeigte Säuregrade von 35—101, Refraktionen bei 40° von 54,1—63,8, Jodzahlen von 42,6—55,5 und Schmelzpunkte von 31,5—35,0.

Demgegenüber hat das reine ausgepreßte Kernfett, dessen Eigenschaften im Abschnitte Kakaobutter (S. 221 u. Bd. IV) eingehend besprochen worden sind, folgende Kennzahlen: Säuregrad bis höchstens 8, Refraktion bei 40° 46—47,8, Jodzahl 33,5—37,5, Schmelzpunkt 32—34,5°, Verseifungszahl 192—198, REICHERT-MEISSL-Zahl 0,2—0,5, Acetylzahl 2,8, Unverseifbares 0,33%.

In bezug auf die Art und Menge der vorhandenen Fettsäuren haben K. AMBERGER und J. BAUCH[3] festgestellt, daß diese sich aus 43—45% Ölsäure, 23—25% Palmitinsäure und 31—33% Stearinsäure zusammensetzen. Die Summe der letzteren beiden festen Fettsäuren beträgt 55—57%. Fettsäuren, deren Molekulargewicht über dasjenige der Stearinsäure hinausgeht, sind nicht vorhanden. In Übereinstimmung mit letzterer Angabe ist auch von G. T. MORGAN und A. R. BOWEN[4] sowie von J. GROSSFELD[5] nachgewiesen worden, daß Arachinsäure im Gegensatz zu der früheren Annahme nicht zugegen ist. Die angeblich von KINGSETT isolierte Theobromasäure war schon früher in das Reich der Sage verwiesen worden.

Schließlich steht nach den Untersuchungen von GROSSFELD[6] fest, daß das Kakaofett niedere Fettsäuren, insbesondere Capryl-, Capron- und Laurinsäure nicht enthält. Von ungesättigten Fettsäuren ist neben Ölsäure noch Linolsäure vorhanden, deren Menge H. P. KAUFMANN[7] zu 2—5% angibt.

---

[1] R. O. NEUMANN: Die Bewertung des Kakaos als Nahrungs- und Genußmittel, S. 42. München u. Berlin: R. Oldenbourg 1906.
[2] FINCKE: Z. 1925, **50**, 208; 1926, **52**, 360.
[3] K. AMBERGER u. J. BAUCH: Z. 1924, **48**, 371.
[4] G. T. MORGAN u. A. R. BOWEN: Chem. Zentralbl. 1925, I, 482.
[5] J. GROSSFELD: Kazett 1929, **18**, 455.
[6] J. GROSSFELD: Z. 1928, **55**, 376; 1928, **56**, 423.
[7] H. P. KAUFMANN: Zeitschr. angew. Chem. 1929, **42**, 402.

An Glyceriden fanden AMBERGER und BAUCH[1] neben Spuren Tristearin (0,02%) und β-Palmito-α-α-distearin (0,03%), 25% Oleo-α-distearin, 20% Oleo-β-palmitostearin und 55% α-Palmito-α-β-diolein, während C. H. LEA[2] als Hauptbestandteil Oleopalmitostearin (mindestens 50—60%), weiter 16% Dioleoglyceride, vorwiegend Dioleostearine, etwa 10% Oleodistearin, 4% Triolein und 2,5% Palmitostearin angibt. FINCKE nimmt an, daß der Gehalt an Monooleoglyceriden zwischen den von beiden Autoren angegebenen Werten 45 und 77% liegt.

Das Kakaofett zeigt bei der Aufbewahrung im Dunkeln eine verhältnismäßig gute Haltbarkeit, erleidet aber unter dem Einflusse des Lichtes und gewisser Mikroorganismen (Monilia-Arten) Zersetzungen, die sich durch Auftreten unangenehmen Geschmacks und Erhöhung des Säuregrades bemerkbar machen. Die Ausnutzung im Organismus ist gleich derjenigen der übrigen Fette nahezu vollständig und wird von ZUNTZ zu 95,2% angegeben.

e) Kakaorot. Über die chemische Natur und die Entstehung der die Farbe der Kakaobohne bedingenden Stoffe besteht noch keine völlige Klarheit. Die älteren Autoren nahmen allgemein an, daß in der ursprünglich farblosen Bohne erst beim Trocknen und Rotten durch Einwirkung der vorhandenen Enzyme eine Spaltung des Glucosides Kakaonin in Glucose, Theobromin und den eigentlichen Farbstoff, das sog. Kakaorot eintritt. Das durch Ausziehen der entfetteten Bohnen mit absolutem Alkohol in Menge von etwa 2—3% dargestellte, den Gerbstoffen verwandte Kakaorot hat nach HILGER die Formel $C_{11}H_{17}(OH)_{10}$, während das Glucosid selbst nach SCHWEITZER als eine esterartige Verbindung von 1 Molekül Kakaorot, 6 Molekülen Glucose und 1 Molekül Theobromin ($C_{60}H_{86}O_{15}N_4$) anzusprechen ist.

A. HEIDUSCHKA und B. BIENERT[3] extrahierten, ohne Rücksicht auf etwa vorhandenes Glucosid, die entfetteten ungerösteten Bohnen mit Alkohol, trennten die eingedampften alkoholischen Auszüge von den entstehenden Ausscheidungen und fällten mit Bleiacetatlösung. Der grüne Niederschlag wurde in alkoholischer Anschwemmung mit Schwefliger Säure gefällt, die wiederum konzentrierte hellrote Lösung durch konz. Salzsäure gefällt und filtriert. Das so gewonnene reine Kakaorot bildete ein violettstichiges, schön rotes Pulver, dessen alkoholische Lösung durch Mineralsäuren eine Aufhellung erfuhr, während es durch Alkalien zunächst grün gefärbt und dann zersetzt wurde.

Nach den eingehenden Untersuchungen von H. FINCKE[4] muß angenommen werden, daß in den Rohbohnen des Handels 2 verschiedene Farbstoffe vorhanden sind:

Kakaorot nennt er in Übereinstimmung mit dem bisherigen Schrifttum den Stoff, der in Alkohol leicht löslich, und dessen Lösung in saurem Zustande lebhaft rot, in neutralem Zustande violett und in schwach alkalischem grün oder grünlichblau ist. Dieser findet sich bereits in den frischen Samen und, in wechselnder Menge, zuweilen nur spurenweise, in den Rohbohnen wie den Kakaoerzeugnissen. Er ist ausschließlich eine Bildung der lebenden Zelle.

Als Kakaobraun bezeichnet FINCKE den Stoff, dem die braunen Bohnen und Kakaoerzeugnisse ihre Farbe verdanken, der in Alkohol sehr schwer, dagegen in wäßriger alkalischer Lösung leicht und mit tiefbrauner Farbe löslich ist. Er findet sich in den frischen Samen nicht vor, sondern entsteht erst aus einem farblosen Stoffe, sowie auch aus dem Kakaorot allmählich bei der Fermentation, dem Trocknen und der Weiterverarbeitung der Bohnen zu Kakaoerzeugnissen.

Über die chemischen Eigenschaften des ursprünglich vorhandenen farblosen Stoffes, den H. FINCKE als Kakaobraun-Mutterstoff bezeichnet, ist bislang

[1] K. AMBERGER u. J. BAUCH: Z. 1924, **48**, 371.
[2] C. H. LEA: Journ. Soc. chem. Ind. 1929, **48**, 41; C. 1929, I, 2000.
[3] A. HEIDUSCHKA u. B. BIENERT: Journ. prakt. Chem. 1927, **117**, 262.
[4] H. FINCKE: Z. 1928, **55**, 559. Vgl. A. STEINMANN: Z. 1933, **65**, 454.

nichts weiter festgestellt worden, als daß er jedenfalls das theobrominhaltige Glucosid, das überhaupt nicht existiert, nicht ist. Es besteht die Möglichkeit, daß der ,,Mutterstoff" in der lebenden Pflanze bereits in Kakaorot übergeht, hingegen entsteht das Kakaobraun nie in der lebenden Pflanze sondern erst bei der Fermentation und der Weiterverarbeitung, besonders der Kakaopulverherstellung unter Alkalizusatz aus dem Mutterstoff und auch dem Kakaorot. Umgekehrt können sowohl der Mutterstoff wie das Kakaobraun durch Behandlung mit alkoholischer Salzsäure in Kakaorot übergeführt werden.

Beide Farbstoffe: Kakaobraun und Kakaorot sind gerbstoffartiger Natur und zeigen dementsprechendes Verhalten.

f) Kohlenhydrate. Die in Form sehr kleiner rundlicher, einfacher oder zusammengesetzter Körner vorhandene Stärke zeigt in chemischer Hinsicht keine Unterschiede von der Stärke anderer Herkunft. Die in der älteren Literatur bisweilen noch anzutreffende Angabe, daß sie sich mit Jod langsamer blau färbe, beruht auf einem Irrtum, hervorgerufen durch die Tatsache, daß die Fettumhüllung der Körnchen den Zutritt der Jodlösung erschwert und verzögert. Der Gehalt an Stärke wird von den einzelnen Autoren sehr verschieden angegeben (Tuchen 0,3—0,7%; Boussingault 2,5%; James Bell 4—5%; Payen 10,0%; Lampadius 10,91%; Mitscherlich 13,5—17,5%), dürfte aber nach den zuverlässigsten Analysen von H. Weigmann etwa 6% in den rohen ungeschälten und 7—10% in den geschälten gerösteten Bohnen betragen.

Über einen etwaigen Gehalt an Dextrin, dessen Anwesenheit an sich nicht unmöglich ist, liegen sichere Angaben nicht vor, da als Stärke meist die Gesamtmenge der verzuckerbaren Stoffe in Ansatz gebracht worden ist, hingegen scheint etwas Glucose nach C. Schweitzer regelmäßig vorhanden zu sein. W. E. Ridemour[1] gibt ihre Menge in den ungeschälten Rohbohnen zu 0,42 bis 2,76% an. Gegen die weiteren Angaben des gleichen Verfassers über einen Gehalt an Saccharose (0,32—6,37%) erscheinen aber Zweifel am Platze. Auf alle Fälle muß der bei Arriba-Bohnen ermittelte Wert von 6,37% als unmöglich bezeichnet werden.

g) Organische Säuren. Der Gehalt an freien Gesamtsäuren, der einer Acidität von 15—30 ccm N.-Lauge für 100 g Kakaokerne entspricht, läuft nicht mit dem sauren Geschmack parallel, weil er zum Teil auf die mehr herb als sauer schmeckende Gerbsäure entfällt. Nach A. Schulte im Hofe[2], der den Gerbstoffgehalt mehrerer Proben von Rohbohnen zu 1,00—4,08% bestimmte, ist dieser bei den milden Bohnensorten am niedrigsten. Neben der Gerbsäure sind noch Spuren Oxalsäure sowie geringe Prozentsätze von Äpfelsäure und Weinsäure nachgewiesen worden. Den Gehalt an letzterer bestimmte Boussingault zu 3,4—3,7%, H. Weigmann zu 4,34—5,82%. Die organischen Säuren finden sich teils frei, teils an Kalium und Magnesium gebunden vor.

h) Rohfaser. Als Rohfaser bezeichnet man in der Regel den bei der Behandlung mit verdünnter Schwefelsäure und Kalilauge nach dem sog. Weender Verfahren hinterbleibenden Rückstand, der neben der eigentlichen Cellulose auch noch die Pentosane enthält. Die bei der Methode von J. König (Glycerin-Verfahren) hinterbleibende ,,Rohfaser" ist zwar frei von Hemicellulosen (Pentosanen), enthält dafür aber fast die gesamte Menge der sonstigen inkrustierenden Substanzen, insbesondere die Cuticularsubstanz oder das Lignin (nebst Nucleinen). Da für die Beurteilung des Kakaos, vor allem zum Nachweise eines Schalenzusatzes, fast ausschließlich die nach dem Weender-Verfahren bestimmte Rohfaser herangezogen wird, beziehen sich auf diese die

[1] W. E. Ridemour: Amer. Journ. Pharm. 1895, **67**, 207.
[2] A. Schulte im Hofe: Z. 1914, **27**, 216.

folgenden Zahlenangaben. Sie besteht bei den geschälten Bohnen zu etwa $^1/_3$, bei den Kakaoschalen zur Hälfte aus Cellulose.

Nach den in J. KÖNIGS Chemie der menschlichen Nahrungs- und Genußmittel, Bd. 1, mitgeteilten Analysen beträgt der Rohfasergehalt in:

ungeschälten Rohbohnen . .	4,30— 6,19,	Mittel 4,78%
geschälten Rohbohnen. . . .	3,87— 4,20,	„ 3,68%
Kakaoschalen	10,05—29,14,	„ 17,16%

Wie nach dem anatomischen Aufbau des Samens selbstverständlich, ist der Rohfasergehalt der Schalen erheblich höher als derjenige des Kerns. Die analytische Verwertung dieser Tatsache wird im Abschnitte Beurteilung (S. 253) näher besprochen werden.

Nach B. TOLLENS[1] sind im Gewebe der Kotyledonen wie auch der Kakaoschalen Pentosane und Galaktane enthalten, die sich größtenteils in der „Weender Rohfaser“ vorfinden. Diese Stoffe geben bei der Hydrolyse l-Arabinose, Galaktose und Glucose, während Xylose zu fehlen scheint. Als Maßstab gilt der Gehalt an Pentosanen, der von den einzelnen Autoren sehr verschieden angegeben wird. So fanden LÜHRIG und SEGIN[2] in geschälten, teils rohen, teils gerösteten Bohnen 1,13—2,16, im Mittel 1,52%, in Kakaoschalen (lufttrocken) 6,83—10,11% Pentosane, hingegen DEVIN und STRUNCK[3] in den gerösteten Kernen nur 0,43—0,80 und den Schalen 2,52—4,56% Pentosane.

Über den Gehalt an Methylpentosanen liegen sichere Angaben nicht vor.

Als weiterer Bestandteil der Rohfaser kommt schließlich noch die Schleimsubstanz in Betracht, die nach GRIEBEL und CASAL[4] in Form besonderer Schleimzellen nur in den Schalen, nicht aber in den Kotyledonen enthalten ist. Sie liefert bei der Hydrolyse 9,63% Arabinose, 5,16% Methylpentose, 22,36% Galaktose und 32,21% Galakturonsäure, wonach die aschefreie Schleimtrockensubstanz 14% Arabinose, 7% Methylpentose, 32% Galaktose und 47% Galakturonsäurelakton enthalten würde. Aus fettfreier Schalentrockensubstanz erhielten die Verfasser 75,2—124,7 mg Schleim mit 6,9—11,5 mg Carboxyl-Kohlensäure und 27,6—46,0 mg Galakturonsäure.

i) Phosphatide (Lecithine). Im Hinblick auf den Umstand, daß die neue Kakao-Verordnung den Zusatz geringer Mengen von sog. Lecithin (Sojalecithin) zu Kakaomasse zuläßt, hat die Frage, ob die Kakaobohne von Natur aus Lecithin enthält, erhöhte Bedeutung gefunden. Sie ist bislang mehrfach bejaht worden. So hat REWALD[5] aus dem Phosphorgehalte des mit Benzol-Alkohol hergestellten Auszuges von Kakaobohnen auf das Vorhandensein von Lecithin geschlossen, und auch WINKLER und SALE[6] kommen aus der Phosphorbestimmung des mit Petroläther und Alkohol erhaltenen Extraktes zu dem gleichen Ergebnis. In quantitativer Hinsicht zeigten sich aber erhebliche Unterschiede, indem REWALD 0,068—0,256% „Phosphatide in der Trockenmasse“ angibt, während WINKLER und SALE 0,26—0,46% Lecithin fanden. Nach den neueren Arbeiten von NOTTBOHM und F. MAYER[7] stimmt aber der nach ihrem Verfahren ermittelte Cholingehalt mit dem Gehalte an alkohollöslicher Phosphorsäure nicht überein, denn nach ihren Versuchen enthielten mehrere Proben Kakaobohnen und Kakaopulver nur 0,045—0,067% Cholin, entsprechend

[1] B. TOLLENS: Z. 1907, 14, 235.
[2] LÜHRIG u. SEGIN: Z. 1906, 12, 161.
[3] DEVIN u. STRUNCK: Z. 1909, 17, 62.
[4] GRIEBEL u. CASAL: Z. 1929, 58, 478.
[5] REWALD: Office Intern. d. Fabricants de Chocolat et de Cacao 1931.
[6] WINKLER u. SALE: Journ. Assoc. official. agricult. Chemists 1931, 537.
[7] NOTTBOHM u. F. MAYER: Z. 1933, 65, 55.

0,298—0,446% Lecithin, während sich aus dem Phosphorgehalte etwa die doppelte Menge berechnen würde. Sie schließen daher, daß freies Lecithin in den Kakaobohnen überhaupt nicht enthalten ist, und daß sowohl ein Teil der alkohollöslichen Phosphorsäure wie des Cholins in anderer Form als Lecithin vorhanden sein muß.

Es wird sich demnach empfehlen, nicht von dem Gehalte der Kakaobohnen an Lecithinen, sondern an Phosphatiden zu reden. Der Gehalt an letzteren wurde von Br. Rewald und H. Christlieb[1] in ungerösteten Kakaobohnen zu 0,153% ermittelt, während das ausgepreßte Fett völlig frei von Phosphatiden war. Diese müssen sonach in einer festen Bindung mit dem Eiweiß vorhanden sein. Weder die Röstung, noch auch die Alkalisierung hat einen schädlichen Einfluß auf die Phosphatide.

k) Vitamine. Nach der Zusammenstellung von Scheunert im I. Bande dieses Handbuches sind Vitamin A und B im Kakao nicht enthalten. Über das Vorkommen der anderen Vitamine liegen noch keine Untersuchungen vor.

l) Mineralstoffe. Für den Aschengehalt der rohen ungeschälten Bohnen und der Kakaoschalen lassen sich auf Grund der bislang veröffentlichten Analysen nebenstehende Werte angeben.

	Rohe Bohnen		Schalen	
	%	Mittel %	%	Mittel %
Gesamtasche	3,79—6,97	4,61	3,05—24,51	9,91
Reinasche. .	3,16—4,19	3,99	6,01— 9,25	8,10
Sand. . . .	0,10—2,06	0,62	0,21—18,19	3,87

Da die Analysen selbstredend von dem Grade der Verunreinigung durch Sand und Erde stark beeinflußt werden, ist nur der Gehalt an Reinasche oder besser noch der Aschengehalt der geschälten Bohnen zu der Beurteilung heranzuziehen. Er beträgt 2,25—4,32, im Mittel 3,36%.

Für die quantitative Zusammensetzung der Asche geschälter Rohbohnen seien lediglich folgende Analysen von Bensemann und von Beythien mitgeteilt, die sich auf sandfreie Asche beziehen:

	Bensemann		Beythien
Kaliumoxyd (K_2O) . . .	29,99—35,30,	Mittel 32,24%	36,73%
Natriumoxyd (Na_2O) . . .	0,52— 4,17,	,, 2,17%	0,53%
Calciumoxyd (CaO) . . .	2,92— 5,03,	,, 3,96%	4,22%
Magnesiumoxyd (MgO) . .	15,15—17,56,	,, 16,14%	16,12%
Eisenoxyd (Fe_2O_3)	0,18— 0,63,	,, 0,36%	—
Aluminiumoxyd (Al_2O_3) . .	0,08— 0,49,	,, 0,33%	—
Kieselsäure (SiO_2)	0,13— 0,24,	,, 0,19%	—
Phosphorsäure (P_2O_5) . .	27,74—37,00,	,, 31,54%	28,30%
Schwefelsäure (SO_3) . . .	2,05— 3,96,	,, 3,06%	2,69%
Chlor (Cl)	0,28— 0,43,	,, 0,29%	0,30%
Kohlensäure (CO_2)	2,79—10,35,	,, 6,69%	10,59%

Hiernach besteht die Asche der Hauptsache nach, zu etwa $^2/_3$, aus Kaliumphosphat. Daneben sind noch beträchtliche Mengen von Magnesiumverbindungen vorhanden, während die übrigen normalen Bestandteile der Pflanzenaschen zurücktreten. Bemerkenswert ist ein ständiger geringer Gehalt an Kupfer, der in der Asche der Kerne 0,0009—0,004%, in der Schalenasche 0,020—0,025% beträgt.

Die Gesamtalkalität A nach Farnsteiner[2] ist zu — 2,5 bis + 12,7, im Mittel + 5,0 ccm N.-Säure, die Alkalität der löslichen Asche von Fincke[3] zu

[1] Br. Rewald u. H. Christlieb: **Z.** 1931, **61**, 520.
[2] Farnsteiner: **Z.** 1907, **13**, 305.
[3] Fincke: **Z.** 1928, **56**, 324.

7,7—8,7 ccm in nicht fermentierten und zu 6,0—7,6 ccm in fermentierten Rohbohnen bestimmt worden.

Die quantitative Zusammensetzung der Schalenasche unterliegt überaus hohen Schwankungen, die durch die Art der beim Rotten hinterbleibenden mineralischen Überzüge bedingt werden. So beträgt, um nur einige Beispiele herauszugreifen, nach Bensemann[1] der Gehalt an in Säuren unlöslichen Stoffen 1,92—51,51%, an Kaliumoxyd 11,81—31,52%, an Phosphorsäure 4,70 bis 9,07%, an Magnesiumoxyd 4,09—9,55%.

Von einer Mitteilung der Einzelanalysen kann daher abgesehen werden.

m) Aromastoffe. Das Wesen und der Ursprung derjenigen Stoffe, die den unverkennbar vorhandenen aromatischen Geruch und Geschmack des Kakaos und der Kakaowaren hervorrufen, ist noch nicht sicher bekannt. Die früher allgemein vertretene Auffassung, daß das Kakaorot der Träger des Aromas sei, dürfte jetzt endgültig aufgegeben worden sein, seitdem Juckenack und Griebel[2] darauf hingewiesen hatten, daß das vom Kakaorot völlig freie Kakaofett sehr stark aromatisch rieche, während der Preßrückstand fast geruchlos sei. Man wird daher wohl mit R. O. Neumann[3] annehmen müssen, daß die aromatischen Stoffe, mögen sie nun im Rohkakao enthalten sein oder erst im Verlaufe der Fermentation oder Weiterverarbeitung entstehen, im Kakaoöl gelöst und festgehalten werden. Für die Annahme, daß sie zu den ätherischen Ölen gehören, spricht die Beobachtung von J. Sack[4], daß durch fraktionierte Destillation von 20 kg Bohnen 1 ccm eines stark nach Kakao riechenden und schmeckenden Öles erhalten wurde. Nach neueren Untersuchungen sind auch Diacetyl und Methylacetylcarbinol vorhanden[5].

III. Handelssorten der Kakaobohnen.

Die aus den einzelnen Ursprungsländern stammenden Handelssorten zeigen mehr oder weniger erhebliche Unterschiede, die zum Teil auf das Klima oder auf Witterungseinflüsse zurückzuführen sind, zum Teil durch die bei der Kultur der Bäume, der Aufbereitung und weiteren Behandlung der Samen angewandte Sorgfalt bedingt werden.

In der folgenden Beschreibung der äußeren Eigenschaften nach C. Hartwich sind diejenigen Sorten unberücksichtigt geblieben, die für den Welthandel keine Bedeutung haben, sondern im Erzeugungsland verbraucht werden.

1. Mittelamerika.

San Salvador. Die meist konvexen Samen zeigen graubraune Schale, hell durchscheinende Gefäßstränge und außen braune, im Querschnitt hellere Keimblätter. Die Bohnen der Sorte Cacao gros sind durchschnittlich 31,8 mm lang, 16,9 mm breit, 12,0 mm dick und 2,65 g schwer. Die kleinere Sorte Cacao moyen zeigt entsprechend folgende Durchschnittswerte: 20,1 mm, 14,1 mm, 9,5 mm, 1 g.

2. Südamerika.

a) Brasilien. α) Bahia, eine der wichtigsten Welthandelssorten, hat abgeplattete, dreieckige Bohnen von durchschnittlich 22 mm Länge, 13 mm Breite, 6 mm Dicke und 1,05 g Gewicht. Die Schale ist bei den besseren gerotteten Sorten zimtfarbig, bei den geringeren mit einem erdigen, schmutzig grauen

[1] Bensemann: Repert. analyt. Chem. 1885, 5, 178.
[2] Juckenack u. Griebel: Z. 1905, 10, 41.
[3] R. O. Neumann: Fußnote 1, S. 181.
[4] J. Sack: Z. 1914, 27, 221.
[5] H. Fincke: Kazett 1932, 21, 381.

Überzuge versehen. Die Keimblätter sind außen schwarzbraun, im Schnitt violett.

β) Para (Amazonaskakao), vom Amazonas und seinen Nebenflüssen, steht im Werte zwischen Bahia und gutem Samana. Die kleinen, konvexen Bohnen, 22 mm lang, 11 mm breit, 5 mm dick und 0,9 g schwer, haben eine matt-rostfarbige Schale und schwarzbraune, im Schnitt braune bis graubraune Keimblätter.

Von geringerer Bedeutung sind noch Maracas und Gutzko.

b) Ecuador. Abgesehen von den feinsten, im Lande selbstverbrauchten Soconusco- und Esmeraldaskakaos wird fast aller Kakao über Guayaquil verschifft.

α) Guayaquil-Arriba, Sommerernte (April-Mai) hat abgeplattete, auch konvexe Bohnen, 24 : 15 : 7,5 mm und 1,33 g schwer, mit rostfarbiger Schale, braunen Keimblättern, mildem Geschmack und kräftigem Aroma.

β) Guayaquil-Arriba, Winterernte (Dezember, Januar): Bohnen abgeplattet; Schale rostfarbig; Keimblätter außen braun, Querschnitt rötlichbraun; durchschnittliche Größe 25 : 14 : 7 mm, Gewicht 1,8 g.

γ) Guayaquil-Balao: Bohne konvex; Schale rostfarbig; Keimblätter außen dunkel-, innen hellbraun; Größe: 23 : 13 : 8 mm, Gewicht 1,44 g.

δ) Guayaquil-Machala: Bohnen konvex, Schale zimtfarbig oder schmutzig schwarzbraun, Keimblätter außen schwarzbraun, innen heller; Größe 24 : 13 : 7 mm, Gewicht 1,65 g; Geschmack bitter.

ε) Caraquez oder Bahia: Bohnen abgeplattet und konvex; Schale rostfarbig, oft mehr grau; Keimblätter dunkelbraun; Größe 23 : 13 : 7,3 mm; Gewicht 1,3 g.

c) Venezuela liefert ausgezeichnete, sehr milde und fein aromatische Kakaos. Besonders charakteristisch für mehrere Sorten ist das künstliche Färben oder „Terrieren“ mittels einer stark eisenhaltigen roten Erde, die in die frisch fermentierten, noch feuchten Bohnen eingerieben wird.

α) Maracaibo vom Ufer des Maracaibosees.

β) Puerto Cabello, nach dem Hafen benannt: Bohne konvex; Schale ockerfarbig, terriert; Keimblätter außen dunkelbraun, innen hellbraun; Größe 23 : 12 : 9 mm; Gewicht 1,3 g.

γ) Caracas, nach der Hauptstadt benannt, aber aus La Guyara exportiert: Bohne teils abgeplattet, teils konvex; Schale ockerfarbig, terriert; Keimblätter außen dunkelbraun, innen hellbraun, oft mit violettem Ton; Größe 23 : 11,5 : 9 mm; Gewicht 1,18 g.

δ) Carupano, eine geringere Sorte, deren Name nicht die geographische Herkunft, sondern die Abstammung von der im Vergleich zum Criollo weniger wertvollen Varietät der Pflanze: Carupano oder Trinitario angibt. Bohne abgeplattet; Schale grau, meist nicht künstlich gefärbt; Keimblätter außen dunkelbraun, innen rötlich, auf dem Querschnitte violett; Größe 24 : 13,5 : 6 mm; Gewicht 1,2 g.

d) Columbien. Neben dem im Handel weniger vertretenen Maracaibo aus dem Bezirke Culia, der dem Caracas an Güte nahesteht, und den Angostura- und Pedrazakakaos, die den Guayaquilsorten ähnlich sind, kommt besonders in Frage die Sorte

Cauca aus den Tälern des Caucas und Magdalenas, die von Baranquilla und Buonaventura aus verschifft wird. Bohne konvex; Schale rostfarbig, auch graubraun; Keimblätter außen hellbraun, im Querschnitt gelblichbraun; Größe 23 : 13 : 10 mm.

e) Guayana. α) Cayenne, eine kaum noch gehandelte Sorte. Die meist flachen Samen sind sehr ungleich in Farbe und Größe, manche hellzimtbraun, andere viel dunkler, die Keimblätter außen dunkelbraun, im Querschnitt violettbraun. Durchschnittliche Größe 21,5 : 12,7 : 6,1 mm; Gewicht 0,78 g.

β) Surinam. Die großen und festen Bohnen, deren Schale mit graubraunem Lehmüberzuge versehen ist, werden dem Trinidad ähnlich bewertet.

3. Westindien.

a) Trinidad. Der geschätzte und noch zu den Edelkakaos gerechnete Kakao kommt in vier Sorten in den Handel, von denen die beste, oft leicht terrierte, als Plantation, die mittlere als Estates, die geringere als Middling red und die letzte als Fair shipping Trinidad cocoa bezeichnet wird. Die zu den Criollos gehörende große und breite, meist abgeplattete Bohne hat gelb- bis rostbraune, leicht abspringende Schalen und außen dunkelbraune, im Querschnitt rotviolette Samenlappen. Größe 23: 13: 7 mm; Gewicht 0,98 g.

b) Grenada. Bohne abgeplattet oder konvex; Schale zimtfarbig; Keimblätter außen schwarzbraun, im Inneren gelbbraun bis rotviolett; Größe 23 : 13 : 8 mm; Gewicht 0,98 g.

c) St. Lucia. Bohne abgeplattet; Schale graubraun; Keimblätter außen dunkelbraun, innen hellbraun bis graubraun; Größe 22 : 12,5 : 5,5 mm; Gewicht 1,13 g.

d) Haiti (Port au Prince) liefert einen wegen der nachlässigen Zubereitung höchst minderwertigen Kakao, der nach den Vereinigten Staaten und Frankreich geht. Die kleinen, oft mit Erde überzogenen oder gar mit Steinchen vermischten Bohnen haben eine flach-eiförmige Gestalt und hellbraune Samenschalen. Der bisweilen schimmelige Kern ist schwarzbraun, auf dem Querschnitt violett.

e) San Domingo gewinnt als Kakaoerzeuger steigende Bedeutung. Von den verschiedenen Handelssorten, die nach den Ausfuhrhäfen Samana, Puerto-Plata und Sanchez benannt werden, gilt die erste als die beste und wird am höchsten bewertet.

α) San Domingo-Samana. Bohnen schwach konvex; Schale dunkelrotbraun, im Querschnitt graubraun; Keimblätter außen schwarzblau, innen schwarzbraun, schwach bitter; Größe 24 : 13,4 : 7,3 mm; Gewicht 1,18 g.

β) San Domingo-Puerto-Plata. Konvexe und flache Bohnen zu gleichen Teilen; Schale dunkel graubraun; Keimblätter außen fast schwarz, im Querschnitt graubraun; Größe 21,1 : 10,9 : 6,2 mm; Gewicht 0,98 g.

f) Guadeloupe liefert zwei Sorten: α) Bohnen flach; Schale zimtbraun; Keimblätter schwarzbraun, im Querschnitt braun; Größe 22,8 : 13,1 : 6,5 mm; Gewicht 1,25 g; β) Bohnen konvex; Schale schmutzig zimtbraun; Keimblätter dunkelbraun, im Querschnitt heller; Größe 22,2 : 12 : 8,3 mm.

g) Martinique, zwei Sorten: α) Bohnen flach, selten konvex; Schale gelbbraun, mit dunklen Brandflecken; Keimblätter dunkelrotviolett, fast schwarz; Größe 22 : 13 : 7,4 mm; Gewicht 1,2 g. β) Bohnen flach; Schale rotbraun; Keimblätter außen schwarz, im Querschnitt dunkelgrau mit rötlichem Schimmer; Größe 21,2 : 11,7 : 6,3 mm; Gewicht 0,95 g.

h) Cuba. Die platten unansehnlichen Bohnen verschiedener Größe, deren Schalen fest am Kerne haften und stellenweise mit Resten des eingetrockneten Fruchtfleisches bedeckt sind, wurden früher größtenteils in Spanien verbraucht, gehen aber jetzt meist nach den Vereinigten Staaten.

4. Afrika.

a) **Accra**, der Sammelname aller Kakaosorten von der Goldküste: Bohnen meist recht ungleichmäßig aus flachen und konvexen zu etwa gleichen Teilen zusammengesetzt; Schalen hellrotbraun und dunkelbraun; Keimblätter außen dunkelbraun bis schwarzbraun, innen dunkelbraun, im Querschnitt dunkelbraunviolett; Geschmack ziemlich bitter; Größe 23,5 : 13,6 : 6,3 mm bei den flachen Bohnen, 20,2 : 12,4 : 8,6 mm bei den konvexen Bohnen; Gewicht 1,23 g.

b) **Sao Thomé**, nach der Art der Kultur und der Sorgfalt der Aufbereitung ziemlich verschiedene Qualitäten, die noch immer eine wichtige Rolle auf dem Weltmarkte spielen. Bohne abgeplattet; Schale graubräunlich; Keimblätter außen gelbbraun bis schwarzbraun, im Querschnitt dunkelbraunviolett; Größe 25 : 13 : 7 mm; Gewicht 1,10 g.

c) **Kamerun.** Bohne abgeplattet; Schale dunkelzimtfarbig; Keimblätter außen dunkelbraun, innen violettbraun; Größe 24 : 13,5 : 6 mm; Gewicht 1,2 g. Infolge verbesserter Fermentationsmethoden ist Aussehen und Güte neuerdings gesteigert worden, indem die Farbe schöner dunkelbraun und der früher hohe Säuregehalt erniedrigt wurde.

5. Asien.

a) **Ceylon** kommt in verschiedenen Qualitäten, die nach der Art der Aufbereitung als fine, middling, ordinary bezeichnet werden, zur Ausfuhr, hauptsächlich nach Nordamerika. Die bessere aus den von Europäern geleiteten Pflanzungen stammende Ware hat ansehnliche große, eiförmig-konvexe Bohnen. Die sauberen, gewaschenen, dünnen und leicht abspringenden Schalen sind rötlichbraun, die angenehm bitter schmeckenden Kerne außen rotbraun, innen hellbraun. Größe 21 : 13 : 8 mm; Gewicht 0,88 g.

Eine geringere, weniger schön aussehende Ware aus Kulturen der Eingeborenen heißt Native-Cocoa oder Native-Ceylon.

b) **Java**, der über den Hauptmarkt Amsterdam in Holland, England, Nordamerika weiter verhandelt wird, ist dem Ceylon in Aussehen und Güte ähnlich. Bohne konvex; die dünne, leicht abspringende Schale hell- bis dunkelbraun oder kupferfarbig; die angenehm bitter schmeckenden Kerne außen und im Querschnitt braun; Größe 22 : 13 : 8 mm; Gewicht 0,93 g.

6. Australien.

Samoa, ursprünglich nur von Criollobäumen, neuerdings in steigendem Maße, allerdings auf Kosten der Qualität, auch von Forasterobäumen gewonnen, ähnelt in Gestalt und Farbe dem Javakakao. Die Bohnen sind meist eirund-konvex, selten etwas abgeplattet, die leicht abspringenden Schalen braun, die Kerne außen rotbraun, innen hellbraun. Der Geschmack ist angenehm schwach bitter.

C. Verbrauch von Kakaobohnen.

Gleichlaufend mit der Erzeugung zeigt auch der Verbrauch an Kakaobohnen bis etwa zum Jahre 1929 ein ständiges Ansteigen, um dann allmählich etwas zurückzugehen. Der Welternte, die von 102000 Tonnen im Jahre 1900 auf 537000 Tonnen im Jahre 1928/29 anstieg, dann im Jahre 1929/30 auf 532521 Tonnen abnahm und in den Monaten Oktober 1930 bis Mai 1931 403422 Tonnen betrug, stand in den letzten Jahren ein Weltverbrauch von 522000 bzw. 503000 Tonnen gegenüber, der sich nach dem Gordian[1] auf die einzelnen Länder in folgender Weise verteilt:

[1] Gordian 1931, H. 869, 10.

Verbrauchsländer	1928/29 Tonnen	1929/30 Tonnen	Oktober 1930 bis Mai 1931 Tonnen
Vereinigte Staaten	195589	191340	124063
Deutschland	81350	74992	61869
Großbritannien	57485	56155	45157
Niederlande	52288	48539	50612
Frankreich	35785	35204	28000
Schweiz	9071	7361	9642
Belgien	7753	6491	6581
Italien	7663	6820	4928
Kanada	9259	8880	6071
Skandinavien (Schw., N., D.)	8755	8983	6574
Tschechoslowakei	8470	7570	5500
Österreich	5402	5902	4188
Polen	5298	5416	3866
Andere Länder	37908	39446	25746
Weltverbrauch	522076	503099	382797

Hiernach stehen wie schon seit Jahrzehnten die Vereinigten Staaten an der Spitze und ihnen schließen sich Deutschland, Großbritannien, Holland, Frankreich und die Schweiz an. Wie sich diese Menge auf den Kopf der Bevölkerung verteilt, wird bei der Bewertung des Kakaos als Lebensmittel (S. 214) noch näher besprochen werden.

Im Gegensatze zu der gleichgebliebenen Reihenfolge der Verbrauchsländer hat sich der Anteil der Erzeugungsländer an der Welternte völlig verschoben, wie aus folgender Übersicht[1] hervorgeht:

Erzeugungsländer	1894 Tonnen	1903 Tonnen	1913 Tonnen	Durchschnitt 1919—1923 Tonnen	Durchschnitt 1924—1928 Tonnen	1929 Tonnen	1930 Tonnen
Goldküste	9	2300	51300	159100	220000	240670	230193
Brasilien	10100	20900	29800	55000	68600	66038	73703
Lagos	0	300	3700	25400	39900	50063	52605
Ecuador	19600	23000	39000	40000	24650	15806	17749
Trinidad	10300	13800	21800	29800	24300	26553	24761
San Domingo	2000	7800	19500	22200	23150	24418	19365
Venezuela	6900	12000	17100	21300	17800	21830	16355
Sao Thomé	6100	22500	36300	26200	17000	15479	12435
Andere Länder	14000	23300	35100	35200	59900	76378	85355
Welternte	69009	125900	253600	414200	495300	537235	532521

Hiernach haben Ecuador und Trinidad ihre führende Stelle zunächst an Brasilien und dann an die Goldküste abtreten müssen, bis sie vom Jahre 1924 an auch von der schnell zunehmenden Produktion von Lagos überflügelt wurden. Zur Zeit steht die Goldküste weitaus an erster Stelle.

D. Fabrikation der Kakaoerzeugnisse.

Der historischen Entwicklung nach ist die Schokolade das erste Erzeugnis der Kakaoverarbeitung gewesen, während sich nach dem jetzigen Stande an die Reinigung und weitere Vorbereitung der Rohbohnen die Herstellung der Kakaomasse anschließt, die weiter als Ausgangsmaterial einerseits des Kakaopulvers und der Kakaobutter, andererseits der Schokolade in ihren mannig-

[1] H. FINCKE: In der Enzyklopädie von ULLMANN, 2. Aufl., Bd. 6, S. 314. Leipzig 1930.

fachen Formen dient. Da für die Güte der verbrauchsfertigen Waren die Beschaffenheit des Ausgangsmaterials, der Rohbohnen, von grundlegender Bedeutung ist, so muß ihrer Auswahl und weiteren Behandlung die größte Aufmerksamkeit gewidmet werden.

Es hat sich gezeigt, daß die seit einiger Zeit in den Handel gebrachten Bohnen gegen früher eine Verschlechterung aufweisen, die sich für die Verwendbarkeit und den Preis ungünstig auswirkt. Zur Behebung dieses Übelstandes und zur Erzielung hochwertiger Bohnen von rötlicher bis brauner Farbe des Kerns, mild bitterem (nicht saurem oder streng bitterem) Geschmack und reinem, für die betreffende Sorte charakteristischem Aroma[1] empfiehlt E. WIEHE[2] den Erzeugern in erster Linie die vermehrte Anpflanzung der Criollo-Sämlinge statt der ertragreicheren und weniger empfindlichen Forastero-Sämlinge, ferner Vornahme der Ernte erst bei völliger Reife, sorgfältige Fermentation in besonderen Fermentierungshäusern und gute Sortierung. Für die weitere Behandlung der eingeführten Bohnen im Inlande sind folgende Gesichtspunkte zu beachten.

I. Vorbereitung der Rohbohnen bis zum Kakaobruch.

1. Lagern der Rohbohnen.

Die Rohkakaobohnen, die entweder als „ungestürzte", d. h. aus dem Erzeugungslande in der ursprünglichen Verpackung eingeführte, oder als „gestürzte", d. h. nicht mehr in der Originalpackung befindliche, auch gemischte, Rohware gehandelt werden, müssen bis zu ihrer Verarbeitung sorgfältig vor äußeren Schädigungen bewahrt werden. Dazu gehört in erster Linie ein helles, luftiges, trockenes und nicht zu warmes Lager, in dem die Säcke, nach Sorten getrennt, untergebracht werden. Auf dem Transporte feucht gewordene oder von vornherein mangelhaft aufbereitete Bohnen sind auszuschütten und in nicht zu hoher Schicht durch mehrfaches Umschaufeln zu trocknen, wobei unter Umständen noch eine Verbesserung durch sog. „Nachreife" eintritt. Ob die von A. LAESSIG empfohlene Nachfermentation durch Behandlung mit Wasser von höchstens 65° allgemein vorgenommen werden soll, erscheint noch fraglich, da hiergegen von einigen Seiten, u. a. dem Gordian, Widerspruch erhoben worden ist.

Besondere Beachtung ist der Bekämpfung tierischer Schädlinge, die sowohl den Rohbohnen als auch später den Fertigwaren gefährlich werden können, zu widmen. Für den Rohkakao kommt nach Untersuchungen von ZACHER[3] besonders ein kleiner Käfer, der Kaffeebohnenkäfer (Araeocerus fasciculatus DEG.), der die Bohnen befällt und zerstört, in Betracht, während es bei den Fertigwaren mehrere Kleinschmetterlinge sind, die durch ihre Raupen (meist Würmer oder Maden genannt) Schaden anrichten. Als wichtigste erwähnt ZACHER die Kupferfarbene Dürrobstschabe (Plodia interpunctella HB.), die Reismotte (Corapa cephalonica STT.) und besonders die Kakaomotte (Ephestia elutella HB.). Soweit nicht schon im Ursprungslande Sicherheitsmaßnahmen getroffen worden sind, empfiehlt ZACHER in erster Linie Kaltlagerung, wodurch bei — 13 bis — 15° in 8 Tagen völlige Vernichtung, bei — 4° in 10 Tagen Abtötung der meisten Eier erzielt wird. Hafenläger und Rohkakaoläger werden zweckmäßig mit Petroleumdestillaten („Flit") oder mit Tetralinseifenbrühe bespritzt oder gebraust. Für Fabrikläger kommen neben regelmäßiger Lüftung, Scheuern der Fußböden mit Seife oder Quassialösung, sorgfältige Reinigung der Fugen und Abbürsten der Säcke in Betracht.

---

[1] Kazett 1932, **21**, 296, 601. [2] E. WIEHE: Kazett 1931, **20**, 391, 428.
[3] ZACHER: Kazett 1931, **20**, 241, 311.

Hingegen ist das vielfach gebräuchliche Aufstellen von Wasserbehältern neben Lichtquellen wenig wirksam, da sie nur die fliegenden Motten nach Ablage der Eier fangen. Zum mindesten sollten sie durch anlockende Riechstoffe (Amylacetat) unterstützt werden.

Als durchschlagendes Mittel empfiehlt Zacher die Vergasung der Fabrikläger mit Blausäure (Cyclon) oder mit Äthylenoxyd (T-Gas, Äthox), die sichere Abtötung aller Schädlinge verbürgt.

Zur Prüfung der Frage, ob bei dieser Behandlung in den Bohnen und Fertigfabrikaten gesundheitsschädliche Mengen der angewandten Gase zurückbleiben, hat Dr. Simmich[1] vom Chemischen Untersuchungsamte der Stadt Dresden gemeinsam mit dem Verbande deutscher Schokoladefabrikanten im Jahre 1931 praktische Versuche angestellt, bei denen Kakaobohnen und andere Ausgangsmaterialien der Schokoladenfabrikation sowie verschiedene Fertigwaren der Vergasung mit T-Gas und mit Cyclon unterworfen wurden. Die Einwirkung dauerte 24 Stunden, die darauffolgende Lüftung ebenfalls 24 Stunden. Es ergab sich zunächst, daß in keiner der mit T-Gas behandelten Proben Äthylenoxyd nachgewiesen werden konnte. Hingegen enthielten die mit Cyclon vergasten Proben sämtlich geringe Mengen Blausäure, und zwar in 100 g Zucker 0,2 mg, Kakaobutter 0,3—0,4 mg, Tafelschokolade 0,8 mg, Kakaopulver 1,5 mg, Kakaomasse 1,6 mg, Kakaobohnen 1,9 und 3,5 mg, Haselnüsse 3,5 mg, Mandeln 3,8 mg. Die Blausäuregehalte, namentlich in den Fertigfabrikaten, sind so gering, daß von ihnen keinerlei schädliche Wirkung zu befürchten steht. Außerdem werden sie sich durch längere Lüftung, die auf alle Fälle zweckmäßig ist, noch weiter verringern lassen. Das Verfahren ist daher vom Standpunkte der Lebensmittelkontrolle aus als unbedenklich zu bezeichnen und findet mit behördlicher Zustimmung mehr und mehr Eingang in den Betrieben. Bei seiner Anwendung sind die in der Verordnung vom 25. März 1931[2] vorgeschriebenen Sicherheitsmaßregeln zu beachten.

2. Reinigen und Sortieren der Bohnen.

So wie die Rohbohnen zu uns kommen, sind sie zur Herstellung von Kakaoerzeugnissen nicht geeignet, da sie meist in größerer Menge Verunreinigungen enthalten, die entweder wie Sand, Steine, Nägel und andere Metallstücke die Mahlsteine und Maschinen beschädigen können, oder wie Sackfasern, Fruchtfleisch, Stengel und Blüten beim Rösten und weiteren Verarbeiten dem Fertigerzeugnisse einen unangenehmen Geschmack und Geruch verleihen. Es ist daher die völlige Entfernung aller solchen fremden Beimengungen unerläßlich. Außerdem finden sich aber in jeder Sendung Bohnen verschiedener Größe vereinigt, während für den guten Verlauf der Röstung möglichste Gleichmäßigkeit der Bohnengröße Voraussetzung ist. Mit der hiernach notwendigen Trennung in mehrere Größen ist noch der weitere Vorteil verbunden, daß die besonders wertvollen großen Bohnen für sich gewonnen und verarbeitet werden können.

Zur Erfüllung dieser Aufgaben, die früher durch Handarbeit bewirkt wurden, sind überaus sinnreiche und komplizierte Maschinen konstruiert worden, die von hervorragenden deutschen Firmen wie J. M. Lehmann-Dresden, Hermann Bauermeister-Altona, Simon A.-G.-Nossen u. a. geliefert werden und gleichzeitig die Reinigung und Auslese besorgen.

Bei der Reinigungs- und Auslesemaschine von J. M. Lehmann-Dresden (Abb. 3) werden die Bohnen durch direktes Einschütten in den Trichter oder durch Elevator gleichmäßig zugeführt und gelangen zunächst in eine

[1] Vgl. F. Wagner: Kazett 1932, **21**, 136.
[2] RGBl. I, S. 83; Reichsgesundh.-Bl. 1931, **6**, 352.

Bürstvorrichtung, die aus einer rotierenden Bürstenwalze und einem bogenförmigen Bürstensegment besteht. Durch Annäherung der beiden Bürsten aneinander, die auch während des Betriebes durch eine außenliegende Stellvorrichtung möglich ist, kann man grobschalige Sorten mit rauher Oberfläche und festhaftendem Schmutz energischer behandeln, durch ihre Entfernung aber bei dünnschaligen, empfindlicheren Bohnen jede Bürstwirkung ausschalten. Die abgebürsteten, sowie die sonst zwischen den Bohnen vorhandenen leichteren Verunreinigungen werden durch einen kräftigen Exhaustor abgesaugt, und die Bohnen alsdann zwei übereinander liegenden Schüttelsieben zugeführt. Auf dem ersten werden die Steine, auf dem zweiten Siebe die Holzstücke, Gewebeteile, ganz kleine Bohnen, Bruch- und Schalenteile ausgeschieden und durch drei an der Rückseite befindliche getrennte Ausläufe abgeführt, während die gereinigten Bohnen, in kleine und große getrennt, über einen starken Magnetapparat fallen, der etwa vorhandene Eisenteile festhält. Die Bohnen gelangen dann auf ein langsam laufendes Ausleseband, auf dem weitere Fremdkörper, wurmstichige und kranke, sowie zusammengeklebte Doppelbohnen, die vor der Verarbeitung zerschnitten werden müssen, mit der Hand ausgelesen werden. An Stelle der zur Zeit üblichen Methode, die gereinigten Bohnen nur nach zwei Größen zu sortieren, ist empfohlen worden, sie in mindestens drei Sorten, kleine, mittlere und große zu trennen. Von dem Transportbande fallen die Bohnen in untergestellte Wagen, in denen sie zu den Röstmaschinen befördert werden.

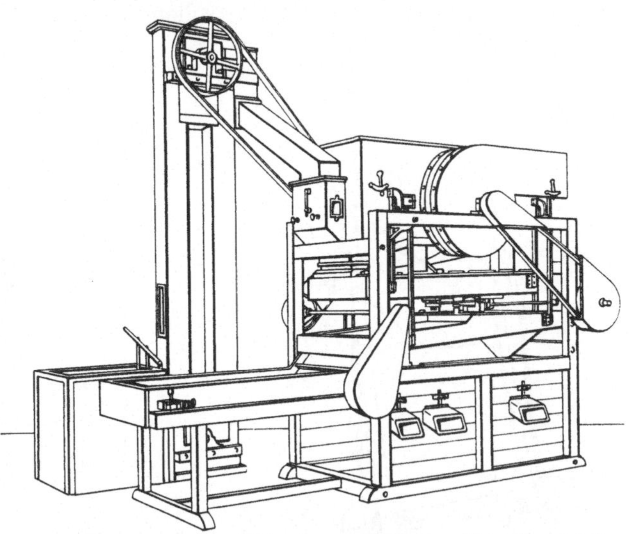

Abb. 3. Reinigungs- und Auslesemaschine der Maschinenfabrik von J. M. Lehmann-Dresden.

3. Rösten.

Mit dem seit lange üblichen Rösten oder Brennen der Kakaobohnen sucht man mehrere Vorteile zu erreichen. Einerseits soll dadurch das Kakaoaroma hervorgerufen oder doch verstärkt werden, andererseits will man durch die damit verbundene Umwandlung herbschmeckender Stoffe den Geschmack mildern und schließlich auch die Entfernung der spröde werdenden Schalen und die Zerreibung der Kerne erleichtern. Daß die angestrebten Zwecke immer erreicht werden und daß dazu das Rösten unbedingt erforderlich ist, wird allerdings von einigen Sachverständigen bezweifelt. So bestreitet Laessig die Verbesserung des Aromas und die leichtere Vermahlung und Hueppe[1] hat die Annahme, daß durch das Rösten eine chemische Veränderung der Inhaltstoffe, insbesondere eine Quellung der Stärke bewirkt werde, widerlegt. Immerhin scheint es nach den neueren Versuchen doch wohl wahrscheinlich, daß dabei aromatische Röstprodukte, darunter Diacetyl entstehen, und schließlich müssen doch die Fabrikanten am besten wissen, was ihnen frommt, da sie sonst

[1] Hueppe: Untersuchungen über Kakao. Berlin: August Hirschwald 1905.

die Kosten für Maschinen und Betrieb sparen würden. Interessant in dieser Hinsicht ist noch die Mitteilung H. FINCKES[1], daß schon die Einwohner Amerikas bei der Entdeckung der Neuen Welt die Kakaobohnen auf heißen Steinen, vielleicht auch in irdenen Töpfen rösteten.

Sicher steht fest, daß die Röstung mit größter Vorsicht und durch besonders erfahrene und geschickte Arbeiter vorgenommen werden muß. Die Rösttemperatur ist viel niedriger als beim Kaffee zu wählen und soll auf keinen Fall 130—140° übersteigen, wird aber bei feinen und empfindlichen Bohnen bis auf 70—80° herabgesetzt. In gleicher Weise ist eine zu lange Dauer der Erhitzung zu vermeiden, da sonst schwerwiegende Nachteile entstehen können. Um Überhitzung einzelner Teile und damit verbundene Entstehung von Acrolein aus dem Kakaofett zu verhüten, sollen stets nur Bohnen gleicher Größe und

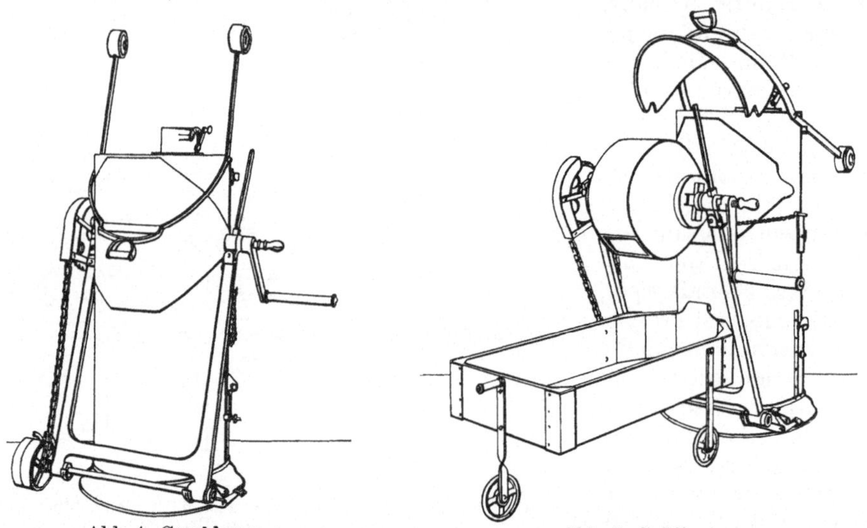

Abb. 4. Geschlossen. Abb. 5. Geöffnet.
Abb. 4 u. 5. Röstmaschine (J. M. Lehmann-Dresden).

Sorte gleichzeitig geröstet werden, während der ganzen Dauer des Prozesses ständig durcheinander geworfen und nach dessen Beendigung sofort und schnell abgekühlt werden.

Zur Erfüllung dieser Aufgaben sind zahlreiche Arten von Röstapparaten konstruiert worden, die sich sowohl durch ihre Form wie besonders die Heizquelle unterscheiden. Nach der Form der drehbaren Trommeln unterscheidet man in der Regel Kugel- und die jetzt selteneren Zylinderröster, nach der Art der Wärmezufuhr Röstapparate mit Außenheizung (durch Kohlen- und Koks- oder Gasfeuerung) und solche mit Innenheizung, bei denen erhitzte Luft in das Innere der ständig rotierenden Gefäße eingeleitet wird. Die Außenheizung hat den Nachteil, daß die von den Verbrennungsgasen umstrichenen Wände der Trommeln sehr heiß werden, und daß die darauffallenden Bohnen an der Berührungsstelle leicht anbrennen. Trotz der nur kurzen Dauer der Berührung ist die Zeit doch ausreichend, um den Geschmack ungünstig zu beeinflussen. Aus diesem Grunde gewinnen die gleichmäßiger arbeitenden Heißluftröster mehr und mehr Eingang in die Fabriken.

Für kleinere Betriebe werden vielfach auch jetzt noch für direkte Heizung eingerichtete handlichere Apparate bevorzugt, mit denen außer Kakaobohnen

[1] H. FINCKE: Entwicklung der Technik der Kakaoverarbeitung. Technik und Wirtschaftswesen 1930, H. 2.

noch Kaffee, Getreide, Malz, Zichorie, Erdnüsse, Haselnüsse, Feigen, Erbsen, Bohnen, Pilze u. dgl. geröstet werden können, und die sich daher besonders für Ladengeschäfte eignen. Diese Röstmaschinen, von denen die nebenstehenden Abb. 4 u. 5 ein Modell von J. M. Lehmann in Dresden veranschaulichen, bestehen aus einem Ofen mit unterer Feuerung, durch welche die um eine horizontale Achse ständig rotierende Röstkugel erhitzt wird. Die Röstgase verlassen den Behälter durch die hohle Achse, durch die auch ohne Unterbrechung der Erhitzung mittels eines Probestechers Proben gezogen werden können. Zur leichteren Erkennung des gewünschten Röstungsgrades, der für jede Bohnensorte erfahrungsgemäß bei einem bestimmten Gewichtsverluste (etwa 6—7%) eintritt, sind auch mechanisch wirkende Regulatoren konstruiert

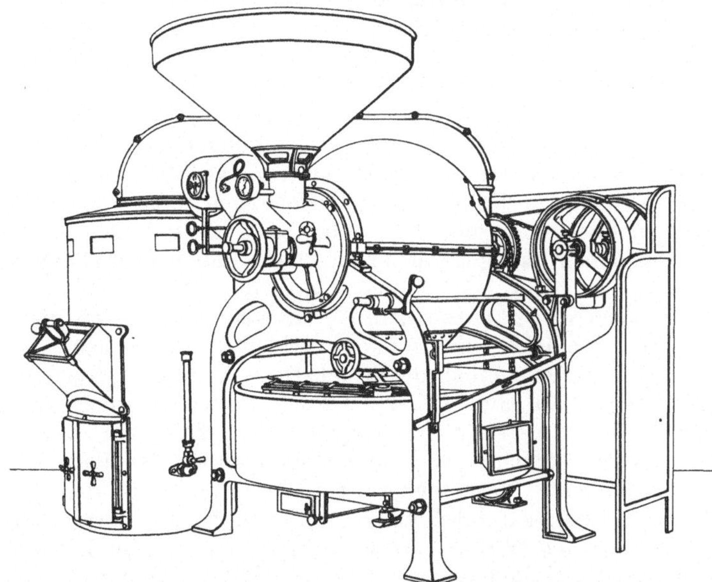

Abb. 6. Heißluft-Schnellröstmaschine (J. M. Lehmann-Dresden).

worden, die auf dem Prinzipe der Schnellwaage beruhen und nach Erreichung der erforderlichen Gewichtsabnahme durch ein Gegengewicht die Achse der Röstkugel heben, damit gleichzeitig den Ofen öffnen und selbsttätig die Kugel herausholen. Die Anwendung des Regulators setzt selbstredend voraus, daß immer dieselbe Menge des zu röstenden Gutes eingefüllt und für jede neue Bohnensorte der die erwünschte Röstung anzeigende Gewichtsverlust bestimmt wird. Der Apparat kann ohne Schwierigkeit sowohl im Freien als auch in jedem beliebigen Raum aufgestellt und wie jeder gewöhnliche Zimmerofen an den Schornstein angeschlossen werden.

Als Beispiel eines mit erhitzter Luft arbeitenden Apparates sei die Heißluft-Schnellröstmaschine Nr. 301 von J. M. Lehmann im Bilde (Abb. 6) vorgeführt. In dem seitlich stehenden Ofen wird durch Verbrennung von nichtrußendem Heizmaterial, meist Koks, die zur Erzeugung der Heißluft erforderliche Hitze erzeugt. Der mittels Exhaustors durch den Ofen und die Rösttrommel getriebene Luftstrom bringt den Koks zur Weißglut und beladet sich mit den kohlenoxydhaltigen Verbrennungsgasen, die durch Zuführung vorgewärmter Luft so weit verbrannt werden, daß noch ein Sauerstoffüberschuß vorhanden ist. Nach Durchführung durch einen schneckenförmigen Reinigungskanal tritt die Heißluft in den Röstapparat ein, umspült hier zunächst die mit Asbest isolierte Trommelwand und gelangt dann in das Innere, wo ihr die in Streubewegung befindlichen Bohnen entgegengeworfen werden. Die Temperatur der den Apparat verlassenden Heißluft kann am Thermometer, das Fortschreiten der Röstung durch Probeziehen überwacht werden. Auch sind Röstwärmemesser (Feinthermometer) mit Meldeeinrichtung für Überschreitung der eingestellten Höchsttemperaturen, sowie automatisch wirkende Röstregler (Regulatoren) als Sicherheitseinrichtung gegen zu langes Rösten (Meldung des durch Gewichtsverminderung festgelegten Röstgrades) konstruiert worden. Nach beendigter Röstung wird der Exhaustor zur Kühlung angestellt und der nach dem Öffnen der Trommel in ein Kühlsieb fallende Kakao unter Durchsaugen kalter Luft durch ein Rührwerk schnell ausgebreitet. Als Höchstleistung des Apparates wird eine Röstung in 10—15 Minuten angegeben, es ist aber auch möglich, durch Schieberstellung die Dauer zu verlängern.

4. Brechen, Schälen, Reinigen.

Die gerösteten Kakaobohnen müssen vor ihrer Weiterverarbeitung zu gebrauchsfähigen Lebensmitteln von den sie umhüllenden Schalen und auch von den Würzelchen, den sog. Keimen befreit werden. Die Entfernung der Schalen ist selbstredend erforderlich, weil sie wegen ihres hohen Gehaltes an Holzfaser ungenießbar sind, die Abtrennung der „Keime" aber empfiehlt sich, weil sie sonst in dem Kakaogetränk einen unansehnlichen grießartigen Bodensatz hervorrufen. Auch für diese Zwecke sind sinnreiche Maschinen, „Kakao-Brech- und Reinigungsmaschinen" konstruiert worden, die in einem Fabrikationsgange zunächst die Bohnen zerkleinern („brechen"), darauf die Schalen beseitigen und schließlich die Bruchstücke der reinen Kerne in mehrere Körnungen scheiden. An ihre Arbeitsleistung werden in sofern die höchsten Anforderungen gestellt, als sie nicht nur praktisch schalenfreie Kerne, sondern, zur Vermeidung von Verlusten auch möglichst kernfreie Schalen liefern sollen. Im Prinzipe arbeiten alle Maschinen in der Weise, daß nach dem Brechen die spezifisch leichteren Schalen durch einen starken Luftstrom fortgeführt werden, in bezug auf die Bau- und Wirkungsweise unterscheidet man sie in zwei Systeme, von denen das erstere Zylindersiebe und Druckluft, das andere Flachsiebe und Saugluft anwendet. Indem hinsichtlich der historischen Entwicklung der Kakaoreinigung und der allmählichen Vervollkommnung der Apparatur auf die Abhandlung von Fincke in „Technik und Wirtschaftswesen" verwiesen sei, möge hier die Arbeitsweise je einer modernen Maschine beider Systeme geschildert werden.

a) Bei den Apparaten mit Druckluft werden die gerösteten Bohnen den Brechwerken zugeleitet, die sie zu groben Stücken bei möglichst geringer Grusbildung zerkleinern. Als Brechwerke dienen entweder aus zwei gerippten Hartgußwalzen bestehende Walzenbrecher oder Segmentbrecher, bei denen eine rotierende gezahnte Walze gegen ein feststehendes, aber auf verschiedene Entfernung von der Walze einstellbares Segment wirkt. Die Bruchstücke fallen in ein Zylindersieb, dessen Felder mit Drahtnetz verschiedener, von links nach rechts ansteigender Maschenweiten bespannt sind, und werden hier in sechs Körnungen verschiedener Größe zerlegt. Um Schalen und kleine Abfallteile (früher Grus genannt) abzutrennen, schickt man einen kräftigen Luftstrom hindurch, der durch ein weites Rohr mit Verzweigungen unter die einzelnen Zylinderabteilungen geführt wird und die leichteren Schalen fortführt, während die Kernstücke auf das unter jedem Siebfelde befindliche schräge Schüttelbrett fallen und langsam herabgleiten. Ganze oder nur mangelhaft gebrochene Bohnen gelangen bis zum Ende des Zylindersiebes und werden mit einer Schnecke dem Elevator wieder zugeführt.

b) Bei den mit Saugluft arbeitenden Apparaten, die vor dem Brecher noch einen Magnetapparat zum Ausscheiden von Eisenteilen haben, gelangen die gebrochenen Bohnen ebenfalls auf Zylindersiebe oder flache gelochte Schüttelsiebe, werden hier der Größe nach sortiert und den Reinigungskanälen zugeführt. Hier fallen die Bruchstücke, wie aus dem in Abb. 8 dargestellten Querschnitt ersichtlich ist, drei bis viermal im freien Raume über jalousieartig angebrachte und verstellbare Fallkörper, in denen ihnen der für jede Kerngröße regulierbare Saugluftstrom entgegentritt. Die fortgeblasenen leichteren Teile, die auf ihrem Wege nach dem verschiedenen Gewichte noch einmal gesondert werden, verlassen die Maschine auf der Schalenseite, während die niedersinkenden schweren Kernstücke durch eine Schnecke nach der anderen Seite abgeführt werden. Abb. 7 gibt die äußere Ansicht einer derartigen Brech- und Reinigungsmaschine wieder.

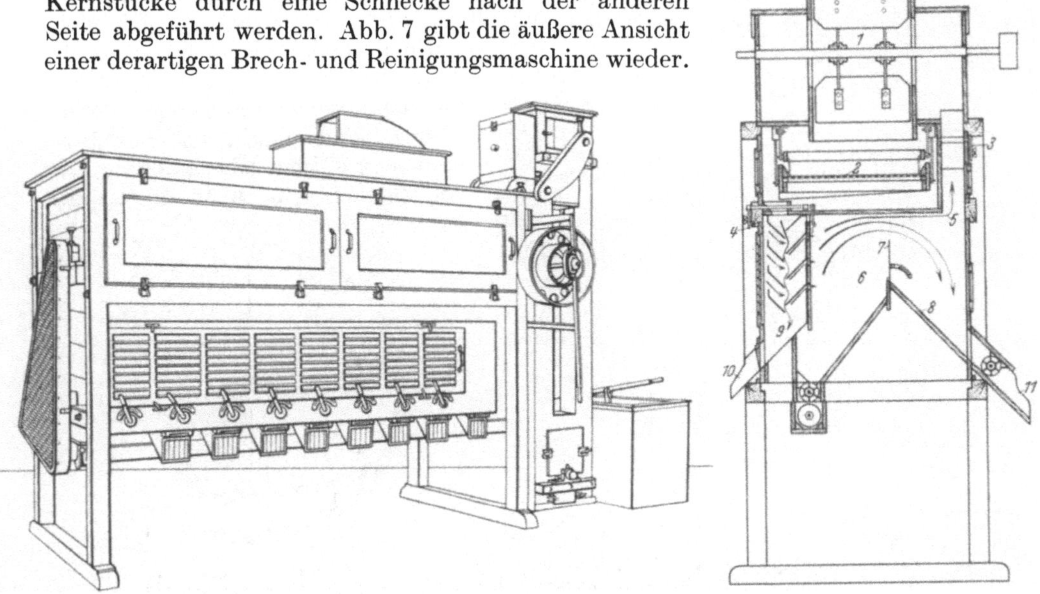

Abb. 7. Seitenansicht. Abb. 8. Querschnitt.
Abb. 7 u. 8. Brech- und Reinigungsmaschine (J. M. Lehmann-Dresden).

c) Zur Entfernung der sog. Kakaokeime, die durch die neue Kakaoverordnung gesetzlich vorgeschrieben ist, reichen die vorstehend beschriebenen Maschinen nicht aus, vielmehr ist dazu die Anwendung einer besonderen Keimauslesemaschine erforderlich, die in Abb. 9 u. 10 in Seitenansicht und im Querschnitt durch den Zylinder dargestellt ist. Die von der Brech- und Reinigungsmaschine kommenden feineren Körnungen, in denen allein sich die Keime vorfinden, werden in den Trichter der Keimauslesemaschine befördert, von wo sie auf ein schrägstehendes Rüttelsieb fallen, das Keime und gleichgroße Kernteile durchfallen läßt, während die größeren Stücke über das Sieb in einen angehängten Sack fallen. Die kleineren Teile mit den Keimen gelangen in einen schräg gestellten drehbaren eisernen Zylinder, dessen Innenfläche „gepunzt", d. h. mit in der Längsrichtung dicht aneinanderliegenden rinnenartigen Vertiefungen versehen ist. Während nun die mehr rundlichen Kakaoteile bei der Rotation des Zylinders in diesen Vertiefungen bleiben, finden die länglich walzenförmigen Keime nicht Platz darin und werden durch einen Abstreicher (*1*) von der Mitrotation abgehalten. Sie verbleiben im unteren Teile des Zylinders, rutschen bei dessen schräger Lage allmählich nach unten und fallen in einen untergestellten Kasten. Die Kakaoteile aber werden durch eine Bürste (*2*) aus den Vertiefungen herausgeholt, in eine Rinne (3) befördert und durch eine Schnecke (4) in einen anderen Kasten geschoben. Auf diese Weise wird eine praktisch vollkommene Abtrennung der Keime erreicht.

Im Hinblick auf die scharfen Vorschriften der Kakaoverordnung, die völlige Entfernung der Schalen und Keime bis auf „technisch nicht vermeidbare Mengen" fordert, ist eine ständige Überwachung der Reinigungsanlagen unbedingt notwendig. Sie liegt auch im Interesse des Fabrikanten, weil von ihr die Güte seines Erzeugnisses wesentlich mit abhängt. Zur Vermeidung mangelhafter Arbeit der Maschinen muß daher die Reinheit des Kakaobruchs durch dauernde Entnahme von Stichproben überwacht werden.

Die aus den Maschinen in Menge von etwa 75% der Rohbohnen hervorgehenden gebrochenen Kakaokerne, der sog. Kakaobruch, enthalten nur noch geringe, technisch nicht vermeidbare Spuren von Samenschalen, Samenhäutchen und Keimen, deren Menge bei den modernen Maschinen und sorgfältiger Überwachung im allgemeinen 1% nicht übersteigt.

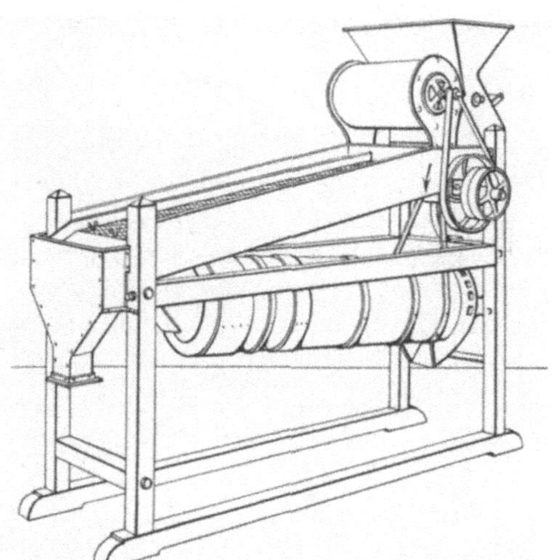

Abb. 9. Seitenansicht.

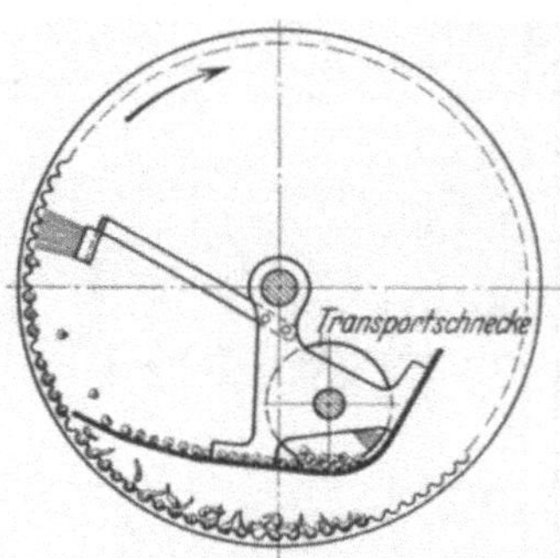

Abb. 10. Querschnitt.

Abb. 9 u. 10. Keimauslesemaschine (J. M. Lehmann-Dresden).

Jedenfalls wird ein Gehalt von $1^1/_2$ bis höchstens 2% als äußerste Grenze angesehen, die nicht nur für den ganzen Kakaobruch im Durchschnitt gilt, sondern auch bei einzelnen, für sich weiter verarbeiteten Teilen nicht überschritten werden darf.

Der von den reinen Kernen getrennte Anteil, der sog. Kakaoabfall, der neben den, etwa 12—15% der Rohbohnen ausmachenden, Schalen, sowie den Samenhäutchen und Keimen auch noch mehr oder minder beträchtliche Mengen von kleinen Bruchstücken der Kerne enthält, wurde früher entweder zur Extraktion des darin noch befindlichen Kakao- und Schalenfettes oder zur Gewinnung des Theobromins benutzt. Neuerdings ist es aber mit Hilfe besonderer Maschinen gelungen, aus ihm die kleinen Kernstückchen ziemlich frei von Verunreinigungen abzuscheiden. Soweit der Gehalt an Schalen und Keimen nicht mehr als 10% beträgt, kann dieser als Kakaogrus bezeichnete Anteil in Menge von höchstens 2% dem reinen Kakaobruch zur Herstellung von Kakaoerzeugnissen zugesetzt werden.

Der frühere Handelsgebrauch, kleinkörnige schalenreiche Kakaoabfälle als Kakaogrus zu bezeichnen, ist jetzt nicht mehr zulässig.

II. Herstellung der Kakaomasse.

Die reinen Kakaokerne wurden früher ganz allgemein unmittelbar, mit der erforderlichen Menge Zucker, zerkleinert und so auf Schokolade verarbeitet, und diese Fabrikationsweise hat sich auch jetzt noch in manchen Betrieben und für einzelne Schokoladensorten erhalten. Später, besonders seit der Einführung des teilweise entfetteten Kakaopulvers in den Handel ist man dazu übergegangen, den Kakaobruch für sich allein zu vermahlen und in eine homogene, bei höherer Temperatur flüssige Masse, die sog. Kakaomasse überzuführen, die das Zwischenprodukt für die Gewinnung des Kakaopulvers, der Kakaobutter und der Schokolade bildet. Für die Herstellung des Kakaopulvers geht man dabei in der Regel von einer besonderen Art, der „Aufgeschlossenen Kakaomasse“ aus, die aus vorher besonders präparierten Kakaobohnen oder durch eine chemische Behandlung der Kakaomasse gewonnen wird. Es sei zuerst das allgemein anzuwendende Verfahren der Verreibung oder Mahlung der Bohnen und danach als Sonderfall die Aufschließung besprochen.

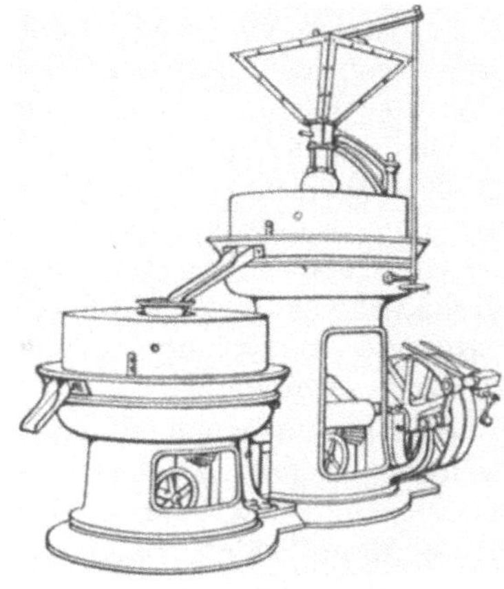

Abb. 11. Zwillingsmühle (J. M. Lehmann-Dresden).

1. Verreibung des Kakaobruchs.

Zur Zerkleinerung der Kakaokerne zu dem erforderlichen Feinheitsgrade bedient man sich entweder mehrfacher, hinter- und übereinandergeschalteter Steinmühlen oder der später aufgekommenen, wirksameren Walzenmühlen.

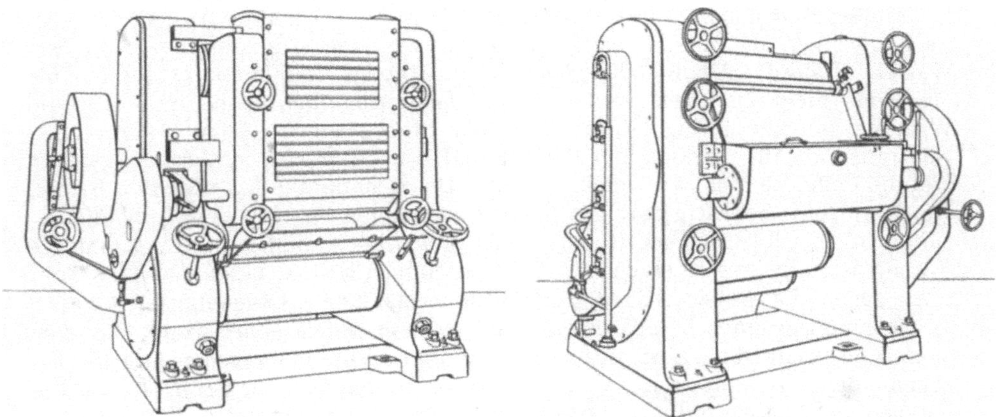

Abb. 12. Vorderansicht. Abb. 13. Ablaufseite mit Auffangbehälter.
Abb. 12 u. 13. Kakao-Fünfwalzwerk (J. M. Lehmann-Dresden).

a) Bei den Steinmühlen, die nach Art der Getreidemühlen als Oberläufermühlen ausgebildet und zu zweien, dreien oder vieren („Drillings-, Vierlingsmühlen“) hintereinander geschaltet waren, wie die obenstehende Abb. 11 einer Zwillings-Kakaomühle von J. M. Lehmann-Dresden zeigt, wird der Kakao zwischen dem obersten Steinpaare zunächst in einen grobflüssigen Brei verwandelt, gelangt dann durch einen Überlauf zu der Aushöhlung des nächsttieferen, größeren und enger gestellten Steinpaares, bis er schließlich in feinstgeschliffener Form den Apparat verläßt.

b) Zur Vermeidung der langdauernden Einwirkung höherer Temperaturen von 50—60°, die das Aroma des Kakaos ungünstig beeinflussen, ist man jetzt meist zu den schneller und feiner arbeitenden Walzenmühlen übergegangen. Die zu dreien, vieren oder fünfen übereinander geordneten Walzen, von denen die ersten geriffelt, die weiteren glatt sind, bestehen aus überaus hartem Material, entweder Porzellan oder neuerdings meist Stahl. Die zugeführten Kakaokerne werden zuerst im Riffelstuhl vorzerkleinert, und durch ein anschließendes zweites Walzenpaar über den Gruszustand hinaus in eine Form übergeführt, die dem Fünfwalzwerk mit seinen vier Durchgängen nur noch reine Vereibungsarbeit übrig läßt (Abb. 12 u. 13). Durch die Erhöhung der Walzendrehgeschwindigkeit wird die Arbeitsdauer verkürzt, die Gefahr der langdauernden Erwärmung vermieden und damit eine ungünstige Beeinflussung des Aromas verhindert.

Die so gewonnene Kakaomasse ist zur Herstellung von Schokolade ohne weiteres geeignet, hingegen wird zur Gewinnung von Kakaopulver die Kakaomasse oder schon vorher der Kakaobruch einer besonderen Behandlung mit Wasserdampf oder Chemikalien, der sog. Aufschließung, unterworfen.

2. Herstellung aufgeschlossener Kakaomasse.

Die Präparation des Kakaos ist im Jahre 1828 von CONRAD JOHANNES VAN HOUTEN gleichzeitig mit der Gewinnung des entfetteten Kakaopulvers zuerst in die Industrie eingeführt worden, obwohl sie nach H. FINCKE in Holland schon früher (1772) bekannt gewesen sein soll. Durch die Behandlung mit Kaliumcarbonat glaubte man ursprünglich die Auspressung der Kakaobutter zu erleichtern, schrieb ihr aber später auch eine günstige Einwirkung auf die Beschaffenheit des Kakaopulvers zu.

Soweit früher angenommen wurde, daß durch diese sog. Aufschließung der Kakao löslich gemacht werde („löslicher Kakao"), ist diese Ansicht als irrig zu bezeichnen, da eine derartige Wirkung von den angewandten Agenzen: Wasser, Dampf, Alkali oder Magnesiumcarbonat, Ammoniumchlorid oder -carbonat nicht erwartet werden kann. Wahrscheinlich beschränkt sich die Wirkung auf eine geringe Aufquellung der Stärke, einen Abbau des Proteins, Neutralisation der organischen Säuren und der Gerbstoffe, während das Fett und die Cellulose nicht verändert werden. Die Behandlung hat aber den Erfolg, die Suspensionsfähigkeit des Pulvers zu erhöhen, so daß es sich in Flüssigkeiten länger schwebend erhält, ohne einen Bodensatz zu bilden, und eine dunklere Farbe des Aufgusses zu erzeugen. Die von einigen Seiten, besonders dem GORDIAN gegen die Aufschließung geäußerten Bedenken („Laugenbutter") haben sich als unbegründet herausgestellt, und es liegt daher kein Grund vor, dem Verfahren, wenn die Fabrikanten sich davon Vorteile versprechen und ihr Erzeugnis dem Publikum schmeckt, Hindernisse in den Weg zu legen. Es wird in der neuen Kakaoverordnung unter Begrenzung der angewandten Chemikalienmenge als zulässig bezeichnet.

In der Praxis werden entweder die schwach gerösteten, entschälten und gebrochenen Bohnen mit 2—3$^1/_2$% Pottasche (seltener der entsprechenden Menge Soda oder Magnesiumcarbonat), in der 10fachen Menge Wasser gelöst, gleichmäßig, in einfachen Trommeln befeuchtet und dann mit großer Vorsicht durch Einleiten von heißer Luft in der Trommel nachgeröstet. Oder man vermischt die flüssige Kakaomasse in besonderen Knet- und Mischmaschinen mit der berechneten Menge Alkalicarbonat und Wasser unter Erwärmung mit

Dampfheizung, wodurch das zugesetzte Wasser wieder ausgetrieben wird. Schließlich kann auch der nach dem Abpressen der Kakaobutter hinterbleibende Preßblock zur Aufschließung dienen, doch muß er dann vorher grob gemahlen und mit den Lösungen der Alkalicarbonate vermischt werden.

Zur Zeit wird fast ausschließlich Pottasche benutzt, während Soda, Ammoniumsalze und Wasserdampf nur noch selten Anwendung finden. Nach der neuen Kakaoverordnung ist zum Aufschließen ein Zusatz von Weinsäure als Abstumpfungsmittel erlaubt, ein solcher von organischen Emulgierungsmitteln, wie Leim, Gelatine, Tragant u. dgl. aber verboten.

III. Gewinnung der Kakaobutter und des Kakaopulvers.

1. Abpressen der Kakaobutter.

Die Kakaomasse, gleichgültig ob sie aufgeschlossen ist oder nicht, wird in noch flüssigem Zustande in die Preßtöpfe der Hydraulischen Kakaobutterpresse übergeführt, deren neuestes und wirksamstes Modell der Firma J. M. Lehmann nebenstehend abgebildet ist (Abb. 14). Das starke Eisengerüst enthält 12 Töpfe von 450 mm Durchmesser, 77 mm Füllhöhe und 73 l = 78—82 kg Füllmenge, die auf die hohlen, durch Dampf geheizten Preßtische gestellt werden. Die mit unteren Seiherplatten versehenen Töpfe werden, sobald sie durch die Rohrleitung mit Kakaomasse gefüllt sind, durch eine Kurbelbewegung auf einmal verschlossen und dem durch ein Hochdruckpumpwerk (Abb. 15) erzeugten Druck von 640 kg auf 1 qcm Preßkuchen (400 Atm. am Manometer) ausgesetzt, bis die flüssige Kakaobutter abgelaufen ist. Nach Beendigung der Pressung wird, wie zu Beginn die Verschließung, durch eine kurze Kurbelbewegung die Öffnung sämtlicher Töpfe bewerkstelligt und gleichzeitig aus jedem Topfe der Preßkuchen vollkommen selbsttätig herausgestoßen.

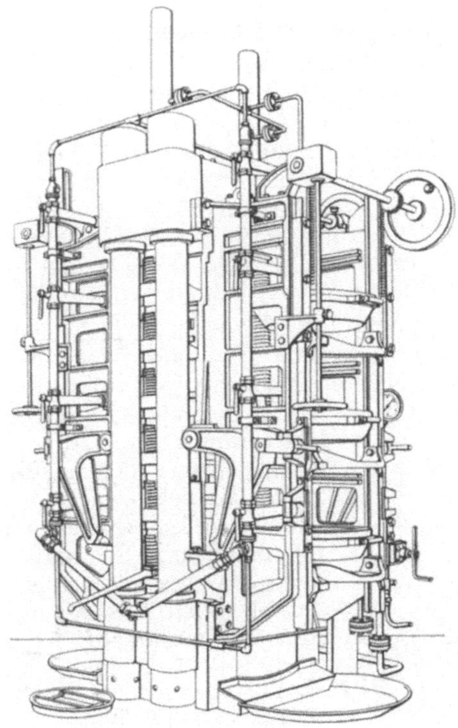

Abb. 14. Hydraulische Kakaobutterpresse (J. M. Lehmann-Dresden).

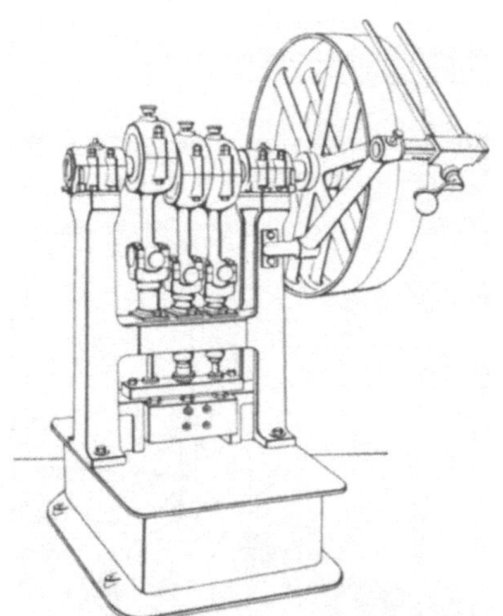

Abb. 15. Hochdruckpumpwerk (J. M. Lehmann-Dresden).

Die Maschine ist imstande, je nach dem Fettgehalte, der Feinheit der Masse und den sonstigen Verhältnissen bis zu 51,5% Kakaobutter abzupressen. Sie eignet sich aber ebensogut für schwache Entölung, bei der sich die Wirtschaftlichkeit durch die kurze Preßdauer und vor allem durch die Verminderung der zwischen 2 Pressungen liegenden Bedienungszeit ergibt. Da diese nicht mehr als $2^1/_2$—3 Minuten beträgt, und der Zeitgewinn sich bei schwacher Entölung öfter wiederholt als bei starker, so gewinnt die hierdurch ermöglichte Ersparnis erhöhte Bedeutung.

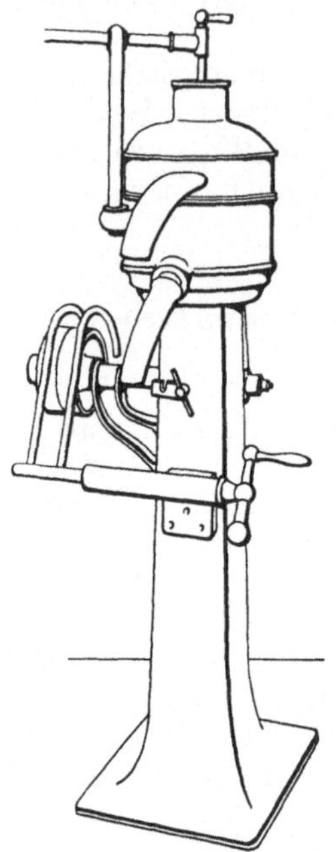

Abb. 16. Kakaobutterfilter (J. M. Lehmann-Dresden).

Neben der vorstehend beschriebenen, vollkommensten Maschine sind noch Konstruktionen von gleicher Bauart, aber geringeren Ausmaßen in Gebrauch, die statt der 12 nur 10 kleinere Preßtöpfe enthalten und bis zu 47% Kakaobutter abpressen.

2. Reinigung der Kakaobutter.

Die in untergestellten Kübeln aufgefangene Kakaobutter ist in der Regel nicht völlig klar, sondern zeigt infolge Mitreißens feiner Kakaoteilchen eine leichte Trübung und bräunliche Verfärbung, die zwar für die Verwendung der Butter im eigenen Betriebe bedeutungslos ist, aber bei der für den Verkauf bestimmten störend wird. Zur Abscheidung der Verunreinigungen läßt man diese in Wärmebassins längere Zeit absitzen und zieht die klare obere Schicht ab, oder man filtriert, wie in den sog. Holländerfiltern durch Flanellbeutel, oder endlich man bedient sich besonderer Rahmen-Filterpressen oder moderner Spezial-Kakaobutterfilter nach Art des abgebildeten Modells (Abb. 16).

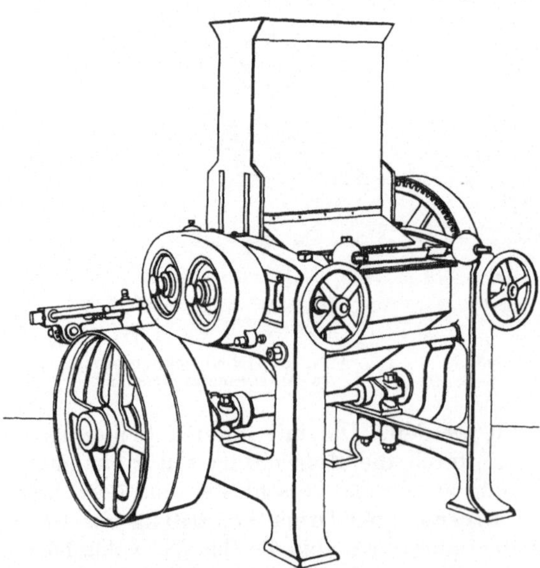

Abb. 17. Vorbrecher (J. M. Lehmann-Dresden).

Die gereinigte Kakaobutter läßt man mit einer Temperatur von höchstens 30° in Blechformen einfließen und in Kühlräumen bei Temperaturen unter 10° erstarren. Sie muß vor Licht und besonders vor dem Zutritt von Mikroorganismen geschützt aufbewahrt werden.

3. Pulverisieren des Kakaos.

Die von der hydraulischen Presse kommenden Kakaopreßkuchen läßt man zur Erlangung der für das Vermahlen erforderlichen Sprödigkeit und Härte mindestens 24 Stunden auf luftigen Gerüsten auskühlen, zerkleinert sie dann im Vorbrecher (Abb. 17) zu gröberen, etwa walnußgroßen Stücken, die dann zwischen Kollergängen oder Schlagkreuzmühlen völlig zerrieben werden. Das Pulver gelangt nach der Abkühlung in besondere Siebvorrichtungen: Zentrifugalzylindersichtmaschine,

Flachsichter oder Windseparatoren, von denen die letzteren sich besonders für den fettarmen „stark entölten" Kakao eignen, und wird hierdurch in Fraktionen verschiedenen Feinheitsgrades zerlegt.

Bei der untenstehend in zwei schematischen Darstellungen (Abb. 18 u. 19) abgebildeten Kakao-Pulverisieranlage der Firma J. M. Lehmann-Dresden, die sämtliche angegebenen Einrichtungen in sich vereinigt, werden die im Vorbrecher (*1*) auf Walnußgröße zerkleinerten Stücke durch eine geheizte Schnecke (*2*) dem Pulverisator (*3*) zugeführt, in dem die Vermahlung und Temperierung des Kakaos erfolgt. Eine angebaute Wirbelwalze wirbelt den durch zwei Granitläufer zusammengedrückten Kakao auf, und die pneumatische Fördereinrichtung (*4*) befördert die genügend verfeinerten Teile nach dem Cyclon (*5*), in dem die von der Luft mitgerissenen Kakaoteilchen sich absetzen und durch eine Speiseschnecke (*6*) dem Zentrifugalwindsichter zugeführt werden, während die Luft durch eine Rücklaufleitung wieder dem Pulverisator zugeleitet wird. In dem Windsichter werden die feinen Kakaoteilchen nach dem Cyclon (*7*) geblasen, während die Reste durch den unteren Auslauf einer Schnecke (*10*) zufallen, von dieser über den Elevator (*11*) einem Resterwalzwerk (*9*) zugeführt, dort zerquetscht und zu einem zweiten Arbeitsgang weitergeleitet werden. Das Feingut setzt sich im Cyclon (*7*) ab und wird in untergestellten Kübeln aufgefangen, während die mitgerissene Luft, um auch noch etwa mit fortgerissene Kakaoteilchen abzufangen, einem Druckschlauchfilter zugeführt wird. Zur Erhaltung der jeweils günstigsten Temperatur, die für die Farbe des Kakaopulvers von Bedeutung ist, wird das letztere im Pulverisator bzw. in der Zuführungsschnecke erwärmt, im Windsichter hingegen durch einen Kaltluftstrom, der aus der Kühlkammer (*12*) angesaugt wird, schnell abgekühlt. Dadurch erhält es eine schöne dunkle Farbe. Im übrigen ist für die Erzielung der von den meisten Verbrauchern bevorzugten dunklen Färbung auch die Art der verarbeiteten Bohnensorten und der Grad der Abpressung mit bestimmend. Stark entölte Kakaopulver zeigen eine hellere Farbe, dafür allerdings auch ein größeres Volum. An die Pulverisieranlage schließen sich meist unmittelbar selbsttätige Maschinen zum Abfüllen bestimmter Gewichtsmengen in Papiersäcke und zum Verpacken und Verschließen an.

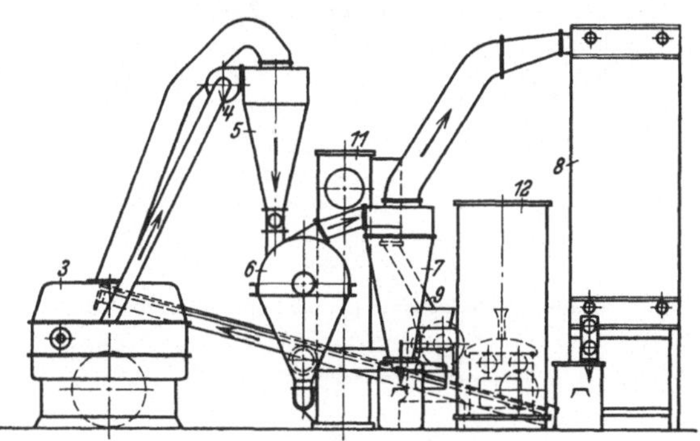

Abb. 18. Seitenansicht.

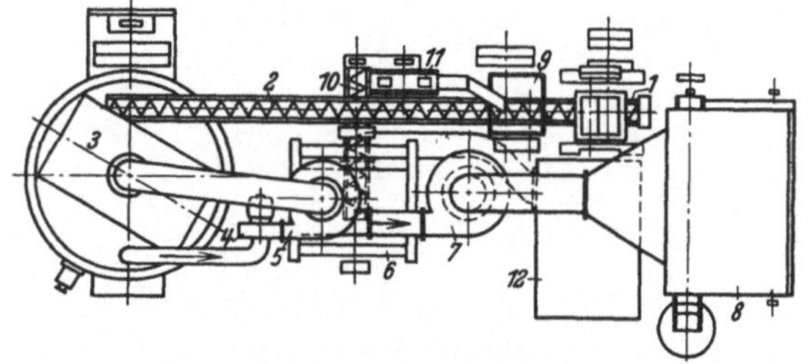

Abb. 19. Aufsicht.

Abb. 18 u. 19. Pulverisieranlage (J. M. Lehmann-Dresden).

IV. Herstellung der Schokolade.

Die Schokolade ist im wesentlichen als eine Zubereitung von Kakao und technisch reinem weißen Verbrauchszucker anzusehen, die in der Regel gewürzt wird und auch mannigfache Zusätze, insbesondere von Sahne oder Milch, Früchten, Nüssen, Mandeln usw. erhält. Zu ihrer Herstellung wurde ursprünglich der Kakaobruch unmittelbar mit dem Zucker verrieben, während man jetzt meist von der Kakaomasse ausgeht.

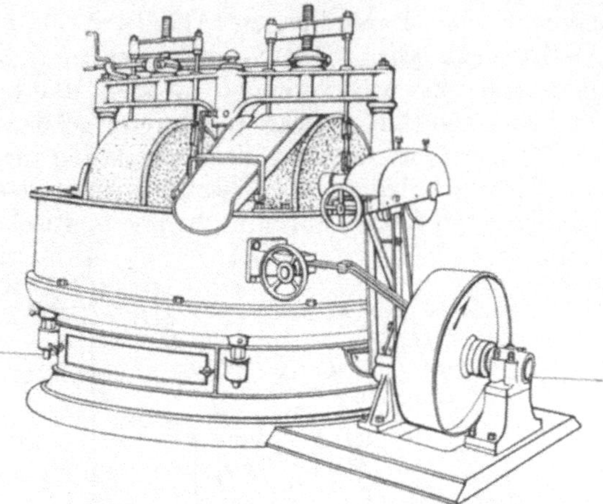

Abb. 20. Melangeur (J. M. Lehmann-Dresden).

1. Mischung der Bestandteile.

Die nicht mit Alkalien behandelte Kakaomasse wird unmittelbar aus dem Walzwerke oder den Wärmebassins, in denen sie auf eine den Schmelzpunkt der Kakaobutter etwas übersteigende Temperatur von 35—40° erwärmt worden ist, den „Melangeuren" oder anderen Misch- und Knetmaschinen zugeführt und mit der erforderlichen Menge Puderzucker und Gewürz sowie etwaigen anderen Stoffen (Kakaobutter, Milchpulver) versetzt.

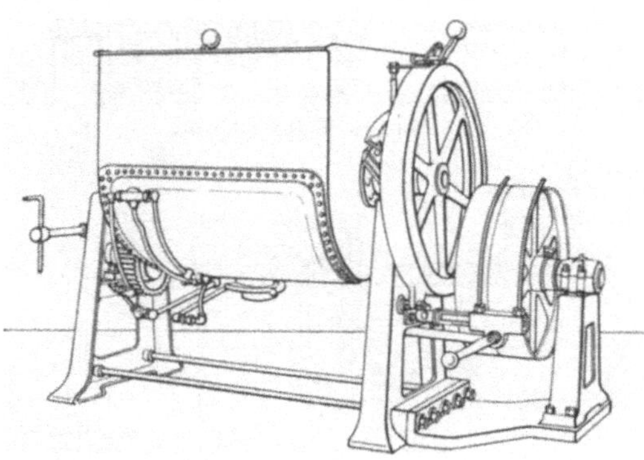

Abb. 21. Geschlossen.

Die Melangeure bestehen wie die üblichen Kollergänge aus einer Bodenplatte und zwei um ihre Achse drehbaren Läufern, doch bewegt sich hier, zum Unterschiede von den Kollergängen die Bodenplatte, während die Läufer zwar um ihre Achse rotieren, aber an der Stelle bleiben (Abb. 20).

Bodenplatte und Läufer sind aus hartem Granit hergestellt und können durch unter dem Bodenstein liegende Heizkörper mit Dampf erwärmt werden. Um ein Verstauben des Puderzuckers zu verhindern, wird der Apparat meist mit einer staubdichten Haube bedeckt.

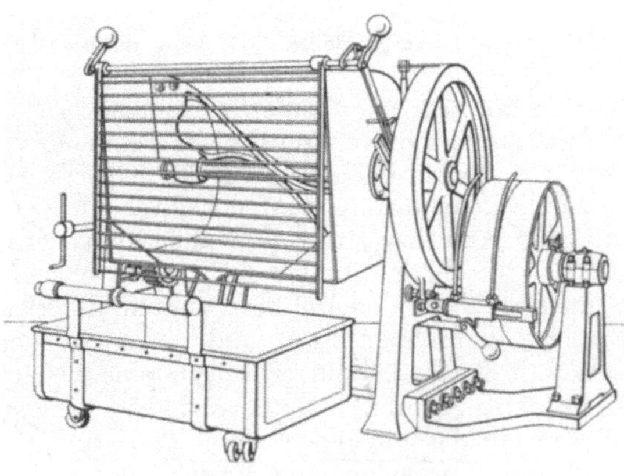

Abb. 22. Zum Entleeren gekippt.

Abb. 21 u. 22. Knet- und Mischmaschine (J. M. Lehmann-Dresden).

Die Knet- und Mischmaschine (Abb. 21 u. 22) ist ein mit rotierendem Flügelwerk versehener Eisenbehälter, der durch in den Doppelboden einströmenden Dampf geheizt werden kann und während des Betriebes geschlossen wird. Zur Entleerung ist der Apparat mit einer Kippvorrichtung versehen.

2. Walzen und Schleifen der Schokolade.

An die Mischung schließt sich eine gründliche Behandlung in Walzwerken, durch die allein eine völlig homogene Masse mit gleichmäßig verteiltem Fett erzielt wird. Selbst bei Verwendung feinsten Puderzuckers ist zur Herstellung der besseren Schokoladesorten ein 3—4maliges, wenn möglich 6—8maliges Durchwalzen erforderlich.

Die dazu bestimmten Walzwerke bestehen nach dem zuerst von G. Hermann in Paris angewandten Prinzip aus mehreren gleich großen Walzen, die sich nahezu berühren, aber mit verschiedener Geschwindigkeit um ihre Achsen drehen und dadurch auf die passierende Masse eine reibende Wirkung ausüben. Als Material benutzte man anfangs einen besonders widerstandsfähigen Granit oder Diorit, ging aber später zum Porzellan und neuerdings zum Stahl über. Durch Erhöhung der ursprünglichen Zahl von 3 auf 6, 9, ja 12 Walzen glaubte

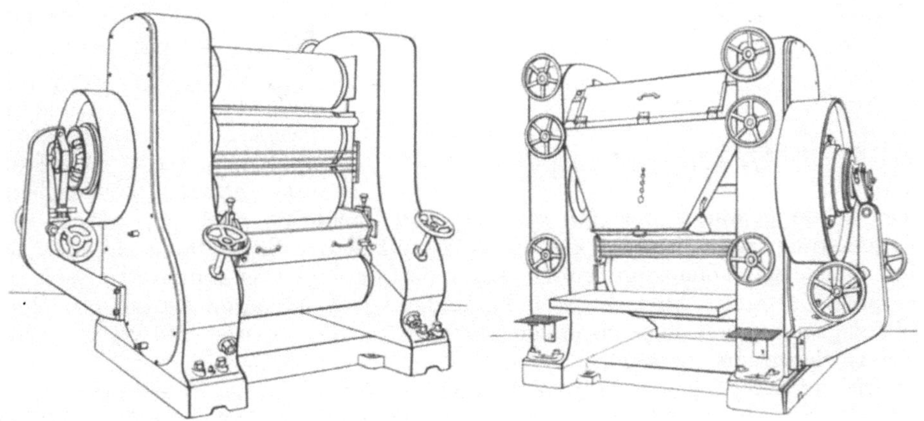

Abb. 23. Vorderseite. Abb. 24. Abnahmeseite.
Abb. 23 u. 24. Fünfwalzwerk (J. M. Lehmann-Dresden).

man die Wirkung immer weiter steigern zu können, ist aber neuerdings wieder zu Drei-, Vier- oder Fünfwalzwerken zurückgekehrt, die infolge vervollkommneter Arbeitsweise höchste Leistung ermöglichen. Ein modernes Fünfwalzwerk von J. M. Lehmann-Dresden ist in Abb. 23 u. 24 dargestellt. Wichtig für die Einführung dieser in einem einzigen Arbeitsgange völlige Feinheit liefernden Maschinen war die Erkenntnis, daß beim Schleifen bei niederer Temperatur ein besserer Reibeeffekt und noch dazu in kürzerer Zeit erreicht wird als bei Verarbeitung der warmen, weichen Masse, und die Walzen können daher mit durchfließendem Wasser gekühlt, nach Bedarf aber auch erwärmt werden. Die kalten Blöcke werden dem unteren Walzenpaare zugeführt, wobei die Masse nach der Zerkleinerung auf der schneller laufenden Walze als dünne Schicht haften bleibt. Sie wird dann von Walze zu Walze immer feiner zerrieben und schließlich von der obersten Walze durch ein Abstreichmesser abgenommen. Mit dem Walzen ist nicht eine größere Dünnflüssigkeit der Masse verbunden, sie wird vielmehr zunächst trockner und erhält ihre Beweglichkeit erst nach längerem Stehen in der Wärme oder besser bei gleichmäßiger Bewegung zurück. In der Regel läßt man sie daher längere Zeit in einem Wärmeraum zum „Ausreifen“ stehen und unterwirft sie dann zur weiteren Verfeinerung des Geschmacks und des Aromas einer langdauernden Bewegung bei höherer Temperatur, die, ursprünglich von der Schweizer Firma Lindt ausgehend, jetzt von den meisten Fabriken angewandt wird.

3. Behandlung in der Längsreibemaschine (Conche).

Die anfängliche Meinung, daß die geschätzten Eigenschaften der Schweizer Schokolade (Lindt) lediglich auf ihrem höheren Fettgehalte beruhten, wich später der Erkenntnis, daß sie durch ein langdauerndes Reiben bei 60—90° verursacht worden waren. Durch das Verfahren, das Rudolf Lindt nach Mitteilung von H. Fincke[1] zufällig an einer primitiven, dem altmexikanischen Reibstein nachgebildeten Maschine entdeckt haben soll, wird infolge der andauernden Berührung mit der Luft eine Veränderung des Gefüges, eine Verflüchtigung gewisser Geruchsstoffe und eine Verfeinerung des Kakaoaromas herbeigeführt, die eine wesentliche Veredelung des Erzeugnisses zur Folge hat. Die Schokoladen erhalten einen schmelzenderen, zarteren Charakter und verlieren an Herbheit.

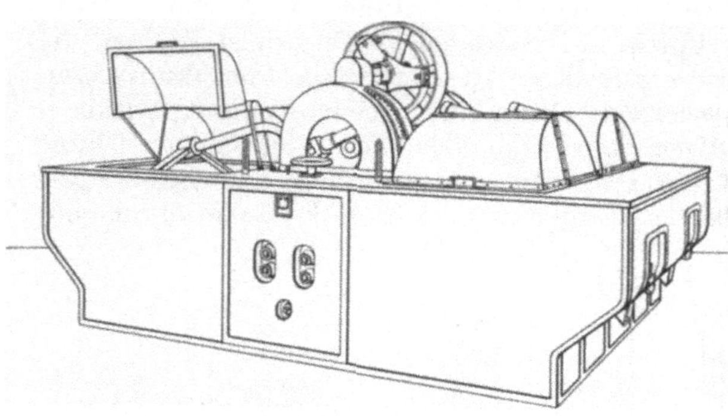

Abb. 25. Längsreibemaschine mit viereckigem Behälter (J. M. Lehmann-Dresden).

Wennschon demnach der höhere Fettgehalt nicht die alleinige Ursache der Verfeinerung ist, so ist doch für die Wirksamkeit der Behandlung erforderlich, daß die Schokoladenmasse infolge eines Fettgehaltes von mindestens 30% in warmem Zustande einen gewissen Flüssigkeitsgrad, zwischen demjenigen einer Überzugsmasse und einer normalen Tafelschokolade, aufweist und vorher völlig fein zerrieben und verschliffen war.

Die ursprünglichen Längsreibemaschinen bestanden aus einem länglichen granitenen Reibetrog, von dessen muschelförmiger Gestalt die Vorrichtung

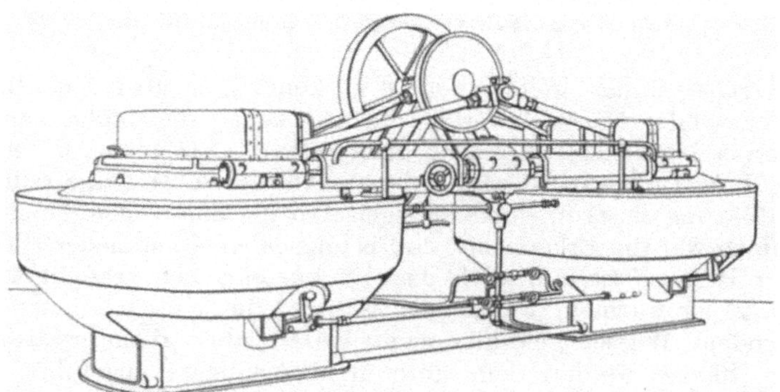

Abb. 26. Längsreibemaschine mit rundem Behälter (J. M. Lehmann-Dresden).

den Namen Conche (Concha, die Muschel) erhielt. Auf dem Troge, der für Milchschokolade auf höchstens 50°, für Schmelz- oder Fondantschokolade auf 70—80° erhitzt wird, bewegt sich in der Längsrichtung eine Granitwalze durch die halbflüssige Masse, die an der Stirnseite überschlägt und so während der mehrtägigen Bearbeitung dauernd mit der Luft in Berührung kommt. Die Tröge, die etwa 120—200 kg fassen, werden auch zu zweien oder vieren vereinigt, so daß eine vierfache Conche 480—800 kg enthält. Zwei Modelle von Längs-

[1] H. Fincke: Sonderdruck aus „Technik und Wirtschaftswesen“ 1930, H. 2/5.

reibemaschinen der Firma J. M. Lehmann-Dresden sind hierunter (Abb. 25 und 26) abgebildet.

Man hat Rundreibemaschinen, sowie andere Maschinen mit kreisförmiger Bewegung eines Rührwerkes, deren Wirksamkeit durch ein Vakuum unterstützt wird, konstruiert, doch vertritt J. M. Lehmann die Auffassung, daß die letzte Verfeinerung und der höchste Schmelz nur mit der Längsreibemaschine zu erzielen sind. Demgegenüber scheint FINCKE den Maschinen mit Drehbewegung die besseren Aussichten zuzubilligen.

4. Temperieren, Formen, Kühlen.

Zur Herstellung der üblichen Handelsformen von Schokolade (Blöcke, Tafeln, Riegel, Plätzchen, Zigarren, Eier, Figuren usw.) sind überaus sinnreiche Maschinen erdacht worden, deren nähere Besprechung den Rahmen dieser Darstellung überschreiten würde.

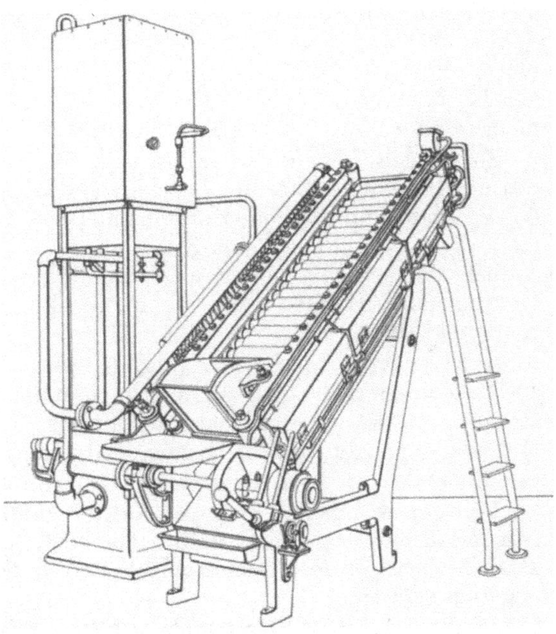

Abb. 27. Temperiermaschine (J. M. Lehmann-Dresden).

Voraussetzung für ein gutes Aussehen, insbesondere Glanz der Außenfläche, glatten und gleichmäßigen Bruch, Verhinderung jeder Entmischung und des Auskrystallisierens von Kakaobutter ist aber die sorgfältige Innehaltung der geeignetsten Temperatur (etwa 30°), die etwas über dem Erstarrungspunkte und unter dem Schmelzpunkte der Kakaobutter liegt.

Diesem Zwecke dienen besondere Temperiermaschinen, bei denen die Masse entweder in einem doppelwandigen Kessel gerührt oder über eine Reihe von Hohlwalzen geführt wird, durch die Wasser verschiedener Temperatur hindurchfließt. Die selbsttätige Temperiermaschine von J. M. Lehmann (Abb. 27) befördert die Masse über eine schräg aufsteigende Reihe von Walzen, deren untere gekühlt sind, während die folgenden die gewünschte Einformtemperatur hervorbringen, ununterbrochen bis zur Höhe des Trichters der Eintafelmaschine, in den sie in höchster Gleichmäßigkeit abgegeben wird.

Sie wird in der Teilmaschine unter gleichzeitiger Entlüftung in Stücke von bestimmter Größe und bestimmtem Gewicht abgeteilt und selbsttätig in die auf die Temperatur der Masse erwärmten Blechformen eingelegt. Diese gelangen durch das Laufband der Teilmaschine nach der Klopfbahn bzw. den Klopf- oder Rütteltischen, wo die plastische Masse in die Formen eingeklopft und etwa noch eingeschlossene Luft völlig entfernt wird.

Nach einem anderen Verfahren arbeitet die Einstreichmaschine, bei der nicht eine bestimmte Menge abgewogen, sondern lediglich die Vertiefung der Form mit der flüssigen Masse gefüllt und der Überschuß abgestrichen wird. Die weitere Behandlung auf den Klopftischen oder -bahnen ist ebenso wie bei der Teilmaschine. Von größter Bedeutung für den guten Bruch der Schokolade ist die möglichst schnelle Abkühlung der geformten Masse. Während man diese früher in unvollkommener Weise durch Verbringen in trockene, kühle Kellerräume von 8—10° erreichte, ist es jetzt mit Hilfe von Kühlmaschinen möglich, die noch auf dem Transportbande befindlichen Formen in beliebig regulierbarer Zeit (10—30 Minuten) durch Kühlschränke zu leiten und schnell auf die gewünschte Temperatur von etwa 10° zu bringen. Einer Abkühlung auf zu niedrige Temperaturen, etwa unter 8°, ist zu widerraten, da die Schokolade sonst beim Verbringen in warme Räume leicht Feuchtigkeit aus der Luft anzieht. Schließlich werden die geformten Stücke aus den Formen herausgeklopft und, meist mittels sinnreich konstruierter Spezialmaschinen, mit Metallfolien (Stanniol, Aluminium) oder Papier umhüllt, etikettiert und verpackt.

Der vorstehend geschilderte Herstellungsgang ist im Grunde für alle die zahlreichen mit den verschiedensten Geschmacks- und Riechstoffen (Milch, Sahne, Früchte, Nüsse, Mandeln) versetzten Schokoladesorten, sowie die mannigfachen Formen derselben (Blöcke, Tafeln, Wellen, Tabletten, Plätzchen) der gleiche, doch bedient man sich für einige der letzteren meist besonderer zusammengesetzter Formen oder der Hohlformen.

So werden Schokoladezigarren in der Weise hergestellt, daß man die warme Masse in Halbformen bringt, von denen jeder Teil die Hälfte einer Zigarre liefert, und dann die genau aufeinanderpassenden Stücke vereinigt. Oder man gießt die Masse in aus einem Stück gestanzte Hohlformen ein, oder bringt sie endlich, für billigere Massenware, in Formenpressen, die durch Einlegung verschiedener Formenbleche auch für Figuren, Tiere, Buchstaben benutzt werden können.

Schokoladeneier werden in der Regel hohl geformt, indem man zwei zusammenpassende, aus Weißblech bestehende Eiformschalen nur in einer gewissen Stärke mit der Schokoladenmasse ausdrückt, so daß im Inneren eine Höhlung verbleibt, und die beiden Teile dann aufeinandersetzt, doch sind auch für diese Arbeit jetzt besondere Hohlformmaschinen vorhanden.

Von einem näheren Eingehen auf die zahlreichen, mehr technischen Einzelheiten soll hier abgesehen, dafür aber noch eine kurze Besprechung der grundsätzlich wichtigen Herstellung gefüllter, d. h. mit Schokolade überzogener Waren angefügt werden.

5. Herstellung gefüllter Schokoladewaren.

Als gefüllte Schokolade bezeichnet die Kakaoverordnung eine geformte Schokoladezubereitung, die aus einem Kern und einem Überzuge aus Kakaomasse, Schokolade, Schokoladeüberzugsmasse, Sahne- oder Milchschokoladeüberzugsmasse besteht. Zu ihr gehören u. a. Kremschokolade, Marzipanschokolade, Nugatschokolade, Krokantschokolade, Trüffelschokolade, überzogene Pralinen u. dgl. Die verbreitetsten Glieder dieser in der Industrie meist als getunkte Waren bezeichneten Erzeugnisse, die Pralinés, neuerdings Pralinen genannt, sollen ihren Namen dem Koch des Marschalls Du Plessis Pralin verdanken, der zuerst mit Zucker überzogene Mandeln zubereitete. Die Herstellung der gefüllten Schokoladen zerfällt in 2 Phasen, nämlich die Zubereitung des Kernes und das Überziehen des letzteren mit Schokolade.

a) Herstellung des Kernes. Für die Zusammensetzung der Kerne werden in der Kakaoverordnung keine Vorschriften aufgestellt, sie sind vielmehr nach § 4 Nr. 3 von der Verordnung ausdrücklich ausgenommen. Nur wenn die Bezeichnung der fertigen Schokolade auf einen Kern bestimmter Beschaffenheit hindeutet, wie z. B. Marzipanschokolade, so muß er dem handelsüblichen Gebrauche entsprechend zusammengesetzt sein.

In der Mehrzahl der Fälle dient als Füllung eine halbfeste, aromatisierte und gefärbte Zuckermasse sog. Fondantmasse. Zu ihrer Herstellung wird in wenig Wasser gelöster Zucker so weit eingekocht, daß er sich zum Faden ausziehen läßt, und die beim Abkühlen teigig werdende Masse solange durchgeknetet, bis sie durch Aufnahme von Luft eine weiße plastische Beschaffenheit annimmt. Die außerordentlich mühsame Arbeit des „Schlagens“ oder „Tablierens“, die in einem wiederholten Durchkneten der auf einer gekühlten Platte liegenden Masse mittels des Spachtels bestand, wird jetzt meist einer besonderen Fondanttabliermaschine übertragen, deren aus starkem Kupfer hergestellte, rotierende Bodenplatte von unten durch Wasser gekühlt wird. Der gekochte Zucker, der auch mit wechselnden Mengen Stärkesirup versetzt sein kann, wird auf die Bodenplatte gegossen, und nach etwa 20—30 Minuten langem Abkühlen die Maschine in Gang gesetzt. Dabei führt die rotierende Platte die Masse durch die höher oder tiefer stellbaren, ebenfalls kupfernen Wendemesser hindurch, während gleichzeitig von oben ein gekühlter Luftstrom übergeleitet wird. Die nach etwa 3—6 Minuten gebrauchsfertige Fondantmasse wird in warmem flüssigem Zustande entweder mit der Hand oder auch selbsttätig von der Maschine in die Formen gegossen, die durch Eindrücken von Gipsstempeln in mit Mehl oder Stärkepuder gefüllte Kästen hergestellt worden sind. Sobald die Kerne nach mehrstündiger Abkühlung die erforderliche Härte angenommen haben, werden sie mit einer Schaufel herausgehoben und in der Abpudermaschine durch bewegliche Bürsten und Windgebläse vom Mehle befreit.

Die sorgfältige Reinigung, die früher durch Handarbeit nicht immer erreicht wurde, ist deshalb von besonderer Bedeutung, weil sonst leicht Mehl in die Schokoladenüberzugsmasse eintritt und den Verdacht der Verfälschung hervorruft.

b) Überziehen oder Tunken. Die zum Überziehen bestimmte „Schokoladenüberzugsmasse“ („Couvertüre“) weist zur Erzielung der erforderlichen Dünnflüssigkeit einen erheblich höheren Gehalt an Kakaobutter (mindestens 35%) auf als gewöhnliche Schokoladenmasse (mindestens 21%). Auch darf ihr zur weiteren Erhöhung der Dünnflüssigkeit noch ein Zusatz von höchstens 0,3% Lecithin gegeben werden. Die Wahl der richtigen Zusammensetzung und damit des Flüssigkeitsgrades ist aber deshalb von Wichtigkeit, weil der Anteil des Schokoladenüberzuges bei den in Tafeln geformten Zubereitungen (nicht Pralinen usw.) mindestens 25% des Gesamtgewichts betragen muß.

Zur Hervorbringung des Überzuges werden die Kerne in die durch Erwärmen verflüssigte Schokoladenmasse eingetaucht („getunkt“), dann wieder herausgefischt und auf Platten gelegt. An Stelle dieses mühsamen Verfahrens, das besonders geschickte Arbeiter erforderte und nur noch bei einigen, besonders feinen Waren angewandt wird, bediente man sich später des der Firma A. Reiche patentierten Verfahrens, das zwar nicht auf maschineller Grundlage beruht, aber doch ein wesentlich einfacheres und gleichmäßigeres Arbeiten ermöglicht. Es besteht im wesentlichen darin, daß man eine größere Anzahl der zu überziehenden Kerne nebeneinander auf Drahtsiebe legte und dann auf einmal in die geschmolzene Überzugsmasse eintauchte.

Die neue Tunkmaschine von J. M. Lehmann-Dresden, die für Massenfabrikation hauptsächlich in Frage kommt, überzieht und kühlt die Konfektstücke in einem Arbeitsgange. Die Kerne werden auf ein endloses Laufband aus Drahtgewebe gelegt, mit diesem durch die in einem heiz- und kühlbaren Behälter befindliche Überzugsmasse gezogen und nach dem durch Klopfen beschleunigten Abtropfen der überschüssigen Schokolade auf ein anderes Laufband aus Wachstuch oder Papier abgelegt, das sie weiter zu den Kühlräumen befördert. Auf dem Wege dahin können die Stücke bereits durch Ventilatoren gekühlt und auch mit Verzierungen versehen werden. Schließlich ist es mit Hilfe der Maschine noch möglich, halbgetunkte Waren, sowie durch zweimaliges Tunken Bohnen und ähnliche Formen ohne Fuß herzustellen.

Beim Überziehen von Kernen, die Cocosfett oder andere fremde Fette enthalten, ist nach Beobachtungen von BEYTHIEN[1] mit der Gefahr zu rechnen, daß fremdes Fett in die Überzugsmasse übergeht und sich bei langdauerndem Gebrauche in dieser anreichert. Da hierdurch bei der chemischen Untersuchung der Verdacht hervorgerufen wird, daß eine verfälschte Überzugsmasse benutzt worden ist, empfiehlt es sich, den Inhalt des Schmelzbassins von Zeit zu Zeit zu erneuern.

E. Bedeutung der Kakaoerzeugnisse für Ernährung und Volkswirtschaft.

Im Gegensatz zu der verbreiteten Ansicht, daß Kakao- und Schokoladenwaren nur Näschereien für Frauen und Kinder seien, geht die Auffassung der maßgebenden Physiologen dahin, daß sie in doppelter Hinsicht eine wichtige Aufgabe für die menschliche Ernährung erfüllen. Als Träger hervorragender Geschmacks- und Aromastoffe und des anregend wirkenden Theobromins sind sie in erster Linie als Genußmittel anzusprechen, die Abwechslung in die regelmäßige Kost hineinbringen, dadurch appetitfördernd wirken und zur Erhöhung des Wohlbehagens und der Lebensfreude beitragen.

Daneben kommt aber noch, da sie zum Unterschiede von Kaffee und Tee nicht in Form des wäßrigen Auszuges, sondern in Substanz mitgenossen werden, ihr beträchtlicher Gehalt an aufbauenden und wärmeliefernden Nährstoffen: Eiweiß, Fett und Kohlenhydraten (Stärke und Zucker) sowie an Mineralstoffen in Betracht, der sie zu wahren Nahrungsmitteln stempelt. Das ergibt sich ohne weiteres aus ihrer nachstehend angegebenen mittleren Zusammensetzung:

Bezeichnung	Protein %	Fett %	Kohlenhydrate %	Asche %	Calorien %
Kakaopulver, schwach entölt	22	28	39	5	516
Kakaopulver, stark entölt .	25	15	43	6	425
Schokolade.	7	22	65	2	507

Auch wenn man berücksichtigt, daß von dem Eiweiß nur etwa 75% und von den Wärmewerten nur rund 80% dem Organismus zugute kommen, so ist doch ihr ausnutzbarer Wärmewert von 360—450 Calorien immerhin noch so erheblich, daß sie zu den konzentrierten Nahrungsmitteln gerechnet werden müssen. Zuzugeben ist allerdings, daß Kakao und Schokolade nur in verhältnismäßig geringen Mengen genossen werden, daß insbesondere vom Kakaopulver in Form des Aufgusses kaum mehr als 30 g, von Schokolade bis etwa 100 g am Tage zum Verbrauch kommen, aber auch 100—400 Calorien spielen doch für den Nährstoffbedarf des Menschen eine immerhin beachtliche Rolle. Der höhere Preis — 1500 bis 2000 Calorien, 700 bis 1000 Nährwerteinheiten für 1 RM. — erklärt sich selbstredend aus der gleichzeitigen Eigenschaft als Genußmittel.

Die Frage, in welcher Form die Kakaoerzeugnisse am vorteilhaftesten zu genießen sind, wird je nach dem Geschmack, aber auch dem angestrebten Zwecke verschieden beantwortet werden. Wenn es auf den absoluten, in Calorien ausdrückbaren Nährwert ankommt, wird man die fett- und zuckerreiche Schokolade

[1] BEYTHIEN: Kazett 1931, **20**, 567.

bevorzugen, während als Eiweißquelle das mehr oder weniger entölte Kakaopulver den Vorrang hat. Ob von letzterem das stark oder das schwach entölte Kakaopulver günstiger wirkt, ist lange Jahre strittig gewesen und endgültig wohl heute noch nicht entschieden.

Nach der intensiven Propaganda der Firma Reichardt in Wandsbeck, deren Direktor Müller die völlige Entfernung des Fettes als erstrebenswertes Ziel hinstellte, weil dadurch der Gehalt an dem besonders wertvollen Eiweiß und gleichzeitig die Bekömmlichkeit erhöht werde, haben große Teile der Bevölkerung sich dem Genusse des stark entölten Kakaopulvers zugewandt, und auch wissenschaftliche und populäre Schriftsteller sind für ihn eingetreten. So schreibt, um nur ein Beispiel anzuführen, J. BONGARDT[1]:

„In jüngster Zeit hat die Kakao-Kompagnie Reichardt in Wandsbeck ein Verfahren entdeckt, mittels dessen dem Kakao das Fett bis zu etwa 15% entzogen wird. Zweifellos hat diese starke Entölung große Vorzüge, da das Fett ohne Geschmack und ohne Aroma ist, infolgedessen der entölte Kakao verhältnismäßig mehr aromatische Stoffe enthält als der fettreichere. Dadurch aber wird der Kakao bekömmlicher, so daß man auf den Fettgehalt gern verzichten wird."

Demgegenüber haben sich andere Vertreter der Wissenschaft mit triftigen Gründen zugunsten des schwach entölten Kakaos ausgesprochen. Die Ansicht BONGARDTs, daß das Fett ohne Geschmack und Aroma sei, steht im Widerspruch zu der von JUCKENACK hervorgehobenen und wohl von allen Praktikern anerkannten Tatsache, daß die Kakaobutter hocharomatisch ist und, wenn auch nicht das ganze, so doch einen überwiegenden Teil des Aromas bindet. Auch stimmen viele Fabrikanten, selbst solche, die aus Gründen der Preissenkung stark abpressen, der Meinung JUCKENACKs zu, daß der sehr fettarme Kakao weniger fein, aber „strohig" schmeckt.

Die Erhöhung des Gehaltes an dem physiologisch übrigens nicht hochwertigen Eiweiß halten namentlich manche Mediziner für weniger wichtig als den Verlust an Fett, über den unter anderem H. BISCHOFF[2] sagt: „Da das Fett im Kakao sehr gut ausgenutzt wird und auch leicht verdaulich ist, so ist eine weitgehende Entfettung nicht von Vorteil."

Ausschlaggebend sind aber die umfangreichen Versuche von R. O. NEUMANN[3], der an seinem eigenen Körper durch genaue Kontrolle der Einfuhr und Ausscheidung festgestellt hat, daß mit steigendem Fettgehalte die Ausnutzung des Stickstoffs und der Kakaobutter erhöht, die Kotbildung und Stickstoffausfuhr dagegen erniedrigt wurde. Unter weiterer Berücksichtigung des Umstandes, daß durch schwächere Entölung die Suspensionsfähigkeit verbessert, die Hygroskopizität vermindert, die Calorienzufuhr wesentlich gesteigert wird, hat er sich daher gegen eine zu weit getriebene Entölung ausgesprochen. Wenn auch nicht die von ihm vorgeschlagene Begrenzung des Fettgehaltes auf 30% angenommen worden ist, so dürften doch wohl die meisten Fachgenossen der Ansicht sein, daß 20% als Minimum anzusehen seien und Kakaopulver mit 20 bis 25% den Vorzug verdienen. Die neue Kakaoverordnung läßt übrigens den Verehrern schwach oder stark entölten Kakaos freie Wahl, indem sie als Normalgrenze 20% festsetzt, für Erzeugnisse mit weniger als 20% Fett die Bezeichnung „stark entölt" vorschreibt und nur Kakaopulver mit weniger als 10% Fett ganz verbietet.

Gesundheitliche Bedenken, die in vereinzelten Fällen gegen den Kakaogenuß geäußert worden sind, können durchweg als unbegründet bezeichnet

[1] J. BONGARDT: Die Naturwissenschaften im Haushalt, S. 130. Leipzig: B. G. Teubner 1907.
[2] H. BISCHOFF: Ernährung und Nahrungsmittel. Sammlung Göschen 1910, 116.
[3] R. O. NEUMANN: Die Bewertung des Kakaos. München u. Berlin: R. Oldenbourg 1906.

werden. Eine nachteilige Wirkung des Gehaltes an Theobromin ist nicht zu befürchten, weil dieses sich, wie schon auf S. 180 ausgeführt wurde, weit milder als das Coffein verhält und nur das zentrale Nervensystem, nicht aber das Herz beeinflußt. Die Beobachtung R. O. NEUMANNS, daß nach dem täglichen Genuß von 100 g Kakaopulver unliebsame Erscheinungen auftreten, ist für die Praxis nicht ausschlaggebend, da, wie er selbst sagt, nur selten mehr als 25 bis 30 g, äußerstenfalls 40 g Kakaopulver, entsprechend 7 Tassen zu je 150 ccm Kakaogetränk genossen werden.

Auch die angeblich verstopfende Wirkung des Kakaos, die auf dem Gehalte an Gerbsäure beruhen soll, braucht nach NEUMANN nicht tragisch genommen zu werden, da sie dem Kakao gar nicht eigentümlich ist.

Als besonders günstige Eigenschaft der Kakaoerzeugnisse wird neben dem Nährstoffgehalte noch ihr hoher Sättigungswert hervorgehoben, über den sich KESTNER und KNIPPING[1] folgendermaßen äußern:

„Solange die Magensaftabsonderung andauert, fühlen wir unseren Magen nicht, er ist für unser Bewußtsein nicht vorhanden. Anders wenn der Magen leer ist und keine Salzsäure abgesondert wird. Wir wissen ..., daß die Verdauungsorgane, wenn sie leer sind, von Zeit zu Zeit in eine periodische Leertätigkeit geraten ... und daß das Hungergefühl mit dieser Leertätigkeit verknüpft ist. Füllung des Magens allein gibt kein Sättigungsgefühl. Entscheidend für das Auftreten periodischer Leertätigkeit ist das Fehlen saurer Reaktion im Magen. Das lästige Gefühl des Hungers hat der Mensch von jeher zu vermeiden gesucht, und so wird seine praktische Nahrungsaufnahme im wesentlichen dadurch bestimmt, wieviel von einer Nahrung nötig ist, und was für Nahrung nötig ist, um keinen Hunger auftreten zu lassen. Man nennt den Sättigungswert einer Nahrung die Zeit, während welcher sie die Verdauungsorgane in Anspruch nimmt. Der Sättigungswert ordnet die menschlichen Nahrungsmittel in ganz anderer Weise als die bisher besprochenen Eigenschaften."

Bereits zwei Tassen Kakao veranlaßten im Tierversuche die Absonderung von 590 ccm, 50 g Schokolade diejenige von 300 ccm Magensaft. Der Kakao ist in dieser Hinsicht dem Kaffee und Tee noch überlegen und besitzt hohen Sättigungswert.

Aus allen diesen Gründen haben sich die Vertreter der wissenschaftlichen Ernährungslehre, besonders KIONKA[2] („Vom Trinken und Rauchen"), RUBNER[2] u. a. günstig über den Kakaogenuß ausgesprochen. Er ist in Form mannigfaltiger küchenmäßiger Zubereitungen als Getränk, Pudding usw. geeignet, die Nahrung abwechslungsreich und schmackhafter zu gestalten, und die Möglichkeit, in der Schokolade einen Vorrat höchst konzentrierter, anregend wirkender und genußfertiger Lebensmittel mitzuführen, kann Soldaten, Wanderern, Bergsteigern bei Überwindung großer Anstrengungen wertvolle Dienste leisten. Vor allem aber ist, worauf RUBNER besonders hinweist, das nationalökonomische Problem nicht zu vergessen, daß die alkaloidführenden Getränke erhebliche Vorteile für die Landwirtschaft durch Hebung des Zuckerverbrauches und des Milchkonsums bringen. Sie ermöglichen es besonders, dem Körper erhebliche Mengen des wertvollen Zuckers zuzuführen, der in unvermischtem Zustande den meisten Menschen widersteht.

Auch wer an sich keine besonderen Sympathien für die Einfuhr entbehrlicher ausländischer Waren hat, wird ebenso wie den Gewürzen auch dem Kakao eine gewisse Ausnahmestellung einräumen, da mit seinem Verbrauche, ganz abgesehen von der Steigerung des Zucker- und Milchverbrauchs noch weitere volkswirtschaftliche Vorteile verbunden sind. Um diese in das rechte Licht zu stellen, sei an der Hand der Einfuhr von Rohkakao sowie der Erzeugung und dem Verbrauche an Kakao- und Schokoladewaren ein Überblick über den Umfang der deutschen Kakao- und Schokoladenindustrie gegeben.

[1] KESTNER u. KNIPPING: Die Ernährung des Menschen, S. 48. Berlin: Julius Springer 1924.
[2] KIONKA, RUBNER: Kazett 1931, 20, 714.

Die Einfuhr von Rohbohnen, die im Jahre 1900 nach den Feststellungen des Statistischen Reichsamtes 19254 Tonnen betrug und nach Abzug eines geringen Ausfuhrüberschusses an Kakaoerzeugnissen von 1754 Tonnen einem Verbrauche von 17500 Tonnen entsprach, stieg im Durchschnitt der Jahre

1901—1905	auf	23514 t
1906—1910	,,	37843 t
1911—1915	,,	50884 t

Nach einem während der Kriegszeit eingetretenen Rückgange der Kakaoeinfuhr, die im Jahre 1918 völlig aufhörte, wuchs sie schnell wieder an und betrug jährlich im Durchschnitt

1921—1925 .	81462 t
1926—1930 .	73100 t
1931	86200 t
1932	78021 t

Der Geldwert der Einfuhr, der 1900 rund 27 Millionen RM betrug, stieg bis zu den Jahren 1930 und 1931 auf 96—100 Mill. RM an, um dann im Jahre 1932 trotz nur wenig verringerter Menge infolge der stark sinkenden Kakaopreise auf 51 Millionen RM zurückzugehen.

Ein Teil der an die ausländischen Lieferanten der Rohbohnen gezahlten Geldbeträge kommt übrigens der deutschen Volkswirtschaft insofern wieder zugute, als, abgesehen von den wenig wertvollen Kakaoschalen (300—1700, im Jahre 1932 548 Tonnen), ziemlich erhebliche Mengen hochwertiger Kakaoerzeugnisse, und zwar in erster Linie Kakaobutter und Schokoladen, ausgeführt werden. Die Ausfuhr an Kakaobutter, der nur eine unwesentliche Einfuhr (0—94 Tonnen) gegenüberstand, erreichte im Jahre 1922 die außerordentliche Höhe von 7381 Tonnen und betrug im Jahre 1932 immerhin noch 733 Tonnen. Der Ausfuhrüberschuß an Schokolade und Schokoladewaren (Pralinen u. dgl.) stellte sich im Jahre 1932 auf 756 Tonnen, während bei Kakaomasse und Kakaopulver Einfuhr und Ausfuhr sich ungefähr die Waage hielten. An die Stelle des früher recht erheblichen Einfuhrüberschusses bei Kakaopulver (600—700, im Jahre 1922 sogar 1500 Tonnen) und bei Schokolade (600—700 Tonnen) ist also jetzt Ausgleich oder Ausfuhrüberschuß getreten.

An der Verarbeitung beteiligen sich etwa 180 von der Rohbohne ausgehende Fabriken, so daß die Zahl dieser Betriebe etwa wieder dem Vorkriegsstande entspricht und seit Ende 1923, wo der Höchststand mit 340 erreicht war, um beinahe 50% zurückgegangen ist. Diese Fabriken, zu denen Firmen mit überall bekannten Namen und von Weltruf gehören und die über das ganze Reich verteilt, aber doch an einigen Zentren in größerer Zahl vorhanden sind (Berlin 21, Dresden 14, Herford 12, Leipzig 9, Hamburg 7, Köln, Magdeburg, Stuttgart je 5), beschäftigten im Jahre 1931 mindestens 30000 Personen, davon 4500 Angestellte. Rechnet man dazu noch die rund 700 Betriebe, die Halbfabrikate verarbeiten, hinzu, so kommt man auf eine Gesamtzahl von mehr als 60000 Personen, die in der Schokoladenindustrie lohnende Beschäftigung finden. Einen gewissen Anhalt für den Anteil der Arbeit an dem Verkaufserlöse gewährt die Angabe von Hirsch, daß der Herstellerwert der Erzeugnisse im Jahre 1927 auf 400 Millionen RM und zur Zeit auf 225 Mill. RM zu schätzen ist. Daraus geht hervor, daß der Wert der Rohkakaoeinfuhr durch Verarbeitung, Verfeinerung und Verpackung auf mindestens das Vierfache erhöht wird.

Zur richtigen Abschätzung der volkswirtschaftlichen Bedeutung dieser Industrie muß schließlich noch die Menge der von ihr verbrauchten Erzeugnisse deutscher Landwirtschaft, nämlich des Zuckers und der Milch berücksichtigt werden, die sich aus folgender, vom Verbande Deutscher Schokoladefabrikanten freundlichst zur Verfügung gestellten Produktionsstatistik ergibt. Danach wurden hergestellt:

	1930	1931
Schokolade	57673 t	69819 t
Schokoladepulver . .	2023 t	2246 t
Überzugsmasse . . .	11486 t	12286 t
Pralinen u. dgl. . . .	32199 t	32411 t
Kakaobutter.	2228 t	4090 t
Kakaopulver	13794 t	17973 t
Insgesamt. .	119403 t	138525 t

Rechnet man die auf zuckerhaltige Waren: Schokolade, Schokoladepulver, Überzugsmasse und Pralinen entfallenden Mengen zusammen und nimmt ihren mittleren Zuckergehalt zu 50% an, so ergibt sich die von der Schokoladenindustrie verbrauchte Zuckermenge zu etwa 51—56000 Tonnen, während sie nach der für das Jahr 1931 veröffentlichten Statistik 52500 Tonnen betragen hat. Dazu kommen dann noch die zur Süßung der aus Kakaopulver bereiteten Getränke erforderlichen Zuckermengen, die zu rund 16000 Tonnen geschätzt werden.

Die gleichzeitig verarbeitete Milchmenge ergibt sich aus dem Anteil der insgesamt fabrizierten Schokolade an Milch- und Sahneschokolade, der aus folgender Zusammenstellung hervorgeht:

	1930	1931
Reine Schokolade	22006 t	23734 t
Milch- und Sahneschokolade	22204 t	27638 t
Gefüllte Schokolade	3797 t	6183 t
Nuß-, Mandel-, Fruchtschokolade	9666 t	12264 t
Insgesamt. . . .	57673 t	69819 t

Nimmt man an, daß die Milch- und Sahneschokolade nur den gesetzlich vorgeschriebenen Mindestgehalt von 12,5% Milchtrockensubstanz aufweist, so sind in der Erzeugung des Jahres 1931 rund 2970 Tonnen Milchpulver, entsprechend 23740 Tonnen oder 23,7 Millionen Liter Vollmilch enthalten. Da aber die Sahneschokolade einen erheblich höheren Milchgehalt hat und viele Fabrikanten auch der Milchschokolade mehr als die erforderliche Milchmenge zusetzen (bis zu 20% Trockenmilch), so erscheint die Angabe FINCKEs, daß in Form von Schokolade jährlich etwa 5 l Milch auf den Kopf der Bevölkerung, für ganz Deutschland also 33—34 Millionen Liter, verbraucht werden, völlig einleuchtend. Hingegen dürfte die in der Deutschen Schokoladen-Zeitung (1933, Nr. 7 u. 8) mitgeteilte Zahl von 57,7 Millionen Liter auf einem Rechenfehler beruhen. Möglicherweise sind aber bei ihr auch die zur Herstellung von Schokolade- und Kakaogetränk verbrauchten Milchmengen, die natürlich recht beträchtlich sind, mit in Ansatz gebracht worden. Die zunehmende Beliebtheit der Milch- und Sahneschokoladen, die bereits jetzt 38% der insgesamt erzeugten Schokoladewaren ausmachen, läßt eine weitere Steigerung des Milchverbrauchs erwarten, wenn nicht etwa die neue Kakaoverordnung zu einer Verdrängung der Vollmilch durch Magermilch führt.

Der Verbrauch an Kakao- und Kakaoerzeugnissen in Deutschland, so groß die Gesamtmenge von 120—139000 Tonnen erscheint, ist, auf den Kopf der Bevölkerung umgerechnet, nur unbedeutend und steht hinter demjenigen an den übrigen Genußmitteln zurück. Er belief sich nach H. FINCKE im Jahre 1931 auf 292 g Kakaopulver und 1825 g Schokolade (darin 730 g Kakaobestandteile), also zusammen auf 1022 g Kakaobestandteile, entsprechend 1260 g Rohbohnen. Gegenüber dem Jahre 1900, in dem 300 g, und dem Jahre 1913, in dem 620 g auf den Kopf der Bevölkerung entfielen, ist sonach eine beträchtliche

Zunahme des Verbrauchs zu verzeichnen. Er wird aber immerhin noch von demjenigen anderer Länder weit übertroffen. Das hängt zum Teil mit der historischen Entwicklung der Kakaoeinfuhr, ferner dem erst nach 1870 einsetzenden Steigen des deutschen Wohlstandes, zum Teil aber auch mit Lebensgewohnheiten und Geschmacksrichtungen zusammen, die C. HARTWICH[1] veranlaßten, die Völker nach ihrer Vorliebe für die einzelnen alkaloidischen Genußmittel geradezu in Kaffeetrinker, Teetrinker und Kakaotrinker einzuteilen. Während er die romanischen Länder Spanien, Italien und Frankreich als Kakaoländer, England und Rußland aber als ausgesprochene Teeländer ansieht, bezeichnet er Deutschland, Holland und die Vereinigten Staaten als Kaffeeländer. Das äußert sich darin, daß im Jahre 1895 von den insgesamt verbrauchten alkaloidischen Genußmitteln in Deutschland 97,4% auf Kaffee (auf den Kopf 2410 g Kaffee und 50 g Tee), in England 81,7% auf Tee (auf den Kopf 2490 g Tee und 330 g Kaffee) entfielen. Inzwischen ist in allen Ländern, außer Italien, infolge des zunehmenden Wohlstandes bei gleichbleibender Kaffee- und Teemenge eine erhebliche Zunahme des Kakaoverbrauches eingetreten, so vor allem in Deutschland von 30 g im Jahre 1860 auf 300 g im Jahre 1900 und auf 1260 g im Jahre 1931. Die Reihenfolge der Kakaoverbraucher stellt sich jetzt zu: Holland 4,89 kg, Amerika 1,51 kg, England 1,36 kg, Deutschland 1,26 kg, Schweiz 1,25 kg, Frankreich 1,21 kg. Eine weitere Steigerung des Kakaoverbrauchs ist demnach durchaus als möglich und aus den angeführten gesundheitlichen und volkswirtschaftlichen Gründen auch als erwünscht zu bezeichnen.

F. Untersuchung der Kakaoerzeugnisse.

Der chemisch-mikroskopischen Untersuchung muß eine eingehende Prüfung der Ausgangsmaterialien (Rohbohnen, Kakaokerne) und der daraus hergestellten Fabrikate auf ihr Aussehen, ihren Geruch und Geschmack vorangehen.

Bei den Rohbohnen ist in erster Linie auf die Anwesenheit fremder Beimengungen, wie Sand, Erde, Steine, Sackteile, Eisenstücke, außerdem aber auf beschädigte Bohnen zu achten, d. h. auf solche Bohnen, die durch Seewasser, Schimmel, Fäulnis, Brandrauch oder Insektenfraß in ihrem natürlichen Zustande wesentlich verändert sind oder dumpfigen oder modrigen Geruch oder Geschmack angenommen haben. Derartige ungeeignete Bestandteile, deren Erkennung dem Praktiker keine Schwierigkeit darbietet, werden aus einer bestimmten Menge ausgelesen und gewogen. Der Gehalt an ihnen soll bei sog. gestürzten Bohnen 15%, bei sog. verlesenen Bohnen 3% nicht übersteigen. Kakaokerne und Kakaobruch werden vor allem mit unbewaffnetem Auge oder mit der Lupe auf Schalen und Keime durchmustert, deren mengenmäßige Bestimmung ein Urteil über die Wirksamkeit der Reinigungsanlage gewährt.

Bei Kakaopulver und Schokolade stellt man außer der Farbe und dem sonstigen Aussehen auch den Geruch und Geschmack, zweckmäßig an einem heißen Aufguß, sowie die Reaktion fest. Kakaobutter wird auf ranzigen Geschmack geprüft.

Der Nachweis von Verfälschungen erfolgt durch die chemische und die mikroskopische Untersuchung.

I. Chemische Untersuchung.

Die chemische Untersuchung des Kakaopulvers hat sich zur Feststellung des Nährwertes und zum Nachweise von Verfälschungen in erster Linie auf die Bestimmung von Wasser, Fett, Asche, Sand und sog. Aufschließungsmitteln,

[1] C. HARTWICH: Die menschlichen Genußmittel, S. 271, 352. Leipzig 1911.

in besonderen Fällen auch von Eiweiß, Stärke, Theobromin und Lecithin sowie zur Unterstützung des mikroskopischen Schalennachweises von Rohfaser, Pentosanen, Galakturonsäure zu erstrecken. Bei Kakaomasse und Schokolade kommt noch die Prüfung auf fremde Fette, bei Schokolade und Milchschokolade die Bestimmung des Zucker- und Milchgehaltes hinzu.

Zur Erlangung einer einwandfreien Durchschnittsprobe genügt es bei den pulverförmigen Erzeugnissen, wie entöltem Kakao, Haferkakao, Schokoladenmehl usw., die Substanz gründlich durchzumischen. In Blöcken oder Tafeln befindliche Kakaomasse und Schokolade zerreibt man am besten auf einem kleinen Reibeisen oder schabt auch wohl mit dem Messer feine Späne von ihnen ab. Schokolade mit zerriebenen Nüssen u. dgl. löst man in Wasser, seiht durch Verbandmull, wäscht mit warmem Wasser und wägt den Rückstand[1]. Eine etwas umständlichere Behandlung erfordern die Kakaobohnen, die nach folgendem Verfahren von P. Welmans[2] zunächst in Kakaomasse übergeführt werden:

Man entnimmt einer größeren Menge der geschälten und grob zerstoßenen Bohnen eine Durchschnittsprobe von 20—30 g, verreibt sie in einem auf 50° erwärmten unglasierten Mörser solange, bis weder mit dem Auge noch beim Reiben zwischen den Fingern gröbere Teile bemerkbar sind, und gießt die nach einige Minuten langem Reiben dünnflüssig gewordene Masse in eine Blechform. Sobald sie hinreichend erstarrt ist, raspelt man sie auf einem kleinen Reibeisen und wiederholt noch einmal das Zerreiben im erwärmten Mörser, das Abkühlen und Raspeln.

Für die chemische Untersuchung von Kakaowaren sind mehrere amtliche Vorschriften erlassen worden, so mit den Ausführungsbestimmungen zum Gesetze betreffend die Vergütung des Kakaozolls bei der Ausfuhr von Kakaowaren vom 22. April 1892 am 1. September 1903 die „Anleitung zur chemischen Untersuchung von Kakaowaren“[3], die am 14. August 1926 vom Reichsfinanzminister in veränderter Form[4] neu herausgegeben worden ist. Weiter hat das Reichsgesundheitsamt am 5. Juli 1916 eine „Anweisung zur Untersuchung von Kakaopulver auf einen unzulässigen Gehalt an Kakaoschalen“[5] ausgearbeitet und den Untersuchungsanstalten durch die Landesregierungen zur Nachachtung zustellen lassen, und schließlich sind auch vom Verein Deutscher Nahrungsmittelchemiker im Jahre 1906 nach dem Vorschlage von Beckurts[6] Untersuchungsverfahren für Kakao und Schokolade vereinbart worden. Soweit diese Vorschriften dem heutigen Stande der Wissenschaft noch entsprechen, werden sie im folgenden Berücksichtigung finden, andernfalls unter kritischer Begründung durch neue Methoden ersetzt werden. Soweit die Methoden der ältesten „Anweisung“ von 1903 entstammen, sind sie durch Anführungsstriche gekennzeichnet worden.

1. Wasser. „5 g der feingepulverten Probe werden mit 20 g ausgeglühtem Seesand gemischt und bei 100—105° getrocknet, bis keine Gewichtsabnahme mehr stattfindet. Der Gewichtsverlust wird als Wasser in Rechnung gesetzt.“

Schon Farnsteiner hatte darauf hingewiesen, daß zum Trocknen nicht offene Schalen, sondern Wägegläser benutzt werden müssen, weil das getrocknete Pulver begierig Wasser anzieht. Auch ist nach anderen Untersuchungen eine zu lange Trocknung zu vermeiden. In Übereinstimmung mit der Anweisung

[1] H. Fincke: Z. 1926, **51**, 363.
[2] P. Welmans: Zeitschr. öffentl. Chem. 1900, **6**, 304; Z. 1901, **4**, 396.
[3] Zentralbl. Deutsch. Reich 1903, 429; Z. 1903, **6**, 1083.
[4] II. Bst. 6312. Vgl. H. Fincke: Kazett 1926, **13**, 110.
[5] III. Bst. 2421, G. u. V. 1916, 8, 724.
[6] Beckurts: Z. 1906, **12**, 81.

des Reichsgesundheitsamtes kann daher folgendes Verfahren als das zweckmäßigste empfohlen werden.

5 g der Durchschnittsprobe werden in einer mit Deckel verschließbaren Nickelschale mit 20 g ausgeglühtem Seesand gemischt und im Trockenschranke bei 105⁰ bis zur Gewichtskonstanz (nicht über 4 Stunden!) getrocknet.

2. Asche. a) Gesamtasche. „5 g der Probe werden in einer ausgeglühten und gewogenen Platinschale durch eine mäßig große Flamme verkohlt. Die Kohle wird mit heißem Wasser ausgelaugt, das Ganze durch ein möglichst aschefreies Filter oder ein solches von bekanntem Aschengehalt in ein kleines Becherglas filtriert und mit möglichst wenig Wasser nachgewaschen. Das Filter mit dem Rückstande wird alsdann in der Platinschale getrocknet und vollständig verascht, bis keine Kohle mehr sichtbar ist. Zu diesem Rückstande gibt man nach dem Erkalten der Schale das erste Filtrat hinzu, dampft auf dem Wasserbade unter Zusatz von kohlensäurehaltigem Wasser ein, setzt gegen Ende des Eindampfens nochmals kohlensäurehaltiges Wasser hinzu, dampft vollends zur Trockne, erhitzt bis zur Rotglut und wägt nach dem Erkalten.“

b) Wasserlösliche Asche nach Farnsteiner[1]. 0,45 g der fein zerriebenen Asche werden mit heißem Wasser zu einem feinen Brei angerührt und sodann nach weiterem Zusatz von 20 ccm Wasser in bedeckter Schale unter häufigem Umrühren auf dem Wasserbade $^1/_2$ Stunde erhitzt. Man filtriert durch ein kleines Filter in ein 100-ccm-Kölbchen, wäscht mit siedendem Wasser nach, bis das Filtrat nahezu 100 ccm beträgt, verascht das Filter nebst Rückstand, glüht ohne Zusatz von Ammoniumcarbonat und wägt. Durch Subtraktion der unlöslichen von der Gesamtasche erhält man die wasserlösliche Asche.

Das Filtrat wird nach dem Abkühlen zur Marke aufgefüllt und ein Teil der Lösung zur Bestimmung der Alkalität benutzt.

Die Genauigkeit des Verfahrens wird von Farnsteiner zwar als gering, aber doch ausreichend bezeichnet.

3. Alkalität. a) Die Gesamtalkalität, die für die Beurteilung des Kakaos nur von untergeordneter Bedeutung ist, wird in der Weise bestimmt, daß man die gewogene Asche von 5 g Substanz mit 10 ccm $^1/_2$ N.-Schwefelsäure und 25 ccm Wasser $^1/_2$ Stunde auf dem Wasserbade erwärmt und den Säureüberschuß mit $^1/_4$ N.-Lauge zurücktitriert.

b) Alkalität der löslichen Asche wird durch Titration des nach Ziffer 2b erhaltenen Auszuges bestimmt.

4. Nachweis sog. Aufschließungsverfahren nach Farnsteiner[2]. Da die Bestimmung der Gesamtalkalität und ihres wasserlöslichen Anteils für den Nachweis einer Aufschließung von geringer Bedeutung ist, weil sie in hohem Grade von den in Lösung gegangenen Phosphaten beeinflußt wird, hat Farnsteiner eine andere Methode ausgearbeitet, bei der neben der Reaktion, dem Ammoniakgehalt und der quantitativen Zusammensetzung der Asche folgende Werte bestimmt werden müssen:

A die Alkalität der Gesamtasche aus 100 g Substanz;
R das Gewicht der in Wasser unlöslichen Asche;
L das Gewicht der in Wasser löslichen Asche;
a_r die Alkalität von R;
a_l die Alkalität von L.

Für die Ausführung der einzelnen Bestimmungen gibt Farnsteiner folgende Vorschriften:

a) Reaktion. 2 g des Pulvers werden mit 10 ccm heißem Wasser verrührt und $^1/_4$ Stunde auf dem Wasserbade erhitzt. Ein Tropfen der überstehenden

[1] Farnsteiner: **Z.** 1908, **16**, 628. [2] Farnsteiner: **Z.** 1908, **16**, 625.

Flüssigkeit wird nach dem Absitzen auf empfindliches violettes Lackmuspapier gebracht, nach etwa 5—10 Sekunden durch Abstreichen entfernt und hierauf eine etwa eingetretene Veränderung der Farbe des Papiers festgestellt.

Während alle zwölf von FARNSTEINER geprüften Rohkakaos sauer reagierten, zeigten die mit Alkalicarbonat oder Magnesia aufgeschlossenen Proben alkalische Reaktion.

b) Ammoniak. Zur Vorprüfung rührt man 2 g Kakaopulver mit 0,1 g Magnesiumoxyd und 10 ccm Wasser in einem Kölbchen zu einem dünnen Brei an und verschließt das Kölbchen mit einem geschlitzten Stopfen, in den ein angefeuchteter Streifen von violettem Lackmuspapier eingeklemmt ist. Aus dem Ausbleiben oder dem Grade einer etwaigen Blaufärbung kann man auf die Abwesenheit oder den Gehalt an Ammoniak schließen.

Zur quantitativen Bestimmung vermischt man 10 g Kakao mit 0,5 g Magnesiumoxyd und 250 ccm Wasser in einem Literkolben und destilliert von dem stark schäumenden Gemische 100 ccm über doppeltem Drahtnetze mit Hilfe eines Pilzbrenners in titrierte Säure ab.

Die Destillation im Wasserdampfstrome bietet keine Vorteile und die von ZIPPERER vorgeschlagene Destillation ohne Zusatz von Magnesia ist nicht empfehlenswert.

FARNSTEINER fand in 19 Handelskakaosorten 0,034—0,083%, in 5 anderen Sorten dagegen 0,117—0,316% Ammoniak und ist der Ansicht, daß bei Gehalten unter 0,1% eine Behandlung mit Ammoniak ausgeschlossen, bei Überschreitung dieser Grenze aber als wahrscheinlich und bei erheblicher Überschreitung als sicher anzunehmen ist.

c) Asche. Die Bestimmung der Gesamtasche und ihres löslichen Anteils erfolgt, wie unter 2a und b angegeben, mit 30—40 g Rohkakao oder 20—25 g Handelskakao. Bei Anwesenheit von Magnesia tritt wegen der allmählichen Umsetzung zwischen Magnesiumkaliumphosphat und Kaliumcarbonat nur langsam Gewichtsbeständigkeit ein.

d) Alkalität. Die Bestimmung der „wahren Alkalität“ erfolgt nach dem Verfahren von FARNSTEINER (Bd. II, 2), indem man 0,25 g der nochmals schwach geglühten Asche mit 10 ccm $^1/_2$ N.-Salzsäure auflöst und die Lösung in ein Gemisch von 15 ccm $^1/_2$ N.-Ammoniak mit 7,5 ccm streng neutraler Chlorcalciumlösung (75 g $CaCl_2$ und 100 g NH_4Cl in 1 Liter) einfließen läßt.

Der von A. RÖHRIG[1] gemachte Vorschlag, $^1/_{10}$ N.-Säure zu verwenden, der für Aschen von Fruchtsäften sehr zweckmäßig ist, kann bei der schwer löslichen Kakaoasche nicht empfohlen werden.

Nach den Beobachtungen FARNSTEINERs stimmt die Gesamtalkalität mit der Summe der für den löslichen und unlöslichen Anteil ermittelten Alkalitäten oft nicht überein, doch ist es ihm nicht gelungen, die Ursache dieser Erscheinung aufzuklären.

Alle erlangten Befunde werden auf Kakaomasse mit 55% Fett umgerechnet nach der Formel $w = \frac{W \cdot 45}{100 - f}$, in der W den für einen Kakao mit f% Fett gefundenen Wert bedeutet.

Unter Umständen kann auch das einfachere Verfahren von J. TILLMANS und A. BOHRMANN[2] (Bd. II, 2) zur Bestimmung der Carbonat- und Oxydalkalität wertvolle Aufschlüsse geben.

e) Aschenanalyse. Die wahre Alkalität aus der quantitativen Zusammensetzung der Asche unter Berücksichtigung ihres Gehaltes an Kohlensäure und Phosphorsäure zu berechnen, ist zuerst von BEYTHIEN[3], später auch von BEHRE[4] vorgeschlagen worden.

5. Phosphorsäure. Die Bestimmung der Phosphorsäure, die, abgesehen von der Ableitung der Alkalität, zum Nachweise eines Schalenzusatzes empfohlen

[1] A. RÖHRIG: Z. 1908, **15**, 151.
[2] J. TILLMANS u. A. BOHRMANN: Z. 1921, **41**, 1.
[3] BEYTHIEN: Pharm. Zentralh. 1906, **47**, 453.
[4] BEHRE: Bericht Chemnitz 1907, 72; Z. 1908, **16**, 421.

worden ist, kann neben dem üblichen Verfahren auch nach folgender Vorschrift des Reichsgesundheitsamtes[1] ausgeführt werden:

Die Asche von 20 g Kakao wird mit Wasser befeuchtet und mit einigen Tropfen 30%igem Wasserstoffsuperoxyd fein verrieben. Nach vorsichtigem Zusatz von 10 ccm 25%iger Salzsäure wird die Masse auf dem Wasserbade zur Trockne verdampft, der Rückstand mit einigen Tropfen konz. Salzsäure verrieben, mit heißem ausgekochtem Wasser aufgenommen und in eine kleine Porzellanschale filtriert, wobei Kieselsäure und Kohleteilchen zurückbleiben.

Das abgekühlte Filtrat wird nach Zugabe von 2 Tropfen Methylorange (0,1 g in 100 ccm Wasser) mit $^1/_4$ N.-Alkalilauge fast bis zum Umschlage des Methylorange versetzt. Nach 5 Minuten langem Erwärmen auf dem Wasserbade wird der Lösung erforderlichenfalls in der Kälte noch soviel $^1/_{10}$ N.-Lauge zugegeben, daß sie nur noch schwach sauer gegen Methylorange bleibt. Von dem aus Eisen-, bzw. Aluminiumphosphat bestehenden Niederschlage wird die Lösung in einen 100-ccm-Meßkolben filtriert, mit wenig heißem Wasser nachgewaschen und bei 15° aufgefüllt.

a) Lösliche Phosphate. 10 ccm des Filtrates werden mit 30 ccm neutraler Calciumchloridlösung[2] versetzt und nach Zugabe von einigen Tropfen Phenolphthalein (1 g in 100 ccm Alkohol von 60%) bei 14—15° mit $^1/_{10}$ N.-Alkalilauge bis zur Rötung titriert. Nach 2stündigem Stehen in Wasser von 15° wird die etwa inzwischen entfärbte Lösung nachtitriert. 1 ccm $^1/_{10}$ N.-Lauge entspricht 4.75 mg PO_4.

b) Unlösliche Phosphate. 30 ccm Trinatriumcitratlösung[3] werden 15 Minuten in Eiswasser gekühlt und nach Zugabe eines Tropfens Phenolphthalein in Eiswasser mit $^1/_{10}$ N.-Salzsäure bzw. Alkalilauge so eingestellt, daß die Lösung farblos ist, aber durch 1 Tropfen $^1/_{10}$ N.-Lauge gerötet würde. In diese Lösung bringt man das Filter mit den unlöslichen Phosphaten und erhitzt das mit einem Stopfen verschlossene Kölbchen 20 Minuten auf dem siedenden Wasserbade. Nach halbstündigem Kühlen in Eiswasser titriert man die Lösung in Eiswasser mit $^1/_{10}$ N.-Alkalilauge bis zur beginnenden Rötung. 1 ccm $^1/_{10}$ N.-Lauge entspricht 9,5 mg PO_4.

Die gefundenen Mengen löslicher und unlöslicher Phosphate werden auf 100 g Kakaopulver umgerechnet. Ihre Summe ergibt den Gesamtphosphatrest. Der unlösliche Anteil wird in Prozenten des Gesamtphosphatrestes ausgedrückt.

6. Fett. Für die quantitative Bestimmung, des Gesamtfettes sind zahlreiche Methoden in Vorschlag gebracht worden, von denen die allgemeiner angewandten und die amtlich vorgeschriebenen an erster Stelle ausführlich besprochen, die anderen nur dem Prinzipe nach mitgeteilt werden mögen.

a) Zollamtliche Methode[4]. „5—10 g der wasserfreien Probe werden mit der vierfachen Menge Seesand innig verrieben, in eine doppelte Hülse von Filtrierpapier gebracht und im Soxhletschen Extraktionsapparat bis zur Erschöpfung, mindestens 10—12 Stunden lang mit Äther ausgezogen. Sodann wird der Äther abdestilliert, der Rückstand 1 Stunde im Wasserdampftrockenschranke getrocknet und nach dem Erkalten gewogen.“

Bei der im übrigen ganz gleichen Methode der Freien Vereinigung Deutscher Nahrungsmittelchemiker nach H. Beckurts[5] ist eine Extraktionsdauer von 18 Stunden vorgeschrieben worden. Nach beiden Verfahren wird ein Teil des Theobromins mit ausgezogen.

---

[1] G. u. V. 1916, 8, 724.

[2] 1 g krystallisiertes Chlorcalcium ($CaCl_2 \cdot 6\,H_2O$) wird in 250 ccm ausgekochtem Wasser gelöst. 20 ccm der Lösung, mit 10 ccm ausgekochtem Wasser verdünnt, müssen mit einem Tropfen Phenolphthalein farblos bleiben, aber durch einen Tropfen $^1/_{10}$ N.-Alkalilauge dauernd gerötet werden.

[3] 200 g Trinatriumcitrat in 300 ccm ausgekochtem Wasser gelöst. Die Lösung wird im Eisschranke aufbewahrt.

[4] Zeitschr. analyt. Chem. 1903, **42**; A.V.E. 68; **Z.** 1903, **6**, 1083.

[5] H. Beckurts: **Z.** 1906, **12**, 81.

Nach FARNSTEINER[1] ist die Extraktion des Fettes mit Äther schon nach 3—4 Stunden beendet, während weiterhin nur noch Nichtfette, besonders Theobromin, gelöst werden. Sein Vorschlag, Fett und Theobromin zugleich mit Chloroform zu extrahieren und das aus dem Stickstoffgehalte berechnete Theobromin abzuziehen, hat aber ebensowenig Anklang gefunden wie der von anderer Seite befürwortete Ersatz des Äthers durch Petroläther. Im Gegensatze zu der Ansicht FARNSTEINERs steht die Tatsache, daß auch bei sehr lange dauernder Extraktion nicht immer alles Fett gelöst wird, weil sich bisweilen innerhalb der Masse Rinnen bilden, durch die der Äther wirkungslos abläuft. In solchen Fällen empfiehlt es sich, den Inhalt der Patrone zu trocknen, zu verreiben und nochmals weiter zu extrahieren.

b) Methode von J. GROSSFELD[2]. Nach dem in Bd. II, S. 829 näher beschriebenen Verfahren, das von W. STURM[3] für Kakao besonders empfohlen worden ist, genügt es, 10 g Kakao mit 100 ccm Trichloräthylen zu übergießen, nach $^1/_2$ Stunde zu filtrieren und in 25 ccm den Abdampfrückstand zu bestimmen. Bei Schokolade kocht man 5 Minuten am Rückflußkühler.

c) Methode von W. LANGE[4]. „Amtliche Vorschrift. Zur Entfettung dient ein etwa 250 ccm fassendes weithalsiges Kölbchen, durch dessen Gummistopfen ein kurzes, zweckmäßig unten verengtes und hakenförmig aufgebogenes Saugrohr sowie ein Filterrohr von 3,5—4 cm oberem Durchmesser eingeführt sind. Der etwa 8 cm lange erweiterte Teil des Filterrohres trägt unten eine (am besten eingeschliffene) Filterplatte aus Porzellan mit $^3/_4$—1 mm weiten Öffnungen. Durch Eingießen einer Aufschwemmung von gereinigtem Asbest[5] und Absaugen wird die Filterplatte mit einer 3—4 mm dicken Asbestschicht bedeckt und diese unter Anwendung der Luftpumpe gründlich mit Wasser durchgespült, sodann mit Alkohol und Äther getrocknet. Nachdem das Kölbchen gewogen ist, bringt man etwa 5 g Kakaopulver, genau gewogen, auf das Filter, ebnet die Masse mit einem Glasstabe, übergießt sie mit 10—15 ccm Äther, bedeckt das Filterrohr mit einem Uhrglase und wartet, bis die Fettlösung von der Filterplatte abzulaufen beginnt. Dann saugt man mit der Luftpumpe vorsichtig ab und wiederholt das Ausziehen mit je 7—10 ccm Äther so lange, bis im ganzen etwa 100 ccm verbraucht sind. In der Masse entstehende Risse oder Öffnungen sind durch Aufrühren mit einem Glasstabe zu beseitigen. Aus der in dem Kölbchen enthaltenen Fettlösung wird der Äther abdestilliert, der Rückstand im Dampftrockenschranke getrocknet und gewogen."

Die Methode ist in die vom Kaiserlichen Gesundheitsamte erlassene Anweisung zur Untersuchung auf Kakaoschalen[6] aufgenommen worden und hat sich im großen und ganzen bewährt.

Ihr ähnlich ist der Vorschlag von HEIDUSCHKA und MUTH[7], die in einem gewogenen Glasfiltertiegel befindliche Substanz mit Äther oder Petroläther auszuwaschen, das Fett aber durch Rückwägung des getrockneten Tiegels aus der Differenz abzuleiten.

d) Zollamtliche Methode für Milchschokolade[8]. „25 g der Probe, die nicht weitgehend zerkleinert zu werden braucht, werden in einem ERLENMEYERschen Kolben mit etwa 100 ccm Äther übergossen. Nach dem vollständigen Zerfall der Schokolade wird die ätherische Lösung zweckmäßig durch ein Asbestfilter (W. LANGE, s. oben) gesaugt und der Rückstand mehrfach mit je 25 ccm Äther aufgenommen. Die vereinigten ätherischen Lösungen werden aus

[1] FARNSTEINER: Z. 1908, **16**, 627.
[2] J. GROSSFELD: Z. 1925, **49**, 287.
[3] W. STURM: Chem. Weekbl. 1925, **22**, 167; C. 1925, I, 2476.
[4] LANGE: Arb. Kaiserl. Gesundh.-Amt 1917, **50**, 149.
[5] Der Asbest darf sein Gewicht nicht merklich verändern, wenn er nacheinander mit verdünnter Schwefelsäure und verdünnter Kalilauge gekocht und sodann geglüht wird.
[6] G. u. V. 1916, **8**, 724.
[7] HEIDUSCHKA u. MUTH: Chem.-Ztg. 1928, **52**, 879.
[8] Kazett 1926, **16**, 148.

einem gewogenen Kolben abdestilliert. Nach Zusatz von 5 ccm wasserfreiem Weingeist senkt man den Kolben in ein auf etwa 125° C eingestelltes Glycerinbad und erhitzt ihn dann so lange, bis das Fett von Äther und Weingeist völlig frei ist. Nachdem der Kolben noch 15 Minuten in einen Wassertrockenschrank gestellt worden ist, wird er nach dem Erkalten gewogen."

Hierzu führt H. FINCKE[1] an, daß die Verwendung von 25 g Substanz den Vorzug hat, zur näheren Untersuchung ausreichende Fettmengen zu liefern, daß aber sonst 5 g Substanz völlig ausreichen.

Von den vorstehend beschriebenen Methoden wird diejenige von H. LANGE zur Zeit anscheinend als die zweckmäßigste angesehen, da sie in einfacher Weise ein verhältnismäßig reines Fett liefert. Für eine amtliche Vorschrift würde sie daher in erster Linie in Frage kommen, vielleicht unter Ersatz der LANGEschen Filterröhre durch den Glasfiltertrichter.

Bei der Extraktion im SOXHLETschen Apparate ist zu berücksichtigen, daß das mit Äther ausgezogene Fett immer Theobromin enthält und von diesem durch Auflösen in wenig heißem Äther und Filtration getrennt werden muß. Die von einigen Seiten vorgeschlagene Verwendung von Petroläther an Stelle von Äther, die ein weit reineres Fett liefert, hat den Nachteil, den Geruch und Geschmack des Fettes, die für die Beurteilung der Reinheit wichtig sind, ungünstig zu beeinflussen.

Von den zahllosen übrigen in Vorschlag gebrachten Methoden wird es ausreichen, die wichtigsten im Prinzipe anzuführen:

Ausschüttelungsverfahren von P. WELMANS[2]. Man schüttelt 5 g Kakao mit 100 ccm wassergesättigtem Äther, gibt 10 ccm äthergesättigtes Wasser hinzu, pipettiert 50 ccm der klaren Lösung ab und bestimmt den Trockenrückstand. Das Verfahren, das nach BEYTHIEN durch Anwendung des RÖHRIGschen oder SIMMICHschen Apparates[3] zum Abmessen der Fettlösung vereinfacht werden könnte, ist als brauchbar zu bezeichnen, während die von BONNEMA[4] für Milch ausgearbeitete Tragantmethode bei Fettgehalten über 10% zu hohe Werte gibt.

Das Prinzip der GOTTLIEB-RÖSEschen Methode ist von AAGE KIRSCHNER[5] und von J. HANUS[6] zur Fettbestimmung des Kakaos angewandt worden und gibt sowohl nach H. GÜTH[7], wie nach REINSCH[8] bei neutralen, nicht aber bei stark ranzigen Fetten zuverlässige Werte.

Das GERBER-Verfahren, das von O. RICHTER[9], und das NEUSAL-Verfahren, das von W. D. KOOPER[10] für die Kakaountersuchung empfohlen worden ist, haben sich nach BEYTHIEN nicht bewährt.

Verfahren von A. KREUTZ[11]. 1—1,5 g Kakao werden mit 2—3 g Chloralhydrat zusammengeschmolzen und dann mit etwa 50 ccm Äther ausgeschüttelt. Das nach dem Eindunsten hinterbleibende Fett soll frei von Theobromin sein, doch liegen Erfahrungen über die Methode nicht vor.

7. Prüfung des Fettes auf Reinheit. Für die nähere Untersuchung des Fettes müssen größere Substanzmengen, als oben angegeben, verarbeitet werden. Von besonderer Bedeutung für die Beurteilung sind Schmelz- und Erstarrungspunkt, Erweichungspunkt nach H. FINCKE, Spez. Gewicht, Refraktion, Jodzahl, REICHERT-MEISSL-Zahl, Caprylsäurezahl, Verseifungszahl, A.- und B.-Zahl, Säurezahl. Seit dem Auftauchen der gehärteten Fette,

---

1 H. FINCKE: Kazett 1926, **16**, 148.
2 P. WELMANS: Zeitschr. öffentl. Chem. 1900, **6**, 304; **Z.** 1901, **4**, 396.
3 **Z.** 1911, **21**, 38.
4 BONNEMA: Chem.-Ztg. 1899, **23**, 541; **Z.** 1899, **2**, 861.
5 AAGE KIRSCHNER: **Z.** 1906, **11**, 450.
6 J. HANUS: **Z.** 1906, **11**, 738.
7 H. GÜTH: Pharm. Zentralh. 1909, **50**, 700.
8 REINSCH: **Z.** 1907, **14**, 236.
9 O. RICHTER: Zeitschr. analyt. Chem. 1906, **45**, 231; **Z.** 1907, **13**, 51.
10 W. D. KOOPER: **Z.** 1915, **30**, 461.
11 A. KREUTZ: **Z.** 1908, **15**, 680; **16**, 584.

besonders in gewissen als Glasurmasse bezeichneten Schokoladesurrogaten, hat auch die Jodzahl der festen Fettsäuren erhöhte Bedeutung gewonnen. Für die Erkennung des aus Abfällen gewonnenen Extraktionsfettes leistet die sog. Reibeprobe nach H. FINCKE gute Dienste, während die Beweiskraft der Analysenquarzlampe noch umstritten ist.

In bezug auf die Ausführung der einzelnen Bestimmungen und die Verwertung der erlangten Befunde sei auf die Monographie von FINCKE und auf Bd. IV dieses Handbuchs verwiesen.

8. Stickstoffsubstanz. Man schließt 1—2 g in bekannter Weise nach KJELDAHL auf, bringt von dem Gesamtstickstoff den nach 9. ermittelten Theobrominstickstoff in Abzug und multipliziert den Rest mit 6,25.

9. Theobromin. a) Verfahren von H. BECKURTS und J. FROMME[1]. Nach diesem als maßgebend anerkannten Verfahren werden 6 g Kakaopulver oder 12 g zerriebene Schokolade mit 200 g einer Mischung von 197 g Wasser und 3 g verdünnter Schwefelsäure in einem tarierten (1 Liter-) Kolben mit Rückflußkühler $^1/_2$ Stunde lang gekocht. Hierauf fügt man weitere 400 g Wasser und 8 g damit verriebene gebrannte Magnesia hinzu und kocht noch eine Stunde lang. Nach dem Erkalten, das durch Einstellen in Wasser beschleunigt werden kann, wird das verdunstete Wasser genau wieder ergänzt. Man läßt kurze Zeit absitzen, filtriert 500 g, entsprechend 5 g Kakao, bzw. 10 g Schokolade, ab und verdunstet das Filtrat *A* zur Trockne, bzw. bis zur Extraktdicke. Diesen Rückstand kann man entweder nach dem Ausschüttelungsverfahren oder nach dem Perforationsverfahren weiter behandeln. Nach ersterem wird der Rückstand mit einigen Tropfen Wasser verrieben, mit 10 ccm Wasser in einen Scheidetrichter gebracht und achtmal mit je 50 ccm heißem Chloroform ausgeschüttelt. Das Chloroform wird durch ein trockenes Filter in ein tariertes Kölbchen filtriert und zweckmäßig von 100 zu 100 ccm abdestilliert. Die rückständigen Basen werden bei 100° bis zur Gewichtskonstanz getrocknet und gewogen. Bei Schokolade werden die Basen nach Abdestillation des Chloroforms mit 5 ccm kaltem Wasser vorsichtig und ohne Schütteln des Kolbens übergossen, darauf wird der Kolben sanft hin und her bewegt und nach $^1/_2$ Stunde die wäßrige, Extrakt und Spuren Zucker enthaltende Lösung mit einem spitzen Streifen Filtrierpapier abgezogen. Alsdann werden die Basen getrocknet und gewogen. Zur Perforation wird der Rückstand mit etwas Wasser verrieben, mit 25 ccm Wasser in einen besonderen Perforator gebracht und mit Chloroform 6—10 Stunden perforiert. Nach Abdestillation des Chloroforms müssen die Basen gewöhnlich noch, bei Schokolade stets, mit Wasser wie angegeben, gereinigt werden.

Falls die zuerst erhaltene Lösung *A* in einer Schale, deren Boden mit Quarzsand belegt war, eingedunstet wurde, kann man auch den fein verriebenen Rückstand in einem geeigneten Fettextraktionsapparate mit Chloroform bis zur Erschöpfung ausziehen.

Nach diesem Verfahren erhält man die Summe des Theobromins und Coffeins, deren Trennung im Hinblick auf die sehr geringe Coffeinmenge in der Regel unterbleiben kann. Will man sie trotzdem ausführen, so übergießt man den Verdunstungsrückstand der Chloroformlösung mit 100 g Tetrachlorkohlenstoff, läßt 1 Stunde bei Zimmertemperatur unter zeitweiligem Umschütteln stehen und filtriert. Die filtrierte Lösung wird durch Destillation vom Tetrachlorkohlenstoff befreit, der Rückstand wiederholt mit Wasser ausgekocht, die wäßrige Lösung in einer gewogenen Schale eingedampft und das hinterbleibende Coffein bei 100° bis zur Gewichtsbeständigkeit getrocknet. Der ungelöste Rückstand im Kolben wird nebst dem Filter mehrfach mit Wasser ausgekocht, die Lösung eingedampft und das bei 100° getrocknete Theobromin gewogen.

Neben der vorstehenden seien noch zwei weitere Methoden besprochen, obwohl sie zur Zeit nur noch selten Anwendung finden.

---

[1] H. BECKURTS u. J. FROMME: Apoth.-Ztg. 1903, 593; **Z.** 1905, **9**, 377; 1906, **12**, 83.

b) Verfahren von A. KREUTZ[1]. 1,5—2 g Kakao werden in einem 250 ccm-ERLENMEYER mit 3 g festem Chloralhydrat auf dem siedenden Wasserbade zum Schmelzen erhitzt, darauf in der Schmelze möglichst gleichmäßig verteilt und noch heiß mit kleinen Mengen Äther ausgezogen, wozu insgesamt 40—50 ccm Äther ausreichen. Die Lösung wird durch ein gehärtetes Filter von SCHLEICHER und SCHÜLL in einen gewogenen Fraktionierkolben filtriert und durch Destillation auf dem Wasserbade, zuletzt unter vermindertem Druck, vom Äther und Alkoholat befreit. Als Wasserbad benutzt man zweckmäßig ein hochwandiges Becherglas, in das man den Kolben bis zum Ansatzrohre eintaucht. Die Vorlage darf dabei nicht gekühlt werden, weil sonst leicht eine Verstopfung eintritt. Geringe, an der Capillare festhaftende Mengen von Fett und Theobromin spült man mit heißem Äther in den Kolben zurück. Der letztere nebst der darin befindlichen schwach rötlichen, trüben und schwerflüssigen Masse wird bei 100—105° getrocknet und nach dem Erkalten gewogen. Darauf bringt man das Fett mit kaltem Tetrachlorkohlenstoff in Lösung, dampft nach dem Filtrieren ein, trocknet bei 105—110° und wägt das hinterbleibende Fett. Die Differenz beider Wägungen ergibt die Menge des in Chloralalkoholat löslichen, d. h. des sog. freien Theobromins.

Zur Gewinnung des nicht gelösten Theobromins wird der Kakaorückstand im Filter getrocknet, in den Extraktionskolben zurückgebracht und $^3/_4$ Stunden lang mit 50 ccm 4%iger Schwefelsäure am Rückflußkühler erhitzt. Die heiße Flüssigkeit spült man in ein großes Becherglas, neutralisiert heiß mit in Wasser aufgeschlämmtem Bariumcarbonat und trocknet in einem HOFFMEISTERschen Schälchen ein. Der mit dem Schälchen pulverisierte Trockenrückstand wird nach Zugabe von Seesand mit Chloroform extrahiert und das nach dem Abdestillieren des Chloroforms hinterbleibende sog. gebundene Theobromin getrocknet und gewogen.

Von der Mitteilung einer abgeänderten Methode für ungeröstete Kakaobohnen[2] kann hier abgesehen werden, weil nach dem Verfahren von KREUTZ kaum noch gearbeitet wird. Die Annahme, daß ein Teil des Theobromins in glucosidischer Bindung vorliegt, kann nach den Untersuchungen FINCKES (S. 180) nicht mehr aufrecht erhalten werden, und vor allem gibt die Bestimmung einiger Zentigramme Theobromin neben 0,8—1 g Fett aus der Differenz zu erheblichen Bedenken Anlaß.

c) Verfahren von J. KATZ[3]. Nach einer Behandlung des Kakaos mit verdünnter Schwefelsäure und Magnesia in der unter a) beschriebenen Weise versetzt man den auf 10 ccm eingedickten wäßrigen Auszug mit 2 g Phenol und perforiert mit Chloroform. Das nach dem Abdestillieren des Lösungsmittels hinterbleibende Theobromin wird durch Einblasen von Luft von den letzten Spuren Phenol befreit, getrocknet und gewogen.

Hinsichtlich der zahllosen übrigen Vorschläge zur Bestimmung des Theobromins, die alle durch das Verfahren von BECKURTZ und FROMME überholt sind, sei auf die ausführliche Literaturangabe in der Arbeit von KREUTZ verwiesen.

10. Stärke. Zum qualitativen Nachweise fremder Stärke bedient man sich des Mikroskops.

Hingegen ist das Verfahren von G. POSSETTO[4], das auf der Blaufärbung einer wäßrigen Kakaoabkochung mit Jodlösung beruht, nach MAYRHOFER unbrauchbar, weil auch reiner Kakao hierbei eine Blaufärbung liefert.

Die Bestimmung der Gesamtstärke erfolgt nach der zollamtlichen Vorschrift in der Weise, daß man 5—10 g der feingepulverten Probe, die durch

---

[1] A. KREUTZ: **Z.** 1908, **16**, 579.
[2] **Z.** 1909, **17**, 526.
[3] J. KATZ: Pharm. Ztg. 1903, **48**, 784.
[4] G. POSSETTO: Giorn. Farmas. Chim. 1897, **48**, 5; **Z.** 1898, **1**, 425.

Äther vom Fett und durch verdünnten 25%igen Alkohol vom Zucker befreit ist, in einem bedeckten Fläschchen oder noch besser in einem bedeckten Zinnbecher von 150—200 ccm Raumgehalt mit 100 ccm Wasser mengt und dann nach dem Verfahren von Reinke oder Märcker weiter verarbeitet.

In neuerer Zeit arbeitet man wohl meist nach einer der in Bd. II, S. 919 angegebenen polarimetrischen Methoden von C. J. Lintner, Ewers o. a.

Die Ableitung des Gehaltes an zugesetzter Fremdstärke durch Subtraktion des zu 8,75% angenommenen durchschnittlichen Kakaostärkegehaltes von der Gesamtstärke ergibt nur annähernde Werte, weil der natürliche Stärkegehalt des Kakaos innerhalb weiter Grenzen von 7—12% schwankt. Sie wird daher zweckmäßig durch die mikroskopische Vergleichung selbst hergestellter Mischungen von Mehl und Kakao ergänzt.

Ein annäherndes Urteil über den Mehlgehalt bei Anwesenheit größerer Mengen Weizen- oder Hafermehl (Suppenmehl, Haferkakao) kann man nach Beythien und Hempel[1] aus der Menge des Fettes und seiner Jodzahl gewinnen. Bezeichnet man den prozentischen Fettgehalt mit F, die Jodzahl mit J, setzt als mittlere Jodzahl des Weizenfettes 115, des Haferfettes 103 und des Kakaofettes 34 und als mittleren Fettgehalt des Kakaopulvers 25% in Rechnung, so ergibt sich der Gehalt an Weizenmehl zu $100 - \text{Zucker} - \frac{4F}{81}(115 - J)$ und derjenige an Hafermehl zu $100 - \text{Zucker} - \frac{4F}{69}(103 - J)$. Im Hinblick auf die neuerdings eingeführte stärkere Abpressung wird man vielleicht besser den Fettgehalt des Kakaopulvers zu 20% annehmen oder womöglich das zu der Mischung benutzte Kakaopulver zu erlangen suchen.

11. Zucker. Für die Untersuchung der Kakaowaren kommen die geringen, im Kakao selbst enthaltenen Mengen Invertzucker oder Glucose (1—2%) nur ausnahmsweise in Betracht. Sollen sie dennoch bestimmt werden, so extrahiert man die entfettete Substanz mit Alkohol und behandelt die mit Bleiessig geklärte Lösung nach dem Allihnschen Verfahren.

Zur Bestimmung der **Saccharose** ist in erster Linie das Verfahren von H. Fincke[2] zu empfehlen.

a) Verfahren von H. Fincke. Man löst 10 g der Substanz (Gemisch von Kakao und Zucker, gewöhnliche Schokolade) in einem 100-ccm-Kolben mit etwa 70 ccm warmem Wasser, kühlt ab, fügt 4 ccm Bleiessig hinzu, füllt zur Marke auf und filtriert. Bei Schokoladen empfiehlt es sich, die Lösung in einem Becherglase vorzunehmen und dann in das 100-ccm-Kölbchen überzuspülen, um sicher zu sein, daß nicht einzelne größere Stücke ungelöst bleiben. 5 ccm des Filtrates erhitzt man im siedenden Wasserbade mit 1 ccm Fehlingscher Lösung. Findet nur teilweise Reduktion statt, so kann reduzierender Zucker unberücksichtigt bleiben (andernfalls ist Behandlung wie bei Milchschokolade erforderlich). Man polarisiert bei 20° im 200-mm-Rohr und berechnet die für das Unlösliche anzubringende Korrektur nach der Gleichung: $x = 1 - (0{,}1 - 0{,}0072\,d)\,r$, in der d die abgelesene Drehung in Winkelgraden, r das Volum des Unlöslichen von 1 g Kakaomasse bedeuten. Durch Multiplikation der Polarisation mit dem Faktor x, erhält man die korrigierte Drehung und aus letzterer durch Multiplikation mit 7,5 (genauer 5 durch 66,67) den Saccharosegehalt in Hundertteilen.

r wird in der Regel für Schokolade zu 0,9, für Kakaopulver mit Zucker zu 0,7, für genauere Bestimmungen bei einem Fettgehalte der Kakaomasse von 65% zu 0,9, von 55% zu 0,85, von 45% zu 0,8, von 35% zu 0,75, von 20% zu 0,7, von 12% zu 0,6 angenommen.

Beispiel der Berechnung. $d = +10{,}3$; $r = 8$; $x = 0{,}978$; korrigierte Drehung $+10{,}07$; Saccharosegehalt $10{,}07 \times 7{,}5 = 75{,}6$%.

[1] Beythien u. Hempel: **Z.** 1901, **4**, 23. [2] H. Fincke: **Z.** 1925, **50**, 351.

Zur Ersparung der Berechnung hat Verfasser Tabellen ausgearbeitet.

Bei Milchschokolade polarisiert man die wie oben hergestellte Lösung und berechnet die korrigierte Drehung. Dann werden 40 ccm Filtrat in einem 50-ccm-Kölbchen mit 0,75 g fein zerriebenem gebrannten Kalk 1 Stunde lang unter Umschwenken im Wasserbade von 75—80° erhitzt, abgekühlt und nach Zusatz von 2 Tropfen Phenolphthalein mit verdünnter Schwefelsäure (1 + 3) ganz schwach angesäuert. Nun setzt man sofort 2 ccm Bleiessig und nach dem Mischen einige Kubikzentimeter gesättigte Natriumphosphatlösung zu, füllt bei 20° auf, filtriert und polarisiert. Die um $^1/_4$ erhöhte Drehung muß in mehrfacher Weise korrigiert werden, indem man sowohl das Volum des zerstörten Milchzuckers, als auch das Volum der unlöslichen Kakaomasse und drittens des Kalkniederschlages berücksichtigt. Um den Einfluß des Milchzuckers auszuschalten, geht FINCKE von einem mittleren Gehalte aus, der einer Drehung von + 0,7 entspricht, und setzt demnach in die obige Gleichung für den 1. Korrekturfaktor: $x = 1 - (0{,}1 - 0{,}0072\,d)\,r$ für die um $^1/_4$ erhöhte Drehung (d) den Wert $d + 0{,}7$ ein. Die erhaltene Zahl x multipliziert er zur Ausschaltung des Kalkniederschlages mit dem empirisch gefundenen Faktor 0,979 und erhält durch nochmalige Multiplikation mit $7{,}5\,d$ den Saccharosegehalt (S) in Hundertteilen, so daß die endgültige Gleichung folgende Form annimmt:

$$S = [1 - (0{,}1 - 0{,}0072\,[d + 0{,}7])\,r]\,0{,}979 \times 7{,}5\,d,$$

oder wenn man r (für Schokolade) = 0,9 setzt:

$$S = [6{,}68 + 0{,}5\,(d + 0{,}7)]\,d.$$

Will man auch den Gehalt an Milchzucker berechnen, so geht man von der korrigierten Polarisation $P_1 = [0{,}891 + 0{,}0066\,(d + 0{,}7)]\,d$ oder $S \times 1{,}333$ aus. Aus der Differenz beider korrigierten Drehungen ($P - P_1$) ergibt sich auf Grund der spezifischen Drehung von 52,5 der Gehalt an wasserhaltigem Milchzucker zu:

$$M = (P - P_1)\,\frac{50}{52{,}5} = (P - P_1)\,9{,}52\,.$$

b) Verfahren von HASSE und BAKE[1]. Das einfache polarimetrische Verfahren beruht auf der Feststellung, daß der durch Zusatz von 4 ccm Bleiessig zu 10 g Schokolade (mit 3—4 g Kakao) hervorgerufene Niederschlag den Raum von $n = 7{,}5 - 0{,}75\,Z$ ccm einnimmt, wobei Z den Zuckergehalt der Schokolade in Prozent bedeutet. Füllt man also die Lösung von 10 g Schokolade nebst dem Bleiessigniederschlage zu 100 ccm auf, so ergibt sich aus dem Drehungswinkel der filtrierten Lösung (d) der Zuckergehalt (Z) nach der Gleichung:

$$Z = 7{,}5\,d\,(0{,}925 - 0{,}00075\,Z)$$

oder $$Z = \frac{6{,}938\,d}{1 + 0{,}0056\,d}.$$

(In der Verdünnung 1 : 10 entsprechen jedem Grade Drehung 7,5 g Zucker.)

d	Z %	d	Z %	d	Z %	d	Z %
6,0	43,1	7,0	50,6	8,0	58,1	9,0	65,8
6,1	43,8	7,1	51,3	8,1	58,9	9,1	66,5
6,2	44,6	7,2	52,1	8,2	59,6	9,2	67,3
6,3	45,3	7,3	52,8	8,3	60,4	9,3	68,1
6,4	46,1	7,4	53,6	8,4	61,2	9,4	68,9
6,5	46,8	7,5	54,3	8,5	61,9	9,5	69,6
6,6	47,6	7,6	55,1	8,6	62,7	9,6	70,4
6,7	48,3	7,7	55,8	8,7	63,4	9,7	71,2
6,8	49,1	7,8	56,6	8,8	64,2	9,8	72,0
6,9	49,8	7,9	57,4	8,9	65,0	9,9	72,7

Man feuchtet also 5 g Schokolade im 50-ccm-Kölbchen mit (vergälltem) Weingeist an, schüttelt mit warmem Wasser kräftig bis zur Lösung des Zuckers, kühlt auf Zimmerwärme ab und füllt mit 2 ccm Bleiessig zur Marke auf. Das klare Filtrat wird im 200-mm-Rohr polarisiert und aus dem Drehungswinkel der Zuckergehalt nach obiger Gleichung berechnet. Zur Vermeidung der Rechnung geben Verf. obige Tabelle an.

[1] HASSE u. BAKE: Chem.-Ztg. 1923, 27, 563.

Das Verfahren liefert für die Verhältnisse der Praxis ausreichend genaue Werte und hat vielfach Anerkennung gefunden.

c) Verfahren von Woy[1]. Während die beiden vorstehenden Methoden für das Volum des Kakaos und des Bleiessigniederschlages einen experimentell bestimmten Wert einführen, sucht Woy das Niederschlagsvolum durch das Verfahren der „doppelten Verdünnung" auszuschalten, indem er das halbe Normalgewicht einmal zu 100, das andere Mal zu 200 ccm auflöst und in beiden Fällen die direkte Polarisation bestimmt. Wegen des bestechend einfachen Gedankens ist die Methode lange Zeit als maßgebend anerkannt und auch als Grundlage neuerer Methoden für die Untersuchung von Milchschokolade benutzt worden, so derjenigen von Grünhut[2] und auch der Zollamtlichen Vorschrift[2]. Es hat sich aber herausgestellt, daß die erlangten Befunde nicht zuverlässig sind, weil sich unter Umständen für das Volum des Ungelösten zu niedrige, ja selbst negative Werte errechnen, und aus diesem Grunde ist von der Anwendung dieser und der auf gleicher Grundlage ausgearbeiteten Methoden abzuraten.

Richtige Werte liefern hingegen diejenigen Methoden, bei denen der Zucker ausgewaschen und dann in der Lösung bestimmt wird. Als Beispiel hierfür sei folgende angeführt:

d) Alte zollamtliche Methode[3]. Man feuchtet das halbe Normalgewicht Schokolade mit etwas Alkohol an, übergießt mit etwa 30 ccm Wasser und erwärmt 10—15 Minuten im Wasserbade. Sodann wird heiß filtriert und der Rückstand mit heißem Wasser nachgewaschen. Das Filtrat läßt man nach Zusatz von 10 ccm Bleiessig 15 Minuten stehen, gibt Alaun und einige Tropfen Tonerdebrei hinzu, füllt auf 200 ccm auf, filtriert und polarisiert.

Dieses Verfahren, das seinen Grundzügen nach auch in die „Vereinbarungen" (Bd. 3, S. 75) Aufnahme gefunden hat, leidet an dem Nachteile, daß die Flüssigkeit nur sehr schwierig oder, bei mehlhaltigen Schokoladen, so gut wie gar nicht filtriert werden kann, und daß auch die Vernachlässigung des Bleiessigniederschlages einen, wennschon nicht beträchtlichen Fehler verursacht. Es ist daher in den neuen Zuckerausführungsbestimmungen vom 18. Juni 1903[4] durch das Verfahren von Woy ersetzt worden, das dafür allerdings andere, schon angeführte Nachteile aufweist.

e) Verfahren von Härtel und Jaeger[5]. Zur Bestimmung von Saccharose und Lactose in Milchschokolade wird einerseits die Gesamtpolarisation und andererseits das Reduktionsvermögen gegen Fehlingsche Lösung ermittelt, aus letzterem, nach Anbringung einer Korrektur für den Einfluß der Saccharose, der Gehalt an Lactose berechnet und die diesem entsprechende Drehung von der Gesamtpolarisation abgezogen. Daraus ergibt sich folgende Arbeitsweise: Die 11 g Milchschokolade entsprechende Menge fettfreier Trockensubstanz wird in einem 200-ccm-Kolben mit 150 ccm kochendem Wasser übergossen und mehrfach geschüttelt. Nach dem Erkalten gibt man 5 ccm Bleiessig hinzu, füllt zu 200 ccm auf und filtriert. 100 ccm des Filtrates werden mit 5 ccm Natriumphosphatlösung (14,25 g zu 100 ccm) versetzt, zu 110 ccm aufgefüllt, gut geschüttelt, filtriert und im 200-mm-Rohre bei 20° polarisiert. Einen weiteren, etwa 0,25 g Lactose enthaltenden Teil des Filtrates ergänzt man mit Wasser zu 100 ccm, gibt 50 ccm Fehlingscher Lösung hinzu und kocht 6 Minuten. Das in üblicher Weise bestimmte Kupfer wird auf Milchzucker umgerechnet und von dem so erlangten Werte ein bestimmter Prozentsatz abgezogen. Die

[1] Woy: Zeitschr. öffentl. Chem. 1898, **4**, 224; **Z.** 1899, **2**, 892.
[2] Grünhut: Zeitschr. analyt. Chem. 1900, **39**, 19.
[3] Ausführungsbestimmungen zum Zuckersteuergesetze vom 31. Mai 1892; Zeitschr. analyt. Chem. 1893, **32**; A. V. u. E. 18.
[4] Zeitschr. analyt. Chem. 1903, **42**; A. V. u. E. 63.
[5] Härtel u. Jaeger: **Z.** 1922, **44**, 307.

Korrektur beträgt bei einem Verhältnisse von 1 Tl. Lactose: 3,5 Tln. Saccharose etwa 1,3, bei einem Verhältnisse von 1 : 5 etwa 2,4, bei einem Verhältnisse von 1 : 6 etwa 3,3, bei 1 : 8 etwa 5,3, bei 1 : 10 etwa 6,2% des Wertes. Aus dem korrigierten Milchzuckergehalte berechnet man die Polarisation und aus der nach Abzug von der Gesamtpolarisation verbleibenden Differenz die Saccharose.

Ein vereinfachtes Verfahren hat FINCKE[1] noch in seiner kritischen Besprechung der neuen zollamtlichen Methode angedeutet. Es besteht darin, daß man die Polarisation vor und nach der Inversion bestimmt, beide Werte nach der unter a) mitgeteilten Formel korrigiert und die Differenz auf Saccharose berechnet. Die nach Abzug der entsprechenden Drehung von der Gesamtpolarisation hinterbleibende Zahl wird auf Lactose berechnet.

A. RINCK und E. KAEMPF[2] endlich versetzen die 10 g Milchschokolade entsprechende Menge fettfreier Trockensubstanz mit genau 60 ccm Wasser und nach dem Erwärmen am Rückflußkühler nochmals mit 29,7 ccm Wasser, darauf mit 0,1 ccm Ammoniak und 10 ccm Bleiessig, so daß sie unter Einrechnung von 0,2 ccm Wasser aus der Schokolade genau 100 ccm Wasser anwenden. Aus der Gesamtpolarisation und der Inversionspolarisation errechnen sie mit Hilfe besonderer Tabellen den Gehalt an Saccharose und Lactose.

Im allgemeinen wird man mit den Verfahren von FINCKE (a) sowie HASSE und BAKE (b) wohl am besten zum Ziele kommen.

12. Nachweis von Kakaoschalen. Neben der ausschlaggebenden mikroskopischen Untersuchung können zur Bestätigung oder Ergänzung des Befundes noch einige mechanische und chemische Verfahren herangezogen werden, von denen die wichtigsten nachstehend kurz besprochen werden mögen.

a) Schlämmverfahren. Nach dem Vorschlage von F. FILSINGER[3] werden 5 g Schokolade oder Kakao durch Äther entfettet und getrocknet, darauf mit Wasser angerieben, in ein großes Reagensglas gespült und zu einer völlig gleichmäßigen Flüssigkeit von 40—50 ccm Volum aufgeschüttelt. Nach einigem Stehen gießt man die Flüssigkeit bis nahe zum Bodensatze ab, schüttelt den Rückstand von neuem mit Wasser auf und wiederholt das Absitzenlassen, Abgießen usw. so lange, bis alles Abschlämmbare entfernt ist und das über dem Bodensatze stehende Wasser sich nicht mehr trübt, sondern nach Senkung des dichten, meist ziemlich grobpulverigen Rückstandes wieder klar erscheint. Der letztere wird auf ein tariertes Uhrglas gespült, auf dem Wasserbade eingetrocknet und nach dem Erkalten im Exsiccator gewogen. Zur Prüfung auf ungenügend zerkleinerte Kotyledonenteilchen, die sich der Abschlämmung entzogen haben, untersucht man den in Glycerin und Natronlauge eingeweichten Rückstand unter dem Mikroskope und erkennt Kernteilchen an dem Vorkommen von Stärkekörnern. FILSINGER erhielt nach diesem Verfahren untereinander und soweit kontrollierbar, mit den tatsächlichen Verhältnissen genügend überein stimmende Werte. Der Schalengehalt von Kakaos aus ungeschälten Bohnen ergab sich zu 6—8%.

Das Verfahren hat vielfach Anerkennung, aber noch mehr Widerspruch erfahren, und zwar ist sowohl behauptet worden, daß es zu niedrige, als auch, daß es zu hohe Werte ergebe. Sicher ist der erstere Einwand, wie von BEYTHIEN und PANNWITZ[4] in einer ausführlichen Besprechung klargestellt worden ist, völlig berechtigt. FILSINGER ging offenbar von der Annahme aus, daß die Schalen mit den Bohnen zusammen vermahlen werden. Dabei saugen sie sich, worauf zuerst P. WELMANS[5] aufmerksam machte, voll Fett, werden geschmeidig, zu größeren Blättchen ausgewalzt und damit nicht abschlämmbar. Seitdem die Schalen für sich allein staubfein gemahlen und dann erst dem Kakaopulver zugesetzt werden, lassen sie sich ebenso leicht abschlämmen wie die Kernteilchen und entziehen sich so dem Nachweis.

---

[1] H. FINCKE: Kazett 1926, **16**, 148.
[2] A. RINCK u. E. KAEMPF: **Z.** 1930, **59**, 81; 1933, **65**, 626.
[3] F. FILSINGER: Zeitschr. öffentl. Chem. 1899, **5**, 27; **Z.** 1899, **2**, 891.
[4] BEYTHIEN u. PANNWITZ: **Z.** 1916, **31**, 272; Pharm. Zentralh. 1906, **47**, 170.
[5] P. WELMANS: Zeitschr. öffentl. Chem. 1899, **5**, 479; 1901, **7**, 491; **Z.** 1902, **5**, 1165.

Bedenklicher ist der andere Einwand, daß die Methode zu hohe Werte liefere, weil dadurch eine ungerechtfertigte Beanstandung herbeigeführt werden könnte, er ist aber nicht berechtigt, weil er auf einer Verkennung des Wesens der Methode beruht. Zu hohe Werte kommen ja nur dadurch zustande, daß nicht alle Kernteilchen abgeschlämmt werden, sondern beim Rückstande verbleiben. Ob aber stärkehaltige Partikel noch vorhanden sind, kann durch mikroskopische Untersuchung festgestellt werden, die FILSINGER ausdrücklich vorschreibt. Zur Vermeidung von Irrtümern empfiehlt es sich daher, drei Parallelversuche anzustellen, und jedesmal etwas mehr abzuschlämmen, bis schließlich ein völlig schalenfreier Bodensatz hinterbleibt. Man ist dann auf alle Fälle sicher, den Mindestgehalt an Schalen zu ermitteln. In neuerer Zeit versagt die Methode allerdings bisweilen, weil es auf keine Weise gelingt, den Rückstand stärkefrei zu erhalten. Man muß sich also damit abfinden, daß die Methode zwar oft zu niedrige Werte liefert, daß sie aber doch vielfach wertvolle Hinweise auf einen unzulässig hohen Schalengehalt bietet.

Von den zahlreichen Vorschlägen zu ihrer Verbesserung durch Abschlämmung mit spezifisch schwereren Salzlösungen (GOSKE[1]) oder mit Chloralhydrat und Glycerin (KALUSKY[2]) oder durch Einführung von Korrekturfaktoren (DRAWE, FRANK[3]) hat sich keiner bewährt.

Einen neuen Gedanken führte erst J. GROSSFELD[4] ein, indem er das Schlämmverfahren durch die Rohfaserbestimmung ergänzte.

b) Verfahren von GROSSFELD. α) 5 g im Soxhlet mit Äther völlig entfetteter Kakao werden mit etwas 90%igem Spiritus zu einer gleichmäßigen Masse verrührt, nach 10 Minuten langem Stehen mit Wasser in einen 250-ccm-Meßzylinder gebracht und zur Marke aufgefüllt. Nach 60 Minuten saugt man die über dem Bodensatze stehende Flüssigkeit bis auf 1—2 cm über dem Satze, ohne diesen aufzuwirbeln, vorsichtig ab, füllt wieder auf und wiederholt diese Behandlung, bis die Flüssigkeit klar bleibt. Der Rückstand wird durch einen gewogenen GOOCH-Tiegel mit Asbesteinlage filtriert, einmal mit wenig Alkohol, dann zweimal mit Äther gewaschen, bei 105—110° getrocknet und gewogen. Das Gewicht des Rückstandes mal 0,2 wird als A bezeichnet. Zur Rohfaserbestimmung bringt man den Tiegelinhalt in einen 300-ccm-ERLENMEYER-Kolben, gibt auf je 0,1 g 10 ccm, mindestens aber 50 ccm $1^1/_4$%iger Schwefelsäure hinzu, kocht $^1/_2$ Stunde am Rückflußkühler, filtriert siedend heiß durch einen GOOCH-Tiegel, spritzt mit $1^1/_4$%iger Kalilauge in den Kolben zurück, gibt noch soviel der Kalilauge hinzu, wie vorher Schwefelsäure angewandt worden war, gibt zur Verhinderung des Schäumens noch 1 ccm Amylalkohol hinzu und kocht wieder $^1/_2$ Stunde. Schließlich wird die Rohfaser abfiltriert, mit 90%igem Alkohol und Äther ausgewaschen, getrocknet, gewogen und in Prozenten des Schlämmrückstandes ausgedrückt. Der 100. Teil dieses Wertes wird als q bezeichnet. Aus A und q berechnet sich der Gehalt des Schlämmrückstandes an fett- und extraktfreier Schalentrockenmasse (x) sowie die entsprechende Menge an ursprünglicher Schalensubstanz (X) nach den Formeln

$$x = 6{,}4\,A\,(q - 0{,}0912),$$
$$X = 9{,}5\,A\,(q - 0{,}0912).$$

Die Werte von x oder X, mal 100, ergeben den Prozentgehalt des entfetteten Kakaos an extraktfreier Schalentrockensubstanz bzw. an Schalen.

β) Wird der Rohfasergehalt des Schlämmrückstandes unter 13% gefunden, so wird aus der doppelten Menge — 10 g entfetteter Kakao — ein zweiter Schlämmrückstand hergestellt, durch den GOOCH-Tiegel abgesaugt, einmal mit 90%igem Alkohol und dann mit Äther gewaschen und scharf abgesaugt. Den an der Luft trocken gewordenen Rückstand bringt man in einen Porzellanmörser, verreibt ihn zunächst trocken, dann mit etwas Alkohol und mit Wasser

---

[1] GOSKE: Z. 1910, **19**, 154, 653.
[2] KALUSKY: Z. 1912, **23**, 654.
[3] FRANK: Z. 1904, **7**, 245; 1908, **15**, 47.
[4] J. GROSSFELD: Z. 1926, **51**, 249; **52**, 343; 1927, **53**, 227; Anleitung zur Untersuchung der Lebensmittel, S. 270. Berlin 1927.

und wiederholt die Abschlämmung in gleicher Weise. Der jetzt hinterbleibende Rückstand wird genau, wie unter α) beschrieben, zur Bestimmung seines Gewichtes und des Gehaltes an Rohfaser behandelt. Liegt der Rohfasergehalt des Schlämmrückstandes über 13%, so erfolgt die Berechnung nach vorstehenden Formeln, liegt er unter 9,1%, so ist die Abwesenheit von Schalen anzunehmen.

γ) Bei Werten zwischen 9,1 und 13% bestimmt man den Rohfasergehalt der schalenfreien Kakaosubstanz in folgender Weise: 0,5 g des entfetteten Kakaos werden mit 2—3 ccm 90%igem Alkohol zu einem gleichmäßigen Brei angerührt und nach einigen Minuten mit 50 ccm Wasser versetzt. Nach einstündigem Stehen unter mehrfachem Umrühren filtriert man durch einen gewogenen GOOCH-Tiegel mit starker Asbestschicht, zunächst ohne Ansaugen, wäscht mit kaltem (!) Wasser und, nach dem Absaugen, mit Alkohol (90%) und Äther gut nach, trocknet und wägt den Rückstand (das in Wasser Unlösliche). In weiteren 1 g des entfetteten Kakaos wird, wie unter α), der Rohfasergehalt bestimmt und auf 1 g des Wasserunlöslichen umgerechnet. Dann ergeben sich für den Schalengehalt die Gleichungen:

$$x = 0{,}67\,A\,(q - p)\,F,$$
$$X = A\,(q - p)\,F.$$

Der Faktor F ist abhängig von der Menge des Schlämmrückstandes und beträgt für $100\,A = 0$ $F = 9{,}4$, für $100\,A = 5$ $F = 10$, für $100\,A = 10$ $F = 11$, für $100\,A = 15$ $F = 12$, für $100\,A = 20$ $F = 13$, für $100\,A = 25$ $F = 15$, für $100\,A = 30$ $F = 17$ und für $100\,A = 35$ $F = 20$.

Das vorstehende Verfahren kann zu niedrige Werte geben, wenn die Kakaoschalen in sehr feiner, abschlämmbarer Form vorliegen, oder wenn zugleich Kakaokeime zurückbleiben, weil deren Rohfasergehalt nur 4% der in Wasser unlöslichen Trockensubstanz beträgt. Die Anwesenheit größerer Mengen von Keimen neben Schalen im Schlämmrückstand gibt sich, außer durch mikroskopische Untersuchung, auch dadurch zu erkennen, daß nach dem Zerreiben des lufttrockenen Rückstandes ein erheblich höherer Gehalt an Schalensubstanz gefunden wird, als vor dem Zerreiben, weil hierdurch ein Teil der leichter als die zähen Schalen zerreiblichen Keime in abschlämmbare Form übergeführt wird. Findet man hingegen nach dem Zerreiben des zweiten Schlämmrückstandes keinen höheren Rohfasergehalt, so ist Keimsubstanz in wesentlicher Menge nicht vorhanden.

δ) Bei größeren Gehalten an Kakaoschalen (10% und mehr) kann auch noch das Verhältnis von Rohfaser (Weender Methode) und Stickstoffsubstanz nach KJELDAHL einen gewissen Anhalt geben. Es beträgt bei Kakao mindestens 14, bei Kakaoschalen im Mittel 1.

Von rein chemischen Bestimmungen sind als für einen Schalennachweis geeignet noch folgende empfohlen worden:

c) Rohfaser. Die Bestimmung wird in üblicher Weise nach dem Weender Verfahren (Bd. II, S. 939) unter Verwendung von 5—6 g Kakao, die vorher zu entfetten sind, ausgeführt. Bei dem Verfahren von J. KÖNIG mit Glycerin-Schwefelsäure, das hier keine besonderen Vorteile bietet und daher seltener angewandt wird, ist das Auswaschen durch Dekantieren zu empfehlen. Der Vorschlag von W. LUDWIG[1], die Stärke vorher mit Natronlauge zu verkleistern, mit Salzsäure zu invertieren und danach den Rückstand mit Natriumcarbonat und schließlich mit Salzsäure zu kochen, ist nach MATTHES und ROHDICH[2] abzulehnen, weil dabei die Cellulose stark angegriffen wird.

Die vom Kaiserlichen Gesundheitsamte ausgearbeitete Vorschrift[3] hat folgenden Wortlaut:

---

[1] W. LUDWIG: Z. 1906, 12, 153; Pharm. Zentralh. 1907, 48, 21; Z. 1908, 15, 425.
[2] MATTHES u. ROHDICH: Pharm. Zentralh. 1906, 47, 1025; Z. 1908, 15, 424.
[3] G. u. V. 1916, 8, 724.

Der Rückstand von der Entfettung in dem Filterrohr (6c, S. 220) wird nach völliger Verdunstung des Äthers zusammen mit dem verwendeten Asbest mit Wasser in einen Kolben von etwa 1 Liter Inhalt gespült, der mit einer das Volum von 200 ccm bezeichnenden Marke versehen ist. Nach Zusatz von 50 ccm 5%iger Schwefelsäure füllt man mit Wasser bis zur Marke auf und kocht bei aufgesetztem Kühlrohr genau 1 Stunde lang, vom beginnenden Sieden an gerechnet. Hierauf wird die Masse sofort durch einen etwa 70 ccm fassenden Filtertiegel, in den eine dünne Schicht gereinigten Asbestes gebracht ist, abgesaugt. Den mit heißem Wasser ausgewaschenen Rückstand spült man mit dem Asbest in den Kolben zurück, gibt 50 ccm 5%iger Kalilauge und Wasser bis zur Marke hinzu, kocht wiederum genau eine Stunde, saugt durch ein neues Asbestfilter ab und wäscht mit heißem Wasser aus. Der Rückstand wird in der gleichen Weise je noch einmal mit der Schwefelsäure und der Kalilauge ausgekocht. Wenn hierbei wegen der Gegenwart des Asbestes die Flüssigkeit stoßweise siedet, so kann dem durch Zugabe einer kleinen Menge grob zerkleinerten gebrannten Tons abgeholfen werden. Nach dem letzten Auskochen wird der abgesaugte Rückstand gründlich mit heißem Wasser und sodann (nach Entfernung des Filtrats) mit Alkohol und Äther ausgewaschen, in eine Platinschale übergeführt, bei etwa 105° getrocknet und gewogen. Hierauf wird die Schale bis zur völligen Verbrennung der Rohfaser geglüht und wieder gewogen.

Der Unterschied der beiden Wägungen gibt die Menge der aschefreien Rohfaser an; diese wird unter Berücksichtigung des bei den Bestimmungen a) und b) gefundenen Wasser- und Fettgehaltes auf 100 g fettfreie Trockenmasse umgerechnet.

Schließlich kann auch das Verfahren von HÄRTEL und JAEGER[1] angewandt werden.

d) Pentosane. Die Heranziehung der Pentosane zum Nachweise eines übermäßigen Schalengehaltes ist von mehreren Fachgenossen wie J. DEKKER[2], JAEGER und UNGER[3] u. a. empfohlen worden, ohne jedoch größeren Anklang gefunden zu haben. Ihre Bestimmung erfolgt nach der von B. TOLLENS und seinen Schülern ausgearbeiteten Methode (Bd. II, S. 928), durch Destillation mit Salzsäure und Fällung des entstandenen Furfurols mit Phloroglucin, Phenylhydrazin oder der neuerdings anscheinend wieder bevorzugten Barbitursäure.

Nach den bisher veröffentlichten Analysen enthalten Kakaokerne 1,0—4,6%, Schalen hingegen 3,0—11,2%, also erheblich mehr, Pentosane.

e) Methylpentosane sollten nach DEKKER[2] nur in den Schalen, hingegen nicht in den Kernen vorkommen. Da diese Ansicht aber von DEVIN und STRUNK[4] widerlegt worden ist, muß der qualitative Nachweis durch die quantitative Bestimmung ergänzt werden. Beide sind nach den in Bd. II, S. 928 besprochenen Verfahren auszuführen. Für einen Vergleich fehlt es an analytischem Material.

f) Furfuroide. Nach dem Vorschlage von D. H. BRAUNS[5], der im reinen Kakaopulver nur 0,05—0,07%, in den Schalen hingegen 1,1—1,6% Furfuroide ermittelte, erhitzt man 15—20 g Kakaopulver eine Stunde lang am Kühlrohr mit 200 ccm 2%iger Schwefelsäure auf schwacher Flamme, spült den heiß abfiltrierten und bis zum Verschwinden der sauren Reaktion mit Wasser gewaschenen Rückstand mit 270 ccm Wasser in einen Kolben und verfährt nach Zusatz von 230 ccm 25%iger Schwefelsäure wie bei der Pentosanbestimmung.

---

[1] HÄRTEL u. JAEGER: Z. 1922, **44**, 311.
[2] J. DEKKER: Pharm. Zentralh. 1905, **46**, 863; Z. 1908, **15**, 424.
[3] JAEGER u. UNGER: Z. 1905, **10**, 761.
[4] DEVIN u. STRUNK: Veröffentl. Militärsan.-Wesen 1908, **38**, II, 8; Z. 1909, **17**, 62.
[5] D. H. BRAUNS: Pharm. Weekbl. 1909, **46**, 326; Z. 1910, **19**, 391.

g) Galakturonsäure. Ein Urteil über die vorhandene Schalenmenge kann nach GRIEBEL und CASAL[1] auch aus dem Gehalte an Schleimstoffen erlangt werden, zu dessen Ableitung sie an Stelle der meist üblichen Pentosanbestimmung die einfachere Bestimmung der Galakturonsäure nach der Methode von LEFEVRE in der Modifikation VAN DER HAARS empfehlen.

Der dazu erforderliche Apparat besteht aus einem 250 ccm fassenden Destillationskolben, auf den ein LIEBIGscher Rückflußkühler mit innerem Mehrkugelrohr aufgesetzt ist. An den Kühler sind 2 mit wenigen Kubikzentimetern Wasser gefüllte PELIGOTsche Röhren angeschlossen, an diese reiht sich ein Chlorcalciumrohr und ein Kaliapparat, der unter Einschaltung eines Chlorcalciumrohrs mit der Wasserstrahlpumpe verbunden wird. Durch den Stopfen des Destillationskolbens führt bis auf den Boden ein zur Einleitung kohlensäurefreier Luft dienendes Rohr.

Zur Gewinnung des Schleims wird eine genau gewogene Menge der entfetteten, trocknen Substanz (entsprechend etwa 3 g fettfreier Schalentrockensubstanz) mit der 6fachen Menge kaltem Wasser und einigen Tropfen Toluol 48 Stunden lang unter häufigem Schütteln behandelt, die mit der Nutsche abgesaugte Flüssigkeit durch Erwärmen mit etwas Tierkohle geklärt und entfärbt und mit der 5—6fachen Menge eines Gemisches gleicher Teile Alkohol, Äther und Aceton versetzt. Der gefällte Schleim wird nach mehreren Stunden durch einen GOOCH-Tiegel mit Asbest abfiltriert, nach dem Waschen mit Aceton getrocknet und mit dem Asbest in den Destillationskolben gebracht. Man gibt 100 ccm 12%ige Salzsäure, etwas grobes Bimssteinpulver und 1 ccm Amylalkohol hinzu und füllt den Apparat, ohne Einschaltung des Kaliapparates, durch zweistündiges Hindurchsaugen mit kohlensäurefreier Luft. Alsdann wird der Kaliapparat eingeschaltet, sehr schwach mit der Pumpe gesaugt und vorsichtig der auf dem Drahtnetze stehende Destillationskolben mit anfangs ganz kleiner, allmählich vergrößerter Flamme bis zum Sieden und dann noch 3 bis 4 Stunden erhitzt. Nach beendigtem Versuche wird der Apparat sehr vorsichtig auseinander genommen und der Kaliapparat gewogen. Die Gewichtszunahme mit 4 multipliziert gibt die Menge Galakturonsäure an.

Bei der Untersuchung von 11 verschiedenen Schalensorten erhielten Verf. Galakturonsäurezahlen von 27,6—46,0 mg für 1 g fettfreie Schalentrockensubstanz, während schalenfreier Kakao nur unwesentliche Mengen Kohlensäure lieferte. Unter Zugrundelegung des Höchstwertes würde sich sonach für ein Kakaopulver mit 3% Schalen eine Galakturonsäurezahl von 138 (berechnet auf 100 g fettfreie Kakaotrockenmasse) ergeben. Das Verfahren ist zur Zeit noch nicht für aufgeschlossenen Kakao anwendbar und soll noch weiter vervollkommnet werden.

h) Kakaorot. Nach CHR. ULRICH[2] eignet sich zum Nachweise eines Schalenzusatzes besonders die Bestimmung des Kakaorots, eines den Gerbstoffen verwandten Körpers von der Formel $C_{17}H_{12}(OH)_{10}$, der sich nur in den Kotyledonen, nicht aber in den Schalen vorfinden soll. Er hat dazu folgendes Verfahren ausgearbeitet.

Eisenchloridmethode. 1 g der entfetteten Trockensubstanz, die auf das feinste gepulvert sein muß, wird in einem 300-ccm-Erlenmeyer mit 120 ccm Essigsäure (50—51%) am Rückflußkühler 3 Stunden gekocht. Nach dem Abkühlen bringt man den Inhalt mit kaltem Wasser in einen 150-ccm-Meßkolben, füllt bei 15° bis zur Marke auf und läßt nach gutem Durchschütteln 12 Stunden stehen. Von der klar filtrierten Flüssigkeit werden 135 ccm = 0,9 g Substanz in einem ERLENMEYER-Kolben mit 5 ccm konz. Salzsäure und 20 ccm einer 20%igen Eisenchloridlösung versetzt, mit aufgesetztem Rückflußkühler zum Kochen

[1] GRIEBEL u. CASAL: Z. 1929, 58, 478.
[2] CHR. ULRICH: Diss. Braunschweig 1911; Z. 1911, 22, 674.

erhitzt und 10 Minuten darin erhalten. Nach raschem Abkühlen bringt man sofort den körnig gewordenen und nicht an der Wand haftenden Niederschlag nebst der Flüssigkeit quantitativ in ein Becherglas, filtriert nach 6 Stunden durch ein gewogenes Filter und wäscht bis zum Aufhören der Eisenreaktion mit heißem Wasser aus. Nach 6stündigem Trocknen bei 105° wird der Niederschlag gewogen und auf Prozente fettfreier Trockensubstanz berechnet. Die Menge des Niederschlages betrug bei reinen ungerösteten Bohnen 6,03—7,88, im Mittel 6,80%, bei gerösteten Bohnen 5,63—7,75, im Mittel 6,12%, bei Schalen 0.

Die sonst noch zum Nachweise von Schalen empfohlenen minder wichtigen Bestimmungen von Sand, löslicher Kieselsäure, Eisenoxyd, alkohollöslicher Phosphorsäure werden in üblicher Weise ausgeführt.

13. Nachweis von sog. Fettsparern. Als teilweiser Ersatz von Kakaobutter sollen bisweilen Zusätze von Traganth, Dextrin, Gelatine gemacht werden, die zugleich die Einverleibung größerer Wassermengen ermöglichen. Zu ihrem Nachweise sind folgende Vorschläge gemacht worden:

a) Traganth. Nach dem Vorschlage von Welmans[1] verreibt man 5 g der entfetteten Substanz längere Zeit mit soviel verdünnter Schwefelsäure, als zur Bildung eines dicken Breies erforderlich ist, setzt dann 10 Tropfen Jodjodkaliumlösung hinzu, mischt nochmals anhaltend und beobachtet nach Zusatz von Glycerin in ganz dünner Schicht bei 160facher Vergrößerung. Bei Gegenwart von 2% Traganth erscheint das ganze Gesichtsfeld von zahlreichen, teils kugeligen, teils unregelmäßigen blauen Punkten erfüllt. Vielfach zeigen sich auch die großen, der Kartoffelstärke ähnlichen Zellen des Traganths, während in reinem Kakao nur die kleineren blauen Pünktchen der Kakaostärke auftreten. Die Unterscheidung der Traganthstärke von der ähnlich geformten Kartoffel- und Weizenstärke ist nur bei größerer Übung mit Hilfe selbst hergestellter Vergleichsmischungen möglich.

F. Filsinger[2] empfiehlt, 10—20 g der völlig entfetteten Schokolade mit Wasser anzureiben, nach 24 Stunden vom Bodensatze abzugießen und letzteren mehrmals mit Wasser auszuwaschen. Beim Durchmustern des Rückstandes mit der Lupe treten die Traganthteilchen als farblose, schwach getrübte, sagoähnliche Körnchen hervor, die weder chemisch noch mikroskopisch bemerkenswerte Eigenschaften darbieten und an der Luft zu sehr kleinen schwach gelblichen Schüppchen eintrocknen.

In traganthhaltigen Schokoladen findet man meist einen geringeren Gehalt an Fett neben erhöhtem Wassergehalte.

b) Dextrin. Zum qualitativen Nachweise versetzt man den wäßrigen filtrierten Auszug des entfetteten Kakaos mit der vierfachen Menge 96%igem Alkohol, worauf bei Gegenwart von Dextrin eine milchige Trübung entsteht, während die Lösung bei normalem Kakao bedeutend klarer wird. Bei längerem Stehen nimmt die Trübung im ersteren Falle zu, während die Mischung im zweiten Falle unverändert bleibt oder einen geringen braunen Bodensatz abscheidet.

Die quantitative Bestimmung nach P. Welmans[3] beruht auf der Tatsache, daß Dextrin nicht durch Bleiessig allein, wohl aber durch Bleiessig und Ammoniak gefällt wird. Man versetzt also aliquote Teile des wäßrigen Auszuges von 10 g entfettetem Kakao einerseits mit 1—1,5 ccm Bleiessig und 10 ccm Tonerdebrei, andererseits außerdem mit Ammoniak, filtriert und polarisiert. Die Differenz beider, auf das gleiche Volum berechneten Polarisationen ist ein Maßstab für die Menge des vorhandenen Dextrins. Bei Annahme einer spezifischen Drehung des reinen Dextrins von $[\alpha]_D = 194{,}8$ (Tollens) entspricht eine Drehung von 1 Winkelgrad im 200-mm-Rohre einem Dextringehalte von 0,2564 g in 100 cm der Lösung.

---

[1] P. Welmans: Zeitschr. öffentl. Chem. 1900, **6**, 450; **Z.** 1901, **4**, 401.
[2] F. Filsinger: Zeitschr. öffentl. Chem. 1903, **9**, 9.
[3] P. Welmans: Zeitschr. öffentl. Chem. 1900, **6**, 481; **Z.** 1901, **4**, 402.

Das Verfahren gibt natürlich wegen der schwankenden Zusammensetzung der Handelsdextrine nur annähernde Werte, dürfte aber für die Verhältnisse der Praxis genügen.

c) Gelatine gibt sich in größeren Mengen durch die Erhöhung des Stickstoffgehaltes, der in Kakaobohnen ziemlich gleichmäßig 4,8—5,0% der fettfreien Trockensubstanz beträgt, zu erkennen.

Zum Nachweise geringerer Zusätze löst man nach P. Onfroy[1] 5 g Schokolade in 50 ccm siedendem Wasser, gibt 5 ccm 10%ige Bleizuckerlösung hinzu und filtriert. Auf Zusatz einiger Tropfen konz. wäßriger Pikrinsäurelösung entsteht bei Anwesenheit von Gelatine ein ziemlich beträchtlicher gelber Niederschlag. Um den störenden Einfluß der Kakaogerbsäure, die einen Teil der Gelatine in der Bleiessigfällung zurückhält, auszuschalten, kann man auch 10 g Schokolade entfetten, darauf in einem 125-ccm-Kölbchen mit 100 ccm heißem Wasser behandeln und mit 5—10 ccm 10%iger Kalilauge und 10 ccm 10%iger Bleiacetatlösung versetzen. Das bräunlich gefärbte Filtrat, das jetzt die Hauptmenge der Gelatine enthält, wird neutralisiert und wie oben mit Pikrinsäure gefällt.

Einige weitere Verfahren, die auch bei Anwesenheit von Agar-Agar Anwendung finden können, sind im Abschnitte Marmeladen (Bd. V) angeführt worden.

14. Lecithin. Der Kakao enthält von Natur geringe Mengen von Phosphatiden, die zwar nicht mit dem eigentlichen Lecithin aus Eiern identisch, aber ihm doch verwandt sind. Ihnen ähnlich ist das aus Sojabohnen hergestellte sog. Pflanzenlecithin, das zur Erzielung einer größeren Flüssigkeit in Menge von 0,5% der Überzugsmasse zugesetzt werden darf, und so auch gewissermaßen fettsparend wirkt. Zur quantitativen Bestimmung dieser Pflanzenlecithine geht man entweder von dem Gehalte an alkohollöslicher Phosphorsäure oder an Cholin aus, die nach den im Abschnitte „Lecithinpräparate“ (Bd. IV) beschriebenen Methoden ermittelt werden. Da der Phosphorgehalt der Sojalecithine im Durchschnitt mehrerer Analysen von Nottbohm und Mayer zu 2,572% gefunden worden ist, wird man zweckmäßig den Faktor 40 anwenden. Bei Zugrundelegung des Cholins ist ein weit höherer Faktor, etwa 75—80 zu nehmen. Der natürliche Phosphatidgehalt des Kakaos wird von Rewald und Christlieb[2] zu 0,07—0,25% angegeben.

15. Nachweis künstlicher Färbung. Teerfarbstoffe werden nach den üblichen Methoden nachgewiesen. Es ist aber zu berücksichtigen, daß auch reiner Kakao, besonders längere Zeit aufbewahrter, nach Schmitz-Dumont[3] bisweilen mit Wolle Färbungen liefert. Man zieht daher den Kakao mit 70%igem Alkohol aus und fällt mit Bleiessig. Während bei reinem Kakao über dem grüngrauen bis gelbgrüngrauen Niederschlage eine farblose Flüssigkeit steht, bleibt sie bei Anwesenheit von Teerfarbstoffen gefärbt.

Sandelholz, das früher vielfach zum Auffärben sog. Suppenmehle (Schokoladenmehle) benutzt wurde, gibt unter dem Mikroskope folgende charakteristische Reaktionen: Auf Zusatz von Sodalösung wird es dunkelviolett, mit Ferrosulfat violett, mit Schwefelsäure cochenillerot, mit Zinkvitriol rot, mit Zinnchlorür blutrot.

Außerdem kann man es nach dem Vorschlage von Riechelmann und Leuschner[4] erkennen, wenn man 2—3 g Kakao- oder Schokoladepulver mit 10 ccm absolutem Alkohol schüttelt. Die Lösung ist bei reinem Kakao fast

[1] P. Onfroy: Journ. Pharm. et Chim. 1898, [6], 8, 7; **Z.** 1899, **2**, 288.
[2] Rewald u. Christlieb: **Z. 1931, 61**, 520.
[3] Schmitz-Dumont: Zeitschr. öffentl. Chem. 1903, **9**, 12.
[4] Riechelmann u. Leuschner: Zeitschr. öffentl. Chem. 1902, 8, 203; **Z.** 1903, **6**, 467.

farblos, höchstens schwach gelb gefärbt und gibt mit verd. Natronlauge einen weißen Niederschlag, wird aber durch wäßrige oder alkoholische Eisenchloridlösung nicht verändert. Bei Gegenwart von Sandelholz entsteht eine deutlich gefärbte Lösung, die auf Zusatz eines Tropfens verd. alkoholischer Eisenchloridlösung tief violett wird und sich auch bei längerem Stehen und Schütteln nicht entfärbt. Falls extrahiertes, ölfreies Sandelholz zugesetzt sein sollte, muß man die Eisenchloridlösung unmittelbar über dem Spiegel der Flüssigkeit an die Wand des Reagensglases bringen und freiwillig herunterfließen lassen. Auf weißer Unterlage kann dann das Auftreten violetter Schlieren beobachtet werden. Selbstredend wird das Sandelholz auch bei der mikroskopischen Untersuchung gefunden (S. 252).

Zusatz von Ocker und anderen braunen Mineralfarben ergibt sich durch die Bestimmung der Asche und deren quantitative Analyse (vgl. hierzu die Zusammensetzung der Kakaoasche S. 185).

Hämoglobin, das in sog. Hämoglobinschokoladen als braunfärbender Bestandteil zugegen sein muß, wird nach V. Gerlach[1] in der Weise nachgewiesen, daß man die filtrierte wäßrige Ausschüttelung von 1 g Kakao mit 100 ccm Wasser in $^1/_2$ cm dicker Schicht vor dem Spektralapparate prüft. Bei Anwesenheit von Oxyhämoglobin zeigen sich die beiden charakteristischen Absorptionsstreifen im Gelbgrün zwischen D und E, die auf Zusatz von farblosem Schwefelammonium zu einem einzigen zusammenrücken. Die quantitative Bestimmung erfolgt annähernd durch Multiplikation des Eisengehaltes mit 300, da Oxyhämoglobin 0,33—0,4% Eisen enthält.

16. Kornfeinheit. Zur Bestimmung des Grades der Zerkleinerung verfährt P. Boll[2] in folgender Weise: Je 5 g Kakaopulver verschiedener Sorten werden in Erlenmeyer-Kölbchen mit 100 ccm Wasser gut durchgeschüttelt, damit völlige Benetzung erzielt und Klümpchenbildung vermieden wird, und dann einmal aufgekocht. Gleichzeitig stellt man eine Anzahl genau graduierter Rohre nebst Stativ in ein Wasserbad, erhitzt auf 80—82° und gießt nun den aufgekochten Kakao in die vorgewärmten Röhren um. Sobald sich das Wasserbad bis auf 75° abgekühlt hat, nimmt man das Stativ heraus, schüttelt die Zylinder rasch nacheinander gut durch und liest nach 15 Minuten langem Stehen das Volum des Bodensatzes ab.

Nach den Versuchen des Verf. setzt sich der Kakao um so langsamer ab, je feiner er gemahlen ist. Bei fünf verschiedenen Kornfeinheiten fand er auf diese Weise zwischen 57,5 und 79,0 ccm liegende Werte.

17. Untersuchung von Milch- und Sahneschokolade. Durch die Analyse soll festgestellt werden, wie viel Milchtrockensubstanz zugesetzt worden ist und ob diese Trockensubstanz in Form von Magermilch-, Vollmilch- oder Sahnepulver vorhanden ist.

a) Verfahren von Baier[3]. 20 g der fein zerriebenen Schokolade werden in eine Soxhletsche Extraktionshülse locker hineingegeben und 16 Stunden lang mit Äther extrahiert. Von dem extrahierten Rückstande werden nach dem Verdunsten des Äthers an der Luft 10 g abgewogen, in einem Mörser unter allmählichem Zusatze von 1%iger Natriumoxalatlösung[4] ohne Klumpenbildung gleichmäßig verrührt und schließlich in einen 250-ccm-Meßkolben gespült, bis hierzu 200 ccm Natriumoxalatlösung verbraucht worden sind. Alsdann

[1] V. Gerlach: Zeitschr. öffentl. Chem. 1909, **15**, 61; **Z.** 1910, **19**, 56.

[2] P. Boll: Chem.-Ztg. 1912, **36**, 914.

[3] E. Baier u. P. Neumann: **Z.** 1909, **18**, 13.

[4] Nach den Untersuchungen von Härtel u. Jaeger (**Z.** 1922, **44**, 296), die von A. Beythien und P. Pannwitz (**Z.** 1923, **46**, 223) bestätigt worden sind, ist es besser, eine 0,25%ige Oxalatlösung zu verwenden.

setzt man den mit einem unten zugeschmolzenen Trichterchen bedeckten Kolben auf ein Asbestdrahtnetz und erhitzt mit einer Flamme, die das Drahtnetz berührt, unter öfterem Umrühren, bis der Inhalt eben ins Kochen kommt. Hierauf füllt man nicht ganz bis zum Ansatze des Kolbenhalses siedend heiße Natriumoxalatlösung hinzu, läßt den Kolben unter anfangs öfterem Umschütteln bis zum anderen Tage stehen, füllt dann mit Natriumoxalatlösung bei 15^0 bis zur Marke auf, schüttelt ordentlich um und filtriert durch ein Faltenfilter. Zu 100 ccm des Filtrates gibt man 5 ccm einer 5%igen Uranacetatlösung und tropfenweise unter Umrühren so lange 30%ige Essigsäure, bis der Niederschlag entsteht (etwa 30—120 Tropfen, je nach der vorhandenen Caseinmenge), und schließlich noch einen Überschuß von etwa 5 Tropfen Essigsäure. Der Niederschlag, der sich auf diese Weise schnell absetzt, wird durch Zentrifugieren von der Flüssigkeit getrennt und mit einer Lösung, die in 1 Liter 5 g Uranacetat und 30 ccm 30%ige Essigsäure enthält, so lange ausgewaschen, bis Natriumoxalat durch Calciumchlorid nicht mehr nachweisbar ist (etwa nach dreimaligem Zentrifugieren). Alsdann wird der Inhalt der Röhrchen mittels der Waschflüssigkeit auf das Filterchen gespült, letzteres in einem KJELDAHL-Kolben mit konz. Schwefelsäure und Kupferoxyd zerstört und der gefundene Stickstoff durch Multiplikation mit 6,37 auf Casein umgerechnet. Unter Berücksichtigung des Fettgehaltes wird das erlangte Resultat auf ursprüngliche Schokolade umgerechnet.

1. Berechnung der Menge des Milchfettes:

$$F = \frac{b\,(a - 0{,}5)}{25}\,[1].$$

F = gesuchte Milchfettmenge; b = gefundener Gesamtfettgehalt; a = REICHERT-MEISSLsche Zahl des Gesamtfettes.

2. Berechnung der übrigen Milchbestandteile zur Feststellung der Gesamtmilchtrockensubstanz:

Gesamteiweißstoffe (E) = gefundenes Casein × 1,111; Milchzucker (M) = gefundenes Casein × 1,111 × 1,3; Mineralstoffe (A) = gefundenes Casein × 1,111 × 0,21.

3. Berechnung der gesuchten Milchtrockensubstanzmenge (T):

$$T = F + E + M + A.$$

4. Berechnung des Verhältnisses von Casein zu Milchfett und des sich daraus ergebenden Quotienten (Q):

$$Q = \frac{\text{gefundene Milchfettmenge}}{\text{gefundene Caseinmenge}}.$$

Statt des von BAIER angenommenen Verhältnisses Milchzucker: Eiweiß: Asche = 13 : 10 : 2 ist es nach NOTTBOHM[2] richtiger, die VIETHschen Zahlen 13 : 9 : 2 zugrunde zu legen.

5. Berechnung des Fettgehaltes der ursprünglich verarbeiteten Milch oder Sahne: $X = Q \times K$, wenn Q der Quotient aus Formel 4, K der prozentige Caseingehalt von Durchschnittsmilchpräparaten (3,15 bei Milch, 3,06 bei Rahm usw., s. oben) ist.

6. Die fettfreie Milch- oder Rahmtrockenmasse beträgt $T - F$.

Beispiel der Berechnung: Gefunden wurden:

Wasser	0,71%
Gesamtfett (F)	25,70%
REICHERT-MEISSLsche Zahl	3,08%
Entsprechend Butterfett (B)	1,98%
Kakaofett ($F - B$)	23,72%
Casein (K)	1,26%
Gesamteiweiß ($E = K \times 1{,}111$)	1,40%
Mineralstoffe der Milch ($A = E \times 0{,}21$)	0,29%
Scheinbarer Milchzucker ($M = E \times 1{,}3$)	1,82%
Scheinbarer Gesamtzucker (R)	62,46%
Rohrzucker ($R - 0{,}79 \times M$)	61,02%

[1] BEYTHIEN u. PANNWITZ: Z. 1923, **46**, 231.

[2] NOTTBOHM: Z. 1929. **58**, 31.

Das von BAIER und NEUMANN mit großem Scharfsinn ausgearbeitete Verfahren, das zuerst die Beurteilung von Milchschokolade ermöglichte und lange Jahre in den Untersuchungsämtern als maßgebend anerkannt wurde, hat eine Reihe von Fehlerquellen, die in mehrfacher Hinsicht eine Abänderung und Ergänzung erforderlich machen.

Bei der Bestimmung des Caseins werden durch 1%ige Natriumoxalatlösung auch aus reinem, milchfreiem Kakao durch Uranacetat fällbare Stickstoffsubstanzen (0,36—3,10%) gelöst. Noch größere Fehler können bei solchen Schokoladen auftreten, die Haselnüsse enthalten, da diese bei der Behandlung 6,7—9,2% scheinbares Casein liefern, hingegen Walnüsse nur 1,53%. Zur Vermeidung dieses Fehlers muß man nach dem Vorschlage von HÄRTEL und JAEGER 0,25%ige Oxalatlösung verwenden, die jedenfalls aus reinem Kakao keine stickstoffhaltigen Verbindungen auszieht.

Zum Auswaschen des Caseinniederschlages ist nach den gleichen Verf. statt der 5%igen Uranacetatlösung eine verdünntere Lösung, die in 1 Liter nur 5 g Uranacetat und 30 ccm 30%iger Essigsäure enthält, ausreichend und vorzuziehen.

Für die Berechnung des Gehaltes an Milchfett (F) aus dem Gesamtfett (b) und seiner REICHERT-MEISSL-Zahl (a) haben BAIER und NEUMANN auf der Grundlage einer mittleren REICHERT-MEISSL-Zahl von 1,0 für Kakaofett und von 27 für Milchfett die Gleichung $F = \frac{(a-1)\,b}{27}$ aufgestellt. Wie von BEYTHIEN und PANNWITZ nachgewiesen worden ist, muß die Gleichung bei richtiger Rechnung den Nenner 26 haben, selbst wenn man die BAIERschen Grundlagen übernimmt. Nun ist aber der Wert von 1,0 für die REICHERT-MEISSL-Zahl des Kakaofettes viel zu hoch, da als Durchschnitt höchstens 0,5 anzunehmen ist, und auch bei Milchfett ist nicht mit einer REICHERT-MEISSL-Zahl von 27, sondern nur von 25,5 zu rechnen. Bei Einführung dieser Werte erhält die Gleichung die oben angegebene Form: $F = \frac{(a-0{,}5)\,b}{25}$, die heute von den Fachgenossen wohl allgemein anerkannt werden dürfte.

Auf mehr empirischem Wege haben HÄRTEL und JAEGER die Gleichung $F = \frac{a \cdot b}{30}$ aufgestellt, die ebenfalls viel benutzt wird und in der Regel mit der obigen Formel übereinstimmende Werte liefert.

Zur Berechnung des Milchzuckers gehen BAIER und NEUMANN von dem Verhältnisse: Milchzucker: Eiweiß: Asche = 13 : 10 : 2 aus und multiplizieren dementsprechend den Gehalt an Milcheiweiß mit 1,3. In Wahrheit geht aber aus der Untersuchung zahlreicher Milchpulver hervor, daß der Faktor im Durchschnitt etwa 1,46 beträgt, und NOTTBOHM[1] hat daher vorgeschlagen, wieder zu den alten VIETHschen Zahlen 13 : 9 : 2 zurückzukehren, entsprechend dem Faktor 1,444. Noch zweckmäßiger ist es nach BEYTHIEN, den Milchzucker gar nicht aus dem Casein abzuleiten, sondern direkt zu bestimmen.

b) Verfahren von J. GROSSFELD[2]. Statt aus dem Casein kann man das Gesamtmilcheiweiß (E) auch aus dem Prozentgehalte der Asche an Calciumoxyd (CaO), verbunden mit dem Stickstoffgehalte (N) oder dem Aschengehalte, in Prozenten der Schokolade nach einer der folgenden beiden Gleichungen berechnen:

$$E = 21{,}4 \times \text{CaO} - 1{,}35\ \text{N}$$
$$E = 26{,}1 \times \text{CaO} - 1{,}16 \times \text{Asche}.$$

[1] NOTTBOHM: **Z.** 1929, 58, 31; vgl. O. BAUMANN: Kazett 1931, **20**, 31.
[2] J. GROSSFELD: **Z.** 1922, **44**, 240.

Aus dem Werte von E leitet man dann nach BAIER die Milchtrockensubstanz ab. Da ein Zusatz von Kalk die Berechnung natürlich illusorisch macht, empfiehlt es sich, das Verfahren mittels der Casein- und Milchzuckerbestimmung zu kontrollieren.

Zur Berechnung des Milchfettes kann statt der REICHERT-MEISSL-Zahl auch die Buttersäure- und Verseifungszahl herangezogen werden.

c) Verfahren von H. FINCKE. Bei der bemerkenswerten Konstanz des Milchzuckergehaltes kann man auch aus dem nach FINCKE ermittelten Gehalte an Milchzucker (Nr. 11a, S. 225) durch Multiplikation mit 1,895 den Gehalt an fettfreier Milchtrockensubstanz annähernd berechnen.

18. Berechnung des Gehaltes an Kakaobestandteilen. In der Verordnung über Kakao und Kakaoerzeugnisse sind einige Vorschriften über den Mindestgehalt an Kakaobestandteilen, Kakaomasse, Gesamtkakaobutter und sog. freier Kakaobutter enthalten. Die Berechnung dieser Werte erfolgt nach H. FINCKE[1] in folgender Weise:

a) Einfache Schokoladen und Schmelzschokoladen. Da diese in der Regel nur aus Zucker und Kakaomasse, bisweilen auch noch überschüssig zugesetzter Kakaobutter bestehen, so ergibt sich der Gehalt an Kakaobestandteilen, d. h. Kakaomasse + freier Kakaobutter oder fettfreie Kakaomasse + Gesamtkakaobutter durch Subtraktion des Zuckers (Z) von 100 zu $100 - Z$; der Gehalt an fettfreier Kakaomasse nach Abzug des Gesamtfettes (F) zu $100 - Z - F$. Zur Umrechnung auf Kakaomasse (K) geht man von der Annahme aus, daß diese 55% Fett und 45% fettfreie Kakaomasse enthält, und kommt so zu der Gleichung $K = \frac{100 - (F + Z)}{0,45}$.

Ist dieser Wert niedriger als die Summe der Kakaobestandteile ($100 - Z$), so ergibt sich der Gehalt an zugesetzter „freier Kakaobutter" zu $100 - (Z + K)$. Ist er aber niedriger, hat also kein Zusatz von überschüssiger Kakaobutter stattgefunden, sondern eine Kakaomasse mit niedrigerem Fettgehalte als Grundlage gedient, so muß man zur Berechnung der Kakaomasse von dem Fettgehalt ausgehen und erhält dann $K = \frac{F}{0,55}$.

Beide Arten der Berechnung mögen an nachstehenden Beispielen veranschaulicht werden:

	I.	II.
Wasser	1,08%	1,62%
Zucker (Z)	52,16%	59,40%
Kakaobestandteile ($100 - Z$)	47,84%	40,60%
Gesamtfett (F)	31,24%	20,90%
Fettfreie Kakaomasse ($100 - Z - F$)	16,60%	19,70%
Kakaomasse $\left(\frac{100 - F - Z}{0,45}\right)$	36,89%	(43,78)%
Kakaomasse $\left(\frac{F}{0,55}\right)$	—	38,00%
Freie Kakaobutter ($100 - Z - K$)	10,25%	—
Überschüssige fettfreie Kakaomasse	—	2,60%.

Bei dieser Berechnung ist der Wassergehalt der Schokolade, da Zucker und Kakaobutter praktisch wasserfrei sind, der Kakaomasse zugerechnet worden. Über 3% liegende Wassergehalte werden zweckmäßig gesondert angegeben. Die Genauigkeit der erlangten Befunde hängt, abgesehen von den analytischen Fehlerquellen besonders von dem tatsächlichen Fettgehalte der verarbeiteten Kakaomasse ab, der von dem Durchschnitte 55% erheblich (52—58%)

[1] H. FINCKE: Z. 1928, **56**, 312; vgl. BEYTHIEN: Kazett 1931, **20**, 569.

abweichen kann. Dieser Einfluß äußert sich besonders bei den Werten für Kakaobutter, bei der Fehler von 2,5—3% möglich sind, während sich bei den Kakaobestandteilen die Abweichungen auf 0,3—0,5% beschränken lassen.

b) Milchschokoladen. Aus den Gehalten an Gesamtfett (F), Milchfett (F_m), Saccharose (Z), Wasser (W) und fettfreier Milchtrockensubstanz (M_t) erhält man:

Fettfreie Kakaomasse zu $100 - (F + Z + M_t + W)$.

Gesamtkakaofett zu $F - F_m$.

Gesamtmilchbestandteile, unter Annahme eines Wassergehaltes des Milchpulvers von 4%, zu $\frac{M_t + F_m}{0,96}$.

Kakaomasse, unter Annahme eines Fettgehaltes von 55%, eines Wassergehaltes von 3% und demnach von 42% fettfreier Trockenmasse, durch Division der letzteren mit 0,42 zu $\frac{100 - (F + Z + M_t + W)}{0,42}$.

Freie Kakaobutter zu Gesamtkakaofett minus Fett der Kakaomasse.

Von den so berechneten Werten kommen die Gehalte an Gesamtfett, Milchfett und Gesamtkakaofett der Wahrheit befriedigend nahe. Hingegen hängt die Berechnung der Milchtrockensubstanz und damit der Kakaobestandteile in hohem Grade von der Genauigkeit der Saccharose- und der Lactosebestimmung ab. Ein Zuviel von 1% Saccharose, entsprechend einem Zuwenig von 1,33% Lactose ergibt 2,5% fettfreier Milchtrockenmasse zu wenig und damit 1,5% fettfreier bzw. 2,3% fetthaltiger Kakaomasse zuviel.

Als Beispiele der Berechnung und der unvermeidlichen Fehler seien nach FINCKE zwei Analysen von Milchschokoladen bekannter Zusammensetzung angefügt:

Ausgeführte Bestimmungen	Probe I		Probe II	
	Vorhanden %	Gefunden %	Vorhanden %	Gefunden %
Gesamtfett	31,55	31,60	33,10	33,00
Milchfett	3,60	3,50	6,00	6,50
Zucker	50,00	51,00	35,00	34,00
Fettfreie Milchtrockenmasse	10,80	8,80	18,00	20,50
Wasser	0,90	1,00	1,60	1,50
Asche	1,28	1,27	2,55	2,53
Kakaomasse	15,00	18,10	30,00	26,20
Fettfreie Kakaomasse	7,05	7,60	12,90	11,00
Zugesetzte Kakaobutter	20,00	18,10	10,00	12,10
Milchpulver	15,00	12,80	25,00	27,70
Kakaobestandteile	35,00	36,20	40,00	38,30

Hiernach wären bei Probe I 3,10% Kakaomasse und 1,2% Kakaobestandteile zu viel, hingegen 1,9% Kakaobutter und 2,2% Milchpulver zu wenig; bei Probe II aber 3,8% Kakaomasse und 1,7% Kakaobestandteile zu wenig, hingegen 2,1% Kakaobutter und 2,7% Milchpulver zu viel gefunden worden. Inwieweit die Genauigkeit der Analyse durch Heranziehung der Casein- und Aschenbestimmung noch gesteigert werden kann, bedarf weiterer Versuche.

c) Überzugsmasse. Die Berechnung erfolgt wie bei Schokoladen, doch wird hier durch den erlaubten Zusatz von 5% Milchstoffen, Nüssen, Mandeln oder Früchten eine weitere, schwer eliminierbare Fehlerquelle geschaffen[1].

[1] Vgl. HÄRTEL: Vereinheitlichung der Untersuchungsmethoden. **Z. 1933, 66,** 251.

II. Mikroskopische Untersuchung der Kakaowaren.

Von Professor Dr. C. Griebel-Berlin.

Mit 6 Abbildungen.

Histologie des Samens. An Querschnitten der dünnen brüchigen Samenschale findet man als äußerste Schicht ein lockeres, aus schlauchförmigen, oft hyphenartig gestreckten Zellen bestehendes Gewebe, das Reste des Fruchtmuses darstellt, die meist Hefezellen und Pilzsporen enthalten (Abb. 28 *A* u. *B*). Beim gerotteten Kakao sind die Zellen eingetrocknet, sie quellen aber in Wasser schleimig auf und erscheinen dann in der Flächenansicht unregelmäßig schlauchförmig. Die darunterliegende innere Epidermis des Fruchtfleisches (Endokarp) besteht aus einer Reihe zartwandiger Zellen.

Die äußere Epidermis der Samenschale wird von großen derbwandigen, im Querschnitt etwa quadratischen, aber meist verschobenen Zellen gebildet, deren Außenwand etwas verdickt und von einer derben dunkleren Cuticula bedeckt ist. Darunter folgt eine vielfach unterbrochene Lage sehr großer Schleimzellen, deren trennende Zellhäute kaum noch sichtbar sind, so daß Schleimlücken entstehen (*A*, *d*). Ihr Inhalt (Membranschleim) quillt in Wasser sehr stark auf. Das Gewebe, in das die Schleimlücken eingebettet sind, ist ein aus großen, derbwandigen Zellen gebildetes Schwammparenchym, das im Querschnitt nur wenig charakteristisch erscheint, in der Flächenansicht aber ein wichtiges Leitelement darstellt. Es umschließt zahlreiche Gefäßbündel (*A*, *f*), deren Spiralgefäße 5—10 μ breit sind.

In dem einwärts gelegenen, immer mehr zusammengedrückten Gewebe fällt ein schmaler hellfarbiger Streif auf, der sich als die besonders kennzeichnende Sklereidenschicht erweist. Sie besteht aus einer Reihe kleiner, im Querschnitt etwa rechteckiger Zellen, die an der Innenwand und an den Seitenwänden, also hufeisenförmig verdickt sind. Ihre Wand ist schwach verholzt (*A*, *g*). Die Schicht ist unterbrochen durch Gruppen dünnwandiger unverholzter Zellen.

In der Flächenansicht erscheint die Oberhaut aus großen gestreckten, unregelmäßig polygonalen, braunwandigen Zellen zusammengesetzt (*B*, *c*). Über ihnen liegen die Reste des Fruchtwandparenchyms mit den Hefezellen und Pilzsporen (Abb. 28 *B*, *a*) und das Endokarp als ein feines schräg angeordnetes Streifensystem aus gestreckten Zellen (*B*, *b*). Die Schleimzellen treten in Flächenschnitten nur undeutlich hervor. Das von Intercellularen durchsetzte Schalenparenchym (*B*, *e* u. *h*) bietet in Flächenschnitten oder entsprechenden Bruchstücken oft ein charakteristisches Bild. Die Zellen sind vielgestaltig, zum Teil sternförmig, nach innen zu rundlich. Zwischen ihnen finden sich zahlreiche Spiralgefäße (Abb. 29), deren spiralige Verdickungsleisten leicht herausfallen (Abb. 28 *C*, *h*). Die Sklereidenplatte (Abb. 28 *B*, *g*) besteht in der Aufsicht aus zahlreichen polygonalen, oft sechseckigen, 12—30 μ langen, scheinbar gleichmäßig verdickten Zellen, die eigentümlich gegeneinander verschoben sind. Durch Gänge von unverdickten Zellen erscheint die Platte wie schollig auseinandergebrochen oder in kleinere Platten aufgelöst.

Neben den oben erwähnten Schleimzellen sind insbesondere die Sklereidenzellen für die Erkennung, letztere auch für die quantitative Bestimmung des Schalengehaltes im Kakao von besonderer Bedeutung. Gerade bei der Sklereidenzählung (vgl. S. 247) werden aber nicht selten noch einige andere aus Kakaosamen stammende sklerotische Elemente beobachtet, die deshalb hier Erwähnung finden müssen. Nestler[1] hat gefunden, daß sich bei Zwillingssamen, die in manchen Kakaosorten ziemlich häufig vorkommen, an den Berührungsflächen der Schale eine wulstige Gewebewucherung findet, die oft

[1] Nestler: Z. 1923, **46**, 86.

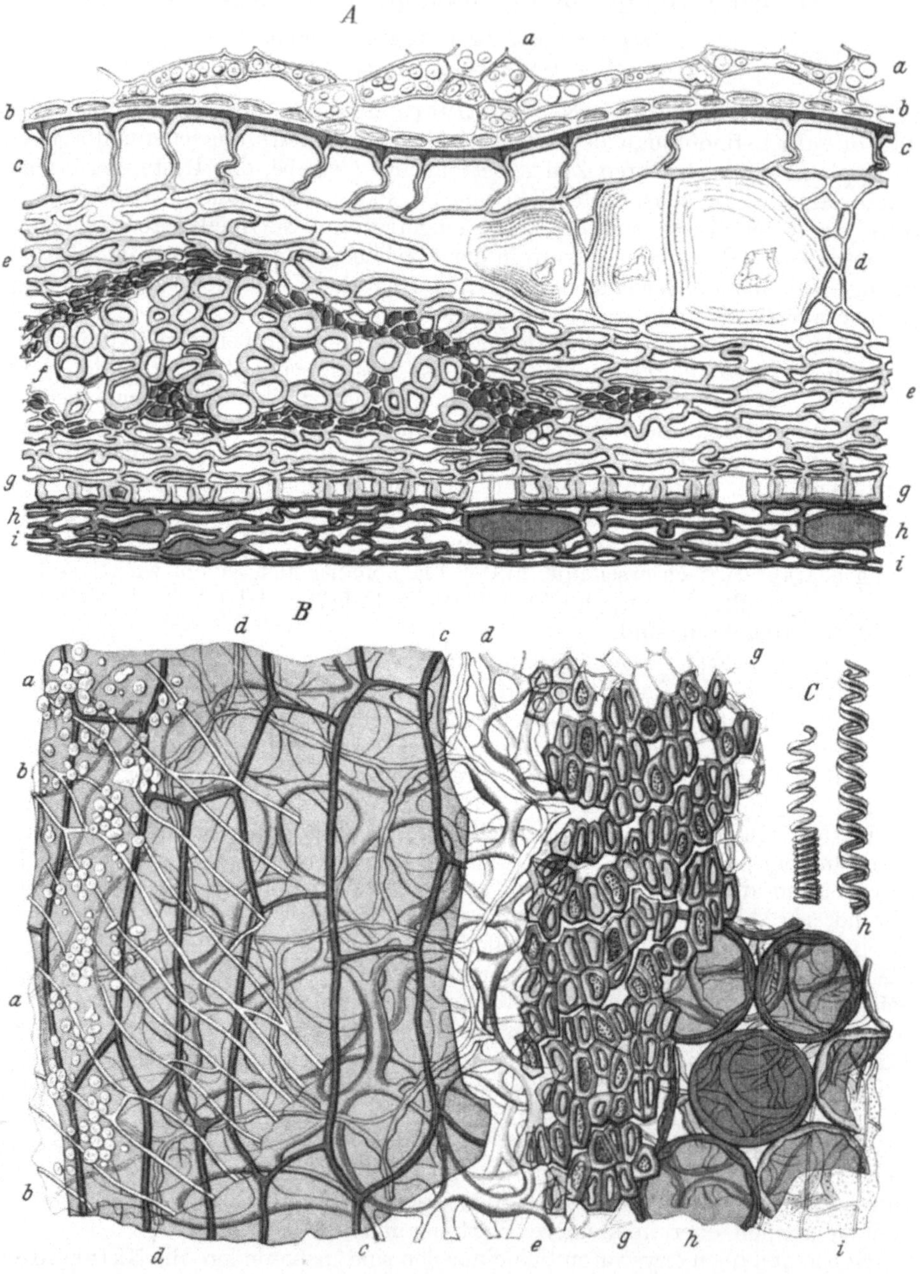

Abb. 28. Kakaoschale (Samenschale von Theobroma Cacao L.). Vergr. 1 : 270. (Nach F. ROSEN.) *A* Querschnitt. *B* Flächenansicht der Samenschale. *a* Reste des Fruchtmuses mit Hefezellen und Pilzsporen; *b* innere Epidermis der Fruchtschale; *c* Epidermis der Samenschale; *d* Schleimzellen; *e* äußere Schwammschicht; *f* Gefäßbündel; *g* Sklereidenschicht; *h* innere Schwammschicht; *i* innere Epidermis der Samenschale. *C* Fragmente von Gefäßen der Samenschale.

auffallend gestaltete, zum Teil sehr große, häufig mit rotbraunem Inhalt versehene Sklereiden enthält (Abb. 30). Nach den Feststellungen HÄRDTLS[1] finden

[1] HÄRDTL: **Z.** 1927, **53**, 311.

sich vereinzelt auch in den den Kakaosamen anhaftenden Geweberesten zumeist gestreckte faserartige Sklerenchymzellen und in der Samenschale, insbesondere zwischen der Sklereidenschicht und der Leitbündelzone vorwiegend isodiametrische verholzte Sklerenchymzellen verschiedener Größe (Abb. 31).

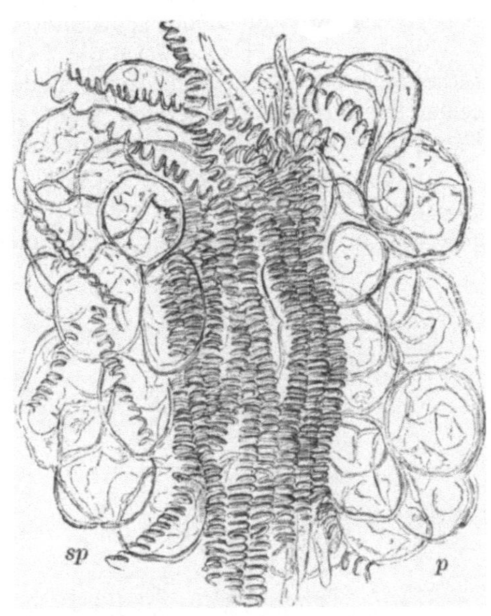

Abb. 29. Kakaoschalenparenchymgewebe. *p* die kugeligen Parenchymzellen, *sp* Spiralgefäße. (Nach U. KLENKE.)

Die Kotyledonen, die allein zur Herstellung der Kakaofabrikate Verwendung finden sollen, zeigen folgende Merkmale. Das den Rest des Nährgewebes (Perisperms) darstellende Silberhäutchen besteht aus zwei dünnen Schichten, von denen die äußere an der Samenschale haften bleibt, während die innere in die Kotyledonarfalten eindringt, weshalb sich auch in gut geschältem Kakao stets noch Teile der Silberhaut vorfinden, die stets in der Flächenansicht zur Beobachtung gelangen. Die nur

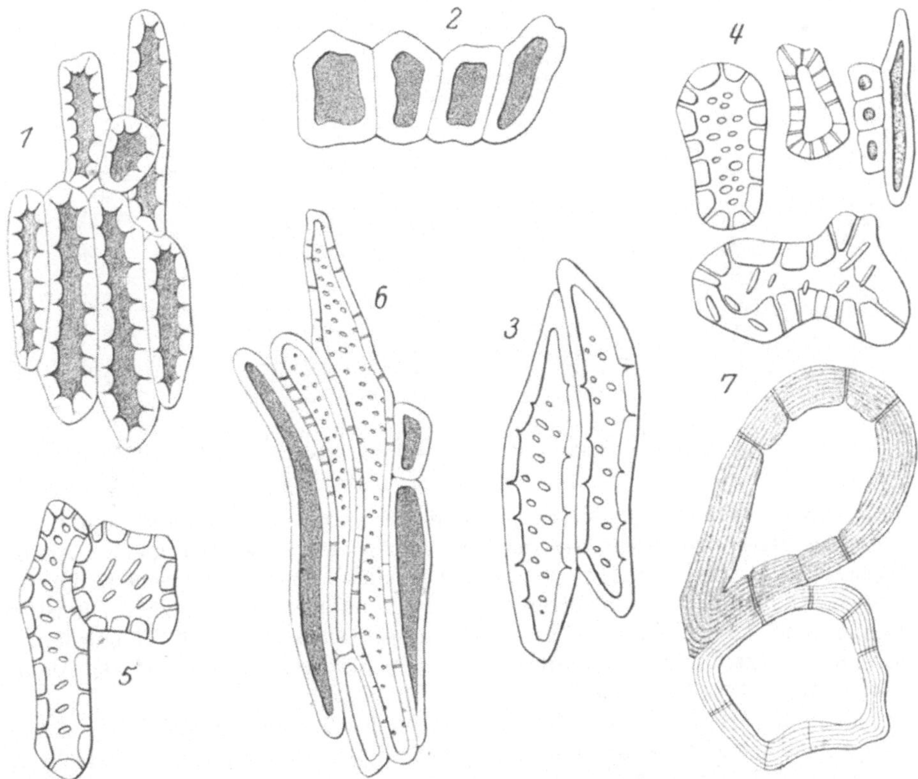

Abb. 30. Abnorme, aus Zwillingssamen stammende Sklereiden im Kakaopulver, 1:300 (A. NESTLER).

schwer erkennbaren Zellen enthalten Fett in krystallinischen oder traubigen Aggregaten, auch Oxalatkrystalle (Abb. 32 *E*). Zuweilen findet man auf der Silberhaut braune keulenförmige mehrzellige Gebilde, die sog. Mitscherlichschen Körperchen, die jedoch nicht zur Silberhaut gehören, sondern von der Oberhaut der Kotyledonen stammende abgefallene Haare sind.

An Querschnitten durch die Keimblätter (Abb. 32 *A*) sieht man außen eine Epidermis aus flachen gelbbraunen Zellen (*Ep*). Das innere Kotyledonargewebe ist ein zartzelliges, von unentwickelten Leitbündeln durchzogenes

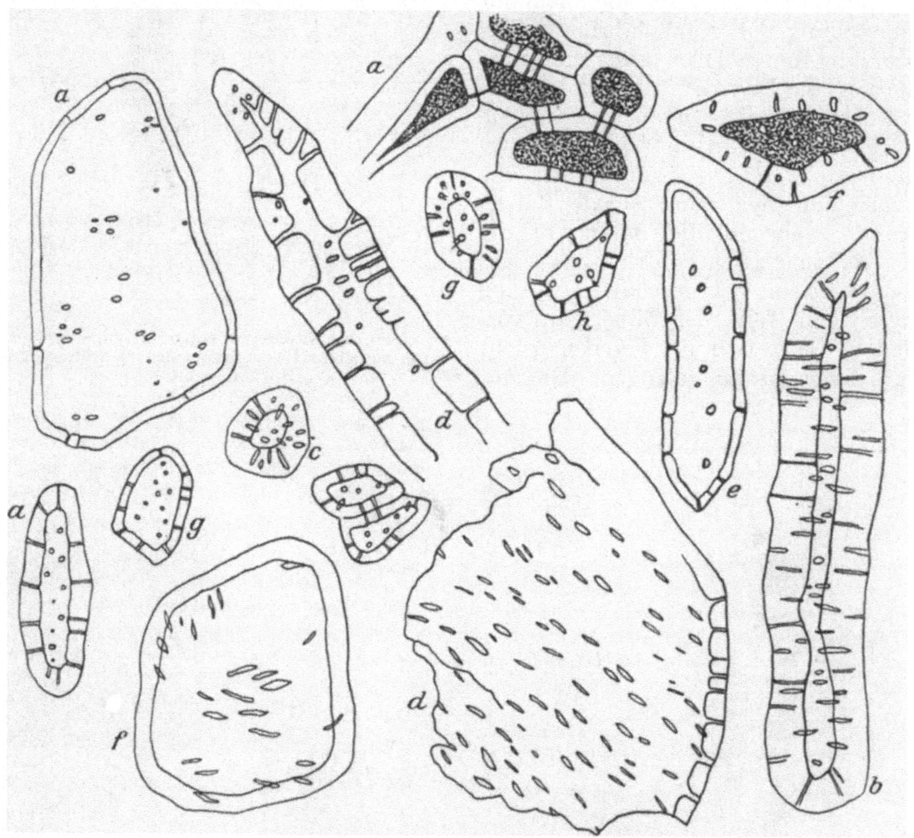

Abb. 31. Sklerenchymzellen aus Kakaoschalenpulver (Härdtl).
a Cuba, *b* Caracas, *c* Puerto Cabello, *d* Thomé, *e* Java, *f* Akkra, *g* Arriba, *h* Bahia, 1:333.

Parenchym, dessen polyedrische Zellen (20—40 μ) größtenteils eine farblose klumpige Masse enthalten, die aus Fett (häufig in Krystallen), kleinen Aleuronkörnern und Stärkekörnern besteht. Um diese deutlich zu sehen, empfiehlt es sich, die Schnitte zu entfetten und etwas Jodlösung zuzusetzen. Die Stärkekörner sind sehr klein (4—12 μ), einzeln, oft auch aus 2—4 Teilkörnern zusammengesetzt, nicht selten mit einer kleinen Kernhöhle versehen. Die Aleuronkörner sind etwa 5 μ groß.

Einzelne, oft zu kleinen Gruppen vereinigte Zellen des Gewebes enthalten lediglich violettes oder rotbraunes Pigment (*Pigm*), das sich durch Chloralhydrat carminrot, mit Eisensalzen olivbraun bis schwarzblau, mit Lauge vorübergehend grün färbt. Die Pigmentzellen sind bei den verschiedenen Kakaosorten in sehr ungleicher Menge vorhanden. Verdickte Elemente fehlen den Kotyledonen vollständig.

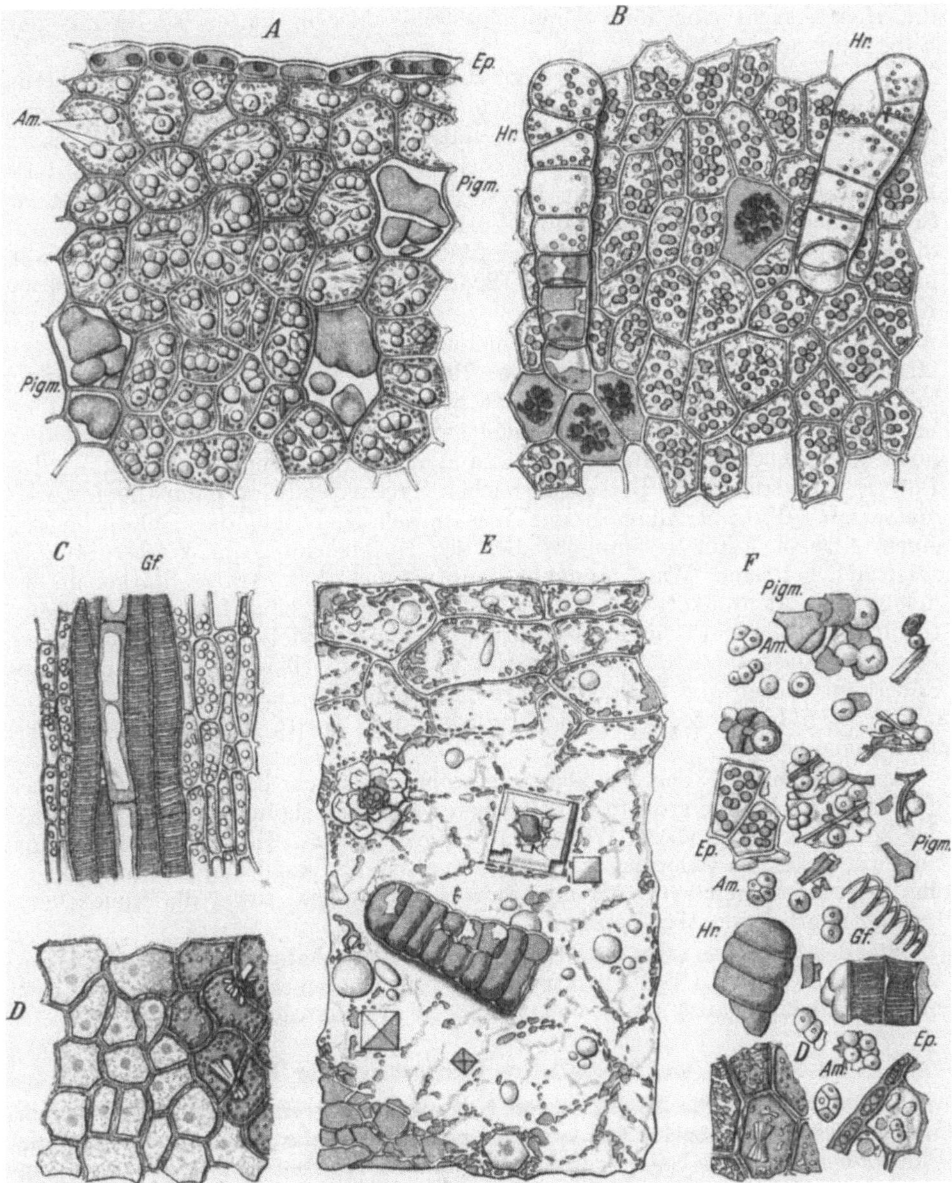

Abb. 32. Kakao (Theobroma Cacao L.). Vergr. 1 : 360. (Nach F. ROSEN.) *A* Radialschnitt aus den Kotyledonen. *Ep* Epidermis; *Am* Stärke; *Pigm* Pigment. *B* Epidermis der Kotyledonen von der Fläche mit Haarbildungen (*Hr*). *C* aus der Radicula; *G* Gefäße. *D* Außenschicht des Endosperms. *E* Endospermhäutchen. *F* Kakaopulver.

In der Flächenansicht (Abb. 32 *B*) besteht die Epidermis aus scharfkonturierten polygonalen Zellen, in denen man gelbbraune Kügelchen wahrnimmt, die durch Chloral rot, durch Eisenchlorid olivbraun, durch Ammoniak lebhaft gelb gefärbt werden. Die Oberhaut trägt merkwürdig geformte Haare, die schon erwähnten sog. MITSCHERLICHschen Körperchen, die aus einer Reihe kurzer tonnenförmiger, am stumpfen Scheitel nicht selten auch geteilter Zellen bestehen (*B*, *Hr*) und eine feinkörnige braune Masse, gewöhnlich aber dieselben gelbbraunen Pigmentkörnchen wie die Epidermis enthalten. Da sich die Haare leicht von ihrer Ursprungsstelle ablösen, haften sie häufig der Silberhaut an.

Die etwa 5 mm lange stiftförmige Radicula, der sog. Keim, besteht aus sehr kleinzelligem ölreichem Parenchym, das zum Unterschied von den Kotyledonen frei von Stärke ist. Die Gefäße des Zentralzylinders zeigen zarte Spiralverdickungen (*C*, *Gf*), die sich nicht von der Wand ablösen. Das Mark besteht aus runden Zellen mit Intercellularen und enthält nach HARTWICH Schleimlücken. Die Oberhaut des Würzelchens trägt die gleichen Haare wie die der Kotyledonen. Da der „Keim" bei der Kakaofabrikation soweit als möglich entfernt wird, sollen sich Bruchstücke von ihm nur vereinzelt in Kakaowaren vorfinden.

Bei der mikroskopischen Untersuchung von Kakaoerzeugnissen verfährt man in der Weise, daß man eine Probe des Materials zwecks Entfettung in der Reibschale oder im Reagensglas wiederholt mit Äther oder Petroläther behandelt, die überstehende Flüssigkeit nach dem Absitzen abgießt und den noch feuchten Rückstand gut durcheinander mengt, um eine Entmischung des Pulvers zu vermeiden. Bei zuckerreichen Produkten wird dann die fettfreie Masse mit 70%igem Alkohol oder Wasser behandelt und das Unlösliche auf einem kleinen Filter gesammelt. Bei der Untersuchung im Wasserpräparat zeigt sich bei reiner Ware nunmehr hauptsächlich kleinkörnige Stärke, untermengt mit Aleuronkörnern. Die Kotyledonarzellen sind fast sämtlich zertrümmert, doch findet man neben Bruchstücken des violetten oder rotbraunen Pigmentes insbesondere noch unverletzte Pigmentzellen. Weiter sind stets Silberhautteilchen und Schalenteilchen vorhanden, da eine restlose Entfernung der Schalen bisher technisch nicht möglich ist. Haare beobachtet man nur ausnahmsweise.

Man nimmt die Schalenteilchen gewöhnlich schon bei schwächerer Vergrößerung als braune größere Partikelchen wahr, weil sie infolge ihrer Zähigkeit der Zerkleinerung größeren Widerstand entgegensetzen. Ihre Struktur erkennt man am besten im Chloralhydratpräparat, wobei die länglichen Oberhautzellen, das Schwammparenchym, oft mit Spiralgefäßgruppen, sowie die Steinzellenschicht deutlich sichtbar werden.

Für den Nachweis eines unzulässigen Schalengehaltes, der den wichtigsten und oft schwierigsten Teil der mikroskopischen Untersuchung von Kakaowaren bildet, sind eine ganze Reihe von Verfahren ausgearbeitet worden.

1. Nachweis und quantitative Bestimmung der Kakaoschalen.

Der mikroskopische Nachweis von Kakaoschalen gründet sich hauptsächlich auf zwei charakteristische Zellelemente, nämlich auf die Schleimzellen und die Sklereidenschicht, die beide auch für die quantitative Bestimmung herangezogen wurden.

a) Nachweis und Bestimmung der Schleimzellen. Auf die diagnostische Bedeutung der Schleimzellentrümmer für den Nachweis von Kakaoschalenpulver hat zuerst und wiederholt T. F. HANAUSEK[1] hingewiesen. Zur Erkennung genügt es, von dem entfetteten Pulver ein Wasserpräparat so anzufertigen, daß es eine gleichmäßig dünne, einheitliche Schicht bildet, und das Präparat

[1] T. F. HANAUSEK: **Z.** 1898, **1**, 245; Apoth.-Ztg. 1915, **30**, 590; 1916; **31**, 323; **Z.** 1917, **33**, 38.

etwas zu erwärmen. Man sieht dann die gequollenen Schleimzellpartikel als farblose oder etwas bräunliche, homogene, stark lichtbrechende Körper, die sich von dem übrigen braunen und daher dunkleren Gesichtsfeld ohne weiteres abheben. Meist bilden sie unregelmäßig vierseitige Stücke, bei denen zwei einander gegenüberliegende Seiten von einigen Lagen eines undeutlichen dunkelbraunen Gewebes begrenzt sind (Abb. 33). BEYTHIEN und PANNWITZ[1] fanden, daß bei einem Schalenzusatz von 5% im Mittel 20, bei einem Schalenzusatz von 3% im Mittel 13 solche Schleimpartikel in einem Präparat beobachtet werden.

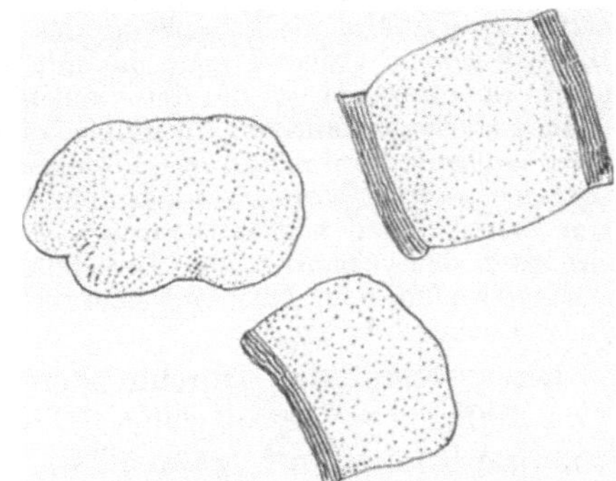

Abb. 33. Gequollene Schleimzellteilchen der Kakaoschale aus Kakaopulver.

Das von LAGERHEIM[2] angegebene Verfahren, die für den Nachweis von Pflanzenschleim allgemein gebräuchliche Tuschemethode, bei der das zu untersuchende Pulver auf dem Objektträger mit Wasser und etwas chinesischer Tusche gemischt wird, läßt die gequollenen Schleimzellen noch deutlicher als helle Flecke auf dunklem Grunde hervortreten. Jedoch kann auch die Tuschemethode zu Täuschungen Anlaß geben, wenn Milchpulver in dem zu untersuchenden Produkt enthalten ist (z. B. bei Milchschokolade), da auch die Milchpulverteilchen nach der Entfettung als ungefärbte Flecke im Präparat erscheinen; auch Stärkekleister bleibt ungefärbt.

H. HUSS[3] hat deshalb als Ergänzung die Kongorot-Brillantblaumethode ausgearbeitet, für die folgende Lösungen benutzt werden:

I Kongorot: 1 g Kongorot in 1000 g Wasser gelöst;
II Brillantblau: 1 g Brillantblau, 20 g Glycerin, 80 g Wasser;
III Sudanglycerin: 0,1 g Sudan III, 50 g Glycerin, 50 g Alkohol (95%ig).

Die Farbstoffe können von der Firma Grübler & Co. in Dresden bezogen werden.

Man verreibt 0,01—0,05 g Kakao oder Schokolade auf einem HEBEBRANDschen Objektträger mit einem Tropfen Sudanglycerin zu einer feinen Salbe und erhitzt zur Verkleisterung der Stärke mit der Bunsenflamme. Bei hohem Stärkegehalt empfiehlt es sich bisweilen, die Verkleisterung vorher in einem Reagensglase auszuführen. Darauf setzt man einen Tropfen Kongorot und nach etwa 1 Minute noch 1 oder 2 Tropfen Brillantblau hinzu, mischt gut durch und legt ein zur Vermeidung von Luftblasen erhitztes Deckglas auf. Unter dem Mikroskop zeigen sich jetzt die Öltröpfchen rötlichgelb und die Fragmente der Silberhaut ganz oder teilweise rot gefärbt, während etwa vorhandene Stärke oder Trockenmilch blau bis violett erscheint. Nur die stark lichtbrechenden Schleimzellen der Kakaoschalen und der Radicula sind völlig ungefärbt geblieben und daher leicht zu erkennen. Das Verfahren ist nur zum qualitativen Nachweis geeignet.

R. WASICKY und C. WIMMER[4] weisen die Schleimzellteilchen mit Hilfe des REICHERTschen Fluorescenzmikroskopes (vgl. Bd. II) nach und glauben unter Verwendung von Vergleichspräparaten auf diese Weise den Schalengehalt in einem Pulver bsetimmen zu können.

---

[1] BEYTHIEN u. PANNWITZ: **Z.** 1916, **31**, 265.

[2] LAGERHEIM: Botanisk. tekniska notiser. Svensk Kem. Tidskr. 1900; zit. von HUSS: **Z.** 1911, **21**, 99.

[3] H. HUSS: **Z.** 1911, **21**, 101, 676.

[4] R. WASICKY u. C. WIMMER: **Z.** 1915, **30**, 25.

C. GRIEBEL und A. MIERMEISTER[1] haben versucht, den von den Schleimzellteilchen bedeckten Flächenraum in einer abgewogenen Materialmenge zu bestimmen, um den Schleimzellengehalt verschiedener Kakaoschalensorten miteinander vergleichen zu können.

Sie verfahren hierbei folgendermaßen:

5 mg einer sorgfältig hergestellten Verreibung von 1 Tl. Schalenpulver und 9 Tln. Zucker werden auf einen Objektträger gewogen und dann nach Zusatz von 3 Tropfen Benzol mittels eines zu einer feinen Spitze ausgezogenen Glasstabes auf eine Fläche von 20 × 20 mm gleichmäßig verteilt. Um die Begrenzung des Austriches leichter zu treffen, legt man unter den Objektträger ein weißes Papier, das mit einem entsprechend großen Quadrat versehen ist. Sobald der Ausstrich an der Luft vollständig trocken geworden ist, wird er durch einige Tropfen stark verdünnten Kollodiums (1 Tl. Kolloidum, 4 Tl. Alkohol, 25 Tl. Äther) fixiert. Nach völligem Verdunsten des Lösungsmittels kommt das Präparat 15 Minuten in eine 0,01%ige wäßrige Lösung von Safranin T, die zwecks Entfernung ihres Luftgehaltes zuvor zum Sieden erhitzt und dann rasch wieder abgekühlt worden war. Der gefärbte Ausstrich wird nach dem Ablaufen der überschüssigen Farblösung (nicht Trocknen!) unter Zugabe einiger Tropfen einer Glycerinwassermischung (1 Tl. Glycerin, 2 Tl. Wasser) sogleich mit einem Deckglas bedeckt.

Die systematische Durchmusterung erfolgt mit Hilfe eines Kreuztisches bei etwa 100facher Vergrößerung. Die Schleimzellteilchen fallen durch orangefarbene Tönung auf, während die übrigen Gewebeteilchen tiefrot erscheinen. Zur Feststellung des Flächenraumes, den die Teilchen bedecken, benutzt man ein Okularnetzmikrometer, dessen Größenwert für die bei der Untersuchung verwendete Okular-Objektivkombination und Tubuslänge zunächst mit Hilfe eines Objektmikrometers zu bestimmen ist. Die Anzahl der von den einzelnen Schleimzellteilchen bedeckten Netzmikrometerquadrate wird notiert und die erhaltene Summe sodann auf Quadratmillimeter umgerechnet.

Bei diesen Untersuchungen hat sich herausgestellt, daß die Zahlen, die durch Messung des von den Schleimzellentrümmern bedeckten Flächenraumes gefunden werden, bei den einzelnen Kakaoschalensorten außerordentlich verschieden sind. Sie schwankten bei 19 verschiedenen Sorten für 1 mg fettfreier Schalentrockenmasse zwischen 0,97 (Bahia) und 9,5 qmm (Sommerarriba). Da auch bei den untersuchten Mustern von Thomékakaoschalen die Schleimzellenwerte sehr niedrig lagen, kann es mithin vorkommen, daß Konsumkakaos, die Bahia- und Thomékakao in beträchtlicher Menge enthalten, trotz hohem Schalengehalt nur verhältnismäßig wenig Schleimzelltrümmer und umgekehrt Edelkakaos (aus Arriba bereitet) trotz geringem Schalengehalt ziemlich zahlreiche Schleimzellteilchen aufweisen.

Da bei der Herstellung der Kakaoprodukte zumeist Gemenge verschiedener Bohnensorten Verwendung finden, dürften sich diese großen Differenzen allerdings in vielen Fällen ausgleichen. Trotzdem ist der Schleimzellengehalt als Kriterium für den Schalengehalt einer Kakaoware weit weniger geeignet als die Sklereidenzahl (vgl. weiter unten).

Wenn es aber darauf ankommt, den Schalengehalt einer aus einheitlichen Bohnen hergestellten Kakaoware zu ermitteln, so ist die vorstehend beschriebene Methode sehr gut brauchbar.

b) Nachweis und Bestimmung der Sklereiden. Nach B. FISCHER[2] wird das entfettete Pulver zunächst mit 0,5%iger Salzsäure, dann mit 5%iger Natronlauge gekocht. Der Rückstand wird mit Natriumhypochloritlösung gebleicht und nach dem Sedimentieren mikroskopisch untersucht. Findet man in jedem Präparat, ohne angestrengt suchen zu müssen, die charakteristischen Sklereiden, so sind Schalen in unzulässiger Menge vorhanden.

[1] C. GRIEBEL u. A. MIERMEISTER: **Z. 1927, 53, 227.**

[2] B. FISCHER: Jahresbericht des Chemischen Untersuchungsamtes der Stadt Breslau, 1899/1900, S. 34.

P. DRAWE[1] hat eine Bestimmung des Schalengehaltes durch eine Messung des Flächeninhaltes der Fragmente der Sklereidenschicht vorgenommen. 1 qmm der Schicht soll etwa 0,00022 g der Samenschale entsprechen.

W. PLÜCKER, R. STEINRUCK und FR. STARCK[2] haben zuerst ein Verfahren zur zahlenmäßigen Feststellung der Sklereiden veröffentlicht. Da hierbei auch Bruchstücke der Sklereiden mitgezählt wurden, sind diese Ergebnisse mit den Befunden von GRIEBEL und SONNTAG, TURNAU sowie ALPERS (s. weiter unten) nicht vergleichbar.

W. PLÜCKER und A. STEINRUCK[3] verfahren nach geringen Änderungen der Arbeitsvorschrift neuerdings folgendermaßen:

Von der im Achatmörser fein verriebenen fettfreien Trockenmasse wird genau 1 g abgewogen, in einem hohen Becherglas mit 150 ccm N.-Salpetersäure zum Sieden erhitzt und 15 Minuten lang darin erhalten. Hierauf filtriert man durch ein gewöhnliches Faltenfilter, wäscht den Rückstand mit heißem Wasser bis zum Verschwinden der sauren Reaktion aus, spült ihn mit der Spritzflasche in das Becherglas zurück und gibt soviel Kalilauge zu, daß die Flüssigkeit etwa 5% Ätzkali enthält und kocht 5 Minuten lang. Man filtriert alsdann wieder durch ein Faltenfilter, bringt alles auf das Filter und wäscht mit heißem Wasser gut aus. Hierauf spritzt man den Rückstand in das Becherglas zurück und gibt einige Tropfen Ammoniak und Perhydrol hinzu und kocht bis der Niederschlag fast rein weiß geworden ist. Nach dem Absitzen wird durch ein gehärtetes Filter von 9 cm Durchmesser filtriert und bis zum Verschwinden der alkalischen Reaktion ausgewaschen. Den auf dem Filter befindlichen Niederschlag bringt man verlustlos in ein gewogenes Zentrifugenglas und ergänzt das Gewicht der Suspension mit Wasser auf genau 10 g.

Für die Untersuchung werden Objektträger verwendet, auf die ein Quadrat von 16 mm Seitenlänge, durch 15 Längs- und Querstriche in kleine Quadrate geteilt, eingraviert ist Auf den Objektträger bringt man mittels einer Platinöse etwa 15—20 mg der gut durchmischten Suspension, wägt ihn, um Verdunstung zu vermeiden, nach Unterbringung in einem passenden Wägeglas und verteilt die Suspension nach der Wägung mit einem feinen Platindraht gleichmäßig auf dem Quadrat. Nach dem Trocknen an der Luft wird fixiert, indem man das Präparat einen Augenblick über einer kleinen Flamme erwärmt. Auf das Präparat gibt man sodann 0,5%ige Safraninlösung, läßt 5 Minuten einwirken, spült ab, gibt etwas verdünntes Glycerin auf den Ausstrich und legt ein Deckglas auf. Hierauf werden in den einzelnen Quadraten die ganz gebliebenen Steinzellen gezählt. Sind in einem Quadrat größere Steinzellverbände vorhanden (50—100), so muß ein neues Präparat angefertigt werden, nachdem nochmals im Achatmörser fein verrieben wurde.

Bei der Untersuchung von 17 Kakaoschalensorten fanden PLÜCKER und STEINRUCK zwischen 1,06 (Maracaibo) und 9,91 (Accra) Millionen Sklereiden in einem Gramm fettfreier Trockensubstanz. Als höchstzulässigen Wert für Kakaowaren sehen die Genannten 200000 Sklereiden an.

Bestimmung der „Sklereidenzahl" nach C. GRIEBEL und F. SONNTAG.

C. GRIEBEL und F. SONNTAG[4] haben zur Auszählung der Sklereidenzellen zwei verschiedene Verfahren angegeben, von denen das erste hauptsächlich für eine möglichst genaue Ermittlung der Sklereidenzahl in den verschiedenen

[1] P. DRAWE: Zeitschr. öffentl. Chem. 1916, 22, 150.
[2] W. PLÜCKER, R. STEINRUCK u. FR. STARCK: Z. 1925, 50, 312.
[3] W. PLÜCKER u. A. STEINRUCK: Z. 1931, 62, 364.
[4] C. GRIEBEL u. F. SONNTAG: Z. 1926, 51, 185.

Kakaoschalensorten, das zweite, weniger zeitraubende für die Untersuchung von Kakaopulvern und Schokoladen in der Praxis bestimmt war. Als Sklereidenzahl bezeichnen sie die in einem Milligramm fettfreier Trockensubstanz ermittelte Anzahl unverletzter Sklereiden.

Verfahren I.

Etwa 0,5 g der fettfreien Schalentrockensubstanz werden in ein Zentrifugenröhrchen von etwa 30 ccm Fassungsraum gegeben, mit etwa 25 ccm Javellescher Lauge übergossen, wobei man mit einem Glasstab klumpenfrei verrührt, und dann 20—30 Minuten stehen gelassen. Nach dieser Zeit ist das Pulver im allgemeinen hinreichend entfärbt und wird durch 5 Minuten langes Zentrifugieren[1] abgeschieden. Die überstehende klare Flüssigkeit gießt man durch ein kleines glattes Filter um die dem obersten Teil des Röhrchens gewöhnlich anhaftenden geringfügigen Pulvermengen zurückzuhalten. Hierauf wird das Röhrchen unter Umrühren des Bodensatzes mit Wasser aufgefüllt und erneut zentrifugiert. Das Waschwasser gießt man wieder durch das glatte Filter, worauf der Waschprozeß noch einmal in derselben Weise wiederholt wird. Sodann schlämmt man den im Röhrchen befindlichen Bodensatz mit 20 ccm Wasser sorgfältig auf und läßt die Suspension nach Zusatz von 0,5 ccm Carbolfuchsin[2] unter wiederholtem Umrühren 30 Minuten stehen. Dann wird zentrifugiert, die überstehende Flüssigkeit durch das oben erwähnte glatte Filter gegossen und der gefärbte Bodensatz durch noch zweimal wiederholtes Zentrifugieren wie oben mit Wasser ausgewaschen. Das Sediment sowie die auf dem Filter befindlichen, aber trotz der sechsmaligen Filtration nur ganz geringfügigen Pulverteilchen spritzt man mit heißem Wasser in eine dünne Porzellanschale von 8—10 cm Durchmesser, nachdem man zuvor das Gewicht der Schale einschließlich eines dünnen zum Umrühren der Flüssigkeit bestimmten Glasstäbchens auf der analytischen Waage festgestellt hat. Zu der Flüssigkeit gibt man etwa 4—5 g — bei Kakaopulvern und Schokoladen nur etwa 2 g — Kaliumbromid und verdampft auf dem Wasserbad zur Trockne. Der Verdunstungsrückstand wird im Wasserdampftrockenschrank etwa 1 Stunde getrocknet und nach dem Erkalten gewogen. Mit Hilfe eines kleinen Metallspatels od. dgl. entfernt man sodann die roten Salzkrusten aus der Porzellanschale, zerreibt sie ziemlich fein, jedoch ohne Gewalt anzuwenden, mengt das Pulver gut durch und bringt es in ein trockenes mit Kork zu verschließendes Gläschen.

Zwecks Auszählung wägt man etwa 5 mg des Pulvers — bei Kakaopulvern wegen des geringeren Sklereidengehaltes besser etwa 10 mg — auf der analytischen Waage in die unten beschriebene Zählkammer ein. Nach leichter Einfettung der den Rand der Kammer bildenden Deckglasleisten mit Vaselin erfolgt sodann die Lösung der Salzmasse durch Zugabe einer zur Füllung der Kammer eben hinreichenden Wassermenge (etwa 4 Tropfen) mit Hilfe einer Capillarpipette, wobei man die Kammer vorsichtig hin und her neigt, um eine raschere Auflösung des Kaliumbromids und bessere Verteilung des Pulvers herbeizuführen.

Man verwendet hierzu frisch ausgekochtes und wieder erkaltetes, also luftfrei gemachtes Wasser, das die den Pulverteilchen anhaftenden kleinen Luftmengen sofort absorbiert. Größere Luftblasen dürfen bei dem hierauf folgenden Auflegen des Deckglases[3] in der Kammer nicht zurückbleiben, da sie die Zählung unter Umständen sehr erschweren können. Geringe Flüssigkeitsmengen gelangen auch bei vorsichtigem Arbeiten zuweilen auf die Glasleisten der Kammer, sobald das Deckglas aufgelegt wird. Die Vaseline verhindert aber ein weiteres Verlaufen oder ein Austreten der Lösung.

Die Zählkammer ist ähnlich der von C. Hartwich und A. Wichmann[4] beschriebenen. Sie hat eine Seitenlänge von 16 mm und eine Tiefe von 0,20 bis 0,25 mm. Gebildet wird sie durch 4 Deckglasleisten, die in Form eines Quadrates auf einen Objektträger gekittet sind. Die von den Leisten eingeschlossene Fläche ist durch 0,4 mm voneinander entfernte Linien, die mit der Schmalseite des Objektträgers parallel laufen, in 40 Längsstreifen geteilt. Die Teilung ist so gewählt, weil bei Anwendung von 300—350facher Vergrößerung, die sich für die Auszählung am besten eignet, das Gesichtsfeld etwas über 0,4 mm breit ist. Bei Einstellung auf den Boden der Kammer sieht man daher an beiden Seiten des Gesichtsfeldes eine der Längslinien verlaufen. Diese Linien lassen

[1] Man muß hierbei die Zentrifuge mindestens die letzten 3 Minuten mit einer Tourenzahl von etwa 3000 in der Minute laufen lassen, weil sich die suspendierten Teilchen aus der Javelleschen Lauge schwerer als aus Wasser abscheiden.

[2] 1 g Fuchsin, 10 g Weingeist, 90 g einer 5%igen Lösung von Carbolsäure.

[3] Man verwendet zweckmäßig Deckgläser von 22—24 mm Seitenlänge.

[4] C. Hartwich u. A. Wichmann: Arch. Pharm. 1912, 250, 452.

sich beim Verschieben des Objektträgers gut verfolgen, wodurch das Absuchen der dazwischen befindlichen Fläche sehr erleichtert wird.

Das Auszählen erfolgt am besten unter Verwendung eines Kreuztisches und eines Okularnetzmikrometers. Man sucht zunächst die Fläche der Glasleisten nach Sklereiden ab und mustert dann die zwischen den Teillinien liegenden Streifen der Reihe nach bei etwa 300facher Vergrößerung durch. Eine dauernde Bewegung der Mikrometerschraube ist hierbei wegen der Tiefe der Kammer unerläßlich. Gezählt werden nur die aus der Sklereidenplatte stammenden unverletzten Zellen.

Aus der gefundenen Gesamtsumme berechnet man sodann die Zahl der in 1 mg fettfreier Trockensubstanz vorhandenen Sklereiden nach der Formel

$$x = \frac{b \cdot d}{a \cdot c}.$$

In dieser Gleichung bedeutet:

a die zum Bleichen in Arbeit genommene Menge fettfreier Trockensubstanz,

b das Gewicht des nach dem Eindunsten mit Kaliumbromid erhaltenen Gemenges,

c die in die Zählkammer eingewogene Substanzmenge von b, in Milligrammen ausgedrückt,

d die Zahl der ermittelten Sklereiden.

Aus 2—3 in dieser Weise durchgeführten Bestimmungen ist das Mittel zu nehmen.

Bei der Untersuchung von 19 verschiedenen Schalensorten wurde auf diese Weise eine Sklereidenzahl von 2568—10316 erhalten. Hinsichtlich weiterer Erläuterungen zu dem Verfahren sei auf das Original verwiesen.

Verfahren II.

0,5 g des entfetteten und getrockneten Kakaopulvers — von Schokoladen wendet man eine entsprechend größere Menge an — werden in einem gewogenen Zentrifugenröhrchen aus Jenaer Glas von etwa 30 ccm Fassungsraum mit Javelleschер Lauge klumpenfrei verrührt. Sodann füllt man das Röhrchen mit Javellescher Lauge bis zu einer vorher angebrachten Marke auf, läßt etwa 30 Minuten stehen und zentrifugiert. Die überstehende Flüssigkeit wird durch ein glattes Filter gegossen, der Bodensatz mit Wasser gut durchgerührt und nach den Auffüllen des Röhrchens erneut durch Zentrifugieren abgeschieden. Das Waschwasser gießt man wieder durch das glatte Filter, worauf der Waschprozeß noch einmal in derselben Weise wiederholt wird. Sodann schlämmt man das im Röhrchen befindliche Sediment sorgfältig mit 20 ccm Wasser auf und läßt die Suspension nach Zusatz von 0,5 ccm Carbolfuchsin unter wiederholtem Umrühren 30 Minuten stehen. Dann wird zentrifugiert, die überstehende Flüssigkeit durch das oben erwähnte glatte Filter gegossen und der gefärbte Bodensatz durch noch zweimal wiederholtes Zentrifugieren wie oben mit Wasser ausgewaschen. Die auf dem Filter befindlichen Pulverteilchen werden in eine Glasschale abgespritzt und, nachdem die Flüssigkeit auf dem Wasserbad zum größten Teil wieder verdampft wurde, in das Zentrifugenröhrchen übergeführt, worauf man das Gewicht der Suspension auf 5 g ergänzt. Nach gleichmäßiger Verteilung des Bodensatzes werden nunmehr etwa 15—20 mg der Suspension mit Hilfe einer Platinöse auf einen zur Auszählung geeigneten gewogenen Objektträger gebracht, der zwecks Feststellung der Flüssigkeitsmenge dann sofort in ein Wägeglas eingeschlossen und erneut gewogen wird. Zweckmäßig sind Objektträger, die eine der oben beschriebenen Zählkammer entsprechende Einteilung aufweisen (ein Quadrat von 16 mm Seitenlänge ist durch parallele Linien in 40 Längsstreifen von 0,4 mm Breite geteilt. Nach der Wägung verteilt man die Flüssigkeit mit Hilfe eines zu haarfeiner Spitze ausgezogenen Glasstabes auf dem Quadrat des Objektträgers, läßt völlig lufttrocken werden oder trocknet bei mäßiger Wärme und fixiert den Ausstrich mit stark verdünntem Kollodium

(Kollodium 1, Alkohol 5, Äther 35). Die Auszählung erfolgt nach Zugabe eines Tropfens Glycerin bei aufgelegtem Deckglas.

Die Objektträger[1] sind viel einfacher zu handhaben und zugleich billiger als die bei dem Verfahren I erforderliche Zählkammer. Da nur eine geringe Bewegung der Mikrometerschraube erforderlich ist, weil die Pulverteilchen in einer Ebene fixiert sind, strengt die Auszählung auch weniger an als bei der Kaliumbromidmethode. Jedoch müssen mindestens drei Zählungen ausgeführt werden, um einen hinreichend genauen Durchschnittswert zu erhalten, weil die hierbei gefundenen Zahlen untereinander oft erheblich differieren. Die Ergebnisse sind im allgemeinen etwas höher als beim Kaliumbromidverfahren.

Besonders bei der Untersuchung von Schokoladen ist zu berücksichtigen, daß in manchen Erzeugnissen einzelne relativ große Bruchstücke der Sklereidenschicht gefunden werden, die über 100 Sklereiden enthalten. Hierdurch kann sich ein falsches Bild, nämlich eine zu hohe Sklereidenzahl ergeben. In solchen Fällen muß daher entweder die Substanz nach dem Vorschlag von PLÜCKER und STEINRUCK im Achatmörser zunächst weiter zerkleinert werden, oder man läßt das betreffende Präparat unberücksichtigt (sofern es sich um eine Einzelerscheinung handelt) und fertigt ein neues Präparat an.

Wenn man die in 1 mg fettfreier Trockenmasse gefundene Sklereidenzahl unter Zugrundelegung des bei reinen Schalenpulvern ermittelten Höchstwertes — als runde Zahl kann man 10000 annehmen[2] — auf Schalengehalt umrechnet, so erhält man die Mindestmenge der in der betreffenden Ware vorhandenen Schalen.

Nach § 1, Ziff. 3b der Verordnung über Kakao und Kakaoerzeugnisse vom 15. Juli 1933 dürfen Kakaowaren Schalenteilchen nur in technisch nicht vermeidbaren Mengen enthalten. Nach E. ALPERS[3] enthält das mit modernen Maschinen gereinigte Kerngut nur noch 0,2—0,4% Schalen. Nimmt man als höchstzulässige Menge im Kerngut 1% Schalen an — nach der Begründung zum Entwurf der genannten Verordnung soll der Gehalt an Schalen-, Keim- und Silberhautteilchen zusammen weniger als 2% betragen — so würden sich für fettfreie Trockenmasse 2,5% Schalen als höchstzulässige Menge ergeben, entsprechend einer Sklereidenzahl von 250. Da gröbere Erzeugnisse nach den Beobachtungen von ALPERS, GRIEBEL und anderen höhere Sklereidenzahlen liefern, dürfte die Zahl 300—350 als äußerste Grenze anzusehen sein.

Die Untersuchungen von R. TURNAU[4] und E. ALPERS[3] haben die Brauchbarkeit des Verfahrens von GRIEBEL und SONNTAG ergeben. TURNAU fand bei acht verschiedenen Schalenpulvern Sklereidenzahlen von 3926 (Trinidad) bis 9840 (Accra), ALPERS bei zehn Schalensorten von 3574 (Caracas) bis 9337 (Accra). ALPERS stellte fest, daß die Menge der auszählbaren Sklereiden von der Feinheit des betreffenden Erzeugnisses abhängig ist. So war die Zahl der unverletzten Sklereiden, die bei einem Accraschalenpulver nach einmaligem Walzen noch 9337 betrug, nach viermaligem Walzen auf 3574 zurückgegangen. Da im Fabrikbetrieb in der Regel nur ein einmaliges Walzen der Masse in Betracht kommen dürfte, hält auch ALPERS den für Accraschalen nach einmaligem Walzen zutreffenden und von allen Untersuchern übereinstimmend gefundenen Höchstwert (rund 10000) für eine geeignete Grundlage der Sklereidenzahlbestimmung

[1] Hersteller: E. Leitz in Wetzlar.

[2] Obwohl als Höchstwert in einem selbst hergestellten Accra-Schalenpulver rund 12500 Sklereiden gefunden wurden, entspricht die Zahl 10000 doch besser den Verhältnissen der Praxis, weil nach einmaligem Walzen dieser Schalen mit Kakaobutter im Fabrikbetrieb die Zahl der unverletzten Sklereiden auf 9900 zurückgegangen war.

[3] E. ALPERS: Z. 1927, 54, 462.

[4] R. TURNAU: Z. 1927, 53, 483.

im Kakaopulver, weil Accra-Bohnen an der gesamten Produktion etwa zur Hälfte beteiligt sind und daher in den gepulverten Erzeugnissen vorherrschen werden.

2. Nachweis anderer Beimengungen in Kakaowaren.

a) Fremde fettreiche Samen. In Betracht kommen insbesondere Mandeln, Haselnüsse, Walnüsse, Erdnüsse, auch Cocosnuß. Von größeren Stücken, deren Art nicht erkennbar ist, werden Schnitte hergestellt und diese nach dem Entfetten mikroskopisch untersucht (vgl. Bd. IV). Bei stärkerer Zerkleinerung können unter Umständen Teilchen der Samenschale als Erkennungsmittel dienen, sofern ungeschälte Samen (z. B. Walnuß) verarbeitet wurden. Beim Fehlen solcher Teilchen und bei weitgehender Zerkleinerung der Zellen, wie sie in der Schokoladefabrikation durch die Längsreibemaschinen beim Mitverarbeiten der Zusätze erfolgt, können in der Regel nur noch bestimmte Zellinhaltsteile, nämlich die Aleuronkörner, als Erkennungsmerkmale dienen, die bei diesen Samen wenigstens zum Teil etwas größer sind als beim Kakao.

V. Moucka und R. Müller[1] verfahren hierbei folgendermaßen:

Eine kleine Probe der entfetteten Substanz wird in einem Zentrifugenröhrchen von etwa 30 ccm Fassungsraum mit 4%iger Quecksilberchloridlösung gut geschüttelt, 5—10 Minuten lang stehen gelassen, dann zentrifugiert und die überstehende Flüssigkeit abgegossen. Um den Zucker in Lösung zu bringen, behandelt man die Probe mit kaltem Wasser. Nach dem Zentrifugieren und Entfernen des überstehenden Wassers wird die Substanz je einmal mit 95%igem Alkohol und mit Äther geschüttelt. Nach dem Trocknen wird gut durchgemischt und von der so vorbereiteten Probe werden Präparate durch Einlegen in kaltgesättigte Saccharoselösung, die in 100 ccm 0,5 g Jod und 2 g Kaliumjodid gelöst enthält, angefertigt.

Neben den blauschwarz gefärbten Stärkekörnern erscheinen die Aleuronkörner als deutlich gelbgefärbte, vorwiegend rundliche Gebilde mit gut wahrnehmbaren Einschlüssen (Globoide, Krystalloide, Oxalat).

Die Aleuronkörner des Kakaos sind klein, 6 μ, in Einzelfällen bis 10 μ, fast kreisrund; sie enthalten meist einen sehr kleinen stark lichtbrechenden Einzelkrystall. Oxalat fehlt.

Wenn eine Beimengung von Haselnüssen vorliegt, findet man außer kleinen auch größere Aleuronkörner von 12—20 μ, bisweilen bis 30 μ. Sie sind kreisrund, eirund oder elliptisch und enthalten runde Globoide, in den größeren Körnern eine kleinere Oxalatdruse. Zur Unterscheidung von denen der Mandel dienen die über 18 μ großen und namentlich die mit Oxalatdrusen versehenen Körner.

Kakaoprodukte mit Mandelzusatz zeigen von größeren Aleuronkörnern zumeist solche von 10—14 μ Durchmesser, nicht über 17 μ. Sie enthalten runde oder bisweilen gelappte Globoide. Sehr kleine rosettenförmige Oxalatdrusen sind selten wahrnehmbar.

Kakaoprodukte, die mitvermahlene Erdnüsse enthalten, unterscheiden sich von solchen mit einem Zusatz von Walnüssen hinsichtlich der Größe ihrer Aleuronkörner nicht wesentlich. Beide Samen besitzen vorwiegend kleinere Körner (um 8 μ). Doch sind zum Unterschied von Kakao solche von 10—12 μ keine Seltenheit, bei Erdnuß bis 15 μ. Einschlüsse fehlen bei einem erheblichen Teil der Körner. Schon bei einem Zusatz von 3% dieser Samen fällt die relativ große Menge von Aleuronkörnern auf. Die Erkennung von Erdnuß- oder Walnuß-

[1] V. Moucka u. R. Müller: Z. 1930, 60, 395.

zusatz mit Hilfe der Aleuronkörner allein ist jedoch sehr schwer. Als Unterstützung können zum Nachweis von Erdnuß die Stärkekörner dienen, die bis 15 μ groß werden (Kakao nur 4—12 μ). Zum Nachweis von Walnuß müssen die Teilchen der Samenschale aufgefunden werden, die man am besten in Chloralhydratpräparaten erkennt.

Bei der Prüfung auf Cocosnußzusatz ist man auf die Auffindung der großen gestreckten Parenchymzellen angewiesen, da die Aleuronkörner zumeist zerstört sind.

Um bei der Prüfung auf fremde Samen eine Verwechslung mit Aleuronkörnern des Kakaos zu vermeiden, läßt man solche bis 10 μ unberücksichtigt, ebenso deformierte.

Der Nachweis verschiedener fettreicher Samen in Kakaoerzeugnissen ist übrigens auch auf serologischem Wege möglich (vgl. Bd. II).

b) Gewürze. Zur Verbesserung des Geschmackes werden manchen Kakaowaren geringe Mengen von Gewürzen zugesetzt. In Betracht kommen hauptsächlich Vanille (vgl. S. 466), Zimt (S. 353), Nelken (S. 400), Macis (S. 492). Man findet derartige Beimengungen am besten durch die Bodensatzprobe, indem man etwa 2 g des entfetteten Pulvers mit 100 ccm Wasser unter Zusatz von 5 ccm Salzsäure 5 Minuten kocht und den nach dem Erkalten abgeschiedenen und von der Flüssigkeit befreiten Bodensatz mikroskopiert.

c) Kaffee, Cola, Eicheln. Kaffee wird an den Endospermtrümmern (vgl. S. 46), Cola an den zum Teil noch erhaltenen braunwandigen Parenchymzellen und den viel größeren Stärkekörnern (vgl. S. 167) erkannt. Eichelkakao enthält als Beimengung entweder geröstete und gemahlene Eicheln oder Extrakt aus solchen. Die Eichel besitzt größere Stärkekörner als der Kakao; charakteristisch sind gerundet-dreieckige Formen (vgl. unter Kaffee-Ersatzstoffe, S. 84).

d) Mehle und Stärkearten. Die in Betracht kommenden Mehl- oder Stärkearten sind hinsichtlich ihrer Form und Größe von der Kakaostärke verschieden. Wenn man die entfettete Probe nach Zusatz von Jodlösung untersucht, läßt sich daher fremde Stärke zumeist leicht festellen (vgl. Bd. V).

e) Milchpulver. Wenn man das entfettete Produkt in Wasser untersucht, erscheint Walzenmilchpulver in Form kleiner unregelmäßiger gelblichgrauer Schollen, dic bei Dunkelstellung des Spiegels schwach bläulichweißes Licht reflektieren[1] und sich nach Zusatz von Jodlösung infolge ihres Eiweißgehaltes sofort gelb färben. Nach dem Zerstäubungsverfahren hergestellte Milchpulver stellen rundliche poröse Gebilde dar, die aber durch die Verarbeitung größtenteils zertrümmert sind.

f) Verfälschungen durch **Walnuß- und Haselnußschalen** sind früher bei Kakaowaren wiederholt beoachtet worden. Über ihre Erkennung vgl. unter Pfeffer (S. 421). Über die Erkennung von Erdnußkuchenmehl vgl. Bd. IV.

g) Sandelholzpulver wurde billigen Schokoladepulvern früher zuweilen zur Verbesserung der Farbe zugesetzt. Es bildet aus Holzfasern, Holzparenchym, Markstrahlzellen und Gefäßen bestehende gelbrote Splitter (vgl. unter Safran, S. 393), die sich auf Zusatz von Lauge mit einem purpurroten Hof umgeben und dadurch sofort auffallen.

---

[1] Vgl. C. GRIEBEL: **Z. 1916, 31, 246.**

G. Beurteilung auf Grund der chemischen und mikroskopischen Untersuchung.

Der Nachweis fremder pflanzlicher Beimengungen wie Mehl, Stärke, Preßrückständen von der Ölgewinnung (Palmkernmehl), Sandelholz, Kakaoschalen erfolgt in erster Linie mit Hilfe der mikroskopischen Untersuchung. Er kann aber unter Umständen durch die chemische Analyse unterstützt und mehr oder weniger quantitativ gestaltet werden, sei es, indem man charakteristische Inhaltsstoffe der fremden Zusätze heranzieht oder aus einem Vergleiche mit der normalen Zusammensetzung unverfälschter Kakaoerzeugnisse, etwa Erniedrigung des Protein- oder Theobromingehaltes durch erhebliche Mehl- oder Zuckerzusätze, Schlüsse zieht. Zur Schaffung vergleichbarer Grundlagen empfiehlt es sich, alle analytischen Befunde auf Kakaomasse mit 55% Fett umzurechnen. In einzelnen Fällen wird es vorteilhafter oder auch notwendig sein, die Werte für fettfreie Trockenmasse oder, wie beim Fettgehalte des Kakaopulvers, für ein Erzeugnis mit 5% Feuchtigkeit anzugeben.

Für die Zusammensetzung der entschälten und gerösteten Bohnen und der Kakaomasse sind folgende Werte zugrunde zu legen.

	Bohnen	Kakaomasse
Wasser	4 — 8 %	3 — 5 %
Asche	3 — 5 %	3 — 5 %
Wasserlösliche Asche	1,8— 3,6%	2 — 3,5%
Alkalität der letzteren (K_2CO_3)	0,6— 1,2%	0,6— 1,2%
Fett	47 —52 %	52 —58 %
Stickstoffsubstanz	13 —16 %	13 —16 %
Stärke	7 —12 %	7 —12 %
Rohfaser	3,0— 3,5%	3 — 4 %
Theobromin	1,3— 1,7%	1,3— 1,8%

Kakaoschalen. Die ausschlaggebende Bedeutung für den Nachweis eines Schalengehaltes kommt der mikroskopischen Untersuchung zu. Bei der Heranziehung des Schlämmverfahrens, das unter Innehaltung aller angegebenen Vorsichtsmaßregeln auszuführen ist, wird man davon auszugehen haben, daß gut gereinigte und geschälte Kakaokerne praktisch völlig schalenfrei sind.

So fand Huss in der Mehrzahl der Proben nur Spuren von 0—1%, in einigen Fällen 1—1,8% und nur in einer einzigen, offensichtlich ungenügend gereinigten Probe 3% Schalen. Er bezeichnete daher 2% als die äußerste zulässige Grenze. Noch weiter ging das Landgericht Leipzig in seinem Urteile vom 26. Mai 1908[1], in dem es den Höchstgehalt zu 1,5% festsetzte. Das würde einem Schalengehalte von 3,5—4% in der fettfreien Masse entsprechen. Überschreitungen dieser Zahl sind zum mindesten als starkes Verdachtsmoment zu bewerten. Hingegen ist der Vorschlag von Goske[2], noch 6% Schalen für Kakaopulver zuzulassen, schon aus dem Grunde zu verwerfen, daß aus völlig ungeschälten Bohnen hergestelltes Kakaopulver nur 6—8% Schalen enthält. Der neuerdings zugelassene Zusatz von 2% Kakaogrus mit höchstens 10% Schalen ändert hieran nichts, da durch ihn der Schalengehalt nur um 0,2% erhöht wird.

Der Rohfasergehalt wird durch den Zusatz von Kakaoschalen erhöht, da diese nach den vorliegenden Untersuchungen 12—21% Rohfaser in der fettfreien Trockenmasse enthalten gegenüber nur 5,7—8,9% in der fettfreien Kakaomasse[3].

Man wird nach den bisherigen Erfahrungen wohl annehmen können, daß Rohfasergehalte von 8,5—9,0% der fettfreien Trockenmasse den Verdacht auf Schalenzusatz hervorrufen, solche über 9% einen Schalenzusatz wahrscheinlich machen, dabei aber nicht übersehen dürfen, daß hierbei erhebliche Zusätze der Erkennung entgehen können.

[1] Auszüge 1912, 8, 638. [2] Goske: **Z.** 1910, **19**, 154, 653.
[3] Beythien u. Pannwitz: **Z.** 1916, **31**, 269.

Die schärfere Beurteilung in der Anweisung des Kaiserlichen Gesundheitsamtes, nach der schon bei Rohfasergehalten von mehr als 6% ein unzulässiger Schalengehalt angenommen werden soll, ist nach Beythien und Pannwitz[1] nur eine scheinbare Verschärfung, da bei der vorgeschriebenen Methode der Rohfaserbestimmung erheblich niedrigere Werte als nach dem Weender Verfahren (die Hälfte und weniger) erhalten werden. Bei der Grenzzahl von 6% würden unter Umständen Kakaoproben unbeanstandet bleiben, die nach dem Weender Verfahren 9,9—15% Rohfaser ergeben hätten! Unverfälschte Kakaoproben enthielten nach dem Verfahren des Reichsgesundheitsamtes nie mehr als 5%, oft aber erheblich weniger (3,2—4,7%) Rohfaser. Wenn sonach die Anweisung auch zur Beseitigung der gröbsten Übelstände während der Kriegs- und Inflationszeit gute Dien te geleistet hat, so muß sie doch jetzt als unzureichend bezeichnet werden.

Hinsichtlich der Pentosane, Methylpentosane, Furfuroide und des Kakaorots liegen ausreichende Erfahrungen noch nicht vor, es scheint aber, daß ihre quantitative Bestimmung für den Nachweis von Schalen herangezogen werden könnte.

Die Galakturonsäure ist in dieser Hinsicht als besonders wertvoll anzusehen, da sie von Griebel, einem als überaus vorsichtig bekannten Fachgenossen als Anhaltspunkt empfohlen wird. Die genauere Ausarbeitung der Methode und die Festlegung von Grenzzahlen muß aber erst abgewartet werden.

Gesamtasche und Alkalität sind, wie schon Lührig[2] u. a. gezeigt haben, für den Schalennachweis von untergeordneter Bedeutung, weil der Aschengehalt der Schalen — etwa 6,6—10,6% in der fettfreien Trockensubstanz — von demjenigen der Bohnen zu wenig abweicht.

Ähnlich verhält es sich mit der Gesamtalkalität, sowie mit der wasserlöslichen Asche und ihrer Alkalität, die noch dazu durch die Aufschließung des Kakaos mit Alkali oder Magnesia in schwer kontrollierbarer Weise beeinflußt werden.

Von den einzelnen Bestandteilen der Asche wird in der Anweisung des Kaiserlichen Gesundheitsamtes der Phosphorsäure insofern eine besondere Bedeutung beigemessen, als ein Gehalt an unlöslichen Phosphaten von mehr als 4% des Gesamtphosphatrestes auf übermäßigen Schalengehalt hinweisen soll. Wie von Beythien[3] dargetan worden ist, trifft diese Annahme nicht zu, denn einerseits sind bei reinen Kakaopulvern erheblich höhere Werte als 4 (5—16)% und andererseits bei stark schalenhaltigen Proben unter 4 (2,17—3,54)% liegende Werte gefunden worden. Das ist auch nicht weiter überraschend, da reinen Kakaopulvern mit 1,47—2,40% unlöslichem Phosphatrest schon recht erhebliche Schalenmengen mit 18—20% Phosphatrest zugesetzt werden können, ohne daß die Zahl 4 überschritten wird. Allerdings fand Beythien auch Schalen, bei denen der unlösliche Anteil der Gesamtphosphorsäure 30—100% betrug, aber die hierdurch beeinflußte Zusammensetzung der Asche ist nicht beweisend für einen höheren Gehalt an Schalen, sondern nur für einen solchen an Eisen und Ton reicher Erde.

Dasselbe gilt für einen erhöhten Gehalt an Eisen (in reinen Kernen 0,02 bis 0,10%, in Schalen 0,10—2,48% Fe_2O_3) und an Sand (in reinen Kernen 0—0,2%, in Schalen 0,66—5,0%), der allenfalls als Indiz für die Verwendung mit Erde verunreinigter Schalen, nicht aber als Beweis für einen Schalenzusatz überhaupt zu verwerten ist. Es muß ausdrücklich vor der Annahme gewarnt werden, daß die in der Kakaoverordnung vorgesehene Begrenzung des Sandgehaltes zu 0,3% der fettfreien Kakaomasse dem Nachweise eines Schalenzusatzes dient. Sie erschwert zwar die Beimischung von Schalen, soll aber in erster Linie die Verarbeitung gut gereinigter Bohnen gewährleisten.

Hinsichtlich der zahlreichen weiteren Vorschläge zur Heranziehung der löslichen Kieselsäure, der Gesamtphosphorsäure, der alkohollös-

[1] Beythien u. Pannwitz: Z. 1923, 46, 223.
[2] Lührig: Z. 1905, 9, 263. [3] Beythien: Z. 1923, 46, 226.

lichen Phosphorsäure, des Kupfergehaltes, die sich alle als unzweckmäßig erwiesen haben, sei auf die Arbeiten von BEYTHIEN und PANNWITZ verwiesen.

Zusammenfassend sei also noch einmal gesagt, daß für den Schalennachweis der mikroskopische Befund ausschlaggebend ist, daß er aber durch das mechanische Schlämmverfahren und durch einige chemische Bestimmungen, besonders der Rohfaser und Galakturonsäure, unterstützt werden kann.

Aufschließungsmittel. Die Behandlung mit Wasserdampf kann nicht nachgewiesen werden. Aufschließung mit Ammoniak erkennt man mit Hilfe der qualitativen Reaktion und der quantitativen Bestimmung. Bei Gehalten über 0,1% NH_3 ist eine Behandlung mit Ammoniak als wahrscheinlich anzunehmen. Zu hohe Gehalte werden durch die Vorschrift nach § 6 Nr. 10b der Kakaoverordnung ausgeschlossen, daß ein Ammoniakgeruch nicht wahrnehmbar sein darf.

Zum Nachweise einer Aufschließung mit Alkalicarbonaten oder Magnesia kann das Verfahren von K. FARNSTEINER unter 4 (S. 217) herangezogen werden. Hingegen ist die Bestimmung der Gesamtasche von geringer Bedeutung, weil sie erst bei Zusätzen von mehr als 4% über die normalen Werte erhöht wird.

Im allgemeinen kann man aber auf einen Zusatz von Natrium- oder Kaliumcarbonat schließen, wenn die Reaktion alkalisch ist, weiter die Gesamtalkalität, bezogen auf Kakaomasse mit 55% Fett (A) über 15 (normal — 2,5 bis 12,7) und das Gewicht der in Wasser unlöslichen Asche (R) unter 50% (normal über 60%) beträgt. Ob Soda oder Pottasche zugesetzt ist, erkennt man aus der Zusammensetzung der Asche, die von Natur nur wenig (0,52—4,17%) Na_2O, aber viel (30—35%) K_2O enthält.

Beträgt A über 15 und R über 60%, so ist auf eine Behandlung mit Magnesia zu schließen, während bei auffallend hohem Verhältnis von $R : A$ ein Gemisch von Alkali- und Magnesiumcarbonat angewandt sein kann.

Die Höhe des Zusatzes kann nur geschätzt werden, und zwar auf Grund des Wertes von A, von dem man den für reinen Kakao bestimmten Mittelwert abzieht. Die Schätzung wird höchstens um 0,4% zu hoch ausfallen. Außerdem kann man den Wert R zugrunde legen, für den FARNSTEINER mit Hilfe selbst hergestellter Mischungen folgende Reihe experimentell ableitete:

Unlöslicher Anteil (R)	50	45	40	35	30	25	20	15%
K_2CO_3 zugesetzt . . .	15	20	25	31	38	46	54	64%

Bei einem Werte von $R = 25$ und einem auf Kakaomasse mit 55% Fett berechneten Aschengehalte von a ergibt sich die Menge des zugesetzten Kaliumcarbonates zu $\frac{a \times 46}{100}$%.

Nach dem Vorschlage von BEYTHIEN[1] und später von BEHRE[2] kann zur Beurteilung eines etwaigen Aufschließungsverfahrens auch die quantitative Zusammensetzung und der Kohlensäuregehalt der Asche herangezogen werden.

Einerseits erscheint es berechtigt, den Kohlensäuregehalt, der in normalen Kakaoaschen 3—10% beträgt, zugrunde zu legen und die 10% überschreitende Menge auf Alkalicarbonat zu berechnen. Andererseits kann man den Gehalt an Kaliumoxyd heranziehen, der in den rohen Bohnen 30—35, im Mittel 32% der Asche beträgt und durch Zusatz von 1% Pottasche von 35 auf 40,8% erhöht wird; noch deutlicher müßte sich ein Sodazusatz äußern, da der normale Gehalt an Natriumoxyd von durchschnittlich 2% durch Zusatz von 1% Soda auf 11,4%

[1] BEYTHIEN: Pharm. Zentralh. 1906, **47**, 453. [2] BEHRE: Z. 1908, **16**, 421.

erhöht wird und dann selbst den höchsten bis jetzt beobachteten Natrongehalt der Asche von 4,2% erheblich übersteigt. Ein Zusatz von 1% Magnesia endlich erhöht den Gehalt der Asche an Magnesiumoxyd von durchschnittlich 10 auf 30%.

Schließlich ist noch zu berücksichtigen, daß durch die Behandlung mit Alkalicarbonaten der lösliche Anteil der Phosphorsäure erhöht, durch Behandlung mit Magnesia hingegen erniedrigt wird. Während nach FARNSTEINER bei unaufgeschlossenen Kakaos 18,8—26,6% der Gesamtphosphorsäure in Wasser löslich waren, stieg dieser Anteil nach Zusatz von 1—3% Kaliumcarbonat auf 42,5—58,9%, während er durch Aufschließen mit 0,2% Magnesiumoxyd auf 11,4% herabgedrückt wurde.

Mit Hilfe der angeführten Methoden, besonders derjenigen von FARNSTEINER, wird es in der Regel gelingen, ein Urteil über die Höhe der Zusätze, insbesondere darüber zu erlangen, ob sie die für Kakaomasse festgelegte Grenze von 2,5% übersteigen. Im übrigen wird einem übermäßigen Zusatze schon dadurch vorgebeugt, daß der Aschengehalt der aufgeschlossenen Kakaomasse 7% und derjenige des aufgeschlossenen Kakaopulvers 7,5% (berechnet auf Kakaomasse mit 55% Fett) nach gesetzlicher Vorschrift nicht überschreiten darf.

Der **Wassergehalt** ist in dem teilweise entfetteten Kakaopulver meist höher als in der Kakaomasse, weil das Pulver an sich hygroskopisch ist und überdies infolge der Gegenwart hygroskopischer Aufschließungsmittel (Pottasche) leicht Feuchtigkeit aus der Luft anzieht. In der Regel enthält gut gelagertes Kakaopulver nicht mehr als höchstens 6—7% Wasser. Die früher getroffene Begrenzung auf 6% konnte aber nach Feststellungen von BEYTHIEN[1] nicht aufrecht erhalten werden, weil dieser Wert von 48,5% der in den Jahren 1928—1931 untersuchten Proben überschritten wurde. Hingegen wird die weitere gesetzliche Vorschrift, daß Kakaopulver nicht mehr als 9% Wasser enthalten darf, den Verhältnissen der Praxis hinreichend gerecht, denn von 100 untersuchten Proben enthielten nur 7,1 mehr als 7% und nur 1,4 mehr als 8% Wasser, während Werte über 9% überhaupt nicht vorkamen.

Schokolade enthält nur Spuren (0,5—1,8%) Wasser. Die gesetzliche Begrenzung auf 2,5% ist daher als reichlich hoch zu bezeichnen. Sie gilt überdies nicht für Milch- und Sahneschokolade. Ob einer Schokolade im Fabrikationsgange mehr als 1% Wasser zugesetzt worden ist, was zur Bekämpfung der Fettersparnis verboten ist, kann nicht durch Untersuchung der fertigen Schokolade, sondern nur durch eine Betriebskontrolle aufgeklärt werden.

Fett. Die Bestimmung des Gesamtfettgehaltes erfolgt nach den angegebenen Methoden mit großer Genauigkeit. Er schwankt bei den gerösteten Kernen zwischen 47—52% und bei der Kakaomasse zwischen 52—58%. Entöltes Kakaopulver muß mindestens 20%, „stark entöltes" Kakaopulver mindestens 10%, Schokolade mindestens 21%, Schmelzschokolade mindestens 26%, Überzugsmasse mindestens 35%, Schokoladepulver mindestens 6% Kakaobutter enthalten. Die besonderen Vorschriften für den Fettgehalt der mit Milch oder Sahne hergestellten Erzeugnisse werden im letzten Abschnitte besprochen werden. Jede Unterschreitung der angegebenen Grenzwerte macht die Ware unverkäuflich.

Nachweis fremder Fette. Abgesehen von den gesondert zu besprechenden Milch- und Sahneschokoladen, sowie den sog. Fettglasuren dürfen alle Kakaoerzeugnisse kein anderes Fett als Kakaobutter enthalten. Der Zusatz fremder Fette ist gesetzlich verboten. Ihr Nachweis erfolgt mit Hilfe der in Bd. IV näher besprochenen Methoden, von denen besonders die Bestimmung

[1] BEYTHIEN: Kazett 1931, 20, 565.

des Schmelzpunktes, der Refraktion, der Jodzahl und der übrigen Kennzahlen heranzuziehen ist.

Von neueren Arbeiten über diesen Gegenstand seien hier noch erwähnt: J. GROSSFELD: Über das Fett der Speiseschokoladen[1]; BRUNO PASCHKE: Nachweis von Fremdfetten in Kakaobutter[2]; MAUERSBERGER: Kakaobutter und Quarzlampe[3]; K. BODENDORF: Nachweis von Kakaobutterverfälschungen mit der Benzopersäureoxydation[4].

Bei der Verwertung der erlangten Befunde ist aber zu berücksichtigen, daß einerseits durch das Fett der erlaubten Zusätze ölhaltiger Samen, wie Haselnüsse, Walnüsse, Mandeln, Erdnüsse usw. die Kennzahlen der extrahierten Kakaobutter beeinflußt werden können, und daß andererseits in die Überzugsmasse gefüllter Schokoladen und gewisser Backwaren bisweilen fremdes Fett aus dem Kern oder der Füllung übertritt. So ist durch BEYTHIEN und SIMMICH festgestellt worden, daß bei der Herstellung von Krempralinen aus den cocosfetthaltigen Kernen Cocosfett in die auf etwa 37° erwärmte Tunkmasse übergeht und sich hier anreichert, und noch vor kurzem haben WIESEMANN und FÖRSTER vom Dresdener Untersuchungsamte nachgewiesen, daß auch bei Kremwaffeln, die mit reiner Schokolade hergestellt werden, nach einiger Zeit fremdes Fett in dem Überzuge enthalten sein kann. Hier ist der Vorgang allerdings insofern etwas anders als bei den Pralinen, als das Fremdfett nicht während des Tunkprozesses, sondern erst nach dessen Beendigung in die Überzugsmasse eintritt. Das ergibt sich aus der Tatsache, daß die Überzüge von der durch Waffelblätter (Teigmasse) völlig abgeschlossenen Breitseite frei von Fremdfett sind, während die Überzugsmasse von den 4 Schmalseiten, die mit den zutage tretenden Kernschichten in Berührung kommt, Cocosfett enthält. Da es sich hier um eine normale Folge des üblichen Herstellungsprozesses handelt, die zu verhindern, der Fabrikant nicht in der Lage ist, empfiehlt es sich, zur Vermeidung unberechtigter Beanstandung, den Überzug von der Breitseite und den Schmalseiten getrennt zu untersuchen.

Sahne- und Milchschokolade. Die Bestimmung des Gehaltes an Milchfett und an Milchtrockensubstanz kann nach den angegebenen Methoden innerhalb der angegebenen Fehlergrenzen, annähernd erfolgen. Schwieriger ist die Beantwortung der Frage, in welcher Form die Milchbestandteile, ob als Sahne, Vollmilch, Magermilch oder als Gemisch dieser zugesetzt worden sind.

Eine Sahneschokolade, die lediglich unter Verwendung von Sahne hergestellt worden ist, darf neben dem gesetzlich vorgeschriebenen Mindestgehalte von 5,5% Milchfett nur etwa 7,6% fettfreie Milchtrockensubstanz enthalten, weil nach der Reichsausführungsverordnung zum Milchgesetze in Sahnepulver auf 42% Fett höchstens 58% fettfreie Milchtrockensubstanz entfallen. Bei höherem Gehalte an Milchfett darf nur die dreifache Menge des 5,5% übersteigenden Milchfettes an fettfreier Milchtrockensubstanz mehr vorhanden sein, wenn neben der Sahne lediglich Vollmilch vorhanden ist, da in Vollmilchpulver auf 25% Milchfett höchstens 75% fettfreie Trockensubstanz entfallen.

Bei einer Sahneschokolade mit 7,0% Milchfett stellt sich also die Rechnung folgendermaßen:

5,5%	Milchfett als Sahne	entsprechen	7,6%	fettfreier	Trockensubstanz
1,5%	„ „ Vollmilch	„	4,5%	„	„
7,0%	„	„	12,1%	„	„

Ein 12,1% übersteigender Gehalt an fettfreier Milchtrockensubstanz deutet einen Zusatz von Magermilch an.

---

[1] J. GROSSFELD: Z. 1931, **62**, 441.
[2] BRUNO PASCHKE: Z. 1932, **64**, 561.
[3] MAUERSBERGER: Chem.-Ztg. 1932, **56**, 861.
[4] K. BODENDORF: Pharm. Ztg. 1929, **74**, 384; Z. 1933, **65**, 486.

Die Rechnung versagt natürlich, wenn neben Magermilch ein diese zu Vollmilch ergänzender Butterzusatz gegeben wird.

Lecithin. Nach der neuen Kakaoverordnung ist für Kakaoerzeugnisse ein Zusatz von höchstens 0,3% Lecithin, bezogen auf das fertige Erzeugnis erlaubt. Da dieses Zugeständnis im Hinblick auf den der Hansamühle patentierten Zusatz von Sojalecithin gemacht ist, muß der Berechnung die Zusammensetzung des letzteren zugrunde gelegt werden. Es empfiehlt sich daher, nicht vom Cholingehalte, sondern von dem Gehalte an alkohollöslicher Phosphorsäure auszugehen. Da Sojalecithin nach NOTTBOHM und MAYER 2,57% Phosphor, entsprechend 5,89% Phosphorsäure (P_2O_5) enthält, so multipliziert man die gefundene Phosphorsäure mit rund 17. Von dem auf 100 g Substanz berechneten Werte muß man 0,07—0,25% als natürlichen Phosphatidgehalt des Kakaos abziehen.

Verdorbenheit. Die Merkmale der Verdorbenheit, die im allgemeinen besser bei grobsinnlicher Prüfung als durch chemische Untersuchung festgestellt werden, sind in der Kakaoverordnung ziemlich erschöpfend aufgeführt worden. Neben Beschädigung durch Seewasser, Schimmel, Fäulnis, Brandrauch, Insektenfraß kommen noch dumpfiger oder modriger Geruch oder Geschmack der Rohbohnen, sowie der daraus gewonnenen Kakaoerzeugnisse in Frage. Die Bestimmung des Säuregrades, der bei Kakaobutter die Zahl 8 nicht übersteigen darf, kann unter Umständen den Beweis für die Verwendung ranziger Kakaobutter oder ranziger Milcherzeugnisse unterstützen. In bezug auf das Vorhandensein von Schimmelpilzen ist zu beachten, daß nach der „Begründung" zu § 5 Nr. 3 der Kakaoverordnung Kakaomasse und Kakaoerzeugnisse, die nur an einzelnen Stellen Veränderungen, z. B. leichte Schimmelbildung zeigen, nicht als verdorben zu gelten haben. Da von den Verbrauchern bisweilen eine weißliche Bereifung durch auskrystallisierende Kakaobutter irrtümlich als Schimmel angesehen wird, muß auf alle Fälle der mikroskopische Nachweis geführt werden. Im Hinblick auf die Schwierigkeit völliger Fernhaltung von Schädlingen (Käfern, Motten) aus den Fabrikräumen empfiehlt es sich auch, bei Ausübung der amtlichen Lebensmittelkontrolle wegen des Auftretens vereinzelter Mädchen nicht gleich Beanstandung auszusprechen.

H. Beurteilung auf Grund der Rechtslage.

Für den Verkehr mit Kakao und Kakaoerzeugnissen ist, abgesehen von den Vorschriften der Kennzeichnungsverordnung von 28. September 1927 das Lebensmittelgesetz maßgebend, das durch die auf Grund von § 5 dieses Gesetzes am 15. Juli 1933 erlassene Verordnung über Kakao und Kakaoerzeugnisse wirksam ergänzt wird. Diese am 1. Oktober 1933 in Kraft getretene Verordnung, die am Ende dieses Bandes im Wortlaute abgedruckt worden ist, gibt bindende Begriffsbestimmungen für Kakaobohnen in den verschiedenen Stufen der Zubereitung und für alle daraus hergestellten Erzeugnisse und stellt weiter fest, in welchen Fällen diese als verdorben, nachgemacht oder verfälscht anzusehen und unter Umständen auch bei Kenntlichmachung vom Verkehr ausgeschlossen sind. Auch wird ausgeführt, wann beim Vertriebe von Kakao oder Kakaoerzeugnissen eine irreführende Bezeichnung, Angabe oder Aufmachung vorliegt. Die Vorschriften sind nicht insoweit erschöpfend, daß alles in ihnen nicht verbotene ausdrücklich erlaubt wäre, aber andererseits doch so umfassend, daß kaum jemals Anlaß zur weiteren Heranziehung des Lebensmittelgesetzes gegeben sein wird. Nur späterhin in Aufnahme kommende Stoffe, Verfahren und Gebräuche würden nach der beigegebenen Begründung auf Grund des Lebensmittelgesetzes zu beurteilen sein. Die Verordnung entspricht im großen und ganzen der jetzigen Auffassung der Industrie- und der Nahrungsmittelkontrolle. Einige Abweichungen von der bisherigen Rechtslage sind von BEYTHIEN in seinem „Epilog zur Kakaoverordnung"[1] besprochen worden.

Da es denjenigen Fachgenossen, Erzeugern und Verbrauchern, die nicht an den langjährigen Vorarbeiten zu dem Zustandekommen der Verordnung beteiligt waren, schwer fallen wird, die für ein bestimmtes, ihrer Beurteilung unterliegendes Erzeugnis geltenden Vorschriften schnell herauszufinden, wird es zweckmäßig sein, die letzteren für die einzelnen Rohstoffe und Warengattungen etwas übersichtlicher zusammen zu stellen und in ihrer Bedeutung an der Hand bis jetzt beobachteter Zuwiderhandlungen und dazu ergangener richterlicher Urteile zu erläutern. Bei dieser Gelegenheit werden auch einige ausländische Kakaogesetze, insbesondere die in mehrfacher Hinsicht mustergültigen schweizerischen, italienischen und österreichischen mit berücksichtigt werden.

Rohkakaobohnen, so wie sie aus den Ursprungsländern eingeführt werden, unterliegen keinerlei beschränkenden Bestimmungen. Sobald sie sich aber nicht mehr in der ursprünglichen Verpackung befinden und als sog. gestürzte Rohbohnen zur Weiterverarbeitung auf Kakao und Kakaoerzeugnisse bestimmt sind, dürfen sie nicht mehr als 15% fremde Bestandteile (z. B. Steine, Nägel, Sackteile u. dgl.), darunter auch zur Verarbeitung ungeeignete Bohnen enthalten [§ 1 (2) II und § 5, 1a].

Verlesene Rohkakaobohnen, die unmittelbar zur Verarbeitung bestimmt sind, müssen bis auf höchstens 3% von fremden Bestandteilen, insbesondere beschädigten Kakaobohnen befreit sein [§ 1 (2) II und § 5, 1b]. In § 5 ist auch näher angegeben worden, welche Bohnen als „beschädigt" zu gelten haben.

Kakaokerne sind nach § 1 (2) IIIb gedarrte oder geröstete, entschälte und entkeimte verlesene Kakaobohnen. Sie werden im grob zerkleinerten Zustande Kakaobruch genannt und dürfen Samenschalen, Samenhäutchen und Keime nur noch in technisch nicht vermeidbaren Mengen enthalten. Als „technisch unvermeidbare" bezeichnet die Begründung zu der Verordnung in Übereinstimmung mit den Feststellungen von HUSS (S. 253) unter 2% liegende Gehalte.

Kakaogrus. Die neue Vorschrift, daß die Bezeichnung „Kakaogrus" nur für kleine Kakaokernteilchen angewandt werden darf, die bei der Reinigung des Kakaoabfalls gewonnen werden und Samenschalen, Samenhäutchen und Keime nur noch in einer 10% nicht überschreitenden Menge enthalten dürfen, beseitigt eine Quelle grober Verfälschungen.

Es war früher vielfach üblich, den zerkleinerten, hauptsächlich aus Schalen bestehenden Abfall als Kakaogrus zu bezeichnen und in fein gemahlener Form zur Herstellung von Kakaopulver und Schokolade zu benutzen. Wenngleich derartige Erzeugnisse von den Gerichten in der Regel als verfälscht beurteilt wurden, z. B. Schokolade vom Landgericht Leipzig am 26. Mai 1908[2], so bot es doch Schwierigkeiten, die Verwendung zu verhindern, wenn der Zusatz in irgendeiner Form etwa durch die Angabe Kakaogruspulver kenntlich gemacht war, und diese Art der Verfälschung nahm während des Krieges, als gewaltige Mengen wertloser Abfälle für sich allein oder im Gemisch mit Kakao aus dem Auslande eingeführt wurden, einen immer größeren Umfang an, so daß sich die Reichsregierung am 19. August 1915[3] zum Erlaß der Bekanntmachung über den Verkehr mit Kakaoschalen genötigt sah, die in der Fassung vom 9. März 1917[4] folgenden Wortlaut hatte:

[1] Deutsch. Nahrungsm.-Rundschau 1933, 130.
[2] Auszüge 1912, 8, 638.
[3] RGBl. S. 507; G. u. V. 1915, 7, 508.
[4] RGBl. S. 222; G. u. V. 1917, 9, 246.

„§ 1. Es ist verboten, gepulverte Kakaoschalen oder Erzeugnisse, die mit gepulverten Kakaoschalen vermischt sind,

1. zu verkaufen, feilzuhalten oder sonst in Verkehr zu bringen,
2. aus dem Ausland einzuführen.

§ 2. Das Verbot des § 1 erstreckt sich nicht auf Kakaoschalenteile, die in den aus Kakaokernen bereiteten Erzeugnissen, bei Anwendung der gebräuchlichen technischen Herstellungsverfahren als unvermeidbare Bestandteile zurückgeblieben sind. Der Reichskanzler kann weitere Ausnahmen zulassen.

§ 3. Das Verbot des § 1, Nr. 1 erstreckt sich nicht auf Gegenstände der im § 1 bezeichneten Art, die nach den Vorschriften des Reichskanzlers zum Genusse für Menschen unbrauchbar gemacht worden sind.“

(§§ 4—7 enthalten die Strafbestimmungen.)

Die in § 3 vorgesehene Unbrauchbarmachung zum menschlichen Genusse hatte nach der Bekanntmachung vom 21. August 1915[1] durch Zusatz von 3—5% Stroh- oder Heuhäcksel oder 5% Spreu (Kaff) von Getreide oder Buchweizen zu erfolgen.

Daß sie wider Erwarten nicht ausreichte, lehrt der Prozeß gegen einen Dresdener Viehzüchter, der in vorschriftsmäßiger Weise „ungenießbar“ gemachte Kakaoschalen unter der Bezeichnung Kakaofutter zum Preise von 15,6 Pf. für 1 Pfund bezog und dann, „weil die Schweine sie nicht fressen wollten“, zum Preise von 50 Pf. als Genußmittel für Menschen verkaufte. Er wurde vom Landgericht Dresden am 12. Oktober 1916 (Reichsgericht am 12. Dezember 1916)[2] wegen Betruges verurteilt.

Andere Händler, die gemahlene Kakaoschalen als Kakaopulver hatten versteigern lassen oder zu 50—60% aus Schalen bestehenden Kakao verkauft hatten, wurden vom Landgericht Mannheim[3], ferner am 11. Februar 1916 vom Landgericht Köln (Reichsgericht am 2. Mai 1916)[4] auf Grund von §§ 10 und 12 des Nahrungsmittelgesetzes verurteilt.

In einem Falle, in dem „Kakao mit 40% Schalen“ angepriesen worden war, versagte das Nahrungsmittelgesetz, der Händler erhielt aber am 28. April 1917 vom Landgericht I Berlin[5] eine Geldstrafe wegen Zuwiderhandlung gegen die Kakaoschalenverordnung, nach der eine Deklaration nicht schützte. Auch der Verkäufer eines Gruskakaopulvers wurde am 24. Februar 1932 vom Oberlandesgericht Naumburg[6] auf Grund der gleichen Bekanntmachung verurteilt.

Durch die neue Verordnung ist diese Bekanntmachung vom Jahre 1915 überflüssig gemacht und daher aufgehoben worden. Die Rechtslage ist also jetzt so, daß Kakaoerzeugnisse, die mehr als die technisch unvermeidbare Menge an Kakaoschalen, Kakaokeimen oder Kakaohäutchen enthalten (§ 6[3]) oder die ganz oder teilweise aus Kakaoabfall oder Kakaoschalen hergestellt sind, überhaupt nicht, auch nicht unter Kenntlichmachung in den Verkehr gebracht werden dürfen.

Zur Herstellung der Kakaoerzeugnisse (Kakaomasse, Kakaobutter, Kakaopulver, Schokolade) dürfen den reinen Kakaokernen (Kakaobruch) bis zu 2% Kakaogrus mit höchstens 10% Schalen zugesetzt werden.

Für die aus vorstehend besprochenen Ausgangsmaterialien hergestellten Kakaoerzeugnisse lassen sich zunächst folgende allgemeinen Vorschriften anführen:

1. Sie müssen den in §§ 1—3 aufgestellten Begriffsbestimmungen entsprechen (§ 6, Ziff. 1).

2. Zubereitungen, die den in §§ 1—3 genannten Kakaoerzeugnissen nach ihren sinnlich wahrnehmbaren Eigenschaften, insbesondere Aussehen, Geruch, Geschmack zum Verwechseln ähnlich sind (Surrogate, Ersatzmittel) dürfen überhaupt nicht, auch nicht unter Kenntlichmachung oder Phantasienamen in den Verkehr gebracht werden (§ 6, Ziff. 2). Die einzige in § 8 getroffene Ausnahme von diesem Verbote wird unter „Fettglasur“ noch besonders besprochen werden.

---

[1] RGBl. S. 513; Veröffentl. 1915, **31**, 675.

[2] G. u. V. 1917, **9**, 321. [3] Pharm. Ztg. 1916, **61**, 6. [4] G. u. V. 1916, 8, 128, 459.

[5] G. u. V. 1918, **10**, 260. [6] Kazett 1932, **21**, 427.

3. Völlig verboten sind Erzeugnisse mit mehr als technisch unvermeidbaren Mengen Kakaoschalen, Kakaokeimen oder Kakaosamenhäutchen (§ 6, Ziff. 3); ferner solche, die unter Verwendung von Kakaoabfall, Kakaoschalen oder mehr als 2% Kakaogrus (§ 6, Ziff. 6) hergestellt sind.

4. Verboten ist weiter die Verwendung von Fremdfetten, wozu auch extrahiertes oder aus Abfällen gepreßtes Kakaofett gehört (§ 6, Ziff. 4), von Farbstoffen und Lack (§ 6, Ziff. 7), abgesehen von Schokoladefiguren, von mehr als 0,3% Lecithin (§ 6, Ziff. 8) und von Mineralöl (§ 6, Ziff. 5).

5. Nur unter Kenntlichmachung erlaubt ist der Zusatz von natürlichen oder künstlichen Aromastoffen, mit Ausnahme des ohne Kenntlichmachung zugelassenen Vanillins und des entsprechenden Äthyläthers, sowie der natürlichen Gewürze. Als Beispiele der erforderlichen Kenntlichmachung für einen Zusatz von Kaffeearoma seien angeführt „Kakao mit Kaffeegeschmack" oder „Schokolade mit Kaffeearoma".

Für die einzelnen Kakaoerzeugnisse werden noch folgende besonderen Vorschriften aufgestellt:

Kakaomasse. Abgesehen von den vorstehenden allgemeinen Verboten darf Kakaomasse nur durch den Geruch nicht wahrnehmbare Spuren von Ammoniumsalzen, höchstens 2,5% zum Aufschließen oder Abstumpfen benutzte Alkalicarbonate, Magnesiumverbindungen oder andere unschädliche Stoffe (z. B. Weinsäure als Abstumpfungsmittel) und nicht mehr als 0,3% Sand (berechnet auf fettfreie Kakaomasse) enthalten.

Alle anderen fremden Stoffe, insbesondere Mehl, Zucker usw. sind, auch unter Kennzeichnung verboten.

Das neue Österreichische Lebensmittelgesetz[1] enthält neben ganz analogen Bestimmungen noch die weitere Vorschrift, daß der Rohfasergehalt 9% der fettfreien Trockenmasse nicht übersteigen darf. Die deutsche Verordnung sieht aus den mitgeteilten Gründen (S. 253) von einer solchen Begrenzung mit Recht ab.

Kakaopulver. Für Kakaopulver gelten in erster Linie die für alle Kakaoerzeugnisse erlassenen allgemeinen Verbote (Kakaoschalen und -keime, Fremdfette, Farben) und, wie bei Kakaomasse, größerer Mengen Ammoniak und 2,5% übersteigender Gehalte an Aufschließungsmitteln (auf Kakaomasse berechnet).

Darüber hinaus sind noch folgende Vorschriften erlassen:

Der Wassergehalt darf 9% nicht übersteigen (§ 6, Ziff. 15). Gegen diese Vorschrift dürfte kaum jemals verstoßen worden sein, noch in Zukunft verstoßen werden. Sie ist auch im Österreichischen Lebensmittelgesetze enthalten.

Der Aschengehalt ist für nicht aufgeschlossenes Kakaopulver zu 5%, für aufgeschlossenes zu 7,5% (berechnet auf Kakaomasse mit 55% Fett) begrenzt. Erzeugnisse mit höheren Aschengehalten dürfen nicht in den Verkehr gebracht werden.

Da die Alkalisierung nach den Erfahrungen der letzten Jahre ständig zurückgeht, erscheint die Herabsetzung der früher für aufgeschlossenen Kakao geltenden Höchstgrenze von 8% auf 7,5% durchaus begründet.

Das Österreichische Lebensmittelgesetz schreibt für nicht aufgeschlossenen Kakao 10%, für aufgeschlossenen Kakao 16,6% Asche in der fettfreien Trockenmasse vor. Nach der Umrechnung auf Kakaomasse mit 55% Fett ergeben sich die Werte 4,5 bzw. 7,47%, die den deutschen nahezu gleich kommen.

Es enthält zur weiteren Verhinderung der Überalkalisierung noch die Bestimmung, daß die Gesamtalkalität der nicht aufgeschlossenen Kakaopulver 120 ccm, die wasserlösliche Alkalität 30 ccm Normalsäure (bezogen auf 100 g fettfreie Kakaotrockenmasse) nicht übersteigen darf, während bei aufgeschlossenen Kakaos nur die wasserlösliche Alkalität zu 120 ccm N.-Säure begrenzt wird. Die deutsche Vorschrift sieht von einer solchen Bestimmung ab.

[1] Kazett 1932, 21, 169.

Das Italienische Kakaogesetz vom 9. April 1931[1] setzt für den Aschengehalt aller Kakaopulver 7%, außer 3% kohlensauren Alkalien fest. Obwohl in der Quelle nicht angegeben wird, auf welche Grundlage die Zahlen sich beziehen, ist wohl anzunehmen, daß sie für Kakaomasse mit 55% Fett gelten sollen, also reichlich hoch sind.

Die Schweizerische Verordnung vom 23 Februar 1926[2] sieht von einer Vorschrift über den Aschengehalt ab und begrenzt nur den Gehalt des „löslichen Kakaos" an kohlensaurem Alkali zu höchstens 3%. Die Zahl ist also wesentlich niedriger als diejenige der anderen Länder.

Würzung des Kakaopulvers mit natürlichen Gewürzen sowie mit Vanillin oder dem ihm entsprechenden Äthyläther ist ohne Kennzeichnung, solche mit natürlichen oder künstlichen Aromastoffen unter Kennzeichnung erlaubt (§ 6, Ziff. 9, 10d).

Die vom Verein Deutscher Nahrungsmittelchemiker vertretene Auffassung[3], daß jeder Kakao mit normalem Fettgehalt Aroma und Würze genug hat, und daß der Zusatz von Gewürzen lediglich den durch die starke Abpressung bedingten faden Geschmack verdecken, also eine bessere Beschaffenheit vortäuschen soll, ist vom Verbande Deutscher Schokoladefabrikanten bestritten worden. Die neue Verordnung schlägt den Mittelweg ein, daß sie nur für natürliche und künstliche Aromastoffe außer Vanillin und dem entsprechenden Äthylester Kenntlichmachung vorschreibt, die beiden letzteren und auch natürliche Gewürze hingegen ohne Deklaration zuläßt.

Fettgehalt. Die lange umstrittene Frage des Fettgehaltes, deren Vorgeschichte in dem 4. Band des Handbuches von Beythien, Hartwich und Klimmer[4] ausführlich besprochen worden ist, hat nunmehr ihre endgültige Regelung dahin gefunden, daß Kakaopulver mit weniger als 20% als „stark entölt" bezeichnet werden muß, und daß Kakaopulver mit weniger als 10% Fett überhaupt nicht in den Verkehr gebracht werden darf (§ 6, Ziff. 11, 12). Die seit einiger Zeit im Handel angetroffene widersinnige Angabe „schwach entölt, daher fettreich" ist nunmehr verboten, da nach § 7, Ziff. 2 eine irreführende Bezeichnung vorliegt, wenn Kakaopulver als fettreich oder gleichsinnig bezeichnet wird. Ob die früher übliche Angabe „schwach entölt" als eine solche gleichsinnige Bezeichnung anzusehen ist, geht aus dem Wortlaut nicht hervor. Man wird sie wohl als zulässig anzusehen haben. Die Werte gelten für Kakaopulver mit einem Wassergehalt von 5% (vgl. „Anhang" S. 275).

Wesentlich schärfere Vorschriften enthalten die ausländischen Gesetze. So schreibt das Österreichische Lebensmittelgesetz für Kakaopulver mit weniger als 20% Fett die Bezeichnung Magerkakao vor und verbietet ebenfalls, Erzeugnisse mit weniger als 10% Fett in den Verkehr zu bringen.

In der Schweiz wird 16%, in Italien und in Bulgarien[5] 20% als niedrigster Fettgehalt festgesetzt und der Verkauf stärker entölten Kakaopulvers überhaupt verboten.

Fremde Stoffe, d. h. alle nicht im vorstehenden als zulässig bezeichneten Bestandteile, insbesondere auch Mehl und Zucker, dürfen im Kakaopulver nicht enthalten sein. Ausgenommen von dieser Vorschrift sind nur folgende in § 2, Ziff. 3—7 besonders beschriebenen Mischungen: Haferkakao, Haferkakao gezuckert, Malzkakao, Hafermalzkakao und Eichelkakao, die der dort angegebenen Zusammensetzung entsprechen und bei Verwendung von stark entöltem Kakao in unmittelbarem Zusammenhange mit der Bezeichnung die Angabe „stark entölt" tragen müssen. In den für ihre Bezeichnung vorgeschriebenen Wortbildungen darf das Wort Kakao weder durch die Art des Druckes noch auf andere Weise besonders hervorgehoben werden, wie z. B. Hafer**kakao**.

Im übrigen ist es nach § 6, Ziff. 10 verboten, Kakaopulver, das fremde Stoffe enthält, auch bei Kenntlichmachung in den Verkehr zu bringen.

Das gilt insbesondere für Mischungen von Kakao mit Mehl (Weizenmehl, Kartoffelmehl, Leguminosenmehl), Zucker, Milchpulver, Eigelb, sog. Nährsalzen

---

[1] Kazett 1932, **21**, 172. [2] Reichsgesundh.-Bl. 1927, **2**, 122. [3] Z. 1909, **18**, 171.
[4] Beythien, Hartwich u. Klimmer: Leipzig: Chr. Herm. Tauchnitz 1919.
[5] Reichsgesundh.-Bl. 1932, **7**, 134.

usw., wie sie bislang vielfach, zum größten Teile unter irreführenden Bezeichnungen und Angaben in den Verkehr gebracht wurden. Diese Vorschrift bedeutet eine wesentliche Verschärfung der seitherigen Rechtslage.

Zwar hatten die Gerichte bislang schon immer Mischungen von Kakaopulvern mit anderen Stoffen, wenn der fremde Zusatz nicht deutlich gekennzeichnet war, als verfälscht beurteilt, wie folgende dem Handbuche von BEYTHIEN, HARTWICH und KLIMMER[1] (Bd. 4, S. 384) entnommene Beispiele näher veranschaulichen mögen:

Dresdner Kakaomischung (aus Zucker, Mehl, Kakao);
Kakaowürfel (aus Kakao und Zucker);
Kakaotabletten (aus Kakao und Weizenmehl);
Geka-Kakao (aus Kakao und Weizenmehl);
Milfix-Kakao (aus Kakao und Magermilchpulver);
Pflanzennährsalz-Kakao (aus Kakao und Bohnenmehl);
Milchkakao-Trokka (aus Kakao, Milch und Zucker);
Hämatogen-Nährkakao (Kakao, Hämoglobin, Kartoffelmehl und Zucker).

Auch ist wegen des Verkaufes solcher Mischungen aus Kakao, Mehl, Zucker oder Milch unter Bezeichnungen wie Haushaltkakao, Familienkakao, Nährkakao oder Kraftkakao in der Regel Verurteilung erfolgt.

In einigen Fällen hat die Rechtsprechung allerdings auch versagt, in erster Linie, wenn in der Bezeichnung, das Wort Kakao vermieden wurde, wie in Macowürfel, Bimolanährsalzwürfel, Kaowürfel, bisweilen aber auch bei Nähr- oder Kraftkakao (z. B. Prof. Dr. POHLERS Kraftkakao), die Mehl, Zucker, Salze usw. enthielten.

Bei deutlicher Kennzeichnung der fremden Zusätze, z. B. Kakao mit Mehl, Kakaowürfel mit Milch und Zucker, Nährkakao mit Zusatz feinsten Kraftmehls, Nähreiweißhaferkakao, Bananenmehlkakao war aber sowohl dem alten Nahrungsmittelgesetze als auch dem neuen Lebensmittelgesetze Genüge geleistet, und auch völlige Nachmachungen aus gerösteten Akaziensamen, Edelkastanien, Gerste usw., wie sie während des Krieges erfunden wurden[2], konnten damals kaum beanstandet werden, wenn sie den Namen Kakaoersatz trugen.

Nach der jetzt vorliegenden Kakaoverordnung ist der Vertrieb aller dieser Erzeugnisse unzulässig, und daß diese Vorschrift mit voller Absicht und nicht etwa infolge eines Versehens in die Verordnung hineingelangt ist, geht aus einem Vergleiche mit dem ursprünglichen Entwurfe und der dazu veröffentlichten Begründung zweifelsfrei hervor.

In § 7 des Verordnungsentwurfes von 1930 hieß es nämlich:

§ 7. Als verfälscht sind insbesondere anzusehen und außer in den Fällen der Nr. 6, 8, 14, 15, ..., auch bei Kenntlichmachung vom Verkehr ausgeschlossen:

14. Kakaopulver und stark entöltes Kakaopulver, das außer den zugelassenen Zusätzen (§ 2, Abs. 3, 4, 5, 6, 7) fremde Stoffe enthält, unbeschadet eines Zusatzes von stärkemehlhaltigen Stoffen oder Stoffen zu medizinischen oder diätetischen Zwecken, sofern das Erzeugnis entsprechend gekennzeichnet ist[3] und der Gehalt des Erzeugnisses an Kakaopulver nicht weniger als 50 Hundertteile beträgt.

Die Begründung lautet:

„Nr. 14. Unter den ‚zugelassenen Zusätzen' sind lediglich die in § 2 zugelassenen Zusätze wie Gerstenmalz, Hafermehl, Eichelmehl, zu verstehen. Im übrigen sollen hier vornehmlich die zu medizinischen oder diätetischen Zwecken bestimmten Kakaozubereitungen getroffen werden. Ein sog. Diabetikerkakao muß danach mindestens 50 Hundertteile Kakaopulver enthalten."

[1] Leipzig: Chr. Bernh. Tauchnitz 1919.
[2] Vgl. BEYTHIEN: Volksernährung und Ersatzmittel, S. 518. Leipzig: Chr. Herm. Tauchnitz 1922.
[3] Im Originale nicht gesperrt.

Da die ganze, durch Sperrdruck hervorgehobene Einschränkung in der Verordnung fortgelassen ist, dürfen Kakaopulver mit Mehl, Zucker, mehr als 0,3% Lecithin, sowie anderen Stoffen zu medizinischen oder diätetischen Zwecken, auch unter Kenntlichmachung, nicht in den Verkehr gebracht werden.

Wie der Syndikus des Verbandes Deutscher Schokoladefabrikanten F. WAGNER[1] mitteilt, sind diese Erwähnungen deswegen unterblieben, weil das Reichsgesundheitsamt die Regelung des Verkehrs mit diätetischen Mitteln in einer besonderen Verordnung plant, und weil Erzeugnisse mit Zusätzen zu medizinischen Zwecken als Arzneimittel im Sinne des Arzneimittelgesetzes angesehen werden sollen. Bis dieses in Kraft tritt, besteht das Verbot zu Recht.

Schokolade in ihren mannigfachen Formen muß den in § 3 Nr. 1—13 aufgestellten Begriffsbestimmungen entsprechen und darf insbesondere die für alle Kakaoerzeugnisse verbotenen Stoffe (Schalen und Keime, Fremdfette, Mineralöl, mehr als 0,3% Lecithin usw.) nicht enthalten.

Über einige weitere, für alle Schokoladensorten geltende Bestimmungen sei noch folgendes angeführt:

Der Wassergehalt darf nach § 6, Ziff. 17 nicht mehr als 2,5% betragen, doch gilt diese Vorschrift nicht für Sahne- und Milchschokolade.

Verboten ist weiter, der Schokolade im Fabrikationsgange mehr als 1% Wasser zuzusetzen (§ 6, Ziff. 16).

Durch diese Vorschrift soll verhindert werden, daß bei der Herstellung namentlich billiger Schokoladen an Stelle von Kakaobutter Wasser verwendet wird, selbst wenn es sich nur um geringe Mengen Wasser handelt, die im Fabrikationsprozeß wieder verdampfen.

Der Sandgehalt darf 0,3%, berechnet auf fett- und zuckerfreie Trockenmasse nicht überschreiten (§ 6, Nr. 18b).

Würzung der Schokolade mit Gewürzen (Vanille, Vanillin, Zimt, Nelken u. dgl.) wurde schon in den Leitsätzen des Vereins Deutscher Nahrungsmittelchemiker als zulässig bezeichnet. Nach der neuen Kakaoverordnung gilt für Schokolade die gleiche Vorschrift wie für Kakaopulver, d. h. Zusatz von natürlichen Gewürzen, Vanillin oder dem entsprechenden Äthyläther ist unbeschränkt, Zusatz anderer Aromastoffe nur unter Deklaration zulässig (§ 6, Ziff. 18d).

Gehalt an Zucker und Kakaobestandteilen. Für alle Schokoladearten ist ein Höchstgehalt an Zucker und ein Mindestgehalt an Kakaobestandteilen (Kakaomasse + Kakaobutter), Kakaomasse und zum Teil auch an freier Kakaobutter festgesetzt worden. Sofern den Schokoladen Kerne oder Früchte ganz oder in Stücken zugesetzt worden sind, beziehen die Vorschriften sich nur auf die von den Kernen oder Früchten vollständig befreite Schokoladenmasse. Für die unter Verwendung von Sahne oder Milch hergestellten Schokoladenerzeugnisse sind noch besondere Vorschriften über den Mindestgehalt an Milchbestandteilen erlassen worden. In nachstehender Tabelle (S. 265) seien diese Grenzwerte übersichtlich zusammengestellt (vgl. „Anhang" S. 275).

Abweichend hiervon setzt das Österreichische Gesetz den Mindestgehalt an Milchfett der Milchschokolade zu 3,0% und der Vollmilchschokolade zu 3,5%, denjenigen an fettfreier Milchtrockensubstanz der Sahneschokolade zu 7, der Milch- und Vollmilchschokolade zu 12,5% fest. Außerdem wird der Gehalt an fettfreier Kakaomasse bei Milchschokolade zu mindestens 5 und bei Überzugsmasse zu 17,5% begrenzt.

Die Schweiz schreibt bei Schokolade einen Gehalt von höchstens 68% Zucker und mindestens 16% Kakaobutter, Italien höchstens 65% Zucker und mindestens 16% Kakaobutter vor.

[1] F. WAGNER: Kazett 1933, 22, 381.

Bezeichnung	Zucker höchstens %	Kakaobestandteile mindestens %	Kakaobutter mindestens %	Kakao- und Milchfett mindestens %	Kakaomasse mindestens %	Milchfett mindestens %	Fettfreie Milchtrockensubstanz mindestens %
Schokolade	60	40	21	—	33	—	—
Schmelzschokolade . .	50	50	26	—	35	—	—
Überzugsmasse	50	—	35	—	33	—	—
Sahneschokolade . . .	60	25	—	—	10	5,5	—
Milchschokolade . . .	60	25	—	—	10	3,2	9,3
Magermilchschokolade.	60	25	—	—	10	—	12,5
Sahneüberzugsmasse .	50	25	—	35	10	5,5	—
Milchüberzugsmasse. .	50	25	—	35	10	3,2	9,3

Nach den Begriffsbestimmungen des Internationalen Kongresses der Schokolade- und Kakaofabrikanten vom September 1930 in Antwerpen soll Schokolade mindestens 35% Kakaobestandteile, Milchschokolade mindestens 25% Kakaobestandteile und 16% Trockenvollmilch enthalten.

In bezug auf den Gehalt an Zucker, Kakaobestandteilen und Kakaobutter hat Deutschland demnach die schärfsten Vorschriften, während es hinsichtlich des Gehaltes an Milchbestandteilen geringere Anforderungen als die übrigen Länder stellt.

Einige späterhin zur Einschränkung der Kakaoeinfuhr getroffene Abschwächungen der Verordnung werden im Anhange mitgeteilt werden.

Fremde Stoffe, d. h. alle bislang und in den Begriffsbestimmungen nicht genannten Stoffe dürfen nach § 6, Ziff. 18 in Schokolade nicht enthalten sein. Ausgenommen von diesem Verbote sind nach Nr. 18f. nur folgende Stoffe: Haselnüsse, Walnüsse, süße Mandeln, Erdnüsse, Cocosnüsse, Paranüsse, Cashewnüsse, Marzipan, Nugat, Trüffelmasse, Kaffee, Honig od. dgl., Früchte oder Fruchtzubereitungen, natürliche und künstliche Aromastoffe, Ei, Eigelb und Eiweiß. Doch darf die Gesamtmenge dieser Stoffe einschließlich des Zuckers nicht mehr als 60% betragen. Es sei denn, daß die Kerne oder Früchte ganz oder in Stücken zugesetzt werden, in welchem Falle sie außer Anrechnung bleiben.

Der Zusatz dieser Stoffe muß kenntlich gemacht werden, und zwar nach § 7, Ziff. 4, „ausreichend in unmittelbarem Zusammenhang mit der Bezeichnung des Erzeugnisses“.

Zur Erläuterung des Begriffes der ausreichenden Kenntlichmachung heißt es in der dem Entwurfe beigegebenen Begründung:

„Nach dieser Bestimmung darf eine Schokolade, bei deren Herstellung etwa Cocosnüsse mitverarbeitet wurden, z. B. nicht als ‚Schokolade unter Zusatz von Nüssen hergestellt‘ bezeichnet werden, sondern es muß in der Bezeichnung deutlich zum Ausdruck kommen, daß Cocosnüsse verwendet wurden; auch darf dieser Hinweis sich nicht etwa nur auf der Rückseite der Tafelschokolade befinden, sondern muß in unmittelbarem Zusammenhang mit der Bezeichnung ‚Schokolade‘ und auf derselben Seite der Tafel angegeben werden. Bezeichnungen wie ‚Cocosnußschokolade‘ oder ‚Erdnußschokolade‘ würden im vorliegenden Falle als ausreichende Kennzeichnung anzusehen sein. Einer mengenmäßigen Angabe des Zusatzes bedarf es nicht.“

Bei Schokoladeüberzugsmasse dürfen bis zu insgesamt 5% Zucker durch die gleiche Menge Haselnüsse, Walnüsse, süße Mandeln, getrocknete Früchte (wie Rosinen, Sultaninen, Korinthen), Malzextrakt, Malzzucker oder Milchpulver ohne Deklaration ersetzt werden (§ 3, Ziff. 11). Höhere Zusätze dieser Stoffe, wie alle sonst nach § 6, Ziff. 18f. erlaubten Zusätze (Erdnüsse, Cocosnüsse usw.) müssen gekennzeichnet werden.

Die Angabe in § 6, Ziff. 18f., „sofern die Gesamtmenge dieser Stoffe einschließlich des Zuckers nicht mehr als 60% beträgt“, könnte möglicherweise dahin ausgelegt werden, daß bei Schmelzschokolade und bei Überzugsmasse, deren Zuckergehalt zu höchstens 50% begrenzt ist, dieser Gehalt durch weiteren Zusatz von 10% der freigegebenen Stoffe auf 60% ergänzt werden dürfte. Daß diese Auffassung wahrscheinlich irrig ist, geht aus der Begründung zu § 3 (11) hervor, „Zusätze von Haselnüssen, Walnüssen, süßen Mandeln usw. von insgesamt bis zu 5% dürfen ohne Kenntlichmachung nur auf Kosten des höchstens 50% betragenden Zuckerzusatzes gemacht werden", sowie aus der analogen Begründung zu § 6, Ziff. 18d, f: „Die Menge der für Schokolade erlaubten Zusätze .... ist von dem zulässigen Zuckergehalte in Abzug zu bringen, so daß der vorgeschriebene Mindestgehalt an Kakaobestandteilen hierdurch nicht beeinträchtigt wird". Man wird also wohl annehmen müssen, daß die erlaubten Zusätze bei Schmelzschokolade und Überzugsmasse in den Zuckergehalt von 50% einzurechnen sind.

Unzulässige Fremdstoffe sind alle in § 6, Ziff. 18 nicht besonders namhaft gemachten Stoffe. Sie dürfen, auch unter Kenntlichmachung, nicht zugegen sein.

In erster Linie gilt dies von dem Zusatze fremder Fette, der schon nach der seitherigen Rechtsprechung ausnahmslos als Verfälschung beurteilt wurde. Indem bezüglich der älteren Judikatur auf die Zusammenstellung von Beythien[1] verwiesen wird, seien hier nur folgende neuere Entscheidungen angeführt:

Landgericht I Berlin am 15. März 1929 und Kammergericht am 13. Juni 1929 (Vollmilchtaler mit Hartfett)[2];

Landgericht II Berlin am 20. Dezember 1929 (Vollmilchborke mit Cocosfett)[3];

Landgericht Dresden am 17. Januar 1931 (Schokolade mit Extraktionsfett)[4];

Amtsgericht Dresden am 16. März 1931 (Überzugsmasse mit Hartfett).

Die einzige Ausnahme von diesem Verbote wird unter „Fettglasuren" besonders besprochen werden.

Zusatz von Mineralöl war vom Landgericht Mannheim am 9. Oktober 1928 als Verfälschung angesehen worden. Da das Urteil aber am 26. Februar 1929 vom Reichsgericht aufgehoben wurde, so schafft erst die neue Verordnung, die den Zusatz, auch wenn er nur aus fabrikationstechnischen Gründen, etwa zum Einölen von Platten oder Formen erfolgt, uneingeschränkt verbietet, klare Verhältnisse.

Künstliche Färbung und Lacküberzüge sind grundsätzlich verboten. Ausgenommen davon ist nur die Verwendung gesundheitsunschädlicher Farben zur Ausschmückung und von Sandarak-, Benzoe- oder anderen gesundheitsunschädlichen Lacken zum Überziehen von Schokoladefiguren. Als Schokoladefiguren gelten auch Eier, Kugeln, Buchstaben u. dgl., nicht aber nach der Begründung zu § 6, Ziff. 7 Tafel- oder Blockschokolade.

Preßrückstände von der Ölgewinnung aus fetthaltigen Samen sind als verbotene Fremdstoffe anzusehen, doch fallen unter das Verbot nicht Haselnüsse, Walnüsse und süße Mandeln, denen bis zu ein Drittel ihres Ölgehaltes durch Abpressen entzogen ist.

Bittere und entbitterte Mandeln dürfen nicht in Schokolade enthalten sein.

Zucker im Sinne der Kakaoverordnung ist nur der technisch reine, weiße Verbrauchszucker (Saccharose), hingegen nicht Traubenzucker, Fruchtzucker, Stärkesirup, deren Verwendung unter das Verbot fällt.

Lecithin darf nur in Menge von höchstens 0,3% zugesetzt werden, während die Herstellung einer Schokolade mit höherem Lecithingehalte und ihr Vertrieb auch unter der Bezeichnung Lecithinschokolade unzulässig sein würde.

---

[1] Beythien: Handbuch der Nahrungsmitteluntersuchung, Bd. 4, S. 391.
[2] G. u. V. 1930, **22**, 129. [3] G. u. V. 1930, **22**, 123. [4] Kazett 1931, **20**, 346.

Es wird als selbstverständlich vorausgesetzt, daß das benutzte Lecithin nicht mehr als die technisch unvermeidliche Menge fremdes Fett (Sojaöl), etwa 5%, enthält.

Fettsparer wie Traganth, Dextrin, Gelatine, die schon immer als Verfälschungsmittel galten, dürfen jetzt überhaupt nicht mehr in Schokolade irgendwelcher Art vorhanden sein.

Mehl. In bezug auf einen Zusatz von Mehl oder Stärke gilt das für Kakao (S. 262) Gesagte. Die Tatsache, daß die in dem Verordnungsentwurfe enthaltenen Worte „von stärkemehlhaltigen Stoffen oder von Stoffen zu medizinischen oder diätetischen Zwecken" in der neuen Verordnung gestrichen sind, lehrt, daß andere als die in § 6, Ziff. 18f. genannten Stoffe verboten sein sollen. Ob sie, wie Syndikus Wagner meint, in einer Vorschrift über diätetische Lebensmittel im Rahmen des Arzneimittelgesetzes wieder auftauchen werden, bleibt abzuwarten. Zur Zeit darf mehlhaltige Schokolade, auch unter der Deklaration „mit Mehlzusatz" nicht in den Verkehr gebracht werden.

Das gilt auch für Bananenmehl, das nichts als Stärkemehl ist. Die Angabe in der Begründung zu § 3, Abs. 7 der Verordnung: „Eine unter Zusatz von Bananenmehl hergestellte Schokolade darf nicht als Fruchtschokolade, sondern muß als Bananenmehlschokolade bezeichnet werden", ist aus dem Verordnungsentwurf übernommen worden, ohne Berücksichtigung der Tatsache, daß stärkemehlhaltige Stoffe in der Verordnung selbst gestrichen sind. Die letztere ist aber maßgebend.

Reisschokolade, die neuerdings unter Verwendung von sog. Puffreis hergestellt wurde, ist ebenso wie Schokolade mit Sago vom Verkehr ausgeschlossen.

Nährsalze sind in Übereinstimmung mit der Auffassung des Reichsgesundheitsamtes, daß diese Bezeichnung irreführend ist, unzulässige Fremdstoffe. Nährsalzschokoladen, Basenschokoladen u. dgl. dürfen daher nicht mehr hergestellt werden.

Die Angabe „Basenschokolade, enthält die lebenswichtigen Basen in vollkommener Form", für eine lediglich mit 4% Calciumcarbonat versetzte Schokolade ist vom Landgericht I Berlin am 6. August 1931[1] als irreführend beurteilt worden.

Eiweißschokolade ist zulässig. Ob sie aber als Nähr- oder Kraftschokolade bezeichnet werden darf, muß von Fall zu Fall je nach der Art und Höhe des Zusatzes entschieden werden.

Milch- und Sahneschokolade. Die Vorschriften für den Gehalt an Zucker, sowie an Milch- und Kakaobestandteilen sind in der Tabelle auf S. 265 zu ersehen (vgl. „Anhang" S. 275). Im übrigen ist zu diesen Erzeugnissen noch folgendes zu bemerken:

Sahneschokolade ist in Übereinstimmung mit dem früheren Verordnungsentwurfe, der auf Vereinbarungen der Fabrikanten und der Lebensmittelchemiker beruhte, ein Erzeugnis, dem soviel Sahne zugesetzt werden muß, daß damit mindestens 5,5% Milchfett einverleibt werden. An Stelle von Zucker darf eine entsprechende Menge Vollmilch zugesetzt werden. Ein Zusatz von Magermilch ist nach der Begriffsbestimmung § 3 (3) und nach § 6, Ziff. 19 verboten.

Milchschokolade hat in der neuen Verordnung ein völlig anderes Gesicht erhalten. Nach dem Verordnungsentwurfe, der auch der damaligen Auffassung des Verbandes Deutscher Schokoladefabrikanten entsprach, durfte der Milchschokolade Magermilch nicht zugesetzt werden. Die „Internationalen Bestimmungen" sahen ebenfalls nur einen Zusatz von Vollmilchpulver (mindestens

[1] G. u. V. 1932, **24**, 77.

(16%) vor, und auch nach dem Österreichischen Lebensmittelgesetze muß Milchschokolade mindestens 12,5% Milchtrockenmasse enthalten. Ob darüber hinaus noch Magermilch zugesetzt werden darf, ist nicht ersichtlich.

Die früher geltende Auffassung von der Unzulässigkeit eines Magermilchzusatzes hatte der Lebensmittelkontrolle als Beurteilungsgrundlage gedient, und nach einer privaten Mitteilung HÄRTELS noch zu Anfang 1933 die Zustimmung des Landgerichts Leipzig gefunden.

Inzwischen war von SCHWEIGART der Vorschlag gemacht worden, die Verwendung von Magermilch in der Schokoladenindustrie zu steigern, und zwar unter Vermeidung der Bezeichnung Magermilchschokolade. Und dieser Vorschlag hat nun trotz der von BEYTHIEN[1] u. a. dagegen erhobenen Bedenken in der Verordnung seine Verwirklichung gefunden.

Nach der jetzigen Rechtslage [§ 3 (4)] ist es erlaubt, „Vollmilchschokolade" ohne Verwendung von Vollmilch, lediglich mit Magermilchpulver herzustellen, wenn nur durch Zusatz von Butter ein Mindestgehalt von 3,2% Milchfett erreicht wird.

Magermilchschokolade, die lediglich 12,5% fettfreie Milchtrockensubstanz, aber kein Milchfett zu enthalten braucht, ist jetzt auch die Bezeichnung „Schokolade mit Zusatz von entrahmter Milch" zugebilligt worden. Das Wort Schokolade darf aber nach § 7, Ziff. 7 nicht durch die Art des Druckes hervorgehoben, d. h. in größeren Buchstaben gedruckt werden, als die übrigen Angaben.

In bezug auf einige weitere Kakaoerzeugnisse seien noch folgende Erläuterungen angefügt:

Fruchtschokolade ist eine Zubereitung, die unter Zusatz von Früchten oder Fruchtzubereitungen, bei Früchten der Citrusarten auch unter gleichzeitigem Zusatz des natürlichen Schalenaromas oder unter Verwendung von Schalen hergestellt ist. Unter Fruchtzubereitungen sind nach der Begründung zu § 3, Abs. 7 z. B. Fruchtsäfte, auch in konzentrierter Form, Fruchtpasten, Fruchtmassen zu verstehen. Hingegen fallen unter diesen Begriff nicht Bananenmehl und Citronensäure, die als unzulässige Stoffe anzusehen sind. Eine vor 2 Jahren im Handel angetroffene Schokolade mit 1,54% Citronensäure in Form gröberer Krystalle darf jetzt weder unter der damals gebrauchten Bezeichnung „Citronella" noch unter der Deklaration „mit Citronensäure" in den Verkehr gebracht werden. Die Menge der zugesetzten Fruchtbestandteile ist, abgesehen von den außer Ansatz bleibenden Fruchtstücken, in den Zucker einzurechnen.

Der Zusatz muß durch das Wort „Fruchtschokolade" oder „Orangenschokolade" o. ä. gekennzeichnet werden. Bei Erzeugnissen, die unter Verwendung von Fruchtaromen hergestellt sind, ist aber nicht diese Bezeichnung, sondern nur die Angabe „mit Fruchtgeschmack", „mit Fruchtaroma", „aromatisierte Schokolade" zulässig. Ob an derartigen aromatisierten Schokoladen Abbildungen von Früchten, wie Apfelsinen, Citronen, Himbeeren vorhanden sein dürfen, wird in der Verordnung nicht entschieden. Zum mindesten sollten derartige Abbildungen bei Verwendung künstlicher Aromastoffe unterbleiben, da sie irreführend wirken können.

Nuß- und Mandelschokolade. Unter Verwendung von Nüssen oder süßen Mandeln hergestellte Schokoladen müssen als Nuß- bzw. Mandelschokolade bezeichnet werden. Der Gehalt an diesen Stoffen in geriebenem Zustande ist in den zulässigen Zuckergehalt einzurechnen, bei Verwendung ganzer Kerne oder grober Stücke aber außer Ansatz zu lassen.

---

[1] BEYTHIEN: Deutsch. Nahrungsm.-Rundschau 1933, 26.

Hiernach würde die Bezeichnung Diabetikerschokolade für eine etwa 30% Mandeln enthaltende Schokolade, die vom Amtsgericht Charlottenburg am 19. Januar 1927 als zutreffend beurteilt worden war, jetzt nicht mehr ausreichend sein.

Die Verwendung bitterer Mandeln ist verboten.

Als Nüsse gelten nur Haselnüsse und Walnüsse. Damit ist der langjährige Kampf der Lebensmittelkontrolle gegen die unter Zusatz von Erdnüssen hergestellte sog. „Nußschokolade" mit dem Hinweise, daß „Erdnüsse" und „Cocosnüsse" in botanischem Sinne überhaupt keine Nüsse seien, endgültig entschieden worden. Die Begründung zu § 7, Nr. 4 sagt ausdrücklich, daß eine Schokolade, bei deren Herstellung etwa Cocosnüsse mitverarbeitet wurden, nicht als „Schokolade unter Zusatz von Nüssen hergestellt" bezeichnet werden darf. „Sondern es muß in der Bezeichnung deutlich zum Ausdruck kommen, daß Cocosnüsse verwendet wurden. Bezeichnungen wie „Cocosnußschokolade" oder „Erdnußschokolade" würden im vorliegenden Falle als ausreichende Kennzeichnung anzusehen sein."

Eine „entsprechende Kenntlichmachung" liegt nur dann vor, wenn die in § 6, Ziff. 18f. aufgeführten Namen angebracht werden. Hingegen geht es natürlich nicht an, das Wort „Erdnuß" durch einen der zahllosen Phantasienamen, die zwar einzelnen Handeltreibenden, nicht aber der Verbraucherschaft bekannt sind, wie Erdeicheln, Erdpistazien, Mandobi, Arachisnüsse, Aschantinüsse, Madrasnüsse zu ersetzen. Auch die vom Amtsgericht Zwickau am 13. Oktober 1928[1] gebilligte Bezeichnung „Javanußschokolade" kann jetzt nicht mehr als ausreichende Kenntlichmachung angesehen werden.

Schokoladepulver (Schokolademehl, Puderschokolade, Trinkschokolade). Der ursprünglich weitverbreitete Gebrauch, künstlich gefärbte Mischungen aus Kakaopulver, Zucker und Mehl als „Schokolademehl", „Puderschokolade" o. ä. in den Verkehr zu bringen, ist nach mehreren verurteilenden Erkenntnissen höherer Gerichte[2] schon seit etwa 25 Jahren aufgegeben worden. Hingegen hat die Lebensmittelkontrolle die Bezeichnung „Suppenpulver" für derartige Erzeugnisse dann meist nicht beanstandet, wenn eine künstliche Braunfärbung (durch Teerfarben, Sandelholz) deutlich gekennzeichnet war.

Bei den Vorarbeiten für eine gesetzliche Regelung der Kakaofrage gingen der Verband Deutscher Schokoladefabrikanten und der Verein Deutscher Nahrungsmittelchemiker zunächst von der Voraussetzung aus, daß die Ausdrücke „Schokoladepulver", „Schokolademehl" usw. sprachlich nichts anderes bedeuten als „gepulverte" oder „gemahlene" Schokolade, und übernahmen daher die auch in dem Deutschen Nahrungsmittelbuche 3. Aufl. 1922, S. 332 aufgestellte Definition:

„Schokoladenpulver ist eine im „Schokoladeverfahren" gewonnene Zubereitung aus Kakaomasse bzw. aufgeschlossener Kakaomasse, die auch mehr oder weniger entölt sein kann, mit höchstens 60% Zucker."

Dabei wurde unter Schokoladeverfahren, die Verarbeitung von Kakaomasse und Zucker in erwärmten Melangeuren oder Mischmaschinen zu einer anfangs plastischen Masse verstanden, die nach HÄRTEL[3] durch Zusatz von etwas Kakaopulver geschmacklich verbessert und in Pulverform übergeführt wurde.

Auch das Österreichische Lebensmittelgesetz schreibt die Herstellung im „Schokoladeverfahren" und darüber einen Mindestfettgehalt von 14% vor, während die Internationalen Bestimmungen und die Schweizerische Bekanntmachung einen Fettgehalt von mindestens 16% fordern und bei geringerem Fettgehalte die Bezeichnung „Gezuckerter Kakao" vorschreiben.

[1] Bericht Dresden 1928; Pharm. Zentralh. 1929, **70**, 285.

[2] Vgl. Handbuch der Nahrungsmitteluntersuchung von BEYTHIEN, HARTWICH und KLIMMER, Bd. 4, S. 389. Leipzig 1919.

[3] HÄRTEL: Z. 1924, **48**, 44.

Nach der neuen Deutschen Verordnung ist die Herstellung im Schokoladeverfahren nicht mehr erforderlich, es genügt vielmehr, daß Kakaopulver oder stark entöltes Kakaopulver mit Zucker in Mischmaschinen unter Wärmeentwicklung gemischt wird. Der Gehalt an Kakaobutter muß mindestens 6% betragen, bei Gehalten unter 10% aber die Kennzeichnung „stark entölt" angebracht werden (§ 7, Abs. 5)[1].

Andere als die in der Überschrift aufgeführten Bezeichnungen sind nicht zulässig. Insbesondere erscheint die bisweilen noch gebrauchte Bezeichnung Raspelschokolade geeignet, die Vorstellung des Abschabens von einem festen Block hervorzurufen, also irreführend zu wirken.

Ob einfache pulverförmige, ohne Maschinen hergestellte Mischungen von Kakao und Zucker, die nach den Internationalen und Schweizerischen Bestimmungen als „gezuckerter Kakao" zugelassen sind, in Deutschland hergestellt werden dürfen, ist zweifelhaft. Zwar steht in der Begründung zu § 3, Abs. 13, daß sie als „Kakaopulver mit Zuckerzusatz" oder „gesüßtes Kakaopulver" in den Verkehr gebracht werden dürfen, aber diese Erläuterung steht zu der Verordnung selbst in Widerspruch, da diese in § 6, Abs. 10 Zucker nicht von dem absoluten Verbote fremder Stoffe ausnimmt.

Gefüllte Schokoladen sind Zubereitungen, die aus einem Kern und einem aus Kakaomasse, Schokolade, Schokoladeüberzugsmasse, Sahne- oder Milchschokoladeüberzugsmasse bestehenden Überzuge hergestellt sind. Der Überzug muß den für die betreffende Schokoladenart geltenden Vorschriften entsprechen und bei tafelförmigen Zubereitungen (nicht Pralinen) mindestens 25% des Gesamtgewichtes ausmachen [§ 3 (6)]. Alle gefüllten Schokoladen in Tafelform müssen nach § 7, Abs. 6 als „gefüllte Schokolade", „Kremschokolade", „Marzipanschokolade", „Nugatschokolade", „Trüffelschokolade", „Krokantschokolade" kenntlich gemacht werden.

An den Kern der gefüllten Schokoladen, der nach § 4 nicht unter die Verordnung fällt, können auf Grund der letzteren keine besonderen Anforderungen gestellt werden. Er muß aber, sofern die Schokolade eine bestimmte Bezeichnung z. B. Marzipanschokolade, trägt, nach § 4 des Lebensmittelgesetzes der dadurch erregten Erwartung und der handelsüblichen Zusammensetzung entsprechen (Begründung zu § 3, Abs. 6).

Diese Vorschrift stimmt mit der seitherigen Rechtsprechung überein. So hat z. B. das Landgericht Nürnberg am 7. Oktober 1910 [2] eine sog. Marzipanschokolade, die nicht Marzipan, sondern einen mit Bittermandelöl parfümierten Zuckerkern enthielt, als nachgemacht beurteilt. Kremschokoladen, deren Bezeichnung die Verwendung von Spirituosen als Geschmackszusatz andeutet, müssen nach den Beschlüssen des Bundes deutscher Nahrungsmittelfabrikanten und -händler vom 2. November 1926 [3] den namengebenden Branntwein in so ausreichender Menge enthalten, daß der Geschmack dadurch bestimmt wird. In Ergänzung dieser Beschlüsse hat BEYTHIEN [4] unter Zustimmung der Fachgenossen noch die Auffassung vertreten, daß mit dem Namen von Edelbranntweinen (Weingeist, Rum, Arrak, Obst- und Kornbranntwein) belegte Erzeugnisse keinen Zusatz von Essenzen oder artfremdem Alkohol (Sprit) erhalten dürfen, und daß schließlich unter Zusatz von Essenzen hergestellte Erzeugnisse nur unter der deutlichen Kennzeichnung „mit Weinbrandgeschmack", „mit Rumaroma" oder ähnlichen feilgehalten werden dürfen.

[1] Vgl. H. FINCKE: Deutsch. Nahrungsm.-Rundschau 1933, 164.
[2] Auszüge 1912, 8, 637.
[3] Deutsch. Nahrungsm.-Rundschau 1926, 212.
[4] BEYTHIEN: Deutsch. Nahrungsm.-Rundschau 1931, 173.

Dieser Auffassung entsprechend hat das Landgericht Dresden am 30. Januar 1932 die Bezeichnung Rum-, Arrak- und Weinbrandschokolade, die noch überdies durch Abbildungen von Rumfässern, Arrakflasche und Weinbergen unterstützt wurde, als irreführend beurteilt. Neuerdings ist auch vom Bunde deutscher Nahrungsmittelfabrikanten und -händler am 17. Juli 1934[1] beschlossen worden, daß ein Zusatz von artfremdem Spiritus nicht gestattet sein soll, und der Reichsbund der deutschen Süßwarenindustrie hat daraufhin seinen Mitgliedern empfohlen[2], derartige Zusätze zu unterlassen oder mindestens durch die Angabe „Verschnitt" zu kennzeichnen.

An gefüllte Schokoladen, die nicht einen Kern, sondern in einem Hohlraum eine Flüssigkeit enthalten, sind nach BEYTHIEN weitergehende Anforderungen zu stellen. Bei diesen kann die Bezeichnung „Likörbohnen", „Weinbrandbohnen", „Arrak- oder Rumpralinen" kaum eine andere Erwartung erregen, als daß die flüssige Füllung ganz oder doch vorwiegend aus Likör oder Edelbranntwein, allenfalls auch aus gesüßtem Edelbranntwein besteht. Im Sinne dieser Auffassung hat das Landgericht Dresden in seinem Urteile vom 25. März 1926[3] entschieden, daß die Bezeichnung „Likörbohnen" dann zu einer Irreführung geeignet ist, wenn der Hohlraum nicht einen gesüßten Trinkbranntwein mit mindestens 20% Alkohol enthält. Die Vereinigung Deutscher Zuckerwaren- und Schokoladefabrikanten (sog. Würzburger Verband) hat daraufhin zwar beschlossen, daß „Likörbohnen" ohne entsprechenden Zusatz von Spirituosen nur noch als „Bohnen, flüssig gefüllt" oder ähnlich bezeichnet werden sollen, aber es muß darüber hinaus die Forderung erhoben werden, daß flüssig gefüllte Zucker- und Schokoladewaren, deren Bezeichnung auf Spirituosen hindeutet, in der Flüssigkeit einen greifbaren Alkoholgehalt, nach dem Vorbilde des Likörs etwa 20%, aufweisen. Da dieser Auffassung mehrfach widersprochen worden ist[4], erscheint eine gesetzliche Regelung der Frage erwünscht.

Der Zusatz von Essenzen ist selbstredend zulässig für Erzeugnisse, die als Likör- oder Punschkonfekt bezeichnet werden, da diese Spirituosen normalerweise Essenzen enthalten.

Kakaobutter. Der langjährige Streit um die Beurteilung des durch Extraktion von schalenhaltigen Abfällen gewonnenen Kakaofettes ist durch die neue Verordnung in Übereinstimmung mit der Auffassung der Schokoladenindustrie, der Lebensmittelkontrolle und mehrerer Gerichtsurteile[5] nunmehr endgültig dahin entschieden worden, daß nur das durch Abpressen aus Kakaokernen mit höchstens 2% Kakaogrus gewonnene Fett dem Begriffe Kakaobutter entspricht. Es darf lediglich einer Filtration, nicht aber einer chemischen Behandlung (z. B. Raffination) unterworfen werden und nicht mehr als 8 Säuregrade aufweisen (§ 2 Abs. 1 und Begründung dazu). Der Zusatz des durch Lösungsmittel gewonnenen Kakaofettes („Extraktionsfett"), sowie anderer Fette, Mineralöle, Farbstoffe usw. ist, auch unter Kenntlichmachung, verboten. Die Verwendung des extrahierten oder raffinierten Fettes ist, wie bei Schokolade ausgeführt wurde, für alle Kakaoerzeugnisse unzulässig (nicht aber für die Kerne der gefüllten Schokoladen). Die gleiche Vorschrift findet sich in den „Internationalen Bestimmungen" und in der Bulgarischen Kakaoverordnung vom 21. Januar 1931[6], die sogar die weitergehende Vorschrift enthält: „Die Gewinnung von Kakaobutter durch Ausziehen ist unzulässig."

---

[1] Vgl. BEYTHIEN: Deutsch. Destill-Ztg. 1934, **55**, 446.
[2] Kazett 1934, **23**, 357. [3] G. u. V. 1928, **20**, 93.
[4] Vgl. R. COHN: Deutsch. Nahrungsm.-Rundschau 1932, 37.
[5] Urteil des Amtsgerichtes Berlin-Mitte vom 8. Sept. 1931. Kazett 1932, **21**, 128.
[6] Reichsgesundheits-Bl. 1932, **7**, 134.

Trinkschokolade, Kakaogetränk. Unter diesen und ähnlichen Bezeichnungen gelangen trinkfertige Flüssigkeiten in den Verkehr, die dazu bestimmt sind, in Kantinen und Schulen an Stelle der sonst üblichen Milch verabfolgt zu werden. Sie bestehen nach Analysen von BEYTHIEN[1] in der Regel aus einem Gemisch von Magermilch mit etwa 3% Zucker und 2% Kakaopulver, letzteres zum Teil in Form von Schokoladenmehl, und enthalten meist auch etwas gequollene Kartoffelstärke. Hinsichtlich der Beurteilung, die nicht auf Grund der Kakaoverordnung, sondern nur des Lebensmittelgesetzes zu erfolgen hat, gehen die Meinungen zum Teil auseinander. Übereinstimmung besteht selbstredend darüber, daß die bisweilen angetroffene Bezeichnung „Schokoladenmilch" nur bei Verwendung von Vollmilch zulässig, sonst aber irreführend ist. Gegenüber der Ansicht, daß Magermilch gekennzeichnet werden müsse, hat BEYTHIEN darauf hingewiesen, daß Bezeichnungen wie Kakaotrank und ähnliche sprachlich nichts anderes sagen, als daß ein Kakao enthaltendes Getränk vorliegt. Die Anwesenheit von Milch könnte also berechtigterweise nur dann erwartet werden, wenn es allgemein üblich wäre, Kakao in Haushaltungen oder Gastwirtschaften ausschließlich mit Milch zu kochen. Das soll nun nach MEZGER und SCHREMPF[2] in Stuttgart tatsächlich der Fall sein, für das übrige Deutschland trifft es aber in dieser Allgemeinheit nicht zu, vielmehr wird hier vielfach Kakao oder Schokolade mit Wasser gekocht. Die Verwendung von Magermilch an Stelle von Wasser bedeutet also keine Verschlechterung, sondern eine Verbesserung und damit entfällt die Pflicht einer Kennzeichnung. Rein volkswirtschaftlich besteht kein Anlaß, den Vertrieb dieser Erzeugnisse zu erschweren, weil ihr in Calorien ausgedrückter Nährstoffgehalt von 49—57 demjenigen der Vollmilch (60—62) nahekommt, weil weiter der dauernde Genuß von Vollmilch den Kindern erfahrungsgemäß widersteht und schließlich, weil hier ein Mittel zu der höchst wünschenswerten Steigerung des Magermilchverbrauches geboten wird.

„Schokoladegetränk" in Pulver oder Pastenform darf wie Trinkschokolade neben 60% Zucker nur Kakaobestandteile enthalten[3].

Ersatzmittel. Die Herstellung von Ersatzmitteln für Kakao und Schokolade, die der reellen Industrie früher schweren Schaden zufügte, wird durch die Kakaoverordnung mit einer einzigen Ausnahme (s. unter Fettglasur) nunmehr grundsätzlich verboten, denn in § 6 heißt es:

„Als nachgemacht oder verfälscht sind insbesondere anzusehen und, außer in den Fällen der Nr. 9, 11, 18e, 18f, 23, auch bei Kenntlichmachung vom Verkehr ausgeschlossen:

2. Zubereitungen, die zufolge ihrer sinnlich wahrnehmbaren Eigenschaften, insbesondere Aussehen, Geruch, Geschmack mit einem der in §§ 1—3 bezeichneten Kakaoerzeugnisse verwechselbar sind, aber den dafür in §§ 1—3 aufgestellten Begriffsbestimmungen nicht entsprechen, vorbehaltlich der Vorschriften des § 8.

Die in § 6, Nr. 9—23 enthaltenen Vorschriften, die sich auf gewisse unter Deklaration erlaubte Ausnahmen beziehen, können hier unberücksichtigt bleiben, während die in § 8 aufgeführte Fettglasur im nächsten Abschnitt besprochen werden wird.

Abgesehen von den als erlaubt anzusehenden Waren dürfen nunmehr also Erzeugnisse, die mit Kakaoerzeugnissen verwechselbar sind, auch wenn sie nur mit Phantasienamen bezeichnet sind, überhaupt nicht mehr in den Verkehr gebracht werden, während nach der bisherigen Rechtslage immer erst geprüft werden mußte, ob eine ausreichende Kenntlichmachung fehlte oder eine irreführende Bezeichnung bzw. Aufmachung vorlag.

---

[1] BEYTHIEN: Kazett 1931, 20, 570; Deutsch. Nahrungsm.-Rundschau 1933, 30.

[2] MEZGER u. SCHREMPF: Süddeutsch. Molkerei-Ztg. 1931, 52, 341; 1932, 53, 845.

[3] Vgl. Urteile des Land- und Oberlandesgerichts Dresden. Kazett 1932, 21, 632, 666.

Es sind also nicht nur Waren mit den schon früher von den Gerichten als irreführend beurteilten Bezeichnungen, wie Cacaol, Caoscho, Schokosana, Chocoglacé, Schokolande usw., sondern auch solche Erzeugnisse vom Verkehr ausgeschlossen, deren Name gar nicht an Kakao oder Schokolade anklingt, wie z. B. Milkola-Vollmilch-Dessert, Hartmilch-Nußbruch, Vollmilch-Taler, Eiskrem, Herbaria, Sparkao, Plantagentrank. Ja, nicht einmal die Deklaration „Keine Schokolade" oder die genaue Aufzählung aller ihrer Bestandteile schützt vor Beanstandung.

Besondere Schwierigkeiten waren der Lebensmittelkontrolle in den letzten Jahren aus der Beurteilung gewisser sog. Glasurmassen erwachsen, die wie Schokoladeüberzugsmasse aussahen und zum Überziehen von Backwaren benutzt wurden, aber nicht die Zusammensetzung einer echten Überzugsmasse hatten, sondern fremde Fette wie Sesamöl, Cocosfett, gehärtetes Erdnußfett, Margarine enthielten oder ganz aus solchen und entöltem Kakaopulver hergestellt waren. Zwar hatten die Gerichte bereits mehrfach derartige Glasurmassen als nachgemacht oder mit ihnen überzogene Backwaren als verfälscht beurteilt, so z. B.

Oberlandesgericht Dresden am 26. November 1930 (Dema-Glasurmasse mit 50% Cocosfett)[1];

Landgericht I Berlin am 28. November 1932 und Kammergericht am 26. Juli 1932 (Glasurmasse mit Erdnußhartfett)[2];

Landgericht III Berlin am 14. Dezember 1928 (Sandgebäck mit Cocosfett enthaltender Glasur)[3];

Oberlandesgericht Braunschweig am 9. Januar 1930 (Törtchen mit Cocosfettglasur)[4].

Aber wegen der einer ausreichenden Kenntlichmachung entgegenstehenden Hindernisse strebte der Verband deutscher Schokoladefabrikanten mit Unterstützung der Lebensmittelchemiker trotzdem ein völliges Verbot aller Surrogate an, das denn auch in den Entwurf der Verordnung aufgenommen wurde. Die Verordnung selbst enthält dieses Verbot aber nicht, sondern läßt den Vertrieb und die Verwendung der Fettglasuren unter gewissen einschränkenden Bestimmungen zu.

Fettglasuren. Nach § 8 und der dazu gegebenen Begründung dürfen zum Überziehen von Backwaren und Konditoreierzeugnissen (aber nur für diese, nicht für Pralinen und andere Kakaowaren) Mischungen aus Kakaopulver, Zucker und Fremdfetten (meist Erdnußhartfett oder Cocosfett) hergestellt, aber nur in Behältnissen und mit einer Aufschrift, die der Art des vorhandenen Fremdfettes entspricht, also „Erdnußfettglasur", „Cocosfettglasur" usw. in den Verkehr gebracht werden.

Mit solchen Fettglasuren hergestellte Backwaren sind als nachgemacht oder verfälscht anzusehen und dann vom Verkehr ausgeschlossen, wenn sie nicht als „mit Erdnußfettglasur hergestellt" usw. kenntlich gemacht sind. Die Kenntlichmachung kann, je nach den Umständen, z. B. durch Anbringung eines Pappschildes mit entsprechender Aufschrift bei den ausgelegten Waren oder durch Verpackung in entsprechend bezeichneten Cellophanhüllen erfolgen.

Im übrigen ist, wie bei allen verfälschten oder nachgemachten Lebensmitteln selbstredend zu fordern, daß die Kenntlichmachung ausreichend ist, d. h. dem Käufer zu Gesicht kommt und von ihm verstanden wird. Ob dieser Forderung entsprochen ist, unterliegt der Entscheidung der Gerichte, die nach der seitherigen Rechtsprechung wahrscheinlich nicht die Kennzeichnung jedes einzelnen Stückes, wohl aber die Anbringung der vorgeschriebenen Inschrift in unmittelbarer Nähe einer Anzahl gleichartiger Stücke als notwendig erachten werden. Daß

[1] Kazett 1931, **20**, 111; 1930, **19**, 813. [2] Kazett 1933, **22**, 23; 1932, **21**, 552.
[3] G. u. V. 1929, **21**, 40. [4] G. u. V. 1930, **22**, 121.

die Gerichte den Aushang einzelner Schilder mit allgemeinen Angaben, etwa: „Alle in diesem Laden befindlichen Backwaren, die einen wie Schokolade aussehenden Überzug haben, sind nicht mit Schokoladeüberzugsmasse, sondern mit Erdnußfettglasur hergestellt worden“ als ausreichend ansehen sollten, ist nach den bisherigen Erfahrungen nicht wohl anzunehmen. Nach den „Anmerkungen“ zu der Kakaoverordnung von RIESS und LUDORFF soll allerdings der Aushang eines Schildes im Verkaufsraume genügen.

Im Gegensatze zu der deutschen Kakaoverordnung enthalten die Österreichischen und Bulgarischen Vorschriften nicht die Zulassung fremder Fettglasuren, während nach dem Italienischen Kakaogesetze zwar nachgemachte Schokoladen jeder Art mit Mehl, Fremdfetten usw. in den Verkehr gebracht werden dürfen, aber nur unter der Bezeichnung „Schokolade-Ersatz“.

Irreführende Bezeichnung und Aufmachnung. Nach der Kakaoverordnung müssen alle Erzeugnisse, die wie Haferkakao, Milchschokolade, Erdnußschokolade einen an sich erlaubten Zusatz enthalten, in entsprechender Weise gekennzeichnet sein. Für Kakaopulver und Schokolade ohne solche Zusätze sieht die Kakaoverordnung eine Kennzeichnungspflicht nicht vor.

In beschränktem Umfange ist diese Verpflichtung aber in der Verordnung über die äußere Kennzeichnung von Lebensmitteln vom 29. September 1927 und 28. März 1928[1] enthalten, nach der auf Packungen und Behältnissen mit Kakao und Schokoladewaren in deutscher Sprache der Inhalt nach handelsüblicher Bezeichnung angegeben werden muß.

Über die Bedeutung des Begriffes „handelsübliche Bezeichnung“ gehen die Meinungen noch auseinander. Während nach BEYTHIEN[2] darunter nur eine solche anerkannt werden kann, die von den Verkäufern und Verbrauchern im täglichen Verkehr angewandt und ohne weiteres verstanden wird, also z. B. Haferkakao, Milchschokolade, betrachten einzelne Industriezweige auch gewisse abgekürzte Angaben, die sich auf die Form oder einzelne charakteristische Bestandteile oder Eigenschaften beziehen, z. B. für Keks „Halbmonde“, für Schokolade „herb“, „bitter“, „halbsüß“, „Milch“, „Erdnuß“ usw. als ausreichend.

Nachdem die Auffassung des Verbandes Deutscher Schokoladefabrikanten auf der Versammlung des Bundes Deutscher Nahrungsmittelfabrikanten und -händler am 24. Oktober 1931 von den Vertretern des Handels und auch der Regierung abgelehnt worden ist, muß gefordert werden, daß die in der Kakaoverordnung gebrauchten Handelsbezeichnungen angebracht werden.

Irreführend sind alle Bezeichnungen, die geeignet erscheinen, in dem Käufer eine falsche Vorstellung oder Erwartung über die Beschaffenheit der Ware zu erregen, also abgesehen von allen Bezeichnungen, die nicht die Art eines fremden Zusatzes deutlich erkennen lassen, auch reklamehafte Angaben, die entgegen den Tatsachen auf eine besonders gute Beschaffenheit oder besonders sorgfältige Art der Herstellung hinweisen. Als Beispiele solcher Art führt die Begründung zu § 7, Nr. 8, 9 an: „Edelkakao, Primakakao, Kraftkakao, Gesundheitsschokolade, diätetische Schokolade“, für gewöhnliche Handelsware. Auch die Angabe „Nährkakao“, sowie Hinweise auf Nährsalze, Basen, Vollzucker, Vitamine gehören hierher.

Irreführende Aufmachung liegt besonders dann vor, wenn Schokoladewaren in Umhüllungen abgegeben werden, die einen weit größeren als den tatsächlich vorhandenen Inhalt vortäuschen. Einen teilweisen Schutz des Publikums gewährt die Vorschrift der Kennzeichnungsverordnung, daß in Packungen oder Behältnissen abgegebene Waren die Angabe des Inhaltes nach deutschem Maß oder Gewicht tragen müssen, und die Vorschrift in § 9 der Kakaoverordnung, daß Tafelschokolade nur im Reingewichte von 500, 250, 200, 125, 100, 50 oder

---

[1] HOLTHÖFER-JUCKENACK: Lebensmittelgesetz, 2. Aufl., 1933, Bd. 1, S. 266.
[2] BEYTHIEN: Deutsch. Nahrungsm.-Rundschau 1931, 197.

25 g verkauft werden darf; aber alle Möglichkeiten der Täuschung sind auch damit nicht beseitigt. Noch immer kommen ganz dünn ausgewalzte Schokoladetafeln, an beiden Seiten durch Pappscheiben vor dem Zerbrechen geschützt, in Packungen in den Handel, wie sie für die doppelte Gewichtsmenge üblich sind, auch weisen die dem Publikum als Pfund-, Halbpfund- oder Viertelpfundpackung bekannten Kartons mit Pralinen, Konfekt, Dessert usw. oft wesentlich geringeren Inhalt auf. Daß dadurch der Tatbestand der irreführenden Aufmachung erfüllt wird, geht aus mehreren gerichtlichen Urteilen hervor.

So hat das Amtsgericht Leipzig am 12. März 1930 einen Fabrikanten verurteilt, weil er eine nur 125 g wiegende Schokoladetafel in der Aufmachung einer 200—250 g-Tafel verkaufte (16 St.B. 686/29). Im gleichen Sinne sind Entscheidungen des Landgerichts Leipzig und des Oberlandesgerichts Dresden[1] ergangen.

Das Amtsgericht Berlin-Mitte hat am 13. Januar 1931[2] übermäßig große Umhüllungen mit magerem Inhalt als irreführend bezeichnet, und zwar eine Blumen-Bonbonniere in Form eines Pfundkartons mit sehr viel Pappe, aber nur 80 g Rotweinbohnen, einen Karton von der Größe einer 80—100 g-Packung mit nur 48 g Inhalt und eine Tafel „Alm-Riesenschokolade" vom Formate einer 250 g-Tafel, die nur 165 g wog.

Zur Schaffung einer gewissen Grundlage für die Beurteilung handelsüblicher Größen hat der Verband Deutscher Schokoladefabrikanten seinen Mitgliedern empfohlen[3], folgende Formate zu verwenden:

50 g-Tafel	höchstens	150 × 75 mm	= 112,5 qcm
100 g- „	„	180 × 90 mm	= 162,0 qcm
125 g- „	„	200 × 100 mm	= 200,0 qcm
200 g- „	„	230 × 120 mm	= 276,0 qcm
250 g- „	„	245 × 130 mm	= 318,5 qcm
500 g- „	„	280 × 180 mm	= 504,0 qcm

Aber auch diese Vorschrift hat weitere Täuschungen nicht zu verhindern vermocht, da jetzt zickzackförmige oder sonstwie geformte Gebilde, Platten und Streifen mit großen Hohlräumen hergestellt werden.

Es lassen sich daher allgemeine, allgemein gültige Richtlinien für die Ableitung des Begriffes „Irreführende Aufmachung" nicht geben, vielmehr muß diese Feststellung von Fall zu Fall nach den Grundsätzen des reellen Handels und des gesunden Menschenverstandes getroffen werden.

Anhang.

Nach Abschluß vorstehender Ausführungen ist aus wirtschaftlichen Gründen, hauptsächlich wohl zur Einschränkung der Kakaoeinfuhr, durch die Verordnung des Reichsministers für Ernährung und Landwirtschaft vom 12. Juli 1934[4] ein Treuhänder für die Rohkakao verarbeitenden Betriebe bestellt worden, zu dessen Aufgaben unter anderem auch der Erlaß von Vorschriften über Vorratsstreckung gehört (§ 2 Ziff. 4).

Die Anordnung Nr. 3 des Treuhänders vom 12. September 1934[5] enthält eine Reihe von Bestimmungen, die in die Kakaoverordnung eingreifen und diese zum Teil ergänzen, zum Teil aber auch abändern. Soweit sie für die stoffliche Zusammensetzung und die Beurteilung der Kakaoerzeugnisse durch den Lebensmittelchemiker von Bedeutung sind, seien sie nachstehend angeführt:

Kakaopulver. Schwach entöltes Kakaopulver enthält nach 2 (1) höchstens 22%, stark entöltes Kakaopulver nach 2 (2) höchstens 16% Kakaobutter.

---

[1] Deutsch. Nahrungsm.-Rundschau 1931, 179. [2] Kazett 1931, **20**, 43.
[3] Kazett 1932, **21**, 548. Vgl. Mezger u. Jesser: Deutsch. Nahrungsm.-Rundschau 1929, 16.
[4] RGBl. I, 618; Kazett 1934, **23**, 365. [5] Kazett 1934, **23**, 472.

Sahneschokolade enthält nach 2 (4) mindestens 8,4% der Sahne entstammendes Fett und 15% fettfreie Milchtrockenmasse.

Vollmilchschokoladen müssen mindestens 3,2% Milchfett und 20% fettfreie Milchtrockenmasse enthalten.

Magermilchschokoladen enthalten mindestens 20% fettfreie Milchtrockenmasse.

Sahneschokolade, Vollmilchschokolade und Magermilchschokolade mit einem Kleinverkaufspreise bis zu 40 Pf. die Tafel dürfen höchstens 29% Kakaobestandteile enthalten, Milchschokoladen mit einem Kleinverkaufspreise über 40 Pf. die Tafel höchstens 35%.

Schokolade-Überzugsmasse (Kuvertüre) darf nach 2 (5) höchstens 55% Kakaobestandteile enthalten.

Kakaomasse darf nicht als Überzug verwendet werden.

Die Vorschriften gelten nach 5 (1) nicht für reine Exportartikel.

Buch-Literatur.

ALBU-NEUBERG: Physiologie und Pathologie des Mineralstoffwechsels. Berlin: Julius Springer 1906. — BEYTHIEN: Laboratoriumsbuch für den Nahrungsmittelchemiker. Dresden: Theodor Steinkopff 1931. — Volksernährung und Ersatzmittel. Leipzig: Chr. Herm. Tauchnitz 1922. — BEYTHIEN-HARTWICH-KLIMMER: Handbuch der Nahrungsmitteluntersuchung, Bd. 1—4. Leipzig: Chr. Herm. Tauchnitz 1914—1919. — H. FINCKE: Die Kakaobutter und ihre Verfälschung. Stuttgart: Wissenschaftliche Verlagsgesellschaft 1929. — Kakao und Kakaoerzeugnisse. ULLMANNS Enzyklopädie, 2. Aufl. Berlin: Urban & Schwarzenberg 1930. — V. GERLACH: Deutsches Nahrungsmittelbuch, 3. Aufl. Heidelberg: Carl Winter 1922. — C. GREIERT: Festschrift zum 50jährigen Bestehen des Verbandes Deutscher Schokoladefabrikanten. Dresden 1926. — J. GROSSFELD: Anleitung zur Untersuchung der Lebensmittel. Berlin: Julius Springer 1927. — C. HARTWICH: Die menschlichen Genußmittel. Leipzig: Chr. Herm. Tauchnitz 1911. — HOLTHÖFER-JUCKENACK: Lebensmittelgesetz, Kommentar. 1. Aufl. 1927; 2. Aufl., Bd. 1, 1933. Berlin: Carl Heymann. — A. JUCKENACK: Was haben wir bei unserer Ernährung im Haushalt zu beachten? Berlin: Julius Springer 1923. — O. KESTNER u. H. W. KNIPPING: Die Ernährung des Menschen. Berlin: Julius Springer 1924. — J. KÖNIG: Chemie der menschlichen Nahrungs- und Genußmittel, 4. Aufl. Berlin: Julius Springer 1903—1923. — Nahrung und Ernährung des Menschen. Berlin: Julius Springer 1926. — A. LAESSIG: Grundelemente der Kakao- und Schokoladefabrikation. Dresden: A. Dressel 1928. — LÜHRMANN-FINCKE: Kakao und Schokolade. Leipzig: M. Jänecke 1927. — MÖLLER-GRIEBEL: Mikroskopie der Nahrungs- und Genußmittel. Berlin: Julius Springer 1928. — R. O. NEUMANN: Die Bewertung des Kakaos als Nahrungs- und Genußmittel. Berlin u. München: R. Oldenbourg 1907. — Österreichisches Lebensmittelbuch (Codex alimentarius austriacus), 2. Aufl. Wien: Julius Springer 1932. — O. RÜGER: Festschrift zum 25jährigen Bestehen des Verbandes Deutscher Schokoladefabrikanten. Dresden 1901. — SAROTTI: 60 Jahre Sarotti. Berlin: Eckstein 1928. — J. TILLMANS: Lehrbuch der Lebensmittelchemie. München: J. F. Bergmann 1927. — W. ZIEGELMAYER: Unsere Lebensmittel und ihre Veränderungen. Dresden u. Leipzig: Theodor Steinkopff 1933. — P. ZIPPERER-SCHAEFFER: Die Schokoladefabrikation, 4. Aufl. Berlin: M. Krayn 1924.

Tabak.

Allgemeiner und chemischer Teil

von

DR. P. KOENIG-Forchheim (Baden).

I. Begriffsbestimmung und Verwendungsarten.

Was ist Tabak? Die Tabakfabrikate bestehen aus den Blättern bzw. Blattgemischen von rot-, weiß- oder gelbblühenden Nicotiana-Spezies (Nicotiana tabacum und rustica).

Verwendungsarten. Zigarren, Zigarillos und Stumpen werden aus entrippten Tabakblättern verschiedener Herkunft unterschiedlicher Zerkleinerung (Wickelfüllung, Umblatt und Deckblatt) hergestellt.

Rauchtabak (Pfeifentabak) enthält je nach Schnittbreite (Fein-, Krüll- oder Grobschnitt) ein Gemisch mehr oder weniger stark zerkleinerter Tabakblätter (nicht entrippt, soßiert und geröstet), wobei besonders für Feinschnitt meist hellfarbene Tabakblätter benutzt werden. „Steuerbegünstigter Feinschnitt" muß 50% deutschen Tabaks enthalten; Schnittbreite feiner als $1^3/_4$ mm.

Zur Zigarettenherstellung verwendet man zitronengelbe, goldgelbe oder braune kleinblättrige Tabaksorten von süßlichem Geschmack und honigartigem Duft (Schnitt im Mittel 0,6 mm). Die sog. „schwarzen" Zigaretten werden aus großblättrigen Tabaken (besonders in Frankreich) gewonnen.

Bei der Kautabakgewinnung werden die Tabakblätter (nach dem Entrippen) gesponnen (Spinntabak mit ganzem Deckblatt) zu sog. Rollen. Außerdem werden Platten (durch Pressen oder durch Spinnen und Pressen) oder der „Schwarze Krauser" (fein geschnittene Tabakblätter mit mindestens $^1/_3$ dunklem Kentuckytabak, sonst ähnlichem in- und ausländischen Schwergute, Rippenbeimischung verboten) hergestellt. Diese beiden Tabakfabrikate erhalten nach dem Laugen verschiedenartige Zusätze (Soßen und Frischhaltungsmittel).

Zu Schnupftabak werden gesoßte und gemahlene, nachfermentierte Tabakblätter mit viel Ingredienzien (bei Schmalzler auch Fett) genommen. Tabakrippen werden den Rauchtabaken (Knaster) vielfach in großer Menge beigemischt. Deklarationszwang des Rippengehaltes wäre erwünscht.

Tabakpuder. Feingemahlene Tabakblätter. Sie dienen zum Bepudern von billigen Zigarren, um eine hellere und gleichmäßigere Farbe des Deckblattes vorzutäuschen. Puderung sollte deklarationspflichtig sein.

Tabaklaugen, Nicotinextrakt oder Nicotinpräparate stellt man — soweit sie nicht Nebenerzeugnisse z. B. der Kautabakfabrikation sind — aus Tabakabfällen, Tabakstaub, Rippen u. dgl. her. Hierher gehören auch die Verwendungsarten von Tabakabfällen in Form von Räucherpuder und -kerzen, die zur Vertilgung von Pflanzenschädlingen benutzt werden.

Tabakstaub wird gebraucht zum Bestäuben von Pflanzen gegen Schädlinge (Blattläuse usw.) oder zum Bestreuen von Geflügelställen.

In der Medizin fand der Tabak im 17. und 18. Jahrhundert ausgiebige Verwendung als Universalheilmittel in Form von Schnupfpulver, Destillat, Sirup, Saft (Succus), Pillen, Salben, Ölen, Klistieren. Der Tabakrauch diente lange Zeit in Form von Rauchklistieren gegen Blähungen von Mensch und Tier. Es mußte im 18. Jahrhundert in Frankreich amtlich den Scheintoten und Ertrunkenen verabreicht werden. In neuerer Zeit wurde das Nicotin in der modernen Medizin wieder eingeführt.

Die Tabakstämme (Stengel) (reich an Kali) werden für Wiesen als Düngemittel benutzt. Die ausgetrockneten Tabakstengel dienen in manchen Gegenden als Anfeuermaterial (statt Reisig) in Backöfen usw. Zur Nicotingewinnung eignen sie sich nicht, da sie nur wenig Nicotin (0,6% und weniger) enthalten. Aus den Stämmen holzartiger Tabakarten (Nicotiana glauca) kann man Spazierstöcke herstellen.

Aus Tabakblüten (besonders die von Nicotiana silvestris, Nicotiana Sanderae und Nicotiana affinis) kann man hochfeine Essenzen für die Parfümerie gewinnen.

Tabaksamen wird zur Herstellung von Öl (für technische Zwecke, ähnlich wie Mohnöl) verwendet. Er enthält 30—36% und mehr fettes Öl.

II. Geschichte des Tabaks.

Die **Geschichte** des Tabaks ist ebenso vielgestaltig wie reizvoll. Wir beschränken uns hier auf einzelne wichtige Punkte seiner Entdeckung in Amerika und Einführung nach Deutschland (über Frankreich bzw. Spanien und Portugal). Christoph Kolumbus und seine Begleiter haben auf der ersten (1492) und zweiten (1496) Amerikaentdeckungsfahrt als erste Europäer den Tabak in der Neuen Welt gesehen. Man bot ihnen nach der Landung auf der Insel Guanahani (Bahamainseln) Tabak als Geschenk an, mit dem sie zunächst wenig anzufangen wußten. Ein Begleiter von Christoph Kolumbus, der Mönch Romano Pane, der auf San Domingo sich längere Zeit aufhielt, hat dann wohl als erster den Gebrauch des Tabaks als Räuchermittel (für religiöse Zwecke), als Heilmittel und als Rauchkraut näher kennen gelernt. Die Verbreitung des Tabaks vor Christoph Kolumbus erstreckte sich auf fast alle Länder und Inseln des Golfes von Mexiko und des Karibischen Meeres. Hauptanbauer waren die Bewohner der großen Antilleninseln, besonders von Kuba, Sao Domingo, der Bahama, dann einige der Südstaaten der heutigen Vereinigten Staaten (besonders Florida), ferner Mexiko, Mittel- und Südamerika bis nach Peru, dann die Nordländer Südamerikas (Venezuela usw.) einschließlich Brasiliens. Die Maya in Mexiko bis Peru benutzten den Tabak auch bei religiösen Übungen (Skulpturen an den Ruinen von Palenque in Chiabas sind heute noch erhalten).

Ausführliches über den Gebrauch von Tabak bei den Mayas usw. bei Stahl [1]. Die erste gedruckte Urkunde über den Tabak stammt von Gonzalo Hernandez de Oviedo y Valdes in seiner Chronik der Indianer (1535), in der die Tabakpfeifen (in Y-Form) erstmals beschrieben und mit dem Namen „Tabaco“ belegt werden. Dieser Name ist dann auf das Rauchkraut, das indianisch „Cohobba“ (und anders) genannt worden ist, übergegangen. Den ersten Tabaksamen brachte wohl Juan Ponce de Lon (1512 auf Florida) nach Europa (Portugal). Der Mönch Thevet [2] hat (1555) den ersten Tabaksamen aus Brasilien mitgebracht. Er suchte ihn in Frankreich einzuführen, doch ohne Erfolg. Der große Wurf der Verbreitung des Tabaks in der Alten Welt gelang erst dem Gesandten von Frankreich — Jean Nicot — in Lissabon im Jahre 1560, der es verstanden hat, die Königin Catharina (v. Medici) und damit den französischen Hof in Paris und dann auch den pästlichen Gesandten in Lissabon, den Kardinal Prosper de Santa Croce, für die Verwendung von Tabak zu gewinnen [3]. Von Paris und Rom aus hat sich dann der Gebrauch des Schnupfens und von England und Holland auch das Pfeifen- und Zigarrenrauchen (Raleigh) verbreitet, während die Zigarette über Rußland und Österreich (bzw. den Orient) zu uns gekommen ist [4]. Die erste Zigarettenfabrik in Deutschland wurde erst im Jahre 1862 gegründet. Die erste Tabakpflanze (bzw. Samen davon) ist um das Jahr 1565 nach Deutschland gekommen. Dr. Adolph Occo in Augsburg, der auch ein Arzneibuch geschrieben hat [5], berichtet über diese damals seltene Pflanze, die er an den bekannten Botaniker Conrad Gessner [6] nach Zürich zur Untersuchung weitergab. Dieser sandte die Pflanze an Dr. Aretinus in Bern, der das Tabakkraut damals schon in seinem Garten gepflegt hat. Das älteste, übrigens mit Holzschnitten prächtig ausgestattete deutsche Tabakbuch wurde von dem „Hoff- und Wundarzte“ Barnstein [7] geschrieben. Über die ältesten Tabakurkunden in deutscher Sprache

[1] Günther Stahl: Zeitschr. Ethnologie 1930, 1/6, 45—111. — Zur Frage des Ursprungs des Tabakrauchens. Anthropos, Bd. 26, S. 569—582, 1931.

[2] André Thevet: Les singularités de la France antarctique, autrement nommé Amerique. Paris 1558.

[3] Paul Koenig: Süddeutsch. Tabakztg. 1928, 38, 77.

[4] Jac. Gohori: Instruction sur l'herbe. Paris 1572.

[5] Adolph Occo: Pharmacopoeia seu medicamentum pro Rep. Augustana, 1581.

[6] Conrad Gessner: Epistolarum medicinalium, Philosophi et Medici Tigurini Libri tres, 1577.

[7] Henrico Barnstein: Tabak, das Wundermittel. Erfurt 1644.

habe ich in „Forschungen und Forschritte“ berichtet[1]. Darnach hat JOACHIM CAMERARIUS, der Reichsstatt Nürnberg Med. Doct., in seinem (ursprünglich von P. A. MATTHIOLUS 1573 herausgegebenen) „Kräuterbuch“ über Tabak erstmals 1586 in deutscher Sprache berichtet. Vor dem Jahre 1600 erschienen ferner zwei bedeutende Bücher in deutscher Sprache, die den Tabak gebührend berücksichtigen [2, 3].

Der erste gärtnerische Anbau von Tabak in Deutschland erfolgte im Jahre 1598 durch JOHANN BAUHIN [4] in Bad Boll bei Göppingen (Württemberg). Den Tabakbau durch Pflanzer hat bei uns KOENIGSMANN in Straßburg (1620) eingeführt. Nach dem Rhein, der Pfalz und Baden brachten holländische und englische Truppen den Gebrauch des Rauchens im Jahre 1620 [5].

Die erste botanische Beschreibung mehrerer Tabakarten finden wir (1574) bei CARL CLUSIUS [6], während EVERARTUS [7] von einer männlichen, weiblichen und dritten Tabaksorte berichtet. BRAGGE [8], der die erste Tabakbibliographie (1880) schrieb, führt vor 1600 im ganzen 9 Schriften über Tabak an. Ich habe festgestellt, daß diese Zahl weit höher ist. In den Jahren 1620—1640 war der Gebrauch des Tabaks schon in allen Teilen Deutschlands eingeführt, denn es kamen in allen größeren Städten Rauchverbote heraus. Auch wurde zugleich der Tabak mit Zöllen und Steuern belegt (zuerst von der venezianischen Republik).

Die erste Tabakfabrik Deutschlands erstand in Württemberg durch Peter Koenemann um 1700, die erste staatliche Fabrik im Jahre 1737 in Ludwigsburg (Württemberg). Damit war das erste Monopol in Deutschland geschaffen. In Preußen wurde ein Tabakmonopolamt im Jahre 1765 eingeführt. Das Rauchen wurde dort besonders durch König Wilhelm I. (im Tabakkollegium in Königswusterhausen und Potsdam) begünstigt. Aber auch viele Gegner hatte der Tabak. Genau 100 Jahre lang (1624—1724) war der Gebrauch des Tabaks von der Kirche mit dem Bann belegt, aber auch gekrönte Häupter, Stadtgewaltige usw. haben oft strengste Rauchverbote erlassen. Einer der schlimmsten Tabakgegner war James I. von England [9], der 1603 sogar ein eigenes Werk gegen den Mißbrauch des Tabaks veröffentlicht hat. Ganz unmenschlich hat Sultan Murat IV. gegen die Tabakraucher gewütet. Aber all diese Kämpfe von Fürsten und Regierungsorganen gegen den Tabak vermochten dessen Genuß nicht zurückzudrängen. Im Gegenteil, jedes Verbot bewirkte die weitere Ausbreitung des Tabakgebrauches. In kaum einem Jahrhundert hatte sich der Tabak die ganze Welt erobert. Die Regierungen gaben den Kampf gegen den Tabak auf, und aus den Strafgeldern entstanden Einfuhrzölle und Besteuerungen.

Heute stellt die Tabakbewirtschaftung die Eckpfeiler der Finanzministerien aller Länder dar. Auf die Beschreibung der neuzeitlichen geschichtlichen Entwicklung des Tabaks und der Tabakindustrie muß hier verzichtet werden. Um das Bild zu vervollständigen seien aber einige statistische Angaben stichwortmäßig angeführt.

Statistik.

Welt. Die höchste Weltanbaufläche wurde in den Jahren 1930 und 1931 mit über 2,5 Millionen Hektar erreicht. Bei einem Weltdurchschnittsertrag je Hektar von 9,3 dz kann man mit einem Weltertrag von 24 Millionen Doppelzentner (1930) Tabak (dachreif) rechnen.

Deutschland. Die deutsche Tabakanbaufläche ist unter Zugrundelegung der Anbauflächen von 1927—1929 mit etwa 10000 ha kontingentiert (1932: 10849 ha). Die höchste Anbaufläche wurde in Deutschland im Jahre 1872 mit 30501 ha (also gut dem dreifachen von 1930 mit 9274 ha) erzielt. Der Ertrag war im Jahre 1872 540700 dz. Bei niedrigerer Anbaufläche wurde im Jahre 1881 (22248 ha) mit 613140 dz der Höchstertrag gewonnen. Die modernen Ernten beliefen sich bei mittleren Hektarerträgen von 22—24 dz z. B. im Jahre 1931 auf 231808 und 1932 auf 282241 dz. Der Wert der deutschen Ernte 1932 wird mit 32,7 Millionen RM = 116 RM je Doppelzentner von dem Statistischen Reichsamt angegeben.

1 P. KOENIG: Forschgn. u. Fortschr. 1932, 8, 1.

2 NICOLAUS HÖNINGER von Königshofen an der Tauber: Weldt- und Indianisches Niedergängiges Königreich. Basel 1582.

3 GG. MARTUS u. JOH. FISCHER: Von dem Feldbau und recht vollkommener Wohlbestellung eines bekömmlichen Landsitzes — Toback. Mit einem Vorwort von MELCHIOR SEBIZIUS. Straßburg 1598.

4 JOHANN BAUHIN: Historia novi et admirabilis fontis bal neique Bollensis in Ducatu Vuirtembergico ad acidulas Goepingensis, 1598.

5 FRIEDR. TIEDEMANN: Die Geschichte des Tabaks und ähnlicher Genußmittel. Frankfurt a. M. 1854.

6 NIC. MONARDES: Simplicium Medicamentorum ex nova orbe delatorum, quorum in medicina usus est historia. Ins Lateinische übersetzt von Carl Clusius, Antwerpen 1579.

7 EGIDIO EVERARTUS: De herba panacea, quam alii Tabacum ... vocant., 1587.

8 WILLIAM BRAGGE: Bibliotheca Nicotiana 1880.

9 JAMES I.: King James, his conterblast to tobacco to which is added a learned discourse, 1672.

Deutsche Anbaugebiete. Das größte deutsche Tabakbaugebiet (1932) ist Baden (mit 5297 ha von 10849 ha) mit 31261 Pflanzern (von 55887 Pflanzern im Deutschen Reich). Als zweites Gebiet folgt Bayern: die bayrische Pfalz mit 2592 ha einschließlich 39 ha im Aschaffenburger Finanzamtsbezirk. Dazu kommen noch fast 400 ha im Gebiet von Schwabach bei Nürnberg mit etwa 24000 Pflanzern zusammen. Preußen: Es folgen sodann die verschiedenen preußischen Tabakbaugebiete mit fast 2000 ha; davon treffen auf die Uckermark (einschließlich Golssen) (Hauptort Schwedt a. O.): 895 ha, Ostpreußen 521 ha (davon Marienwerder 497 ha, Elbing 15 ha, Tilsit 9 ha). Das pommersche Gebiet (Hauptort: Gartz a. O.): 328 ha, Eichsfeld (Hannover) 193 ha (Hauptort: Duderstadt), Werragebiet (Eschwege-Kassel): 35 ha, Moselgebiet (Wittlich): 33 ha, Niederrheinisches Gebiet (Hauptort Cleve): 18 ha, Oberschlesien, Magdeburg und Thüringen (Anhalt: Oranienbaum) je 7 bis 8 ha, dazu kämen noch etwa 22 ha, die etwas über 10734 Selbstverbraucher quadratmeterweise (bis zu 50 m² gegen eine Gebühr von mindestens 8,50 RM erlaubt) anpflanzen. — Hessen baute 1932 etwa 375 ha mit 1152 Pflanzern und Württemberg 108 ha mit 1105 Pflanzern an. Die 10849 ha (1932) Tabak Deutschlands wurden auf 90915 Grundstücken von fast 56000 Pflanzern bebaut, ohne die genannten Selbstverbrauchspflanzer, von denen allein 9916 auf den Landesfinanzamtsbezirk Königsberg entfallen. Im Jahre 1934 wurde das Kontingent der Anbaufläche auf etwa 12400 ha erhöht.

Die **Tabakforschung** wurde in Deutschland seit GESSNERs und BAUHINs ersten Berichten eifrig gepflegt. Die ältere Literatur beschäftigt sich namentlich mit botanischen, medizinischen und pharmazeutischen Tabakarbeiten, denen sich dann gleich mit der Begründung der organischen Chemie auch die chemischen anschlossen. Die beiden wichtigsten älteren Werke entstanden 1809 von GMELIN-Heidelberg und 1822 von HERMSTÄDT-Berlin-Pankow. Ein wichtiges Ereignis trat mit der ersten Reinherstellung des Nicotins ein, das im gleichen Jahre, in dem WÖHLER den ersten organischen Körper, den Harnstoff, synthetisch herstellte — nämlich 1828 — von REIMANN und POSSELT-Heidelberg [1] rein erhalten worden ist, nachdem es (in unreinem Zustand) zuvor schon UNVERDORBEN [2] in Händen gehabt hatte. Mit dieser Großtat der beiden jungen Heidelberger Kandidaten der Chemie und Medizin (unter GMELINs Führung) wurde die eigentliche Tabakchemie begründet. In der Folgezeit haben sich weiter besonders NESSLER [3], PAUL WAGNER [4], BEHRENS [5], NEUBERG [6] u. a. mit Einzelfragen der Tabakchemie beschäftigt. Ein großes deutsches Werk, das umfassend über die Tabakkunde handelt, wurde uns von RICHARD KISSLING [7] geschenkt, der uns übrigens seit langer Zeit in der „Chemiker-Zeitung" Jahresübersichten über Neuerungen in der Tabakchemie aufstellt. Auf landwirtschaftlichem Gebiet muß noch das Werkchen von AUGUST VON BABO, erstmals in Karlsruhe 1852 erschienen, genannt werden, das in seiner 8. Auflage von PH. HOFFMANN [8] bearbeitet, sich immer noch großer Beliebtheit erfreut. Seit 1927 besteht das Tabakforschungsinstitut für das Deutsche Reich in Forchheim bei Karlsruhe.

III. Gewinnung und Zubereitung des Tabaks.

1. Gewinnung.

Der **Tabaksamen** zeichnet sich durch besondere Feinheit aus. Bei Nic. tabacum gehen je nach der Sorte 8000—12 000 Körner auf 1 g; das Tausendkorngewicht schwankt also je nach Sorte, Reife und Jahrgang zwischen 0,08 und 0,12 g (nach L. RAVE-Forchheim). Nasse Jahrgänge ergeben ein höheres Tausendkorngewicht als trockene (Verhältnis z. B. bei GEUDERTHEIMER 0,11 : 0,09 g). Zur Gewinnung der Saat sollen die Blütenstände auf die ältesten 20—30 Blüten ausgeschnitten (und eingehüllt) werden.

Samenaufbewahrung. Dank des großen Fettgehaltes der Samen (bis zu 36%) vermag der Samen seine Keimkraft zum Teil bis zu 15, ja auch 30 Jahren

[1] REIMANN u. POSSELT: Chemische Untersuchung des Tabaks und Darstellung des eigentümlichen Prinzips dieser Pflanze, 1828.

[2] P. KOENIG: Süddeutsch. Tabakztg. 1929, **10**, 3.

[3] J. NESSLER: Der Tabak, seine Bestandteile und seine Behandlung. Mannheim: Schneider 1867.

[4] PAUL WAGNER: Versuche über Tabakdüngung. Arb. DLG. 138, 1908.

[5] J. BEHRENS: FRANZ LAFARs Handbuch der technischen Mykologie, V. Mykologie der Tabakfabrikation. Jena 1905—14.

[6] NEUBERG: Verschiedene Arbeiten in der Biochem. Zeitschr.

[7] RICH. KISSLING: Handbuch der Tabakkunde, des Tabakbaues und der Tabakfabrikation. Berlin: Paul Parey 1925.

[8] A. v. BABO u. PH. HOFFMANN: Der Tabakbau. Berlin: Paul Parey 1929.

zu erhalten. Von den Pflanzern wird der zweijährige Samen mit Vorliebe zur Aussaat benutzt. Die Aufbewahrung soll in mäßig warmen Räumen (10—15° C) erfolgen. Sie ist aber auch, bei niedriger Feuchtigkeit (40—45%), bei höherer Temperatur (Zentralheizung) möglich. Zu große Feuchtigkeit (über 75%) ist für die Aufbewahrung des Samens unzulässig.

Saatprüfung. Für die Prüfung der Keimfähigkeit hat sich das Verfahren nach den technischen Vorschriften[1] der Landwirtschaftlichen Versuchsstationen am besten bewährt. In Petrischalen von geeigneter Größe gibt man zwei Lagen Filtrierpapier, das mit 3 ccm Wasser angefeuchtet wird, zählt 2mal je 100 Samen ein und stellt sie bei diffusem Licht täglich 18 Stunden bei 20° C und 6 Stunden bei 30° C (also bei täglichem Temperaturwechsel!) auf. Für Wasserersatz muß natürlich gesorgt werden. Die Keimschnelligkeit ist gleich der Summe der nach 5 Tagen gekeimten Samen, die Keimfähigkeit ergibt sich aus der Summe der nach 14 Tagen von je 100 Stück gekeimten Samen. Der Vorteil der Anwendung täglich wechselnder Temperaturen besteht darin, daß die Keimung um 1 bis mehrere Tage früher vor sich geht und daß die Keimprozente wesentlich höher liegen. Die Prüfungen mit einem Keimfloß eigener Bauart, haben sich wegen der Kleinheit bzw. leichten Abschwemmungsmöglichkeit der Samen bisher weniger bewährt. Ein schlechter Keimbeginn (Keimenergie) bedeutet nicht immer schlechte Keimfähigkeit. Es kommt vor, daß nach Keimenergien von etwa 10% doch noch Keimfähigkeiten von 90—100% erreicht werden. Als Mindestmaß der Keimfähigkeit sollten 80% gelten. Von schlecht keimfähigen Samen muß mehr zur Saat genommen, und der Preis muß entsprechend herabgesetzt werden. Die Keimschnelligkeit und Keimfähigkeit wird durch Sortenkreuzung (auch mit ausländischen Sorten) häufig stark heraufgesetzt. Belichtete und unbelichtete Keimprüfungen zeigten keine wesentlichen Unterschiede.

Saatbeizung. Zur Vermeidung der Übertragung von Krankheiten (Bakterien, Pilzsporen) sollte die verwendete Saat grundsätzlich gebeizt werden. In vielen Ländern (z. B. England mit Dominien und Kolonien) ist die Saatbeizung gesetzlich vorgeschrieben. Für die Beizung von Tabaksaat haben sich fast alle üblichen Beizmittel (Formalin, Uspulun, Sublimat, Jodoform, Chinosol in entsprechend starker Verdünnung angewandt) fast gleich gut erwiesen. Am besten hat sich bei Nachprüfungen von W. Müller-Forchheim eine 0,1%ige Silbernitratlösung ($AgNO_3$) bewährt. Der Samen wird in ein feinmaschiges Gazesäckchen gebracht, dieses taucht man 15 Minuten lang in 0,1%ige Silbernitratlösung und bewegt das Säckchen öfter, wäscht sodann mit viel destilliertem Wasser nach und legt den Beutel mit Samen eine Stunde lang in eine Schale mit destilliertem Wasser und trocknet. Im großen bringt man in eine Literflasche 200 g Samen, fügt 500 ccm Beizflüssigkeit zu, läßt sie 15 Minuten unter öfterem Umschütteln einwirken, fängt die Samen in einem engmaschigen Beutel auf und wäscht, wie oben angegeben, gut durch. Auf 1 kg Saat verbraucht man 2,6 g Silbernitrat. Die richtig ausgeführte Beizung darf die Keimfähigkeit nicht herabsetzen, sie soll im Gegenteil dadurch erhöht werden. Mit oben angeführter Beizmethode wurde öfter eine höhere Keimschnelligkeit erzielt z. B. von 92,7% gegen 88,5% ungebeizt und eine Keimfähigkeit von 97% gegen 94% unbehandelt.

Saatbeeteinrichtung. Für die Tabaksetzlingszucht verwendet man einfachste, anfangs bedeckte, gut gedüngte Gartenbeete bis zu den besteingerichteten Warm- und Halbwarmbeeten. Auch hochstehende Beete (Kutschen) trifft man zuweilen an. Holzumrahmungen sind denen aus Zement (kälter) vorzuziehen. Die Herrichtung des Bodens und die Füllung wird nach Gärtnerart ausgeführt. Die oberste Bodenschicht von 10 cm dämpfe man (wenn möglich) in einem Kartoffeldämpfer zur Abtötung von Unkrautsamen, Ungeziefer sowie

[1] Technische Vorschriften für die Prüfung von Saatgut. Landw. Vers.-Stationen 1928, **107**, 1/2.

deren Eiern und Larven, ferner der Pilze, Bakterien und deren Sporen. Die Bedeckung der Beete kann aus Glasfenstern (Frühbeetfenstern), auch aus Ultraglas, Bizellaglas oder Novabizellaglas und schließlich ebensogut aus einfachem Ölpapier (auf Rahmen gezogen) bestehen. Bei Verwendung nährstoffreicher Humuserde ist eine Düngung mit Mineralsalzen nicht mehr nötig. Bei schlechterer Beeterde kann man aber je Fenster (= 1,5 qm) 10 g schwefelsaures Kali und je 5 g Superphosphat und Harnstoff nehmen.

Säen. Der Boden des Saatbeetes muß völlig eben sein. Er wird vor dem Säen mit einer Pritsche ein wenig angedrückt und etwas angefeuchtet. Darauf sät man je Quadratmeter nicht mehr als $^1/_4$—1 g Samen, den man zum leichteren und gleichmäßigeren Aussäen mit reiner Holzasche, feinem Sand oder feinem Sägemehl vermischt hat. Das Säen geschieht freihändig. Auch mit kleinen Gießkannen mit Brause kann man unter fortwährendem Umrühren die feine, mit Wasser aufgeschwemmte Saat ausbreiten. Es gibt auch kleine Säapparate, die aber keine Vorteile aufweisen. Nach dem Säen wird der Samen mit einer ganz feinen Schicht von feuchter mit Torfmehl untermischter Erde (nur wenige Millimeter dick) bedeckt, und dann wird das Fenster aufgesetzt. Die Saatzeit beginnt in Deutschland vom 10. März ab bei nicht zu kalter Witterung, beste Saatzeit vom 15.—20. März, nicht später als 31. März. In manchen Gegenden wird die Saat in einem Tuch oder Strumpf in warmen Ställen usw. vorgekeimt. Dadurch wird ein rascheres Wachstum erzielt. Bei Spätsaat ist das Vorkeimen empfehlenswert.

Die **Setzlingszucht** ist eine große Kunst! Das richtige Maß von Feuchtigkeit, Wärme, Belichtung und Lüftung sind Grundbedingungen. Anfangs brauchen die Samen mehr Feuchtigkeit als später nach dem Ansetzen des 3. und 4. Blattes. Gießrezepte gibt es nicht. Zu viel Feuchtigkeit bewirkt Algen- und Pilzwachstum, Fäule usw., zu wenig: rasches Welken und Eingehen der Sämlinge. Das Gießwasser darf nicht kälter sein als die Beettemperatur. Gießzeit: vormittags oder mittags. Die optimale Wärme liegt zwischen 20 und 25° C, anfangs dürfen es auch 12—15° C sein. Die Belichtung soll in der ersten Woche schwach sein. Die Glasfenster werden zum Schutz gegen Verbrennung der kleinen Pflanzen mit Kalkmilch bestrichen. Man legt auch als Wärme- und Bestrahlungsschutz Stroh- oder Cocosmatten oder Säcke auf die Bedeckung (Fenster usw.) Die Lüftung erfolgt anfangs nur um die Mittagszeit, falls die Temperatur nicht zu tief steht. Jedes Beet, jede Sorte usw. muß verschieden gelüftet werden (nur kleine Spalten, oder $^1/_4$, oder $^1/_2$, oder ganz offen), je nach der Größe der Setzlinge und nach der Außentemperatur. Zur Vermeidung des Vergeilens der Setzlinge sorge man für rechtzeitige Abhärtung, sowie für das Verdünnen der Pflänzchen an Stellen, wo sie zu dicht stehen. Zur Verhütung von Pilzkrankheiten, sowie als Wachstumsreizmittel spritzt man einige Zeit nach dem Aufgehen der Saat mit $^1/_2$%iger neutraler Kupferkalkbrühe, später noch 2—3 mal mit einer 1%igen Lösung. Man kann auch fertige Kupferpräparate[1] nehmen, die man nur nach Vorschrift in Wasser zu lösen hat. Gegen Schädlinge (Schnecken usw.) kann man der Spritzbrühe Arsenpräparate (z. B. Schweinfurter Grün) zusetzen oder solche fertigen Mittel benutzen, die Kupfer und Arsen zugleich enthalten. Anstatt der Spritzmittel, mit denen ja die Feuchtigkeit im Beet erhöht wird, empfiehlt es sich häufig, Stäubemittel zu verwenden. Nach Erreichung des 4. und 5. Blattes werden die Setzlinge verschult (pikiert) und zwar (täglich) immer die größten. Als Pikierbeete dienen geschützt gelegene Gartenbeete, die bei Nacht, wenn nötig, mit Ölpapier zugedeckt werden. Man pikiert auf 3 × 3 bis höchstens 4 × 4 cm. Das Pikieren hat den Vorteil, daß man die für das Setzen günstigste Witterung (Wärme und besonders Feuchte) abwarten kann, während nichtpikierte Pflänzchen, d. h. solche aus dem Saatbeet, versetzt werden müssen, wenn sie satzreif sind, denn später vergeilen sie. Auch ist die Entwicklung des Wurzelwerkes der Pikierlinge eine viel vorteilhaftere als die der Saatbeetsetzlinge. Die verschulten Pflanzen sind auch widerstandsfähiger gegen Krankheiten und Schädlinge.

Schädlinge und Krankheiten (in Saatbeet und auf dem Felde). Schnecken werden mit arsen- und fluorhaltigen Mitteln (z. B. Cusarsen oder Perrit) bekämpft. Man kann auch rings um die Saatbeete herum einen Streifen mit Ätzkalk legen. Regenwürmer vertreibt man mit stark verdünnter Schweinejauche. Drahtwürmer und Erdraupen werden mit Ködern (Kartoffelstücken, auch getrocknete Kartoffel) gefangen. Maulwürfe, Spitzmäuse vertreibt man, indem in die Löcher und Gänge etwas Carbid gegeben wird, das dann angefeuchtet wird. Die Löcher werden sofort mit Boden gut bedeckt. Vorbeugungsmittel gegen Pilz- und (Bakterien-) Krankheiten sind die obengenannten Kupferpräparate, mit denen auch noch größere Pflanzen auf dem Felde (nur bis zum Köpfen) behandelt werden können. Weiteres über Schädlinge vgl. die Arbeiten von SCHWARTZ und PETERS[2], SORAUER[3], BÖNING[4] u. a.

[1] Auskunft über Krankheits- und Schädlingsbekämpfungsmittel erhält man bei den Pflanzenschutzhauptstellen.

[2] L. PETERS u. M. SCHWARTZ: Krankheiten und Beschädigungen des Tabaks. Mitt. kaiserl. biol. Anstalt Land- u. Forstwirtsch., H. 13. Berlin: Paul Parey 1912.

[3] PAUL SORAUER: Handbuch der Pflanzenkrankheiten, die pflanzlichen Parasiten. Berlin: Paul Parey 1923.

[4] KARL BÖNING: Die Krankheiten des Tabaks. München: Datterer & Cie. 1928.

Böden. Zigarrentabake gedeihen am besten auf humösen Lehmböden und humusreichen Mergel- bzw. Lößböden oder auf sandigen Lehmböden, die eine gute wasserhaltige Kraft besitzen. Reichliche Niederschläge sind erwünscht. Schneidegut- oder Pfeifentabake werden auf in guter Kultur stehenden Sandböden (auch mit etwas Ton) oder auf leichten Humusböden gezogen. Die Niederschläge können 500—700 mm betragen. Der Grundwasserstand braucht nicht so hoch zu stehen wie bei Zigarrengutböden, für die das Grundwasser in 1—2 m Tiefe erwünscht ist. Zigarettentabakpflanzen brauchen in Kultur stehende, ganz leichte Sand- auch Steinböden in der Ebene mit mäßigen Sommerniederschlägen.

Die **Düngung** hat recht vorsichtig zu geschehen. Von Stallmist sollte reichlich Gebrauch gemacht werden (Zigarrentabak bis zu 600 dz, Schneidegut bis zu 400 dz, Zigarettentabak bis zu 250 dz je Hektar). Unterbringung $^1/_2$ im November und $^1/_2$ im Februar bis März. Humusanreichern der Böden ist stets erwünscht. Mineraldüngung: Stickstoffdüngung: 30—60 kg N/ha (in Form von Harnstoff oder Kalkstickstoff (Perlkalkstickstoff). Kalidüngung: 100—400 kg K_2O/ha in Form von schwefelsaurem Kali oder Kalihumaten. Phosphordüngung: 100—200 kg P_2O_5/ha in Form von Superphosphat oder Thomasmehl. Kalk: Kalkdüngung muß je nach dem Säuregrad des Bodens verabreicht werden. Magnesiadüngung ist im allgemeinen nicht erforderlich. Die Mengen der angegebenen Dünger richten sich nach Bodenzustand und Sorte. Zigarrenböden erhalten die stärkeren Gaben, Schneidegutböden mittlere und Zigarettenböden die geringsten Gaben. Düngungsrezepte gibt es nicht. Jeder muß das Nährstoffbedürfnis seiner Böden bzw. Pflanzen selbst erproben. Chlorhaltige Düngemittel sind verboten, ebenso Jauche oder Pfuhl, auch zu den Vorfrüchten.

Vorfrüchte. Zerealien (Roggen, Hafer, Gerste) oder Hackfrüchte (Kartoffel, Rüben) nicht nach Klee. Fruchtfolge: Tabak alle 2—5 Jahre, auch ständiger Tabakbau ist zuweilen üblich.

Feldbearbeitung. Recht sorgfältig. Pflügen im Herbst und Frühjahr. Öfteres Eggen. Möglichst die Winterfeuchte festhalten durch sachgemäße Bodenlockerung. Zum Setzen soll der Boden feine Struktur aufweisen.

Setzen und Pflege. Man setzt je nach der Witterung und Gegend möglichst früh (vom 5.—30. Mai), im Süden Deutschlands sollte der Tabak am 20. Mai gesetzt sein. Die Setzweiten sind örtlich verschieden, z. B. 50×50, 60×40, auch 50×35 cm, für Zigarettentabak 30×20, auch 30×10 cm. Bei 50×50 cm benötigt man je Hektar etwa 40000 Setzlinge. Die Pflanzstellen werden durch Längs- und Querziehen mit einem (verstellbaren) „Markör" vorgezeichnet. Gesetzt wird mit dem Setzstock oder mit der Hand auf das feuchte Feld. Bei Trockenheit müssen die Setzlöcher angefeuchtet werden. Die Setzlinge (Pikierlinge) werden richtig tief in das Setzloch gebracht und fest angedrückt. Bei anhaltender Trockenheit gießen oder beregnen. Viel Hacken (auch Ziehhacke!) erhält die Bodenfeuchte und bewirkt rasches und gesundes Wachstum, infolge der dann günstigen Sauerstoffzufuhr zum Boden. Daher ist es wichtig, keine Bodenverkrustung aufkommen zu lassen. Im Juni wird erst schwach, später höher gehäufelt. Kein Unkraut darf aufkommen! Bei Kälte und Nässe die Tabakpflanzen öfter mit 2%iger Kupferkalkbrühe bespritzen (nicht mehr nach dem Köpfen) zur Bekämpfung der Blattfleckenkrankheiten. Spät und hoch Köpfen bei Zigarren-, Schneidegut- und Zigarettentabaken, früher und tiefer Köpfen bei Rollendeck. Keine Geizen (Seitentriebe) aufkommen lassen! Nur in nassen Jahren kann bei Spätsatz zur Vermeidung von Mastigkeit eine Geize stehen bleiben.

Ernte. Das Pflücken sollte bei Zigarren- und Schneidegut grundsätzlich mindestens auf 3mal erfolgen: Sandblatt (die unteren 2—3 Blätter), dann Mittelgut und schließlich Obergut (die oberen 2—3 Blätter). Schneidegut soll die Reifezeichen (Ölflecke) deutlich tragen, Zigarrentabak soll nicht zu reif geerntet werden. Zigarettentabak muß gelbe Blättchen aufweisen. Erntetageszeit: am besten morgens nach dem Abtrocknen des Taues. — Alle Blätter (mit Ausnahme der am Boden liegenden, halb oder ganz vertrockneten, sog. Grumpen, die auch sorgsam gesammelt, gesäubert und getrocknet werden sollen) müssen auf Schnüre (Bandeliere) von 80—120 cm Länge (je nach der Aufhängevorrichtung) aufgereiht (eingefädelt) werden und möglichst am gleichen Tage aufgehängt werden.

Trocknung und Bündeln. Das Aufhängen geschieht im Gestänge und Gebälk von luftigen Tabaktrockenschuppen oder Speichern mit Lüftungseinrichtung oder auf Dachböden, die mit aufstellbaren Ziegeln gedeckt sind. Vorsicht bei Nebel. Keinen Schimmelbefall aufkommen lassen. Öfteres Umhängen erwünscht. Nach Erreichung der „Dachreife" (nach Trocknung der Hauptrippe) wird der noch „griffige" Tabak abgehängt, mit Büschelapparaten schön gebündelt und zur Abnahme gebracht. Sandblatt ist meist schon im Oktober oder November, Mittel- und Obergut im November-Dezember, auch Januar büschelreif und abgabefähig. Zigarettentabak wird mit besonderen Trockenvorrichtungen künstlich und rasch getrocknet und nach dem Anziehen entweder aufgehängt oder in kleine Ballen gepreßt.

2. Verarbeitung.

Fermentieren. Das Fermentieren (Vergären) des Tabaks geschieht meist in sog. Stocks, in denen möglichst gleichartiger Tabak zu 80—100 und mehr Zentnern zusammengesetzt wird. Durch die Gärung wird Eigenwärme erzeugt. Sandblatt soll nicht mehr als 40° und Zigarrengut je nach Qualität 50—60° C im Haufen erreichen. Die Haufen werden 2—3—4mal umgesetzt, sobald die genannten Temperaturen erreicht werden. Nach der Vergärung setzt man den Tabak auf „Kühlbänke“. Im Frühjahr folgt dann noch die „Maifermentation“. Die sog. „doppelte Fermentation“ ist also ein Vorgang, der entweder ganz selbstverständlich durchgeführt wird, oder bezieht sich auf künstliche und natürliche Fermentation. Nach Abschluß der Fermentation wird nochmals kurz gekühlt und dann endgültig auf Vorratsstocks, die zu bedecken sind, gesetzt, später wird sortiert und in Ballen von meist 200 kg gepreßt und in Sacktuch gepackt. Der so fermentierte Tabak ist fabrikationsreif. Durch Lagerung von 1—2 Jahren gewinnt er aber an Qualität. In neuerer Zeit wird namentlich Schneidegut auch mit einer „Redrying-Maschine“ behandelt. In diesem Falle wird nur wenig (oder gar nicht) vorfermentiert. Nach dem Redrying (fälschlich „künstliche Fermentation“ genannt) wird der Tabak in Ballen leicht gepreßt und macht eine schwache Nachfermentation durch. Bei zu großer Wärmeentwicklung müssen die Ballen natürlich auseinander genommen werden.

Der Fermentationsvorgang ist chemisch und bakteriologisch noch wenig geklärt. Eine systematische Durcharbeitung des Problems fehlt, trotzdem anerkannt werden soll, daß durch einige Arbeiten wichtige Bausteine zur Lösung der Fermentationsfrage beigetragen worden sind. Soviel ist sicher, daß durch die Tabakvergärung eine wesentliche Verbesserung des Tabakaromas und -geschmacks — wenn richtig durchgeführt — hervorgerufen werden kann. Suchsland [1] suchte zum erstenmal praktisch zu erproben, ob an der Vergärung des Tabaks gewisse Spaltspilze beteiligt seien. Die Versuche, die Behrens [2], Vernhout [3] angestellt haben, verlegten sich hauptsächlich auf das bakteriologische Gebiet. Auf enzymatische Vorgänge bei der Tabakfermentation wies zum erstenmal Oscar Loew [4], der berühmte Entdecker der Katalase, hin. Loew führt die Vorgänge der Fermentation auf die Wirkung von Oxydasen und Peroxydasen und auf den Bacillus proteus und einen Diplococcus zurück. Er leugnet also nicht die Beteiligung von Bakterien am Fermentationsprozeß.

J. J. Schmidt [5] hält Bacillus mesentericus und actinomyces für wesentlich an der Tabakfermentation beteiligt, weniger dagegen die Kokken, Bacterium fluorescens, Bacterium fulvum, Bacterium subtilis, Bacterium asterosporus und Bacterium amylobacter, auch eine Actinomycesart. Das von Heber benutzte „Tabazein“ [6] besteht aus aus Tabak gewonnenen, ständig verschieden zusammengesetzten Bakterienkulturen in alkalisch (ammoniakalisch) gemachter Flüssigkeit. Der Wert von Tabazein wird von verschiedener Seite angezweifelt. Schmidt ordnet die auf Tabak während der Fermentation in Wirkung tretenden Mikroorganismen nach Kokken, Kurzstäbchen und Fluorescenzarten, Sporenbildner von der Größe und Art der Bacterium mycoides und megatherium, Mesentericusarten und Plectridien und Clostridien (die letzteren nur bei schlechten Qualitäten). In guten, mit künstlicher Wärme fermentierten Tabaken finden sich nur Mesentericusarten (auf schlechteren Tabaken noch einige Kokkenarten). Die verschiedenen von mehreren Tabaksorten isolierten Bakterien unterscheiden sich in ihren Gruppen durch verschiedenes Verhalten gegenüber Eiweißstoffen und Kohlenhydraten. Während die Mesentericusarten sich durch schnelle Zersetzung verschiedener Eiweißstoffe auszeichnen, zeigen die Kokken und Kurzstäbchen nur eine geringe Zersetzung der Eiweißstoffe, dagegen aber starke Säurebildung aus Traubenzucker. Die Bacterium mycoides und megatherium nahestehenden Arten zersetzen sehr schnell Eiweiß und Kohlenhydrate, doch zeigen sich im letzteren Falle, besonders bei den Mycoidesarten, Degenerationserscheinungen, und ist die beobachtete Säurebildung vielleicht die Folge eines pathologischen Prozesses.

Durch mechanische Behandlung, wie z. B. durch Dampf (Schnellfermentation) können natürlich auch ähnliche Wirkungen hervorgebracht werden, wie Jensen [7] in seiner Arbeit über die Natur der Fermentation hervorhebt. Die natürliche Fermentation in großen Haufen geht schon bei einem Wassergehalt von 20—25% vor sich, während bei Anwendung

---

[1] E. Suchsland: Süddeutsch. Tabakztg. 1892, 7.

[2] J. Behrens: Über die oxydierenden Bestandteile und die Fermentation des deutschen Tabaks. Jena: Gustav Fischer 1901.

[3] H. Vernhout: Onderzoek over Bacterien bij de Fermentatie der Tabak. Batavia: Kolff & Co. 1899.

[4] O. Loew: Curing and fermentation of cigar leaf tobacco. Washington 1899. U.S. Dept. of Agricult. Rep., S. 59.

[5] Jürgen Joh. Schmidt: Zur Biologie der Tabakfermentation. Diss. Kiel 1924.

[6] Anderson: Hebersches Fermentierungsverfahren. Chem.-Ztg. 1930, 84.

[7] Hjalmar Jensen: Zentralbl. Bakteriol. II 1908, 21, 469—483.

kleiner Mengen Tabaks zur (künstlichen) Fermentation der Tabak höhere Feuchtigkeit enthalten muß[1]. Der Fermentationsprozeß ist (nach LOEW, SCHMIDT, SUCHSLAND u. a.) als biotischer Prozeß anzusehen. Dazu kommen noch nach meiner Ansicht die rein chemischen Vorgänge. Der Fermentationserfolg hängt (außer von dem Feuchtigkeitsgrad) von dem Vorhandensein von pflanzeneigenen Enzymen und den von den verschiedenen Bakterien gebildeten Stoffwechselprodukten und Enzymen ab. Nach SCHMIDT wird der Tabak qualitativ um so besser, je mehr Eiweiß (bzw. stickstoffhaltige Körper nicht eiweißartiger Natur) und Kohlenhydrate abbauende Bakterien (bzw. Enzyme) während der Fermentation zur Entfaltung gelangen, und wenn der Fermentationsprozeß dann abgebrochen wird, wenn die Abbauprodukte entstanden sind, die bei der „Verbrennung" in aromatische Verbindungen (Ester) übergehen, bzw. wenn die Fermentation bis zu diesem Stadium ausgedehnt wird. Ein sog. „Totfermentieren" ist natürlich ebenso zu vermeiden, wie das vorzeitige Abbrechen des Prozesses.

Weiteres über die Fermentation siehe bei ANDREADIS[2], BEHRENS[3], BODNAR und BARTA[4], DONADONI[5,6] und JENSEN[7].

Behandlung des fertigen Tabaks. Nach der Fermentation erhält der Tabak eine mehr oder weniger lange Lagerung, damit er seine volle „Reife" erhält. Dabei werden die Zuckerarten, die Eiweiße, andere Stickstoffkörper usw. weiter abgebaut. Bei der Verarbeitung zu Zigarren und Zigaretten werden die Tabake gewöhnlich nicht weiter behandelt. Bei Zigarrentabaken sucht man jedoch minderwertige Qualitäten durch Auslaugen zu verbessern. Schlecht brennende Tabake behandelt man zuweilen mit Salpeter (Kalium- oder Natriumnitrat). Dunkle Zigarren sucht man mit „Puder" (Tabakpulver) aufzuhellen. Rauchtabake dagegen werden allgemein mit einer Soße (Rohrzucker-Melasselösung, Honig, Weine, Glycerin, Gewürzextrakte, Rosenwasser u. a.) behandelt und mit Aromatica (Vanille, Vanillin, Cumarin, Tongabohnenmehl, Vanille-root (Liatris odoratissima), Steinklee (Melilotus officinalis), Waldmeister (Asperula odorata) und anderem gewürzt und dann „geröstet". Manche Fabrikanten berücksichtigen auch die leichte Flüchtigkeit der genannten Stoffe und fügen solche erst nach dem Rösten zu.

Den gerösteten Tabak läßt man gut durchziehen, d. h. lagert kurze Zeit und verpackt nach wenigen Tagen bei etwa 16—17% Feuchtigkeit, teils wie z. B. beim „Schwarzen Krauser" bei höherem Feuchtigkeitsgehalt. Kautabake werden sehr stark mit Soßen behandelt, die allerhand Gewürzauszüge enthalten.

Konservierungsmittel werden namentlich zu Pfeifentabak, Kau- und Schnupftabak angewandt. Am besten haben sich bewährt in folgenden ungefähren Mengen für Pfeifentabak: Chinosol (30—50 g auf 100 kg Tabak), die reinen Solbrole (70—125 g), die Natronsalze der Solbrole (125—250 g), Nipagin (100 g), Benzoesäure (200 g) und Natriumbenzoat (275 g) für je 100 kg Tabak. Nicht verwendbar sind Borsäure, Salicylsäure, Natriumformiat usw.

Das Bleichen (mit H_2O_2, durch Schwefeln usw.) ist unerwünscht.

Das Färben mit Echtgelb, Curcumawurzel usw. sollte nicht gestattet werden. Gebleichte und gefärbte Tabake sollten zum mindesten auf der Packung groß und deutlich entsprechend gekennzeichnet sein. Es besteht die Möglichkeit, daß über das Bleichen und Färben gesetzliche Bestimmungen erlassen werden.

---

[1] JÜRGEN JOH. SCHMIDT: Zur Biologie der Tabakfermentation. Diss. Kiel 1924.

[2] ANDREADIS: Biochem. Zeitschr. 1929, **211**, 4—6.

[3] J. BEHRENS: FRANZ LAFARS Handbuch der technischen Mykologie, V. Mykologie der Tabakfabrikation. Jena 1905—14.

[4] BODNAR u. BARTA: Biochem. Untersuchung der Tabaktrocknung und -fermentation. Biochem. Ztg. 1932, **218**, 247.

[5] J. DONADONI: Silos a pareti porose nella cura e nella fermentazione dei tabacchi. Boll. tecnico 1929, **2** u. **3**; 1930, **1**.

[6] J. DONADONI: I recipienti a pareti porose nella cura nella fermentazione dei tabacchi. Boll. tecnico 1930, **2**.

[7] HJ. JENSEN: Meded. Proefst. Vorstenland, 1917, 31.

Ersatzstoffe: Verfälschungsmittel. Während des Krieges blühte die Verwendung von Ersatzstoffen besonders stark. Näheres siehe die Schrift: L. DIELS: Ersatzstoffe aus dem Pflanzenreich. Stuttgart: E. Schweizerbart 1918.

Jetzt werden nach der Reichsstatistik noch folgende Drogen in erwähnenswerten Mengen eingeführt:

Liatris oder Vanille-roots, Weichselkirsch, Waldmeister, Veilchenwurzeln, Steinklee, Baldrianwurzeln, Brennesselpulver, Citronenschalen, Lavendel, Krauseminze.

Begutachtung (Bonitierung). Dachreife und fermentierte Tabake werden im allgemeinen nach der folgenden Reichsnährstands- (DLG.-) Bonitierung begutachtet:

Nr.	Höchstwertmale für	Zigarrentabak		Schneidtabak fermentiert		Schneidtabak unfermentiert
		Einlage	Umblatt	Fein- und Mittelschnitt	Grobschnitt	Fein- und Mittelschnitt
1	Farbe	5	5	50	20	50
2	Fermentationsgeruch	10	5	5	10	—
3	Brand	35	35	5	20	5
4	Geschmack und Geruch beim Glimmen	20	15	15	20	20
5	Größe und Beschaffenheit des Blattes	10	20	10	10	10
6	Spez. Gewicht und Rippenverhältnis	15	15	10	15	10
7	Sortierung, Packung, Büschelung	5	5	5	5	5
	Zusammen	100	100	100	100	100

Nr.	Höchstwertmale für	Rollendeck	
		Kautabak	Pfeifentabakrollen
1	Brand und Geruch	—	20
2	Farbe	10	25
3	Deckfähigkeit	55	35
4	Spez. Gewicht und Rippenverhältnis	25	15
5	Sortierung und Büschelung	10	5
	Zusammen	100	100

Diese Bonitierungssysteme werden z. B. anläßlich der Reichsnährstands- (DLG.-) Ausstellungen angewandt. Sie sind aber wohl noch verbesserungsbedürftig. Für die Bestimmung der Glimmbarkeit (Brennbarkeit) der Tabake findet der von P. KOENIG-Forchheim empfohlene Tabakglimmer zweckmäßig Anwendung [1]. Fertigfabrikate werden nach P. KOENIG [2] wie folgt bonitiert:

Zigarren- und Rauchtabakbonitierung.

	Zigarren	Rauchtabak
Charakter und Stärkeempfindung	10	10
Tabakgeruch	5	10
Deckblattfarbe	5	—
Beschaffenheit der Einlage (Rippenanteil, Farbe)	5	—
Rauchtabakfarbe	—	20
Rauchgeruch (Aroma)	15	10
Rauchgeschmack	40	30
Brand	10	10
Asche	5	10
Wickelung, Zug	5	—
	100	100

Zigarettentabakbonitierung. Farbe der Füllung 30, Blattbeschaffenheit 10, Rippenanteil 5, Reifegrad 15, Gesundheit 5, Brand 15, Aroma 20, zusammen 100 Punkte.

Zigaretten (Fertigware): Tabakgeruch 10, Raucharoma 25, Farbe 10, Charakter 10, Brand 10, Geschmack 25, Zug 10, zusammen 100 Punkte.

[1] Hersteller: Meyer & Kersting, Karlsruhe in Baden, Kaiserstr. 106/08.

[2] PAUL KOENIG: Süddeutsch. Tabakztg. 1930, **96**, 1; **97**, 3; **100**, 3.

In Industrie und Handel sind ganz andere zahlenmäßig nicht zu erfassende Begutachtungskennzeichnungen üblich, wie z. B. für Charakter: mild, herb, voll, scharf; Raucharoma: edel, blumig usw.

Einen Überblick über die einzelnen Märken siehe in der Schrift: GERHARD FREYOSLDT: Rohtabaksorten und Märke. Süddeutsche Tabakzeitung-Mannheim: J. Katz 1927.

IV. Zusammensetzung und chemische Untersuchung des Tabaks.

Allgemeines. Es ist sehr schwierig, eine allgemeine Übersicht über die Zusammensetzung eines und desselben Tabakes oder gar mehrerer Tabaksorten zu geben, da in den bekanntgegebenen Veröffentlichungen naturgemäß Wert auf die Untersuchung der wichtigen Bestandteile des Tabaks (wie Nicotin) gelegt wird. Da jeder Tabak je nach Herkunft (Jahrgang, Klima), Sorte, Boden, Düngung, da jedes Blatt ein- und derselben Pflanze gleicher Sorten eine verschiedene Zusammensetzung aufweist, dürfte es richtig sein, hier nur Mittel- und Extremwerte anzugeben und auf die (meist älteren) Gesamtanalysen nur durch Literaturangaben hinzuweisen. Die einzelnen Bestandteile sollen dagegen ausführliche Besprechung erfahren (s. nebenstehende Tabelle).

Gesamtanalysen von (fermentierten) Tabaken.

	Geringster Gehalt %	Mittlerer Gehalt %	Höchster Gehalt %
Wasser	unter 8	12—15	25 und mehr
Gesamtstickstoff (J. KÖNIG)	1,05	3,08	8,16
Ammoniakstickstoff	0,09	0,42	1,82
Nitratstickstoff	0,04	0,86	3,78
Amidstickstoff	0,022	0,1	0,574
Eiweißstickstoff	0,8	2,0	3,0
Nicotinstickstoff	0	0,25	0,5 und mehr
Nicotin	0	1,5	12,0
Ätherextrakt	0,29	4,5	15,5
Stickstofffreie Extraktstoffe	—	53,72	—
Rohfaser	3,33	14,16	15,76
Rohfett	0,55	1,00	3,38
Apfelsäure	3,49	8,83	13,73
Citronensäure	0,55	3,08	8,73
Oxalsäure	0,96	2,38	3,72
Gerbsäure	0,3	1,04	2,33
Essigsäure	0,19	0,37	0,80
Pektinsubstanzen	6,25	11,88	12,79
Chlorogensäure			
Chinasäure			
Kaffeesäure			
Methylalkohol			
Äthylalkohol			
Asche	11,95	20,73	27,48
Reinasche	11,87	17,02	26,0
In der Asche:			
Kali	11,4	29,1	52,7
Natron	1,32	3,2	11,1
Kalk	18,1	36,0	54,3
Magnesia	0,7	7,4	15,7
Eisenoxyd	1,53	2,0	13,1
Phosphorsäure	1,2	4,7	10,42
Schwefelsäure	1,8	6,0	12,4
Kieselsäure	0,3	0,85	32,4
Chlor	0,4	6,7	17,6

Außer den in dieser Tabelle genannten organischen Bestandteilen sind in den Tabaken unter anderem vorhanden: Ameisensäure, Bernsteinsäure, Gallussäure, Milchsäure, Propionsäure, Buttersäure, Baldriansäure, Fumarsäure, Wachs, verschiedene Campher- und Harzarten, verschiedene einfache Kohlenwasserstoffe (Hentriakontan, Heptacosan), ätherische Öle (Essenzen), Aldehyde und Ketone, ferner Oxydasen, Proxydasen, Katalasen. An Mineralstoffen noch: Jod, Bor, Lithium, Caesium, Rubidium, Mangan. Die vorstehenden Angaben beziehen sich ausschließlich auf die Zusammensetzung von Tabakblättern. Setzlinge, kleinere Pflanzen, Stengel, Rippen, Blüten, Kapseln, Samen und Wurzeln weisen selbstredend äußerst verschiedene Bestandteile und Mengen auf, die jedoch nicht beschrieben werden sollen, da sie außerhalb der praktisch vorkommenden Fragen stehen.

Probenahme. Bei einem so ungleichmäßig zusammengesetzten Material, wie dem Tabak, ist eine genau durchgeführte und genügend reichliche Probenahme besonders wichtig. Zur Untersuchung von Rohtabaken, die in Haufen oder Ballen vorliegen, entnehme man von jedem Haufen an verschiedenen Stellen ungefähr $^1/_2$ kg, mische gut durch und ziehe daraus 1 kg Probe. Liegen viele Ballen vor, so ziehe man aus 20% der Ballen Proben von je etwa $^1/_2$ kg und untersuche ein Gemisch von $^1/_2$ kg, das mit der Kugelmühle [1] fein gemahlen wird. Davon werden die zur Analyse nötigen Probemengen gezogen.

Von Fertigwaren entnimmt man je nach der Menge des zu untersuchenden Vorrats genügend viele Einzelproben, aus denen dann die Analysenprobe gezogen wird.

Wasserbestimmung. Es ist zu unterscheiden zwischen der Herstellung von Trockensubstanz von frischen, grünen Tabakblättern (zu Analysenzwecken), von dachreifen fermentierten Rohtabaken, von Fertigfabrikaten.

40 g **frische, grüne Tabakblätter** werden grobgeschnitten und im heißen Luftstrom in dem von W. DÖRR konstruierten Föhntrockenapparat [1] bei 95° C (bei ganz exakten wissenschaftlichen Versuchen bei 50° C) bis zur Gewichtskonstanz getrocknet. Der genannte Apparat läßt die gleichzeitige Ausführung von 8 Analysen zu.

Rohtabake. Es wird empfohlen, den zur Wasserprüfung benutzten Tabak nicht zur Bestimmung anderer Bestandteile zu verwenden. Als Ausgangsmaterial für den anderen Analysenteil benützt man vielmehr ein bei 30° C vorgetrocknetes und in der Kolloidmühle [2] fein gemahlenes Material von bekanntem Wassergehalt, das in einer Glasstöpselflasche aufbewahrt werden muß. Wasserverlust durch die Vortrocknung plus Ergebnis der Wasserbestimmung werden zusammengezählt und ergeben den ursprünglich vorhandenen Wassergehalt des Tabaks.

Zur Wasserbestimmung selbst werden von dem vorgetrockneten und gepulverten Tabak je 5 g rasch abgewogen und in einem Porzellanschälchen bei 95° C im Trockenschrank bis zur Gewichtskonstanz getrocknet und nach dem Erkalten im Exsiccator gewogen.

R. KISSLING [3] empfiehlt die Ausführung der Wasserbestimmung bei Anwendung von 1 g gepulverter Substanz über konz. Schwefelsäure bis zur Gewichtskonstanz. Dieses Verfahren ist etwas umständlicher als die zuerst genannte Methode. Die Schwefelsäure kann auch eine geringe Menge von Basen (Ammoniak usw.) absorbieren. Andere Wasserbestimmungsverfahren wurden bearbeitet und geprüft von N. J. GAWRILOW und B. B. EWSLINA [4], so die Verfahren mit Toluol (MARKUSSON, HERBES), Tetrachloräthylen (TAUSZ und RUMM). GAWRILOW empfiehlt besonders das Verfahren „Durchleiten von trockener Luft bei Zimmertemperatur“ im U-Rohr. Auf die Arbeiten von K. SCHMORL [5]: „Die Bestimmung des Wassergehalts in pflanzlichen Produkten“ und von M. DOLCH und K. BÜCHE [6]: „Kritische Bemerkungen zur Wasserbestimmung durch Trocknung“ sei hingewiesen.

Die einzelnen Tabakarten zeichnen sich durch außerordentlich verschiedene Hygroskopizität aus. Das hygroskopische Wasser ist bei den einzelnen Sorten

[1] Hersteller: L. Hormuth, Inh. W. Vetter, Heidelberg.
[2] v. BLOCH u. ROZETTI: Chem.-Ztg. 1932, **20**, 196.
[3] R. KISSLING: Chem.-Ztg. 1898, **22**, 1.
[4] N. E. GAWRILOW u. B. B. EWSLINA: Biochem. Zeitschr. 1929, **208**, 1—3, 79.
[5] K. SCHMORL: Pflanzenbau, Pflanzenschutz, Pflanzenzucht, 1933, **10**, 3, 126.
[6] M. DOLCH u. K. BÜCHE: Wissenschl. Arch. für Landw., Abt. A, Pflanzenbau 1930, **4**, 1, 64.

recht verschieden stark gebunden, was auch bei den Wasserbestimmungen sehr zu berücksichtigen ist.

Fertigfabrikate. Der Wassergehalt von Zigarren, Zigaretten und Pfeifentabak ist naturgemäß in jedem Stück und jeder Packung oft recht verschieden, weshalb die Wasserbestimmung besondere Schwierigkeiten bietet, und die Probenahme besondere Aufmerksamkeit erfordert.

Von jeder Packung muß je nach der Zusammensetzung der Ware eine entsprechende Probe gezogen und dann gewogen werden. Es erfolgen sodann die Vortrocknung und die Wiederwägung, ferner die Zerkleinerung bzw. Pulverisierung. Von dieser vorbehandelten Probe werden dann die Mengen für die Wasserbestimmung und für die anderen Analysen entnommen.

Bei den sehr feuchten und oft viel flüchtige Substanzen enthaltenden Kau- und Schnupftabaken geht man bei allen Analysen von der ursprünglichen, nicht vorgetrockneten Substanz aus. Es wird in diesem Falle nur das Material für die Wasserbestimmung vorgetrocknet.

Der Wassergehalt von grünem Tabak schwankt zwischen 75—90% H_2O. Dachreifer Tabak enthält bis zu 33% Wasser, sollte aber nicht mehr als 25% enthalten. Röhrengetrockneter Tabak ist viel trockener (10—15%). Fermentierter Tabak hat im Mittel etwa 15% H_2O. Frische Zigarren enthalten im Durchschnitt 15—17%, frische Zigaretten 14—16%, frische Rauchtabake 15—20% H_2O.

p_H-Zahl. Die Bestimmung der p_H-Zahl in Aufschwemmungen von Tabakpulver hat ergeben, daß Beziehungen vorhanden sind zwischen Farbe und p_H, was besonders bei Zigarettentabaken stark zum Ausdruck kommt. (Helle Sorten reagieren stark sauer, dunkle Sorten haben p_H-Zahlen bis und über p_H 7. Parallel damit findet man bei Zigarettentabaken die bessere Qualität bei niederem p_H (also p_H von 4,7—5,2), während schlechte Qualitäten bis p_H 6,0 heraufgehen. Über die Bestimmung von p_H siehe Band II, S. 135.

Gesamtstickstoff. Wenn eine Vorprüfung einen Salpetergehalt unter 0,1% NO_3 ergeben hat, kann das bekannte KJELDAHL-Verfahren (s. Bd. II, S. 575) zur Bestimmung von Gesamt-N in Tabak unter Verwendung von je 3 g vorgetrockneter, gepulverter Substanz herangezogen werden. Jedoch empfiehlt es sich, außer der Phosphorpentoxyd enthaltenden Schwefelsäure und dem Quecksilber noch Kupfersulfat zur besseren Aufschließung der ringhaltigen Stickstoffkörper zuzusetzen. Eine sehr feine Pulverung der Substanz, wie sie leicht durch die Kolloidmühle erreicht wird, ist Voraussetzung für einen raschen, sicheren und restlosen Aufschluß.

Das Mikrokjeldahlverfahren nach PREGL[1] (s. Bd. II, S. 598) ist der Makromethode gleichwertig. Bei Verwendung feinst gemahlener Substanz dürfen keine Unterschiede in dem Ergebnis auftreten. Das Mikroverfahren hat verschiedene Vorteile. Man kommt mit 60 mg Substanz je Analyse gut aus.

In Forchheim wird in besonderen Aufschlußröhrchen in der Größe eines Reagensglases mit aufgeblasenem kugelförmigem Ende und in der oberen Hälfte erweitertem Hals (konstruiert von W. DÖRR) benutzt. Acht solcher Gläschen sitzen in einer mit acht Löchern versehenen Asbestplatte über dem Pilzbrenner. Die Röhrchen lagern im Kreise in einem einfachen Metallgestell, das auf die Asbestplatte aufgebaut ist. Die Aufschlußflüssigkeit wird in dem Parnaßapparat unter Zusatz von 10 ccm NaOH 1 : 1 gebracht und sodann zu dem alkalischen Gemisch 1 g Natriumthiosulfat zur Destillation zugefügt.

Die vorgelegte $^1/_{100}$ N.-H_2SO_4 (10—20 ccm), die dann das Ammoniak enthält, wird erhitzt und mit 1 Tropfen Methylorange versetzt und dann mit

[1] PREGL: Die quantitative organische Mikroanalyse. Berlin: Julius Springer 1923.

$^1/_{100}$ N.-NaOH zurücktitriert. Man verbindet zweckdienlich zwei solche Apparate mit dem Wasserdampfspender und kann laufend alle 5 Minuten eine Destillation beendigen. Außer der eleganten und raschen Durchführung der Analyse bietet die Methode noch den Vorteil der Ersparnis von viel Gas und Chemikalien (Natronlauge, Kaliumsulfid).

Gesamtstickstoffbestimmung bei Gegenwart von Nitraten. Enthält die Substanz (über 0,1%) NO_3, was besonders bei ausländischen Tabaken und deutschen gestielten Rustica-Tabaksorten meist zutrifft, so kann ich empfehlen, nach der Methode FOERSTER[1] zu arbeiten. Danach werden zu etwa 1 g Tabak 15 ccm Phenolschwefelsäure, die in 1000 ccm konz. Schwefelsäure 60 g Phenol enthält, gegeben. Dann werden 3—5 g Natruimthiosulfat und 10 ccm konz. Schwefelsäure hinzugefügt sowie etwa 1 g metallisches Quecksilber. In Forchheim fügt man außerdem nach erfolgter Reduktion noch 4—5 g krystallisiertes Kupfersulfat, sowie etwa 2 g Phosphorpentoxyd und nach der Klärung 6—10 g krystallisiertes Kaliumsulfat hinzu und behandelt weiter wie bei der KJELDAHL-Methode. Durch die genannten Zusätze wird eine raschere und sichere Aufschließung bewirkt. Auch die von JODLBAUER[2] (Bd. II, 2), GUNNING-ATTERBERG[3] und WILFAHRT-BÖTTCHER[4] gefundenen Verfahren liefern brauchbare Ergebnisse. Vergleichende Untersuchungen mit allen bekannten Methoden zur Bestimmung von nitrathaltigen Tabaken sind zusammengestellt worden von J. VLADESCU und J. ZAPOROJANU[5].

Eiweiß-, Ammoniak-, Amid-, Aminosäure-Stickstoff. Voraussetzung für gleichmäßige Untersuchungsergebnisse ist, daß man von ein und derselben fein gemahlenen Substanz ausgeht, die gleichzeitig für alle Bestimmungen abzuwägen ist.

N. GAWRILOW und A. TARANOWA[6] haben eingehende vergleichende Überprüfungen der bekannt gewordenen Verfahren zur Bestimmung von Eiweiß-N, Aminosäuren-N, Säureamid-N, Ammoniak-N und Nicotin-N in Tabaken durchgeführt. Sie kommen zu dem Ergebnis, daß keine Methode befriedigt, und zwar deswegen, weil bei der Eiweißhydrolyse, bei der Aminokörper entstehen sollen, nicht die erwartete Mengen Aminokörper auftraten, sondern z. B. Ammoniak, das von Purinbasen herstammen soll. Die genannten Autoren verwerfen besonders die (auch in Deutschland) viel angewandte Methode von BARNSTEIN zur Reineiweißbestimmung in Tabaken, da sie um 2,45% (= 31% Unterschied) größere Werte ergab als die MOHRsche Methode. Auf Grund eingehender Nachprüfung empfehlen sie ausschließlich noch das MOHRsche Verfahren, nach dem jedoch nicht der „Rein-Eiweißstickstoff" erfaßt wird, sondern eben „die in 0,5%iger Essigsäure schwerlöslichen N-Verbindungen".

Verfahren von JUL. MOHR[7]. 2 g fein gemahlener Tabak werden mit 75 ccm 0,5%iger Essigsäure aufgekocht, kalt filtriert, und der Niederschlag mit 0,5%iger Essigsäure so lange ausgewaschen, bis das Filtrat farblos abläuft. Der Niederschlag wird nach der oben mitgeteilten verbesserten KJELDAHL-Methode aufgeschlossen und der N-Gehalt durch Titration bestimmt und als „Reineiweiß" in Rechnung gestellt[8].

---

[1] O. FOERSTER: Chem.-Ztg. 1889, **13**, 229. 1890, **14**, 1673, 1690.

[2] JODLBAUER: Landw. Vers.-Stationen 1888, **35**, 447.

[3] GUNNING-ATTERBERG: Zeitschr. analyt. Chem. 1899, **28**, 188. — Landw. Vers.-Stationen 1902, **57**, 15; 1903, **58**, 141; 1904, **59**, 215.

[4] WILFAHRTH-BÖTTCHER: Chem.-Ztg. 1885, **9**, 286, 502. — Landw. Vers.-Stationen **41**, 170.

[5] VLADESCU u. ZOPOROJANU: Bull. Tutun. Bukarest 1933, **22**, 4, 376.

[6] N. E. GAWRILOW u. A. TARANOWA: Biochem. Zeitschr. 1929, **214**, 1—3.

[7] JUL. MOHR: Landw. Vers.-Stationen 1903, 274.

[8] Andere Methoden zur Bestimmung von „Reineiweiß" (Reinprotein) sind zusammengestellt bei N. GAWRILOW und A. TANANOWA: Biochem. Zeitschr. 1929, **214**, 151.

Ammoniakstickstoff[1]. a) Im Tabakpulver (abgeändertes LONGY-Verfahren[2]). In einen Rundkolben von 150 ccm Inhalt werden 5 g Tabakpulver gebracht und mit Magnesiaaufschwemmung (6—7 g MgO + 60 ccm H_2O) gut vermischt. Sodann wird im Vakuum bei 40° C unter 25—30 mm Druck das Ammoniak in einer Vorlage von 25 ccm 0,1 N.-H_2SO_4 aufgefangen. Dieser Lösung wird das Nicotin durch Kieselwolframsäure entzogen. Im Filtrat wird das Ammoniak nach der Destillation mit 10%iger NaOH bestimmt.

b) In Auszügen, z. B. im Filtrat, das nach J. MOHR von Eiweiß befreit ist. Dieses wird mit basischen Bleiacetat (Bleiessig) behandelt, der entstandene Niederschlag abfiltriert, das Filtrat wird durch H_2S von Pb befreit und dieses bleifreie Filtrat in drei Teile geteilt.

Im ersten Teil des Filtrats b) wird das Ammoniak nach dem unter a) beschriebenen Verfahren nach LONGY bestimmt.

Zur Bestimmung von Aminosäuren und Säureamiden werden die beiden anderen Teile des gereinigten Filtrats b) verwendet.

Aminosäuren werden nach dem Verfahren von VAN SLYKE[3] durch Behandeln mit Natriumnitrat in einer Eisessiglösung als Stickstoff aus der Aminogruppe abgespalten und gasvolumentrisch gemessen.

Auch die Methode von WILLSTÄTTER[4] ist zur Bestimmung von Aminosäurestickstoff gut brauchbar. Sie beruht auf der Titration der Aminosäure in 90%igem Alkohol, der eine 0,2 N.-KOH-Lösung enthält.

Säureamide werden bestimmt, indem man den unter b) erhaltenen dritten Teil des Filtrats mit 5%iger Schwefelsäure 2 Stunden lang auf dem Wasserbade hydrolisiert. Nach der Neutralisation mit MgO wird das entstandene Ammoniak nach der modifizierten Methode von LONGY bestimmt. Der so erhaltene Ammoniakstickstoff enthält sowohl das ursprünglich im Tabak vorhandene NH_3 wie auch den Säureamidstickstoff. Zieht man die unter a) gefundene Ammoniakmenge von der hier bestimmten NH_3-Menge ab, so verbleibt das aus Amiden entstandene Ammoniak. Die Analysenresultate werden als N-(Amidstickstoff) angegeben.

Auf die im Handbuch von J. KÖNIG, Bd. 3/3, S. 314—315, 1918, angegebenen Verfahren zur Bestimmung von Reinprotein, Ammoniak und Amidstickstoff sei hingewiesen (Vereinbarung der deutschen Lebensmittelchemiker, ferner Verfahren nach NESSLER und nach M. FESCA). Auch R. KISSLING gibt in seiner „Tabakkunde" (1925) zwei Verfahren zur Bestimmung des „Amido-, des Ammoniak- und des Eiweißstickstoffs", S. 113, 114, an.

Andere Basen im Tabak (außer Nicotin). Einige selten in der Tabakliteratur behandelte Basen, die aber Anspruch auf gewisse Bedeutung im Leben der Tabakpflanze erheben können, seien noch kurz erwähnt:

a) Betaine wurden verschiedentlich in Tabaken gefunden. K. YAMAFUJI[5] hat Betain als Pikrat, Chloraurat und Chlorplatinat in frischen Tabakblättern bestimmt (Verfahren wird angegeben).

b) Trigonellin wird unter anderen von G. KLEIN[6] und Mitarbeitern als das Ausgangsmaterial angesehen, das die Tabakpflanze zur Bildung von Nicotin verwendet. In der Tat enthält der Tabaksamen eine erhebliche Menge Trigonellin, nicht aber Nicotin. KLEIN hat

[1] Vgl. auch die Ammoniakbestimmung im Tabakrauch.

[2] LONGY: Landw. Vers.-Stationen **32**, 15.

[3] D. VAN SLYKE: Ber. Deutsch. Chem. Ges. 1910, **43**, 3170; 1911, **44**, 1684. — ABDERHALDENS Handbuch der biologischen Arbeitsmethoden, Bd. 1, Teil 7, S. 263. — CARL OPPENHEIMER u. LUDW. PINCUSSEN: Die Methodik der Fermente, S. 983, 1928.

[4] R. WILLSTÄTTER u. E. WALDSCHMIDT-LEITZ: Bestimmung von Aminosäuren und Peptiden. Ber. Deutsch. Chem. Ges. 1921, **54**, 2988. — OPPENHEIMER wie unter 3.

[5] K. YAMAFUJI: Bull. Agricult. Chem. Soc. Japan 1931, **7**, 121.

[6] G. KLEIN: Planta (Berl.) 1933, **20**, 470; 1932, **19**, 366. — Österr. bot. Zeitschr. 1931, **80**, 273. — Zeitschr. physiol. Chem. 1932, **209**, 75.

auch Methoden zur Bestimmung des Trigonellins bekanntgegeben. Auch im Tabak ist Trigonellin nachgewiesen worden.

c) Cholin ist auch als ein wichtiges Glied im Aufbau des Nicotins anzusehen. F. E. NOTTBOHM und F. MAYER[1] haben den analytischen Nachweis von Cholin im Tabaksamen und -blättern erbracht und geben ein Trennungsverfahren an.

d) Einzeleiweißkörper wurden verschiedentlich in Tabaken gefunden, z. B. Histidin, Arginin, Adenin[2].

Nitratstickstoff. Zur Bestimmung der Salpetersäure in Tabaken kann das verbesserte SCHLÖSINGsche Verfahren dienen (Bestimmung als Stickstoffoxyd, das unter Fernhaltung von Sauerstoff [Luft] unter Kalilauge aufgefangen wird). T. ANDREADIS[3] gibt folgende Anleitung, die sich als brauchbar erwiesen hat: 5 g feines Tabakpulver werden mit 50 g von 40%igem mit Natronlauge schwach alkalisiertem Alkohol eine Stunde unter Rückfluß gekocht. Nach dem Abkühlen wird abgeseiht, zentrifugiert, gewogen und gemessen. Ein aliquoter Teil des klaren Zentrifugats wird dann auf dem Wasserbad bis fast zur Trockne verdampft, mit Wasser aufgenommen und filtriert, nachgewaschen und auf ein bestimmtes Volumen aufgefüllt. Die salzsaure Ferrochloridlösung wird nun im Kölbchen so lange erhitzt, bis die Apparatur luftfrei ist. Dann werden je nach dem Nitratgehalt 8—100 ccm Extrakt durch einen Tropftrichter zugegeben und etwa 15 Minuten lang erhitzt. Das entweichende Gas wird in einer graduierten Röhre über Wasser aufgefangen. In das Rohr wird sodann (zur Absorption der Kohlensäure) ein Stückchen KOH eingeführt. Nach dem Abkühlen wird das Volumen des Gases, die Temperatur und der Barometerstand abgelesen und auf bekannte Weise auf HNO_3 (oder NO_3) berechnet.

Eine Reinigung des eingangs beschriebenen Auszugs kann noch mit basischem Bleiacetat vorgenommen werden, ist aber nach ANDREADIS nicht nötig. Es sei noch auf eine Methode der colorimetrischen Bestimmung von Nitraten in Pflanzenteilen aufmerksam gemacht, nämlich mit Dimethylphenol (M-Xylenol) nach F. BLOM und C. TRESCHOW[4]. Das Verfahren wurde noch verbessert durch F. ALTEN und H. WEILAND[5], indem sie die besten Arbeitsbedingungen festlegten.

Nicotin.

Die Entwicklungsgeschichte der Synthese des Nicotins ist so umfangreich, daß es zweckmäßig erscheint, auf die wichtigsten zusammenfassenden Arbeiten von J. W. BRÜHL[6], E. WINTERSTEIN und G. TRIER[7], R. WOLFFENSTEIN[8], M. EHRENSTEIN[9], JULIUS SCHMIDT[10] und SPAETH[11] und KISSLING[12] hinzuweisen.

---

[1] NOTTBOHM u. MAYER: Z. 1932, **63**, 620.

[2] K. YAMAFUJI: Bull. Agricult Chem. Soc. Japan 1931, **7**, 121. — T. NITO: Exp. Stat. Gov. Monop. Bureau Japan 1934.

[3] T. ANDREADIS: Biochem. Zeitschr. 1929, **204**, 484.

[4] J. BLOM u. C. TRESCHOW: Zeitschr. Pflanzenernähr., Düngung u. Bodenkde 1929, XIII, 3, 159.

[5] F. ALTEN u. H. WEILAND: Zeitschr. Pflanzenernähr., Düngung u. Bodenkde 1933, **32**, H. 5/6, 337.

[6] J. W. BRÜHL: Die Pflanzenalkaloide. Braunschweig 1900.

[7] E. WINTERSTEIN u. G. TRIER: Die Alkaloide. Berlin 1910.

[8] R. WOLFFENSTEIN: Die Pflanzenalkaloide. Berlin 1922.

[9] M. EHRENSTEIN: Chem.-Ztg. 1928, **52**, 755. — Arch. Pharm. u. Ber. Deutsch. pharmaz. Ges. 1930, 436.

[10] JUL. SCHMIDT: Handbuch der biologischen Arbeitsmethoden von E. ABDERHALDEN, Bd. 1, 9. Alkaloide. Berlin 1920.

[11] SPÄTH: Ber. Deutsch. Chem. Ges. 1928, **61**, 327.

[12] RICH. KISSLING: Handbuch der Tabakkunde, des Tabakbaues und der Tabakfabrikation. Berlin: Paul Parey 1925.

Nicotin (inaktiv, links- oder rechtsdrehend) ist synthetisch als 1-Methyl-2-β-pyridyl-pyrrolidin anzusehen und zeigt die folgende Formel:

```
                        CH3
                         |
        CH               N                            CH2——CH2
   HC  /  \ C —— CH  /  \ HCH2          bzw.       ⬡ —CH      CH2
   HC  \  / CH   H2C —— CH2                                N
         N                                                   |
                                                            CH3
```

Das natürliche Nicotin ist linksdrehend. Das Nicotin findet sich im Tabak gebunden an flüchtige und nicht flüchtige Säuren (s. dort, S. 306).

Freies Nicotin findet sich nach WENUSCH[1] im Tabak selbst nicht, vielmehr sind zur Bindung der Basen in äquivalenter Menge Säuren vorhanden. Wenn trotzdem bei der Destillation mit destilliertem Wasser aus Tabak Nicotin frei wird, so rührt das daher, daß zum Teil starke Basen an schwache Säuren gebunden sind.

A. SCHMUCK und M. KHMURA[2] dagegen fanden angeblich in gewissen Tabaken bei Dampfdestillation und in Petrolätherauszug größere Mengen freien Nicotins.

Noch umfangreicher ist die Literatur über die analytische Erfassung des Nicotins (und der Nebenalkaloide des Tabaks). Um einen Überblick über die wichtigeren Nicotinbestimmungsmethoden zu erhalten, sind von Zeit zu Zeit Zusammenfassungen ausgearbeitet worden, wie z. B. von R. KISSLING[3], A. HEIDUSCHKA und F. MUTH[4], J. KÖNIG[5], RASMUSSEN[6], B. PFYL und O. SCHMITT[7] und J. VON DEGRAZIA[8]. Die Methodik der Nicotinbestimmung hat außerdem eine kritische Bearbeitung von P. KOENIG und W. DÖRR[9] erfahren. Danach unterscheidet man biologische, polarimetrische, nephelometrische, colorimetrische, titrimetrische und gravimetrische Verfahren. Einer allgemeinen Anwendung erfreuen sich die Methoden, welche Kieselwolframsäure- oder Pikrinsäurefällungen als Grundlage der Bestimmung verwenden. In Tabakextrakten[10] und Kautabaken[11] hat sich das polarimetrische Verfahren von W. KOENIG Anerkennung verschafft. Für Spezialarbeiten muß infolge der ungeheuer stark angeschwollenen Literatur auf genannte Zusammenstellungen bzw. auf die darin erwähnten Einzelarbeiten verwiesen werden. Als wichtigste Vorläufer der Nicotinanalysenmethodik gelten: R. KISSLING, TOTH, KELLER, BODNAR, BERTRAND und JAVILLIER, PETER, MACH, BAGGESGAARD-RASMUSSEN, v. DEGRAZIA, BREZINA und SPALINO.

Nicotinbestimmung in Tabaken.

Bestimmung als Nicotinkieselwolframat. Die gebräuchliche Methode hat sich herausgebildet aus den Vorschriften von BETRAND-JAVILLIER[12], CHAPIN[13],

[1] A. WENUSCH: Fachl. Mitt. Österr. Tabakregie 1930, **4**, 9.

[2] SCHMUCK u. KHMURA: Krasnodar Bull. 1930, **69**, 69. — V. Shirokaia, Krasnodar Bull. 1932, **90**, 71. — SCHMUCK u. KOLESNIK: Krasnodar Bull. 1931, **81**, 45.

[3] RICH. KISSLING: Handbuch der Tabakkunde, des Tabakbaues und der Tabakfabrikation. Berlin: Paul Parey 1925.

[4] A. HEIDUSCHKA u. F. MUTH: Pharm. Zentralh. **68**, 22, 23.

[5] J. KÖNIG: Chemie der menschlichen Nahrungs- und Genußmittel, Bd. 3, Teil 3. Berlin 1918.

[6] RASMUSSEN: Zeitschr. analyt. Chem. 1916, **55**, 104, 92.

[7] B. PFYL u. O. SCHMITT: **Z.** 1927, **54**, 71.

[8] J. v. DEGRAZIA: Fachl. Mitt. Österr. Tabakregie 1911, **4**, 1912.

[9] P. KOENIG u. W. DÖRR: **Z.** 1934, **67**, 2.

[10] W. KOENIG: Chem.-Ztg. 1911, **35**, 521. — Landw. Vers.-Stationen 1919, **95**, 40; 1921, **97**, 164.

[11] W. KOENIG: **Z.** 1930, **59**, 407.

[12] BERTRAND-JAVILLIER: Bull. Sciences pharmacol. **16**, 7; sowie im Handbuch J. KÖNIG, Bd. 3, Teil 3, S. 310, 1928.

[13] M. R. CHAPIN: Ann. Chim. analyt. appl. 1911, **16**, 251.

RASMUSSEN [1], PETER [2], sowie MACH und SINDLINGER [3]. KOENIG und DÖRR [4] haben den folgenden Arbeitsgang (1934) vorgeschlagen:

10 g Tabak werden mit 2 g Magnesiumoxyd, 50 g Natriumchlorid und 150 ccm Wasser gut durchmischt. Durch energische Wasserdampfdestillation mit Zusatzheizung werden 300 ccm Destillat aufgefangen, der Nachlauf wird mit Kieselwolframsäure (1 Tl. + 1 Tl. HCl [1 : 4]) auf etwa noch vorhandenes Nicotin geprüft.

100 ccm Destillat werden mit 5 ccm Salzsäure (1 : 4) versetzt und das Nicotin mit 5 ccm einer 12%igen Kieselwolframsäurelösung gefällt. Bei geringen Niederschlägen wird durch Hinzufügen von HCl (1 : 4) die Salzsäurekonzentration auf 1,5% gebracht. Analog wird die Salzsäurekonzentration bei mittleren Fällungen auf 2% und bei größeren Nicotinmengen auf 3% Gesamtkonzentration erhöht. Zuerst tritt nun eine amorphe Fällung ein unter starker Trübung der ganzen Flüssigkeit. Es ist vorteilhaft, sofort kräftig zu schütteln, um stärkere Zusammenballungen zu verhindern, die Einschlüsse enthalten. Zweckmäßig nimmt man einen 300 ccm ERLENMEYER-Kolben. In gewissen Zeitabständen wird dieses Schütteln wiederholt, besonders wenn man schon nach kürzerer Zeit (2—3 Stunden) die Niederschläge weiterverarbeiten will. Nach einer Stunde tritt völlige Klärung der Flüssigkeit ein. Geringe Niederschläge pflegen zu dieser Zeit schon vom amorphen in den krystallinen Zustand überzugehen. Größere Niederschlagsmengen benötigen längere Zeit zu diesem Vorgang. Zuweilen läßt sich die Umwandlung durch Reiben mit dem Glasstab beschleunigen. Immer aber wird das Eintreten der vollständigen Krystallisation abgewartet, bevor die Niederschläge weiterverarbeitet werden.

Nach 24 Stunden ist die Umwandlung in allen Fällen eingetreten. Wird vor dieser Umwandlung schon abfiltriert, dann werden bei nicotinreichen Tabaken fast stets 0,05—0,2% Nicotin zu viel gefunden gegenüber der Methode von PFYL. Sodann wird durch einen Berliner Tiegel abfiltriert und nach und nach mit 50 ccm Salzsäure (2 : 1000) ausgewaschen. Es zeigte sich, daß diese Menge Waschflüssigkeit bei krystallinen Niederschlägen völlig genügt. Hierauf wird bei 120° getrocknet und gewogen. Das erhaltene Gewicht, mit 0,1012 vervielfacht, ergibt unter Berücksichtigung der Trockensubstanz die Nicotinmenge.

Bemerkt sei noch, daß PETER [5] 20 g Kaliumcarbonat statt 2 g Magnesiumoxyd verwendet. PYRIKI [6], sowie WASER und M. STÄHLI [7] empfehlen NaOH, da nach ihren Befunden durch MgO nicht alles Nicotin frei gemacht wird, bzw. nicht in das Destillat übergeht. Dazu vergleiche die Trennung des Nicotins von Nebenalkaloiden S. 297. Betonen möchte ich noch, daß die Destillatmenge von 300 ccm im allgemeinen sämtliches Nicotin enthält, nur bei der Analyse von sehr nicotinreichen Tabaken muß sie erhöht werden. Vergleiche die kritische Stellungnahme bei P. KOENIG und W. DÖRR, S. 124.

Bestimmung als Nicotindipikrat. Als selektives Fällungsmittel des Nicotins erwies sich die Pikrinsäure, die schon früher als Alkaloidreagens Verwendung fand. Vorarbeiten für eine brauchbare Pikrat-Nicotinbestimmung haben HAGER [8],

[1] RASMUSSEN: Zeitschr. analyt. Chem 1916, **55**, 104, 92.
[2] R. PETER: Fachl. Mitt. Österr. Tabakregie 1929, 2.
[3] MACH u. SINDLINGER: Zeitschr. angew. Chem. 1924, **37**, 89.
[4] P. KOENIG u. W. DÖRR: **Z.** 1934, **67**, 2.
[5] R. PETER: Fachl. Mitt. Österr. Tabakregie 1929, 2.
[6] PYRIKI: Pharm. Zentralh. 1933, **74**, 17.
[7] E. WASER u. M. STÄHLI: **Z.** 1932, **64**, 470, 569.
[8] HAGER: Pharm. Zentralh. 1869, **131**, 143; 1881, **2**, 339. — Zeitschr. analyt. Chem. 1882, **21**, 415.

MEDIN[1], VAN DER BURG[2], WARREN und WEISS[3], SPALLINO[4], BREZINA[5] geleistet. Im Jahre 1927 traten B. PFYL und O. SCHMITT[6] mit einer Pikratmethode an die Öffentlichkeit, die sich dadurch auszeichnet, daß sich die Titration der Pikrinsäure gegen Phenolphthalein stöchiometrisch genau ausführen läßt, wobei sich freies Nicotin in Gegenwart von Toluol gegen Phenolphthalein neutral verhält. Durch diese Erkenntnis konnte PFYL seine Methode, die in der Fachwelt rasch Anerkennung fand, schaffen. Erst durch dieses Verfahren war es möglich, Nicotin (bis zur Empfindlichkeit von $^1/_2$ mg) quantitativ zu erfassen und den erhaltenen Niederschlag durch Bestimmung des Schmelzpunktes des betreffenden Niederschlages zu charakterisieren. Die PFYLsche Methode erlaubt insbesondere durch die selektive Fällungsart die Bestimmung des Nicotins in nicotinarmen oder fast nicotinfreien Tabaken.

PFYL-SCHMITTsche **Originalmethode zur Bestimmung des Nicotins.** „Zur Ausführung der Bestimmung ist eine Vorrichtung zur Wasserdampfdestillation erforderlich, wobei als Destillationskolben ein solcher von 500 ccm Inhalt, 14 cm Halslänge und 2,5 cm innerem Halsdurchmesser zu benutzen ist. Das zum Kühler führende Verbindungsrohr ist auf der Seite des Destillationskolben unten spitz zugeschmolzen und hat über der Spitze zwei seitliche Öffnungen, um das Mitreißen der Destillationsflüssigkeit durch den Wasserdampf möglichst zu verhindern."

„In den Destillationskolben werden 10 g des Tabakfabrikates, das zuvor nötigenfalls klein geschnitten und fein zerrieben wurde, eingewogen, mit 150 ccm Wasser versetzt und mehrmals geschüttelt, bis die Tabakmasse gut mit Wasser durchzogen ist. Nach Zugabe von etwa 50 g Natriumchlorid wiederholt man innerhalb einer halben Stunde nach kurzen Zeiträumen das Schütteln, reibt inzwischen in einem Porzellanmörser 2 g Magnesiumoxyd mit wenig Wasser zu einem gleichmäßigen Brei an und spült diesen mit soviel Wasser in den Kolben, bis das angewandte Gesamtwasser 200 ccm beträgt. Nun wird sofort die Wasserdampfdestillation angeschlossen, wobei man einen Meßkolben von 300 ccm Inhalt vorlegt und während des Einleitens von Wasserdampf gleichzeitig den Destillationskolben in einem Babotrichter erhitzt. Die Destillation wird unterbrochen, sobald die Marke des vorgelegten Meßkolbens nahezu erreicht ist. Nach Einstellung der Flüssigkeit auf die Marke des Meßkolbens werden 100 ccm abpipettiert, gegen Methylrot mittels 0,1 N.-Säure neutralisiert, mit 50 ccm 0,05-molarer Pikrinsäurelösung versetzt und bei Wasserkühlung etwa 2 Stunden stehen gelassen. Ein entstandener Niederschlag (Nicotindipikrat) wird mittels Saugvorrichtung abfiltriert, wobei ein auf einen Platinconus aufgelegtes Filter von höchstens 5,5 cm Durchmesser zu benutzen ist. Man wäscht den Rückstand zweimal mit der auf das Zehnfache verdünnten Pikrinsäurelösung (etwa 4 ccm) und zweimal mit Wasser (etwa 4 ccm) nach, indem bei vorheriger Unterbrechung des Saugens erst das Filter bis an den Rand gefüllt und dann die Flüssigkeit rasch abgesaugt wird. Mit einer Pinzette wird nun der Niederschlag samt Filter in ein mit eingeschliffenem Glasstopfen versehenes Kölbchen von 100 ccm Inhalt übergeführt. Nach Zusatz von 10 ccm Wasser und 4 Tropfen Phenolphthaleinlösung (1 : 100) titriert man den Niederschlag mit möglichst kohlensäurefreier 0,1 N.-Natronlauge, indem man die Lauge vorsichtig bis zur Rotfärbung zusetzt, bei aufgesetztem Stopfen kräftig umschüttelt und dies bei eingetretener Entfärbung wiederholt, bis die Rotfärbung bleibt. Hierauf werden zur Flüssigkeit 25 ccm Toluol zugegeben, und dann wird unter weiterem Umschütteln zu Ende titriert. Durch Multiplikation der verbrauchten Kubikzentimeter 0,1 N.-Lauge mit 3 ergibt sich die Pikratzahl. Hieraus berechnet sich durch weitere Multiplikation mit 0,081 die Menge des in 100 g Tabak enthaltenen Nicotins."

„Die Untersuchung genügt, sofern das Tabakfabrikat als nicotinfrei bezeichnet ist, und sich keine sichtbare Abscheidung des Pikrates gezeigt hat, ferner wenn bei nicotinarmen Fabrikaten nicht mehr als ... %[7] Nicotin gefunden wurde. Übersteigt der gefundene Gehalt an Nicotin ... %, so wird zu der bisher titrierten Flüssigkeit noch soviel Wasser zugesetzt, daß die wäßrige Flüssigkeit 20 ccm beträgt. Hierzu gibt man weiter 1 ccm 0,1 N.-Lauge, schüttelt gut durch, filtriert die Gesamtflüssigkeit — ohne Zugabe von Waschflüssigkeit — durch ein Wattebäuschchen in einen Scheidetrichter. Das Wattebäuschchen wird mit einem

[1] O. MEDIN: Zeitschr. analyt. Chem. **11**, 147.
[2] VAN DER BURG: Zeitschr. analyt. Chem. **9**, 305.
[3] WARREN u. WEISS: Journ. Biol. Chem. 1907, **3**, 327.
[4] R. SPALLINO: Gazz. chim. ital. 1913, **43**, II, 493.
[5] H. BREZINA: Fachl. Mitt. Österr. Tabakregie 1915, **49**, H. 1/3.
[6] B. PFYL u. O. SCHMITT: **Z.** 1927, **54**, 71.
[7] „Die Grenze des Nicotingehaltes von nicotinarmen Tabakfabrikaten ist noch festzulegen."

Glasstab ausgepreßt, und dann werden die im Scheidetrichter befindlichen Flüssigkeitsschichten durch Ablassen der wäßrigen Lösung getrennt. Die Toluolschicht wird mit etwa 1—1,5 g wasserfreiem Natriumsulfat geschüttelt und nach erfolgter Klärung durch ein trockenes Filterchen in ein zweites, oben beschriebenes Kölbchen filtriert. Vom Filtrat werden 20 ccm abpipettiert und nach Zusatz von 20 ccm Wasser und 20 ccm Äther und 2 Tropfen Jodeosinlösung (1 g in 500 ccm Alkohol gelöst) mit 0,1 N.-Säure titriert, bis die wäßrige Schicht farblos, die Toluolätherschicht schwach rötlich gefärbt erscheint. Durch Multiplikation der verbrauchten Anzahl Kubikzentimeter 0,1 N.-Säure mit dem Faktor 3 · 1,54 erhält man die Jodeosinzahl und hieraus durch weitere Multiplikation mit 0,162 die 100 g Tabakfabrikat entsprechende Nicotinmenge. Falls die Jodeosinzahl weniger beträgt als die Hälfte der Pikratzahl, ist die erstere als Grundlage für die endgültige Berechnung des Nicotingehaltes des Tabakfabrikates anzunehmen."

In einer großen Anzahl von Arbeiten wurde die PFYLsche Methode in allen Einzelheiten nachgeprüft, z. B. von R. PETER [1], E. WASER und M. STÄHLI [2], C. PYRIKI [3]. Fast ohne Einwände stimmen für ihre Anwendung: A. HEIDUSCHKA und F. MUTH [4], A. VAN DRUTEN [5], ZAPOLSKY [6], W. PETRI [7], WENUSCH [8] u. a. Auch P. KOENIG und W. DÖRR haben die Methode PFYL in vielen Fällen mit Vorteil angewandt und empfehlen sie für alle Fälle, in denen der Schmelzpunkt des Dipikrates bei 218°—222,5° C liegt.

Einige Verbesserungen sind von den zuletztgenannten vorgeschlagen worden, durch die auch manche Einwände obenerwähnter Autoren beseitigt sein dürften, z. B. 1. Verwendung von feinst gemahlener Substanz, 2. sehr kräftige Zusatzheizung, 3. Zusatz von wenig Paraffinöl zur Verhinderung des Schaumes, 4. allmähliches Hinzufügen von Pikrinsäure zur Erzeugung von grobkrystallinen Niederschlägen, 5. Kühlung bei der Krystallisation zur restlosen Ausfällung des Nicotins, 6. Verwendung von heißem Wasser zur leichteren und rascheren Titration, 7. Vornahme der Titration im Fällungsgefäß, 8. Verzicht auf die Eosintitration bei Dipikratschmelzpunkten von 218—222,5° C.

Fehlerquellen der Nicotinbestimmungsmethoden. Während bei einem Großteil der vorkommenden Tabake nach diesem Verfahren einwandfreie Nicotinbestimmungen erzielt werden, stößt man bei einer Reihe von Tabaken, wie z. B. bei einigen Brasil- und bei mehreren deutschen Tabaken u. a. auf Schwierigkeiten. Dies trifft dann zu, wenn die Tabake größere Mengen an Nebenalkaloiden enthalten. In diesen Fällen erleiden die Schmelzpunkte der Dipikrate Depressionen bis herunter auf z. B. 214, 205, 193, ja bis 173° C, was auf Fremdkörper zurückzuführen ist, von denen als Hauptbestandteil das Nornicotin nachgewiesen werden konnte, dessen Dipikratschmelzpunkt bei 191°—192° C (unscharf) liegt. Auf Grund dieser Erkenntnisse wurde das nachfolgende noch nicht veröffentlichte Verfahren in Forchheim (KOENIG-DÖRR-STEINER) ausgearbeitet:

Verfahren zur Bestimmung der wasserdampfflüchtigen Gesamt-Alkaloide und ihre Trennung.

Die bisherigen Methoden setzen voraus, daß im Tabak sich fast nur das Alkaloid Nicotin vorfände (Pikratschmelzpunkt!). Man hatte nicht erkannt, daß es auch Tabake gibt, die im Gegenteil wesentlich größere Mengen von Nebenalkaloiden als Nicotin selbst enthalten. Es war zuerst nachzuweisen, welche Nebenalkaloide Störungen im Analysengang verursachen, die bisher nicht

[1] R. PETER: Fachl. Mitt. Österr. Tabakregie 1929, 2.
[2] E. WASER u. M. STÄHLI: Z. 1932, **64**, 470, 569.
[3] PYRIKI: Pharm. Zentralh. 1933, **74**, 17.
[4] HEIDUSCHKA u. MUTH: Pharm. Zentralh. 1929, **70**, 33, 517.
[5] VAN DRUTEN: Z. 1930, **5**, 60. 501.
[6] ZAPOLSKY: Krasnodar Bull. 1929, **52**.
[7] W. PETRI: Z. 1930, **60**, 123.
[8] WENUSCH: Fachl. Mitt. Österr. Tabakregie 1931, **2**, 1.

beachtet worden waren. Durch eine umfassende Nachprüfung von geeigneten Tabaken konnte festgestellt werden, daß mit der MgO-Wasserdampf-Destillation ganz andere Ergebnisse erzielt wurden wie mit der NaOH-Destillation. Eine solche Nachprüfung ergab das Vorhandensein von erheblichen Mengen Nornicotin und geringeren Mengen anderer Alkaloide. Das Nornicotin zeichnet sich dadurch aus, daß es als stärkere Base schwieriger aus seiner chemischen Bindung freizumachen und auch schwerer wasserdampfflüchtig ist als das Nicotin. Diese unterschiedlichen Eigenschaften werden benutzt, um eine Trennung dieser wichtigen Alkaloide im Analysengang zu erreichen. Dazu gibt es zwei Wege:

1. Bestimmung der Gesamt-Alkaloide im Tabak, Trennung in Nicotin und Nebenalkaloide; Bestimmung des Rein-Nicotins durch Titration, die der anderen Alkaloide durch Berechnung.

2. Bestimmung nur von Reinnicotin durch geeignete Vorbehandlung des Tabaks und besondere Führung der Destillation.

Zu 1. a) Die Gesamt-Alkaloide werden wie folgt bestimmt: 10 g fein gemahlenes Tabakpulver werden mit 50 g Kochsalz, 15 ccm NaOH 1 : 1 und 150 ccm Wasser im 500 ccm-Rundkolben gut vermischt. Es folgt nun eine Wasserdampfdestillation mit Zusatzheizung. Das Destillat wird so lange in Fraktionen von 300 ccm aufgefangen, bis durch eine 0,05 molare Pikrinsäurelösung kein Niederschlag mehr entsteht. Die Destillate werden mit H_2SO_4 neutralisiert und dann, wenn nötig, durch Verdampfen eingeengt. Zur Fällung werden 100 ccm mit 50 ccm obiger Pikrinsäurelösung versetzt und zur quantitativen Ausfällung 4—5 Tage stehen gelassen. Es wird (nach PFYL) abfiltriert, und die Pikrinsäure gegen Phenolphthalein in Gegenwart von Chloroform[1] nach Zusatz von 30—40 ccm heißem Wasser mit 0,1 N.-NaOH titriert. Die Gesamtmenge der Alkaloide wird durch die Pikratzahl (0,1 N.-NaOH) ausgedrückt.

b) Trennung des Nicotins von Nebenalkaloiden, besonders von Nornicotin. Man bringt 100 ccm des unter a) erhaltenen (eventuell eingeengten) Destillates in einen am Hals birnförmig erweiterten Kolben[2] von 500 ccm Inhalt. Dem Destillat fügt man 2 g MgO, 50 g Kochsalz und 50 ccm Wasser zu. Man verbindet mit einem absteigenden Kühler. Sodann erhitzt man den Inhalt des Kolbens über einem Babotrichter bis zum starken Sieden.

Die Destillation wird so lange fortgesetzt, bis das Destillat neutral abläuft (Neutralisation mit 0,1 N.-H_2SO_4 gegen Methylrot). Zur Sicherheit werden nach dem Erreichen des Neutralpunktes noch weitere 30 ccm abdestilliert. In diesem Destillat befindet sich fast nur Nicotin (eventuell mit etwas Dipyridil). Die Fällung des Nicotins und seine quantitative Bestimmung erfolgt, wie oben beschrieben, mittels Pikrinsäure. Faktor zur Berechnung von Nicotin: verbrauchte Kubikzentimeter Titration $\times \frac{0,162}{2}$.

c) Nornicotin läßt sich berechnen aus der Differenz der Pikratzahlen (Anzahl der bei der Titration erhaltenen Kubikzentimeter 0,1 N.-NaOH). Faktor zur Berechnung von Nornicotin: verbrauchte Kubikzentimeter Titration $\times \frac{0,147}{2}$.

Zu 2. Bestimmung des Reinnicotins aus den Tabaken unmittelbar (bei Gegenwart von Nornicotin). 10 g fein gemahlenen Tabaks werden in dem unter 1, b) beschriebenen Kolben mit 30 ccm verdünnter HCl (10%ig) und 30 ccm Wasser 10 Minuten lang zum schwachen Sieden erhitzt. Nach dem

[1] Gegen Toluol läßt sich Nornicotin nur zu etwa 70% austitrieren.

[2] Man verwende nur Schliffapparaturen. Gummistöpsel sind zu vermeiden. Die birnförmige Erweiterung am oberen Kolbenende ist notwendig, um ein Überschäumen zu verhindern.

Erkalten macht man mit MgO alkalisch, fügt 50 ccm Kochsalz und 100 ccm Wasser zu, destilliert und verfährt weiter wie unter 1, b) beschrieben. Die Berechnung des erhaltenen Reinnicotins mit dem Faktor $\frac{0{,}162}{2} \times$ verbrauchte Kubikzentimeter Titration.

Für die Berechnung ist es natürlich unzulässig, daß die Gesamtdipikratfällung in Zukunft als „Nicotin" in Rechnung gestellt wird, zumal die physiologische Wirkung von Nornicotin nach den Untersuchungen von A. Bergwall[1] um das 10fache geringer ist als die des Nicotins. Nach den bisher erfolgten Befunden von W. Dörr[2] gehen außerdem von dem Nornicotin erheblich geringere Mengen in den Rauch über, als dies beim Nicotin der Fall ist, ein weiterer Beweis für die geringere Giftigkeit des Nornicotins bzw. anderer Nebenkörper.

Weitere Nebenalkaloide. In Lehrbüchern findet man eine ganze Reihe von Nebenalkaloiden beschrieben. Es wird zweckmäßig sein, wenigstens einige davon mit Vorsicht aufzunehmen, nachdem der Nachweis erbracht worden ist, daß das bisher als Nicotein geltende Alkaloid in zwei verschiedene Alkaloide zerlegt werden konnte[3], nämlich in Nornicotin (s. oben) und in 1-2-[β-Pyridyl]-pipridin-Anabasin[4]. Das wichtigste Nornicotin haben M. und M. Polonovski[5] und J. von Braun[6] durch Abbau des Nicotins näher charakterisiert. Nornicotin wurde von Koenig, Dörr und Steiner in Forchheim in großen Mengen aus nicotinarmen Tabaken isoliert. Außerdem sei noch auf die Nebenalkaloide Nicotinin, Nicotellin, Oxynicotin[7], Nicotyrin (vgl. Wolffenstein[8]), sowie Nicotoin, Nicotimin, Isonicotein hingewiesen.

Auch Glucoside sind in Tabaken gefunden worden, so von K. Yamafuji[9] zwei neue Glucoside, die er mit Tabacinin und Tabacilin bezeichnete (vgl. auch Myosmin und Socratin).

Bestimmung von Nicotin in Extrakten und Laugen.

J. König gibt außer dem Verfahren von Ulex[10] noch die Methoden von J. v. Degrazia[11] und von W. Koenig[12] an. Bei entsprechender Verdünnung der Laugen kann natürlich das Nicotin auch nach einem der oben beschriebenen Verfahren, z. B. nach Pfyl und Schmitt, bestimmt werden. Gute Erfahrungen hat man mit dem polarimetrischen Verfahren von W. Koenig[12] gemacht:

„20 g Extrakt werden in einer etwa 300—400 ccm fassenden glasierten Porzellanschale mit ausgeglühtem Seesande und 4 ccm Natronlauge (1 : 1) zu einer halbtrockenen Masse verrieben, dann wird allmählich so viel gebrannter Gips zugemischt, daß ein fast trockenes Pulver entsteht. Dieses wird in einem Mörser verrieben und in eine etwa 200—250 ccm fassende Glasstöpselflasche gebracht unter Nachreiben von Schale und Mörser mit etwas Sand und Gips. Zu dem Pulver bringt man dann mittels Pipette 100 ccm Toluol, verschließt die Flasche gut (nötigenfalls durch Zubinden mit Pergamentpapier) und läßt das Toluol unter häufigem Umschütteln 2—3 Stunden einwirken oder bewegt die Flasche 1 Stunde im Schüttelapparat. Nach dem Absetzen werden etwa 30—40 ccm durch ein dichtes Filter unter Bedecken des Trichters mit einem Uhrglase abfiltriert und im 2-dcm-Rohr polarisiert. Die abgelesene Drehung, dividiert durch 3,36 ergibt den Gehalt an Nicotin in 100 ccm der Nicotin-Toluollösung. Da sich Nicotin in Toluol ohne wesentliche Volumenverminderung löst, also z. B. 1 ccm Nicotin + 100 ccm Toluol zu 101 ccm, so ist noch eine Korrektur nach

---

[1] A. Bergwall (Pharmakologisches Institut der Universität Berlin) in der Arbeit von M. Ehrenstein: Habil.-Schrift Berlin 1931.

[2] W. Dörr: Noch nicht veröffentlicht.

[3] M. Ehrenstein: Habil.-Schrift Berlin 1931.

[4] Oreschoff u. Menschikoff: Ber. Deutsch. Chem. Ges. 1931, **64**, 266.

[5] Polonovski: Compt. rend. Acad. Sciences Paris 1927, **184**, 331.

[6] J. v. Braun: Ber. Deutsch. Chem. Ges. 1930, **63**, 2018.

[7] Schöller: Fachl. Mitt. Österr. Tabakregie 1931, **2**, 7.

[8] R. Wolffenstein: Die Pflanzenalkaloide. Berlin 1922.

[9] Yamafuji: Bull. Agricult. Chem. Soc. Japan 1932, 8, 1—3. — Biedermann (Ref.): Agricult. Chem. Zentralbl. 1933, **63**, 209.

[10] Ulex: Chem.-Ztg. 1911, **35**, 121.

[11] J. v. Degrazia: Zeitschr. Unters. Nahrungsmittel 1912, **23**, 630.

[12] W. Koenig: Chem.-Ztg. 1911, **35**, 521. — Landw. Vers.-Stationen 1919, **95**, 40; 1921, **97**, 164.

der Formel $x = g \times \frac{100 + g}{100}$ anzubringen; g = gefundene Gramme Nicotin in 100 ccm Nicotin-Toluollösung; $x \times 5$ = Prozent Nicotin im Extrakt. Die Zahl 3,36 berechnet sich aus der spezifischen Drehung des Nicotins. Nach den Versuchen des Verfassers beträgt die spezifische Drehung des Nicotins in Toluol, bei den in Frage kommenden Konzentrationen im Halbschattenapparat nach LIPPICH (von SCHMIDT und HAENSCH) im Durchschnitt $[\alpha]_D^{20} = -168^0$ oder 1 g Nicotin, in Toluol zu 100 ccm gelöst, zeigt im 2-dcm-Rohr bei 20^0 C eine Drehung von $3{,}36^0$."

Die in den Vorschriften der Landwirtschaftlichen Versuchsstation beschriebene Reinigung der Nicotin-Xylollösungen durch Tierkohle verwirft W. KOENIG, da diese das Nicotin bis zu dessen restloser Entfernung aus der Lösung absorbiert. W. KOENIG[1] gibt außerdem eine Vorschrift zur Bestimmung von Nicotin in Kautabaken an, wobei er statt Toluol Xylol verwendet und eine Nachreinigung der Xylollösung vorschreibt. Bei dieser Arbeitsweise würde natürlich auch das Nornicotin und andere Basen als „Nicotin" mitbestimmt werden, allerdings ist der dadurch entstehende Fehler nicht sehr groß, da die Körper in geringerer Menge vorhanden sind, und außerdem die optische Drehung eine schwächere ist (z. B. bei Nicotin $[\alpha]_D^{20} = -168{,}2^0$, Nornicotin $[\alpha]_D^{20} = -17{,}70^0$ und Dipyridil $[\alpha]_D^{17,5} = -72{,}59^0$).

Übrigens hat TOOLE[2] mit dem etwas abgeänderten Verfahren von W. KOENIG das Nicotin auch in Tabaken und Rauchgasen polarimetrisch bestimmt. Außerdem wird das Nicotin noch titrimetrisch in einer Parallelanalyse in der obigen Toluollösung gegen Jodeosin in Gegenwart von Äther und Wasser erfaßt.

Einige Literatur über die Gewinnung von Tabakextrakten bzw. von Nicotin zur Bekämpfung von tierischen Schädlingen sei hier kurz erwähnt:

L. BERNARDINI: Sul industria chimica del stazione della Nicotina della folgie etc. dei tabacchi. — KESSLER: Verwendung und Selbstherstellung von Nicotinextrakten zur Heu- und Sauerwurmbekämpfung. Landw. Zeitschr. Rheinprovinz (Bonn) Nr. 53, 1927, 749a. — CARLO PALMIERI: Sulla estrazione degli alcaloidi del tabacco con procedimenti industriali. Bol. Tecnico R. Ist. sper. Scafati 4, 1927, 175; 25, 4, 1928, 191. — SCHERPE: Herstellung von nicotinhaltigen Spritzflüssigkeiten. Zeitschr. Bakter. 2. Abt., Nr. 1/7, 1927, 93. — STAMPA, G.: Processes for the extraction of nicotine. Internat. Rev. Agricult. 1931, Teil 9, 357. — RUDOLF HOFMANN: Ein neues Verfahren zur Herstellung von Nicotin aus Abfällen. Chem.-Ztg. 1934, **58**, Nr. 69.

Für die Zwecke der Herstellung von Nicotinextrakten hat das Tabak-Forschungsinstitut Forchheim nicotinreiche Tabake von 5—12% Nicotin gezüchtet.

Untersuchung des Rauches.

Nicotinbestimmung. Auf die Nicotinbestimmung im Rauch wird seit einiger Zeit erheblicher Wert gelegt. Aus verschiedenen Arbeiten ist zu entnehmen, daß die Nicotinmenge in der Tabakware nicht in einem unmittelbaren Verhältnis steht zu der in den Rauch übergehenden Alkaloidmenge. L. NAGY und L. BARTA[3] geben zwar an, daß beim raschen Absaugen das gesamte in der festen Ware bestimmte Nicotin in den Rauch (Haupt- und Nebenstrom) übergehe. Das rasche Absaugen des Rauches ohne Unterbrechung entspricht jedoch nicht dem natürlichen Rauchergebrauch. Es muß unbedingt ein intermittierendes Rauchen z. B. 2 Sekunden Zug und 20 Sekunden Pause bei 40 ccm Rauchvolumen gefordert werden.

Allgemeine Rauchuntersuchungen haben schon KISSLING 1881 und THOMS 1900 durchgeführt (vgl. J. KÖNIG: Untersuchungen der Nahrungsmittel, Bd. 3/3, S. 320, 1918). Das intermittierende Rauchen wenden fast alle neueren Analytiker an, z. B. HABERMANN[4], der die erste Rauchapparatur für unterbrochenes Verrauchen von Tabak angibt, ferner

[1] W. KOENIG: Z. 1930, **59**, 407.

[2] TOOLE: Zeitschr. analyt. Chem. 1933, **93**, 188.

[3] L. NAGY u. L. BARTA: Zeitschr. angew. Chem. 1931, **44**, 682; 1932, **45**, 671; 1934, **47**, 14, 214.

[4] J. HABERMANN: Zeitschr. physiol. Chem. 1901, **55**, 33; 1902, **37**, 1; 1903, **40**, 148.

LEHMANN[1], der zuerst zwischen Hauptstrom- und Nebenrauch unterschied. Erst ab 1927 beginnt eine stärkere Bearbeitung des Problems von PFYL und SCHMITT[2], WENUSCH[3], VAN DRUTEN[4], GAWRILOW und KOPERINA[5], HEIDUSCHKA und MUTH[6], PYRIKI[7], WASER und STÄHLI[8] (HAHN und EHRISMANN[9]), (HEIDUSCKHA und POST[10]), PFYL, KÖLLIKER, DWILLING und OBERMÜLLER, und dieselben mit W. PREISS[11], schließlich KOENIG und DÖRR[12].

Als Rauchapparat hat sich die von PFYL konstruierte Vorrichtung bewährt[13]. Dieser Apparat ermöglicht es, bei Handbedienung die Zugfolge, Rauchgeschwindigkeit und Volumen nach Wunsch einzustellen. — Auch W. DÖRR-Forchheim, sowie WENUSCH und VAN DRUTEN haben Abrauchapparate hergestellt.

Bei der Analyse von Tabakrauchgasen sind folgende Forderungen zu stellen: Angabe des H_2O-Gehaltes des Fabrikates, bei Parallelanalysen Einstellung auf den gleichen H_2O-Gehalt; Mitteilung der Länge und der des zurückbleibenden Stummels; Wägung des Rauchgutes; Gewichtsbestimmung des verrauchten Tabaks bei Zigarren oder Zigaretten unter Berücksichtigung der ursprünglichen Länge zu der des Stummels, oder Gewichtsbestimmung des abgerauchten Tabaks und Stummels im Parallelversuch, der gleichzeitig zur Wasserbestimmung benutzt wird (getrennt in Stummel und Abrauchlänge); Durchmesser (bei Zigarren auch mittlerer Durchmesser) des Fabrikates und auch der Schnittfläche der abgeschnittenen Spitze; Dauer der Züge und der Pausen, Größe des Luftvolumens, abgerauchte Strecke je Zug, Schnittbreite des Tabaks bei Zigaretten und Rauchtabaken; Anzahl der Parallelversuche. Die Rauchgeschwindigkeiten bzw. die Pausen dürfen nicht nach theoretischen Erwägungen gewählt werden, sie haben sich vor allem nach der tatsächlichen Glimmbarkeit des betreffenden Rauchmaterials (besonders bei Rauchtabaken!) zu richten.

Die zu untersuchenden Rauchwaren sind 2 Tage lang vor dem Analysieren bei 55% relativer Feuchtigkeit und 20° C zu lagern. Zum mindesten muß das vorausgegangene Lagerklima angegeben werden.

Ausführung der Bestimmung. Es sei hier die Anwendung des verbesserten Verfahrens nach PFYL und Mitarbeitern empfohlen, bei der die Pikratfällung im Wasserdampfdestillat nach KOENIG und DÖRR ausgeführt wird[14].

Der Rauchapparat wird wie folgt vorbereitet: Die SCHOTTschen Glasfilterwaschflaschen (Modell 83 G. I) füllt man je mit 30 ccm Chloroform und 30 ccm 0,1 N.-H_2SO_4; zwischen die beiden Waschflaschen wird eine Röhre mit Glaswolle, die mit 1 ccm 1 N.-H_2SO_4 getränkt ist, eingeschaltet. Das Hg-Niveaugefäß wird auf den Nullpunkt und dann auf gewünschte Saugvolumen eingestellt. Dann setzt man die zu analysierende Rauchware bzw. Pfeife vorsichtig (eventuell unter Abdichtung mit Vaseline) ein. Sodann wird mit Stoppuhr und Klammerschraubenregulierung die Zugdauer von 2 Sekunden eingestellt. Nun erst wird angezündet. Bei Zigarren und Zigaretten macht man alle 30 Sekunden einen Zug von 2 Sekunden Dauer, bei Pfeifen dagegen je nach der Glimm-

---

[1] LEHMANN: Arch. Hygiene 1909, **68**, 326.
[2] B. PFYL u. O. SCHMITT: Z. 1927, **54**, 71.
[3] WENUSCH: Fachl. Mitt. Österr. Tabakregie 1931, **2**, 1.
[4] VAN DRUTEN: Meded. Rijks.-Inst. voor Pharmacotherap. ondrezoek. 1931, **21**, 33.
[5] GAWRILOW u. KOPERINA: Biochem. Zeitschr. 1930, **219**, 4—6, 258; **231**, 1—3, 25.
[6] HEIDUSCHKA u. MUTH: Pharm. Zentralh. 1928, **69**, 20; 1929, **70**, 43.
[7] PYRIKI: Pharm. Zentralh. 1932, **73**, 17. — Z. 1931, **62**, 1/2; 1932, **64**, 3; 1933, **65**, 5.
[8] E. WASER u. M. STÄHLI: Z. 1932, **64**, 5, 6; 1933, **66**, 3.
[9] HAHN u. EHRISMANN: Zeitschr. Hygiene 1931, **112**, 4.
[10] POST: Diss. Dresden 1932.
[11] B. PFYL u. W. PREISS und Mitarbeiter: Z. 1933, **66**, 5, 501, 510.
[12] P. KOENIG u. W. DÖRR: Z. 1934, **67**, 2.
[13] Hersteller Dr. Hermann Rohrbeck Nachfolger, Berlin NW 7, Albrechtstraße 15.
[14] Da sich die Entwicklung der Arbeiten 1934 noch in vollem Fluß befindet, wird auf die angegebenen Literaturstellen verwiesen.

fähigkeit 6—8 Züge von gleicher Dauer in der Minute. Mittlere Zugvolumina (nach PFYL) für Zigaretten 40 ccm, für Zigarren 50 ccm und für Pfeife 55 ccm. (Gesamtabrauchzeit notieren!).

Nach Vollendung des Abrauchens wird nach PFYL „der Inhalt der ersten Absorptionsflasche unter Nachspülen mit Chloroform (etwa 20 ccm) und Wasser (etwa 20—30 ccm), der Inhalt der zweiten Flasche ohne Nachspülen in einen Schütteltrichter von etwa 200 ccm Inhalt gebracht und nach gutem Durchschütteln das Chloroform abgelassen. Die wäßrige (nicht filtrierte) Flüssigkeit wird in den für die Nicotinbestimmung im Tabak bestimmten Kolben unter Nachspülen mit wenig Wasser übergeführt und etwa 10 Minuten mit Wasserdampf behandelt. Nach dem Abkühlen wird die Flüssigkeit im Destillationskolben gegen Methylrot ungefähr neutralisiert, sodann mit Magnesia (1 g) und Natriumchlorid (50 g) versetzt und so lange mit Wasserdampf unter gleichzeitiger Erhitzung des Kolbens behandelt, bis etwa 50—150 ccm in die Vorlage übergegangen sind. Das gegen Methylrot neutralisierte Destillat wird sodann mit 50 ccm etwa 0,05 molarer Pikrinsäure versetzt und 12 Stunden stehengelassen. Das ausgeschiedene Dipikrat wird weiter nach PFYL und SCHMITT filtriert und titriert, wobei jedoch in der Regel die zweite Titration (Jodeosinzahl) entbehrlich ist".

Die Analysenwerte sollten der Vergleichbarkeit wegen grundsätzlich einheitlich berechnet werden. Es wird empfohlen, die folgenden Angaben zu machen: 10 g verrauchter Tabak von ... % Feuchtigkeit enthalten ... mg Nicotin im Hauptstromrauch. Methode der Wasserbestimmung nach .... Verfahren der Nicotinbestimmung nach .... Lagerklima: relative Feuchtigkeit ... %, Temperatur ... ^{0} C.

Ammoniak- und Pyridinbestimmungen im Rauch. J. KÖNIG läßt Pyridin und Ammoniak nach A. BAYER[1] dadurch trennen, daß mit Barytwasser gegen Phenolphthalein oder Lackmus oder gegen Methylorange titriert wird; Pyridin reagiert gegen Phenolphthalein und Lackmus nicht alkalisch. Ferrirhodanid ist ein noch besserer Indicator für Pyridin. Man neutralisiert Ammoniak unter Prüfung mit Lackmus, säuert die Lösung mit titrierter Säure an und titriert den Säureüberschuß zurück durch Zusatz von 0,1 N.-Natronlauge bis zur Entfärbung von Ferrirhodanid.

Zur Trennung des Nicotins von Ammoniak (im Rauch) empfehlen BARTA und TOOLE[2] Wasserdampfdestillation der schwach alkalisierten Rauchabsorptionsflüssigkeit, sodann Titration mit Überschuß von HCl und Rücktitration mit NaOH gegen Methylrot (= Gesamtbasen). Darauf erfolgt Fällung des Nicotins mit Pikrinsäure. Der Niederschlag wird einer Wasserdampfdestillation unterworfen, und das Nicotin im Destillat titrimetrisch mit 0,01 N.-HCl gegen Methylrot bestimmt (1 ccm 0,01 N.-HCl = 1,62 mg Nicotin). Das Ammoniak wird aus der Differenz berechnet. Eine sehr einfache Trennung des Nicotins vom Ammoniak gibt ZAPOLSKY[3] an, der nach LONGY arbeitet. Das Nicotin wird bei der Destillation in einer zwischen Destillationskolben und Kühler eingeschalteten und mit HgJ_2 beschickten Röhre zurückgehalten. Das Ammoniak befindet sich dann isoliert im Destillat.

Eine Trennung des Nicotins von Pyridin ist nach THOMS[4], wie auch nach MACH und SINDLINGER[5], dadurch möglich, daß das Pyridin aus essigsaurer Lösung mit Wasserdampf abgetrieben werden kann.

---

[1] A. BAYER: Chem.-Ztg. 1912, **36**, Refer. 692.
[2] BARTA u. TOOLE: Zeitschr. angew. Chem. 1931, **44**, 682; 1932, **45**, 671; 1934, **47**, 215.
[3] ZAPOLSKY: Krasnodar Bull. 1931, **81**, 86 (russ.).
[4] THOMS: Ber. Deutsch. Pharm. Ges. 1900, **10**, 19. — Chem.-Ztg. 1904, **1**, 28 (Pyrrol).
[5] MACH u. SINDLINGER: Zeitschr. angew. Chem. 1924, **37**, 89.

Ammoniak wird in den Rauchprodukten meist mehr gefunden als in dem betreffenden Tabak selbst, was darauf zurückzuführen ist, daß sich beim Rauchen aus Eiweißkörpern Ammoniak bildet. Nach J. HABERMANN-EHRENFELD [1] enthalten Zigarren 0,006—0,13% Ammoniak im Rauch (bis zu 0,72%). BARTA und TOOLE (l. c.) fanden im Zigarettenrauch 1,08—1,68% Ammoniak, in dem gleichzeitig untersuchten Tabak dagegen nur 0,21—0,88% NH_3.

Amine im Rauch. L. BARTA [2] trennt die Alkylamine (des Tabakrauches) vom Ammoniak durch Ausschütteln mit gelbem HgO zur Bindung des Ammoniaks. Das Pyridin wird durch Destillation bei p_H 3,2 (Citratpuffer) entfernt, sodann werden aus der mit NaOH versetzten Lösung die Alkylamine abdestilliert. Es wurden 0,03% Amine (als Ammoniak berechnet) gefunden.

Schwefelwasserstoff kann beim Rauchen durch Absorption mit Bleibaumwolle bestimmt werden. HABERMANN-EHRENFELD (l. c.) fanden im Zigarrenrauch 0,015—0,02% Schwefelwasserstoff (als S berechnet).

Methylalkohol. NEUBERG und KOBEL [3] haben zuerst auf das Vorkommen von Methylalkohol in Rohtabaken aufmerksam gemacht. NEUBERG und OTTENSTEIN [4] haben gezeigt, daß auch im Tabakrauch noch unverbrannter Methylalkohol vorkommen kann. Eine quantitative Isolierung des Methanols (vom Tabakrauch) gelang ebenfalls NEUBERG und KOBEL [3], indem eine Trennung von den in saurer Lösung bei der Destillation mitübergehenden Aldehyden, Ketonen, Tabakölen und Harzen durchgeführt wurde. Das Verfahren wird von NEUBERG-KOBEL genau beschrieben. Das Ausgangsprodukt enthielt 2,83‰ estermäßig gebundenes Methoxyl. Im Rauch wurde etwa die gleiche Menge festgestellt.

Andere Alkohole, sowie Aldehyde, Ketone, Brenzöle und Säuren im Rauch. MOLINARI [5] hat beim Verrauchen von 1000 Zigaretten die erstaunlich große Menge von 7 g Aldehyden und Ketonen gewinnen können. Er führt deren Entstehung im Rauch auf die im Tabak enthaltenen Harze zurück.

Ausführlich haben NEUBERG und BURKARD [6] über das Vorkommen von Aldehyden, Ketonen und Säuren im Tabakrauch sowie über die Methode ihrer Gewinnung berichtet. In 21 kg verrauchten Tabaks fanden sie 46,05 g Ketone und zwar: Diäthylketon, Dipropylketon und unbekannte Ketongemische. In 16 kg verrauchten Tabaks wurden die Aldehyde (Formaldehyd, Acetaldehyd und Butylaldehyd) nachgewiesen und durch Oxydation mit Ag_2O als Säuren bestimmt. Man erhielt 21,65 g Säuregemisch, bestehend aus 14,3 g Ameisensäure und Essigsäure, 2,65 g Essigsäure und Buttersäure, 3,2 g Benzoesäure, Rückstand 1,5 g. Aus 15 kg verrauchten Tabaks wurden 62,7 g flüchtige Säuren isoliert und zwar: Ameisensäure und Essigsäure 15,2 g, Essigsäure und Buttersäure mit etwas Valeriansäure 36,9 g, Valeriansäure und Capronsäure 5,7 g, höhere Säuren mit 7 und 8 C-Atomen 1,7 g, Rückstand 3,2 g.

Über Tabaksäuren und Resene (Harze) sowie ätherische Tabaköle, die zum größten Teil beim Rauchakt verbrennen, liegen noch keine exakten Untersuchungen vor.

Myosmin und Sokratin. Bei Untersuchungen von Destillaten von Rauchgasen haben A. WENUSCH und R. SCHÖLLER [7] interessante Feststellungen gemacht. Sie isolierten in den Filtraten von Pikrinsäurefällungen eine Anzahl von Körpern, die sich durch charakteristische Gerüche auszeichnen. Sie wurden durch Kieselwolframsäure aus dem Filtrat gefällt. Das Kieselwolframat wurde alkalisch gemacht, zuerst mit Petroläther und dann mit Chloroform (von Nornicotin) ausgezogen. Der Petrolätherauszug wurde mit Wasser extrahiert. Aus der wäßrigen Lösung erhielt man bei Pikrinsäurezusatz ein Dipikrat, deren Base nach Mäuseharn roch und von den Autoren Myosmin genannt wurde. Im salzsauren Auszug von Petroläther fanden sie eine weitere Base, die sie als Sokratin bezeichneten und deren Konstitutionen sie als Pyridylalkylketon wahrscheinlich machen, während der Aufbau des Myosmin noch ungeklärt ist. Myosmin konnte auch von W. DÖRR-Forchheim in sehr geringen Mengen schon aus Tabaken isoliert werden.

Über die **Reaktion des Tabakrauches** hat A. WENUSCH [8] Aufklärungen verschafft. Er stellte fest, daß der (in den Mund eingezogene) Hauptstrom des Zigarettentabaks neutral bis sauer, der Nebenstrom (um die Glutzone des Fabrikates herum) alkalisch reagiert. Eine Ausnahme bildet nur Ajasouluktabak

[1] HABERMANN u. EHRENFELD: Zeitschr. physiol. Chem. 1908, **56**, 363.
[2] BARTA: Zeitschr. angew. Chem. 1934, **47**, 215.
[3] NEUBERG u. KOBEL: Biochem. Zeitschr. 1926, **179**, 459; 1929, **206**.
[4] NEUBERG u. OTTENSTEIN: Biochem. Zeitschr. 1927, **188**, 217; 1928, **197**, 491.
[5] E. MOLINARI: Fachl. Mitt. Österr. Tabakregie 1933, **2**, 23.
[6] NEUBERG u. BURKARD: Biochem. Zeitschr. 1931, **243**, 472.
[7] WENUSCH u. SCHÖLLER: Fachl. Mitt. Österr. Tabakregie 1933, **2**, 15; 1934, **1**, 5.
[8] A. WENUSCH: Fachl. Mitt. Österr. Tabakregie 1930, **2**, 13.

(Kleinasien), der wie Zigarrentabak einen alkalisch reagierenden Haupt- und Nebenstrom liefert. Helle Virginy- und chinesischer Tabak haben sauren Hauptstromrauch (fluecuring = Heißlufttrocknung). WENUSCH führt die alkalische Reaktion des Zigarrentabakrauches auf das Vorhandensein von freiem Nicotin und Pyridinanalogen zurück und glaubt, daß es auf diese Weise erklärt werden kann, weshalb man Zigarrenrauch nicht inhaliert. Über die Wirkung des Nicotins auf den menschlichen Körper sind Tausende von Veröffentlichungen erschienen, die zum Teil übertrieben gegen oder für den Nicotingenuß entscheiden wollen. Eine kritische Übersicht über die Tabakwirkungen gibt CARL V. NOORDEN und PINKUSSEN in dem Handbuch der Enzyklopädie der klinischen Medizin, Bd. 1: Handbuch der Ernährungslehre, S. 812f. Berlin 1920.

Weitere Bestimmungen. Außer dem Nicotin und den Nebenalkaloiden finden sich im Tabakrauch noch eine Anzahl anderer Körper, deren Bestimmung jedoch in der Praxis nur selten verlangt wird. Ihre Feststellung hat vor allem physiologisches und pharmakologisches Interesse. Als solche sind z. B. zu nennen: Kohlensäure, Kohlenoxyd, Rhodanverbindungen, Cyanwasserstoff, Schwefelwasserstoff, Ammoniak, Pyridinbasen, Pyrrol, Buttersäure, Valariansäure u. a. Säuren, Alkohole (Methylalkohol), Brenzöle.

J. KÖNIG hat in seiner Chemie der menschlichen Nahrungs- und Genußmittel, Bd. 3, Teil 3, S. 320—328, 1928, über die ältere Literatur sowie über die Bestimmungsverfahren sehr eingehend berichtet. Es sei daher das Wichtige davon herausgehoben und durch eine kurze Übersicht über die neueren Arbeiten ergänzt. Die ältesten Tabakrauchuntersuchungen gehen auf R. KISSLING, H. THOMS, J. HABERMANN, K. B. LEHMANN, J. TOTH, J. J. PONTAG zurück.

Kohlenoxyd im Rauch bestimmte H. THOMS [1] nach Durchgang der Rauchgase in Waschflaschen mit Natronlauge und Schwefelsäure in der 6. WOULFschen Flasche, die mit verdünnter Blutlösung beschickt war. Das in der Blutlösung zurückgehaltene CO wurde nach weiterer Reinigung durch Bleiacetatlösung durch eine Palladiumchloridlösung geleitet, und aus der reduzierten Menge Palladium das vorhanden gewesene CO ermittelt. J. HABERMANN [2] verwendet die BUNTEsche Gasbürette zum Nachweis von CO. — J. TOTH [3] reinigt die Rauchgase über Schwefelsäure, Kalilauge usw. und leitet das CO-Gas über Jodpentoxyd (J_2O_5) und bestimmte das frei gewordene Jod in KJ durch Natriumthiosulfat. Ein modernes Verfahren, das auch auf der Grundlage der Freimachung von Jod aus J_2O_5 durch CO beruht, wird von R. SCHÖLLER [4] ausführlich beschrieben, außerdem ist in der Arbeit eine sehr klare Abbildung über die Apparatur, deren Zusammensetzung genau geschildert wird, gegeben. Als Reinigungs- und Reagensmittel werden in aufeinanderfolgenden Flaschen benutzt: Schwefelsäure, Kieselwolframsäure, Kalilauge, Anhydrid enthaltende Schwefelsäure und schließlich Jodpentoxyd in einem Schwefelsäurebad, das auf 180° C gehalten wird, sodann KJ-Lösung; die Apparatur schließt mit der Absaugevorrichtung. Die Berechnung der CO erfolgt nach der Gleichung $J_2O_5 + 5\,CO = 5\,CO_2 + J_2$. Bemerkenswert ist, daß die CO-Gehaltsbestimmung großen Schwankungen unterworfen ist je nach dem Feuchtigkeitsgehalt, der Brennbarkeit und Reife der Tabake. SCHÖLLER fand im Rauch von Zigarettentabaken meist nur halb so viel CO als im Zigarrenrauch. Nach F. ERBEN [5] treten wahrnehmbare CO-Wirkungen erst bei einem Gehalt von 0,5% CO in der Luft ein. Durch das Rauchen einer Zigarre von 5 g werden 200 ccm und einer Zigarette von 1 g Tabak 30 ccm CO gebildet. Es müßten also in einem kleinen Zimmer von 60 cbm Luftinhalt 150 Zigarren oder 1000 Zigaretten verraucht werden, ehe eine Giftwirkung durch CO merkbar werden könnte. Eine so hohe Konzentration an Kohlenoxyd wird sich praktisch durch Tabakrauchen in geschlossenen Räumen kaum erreichen lassen.

Cyanverbindungen im Rauch. HABERMANN [2] bestimmt die HCN im Analysengang seiner schon genannten Rauchgasanalysen in der ersten und zweiten Vorlage, die mit alkoholischer KOH beschickt sind. Die mit Äther entzogene HCN wird mit Ferrosulfat in alkalischer Lösung (bzw. Ferrohydroxyd) in Ferrocyankalium überführt und als Berliner Blau gefällt.

K. B. LEHMANN und K. GUNDERMANN [6] leiten den durch Watte filtrierten Rauch in eine salpetersaure Silbernitratlösung. Der entstandene Niederschlag wird abfiltriert und das AgCN mit NH_3 in den löslichen Ammoniumsilbercyankomplex übergeführt. Diese Lösung

[1] THOMS: Ber. Deutsch. Pharm. Ges. 1900, **10**, 19. — Chem.-Ztg. 1899, **23**, 852.
[2] J. HABERMANN: Zeitschr. physiol. Chem. 1901, **55**, 33; 1902, **37**, 1; 1903, **40**, 148.
[3] TOTH: Zeitschr. angew. Chem. 1904, **17**, 1818.
[4] R. SCHÖLLER: Fachl. Mitt. Österr. Tabakregie Wien 1929, **3**, 1.
[5] F. ERBEN: In Handbuch der ärztlichen Sachverständigkeit, Bd. 12.
[6] LEHMANN u. GUNDERMANN: Arch. Hygiene 1912, **76**, 98.

wird über Tierkohle gereinigt und mit HNO_3 angesäuert. Das ausgefällte AgCN wird mit rauchender Salpetersäure zur Reinigung von AgCl behandelt. Die HCN-Bestimmung erfolgt nach VOLHARD mit 0,1 N.-Ammoniumrhodanidlösung. E. WASER und M. STÄHLI[1] empfehlen, den Rauch zuerst mit verdünnter Schwefelsäure zu waschen und dann erst durch Watte zu filtrieren. Die Rauchapparatur wird näher beschrieben. Die HCN wird bestimmt als AgCN (Nachweis als Rhodanid oder Berliner Blau). An Blausäure fanden WASER und STÄHLI im Hauptstrom von Zigarettenrauch 0,02—0,034%. Nach NOORDEN kommt freie Blausäure in Tabaken nicht vor. Die gefundenen Cyanverbindungen entstammen dem Eiweiß als Verbrennungsprodukt. In 100 g Zigarren wurden nur durchschnittlich 0,0098 g CNH gefunden. Im Mittel entstehen beim Verrauchen je Zigarre 0,1—1,2 mg, d. h. durchaus geringe Mengen.

Rhodanverbindungen bestimmt TOTH[2] als Kupferrhodanür, das als CuO gewogen wird. Es wurden 0,026% Schwefelcyan in Zigarren gefunden. Bekanntlich enthält der Speichel des Menschen, namentlich der Morgenspeichel, infolge des Eiweißstoffwechsels nachweisbare Mengen Rhodanverbindungen. Raucher haben nach LICKINT[3] bedeutend mehr Rhodan im Speichel als Nichtraucher. Die Rhodangehaltbestimmung des Speichels wurde in Krankenhäusern schon als Nachweis des den Patienten verbotenen Rauchens benutzt.

Andere Bestandteile des Tabaks.

Extraktivstoffe. Die wasserlöslichen Extraktivstoffe werden in der Weise bestimmt, daß man 5 g Tabakpulver mit 100 ccm Wasser $^1/_2$ Stunde lang stark kocht; die Lösung saugt man durch einen gewogenen GOOCHschen Tiegel mit Asbestbodenbelag. Das Unlösliche wird mit kochend heißem Wasser so lange ausgewaschen, bis das Filtrat farblos abläuft. Der Rückstand im GOOCHschen Tiegel wird bis zur Gewichtskonstanz bei 100° C getrocknet und gewogen (Vorschrift deutscher Lebensmittelchemiker). Aus der Extraktmenge kann man Schlüsse ziehen auf ein Auslaugen des Tabaks oder auf die Soßierung. Vgl. die Methode von R. BRIEGER[4].

Kohlenhydrate. Auf die Bestimmung der Kohlenhydrate im Tabak ist bis zum Jahre 1925 kein erheblicher Wert gelegt worden. Nach der Erkenntnis von SCHMUCK[5] über die Wichtigkeit des natürlichen Zuckers im Tabak bei der Qualitätsbestimmung und nach der Herausgabe der umfassenden Arbeit von D. TOLLENAAR[6] kommt der Kenntnis der Kohlenhydrate im Tabak doch eine bedeutende Rolle zu.

Die quantitative Erfassung der Kohlenhydratkomplexe im Pflanzenkörper ist außerordentlich schwierig, weil durch die Eingriffe im Analysengang das labile Stoffgemisch weitgehende Umwandlungen erfährt. Schon die Vorbereitung zur Analyse, die Extraktgewinnung muß äußerst vorsichtig durchgeführt werden.

Extraktherstellung für Zucker- und Stärkebestimmungen. Bei nur 30° C vorgetrockeneter Tabak wird fein gepulvert. Die erste Reinigung wird damit vorgenommen, daß man das Tabakpulver mit etwas 96%igem Alkohol und Ammoniak (gegen Saccharoseinversion) übergießt und dann bei 100° C bis zur Gewichtskonstanz trocknet. Dieses Pulver wird steril aufbewahrt und dient als Analysensubstanz (TOLLENAAR[6]).

Zur Analyse extrahiert man dreimal mit kochendem Wasser unter vorherigem Zusatz von $BaCO_3$ (nach SCHROEDER und HORN[7]) und wäscht aus. Die Filtrate dienen zur Zucker-, die zurückgebliebene feste Substanz zur Stärkebestimmung.

---

[1] E. WASER u. M. STÄHLI: Z. 1934, **67**, 3, 280.
[2] TOTH: Chem.-Ztg. 1909, **33**, 1901.
[3] F. LICKINT: Zeitschr. klin. Med. 1924, **100**, 5, 543.
[4] G. KLEIN (R. BRIEGER): Handbuch der Pflanzenanalyse, Bd. 1, S. 516, 543. Wien 1931.
[5] A. SCHMUCK u. SEMENOVA: Krasnodar Bull. 1927, **33**.
[6] D. TOLLENAAR: Omzettingen van Koolhydraten in het Blad van Nicotiana tabacum L. Wageningen 1925.
[7] SCHROEDER u. HORN: Biochem. Zeitschr. 1922, 130.

Zur Reinigung dieses Extraktes von Nichtkohlenhydraten, die aber Cu-Lösung reduzieren, wie z. B. von Glucosiden, organischen Säuren, Phenolen usw., wird soviel frisch zubereitete Lösung von basischem Bleiacetat bei 20° C zugegeben, daß die störenden Körper eben gefällt werden, und sich kein weiterer Niederschlag mehr bildet. Sofort muß dann im Filtrat der Überschuß von Blei mit Na_2CO_3-Lösung entfernt werden. Nach dem Auswaschen des Bleiniederschlages wird das alkalische Filtrat (also der Extrakt) auf 100 ccm eingedampft (TOLLENAAR). Davon verwendet man 40 ccm zur Bestimmung des Reduktionsvermögens (der Monosen), 25 ccm zur Invertierung der Saccharose, 2 × 25 ccm zur Bestimmung der Maltose.

Reduzierende Zuckerarten. Die Monosen (Glucose und Fructose) werden entweder nach der Methode BANG[1] oder nach BERTRAND[2] bestimmt. Statt des 3 Minuten langen Erhitzens bei der Reduzierung wird von ORLO-JENSEN eine 20 Minuten lange Erwärmung im Wasserbad empfohlen, wobei eine Oxydation durch Luft zu vermeiden ist.

Geringe Mengen Saccharose, wie sie im Tabak vorkommen, werden nach TOLLENAAR in Gegenwart von 2,5% Salzsäure bei 70° C 5 Minuten lang invertiert. (Die Methoden HERTZFELD, sowie DAVIS und DAISH sind nicht brauchbar, da die Citronensäure nicht entfernt wird.)

Zur Maltoseinversion erwärmt TOLLENAAR 24 Stunden lang ununterbrochen bei 70° C ebenfalls bei Gegenwart von 2,5% HCl. Er konnte danach 95—98% Saccharose und 94—95% Maltose der theoretischen Menge wiedergewinnen, d. h. bei geringen Mengen genügend gute Werte erzielen. Als Indicator kommt nach TOLLENAAR Methylrot, nicht aber Phenolphthalein in Betracht. Die Berechnung wird nach BANG[1] durchgeführt. BANG gibt nur Tabellen für Monosen und Saccharosen an. Für Maltose hat TOLLENAAR eine Tabelle ausgearbeitet, die wegen der schweren Zugänglichkeit der Arbeit hier angefügt wird.

Maltose	Durchschnitt ccm Jod 0,01 N. gebraucht	Berechnete Werte aus dem Faktor 1,385 + 0,40ccm	Differenz
1	1,72	1,79	+ 7
2	3,02	3,17	+ 15
4	6,06	5,94	— 12
5	7,35	7,33	— 2
6	8,77	8,71	— 6
8	11,48	11,48	0
10	14,25	14,25	0
12	16,93	17,02	+ 9
14	19,53	19,79	+ 26

Bei der Berechnung ist zu berücksichtigen, daß ein Teil der Maltose bereits bei den Monosen zur Bestimmung kommt. Weiterhin wird von TOLLENAAR empfohlen, zur der errechneten Maltosenmenge die fehlenden 5% zuzuschlagen.

Vor der Stärkebestimmung ist es zweckmäßig, die vorhandene Menge Dextrin festzustellen, was nach A. J. SMIRNOW[3] wie folgt geschieht: Der getrocknete Tabak wird mit heißem Alkohol (96%ig) so lange ausgezogen, bis das Filtrat farblos durchläuft und FEHLINGsche Lösung nicht mehr reduziert. Der feste Anteil wird dann so lange mit kaltem Wasser extrahiert und auf dem BÜCHNER-Trichter nachgespült, bis das Filtrat ebenfalls farblos abläuft und FEHLINGsche Lösung nicht mehr reduziert. Wasserauszug und Spülwasser werden vereinigt, auf dem Waserbade mit 1 N.-HCl 3 Stunden lang hydrolisiert. Das Hydrolisat wird bis zur schwach sauren Reaktion gegen Methylrot neutralisiert und auf dem Wasserbade auf das gewünschte Volumen eingeengt. Nach Reinigung mit basischem Bleiacetat wird die Reduktion (wie oben beschrieben) bestimmt, und das Ergebnis in Glucosewert ausgedrückt.

[1] J. BANG: Biochem. Zeitschr. 1913, **49** (dort auch die Inversionstabelle).

[2] G. BERTRAND: Bull. Soc. chim. France 1906, **35**, 1285; oder in OPPENHEIMER u. PINCUSSEN: Die Methodik der Fermente, S. 887, 1245, 1248 (Tabelle). Leipzig 1928.

[3] SMIRNOW: Krasnodar Bull. 1927, **34**.

Stärke wird in dem festen Rückstand der Dextrinuntersuchung festgestellt. Man verkleistert die Stärke mit Wasser bei 70° innerhalb 45 Minuten. Nach dem Erkalten wird eine Glycerindiastaselösung sowie etwas Toluol und Chloroform hinzugefügt und 24 Stunden lang bei 36° C im Thermostat belassen. Sodann wird mit Wasser bis zu einer bestimmten Marke aufgefüllt und über den Büchner-Trichter filtriert. Das Filtrat wird wie bei der Dextrinbestimmung hydrolisiert und weiterbehandelt (neutralisiert, konzentriert, mit basischem Pb-Acetat gereinigt, mit Na_2CO_3 das Blei entfernt und die Reduktion bestimmt). Einfacher läßt sich das Aufschließen der Stärke (in 5 g Tabak) mit Salzsäure (95 ccm Wasser und 5 ccm Salzsäure vom spez. Gewicht 1,126) durch 3stündiges Erwärmen auf dem Wasserbad bei 70° C bewirken. Weiterverarbeitung wie oben.

Inosit wurde von A. Schmuck[1] im Tabak nachgewiesen.

Pektine im Tabak sind von C. Neuberg[2] näher untersucht worden. Eine quantitative Bestimmungsmethode wird in der Arbeit angegeben. Eine einfache Methode des quantitativen Pektinnachweises erbrachte V. Balabuha-Popzova[3].

Rohfaser und **Reincellulose** können unter Verwendung von 3 g Tabakpulver nach der Vorschrift von J. König[4] bestimmt werden. Auch das Verfahren von K. Kürschner[5] hat sich für die Bestimmung der Cellulose als geeignet erwiesen.

Säuren. 1. Flüchtige Säuren. Als flüchtige Säuren im Tabak treten hauptsächlich Ameisensäure, Essigsäure und Spuren anderer Fettsäuren und ein Teil der Oxalsäure in Erscheinung. Von diesen werden Ameisensäure und Essigsäure nach den Verfahren von Schlösing und Kissling[6] zusammen bestimmt und als Essigsäure berechnet. Die Gesamtmenge der Oxalsäure wird bei der nachfolgenden zweiten Gruppe bestimmt.

Das in Forchheim modifizierte Schlösingsche Verfahren beruht darauf, daß man 10 g Tabakpulver mit Wasser besprengt und mit wenig gepulverter Weinsäure vermischt. Statt der Schlösingschen umständlichen Apparaturanordnung wird man einfacher so vorgehen, daß man die mit Glaswolle und Weinsäure vermischte, wenig angefeuchtete Substanz in eine mit einem Destillationsaufsatz versehene U-Röhre einfüllt und sie einerseits mit dem Wasserdampfspender, andererseits mit einem absteigenden Kühler verbindet und 0,1 N.-NaOH vorlegt. Das U-Rohr kommt in ein Ölbad, das auf 110° C gebracht wird. Gleichzeitig wird Wasserdampf durchgetrieben. Die Destillation ist meist nach 15 Minuten beendigt. Die im Destillat befindliche Oxalsäure wird nach der Titration als Kalksalz bestimmt und in Abzug gebracht. Zur Bestimmung der Ameisensäure allein wurde das Verfahren von Fincke[7] durch Schmuck und Kashirin[8] mit Erfolg bei Tabakanalysen verwendet.

2. Nichtflüchtige Säuren und Oxalsäure. Hierbei werden Citronensäure, Apfelsäure, Oxalsäure und geringe Mengen andere Oxysäuren erfaßt. In der bisherigen Literatur wird immer wieder das von Kissling verbesserte Schlösingsche Verfahren angegeben[9]. Dieses ist jedoch etwas umständ-

---

[1] A. Schmuck: Krasnodar Bull. 1930, **69**.
[2] C. Neuberg u. M. Jacoby: Biochem. Zeitschr. 1931, **243**, 461.
[3] Balabuha-Popzova: Krasnodar Bull. **59**, 1929; 1930, **69**.
[4] J. König: Untersuchungen landwirtschaftlich und gewerblich wichtiger Stoffe, S. 293, 294. Berlin 1911.
[5] Kürschner: **Z.** 1930, **59**, 484 (Ref.).
[6] Das Tothsche Verfahren wird von Kissling abgelehnt.
[7] Fincke: Biochem. Zeitschr. 1929, **51**, 268.
[8] A. Schmuck u. S. Kashirin: Krasnodar Bull. 1930, **69**.
[9] J. König: Chemie der menschlichen Nahrungs- und Genußmittel, Bd. 3, Teil 3. Berlin 1918.

lich durchzuführen, und die quantitative Erfassung und Trennung der Citronensäure und Apfelsäure ist unbefriedigend, wie sich A. J. SMIRNOW[1] ausdrückt, der dann das Verfahren von FLEISCHER[2] anwendet; aber auch dieses hat noch nicht voll befriedigen können. Da W. DÖRR-Forchheim und M. PIATNITZKI[3] mit dem Pentabromacetonverfahren wesentlich bessere Ergebnisse erzielt haben, darf in bezug auf die bisherigen Verfahren auf die angegebene Literatur hingewiesen werden. Hier soll das von KUNZ[4] und später von HARTMANN und HILLIG[5] angewandte Pentabromacetonverfahren kurz beschrieben werden. Zunächst mischt man 20 g Tabakpulver, 20 g gepulverten Bimsstein und 20 g einer 4 g Monohydrat enthaltenden wäßrigen Schwefelsäurelösung gut durch (laut KISSLING), füllt in einen mit SCHOTTschem Glasfilter versehenen Extraktionsapparat ein und extrahiert 12 Stunden lang mit Äther. Nach der Entfernung des Äthers wird mit Wasser aufgenommen, aufgekocht, filtriert und nachgewaschen. Das Filtrat wird auf 300 ccm aufgefüllt und wird in drei Teile zu je 100 ccm geteilt.

Im ersten Teil bestimmt man die Oxalsäure über Calciumoxalat.

Im zweiten Teil erfaßt man die Citronensäure wie folgt: zu dem 100 ccm Filtrat werden 10 ccm H_2SO_4 1 : 1 und 10 ccm frisch zubereitetes Bromwasser hinzugefügt. Nach 10 Minuten langem Stehen wird filtriert (Entfernung von Phenolen und anderem). Zu 100 ccm dieses Filtrates werden 5 ccm KBr-Lösung (15 g KBr in 40 ccm Wasser) und 0,3 g reiner Asbest zugefügt; die Mischung wird 5 Minuten lang auf 48—50° C erwärmt. Nach dem Abkühlen gibt man 15 ccm $KMnO_4$-Lösung (5 g in 100 ccm Wasser) zu, schüttelt kräftig um und läßt 10 Minuten lang stehen. Darauf werden weitere Mengen der $KMnO_4$-Lösung langsam so lange zugeführt, bis Braunfärbung auftritt. Zu der auf —5° C abgekühlten Lösung werden 40 ccm eisgekühlter Ferrosulfatlösung (20 g in 100 ccm Wasser + 1 ccm konz. H_2SO_4) zugefügt und bei guter Kühlung 12 Stunden lang stehen gelassen. Darauf wird durch einen Berliner Tiegel filtriert, 3mal mit je 20 ccm gekühlter 1%iger Schwefelsäure und 3mal mit je 20 ccm Eiswasser ausgewaschen, mit trockener Luft behandelt und bei 120° C getrocknet und gewogen.

Bei der Berechnung ist zu berücksichtigen, daß statt 120 ccm nur 100 ccm zur endgültigen Bestimmung verwendet wurden, d. h. $^1/_6$ weniger. Die gefundene Menge muß also mit $\frac{6}{5} \times 0{,}424$ (Faktor) vervielfacht werden. Zu diesem Produkt sind noch 1,8 mg (Auswaschausfall) hinzuzuaddieren. Auf diese Weise wurden 97% der ursprünglich vorhanden gewesenen Citronensäure wiedergefunden. In Tabaken stellte man in Forchheim 0,77—2,7% (in Krasnodar von Spuren bis 4%) Citronensäuregehalt fest.

In den restlichen 100 ccm der in Wasser aufgenommenen Urlösung wird die Gesamttitrationszahl mit 0,25 N.-NaOH gegen Methylrot bestimmt. Nach der Titration wird in der gleichen Lösung noch eventuell bei der Extraktion übergegangene H_2SO_4 als $BaSO_4$ nachgewiesen.

Die Apfelsäure wird durch Berechnung ermittelt. Dabei werden die errechneten Titrationszahlen der bestimmten Oxal- und Zitronensäuremengen (eventuell auch der Schwefelsäure und der flüchtigen Essigsäure [1. Gruppe]) in Abzug gebracht von der Gesamttitration der mit Wasser aufgenommenen Äther-

[1] SMIRNOW: Krasnodar Bull. 1927, **34**.
[2] E. FLEISCHER: Arch. Pharm. **5**, 97; Zeitschr. analyt. Chem. 1874, **13**, 328.
[3] M. PIATNITZKI: Krasnodar Bull. 1931, **81**, 49.
[4] KUNZ: Arch. f. Chem. 1914, 6. — ABDERHALDENs Handbuch der biologischen Arbeitsmethoden Abt. 1, S. 6, 1925.
[5] HARTMANN u. HILLIG: Zeitschr. analyt. Chem. 1930, **82**, 473 (Ref.). — Chem. Zentralh. 1927, **98**, II, 1925 (Ref.) — Journ. Assoc. official. Agricult. Chemists 1927, **10**, 264.

extrakte. An Apfelsäure stellte man in Forchheim 2,7—7,5%, in Krasnodar 3—7% und an Oxalsäure in Forchheim 1,1—3,54% und in Krasnodar 1 bis 2,5% fest.

Neuerdings geben Karl Teufel und J. Mayr ein neues Verfahren an[1].

Esterverfahren. Bemerkenswert ist noch ein anderes Verfahren zur Bestimmung und Trennung der organischen Säuren im Tabak, nämlich das Esterverfahren, das von Rundshagen[2] sowie von Yamafuji[3] angeblich mit gutem Erfolge angewandt worden ist. Die nach der Ätherextraktion erhaltenen Säuren werden nach Curtius verestert und der fraktionierten Destillation unterworfen. Die einzelnen Säuren werden über die Hydrazide bzw. deren Benzylidenverbindungen identifiziert. — Auch A. Schmuck[4] hat die Säuren des Tabaks nach der Estermethode quantitativ bestimmt und außer den oben genannten Säuren auch noch Bernsteinsäure und Fumarsäure in geringen Mengen gefunden.

Vgl. auch unter „Polyphenole" die Chlorogensäure sowie die Kaffee- und Chinasäuren.

Ätherextrakt, auch als **„Rohfett"** bezeichnet, enthaltend Fette, Wachse, Harze, Paraffine, natürliche Farbstoffe, ätherische Öle, auch Basen, Säuren, Wasser usw.

Der „Ätherextrakt" wird aus 10 g Tabakpulver hergestellt, das bei 30° C vorgetrocknet ist (Wassergehalt wird gesondert bestimmt). Die Extraktion kann im Soxhletschen Apparat bis zur Erschöpfung (bis 36 Stunden) vorgenommen werden, rascher geht sie jedoch vor sich bei Verwendung der Jenaschen Glasfilterplatten (in 12—14 Stunden). Der Extrakt wird von Äther befreit, im Exsiccator getrocknet und gewogen (= Rohfett). Sodann laugt man den Extrakt mit warmem Wasser aus, filtriert im Filter *a* warm ab und wäscht mit warmem Wasser nach. Das Filtrat enthält die wasserlöslichen Säuren, Basen und Salze und anderes. Der Rückstand wird mit 95%igem heißem Alkohol aufgenommen und durch das Filter *a* in ein Wägegläschen mit senkrechten Wänden filtriert; Kölbchen und Filter werden nachgewaschen und dieses Filtrat von Lösungsmittel vorsichtig befreit und 2 Stunden im Dampftrockenschrank getrocknet. Der Rückstand, der hauptsächlich Harze (und Fette) enthält, wird gewogen[5]. Im „Rohfett" lassen sich Wachse und Harze quantitativ trennen, da im stark gekühlten absoluten Alkohol die Wachse unlöslich sind, die Harze dagegen in Lösung bleiben. Auf Grund dieser Erkenntnis haben Kissling[6] und auch J. v. Degrazia[7] Verfahren zu deren Trennung ausgearbeitet, die jedoch noch sehr ausbaubedürftig sind.

Harze. R. Kissling unterscheidet drei verschiedene Arten von Tabakharzen entsprechend ihrer Löslichkeit: in Petroläther (= Weichharz), in Äther (= Hartharz) und in Alkohol (= Harzsäuren). Die in dieser Reihenfolge gewonnenen Extrakte werden wie folgt weiterverarbeitet.

a) Petrolätherlösung. Nach der Abscheidung des Wachses mit Alkohol (s. oben) wird der Rückstand einer Destillation in Gegenwart von verdünnter Schwefelsäure unterworfen. Der von der sauren Flüssigkeit getrennte Rückstand stellt das „Weichharz" dar.

b) Ätherlösung. Der Rückstand dieser Lösung wird mit heißem Wasser ausgezogen. Das Unlösliche wird als „Hartharz" bezeichnet.

---

[1] Karl Teufel u. J. Mayr: Zur quantitativen Ermittlung der Zitronensäure durch Überführung in Aceton. Zeitschr. analyt. Chem. 1933, **93**, 1—20.

[2] Rundshagen: Chem.-Ztg. 1926, 764.

[3] K. Yamafuji: Bull. Agricult. Chem. Soc. Japan 1931, 7, 121.

[4] A. Schmuck: Krasnodar Bull. 1929, **50**.

[5] Die Bestimmung von fettem Öl im Tabaksamen wird nach den Vorschriften der Landw-. Versuchsstationen ausgeführt. Der Samen von Nicotiana tabacum enthält 30 bis 37% und von Nicotiana rustica 30—42% Rohfett.

[6] Rich. Kissling: Handbuch der Tabakkunde, des Tabakbaues und der Tabakfabrikation. Berlin: Paul Parey 1925.

[7] v. Degrazia: Fachl. Mitt. Österr. Tabakregie 1914, **3/4**, 73.

c) In der Alkohollösung befinden sich auch verschiedene Körper wie Nicotin, Säuren, Salze usw. Nach dem Verdunsten des Alkohols werden diese Verunreinigungen mit heißem Wasser herausgelöst. Der Rückstand besteht zum größten Teil aus Harzsäuren.

Von Untersuchungen HAIDS ausgehend hat J. v. DEGRAZIA[1] ein Verfahren zur Trennung der Harze unter Verwendung von 100 g Tabakpulver in ätherischen und alkoholischen Lösungen ausgearbeitet.

a) Ätherische Lösung. Die Wachse scheidet Degrazia von den Harzen wie KISSLING mit Alkohol ab.

Nach Verdampfung des Alkohols wird der Rückstand mit 100 ccm einer 2%igen Kalilauge kurze Zeit auf freier Flamme vorsichtig verseift. Nach dem Erkalten wird 4mal nacheinander mit je 100 ccm Äther extrahiert (eventuell Erwärmen am Rückflußkühler). Der vom Äther befreite Rückstand enthält das Tabacoresen und geringe Mengen von ätherischen Ölen. Nach dreistündigem, vorsichtigem Trocknen wird gewogen. Die obige alkalische Lösung wird mit verdünnter Salzsäure angesäuert und mit Äther im Scheidetrichter ausgezogen. Die so gewonnene Ätherlösung wird im Scheidetrichter mit Wasser behandelt, sodann wird getrennt und filtriert. Auf dem Filter bleibt der in der Ätherlösung suspendiert gewesene Harzalkohol zurück, der nach dem Auswaschen und Trocknen zur Wägung kommt. In der filtrierten Ätherlösung befinden sich noch zwei Harzsäuren, nämlich die β- und γ-Tabakensäuren, die wie folgt getrennt werden können. Nach Verjagen des Äthers wird der Rückstand gewogen und dann in Alkohol aufgenommen. Durch Zugabe von alkalischer Bleiacetatlösung wird die γ-Tabakensäure niedergeschlagen. Die vom Bleisalz befreite Lösung wird eingeengt und mit der 10fachen Menge (mit HNO_3 schwach angesäuerten) Wassers versetzt, wobei sich die β-Tabakensäure absetzt. Diese wird abfiltriert und in Äther aufgenommen. Nach Vertreibung des Äthers wird getrocknet und gewogen. Die Menge der γ-Tabakensäure wird aus der Differenz zwischen Gesamtrückstand und der gewogenen β-Tabakensäure berechnet.

b) In der alkoholischen Lösung befindet sich die α-Tabakensäure sowie Gerbstoffe, Farbstoffe (Dunkelbraunfärbung) sowie Nicotinsalze. Nach Vertreiben des Alkohols wird der Rückstand mit verdünnter Kalilauge aufgenommen und einige Zeit lang zum Kochen erhitzt. Der manchmal nur teilweise in Lösung gehende Rückstand wird durch ein gehärtetes Filter von der alkalischen Lösung getrennt. Diese wird mit verdünnter HCl angesäuert. Dabei scheidet sich die α-Tabakensäure ab, die auf gewogenem Filter gesammelt und nach dem Trocknen gewogen wird[2].

E. MOLINARI[3] stellte fest, daß Tabake, die ohne besondere Vorsichtsmaßregeln einige Stunden auf 150° C zum Zwecke der Nicotinverminderung erhitzt waren, nur noch ganz geringe Mengen von Aldehyden und Ketonen an den Rauch abgeben, und zieht daraus den Schluß, daß diese in erster Linie Tabakharzen entstammen.

A. SCHMUCK und M. J. KHMURA[4] fanden, daß Tabake, die einen hohen alkohol- und wasserlöslichen Anteil hatten, guten Qualitäten entstammen, während die Mengen der ätherlöslichen Substanzen nicht in so unmittelbarem Zusammenhang mit der Qualität stehen sollen.

R. DUBRISAY und FRANCOIS[5] verwenden zur Charakterisierung von Extraktstoffen Benzinauszüge. Darin bestimmten sie u. a. den Säuregehalt mit alkoholischem Kali, die Verseifungszahl, Esterzahl, Jodzahl und die Auslaufgeschwindigkeiten bei verschiedenen p_H-Zahlen. Dadurch konnten sie Kennzahlen für einzelne Tabakherkünfte zu ihrer Unterscheidung und zur qualitativen Bonitierung schaffen.

Der Abschnitt über Harze soll nicht abgeschlossen werden, ohne noch auf die bahnbrechenden Arbeiten von TSCHIRCH[6] und auf die Zusammenfassung von H. WOLFF[7] aufmerksam zu machen, der über die TSCHIRCHsche Methode der Trennung der Harze auf S. 9 seines Buches kurz berichtet.

Paraffine. M. E. KURILO[8] wies nach, daß die in Tabakanalysen als Wachse angegebenen Körper in der Hauptsache aus Paraffinen bestehen, von denen er zwei isolieren und durch Schmelzpunktbestimmung kennzeichnen konnte. Zur Trennung benutzte er die Löslichkeit in verschiedenen Mengen und Konzentrationen von Alkohol. Er fand das Heptakosan $C_{27}H_{56}$ vom Schmp. 59—59,5° C und das Hentriakontan $C_{31}H_{64}$ mit dem Schmp. 67,5

[1] J. v. DEGRAZIA: Fachl. Mitt. Österr. Tabakregie 1913, **3**, 109; 1914, **3/4**, 73.

[2] v. DEGRAZIA gibt in der Originalarbeit eine ganze Reihe von Analysenergebnissen bekannt.

[3] E. MOLINARI: Fachl. Mitt. Österr. Tabakregie 1933, **2**, 23.

[4] SCHMUCK u. KHMURA: Krasnodar Bull. 1931, **81**, 54.

[5] R. DUBRISAY u. FRANCOIS: Mémorial des Manufactures de l'Etat. Tabacs-Alumettes. Bd. 6, S. 264. Nancy-Paris-Straßburg 1930.

[6] TSCHIRCH: Harze und Harzbehälter, 2. Aufl.

[7] H. WOLFF: Die natürlichen Harze. Stuttgart 1928.

[8] M. E. KURILO: Krasnodar Bull. 1930, **69**, 43.

bis 68° C. In Übereinstimmung mit KURILO, der die Paraffine in Zigarettentabaken nachwies, hat THORPE[1] die gleiche Menge von Paraffinen (0,4%) auch in Zigarrentabaken gefunden.

Ätherische Öle. Die ätherischen Öle in fermentierten Tabaken sind von H. THOMS[2], FRÄNKEL und WOGRINZ[3], sowie von HALLE und PRIBRAM[4] untersucht worden. SCHIMMEL und Co. gewann nach GILDENMEISTER[5] aus 15 kg gut fermentierten Uckermärker Tabaks durch Destillation mit Wasserdampf 6 g Tabakessenz von dunkler Farbe, von balsamartiger Konsistenz und von Geruch nach Kamille. THOMS konnte dieses Öl bei 295—315° als grünes Destillat rektifizieren.

Im Tabakrauch wurden aus 20 kg verrauchten Tabaks 75 g eines ätherischen Öles gewonnen, das nach THOMS ein Phenol und wahrscheinlich Furfurol enthielt. Bei der Destillation des von Phenol befreiten Öls geht der Vorlauf bei 190°, der Hauptteil bei 220—230° C und der Nachlauf bei 230 bis 260° C über. Mit diesen Angaben von THOMS stimmen auch die Befunde von E. MOLINARI[6] überein, der auch die Angaben von C. NEUBERG[7] und Mitarbeitern über Aldehyde und Ketone im Tabakrauch bestätigt fand. MOLINARI gibt an, daß bei der Destillation der Rauchprodukte bis 100° C ein Öl, das den Geruch nach gebranntem Kaffee aufwies und zwischen 100—150° C alkoholisch aromatische Körper übergehen. Die höher siedenden Rauchölanteile rochen nach Juchtenleder. Die Gerüche ändern sich sehr bald. W. HALLE und E. PRIBRAM haben aus 300 kg ungarischen Tabaks 140 g (= 0,047%) eines stark riechenden ätherischen Öles gewonnen, das N-frei war und zwischen 77—100° bei 26 mm Druck überging. Dieses Öl identifizierten sie als Isovaleriansäure. Bei 72—82° (18 mm Druck) ging ein Kohlenwasserstoff ($C_{10}H_{18}$ oder $C_{11}H_{20}$) über. KURILO[8] hat eine Gesamtanalyse von ätherischem Tabaköl durchgeführt und darin unter anderem folgende Körper gefunden: 3—3,5% Nicotin, 5—6% Fettsäuren (Ameisen-, Essig-, Isovalerian- und Palmitinsäure), ferner 1% Phenol, 7% Aldehyde, darunter ein wenig Furfurol und schließlich 43% unbekannte Alkohole. F. SEMENOVA[9] gibt ein quantitatives Verfahren zur Bestimmung der ätherischen Tabaköle an. Dieses beruht darauf, daß man einen Luftstrom durch den Tabak schickt und dann durch Waschflaschen mit starker H_2SO_4 leitet. Die ätherischen Öle werden darin absorbiert und färben sich braun. Durch Vergleichslösungen mit bekannten Ölgehalten wird das Öl colorimetrisch mengenmäßig erfaßt. Das Tabak-Forschungsinstitut Forchheim stellt die ätherischen Tabaköle in der Weise her, daß bei der Fermentation aus den warmen Tabakhaufen durch eine Röhrenanlage die Luft abgesaugt und durch Wasser und dann durch Schwefelsäure (10%ig) geleitet wird. Mit Äther werden die Öle extrahiert, getrocknet und vom Äther befreit.

Hier möge auch erwähnt sein, daß ätherische Öle, Essenzen und Gemische vielfach zum Parfümieren von Tabak verwendet werden (auch Apfeläther, viele andere Ester usw. Gut fermentierter Tabake haben solche Parfüme nicht nötig).

Tabakblütenöl (von köstlichem Aroma) ist noch nicht näher untersucht. Es wurde von KURILO[8] durch Wasserdampfdestillation gewonnen und zur Aromatisierung von fermentierten Tabaken verwendet.

Rauchverzehrer: Ätherische Ölgemische, wie Spicköl, Lavendelöl usw., Kamillentinktur werden in geringen Mengen in eine mit Wasser gefüllte Schale gegeben und verdampft. Die flüchtigen Öle schlagen zusammen mit dem Wasserdampf den Rauch nieder, wodurch die Luft erheblich verbessert wird.

Pektinstoffe. Als erster hat SCHLÖSING die „Pektin- oder Schleimstoffe“ im Tabak festgestellt, und zwar (nach KISSLING) das in Wasser lösliche „Pektin“, die unlösliche „Pektose“ und die mit Alkalien lösliche Salze bildende „Pektinsäure“. In Tabaken befinden sich nach KISSLING[10] 4—6% Pektinstoffe.

Eine größere Zusammenfassung über den Chemismus und die Darstellung der Pektinstoffe, sowie über Pektinose und Pektose gibt FELIX EHRLICH[11]. Eine

---

[1] THORPE: Journ. Chem. Soc. London 1901, **79**, 982.
[2] THOMS: Ber. Deutsch. Pharm. Ges. 1900, **10**, 19. — Chem.-Ztg. 1899, **23**, 852.
[3] FRÄNKEL u. WOGRINZ: Monatsh. Chem. 1902, **23**, 236. — Chem. Zentralh. 1902, I, 1370.
[4] HALLE u. PRIBRAM: Berl. Ber. 1914, **47**, 1394.
[5] E. GILDENMEISTER: Die ätherischen Öle, Bd. 3, Teil 2, S. 623. Dresden: Schimmel & Co. 1916.
[6] E. MOLINARI: Fachl. Mitt. Österr. Tabakregie 1933, **2**, 23.
[7] C. NEUBERG: Biochem. Zeitschr. 1931, **243**, 472.
[8] M. E. KURILO: Krasnodar 1932, **90**.
[9] F. SEMENOVA: Krasnodar Bull. 1930, **69**, 53.
[10] RICH. KISSLING: Handbuch der Tabakkunde, des Tabakbaues und der Tabakfabrikation. Berlin: Paul Parey 1925.
[11] F. EHRLICH: In OPPENHEIMER, Die Methodik der Fermente, S. 918, 1928.

Methode zur quantitativen Bestimmung der Pektinstoffe in Nahrungsmitteln hat TH. v. FELLENBERG[1] entwickelt, die sich auf die Bestimmung des Methylalkohols nach DENIGÈS[2] aufbaut. NEUBERG und KOBEL[3] sowie NEUBERG und OTTENSTEIN[4] haben die Pektinprobleme im Tabak eingehend studiert und sowohl in den Tabakblättern wie im Tabakrauch den aus den Pektinstoffen stammenden Methylalkohol quantitativ erfaßt und festgestellt, daß dieser sich im Tabak als pektinsaurer Methylester befindet. Durch Bestimmung des sich abspaltenden Methylalkohols kann die Menge der im Tabak vorhandenen Pektinkörper berechnet werden. NEUBERG und SCHEUER[5] konnten 79% von einem vorgereinigten Pektinat in die folgenden Bestandteile zerlegen: 60% Galakturonsäure, 5% Pentose, 5% Essigsäure, 4,5% Methanol und 4,5% Asche. Nach GABEL und KIPRIANOFF[6] enthält Tabak 13—20% Pektinsäure, und zwar vor der Fermentation als Dimethylester und nach derselben als Monomethylester. W. BALABUHA-POPZOVA[7] empfiehlt die aus den Pektinen abspaltbare CO_2 als Grundlage zu ihrer quantitativen Erfassung (Fehlergrenze nur 2—3%). P. M. SILIN und Z. A. SILINA[8] bestimmen die Pektine colorimetrisch auf Grund des bei der Pentosan- bzw. l-Arabinose-Destillation entstehenden Furfurols (Rotfärbung durch Anilin in Essigsäure).

Hydrocyclische und aromatische Oxykörper. Von den hydrocyclischen Oxysäuren ist von P. KOENIG und W. DÖRR[9] die Chinasäure in deutschen Tabaken nachgewiesen worden, während nach SCHMUCK und PIATNITZKI[10] in russischen Tabaken das Vorhandensein von Chinasäure bislang noch nicht festgestellt wurde; dagegen wurde Kaffeesäure sowohl in Forchheim[9] wie in Krasnodar[10] in Tabaken einwandfrei nachgewiesen. Der Befund des Vorhandenseins von Chinasäure und Kaffeesäure deutete darauf hin, daß auch die Chlorogensäure, die aus beiden zusammengesetzt ist, im Tabak vorhanden sein müsse. In der Tat fanden KOENIG und DÖRR[9] bis zu 4% einer Chlorogensäureverbindung mit einer terpen-artigen Komponente. In dieser Arbeit kann auch das Verfahren zur Isolierung der Chlorogen- und Chinasäure nachgesehen werden. Die Feststellung des Vorhandenseins von Chlorogensäure im Tabak ist deshalb biologisch von Wichtigkeit, weil nachgewiesen worden ist, daß sie katalytisch Luftsauerstoff auf Aminosäure überträgt (nach A. OPARIN[11] und J. TILLMANS und P. HIRSCH[12]). Auch bei den allgemeinen Oxydations- und Reduktionsvorgängen im grünen Blatt sowie im besonderen bei der Alkaloidbildung scheint die Chlorogensäure ein bisher wenig beachteter Faktor im Stoffwechsel der Pflanze zu sein.

Durch den Befund von W. DÖRR[9] dürfte die Chlorogensäure im Tabak, ähnlich wie im Kaffee, an der Alkaloidbildung und -bindung (von Nicotin, Nornicotin usw.) beteiligt sein.

Als Spaltungsprodukt der Pektine bei der Fermentation kommt auch die Galakturonsäure im Tabak vor.

[1] v. FELLENBERG: Biochem. Zeitschr. 1918, **85**, 45, 118.
[2] DENIGÈS: Compt. rend. Paris 1910, **150**, 832.
[3] NEUBERG u. KOBEL: Biochem. Zeitschr. 1926, **179**, 459; 1929, **206**.
[4] NEUBERG u. OTTENSTEIN: Biochem. Zeitschr. 1927, **188**, 217; 1928, **197**, 491.
[5] NEUBERG u. SCHEUER: Biochem. Zeitschr. 1931, **243**, 461.
[6] G. GABEL u. G. KIPRIANOFF: Biochem. Zeitschr. 1929, **212**, 337.
[7] V. BALABUHA-POPZOVA: Krasnodar Bull. 1929, **59**; 1930, **69**, 64.
[8] SILIN: Zeitschr. Ver. Deutsch. Zuckerind. 1933, **83**, 390.
[9] P. KOENIG u. W. DÖRR: Biochem. Zeitschr. 1933, 263, 295.
[10] A. SCHMUCK u. M. PIATNITZKI: Krasnodar Bull. 1930, **69**, 27.
[11] A. OPARIN: Biochem. Zeitschr. 1927, **182**, 155.
[12] J. TILLMANS u. P. HIRSCH: Handbuch der Lebensmittelchemie, Bd. II, S. 555, 1933.

In merklichen Mengen kommt in Tabaken auch **Gallus- und Gerbsäure** vor, worüber schon die ältere Literatur Angaben enthält. KISSLING[1] gibt den Gerbsäuregehalt einer ganzen Anzahl von Tabaken bekannt (0,3—2,33%). Auch die Gallussäure ist im Tabak nachgewiesen worden.

Ein eigenartiges N-haltiges Glucoalkaloid, das Tabacin, beschreibt N. A. BARBIERI[2]; vgl. Bd. I, S. 503.

In Tabakfertigwaren wird der Lebensmittelchemiker öfter Benzoesäure, Salicylsäure, Cumarin, Vanillin, Melilotin usw. nachweisen können. Diese Körper werden jedoch dem Tabak in verschiedenen Formen als Konservierungs- und Aromatisierungsmittel künstlich zugeführt (vgl. S. 285).

Farbstoffe. Der grüne Farbstoff im frischen Tabakblatt, das Chlorophyll, muß durch Luft- oder Heißlufttrocknung, spätestens aber durch den Fermentationsprozeß völlig abgebaut werden. Je reifer die Tabake geerntet werden, um so leichter ist dieser Abbauprozeß durchzuführen. In unreifen und Geizentabaken verbleibt zuweilen auch noch nach der Fermentation ein Teil des Chlorophylls, das dann beim Rauchen sich durch seine Verbrennungsstoffe unangenehm bemerkbar macht. Die Gelbfärbung nach dem Trocknen der Tabakblätter ist zurückzuführen auf den Gehalt an Carotinoiden bzw. Xantophyll (vgl. Bd. I, S. 575).

Etwa künstlich zugefügte Farbstoffe wie Ocker, Gambir, Curcumagelb, „Echt-Gelb" (Anilinfarbstoffe), auch Bleichungen mit SO_2 oder H_2O_2 usw. müssen bei der Prüfung berücksichtigt werden.

Mineralstoffe (Asche). Über die mittleren und extremen Analysenwerte der Aschen und ihrer anorganischen Bestandteile ist S. 287 berichtet worden.

Die Aschenanalysen werden wie üblich ausgeführt. Als vorteilhaft für eine gute und rasche Mineralisierung bei verhältnismäßig niedrigen Wärmegraden hat sich die Vornahme der Veraschung in dem elektrischen Muffelofen[3] erwiesen. J. BODNAR und L. BARTA[4] beschreiben mikrotitrimetrische Methoden zur Bestimmung von K_2O, CaO, Cl, SO_4 und P_2O_5 in der Tabakasche, die als Schnellanalysenverfahren gute Dienste leisten können.

Bei der Bestimmung der Mineralbestandteile ist besonders auf die völlige Erfassung von Cl und S zu achten, deren Verbindungen zum Teil als qualitätsvermindernd anzusehen sind. Den ungünstigen Einfluß von Chlorverbindungen auf die Blattbeschaffenheit, auf die Brennbarkeit und damit auf die Qualität haben schon NESSLER[5], P. WAGNER[6], PH. HOFFMANN[7], P. E. KARRAKER[8] erkannt und daher vor der Verwendung von chlorhaltigen Düngemitteln (auch von Jauche) gewarnt. Kali soll also nicht in Form von Kainit oder Kalidüngesalzen, sondern als schwefelsaures Kali gegeben werden. Die wichtigsten Bestandteile der Tabakblattaschen sind Kali und Kalk, die zu je etwa 30—40%, zusammen also im Mittel 70% der Aschenmenge ausmachen. Hoher Kaligehalt im Blatt bewirkt eine bessere Brennbarkeit desselben, dagegen wirkt der Kalkgehalt negativ auf Glimmfähigkeit. Neben Kali tritt auch Natron, jedoch nur zu etwa 3% in den Tabakaschen auf. Auch Spuren von Lithium, Caesium und Rubidium (unsicher) sind in Tabaken gefunden worden. An Magnesia

[1] RICH. KISSLING: Handbuch der Tabakkunde, des Tabakbaues und der Tabakfabrikation. Berlin: Paul Parey 1925.

[2] N. A. BARBIERI: Chem. Zentralbl. 1928, II, 1339.

[3] Von Siebert-Hanau.

[4] BODNAR u. BARTA: Biochem. Zeitschr. 1930, **227**, 429.

[5] J. NESSLER: Der Tabak, seine Bestandteile und seine Behandlung. Mannheim: Schneider 1867.

[6] PAUL WAGNER: Versuche über Tabakdüngung. Arb. DLG. 138, 1908.

[7] A. v. BABO u. PH. HOFFMANN: Der Tabakbau. Berlin: Paul Parey 1929.

[8] P. E. KARRAKER: Kentucky Agricult. Exp. Stat. Bull. **334**, 343. Lexington 1932.

wird man 6—12%, im Mittel 8% MgO annehmen dürfen. ANDERSON[1] fand, daß die schöne weiße Asche beim Verbrennen des Fabrikates zurückzuführen sei auf hohen MgO-Gehalt und auf ein richtiges Verhältnis von MgO zu CaO. (Aus diesem Grund wird das Zigarettenpapier auch mit Magnesia imprägniert). Für die Brennbarkeit dagegen wird MgO wie CaO, Cl und SO_4 von COOLHAAS[2] als negativ berechnet. COOLHAAS gibt auch eine besondere Analysenmethode an. Der Phosphorsäuregehalt der Tabakaschen hält sich ziemlich konstant um 5% herum, dagegen ist der Eisengehalt in der Asche sehr stark wechselnd, was zum Teil bei älteren Analysen auf die Miterfassung aller Sesquioxyde (auch Al) zurückzuführen sein dürfte. QUARTAROLI und DELAVIGNE haben festgestellt, daß der Tabak im Verhältnis zu anderen Blattpflanzen außerordentlich viel Eisengehalt aufweise (statt normal 300 mg je 1 kg bis zu 3400 mg in 1 kg Trockensubstanz).

Kieselsäure enthält die Tabakasche in sehr verschiedenen Mengen. Es kommen Analysenzahlen von 40% vor. In solchen Fällen handelt es sich um Verunreinigungen der Analysenprodukte mit Staub oder Sand. Besonders berücksichtigt werden muß die Bestimmung von Sand in Schnupftabaken, da dieser (oft in zu großer Menge!) dem Tabakpulver beigemischt wird. Als gute Sandbestimmungsmethoden erwies sich das Verfahren von LEPPER[3].

QUARTAROLI und DELAVIGNE[4] haben in Tabak auch Kupfer und Mangan, und zwar in Mengen von 30—130 mg (50—70 mg im Mittel) Cu und 30—83 mg (im Mittel 40—50 mg) Mn je 1 kg Trockensubstanz festgestellt. Da im Tabakbau das Bespritzen mit Kupferpräparaten zur Bekämpfung von Krankheiten üblich geworden ist, ist ein erhöhtes Kupfervorkommen in der Asche leicht möglich.

In jedem Boden kommt Bor vor, und so ist auch dieses Element in geringsten Mengen in den Aschen vorhanden[5].

Durch Nährlösungsversuche wurde in Forchheim festgestellt, daß das Bor in geringsten Mengen unbedingt notwendig zum Leben dieser Pflanze ist.

V. Beurteilung der Tabakqualität nach der chemischen Untersuchung.

Wenn es auch noch nicht gelungen ist, die Tabakqualität unter Ausschaltung der Geruchs- und Geschmackssinne voll zu erfassen, so kann die chemische Analyse, von der individuellen Beurteilung unbeeinflußt, doch sicherere Grundlagen geben[6]. Durch Vergleich des Gesamtaschengehaltes mit den Zigarettentabakqualitäten haben C. SCHMUCK[7], L. VLADESCU, N. DIMOFTE und J. ZAPOROJANU[8] festgestellt, daß mit steigendem Aschengehalt durchweg die Qualitäten schlechter werden. Das ist um so bemerkenswerter, weil auch frühgesetzte (also völlig ausgereifte) Tabakpflanzen einen niedrigeren Aschengehalt zeigten als später gesetzte.

BODNAR und BARTA[9] fanden, daß eine hohe Basizität der Tabakasche von guter Brennbarkeit begleitet war, eine niedere Alkalität oder gar eine saure Reaktion der Asche nur bei schlecht brennenden Tabaken festzustellen war. C. COOLHAAS[2] stellt zur Beurteilung von Qualität und Brennbarkeit der Javatabake aus der Aschenanalyse folgenden Faktor auf: $\frac{K_2O}{Cl\,(CaO + MgO)}$. Dieser Faktor ist noch dahin zu erweitern, daß man auch noch SO_4 zu Cl zuzählt.

[1] ANDERSON: Zeitschr. „Tobacco“ New York, 1933, **26**, 9.
[2] COOLHAAS: Proefstat. Vorstenland. 1933, **77**, 105.
[3] LEPPER: Chem.-Ztg. 1931, **81**, 782.
[4] QUARTAROLI u. DELAVIGNE: Boll. tecn. Scafati. 1932, **29**, 2, 77.
[5] GOLDSCHMIDT: Briefliche Mitteilung: Untersuchungen von Forchheimer Tabaken.
[6] W. DÖRR: Süddeutsch. Tabakztg. 1934, **47**, 5.
[7] A. SCHMUCK: Tabakchemie (russ.), Bd. 2, 1930, Krasnodar.
[8] VLADESCU, DIMOFTE u. ZAPOROJANU: Bull. Tutun. Bukarest 1931, **20**, 63; 1932, **21**, 1.
[9] BODNAR u. BARTA: Biochem. Zeitschr. 1930, **227**, 429.

Über die ungünstige Beeinflussung der Qualität durch hohe Cl- und S-Gehalte siehe oben. Steigender Gesamt-N-Gehalt bewirkt eine Verminderung der Qualität; und zwar ist der Reineiweiß-N nicht so sehr qualitätsmindernd als der N der nicht eiweißartigen N-Körper, die recht ungünstig auf die Qualität einwirken, was besonders für ansteigenden NH_3- und auch für Nicotingehalt gilt. Die sog. „freie Alkalität" ist ebenfalls qualitätsschädigend. Sie wird ausgedrückt in „Gramm Nicotin" (modifiziertes Verfahren von VLADESCU[1] nach KELLER[2]). Hohe Werte an Citronen-, Wein- und Apfelsäure sowie an Oxalsäure sind für die Qualität von Nachteil[3]. Das gesamte Reduktionsvermögen[1] ist bei besten Zigarettentabaken am höchsten, schlechtere Sorten haben niedrige Werte der Gesamtreduktion (nach BERTRAND). Ebenso verhalten sich die reinen Kohlenhydrate, die qualitätsverbessernd wirken. Als besonderes Charakteristikum für die Tabakqualitäten bezeichnet A. SCHMUCK[4] den Gehalt an Polyphenolen, deren Menge aus der Differenz zwischen Gesamtreduktion (als Glucose berechnet) und dem Gehalt an Kohlenhydraten (ebenfalls als Glucose berechnet) sich ergibt. Sodann wird der Polyphenolkoeffizient berechnet aus Gramm Polyphenole für je 100 g Kohlenhydrate. Dieser steigt mit fallender Qualität.

Aus dem Quotienten Kohlenhydrate: Eiweiß erhält man die SCHMUCKsche Zahl, die nun umgekehrt mit minderer Qualität fällt. Die beiden von SCHMUCK gefundenen Zahlen erlauben eine weitgehende Beurteilung der Zigarettentabake (auch von rumänischer und griechischer Seite anerkannt). Für die Anwendung bei deutschen Tabaken bedarf jedoch das Verfahren noch weiterer Prüfung. Es hat sich herausgestellt[5], daß die bei der Polyphenolzahl miterfaßte Chlorogensäure das Ergebnis der Polyphenolzahl stört. Jedenfalls ist auch die Chlorogensäure an der Geschmacksbildung erheblich beteiligt. VLADESCU bestimmte außerdem für die rumänischen Tabake die sog. „Stickstoffzahl", die aus dem Quotienten $\frac{\text{Nicotinstickstoff}}{\text{Ammoniakstickstoff}}$ sich errechnen läßt. Mit fallender Qualität erhält man niedrigere „Stickstoffzahlen".

Nicotin in größeren Mengen schädigt die Qualität eines Tabaks. Je schlechter Zigarettentabake in Qualität sind, um so mehr steigt der Gehalt an Pektinen[6] an. Die in Wasser und Alkohol löslichen Extraktivstoffe finden sich in höherwertigen Tabaken in größerer Menge als in schlechten Tabaken[7]. Auch die chemischen Befunde bei der Analyse des Tabakrauches bieten vielfach Anhalte zur Beurteilung des Tabaks. So verbrennen die N-haltigen Substanzen bei schlechteren Tabaken nur zu 40—50%, bei guten Tabaken dagegen zu 70 bis 80% zu N_2 oder NO_2 (Rest ammoniakartige Verbindungen[8]). Auch Nicotin verbrennt in besseren Qualitäten leichter als in schlechten Tabaken.

Selbstredend dürfen diese Angaben über die Qualitätsbestimmung des Tabaks durch die chemische Analyse nicht bürokratisch angewandt werden. Stets hat man sich die Fragen der Sorten, Herkünfte, Jahrgänge, Verwendungszwecke usw. vorzulegen und in Verbindung damit die Analysenergebnisse zu deuten.

Was ist „schwerer Tabak"? So oft diese Frage erhoben wird, so schwierig ist sie zu beantworten. Vor allem ist die Frage falsch gestellt, denn sie müßte lauten: „Welcher Tabak wird beim Rauchen als schwer empfunden?" Havannazigarren rauchen sich in Westindien viel leichter als z. B. in Deutschland, wo

---

1 VLADESCU: Bull. Tutun. Bukarest 1932, **21**, 414.
2 KELLER: Ber. Deutsch. Pharm. Ges. 1898, **8**, 145.
3 M. PIATNITZKI: Krasnodar 1931, Bull. **81**, 49.
4 SCHMUCK: Krasnodar Bull. 1927, **33**.
5 P. KOENIG u. W. DÖRR: Biochem. Zeitschr. 1933, **263**, 295.
6 P. GABEL u. G. KIPRIANOFF: Biochem. Zeitschr. 1929, **212**, 337.
7 SCHMUCK u. KHMURA: Krasnodar Bull. 1931, **81**, 54.
8 GRIBROFF u. KOPERINA: Biochem. Zeitschr. 1931, **231**, 25.

sie als „schwer“ empfunden werden, obschon der Nicotingehalt durchaus der gleiche ist und dabei mäßig sein kann. Es sind also auch klimatische Faktoren von Einfluß auf die Schwere des Rauchmittels, und zwar wirken diese sowohl auf den Raucher wie auf das Rauchmaterial. Der Verbrennungsprozeß geht bei verschiedenen Feuchtigkeitsgehalten der Luft sowohl wie des Rauchmittels in anderer Weise vor sich. Bei feuchter Luft und feuchtem Rauchmaterial wird langsamer geraucht, es entsteht eine Glutzone von niedrigerer Temperatur als beim schnellen Rauchen einer trockenen Zigarre in trockener Luft. Beim langsamen Rauchen wird eine „schwere“ Zigarre leichter empfunden. Die „Schwere“ kann vom Nicotingehalt herrühren, aber nicht immer. Bildet sich freies Nicotin im Rauch, so wird die Wirkung eine viel stärkere sein, als wenn das Nicotin im Rauch in gebundener Form vorhanden ist. Davon ist auch die Absorption des Nicotins in der Mundhöhle abhängig. Weiterhin ist die Nicotinmenge des in den Mund gelangenden Hauptstromrauches abhängig von der Feuchtigkeit, der Länge und Dicke des Rauchmittels und von der Abrauchgeschwindigkeit. WENUSCH[1] führt die „Stärke“ bei Zigarren auf die Größe des sog. „Nicotinschub“ zurück, der einen mehr oder minder stärkeren Niederschlag an Nicotin, unmittelbar nach Verlassen des Rauches aus der Zigarre, bedingt. Bei der Zigarette dagegen tritt dieser „Nicotinschub“ kaum merklich auf. Hier liegt daher das Nicotin fast ausschließlich in saurer Bindung vor. Die Reaktion des Zigarettenrauches ist sauer. Diese Nicotinbindung wird langsam und gleichmäßig niedergeschlagen, wodurch das Inhalieren des Zigarettenrauches sich ermöglichen läßt. Im Gegensatz dazu bewirkt der Nicotinschub im Zigarrenrauch (von alkalischer Reaktion) ein so rasches Niederschlagen des Nicotins (in freierer Form), daß das Inhalieren von selbst unterlassen wird. Andererseits wird aber vom Zigarettenrauch, eben durch Inhalieren, mehr Nicotin absorbiert als durch den normal eingesogenen und wieder ausgestoßenen Zigarrenrauch. In den Zigarrenstummeln sammelt sich vielfach eine große Menge des Schubnicotins (WENUSCH) an, das beim Abrauchen selbstredend als schwer empfunden wird und auch entsprechend schädlich wirkt. Nach Untersuchungen von MOLINARI[2] ist der Nicotingehalt des Tabakrauches in starkem Maße auch abhängig von der Feuchtigkeit der Raumluft (bzw. dem Klima). Es ist aber nicht nur das Nicotin und die Feuchtigkeit, die die Schwere des Tabaks bedingen. Es kommt natürlich auch auf die Reife und des Glimmvermögen der Tabake an. Schlecht brennende, kohlende Tabake oder Zigarren liefern beim Rauchen viel mehr Teerprodukte bzw. Brenzöle. Diese bewirken, daß man unwillkürlich an der Zigarre auch stärker zieht. Somit werden viel mehr schädliche Stoffe im Mund zurückgehalten. Die Folge davon ist, daß die Empfindung der „Schwere“ und auch der Unbekömmlichkeit in Erscheinung tritt. Dagegen ist bisher trotz vieler Untersuchungen nicht nachgewiesen worden, daß die in geringen Mengen vorhandenen Bestandteile des Rauches wie CO, HCN, CH_3OH an der „Schwere“ der Rauchwaren einen nennenswerten Anteil haben, den Pyridinen aber ist eine Beteiligung an der Rauchwirkung nicht abzusprechen.

Die „Schwere“ eines Tabaks ist also nicht nur bedingt durch den Tabak allein, sondern auch durch eine Reihe von äußeren Einflüssen und nicht zuletzt durch den Raucher selbst.

Entnicotinisierung. Seit 100 Jahren war man bestrebt, den Tabak durch Entgiften oder Entlaugen dem Raucher „milde“ darzubieten. Ein ganzes Heer von Erfindern hat sich darauf gestürzt, den Tabak zu „entnicotinisieren“. Die Patentämter aller Länder sind mit dieser Frage reichlich beschäftigt worden.

---

[1] A. WENUSCH: Fachl. Mitt. Österr. Tabakregie 1931, 3.
[2] E. MOLINARI: Fachl. Mitt. Österr. Tabakregie 1932, 2, 4.

Von Tausenden von Erfindungen haben sich allerdings nur wenige als praktisch brauchbar erwiesen. Die Patentliteratur über diesen Gegenstand findet man zusammengestellt in der Zeitschrift für analytische Chemie (FRESENIUS), Bd. 21, S. 46—90 und Bd. 22, S. 199—214, sowie in KISSLING[1] (S. 330—337), ferner bei WENUSCH[2] und bei P. KOENIG[3] (Zeitschr. für Lebensmittelchemie 1931).

VI. Natürlich nicotinfreie und -arme Tabake.

Dem Tabak-Forschungsinstitut Forchheim ist es im Jahre 1928 erstmals gelungen, von Natur nicotinfreie Tabakpflanzen zu züchten. Diese Arbeiten haben große Fortschritte gemacht, denn schon 1930 treffen wir in Forchheim fünf Stämme von nicotinfreien Tabaken an, 1931 fand der erste Großanbau statt, 1933 wurden bei etwa 25 Pflanzern und 1934 schon bei 300 Pflanzern nicotinfreier Tabak (Zigarren-, Rauch- und Zigarettentabaksorten) angebaut. Eingehende Mitteilungen über die natürliche Entnicotinisierung, sowie über Nicotinverminderung und -vermehrung in der Pflanze wurden von P. KOENIG[4] sowie von KOENIG und DÖRR[5] gemacht. Im Jahre 1931 hat auch das Kaiser Wilhelm-Institut für Züchtungsforschung Müncheberg von einem nicotinarmen Tabak Kenntnis gegeben[6].

Der Vorteil der natürlich nicotinarmen Tabake besteht darin, daß die natürlichen Geruchs- und Geschmacksstoffe vollkommen erhalten bleiben im Gegensatz zu den chemisch oder physikalisch entnicotinisierten Tabaken. Bald wird der erzielte Fortschritt zum Allgemeingut von Land- und Volkswirtschaft geworden sein. — Durch die Arbeiten von P. KOENIG und Mitarbeitern ist auch ermöglicht worden, seit 1930 deutsche Zigarettentabake von ähnlichem Geruch und Geschmack wie die der orientalischen Tabake zu züchten. Im Jahre 1934 wurden bei 250 deutschen Pflanzern solche Zigarettentabake angebaut.

Andere rauchbare Stoffe. Auch vor dem Bekanntwerden des Tabaks in der Alten Welt gab es (z. B. in Süddeutschland, der Schweiz usw.) Pfeifen, aus denen Kräuter (Bilsenkraut, Stechapfel, Huflattich oder ähnliches) geraucht worden sind[7, 8]. Im Orient ist das Rauchen von Opium, Haschisch seit Jahrhunderten bekannt[9, 10]. Das geschieht dort auch jetzt noch, trotzdem die Verwendung dieser Narkotica durch internationale Abmachungen verboten ist. Opium und Haschisch werden in Form kleiner Kügelchen zum Tabak in die Pfeife gebracht und geraucht. — Von dem Rauchen von chinesischem (schwarzem) Tee scheint man abgekommen zu sein. In diesem Zusammenhang sei noch das Betelkauen[10] erwähnt. — In Amerika werden jetzt vielfach Menthol- (Pfefferminz-) Zigaretten angeboten. Es wird sich wohl nur um eine Modeerscheinung handeln. — Medizinische Rauchmittel sind Zigaretten aus Stechapfelblättern (Datura), die Asthmatikern ärztlich verordnet werden.

[1] RICH. KISSLING: Handbuch der Tabakkunde, des Tabakbaues und der Tabakfabrikation. Berlin: Paul Parey 1925.

[2] A. WENUSCH: Fachl. Mitt. Österr. Tabakregie 1929, **2**, 3, 4; 1930, **3**.

[3] P. KOENIG: **Z.** 1931, **62**, 1/2.

[4] P. KOENIG: Fortschritte auf dem Gebiete natürlich nicotinfreier und -armer Tabake. Vortrag im Verein der Lebensmittelchemiker, gehalten Dezember 1933 in Bensheim (vervielfältigt).

[5] P. KOENIG u. W. DÖRR: **Z.** 1934, **67**, 2.

[6] R. v. SENGBUSCH: Der Züchter 1931, **4**, 2.

[7] F. M. FELDHAUS: Die Technik der Vorzeit, der geschichtlichen Zeit und der Naturvölker. Leipzig: Wilh. Engelmann 1914.

[8] QUINQUEREZ: Les forges primitives du Jura. Mitt. antiquar. Ges. Zürich 1871.

[9] ERNST Freiherr v. BIBRA: Die narkotischen Genußmittel und der Mensch. Nürnberg 1855.

[10] C. HARTWICH: Die menschlichen Genußmittel, ihre Herkunft, Verbreitung, Geschichte, Anwendung, Bestandteile und Wirkung. Leipzig: Tauchnitz 1911.

Mikroskopische Untersuchung des Tabaks.

Von Professor Dr. C. Griebel-Berlin.

Mit 4 Abbildungen.

Zwecks Prüfung von Rauchtabak auf Echtheit müssen die Blattstücke zunächst aufgehellt werden. Dies geschieht am besten durch Behandeln mit konzentrierter Chloralhydratlösung in der Wärme oder durch Bleichen mit Javellescher Lauge (vgl. im übrigen die entsprechenden Ausführungen bei den Tee-Ersatzmitteln). Kautabak wird zweckmäßig vorher noch mit Wasser oder verdünnter Lauge ausgezogen, um die durch die Saucierung hineingelangten Extraktivstoffe zu beseitigen. Schnupftabak läßt sich infolge seiner pulverigen Beschaffenheit nach dem Auskochen mit Alkohol oder mit stark verdünnter Lauge unmittelbar mikroskopisch untersuchen.

a) Echter Tabak.

Die Tabakblätter, die oft über 50 cm lang werden, sind ganzrandig, eiförmig lanzettlich, sitzend oder stengelumfassend (Nicotiana tabacum) oder herzeiförmig

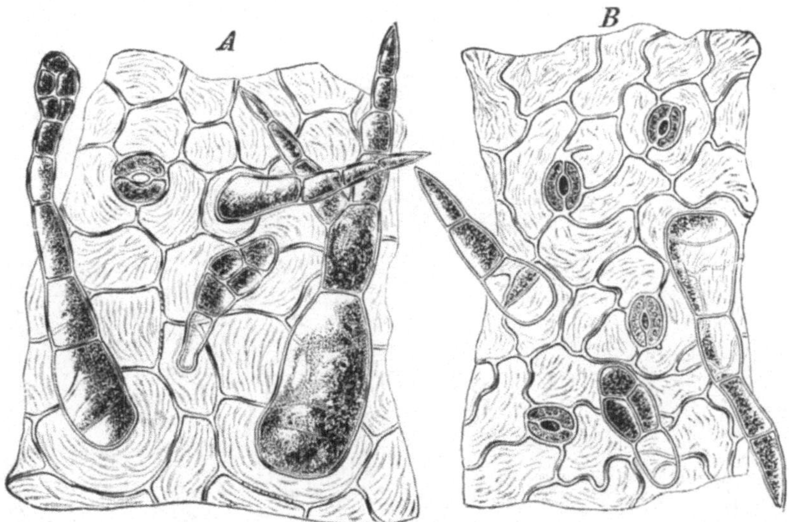

Abb. 1. Oberhaut des Tabakblattes (J. Moeller). *A* oberseits, *B* unterseits.

und gestielt (Nicotiana rustica), beiderseits drüsig behaart. Die fast rechtwinklig oder unter wenig spitzen Winkeln entspringenden Sekundärnerven bilden in der Nähe des Randes Schlingen.

Die beiden Blattseiten (Abb. 1) sind nur wenig voneinander verschieden, doch sind auf der Unterseite die Epidermiszellen stärker gewellt und die Spaltöffnungen viel zahlreicher. Die Cuticula ist beiderseits etwas gestreift. Ein charakteristisches Merkmal bilden die auf beiden Epidermen ziemlich reichlich vorhandenen großen, zuweilen im oberen Teil verzweigten Gliederhaare, die meist eine große bauchige Basalzelle und eine feinkörnige oder gestreifte Cuticula aufweisen. Ein Teil der Gliederhaare trägt einen länglichen mehrzelligen, oft zweizellreihigen Drüsenkopf, dessen Zellen in der Regel je eine kleine Oxalatdruse enthalten. Vereinzelt finden sich auch Drüsenhare mit kurzem, gewöhnlich einzelligem Stiel. Neben diesen Drüsenhaaren kommen als Kennzeichen für Tabak noch die im Schwammparenchym in wechselnder Menge, gewöhnlich aber ziemlich reichlich vorhandenen Krystallsandzellen (Abb. 2 und 3) in Betracht. Bei gebleichten Blattstücken sieht man sie schon mit der Lupe, und zwar gegen einen dunklen Hintergrund betrachtet als weiße Punkte, während sie gegen einen weißen Hintergrund dunkel erscheinen. Im Rauchtabak — dagegen nie in frischen Blättern — findet man außerdem nicht selten auch sphäritische Krystallausscheidungen, die wahrscheinlich aus Calciummalophosphat bestehen.

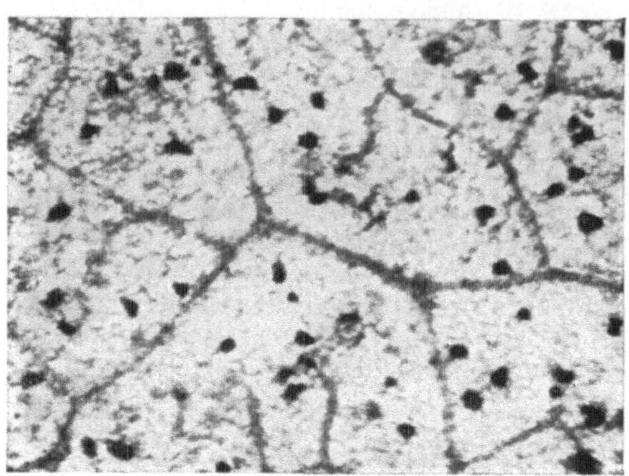

Abb. 2. Tabakblatt, gebleicht; Krystallsandzellen im Mesophyll, 1:60. (Phot. C. Griebel).

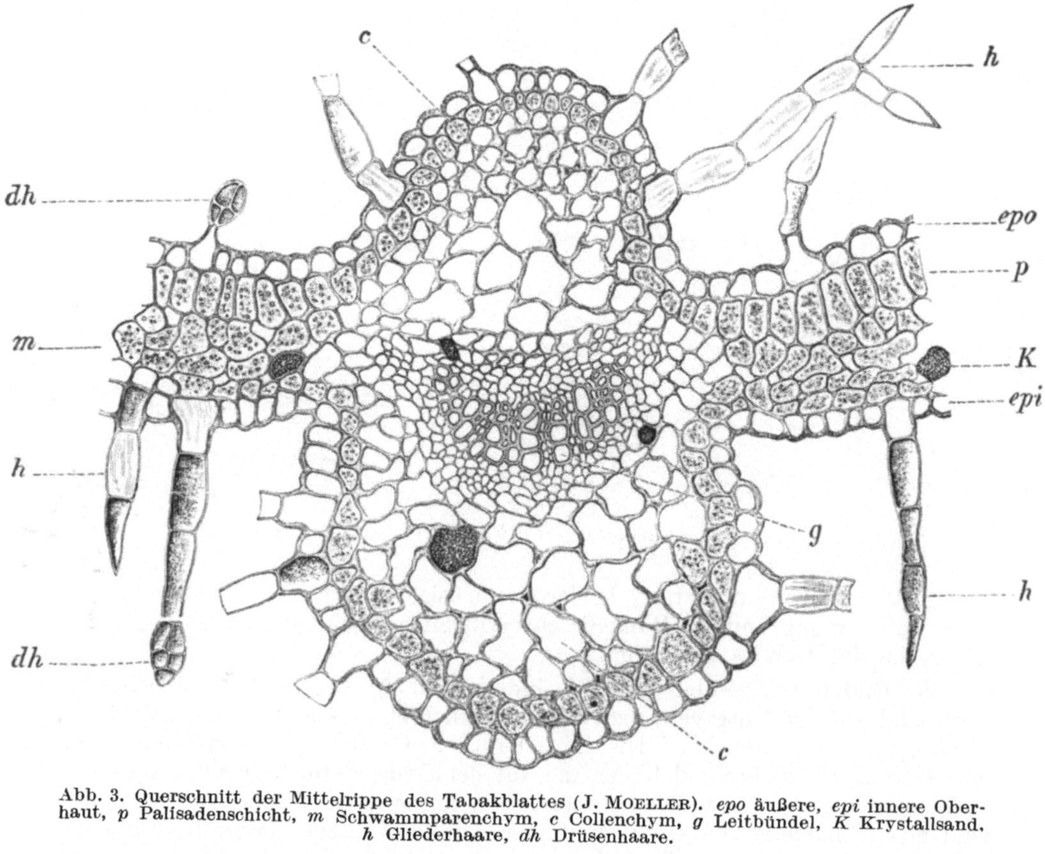

Abb. 3. Querschnitt der Mittelrippe des Tabakblattes (J. Moeller). *epo* äußere, *epi* innere Oberhaut, *p* Palisadenschicht, *m* Schwammparenchym, *c* Collenchym, *g* Leitbündel, *K* Krystallsand, *h* Gliederhaare, *dh* Drüsenhaare.

Ob mitverarbeitete Blattrippen dem Tabak angehören, ist an Querschnitten erkennbar (Abb. 3). Die Gefäßbündel sind bicollateral und von Collenchym umgeben, die Gefäße radial angeordnet, Bastfasern fehlen. Außerdem muß man Krystallsand und die obenerwähnten Gliederhaare auffinden, doch sind diese oft kollabiert, die Drüsenköpfe fast stets abgefallen. Teile von Tabakstengeln und -strünken lassen sich nach dem Aufweichen in Wasser ebenfalls durch solche Haare und die im dünnwandigen Rindenparenchym befindlichen, zum Teil schlauchförmig gestreckten Krystallsandzellen identifizieren. Der verhältnismäßig schmale Holzteil des Tabakstengels enthält neben einzelnen Spiralgefäßen zahlreiche Gefäße oder Tracheiden, deren Wände dicht mit Hoftüpfeln besetzt sind (Abb. 4). Die wenig verdickten Holzfasern weisen nur spärliche Tüpfel auf. Bemerkenswert sind noch die zahlreichen ein- bis zweireihigen, bis 20 und mehr Zellen hohen Markstrahlen. Ihre Zellen sind in der Richtung der Sproßachse gestreckt und besitzen verdickte, dicht mit rundlichen Tüpfeln besetzte Wände. Das stark entwickelte Mark wird aus dünnwandigen isodiametrischen Zellen gebildet.

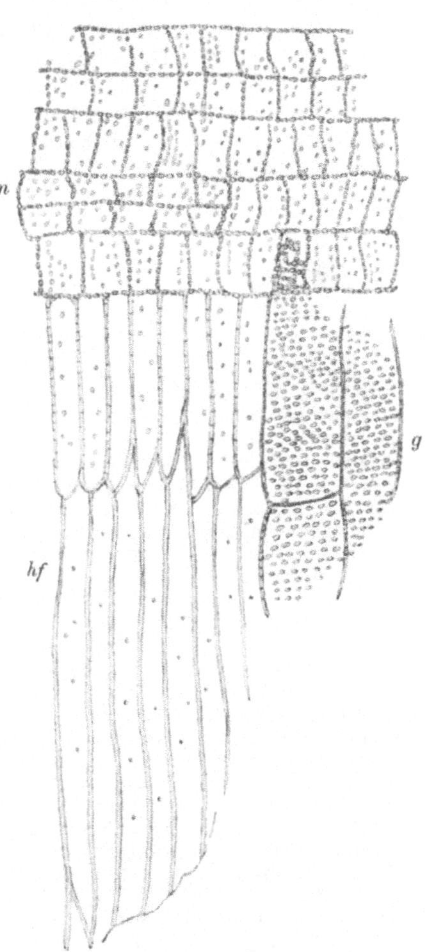

Abb. 4. Radialer Längsschnitt durch den Holzteil des Tabakstrunkes, 1:100 (C. Griebel). *m* Markstrahl, *hf* Holzfasern, *g* Gefäße.

Tabakstaub, der hauptsächlich zur Herstellung von Tabaklaugen dient, aber auch in pulverförmigen Ungeziefermitteln gefunden wird, enthält oft 50—70% Sand. Das auffallendste Element sind die zum Teil fast unverletzten Drüsenhaare und abgebrochenen Drüsenköpfchen, die durch die kleinen Oxalatdrusen sehr gut gekennzeichnet sind.

Bei der Untersuchung erkennt man also die Tabakblätter in erster Linie an den Krystallsandzellen und den charakteristischen Drüsenhaaren. Zu berücksichtigen ist hierbei, daß einerseits an kleineren Blattteilchen Krystallsandzellen zufällig fehlen können und daß Krystallsand andererseits bei verschiedenen Solanaceen (Kartoffel, Tomate) auch bei Runkelrübe und Hollunder vorkommt. Bei diesen Arten sind jedoch die Drüsenhaare anders ausgebildet oder sie fehlen vollständig. Blatteile, die Oxalatdrusen, Raphiden oder Einzelkrystalle enthalten, können nicht von Tabak herrühren, ebensowenig wie Blätter mit abweichend gebauten Haaren oder ohne Haarbildungen sowie Blattrippen, deren Gefäßbündel nicht bicollateral sind oder Bastfasern enthalten.

b) Tabakersatzstoffe.

Die unerlaubte Verwendung von Tabakersatzstoffen bei der Herstellung von Rauchtabak gehört unter normalen Verhältnissen zu den Seltenheiten. Es kann daher hier davon abgesehen werden, die in der Literatur als Tabakverfälschungen angegebenen und die während des Weltkrieges in Mitteleuropa als Tabakersatz zur Verwendung gelangten Blattarten wie Runkelrübe, Ampfer, Kartoffel, Tomate

Zichorie, Rhabarber, Huflattich, Sonnenblume, Topinambur, Hanf, Eiche, Kastanie, Ulme, Platane, Kirsche, Rose, Buche, Linde, Ahorn, wilder Wein, Weinrebe, Hopfen, Birne, Apfel, Walnuß, Haselnuß und andere zu beschreiben. Es sei in dieser Hinsicht auf MÖLLER-GRIEBEL verwiesen. Bemerkt sei weiter, daß nach der jetzt geltenden Tabakersatzstoffordnung[1] die Mitverwendung folgender Tabakersatzstoffe bei der Herstellung von Tabakerzeugnissen und tabakähnlichen Waren gestattet werden kann: 1. Blätter der gewöhnlichen Kirsche oder Süßkirsche (Prunus avium L.) und Blätter der Weichselkirsche oder Sauerkirsche (Prunus cerasus L.), 2. Melilotenblüten (Steinklee), 3. eingesalzene Rosenblätter, 4. Veilchenwurzelpulver, 5. sog. Vanilleroots (Blätter usw. von Liatris odoratissima) sowie getrockneter Waldmeister, 6. Wegebreitblätter, 7. Altheeblätter, 8. Huflattichblätter, 9. Baldrianwurzel, 10. getrocknete Brennesseln, 11. Krauseminze, 12. Citronenschalen, 13. Lavendel, 14. Thymian.

[1] Erschienen als Anlage A zu den Tabaksteuerausführungsbestimmungen vom 26. Febr. 1920.

Buch-Literatur zu P. KOENIG: Tabak.

A. VON BABO u. PH. HOFFMANN: Der Tabakbau. Berlin: Paul Parey 1919. — J. BEHRENS: FRANZ LAFARS Handbuch der technischen Mykologie. V. Mykologie der Tabakfabrikation. Jena 1905—14. — KARL BÖNING: Die Krankheiten des Tabaks. München: Datterer & Cie. 1928. — CAPUS, LEULLIOT et FOEX: Le tabac. 3 Bde. Paris: Société d'Editions Géographiques, Maritimes et Coloniales 1929/30. — ADOLF FLÜGLER: Tabakindustrie und Tabaksteuer. Jena: Gustav Fischer 1931. — PH. HOFFMANN: Der Anbau von Rauchtabak in Deutschland. Landw.-Hefte, Heft 36. Berlin: Paul Parey 1934. — Tabakeigenbau, Anbau, Ernte und Zubereitung des Tabaks für den Eigenbedarf. Graz: L. Stocker 1920. — KILLEBREW u. MYRICK: Tobacco leaf. Its culture and cure, marketing and manufacture. New York: Orange Judd Publishing Co. 1928. — RICHARD KISSLING: Handbuch der Tabakkunde, des Tabakbaues und der Tabakfabrikation. Berlin: Paul Parey 1925. — G. KLEIN (R. BRIEGER): Handbuch der Pflanzenanalyse, Bd. 1, S. 156, 533. Wien 1931. — P. KOENIG: Die Düngung der Tabakpflanze. In: F. Honcamp: Handbuch der Pflanzenernährung und Düngerlehre. Bd. 2. Düngemittel und Düngung. Berlin: Julius Springer 1931. — L. LAURENT: Le tabac, sa culture et sa préparation. Paris: Augustin Challamel 1900. — FRANZ MEISNER: Untersuchungen über Maßnahmen zur Förderung des Inlandtabakbaues. Karlsruhe: G. Braun 1931. — J. NESSLER: Der Tabak, seine Bestandteile und seine Behandlung. Mannheim: J. Schneider 1867. — MARCO NESTOROFF: Die Orienttabake. Sofia und Dresden 1928. — E. PHILIPPS: Der türkische Tabak, Kultur, Einkauf und Manipulation. München: F. A. G. Bruckmann 1926. — MARTIN SCHWARTZ u. LEO PETERS: Krankheiten und Beschädigungen des Tabaks. Berlin: Paul Parey und Julius Springer 1912. — RUDOLF STEPPES: Der deutsche Tabakbau. Stuttgart: Eugen Ulmer 1921. — FRIEDR. TIEDEMANN: Die Geschichte des Tabaks und ähnlicher Genußmittel. Frankfurt a. M. 1854. — PAUL WAGNER: Versuche über Tabakdüngung. Berlin 1908. Arbeiten der Deutsch. Landw. Ges., Heft 138. — J. WOLF: Der Tabak und die Tabakfabrikate. Leipzig: Bernh. Fr. Voigt 1922. — WULKOW: Tabaksteuergesetz nebst den Ausführungsbestimmungen und Musterformularen. Hamburg: Hanseatischer Rechts- und Wirtschaftsverlag G. m. b. H. 1929, neue Auflage 1934.

Gewürze.

Von

Professor **Dr. C. Griebel**-Berlin.

Mit 166 Abbildungen.

I. Allgemeiner Teil.

Unter Gewürzen im engeren Sinne versteht man Pflanzenteile verschiedener Art (Wurzeln, Rinden, Blätter, Kräuter, Blütenteile, Früchte, Samen), die wegen ihres aromatischen oder scharfen Geschmackes als würzende Zutaten zur menschlichen Nahrung dienen und vermöge der in ihnen enthaltenen Reizstoffe (ätherische Öle und aromatisch oder scharf schmeckende Stoffe anderer Art) den Appetit und durch Beförderung der Magensaftsekretion auch die Verdauung anregen. In diesem Abschnitt sollen — abgesehen von den Kapern — nur solche Gewürze behandelt werden, die im getrockneten Zustand in den Handel gelangen.

Da es sich bei den beliebtesten Gewürzen zumeist um tropische Pflanzenerzeugnisse handelt, die zuweilen ziemlich hoch im Preise stehen, liegt die Versuchung, den echten Erzeugnissen minderwertige oder wertlose Stoffe beizumischen, sehr nahe. Im Laufe der Zeit sind auch so zahlreiche Verfälschungsarten bekannt geworden, daß sie sich kaum sämtlich aufzählen lassen. Insbesondere haben in der Nachkriegszeit viele nur noch aus den Lehrbüchern bekannte Gewürzfälschungsmittel, die während des Weltkrieges infolge der fehlenden Einfuhr von Gewürzen zunächst als Streckungsmittel Verwendung gefunden hatten, eine Rolle gespielt, indem derart gestreckte Waren weiterhin ohne Deklaration, also als echte Gewürze verkauft wurden. Gegenwärtig gehören grobe Gewürzfälschungen bei uns allerdings zu den Seltenheiten. Gleichwohl werden hin und wieder auch neue, bis dahin noch nicht angetroffene Abfallprodukte als unzulässige Zusätze in den Gewürzen beobachtet. Die nähere Beschreibung der Verfälschungsmittel erfolgt bei den einzelnen Gewürzen, da manche von ihnen nur für bestimmte, andere wieder für mehrere Gewürze geeignet sind.

Die Reinheit der Gewürze läßt sich im unzerkleinerten Zustand unschwer oder jedenfalls viel leichter als im gemahlenen Zustand feststellen. Als rein bezeichnet man die Gewürze, wenn sie frei von fremden Beimengungen sind und eine normale chemische Zusammensetzung, d. h. insbesondere einen normalen Gehalt an den wertbestimmenden Bestandteilen aufweisen. Allerdings können auch unverfälschte Gewürze einen viel zu geringen Gehalt an ätherischen Ölen aufweisen, nämlich infolge ungeeigneter Aufbewahrung, wie z. B. in kleinen Papierpackungen. Sie sind dann verdorben.

Weiter ist hierbei noch zu berücksichtigen, daß sich in der Handelsware stets geringe Mengen gewisser Verunreinigungen vorfinden (z. B. Erde, Sand), auch fremdartige Pflanzenteile, die von der Gewinnung herrühren oder durch Zufälligkeiten beim Versand in die Ware gelangt sind und zum Teil mit zur Vermahlung gelangen, weil sie sich nicht immer restlos beseitigen lassen. Auch sind in der Gewürzmüllerei kleine, noch in den Mahlgängen befindliche Bestandteile anderer Gewürze oder Drogen, die zuvor auf der gleichen Mühle gemahlen wurden, als Verunreinigung nicht ganz vermeidbar. Man muß daher besonders für gemahlene Gewürze nach dieser Richtung einige Zugeständnisse machen, sofern sich diese Verunreinigungen in engen Grenzen halten, die einen absichtlichen Zusatz und einen Vermögensvorteil ausschließen. Aus diesem Grunde hat der Verein Deutscher Lebensmittelchemiker in Gemeinschaft mit Gewürzmüllern und Gewürzhändlern für die einzelnen Gewürze Begriffsbestimmungen und Gehaltsgrenzen vereinbart[1], die mangels amtlicher Festsetzungen über die zu fordernde Beschaffenheit und Zusammensetzung in den nachstehenden Ausführungen als Anhaltspunkte für die Beurteilung zugrunde gelegt werden.

Gleichwohl erfordert die Beurteilung der Gewürze große Vorsicht. Bei gemahlener Ware ist dazu neben der chemischen Untersuchung insbesondere eine eingehende mikroskopische Prüfung erforderlich.

Probenahme.

Für eine einwandfreie mikroskopische und besonders chemische Untersuchung ist eine richtige Probenahme, sofern diese aus Vorratsgefäßen zu erfolgen hat, von größter Bedeutung, denn gerade die gepulverten Gewürze können sich, wie H. Kapeller[2] für Zimt gezeigt hat, beim längeren Aufbewahren leicht entmischen, wenn sie aus Teilen von verschiedenem spezifischen Gewicht bestehen. Man muß daher zunächst eine sorgfältige Durchmischung des Inhalts der Vorratsgefäße vornehmen (vgl. Bd. II).

In der Regel genügen Durchschnittsproben von 20—50 g, wenn eine eingehende chemische Untersuchung durchgeführt werden soll. Bei sehr teuren Gewürzen (wie Safran und Vanille) wird man mit geringeren Mengen auszukommen suchen. Die Proben werden am besten in Glasgefäße oder auch Pappschachteln gefüllt, aber jedenfalls so verpackt, daß ein Verlust an Wasser, Fett oder ätherischem Öl nicht eintreten kann. Aus dem Grunde muß auch die Untersuchung alsbald nach der Probenahme in Angriff genommen werden. Auch die in fertigen Papierpackungen in den Handel gelangenden Gewürze müssen möglichst bald untersucht werden, weil sie bei der Lagerung dauernd Verluste an ätherischem Öl erleiden.

Liegen die Gewürze im ganzen Zustand vor, so müssen sie für die Untersuchung zunächst mit einer geeigneten Mühle hinreichend zerkleinert werden (vgl. Bd. III). Ein Teil des unzerkleinerten Gewürzes kann für eine makroskopische und mikroskopische Untersuchung Verwendung finden.

Makroskopische und mikroskopische Untersuchung.

Für die makro- und mikroskopische Untersuchung werden die Gewürze erst auf Glanzpapier in dünner Schicht ausgebreitet und mit freiem Auge sowie mit der Lupe durchgemustert. Bei unzerkleinerten Gewürzen erkennt man schon auf diese Weise etwaige Verunreinigungen und Beimengungen. Durch Herstellung von Längs- und Querschnitten läßt sich die Natur der einzelnen Anteile dann weiter feststellen.

Auch bei gemahlenen Gewürzen findet man durch Ausbreiten in dünner Schicht und Besichtigung mit der Lupe fremde Beimengungen mitunter leicht heraus, leichter noch beim Fraktionieren der Pulver mit Hilfe von Sieben verschiedener Maschenweite. Die hierbei erhaltenen Fraktionen werden getrennt mikroskopisch untersucht. Etwa vorhandene fremde Stärkearten finden sich

[1] Z. 1905, **10**, 16; 1906, **12**, 13.
[2] H. Kapeller: Z. 1911, **22**, 729.

in den feinsten Anteilen. Von den gröbsten Anteilen lassen sich zwecks näherer Prüfung in der Regel auch hinreichend dünne Schnitte herstellen.

Die weitere Untersuchung erfolgt unter Anwendung geeigneter Aufhellungsmittel und Reagenzien (vgl. Bd. II, S. 511). Bei Gewürzen kommen als Aufhellungsmittel hauptsächlich Chloralhydratlösung nach A. MEYER (8 Chloralhydrat + 5 Wasser), außerdem auch Glycerin, mit etwas Wasser verdünnt, in Betracht, erforderlichenfalls nach vorheriger Entfettung mit Äther, Petroläther od. dgl.

Die gröberen Anteile der Gewürze können aufgehellt werden

a) durch etwa 10 Minuten langes Kochen mit 2%iger Salzsäure, Absitzenlassen in Spitzgläsern und Untersuchung des Bodensatzes in Chloralhydrat (SCHIMPER),

b) durch Erhitzen mit 5%iger Lauge, Zentrifugieren oder Kolieren, Auswaschen mit Wasser und Überführen in Glycerinessigsäure (10 Raumteile Glycerin, 5 Raumteile 60%ige Essigsäure), mit der auch noch erwärmt werden kann.

Auch Behandeln mit JAVELLEscher Lauge bei gewöhnlicher Temperatur ist für diese Zwecke geeignet.

Auf die eine oder andere Weise gelingt es leicht, das Untersuchungsmaterial in eine für die optische Durchdringung geeignete Form überzuführen.

In Zweifelsfällen zieht man bei der Untersuchung stets Proben echter Gewürze oder der vermuteten Beimengungen zum Vergleich heran. Will man Dauerpräparate als Beweismittel herstellen, so bettet man die Objekte in Glyceringelatine ein (vgl. Bd. II, S. 534).

Mitunter ist die Zerkleinerung eines zu untersuchenden Pulvers eine so weitgehende, daß es in den nach der üblichen Weise hergestellten Präparaten kaum gelingt, charakteristische Zellelemente aufzufinden, weil fast alle Zellen bis zur Unkenntlichkeit zertrümmert sind. In solchen Fällen ist eine vorherige Anreicherung der gröberen Teilchen unbedingt notwendig, die durch Sedimentieren leicht gelingt. HARTWICH[1] hat für diese Zwecke besondere Sedimentierröhrchen konstruiert, durch die das Pulver in verschiedene Fraktionen zerlegt werden kann. Man kommt aber ebensogut auf folgende Weise zum Ziele: Eine nicht zu geringe Menge (etwa 0,5—1 g) des Pulvers wird in einem Glasschälchen, das flachen Boden, geneigte Wände und Ausguß besitzt, mit einer relativ indifferenten Flüssigkeit (je nach Beschaffenheit des Pulvers, Äther, Alkohol oder Wasser) angeschüttelt. Die schwereren Teilchen des Pulvers setzen sich hierbei bald zu Boden, während die leichteren länger in der Schwebe bleiben. Sobald ein Absitzen der gröberen Partikelchen erfolgt ist, gießt man die überstehende Flüssigkeit in ein anderes Gefäß ab und wiederholt die Schlämmung mit dem Bodensatz nach Bedarf. Es lassen sich auf diese Weise beliebig viel Fraktionen herstellen, auch hat man es in der Hand, in jeder Phase der Schlämmung die Flüssigkeit vom Sediment zu trennen. Im allgemeinen genügt die Untersuchung der groben Bestandteile. Nicht selten werden aber auch die leichtesten Anteile, sowie Zwischenfraktionen wertvolle Anhaltspunkte für die Diagnose liefern. Zu berücksichtigen bleibt dabei aber immer, daß durch die Behandlung mit den Flüssigkeiten bestimmte Stoffe in Lösung gehen können. Deswegen ist in manchen Fällen das oben erwähnte Fraktionieren des Pulvers durch Siebe vorzuziehen, weil hierbei das Material vor der mikroskopischen Prüfung nicht mit Flüssigkeiten in Berührung kommt.

---

[1] HARTWICH: Handbuch der Nahrungsmitteluntersuchung von BEYTHIEN, HARTWICH u. KLIMMER, Bd. 2, S. 33 u. 34.

Schwierig ist nicht selten die Feststellung der Art einer Verfälschung, zumal wenn es sich um Stoffe handelt, die bisher für diesen Zweck noch nicht Verwendung gefunden haben. In solchen Fällen muß man versuchen, zunächst festzustellen, welcher Gruppe von Pflanzenteilen das fragliche Pulver entstammt. Die nachstehenden allgemeinen Angaben über die anatomischen Merkmale der einzelnen Pflanzenteile sollen nach dieser Richtung als Anhaltspunkte dienen.

Samen. Das Vorhandensein eines Samenpulvers wird durch die Auffindung von Aleuronkörnern bewiesen, weil diese Gebilde in anderen Pflanzenteilen nicht vorkommen. Die Zellen des im Samen in der Regel vorhandenen Nährgewebes (Endosperm oder Perisperm) enthalten neben Protein gewöhnlich Stärke — häufig von ganz charakteristischer Gestalt —, außerdem oft auch noch Fett. Die Anwesenheit von Fett in reichlicheren Mengen deutet überhaupt schon auf ein Samenpulver hin, weil sich Fett fast nur in Samen in größerer Menge findet. (Eine Ausnahme bildet z. B. Paprika und Olive, deren Fruchtfleisch reich an fettem Öl ist.) Bemerkenswert ist in vielen Fällen das embryonale Gewebe des Keimlings, das an der gleichmäßigen, oft mauersteinartigen Anordnung der zartwandigen Zellen erkannt wird. Zum Unterschied von Endosperm und Perisperm ist das Gewebe des Keimlings meist reich an Intercellularräumen, die Luft enthalten. Für die Bestimmung der Art des Samens sind die oft sehr charakteristischen Elemente der Samenschale von großer Wichtigkeit. Die Fragmente der Samenschale gelangen bei der Pulveruntersuchung gewöhnlich in der Flächenansicht zur Beobachtung. Sie fallen meist durch eigenartige Ausbildung der Epidermiszellen auf und zeichnen sich infolge ihres Gehaltes an pigmentierten Zellen häufig durch dunklere Färbung aus. Die Samenschale enthält außerdem in vielen Fällen Schichten von Sklereiden, die bei einigen Familien in bestimmter Weise ausgebildet und dadurch für diese Familien kennzeichnend sind. So ist z. B. für die Leguminosen die Palisadenepidermis mit dem darunter liegenden aus sanduhrförmigen Zellen (Trägerzellen) bestehenden Hypoderm charakteristisch. Die Cruciferen enthalten in der Samenschale eine gewöhnlich als Becherzellen bezeichnete Schicht sklerosierter Zellen. Caryophyllaceensamen sind oft durch mehr oder weniger sternförmige Epidermiszellen mit wellig gebogenen Wänden ausgezeichnet usw.

Früchte. Die Früchte sind so mannigfach gebaut, daß sich eine gemeinsame anatomische Charakteristik nicht geben läßt. Neben den Elementen des Samens kommen hier noch die Bestandteile der Fruchtwand in Betracht, die zuweilen sehr in den Vordergrund treten. Die Fruchtwand (Perikarp) von kapselartigen Früchten besitzt oft eine aus Sklerenchymelementen verschiedener Form und Anordnung gebildete Hartschicht (z. B. in verschiedenen Richtungen sich kreuzende Fasern). Bei nußartigen Früchten ist das Perikarp den trockenen Samenschalen ähnlich gebaut und gewöhnlich durch eine auf der Außenseite befindliche Hartschicht ausgezeichnet. Die Pulver gleichen daher im wesentlichen denen der Samen. Bei den Steinfrüchten ist der innere Teil der Fruchtwand (Endokarp) als Steinschale ausgebildet, die im zerkleinerten Zustand aus Steinzellen bestehende, unregelmäßige harte Trümmer darstellt. Steinfrüchte und Beerenfrüchte besitzen gewöhnlich eine derbwandige Epidermis mit ziemlich dicker Außenwand.

Blüten. Der diagnostisch wichtigste Teil der Blütenpulver sind die Pollenkörner, deren Form, Skulptur und Größe oft die Bestimmung der Familie, teilweise sogar der Gattung oder Art der Pflanze gestattet. Bemerkenswert sind ferner die Teilchen der Antherenwand, deren innere Schicht aus eigenartigen Faserzellen gebildet wird, ausgezeichnet durch schmale, leistenförmige Verdickungen. Leicht erkennt man gewöhnlich auch die Bruchstücke der Blumenkronenblätter als solche, deren Epidermiszellen nicht selten zu Papillen ausgezogen und von einer gestreiften Cuticula bedeckt sind.

Blätter und Kräuter. Die Laubblattpulver bestehen vorwiegend aus Chlorophyllparenchym und enthalten stets größere Mengen von Epidermisteilchen, zum Teil mit Spaltöffnungen. Die Epidermiszellen sind häufig durch Cuticularstreifung ausgezeichnet. Diagnostisch besonders wichtig sind die Formen der meist vorhandenen Haargebilde, die in Verbindung mit anderen Merkmalen oft einen Schluß auf die Herkunft des Pulvers zulassen.

Die Kräuterpulver enthalten außer den Elementen der Laubblätter auch noch diejenigen der Stengel, der Blüten und gelegentlich auch der Früchte. Kennzeichnend für Stengelteile sind in erster Linie das Mark- und Rindenparenchym, die Gefäße und Sklerenchymfasern. Alle diese Elemente kommen vorwiegend in Längsansicht zur Beobachtung.

Rinden. Rindenbestandteile machen sich in einem Pulver hauptsächlich durch das Vorkommen von Bastfasern neben Korkgewebe bemerkbar; nicht selten finden sich auch Steinzellen. Gewöhnlich enthalten die Rinden außerdem größere Mengen von Oxalatkrystallen, die oft in Form von Krystallkammerzellen auftreten. Die Rindenparenchymzellen führen häufig Stärke.

Holz. Holzpulver sind durch das Vorkommen von weiten Gefäßen und Tracheiden neben Holzfasern ausgezeichnet. Letztere bilden den Hauptbestandteil. Zum Unterschied von den Bastfasern gelangen sie gewöhnlich in zusammenhängenden Komplexen als unregelmäßige Bruchstücke zur Beobachtung, auch sind sie im allgemeinen weniger stark verdickt. Die mauerartig angeordneten Markstrahlzellen, die oft Stärke führen, sind ebenfalls für Holz charakteristisch. Coniferenholz ist sofort an den gehöften Tüpfeln der Tracheiden kenntlich.

Wurzeln und Rhizome. Pulver dieser Pflanzenteile enthalten sowohl die Elemente der Rinden, wie die des Holzes. Doch treten wirklich verholzte Elemente, abgesehen von den Gefäßen, sehr in den Hintergrund. Fasern fehlen zuweilen vollständig. An Stelle des Korkes findet sich mitunter braunes, abgestorbenes Parenchym oder die noch erhaltene Epidermis. Die Hauptmasse des Pulvers besteht oft aus Stärkekörnern und stärkereichem Parenchym. Fleischige Wurzeln, wie z. B. Rüben, enthalten stärkefreies dünnwandiges Parenchym, das von weiten Netzgefäßen durchzogen ist.

Zusammenfassend läßt sich sagen, daß Aleuronkörner für die Anwesenheit von Samenbestandteilen beweisend sind, während weite Gefäße auf eine Wurzel oder Achse, Sklereidenschichten auf Samen oder Früchte, Chlorophyllparenchym und Haare auf Blätter, Korkzellen auf eine Rinde oder Wurzel, Pollenkörner auf Blüten hinweisen. Reichliches Vorkommen von Stärke läßt auf ein Speichergewebe (Samen, Rhizom oder Wurzel) schließen. Weitere Anhaltspunkte wird dann die Form der Stärkekörner liefern, die in vielen Fällen allein oder in Verbindung mit anderen Merkmalen die Diagnose zu sichern vermag (Getreidearten, Leguminosen, Zingiberaceen usw.).

Besonders wichtig ist bei der Ermittlung unbekannter Pflanzenpulver ferner die eingehende Prüfung aller größeren Gewebetrümmer zwecks Feststellung, in welchem Zusammenhang die einzelnen Zellformen oder Gewebe auftreten. Auch diese Befunde lassen wertvolle Schlüsse zu. So können z. B. Steinzellen, die sich im Zusammenhang mit Korkgewebe befinden, nicht aus einem Samen, sondern nur aus einer Rinde stammen. In Verbindung mit Steinzellen, Bastfasern oder weiteren Gefäßen vorkommende Stärkezellen gehören keinem Samen, sondern wahrscheinlich einer Achse an, beim Fehlen der Gefäße einer Rinde.

Unter Berücksichtigung aller solcher Befunde und Beobachtungen gelingt es in vielen Fällen, die Zahl der in Betracht kommenden Pflanzenpulver so weit einzuengen, daß die endgültige Bestimmung mit Hilfe von Vergleichsmaterial möglich wird.

In letzter Zeit ist von E. GRÜNSTEIDL[1] und K. LEUPIN auch das Luminescenzmikroskop für die Gewürzuntersuchung herangezogen werden[2].

Bestimmung fremder vegetabilischer Beimengungen auf mikroskopischem Wege.

Um die Menge eines Fälschungsmittels in einem Pulver annähernd festzustellen, kann man in der Weise verfahren, daß man verschiedene Gemenge von bekanntem Prozentgehalt aus reinem Pulver und dem Fälschungsmittel herstellt, von diesen Gemengen in derselben Weise Präparate anfertigt, wie von dem zu untersuchenden Objekt und beide vergleicht. Voraussetzung ist hierbei, daß sowohl das fragliche Objekt, wie die selbst bereiteten Gemenge etwa den gleichen Feinheitsgrad besitzen, und daß das Fälschungsmittel in größerer Menge Elemente enthält, die in dem betreffenden reinen Pflanzenpulver nicht vorkommen und daher leicht als fremdartige Bestandteile erkannt werden. Trotzdem liefern die in dieser Weise vorgenommenen Schätzungen nur recht ungenaue Ergebnisse.

Um genauere Werte zu erhalten, haben A. MEYER[3] sowie C. HARTWICH und A. WICHMANN[4] besondere Zählkammern konstruiert. Die von HARTWICH angegebene Zählkammer besteht in einem Objektträger, auf den in der Mitte ein

---

1 E. GRÜNSTEIDL: Z. 1932, 63, 425.

2 Pharmac. Acta Helv. 1933, 8, 166.

3 A. MEYER: Die Grundlagen und die Methoden für die mikroskopische Untersuchung von Pflanzenpulvern, S. 126f. Jena 1901.

4 HARTWICH: Handbuch der Nahrungsmitteluntersuchung von BEYTHIEN, HARTWICH u. KLIMMER, Bd. 2, S. 36f. Arch. Pharm. 1912, 250, 452.

Quadrat von 1,5 oder 1,0 cm Seitenlänge eingeritzt ist. Am Rande dieses Quadrates, das wieder in 100 kleine Quadrate geteilt ist, sind 0,25 mm dicke Streifen von Deckgläschen aufgekittet, so daß eine Kammer von 0,25 mm Tiefe entsteht. In diese Kammer kommt das zu untersuchende Pulver in genau abgewogener Menge. Um eine für die mikroskopische Untersuchung genügende Verteilung zu erzielen, mischt man es vorher mit der 100fachen Menge Rohrzucker. Nach der Einfüllung wird dann mit einer Capillarpipette so viel Wasser hinzugegeben, daß die Kammer nach dem Auflegen des Deckgläschens gefüllt ist. Das Pulver breitet man zuvor mit einem Platindraht so aus, daß es den Boden der Kammer bedeckt.

Zur Erläuterung der Methode diene ein von Hartwich angegebenes Beispiel, das die Bestimmung des Nelkenstielgehaltes in einem Gewürznelkenpulver betrifft. Die Anwesenheit von Nelkenstielbestandteilen erkennt man in diesem Fall am Vorhandensein von Steinzellen, die den Gewürznelken vollständig fehlen. Zunächst muß festgestellt werden, wieviel Steinzellen in einem Pulver, das nur aus Nelkenstielen besteht, vorhanden sind.

Zu dem Zwecke mischt man das Pulver im Verhältnis 1 : 100 mit Zucker, bringt dreimal je 0,01 g des Gemisches (= 0,0001 g Nelkenstielpulver) in die Kammer, gibt Wasser hinzu und zählt nun die vorhandenen Steinzellen, indem man ein Quadrat nach dem anderen durchmustert. Angenommen, es werden hierbei 173, 166 und 156 (im Mittel 165) Steinzellen gefunden, so enthalten demnach 0,0001 g Nelkenstiele 165 Steinzellen. Bei einer Wiederholung der Zählung in Präparaten aus je 0,02 g (= 0,0002 g Nelkenstiele) werden 350, 347 und 325 Steinzellen, im Mittel 342 = 171 auf je 0,0001 g Nelkenstielpulver gefunden. Aus 165 und 171 ergibt sich danach ein Mittelwert von 168 Steinzellen für 0,0001 Nelkenstielpulver.

Nunmehr wird das zu prüfende Gewürznelkenpulver im Verhältnis von 4 : 100 mit Zucker gemischt und davon dreimal je 0,01 = 0,0004 g des Nelkenpulvers abgewogen und in der Kammer untersucht. Es finden sich jetzt 98, 110 und 105 Steinzellen, im Durchschnitt also 104,3, in 0,0004 g des Pulvers. Bei einer Wiederholung der Probe mit je 0,02 g des Gemisches werden 216, 200 und 211 Steinzellen ermittelt, d. h. im Durchschnitt 209 auf 0,0008 g des Pulvers = 104,5 in 0,0004 g. Aus allen sechs Zählungen ergibt sich ein Durchschnitt von 104,4 Steinzellen in 0,0004 g des verfälschten Pulvers.

Folgender Ansatz dient zur Berechnung:

$$168 : 0{,}001 = 104{,}4 : x = 0{,}000062143,$$

0,000062143 g Nelkenstiele sind also enthalten in 0,0004 g des verfälschten Pulvers,

$$\text{also } 0{,}004 : 0{,}000062143 = 100 : x = 15{,}5.$$

Es wurden demnach in dem verfälschten Pulver 15,5% Nelkenstiele gefunden. In Wirklichkeit enthielt das absichtlich hergestellte Gemenge 15% der Verfälschung.

Vorstehendes Beispiel zeigt, daß auf diese Weise in geeigneten Fällen ein sehr hoher Grad von Genauigkeit erreicht werden kann. Die Verhältnisse liegen allerdings oft wesentlich ungünstiger, z. B. wenn nicht einzelne Zellformen, sondern Gewebetrümmer, die in der Größe erheblich variieren, als Erkennungsmerkmal und Zählobjekt dienen sollen. In solchen Fällen ist es besonders wichtig, daß das Vergleichspulver dem als Fälschungsmittel benutzten Pulver in der Korngröße möglichst nahekommt. Läßt sich dies durch entsprechende Zerkleinerung erreichen, so werden die Resultate trotzdem brauchbar sein und jedenfalls viel besser als bei der Schätzung. Es genügt hierbei, wenn man nur solche Teilchen zählt, die eine bestimmte Mindestgröße erreichen und überschreiten, während die kleinsten ganz außer Betracht bleiben können.

Im allgemeinen ist man jedenfalls bei derartigen Untersuchungen auf das Vorhandensein eines leicht erkennbaren Meßelementes angewiesen, das in seinen Individuen annähernd gleich groß sein und in der betreffenden Pulverart auch stets in annähernd gleicher Menge vorkommen soll. In Betracht können z. B. kommen Stärkekörner, Pollenkörner, Sklerenchymzellen, Haare usw. Bei Stärkearten wird man als Meßelement die Körner wählen, die einen bestimmten Durchmesser überschreiten, also Großkörner. Die Zahl, die angibt, wieviel derartige

Elemente in 1 mg einer bestimmten Pulverart vorkommen, bezeichnet A. MEYER als Normalzahl. Da bisher nur für wenige Formelemente Normalzahlen ermittelt worden sind, ist man im Bedarfsfall meist gezwungen, zunächst die Normalzahl selbst zu bestimmen. Dies muß jedoch an verschiedenen Pulvern derselben Art geschehen, weil der Gehalt der Drogenpulver an charakteristischen, als Meßelemente in Betracht kommenden Zellen erfahrungsgemäß recht erhebliche Schwankungen zeigen kann.

Während bei der bisher beschriebenen Arbeitsweise eine absolute Zahl — die Anzahl bestimmter Zellen in 1 mg Pulver — ermittelt wird, sucht O. HEILBORN[1] derartige Analysen mittels einer relativen Zahl auszuführen, die er als Vergleichszahl bezeichnet.

Zu dem Zweck setzt er dem zu untersuchenden Objekt eine gewogene Menge geschlämmtes und auf seine Normalzahl hin kalibriertes Quarzpulver als Testsubstanz hinzu. Gezählt werden dann einerseits die Körner der zugesetzten Testsubstanz und andererseits die Vergleichselemente des zu untersuchenden Pflanzenpulvers. Rechnet man dann die gezählten Teilchen der Testsubstanz auf Prozente aller gezählten Teilchen um, so erhält man die Vergleichszahl, d. h. das gegenseitige Verhältnis der Testsubstanzkörner (Quarz) und der Vergleichselemente des betreffenden Pflanzenpulvers. Bei diesem Verfahren ist es nicht wie sonst erforderlich das gesamte Präparat auszuzählen, sondern es genügt mit Hilfe eines Kreuztisches eine Anzahl von Streifen (Querbändern) in der Breite des mikroskopischen Gesichtsfeldes — gleichmäßig über das ganze Präparat verteilt — auszuzählen, weil man ja lediglich das Verhältnis zwischen Testsubstanz und Vergleichselement zu ermitteln hat. Man benötigt also für die Zählung selbst erheblich weniger Zeit. Hierbei wird die Anzahl der beiden Vergleichselemente (Testsubstanz und Vergleichselement des Pflanzenpulvers) einfach in zwei Kolumnen notiert.

Zur Bestimmung der Normalzahl des geschlämmten Quarzpulvers verfährt HEILBORN folgendermaßen. Er stellt zunächst durch genaues Abwägen ein Gemenge von Kartoffelstärke und Quarzpulver her, das etwa 2—4% Quarz enthält. Von diesem sorgfältig bereiteten Quarz-Stärkegemisch werden 2—4 mg, die man verschiedenen Stellen des Pulvers entnimmt, auf einem Objektträger genau abgewogen und mit einem Tropfen eines Gemisches aus wäßriger Jodjodkaliumlösung und Glycerin mit Hilfe einer Präpariernadel vermengt. Nach Auflegen eines Deckglases mit eingeätzter Netzeinteilung werden dann die Quarzkörner des gesamten Präparates, die sich leuchtend von den dunklen Stärkekörnern abheben, ausgezählt.

Aus dem Gewicht der Pulvermenge, dem Prozentgehalt an Quarz und der Anzahl gezählter Quarzkörner läßt sich die Normalzahl der Testsubstanz (k_t) leicht berechnen.

Die Quarzmethode hat HEILBORN u. a. zur Bestimmung des schwarzen Pfeffers in einem Gemenge von weißem und schwarzem Pfeffer verwendet. Als Vergleichselement dienten die Exokarpsklereiden, die im weißen Pfeffer fehlen. Zwecks Bestimmung der Normalzahl der Exokarpsklereiden im schwarzen Pfeffer wird das Pfefferpulver zunächst in der Reibschale fein zerrieben, hierauf eine genau abgewogene Menge Pfefferpulver und Quarz in einem Reagensglas mit einem Gemisch von Salpetersäure und Salzsäure maceriert, dann auf ein gehärtetes Filter gebracht, auf dem Filter mit Safranin gefärbt und mit Salzsäure-Alkohol differenziert (Sklereiden rosa). Nach dem Ausbreiten des Filters auf einer Glasplatte sammelt man den Filterrückstand mit einem Hornspatel sorgfältig in der Mitte des Papieres und rührt ihn mit einer stumpfen Glasnadel durcheinander, damit eine sorgfältige Mischung von Testsubstanz und Pflanzenpulver erfolgt. Schließlich werden ganz kleine Mengen der so behandelten Probe auf gewöhnliche Objektträger in Glycerintropfen gebracht und mit einer Präpariernadel umgerührt. Die Auszählung der Exokarpsklereiden und der Quarzkörner erfolgt dann in der oben geschilderten Weise, indem man nur eine Anzahl Querbänder im Präparat durchmustert und die beiden Vergleichselemente in getrennte Kolumnen notiert.

Die Normalzahl der Exokarpsklereiden berechnet man nach der Formel

$$k = \frac{k_t \cdot z\,(100 - y_t)}{y_t \cdot (100 - z)},$$

in der k die zu bestimmende Normalzahl, k_t die Normalzahl der Testsubstanz (Quarz), y_t die aus der mikroskopischen Zählung zu berechnende Vergleichszahl der Testsubstanz (die gezählten Quarzpartikelchen in Prozenten aller gezählten Vergleichselemente) und z die im Gemisch enthaltenen Gewichtsprozente Testsubstanz bedeutet. Mit Hilfe dieser

---

[1] OTTO HEILBORN: Über Eutelie oder Zellenkonstanz in pflanzlichen Geweben. Svensk Botanisk Tidskr. 1933, 27, 161.

gefundenen Normalzahl k für die Exokarpsklereiden — Heilborn fand für schwarzen Pfeffer normaler Größe als Mittelwert 5300 — läßt sich nunmehr durch die Quarzanalyse in einem Gemenge von weißem und schwarzem Pfeffer der Gehalt an schwarzem Pfeffer nach folgender Formel berechnen:

$$x = \frac{100 \cdot k_t \cdot z\,(100 - y_t)}{k \cdot y_t \cdot (100 - z)}.$$

Bei drei in dieser Weise ausgeführten Bestimmungen erhielt Heilborn nebenstehende Werte.

Nr.	Anzahl gezählter Exokarp-sklereiden	Gewichts-prozente Quarz (z)	Vergleichs-zahl (y_t)	Schwarzer Pfeffer (x) %
1	2873	7,7	33,1	38,2
2	3163	8,7	36,5	37,5
3	1762	8,0	36,1	34,8
			Mittelwert	37,1

In Wirklichkeit enthielt das Gemenge 39,1% schwarzen Pfeffer.

Das bisher vorliegende analytische Material über Normalzahlen bei Gewürzen ist allerdings noch so spärlich, daß es vorläufig keine allgemeine Gültigkeit beanspruchen kann. Es ist anzunehmen, daß man bei ausgedehnteren Untersuchungen an Gewürzen verschiedener Produktion erhebliche Schwankungen der Normalzahlen für bestimmte Elemente feststellen wird, ähnlich wie dies bei den Sklereiden der Kakaoschale zu beobachten ist.

Chemische Untersuchung.

Bei der chemischen Untersuchung der Gewürze kommt der Bestimmung des Stickstoffs meist nur eine untergeordnete Bedeutung zu; wo sie erwünscht oder notwendig erscheint, wird sie nach Bd. II, S. 575 ausgeführt.

Die Bestimmung der Rohfaser kommt häufiger, insbesondere bei Pfeffer (s. dort) und Zimt in Betracht und wird gewöhnlich nach dem sog. Weender Verfahren (Bd. II, S. 940) oder nach König (Bd. II, S. 941) ausgeführt.

Auch für die Bestimmung der Stärke (Bd. II, S. 913) und der Pentosane (Bd. II, S. 928) finden die allgemein üblichen Verfahren Anwendung, soweit nicht bei den einzelnen Gewürzen besondere Angaben gemacht sind (vgl. Pfeffer).

Bei jedem Gewürz vorzunehmen ist eine Bestimmung der Mineralbestandteile (Asche) und des in 10%iger Salzsäure löslichen Anteils der Asche. Vielfach muß auch der Gehalt an ätherischem Öl ermittelt werden. Von Bedeutung für die Prüfung auf Wert und Reinheit sind weiter unter Umständen das Wasser-, Alkohol- und Ätherextrakt und schließlich eine Anzahl spezieller Verfahren, die bei den betreffenden Gewürzen Erwähnung finden. Die nachstehenden Ausführungen beziehen sich auf die allgemein bei den Gewürzen Anwendung findenden Methoden.

1. Chloroformprobe.

Zur vorläufigen Prüfung auf das Vorhandensein mineralischer Beimengungen schüttelt man etwa 2 g Gewürzpulver mit ungefähr 20 ccm Chloroform und läßt kurze Zeit stehen, wobei die mineralischen Bestandteile zu Boden sinken, während sich die vegetabilischen Teile an der Oberfläche sammeln. Bei Verwendung eines mit Hahn versehenen Sedimentierglases nach Spaeth lassen sich die mineralischen Anteile, die sich in der becherartigen Bohrung absetzen, durch eine Drehung des Hahnes leicht von den obenauf schwimmenden Teilchen trennen und dann näher untersuchen.

2. Asche, Alkalität der Asche und Sand.

a) Die Gesamtasche wird in 5 g der gut durchgemischten Probe — bei Safran genügen 2 g — in üblicher Weise unter Auslaugen der verkohlten Masse mit Wasser nach Bd. II (Abschnitt „Mineralstoffe“) bestimmt. Soll eine Bestimmung der Einzelbestandteile stattfinden, so verfährt man sinngemäß ebenfalls nach Bd. II.

Die Bestimmung des wasserlöslichen und in Wasser unlöslichen Anteils der Asche nimmt man in der Weise vor, daß man die Asche mit heißem Wasser in ein 100 ccm fassendes Kölbchen spült, 10 Minuten kocht, nach dem Abkühlen zur Marke auffüllt und dann durch ein quantitatives Filter filtriert. Nach dem Auswaschen des Filterrückstandes mit heißem Wasser glüht man Filter mit Rückstand und wägt. Zieht man diesen gefundenen Wert von der Gesamtasche ab, so ergibt die Differenz die in Wasser lösliche Asche.

Das Deutsche Arzneibuch, 6. Ausgabe, läßt die Veraschung von Drogen in folgender Weise vornehmen:

Ein Porzellantiegel wird bis zu etwa einem Drittel mit gereinigtem Sande gefüllt, geglüht und nach halbstündigem Stehen im Exsiccator gewogen. Die Reinigung des Sandes hat in der Weise zu geschehen, daß man Seesand mit Salzsäure digeriert und dann mit Wasser vollkommen auswäscht; hierauf wird der Sand getrocknet und geglüht. Von der zu veraschenden Substanz schichtet man 0,5—2 g auf den Sand, wägt genau, mischt mit einem Glasstab oder Silberspatel die Substanz unter den Sand und wischt den Glasstab oder Spatel mit einer Federfahne über dem Tiegel ab. Die Verbrennung leitet man unter Schrägstellung des Tiegels vom Rande des letzteren aus mit möglichst kleiner Flamme ein und schiebt, indem man die Flamme vergrößert, allmählich den Brenner nach dem Boden des Tiegels hin. In den meisten Fällen geht auf diese Weise die Veraschung glatt und rasch vor sich, was an der Farbe des Sandes leicht zu erkennen ist. Verascht die Substanz sehr träge, so läßt man erkalten, bringt durch Schräghalten des Tiegels und leichtes Gegenklopfen den Inhalt in die Lage, daß er einen Teil des Tiegelbodens frei läßt. Auf diesen träufelt man nun 5—10 Tropfen rauchende Salpetersäure, bringt den Sand wieder in horizontale Lage und erhitzt auf einer Asbestplatte über ganz kleiner Flamme bis zur Trockne und glüht alsdann über freier Flamme. Nun mischt man den erkalteten Tiegelinhalt mit etwas gepulverter Oxalsäure, glüht nochmals kurze Zeit und wägt nach halbstündigem Stehenlassen im Exsiccator.

Den Sand kann man wiederholt zu Veraschungen benutzen. Bei Safran empfiehlt es sich, diesen erst auf dem Sande zur Verkohlung zu bringen und dann nach genügender Abkühlung die Kohle unter den Sand zu mischen.

b) In Salzsäure Unlösliches (Sand und Ton). Die gewogene Asche wird mit etwa 20 ccm 10%iger Salzsäure in bedeckter Schale auf dem siedenden Wasserbad 10 Minuten erwärmt und die Lösung durch ein quantitatives Filter filtriert. Den Filterrückstand wäscht man mit heißem Wasser aus, glüht und wägt.

Den Rückstand stellt man gewöhnlich als Sand in Rechnung, obwohl er gewöhnlich auch Ton und durch Salzsäure ausgeschiedene Kieselsäure enthält. Zuweilen schließt er auch noch andere in Salzsäure unlösliche Stoffe, wie Schwerspat, ein.

c) Alkalität der Gewürzasche. H. LÜHRIG und R. THAMM[1] führen die Bestimmung von Wasser, Asche und Alkalität in einer und derselben Probe aus, indem sie 10 g Gewürzpulver zunächst 2 Stunden im Wasserbadtrockenschrank trocknen.

Dann wird das Pulver in einer Platinschale auf schrägliegender durchlochter Asbestplatte über kleiner Flamme verkohlt, um den störenden Einfluß der aus dem Leuchtgas stammenden schwefligen Säure bzw. Schwefelsäure fernzuhalten; die Kohle wird ausgelaugt, der Filterrückstand verbrannt und nach Zugeben des wäßrigen Auszuges zur Trockne verdampft, schwach geglüht und als Gesamtasche gewogen. Mittels etwa 50,0 ccm heißen Wassers wird die Asche in ein 100 ccm-Kölbchen gespült, 10 Minuten darin gekocht, nach dem Erkalten zur Marke aufgefüllt und der Inhalt nach dem Mischen durch ein kleines quantitatives Filter filtriert. 50,0 ccm Filtrat werden mit einem Überschuß von $^1/_4$ N.-Schwefelsäure einige Zeit bei aufgesetztem Trichter gekocht und nach dem Erkalten mit $^1/_4$ N.-Lauge unter Tüpfeln auf empfindlichem Azolithminpapier zurücktitriert und so die Alkalität des wasserlöslichen Anteils der Mineralbestandteile (die „wasserlösliche Alkalität“) ermittelt. Der quantitativ auf das Filter gebrachte und sorgfältig mit heißem Wasser ausgewaschene Rückstand stellt nach dem Verbrennen des Filters und Glühen den wasserunlöslichen Anteil der Mineralbestandteile, die „wasserunlösliche Asche“ dar. Mit einem

[1] H. LÜHRIG u. R. THAMM: **Z.** 1906, **11**, 129.

Überschuß von $^1/_4$ N.-Schwefelsäure aufgekocht und mit $^1/_4$ N.-Lauge zurücktitriert, liefert er den Wert für die „wasserunlösliche Alkalität". Die Summe von wasserlöslicher und wasserunlöslicher Alkalität stellt die „Gesamtalkalität", die Differenz von Gesamtasche und wasserunlöslicher Asche die „wasserlösliche Asche" dar. Die titrierte Flüssigkeit wird zum Schluß mit so viel konzentrierter Salzsäure versetzt, daß das Gemisch etwa 10% davon enthält, digeriert und nun zur Feststellung des „Sandgehaltes" verwendet.

R. THAMM[1] macht weiter darauf aufmerksam, daß bei Bestimmung der Alkalität der Gewürzaschen ein einheitliches Arbeiten von größtem Wert sei, besonders, wenn die Aschen Manganoxyduloxyd enthalten, von dem 1 Mol. 8 Äquivalente Salzsäure, aber nur 6 Äquivalente Schwefelsäure benötigt. Es empfiehlt sich hierfür das Verfahren, das vorstehend für die Bestimmung der Alkalität des wasserunlöslichen Anteiles der Asche angegeben ist. Die Asche wird in einer Platinschale mit einem reichlichen, mindestens doppelten Überschuß von $^1/_4$ N.-Schwefelsäure versetzt und nach Bedecken mit einem Uhrglase 5 Minuten lang über kleiner Flamme gekocht; dann wird das Uhrglas abgespült und nach dem Erkalten der Schaleninhalt mit $^1/_4$ N.-Lauge, unter Anwendung von empfindlichem Azolithminpapier als Indicator, zurücktitriert.

3. Wasser.

Die Wasserbestimmung durch Trocknen kann besonders bei den Gewürzen, die reichlich ätherisches Öl enthalten, keine genauen Werte liefern. Immerhin bekommt man einen annähernden Wert, wenn man ungefähr 5 g des Gewürzes 2 Stunden im Wasserdampftrockenschrank trocknet.

Auch bei dem Verfahren nach WINTON, OGDEN und MITCHELL[2], die 2 g Gewürzpulver bei 110° bis zum gleichbleibenden Gewicht trocknen und von dem Gewichtsverlust die Menge des besonders bestimmten ätherischen Öles abziehen, erhält man nur dann richtige Werte, wenn sich das gesamte ätherische Öl bei diesem Trocknen verflüchtigt, was wohl oft nicht der Fall sein wird.

A. SCHOLL und R. STROHECKER[3] empfehlen die Destillationsmethode mit Xylol mit einem Zusatz von 5% Toluol. Auf 30 g Gewürzpulver verwenden sie 200 ccm der Xyloltoluolmischung und destillieren unter langsamer Einleitung der Destillation 100 ccm über. Nach 3—4 Stunden wird im geklärten Xyloltoluolgemisch die Wassermenge abgelesen.

Nach ARRAGON[4] bringt man 10 g Gewürz in einen 150 ccm fassenden Kolben, der mit einem LIEBIGschen Kühler verbunden ist, dessen kühlende Partie eine Länge von 15 cm aufweist und dessen inneres Rohr 6 mm Durchmesser hat. Als Vorlage dient ein in die GERBERsche Milchzentrifuge passendes Zentrifugierrohr von 50 ccm Inhalt, dessen untere ausgezogene Partie 2 ccm faßt und in $^1/_{20}$ ccm eingeteilt ist. Dem im Kolben befindlichen Gewürz fügt man 60 ccm Xylol oder Terpentinöl hinzu und destilliert rasch in 10—12 Minuten ab, bis das Destillat in der Vorlage 1 ccm unterhalb des Halses steht. Nach 15 Minuten langem Zentrifugieren stellt man in Wasser von 15° ein und liest nach Ausgleich der Temperatur das Volumen des überdestillierten Wassers ab.

Während FOLPMESS[5] fand, daß für die Destillation Benzol oder Toluol besser geeignet seien als Xylol, sind nach ITTALIE, KERBOSCH und OLLIVIER[6] Toluol und Xylol gleich gut geeignet.

Im übrigen sei auf die Ausführungen Bd. II, S. 553 hingewiesen.

---

[1] R. THAMM: Z. 1906, **12**, 168.
[2] WINTON, OGDEN u. MITCHELL: Z. 1899, **2**, 939.
[3] A. SCHOLL u. R. STROHECKER: Z. 1916, **32**, 493.
[4] ARRAGON: Schweiz. Apoth.-Ztg. 1915, **53**, 220; Z. 1916, **31**, 366.
[5] FOLPMESS: Chem. Weekbl. 1916, **13**, 14; C. 1916, **87**, I, 586.
[6] ITTALIE, KERBOSCH u. OLLIVIER: Pharm. Weekbl. 1915, **52**, 205; Z. 1919, **38**, 376.

4. Wäßriger Auszug.

WINTON, OGDEN und MITCHELL[1] bestimmen den Kaltwasserauszug wie folgt: 4 g Gewürzpulver werden in einem 200 ccm fassenden Kolben mit 200 ccm Wasser übergossen; das Kölbchen wird verkorkt, die ersten 8 Stunden alle halbe Stunde geschüttelt und dann 16 Stunden ruhig stehen gelassen. Sodann werden 50 ccm abfiltriert, in einer Platinschale eingedampft und bei 100° C bis zum konstanten Gewicht getrocknet (vgl. auch unter Fenchel S. 480).

5. Alkoholischer Auszug.

a) Man bringt in ein vorher gewogenes Wägeglas, das unten und im Deckel mit je drei Öffnungen versehen ist und dessen untere Seite mit ausgewaschenem und ausgeglühtem Asbest so belegt ist, daß von dem Pulver nichts herausgerissen werden kann (SPAETHsches Wägeglas), ungefähr 5 g des Gewürzpulvers, trocknet im Wassertrockenschrank bei etwa 100° bis zur Gewichtsbeständigkeit, bringt das Glas mit Inhalt in einen SOXHLETschen Extraktionsapparat und zieht etwa 8—12 Stunden mit Alkohol aus. Nach dieser Zeit wird das Glas herausgenommen, im Wassertrockenschrank wie vorher getrocknet und wieder gewogen. Der Verlust zwischen dem vom Wasser befreiten Gewürzpulver und dem getrockneten Extraktionsrückstand gibt den in Alkohol löslichen Anteil an. An Stelle des Wägeglases kann auch der GOOCHsche Tiegel Verwendung finden (vgl. auch unter Fenchel S. 480).

b) WINTON, OGDEN und MITCHELL[1] verfahren in folgender Weise:

2 g Gewürzpulver werden in einen 100 ccm fassenden Meßkolben gegeben und bis zur Marke mit 95%igem Alkohol übergossen; die ersten 8 Stunden wird jede halbe Stunde gehörig umgeschüttelt und dann 24 Stunden ruhig stehen gelassen. Hiernach werden 50 ccm abfiltriert, in einer Platinschale eingedampft und bei 110° bis zur Gewichtsbeständigkeit getrocknet.

Der auf diese Weise erhaltene Wert wird Alkoholextrakt bzw. -auszug nach WINTON genannt.

c) In manchen Fällen pflegt man erst den mit Äther erschöpften Rückstand nach a) weiter mit Alkohol auszuziehen und nennt diesen Wert den Alkoholextrakt nach der Ätherextraktion.

Bei manchen Gewürzen (z. B. Ingwer) kommt auch dem mit Methylalkohol hergestellten Auszug eine gewisse Bedeutung zu.

6. Äther- und Petrolätherauszug.

Der Gesamtäther- bzw. Petrolätherauszug kann wie der Alkoholauszug bestimmt werden. WINTON, OGDEN und MITCHELL verbinden mit der Bestimmung des Gesamtätherauszuges auch die des ätherischen Öles in folgender Weise: 2 g Gewürzpulver werden im SOXHLETschen Apparat 20 Stunden mit wasserfreiem Äther ausgezogen, der Äther wird bei Zimmertemperatur verdunstet und der Rückstand nach 18stündigem Trocknen über Schwefelsäure gewogen. Darauf wird der Kolbeninhalt 6 Stunden lang bei 100° und weiter bis zur Gewichtsbeständigkeit bei 110° erhitzt. Der Rückstand wird als nichtflüchtiger Ätherauszug, die Differenz als flüchtiges Öl angesehen.

Die Differenzmethode zur gleichzeitigen Bestimmung des Fettes und ätherischen Öles wird auch in der Weise ausgeführt, daß man aus dem gewogenen Gesamtätherauszug das ätherische Öl durch Wasserdampf abtreibt[2]. Nach der auf dieser Grundlage beruhenden Arbeitsweise von ARRAGON[3] werden 10 g Substanz in einem mit Chlorcalcium beschickten

[1] WINTON, OGDEN u. MITCHELL: Z. 1899, 2, 939.
[2] E. SCHMIDT: Lehrbuch der pharmazeutischen Chemie, Bd. 2, S. 1284. Braunschweig 1911.
[3] ARRAGON: Schweiz. Apoth.-Ztg. 1915, 53, 222; Z. 1916, 31, 366.

Vakuumexsiccator 6 Stunden lang vorgetrocknet und dann 8 Stunden mit Äther extrahiert. Die ätherische Lösung wird in einen gewogenen Kolben gebracht und sorgfältig destilliert, wobei in einer Sekunde nicht mehr als ein Tropfen übergehen soll. Zum Schluß lüftet man den Pfropfen, läßt den Kolben noch 1—2 Minuten auf dem Wasserbade, bläst Luft ein zur Entfernung der letzten Spuren des Äthers, läßt erkalten und wägt. Man erhält so die Summe von Fett und ätherischem Öl (Ätherextrakt).

Nunmehr läßt man eine Wasserdampfdestillation folgen, bei der das Dampfleitungsrohr zur Spitze ausgezogen und so weit in den Kolben eingeführt ist, daß es zu Beginn der Destillation direkt über dem Destillationsgut zu stehen kommt. Sobald das Kondenswasser 3 cm Höhe erreicht hat, hält man es durch ein kleines Flämmchen konstant. Man destilliert, bis 250 ccm übergegangen sind, spült den Rückstand mit 40 ccm Äther unter gründlichem Nachwaschen in einen Scheidetrichter, trennt die Flüssigkeiten, bringt die Ätherlösung in einen tarierten Kolben, spült den Scheidetrichter dreimal mit je 5 ccm Äther nach, destilliert den Äther ab, trocknet und wägt den Rückstand (Fett). Durch Substraktion des Fettes vom Ätherextrakt ergibt sich die Menge des ätherischen Öles.

7. Ätherisches Öl.

Die zur Bestimmung des ätherischen Öles anwendbaren Verfahren sind zum Teil bereits in Bd. II angegeben worden.

a) Nach der von E. Spaeth[1] gegebenen Vorschrift werden die zerkleinerten Gewürze nach dem Übergießen mit Wasser unter Einleitung von Wasserdampf so lange destilliert, als noch ätherisches Öl übergeht. Das Destillat wird mit Kochsalz gesättigt und mit Äther ausgeschüttelt. Nach dem Verdunsten des Äthers bei gewöhnlicher Temperatur wird der Rückstand im evakuierten Exsiccator über Schwefelsäure getrocknet, worauf man wägt.

Dieses Verfahren hat den Nachteil, daß sich beim Verdunsten des Äthers ziemlich viel Kondenswasser innerhalb des Gefäßes niederschlägt, das durch Trocknen beseitigt werden muß, wobei aber zugleich ätherisches Öl verloren geht.

b) Vermieden wird dieser Fehler durch die in das Deutsche Arzneibuch, 6. Ausgabe, aufgenommene Arbeitsweise nach C. Griebel[2], bei der an Stelle von Äther das von C. Mann[3] bzw. F. Härtel und R. Will[4] (vgl. Bd. IV) für diese Zwecke eingeführte Pentan verwendet wird und die für die Bedürfnisse der Praxis ausreichend genaue Ergebnisse liefert, dabei zudem in etwa 3 Stunden durchgeführt werden kann.

10 g des gemahlenen Gewürzes — von Gewürznelken sind nur 5 g zu verwenden — werden in einem Stehkolben von etwa 1 Liter Rauminhalt mit 300 ccm destilliertem Wasser übergossen und nach Hinzufügung einiger Siedesteinchen unter Verwendung eines gewöhnlichen doppelt gebogenen Destillationsrohres und senkrecht absteigenden kurzen Kühlers (Länge des Kühlrohres etwa 55 cm, des Kühlmantels etwa 22 cm) der Destillation unterworfen. Die Erhitzung des Kolbens erfolgt auf dem Drahtnetz mit Hilfe eines kräftigen Bunsenbrenners. Als Vorlage dient ein Erlenmeyer-Kolben oder ein Scheidetrichter, den man bei 150 und 200 ccm mit einer Marke versehen hat. Sobald 150 ccm Destillat übergegangen sind, wird die Flamme vorübergehend entfernt und nach dem Aufhören des Siedens der Inhalt des Kolbens ohne Lösung der Verschlüsse durch vorsichtiges Umschwenken in drehende Bewegung versetzt, bis die der Kolbenwand anhaftenden Pulverteilchen wieder in der Flüssigkeit verteilt sind. Sodann wird erneut zum Sieden erhitzt, bis nochmals 50 ccm übergegangen sind[5]. Hierbei ist die Kühlung vorübergehend abzustellen, falls das Kühlrohr durch Abscheidung von ätherischem Öl verursachte Trübungen erkennen läßt, jedoch eben nur bis zum Verschwinden dieser Trübungen. Ein Eintauchen des Kühlrohres in das Destillat ist zu vermeiden. Das erhaltene Destillat (200 ccm) wird im Scheidetrichter mit 60 g Kochsalz versetzt und dreimal mit je 20 ccm Pentan, das beim Verdunsten keinen wägbaren Rückstand hinterlassen darf, ausgeschüttelt. Die vereinigten Ausschüttelungen läßt man zwecks Abscheidung von etwa mitgerissenen Tröpfchen der Salzlösung einige Minuten stehen und führt sie dann restlos in einen gewogenen weithalsigen Erlenmeyer-Kolben (sog. Maulaffen) von 100 ccm Rauminhalt über, wobei genau darauf

[1] E. Spaeth: Pharm. Zentralh. 1908, **45**. [2] C. Griebel: **Z.** 1926, **51**, 321.
[3] C. Mann: Arch. Pharm. 1902, **240**, 149. [4] F. Härtel u. R. Will: **Z.** 1907, **14**, 571.
[5] Sollte dann ausnahmsweise der Destillationsrückstand noch nach ätherischem Öl riechen, so müßten nochmals etwa 50 ccm abdestilliert werden.

zu achten ist, daß keine Tröpfchen der Salzlösung mit in den Kolben gelangen. Das Pentan wird sodann auf einem mäßig geheizten Wasserbade vorsichtig abgedunstet. Die letzten Anteile des Lösungsmittels entfernt man durch sehr vorsichtiges Einblasen von trockener Luft (Handgummigebläse). Der Kolben kommt hierauf 30 Minuten in den Exsiccator und wird dann gewogen. Bei einer Kontrollwägung nach weiteren 15 Minuten darf der Gewichtsverlust nur wenige (1—2) Milligramme betragen; andernfalls enthielt der Rückstand noch Pentan, und er muß dann nach je 15 Minuten erneut gewogen werden, bis das Gewicht nicht mehr wesentlich abnimmt.

H. GFELLER[1], der eine Reihe von Verfahren zur Bestimmung des ätherischen Öles in Drogen nachgeprüft hat, hält das vorstehende für das geeignetste.

c) R. REICH[2] hat das von MANN vorgeschlagene und durch HÄRTEL und WILL verbesserte Verfahren dahin abgeändert, daß er das in Äther, Rhigolen oder Pentan gelöste ätherische Öl in ein MANNsches Wägekölbchen bringt, die Hauptmenge des Lösungsmittels verdunstet, indem er einen getrockneten Luftstrom hindurchschickt, alsdann eine geeignete Menge Isopropylchlorid zusetzt, die entweichenden Verdunstungsgase gegen ein erhitztes Kupferdrahtnetz strömen läßt und mit dem Durchleiten von trockener Luft so lange fortfährt, bis die grüne Halogenkupferfarbe verschwunden ist. Während sich die meisten ätherischen Öle auf diese Weise genau bestimmen ließen, gelang die Bestimmung von Kümmelöl, Citronenöl, Eucalyptusöl und Terpentinöl nicht in befriedigender Weise, weil diese verhältnismäßig viel leichtflüchtige Terpene enthalten, die mit dem Lösungsmittel verdunsten.

Für das Abtreiben des ätherischen Öles aus Gewürzen empfiehlt R. REICH einen besonderen Apparat, dessen Beschreibung sich hier erübrigt.

d) Bei dem Verfahren von DAFERT[3] wird das Destillat in 2—3 den Butyrometern ähnlich geformten Zentrifugenröhrchen aufgefangen, das ätherische Öl durch Zentrifugieren in den capillaren graduierten Teil gebracht und abgelesen.

PEYER und DIEPENBROCK[3], die dieses Verfahren und die meisten anderen nachgeprüft haben, halten es wegen seiner schnellen Ausführbarkeit für besonders empfehlenswert, obwohl es nur für ätherische Öle, die leichter als Wasser sind, in Betracht kommt. Die gleiche Beschränkung gilt auch für das von PEYER und DIEPENBROCK erwähnte Tailameter-Verfahren.

Eine von R. FISCHER[4] vorgenommene Verbesserung der DAFERTschen Methode besteht in dem Zusatz von Natriumchlorid zum Destillat. Hierdurch wird die Abscheidung des ätherischen Öles wesentlich beschleunigt, und außerdem wird so die Methode auch für ätherische Öle brauchbar, deren spezifisches Gewicht 1 oder größer als 1 ist.

e) A. KUHN[5] destilliert die Drogenpulver in einem Wasserbestimmungsapparat (vgl. Bd. IV) mit einer bestimmten Menge Wasser. Das vom Wasserdampf mitgenommene ätherische Öl sammelt sich nach der Kondensation des Dampfes auf der im S-förmigen Meßrohr stehenbleibenden Wasserschicht. Bei Ölen, die schwerer sind als Wasser, muß das Auffangrohr vor Beginn der Destillation mit 1 ccm Xylol versehen werden, das dann auf der Wassersäule schwimmt und das übergehende ätherische Öl abfängt. Da sich bei der Destillation das gesamte im System enthaltene Wasser mit Xylol sättigt — der hierdurch entstehende Xylolverlust betrug 0,03 ccm — hat man also vom abgelesenen Volumen noch 0,97 ccm abzuziehen, um das Volumen des ätherischen Öles zu finden. Das absolute Gewicht errechnet sich aus dem abgelesenen Volumen und dem spezifischen Gewicht des betreffenden ätherischen Öles. Destillationsdauer 1—2 Stunden. Die Methode liefert durchweg etwas höhere Werte als das unter b) beschriebene Verfahren.

f) Auf Grund der Chromsäuremethode von v. FELLENBERG, bei der die nicht verbrauchte Chromsäuremenge titrimetrisch bestimmt wird, hat C. ZÄCH[6] eine

---

[1] H. GFELLER: Pharmac. Acta Helv. 1929, **4**, 39.
[2] R. REICH: **Z.** 1908, **16**, 497.
[3] DAFERT: Zeitschr. landw. Versuchswesen in Deutsch-Österreich 1923, S. 105, zit. von PEYER u. DIEPENBROCK: Apoth.-Ztg. 1926, **41**, 219.
[4] R. FISCHER: Apoth.-Ztg. 1929, **44**, 435. [5] A. KUHN: Pharm. Ztg. 1934, **79**, 99.
[6] C. ZÄCH: Mitt. Lebensmittelunters. Hygiene 1931, **22**, 89.

Arbeitsvorschrift ausgearbeitet. Über die erforderlichen Reagenzien und die Ausführung des Verfahrens macht er folgende Angaben:

Reagenzien: genau $^1/_2$ N.-Kaliumbichromatlösung; etwa $^1/_{10}$ N.-Natriumthiosulfatlösung; der Titer wird nach ZULKOWSKY[1] mit $^1/_2$ N.-Bichromat und verdünnter Salzsäure bestimmt; konzentrierte Schwefelsäure, nach Belieben roh oder rein; man bestimmt den Chromsäureverbrauch durch einen blinden Versuch mit 50 ccm konzentrierter Schwefelsäure und 2 ccm der Bichromatlösung und zieht diesen Betrag bei der Berechnung ab. 0,2 g Gewürzpulver (bei Nelken nur 0,1 g) werden in einem 50 ccm-Stehkölbchen mit 25 ccm Wasser und einigen Siedesteinchen versetzt. Man destilliert unter Verwendung eines kleinen senkrechten LIEBIGschen Kühlers, dessen Kühlerrohr 30 cm lang und 5 mm weit ist, mit ziemlich kleiner Flamme unter zeitweiligem Umschwenken in einen 100 ccm-ERLENMEYER-Kolben, bis 20 ccm übergegangen sind.

Das Destillat wird mit einem genügenden Überschuß an $^1/_2$ N.-Bichromatlösung versetzt (2—10 ccm je nach zu erwartendem Ölgehalt). Dann läßt man in kleinen Anteilen unter kräftigem Umschütteln doppelt soviel konzentrierte Schwefelsäure wie Flüssigkeit vorhanden ist, also meist etwa 50 ccm, zufließen, wobei man die letzten 5—10 ccm durch den Kühler hinzugibt. Kräftiges Schütteln ist wichtig, damit sich nicht Klümpchen von verharztem Öl bilden, die sich der Oxydation entziehen können.

Die Mischung erwärmt sich stark und wird nun ohne zu kühlen mindestens 30 Minuten stehen gelassen. Sollte die Flüssigkeit einen rein blaugrünen Ton annehmen, so ist zu wenig Bichromat angewendet worden. Man setzt in diesem Fall noch mehr Bichromat zu.

Nach beendeter Oxydation wird die Mischung in einen $1^1/_2$-Literkolben gespült und mit Leitungswasser auf etwa 1 Liter aufgefüllt. Diese starke Verdünnung ist notwendig, damit der Umschlagspunkt (blau—grün) scharf ist. Man kühlt auf Zimmertemperatur ab, fügt etwa 0,25 g Kaliumjodid zu und titriert nach 2minutigem Stehen den Überschuß an Bichromat mit $^1/_{10}$ N.-Thiosulfat unter Zusatz von Stärke zurück.

Der Gehalt an ätherischem Öl wird aus dem Bichromatverbrauch berechnet. 1 ccm $^1/_{10}$ N.-Bichromat entspricht je nach der Gewürzart folgenden Mengen ätherischen Öles, in Milligramm ausgedrückt:

Anis und Sternanis	0,350	Muskatnuß und Macis	0,390
Kardamom	0,500	Nelken	0,375
Coriander	0,380	Paprika	0,350
Fenchel	0,365	Pfeffer	0,400
Ingwer	0,360	Piment	0,360
Kümmel	0,450	Safran	0,540
Lorbeerblätter	0,400	Senf, schwarz	0,700
Majoran	0,375	Zimt	0,340

Rechnungsbeispiel:

Substanzmenge: 0,20 g Anis.

Angewendete Menge Bichromat: 5 ccm $^1/_2$ N. bzw.	25,00 ccm $^1/_{10}$ N.
Zurücktitriert	12,66 ccm $^1/_{10}$ N.
	12,34 ccm $^1/_{10}$ N.
Abzug für 50 ccm konzentrierte Schwefelsäure (roh)	0,50 ccm $^1/_{10}$ N.
Bichromatverbrauch	11,84 ccm $^1/_{10}$ N.

Da 1 ccm $^1/_{10}$ N.-Bichromat 0,350 mg Anisöl entspricht, so ergibt sich $11,84 \cdot 0,350 = 4,14$ mg für 0,2 g Substanz = 2,07% ätherisches Öl.

Auf Grund seiner nach diesem Verfahren ausgeführten Untersuchungen schlägt C. ZÄCH[2] für die Neuauflage des Schweizer Lebensmittelbuches folgende Grenzwerte vor:

Anis	2,0— 4,0%	Nelken	16,0—20,0%
Fenchel	2,0— 6,0%	Paprika	0,5— 1,0%
Ingwer	0,8— 3,0%	Pfeffer	1,0— 3,0%
Kardamom	2,0—10,0%	Piment	3,0— 5,0%
Coriander	0,3— 1,5%	Safran	0,6— 1,0%
Kümmel	2,0— 5,0%	Senf, schwarz	0,5— 1,0%
Lorbeerblätter	0,8— 3,0%	Senf, weiß	0,0— 0,3%
Macis	5,0—14,0%	Sternanis	8,0—12,0%
Majoran	0,5— 1,0%	Cassia	1,5— 4,0%
Muskatnuß	3,0— 8,0%	Ceylonzimt	1,5— 3,0%

[1] Vgl. TREADWELL: Lehrbuch der analytischen Chemie, 8. Aufl., Bd. 2, S. 553.

[2] C. ZÄCH: Mitt. Lebensmittelunters. Hygiene 1932, **23**, 156; Zeitschr. analyt. Chem. 1933, **93**, 222.

Allgemeine Gerichtsentscheidungen betreffend den Verkauf verfälschter und verdorbener Gewürze.

Die gerichtliche Beurteilung von Verfälschungen der Gewürze wird bei den einzelnen Gewürzen mitgeteilt werden. Die nachstehenden Gerichtsentscheidungen betreffen den Verkauf mehrerer verfälschter oder verdorbener Gewürze; sie mögen daher hier in der Einleitung zu diesem Abschnitt besonders aufgeführt werden:

Verkauf verfälschter Gewürze als „präparierte". Der Angeklagte hatte fortgesetzt verschiedenen reinen Gewürzen zum Zwecke der Täuschung fremde minderwertige und gleichartige, aber minderwertige Stoffe beigemengt. Eine Probe gemahlener Zimt ergab einen Zusatz von extrahiertem Zimt und 18% Zucker. Macis, als rein bezeichnet, enthielt Bombaymacis, die fast geruchlos und wertlos ist. „Präparierte Macis" enthielt Muskatnuß neben Macis, ferner gestoßenen Zwieback und gefärbtes Paniermehl. Der „präparierte Safran" enthielt Safranblütenpulver (Feminelle) in bedeutenden Mengen als Zusatz. Nelken zeigten einen Zusatz von extrahierten Nelken und Nelkenstielen. Schwarzer gemahlener Pfeffer enthielt einen starken Schalenzusatz.

Die grauen Körner des Penangpfeffers, einer geringeren Pfeffersorte, ließ er mit schwarzer Erde (Frankfurter Schwarz) schwarz färben und verkaufte sie als höherwertigen reinen schwarzen Singaporepfeffer. Fenchel wurde mit extrahiertem Fenchel vermischt. Der Angeklagte gibt selbst zu, seine „präparierten" Gewürze mit minderwertigen oder wertlosen Zutaten verfälscht zu haben. Die bei ihm kaufenden Kaufleute, Detaillisten, wußten, daß sie unter der Bezeichnung „präpariert" keine reine, sondern unreine, mit minderwertigen Stoffen versetzte Ware bekamen. Die Kunden der Detaillisten, das Publikum, das tagtäglich bei dem Kleinhändler einkauft, wußte und weiß in der Regel nicht, daß „präparierte" Gewürze verfälscht sind. Verurteilung aus § 10, 1 u. 2 NMG., LG. Leipzig, 9. Januar 1896.

Verkauf verdorbener Gewürze (mißfarbiges, von Schimmelpilzen durchsetztes Paprikapulver und stark sandhaltiges Zimtpulver von geringem Würzwert). Das freisprechende Urteil des Amtsgerichtes wurde aufgehoben und die Sache zur anderweiten Entscheidung zurückverwiesen. Aus dem Urteil: Der Bezug von „einwandfreien Firmen" und die unauffällige Beschaffenheit der Ware bei ihrem Eingang sichert den Angeklagten nicht dagegen, daß diese Ware z. B. bei ungeeigneter oder zu langer Lagerung bei ihm verdirbt. Wer gewerbsmäßig ein Lebensmittel verkauft oder feilhält, ist, sei es als Großhändler, sei es als Kleinhändler, ohne Anregung von außen, also rechtlich, verpflichtet, sich von Zeit zu Zeit über die Beschaffenheit seiner Ware zu unterrichten. Die Untersuchungspflicht des Großhändlers ergibt sich sowohl aus dem Lebensmittelgesetz als auch aus dem Handelsgesetzbuch. KG. vom 25. Oktober 1929.

II. Die einzelnen Gewürze.

A. Unterirdische Pflanzenteile.

Hierzu gehören die Rhizome von Ingwer, Curcuma, Galgant, Zitwer und Kalmus.

1. Ingwer.

Ingwer oder Ingber ist der ungeschälte und getrocknete oder der von den äußeren Gewebsschichten mehr oder weniger vollständig befreite und getrocknete Wurzelstock der im tropischen Asien heimischen und in allen heißen Erdstrichen angebauten Ingwerpflanze (Zingiber officinale Rosc. — Zingiberaceae).

Man unterscheidet hiernach ungeschälten (bedeckten) und geschälten bzw. halbgeschälten (nur zum Teil von der Rinde befreiten) Ingwer. Der ungeschälte ist gelblichgrau, der geschälte gelblich oder bräunlich, fein längsstreifig. Letzterer wird zwecks Erzielung einer helleren Farbe zuweilen mit schwefliger Säure (Sulfit) gebleicht, häufiger aber vor dem Trocknen in Kalkwasser eingelegt (gekalkt). Gekalkter Ingwer sieht fast weiß aus.

Die Stücke des Wurzelstockes sind in einer Ebene verzweigt, seitlich zusammengedrückt, bis 10 cm lang und bis 2 cm breit.

Ingwer hat einen aromatischen Geruch und einen brennend scharfen Geschmack.

Die wichtigsten Sorten [1], die aber nicht immer im Handel erhältlich sind, sind folgende:

a) Jamaikaingwer, die zur Zeit in Deutschland offizinelle Sorte, kommt geschält — auch gebleicht oder gekalkt — und ungeschält in den Handel. Die Stücke sind bis 10 cm lang, im Bruch stark faserig. Geruch und Geschmack ist sehr fein.

b) Bengalingwer, der bisher in Deutschland offizinell war, seit einiger Zeit aber aus dem europäischen Handel verschwunden ist, war nur auf zwei Seiten geschält; Stücke bis über 5 cm lang, im Bruch wenig faserig.

c) Cochiningwer ist völlig geschält und oft gekalkt. Nach E. REICH wird er auch mit Gips geweißt. Stücke bis 5 cm lang.

d) Afrikanischer Ingwer (Sierra Leone) meist ungeschält oder halbgeschält, weniger wertvoll.

e) Japaningwer ist eine minderwertige, meist stark gekalkte Sorte aus kurzen Rhizomstücken.

f) Chinaingwer findet überwiegend zur Herstellung von kandierter Ware Verwendung.

Der Geruch des Ingwers wird durch das nicht scharf schmeckende ätherische Öl verursacht, dessen Hauptbestandteil ein monocyclisches Sesquiterpen (Zingiberen) ist. Von den scharf schmeckenden Stoffen des Ingwers ist der wichtigste das Gingerol, eine ölartige hellgelbe Flüssigkeit schwankender Zusammensetzung, die aus Verbindungen eines Oxyketons (Zingeron) mit n-Heptylaldehyd und isomeren Aldehyden besteht. Zingeron bildet beißend schmeckende Krystalle (Schmelzpunkt 40—41°), die sich mit alkoholischer Eisenchloridlösung grün färben und mit MILLONs Reagens Rotfärbung liefern. NOMURA [2] hat außer Zingeron noch einen weiteren scharf schmeckenden Stoff (Shogaol) isoliert. Sonstige Bestandteile des Ingwers sind Harze, Stärke und organische Säuren.

Über die allgemeine chemische Zusammensetzung liegen reichlich Untersuchungen vor [3]. J. KÖNIG gibt die Zusammensetzung nach früheren Analysen folgendermaßen an: Wasser 8,0—16,0%, Stickstoffsubstanz 5,0—8,8%, ätherisches Öl 0,8—4,0%, Fett 1,9—8,0%, Stärke (nach dem Diastaseverfahren) 49,0—64,0%, Rohfaser 2,4—8,9%, Asche 3,1—6,5%, Alkoholextrakt (nach Ätherauszug) 1,1—4,5%, Wasserextrakt 9,0—17,5%, Petrolätherextrakt 2,0 bis 5,8%, Methylalkoholextrakt 3,8—9,6%.

v. FELLENBERG fand 0,02—0,06% Pektin, ARRAGON 5,0—6,4%, HANUŠ und BIEN in der Trockensubstanz 7,64% Pentosane.

Das Schweizerische Lebensmittelbuch (1917) nennt als Ergebnisse neuerer Untersuchungen folgende Werte: Fett 3—5%, ätherisches Öl 1,5 bis 3,5%, Kohlenhydrate 60—70%, Stärke 40—60%, Pentosane 5—7%, Rohfaser 3—8,5%, Stickstoffsubstanz 5;5—8%.

Bezeichnung	Wasser	Ätherauszug		Alkoholauszug		Petrol-äther-auszug	Methyl-alkohol-auszug	Mineralstoffe		Sand
		flüchtig	nicht flüchtig	nach dem Ätherauszug	nach WINTON			Gesamt-asche	wasser-löslich	
	%	%	%	%	%	%	%	%	%	%
Cochiningwer (13) .	11,64	1,38	3,40	1,86	3,96	2,19	4,43	4,18	2,33	0,15
Japaningwer (10) .	11,68	1,38	4,48	3,45	5,80	3,06	7,19	4,65	2,04	0,30
Bengalingwer (18) .	12,51	1,60	3,97	1,88	4,36	2,46	5,43	7,06	3,45	2,05
Afrikaingwer (9) . .	12,74	2,54	6,50	1,70	6,64	4,64	7,47	4,37	1,97	0,84
Pulver des Handels (22)	10,90	1,29	3,92	2,48	4,45	—	5,89	7,25	2,95	1,87

[1] Vgl. J. BUCHWALD: Arb. Kaiserl. Gesundh.-Amt 1899, **15**, 244 und R. REICH: **Z.** 1907, **14**, 549.

[2] NOMURA: Vgl. **Z.** 1930, **60**, 559.

[3] Vgl. insbesondere die eingehenden Arbeiten von J. BUCHWALD (Arb. Kaiserl. Gesundh.-Amt 1899, **15**, 244) und E. REICH (**Z.** 1907, **14**, 549).

WINTON, OGDEN und MITCHELL fanden, je nachdem der Ingwer nicht oder mehr oder weniger gekalkt war, Schwankungen im Kalkgehalt von 0,13—3,53%.

Die Untersuchung verschiedener Handelssorten und aus dem Kleinhandel entnommener Pulver durch E. REICH lieferte vorstehende Mittelwerte.

Man sieht aus diesen Untersuchungen, daß beim Ingwer — ähnlich wie beim Zimt — die bessere Beschaffenheit nicht nur von der Menge des ätherischen Öles abhängt, denn der Afrikaingwer, der als minderwertig gilt, lieferte durchweg am meisten ätherisches Öl und auch am meisten Alkohol-, Petroläther- und Methylalkoholextrakt. Durch Lagern nimmt der Gehalt an ätherischem Öl ab, so ging er z. B. im Mittel von 8 Proben nach sechsmonatigem Lagern von 1,46 auf 0,68% herab.

Bei der Untersuchung von extrahiertem Ingwer, sowie mit fettem Öl und extrahierter Ware verfälschtem Pulver erhielt E. REICH folgende Ergebnisse:

Bezeichnung	Wasser	Ätherextrakt		Alkoholextrakt		Petrolätherextrakt	Methylalkoholextrakt	Mineralstoffe		Sand
		flüchtig	nicht flüchtig	nach der Ätherextraktion	nach WINTON			Gesamtasche	wasserlöslich	
	%	%	%	%	%	%	%	%	%	%
Mit Alkohol ausgezogener Cochiningwer	13,26	0,48	1,32	0,67	1,50	0,69	1,54	3,28	0,99	0,11
Mit Alkohol ausgezogener Bengalingwer	13,42	0,46	1,18	0,55	1,30	0,54	1,90	4,52	1,93	0,97
Mit Alkohol ausgezogener Cochiningwer	9,74	0,14	0,67	1,80	0,90	0,35	1,82	4,23	2,73	0,35
Abdestillierter Afrikaingwer. Stärke verquollen; mit Wasserdämpfen ausgezogen, aus einer Fabrik ätherischer Öle	12,33	0,52	5,05	1,76	4,97	2,19	4,90	5,26	2,02	0,74

Bezeichnung	Wasser	Ätherextrakt		Alkoholextrakt		Petrolätherextrakt	Methylalkoholextrakt	Mineralstoffe, Asche		
		flüchtig	nicht flüchtig	nach Ätherextraktion	nach WINTON			Gesamtasche	wasserlöslich	Sand
	%	%	%	%	%	%	%	%	%	%
Mit fettem Öl vermahlener Bengalingwer (Handelsware!)	12,84	2,37	10,12	2,38	11,45	9,39	11,90	5,22	2,01	1,24
Mit fettem Öl und extrahiertem Ingwer verfälschte Ingwerpulver	11,42	0,84	6,08	2,15	5,18	4,67	6,56	4,79	1,73	0,53
	11,58	0,67	5,89	2,02	5,94	4,58	6,96	5,29	1,88	0,41

WINTON, OGDEN und MITCHELL fanden bei extrahierten Proben folgende Werte:

Bezeichnung	Ätherextrakt		Alkoholextrakt	Kaltwasserextrakt	Asche	
	flüchtig	nicht flüchtig			Gesamtmenge	in Wasser löslich
	%	%	%	%	%	%
Reiner Ingwer, Mittel	1,97	4,10	5,18	13,42	5,27	2,71
Aus 18 Proben mit folgenden Schwankungen	0,96–3,09	2,82–5,42	3,63–6,58	10,92–17,55	3,61–9,35	1,73–4,09
Extrahierter Ingwer mit Wasser ausgezogen	1,61	3,86	4,88	6,15	2,12	0,59
Extrahierter Ingwer mit Alkoholäther ausgezogen	0,13	0,54	1,52	16,42	5,05	3,55

Nach diesen Ergebnissen macht sich ein Ausziehen des Ingwers mit Wasser vorwiegend durch eine Erniedrigung des Kaltwasserextraktes, wie auch der Gesamt- und wasserlöslichen Asche geltend, das Ausziehen mit Alkohol-Äther oder die Destillation mit Wasserdampf erniedrigt vorwiegend den Gehalt an ätherischem Öl und bei Extraktion mit Alkohol-Äther auch den an Alkohol-, Petroläther- und Methylalkoholextrakt, während sich das Vermahlen mit Öl, das nach REICH dem Stäuben des feinen Pulvers entgegenwirken soll, in erster Linie durch eine Erhöhung des nicht flüchtigen Ätherextraktes, aber auch des Alkohol-, Petroläther- und Methylalkoholextraktes kundgibt.

Außer der Verwendung von minderwertigen Sorten und extrahierter Ware kommen bei dem Ingwerpulver als Verfälschungsmittel alle die Stoffe in Betracht, die wie Mehle (Bd. V) Rückstände von Ölsamen, Mandelkleie (Bd. IV), Cayennepfeffer (S. 439) und andere auch bei den sonstigen Gewürzen wiederholt genannt sind. Als Beschwerungsmittel wird Ton angegeben, außerdem gehört hierher auch übermäßige Kalkung, bzw. Weißung mit Gips.

Der Nachweis dieser Verfälschungen kann durch die chemische und mikroskopische Untersuchung erbracht werden.

a) Chemische Untersuchung.

Nachweis von extrahiertem Ingwer. Um eine erfolgte Extraktion des Ingwers, sei es mit Alkohol-Äther oder Wasserdampf (vgl. Mikroskopische Untersuchung) oder Wasser, nachzuweisen, genügt es nach den vorstehenden Ausführungen nicht, allein das ätherische Öl zu bestimmen, weil dieses auch unter Umständen durch Lagern auf natürliche Weise abnehmen kann. Man muß vielmehr, wie R. REICH hervorhebt, tunlichst die Werte, die durch Ausziehen mit kaltem Wasser, Äthyläther, Alkohol, Petroläther, Methylalkohol, sowie durch die Aschenbestimmung erhalten werden, zum Vergleich mit heranziehen, um erst aus der Gesamtheit dieser Ergebnisse einen sicheren Schluß ziehen zu können. Über die Ausführung dieser Bestimmungen vgl. S. 331.

Bestimmung des Gingerols. Als Extraktionsmittel eignet sich nach CARNET und GRIER[1] am besten Äthyläther.

Die ätherische Lösung wird eingedampft, der Rückstand mehrere Male mit Petroläther ausgekocht, die Lösung filtriert, mit 60%igem Alkohol ausgeschüttelt, aus der alkoholischen Lösung der Alkohol verjagt und die wäßrige Flüssigkeit mit Schwefelkohlenstoff oder Chloroform ausgeschüttelt; das Lösungsmittel wird verdampft und das zurückbleibende Gingerol auf dem Wasserbade bis zu Gewichtsbeständigkeit getrocknet.

Nachweis der Kalkung. Hierzu kann man die Wurzelstücke nach dem Einweichen mit kaltem Wasser, nötigenfalls unter Zuhilfenahme eines weichen Pinsels, abspülen und in dem Spülwasser (der milchigen Flüssigkeit) Kalk, Schwefelsäure und Kohlensäure bestimmen. R. REICH fand auf diese Weise z. B. für 100 g:

	Durch Wasser abwaschbare Mineralstoffe g	Calciumsulfat g	Calcium-carbonat g
Cochiningwer	0,550—0,725	0,307—0,472	0,012—0,016
Japaningwer	0,910—1,265	0,043—0,058	0,541—0,789

Cochiningwer war daher mit Gips, Japaningwer mit kohlensaurem Kalk überzogen.

Da sich aber durch Spülen mit kaltem Wasser kaum sämtlicher Kalk entfernen läßt, so verascht man den zerkleinerten Ingwer und bestimmt in der Asche, nachdem diese vorher mit Ammoniumcarbonat durchfeuchtet und der Überschuß vorsichtig verraucht wurde, Kalk, Schwefelsäure und Kohlen-

[1] CARNET u. GRIER: Z. 1911, 22, 182.

säure. Der Kalkgehalt ungekalkter Ingwerarten beträgt in der Regel 0,20–0,30% und steigt höchstens auf 0,50%. Ein Mehr an Kalk beweist daher eine Kalkung, und die Frage, ob Gips oder Kreide bzw. Kalkmilch verwendet wurde, ergibt sich aus dem Verhältnis von Schwefelsäure und Kohlensäure zum Kalk.

Beim Transport und bei der Aufbewahrung stark gekalkten Ingwers reichern sich natürlich die abgefallenen Kalkteilchen im untersten Teil der Droge an. Werden solche Anteile dann ohne Reinigung vermahlen, wie es vorkommt, so kann der Kalkgehalt viel höhere Werte erreichen. So haben mir Ingwerpulver mit mehr als 7% und 10% Kalk (als Carbonat) vorgelegen.

b) Mikroskopische Untersuchung.

Die etwa 0,4 mm dicke Korkschicht des Ingwers — bei geschälter Ware ist der Kork beseitigt — setzt sich aus etwa 20 Reihen großer, mäßig flacher, zartwandiger Zellen mit brauner Membran und ohne Inhalt zusammen (vgl. die Korkschicht der Curcuma Abb. 4, S. 341).

Die Rinde und der Zentralstrang des Rhizoms bestehen aus dünnwandigem, sehr stärkereichem Parenchym, in das reichlich Sekretzellen (Abb. 1 *o*) mit verkorkten Wänden und gelbem bis gelbbraunem Inhalt (ätherisches Öl oder Harz) eingestreut sind.

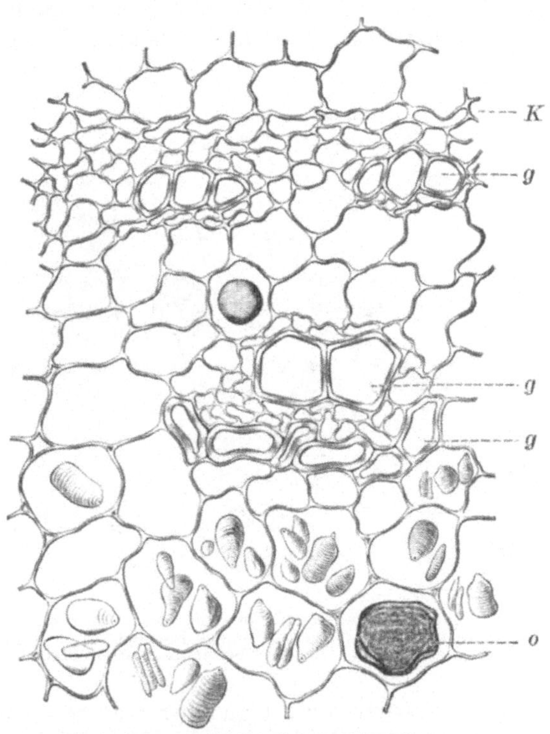

Abb. 1. Querschnitt des Ingwers (J. MOELLER). *K* Kernscheide, *g* Gefäßgruppen, *o* Ölzelle.

Die Stärkekörner (Abb. 1 und 2) sind stets einfach und abgeflacht. Auf der Kante stehend erscheinen sie lineal oder elliptisch, von der Fläche gesehen meist breit eiförmig oder keilförmig, an der einen Seite oft in eine kleine Spitze vorgezogen, die das Schichtenzentrum enthält. Die Schichtung ist sehr dicht und nur wenig deutlich. Die Länge der Stärkekörner beträgt zumeist 20—30 μ, kleinere und erheblich größere (50 μ) finden sich nur spärlich.

Japanischer Ingwer enthält nach T. F. HANANSEK, dessen Befund von L. ROSENTHALER[1] bestätigt wurde, auch zusammengesetzte Stärkekörner, nämlich Zwillinge und Drillinge, deren Teilkörner oft sehr ungleich groß sind. Neben der Stärke finden sich auch Oxalatkrystalle.

Die Zellen der Kernscheide (Abb. 1 *K*) führen keine Stärke; ihre Membran ist verkorkt. Innerhalb der Kernscheide befinden sich in kreisförmiger Anordnung die kollateralen Leitbündel mit ihren langgliedrigen 35—65 μ weiten Gefäßen (*g*), die netz- oder treppenförmige Wandverdickung zeigen. Begleitet sind sie von nur wenig verdickten, nicht verholzten, bis 900 μ langen und 60 μ breiten Bastfasern (*bf*), die mit schiefen Poren versehen und ab und zu durch zarte Scheidewände gefächert sind.

[1] L. ROSENTHALER: Pharm. Ztg. 1929, **74**, 76.

In kandiertem Ingwer sind Stärkekörner nicht mehr nachweisbar; dagegen fallen an Schnitten oder Quetschpräparaten sofort die Sekretzellen mit gelbem Inhalt und die Gefäße auf.

Ingwerpulver besteht überwiegend aus den charakteristischen Stärkekörnern. Nach der Behandlung mit Lauge treten die Parenchymtrümmer, Bruchstücke von Gefäßen und derbwandigen weitlumigen Fasern hervor, bei Pulvern aus ungeschältem Ingwer auch Kork.

Als pflanzliche Verfälschungen des Ingwerpulvers sind verschiedene Stärkesorten, wie Getreide- und Kartoffelstärke (vgl. Bd. V) beobachtet worden. Sind die Ingwerstärkekörner zum Teil verquollen, so läßt dies auf Beimengung von Destillationsrückständen schließen. Weiter werden genannt Curcumapulver (vgl. S. 341), das durch die gelben Kleisterklumpen sofort auffällt, gemahlene Ölkuchen (Lein, Raps, Senf, Mandelkleie), die jedoch so gut gekennzeichnet sind, daß sie kaum übersehen werden können (vgl. Bd. IV und S. 504).

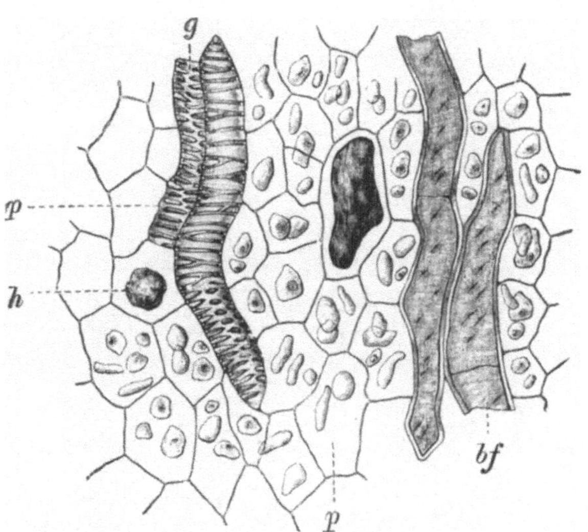

Abb. 2. Längsschnitt des Ingwers (J. Moeller). *h* Ölzellen, *p* Stärke führendes Parenchym, *g* Gefäße, *bf* Bastfasern eines benachbarten Bündels.

c) Anhaltspunkte für die Beurteilung.

Der Verein deutscher Lebensmittelchemiker hat für Ingwer folgende Forderungen vereinbart:

„Ingwer ist der gewaschene, getrocknete, von den äußeren Gewebsschichten ganz oder teilweise befreite Wurzelstock (Rhizom) von Zingiber officinale Roscoe, Familie der Zingiberaceen.

Ingwer, sowohl ganzer wie gemahlener, muß aus dem vorher weder ganz noch teilweise extrahierten Rhizom bestehen und muß einen angenehm gewürzhaften Geruch und einen brennenden Geschmack zeigen. Als höchste Grenzzahlen des Gehaltes an Mineralbestandteilen (Asche) in der lufttrockenen Ware haben zu gelten 8% und für den in 10%iger Salzsäure unlöslichen Teil der Asche 3%."

Die gleichen Grenzzahlen gibt das Deutsche Nahrungsmittelbuch, 3. Aufl., 1922.

Das Deutsche Arzneibuch, 6. Ausgabe, verlangt mindestens 1,5% ätherisches Öl und läßt höchstens 7% Asche zu.

Nach dem Österreichischen Lebensmittelbuch, 2. Auflage, darf der Aschengehalt bei ungekalktem Ingwer 7%, bei gekalktem Ingwer 8,5% nicht übersteigen, einschließlich 3% Sand. Der Gehalt an ätherischem Öl soll nicht weniger als 1,5% betragen.

Das Schweizerische Lebensmittelbuch (1917) gibt folgende Grenzzahlen an: Wasser 5—10%, Asche 3,5—8%, in Salzsäure unlösliche Asche höchstens 3%.

Für die gerichtliche Beurteilung des verfälschten Ingwers liegt folgende Entscheidung vor:

Ingwer mit extrahiertem Ingwer und Kalk. Der als „rein gemahlen" verkaufte Ingwer war minderwertig und keine normale Handelsware, weil er einerseits einen fremdartigen Zusatz, nämlich einen solchen von Kalk, wenn schon nur in geringer Menge, gehabt und weil er andererseits die Bestandteile des Ingwers nicht im natürlichen Mengenverhältnisse aufgewiesen hat. Bei der Untersuchung stellte sich nämlich heraus, daß der Ingwer mit extrahiertem Ingwer, d. h. einem solchen versetzt war, dem man zuvor den wertvollen aromatischen Gewürzstoff entzogen hat. LG. Leipzig, 4. Oktober 1906.

2. Curcuma.

Curcuma oder Gilbwurz ist das Rhizom[1] einer dem Ingwer nahe verwandten Pflanze (Curcuma longa L.-Zingiberaceae), die ebenfalls im südöstlichen Asien heimisch ist und in verschiedenen Tropengebieten kultiviert wird.

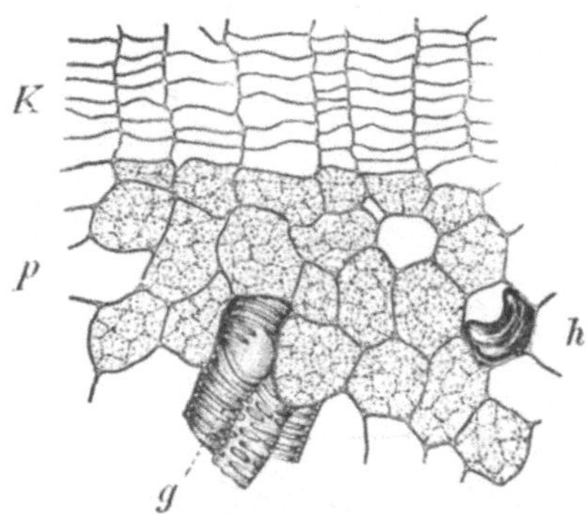

Abb. 3. Querschnitt aus der Rinde der Gilbwurz (J. MOELLER). *K* Kork, *p* Parenchym mit Kleister gefüllt, *h* eine Ölzelle, *g* einige schief durchschnittene Gefäßröhren.

Bei uns findet die Curcuma, die brennend scharf schmeckt, für sich allein keine Verwendung als Gewürz. Jedoch ist sie ein normaler Bestandteil bestimmter Gewürzpulver, wie z. B. des „Curry powder", das meist aus einem Gemenge von Curcuma, Pfeffer, Ingwer, Coriander, Kardamom, Nelken und Piment besteht. Auch als Färbungsmittel wird Curcuma manchen Gewürzen gelegentlich zugesetzt (vgl. unter Mostrich und Paprika).

Im mikroskopischen Bau (Abb. 3) zeigt die Curcuma weitgehende Übereinstimmung mit dem Ingwer, jedoch fehlen ihr die sklerotischen Bastfasern in den Leitbündeln. Der das Rhizom bedeckende Kork (Abb. 4) unterscheidet sich nicht von dem des Ingwers, doch trägt die stellenweise noch erhaltene Oberhaut große einzellige Haare, wie bei der Zitwerwurzel (vgl. Abb. 5). Da die Wurzelstöcke vor dem Trocknen gebrüht werden, ist bei der Handelsware einmal die im Parenchym reichlich enthaltene Stärke fast immer verkleistert und außerdem ist der Inhalt der Sekretzellen (ätherisches Öl und Curcumin) ausgetreten und hat die Kleisterklumpen gelb gefärbt. Diese gelben Kleisterzellen, die sich mit Jod bläuen, mit Alkali orangerot färben, sind das eigentliche Erkennungsmerkmal für Curcumapulver. Kork- und Gefäßteilchen treten daneben vollständig in den Hintergrund.

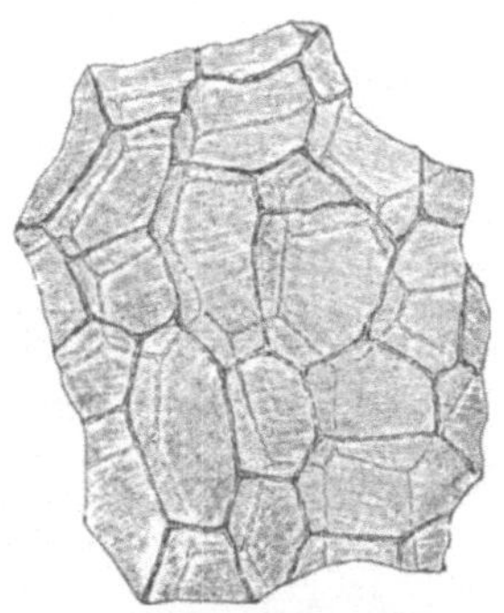
Abb. 4. Kork der Curcuma in der Flächenansicht (J. MOELLER).

Nach dem Österreichischen Lebensmittelbuch, 2. Auflage, enthält Curcuma 3—5% ätherisches Öl. Der Aschengehalt beträgt in der Regel 5—7%.

3. Zitwer.

Der Zitwer besteht aus den getrockneten Querscheiben oder Längsvierteln der knolligen Teile des Wurzelstockes von Curcuma zedoaria Roscoe, einer zur Familie der Zingiberaceen gehörenden Pflanze, die in Südasien und Madagaskar ausgebaut wird.

Der Wurzelstock ist hart und hat einen Querdurchmesser von 2,5—4 cm. Auf der grauen, runzlig-korkigen Außenseite lassen sich zahlreiche Wurzelnarben erkennen. Die Schnittfläche zeigt eine 2—5 mm dicke Rinde und einen umfangreichen, bei dem in Scheiben

[1] Es handelt sich um die von den Wurzelfasern befreiten Nebenwurzelstöcke.

von 5—8 mm Dicke geschnittenen Wurzelstocke meist eingesunkenen Zentralzylinder. Der Bruch ist glatt, fast hornartig. Zitwerwurzel riecht schwach nach Campher, schmeckt campherartig und zugleich bitter (Deutsches Arzneibuch, 6. Ausgabe).

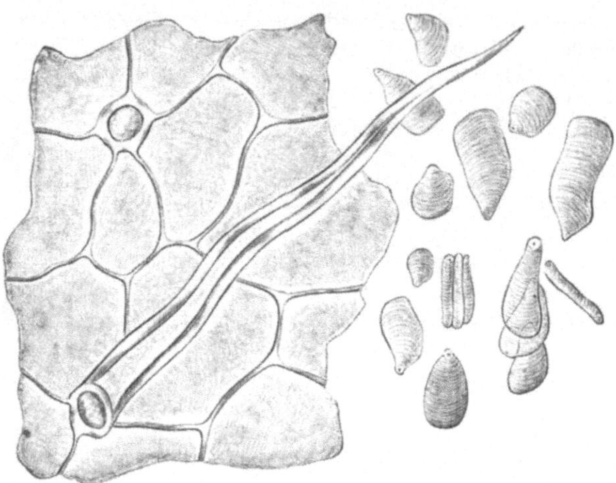

Abb. 5. Oberhaut und Stärke der Zitwerwurzel (J. MOELLER).

Die **chemische Zusammensetzung** der Zitwerwurzel nähert sich der von Ingwer; nach J. KÖNIG ergaben drei Analysen im Mittel: 16,39% Wasser, 10,83% Stickstoffsubstanz, 1,12% ätherisches Öl, 2,46% Fett, 49,90% Stärke, 4,82% Rohfaser und 4,41% Asche. V. FELLENBERG fand 0,14% Pektin.

Wie in der chemischen Zusammensetzung zeigt die Zitwerwurzel auch im **anatomischen Bau** weitgehende Übereinstimmung mit dem Ingwer. Der **Kork** ist vielschichtig, groß- und zartzellig. Die vielfach noch vorhandene Epidermis (Abb. 5) trägt lange, dickwandige, meist einzellige, spitze, seltener durch zarte Querwände geteilte Haare.

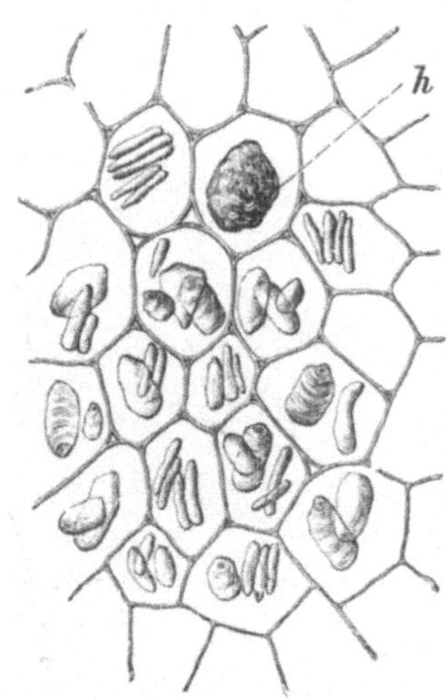

Abb. 6. Parenchym der Zitwerwurzel (J. MOELLER). *h* Harzklumpen.

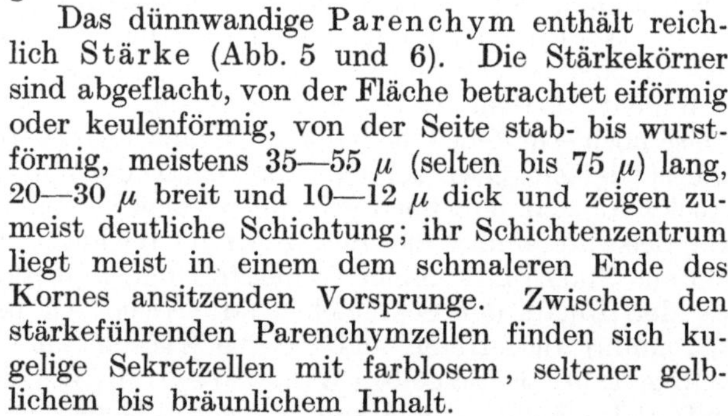

Das dünnwandige **Parenchym** enthält reichlich **Stärke** (Abb. 5 und 6). Die Stärkekörner sind abgeflacht, von der Fläche betrachtet eiförmig oder keulenförmig, von der Seite stab- bis wurstförmig, meistens 35—55 μ (selten bis 75 μ) lang, 20—30 μ breit und 10—12 μ dick und zeigen zumeist deutliche Schichtung; ihr Schichtenzentrum liegt meist in einem dem schmaleren Ende des Kornes ansitzenden Vorsprunge. Zwischen den stärkeführenden Parenchymzellen finden sich kugelige Sekretzellen mit farblosem, seltener gelblichem bis bräunlichem Inhalt.

Den kollateral gebauten **Leitbündeln fehlen die Bastfasern**. Hieran, wie an den größeren Stärkekörnern und den Haaren kann das Zitwerpulver erkannt werden, das sich vom Ingwerpulver auch durch die mehr bräunliche Färbung unterscheidet.

Die Zitwerwurzel hat als Gewürz bei uns nur noch eine geringe Bedeutung.

Nach dem **Deutschen Arzneibuch**, 6. Ausgabe, soll Zitwerwurzel mindestens 0,8% ätherisches Öl und höchstens 0,07% Asche enthalten.

4. Galgant.

Galgant ist der zerschnittene, getrocknete Wurzelstock von Alpinia officinarum Hance (Zingiberaceae), einer dem Ingwer ähnlichen Pflanze, die vorwiegend in Siam angebaut wird (daher auch Siamingwer genannt).

Die Rhizome bestehen aus 5—6 cm langen, selten längeren, 1—2 cm dicken, rotbraunen, zuweilen verzweigten Stücken, die meist noch Reste der festen, glatten, helleren Stengel und der schwammigen Wurzel tragen. Die Stücke sind stellenweise etwas angeschwollen und mit gewellten, ringförmig um die Stücke verlaufenden, kahlen oder gefransten, gelblichweißen Narben oder Resten der Scheidenblätter dicht besetzt. Der Bruch ist faserig. Der hellrotbraune Querschnitt läßt eine nur von wenigen Leitbündeln durchzogene dicke Rinde erkennen, die einen verhältnismäßig kleinen Zentralzylinder mit zahlreichen, dichtgedrängten Leitbündeln umschließt. Galgant riecht würzig und schmeckt brennend würzig (Deutsches Arzneibuch, 6. Ausgabe).

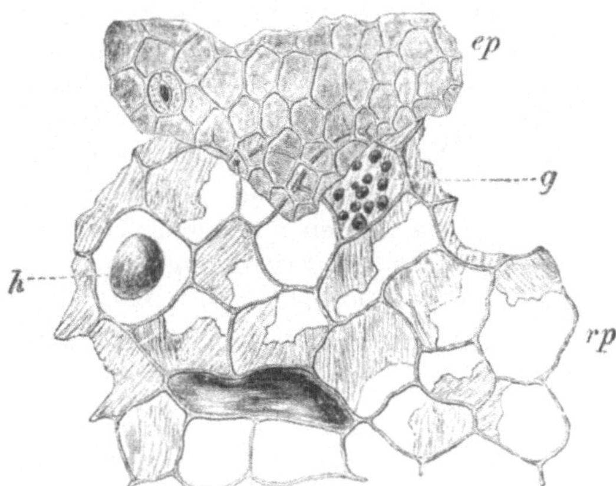

Abb. 7. Rindengewebe des Galgant (J. MOELLER). *rp* braunes Rindenparenchym, *ep* Oberhaut, *g* Gerbstoffkörner, *h* eine Ölzelle.

Im Geruch ist er dem Ingwer ähnlich; in der chemischen Zusammensetzung weicht er aber dadurch von dem Ingwer ab, daß er weniger Stickstoffsubstanz, ätherisches Öl und Stärke, aber mehr Rohfaser enthält; nach J. KÖNIG ergaben zwei Analysen im Mittel: 13,65% Wasser, 4,19% Stickstoffsubstanz, 0,68% ätherisches Öl, 4,75% Fett, 33,33% Stärke, 16,85% Rohfaser und 4,33% Asche; an Pentosanen fanden HANUŠ und BIEN 8,93% in der Trockensubstanz. v. FELLENBERG fand bis 0,23% Pektin.

Im Galgant wurden außerdem Harz und Flavonfarbstoffe nachgewiesen. Von letzteren wurde bisher das Galangin (1,3-Dioxyflavonol) und dessen Methyläther, das Kämpferid, isoliert. Über die Zusammensetzung des als Galangol bezeichneten scharf schmeckenden Stoffes ist nichts bekannt.

Das ätherische Öl enthält Cineol, Eugenol und Pinen sowie Sesquiterpene.

Der Galgant findet als Gewürz bei uns nur sehr selten Verwendung; er wird aber zuweilen zur Verfälschung anderer Gewürze benutzt, besonders nachdem er vorher des ätherischen Öles beraubt wurde. Deshalb mögen hier seine mikroskopischen Erkennungsmerkmale kurz angegeben werden.

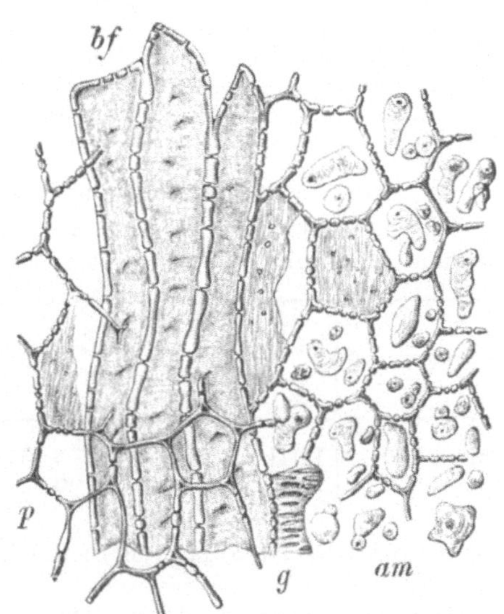

Abb. 8. Längsschnitt durch den Galgant (J. MOELLER). *p* derbwandiges Parenchym des Markes, *bf* Bastfasern, *g* Teil eines Netzgefäßes, *am* Stärkekörnchen.

Der anatomische Bau des Galgants ist trotz der äußeren Verschiedenheit dem der übrigen genannten Zingiberaceenrhizome ähnlich. Zum Unterschied von diesen besitzt Galgant keine **Korkbedeckung.**

Die Oberhaut (Abb. 7*ep*) ist klein und derbzellig, nur spärlich von kleinen Spaltöffnungen unterbrochen und nicht behaart.

Das äußere Rindenparenchym (Abb. 7 *rp*) ist dünnwandig, dunkelrotbraun, an älteren Rhizomen abgestorben; es enthält keine Stärke und nur wenig

Gerbstoff. Nach innen zu ist das Parenchym oft derbwandig, dicht getüpfelt (Abb. 8*p*) und wie das des Zentralzylinders dicht mit Stärke gefüllt (*am*). Zerstreut finden sich auch Zellen, die gelbes ätherisches Öl oder einen braunen, mit Eisensalzen sich schwärzenden Klumpen enthalten.

Die kaum abgeflachten Stärkekörner haben eine mannigfache Gestalt; sie sind meistens einfach, birn- oder keulenförmig, mitunter gekrümmt, hammerförmig u. dgl., oft deutlich geschichtet, mit dem Schichtenzentrum im breiteren Ende. Die Länge schwankt gewöhnlich zwischen 20—45 μ.

Die Leitbündel sind immer von nicht verholzten Bastfasern (Abb. 8 *bf*) mit weitem Lumen umgeben. Treppengefäße und Fasern sind denen des Ingwers gleich. Zur Erkennung des Galgants in Pulvern können in erster Linie die Stärke und weiter das braune derbwandige Parenchym dienen.

Nach dem Deutschen Arzneibuch, 6. Ausgabe, soll Galgant mindestens 0,5% ätherisches Öl und höchstens 6% Asche enthalten.

5. Kalmus.

Unter Kalmus versteht man den Wurzelstock von Acorus calamus L. (Araceae), einer an Gewässern bei uns wildwachsenden Pflanze.

Der frische Wurzelstock wird in etwa 10 cm lange Stücke oder in Querscheiben zerschnitten und nach Art der Citrusschalen in Zucker eingesotten; er ist ein bekanntes volkstümliches Magenmittel. Der getrocknete Kalmus kommt im Handel sowohl geschält als ungeschält vor.

An der Unterseite der 1—1,5 cm dicken Stücke sind stets die zickzackförmig angeordneten kleinen kreisförmigen Wurzelnarben, beim ungeschälten Rhizom außerdem auf der Oberseite dreieckige gegen den Rand verbreiterte Blattnarben erkennbar. Der ungeschälte Kalmus ist längsrunzelig rötlichbraun, der geschälte rötlichweiß. Das weiche schwammige Gewebe wird durch eine zarte Linie (Endodermis) in eine Rinden- und Kernschicht getrennt.

Der Geruch ist angenehm aromatisch, der Geschmack gewürzhaft bitter.

W. SUTTHOFF untersuchte ungeschälten und geschälten Kalmus mit folgendem Ergebnis:

Kalmuswurzel	Wasser	Stickstoffsubstanz	Ätherisches Öl	Fett	Zucker als Invertzucker ber.	Stärke (in Zucker überführbare Stoffe)	Pentosane	Rohfaser	Asche	Sand
	%	%	%	%	%	%	%	%	%	%
Ungeschält .	11,41	5,33	2,46	5,75	6,73	34,08	12,44	6,48	4,40	0,28
Geschält . .	12,50	5,39	2,12	3,02	6,52	45,39	8,98	4,26	2,90	0,03

HANUŠ und BIEN fanden in der Trockensubstanz des Kalmus 8,86% Pentosane.

Mikroskopischer Bau. Die Rinde des Kalmus ist von einer Epidermis aus polygonalen Zellen bedeckt (Abb. 10*ep*).

An Querschnitten (Abb. 9) erkennt man in Rinde und Kern ein gleichartiges, sehr charakteristisches lückiges Gewebe aus einfachen Zellreihen, die ein ungleichmäßiges Netz bilden. Die rundlichen Parenchymzellen sind zum größten Teil mit kleinkörniger Stärke gefüllt, zum kleineren Teil führen sie einen mit Vanillin-Salzsäure sich rotfärbenden Inhalt. An den Knotenpunkten des Netzes befinden sich häufig größere Sekretzellen (30—50 μ) mit verkorkter Wand, die ätherisches Öl oder einen braunen Harzklumpen enthalten (Abb. 9 *o*). Größe der Stärkekörner 1—8 μ, selten sind sie aus 2—4 Teilkörnchen zusammengesetzt.

Leitbündel kommen in der Rindenschicht zerstreut, innerhalb der Endodermis als geschlossene Schicht vor. Die Gefäße (Treppen-, Netz- und

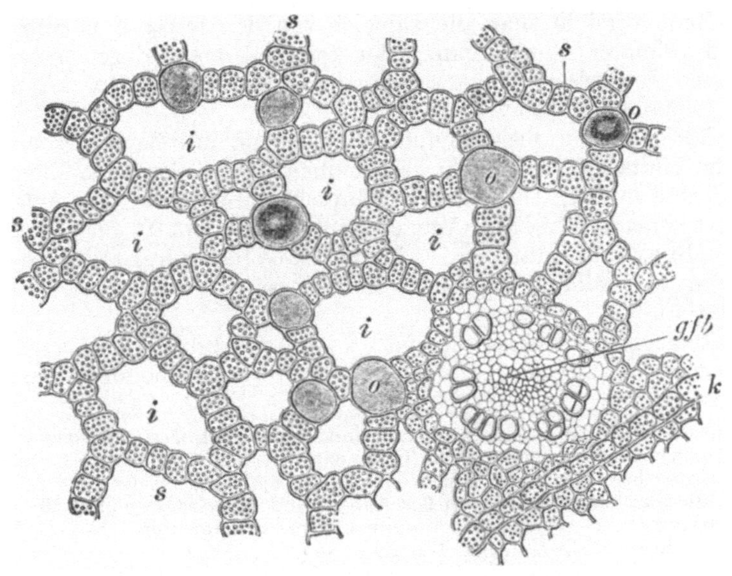

Abb. 9. Querschnitt des Kalmus (TSCHIRCH).
s Parenchymnetz, *i* Lücken, *o* Ölzellen, *gfb* Leitbündel, *k* Kernscheide.

Spiralgefäße) bilden in diesen Bündeln einen Kreis (Abb. 9 *gfb*). Die in der Rinde liegenden Bündel sind oft von Fasern umhüllt.

Das rötlichgraue Kalmuspulver (Abb. 10) besteht hauptsächlich aus einzelnen Stärkekörnchen und stärkereichen Parenchymfetzen. Kennzeichnend sind auch die durch Vanillin-Salzsäure sich rötenden Teilchen. Gefäßbruchstücke, Fasern und Sekretzellen findet man nur spärlich. Aus ungeschältem Kalmus hergestelltes Pulver enthält auch Epidermisteilchen.

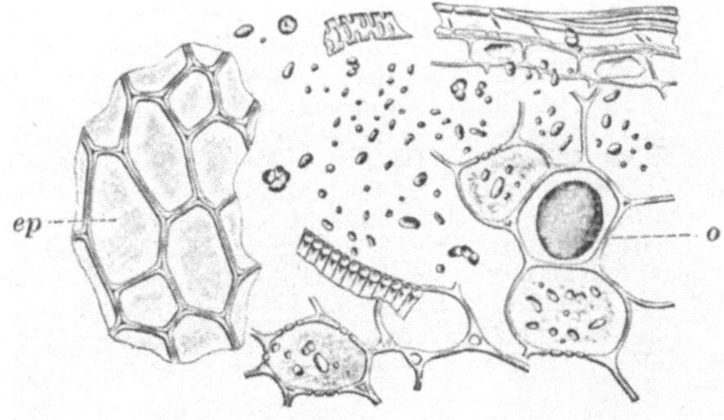

Abb. 10. Kalmuspulver (J. MOELLER). *ep* Oberhaut, *o* Ölzelle.

Nach dem Deutschen Arzneibuch, 6. Ausgabe, soll Kalmus mindestens 2,5% ätherisches Öl und höchstens 6% Asche enthalten. Das Österreichische Lebensmittelbuch, 2. Auflage, gibt 2,5% ätherisches Öl und als Höchstmenge 7% Asche an.

B. Rinden.

Von Rindengewürzen ist bei uns nur noch der Zimt in Gebrauch. Früher wurde auch der Nelkenzimt und der sog. weiße Zimt häufiger verwendet. Beide kommen aber nur noch selten in den Handel. In der Kriegszeit diente vorübergehend eine Massoirinde als Würzmittel für verschiedene Zubereitungen.

6. Zimt und zimtähnliche Gewürze.

a) Zimt.

Unter Zimt versteht man die zumeist von den äußeren Gewebeschichten (Kork und primärer Rinde) ganz oder teilweise befreite getrocknete Rinde der Äste und Wurzelschößlinge verschiedener zur Familie der Lauraceen gehörenden Cinnamomumarten.

Die handelsüblichen Bezeichnungen für die im mitteleuropäischen Handel befindlichen Zimtsorten sind nicht ganz einheitlich. Es kommen aber praktisch nur drei Sorten in Betracht, die der Hauptsache nach von drei Arten (Cinnamomum Ceylanicum Breyne, Cinnamomum Cassia Blume und Cinnamomum Burmanni Blume) abstammen, nämlich Ceylonkanehl (= Ceylonzimt), Zimtcassia (= chinesischer Zimt oder Cassia lignea), Padangcassia (= Cassia vera[1]).

Von untergeordneter Bedeutung ist Javakanehl und Javacassia. Einige andere Sorten, wie Seychellenzimt und Saigonzimt kommen nur gelegentlich zu uns.

1. Ceylonzimt (Kanehl, Caneel, Cortex Cinnamomi ceylanici, Cortes cinnamomi acuti) von Cinnamomum Ceylanicum Breyne. Ceylonzimt besteht aus der etwa 0,3 mm starken, von beiden Seiten her eingerollten Innenrinde der 1—2jährigen Zweige (Schößlinge, Stockausschläge), die durch Abschaben von der Außen- und Mittelrinde befreit ist; die Rinden werden zu mehreren (8—10) ineinander gesteckt und kommen in 0,5—1 m langen und ungefähr 1 cm dicken Rollen in den Handel.

Nach der Qualität (Stärke und Farbe der Rinde) erfolgt die Einteilung in Elkelle (= Type) 0000, 000, 00, 0, 1, 2, 3, 4, 5. Die dünnste und hellste Rinde wird am höchsten bewertet, denn die Feinheit des Aromas nimmt mit der zunehmenden Dicke ab.

Die leicht brüchige Rinde ist außen glatt, mattgelbbraun, von helleren Längsstreifen durchzogen, innen dunkelbraun. Der Bruch ist kurzfaserig. Wegen seines feinen Geruches und sehr gewürzhaften, süßen — nicht herben — Geschmackes wird der Ceylonzimt am höchsten geschätzt; er ist auch vom Deutschen Arzneibuch und anderen Arzneibüchern für die Apotheken vorgeschrieben.

2. Chinesischer Zimt (Zimtcassia, gemeiner Zimt, Cassia lignea, zum Teil auch als Cassia vera bezeichnet, Cortex Cinnamomi Cassiae) stammt von Cinnamomum Cassia (Nees) Blume, einem hauptsächlich in Südchina kultivierten Baum. Der chinesische Zimt besteht aus etwa 1—3 mm dicken, meist einseitig gerollten Röhren von 1—3 cm Durchmesser und 30—40 cm Länge. Die Stücke sind vielfach nur sehr nachlässig abgeschabt und stellenweise oder auch durchweg noch von der primären Rinde und dem Kork bedeckt. Bei gut geschälter Ware ist die Rinde außen hellbraun, innen dunkler, mehr rötlichbraun. Der Bruch ist zum Unterschied von Ceylonzimt körnig und nicht faserig. Chinesischer Zimt riecht weniger fein als Ceylonzimt, der Geschmack ist weniger süßlich, bei hinreichender Beseitigung der Außenrinde aber nur wenig herb, auch kaum schleimig.

Die Röhren kommen in ungefähr 0,5 kg schweren, von Baststreifen zusammengehaltenen Bündeln in den Handel, die im Innern nicht selten minderwertigen Bruchzimt und Abfall enthalten.

3. Als Padangcassia (Cassia vera) wird im Handel jetzt eine nach dem mikroskopischen Befund von Cinnamomum Burmanni Blume stammende Zimtsorte bezeichnet, die in Niederländisch-Indien erzeugt wird. Sie besteht aus zweiseitig gerollten, in der prima Ware sehr sorgfältig abgeschabten, gewöhnlich 1—1,5 cm breiten Röhren. Die Dicke der Rinde beträgt 1—3 mm. Die Farbe ist außen hellbraun, innen häufig rotbraun. Der Bruch ist körnig, fast glatt. Der Geschmack ist feiner als der des chinesischen Zimtes, an Ceylonzimt erinnernd, obwohl der Schleimgehalt mitunter recht hoch ist. Stellt man Padangcassia über Nacht in Wasser, so zeigt sich beim Herausnehmen bei manchen Sorten ein mehr oder weniger konsistenter Schleimfaden am Ende der Röhre, was selbst bei dickeren Rinden von chinesischem Zimt gewöhnlich nicht der Fall ist.

4. Malabarzimt, Holzzimt (Holzcassia) ist eine in der wissenschaftlichen Literatur bisher gebräuchliche Sammelbezeichnung (vgl. König, 4. Aufl., III, 3, 132) für minder wertvolle, d. h. oft nur wenig gewürzhafte, ungeschälte, im Geschmack oft herbe, auch mehr oder weniger schleimige Zimtsorten verschiedener Herkunft (wie Cinnamomum Cassia, Cinnamomum Burmanni Blume, Cinnamomum obtusifolium Nees, Cinnamomum pauci-

[1] Als „Cassia vera" gehen auch bessere Sorten von chinesischem Zimt, während „Cassia lignea" häufig die minderen Sorten umfaßt.

florum NEES, Cinnamomum Tamala NEES et EB. u. a.). In der Praxis versteht man unter Holzzimt (nicht identisch mit der im internationalen Handelsverkehr gebräuchlichen Bezeichnung „Cassia lignea") im allgemeinen die oft holzartige, nur mangelhaft oder nicht abgeschabte Rinde von Stämmen oder älteren Ästen ohne Rücksicht auf ihre Abstammung. Derartige Ware wird oft zu Pulver verarbeitet.

Von untergeordneter Bedeutung sind für uns:

Javacaneel, eine Sorte, die im Geschmack dem Ceylonzimt nahe kommt. Sie besteht aus sorgfältig abgeschabten Rinden, von denen — ähnlich wie beim Ceylonzimt — dünnere Stücke in die dickeren geschoben sind. Die stärksten sind 2 mm dick und bis über 2,5 cm breit. Im Innern enthalten diese rollenartigen Gebilde viel kleine blätterige Bruchstücke und vereinzelt Chips aus Holzelementen (vgl. S. 358). Nach TSCHIRCH[1] stammt der Javazimt von einer großblätterigen Varietät von Cinnamomum ceylanicum. Eine mir vorliegende frische Handelsware zeigt in bezug auf die Elemente des sklerotischen Ringes den Charakter von Ceylonzimt, während sie hinsichtlich der Ausbildung der Bastfasern und der Stärkekörner mehr Ähnlichkeit mit Cinnamomum Cassia aufweist (vgl. mikroskopische Untersuchung).

Javacassia ist der unter 3 beschriebenen Padangcassia ähnlich. Eine mir vorliegende frische Handelsware stammt auch, wie die letztgenannte, von Cinnamomum Burmanni.

Seychellenzimt besteht in der Regel aus 4—8 mm dicken, plattenförmigen oder schwach gekrümmten, teilweise noch von Kork oder rissiger Borke bedeckten Stücken von Stammrinde (5—50 cm lang, 4—10 cm breit), die nach ROSENTHALER und REIS[2] von Ceylonzimt herrühren, der gegen Ende des 18. Jahrhunderts auf den Seychellen eingeführt wurde und dort verwilderte.

Madagaskarzimt stimmt mit Seychellenzimt überein.

Saigoncassia zeigt im Bau bald weitgehende Übereinstimmung mit dem chinesischen Zimt, bald läßt ihre mikroskopische Beschaffenheit darauf schließen, daß sie von Cinnamomum obtusifolium NEES — angeblich Cinnamomum obtusifolium var. Loureirii (NEES) PERROT et EBERHARDT — zuweilen auch von Cinnamomum Burmanni BLUME stammt. Offenbar kommen also unter der Bezeichnung „Saigonzimt" verschiedenartige Sorten in den Handel.

Tonkinzimt ist anscheinend zum Teil mit Saigonzimt identisch, soweit letzterer von der dem chinesischen Zimt verwandten Art Cinnamomum obtusifolium var. Loureirii (NEES) PERROT et EBERHARDT stammt. Tonkinzimt ist der Cassiarinde ähnlich gebaut, enthält aber ziemlich viel Schleimzellen.

Der Unterschied der verschiedenen Zimtsorten in der chemischen Zusammensetzung ist aus folgenden Zahlen ersichtlich (vgl. J. KÖNIG)[3].

Zimtsorte	Anzahl der Analysen	Wasser	Stickstoffsubstanz	Ätherisches Öl	Fett	Stärke, d. h. in Zucker überführbare Stoffe	Pentosane	Rohfaser	Asche		Sand	Alkoholextrakt
									wasserlöslich	wasserunlöslich		
	%	%	%	%	%	%	%	%	%	%	%	%
Ceylon	12	8,87	3,71	1,40	1,73	19,64	12,41	34,44	1,69	2,63	0,12	12,85
Chinesischer Rinde .	11	10,88	3,56	1,52	1,96	27,08	7,76	21,82	1,14	2,09	1,32	5,32
Chinesischer Sprossen	3	6,88	7,35	3,78	5,71	10,71	—	11,76	2,88	1,80	0,27	10,88
Malabar	1	8,57	4,50	3,25	1,30	23,22	—	22,27	1,79	2,98	0,03	11,97
Batavia	8	10,49	4,86	1,79	1,33	21,55	—	19,35	1,72	3,69	0,05	13,50
Saigon	10	8,00	4,22	3,69	2,75	21,84	—	23,43	2,06	2,79	0,37	6,60
Penang	1	7,04	4,75	5,84	3,07	23,76	—	20,09	2,03	2,42	0,08	6,07
Indischer[4] . . .	3	13,00	4,96	1,42	2,75	—	—	19,03	2,73		—	—
Seychellen Nr. 1[5]		9,80	2,41	0,42	—	6,90	—	47,05	6,69		0,20	11,50
Seychellen Nr. 2[6]		9,37	2,04	1,33 (Zimtaldehyd)	—	—	—	36,04	8,60		0,44	7,27

[1] TSCHIRCH: Handbuch der Pharmakognosie, 1. Aufl. Bd. 2, S. 1283.

[2] ROSENTHALER u. REIS: Über den Seychellenzimt. Ber. Deutsch. Pharm. Ges. 1909, **19**, 490. Zu dem gleichen Ergebnis hinsichtlich der Herkunft kam W. BIRNSTIEL (Diss. Basel 1922).

[3] J. KÖNIG: 4. Aufl. Bd. 1 1903 S. 972; Bd. 2 1904 S. 1059; Ergänzungsband S. 653, 654.

[4] Nach BALLAND: **Z.** 1904, **7**, 565.

[5] A. BEYTHIEN u. K. HEPP: **Z.** 1910, **19**, 367.

[6] ROSENTHALER u. REIS: Ber. Deutsch. Pharm. Ges. 1909, **19**, 490; **Z.** 1910, **20**, 738.

Natürlich sind die Werte bei den einzelnen Sorten unter sich ebenfalls nicht geringen Schwankungen unterworfen, aber man erkennt aus den vorstehenden Zahlen doch, daß die Qualität nicht allein von der Menge an ätherischem Öl abhängt, denn der Ceylonzimt enthält, wenn man vom Seychellenzimt absieht, durchweg am wenigsten ätherisches Öl, dagegen am meisten Rohfaser.

Nach J. Meyer[1] steht das Seychellenzimtöl dem von Ceylonzimt nahe; er fand in jüngeren Stücken 1,76%, in dickeren Stücken 2,68%, in den Außenschichten der dicken Stücke nur 0,36% Zimtöl.

Der Hauptbestandteil des ätherischen Zimtöles ist der Zimtaldehyd.

Jos. Hanuš[2] bestimmte in verschiedenen Zimtsorten dadurch den Gehalt an Zimtaldehyd, daß er den gemahlenen Zimt mit Wasserdampf destillierte, das Destillat mit Äther ausschüttelte, den Rückstand nach dem Verdunsten des Äthers in Wasser suspendierte, den Aldehyd mit Semioxamazid fällte und als Azon wog. Er fand im Mittel von je 4 Proben an Zimtaldehyd in:

Ceylonzimt	Cassiazimt	Zimtblüte	Zimtabfällen (Chips) 2 Proben
1,89%	2,71%	4,57%	1,33%.

Die Rinde von ostindischem Zimt (Cinnamomum Tamala) ergab 1,80%, der wilde Ceylonkanehl vom Colombo in der Zweigrinde 0,12%, in der Stammrinde 1,31% Zimtaldehyd; im Destillat von Massoyzimt und anderen Zimtarten entstand kein oder nur ein geringer Niederschlag.

E. Spaeth[3] wies in Ceylonzimt 0,50—1,37%, in chinesischem Zimt 0,25%, in Holzcassia 0 bis Spuren Invertzucker, aber bei keiner Sorte Saccharose nach. v. Czadek[4] fand in 17 Proben Cassia lignea 0,58—1,83%, in 2 Proben Cassia ceylanica 1,47 und 1,52%, in 3 Proben Cassia vera 1,24, 4,19 und 6,22% Zucker, als Invertzucker berechnet, und bei sämtlichen Proben nur 0,09 bis 0,53% Saccharose. Ein künstlicher Zusatz von Zucker läßt sich danach beurteilen.

Beythien, Hempel und Bohrisch[5] stellten in einer Probe eines reinen Zimts 25—26% Stärke fest. Koenig fand in einem chinesischen Zimt nur 10,75% Stärke (nach Lintner).

Lührig und Thamm[6] (Nr. 1), ebenso Sprinkmeyer und Fürstenberg[7] (Nr. 2) untersuchten die Asche verschiedener reiner Zimtsorten auf ihre Alkalität usw. und fanden:

Zimtsorte	Anzahl der Proben	Wasser %	Asche %	Sand %	Asche in der sandfreien Trockensubstanz: Gesamt %	wasserlöslich %	wasserunlöslich %	Alkalitätszahl der Asche (1 g Asche erfordert ccm N.-Säure): Gesamt %	wasserlöslich %	wasserunlöslich %
1a. Ceylon .	8	11,02	4,74	0,04	5,28	1,56	3,72	18,3	9,5	20,8
1b. Cassia .	2	14,25	2,08	0,02	2,36	0,93	1,43	14,8	6,5	19,9
2a. Ceylon .	5	11,99	4,75	0,07	5,31	1,15	4,17	17,0	12,0	18,5
2b. Cassia .	5	12,85	2,88	0,55	2,69	0,99	1,70	15,5	9,1	19,4

Hieraus ergibt sich, daß der reine Cassiazimt weniger Asche enthält als der reine Ceylonzimt, daß dagegen in dem Verhältnis zwischen dem wasserlöslichen und wasserunlöslichen Anteil kein wesentlicher Unterschied besteht und daß

[1] J. Meyer: Arb. Kaiserl. Gesundh.-Amt 1911, **36**, 372.
[2] Jos. Hanuš: **Z.** 1904, **7**, 669.
[3] E. Spaeth: Forschungsber. Lebensm. 1896, **3**, 291.
[4] v. Czadek: **Z.** 1904, **7**, 51.
[5] Beythien, Hempel u. Bohrisch: **Z.** 1904, **7**, 566.
[6] Lührig u. Thamm: **Z.** 1906, **11**, 129.
[7] Sprinkmeyer u. Fürstenberg: **Z.** 1906, **12**, 652.

die Alkalitätszahl für 1 g Asche (Gesamt- wie wasserlösliche Asche) bei Ceylonzimt etwas höher ist als bei Cassiazimt.

J. Hendrick[1] fand in Zimtrinden folgende Gehalte an Calciumoxalat:

Gemahlener Zimt	Ceylonzimt
2,50—3,00%	3,4%
Wilder Ceylonzimt	Cassiarinde
bis 6,62%	0,05—1,34%.

Die Angaben über den Alkoholextrakt des Zimtes weichen, je nach der Ausführung der Bestimmung, zum Teil weit voneinander ab. Die vergleichenden Untersuchungen von H. Weiss[2], die zugleich den Gehalt der Proben an ätherischem Öl, Zimtaldehyd und Asche berücksichtigen, ergaben im Mittel das in beistehender Tabelle angegebene.

Zimtsorte	Alkoholextrakt, bestimmt nach				Ätherisches Öl (nach Griebel)	Zimtaldehyd (nach Hanuš)	Asche im Mittel			
	Dafert und Miklauz	E. Spaeth	J. Prescher	Winton			Gesamt	wasserlösliche	wasser-unlösliche	in 10%iger HCl unlösliche
	%	%	%	%	%	%	%	%	%	%
Ceylonzimt (3)	23,15—24,25	22,70—23,52	11,50—13,64	9,67—12,2	2,02—2,28	1,72—1,92	4,83	1,26	3,57	0,13
Im Mittel	23,79	22,95	12,67	10,98	2,12	1,82				
Cassia lignea (4) . . .	19,74—25,47	18,49—25,53	7,14—10,54	6,27— 9,38	1,38—2,72	1,22—2,54	2,71	0,88	1,83	0,19
Im Mittel	22,34	21,60	8,66	7,58	2,11	1,98				
Cassia vera (7) . . .	31,65—36,92	30,12—35,60	18,85—25,29	16,27—22,63	2,26—3,98	2,06—3,88	4,47	1,22	3,23	0,06
Im Mittel	33,7	31,60	21,10	18,25	3,13	2,84				
Zimtpulver des Handels (3)	21,38—36,43	20,08—35,32	7,49—21,78	6,78—19,6	0,61—3,46	0,43—3,27	4,79	1,16	3,49	0,82
Im Mittel	27,8	26,81	14,16	12,57	2,03	1,85				

Als Ergebnisse neuerer Untersuchungen sind im Schweizerischen Lebensmittelbuch (1917) für Zimt angegeben:

	Ceylonzimt	Chinesischer Zimt
Fett	0,5— 1,5%	1,0— 2,0%
Ätherisches Öl	2,0— 3,5% [3]	2,0— 3,5% [3]
Zimtaldehyd .	1,3— 1,8%	1,3— 2,8%
Kohlenhydrate	20,0—25,0%	35,0—40,0%
Stärke	5,0—10,0%	18,0—25,0%
Pentosane . .	13,0—15,0%	10,0—13,0%

An Pektin fand v. Fellenberg bei Ceylonzimt 1,78—4,39%, bei Cassiazimt 3,05—3,36%.

K. Micko[4] beschreibt eine falsche Zimtrinde, die einen ähnlichen anatomischen Bau, auch ähnliche Stärke wie die Zimtrinde, aber kein Aroma besitzt. Mit Wasser eingeweicht quillt sie mächtig an und umgibt sich mit einem dicken, gallertigen Schleim.

Hanuš und Bien fanden in der Trockensubstanz des Nelkenzimts (Dicypellium caryophyllatum Nees) 11,29%, in der des weißen Zimts (Canella alba Mussay) 18,28% Pentosane. Weißer Zimt enthält 0,75—1,2% ätherisches Öl. Weitere Untersuchungen scheinen über diese Arten nicht vorzuliegen.

Eine von C. Griebel und A. Freymuth[5] untersuchte Probe Massoirinde enthielt 5,6% Asche und 8,17 bzw. 7,66% ätherisches Öl. Das Öl zeigte 1,038 spezifisches Gewicht bei 15°, einen Brechungsindex von 1,5405 und einen Eugenolgehalt von 81,1%. Der in Natronlauge unlösliche Teil des ätherischen Öles enthielt hauptsächlich Safrol und Terpene.

Verfälschungen. Die beobachteten Verfälschungen des Zimts bestehen

a) in der Unterschiebung geringwertiger Zimtsorten unter die besseren;

[1] J. Hendrick: Z. 1908, 15, 45.
[2] H. Weiss: Z. 1931, 62, 500.
[3] Nach der Differenzmethode.
[4] K. Micko: Z.. 1900, 3, 305.
[5] C. Griebel u. A. Freymuth: Z. 1916, 31, 314.

b) in der Entziehung des ätherischen Öles durch Wasserdampf oder durch Einhängen der Rinden in Alkohol;

c) in der Vermischung des Zimtpulvers mit Abfällen von der Zubereitung des Zimts;

d) in der Untermischung von allerlei Stoffen, wie bei Pfeffer und anderen Gewürzen (z. B. Zimtmatta aus Reis- und Hirsespelzen oder gefärbten Olivenkernen, Haselnuß-, Walnuß-, Mandel-, Kakaoschalen, Sandelholz, Zigarrenkistenholz, Baumrinden, Mehlen und geröstetem Brot, Zucker, ausgezogenem Galgant, Ölkuchen, Eisenocker u. a.).

I. Chemische Untersuchung.

Über die allgemein anzuwendenden Verfahren vgl. S. 328 u. f. Außerdem ist für Zimt noch folgendes besonders zu beachten.

a) Bestimmung des Zimtaldehyds. α) Nach Hanuš[1] kann der Zimtaldehyd wie das Vanillin (vgl. S. 462) mit m-Nitrobenzhydrazid oder noch besser mit Semioxamazid ($NH_2 \cdot CO \cdot CO \cdot NH \cdot NH_2$) bestimmt werden. Hanuš verfährt folgendermaßen:

In einem größeren Erlenmeyer-Kolben werden 5—8 g fein gemahlener Zimt abgewogen und mit 100 ccm Wasser übergossen. Der Kolben wird dann durch einen doppelt durchbohrten Gummistopfen verschlossen, durch welchen ein dünnes, unten ausgezogenes Glasrohr, das zur Dampfzuleitung dient, bis fast auf den Boden des Kolbens führt, und ein zweites kurzes, knieförmig umgebogenes, das die Verbindung des Kolbens mit einem Liebigschen Kühler herstellt. Es ist dies also ein Apparat, wie er zur Bestimmung der flüchtigen Säuren dient. Zuerst wird der Kolben mit dem Zimt zum Kochen erhitzt und erst dann ein starker Wasserdampfstrom eingeleitet. Hierbei ist darauf zu achten, daß sich die Dampfleitungsröhre unten nicht verstopft. Im Anfange muß vorsichtig erhitzt werden, da das Gemisch manchmal stark schäumt. Man destilliert in einen Kolben, der bis zur Marke 400 ccm faßt, was in ungefähr 2 Stunden erreicht ist. Das Destillat wird dann in einem Scheidetrichter drei- bis viermal mit Äther ausgeschüttelt. Die Ätherlösungen werden in einem Erlenmeyer-Kolben vereinigt, der Äther auf dem 60—70° warmen Wasserbade abgetrieben. Zum zurückgebliebenen, gelblichen Öle setzt man 85 ccm Wasser, schüttelt tüchtig um, bis das Öl gleichmäßig emulgiert ist, und fügt etwa 0,25 g Semioxamazid in 15 ccm heißem Wasser hinzu. Der Niederschlag wird nach 24 Stunden filtriert und bei 105° im Lufttrockenschranke getrocknet. Das gefundene Azon ergibt, mit 0,6083 multipliziert, die Menge des Aldehyds in Grammen.

β) Das Verfahren von Lautenschläger[2] beruht auf der Beobachtung, daß sich Hydrazin einerseits mit aromatischen Aldehyden quantitativ vereinigt und andererseits mit Jod leicht quantitativ bestimmen läßt.

γ) v. Fellenbergs[3] Methode, die das Schweizerische Lebensmittelbuch vorschreibt, beruht auf dem colorimetrischen Vergleich der roten Färbung, die aus Drogendestillat, Isobutylalkohol und Schwefelsäure erhalten wird, mit der Färbung, die bekannte Mengen von reinem Zimtaldehyd mit den genannten Reagenzien zeigen.

b) Nachweis erfolgter Extraktion. Der Entzug von Würzstoffen kann beim Zimt durch Einhängen der Röhren in Alkohol oder durch Destillation mit Wasserdampf geschehen. Teilweise mit Alkohol ausgezogene Ware gibt sich durch niedriges Alkoholextrakt zu erkennen.

Ist die Extraktion mit Wasserdampf erfolgt, so ist einerseits im allgemeinen eine Deformation der Stärkekörner erkennbar, andererseits der Gehalt an ätherischem Öl stark vermindert. Durch Bestimmung des ätherischen Öles, das mindestens 1% betragen soll, wird sich also in Verbindung mit der mikroskopischen Prüfung der Stärke eine Behandlung mit Wasserdampf nachweisen

[1] Hanuš: Z. 1904, 7. 669.
[2] Lautenschläger: Arch. Pharm. 1918, **256**, 81.
[3] v. Fellenberg: Mitt. Lebensmittelunters. Hygiene 1915, **6**, 254.

lassen. Zu berücksichtigen ist hierbei, daß aus Bruchzimt hergestellte, sowie in kleineren Packungen abgelagerte Zimtpulver ebenfalls oft nur noch sehr wenig ätherisches Öl (herunter bis 0,5% und weniger) enthalten.

Die Bestimmung des Alkoholextraktes liefert, wie S. 349 schon erwähnt wurde, je nach der Ausführung, stark voneinander abweichende Ergebnisse. Die Tabelle S. 349 gibt vergleichende Untersuchungen dieser Art von H. WEISS.

Bei den von DAFERT und MIKLAUZ[1] sowie SPAETH[2] angegebenen Verfahren wird das Zimtpulver in einer geeigneten Hülse im SOXHLETschen Extraktionsapparat mit Alkohol bis zur Erschöpfung ausgezogen. Nach 2stündigem Trocknen bei 100° wird dann gewogen und die Differenz als Alkoholextrakt in Rechnung gestellt. Der Unterschied beider Verfahren besteht darin, daß nach DAFERT und MIKLAUZ das lufttrockene Zimtpulver vor der Extraktion 2 Stunden lang bei 100° getrocknet wird, wobei es Wasser und andere bei 100° flüchtige Bestandteile verliert. Außerdem verwenden DAFERT und MIKLAUZ Alkohol von 90 Vol.-%, SPAETH solchen von 95 Vol.-%. PRESCHER[3] und WINTON[4] ziehen dagegen bei gewöhnlicher Temperatur unter häufigem Schütteln aus. Nach einer bestimmten Zeit wird filtriert, ein aliquoter Teil des Filtrates verdampft und der Rückstand getrocknet. Während PRESCHER den Auszug mit Alkohol von 90 Vol.-% herstellt und das eingedampfte Extrakt $2^1/_2$ Stunden bei 100° trocknet, verwendet WINTON 95%igen Alkohol und trocknet bei 110°. Zwecks richtiger Bewertung der Ergebnisse ist daher stets die Angabe des angewandten Verfahrens erforderlich.

WEISS kommt auf Grund seiner vergleichenden Untersuchungen zu dem Ergebnis, daß die Forderung des Codex alimentarius Austriacus von mindestens 18% Alkoholextrakt — diese Forderung ist im Österreichischen Lebensmittelbuch (Codex alimentarius Austriacus 2. Aufl.) 1931 nicht mehr enthalten — von den vollwertigen Zimtrinden des Handels durchweg erfüllt wird, wenn man nach den Verfahren von DAFERT und MIKLAUZ oder SPAETH arbeitet. Die Arbeitsweise nach SPAETH ist die empfehlenswertere, weil sie geringere Zeit in Anspruch nimmt, da ein Vortrocknen der Substanz nicht erfolgt.

c) Bestimmung der Stärke. Die Stärkebestimmung läßt sich nach KÖNIG[5] recht gut nach dem LINTNERschen Verfahren (Bd. II, S. 919) ausführen. Man muß die anzuwendenden 2,5 g Substanz vorher nur genügend mit Wasser, dann mit Alkohol und Äther auswaschen, um sowohl den Zucker, wie auch den Zimtaldehyd, die beide den Drehungswinkel beeinträchtigen können, zu entfernen. Im übrigen verfährt man wie vorgeschrieben. Für die Berechnung kann man den mittleren Drehungswinkel der Stärke zu 204,7° annehmen.

Ein höchstzulässiger Gehalt an Stärke läßt sich aber auf Grund dieses Verfahrens bis jetzt nicht angeben, weil die „in Zucker überführbaren Stoffe" auch noch andere Stoffe einschließen und die Angaben über den wirklichen Stärkegehalt noch zu spärlich sind.

d) Nachweis von Zucker. Der Nachweis von Zucker kann wie bei Macis (S. 494) durch Schütteln mit Chloroform geschehen. Über die Erkennung der Zuckerart, vgl. Bd. II, S. 846, und über die im reinen Zimt vorhandene Menge Zucker S. 348.

e) Zusatz von Eisenocker kann durch die Chloroformprobe, sowie durch die Bestimmung und Untersuchung der Asche nachgewiesen werden.

---

[1] DAFERT u. MIKLAUZ: Arch. Chem. Mikroskop. 1912, **5**, 117.
[2] SPAETH: Pharm. Zentralh. 1903, **44**, 435.
[3] PRESCHER: Z. 1928, **56**, 474.
[4] WINTON, OGDEN u. MITCHELL: Z. 1899, **2**, 939.
[5] KÖNIG: Biochem. Zeitschr. 1911, **35**, 194 bzw. 212.

f) Unterscheidung der Zimtsorten und Nachweis von Zimtabfall. Die wilden Zimtrinden unterscheiden sich von den kultivierten durch einen wesentlich geringeren Gehalt an ätherischem Öl. Im übrigen bietet aber die chemische Zusammensetzung der einzelnen Zimtsorten (vgl. S. 347) keine hinreichenden Anhaltspunkte für eine sichere Kennzeichnung, wenn auch die Aschenalkalität (S. 348) zur Unterscheidung von Ceylon- und chinesischem Zimt herangezogen werden kann. Entscheidend kann aber nur das Ergebnis der mikroskopischen Untersuchung sein.

Was den Zimtabfall anbelangt, so ist zu unterscheiden zwischen Chips und Zimtbruch.

α) Chips. Bei Ceylonzimt unterscheidet man zweierlei Abfälle, die Featherings[1] und die Chips.

Die Featherings entstehen als Abfall bei der exportmäßigen Verpackung des Zimtes durch Beschneiden (identisch mit Zimtbruch, vgl. unter β).

Die Chips sind die beim Schälen erhaltenen Abfälle, die fast nur aus Rindenteilen bestehen, je nach der Sortierung (1, 2, 3) aber auch mehr oder weniger Holzteile enthalten, die ohne Aromastoffe sind. Die Chips dienen hauptsächlich zur Gewinnung von ätherischem Öl (Ausbeute 0,5—1%). Ihre Verwendung bei der Herstellung von Zimtpulver ist nicht zulässig, weil durch sie der Geschmack verschlechtert wird; denn die Außenrinde des Ceylonzimtes wird ja gerade wegen ihres hohen Gerbstoffgehaltes beseitigt. Über den Nachweis von Chips vgl. den Abschnitt „Mikroskopische Untersuchung".

β) Als Zimtbruch bezeichnet man die Abfälle (Abschnitte), die durch Beschneiden der Zimtröhren aller Sorten auf gleichmäßige Länge (Featherings) und bei der handelsüblichen Verpackung als Bruch (broken Cinnamom) erhalten werden[2]. Auch durch das spätere Umpacken des Zimtes in europäischen Häfen entsteht erneut „Bruch". Wenn derartiger Bruch einwandfrei gesammelt und aufbewahrt wird, ist er mithin den Zimtrinden, von denen er stammt, gleichwertig. Peyer[2] hält deshalb die Verarbeitung einer derartigen Ware zu Zimtpulver ohne Kennzeichnung für zulässig. Praktisch liegt die Sache aber so, daß der Bruch erfahrungsgemäß fast immer erhebliche Verunreinigungen aufweist, was sich aus dem hohen Sandgehalt der aus Bruch hergestellten Zimtpulver ergibt. Eine entsprechende Kennzeichnung erscheint daher jedenfalls dann notwendig, wenn die Ware den an normalen Zimt zu stellenden Anforderungen in bezug auf den Gehalt an Sand nicht mehr genügt. Als Handelsware kommt wohl nur Cassiabruch in Betracht.

II. Mikroskopische Untersuchung.

Die Zimtarten sind in ihrem anatomischen Bau nur wenig verschieden. Zur Unterscheidung der hauptsächlich in Betracht kommenden Cinnamomum-Arten ist die nachstehende Tabelle von Pfister[3] geeignet.

I. Nadelförmige Kalkoxalatkrystalle, besonders in den Markstrahlen:
  A. Zahlreiche Bastfasern.
    1. Elemente des Sklerenchymringes stark tangential gestreckt.
      a) Zellen des sekundären Parenchyms isodiametrisch, nicht tangential gestreckt: Cinnamomum ceylanicum Breyne (Ceylonzimt).
      b) Zellen des sekundären Parenchyms tangential gestreckt, daher Innenrinde abblätternd: Cinnamomum obtusifolium Nees.
    2. Elemente des Sklerenchymringes nicht tangential, sondern gewöhnlich radial gestreckt: Cinnamomum iners Reinw.
  B. Bastfasern spärlich; Sekretzellen 60—100 μ breit; sekundäres Parenchym zartwandig, keine Porenzellen[4]: Cinnamomum Cassia (Nees) Bl. (Chinesischer Zimt).

---

[1] Vgl. Prescher: Z. 1928, **56**, 474.

[2] Vgl. Peyer: Über gemahlenen Zimt, Zimtbruch und Chips. Apoth.-Ztg. 1925, Nr. 27; Jahresbericht von Caesar & Loretz in Halle, Dezember 1925, S. 42f.

[3] Pfister: Zur Kenntnis der Zimtrinden. Forschungsberichte über Lebensmittel 1894, S. 6 u. 25.

[4] Die von Pfister für die Untersuchung der Arten herangezogenen sog. Porenzellen sind reihenweise übereinander stehende, schwach verdickte, am Querschnitt runde Parenchymzellen im sekundären Siebteil, die sich durch große einfache Poren auszeichnen. Vereinzelte Porenzellen findet man übrigens gelegentlich auch in älteren (dickeren) Rinden verschiedener Zimtsorten.

II. Tafelförmige Kalkoxalatkrystalle:
   A. Markstrahlzellen porös verdickt: Japanischer Zimt (Wurzelrinde).
   B. Markstrahlenzellen im allgemeinen zartwandig.
      1. Sekundäres Parenchym zartwandig, ohne Porenzellen, isolierte Nester von Steinzellen vorhanden: Cinnamomum Burmanni BL.
      2. Das gesamte sekundäre Parenchym neigt zur Sklerose, Porenzellen schon in jungen Rinden vorhanden: Cinnamomum Tamala (SPR.) NEES et EBERM. und Cinnamomum pauciflorum NEES.

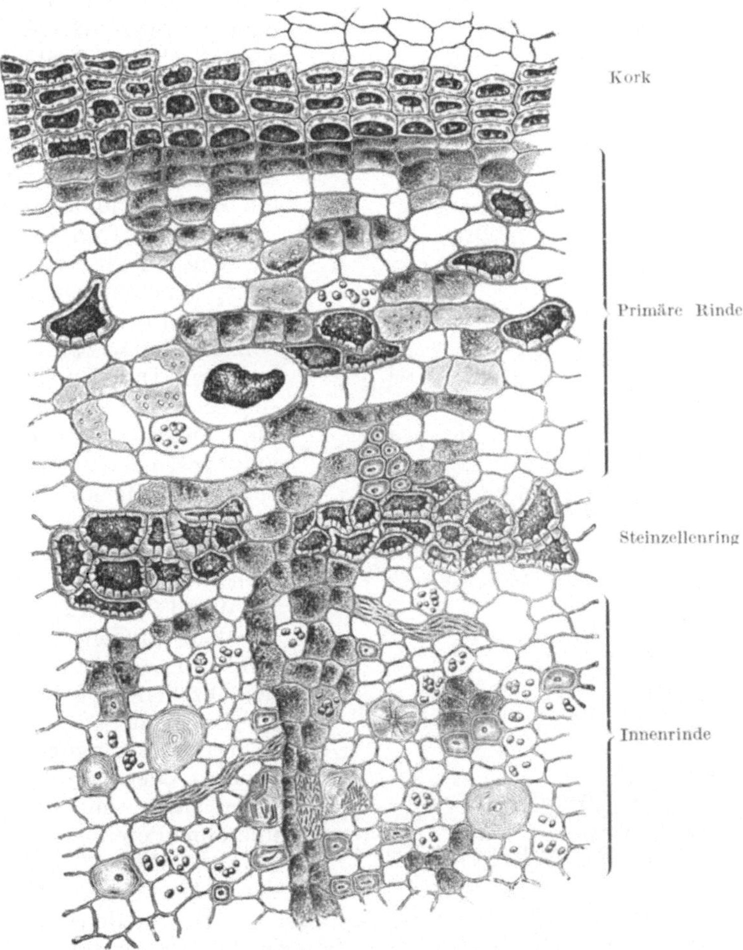

Abb. 11. Querschnitt durch chinesischen Zimt. (Nach J. MOELLER.)

α) Beim chinesischen Zimt sind am Querschnitt (Abb. 11) folgende Schichten erkennbar: 1. Das Korkgewebe, das aus niedrigen, in der Fläche polygonalen Zellen besteht, deren innere Lagen steinzellartig verdickt sind (Steinkork) und dunkelbraunen, in Wasser unlöslichen Inhalt aufweisen; 2. die primäre Rinde, die aus derbwandigem Parenchym besteht, in das kleine, auf der Innenseite meist stärker (hufeisenförmig) verdickte Steinzellen, weiter Ölzellen und einzelne Schleimzellen eingestreut sind; 3. der gemischte Sklerenchymring, der die primäre Rinde nach innen abschließt und so von der sekundären Rinde trennt. Dieser Ring setzt sich zusammen aus den primären

Bastfaserbündeln, die aus den übrigen Elementen des Ringes nach außen hervorragen und aus nachträglich zu Steinzellen gewordenen Parenchymzellen. Der Steinzellring ist beim chinesischen Zimt häufiger unterbrochen, in der Regel in der Verlängerung der primären Markstrahlen infolge nachträglichen Dickenwachstums (Unterschied vom Ceylonzimt). Auch die getüpfelten Steinzellen des Ringes sind häufig auf der Innenseite stärker verdickt als auf der Außenseite. Oft führen sie noch braunen Inhalt und Stärke. Auch Stabzellen finden sich unter ihnen. 4. Die sekundäre oder Innenrinde (Bast), die durch 1—2, höchstens 3reihige Markstrahlen in schmale radiale Streifen abgeteilt wird. Das Bastparenchym ist etwas kleinzelliger und dünnwandiger als das Parenchym der primären Rinde, die Zellen sind axial gestreckt. An Längsschnitten (Abb. 12) wird die Verschiedenheit besonders klar. In das Bastparenchym eingelagert sind Öl- und Schleimzellen, sowie spärlich einzeln oder zu zweien stehende Bastfasern. Die Ölzellen (Abb. 14*sch*) sind 2—3mal so breit (60—70 μ) wie die umgebenden Parenchymzellen, axial gestreckt, oft zu mehreren übereinander stehend. Ihr Inhalt ist zumeist verschwunden und durchtränkt das Parenchym gleichmäßig. Die Schleimzellen mit heller geschichteter Wand (Abb. 12*sch*) lassen gewöhnlich kein Lumen mehr erkennen. Je größer ihre Anzahl im Verhältnis zu den Ölzellen ist, um so minderwertiger ist die Rinde.

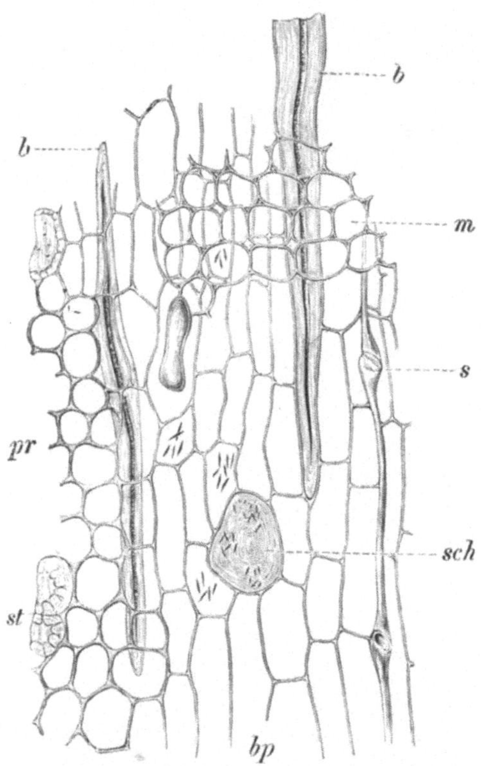

Abb. 12. Radialer Längsschnitt durch chinesischen Zimt (J. MOELLER). *pr* Parenchym der Außenrinde, *bp* Parenchym des Bastes, *b* Bastfasern, *st* Steinzellen, *sch* Schleimzellen, *s* Siebröhren, *m* Markstrahl.

Die Bastfasern, von länglichrundem oder gerundet rechteckigem Querschnitt, mit sehr engem Lumen und ohne Poren, erscheinen am Längsschnitt (Abb. 12) als spindelförmige bis etwa 600 μ lange, in der Mitte meist 30—40 μ breite, stumpfspitzige Zellen. Die bündelweise vorkommenden Siebröhren (*s*) erscheinen an Querschnitten als kürzere tangential verlaufende Bänder aus zusammengepreßten Membranen; in Längsschnitten erkennt man sie an den callösen Querplatten. Die Parenchymzellen sind von Stärkekörnern erfüllt, die meist zusammengesetzt sind (zu dreien, auch zu zweien oder vieren). Ihre Teilkörner (8 μ, zuweilen bis 20 μ) lassen einen Kern oder eine kleine Kernhöhle erkennen. Neben Stärke enthalten viele der Parenchymzellen eine braune, kaum in Wasser, teilweise in Alkohol, aber zum größten Teil in Alkalien lösliche Masse, die sich mit Eisenchlorid braun- bis schwarzgrün färbt (Gerbstoff), sowie oft auch einzelne winzige, nadel- oder wetzsteinförmige Oxalatkrystalle, die jedoch vom übrigen Zellinhalt verdeckt sind und erst nach Einwirkung verdünnter Lauge in Erscheinung treten (Polarisationsapparat). In den reihenförmig angeordneten Markstrahlzellen sind neben Stärke und braunen Inhaltsstoffen diese Oxalatkrystalle in größerer

Menge vorhanden. Sie werden aber auch hier erst nach der Laugebehandlung deutlich sichtbar.

β) Der Ceylonzimt unterscheidet sich vom chinesischen Zimt in erster Linie durch das Fehlen des Korkes und größten Teiles der primären Rinde. An Querschnitten (Abb. 13) bildet daher die äußere Gewebsschicht der Sklerenchymring, der nur noch von Resten des Rindenparenchyms bedeckt ist. Der Steinzellenring ist hier vollständig geschlossen (Unterschied vom chinesischen Zimt). An seiner Außenseite sind die primären Bastfaserbündel eingelagert, die nur wenig hervorragen. Die Steinzellen sind größer, stärker und

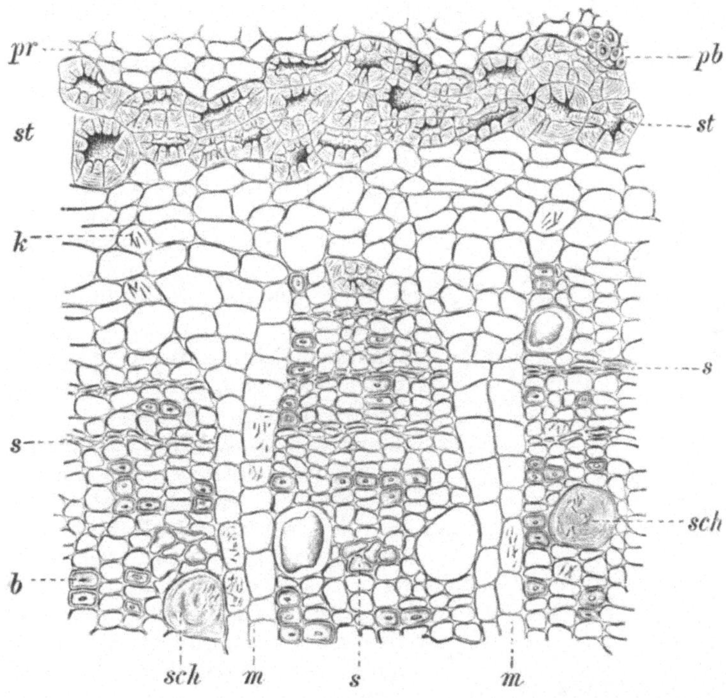

Abb. 13. Querschnitt durch Ceylonzimt (J. MOELLER). *st* der geschlossene Sklerenchymring, von den Resten der primären Rinde *pr* bedeckt; *pb* ein primäres Bastfaserbündel, *b* Bastfasern der sekundären Rinde, *s* Siebröhrenbündel, *sch* Schleimzellen, *m* Markstrahlen, *k* Krystallnadeln.

gleichmäßiger verdickt als beim chinesischen Zimt. Innerhalb des Sklerenchymringes kommen im äußeren Teil des Bastes ebenfalls vereinzelt Steinzellen zur Entwicklung. Bastfasern finden sich besonders im inneren Teil des durch die Markstrahlen in radiale Streifen geteilten Bastes. Sie stehen beim Ceylonzimt aber nicht vereinzelt, sondern in tangentialen, auch in radialen Gruppen; im Querschnitt erscheinen sie tangential gestreckt. Ihre Länge ist etwa die gleiche wie beim chinesischen Zimt, doch sind sie schmächtiger, kaum über 30 μ breit. Die Siebröhren bilden tangentiale Stränge, die oft durch die ganze Breite der Baststrahlen laufen (Abb. 13*s*). Öl- und Schleimzellen (etwa 50 μ breit, bis 200 μ lang) kommen in allen Teilen des Bastes vor. Die in geringerer Menge als beim chinesischen Zimt vorhandenen Stärkekörner sind zugleich kleiner, zumeist nämlich nur gegen 6 μ groß, während solche von doppelter Größe, wie sie für den chinesischen Zimt gewöhnlich sind, hier zu den Seltenheiten gehören. Die namentlich in den Markstrahlzellen auffallenden nadelförmigen Oxalatkrystalle sind beim Ceylonzimt kleiner als beim chinesischen Zimt.

Der Seychellenzimt, der ebenfalls von Cinnamomum ceylanicum stammt, besteht entweder aus Zweigrinde oder — wie bei der Handelsware zumeist — aus Stammrinde. Die erste Beschreibung der anatomischen Verhältnisse stammt von ROSENTHALER und REIS[1]. Bemerkenswert sind die sehr zahlreichen Oxalatkrystalle, die gestreckte Rhomben oder Nadeln (bis 11 μ) bilden. Besonders auffällig ist aber die zuerst von HARTWICH erwähnte Art der Sklerosierung im äußeren Teil der sekundären Rinde. Die sehr großen, klobigen, tangential gestreckten, gleichmäßig verdickten Steinzellen bilden nämlich gerade bis gebogene Platten (Abb. 15), die auf dem Querschnitt der Rinde oft als stark gekrümmte Figuren erscheinen.

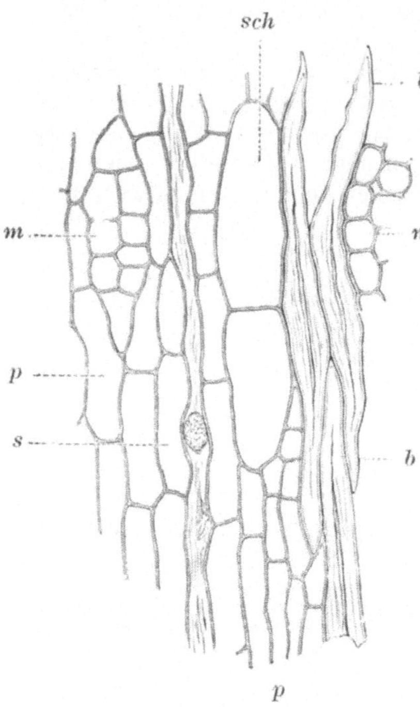

Abb. 14. Tangentialschnitt durch Ceylonzimt (J. MOELLER). *p* Bastparenchym, *sch* Sekretzellen, *m* Markstrahlen, *b* Bastfasern, *s* Siebröhren.

γ) Beim Padangzimt ist die primäre Rinde oft noch vollständiger beseitigt als beim Ceylonzimt; der gemischte sklerotische Ring ist schmal und bleibt mitunter ziemlich lange erhalten, doch findet man auch an dünneren Rinden nicht selten Unterbrechungen. Im äußeren Teil der sekundären Rinde findet man Gruppen oder radial gerichtete Platten von tangential gestreckten Sklereiden. An dickeren Rinden beobachtet man auch im mittleren Teil der sekundären Rinde Sklerose, so daß nicht selten mehrere Lagen des zwischen den Markstrahlen befindlichen Parenchyms oder auch nur einzelne Zellgruppen in rundliche, sehr stark und gleichmäßig verdickte Steinzellen verwandelt sind. Porenzellen[2] fehlen. Die Bastfasern sind oft spärlich, zuweilen ziemlich zahlreich und dann auch in tangentialen und radialen Reihen angeordnet. Schleimzellen sind namentlich im inneren Teil der sekundären Rinde meist reichlich vorhanden. Die Sorten mit spärlichen Bastfasern weisen desto mehr Schleimzellen auf und umgekehrt. Größe der Stärkekörner unter 12 μ. Die Oxalatkrystalle sind quadratisch, rechteckig, rhombenförmig oder prismatisch; Nadeln fehlen so gut wie vollständig.

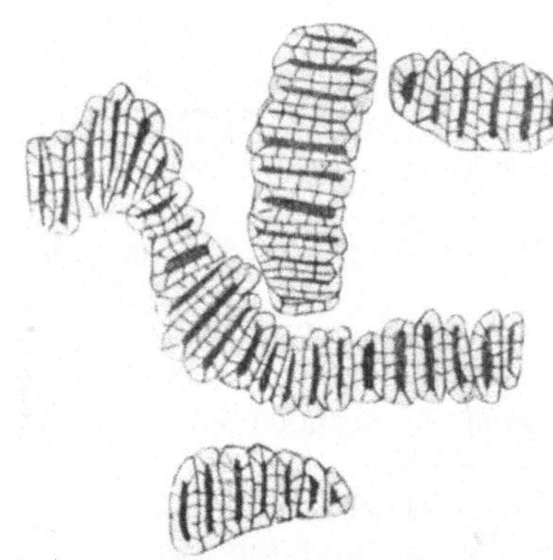

Abb. 15. Seychellenzimt. Wurmförmig gekrümmte Steinzellplatte, Vergr. etwa 50fach. (Nach HARTWICH.)

Zimtpulver (Abb. 16) ist gekennzeichnet durch die beiderseits zugespitzten, zum Teil zerbrochenen, porenlosen Bastfasern, die gelbbraunen Trümmer des stärkereichen Parenchyms, die zum Teil einseitig stärker verdickten Steinzellen, die Stärkekörner und die winzigen nadel- oder wetzsteinförmigen bzw. quadratischen, rechteckigen, rhombischen oder prismatischen Oxalatkrystalle. Hinzu kommt evtl. Korkgewebe in verhältnismäßig geringer Menge.

[1] ROSENTHALER u. REIS: Ber. Deutsch. Pharm. Ges. 1909, **19**, 491. [2] Vgl. S. 352.

Wenn es sich um unvermischte Erzeugnisse handelt, ist die Unterscheidung von chinesischem und Ceylonzimt in Pulverform möglich. Das wichtigste Merkmal ist durch das verschiedene Verhältnis von sklerenchymatischen zu parenchymatischen Elementen gegeben, von denen die ersteren beim Ceylonzimt viel stärker in Erscheinung treten. Weiter spricht die Kleinheit der Stärkekörner, die geringere Dicke der Bastfasern und das vollständige Fehlen von Kork für Ceylonzimt, wobei allerdings zu berücksichtigen ist, daß mit Chips vermengter Ceylonzimt (s. weiter unten) natürlich auch Kork enthält.

Pulver aus Padangzimt ist im unvermischten Zustand ohne weiteres an der Form der Oxalatkrystalle erkennbar. Die Zimtpulver des Handels werden hauptsächlich aus Zimtcassia (chinesischem Zimt), aber auch aus billigeren Sorten von Padangcassia oder unter Zusatz solcher hergestellt. Die Mitverwendung von Padangcassia erkennt man im Laugepräparat am Vorhandensein

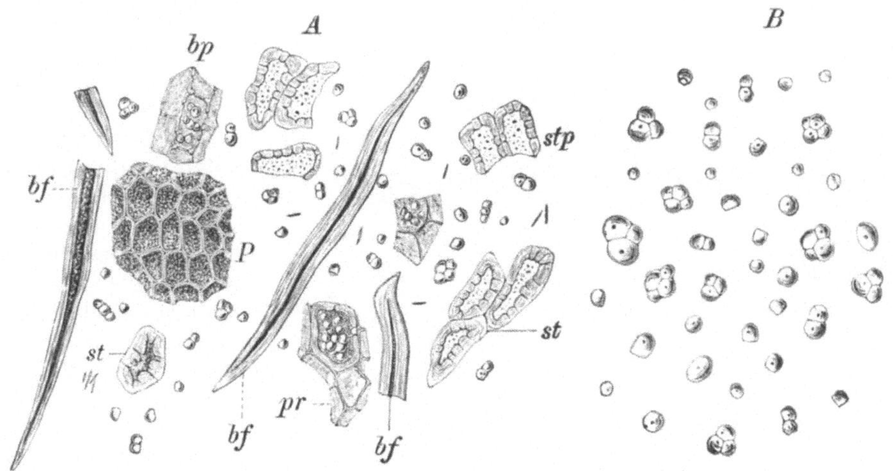

Abb. 16. *A* Bestandteile des Zimtpulvers. *bf* Bastfasern, *st* Steinzellen des Ringes, *stp* Steinzellen der Außenrinde, *pr* Parenchym der Mittelrinde, *bp* Bastparenchym, *P* Steinkork in der Flächenansicht, *B* Stärkekörner bei 600facher Vergrößerung. (Nach J. MOELLER.)

quadratischer, rechteckiger und rhombischer Kryställchen, neben Oxalatnädelchen.

Das Vorhandensein sehr zahlreicher bis etwa 300 μ langer Steinzellen und massenhafter Oxalatkryställchen (zum Teil gestreckte Rhomben) läßt auf Seychellenzimt schließen.

Verfälschungen des Zimtpulvers. Die früher beobachteten Verfälschungsmittel des Zimtpulvers, die zum Teil in der Kriegs- und Nachkriegszeit wieder auftauchten, sind recht zahlreich.

Gemahlenes Gebäck erkennt man an Ballen mehr oder weniger stark verkleisterter Stärke, die sich bei Zusatz von Jodlösung violett bis blau färben und die Art der Stärke gewöhnlich noch erkennen lassen; ebenso sind Mehlzusätze durch die Form der Stärkekörner nachweisbar (vgl. Bd. V). Gemahlene Preßkuchen (vgl. Bd. V) wurden zum Teil unter Pfeffer (S. 425) beschrieben, desgleichen Mandelschalen (S. 422), Nußschalen (S. 421), Birnenmehl (S. 427). Reis- und Hirsespelzen (vgl. S. 428 und Bd. V) sind gelegentlich als „Zimtmatta“ in den Handel gekommen, ebenso gemahlene und gefärbte Olivenkerne (S. 422). In neuerer Zeit wurden wiederholt gemahlene Kakaoschalen (S. 239) beobachtet.

Galgantpulver (S. 342) erkennt man an der Form der Stärkekörner.

Fremdartige Rinden (Baumrindenpulver) sind unter Umständen ohne weiteres, zuweilen aber erst nach eingehender Prüfung nachweisbar. Man hat hierbei auf die abweichende Form, Größe und Tüpfelung der Bastfasern und Steinzellen zu achten, weiter auf Stärke und besonders auf größere Einzelkrystalle sowie Oxalatdrusen, die in vielen Rinden vorkommen, dem Zimt aber fehlen.

Holzmehle sind an den charakteristischen Gefäßen, langen Holzfasern mit mäßig verdickten Wänden und Markstrahlzellen, Coniferenholz, an den Tracheiden mit behöften Tüpfeln erkennbar (vgl. Bd. V). Das Zigarrenkistenholz (Cedrela), das wegen seiner zimtbraunen Farbe früher als Fälschungsmittel für Zimt sehr beliebt war, weist hauptsächlich gelblich gefärbte, weitlumige Holzfasern und daneben Bruchstücke großer bis 400 μ weiter Tüpfelgefäße auf, deren Wände mit sehr kleinen runden oder rundlichrhombischen querspaltporigen Hoftüpfeln meist dicht besetzt sind. Die dünnwandigen porösen Markstrahlzellen enthalten zuweilen Oxalateinzelkrystalle. Zahlreicher sind solche Krystalle beim Sandelholz (S.393), das durch orangerote Teilchen und schwanzartig auslaufende Fasern ausgezeichnet ist. Die Sandelholzteilchen umgeben sich bei Zusatz von Lauge mit einem purpurroten Hof.

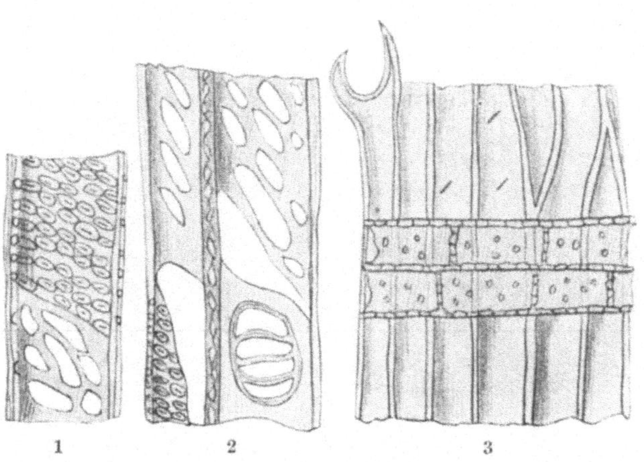

Abb. 17. Chips. 1 Gefäß, oben mit Hoftüpfeln, unten mit großen einfachen Tüpfeln; 2 Gefäße, das rechte mit leiterartig durchbrochener Querwand; 3 Holzfasern mit Markstrahl. (Nach T. F. HANAUSEK.)

Als Verfälschung ist auch ein Zusatz von Chips anzusehen, weil diese wegen ihres hohen Gerbstoffgehaltes eine Verschlechterung des Geschmackes verursachen. Abgesehen hiervon haften diesem aus feinen Spänen bestehenden Abfallprodukt zuweilen auch Teilchen des nicht aromatischen Zimtholzes sowie Verunreinigungen verschiedener Art an. Ein Zusatz von gemahlenen Chips gibt sich in erster Linie durch die relativ zahlreich vorhandenen Korkteilchen zu erkennen. Das Zimtholz (Abb. 17) besteht überwiegend aus verhältnismäßig dünnwandigen 13—18 μ breiten Fasern, die spitz, gabelig oder knorrig enden. Die im allgemeinen kurzgliedrigen, bis etwa 80 μ breiten Gefäße sind verschiedenartig gestaltet. Teils zeigen sie große ovale, elliptische oder rundliche Poren, teils gehöfte Tüpfel, die bald weiter, bald dichter stehen und im letzteren Fall sechsseitig abgeplattet erscheinen. Besonders charakteristisch sind aber Teile, an denen die Wandperforierung leiterartig ausgebildet ist. Holzparenchym und Markstrahlen zeigen keine für die Diagnose wichtigen Merkmale.

Zweckmäßig ist ein Vergleich mit Zimtholz. Sehr gut sind z. B. seine Elemente an den häufig in den Rollen des Javakaneels befindlichen blattdünnen Zimtholzteilchen, die zum Teil der Innenrinde noch anliegen, erkennbar. Da diese äußerlich blattähnlichen Holzteilchen Tangentialschnitten entsprechen, sieht man bei unmittelbarer mikroskopischer Betrachtung zahlreiche, meist zweireihige Markstrahlen als spindelförmige Gebilde zwischen den in der Richtung der Längsachse verlaufenden Holzfasern und Gefäßelementen.

b) Zimtähnliche Gewürze (Nelkenzimt, weißer Zimt, Massoirinde).

Die nachstehend kurz erwähnten Rinden besitzen zwar bei uns als Gewürze keine Bedeutung mehr, sie gelangen aber gelegentlich noch in geringer Menge zur Einfuhr.

α) Nelkenzimt oder Nelkencassie[1] ist die nach Gewürznelken schmeckende Rinde eines kleinen brasilianischen Baumes (Dicypellium caryophyllatum NEES — Lauraceae). Sie kommt in langen Zylindern in den Handel, die aus ineinander gesteckten Röhren bestehen. Diese sind höchstens 2 mm dick, dunkelrotbraun, außen schülferig. Der gemischte Sklerenchymring ist schmal, läßt nur wenig Bastfasern erkennen und besteht vorwiegend aus tangential gestreckten Zellen. Die Innenrinde enthält keine Bastfasern, aber zuweilen Steinzellgruppen. Ölzellen (50 μ) sind in der Innenrinde verhältnismäßig reichlich vorhanden, Schleimzellen fehlen. Die Markstrahlzellen, auch viele Zellen des Bastparenchyms enthalten reichlich Oxalat in Form kleiner Nadeln oder schlanker Rhomben. Stärke fehlt.

Der Nelkenzimt wird auch ersetzt durch ähnlich schmeckende Lauraceenrinden, deren Abstammung sich nicht immer ermitteln läßt.

β) Der Weiße Zimt[2] kommt aus Westindien und stammt von Canella alba MUSSAY (Canellaceae). Die Rinde ist hart, 2—5 mm dick, gelblich oder rötlich. Die Außenrinde besteht aus einem korkartigen Steinparenchym, dem stellenweise dünnwandiger Kork aufliegt. Die Mittel- und Innenrinde enthält große Ölzellen, dagegen keine Bastfasern. Die einreihigen Markstrahlen enthalten in fast jeder Zelle eine Oxalatdruse. In den Parenchymzellen befinden sich kleine einfache und zusammengesetzte Stärkekörner.

γ) Massoirinde. Eine aus Neu-Guinea stammende Massoirinde fand während des Krieges als Gewürz für verschiedene Zubereitungen (z. B. Suppenwürfel) Verwendung[3]. Sie bestand aus 5—10 mm dicken, 4—8 cm breiten, bis 10 cm langen flachen Stücken, die auf der Außenseite zum Teil von Kork oder rissiger Borke bedeckt waren. Die Rinde roch stark nach Eugenol, wenig nach Safrol, zuweilen etwas nach Muskatnuß. Nach ihrem Bau stammte sie offenbar von einer Cinnamomumart.

Das Pulver war dem Zimtpulver sehr ähnlich, jedoch waren die Bastfasern zahlreicher und etwas breiter (25—50 μ). Auffallend waren die größtenteils gestreckten, vielfach stabförmig ausgebildeten Sklereiden, außerdem die zahlreichen winzigen wetzsteinförmigen oder prismatischen Oxalatkryställchen.

c) Anhaltspunkte für die Beurteilung des Zimts.

α) **Nach der chemischen und mikroskopischen Untersuchung.** Für den Zimt hat der Verein deutscher Lebensmittelchemiker folgende Forderungen vereinbart:

„1. Unter Zimt versteht man die von dem Periderm mehr oder weniger befreite, ihres ätherischen Öles nicht beraubte getrocknete Astrinde verschiedener, zu der Familie der Lauraceen gehörenden Cinnamomumarten, so von Cinnamomum ceylanicum BREYNE, Cinnamomum Cassia BLUME und Cinnamomum Burmanni BLUME var. chinense.

2. Zimt oder das Pulver desselben muß ausschließlich aus den von ihrem ätherischen Öl nicht befreiten Rinden einer der drei genannten Cinnamomumarten bestehen und muß den charakteristischen Zimtgeruch und Zimtgeschmack deutlich erkennen lassen.

3. Zusätze von Sorten wilder Zimtrinden, sowie von sehr schleimreichen und kaum nach Zimt schmeckenden Rinden sind unstatthaft. Der Gehalt an ätherischem Öle betrage nicht unter 1%. Als höchste Grenzzahlen des Gehaltes an Mineralbestandteilen (Asche) in der lufttrockenen Ware haben zu gelten 5% und für den in 10%iger Salzsäure unlöslichen Teil der Asche 2%.

4. Aus Zimtbruch hergestelltes Zimtpulver muß deutlich als solches bezeichnet sein. Hierfür haben dann als höchste Grenzzahlen für die Mineralbestandteile zu gelten 7% und für den in 10%iger Salzsäure unlöslichen Teil der Asche 3,5%. Bei jedem nicht als Bruchzimt deutlich deklarierten Zimtpulver haben die für Zimt festgesetzten Grenzzahlen Geltung."

---

[1] Vgl. J. MOELLER: Mikroskopie der Nahrungs- und Genußmittel, 2. Aufl. 1905, S. 526.
[2] Vgl. J. MOELLER, S. 531.
[3] Vgl. GRIEBEL u. FREYMUTH: Über Massoirinde. Z. 1916, 31, 314.

Das Deutsche Nahrungsmittelbuch 1922 will für Zimt 6% Asche einschließlich 2% Sand und für Zimtbruch 8,5% Asche (4,5% Sand) zulassen.

Mit der Begriffsbestimmung unter 1. stimmt die im Österreichischen und Schweizerischen Lebensmittelbuch im wesentlichen überein.

Nach dem Österreichischen Lebensmittelbuch, 2. Aufl., soll der Aschengehalt nicht über 6%, der in Salzsäure unlösliche Anteil der Asche (Sand) nicht über 2% hinausgehen; die Asche soll nicht rot, sondern grau oder weiß gefärbt sein. Der Gehalt an ätherischem Öl pflegt mindestens 1%, an Stärke etwa 4% zu betragen. Ceylonzimt hat einen Gerbstoffgehalt unter 2%, chinesischer Zimt einen solchen von 2—3%.

Das Schweizerische Lebensmittelbuch (1917) gibt folgende Grenzzahlen:

	Ceylonzimt	Chinesischer Zimt
Wasser	8—12%	8—12%
Gesamtasche	4— 5%	2—3,5%
In HCl unlösliche Asche .	höchstens 2%	höchstens 2%

Der Nachtrag 1922 verlangt außerdem für Zimtpulver: Gesamtasche höchstens 7%, in Salzsäure unlösliche Asche höchstens 2%, ätherisches Öl mindestens 1%.

Es kennt keinen Unterschied zwischen Zimt und Zimtbruch.

β) Nach der Rechtslage. Zimt mit Zucker. Der Angeklagte hatte der gemahlenen Zimtrinde 10% Zucker beigemengt und dieses Gemisch als reines gemahlenes Cassia, das ist Zimt, verkauft.

Der Zeuge hatte ausdrücklich reines gemahlenes Zimtpulver bestellt und war damit zu der Voraussetzung berechtigt, daß ihm Zimtpulver ohne irgendwelchen Zusatz geliefert werde. Als marktgängig im Handelsverkehr kann eine solche Mischware nur dann angesehen werden, wenn sie bei dem Inverkehrbringen als „Zimtrinde mit Zuckerzusatz“ ausdrücklich bezeichnet worden ist.

Die Vorinstanz hat sich über den Begriff der Verfälschung nicht geirrt, wenn sie annimmt, daß unter den vorliegenden Umständen das Zimtpulver durch den Zusatz von Zucker im Sinne von § 10 Ziff. 2 NMG. verfälscht worden sei, da eine Verfälschung auch durch Vermischung einer Ware mit einer anderen von geringerem Werte vorgenommen werden kann.

OLG. Dresden, 30. Januar 1896.

Zimt mit Kakaoschalen, Palmkernmehl und Nelkenstielen. Der Zusatz von Kakaoschalen und von Palmkernmehl in Zimt charakterisieren diese Mischung, wenn sie als „rein gemahlener Cassia“ verkauft wurde, ohne weiteres als verfälscht. Denn diese Zusätze sind ohne jeden Gewürzwert, sie sind als Bestandteile des Zimtpulvers völlig wertlos. Durch diese Beimengung wurde ein der Bezeichnung nicht entsprechendes, vom reinen Gewürz sich zwar äußerlich nicht unterscheidendes, tatsächlich aber geringwertigeres Gewürz verkauft, welches den berechtigten Erwartungen des Käufers nicht entsprach.

Gleiches gilt für die Beimengungen von Nelkenstielen; diese haben zwar einen gewissen Gewürzgehalt, derselbe ist aber von ganz anderer Art und nicht geeignet, das dem Zimt eigene Gewürz zu ersetzen. Vielmehr wird durch den Zusatz solcher Stiele eine Verschlechterung des Zimtpulvers bewirkt; es entsteht ein Gewürz, welches dem rein gemahlenen Zimt zwar äußerlich gleicht, aber im Werte erheblich nachsteht. Vergehen gegen § 10 Ziff. 2 NMG. Außerdem wurde in der Angabe des Gewürzes als „rein gemahlen“ die Vorspiegelung einer falschen Tatsache gefunden. § 263 StGB.

LG. Leipzig, 14. Dezember 1905.

Zimt mit hohem Sandgehalt. Wenn das bei dem Angeklagten entnommene und als Zimt feilgebotene Produkt einen Sandgehalt von 6,57% aufweist, so ist es sicherlich als Zimt objektiv für verfälscht zu betrachten. Denn es muß, wie aus dem Gutachten des Sachverständigen hervorgeht, bei der Herstellung von gutem gemahlenem Zimt eine Beimengung von Sand fast absolut vermieden werden; diese darf eben nicht mehr als äußerst 2% ausmachen. Andernfalls ist ein zum Zimt nicht gehörender fremder Stoff in einer solchen Menge beigemischt oder nicht gehörig entfernt, daß die Ware in ihrer Gesamtheit nicht mehr echter, guter Zimt ist. Der Angeklagte hat fahrlässig gehandelt. Übertretung der §§ 10 und 11 NMG.

Die Revision wurde verworfen. Aus dem Urteil: Die Feststellung, daß sich ein Kleinkrämer üblicherweise Vorkenntnisse verschafft, die ihn befähigen, den Unterschied zwischen reinem Zimt und Zimtbruch zu erfassen, hat der Vorderrichter zwar nicht ausdrücklich getroffen, sie folgt indessen unmittelbar aus seiner wiederholten Feststellung, es sei im Verkehr (d. h. nicht nur in Kreisen der Großhändler) üblich, zwischen Zimt und Zimtbruch zu unterscheiden.

OLG. Hamm, 29. August 1911.

„Rein gemahlener Zimt“ mit hohem Sandgehalt (bis 7%).

Der Angeklagte hat gewußt, daß die von ihm verkaufte Ware nicht aus den reinen Rohstoffen der Zimtsorten hergestellt war, sondern nur aus dem mehr oder minder mit Schmutzstoffen behafteten Abfall, den sog. Chips. Einen Teil hatte er selbst aus Cassiabruch mahlen lassen. Ein Verkauf einer aus Zimtbruch hergestellten Ware als „rein gemahlener Zimt“ entspricht keineswegs den berechtigten Erwartungen eines unbefangenen Abnehmers. Dieser muß vielmehr nach der Bezeichnung annehmen, er erhalte eine Ware, die aus dem reinen Ernteprodukt der Gewürzpflanzen gemahlen worden ist und nicht aus Abfallstoffen, die stets von geringerer Güte und auch zu einem viel höheren Prozentsatz mit Fremdkörpern vermischt sind. Vergehen gegen § 10 NG. (Verfälschung und Nachmachung.)

Die Revision wurde verworfen. Aus dem Urteil: Nach der Sachlage kommt ein Verfälschen nicht in Frage, denn diese erfordert ein Verändern eines vorhandenen Genußmittels durch Zusetzen, Entziehen oder Nichtentfernen eines oder mehrerer Bestandteile. Es kann weiter zweifelhaft sein, ob der gemahlene Bruchzimt als dem gemahlenen Stangenzimt nachgemacht angesehen werden kann. „Nachmachen“ setzt voraus, daß mit einem oder mehreren natürlichen Rohstoffen eine Veränderung von menschlicher Hand vorgenommen ist, durch die sie der „echten Ware“ gleich oder ähnlich geworden ist. Das ist hier geschehen durch das Vermahlen. Während die ungemahlenen „Chips“ von den Stangen ohne weiteres unterschieden werden können, ist dies hinsichtlich des Mahlproduktes nicht der Fall. Es liegt mithin eine nachgemachte Ware im Sinne von § 10 Ziff. 2 NG. vor.

Hanseat. OLG. Hamburg, 16. Januar 1923.

Z. Beilage 1924, **16**, 212.

C. Aus Blättern und Kräutern bestehende Gewürze.

Hierher gehören Majoran, Thymian, Bohnenkraut, Beifuß und Lorbeerblätter.

Die vorwiegend oder lediglich im frischen Zustand Verwendung findenden Würz- und Küchenkräuter, wie Schnittlauch (Allium Schoenoprasum L.), Porree (Allium porrum L.), Zwiebelblätter (Allium fistulosum L. und Allium cepa L.), Petersilie (Petroselinum sativum Hoffm.), Selleriekraut (Apium graveolens L.), Gartenkerbel (Anthriscus cerefolium L. Hoffm.), Dill (Anethum graveolens L.), Esdragon (Artemisia dracunculus L.), Boretsch (Borrago officinalis L.), Sauerampfer (Rumex acetosa L.), finden in Bd. V Berücksichtigung.

7. Majoran.

Unter Majoran (Mairan) versteht man das getrocknete, blühende Kraut der Labiate Majorana hortensis Much (Origanum Majorana L.), die im Orient und südlichen Europa einheimisch ist und bei uns gewöhnlich als einjähriges, selten als zweijähriges und dann halbstrauchiges Gewächs angebaut wird.

Man unterscheidet bei uns im Handel hauptsächlich deutschen und französischen Majoran[1]. Der deutsche Majoran besteht aus den zerschnittenen, oberirdischen Teilen der Pflanze, also aus Blüten, Blättern und Stengelteilen; er besitzt meistens eine graugrüne Farbe. Der französische Majoran enthält durchweg nur die abgestreiften Blätter und Blütenstände (abgerebelte Ware genannt) und besitzt infolgedessen eine mehr grüne Farbe. Ungeschnitten oder in Pulverform gelangt der Majoran weniger häufig in den Handel. Im angenehmen, gewürzhaften Geruch und Geschmack sind deutscher und französischer Majoran mehr oder weniger gleich.

Neuerdings ist auch französischer Kolonialmajoran aus Tunis oder Algier bei uns eingeführt worden, der sich durch einen strengeren, etwas an

---

[1] Auch in Österreich, Ungarn und der Tschechoslowakei wird Majoran in größeren Mengen angebaut.

Thymol erinnernden Geschmack auszeichnet. Die Blättchen sind bei dieser Ware dicht weißfilzig behaart, so daß sie silberweiß erscheinen und in einem Gemenge mit europäischem Majoran an dieser Beschaffenheit erkannt und ausgelesen werden können[1].

Das Österreichische Lebensmittelbuch, 2. Auflage, gibt die botanischen Merkmale des Majorans wie folgt an:

„Der dünnbehaarte, rundlich-vierkantige, bis 50 cm hohe Stengel ist oben rispigästig, die Zweige sind dicht und grau behaart, die Blätter gestielt, elliptisch, eirund, eiförmig oder spatelförmig, in den Stiel verschmälert, gegen 2—3 cm lang, stumpf oder abgerundet, ganzrandig, graugrün, kurzgraufilzig, einnervig, mit bogenläufigen, undeutlich schlingenbildenden Sekundärnerven. Blüten in kurzwalzlichen, bis fast kugeligen Ähren, die durch die eirundlichen, fast filzigen und gewimperten Deckblätter dicht vierreihig dachig erscheinen, Kelch ein verkehrt eiförmiges, undeutlich ausgeschweiftes, am Grunde eingerolltes Blättchen, einlippig; die kleine, weiße Lippenblume mit ausgerandeter Ober- und dreispaltiger, fast gleichzipfliger Unterlippe. Die Teilfrüchtchen sind bis 1 mm lang, eiförmig, länglich, glatt, braun."

Das den würzigen Geruch bedingende ätherische Öl besteht zum größeren Teil aus alkoholartigen Verbindungen wie α-Terpineol, zum kleineren Teil aus Kohlenwasserstoffen.

Die allgemeine chemische Zusammensetzung des Majorans ist nach J. KÖNIG folgende:

Wasser %	Stickstoffsubstanz %	Fett (Ätherauszug) %	Ätherisches Öl %	Rohfaser %	Asche %	Sand %	Pentosane in der Trockensubstanz %
7,61	14,31	5,60	1,72	22,06	9,69	3,39	8,32

Der Majoran des Handels enthält durchweg viel erdige Verunreinigungen (Sand usw.), und zwar der französische zumeist mehr als der deutsche Majoran; so fanden G. RUPP und E. SPAETH nebenstehendes Ergebnis.

Art der Majoranprobe	Alkoholextrakt %	Asche %	In Salzäure Unlösliches (Sand usw.) %
Deutscher . . .	13,0—23,0	6,5—22,8	0,7— 9,7
Im Mittel . .	17,0	12,0	3,4
Französischer .	13,8—26,0	6,8—31,2	1,0—18,3
Im Mittel . .	19,1	16,3	5,3

K. WINDISCH[2] untersuchte verschiedene Majoranproben auf Asche und Sand mit folgendem Ergebnis:

Art der Majoranproben	Wasser %	Rohasche %	Sand %	Sandfreie Asche in der natürlichen Substanz Mittel %	Sandfreie Asche in der Trockensubstanz Mittel %
1. Selbst abgerebelte, ohne Stengel . .	8,69—14,3	7,35—18,09	0,51— 8,28	8,58	9,72
Im Mittel	12,5	11,42	2,84		
2. Mit mehr oder weniger Stengeln (Marktware)	10,05—18,31	10,03—11,82	1,05— 1,88	9,21	10,70
Im Mittel	13,53	10,51	1,31		
3. Handelsproben . .	7,26—11,97	9,74—24,98	1,48—14,8	10,73	11,80
Im Mittel	9,51	16,05	5,32		

An Pektin fand v. FELLENBERG 4,07%.

[1] Die Annahme, der französische Kolonialmajoran stamme von Origanum Maru L., trifft für die mir vorliegenden Muster nicht zu.

[2] K. WINDISCH: Z. 1910, **20**, 86.

Verfälschungen.

Im österreichischen Majoran ist häufiger eine Beimengung von Eibischblättern (Althaea officinalis) beobachtet worden. Französischer Majoran enthält nicht selten die Blätter von Cistusarten, oft zusammen mit den giftigen Blättern des Gerberstrauches (Coriaria myrtifolia L.) oder anderen Gerbeblättern wie Rhus coriaria. Als seltenere Verfälschungen sind zu nennen Bohnenkraut, Feldthymian; beobachtet wurden außerdem Blätter von Picris, Artemisia

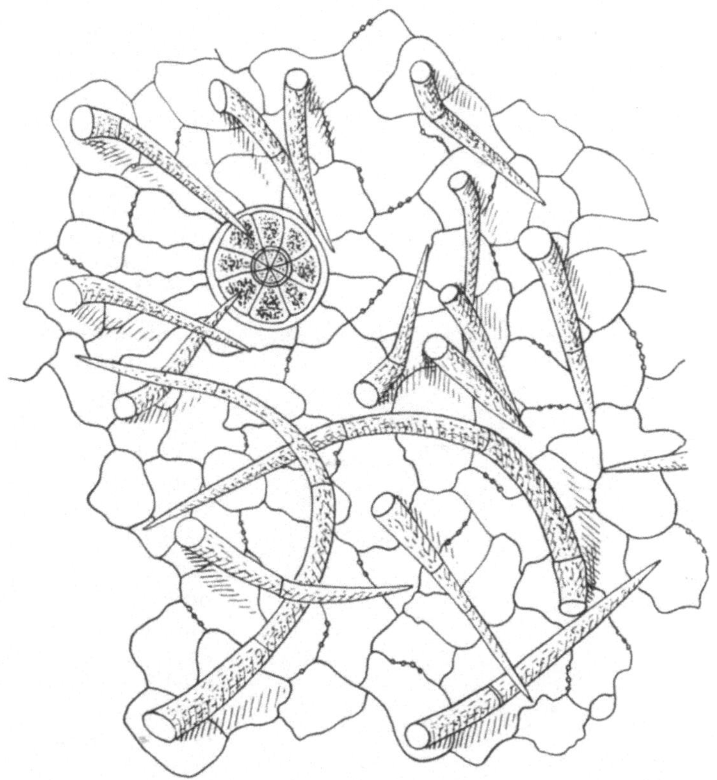

Abb. 18. Epidermis der Oberseite des Majoranblattes. 1:225 (C. GRIEBEL).

absinthium L., Cornus sanguinea L., Tilia argentea DESF., Platanus orientalis L., Rubusarten, Ailanthus glandulosa L. und Citrus Aurantium.

I. Chemische Untersuchung.

Die allgemeine Zusammensetzung wird, falls erforderlich, nach den üblichen Verfahren ermittelt. Der Nachweis fremdartiger Vegetabilien im Majoran erfolgt auf mikroskopischem Wege, doch können einige Vorproben den Nachweis erleichtern.

So läßt sich nach T. F. HANAUSEK[1] eine Beimengung von Cistusblättern rasch feststellen, wenn man eine Probe des Majorans auf dem Uhrglase mit starker Kalilauge erwärmt. Cistusteilchen werden hierbei schwarz und

[1] T. F. HANAUSEK: Arch. Chem. u. Mikroskop. 1913, 6, 59; Süddtsch. Apoth.-Ztg. 1915, 55, 394.

umgeben sich mit violetter Lösung. Majoran und Eibischblätterteilchen werden grün oder grünlichbraun, die Lösung wird gelbgrün oder gelbbräunlich.

R. Seeger[1] verfährt folgendermaßen:

Etwa 2 g der gut durchgemischten Probe werden in einem Probierglase 1 Minute mit Alkohol gekocht, um die Luft aus dem Innern der Blattstücke auszutreiben; dann folgt Kochen mit 10%iger Kalilauge 2 Minuten lang zur Aufhellung der Fragmente, wobei Majoran hellbraun bis gelblich, Cistusblätter schwarz, Coriariablätter braun werden[2]. Hierauf folgt Auswaschen mit Wasser und Aussuchen der Blatteile mit der Lupe; Coriaria kann schon oberflächlich durch wiederholtes Aufschwemmen mit Wasser und vorsichtiges Abgießen der länger schwebenbleibenden Majoranblätter getrennt werden. Die schweren Coriariablätter bleiben meist am Boden der Schale liegen. Sodann kontrolliert man unterm Mikroskop.

Coriariablätter sind vom Majoran auch durch Aufstreuen auf verdünnte Eisenchloridlösung zu unterscheiden, wobei sich die ersteren allmählich vom Rand her blauschwarz färben und schwarzblaue Wolken in die Flüssigkeit abgeben (Netolitzky).

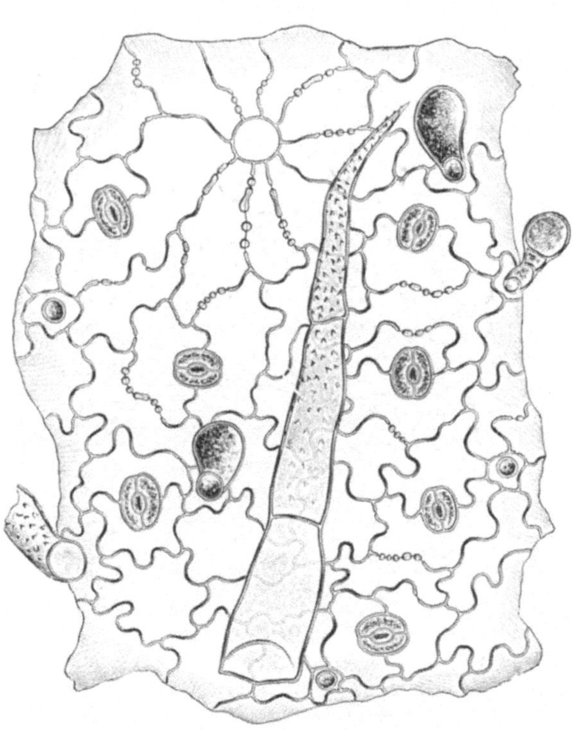

Abb. 19. Epidermis der Unterseite des Majoranblattes (J. Moeller).

II. Mikroskopische Untersuchung.

Die Epidermis der Majoranblätter besteht oberseits (Abb. 18) aus flachbuchtigen, unterseits (Abb. 19) aus tief wellig buchtigen Zellen mit ungleich knotig verdickten Wänden. Kleine Spaltöffnungen, deren Nebenzellen um die beiden Pole gelagert sind, finden sich unterseits reichlich, sehr vereinzelt auch auf der Oberseite. Auf beiden Blattseiten kommen dreierlei Haarformen vor:

1. in großer Menge ein- bis vierzellige (vorwiegend dreizellige), dünnwandige, häufig feinwarzige, meist bogenförmig gekrümmte Deckhaare;

2. kleine Köpfchenhaare mit zwei- bis vierzelligem Stiel und ein- bis zweizelligem Köpfchen;

3. große Öldrüsen mit einzelligem Stiel und 8—12 zarten Sekretzellen, um die die Epidermiszellen rosettenartig angeordnet sind.

Im Majoranpulver fallen hauptsächlich Blatteilchen mit gebogenen Gliederhaaren und deren Trümmer auf, daneben, je nach der Qualität der Ware, mehr oder weniger Stengelteilchen, die faserige, meist Gefäße enthaltende Bruchstücke darstellen. Vereinzelt findet man runde mit sechs Falten versehene Pollenkörner und graubraune, wenig durchsichtige Teilchen der Samen-

[1] R. Seeger: Z. 1915, **29**, 156.

[2] Cornusblätter werden hierbei braunschwarz. Seeger fand unter 100 Pulvern 83 verfälschte. Davon enthielten Coriaria allein 10 Proben, Coriaria mit Cistus 48 Proben, Coriaria mit Cistus und Althaea 5 Proben, Coriaria mit Althaea 6 Proben, Coriaria mit unbestimmten Pflanzenteilen 1 Probe. Der Gehalt an Coriaria betrug 1—80%, zumeist zwischen 10 und 50%.

schale mit dickwandigen, sehr englumigen, tiefwellig buchtigen Epidermiszellen (Abb. 20). Oxalat fehlt dem Blattgewebe des Majorans, findet sich aber nach WASICKY[1] in Form sehr kleiner Nadeln oder kurzer Stäbchen, zu wenigen oder in dichteren Häufchen vorkommend, an dem einen Ende sehr vieler Haarzellen.

Verfälschungen und Ersatzmittel. α) Eibischblätter (Althaea officinalis L.) wurden zuerst von T. F. HANAUSEK[2] und A. NESTLER[3] in österreichischer Ware festgestellt. Sie sind durch zahlreiche 5—8strahlige Stern- oder Büschelhaare (Abb. 21) ausgezeichnet, deren dickwandige Strahlen am Fußteil getüpfelt sind. Außer Sternhaaren beobachtet man noch kurzgedrungene, durch Horizontalwände etagenförmig geteilte Drüsenhaare von etwa eiförmigem Umriß, die besonders in der Nähe der Nerven in kleinen Vertiefungen stehen. In der Epidermis, die beiderseits Spaltöffnungen trägt, finden sich reichlich Schleimzellen, vereinzelt auch im Mesophyll, die sich mit Bismarckbraunlösung oder chinesischer Tusche leicht nachweisen lassen. Das Mesophyll enthält ziemlich große Oxalatdrusen. Zuweilen findet man auf den Blatteilchen auch die etwa 100 μ großen, dicht mit Stacheln besetzten Pollenkörner von Althaea.

β) Cistusblätter. Französischer Majoran, der gewöhnlich über Marseille ausgeführt wird, ist häufig durch die Blätter einer Cistusart verfälscht. Die Blatteilchen sind viel dicker als Majoran, beiderseits graufilzig, unterseits treten die Nerven stark hervor. Nach NETOLITZKY[4] handelt es sich wahrscheinlich um Cistus albidus L. (Abb. 22) oder Cistus salvifolius. Sie sind durch vielstrahlige Sternhaare — diese sind dickwandiger als bei Althaea — und große bis 300 μ lange, flaschenförmige vielzellige Drüsenhaare (Abb. 22 III) gekennzeichnet. Neben diesen beiden Haarformen kommen noch zwei- bis vierzellige Köpfchenhaare mit einzelligem Stiel vor. Das Mesophyll enthält Oxalatdrusen; Spaltöffnungen finden sich nur auf der Unterseite. Die etwa 60 μ großen Pollenkörner von Cistus sind rund und zierlich punktiert. Cistus unterscheidet sich von Althaea durch die (nicht immer leicht auffindbaren) flaschenförmigen Drüsenhaare und das Fehlen der Schleimzellen. Ausgelesene Blatteilchen lassen sich daher an Querschnitten leicht durch das Verhalten gegen BÖHMERs Hämatoxylin unterscheiden (HANAUSEK). Bei Althaea erscheint die ganze Oberhaut nach Behandlung mit Hämatoxylin wegen des Schleimgehaltes schön violett, während sie bei Cistus farblos bleibt. Die Reaktion mit Kalilauge, bei der Cistus schwarz wird, war oben schon erwähnt worden.

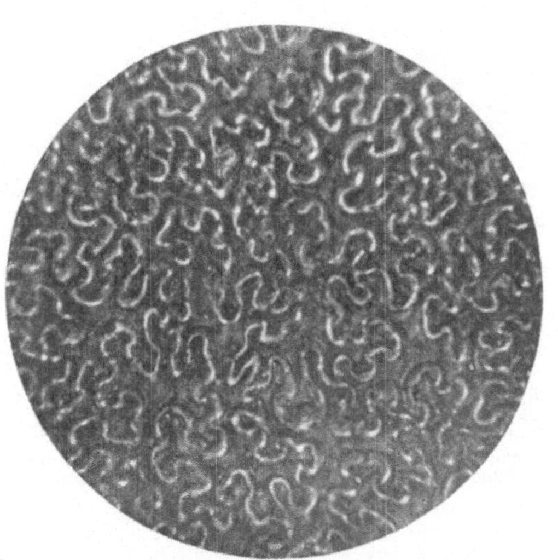
Abb. 20. Majoran. Oberhaut der Samenschale bei hoher Einstellung, Vergr. 1 : 580 (C. GRIEBEL).

γ) Blätter vom Gerberstrauch, provencalischem Sumach oder Redoul (Coriaria myrtifolia L.). Die Aussonderungsprobe mit Eisenchlorid — Gerberstrauchblätter sind sehr reich an einem Gallusgerbstoff — wurde oben bereits erwähnt. Die Blätter, die zuerst von NESTLER in französischem Majoran beobachtet wurden[5] (häufig neben Cistus), sind vollständig kahl und weiter gekennzeichnet durch die zahlreichen auf der Unterseite, spärlicher auf der Oberseite befindlichen Spaltöffnungen, die von je zwei zum Spalt parallelen Nebenzellen begleitet sind. Die Nebenzellen zeigen besonders deutliche, rechtwinklig zum Spalt verlaufende Cuticularfalten (Abb. 23). Die Epidermiszellen sind namentlich auf der Oberseite scharf polygonal. Coriaria myrtifolia enthält das giftige Glykosid Coriamyrtin.

---

[1] WASICKY: In GRAFE, Handbuch der organischen Warenkunde, Bd. 2, 1, S. 478.
[2] T. F. HANAUSEK: Arch. Chem. u. Mikroskop. 1913, **6**, 59.
[3] A. NESTLER: Arch. Chem. u. Mikroskop. 1913, **6**, 79.
[4] NETOLITZKY: **Z.** 1910, **19**, 205.
[5] NESTLER: **Z.** 1910, **19**, 205.

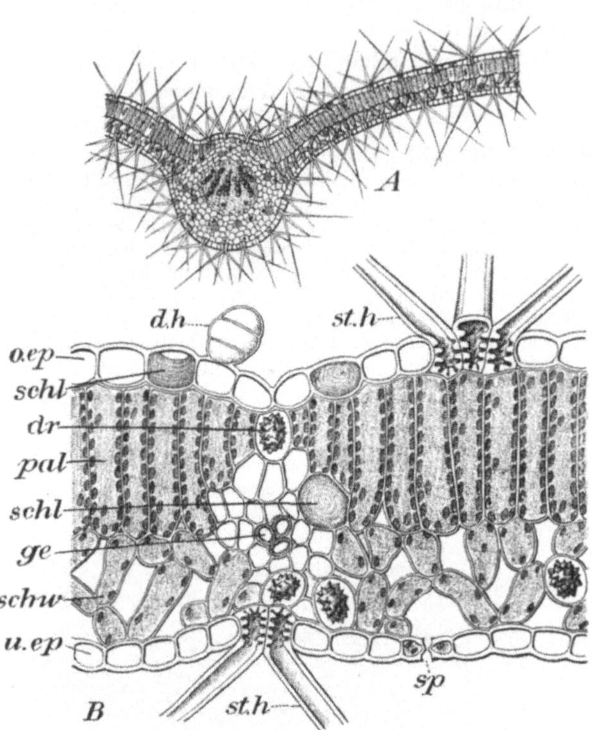

Abb. 21. Althaea officinalis L. Blattquerschnitte. *A* Vergr. 1 : 25. *B* Vergr. 1 : 175 (GILG). *st.h* Haarbüschel mit verholzten und getüpfelten Basalteilen, *d.h* Drüsenhaar, *o.ep* obere Epidermis mit Schleimzellen (*schl*), *dr* Oxalatdrusen, *pal* Palisadengewebe, *schl* Schleimzellen im Mesophyll, *schw* Schwammparenchym, *u.ep* untere Epidermis.

δ) Gerbersumachblätter. Geschnittene Blätter von Rhus coriaria L. hat zuerst NESTLER, auch HANAUSEK, sowie P. CASPARIS[1] in südfranzösischen Majoranproben festgestellt. Die Teilchen sind beiderseits behaart. Die Epidermis besteht aus polygonalen Zellen mit feingestreifter Cuticula und zeigt oberseits zerstreute, unterseits zahlreiche Spaltöffnungen. Die Haare sind meist zweizellig, starkwandig, mit grobkörniger Cuticula versehen (Abb. 24 u. 25). Die Basalzelle ist verbreitert, die umgebenden Epidermiszellen sind gewöhnlich radial angeordnet. Neben den Deckhaaren finden sich noch zahlreiche Drüsenhaare mit einzelligem Stiel und mehrzelligem Köpfchen. Das Mesophyll enthält zahlreiche Oxalatdrusen.

ε) Die Blätter des roten Hartriegels (Cornus sanguinea L.) — von PLANCHON im Majoran beobachtet — sind ausgezeichnet durch kurzgestielte, zweiarmige, aber einzellige Haare mit warziger Cuticula. Die Trichome finden sich hauptsächlich auf der Blattoberseite und sind mit ihren Armen meist parallel zu den Nerven angeordnet.

ζ) Von fremden Labiatenpulvern sind bisher im Majoran von C. GRIEBEL und A. SCHÄFER[2] beobachtet worden Bohnenbraut (Satureja hortensis L.).

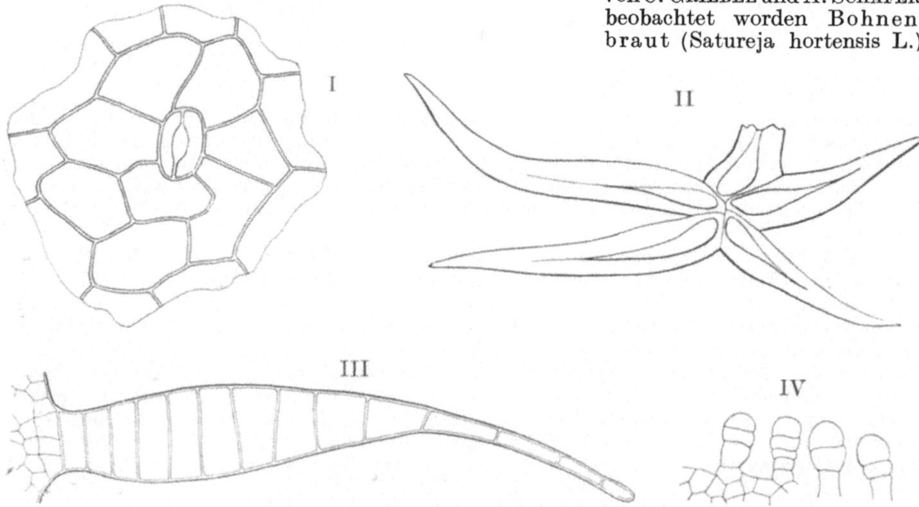

Abb. 22. Blatt von Cistus albidus.
I Epidermis, II Sternhaar, III flaschenförmige Drüse, IV keulenförmige Drüsen (NETOLITZKY).

[1] P. CASPARIS: Schweiz. Apoth.-Ztg. 1921, 59. Ref. Pharm. Zentralh. 1922, **63**, 2.
[2] C. GRIEBEL u. A. SCHÄFER: **Z.** 1919, **38**, 143; 1920, **39**, 299.

das besonders an den durch ihre plumpe Form auffallenden Stengelhaaren erkannt wird (S. 371), und Feldthymian (Thymus serpyllum L.), dessen Blättchen am Rande ziemlich dicht mit kurzen, einzelligen, meist sägezahnförmigen Haaren besetzt sind. Diese Haargebilde sind dickwandig, feinwarzig und nach der Spitze des Blattes zu gerichtet. Außer am Blattrand finden sie sich auch auf und zu beiden Seiten der Mittelrippe, sowie

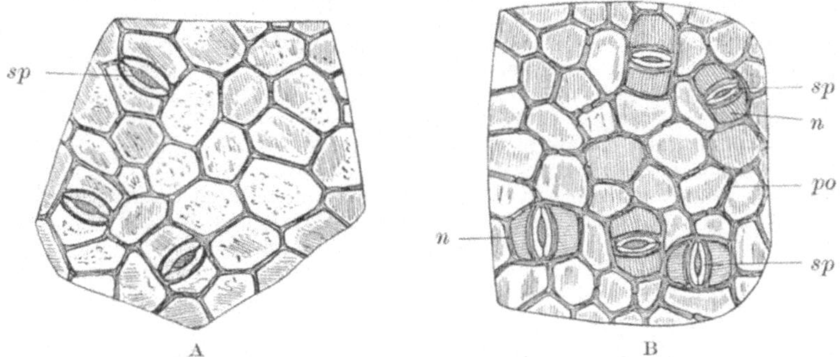

Abb. 23. Coriaria myrtifolia. A Epidermis der Blattoberseite, B der Blattunterseite; *n* Nebenzellen des Spaltöffnungsapparates *sp*, *po* Poren. (Nach T. F. HANAUSEK.)

am basalen, in den Stiel verschmälerten Teil der Blattspreite. Der Rindenteil des Stengels enthält nicht selten Zellen mit rotviolettem Farbstoff. Im Pulver beobachtet man ziemlich reichlich Teilchen der Samenschale, die mit der des Majorans übereinstimmt. Bruchstücke mehrzelliger Haare mit gekörnter Oberfläche, die den Stengelteilen entstammen, kommen nur in relativ geringer Menge vor.

Die Blätter einer anderen Labiate, nämlich:

η) Rosmarinblätter (Rosmarinus officinalis L.) in einer Menge von 10% fand P. CASPARIS[1] im unzerkleinerten Majoran, der außerdem 15% Bohnenkraut enthielt.

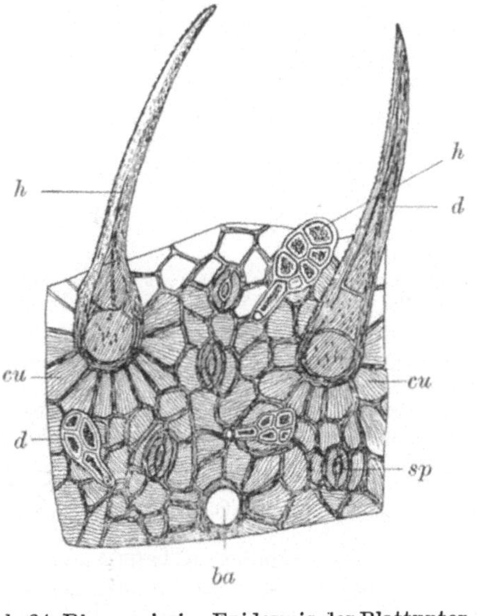

Abb. 24. Rhus coriaria. Epidermis der Blattunterseite. *sp* Spaltöffnungen, *h* Haarborste, *ba* Basis eines abgefallenen Haares, *d* Drüsen, *cu* streifige Cuticula. (Nach T. F. HANAUSEK.)

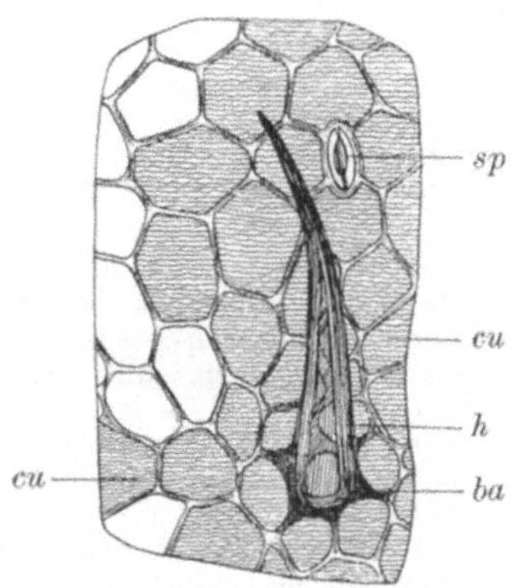

Abb. 25. Rhus coriaria. Epidermis der Blattoberseite. *sp* Spaltöffnung, *h* Haar mit verdickter Basis *ba*, *cu* streifige Cuticula. (Nach T. F. HANAUSEK.)

Die linealischen, am Rande nach unten umgerollten und dadurch unterseits mit einer Längsrinne versehenen Blätter sind im zerschnittenen Zustand leicht als solche erkennbar. Auch mikroskopisch sind sie gut charakterisiert[2] (Abb. 26). Unter der mit einer dicken Außenwand versehenen Epidermis der Oberseite liegt ein mehrreihiges, kollenchymatisches Hypoderm aus großen, farblosen, knorpelig derbwandigen, getüpfelten Zellen (*b*, *c*). Die

[1] P. CASPARIS: Schweiz. Apoth.-Ztg. 1921, 59. Ref. Pharm. Zentralh. 1922, **63**, 2.
[2] Vgl. C. GRIEBEL: Z. 1922, **43**, 363.

Trümmer dieses Gewebes, die sich oft noch im Zusammenhang mit der Epidermis oder mit Assimilationsparenchym vorfinden, sind im Pulver besonders auffällig. Als weiteres sehr charakteristisches Element sind die zahlreichen, der Unterseite des Blattes entstammenden, monopodial verzweigten Gliederhaare mit dünnen, glatten Wänden (*a*) zu nennen, die im Pulver zumeist zertrümmert sind, aber vereinzelt auch unverletzt aufgefunden werden.

ϑ) Weiter sind von R. WASICKY und M. JOACHIMOWITZ[1] in gebündeltem Majoran Blätter einer Picrisart (anscheinend Picris spinulosa B.) aufgefunden worden, ausgezeichnet durch große vielzellige Borstenhaare mit Widerhakenzellen an der Spitze (Abb. 27).

In geschnittenen Mustern wurden außerdem festgestellt:

Blätter von Tilia argentea DESF., deren Unterseite einen niedrigen Filz von dicht anliegenden, meist achtarmigen Sternhaaren trägt (Abb. 28), während die Oberseite kahl ist; die Gefäßbündel sind von zahlreichen Oxalateinzelkrystallen begleitet. Solche kommen neben Drusen auch im Mesophyll vor.

Blätter von Platanus orientalis L., gekennzeichnet durch eigenartige Kandelaberhaare (Abb. 29), die in 3—4 Etagen sternartige Verzweigungen aufweisen. Die Blätter enthalten im Mesophyll Oxalatdrusen, hauptsächlich längs der Nerven[2].

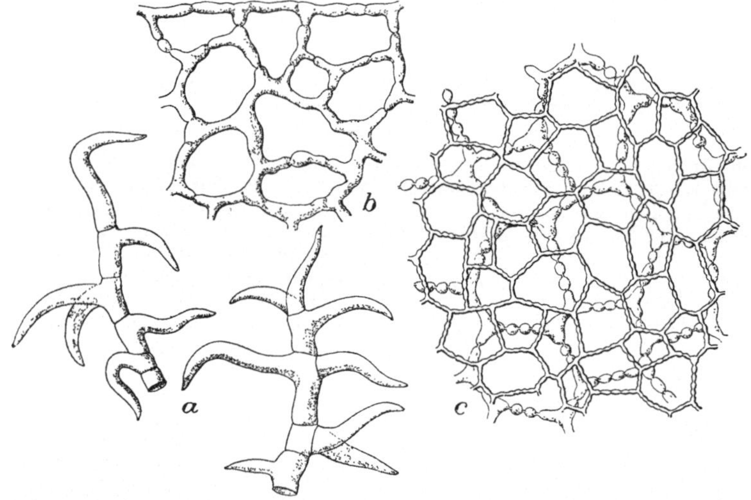

Abb. 26. Rosmarinus officinalis L. *a* Deckhaare, *b* kollenchymatisches Wasserspeichergewebe des Blattes im Querschnitt, *c* Epidermis der Blattoberseite mit Hypoderm, Vergr. 1 : 250 (C. GRIEBEL).

Blätter von Rubus idaeus L. (S. 153), Rubus plicatus WH. et N., Rubus tomentosus BORKH., letztere ebenfalls mit Sternhaaren[3].

Blätter von Ailanthus glandulosa DESF., deren aus polygonalen Zellen bestehende Epidermis eine ungemein starke Faltung der Cuticula aufweist und 1—3zellige Deckhaare trägt.

Blätter von Citrus Aurantium L., die vollständig kahl, aber durch große Sekreträume und große Einzelkrystalle ausgezeichnet sind und Wermut (S. 375), letzterer durch BRUNNER[4].

ι) Auch Brennesselblätter (Urtica dioica L.) — wahrscheinlich als Auffärbungsmittel zugesetzt — wurden neuerdings[5] im Majoranpulver beobachtet. Die für die unzerkleinerten Brennesselblätter charakteristischen, in einen Zellsockel eingefügten, langen Brennhaare sind im Pulver fast stets zertrümmert. Dagegen findet man noch einzellige starre Deckhaare, die aus breiter, oft zwiebelförmiger Basis in eine lange scharfe Spitze auslaufen. Um ihren breiten Fußteil sind die Epidermiszellen rosettenförmig angeordnet. Besonders kennzeichnend sind aber die in ziemlich zahlreichen Epidermiszellen vorkommenden Cystolithen (Abb. 30) aus Calciumcarbonat, die sich in der Flächenansicht als rundliche oder elliptische, körnig geschichtete Gebilde darstellen[6].

---

1 R. WASICKY u. M. JOACHIMOWITZ: Arch. Chem. u. Mikroskop. 1915, 8, 125.
2 Vgl. C. GRIEBEL: Z. 1920, **39**, 276.
3 Vgl. C. GRIEBEL: Z. 1920, **39**, 249.
4 BRUNNER: Institut für angewandte Botanik, Hamburg, Jahresbericht für 1930.
5 Pharm. Ztg. 1933, 78, 900.
6 Vgl. C. GRIEBEL: Z. 1920, **39**, 270.

Als spanischer Majoran bezeichnete Proben bestanden nach P. CASPARIS[1] lediglich aus den spitzovalen Blättchen und den meist schon abgeblühten Quirlen von Thymus Mastichina, einer mediterranen Labiate.

Anhaltspunkte für die Beurteilung.

Da der Blatt- (gerebelte) Majoran durchweg mehr Asche als der geschnittene Majoran enthält, so haben die Vereinbarungen deutscher Lebensmittelchemiker zwischen beiden einen Unterschied im zulässigen Aschengehalt gemacht; diese Vereinbarungen haben folgenden Wortlaut:

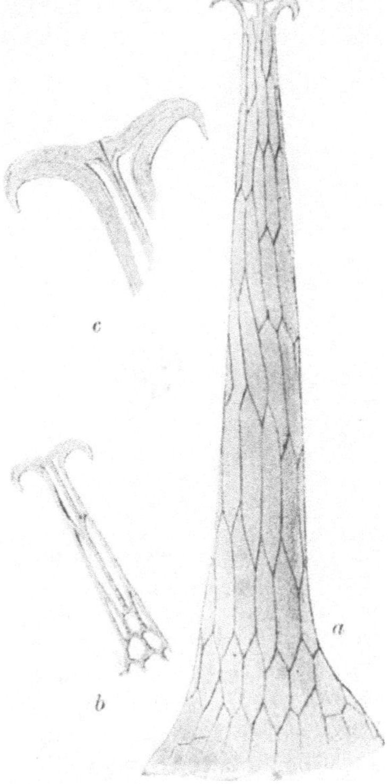

Abb. 27. Picris spinulosa B. *a* Großes Hakenhaar in der Aufsicht, *b* kleines Haar, Längsschnitt; *c* Haken doppelt vergrößert. (Nach WASICKY und JOACHIMOWITZ.)

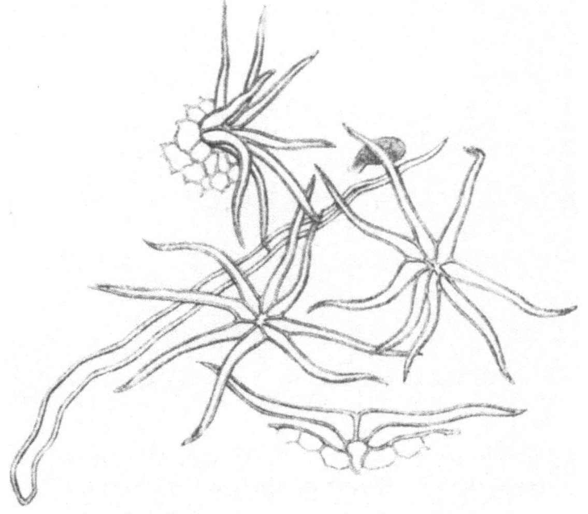

Abb. 28. Tilia argentea DESF., Haarformen. (Nach WASICKI und JOACHIMOWITZ.)

„Majoran besteht aus dem getrockneten blühenden Kraute der im Orient und im südlichen Europa einheimischen, bei uns angebauten einjährigen Labiate Origanum Majorana L.

Das Gewürz kommt als zerschnittene, aus allen oberirdischen Teilen der Pflanze, also aus Blättern und Stengelteilen oder lediglich aus Blüten und Blättern (abgerebelte Ware) bestehende Ware, seltener als Pulver oder als ganze Pflanze in den Handel.

Majoran muß einen kräftigen aromatischen Geruch zeigen. Als höchste Grenzzahlen für den Gehalt an Mineralbestandteilen (Asche) haben, auf lufttrockene Ware berechnet, zu gelten für:

a) Geschnittenen Majoran 12% Asche, in 10%iger Salzsäure unlösliche Asche 2,5%.

b) Gerebelten oder Blattmajoran 16% Asche, in 10%iger Salzsäure unlösliche Asche 3,5%."

Das Deutsche Nahrungsmittelbuch will für gerebelten oder Blattmajoran 17% Asche einschließlich 5% Sand zulassen.

---

[1] P. CASPARIS: Schweiz. Apoth.-Ztg. 1921, 59. Ref. Pharm. Zentralh. 1922, **63**, 2.

Neuerdings ist von seiten des deutschen Großdrogenhandels darauf hingewiesen worden, daß namentlich in trockenen Jahren die Höchstgrenze von 3% Sand bei der Handelsware nicht innegehalten werden könne. Es wird dies hauptsächlich auf die größere Verstaubung der Felder durch die Zunahme des Kraftwagenverkehrs zurückgeführt. Denn die an den Härchen der Majoranblätter festgehaltenen feinen Staubteilchen lassen sich durch Absieben nur zum kleinsten Teil wieder beseitigen. Bis zur endgültigen Regelung dieser Frage wird man daher bei einer Überschreitung des bisher zugelassenen Sandgehaltes von Fall zu Fall prüfen müssen, wie die Ware zu beurteilen ist.

Nach dem Österreichischen Lebensmittelbuch, 2. Ausgabe, enthält guter gerebelter Majoran höchstens 13% Asche und 2,5% Sand, während für Majoran aus dem ganzen Kraut und minderwertige gerebelte Sorten Aschen-

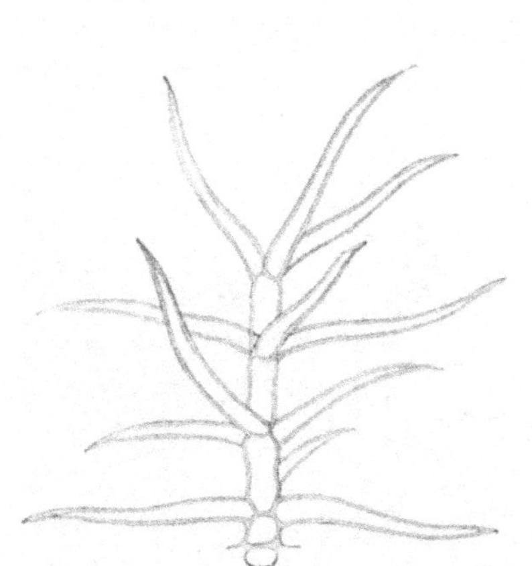

Abb. 29. Kandelaberhaar des Platanenblattes. 1:150 (C. GRIEBEL).

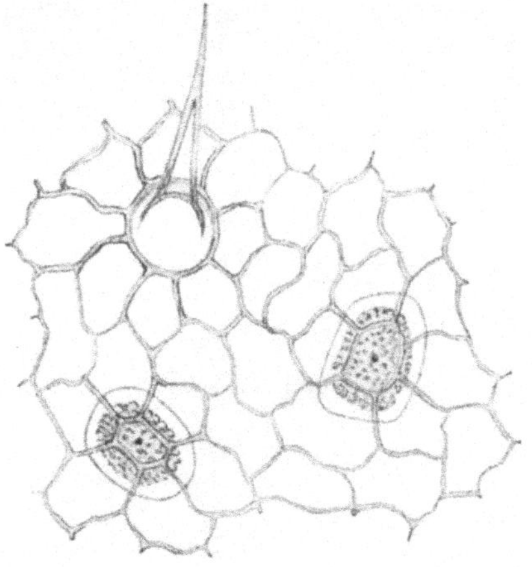

Abb. 30. Brennessel. Blattoberseite mit Cystolithen und Deckhaar. 1:200 (C. GRIEBEL).

gehalte bis zu 18% und Sandgehalte bis zu 5% nicht selten sind. Bei der Destillation liefert Majoran durchschnittlich 1% ätherisches Öl.

Nach dem Schweizerischen Lebensmittelbuch (1917) dürfen Stengelfragmente im Majoranpulver nicht enthalten sein.

Im Nachtrag (1922) wird außerdem die Gesamtasche auf höchstens 15%, die in Salzsäure unlösliche Asche auf höchstens 3% begrenzt.

8. Thymian.

Thymian oder Gartenthymian (Thymus vulgaris L.) ist eine aus dem Mittelmeergebiet stammende Labiate, die bei uns in Gärten gezogen wird und namentlich als Wurstgewürz Verwendung findet. In den Handel kommen die abgestreifen getrockneten Blätter und Blüten oder gebündelte Ware.

Die jungen Zweige sind vierkantig, kurz aber dicht weiß behaart, die kurz gestielten oder ungestielten bis 9 mm langen und bis 3 mm breiten Blättchen graugrün, lineallanzettlich bis länglich eiförmig mit eingesenkten rotbraunen Drüsenschuppen besetzt, am Rande umgerollt, unterseits graufilzig. Der Geruch ist angenehm gewürzhaft, der Geschmack beißend aromatisch.

Das Kraut enthält etwa 1% (bis 2,6%) ätherisches Öl, dessen Hauptbestandteile Thymol und Carvacrol sind, außerdem Cymol und Bornylester.

Mikroskopische Untersuchung. Die Epidermiszellen der Blätter sind auf der Oberseite geradwandig oder schwach wellig, auf der Unterseite stärker gewellt. Stomata finden sich nur auf der Unterseite häufig, oberseits vereinzelt. Sie sind von zwei die Pole der Spaltöffnungen umfassenden Nebenzellen umgeben. Die Blattoberseite (Abb. 31) trägt zahlreiche ein- bis zweizellige, sehr kurze papillenartige oder zahnförmige, die Unterseite und der kurze Blattstiel zwei-, seltener dreizellige, etwas längere Haare mit körniger Cuticula. Die mehrzelligen Haare sind gewöhnlich gekniet und zeigen eine fußförmig angesetzte Endzelle (Abb. 32). Beide Blattseiten tragen eingesenkte Öldrüsen, die wie beim Majoran gebaut sind, auch Köpfchenhaare. Das Mesophyll zeigt 1 bis 2 Palisadenschichten und ist frei von Oxalat, wie bei allen Labiaten. Die sechsfaltigen Pollenkörner sind glatt und erscheinen kugelig.

Im Thymianpulver beobachtet man neben Teilchen der Epidermis und des Mesophylls gekniete Haare, Drüsenschuppen und Pollenkörner, außerdem Trümmer von Stengelteilen und zartzelliges Gewebe der Blütenteile.

Anhaltspunkte für die Beurteilung. Der Verein Deutscher Lebensmittelchemiker hat bisher noch keine Festsetzungen über Thymian getroffen.

Nach dem Deutschen Arzneibuch, 6. Ausgabe, darf der Aschengehalt höchstens 12% betragen.

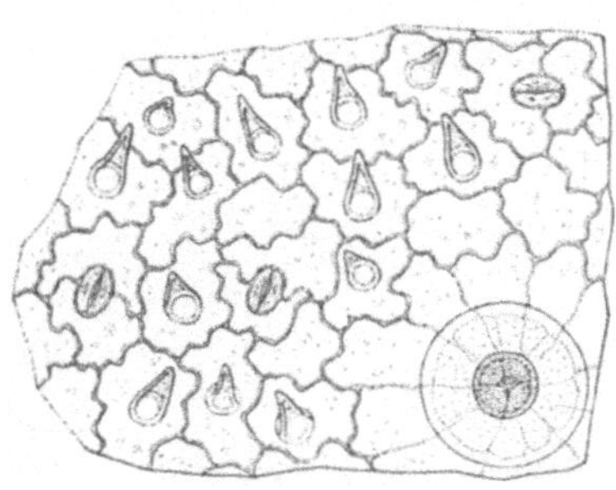

Abb. 31. Thymian. Blattoberseite 1:200. (Nach GASSNER.)

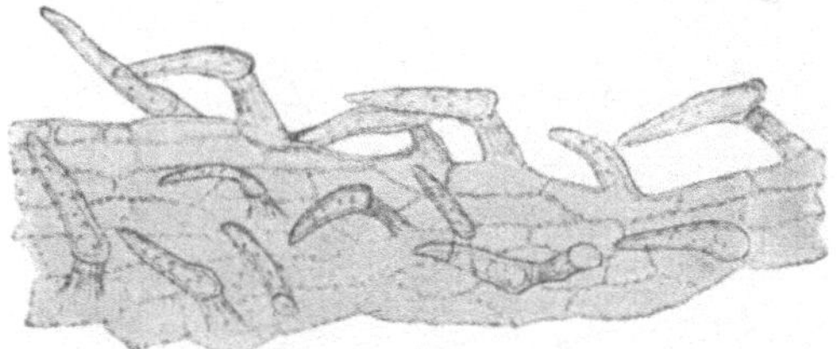

Abb. 32. Thymian. Blattstielteilchen mit geknieten Haaren mit fußförmig angesetzter Endzelle. 1:250 (C. GRIEBEL).

Nach dem Österreichischen Lebensmittelbuch, 2. Auflage, beträgt der Gehalt an ätherischem Öl 0,5—1%, der Aschengehalt höchstens 8%, einschließlich 2% Sand.

9. Bohnenkraut.

Bohnenkraut, Saturei, Wurstkraut oder Pfefferkraut ist das getrocknete blühende Kraut von Satureja hortensis (Labiatae), einer im Mittelmeergebiet heimischen, bei uns in Gärten als Gewürzkraut gezogenen Pflanze.

Die Blätter sind bis 3 cm lang, lineal-lanzettlich, in den kurzen Stiel verschmälert, am Rande fein gewimpert und beiderseits drüsig punktiert. Der Geruch ist stark gewürzhaft, der Geschmack brennend.

Das in Mengen von 0,7—2% vorhandene ätherische Öl besteht überwiegend aus Phenolen, insbesondere Carvacrol.

Mikroskopische Untersuchung. Die Oberhaut beider Blattseiten ist gleich gebaut (Abb. 33). Die Seitenwände der Epidermiszellen sind unregelmäßig buchtig, deutlich getüpfelt. Die zahlreichen, etwas erhöhten Spaltöffnungen sind von je 2 Nebenzellen umgeben, die die Pole der Stomata umfassen. Aus der Oberhaut entspringen Gliederhaare, Öldrüsen und spärlich auch Köpfchenhaare mit kurzem Stiel. Die ersteren sind zum Teil mit freiem Auge sichtbar und bestehen aus vier, fünf oder mehr Gliedern, zum Teil sind sie ein- bis zweizellig, aus breiter Basis allmählich zugespitzt, mit glatter, gestreifter oder derber warziger Wand versehen (Abb. 34 *a*, *b*). Bemerkenswert sind besonders die abweichend gebauten, an den Stengeln befindlichen, nach abwärts gerichteten Gliederhaare. Sie sind meist zwei- bis dreizellig, zumeist gekrümmt, außerdem gedrungener und plumper als die Blatthaare. Die Endzelle ist oft kurz und nur wenig spitz (Abb. 34 *c*), bei zweizelligen Exemplaren gewöhnlich länger als die Basalzelle, etwas angeschwollen und feinwarzig (Abb. 34 *d*).

Für das Bohnenkrautpulver sind gerade diese Stengelhaare kennzeichnend, weil sie wegen ihrer derben Wände zumeist an der Basis abbrechen und sich daher größtenteils unverletzt im Pulver vorfinden. Außerdem beobachtet man zahlreiche Stengelteilchen.

Anhaltspunkte für die Beurteilung. Bei alter Ware sind die Blätter zumeist abgefallen. Sie besteht daher nur noch aus den nackten Stengelteilen und ist nicht mehr zu gebrauchen.

Nach dem Österreichischen Lebensmittelbuch, 2. Auflage, beträgt der Aschengehalt höchstens 12% einschließlich 1% Sand.

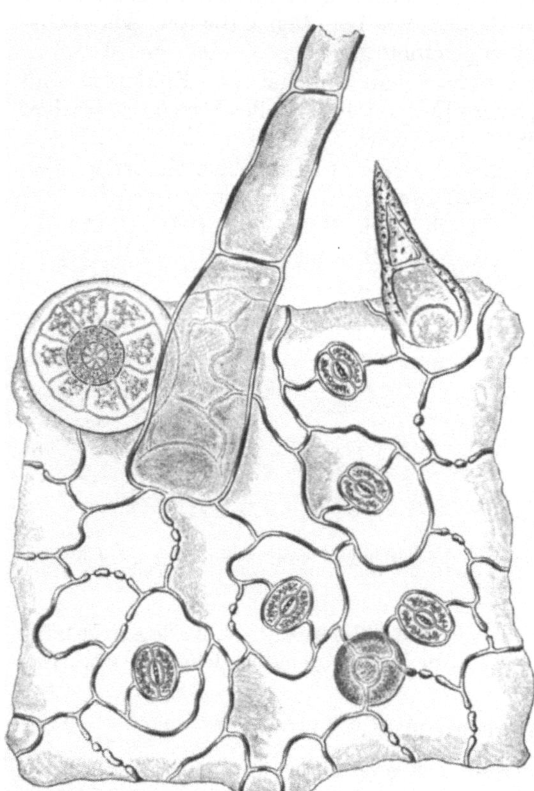

Abb. 33. Oberhaut des Bohnenkrautblattes (J. MOELLER).

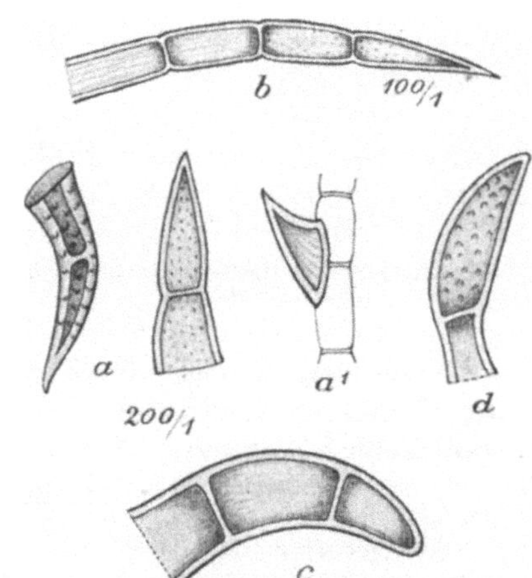

Abb. 34. Haarformen des Bohnenkrautpulvers (C. GRIEBEL).

10. Gartensalbei.

Gartensalbei (Salvia officinalis L.) ist eine in den Mittelmeerländern wild wachsende Labiate, die bei uns in Gärten gezogen wird. Die Blätter finden bei uns hauptsächlich zu Heilzwecken, nur selten als Gewürz Verwendung, im letzteren Falle zuweilen in Pulverform, als Bestandteil gemischter Gewürzpulver. Nach dem Österreichischen Lebensmittelbuch, 2. Auflage, werden frische Salbeiblätter in Salzburg und Tirol in flüssigen Teig eingehüllt und gebacken, also als Speise genossen.

Die Blätter sind gestielt, länglich oder lanzettförmig, bis 7 cm lang, am Rande fein gekerbt, auf der Spreite feinaderig-runzelig, graugrün bis grau- oder weißfilzig.

Der Geschmack ist würzig-bitterlich und zusammenziehend.

Mikroskopische Untersuchung. Die Epidermis beider Blattseiten zeigt polygonale, gewellte oder buchtige Zellen. Die Spaltöffnungen sind auf der Unterseite viel zahlreicher als auf der Oberseite. Charakteristisch sind die etwa peitschenförmigen, oft einen Filz bildenden Gliederhaare (Abb. 35). Sie sind dünn, aber derbwandig, zwei- bis fünfzellig, an den Scheidewänden eigenartig verdickt. Neben diesen Deckhaaren finden sich die für die Labiaten charakteristischen Öldrüsen und Köpfchenhaare mit ein- oder mehrzelligem Stiel und kugeligem, zuweilen durch eine vertikale Wand geteiltem Köpfchen. Salbeipulver ist durch zahlreiche Bruchstücke der peitschenförmigen Gliederhaare gekennzeichnet, die man zuweilen auch noch im unverletzten Zustand, gewöhnlich im Zusammenhang mit Epidermisstücken findet.

Anhaltspunkte für die Beurteilung. Nach dem Österreichischen Lebensmittelbuch enthalten Salbeiblätter 1,5—2,5% ätherisches Öl. Der Aschengehalt beträgt nicht mehr als 10%, einschließlich 1% Sand.

Im Österreichischen Lebensmittelbuch werden aus der Familie der Labiaten als Blattgewürze noch beschrieben: Basilicum (Basilienkraut), das frische oder getrocknete Kraut von Ocimum basilicum L., und Lavendel, die Blätter oder beblätterten Zweige mit oder ohne Blüten von Lavandula spica L.

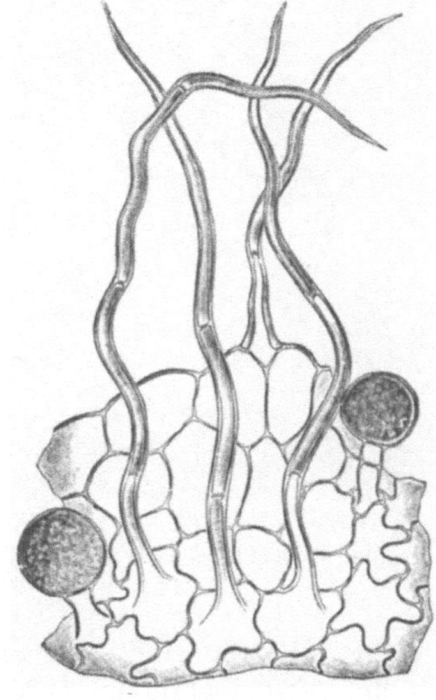

Abb. 35. Glieder- und Köpfchenhaare des Salbeiblattes (J. MEOLLER).

11. Lorbeerblätter.

Die bei uns als Gewürz verwendeten Lorbeerblätter sind die getrockneten Blätter des in den Mittelmeerländern verbreiteten immergrünen Lorbeerbaumes, Laurus nobilis L. (Lauraceae), der in zahlreichen Spielarten kultiviert wird. Die in Deutschland verwendeten Lorbeerblätter kommen hauptsächlich aus Italien.

Die chemische Zusammensetzung gibt J. KÖNIG wie folgt an: Wasser 9,73%, Stickstoffsubstanz 9,45%, ätherisches Öl 3,09%, Fett 5,34%, Rohfaser 29,91%, Asche 4,35%. HANUŠ und BIEN fanden in der Trockensubstanz 13,84% Pentosane. v. FELLENBERG fand 0,81—1,61% Pektin. Die Blätter enthalten auch reichlich Gerbstoff.

Das ätherische Öl besteht etwa zur Hälfte aus Cineol. Außerdem wurden nachgewiesen Eugenol, Aceteugenol, Methyleugenol, Terpenkohlenwasserstoffe (β-Pinen und Phellandren), Alkohole (Geraniol und Linalool), freie Säuren (Essigsäure, Isobuttersäure, Isovaleriansäure).

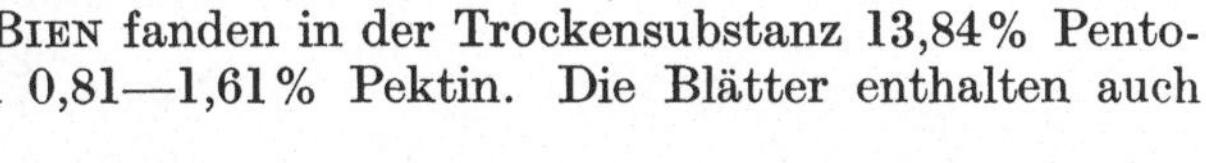

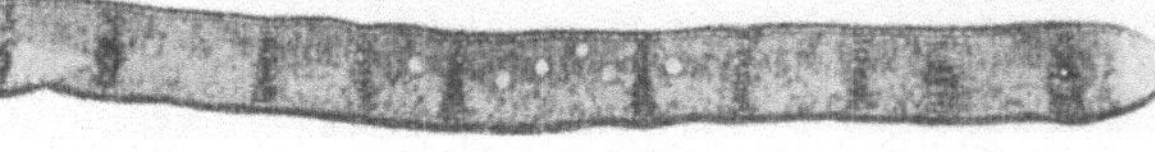

Abb. 36. Querschnitt des Lorbeerblattes (J. MOELLER).

Das Österreichische Lebensmittelbuch gibt den Gehalt an ätherischem Öl zu 1—2% an.

Die Blätter sind kurz gestielt, länglich-lanzettlich, 8—10 cm lang, 3—5 cm breit, spitz oder zugespitzt, ganzrandig, am Rande schwach gewellt und etwas umgebogen, lederig, kahl, oberseits glänzend, unterseits matt und heller gefärbt. Von dem auf der Unterseite stark hervortretenden Hauptnerv gehen 6—8 ziemlich kräftige, schlingenläufige Sekundärnerven ab. Auf Querschnitten des Blattes (Abb. 36) fallen im Mesophyll die Ölzellen auf (30—45 μ), die kugelig sind und oft einen Tropfen farblosen ätherischen Öles enthalten. Die Gefäßbündel zeigen starken Sklerenchymbelag. Die Epidermis beider Blattseiten, mit einem starken Cuticularüberzug versehen, besteht aus wellig-buchtigen, dicht getüpfelten Zellen. Die nur auf der

Unterseite (Abb. 37) vorkommenden Spaltöffnungen sind meist von vier Nebenzellen umgeben und liegen vertieft.

Gute Lorbeerblätter sollen grün und möglichst stielfrei, der Geruch stark gewürzhaft, der Geschmack gewürzhaft bitter sein.

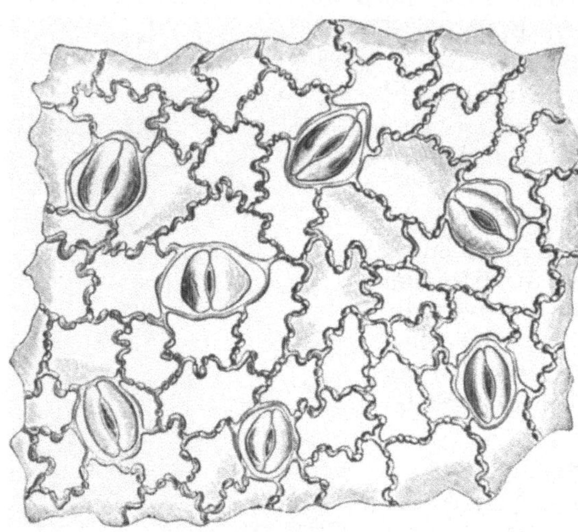

Abb. 37. Epidermis der Unterseite des Lorbeerblattes (J. MOELLER).

Das Schweizerische Lebensmittelbuch (1917) gibt als Grenzzahlen an: Wasser 4 bis 8%, Gesamtasche 4—6%, in Salzsäure unlösliche Asche höchstens 1%.

12. Beifuß.

Der bei uns wildwachsende Beifuß (Artemisia vulgaris L. Compositae) wird vor dem Aufblühen der Blütenkörbchen eingesammelt und getrocknet. Zuweilen werden vor dem Trocknen der Blütenrispen die größeren Blätter entfernt.

Beifuß dient hauptsächlich als Bratengewürz und gelangt nur unzerkleinert zum Verkauf.

Die Blätter sind oberseits dunkelgrün, unterseits grau- oder weißfilzig, doppelt fiederschnittig. Die am Stengel weiter oben stehenden Blätter sind weniger geteilt; in der Blütenregion sind sie sogar einfach und ganzrandig. Spaltöffnungen finden sich nur auf der Unterseite des Blattes, die zugleich den Haarfilz trägt. Dieser besteht aus den für die Gattung Artemisia charakteristischen T-förmigen Haaren, bei denen ein kurzer, meist dreizelliger Stiel eine lange, quergelagerte Endzelle trägt. Beim Beifuß ist diese Endzelle derbwandig, auffallend lang (über 1 mm) und peitschenförmig hin- und hergewunden (Abb. 38) oder an den Enden lockenförmig gerollt. Ihr Durchmesser beträgt nur 5—7 μ. Neben diesen Deckhaaren finden sich vereinzelt auch die für die Kompositen charakteristischen Etagendrüsen.

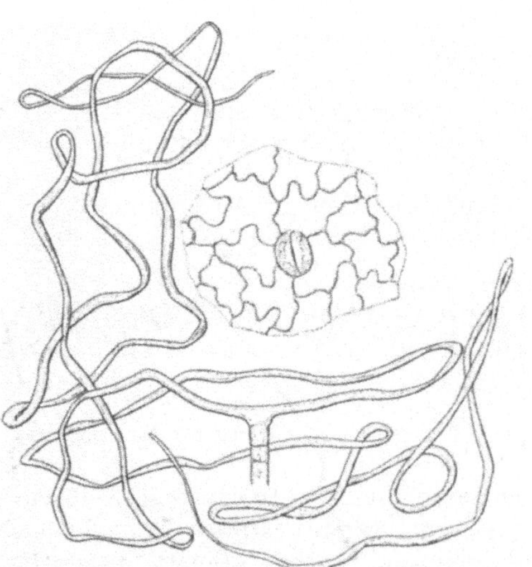

Abb. 38. Beifuß, Haar und Epidermisstück der Blattunterseite. (Nach GASSNER.)

Die Bezeichnung „Wermut" für Artemisia vulgaris ist in manchen Gegenden gebräuchlich. Hierdurch kommen häufig Verwechslungen mit Artemisia absinthium, dem wirklichen Wermut zustande, der durch stark bitteren Geschmack ausgezeichnet ist. Die unter Zusatz von Wermut bereiteten Braten werden daher vollständig ungenießbar.

Die Blätter vom Wermut sind beiderseits grau behaart. Die Endzelle der T-Haare ist hier aber viel kürzer (bis 200 μ), außerdem breiter, kaum gebogen, zartwandig und daher oft zusammenfallend.

D. Blüten und Blütenteile.

Von hierher gehörigen Gewürzen sind bei uns im Gebrauch Safran, Gewürznelken, Kapern und Zimtblüten.

13. Safran.

Safran (Crocus) sind die getrockneten Narben von Crocus sativus L., einer zu den Iridiaceen gehörenden, im Oktober blühenden Pflanze, die wahrscheinlich in Kleinasien, Vorderasien und Griechenland heimisch ist und vorwiegend in Spanien und Frankreich, in geringem Umfange auch in anderen Ländern kultiviert wird. Da die Kulturform nicht fruktifiziert, erfolgt die Vermehrung durch Zwiebeln.

Die Blüten bestehen aus einer etwa 10 cm langen, 2—3 mm breiten, von einer häutigen Scheide umgebenen Röhre, die sich nach oben trichterförmig erweitert und in 6 große violette Blumenblätter spaltet. Auf dem Fruchtknoten erhebt sich der unten farblose, oben gelbliche etwa 10 cm lange Griffel, der die ganze Blumenkrone durchzieht und oben die dreiteilige braunrote Narbe trägt. Nach dem Ernten der Blüten werden die Narben sogleich sorgfältig mit den Fingern abgezwickt und auf Sieben im Backofen oder auf dem Herdfeuer, auch an der Sonne getrocknet. Nach Untersuchungen von HASSACK kommen auf 100 g ausgelesenen Safran mit 15,4% Wassergehalt 45000—54000, auf 100 g trockene Ware 60000—65000 Narbenschenkel, was mit den Feststellungen von T. F. HANAUSEK übereinstimmt.

Die Narben sind dunkelorangerot, im getrockneten Zustande etwa 2 cm, im aufgeweichten etwa 3,0—3,5 cm lang. Beim Aufweichen in Wasser erweitert sich die Narbe trichterförmig, zeigt feine Kerbungen und ist an der Innenwand aufgeschlitzt. Die drei Narben einer Blüte sind vielfach noch durch einen Rest des heller gefärbten Griffels zusammengehalten (Abb. 43 *A*). Der Safran riecht sehr stark (an Jodoform erinnernd), schmeckt gewürzhaft bitter, etwas scharf und verleiht beim Kauen dem Speichel eine orangegelbe Färbung; er fühlt sich, zwischen den Fingern gerieben, fettig an.

Man unterscheidet: 1. französischen Safran als beste Sorte, von dem der Safran d'Orange durch künstliche Wärme, der Safran comtat an der Sonne getrocknet ist; der Safran comtat hat eine besonders lebhafte Farbe; 2. spanischen Safran, der dem französischen ähnlich ist, aber weniger geschätzt wird als dieser; er wird auch häufiger verfälscht. Zur Zeit hat er den weitaus größten Anteil am Handel. Gegenüber diesen beiden Sorten kommt dem in anderen Ländern erzeugten Safran nur noch untergeordnete Bedeutung zu, weil er in der Regel nur den lokalen Bedarf zu decken vermag.

Nach der Aufbereitung unterscheidet man zwischen elegiertem Safran, der frei von Griffeln ist, und naturellem Safran, bei dem die Narben noch größtenteils an zugehörigen Griffelresten haften.

Die chemische Zusammensetzung[1] des Safrans schwankt zwischen folgenden Grenzen:

Wasser %	Wasser Mittel %	Stickstoffsubstanz %	Ätherisches Öl %	Ätherauszug %	Petroläther-auszug %	Alkoholauszug %	Rohfaser %	Asche %	Asche Mittel %
8,9—17,2	12,33	6,8—13,6	0,4—1,3	3,5—14,4	1,1—10,7	46,8—52,4	3,6—5,9	4,3—8,4	5,69

[1] Vgl. KOENIG: Bd. 1, S. 970, 1903 und BALLAND: Z. 1907, 7, 565.

Durch das ätherische Öl wird der Geruch und Geschmack, durch einen im Ätherauszug vorhandenen Bitterstoff (Pikrocrocin), der auch in Wasser und Weingeist — in Äther erst nach langer Extraktion — löslich ist, wird der bittere Geschmack bedingt[1]. Der Bitterstoff ($C_{17}H_{26}O_6$) zerfällt beim Behandeln mit Säuren oder Alkalien in Zucker (Glucose) und ätherisches Öl der Zusammensetzung $C_{10}H_{14}O$ (identisch mit Safranöl), von WINTERSTEIN und TELECKY[2] als Safranol bezeichnet, das als ein Dehydro-β-citral anzusprechen ist. Pikrocrocin ist also ein Terpenglucosid.

Der Safranfarbstoff (Crocin, früher auch Polychroit genannt), der sich in Wasser und verdünntem Alkohol leicht — in absolutem Alkohol wenig — in Äther nur spurenweise löst, ist nach KARRER und Mitarbeitern[3] ein Glucosid, das durch Säure oder Alkali in Crocetin, eine aliphatische Dicarbonsäure, und Gentiobiose, ein Disaccharid, gespalten wird. Die Gentiobiose gibt bei der weiteren Hydrolyse 2 Moleküle Glucose. Das Crocin kann in der Weise gewonnen werden, daß der mit Äther erschöpfte Safran mit Wasser ausgezogen und der Auszug mit gereinigter Tierkohle geschüttelt wird, wodurch sämtlicher Farbstoff absorbiert wird. Die Tierkohle wird nach dem Waschen mit Wasser getrocknet und dann mit 90%igem Alkohol ausgekocht. Das alkoholische Filtrat hinterläßt nach der Entfernung des Alkohols eine gelblichbraune Masse, bzw. ein gelbes Pulver, das mit konz. Schwefelsäure erst tiefblau, dann rot bis braun wird und durch Behandeln mit Säuren oder Alkalien in der angegebenen Weise zerfällt. Das Crocetin ist ein hochrotes Pulver, nur spurenweise in Wasser, leicht in Alkohol und Äther, ebenso in Alkalien löslich; aus letzterer Lösung wird es durch Säuren wieder gefällt; 100 Teile Crocin liefern nach R. KAYSER 28 Teile Crocetin.

Der Safran enthält außer den leicht abspaltbaren Zuckerresten des Crocins und Pikrocrocins auch fertig gebildeten, FEHLINGsche Lösung direkt reduzierenden Zucker. Den Gehalt an Pentosanen fanden HANUŠ und BIEN zu 5,20% in der Trockensubstanz. v. FELLENBERG fand 6,0% Pektin. GRIEBEL und WEISS stellten fest, daß reiner Safran geringe Mengen Ammoniumsalz (Chlorid oder Sulfat) enthält (vgl. S. 384). VERDA[4] hat in Übereinstimmung mit den Befunden von KRZIZAN[5] Borsäure in den Safranaschen nachgewiesen, doch ist noch nicht sicher, ob dies für alle Safranaschen gilt.

Verfälschungen des Safrans.

Der Safran ist das teuerste Gewürz und daher vielfältigen Verfälschungen ausgesetzt. Die bisher beobachteten, größtenteils auch im Schweizerischen und Österreichischen Lebensmittelbuch aufgeführten Verfälschungen sind folgende:

1. Die Beimengung von Safrangriffeln, von anderen Teilen der Safranpflanze, von fremdartigen oft künstlich gefärbten Pflanzenteilen oder anderen organischen Stoffen, sowie der vollständige Ersatz des Safrans durch derartige Stoffe.

Außer Safrangriffeln, die früher als „Feminell" einen eigenen Handelsartikel bildeten, kommen auch Staubgefäße und Perigonteile von Crocus sativus in Betracht.

Von fremdartigen Pflanzenteilen sind zu nennen: Blütenteile anderer Crocusarten; gerollte Blüten von Calendula (Ringelblume), die jetzt unter der Bezeichnung „Feminell" im Handel sind; Blüten von Carthamus tinctorius (Saflor); Blüten von Onopordon acanthium (Eselsdistel); Blüten von Cynara cardunculus (Artischoke); Blüten von Arnica montana; Blüten von Scolymus hispanicus (spanische Golddistel); geschnittene und gerollte Blumenkronenblätter von Papaver (Mohn), Paeonia (Pfingstrose), Punica (Granatbaum); Maisgriffel; Malzkeime; Keimpflanzen von Leguminosen; Lauchwurzeln; Zwiebelschalen; Blatt- oder Stengelteile von Riedgrasarten; Algen (Agar-Agar); Fäden von anderen Stoffen: Fleischfasern, Gelatine u. dgl.

---

[1] Vgl. R. KAYSER: Ber. Deutsch. Chem. Ges. 1884, **17**, 2228.
[2] WINTERSTEIN u. TELECKY: Helv. chim. Acta 1922, **5**, 376.
[3] KARRER: Helv. chim. Acta 1930, **13**, 392; vgl. Bd. 1.
[4] VERDA: Schweiz. Wochenschr. Chem. u. Pharm. 1913, **51**, 631; **Z.** 1915, **29**, 142.
[5] KRZIZAN: Apoth.-Ztg. 1913, **28**, 230.

2. Die Extraktion und Wiederauffärbung des Safrans. Solche Ware ist oft von spröder Beschaffenheit. Als Farbstoffe können hierbei in Betracht kommen: Teerfarbstoffe (besonders Dinitrokresol als Safranersatz, Rocellin oder Echtrot), Auszüge aus Saflor, Santelholz, Campecheholz, Fernambukholz usw.

3. Die Beschwerung (häufig zusammen mit Substitution und Färbung) mit Baryum-, Calcium-, Magnesium- und Natriumsulfat, Natriumchlorid, Borax, Calcium- und Kaliumcarbonat, Phosphaten, Nitraten, Ammoniumsalzen, Ton oder ähnlichen Stoffen, oft in Verbindung mit einer Beschwerung durch Glycerin, Zuckerstoffen, Öl u. dgl. In solchen Fällen findet sich zuweilen auch ein Zusatz von stärkehaltigen Stoffen oder Lycopodium, offenbar, um das Zusammenkleben zu verhindern.

4. Die Streckung von gepulvertem Safran durch die Pulver der oben genannten Pflanzenteile oder durch Paprika, Curcuma, Santelholz, Fernambukholz oder Campecheholz, in der Regel unter Auffärbung.

5. Unter den Safranersatzmitteln wird außerdem der Capsafran genannt. Es handelt sich hierbei um die Blüten von Tritonia aurea und Lyperia crocea, die einen dem echten Safran ähnlichen Farbstoff und Geruch aufweisen und die in Südafrika auch an Stelle von Safran Verwendung finden. Bei uns scheinen sie jedoch im Safran bisher noch nicht aufgefunden worden zu sein.

So gibt z. B. NESTLER[1] folgende Zusätze zu Safran bzw. Substitutionen an, die von ihm im Verlauf von 25 Jahren beobachtet wurden: 1 Baryt, 2. Baryt, Kalisalpeter und Borax, 3. Borax und Zucker, 4. Borax und Kalisalpeter, 5. Borax, Salpeter und Semen Lycopodii, 6. Calendula-Zungenblüten, künstlich gefärbt, 7. Calendula gefärbt und mit Baryt beschwert, 8. Kartoffelstärke safranähnlich gefärbt, 9 Magnesiumsulfat, 10. Magnesiumsulfat und Zucker, 11. Maisgrieß gefärbt, 12. Blüten von Onopordon acanthium gefärbt und beschwert, 13. Saflor als Safran bezeichnet, 14. Saflor mit Safran gemischt, 15. Saflor, Sandelholz und Kartoffelstärke, 16. Saflor, Kochsalz und roter Farbstoff, 17. Saflor und Eisenocker, 18. Sandelholz, 19. Sandelholz und Curcuma, 20. Sandelholz, Saflor und Curcuma, 21. Staubbeutel und Griffel des Safrans, 22. Vicia Keimlinge, gefärbt und mit Baryt beschwert, 23. Weinstein, 24. Weinstein und Zucker, 25. Zucker, 26. Zucker und Kartoffelstärke, 27. Zucker und Glycerin, 28. Zucker und Semen Lycopodii.

Eine große Rolle spielen hierbei auch die Beschwerungen durch Mineralstoffe. FRESENIUS und GRÜNHUT[2] haben zwei in ähnlicher Weise verfälschte Safranproben mit folgendem Ergebnis untersucht:

Probe (verfälschter Safran)	Feuchtigkeit %	Safran (organische Stoffe) %	Borax %	Neutrales Natriumborat %	Neutrales Kaliumborat %	Magnesiumsulfat %	Kalisalpeter %	Natron (NaOH) %
Nr. 1 . .	2,05	46,73	8,23	17,49		25,50		
Nr. 2 . .	8,43	48,15		6,41	20,86		12,94	3,21

Die Genannten weisen darauf hin, daß es in solchen Fällen unbedingt erforderlich ist, die Asche einer qualitativen und quantitativen Analyse zu unterwerfen, wenn man über die Art der Verfälschung Aufschluß gewinnen will.

Die Prüfung des Safrans auf seine Beschaffenheit und Reinheit muß auf chemischem und mikroskopischem Wege geschehen. Bevor man aber in eine solche eintritt, weicht man bei unzerkleinerter Ware eine Probe mit Wasser auf und mustert die Teilchen genau unter der Lupe durch. Die Ersatzmittel, wie Blüten von Saflor, Ringelblumen, Artischocke, Eselsdistel, Arnica, zerschnittene und gerollte Blumenblätter von Pfingstrose, Mohn oder Granat-

[1] NESTLER: Pharm. Zentralh. 1923, **64**, 149.
[2] FRESENIUS u. GRÜNHUT: **Z.** 1900, **3**, 810; vgl. auch F. DAELS: **Z.** 1901, **4**, 383.

baum, Zwiebelschalen, Grasteile, Algen usw. nehmen hierbei ihre ursprüngliche Gestalt wieder an und werden auf diese Weise bereits als Fremdstoffe erkannt, auch wenn sie künstlich gefärbt sind. Die weitere Untersuchung zur Ermittlung ihrer Art hat dann auf mikroskopischem Wege (s. S. 388 u. f.) zu erfolgen.

I. Chemische Untersuchung.

a) Allgemeine Prüfung. Nach dem Deutschen Arzneibuch, 6. Ausgabe, darf Safran nicht süß schmecken (Zucker) und mit Kalilauge erwärmt keinen Geruch nach Ammoniak entwickeln (Ammoniumsalze). 0,1 g Safran darf an Petroleumbenzin höchstens 0,005 g lösliche Stoffe abgeben (Fett). Läßt man zu einem trockenen Präparat des Pulvers unter das Deckgläschen einen Tropfen Schwefelsäure fließen, so müssen sich alle Teilchen sofort mit einer tiefblauen Zone umgeben, auch selbst diese Farbe annehmen, die aber bald in Violett und Braunrot übergeht.

Das Schweizerische Lebensmittelbuch gibt als allgemeine Prüfung die Schwefelsäureprobe in folgender Ausführung an:

Man läßt etwa 0,1 g Safran mit 10 ccm Wasser in der Kälte während einer Stunde stehen und schichtet dann 1 ccm der erhaltenen Lösung über 5 ccm Diphenylaminschwefelsäure (0,5 g Diphenylamin + 100 ccm konz. Schwefelsäure + 20 ccm Wasser). Hierauf vermischt man die beiden Flüssigkeiten vorsichtig und beobachtet die auftretenden Färbungen. Bei reinem Safran tritt eine Blaufärbung ein, die bald in Rotbraun übergeht. Bei Anwesenheit von Nitraten bleibt die blaue Färbung bestehen. Teerfarbstoffe machen sich durch intensive, bleibende, meist rote Färbungen bemerkbar. Verfälschungen und Surrogate werden unter dem Mikroskop mit konz. Schwefelsäure nicht blau.

Daneben ist die mikroskopische Prüfung nach Verda[1] angegeben:

Eine kleine Menge des zu untersuchenden Safranpulvers wird auf einen Objektträger gebracht und mit einem Glasstab sorgfältig verrieben, bis keine Klumpen mehr zu sehen sind. Dazu gibt man einen größeren Tropfen eines Reagens, bestehend aus: 40 ccm 10%iger Natriumphosphormolybdatlösung und 60 ccm konz. Schwefelsäure und rührt sorgfältig um, bis keine unbenetzten Pulverteile mehr wahrzunehmen sind. Das Präparat nimmt dabei eine grünblaue Farbe an. Man läßt eine Minute stehen, bedeckt mit einem sauberen Deckglas, drückt letzteres leicht an und saugt die überschüssige Flüssigkeit mit Filtrierpapier ab. Zuerst untersucht man bei etwa 50facher, dann bei etwa 100facher Vergrößerung.

Safran ist grünblau gefärbt, seine Pollenkörner erscheinen blau und ihr Durchmesser vergrößert. Saflor ist braunrot gefärbt; seine Pollenkörner sind braun; an den drei Austrittsstellen tritt allmählich eine Schlauchbildung auf; die Schläuche sind grünblau gefärbt. Sandelholz ist an der carminroten Farbe kenntlich, Rotholz und Blauholz erscheinen violettrot. Mit Teerfarben gefärbte Pflanzenteilchen geben schon bei der Herstellung des Präparates sichtbare rotviolette Färbungen.

b) Bestimmung der Färbekraft. Hierfür ist von verschiedenen Seiten eine colorimetrische Methode unter Verwendung von Kaliumdichromat als Vergleichslösung vorgeschlagen worden (vgl. Procter[2], Vinassa[3], Dowzard[4]), für die das Deutsche Arzneibuch, 6. Ausgabe, folgende Vorschrift gibt:

0,1 g über Schwefelsäure getrockneter Safran wird mit 100 ccm Wasser 3 Stunden lang unter wiederholtem Schütteln bei Zimmertemperatur stehengelassen und die Flüssigkeit dann filtriert. Wird 1 ccm des Filtrates mit 9 ccm Wasser verdünnt, so muß die Flüssigkeit, in einem Probierrohr von oben betrachtet, mindestens die gleiche Farbentiefe haben wie eine gleich hohe Schicht einer Lösung von 0,05 g Kaliumdichromat in 100 ccm Wasser.

Das Schweizerische Lebensmittelbuch gibt hierfür folgende Anleitung, die auch vom Österreichischen Lebensmittelbuch, 2. Auflage, übernommen wurde.

Man maceriert 0,3 g Safran mit 300 g Wasser mehrere Stunden. Vom Filtrat soll 0,1 ccm 100 ccm Wasser deutlich gelb färben (1 : 1000000). Oder: 50 ccm eines wäßrigen Safran-

---

[1] Verda: Mitt. Lebensmittelunters. Hygiene 1913, **4**, 222; 1915, **6**, 195.
[2] Procter: Pharm. Journ. 1889, 801.
[3] Vinassa: Arch. Pharm. 1892, **230**, 354.
[4] Dowzard: Pharm. Journ. 1898, 443.

auszuges (1 : 1000) werden in einen Zylinder gegossen, in einen zweiten Zylinder gibt man 50 ccm Wasser, zu denen man aus einer Bürette 10%ige Kaliumdichromatlösung zufließen läßt, bis die Farbe in beiden Zylindern gleich ist. Dazu verbraucht man bei gutem Safran 5—6 ccm.

Das Verfahren von DOWZARD weicht hiervon nur dadurch ab, daß dieser andere Konzentrationen für Safran- und Dichromatlösung anwendet.

A. JONSCHER[1] und R. KAYSER[2] konnten aber nach diesem Verfahren keine befriedigenden Ergebnisse erhalten. R. KAYSER fand sogar Differenzen bis 40%. A. JONSCHER hat daher als Vergleichslösung eine solche aus reinem Narbensafran statt der Dichromatlösung vorgeschlagen.

Für die Untersuchung werden 0,1 g des zu prüfenden Safrans, der vorher in dünner Schicht auf einem weißen Kartenblatt 48 Stunden lang in einem trockenen Zimmer verwahrt war, abgewogen, in ein Reagensglas gebracht, mit genau 10 ccm Alkohol von 50 Vol.-% übergossen und über der Flamme zu eben beginnendem Sieden erhitzt. Man stellt das Reagensglas in kaltes Wasser und läßt es eine Stunde verschlossen stehen. Man filtriert und gibt genau 5 ccm des Filtrates in einen Standzylinder.

Ebenso hat man sich aus einem reinen Narbensafran eine Lösung hergestellt. 5 ccm des Filtrates hiervon werden zu 100 ccm mit destilliertem Wasser aufgefüllt; diese Lösung dient als Farbentyp; die aus dem zu prüfenden Safran gewonnene Lösung (5 ccm) wird nun mit destilliertem Wasser bis zu gleicher Farbentiefe wie die Vergleichslösung verdünnt. Diese (die Vergleichslösung) wird gleich 100 gesetzt, die Farbkraft oder Farbzahl wird in Kubikzentimetern des Volumens angegeben, bis zu dem die Lösung aus dem zu untersuchenden Safran verdünnt werden mußte.

Die aus den Griffeln gewonnene Lösung (5 ccm) mußte z. B. nur auf 10 bis 14 ccm gebracht werden, um die gleiche Farbentiefe wie die Vergleichslösung zu zeigen; Handelssafrane mußten auf 88—94—100 ccm, andere auf 71—91 gebracht werden; Safranspitzen[3] zeigten eine Farbzahl von 41.

Wenn die Farbzahl eines gemahlenen Safrans unter 80 gefunden wird, dann wird der Safran gewöhnlich mehr als 10% Griffel enthalten, eine Farbzahl unter 70 dürfte auf die Verwendung von mehr als 20% Griffeln hinweisen, eine solche unter 40 würde auf eine reine Spitzenmahlung schließen lassen.

Diese Prüfung kann jedoch nur ungefähr die Menge des Griffelzusatzes feststellen, sie kann aber wesentliche Anhaltspunkte dafür liefern, ob extrahierter Safran vorliegt.

c) Wert- und Reinheitsbestimmung. HILGER und KUNTZE[4] haben versucht, die obenerwähnte Eigenschaft des Crocins, in Zucker und unlösliches Crocetin zu zerfallen, in folgender Weise zur Wert- bzw. Reinheitsbestimmung des Safrans (Nachweis von Griffeln) zu verwenden.

1 g des gepulverten Safrans wird wiederholt mit etwa je 50 ccm siedendem Wasser behandelt; der jedesmal erhaltene Auszug wird filtriert und die Ausziehung 4—5mal wiederholt, bis das Filtrat etwa 200 ccm beträgt. Dasselbe wird mit 10 ccm N.-Salzsäure versetzt und ungefähr 10 Minuten im gelinden Sieden erhalten, wodurch eine flockige Ausscheidung von Crocetin entsteht, die auf einem gewogenen Filter gesammelt, mit 20—30 ccm siedendem Wasser ausgewaschen, bei 100° getrocknet und gewogen wird. HILGER und KUNTZE fanden auf diese Weise bei verschiedenen Safransorten 9,5—10,8% Crocetin.

B. PFYL und W. SCHEITZ[5] weisen aber darauf hin, daß das Verfahren keine einwandfreien Ergebnisse liefern kann, und schlagen für diesen Zweck ein anderes Verfahren vor.

Nach B. PFYL[6] enthält der Safran in Chloroform lösliche Stoffe (Crocin, Pikrocrocin), die nach der Inversion FEHLINGsche Lösung reduzieren. Safran-

---

1 A. JONSCHER: Zeitschr. öffentl. Chem. 1905, 11, 444.
2 R. KAYSER: Zeitschr. öffentl. Chem. 1907, 13, 423.
3 Die bei der Gewinnung des elegierten Safrans abgezupften gelben Griffelstücke mit Narbenresten werden als „Safranspitzen“ oder als „Déchets“ bezeichnet.
4 HILGER u. KUNTZE: Arch. Hygiene 1888, 8, 468.
5 B. PFYL u. W. SCHEITZ: Z. 1908, 16, 347.
6 B. PFYL: Z. 1907, 13, 205.

griffel und sonstige Verfälschungsmittel des Safrans enthalten solche Stoffe nicht. Etwa zugesetzte Zuckerstoffe bleiben bei der Chloroformbehandlung ungelöst. PFYL und SCHEITZ[1] benutzen daher die Menge des reduzierten Kupfers, die „Kupferzahl" zur Bestimmung der Güte des Safrans und verfahren in folgender Weise:

5 g scharf getrockneter, fein zerriebener Safran werden im Soxhlet erst mit Petroläther und dann 2 Stunden mit Chloroform ausgezogen. Die Chloroformlösung wird eingedunstet, der braune Rückstand mit heißem Aceton aufgenommen und die Lösung in ein Becherglas gespült, das 25 ccm Wasser enthält. Hierauf wird das Aceton mit kleiner Flamme weggekocht, der wäßrige Rückstand wieder zu 25 ccm ergänzt und nach Zusatz von 5 ccm N.-Salzsäure 15 Minuten unter teilweisem Ersatz des verdampften Wassers gekocht, so daß das Volumen 25 ccm beträgt. Nach dem Erkalten wird filtriert, das Filtrat mit N.-Kalilauge neutralisiert und weiter nach MEISSL-ALLIHN (vgl. Bd. II) behandelt.

Die so gefundene Kupfermenge beträgt für 5 g Safran bei feinstem spanischem Safran 200 mg, bei billigeren Sorten 150 mg, im Mittel bei besseren Sorten etwa 170 mg Cu; 2 mit Griffeln untermischte Proben lieferten eine Kupfermenge von nur 78 bzw. 47 mg.

SCHEITZ gibt als Mittelwert 173 mg Kupfer für 5 g guten Handelssafran an. Fremdartige Zusätze setzen diese Zahl ganz erheblich herunter.

B. PFYL und W. SCHEITZ[2] haben weiter die Kupfermengen, die bei Anwendung verschiedener Mengen von reinstem und bestem Crocus Gatinais electus erhalten werden, mit folgendem Ergebnis bestimmt:

Angewendet	5,0 g	4,5 g	4,0 g	3,5 g	3,0 g	2,5 g	2,1 g	1,2 g	1,0 g
Reduzierendes Kupfer	0,2090	0,1870	0,1619	0,1120	0,0828	0,0614	0,0476	0,0264	0,0230

Da die Safrangriffel und alle zur Verfälschung des Safrans dienenden Stoffe keinen Chloroformauszug liefern, der FEHLINGsche Lösung reduziert, so kann man aus der gefundenen Kupferzahl die Menge an reinem Safran (d. h. Narben) berechnen, indem man bei Zwischenwerten interpoliert.

Angenommen, es seien für 5 g eines Safrans 0,0661 g Kupfer gefunden; die nächst niedrige Zahl ist 0,0614 (= 2,5 g Safran), die nächst höhere 0,0828 (= 3,0 g Safran); die Differenz zwischen 0,0828 und 0,0614 beträgt 0,0214 und die Differenz zwischen der gefundenen (0,0661) und nächst niedrigen Zahl (0,0614) ist 0,0047, also verhält sich

$$0{,}0214 : (3{,}0 - 2{,}5 = 0{,}5) = 0{,}0047 : x\ (x = 0{,}11\ \text{g}).$$

Dieser Wert von x muß noch den 2,5 g hinzugezählt werden, um die entsprechende Safranmenge in 5 g der angewendeten Substanz zu finden, nämlich 2,61 g = 52,2% echten Safran.

d) Nachweis von Zucker. Wie ELSE NOCKMANN[3] und später KRZIZAN[4] festgestellt haben, schwanken die Werte für wäßriges Extrakt sowie für reduzierende Stoffe vor und nach der Inversion bei reinem Safran innerhalb ziemlich enger Grenzen.

α) E. NOCKMANN sucht deshalb eine Verfälschung mit Zucker oder Stärkesirup durch Bestimmung des Extraktes der FEHLINGsche Lösung reduzierenden Stoffe vor und nach der Inversion nachzuweisen und verfährt hierbei folgendermaßen:

Man zieht 5 g Safran mit Wasser bis zur Farblosigkeit aus und füllt die Flüssigkeit auf 500 ccm auf. 100 ccm (= 1 g Substanz) werden zur Bestimmung des Extraktes in einer Platinschale eingedampft und bis zur Gewichtskonstanz getrocknet. 50 ccm der Lösung werden nach der Zollvorschrift invertiert, nach dem Erkalten mit 5 ccm Bleiessig und Natriumphosphat geklärt und zu 100 ccm aufgefüllt. In gleicher Weise werden 50 ccm der

[1] PFYL u. SCHEITZ: Z. 1907, **14**, 239.
[2] B. PFYL u. W. SCHEITZ: Z. 1908, **16**, 337, 347.
[3] ELSE NOCKMANN: Z. 1912, **23**, 453.
[4] KRZIZAN: Zeitschr. öffentl. Chem. 1914, **20**, 109, 121.

nicht invertierten Lösung zu 100 ccm ergänzt. In je 50 ccm der Filtrate wird die Bestimmung des Invertzuckers nach ALLIHN-MEISSL vorgenommen.

E. NOCKMANN fand hierbei für 7 angeblich reine Safranproben, bezogen auf Trockensubstanz:

Extrakt %	Reduzierende Stoffe als Invertzucker berechnet	
	vor der Inversion %	nach der Inversion %
70,13—76,01	22,56—24,35	23,35—24,92

Der Gehalt des Safrans an reduzierenden Stoffen, auf Invertzucker berechnet, wurde von KRZIZAN[1] zu 19—22%, von PIERLOT[2] zu 22—27%, von BONIS[3] im Mittel zu 24%, von BODINUS[4] je nach der Arbeitsweise zu 14 bis 16 oder 22—24% gefunden. Diese Differenzen sind nach ZÄCH hauptsächlich auf die verschiedene Herstellung des wäßrigen Extraktes zurückzuführen.

β) C. ZÄCH[5] gibt folgende Arbeitsvorschrift zur Bestimmung von Extrakt und Zucker in Safran, die sich an diejenige von BODINUS[4] anlehnt:

2 g lufttrockener Safran werden in einem 200 ccm Meßkölbchen mit etwa 150 ccm siedendem Wasser übergossen und etwa 2 Stunden unter öfterem Umschwenken stehen gelassen. Dann wird bei 15° C aufgefüllt und durch ein Faltenfilter filtriert. Das Filtrat wird zu folgenden Bestimmungen benutzt:

Extrakt. 50 ccm Filtrat (= 0,5 g Safran) werden in einer Platinschale auf dem Wasserbade eingedampft und bei 105° bis zur Gewichtskonstanz ($^1/_2$—1 Stunde) getrocknet. Das Extrakt wird auf Safrantrockensubstanz umgerechnet.

Direkt reduzierende Stoffe. 25 ccm Filtrat (= 0,25 g Safran) werden nach ALLIHN zur Invertzuckerbestimmung verwendet, indem man das Filtrat zu einer siedenden Mischung von 50 ccm FEHLINGsche Lösung und 25 ccm Wasser zugibt, das Ganze in einer bedeckten Porzellankasserolle 2 Minuten im Sieden erhält und weiter in üblicher Weise verfährt.

Reduzierende Stoffe nach der Inversion. 50 ccm Filtrat werden im 100-ccm-Meßkölbchen mit 1 ccm N.-Salzsäure $^1/_2$ Stunde im siedenden Wasserbade erhitzt, nach dem Abkühlen mit 1 ccm N.-Natronlauge neutralisiert und auf 100 ccm aufgefüllt. 50 ccm (= 0,25 g Safran) der durch ausgeschiedenes Crocetin trüben Lösung werden ohne vorherige Filtration zur Zuckerbestimmung nach ALLIHN verwendet. Die Lösung wird mit 50 ccm FEHLINGscher Lösung 2 Minuten im Sieden erhalten und in üblicher Weise weiter behandelt. Die reduzierenden Stoffe werden als Invertzucker in Rechnung gesetzt und alle Werte auf Safrantrockensubstanz bezogen, die in einer besonderen Probe ermittelt werden muß, indem man 1 g Safran im Wägegläschen 3—4 Stunden bei 105° trocknet.

ZÄCH fand auf diese Weise bei 11 reinen Safranproben, bezogen auf Trockensubstanz, folgende runden Werte:

1	2	3	4	5
Wäßriges Extrakt bei ganzem Safran	Wäßriges Extrakt bei Safranpulver	Direkt reduzierende Substanz als Invertzucker	Reduzierende Substanz nach der Inversion	Differenz zwischen 3 und 4
58—62% Mittel 60%	61—65% Mittel 63%	22—25% Mittel 23%	24—27% Mittel 25,5%	1—3% Mittel 2%

Aus einer Erhöhung dieser Zahlen läßt sich auf einen Zusatz von Zuckerstoffen schließen. Der Nachweis von Stärkesirup wäre im wäßrigen Auszug nach FIEHE zu erbringen (vgl. Bd. II, S. 909).

Der Grad der Verfälschung läßt sich unter Zugrundelegung eines normalen Extraktgehaltes von 60% für ganzen Safran nach einer von BONIS[3] angegebenen

1 KRZIZAN: Zeitschr. öffentl. Chem. 1914, 20, 109, 121.
2 PIERLOT: Ann. Falsif. 1925, 18, 464.
3 BONIS: Ann. Falsif. 1932, 25, 268.
4 BODINUS: Chem.-Ztg. 1932, 56, 741.
5 C. ZÄCH: Mitt. Lebensmittelunters. Hygiene 1933, 24, 156.

Formel $x = \frac{(E - 60) \cdot 100}{40}$ annähernd berechnen, in der x die Menge des zugesetzten löslichen Stoffes (Zucker) und E die gefundene Extraktmenge bedeuten. Nach ZÄCH müßte bei Safranpulver statt 60 die Zahl 63 in die Formel eingesetzt werden, weil Safranpulver bei der beschriebenen Arbeitsweise eine höhere Extraktausbeute lieferte.

γ) Das Österreichische Lebensmittelbuch, 2. Auflage, gibt für die Bestimmung des Zuckers im Safran folgende Vorschrift:

3 g des bei 100° C getrockneten Safrans werden in einen 150 ccm fassenden Meßkolben gegeben, mit etwa 100 ccm Wasser übergossen und unter häufigem Schütteln einige Stunden stehen gelassen. Dann setzt man 8 ccm Bleiessig zu, füllt bis zur Marke auf, mischt gut durch, filtriert mittels eines trockenen Faltenfilters ab, versetzt unter Umrühren 100 ccm des Filtrates mit 20 ccm einer gesättigten Natriumsulfatlösung und filtriert neuerlich. 30 ccm, entsprechend 25 ccm des Safranauszuges, werden für die Zuckerbestimmung nach MEISSL verwendet. 60 ccm derselben Lösung werden mit 5 ccm Salzsäure vom Spez. Gewicht 1,1 vermischt und bei 67—70° C invertiert. Nach dem Abkühlen wird neutralisiert, auf 100 ccm aufgefüllt und in 25 ccm die Zuckerbestimmung nach MEISSL ausgeführt.

Bei der Berechnung hat man zu berücksichtigen, daß die invertierte Lösung auf das doppelte Volumen verdünnt worden ist. Aus der Differenz der beiden Zuckerbestimmungen ergibt sich nach Multiplikation mit 0,95 die Menge des vorhandenen Rohrzuckers.

Nach dem Österreichischen Lebensmittelbuch überschreitet der natürliche Gehalt an Invertzucker bei reinem Safran niemals 20%.

δ) G. FROMME[1] benutzt zur Bestimmung des als Beschwerungsmittel dem Safran zugesetzten Zuckers (Honig) das von ihm konstruierte Gärungssaccharometer der Firma R. Schöps in Halle a. S.

Durch Vergären von 0,05 g Traubenzucker in 0,5 ccm Flüssigkeit gelöst, steigt in diesem das Quecksilber auf den höchsten Grad der Skala (10%). Hat man nur sehr wenig Material, so wird der getrocknete und im Achatmörser zerriebene Safran in das Saccharometer eingewogen und mit 0,5 ccm Wasser, etwas Hefe und einer Spur Weinsäure gemischt und vergoren. Die Gärung ist bei 30—35° nach 24 Stunden beendet. Bei ausreichendem Material werden 0,5 g des getrockneten Pulvers in einem kleinen Meßröhrchen auf 1,0—1,5 ccm Wasser geschüttet. Nach dem Untersinken des Safrans wird auf 5,1 ccm aufgefüllt (0,5 g Safran enthält etwa 0,1 g in Wasser unlösliche Substanz), nach dem Verschließen des Röhrchens kräftig umgeschüttelt und 10 Minuten in fast kochendes Wasser gestellt. Nach dem Absetzen oder Zentrifugieren werden 0,5 ccm der klaren Lösung mit etwas frischer Hefe und einer Spur Weinsäure vergoren.

Reiner Safran zeigt dabei 0,6—0,7% vergorenen Zucker an, d. h. in 0,5 ccm Flüssigkeit 0,003 Teile Traubenzucker oder in 100 Teilen 6 Teile Traubenzucker.

ε) A. NESTLER[2] konnte den Nachweis von zugesetztem Zucker mikroskopisch führen, nachdem seine Beobachtungen ergeben hatten, daß eine Zuckerausscheidung (Efflorescenz) selbst bei 8 Jahre altem Safran nicht stattfindet.

Bei mit Milchzucker versetztem und in Pulvergläsern aufbewahrtem Safran findet man unter Umständen ein orangegelbes, körniges Pulver, in dem sich durch die mikroskopische Untersuchung in Olivenöl die Zuckerkrystalle erkennen lassen; dasselbe Krystallpulver erhält man, wenn man die Safranteile einige Male über Papier durch die Finger gleiten läßt. Durch vorsichtiges Abschaben einer in Olivenöl liegenden Narbe erhält man dann stets zahlreiche, gelbliche und farblose Krystalle, meistens kleine Krusten, die aus zahlreichen von Safranfarbstoff bedeckten Einzelkrystallen bestehen und zumeist tafelförmige, schief-rhombische Prismen und abgestutzte Pyramiden darstellen.

Man kann auch eine kleine Menge dieser Krystalle durch folgendes Verfahren annähernd rein gewinnen:

Eine größere Narbenzahl wird mit 96%igem Alkohol kräftig geschüttelt, auch öfters mit einem Glasstabe umgerührt, damit sich die in Alkohol unlöslichen Krystalle von den Narben loslösen; der Safranfarbstoff wird ebenfalls gelöst, jedoch nur langsam. Nun wird der verwendete Alkohol durch ein engmaschiges Netz in ein Spitzglas abgegossen, frischer Alkohol auf die Narben gegeben und dieselbe Behandlung, wie früher, wiederholt. Im Spitzglase sinken die Krystalle samt sehr kleinen Narbenteilchen und Pollenkörnern allmählich zu Boden. Der Alkohol wird nun vorsichtig abgegossen und der Bodensatz so lange in

[1] G. FROMME: Apoth.-Ztg. 1914, **29**, 737. [2] A. NESTLER: Z. 1905, **9**, 337.

längeren Pausen mit Alkohol gewaschen, bis sich kein Farbstoff mehr löst und der Rückstand eine grauweiße Farbe angenommen hat. Untersucht man diesen Rückstand mikroskopisch, so sieht man jetzt farblose Krystalle, meist zu größeren Gruppen vereinigt, daneben vereinzelt sehr kleine Narbenfragmente und Pollenkörner. Läßt man einen Tropfen destilliertes Wasser zufließen, so erkennt man, daß die Krystalle sich langsam lösen; am Rande des kleinen Tropfens bilden sich nach einiger Zeit aus der gelösten Substanz zahlreiche kleinere und größere Nadeln und schief-rhombische Prismen. Haucht man den Objektträger dann wiederholt an, so bemerkt man keine Veränderung der Krystalle, also keine Wasseraufnahme, wenn es sich um Milchzucker handelt. Eine hygroskopische Zuckerart (Rohrzucker, Traubenzucker) zeigt bei dieser Behandlung sofort eine Wasseraufnahme — es bilden sich um die einzelnen Fragmente kleine Wasserhöfe. Durch die Reaktion nach MOLISCH (alkoholische α-Naphthollösung + konz. Schwefelsäure) und das Verhalten gegen FEHLINGsche Lösung beim Erwärmen, muß dann die Zuckernatur der Krystalle weiter festgestellt werden.

e) Nachweis von Glycerin. H. LÜHRIG und E. DOEPMANN[1] bestimmen das Glycerin wie im Wein. Nach den Untersuchungen von E. NOCKMANN[2] gibt diese Bestimmung unzuverlässige Werte, da aus reinem Safran bis zu 3,4% scheinbares Glycerin erhalten werden. Sie bestimmte in dem nach der Weinvorschrift durch Ausziehen mit Alkohol-Äther erhaltenen Rückstand, der auch noch Safranbestandteile enthielt, das Glycerin nach NEUBERG und WOHL[3] durch Überführung in Acrolein (Destillation mit Borsäure), wobei die Begleitstoffe nicht störten. SPAETH schlägt vor, das Jodidverfahren zu versuchen.

f) Nachweis von fettem Öl. Nach G. FROMME[4] liegt der Gehalt an petrolätherlöslicher Substanz in reinem Safran bei rund 5%. Eine Erhöhung des bei 100° getrockneten Petrolätherextraktes — das ätherische Öl muß vollständig entfernt sein — läßt daher auf fettes Öl schließen, wenn der Rückstand auf Papier einen transparenten Fettfleck liefert und sich in 90%igem Alkohol trübe löst.

g) Nachweis anderer Beschwerungsmittel. Außer Wasser, Zucker und Glycerin sind noch eine ganze Reihe von Beschwerungsmitteln zur Beobachtung gelangt, wie Borax, Salpeter, Magnesiumsulfat, Natriumchlorid, Baryt, Ton, Calciumcarbonat, Calciumsulfat, Ammonsalze, Weinstein, fettes Öl, Stärkemehl.

Eine Beschwerung mit Stärkemehl, die gewöhnlich in Verbindung mit Sirupzusatz od. dgl. erfolgt, läßt sich auf mikroskopischem Wege nachweisen (vgl. S. 394). Mineralische Zusätze geben sich durch eine Erhöhung des Aschegehaltes zu erkennen, der für echten Safran höchstens 8% betragen soll. Schwerspat und Ton bleiben beim Ausziehen der Asche mit Salzsäure ungelöst.

Chloride, lösliche Sulfate und Nitrate werden im wäßrigen Auszug in üblicher Weise nachgewiesen und quantitativ bestimmt. Zum Nachweis von Boraten verascht man und bestimmt in der Asche die Borsäure nach Bd. II quantitativ (vgl. hierzu auch FRESENIUS und GRÜNHUT)[5].

Auf Weinstein untersucht man in der Weise, daß man mit Petroläther entfetteten und mit Alkohol behandelten Safran mit verdünnter Alkalicarbonatlösung schüttelt und dann im Auszug auf Weinsäure prüft.

A. NESTLER[6] gibt eine mikrochemische Methode an für die Erkennung einer Beschwerung mit Weinstein, Weinstein und Zucker, Borax, Borax und Kalisalpeter, Magnesiumsulfat.

Man zerreibt einige Narbenteile (5 Stück) unter Zusatz von etwa 2 ccm Wasser, filtriert und trägt das Filtrat auf eine geeignete Glasplatte von etwa 9 cm Durchmesser auf. 1 bis 2 Tropfen läßt man außerdem auf einen gewöhnlichen Objektträger fallen und dann verdunsten für die informatorische Untersuchung.

---

1 H. LÜHRIG u. E. DOEPMANN: Jahresbericht Breslau 1913.
2 E. NOCKMANN: Z. 1912, **23**, 453.
3 NEUBERG u. WOHL: Ber. Deutsch. Chem. Ges. 1899, **32**, 1352.
4 G. FROMME: Apoth.-Ztg. 1914, **29**, 737; Z. 1916, **31**, 367.
5 FRESENIUS u. GRÜNHUT: Z. 1900, **3**, 810.
6 A. NESTLER: Z. 1914, **27**, 388; **28**, 264.

Bei reinem Safran zeigt die nach einigen Stunden bei Zimmertemperatur vollständig eingetrocknete Substanz eine nicht klebrige, gelb bis rot gefärbte Kruste. Bei der mikroskopischen Betrachtung sieht man eine feinkörnige Struktur und an wenigen Stellen krystallartige Bildungen von großen längeren und kürzeren, zum Teil etwas gekrümmten Nadeln, weiter zahlreiche kleine, wetzsteinartige Formen, zweispitzige, in der Mitte breite Nadeln und vereinzelt kleine sternförmige Aggregate (Abb. 39). Die Natur dieser Krystalle ist nicht bekannt.

Bei mit Weinstein beschwertem Safran — er war sehr spröde und die Narbenteile dick — traten in der Kruste sehr zahlreiche, verschieden gestaltete, gut ausgebildete Krystallformen auf, die besonders deutlich sichtbar waren, wenn ein kleiner Teil der abgeschabten Kruste mit einem Tropfen Chloralhydrat versetzt wurde. Es waren die bekannten Krystalle des Weinsteins.

Safran, der mit Weinstein und Zucker beschwert war, hatte wie lackiert aussehende, zähe, nicht spröde Narben. Die Anwesenheit des Zuckers hinderte das Auskrystallisieren von Weinstein in der Kruste nicht.

Mit Borax beschwerter Safran zeigte grau bestaubte, spröde, schwer erscheinende Narben. Mikroskopisch waren in der Kruste zahlreiche, für Borax charakteristische Krystallaggregate erkennbar. Wurde eine Narbe mit Chloralhydratlösung zerdrückt, so waren zahlreiche kleine oktaedrische Krystalle zu sehen.

Abb. 39. Krystalle aus Safranauszug. (Nach NESTLER.)

Bei Safran, der Kalisalpeter und Borax enthielt, wurden tetraedrische oder tetraederartige Krystalle, sowie vogelflugartige Formen erhalten.

Safran mit Magnesiumsulfat, auf dem Objektträger mit einem Tropfen Chloralhydratlösung zerdrückt, zeigt unter dem Mikroskop bald sehr reichliche Nadeln und Prismen in büscheligen oder garbenartigen Aggregaten und stabförmige Prismen. Durch Behandeln auf dem Objektträger mit Alkohol kann man diese Krystalle rein bekommen und damit mikrochemische Reaktionen anstellen.

Die Untersuchung der Kruste lieferte bei Magnesiumsulfat ein negatives Ergebnis.

Auf Ammoniumsalze läßt das Deutsche Arzneibuch, 6. Ausgabe, durch Erwärmen mit Kalilauge prüfen. Es darf hierbei kein Geruch nach Ammoniak auftreten. Da auch reiner Safran beim Erwärmen mit Lauge Spuren von Ammoniak liefert, haben C. GRIEBEL und F. WEISS[1] die Frage geprüft, ob diese geringen Ammoniakmengen im Safran präformiert vorhanden sind, oder ob sie Zersetzungsprodukte organischer Stickstoffverbindungen darstellen, die erst bei der Einwirkung heißer Lauge entstehen. Sie versetzten einerseits durch Tierkohle entfärbten Safranauszug 1:100 mit NESSLERs Reagens und destillierten andererseits je 0,5 g Safran mit 20 ccm Wasser und 1 g Magnesiumoxyd, bis 10 ccm übergegangen waren, wobei 0,01 N.-Säure als Vorlage diente. Die nicht gebundene Säure wurde zurücktitriert (Methylrot als Indicator). Auf diese Weise wurden in 7 reinen, noch nicht abgelagerten Mustern von naturellem Safran (Griffelgehalt 4,84—12,15%) colorimetrisch 0,02—0,1% und durch Destillation 0,032—0,102% Ammoniak ermittelt. Ältere Muster enthielten noch weniger Ammoniak. Die mikroskopische Untersuchung des Verdunstungsrückstandes von entfärbten Safranlösungen läßt auf das Vorhandensein von Ammoniumchlorid oder Ammoniumsulfat im reinen Safran schließen. GRIEBEL und WEISS sehen darin keinen Anlaß, eine Änderung der Prüfungsvorschrift des Arzneibuches vorzuschlagen, weil diese geringen Ammoniakmengen nur von Personen mit sehr empfindlichem Geruchsorgan wahrgenommen werden, so daß eine Beanstandung reiner Ware aus diesem Grunde nicht zu befürchten

[1] C. GRIEBEL u. F. WEISS: Apoth.-Ztg. 1928, 43, 642.

ist. In Zweifelsfällen muß die Destillation mit Magnesiumoxyd ausgeführt werden.

Ein Zusatz von Fleischfasern oder Gelatinefäden gibt sich durch Erhöhung des Stickstoffgehaltes zu erkennen, der nach Pierlot[1] bei reinem Safran nicht über 2,3—2,4% beträgt.

h) Nachweis von Formaldehyd. Formaldehyd wurde von Bulir[2] in Safranproben, die mit Glycerin beschwert waren, beobachtet (Konservierung?). Er gibt sich schon durch den scharfen Geruch zu erkennen, der besonders beim Erwärmen hervortritt und ist im Destillat leicht durch die üblichen Reaktionen nachweisbar.

i) Nachweis fremder Farbstoffe. Der Nachweis fremder Farbstoffe neben Safranfarbstoff ist nicht immer leicht; folgende Anhaltspunkte kommen hierbei in Betracht:

α) Ein reiner Safran muß, wenn er in Öl oder Paraffinöl unter dem Mikroskop betrachtet wird, gleichmäßig dunkelorange gefärbte Gewebsteile erkennen lassen; hellgelbe oder farblose Teile lassen auf Entfärbung oder Beimengung von Griffeln schließen (Ed. Spaeth). Künstlich beigemente Farbstoffe sind ferner nicht in den Zellen eingeschlossen, sondern haften äußerlich in Form von Tröpfchen oder Körnchen an, oder die Teilchen sind ungleichmäßig gefärbt.

β) Der Safranfarbstoff ist vollkommen in Wasser löslich, wodurch er sich vor allem von den Farbstoffen der Ringelblume und des Saflors, und zum Teil auch von den in Wasser schwer löslichen Teerfarbstoffen unterscheidet. Er löst sich weiter in Alkohol, Glycerin und Alkalien, jedoch nicht in fetten Ölen. Dagegen ist Paprikafarbstoff, der sich mit konz. Schwefelsäure ebenfalls bläut, in fettem Öl löslich, jedoch unlöslich in Wasser.

Behandelt man nach Kuntze und Hilger[3] 0,1—0,2 g Safran auf einem kleinen Papier- oder Asbestfilter mit etwa 400—500 ccm kochendem Wasser, so lassen reine Safransorten fast immer ein farbloses Gewebe zurück; sind die Fasern oder das Filter noch gefärbt, so läßt dies auf fremde Zusätze schließen. Man sucht dann den Farbstoff durch Alkohol zu lösen und untersucht diese Lösung für sich; auch die mikroskopische Untersuchung des Filterrückstandes kann Aufschluß geben.

Beim Eindunsten von 5—10 ccm des zuerst gewonnenen Filtrates in einer flachen Porzellanschale erhält man, falls reiner Safran vorliegt, einen gleichmäßigen tiefgelben Rückstand ohne irgendwelche vorherige Ausscheidung. Bei Gegenwart fremder Farbstoffe kommen dagegen verschieden gefärbte Zonen und unter Umständen auch Ausscheidungen zum Vorschein.

Werden einige Tropfen konz. Schwefelsäure in eine flache Porzellanschale gebracht und wird eine kleine Menge Safranpulver aufgestreut, so tritt bei reinem Safran die bekannte Blaufärbung ein, die bald über Violett in Braun übergeht, während bei Gegenwart fremder Farbstoffe die tiefblaue Färbung beeinträchtigt ist und rasch umschlägt.

Mit verdünnter Salzsäure versetzt, verändert Safranauszug die Farbe nur wenig, auf Zusatz von Kalilauge wird er goldgelb; mit Zinkstaub und Salzsäure oder mit Schwefliger Säure behandelt, gibt der Safranauszug ein farbloses Filtrat, das sich weder nach Zusatz von Aldehyd noch nach längerem Stehen an der Luft wieder färbt. Safranauszug gibt mit Bariumsuperoxyd und Salzsäure eine farblose Lösung.

γ) S. Salvatori und C. Zay[4] trennen und bestimmen die Farbstoffe dadurch, daß sie einen wäßrigen Auszug herstellen, diesen ansäuern und sodann die Farbstoffe auf Wolle niederschlagen; Wolle fixiert aus der saueren Lösung die gelben Nitroderivate, während der Safranfarbstoff durch wiederholtes Auswaschen mit angesäuertem Wasser beseitigt wird. Durch wiederholte Behandlung mit Wolle kann man aus der Lösung die künstlichen Farbstoffe vollständig entfernen, und wenn man dann die Wolle mit ammoniakalischem Wasser behandelt, so löst sich die Farbe auf und kann durch Eindampfen gewonnen und gereinigt werden. Die Lösung des Safranfarbstoffs wird durch Zusatz von Säuren und Alkalien nicht wesentlich verändert, Viktoriagelb, Martiusgelb und Aurantia durch Alkalien ebenfalls nicht. Die beiden ersteren geben aber mit Säuren einen weißgelben, Aurantia einen pomeranzengelben Niederschlag; dieser besteht bei Viktoriagelb aus einem bei 109—110° C schmelzenden Dinitrokresol, bei Martiusgelb aus dem bei 138° C schmelzenden Dinitronaphthol, bei Aurantia aus Hexanitrodiphenylamin, das bei 238° C schmilzt und in Äther unlöslich ist.

---

[1] Pierlot: Ann. Falsif. 1916, **9**, 24; 1923, **16**, 225; 1925, **18**, 464.
[2] Bulir: Z. 1913, **26**, 43.
[3] Kuntze u. Hilger: Arch. Hygiene 1888, **8**, 468.
[4] S. Salvatori u. C. Zay: Chem. Zentralbl. 1891, **2**, 387.

δ) BIETSCH und COREIL[1] kochen behufs Prüfung auf fremde Farbstoffe eine geringe Menge des Safranpulvers mit etwa 10 ccm einer Mischung von 1 Tl. Essigsäure und 3 Tln. Glycerin, verdünnen mit dem doppelten Volumen Wasser, lassen absitzen und betrachten das zu Boden gesunkene Pulver unter dem Mikroskop. Echter Safran zeigt sich völlig entfärbt, beigemengte Blütenteile anderer Pflanzen erscheinen dagegen noch mehr oder weniger gefärbt. Matte, gelbliche, ovale, auf Zusatz von Jodjodkali sich bläuende Fragmente verraten Curcumazusatz, wovon man sich noch dadurch überzeugt, daß man ein kleines, auf eine mehrfache Lage Filtrierpapier gebrachtes Häufchen des fraglichen Safranpulvers mit etwas Chloroform und Äther übergießt, bis sich ringsum ein breiter Fleck gebildet hat; diesen betupft man nach dem Abdunsten mit etwas Borax und einem Tropfen Salzsäure, wodurch die bei reinem Safran gelb bleibende Farbe in Braunrot übergeht, wenn Curcuma vorhanden ist.

ε) R. KAYSER[2] verwendet zur Isolierung fremder Farbstoffe die GOPPELSROEDERsche Capillaranalyse, und zwar in folgender Form:

Man behandelt einen wäßrigen Safranauszug, der durch 24stündiges Digerieren von 5 g Safran mit 50 ccm Wasser hergestellt wird, mit wenig Alkali in der Wärme und neutralisiert hierauf; es scheidet sich das Crocetin, das durch Kalilauge aus dem Crocin, dem Farbstoff des Safrans, abgespalten wurde, aus, und die Lösung ist nur noch sehr schwach gelb von etwas gelöst gebliebenem Crocetin gefärbt, so daß diese gar keine capillaranalytische Reaktion gibt. Sind Teerfarbstoffe vorhanden, so bleiben diese bei der angegebenen Behandlung unverändert in Lösung und können leicht auf capillaranalytischem Wege rein erhalten und isoliert werden; man hängt in den Auszug ungefähr 4—5 cm breite Streifen Filtrierpapier; nach etwa 6stündigem Stehen findet man bei Anwesenheit fremder Farbstoffe die Streifen in verschiedener Höhe charakteristisch gefärbt. Wenn man eine 0,1%ige reine Safranlösung 3 Stunden lang capillarisiert, dann bemerkt man, daß der Safranfarbstoff 4 Zonen bildet; zu unterst eine dunkelorangefarbene, dann eine diffusorange und eine längere absolut farblose Zone, die mit einer scharf abgegrenzten schwach gelblichen endigt (E. VINASSA).

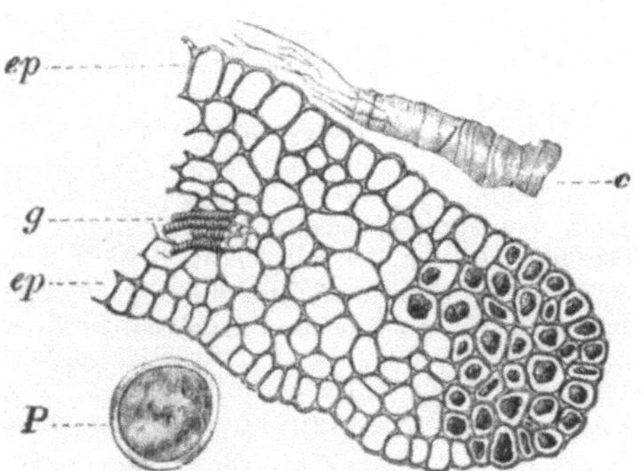

Abb. 40. Der Rand der Safrannarbe im Querschnitt (J. MOELLER). *ep* die Oberhaut beiderseits, *g* ein Gefäßbündel, *c* die abgelöste Cuticula, *P* ein Pollenkorn.

Aus der wie angegeben vorbereiteten Lösung können Teerfarbstoffe auch durch Ausfärben mit Wolle isoliert werden; man säuert die Lösung mit Weinsäure an und erwärmt mit dem Wollfaden im Wasserbade.

Etwa in Wasser unlösliche Teerfarbstoffe müßten sich im Filterrückstand vorfinden. Man wird dann versuchen, den Farbstoff mit Alkohol in Lösung zu bringen und diese nach der Verdünnung mit Wasser auszufärben.

Bei der Extraktion von Safran mit Petroläther läßt eine Gelbfärbung des Petroläthers nicht auf künstliche Färbung schließen. GRIEBEL und WEISS[3] stellten fest, daß Petroläther aus noch nicht abgelagerter Ware etwas Safranfarbstoff aufnimmt; ebenso verhält sich Paraffinöl. Bei mehrjährigem Lagern der Droge nimmt die Löslichkeit des Farbstoffes immer mehr ab und schließlich geht überhaupt nichts mehr in Lösung. Die Petrolätherprobe eignet sich daher bis zu einem gewissen Grade für die Feststellung, ob eine frische oder schon ältere Ware vorliegt.

II. Mikroskopische Untersuchung.

a) Echter Safran. Die Narbenwand des Safrans zeigt einen sehr einfachen Bau. Am Querschnitt (Abb. 40) erkennt man ein zartzelliges, locker verbundenes Parenchym, das beiderseits von einer wenig differenzierten Epidermis bedeckt und im Innern von spärlichen Leitbündeln mit sehr zarten Spiroiden durchzogen ist. In der Flächenansicht sind alle Zellen gestreckt (gegen 200 μ lang und 15 μ breit). Die Oberhautzellen sind teils parenchymatisch, teils prosenchymatisch ausgebildet, oberseits meist zu einer kurzen Papille vorgestülpt

[1] BIETSCH u. COREIL: Vierteljarsschr. Chem. Nahrungs- u. Genußmittel 1888, 134.
[2] R. KAYSER: XII. Verslgsber. Fr. Ver.igg bayr. Vertreter angew. Chem. 1894, 25.
[3] GRIEBEL u. WEISS: Apoth.-Ztg. 1928, 43, 642.

(Abb. 41 und 42p). Der Rand des Saumes der Narbe ist dicht mit Papillen besetzt, die 15—40 μ breit und bis 150 μ lang sind. Ihre Oberfläche ist sehr fein gekörnt. Zwischen den Papillen beobachtet man regelmäßig die von Crocus sativus stammenden 70—120 μ großen, fast kugeligen Pollenkörner ohne Austrittsstellen, mit derber feinwarziger Exine und körnigem Inhalt (Abb. 40P). Zuweilen stößt man auch auf anders geformte nicht zum Safran gehörige Pollenkörner.

Sämtliche Zellen der Narbe enthalten den feuriggelben, in dünnen Schichten guttigelben Farbstoff (Crocin), der die oben erwähnten Eigenschaften aufweist. Er löst sich in Wasser und Alkalien rasch mit gelber Farbe, weniger rasch in Alkohol und Glycerin. In fettem Öl kann man ihn unverändert beobachten, weil er darin unlöslich ist. In konz. Schwefelsäure löst sich der Zellinhalt mit tiefblauer Farbe, die bald durch Violett und Rot in Braun übergeht. Safran enthält weder Stärke noch Oxalat.

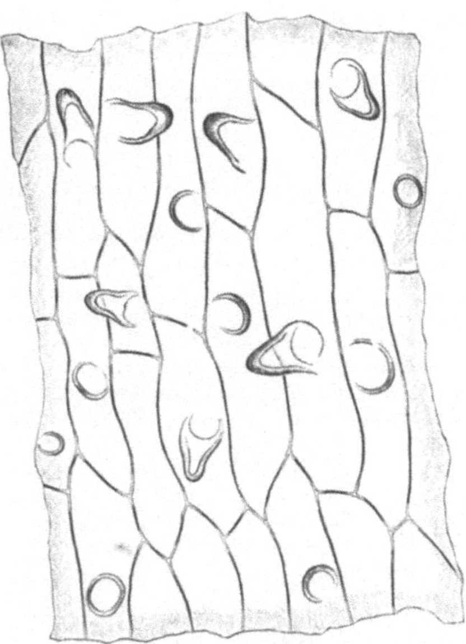

Abb. 41. Oberhaut des Safrans in der Flächenansicht (J. MOELLER).

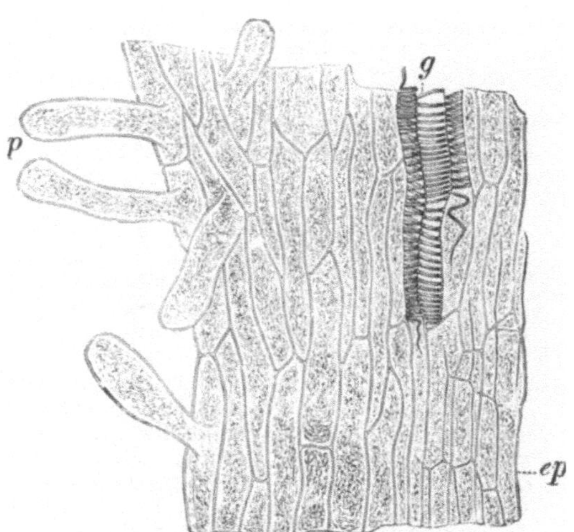

Abb. 42. Ein Stückchen der Safrannarbe in der Flächenansicht (J. MOELLER). *ep* die Oberhaut, *g* Spiralgefäße, *p* die Papillen.

Safranpulver ist durch seine Farbe und das Fehlen charakteristischer Zellelemente gekennzeichnet. Zuweilen findet man Bruchstücke mit noch unverletzten Papillen, fast immer, wenn auch oft nur in geringer Anzahl, die kugeligen Pollenkörner. Das Verhalten des Farbstoffes im Wasser- und Ölpräparat ermöglicht — von der Verschiedenheit der Formelemente ganz abgesehen — leicht eine Unterscheidung von Safran und Paprika; denn Paprikafarbstoff ist in Wasser unlöslich, dagegen in Öl löslich, er verhält sich also umgekehrt wie Safranfarbstoff. Mit Schwefelsäure färben sich dagegen beide blau.

Über die mikrochemische Prüfung des Safranpulvers nach VERDA vgl. S. 378.

b) Verfälschungen und Ersatzmittel des Safrans. 1. Safrangriffel und -antheren. Die Griffel der Safranblüte, früher als eigener Handelsartikel „Feminell“ bezeichnet, sind nicht rot, sondern gelb gefärbt und daher im unzerkleinerten Safran ohne weiteres sichtbar, sofern sie nicht künstlich gefärbt worden sind. Beim Aufweichen in Wasser lassen sich aber auch die gefärbten Griffel durch ihre zylindrische Beschaffenheit von den trompetenförmigen Narben (Abb. 43 A) leicht unterscheiden.

Nach T. F. Hanausek läßt sich eine solche Färbung auch wahrnehmen, wenn man die verdächtigen Fäden gegen die Sonne hält, also im durchscheinenden Licht betrachtet. Safrannarben zeigen dabei eine gleichmäßig rubinrote Färbung mit gelbem Saum, während gefärbte Griffel ungleichmäßige, bald lichte, bald dunkle Färbung mit verschiedenen Nuancen aufweisen. Bei mikroskopischer Untersuchung erscheint die Oberfläche solcher Fäden, reich an Körnchen oder Tröpfchen, während der Inhalt der Zellen von Farbstoff oft nahezu frei ist.

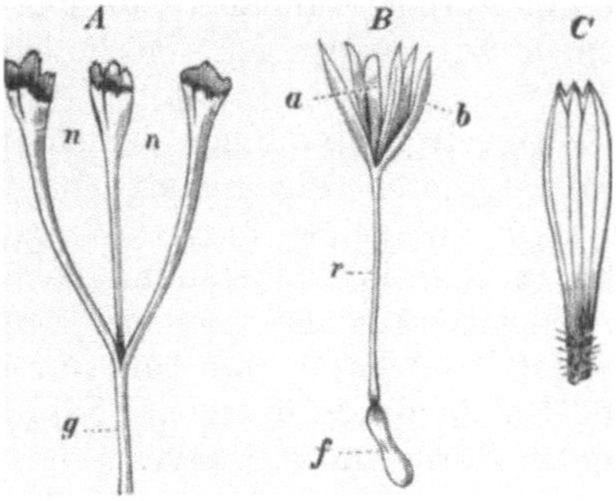

Abb. 43. *A* Safran, *n* Narben, *g* Griffel; *B* Saflorblüte, *f* Fruchtknoten, *r* Blumenkronröhre, *b* Blumenkronzipfel, *a* Antherenröhre; *C* Ringelblume. (Nach A. Vogel.)

Im Pulver ist der Nachweis von Griffelteilen schwieriger, weil die Griffel den Narben im Bau sehr ähnlich sind. Die Oberhautzellen der Griffel sind allerdings schwach gewellt, auch fehlen ihnen die für die Narben charakteristischen papillösen Ausstülpungen. Bei der Untersuchung in fettem Öl erkennt man die Griffelteilchen am Fehlen des Farbstoffes, falls nicht gefärbte Griffel zugesetzt wurden. Im letzteren Fall weisen aber die Teilchen jedenfalls einen abweichenden Farbton und eine ungleichmäßige Verteilung des Farbstoffes auf, was übrigens auch für extrahierte und dann mit Teerfarbstoffen wieder aufgefärbte Safrannarben zutrifft. Im übrigen ist bei der Prüfung auf Griffelteilchen stets zu berücksichtigen, daß in der sog. naturellen Ware immer geringe Mengen (etwa bis 10%) Griffelteile vorkommen, während elegierte Ware, die das Deutsche Arzneibuch vorschreibt, höchstens noch 1% Griffel enthalten darf.

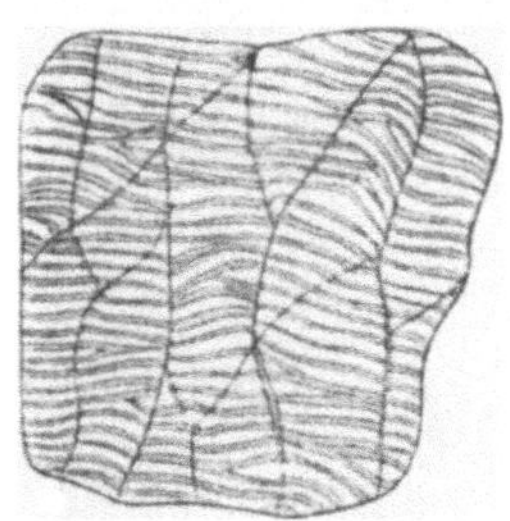

Abb. 44. Crocus sativus Antherengewebe. (Nach Collin.)

Teile von Staubgefäßen sind von Tunmann [1] in einem Safranpulver in erheblicher Menge beobachtet worden. Die Bruchstücke der Antherenwände sind leicht an den mit derben Verdickungsleisten versehenen Zellen des Endotheciums erkennbar (Abb. 44). Der Gehalt an Pollen war in dieser Probe nicht vermehrt.

Nach v. Vogl finden auch gelegentlich die Narben anderer Crocusarten Verwendung. So soll der sog. orientalische Safran von Crocus vernus L., dem auch bei uns in Gärten gezogenen Frühlingssafran stammen. Die Narben sind kürzer als die echten, ohne Geruch und Geschmack und nur von geringem Färbungsvermögen.

2. Blüten der Ringelblume. Im Handel werden die künstlich gefärbten und gerollten zungenförmigen Randblüten der Ringelblume (Calendula officinalis L. — Compositae), die äußerlich dem Safran recht ähnlich sehen, ohne dessen Geruch und Geschmack zu besitzen, jetzt als Feminell bezeichnet, eine Benennung, die früher für die Safrangriffel galt.

Die Zusammensetzung der Ringelblumen ist nach J. König (Bd. II, S. 1051, 1904) folgende:

Wasser %	Stickstoffsubstanz %	Ätherisches Öl %	Fett %	Zucker	N-freie Extraktstoffe %	Rohfaser %	Asche %
29,15	12,82	0,08	14,98	Spur	22,58	11,27	9,12

Die Randblüten des Blütenkörbchens — nur diese kommen zur Verwendung — bestehen aus einem kleinen (oft auch fehlenden) spindelförmigen Fruchtknoten mit kleinem in 2 Narben gegabelten Griffel und einem zungenförmigen, viernervigen, gegen 25 mm langen orangegelben Blumenblatt (Abb. 43 *C*). Am Grunde ist dieses behaart und bildet eine Rinne. Nach außen verbreitert es sich allmählich und läuft in eine verschmälerte dreizähnige Spitze aus.

Wenn man die mit Wasser aufgeweichten Teilchen unter der Lupe betrachtet, kann man die dreizähnige Spitze unschwer erkennen. Außerdem sind die Kronblätter von Calendula

[1] Tunmann: Apoth.-Ztg. 1916, 31, 230.

nicht so dick wie die Safrannarben, sondern dünn und gelblich durchscheinend, so daß die aus Gefäßbündeln bestehenden Nerven deutlich hervortreten.

Der in den Calendulablüten enthaltene Farbstoff färbt sich mit Kalilauge grüngelb bis grün. Auch hieran ist Calendula nach HANAUSEK leicht kenntlich. Zumeist wird allerdings diese Reaktion infolge künstlicher Färbung der Kronblätter ausbleiben.

Bei stärkerer Vergrößerung erkennt man folgenden Bau der Blumenkrone. Die Spreite hat beiderseits eine Epidermis aus langgestreckten, dünnwandigen, etwa rechteckigen oder schwach rhombischen Zellen, deren Cuticula fein gestreift ist (Abb. 45). Der Zellinhalt besteht aus je einem oder mehreren farblosen oder gelben in Wasser unlöslichen Tropfen, die mit Osmiumsäure schwarz werden (fettes Öl). Gegen den rinnigen Grund des Blattes zu treten in immer größerer Anzahl Haarbildungen auf (Abb. 45*h*). Diese sind verschieden groß (bis über 1 mm lang und bis 65 μ breit) und meist aus mehreren Zellreihen aufgebaut. An der Spitze tragen sie eine oder zwei kegelförmige oft geschrumpfte Endzellen oder ein vielzelliges Köpfchen. An den Narben, zuweilen auch zwischen den Haaren, findet man die rundlich dreieckigen mit einer feinstacheligen Exine versehenen Pollenkörner der Ringelblume.

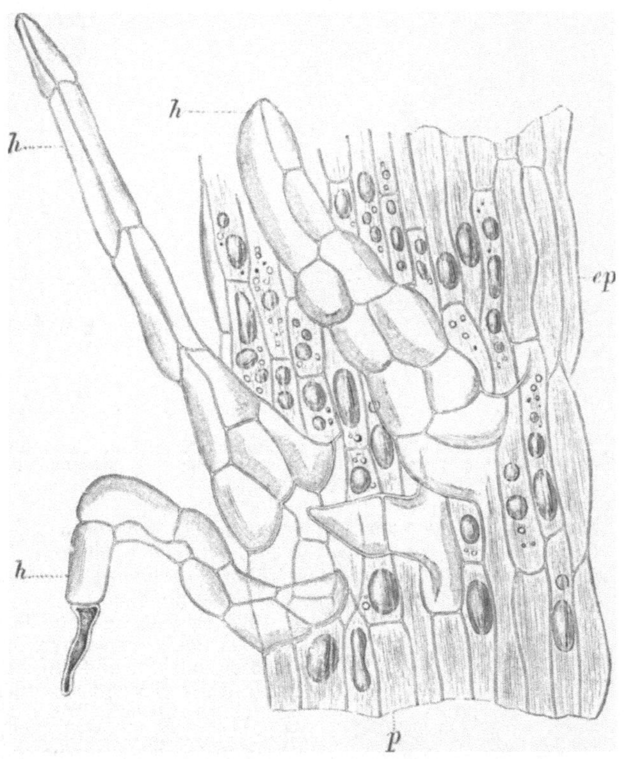

Abb. 45. Blumenblatt der Calendula (J. MOELLER). *ep* die gestreifte Oberhaut mit den Riesenhaaren *h*, *p* ölreiches Parenchym.

Durch die feinstreifige Cuticula, den aus Öl bestehenden Zellinhalt, die von den Crocuspapillen ganz verschiedenen Haargebilde und die charakteristischen Kompositenpollenkörner ist Calendula auch im gemahlenen Zustand von Safran leicht zu unterscheiden.

3. Saflor. Saflor besteht aus den Blüten der in wärmeren Gegenden vielfach angebauten Färberdistel (Carthamus tinctorius — Compositae). Wenn die roten Blüten zu welken beginnen, werden sie aus den Köpfchen herausgenommen, mit Wasser gewaschen, um den gelben Farbstoff zu entfernen und gepreßt[1]. Infolge dieser Behandlung erscheint der Saflor des Handels in Form kleiner Kuchen, die aus einem Haufwerk zarter orangeroter oder ziegelroter Zwitterblüten bestehen. Wenn man diese in Wasser aufweicht, so tritt der Bau der Blüten (Abb. 43 *B*) wieder hervor. Sie zeigen eine über 2 cm lange fadenförmige hochrote Blumenröhre, die oben in 5 schmale etwa 6 mm lange Zipfel gespalten ist. Aus dem Schlunde ragen die zu einer etwa 5 mm langen Röhre verwachsenen gelben Staubbeutel hervor, zwischen denen sich der keulenförmig verdickte rote Griffel befindet. Mitunter ist die Blumenröhre noch mit dem unterständigen Fruchtknoten verbunden, und in manchen Sorten findet man auch die schmalen weißen, seidig glänzenden Spreublättchen des Blütenbodens.

[1] Saflor enthält nach J. KÖNIG, Bd. II, 1904, S. 1052 zu 20—30% einen gelben, in Wasser löslichen Farbstoff (Saflorgelb) und 0,3—0,6% eines roten, in Wasser unslöslichen, in Alkohol und Alkalien löslichen Farbstoffs (Saflorrot, Carthamin). Die chemische Zusammensetzung ist folgende:

Wasser	Stickstoffsubstanz	Ätherisches Öl	Fett	Zucker	Sonstige stickstofffreie Extraktstoffe	Rohfaser	Asche
10,66%	17,57%	0,71%	4,37%	6,83%	37,09%	13,32%	9,45%

v. FELLENBERG fand 5,10% Pektin.

Beim Aufweichen der Saflorblüten in Wasser färbt sich dieses nicht gelb wie beim Safran, da der rötliche Farbstoff (Carthamin) zum Unterschied von Crocin in Wasser unlöslich ist. Konz. Schwefelsäure färbt das Saflorrot orangebraun (Unterschied von Safran- und Paprikafarbstoff, die blau werden). In Öl ist der Saflorfarbstoff unlöslich, durch Alkalien wird er gelb. Das Parenchym der Saflorblumenblätter erscheint starrer als beim Safran. Die Oberhautzellen haben zum Teil geschlängelte Konturen. Die Papillen sind derber als beim Safran und auf die Spitze der Perigonzipfel beschränkt (Abb. 46 *p*). Charakteistisch sind die Sekretschläuche, die die Gefäßbündel begleiten und eine dunkelbraunrote, oft in mehrere Stücke zerbrochene Masse enthalten (Abb. 46 *s*).

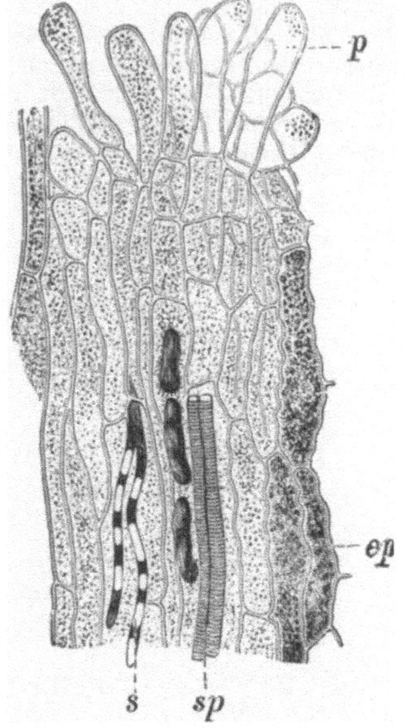

Abb. 46. Blumenblatt des Saflor (J. Moeller). *ep* Oberhaut mit den Papillen *p*, *sp* Spiralgefäße, *s* Sekretschläuche.

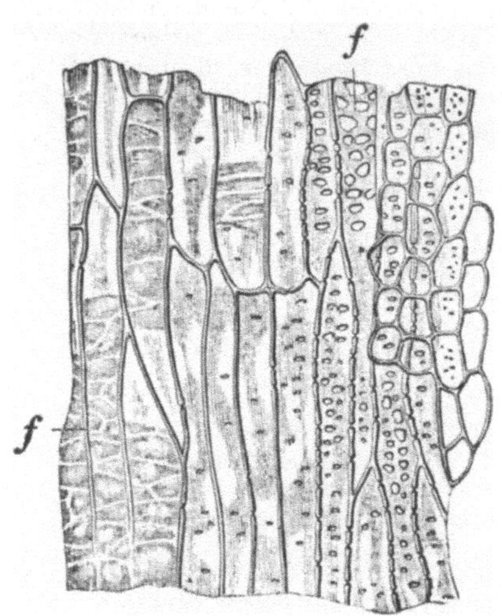

Abb. 47. Staubblatt des Saflors mit netzig verdickten Faserzellen (*f*) und kleinzelligem Parenchym. (Nach J. Moeller.)

Kennzeichnend ist auch das Gewebe der Staubfäden. Es besteht aus meist gestreckten, teils dünnwandigen, teils grob porösen oder netzförmig verdickten Zellen (Abb. 47). Die zahlreich vorhandenen Pollenkörner (Abb. 47 *p*) sind 3porig, im Umriß stumpf dreieckig oder kugelig, 40—60 μ groß, ihre Exine ist mit stumpfen Warzen besetzt.

Auffallend sind die Griffel, die im oberen Teil dicht zottig erscheinen, weil ihre Oberhautzellen zu dünnen Papillen ausgewachsen sind (Abb. 48).

Die dünnhäutigen pfriemenförmigen Spreublättchen bestehen aus langen schmalen, parenchymatischen Zellen, die netzig verdickte Querwände erkennen lassen.

Durch Auszählung der Pollenkörner läßt sich der Gehalt eines Safranpulvers an Saflor nach der von A. Mayer angegebenen Methode (S. 327) ermitteln. A. Mayer fand als Normalzahl für Saflorpollen 1668. Eine Nachprüfung dieser Zahl an weiteren Saflorproben erscheint jedoch erforderlich.

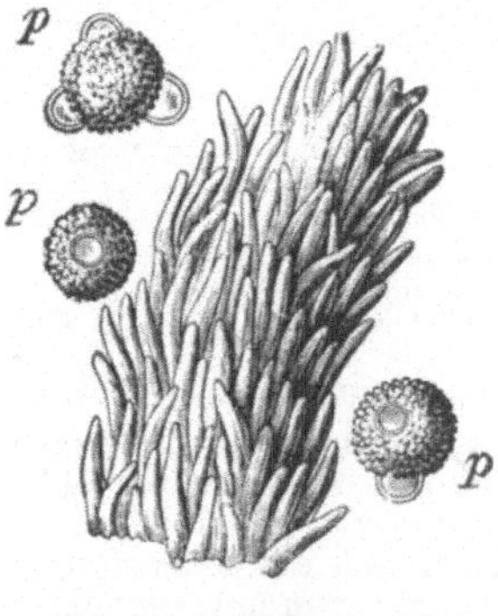

Abb. 48. Griffelende der Saflorblüte. *p* Pollenkörner in verschiedener Ansicht. (Nach J. Moeller.)

4. Blüten der Eselsdistel. Die Blüten der Eselsdistel (Onopordon acanthium — Compositae) sind wiederholt als Safranverfälschung beobachtet worden (Wasicky [1], Nestler [2], Skarnitzel [3]). Die fruchtknotenfreien Blüten sind im trockenen Zustand 15—20 mm, aufgeweicht 25—30 mm lang. Die Blumenkronenröhre ist in ihrer oberen Hälfte bauchig aufgetrieben und läuft in 5 schmale Zipfel aus. Der 2 mm vorragende Griffel ist in zwei nicht auseinanderweichende Narben gespalten.

Die Epidermis der Kronblätter besteht aus gestreckten Zellen, deren Wände zum Unterschied von Saflor nicht gewellt sind. Auf den Kronblattzipfeln finden sich zweizell-

[1] Wasicky: Pharm. Post 1912.

[2] Nestler: Pharm. Zentralh. 1923, 64, 148. [3] Skarnitzel: Z. 1924, 48, 213.

reihige Drüsenhaare. Fast in allen Teilen der Blüte kommen kleine Oxalatdrusen vor. Die Staubblätter zeigen dünnwandige und faserförmige verdickte Zellelemente. Die Oberfläche des Griffels ist fast glatt. Die Exine der Pollenkörner hat wie bei den vorher genannten Kompositenarten 3 Austrittsstellen, sie ist von niedrigen wenig spitzen Stacheln besetzt. E. SKARNITZEL[1] hat einen sog. Japanischen Safran (Crocus japonicus) untersucht, der lediglich aus gefärbten und mit Bariumsulfat beschwerten Onopordonblüten bestand, Safrannarben also überhaupt nicht enthielt. SKARNITZEL fand in diesem Muster spelzenartig feste, zum Teil sichelförmig gebogene glänzende Elemente, die an einer Seite scharf zugespitzt waren und sich als Hüllblättchen der Eselsdistel erwiesen. Ihre äußere Epidermis wird an der Basis durch gestreckte Zellen gebildet, von denen viele papillenartig ausgezogen sind; vereinzelt kommen auch 3—5zellige keulenförmige Haare vor. Je näher die Epidermiszellen der Spitze zu liegen, desto mehr von ihnen enthalten Oxalatkrystalle, so daß die obersten Partien der Außenepidermis in der Flächenansicht wie gepflastert erscheinen. Das gesamte Subepidermalgewebe wird aus langgestreckten, der Mittelrippe parallel verlaufenden, stark sklerenchymatisch verdickten Zellen gebildet.

Charakteristisch sind die Randzellen der Hüllblättchen, die fast durchweg in kurze, stark verdickte Trichome auslaufen (110—182 μ lang, 30—38 μ breit). Ihr Lumen beträgt kaum ein Drittel der Breite der verdickten Zellwand (Abb. 49).

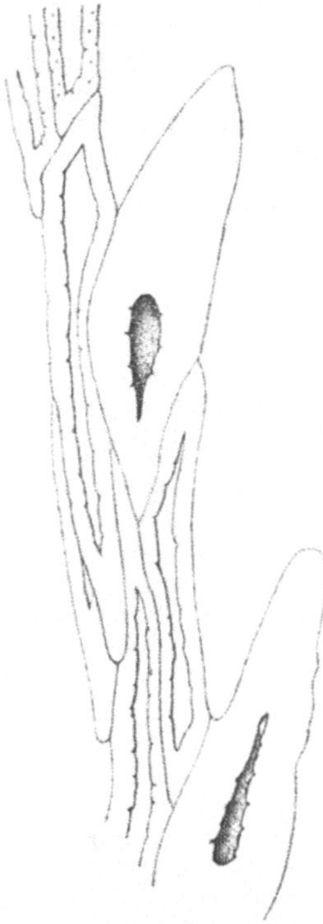

Abb. 49. Eselsdistel. Kurze, stark verdickte Trichome des Hüllblättchenrandes. (Nach SKARNITZEL.)

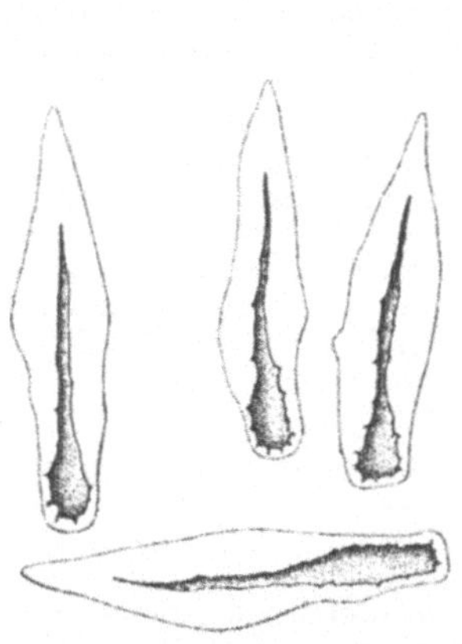

Abb. 50. Eselsdistel. Einzellige, dickwandige Borstenhaare der Hüllblättchen. (Nach SKARNITZEL.)

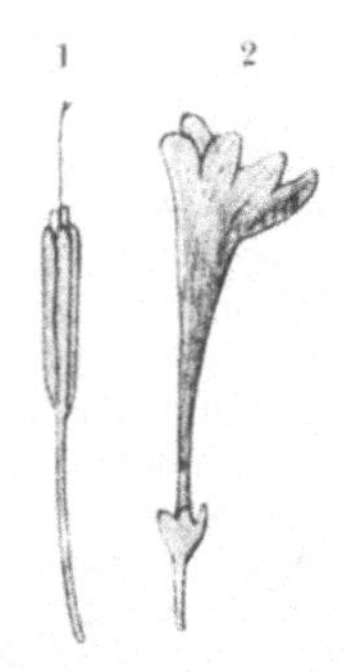

Abb. 51. 1 Blüte von Cynara carduncnlus; 2 Blumenkrone von Lyperia crocea. (Nach COLLIN.)

Von noch größerem diagnostischen Wert sind kurze einzellige, dickwandige Borstenhaare (Abb. 50), die den Hüllblättchen aufsitzen und der Oberhaut angedrückt erscheinen. Sie sind an der Basis, und zwar auf der Mittelrippe nur vereinzelt vorhanden, nehmen gegen die Spitze hin zu und bedecken hier die ganze Epidermisfläche. Ihre Länge beträgt gewöhnlich 100—162 μ, ihre Breite 30—38 μ. Sie sind auch in gepulvertem Material noch gut auffindbar.

5. Blüten der Artischocke. Nach COLLIN[2] werden in Spanien die Blüten einer anderen Komposite, der spanischen Artischocke (Cynara cardunculus L.) zur Verfälschung des Safrans benutzt. Die Blumenkronzipfel sind eng aneinander gelegt. Die Staubbeutelröhre ragt aus ihnen nur wenig hervor, stark dagegen der fadenförmige Griffel mit zwei kleinen Narben (Abb. 51, 1). Die Blüte hat Sekretschläuche wie Saflor, Oxalatdrusen und Drüsenhaare wie die Eselsdistel, auch ähnliche Pollenkörner. PIERLOT[3] fand, daß die Blüten durch Einweichen in einer Lösung von Natriumglycerinoborat und Kaliumnitrat rotbraun gefärbt waren. H. WILL[4] stellte Färbung mit Teerfarbstoff fest, ebenso BRUNNER[5].

6. Arnicablüten. Von Kompositenblüten sind schließlich noch die von Arnica montana L. als Safranfälschungsmittel zur Beobachtung gelangt. Die Blumenkrone der Zungen-

[1] SKARNITZEL: Z. 1924, 48, 213. [2] COLLIN: Ann. Falsif. 1910, 3, 353.
[3] PIERLOT: Pharm. Zentralh. 1926, 67, 490. [4] H. WILL: Apoth.-Ztg. 1932, 47, 1580.
[5] BRUNNER: Jahresbericht Hamburg 1930.

und Röhrenblüten ist mit langen mehrzelligen, spitz endenden Haaren und Kompositendrüsenhaaren besetzt. Die Exine der mit drei Austrittstellen versehenen Pollenkörner ist mit zahlreichen Stacheln besetzt. Im Pulver erkennt man Arnicablüten an den dünnen, dem Fruchtknoten entstammenden spitz zulaufenden Zwillingshaaren (zwei einzellige Haare seitlich miteinander verwachsen), sowie an Bruchstücken der Pappusborsten, deren Epidermiszellen in aufwärts gerichtete Spitzen ausgezogen sind.

7. Kap-Safran. Kap-Safran, der in bezug auf Geruch, Geschmack und Färbungsvermögen dem echten Safran ähnelt, ist keine Crocusart. Es handelt sich vielmehr um die getrockneten Blüten eines am Kap häufigen Strauches (Lyperia crocea Eckl. — Scrophulariaceae), die im Kapland an Stelle von Safran Verwendung finden.

Die Blüten (Abb. 51, 2) besitzen einen bauchigen, fünfteiligen, grünlichen Kelch mit linealen Zipfeln und eine oberständige, etwa 25 mm lange Blumenkrone mit langer, dünner, im oberen Teile etwas schiefer Röhre und einem flachen, fünfspaltigen Saum, dessen fast gleiche Zipfel vorn ausgerandet und eingerollt sind. Der Blumenröhre sind zwei kurze und zwei längere Staubgefäße angeheftet. Auf der Blumenkrone und teilweise auch auf dem Kelche sitzen große, regelmäßig gestaltete Drüsenschuppen mit 4 kleinen Zellen unter der blasig ausgedehnten Cuticula. Die inneren Epidermiszellen der Kronenröhre sind rechteckig mit parallelen Cuticularfalten versehen. Die Kronzipfel haben eine kleinzellige Epidermis. Die Pollenkörner sind klein.

Nach Vogl sind die getrockneten Blüten schwarzbraun; in Wasser hellen sie sich auf und erteilen diesen eine gelbe, braungelbe bis rötlichbraune Farbe.

8. Blüten von Tritonia aurea. Die Blüten der häufig in Gärten gezogenen Tritonia aurea Pappe (Iridaceae) werden in Südafrika ebenfalls wie Safran verwendet. Sie enthalten einen dem Crocin ähnlichen, in heißem Wasser löslichen Farbstoff, der nach Safran riecht (Heine).

Die Blütenröhre ist zylindrisch und verbreitert sich trichterförmig zu ziemlich gleichen Abschnitten. Die orangefarbenen Blumenblätter sind bis 2 cm lang. Die Griffeläste sind an der Spitze keulenförmig verdickt oder verbreitert. Die Epidermiszellen der Oberseite sind ziemlich groß, papillös vorgewölbt. Zwischen ihnen finden sich vereinzelte Spaltöffnungen. Zahlreiche in Reihen stehende Zellen des Mesophylls haben gelbbraunen Inhalt, der sich mit intensiv grüner Farbe in konz. Schwefelsäure löst. Charakteristisch sind lange säulenförmige Krystalle (bis 116 μ), häufig mit schwalbenschwanzartigem Ende. Die kugeligen Pollenkörner sind kleiner als beim Safran.

9. Maisgriffel. Die fadenförmigen Griffel von Zea Mais L. (Gramineae) sehen, wenn sie in Stücke geschnitten werden, den Safrangriffeln etwas ähnlich. Gefärbt lassen sie sich daher wie Feminell zur Fälschung verwenden.

Schon unter der Lupe lassen sich die Maisgriffel durch ihre bandartig flache Beschaffenheit von den Safrangriffeln unterscheiden. Bei schwacher Vergrößerung sieht man in dem aus gestreckten Zellen (bis 800 μ) bestehenden Gewebe zwei Leitbündel nahe den Rändern verlaufen. Die Oberhaut trägt spärliche Zottenhaare, die denen der Ringelblume ähnlich, aber kleiner als diese sind und keine Köpfchen aufweisen.

10. Malzkeime. Die gefärbten Wurzelkeime des Malzes sind unterm Mikroskop leicht von Safran zu unterscheiden, da ein Teil der Epidermiszellen ziemlich lange einzellige Wurzelhaare trägt. An Längs- und Querschnitten erkennt man ein zentrales Gefäßbündel. Bei Gerstenmalzwürzelchen finden sich vereinzelt auch Teile der Gerstenspelze, die man an ihren charakteristischen Epidermiszellen erkennt (vgl. Bd. V).

11. Keimpflanzen von Leguminosen. T. F. Hanausek[1] beobachtete ein mit Eosin gefärbtes und mit Schwerspat beschwertes Safransurrogat, das er für Wickenkeimlinge hielt. Es bestand aus starren, groben, braunroten, oberflächlich rauhen Fäden von gleicher Dicke, die an einem Ende oft einen etwa linsenförmigen Rest der Keimblätter erkennen ließen. An Querschnitten dieses Körpers waren in den Zellen Stärkekörner vom Typus der Wicke erkennbar.

12. Lauchwurzeln. Die Epidermis und Parenchymzellen sind stark in der Richtung der Längsachse gestreckt, bis 260 μ lang. Am runden Querschnitt erkennt man in der Mitte ein kleines Gefäßbündel.

13. Blumenblätter von Mohn, Pfingstrose, Granatbaum. Klatschmohn (Papaver rhoeas — Papaveraceae) hat gestreckte nicht papillöse Epidermiszellen mit meist feingewellten Wänden. Die Cuticula ist nicht gestreift. Der Farbstoff wird mit Lauge erst bläulich, dann gelb, mit konz. Schwefelsäure gelbrot, mit Chloralhydrat lachsrot. Die Pollenkörner haben drei Austrittsstellen.

---

[1] T. F. Hanausek: Die Safranfälschungen, in Kronfeld, Geschichte des Safrans. Wien 1892.

Bei der Pfingstrose (Paeonia officinalis L. — Ranunculaceae) zeigen die Epidermiszellen der Blütenblätter ebenfalls fein gewellte Wände, doch ist die Cuticula stark parallel gestreift. Das Verhalten des Farbstoffes ist ähnlich wie bei Papaver.

Die Blumenblätter des Granatbaumes (Punica granatum L. — Punicaceae) haben polygonale Zellen mit gekräuselter Cuticula. Die Pollenkörner sind sehr klein.

14. Zwiebelschalen. Die trockenen zerschnittenen Schalen von Allium cepa (Liliaceae) sind auch nach künstlicher Färbung unterm Mikroskop leicht zu erkennen. Unter der aus langgestreckten Zellen bestehenden Epidermis liegt ein Hypoderm aus gestreckt sechsseitigen, in Reihen angeordneten Zellen, die zu denen der Oberhaut gekreuzt verlaufen. Fast jede dieser Zellen enthält einen meist an einer der Schmalseiten gelegenen prismatischen Oxalatkrystall (Abb. 52), zuweilen auch mehrere. Die Wände der Hypodermzellen sind verdickt und meist an den Schmalseiten getüpfelt.

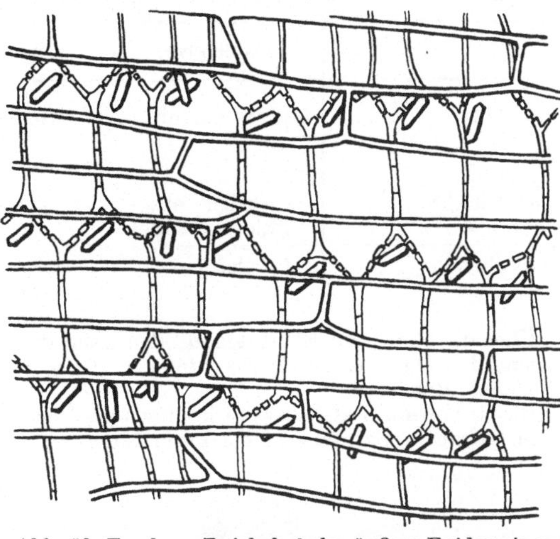

Abb. 52. Trockene Zwiebelschale; äußere Epidermis und Hypoderm, das zahlreiche Oxalatprismen enthält. 1:120 (C. GRIEBEL).

15. Farbhölzer (Sandelholz, Fernambukholz, Campecheholz). Der Zusatz von Farbhölzern kommt nur bei gemahlenem Safran in Betracht.

Die Teilchen des roten Sandelholzes (Pterocarpus santalinus L. — Leguminosae) erscheinen unter Wasser orangerot und werden bei Laugezusatz purpurrot, wobei sie sich infolge teilweiser Lösung des Farbstoffes mit einem tiefroten Hof umgeben. Nach der Aufhellung (am besten mit Chloralhydrat) erkennt man die für jeden Holzkörper charakteristischen Elemente (Abb. 53). Die Gefäßwände (*g*) sind dicht von spaltenförmigen, zum Teil

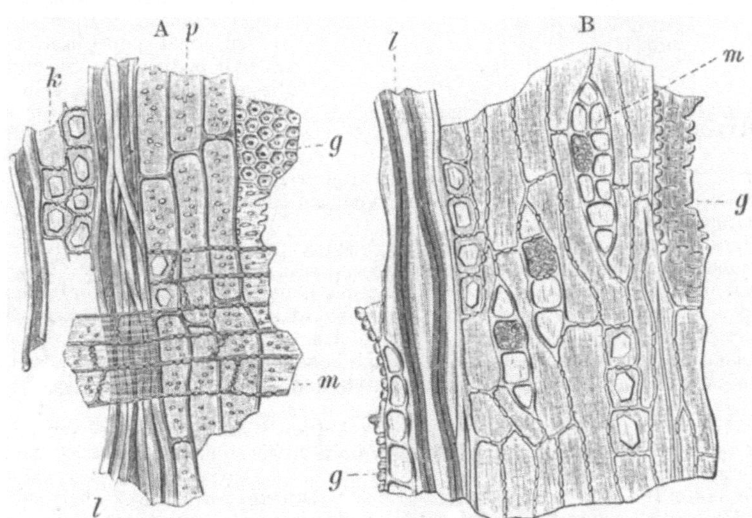

Abb. 53. Sandelholz in radialer (A) und in tangentialer Ansicht (B) (J. MOELLER). *k* Krystallkammerzellen, *l* Holzfasern, *p* Holzparenchym, *g* Gefäße, *m* Markstrahlen.

von rundlich sechseckigen behöften Tüpfeln besetzt. Die in spitze Enden auslaufenden Holzfasern (*l*) sind dickwandig; 15—18 μ breit, oft mit spaltenförmigen Tüpfeln versehen. Die Holzparenchymzellen (24—30 μ breit und 60—90 μ lang) weisen rundliche Poren auf (*p*), zum Teil sind sie als Krystallkammerzellen ausgebildet, die je einen Oxalatkrystall enthalten (*k*). Die zum Parenchym gekreuzt verlaufenden Markstrahlen sind meist einreihig.

Fernambukholz (Guilandina [Caesalpinia] echinata SPR. — Leguminosae) und Campecheholz (Hämatoxylon campechianum L. — Leguminosae) weisen ähnlichen Bau auf wie Sandelholz.

Sicherer als die mikroskopische Unterscheidung ist nach TSCHIRCH die chemische:

	Kalilauge	Ammoniak	Konz. Schwefelsäure
Sandelholz	stumpf carminrot	wie Kalilauge	braunorange, dann rotbraun, dann carminroter Niederschlag
Fernambukholz . . .	rötlich, mit violettem Stich	kirschrot	lebhaft kirschrot, dann orange und braun
Campecheholz . . .	tiefblau	sofort violett, dann rot	lebhaft kirschrot in orange übergehend

Über die Menge an Holzbestandteilen kann die quantitative Bestimmung der Rohfaser Aufschluß geben. A. BEYTHIEN[1] fand z. B. in Sandelholz 62%, in Safran dagegen nur 4,5—5,5% Rohfaser.

16. Curcuma und Paprika kommen als Verfälschungsmittel ebenfalls nur bei gemahlenem Safran in Betracht. Über ihren Nachweis vgl. S. 341 und 446.

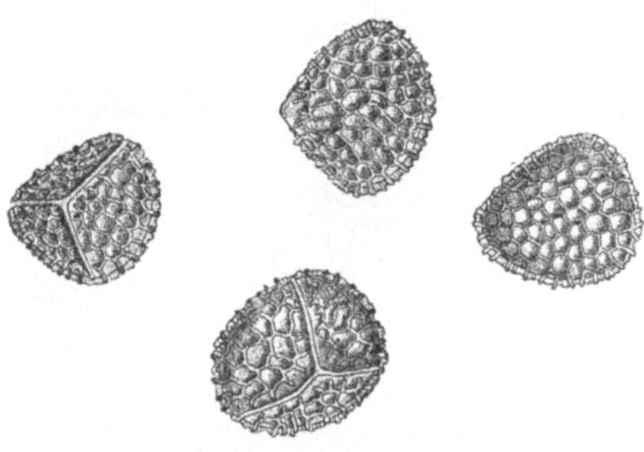

Abb. 54. Lycopodium, Vergr. 560/1. (Aus: HAGER-TOBLER: Mikroskopie, 14. Aufl.)

17. Stärkemehl, Lycopodium. Bei Safran, der mit Zucker beschwert ist, wird häufiger zugleich Stärkemehl oder Lycopodium beobachtet. Ein solcher Zusatz hat offenbar den Zweck, das Zusammenkleben zu verhindern. Der Nachweis von Lycopodium oder Stärke ist daher stets ein sicheres Zeichen, daß eine Beschwerung stattgefunden hat. Über die Erkennung der Stärkeart vgl. Bd. V.

Lycopodium, auch Bärlappsamen genannt, besteht aus den Sporen von Lycopodium clavatum L. (Lycopodiaceae). Sie stellen als Droge ein blaßgelbes, sehr bewegliches Pulver dar, das auf Wasser schwimmt, ohne sich zu benetzen. Die einzelnen Sporen sind meist 30—35 μ groß und bilden Tetraeder, die von drei wenig gewölbten und einer stärker gewölbten Fläche begrenzt sind. Die Flächen tragen ein Netz von feinen Leisten, die fünf- oder sechsseitige Maschen bilden (Abb. 54).

18. Fleischfasern. Zum mikroskopischen Nachweis von Fleischfasern behandelt man die zu untersuchende Probe mit verdünnter Säure und verdünnter Natronlauge. Die Fleischteilchen erscheinen als Gruppen von lose zusammenhängenden Fasern. Undurchsichtige dickere Stückchen werden bei schwachem Druck auf das Deckglas so gelockert, daß die einzelnen Fasern sichtbar werden (Abb. 55 *A*). Bei stärkerer Vergrößerung erkennt man an den einzelnen Fasern, wenn sie nicht mit Lauge behandelt wurden, eine feine Querstreifung (Abb. 55 *B*), oft auch Längsstreifung. Durch Jodlösung werden die Fleischteilchen sofort gelb bis braun gefärbt.

19. Gelatinefäden. Gelatinefäden zeigen keinerlei Struktur und unterscheiden sich hierdurch von den übrigen Fälschungsmitteln. Beim Erhitzen im Röhrchen tritt der Geruch nach verbranntem Horn auf.

20. In Wasser lösliche unorganische Beimengungen (Salze). Über den mikrochemischen Nachweis derartiger Stoffe vgl. S. 383.

Anhaltspunkte für die Beurteilung des Safrans.

a) Nach der chemischen und mikroskopischen Untersuchung. Der Verein deutscher Lebensmittelchemiker hat folgende Forderungen für den Safran vereinbart:

[1] A. BEYTHIEN: Z. 1901, 4, 368.

„Safran sind die getrockneten Narben der im Herbste blühenden kultivierten Form von Crocus sativus L., Familie der Iridiaceen.

Safran, sowohl ganzer wie gemahlener, muß aus den ihres Farbstoffes und ihres ätherischen Öles weder ganz noch teilweise beraubten Narben von Crocus sativus L. bestehen; der Geruch muß stark aromatisch, der Geschmack bitter und gewürzhaft sein.

Der Gehalt des sog. naturellen Safrans an Griffeln und Griffelteilen darf nicht mehr als 10% betragen.

Sog. elegierter Safran muß vollkommen frei sein von Griffeln und Griffelenden.

Als höchste Grenzzahlen des Gehaltes an Mineralbestandteilen (Asche) in der lufttrockenen Ware haben zu gelten 8% und für den in 10%iger Salzsäure unlöslichen Teil der Asche 1% [1]. Die Asche darf keine anormalen Bestandteile enthalten.

Der Wassergehalt (im Wassertrockenschrank bestimmt) betrage nicht mehr als 15% [1]."

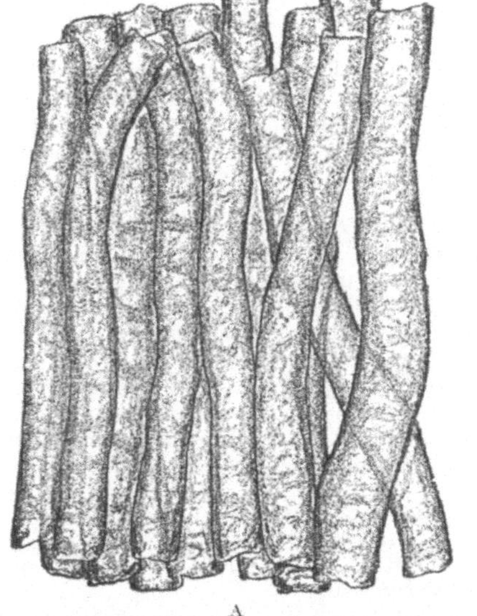

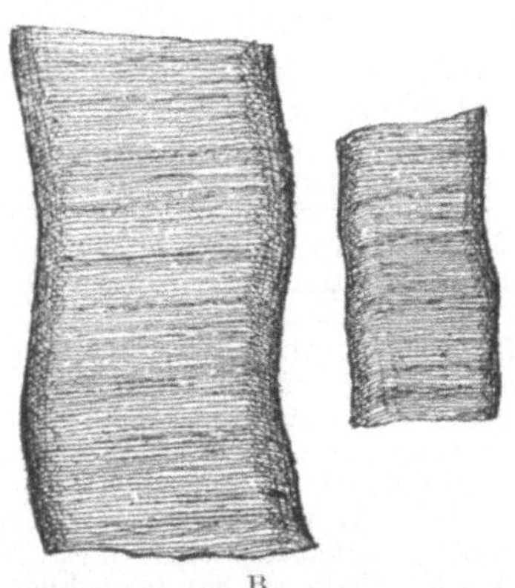

Abb. 55. Muskelfaser aus Fleischfuttermehl; *A* nach Behandeln mit Säure und Natronlauge (Vergr. 120), *B* nach alleiniger Behandlung mit Säure (Vergr. 300). (Aus KÖNIG: Chemie, Bd. III/3.)

Mit vorstehender Definition stimmt die des Schweizerischen und Österreichischen Lebensmittelbuches im wesentlichen überein; das Deutsche Arzneibuch, 6. Ausgabe, bezeichnet als Safran die getrockneten Narbenschenkel von Crocus sativus L., läßt also keine Griffelenden zu. Nach dem Schweizerischen Lebensmittelbuch soll der Griffelgehalt in elegiertem Safran (Crocus electus) nicht mehr als höchstens 3% betragen.

Für sonstige Bestandteile des Safrans sind zugelassen:

	Vom Deutschen Arzneibuch, 6. Ausg. %	Vom Österreichischen Lebensmittelbuch %	Vom Schweizerischen Lebensmittelbuch %
Wasser	12	höchstens 15	höchstens 15
Asche	6,5	„ 7	„ 8
In Salzsäure unlöslicher Anteil der Asche (Sand)	—	„ 0,5	„ 0,5

[1] Das Deutsche Nahrungsmittelbuch 1922 will 2% Asche und bis 16% Wasser zulassen.

Nach dem Österreichischen Lebensmittelbuch, 2. Auflage, sollen 0,01 g Safran 3 Liter Wasser noch schön gelb färben; die Menge Invertzucker soll 20% nicht übersteigen.

b) Beurteilung nach der Rechtslage. Safran, ein Genußmittel. Gegenüber dem Einwande des Angeklagten, daß Safran überhaupt nicht als Genußmittel, sondern nur als Färbestoff in Betracht kommen könnte, nahm der Gerichtshof als festgestellt an, daß zur Zeit in Süddeutschland, die Rheinpfalz ausgenommen, und in der Schweiz der Safran, insbesondere bei der Landbevölkerung vorzugsweise als Gewürz bei dem Zurichten von verschiedenen zum menschlichen Genusse und Gebrauch bestimmten Speisen Verwendung findet, und daß dieses so verwendete Gewürz, ohne daß es an sich zur Ernährung des Menschen dient, von diesen mit den hergestellten Speisen genossen und dem Körper zugeführt wird, und daß es daher die Eigenschaft eines Genußmittels hat.

LG. Schweinfurt, 4. April 1887.

Safran ist ein Genußmittel.

OLG. Köln, 8. April 1910.

Safran mit Zusatz von Safrangriffeln. Der Safran enthielt einen Griffelgehalt, der um 40% höher war als der vorkommende höchste Griffelgehalt.

Der Safran hat der Bezeichnung „rein gemahlen" in Wahrheit nicht genügt und deswegen auch den Erwartungen der Empfänger nicht entsprochen, da er die Bestandteile des Naturproduktes nicht im natürlichen Mengenverhältnisse in sich vereinigte. Er ist zwar nach außen hin als reine Ware erschienen, da man ihm die Minderwertigkeit nicht ansehen konnte. In Wirklichkeit ist der Safran infolge einer übermäßigen Anreicherung wertloser, nämlich des Gewürzstoffes ganz entbehrender Griffel, bloß eine Mischung von geringerem Werte gewesen. Verurteilung aus § 10, Anm. 2, NMG.

LG. Leipzig, 14. Oktober 1906.

Die Revision wurde verworfen. Aus dem Urteil: Der Begriff der Verfälschung eines Nahrungs- und Genußmittels wird auch dadurch erfüllt, daß ein Produkt hergestellt wird, das gegenüber dem normalen minderwertig erscheint, sei es zufolge Entnahme wertvoller Bestandteile, die dem normalen Produkt zukommen, sei es zufolge Nichtentfernung ordnungsmäßig zu entfernender Stoffe, die die normale Beschaffenheit herabsetzen. In diesem Lichte beurteilt die Strafkammer den vorliegenden Sachverhalt, indem sie als erwiesen erachtet, daß das normale Mengenverhältnis der Bestandteile des Naturproduktes zugunsten des Griffelgehaltes beim Safran dergestalt verschoben worden ist, daß die Bezeichnung, unter der das Gewürz in den Verkehr gebracht wurde, der Qualität nicht entsprach.

RG. 7. Mai 1907.

Safran mit Safranspitzen. Als Safranspitzen oder Dechets werden die bei der Auslese der Safrannarben (elegierter Safran) zurückbleibenden Griffel bezeichnet, denen noch kleine Mengen von Narbenteilen anhaften. Der von den Angeklagten als „secunda" verkaufte Safran enthielt 20% solcher Spitzen.

Die Strafkammer hat tatsächlich festgestellt, daß durch die Bezeichnung des von den Angeklagten verkauften Safrans als „secunda"-Ware eine Täuschung ausgeschlossen war, indem die von ihnen einkaufenden Detailkäufer großenteils die Fabrikationsart kannten, also wußten, in welcher Weise dieser „secunda"-Safran gewonnen war und, soweit sie dies nicht wußten, wie das konsumierende Publikum aus dem Zusatz „secunda" jedenfalls entnehmen, daß sie keinen Safran erster Güte erhielten, wobei es ihnen vollständig gleichgültig war, ob sie einen Natursafran minderer Qualität oder einen solchen erster Güte, welcher durch Zusatz von Griffeln in seiner Qualität herabgesetzt war, erhielten. Unter diesen Umständen kann in dem sich im Rahmen des anerkannt zulässig haltenden Zusatzes von Griffelsubstanz, welche immer noch einen starken Inhalt an reinem Safran enthält, eine Verfälschung im Sinne des Gesetzes nicht erblickt werden, zumal dieser „secunda"-Safran auch zu einem angemessenen und handelsüblichen Preise verkauft wurde.

OLG. Karlsruhe, 4. September 1909.

Safran mit Saflor. Der Angeklagte hat echtem spanischen Safran 5% Saflor beigemengt und das gemahlene Gemisch als „ff. rein gemahlenen Safran" verkauft. Der Zusatz geschah angeblich, um den Safran besser mahlen zu können.

Daß man ohne Saflor den Safran nicht mahlen könne, wurde von allen gewerblichen und dem wissenschaftlichen Sachverständigen widerlegt. Letzterer führte aus, daß Saflor die Blüte einer Distel, an sich fast wertlos und von minimalem Preise sei, aber mehr Färbekraft als der Crocusgriffel habe.

Daß durch Beimengung eines solchen fremden Stoffes der Safran verschlechtert, verfälscht wird, hielt das Gericht keiner längeren Darlegung für bedürftig. Verurteilung aus § 10, Anm. 1 u. 2, NMG.

LG. Augsburg, 18. Juni 1891.

Safran mit Saflor, Sandelholz und Stärke. Die Ware bestand zum größten Teil aus Sandelholz, Saflor und etwas Stärke. Safran selbst war nur in geringer Menge vorhanden. Sie wurde als „Safran" verkauft.

Safran ist eine Ware, die zum Färben und Würzen von Speisen verwendet wird, also ein Genußmittel im Sinne des NMG. Der vom Angeklagten verkaufte Safran war wegen seiner Beimischung als nachgemacht und verfälscht zu bezeichnen. § 10, Anm. 2 NMG.

Strafk. b. AG. Koburg, 18. April 1895.

Safran mit Ringelblumenblättern. Die Beimischung von mehr als 5,5% und 11,5% Blütenblättern der Ringelblume zu Safran kann als Verfälschung angesehen werden.

RG., 21. Januar 1890. (LEBBIN u. BAUM: Deutsches Nahrungsmittelrecht 1907, S. 494.)

Künstlich aufgefärbter Safran. Der Safran war zur Verleihung einer schöneren Farbe künstlich aufgefärbt.

Der Angeklagte hat gewußt, daß eine fremde Farbe an sich kein regelmäßiger Bestandteil, auch kein durch allgemeinen Handelsbrauch gebilligter Zusatz des Safrans, und daß Safran ein Genußmittel sei. Daß nämlich Safran kein bloßes Färbemittel, sondern vielmehr nach seiner substantiellen Beschaffenheit an und für sich ein wirkliches Gewürz darstellt, hat das Landgericht als zweifellos dargetan angesehen. Der Angeklagte hat also wissentlich ein verfälschtes Genußmittel unter Verschweigung dieses Umstandes verkauft. Vergehen gegen § 10, Anm. 2 NMG. Die Revision wurde verworfen.

OLG. Dresden, 17. Dezember 1903.

Safran mit Zusatz von Teerfarbstoffen. Der Angeklagte hatte statt gemahlenem echtem Safran eine Mischung verkauft, die zur Hälfte aus Safran, zur anderen Hälfte aber aus organischen Farbstoffen — Nitrophenol und Azofarbstoff — bestand und dabei aber diesen Umstand verschwiegen. Den organischen Farbstoff hatte er als künstlichen Safran bezogen.

Da Safran in ganz Süddeutschland in den Privathaushaltungen zum Würzen der Speisen verwendet wird, teils seines eigentümlichen Geschmackes wegen, teils auch, allerdings mit weniger Bedeutung, seiner Färbekraft wegen, so ist er nach Annahme des Gerichtes als Gewürz, somit als Genußmittel anzusehen. Verurteilung aus § 10, Anm. 1 u. 2 NMG.

LG. Würzburg, 7. November 1892.

14. Gewürznelken.

Die Gewürznelken (Nelken, Nägelchen, in Österreich „Nagerl") sind die vollständig entwickelten, aber noch nicht aufgeblühten, getrockneten Blütenknospen des auf den Gewürzinseln einheimischen, in verschiedenen heißen Ländern angebauten Gewürznelkenbaumes, Jambosa Caryophyllus [SPRENG.] Ndz. (Myrtaceae).

„Die Gewürznelken (Abb. 56) sind 12 bis 17 mm lang[1], von hell- bis tiefbrauner Farbe und besitzen einen 3—4 mm dicken, stielartigen, schwach vierkantigen, sehr feinrunzeligen, nach oben zu wenig verdickten unterständigen Fruchtknoten, in dessen oberem Teile die beiden kleinen Fruchtknotenfächer liegen. Die vier am oberen Ende des Fruchtknotens stehenden, dicken, dreieckigen Kelchblätter sind stark spreizend; die vier kreisrunden, sich dachziegelig deckenden gelbbraunen Blumenblätter schließen zu einer Kugel von 4 bis 5 mm Durchmesser zusammen und umfassen die zahlreichen, am Außenrand eines niedrigen Walles eingefügten, eingebogenen Staubblätter und den schlanken Griffel. Gewürznelken riechen stark eigenartig und schmecken brennend würzig. Beim Drücken des Fruchtknotens mit dem Fingernagel tritt reichlich ätherisches Öl aus." (Deutsches Arzneibuch, 6. Ausgabe.)

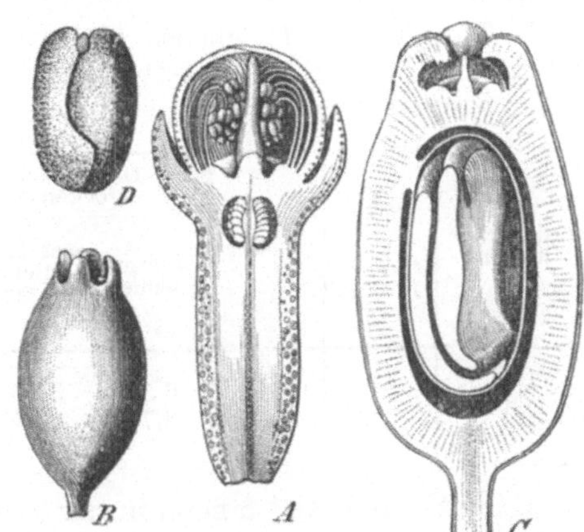

Abb. 56. Gewürznelke (nach LUERSSEN). *A* Blüte im Längsschnitt, 3mal vergrößert, *B* Frucht (Mutternelke), natürliche Größe, *C* Mutternelke im Längsschnitt, 2mal vergrößert, *D* Keimling, natürliche Größe.

Amboina- oder Molukkennelken galten bisher als die beste Sorte. Bei uns sind vorwiegend die Zanzibar- und Madagaskar- oder afrikanischen Nelken im Gebrauch, daneben auch die Penangnelken, die gegenwärtig sehr

[1] Kleinere Sorten sind nur 4—10 mm lang.

geschätzt werden. Die amerikanischen oder Antillennelken sind die schlechteste Sorte.

Chemische Zusammensetzung. Die Gewürznelken sind von allen Gewürzen am reichsten an ätherischem Öl, das zu 78—95% aus Eugenol besteht. Ihr mittlerer Gehalt an den wichtigsten Bestandteilen ist nach J. KÖNIG folgender:

Nelkensorte	Gewicht von 100 Nelken	In der lufttrockenen Substanz									
		Wasser	Stickstoffsubstanz	Ätherisches Öl	Eugenol[1]	Fettes Öl	Gerbsäure	Rohfaser	Asche	Sand	Alkoholextrakt
	g	%	%	%	%	%	%	%	%	%	%
Amboina . .	9,71	7,24	5,82	19,52	15,62	6,95	16,64	7,33	6,04	0,04	16,45
Zanzibar . .	9,77	7,39	6,60	18,44	15,52	6,89	18,64	8,18	5,26	0,03	14,59
Penang . . .	8,00	7,26	6,02	17,55	14,78	7,54	19,44	8,62	5,96	0,10	17,85
Nelkenstiele.	—	9,22	5,84	4,80	—	3,89	18,79	17,00	7,04	0,60	6,79

Die Mittelwerte der verschiedenen Sorten zeigen somit keine erheblichen Unterschiede. Im einzelnen kommen aber je nach dem Gewinnungsort und -jahr große Schwankungen vor, nämlich im Gehalt an: Wasser von 5,0—10,0%, ätherischem Öl von 12,0—20,5%, fettem Öl von 5,0—12,0%, Gerbsäure von 16,2—20,5%, Rohfaser von 6,0—9,0%, Asche von 5,2—6,5%, Alkoholextrakt von 14,0—20,5%.

Als Ergebnisse neuerer Untersuchungen werden vom Schweizerischen Lebensmittelbuch (1917) aufgeführt: Fett 7—10%, ätherisches Öl 16—20%, Kohlenhydrate 16—20%, Stärke 0, Pentosane 8—10%, Rohfaser 9—16%, Stickstoffsubstanz 5—7%.

R. THAMM[2] (Nr. 1), ebenso H. SPRINKMEYER und A. FÜRSTENBERG[3] (Nr. 2) bestimmten nach S. 329 die Alkalität der Asche der Gewürznelken mit folgenden mittleren Ergebnissen:

Gewürznelken	Anzahl der untersuchten Proben	Wasser	In der sandfreien Trockensubstanz			Alkalitätszahl (1 g Asche erfordert ccm N.-Säure)			Sand
			Gesamtasche	wasserlösliche Asche	wasserunlösliche Asche	Gesamtasche	wasserlösliche Asche	wasserunlösliche Asche	
		%	%	%	%	%	%	%	
Nr. (1) . .	6	8,79	6,54	3,66	2,88	15,0	10,4	20,8	0,30
Nr. (2) . .	9	11,23	6,71	3,71	3,00	14,5	11,0	18,8	0,18

HANUŠ und BIEN[4] fanden in der Trockensubstanz von Gewürznelken 7,48% Pentosane.

v. FELLENBERG[5] fand in den Nelken 3,62—5,60% Pektin, in den Nelkenstielen 4,60%.

PLAHL[6] hat in allen Zellen, mit Ausnahme der Antheren, das Vorkommen eines Magnesiumsalzes nachgewiesen.

[1] Unter der Annahme berechnet, daß nach den Untersuchungen von R. REICH (vgl. weiter unten) bei den Amboinanelken 80,2% und bei den beiden anderen Sorten 84,2% des ätherischen Öles aus Eugenol bestehen.

[2] R. THAMM: Z. 1906, 12, 168.

[3] H. SPRINKMEYER u. A. FÜRSTENBERG: Z. 1906, 12, 652.

[4] HANUŠ u. BIEN: Z. 1906, 12, 395.

[5] v. FELLENBERG: Z. 1916, 32, 330.

[6] PLAHL: Z. 1921, 42, 246.

Die Verfälschungen der ganzen Gewürznelken bestehen vorwiegend in der Entziehung von ätherischem Öl sowie der Beimengung von tauben oder extrahierten, zur Verbesserung des Aussehens zuweilen eingefetteten Nelken. Auch künstliche Nelken aus gefärbtem Mehlteig sind beobachtet worden.

Extrahierte Nelken erscheinen geschrumpft und runzelig, dunkel. Beim Durchbrechen sind die Bruchflächen matt (bei guten Nelken glänzend). Taube Nelken sind gelblichgrau bis hellbraun, trocken, brüchig, die Ölbehälter sind zusammengeschrumpft, leer; das helle Köpfchen fehlt. Ausgezogene und taube Nelken schwimmen in Wasser waagerecht (gute Nelken mit Köpfchen schwimmen senkrecht, oder sie gehen unter). Zur Verbesserung des Aussehens eingefettete, taube oder entölte Nelken hinterlassen beim Aufdrücken auf Papier einen bleibenden Fettfleck. Künstliche, aus Mehlteig geformte, gefärbte und mit Nelkenöl aromatisierte Nelken erkennt man beim Einlegen in warmes Wasser, in dem sie leicht zerfallen.

Nelkenpulver wird mit Nelkenstielen, Piment, Pimentstielen, Mutternelken, Kakaoschalen, Mehl von Cerealien und Leguminosen und anderen beim Pfeffer genannten Stoffen verfälscht.

I. Chemische Untersuchung.

Die Ermittlung der allgemeinen Zusammensetzung erfolgt nach den üblichen Methoden.

a) Bestimmung des ätherischen Öles. Sie ist zum Nachweis einer Verfälschung gerade bei den Nelken, die reicher als irgendein anderes Gewürz an ätherischem Öl sind, von ausschlaggebender Bedeutung. Die Ausführung erfolgt nach S. 332.

Als Vorprobe wird das Aufstreuen des Nelkenpulvers auf verdünnte Eisenchloridlösung empfohlen. Hierbei muß eine tiefblaue gleichmäßige Färbung auftreten, die hauptsächlich durch das Eugenol verursacht ist. Nach L. ROSENTHALER[1] wird die Reaktion zum Teil durch den Gerbstoff der Nelken hervorgerufen.

Das Schweizerische Lebensmittelbuch läßt folgende Eugenolprobe ausführen: Eine Messerspitze voll Pulver wird im Sedimentierglas oder besser im Zentrifugenröhrchen 4 Stunden lang kalt mit einigen Kubikzentimetern 5%iger Kalilauge behandelt, dann mit Wasser vorsichtig ausgewaschen. Wenn man das so behandelte Pulver unterm Mikroskop beobachtet, so sieht man massenhaft Nadeln von Eugenolkalium.

Zur Bestimmung des Eugenols, des Hauptbestandteiles des Nelkenöles, verfährt R. REICH[2] folgendermaßen:

1,0—1,5 g Nelkenöl werden mit 20 ccm 5%iger Natronlauge 1/4 Stunde am Steigrohr im Wasserbade unter öfterem Umschwenken verseift. Darauf läßt man erkalten, gibt 20 ccm leicht siedenden Petroläther hinzu und schüttelt kräftig durch. Die klare Petrolätherlösung wird abgetrennt, die Eugenolnatriumlösung in einen Schüttelzylinder übergeführt und das Volumen der Lösung mit 5%iger Natronlauge auf 30 ccm ergänzt. Von der vollkommen blanken Lösung werden 15 ccm in einen zweiten Schüttelzylinder gebracht, 5 ccm 25%ige Schwefelsäure, 6 g Kochsalz und 20 ccm Pentan zugegeben und die Mischung anhaltend geschüttelt. Sobald sich die wäßrige und die Pentanlösung voneinander getrennt haben, und beide Flüssigkeitsschichten vollkommen blank sind, pipettiert man von der Pentanlösung einen aliquoten Teil (15 ccm) in ein MANNsches Wägekölbchen und verdunstet in der von REICH angegebenen Weise (vgl. Bd. II).

R. REICH fand für die einzelnen Nelkensorten, Nelkenstiele und Mutternelken:

[1] L. ROSENTHALER: Pharm. Zentralh. 1908, **49**, 647.
[2] R. REICH: Z. 1909, **18**, 401.

Bestandteile	Amboina-nelken %	Zanzibar-nelken %	Handelsnelken (reine) %	Nelkenstiele %	Mutternelken (Anthophylli) %
Ätherisches Öl . . .	21,3—22,1	18,4—20,1	17,0—19,3	5,8—6,7	2,2—9,2
Eugenol	17,0—17,6	15,4—16,6	15,5—16,3	5,4—5,7	1,9—7,9

Die ätherischen Nelkenöle enthielten demnach 79—86% Eugenol.

Nach dem Deutschen Arzneibuch, 6. Ausgabe, verfährt man folgendermaßen:

5 ccm Nelkenöl werden im Cassia-Kölbchen (dies ist ein Standkölbchen von 100 ccm Inhalt mit etwa 16 cm langem und 0,8 cm weitem, in $^1/_{10}$ ccm eingeteiltem Hals) mit 70 ccm verdünnter Natronlauge (1 + 4) versetzt und unter häufigem, kräftigem Umschütteln $^1/_4$ Stunde lang im siedenden Wasserbad erwärmt. Durch Zugabe von kalt gesättigter Natriumchloridlösung treibt man dann das nicht gebundene Öl in den Hals des Kölbchens, sorgt durch leichtes Beklopfen und Drehen des Kölbchens, daß die an der Glaswand anhaftenden Öltröpfchen an die Oberfläche kommen, und läßt so lange stehen, bis sich das Öl von der wäßrigen Flüssigkeit vollkommen getrennt hat. Die Menge des nicht gebundenen Öles darf nach dem Erkalten nicht mehr als 1 ccm und nicht weniger als 0,2 ccm betragen, was einem Gehalte von 80—96 Vol.-% Eugenol, einschließlich Aceteugenol, entspricht.

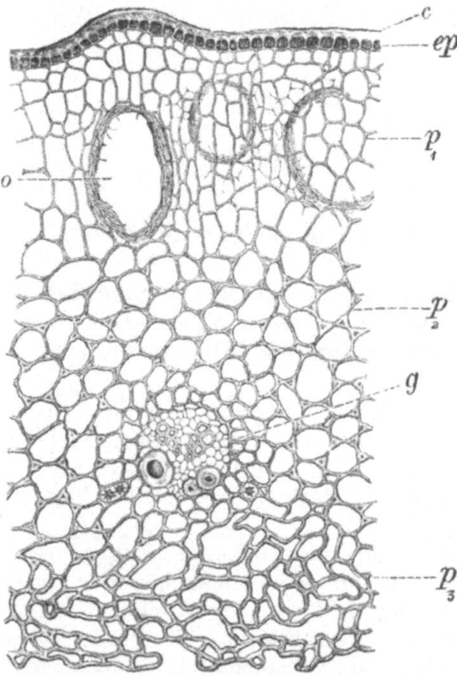

Abb. 57. Unterkelch der Gewürznelke im Querschnitt (J. MOELLER). *ep* Oberhaut mit der Cuticula *c*, p_1, p_2, p_3 die drei verschiedenen, allmählich ineinandergehenden Parenchymschichten, *O* Ölräume, teilweise von Parenchym bedeckt, *g* Gefäßbündel, in dem die Querschnitte der engen Spiroiden und der derbwandigen Bastfasern zu erkennen sind.

b) Bestimmung des Gerbstoffes. Für die Wertbestimmung der Gewürznelken hat die Ermittlung des Gerbstoffgehaltes nur untergeordnete Bedeutung. Man kann sie nach dem Indigoverfahren ausführen (vgl. Bd. VII unter Wein).

c) Nachweis künstlicher Färbung. Zum Nachweis von Teerfarbstoffen entölt man die Nelken zunächst mit Petroläther oder Äther und färbt dann in der üblichen Weise aus. Zum Auffärben verwendete Pflanzenpulver wie Sandelholz, Kakaoschalen u. dgl., lassen sich durch die mikroskopische Untersuchung feststellen.

II. Mikroskopische Untersuchung.

Ein Querschnitt durch den unteren stielartigen Teil der Nelke (Unterkelch = Hypanthium), der den Fruchtknoten einschließt, zeigt bei schwacher Vergrößerung einen Kranz großer ovaler Ölräume, die in ein- bis dreifacher Reihe angeordnet sind. Dann folgt nach innen ein Ring von Gefäßbündeln, die einen schwammigen Mittelteil mit einem zentralen Gefäßbündelstrang umschließen. Bei stärkerer Vergrößerung (Abb. 57) erkennt man eine kleinzellige Epidermis mit sehr starker Cuticula. Das Parenchym ist in den äußeren Schichten, in denen die radial gestreckten Ölbehälter liegen, dünnwandig, nach innen zu wird es derbwandig und weist schwach kollenchymatische Verdickungen nebst

Intercellularen auf. Im inneren Teil dieser Zone liegen die im Kreis angeordneten Leitbündel. Innerhalb des Gefäßbündelkreises bildet das Parenchym ein lockeres Schwammgewebe. Die Leitbündel enthalten zarte Ring- und Spiralgefäße und in ihrem äußeren Teil vereinzelte, mäßig stark verdickte Fasern, die die einzigen sklerotischen Elemente der Gewürznelken darstellen. Weiter finden sich in den Leitbündeln, wie man an Längsschnitten (Abb. 58) erkennt, Krystallkammerzellen mit Oxalatdrusen. Auch in der näheren Umgebung der Bündel beobachtet man Oxalatdrusen in kleineren Gruppen. Im übrigen enthält das Parenchym formlose gelbe, in Wasser lösliche Massen, die mit Eisensalzen blauschwarze Fällungen geben (Gerbstoff). Stärke fehlt vollständig.

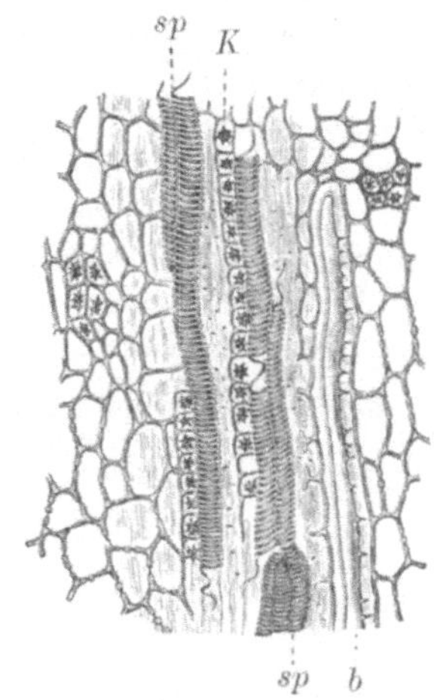

Abb. 58. Längsschnitt durch ein Gefäßbündel der Gewürznelke (J. MOELLER). *sp* Spiroiden, *b* eine relativ weitlichtige Bastfaser, *K* Krystalldrusen, in Kammerfasern und Gruppen.

Bringt man auf die Querschnitte einen Tropfen konz. Kalilauge, so bilden sich aus dem Inhalt der Ölbehälter nach einigen Minuten säulen- bis nadelförmige Krystalle von Eugenolkalium.

An Flächenschnitten des Unterkelches (Abb. 59 *A*) zeigen die Epidermiszellen rundlich polygonale Formen. Spaltöffnungen kommen vereinzelt vor. Dasselbe gilt für die fleischigen Kelchblätter der Gewürznelke, die auch im übrigen den gleichen Bau

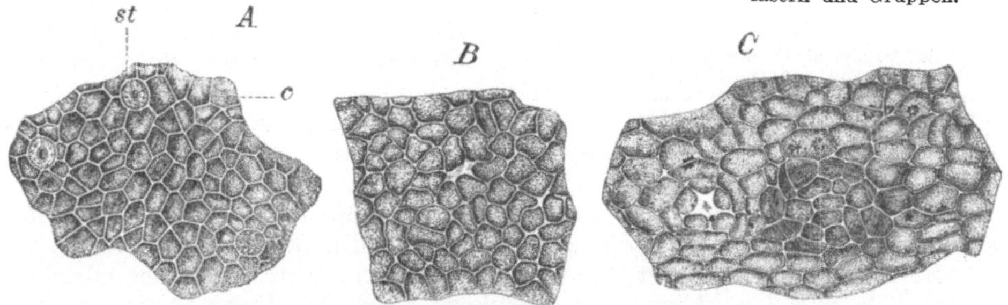

Abb. 59. Epidermen von verschiedenen Teilen der Gewürznelke (J. MOELLER). *A* vom Unterkelch mit dem Cuticularsaum *c* und den Spaltöffnungen *st*, *B* von der Außenseite des Kronblattes, *C* von der Innenseite des Kronenblattes mit durchschimmernden Ölräumen und Krystalldrusen.

wie die Außenschichten des Unterkelches aufweisen. Die Epidermis der Blumenblätter (Abb. 59 *B* und *C*) unterscheidet sich nur verhältnismäßig wenig von der des Kelches. Spaltöffnungen fehlen hier, außerdem sind die Zellen im Umriß zum Teil schwach wellig und auf der Innenseite der Blumenblätter zarter ausgebildet, so daß die unter der Epidermis befindlichen Ölräume und Krystalldrusen durchschimmern. Staubblätter und Griffel sind, wenn auch viel zarter, aus denselben Elementen aufgebaut wie die übrigen Gewebe. Für die Diagnose wichtig sind die in den Antheren befindlichen etwa 15 μ großen Pollenkörner (Abb. 60), die durch ihre für die Myrtaceen charakteristische, gerundet dreieckige Form auffallen und an den abgestutzten Ecken deutlich die Austrittsstellen für den Pollenschlauch erkennen lassen. Bemerkenswert sind auch die fibrösen Zellen der Antherenwand.

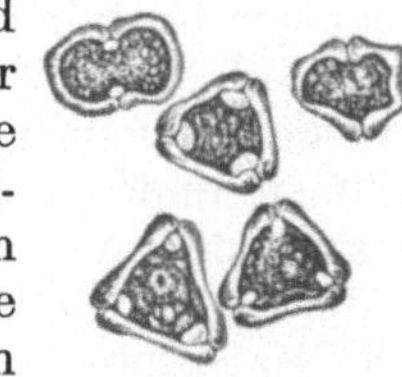

Abb. 60. Pollen der Gewürznelke (J. MOELLER).

Nelkenpulver ist gekennzeichnet vor allen Dingen durch die eigenartigen Pollenkörner. In den durch Chloralhydrat aufgehellten Präparaten beobachtet man weiter Epidermisteilchen mit derbwandigen Zellen und vereinzelten Spaltöffnungen, Trümmer des Schwammparenchyms und des kollenchymatischen Gewebes, dessen Zellen nicht selten Oxalatdrusen enthalten, Leitbündelfragmente mit Krystallkammerzellen und zarten 4—15 μ breiten, meist spiralig verdickten Gefäßen, auch durch fibröse Zellen ausgezeichnete Antherenbruchstücke. Charakteristisch sind außerdem spärliche Fasern, die zum Teil durch ihre Größe auffallen. Stärke fehlt vollständig.

Typische Steinzellen, Netz- oder Treppengefäße, die von Nelkenstielen herrühren (s. diese und Abb. **62** und **63**) dürfen nur ganz vereinzelt vorkommen.

Verfälschungen. Bei entölten oder tauben Nelken ist der Inhaltsstoff der Sekretbehälter stark vermindert oder er fehlt fast vollständig. Die obenerwähnte Eugenolreaktion mit Kalilauge tritt daher nicht ein. Künstliche Nelken erkennt man sogleich am Fehlen eines Zellgewebes und am Zerfallen der Gebilde in warmem Wasser.

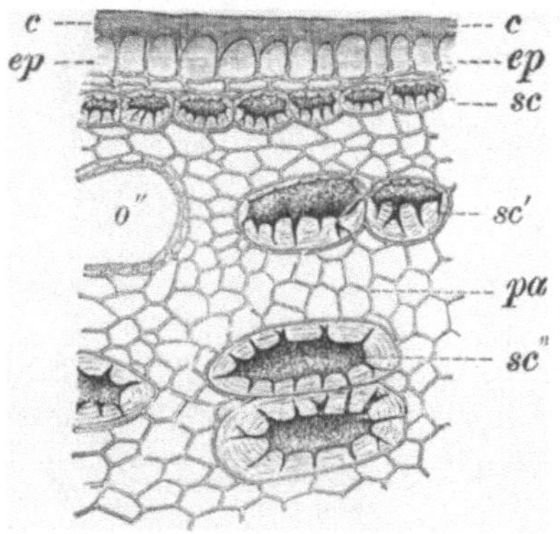

Abb. 61. Querschnitt durch einen Nelkenstiel. *c* Cuticula, *ep* Epidermiszellen, *sc* kleine, einseitig verdickte Steinzellen, *pa* Rindenparenchym, *sc'* größere, einseitig verdickte und *sc''* große, gleichmäßig verdickte Steinzellen, *o''* Ölbehälter. (Nach T. F. HANAUSEK.)

α) Nelkenstiele. Das häufigste Verfälschungsmittel für gemahlene Gewürznelken sind die Nelkenstiele — die bei der Ernte der Nelken abfallenden gliederartigen Achsen des Blütenstandes —, die zum Zwecke der Destillation in den Handel gelangen, weil sie einen nicht unerheblichen Prozentsatz Nelkenöl enthalten. Da sich bei der Ernte nicht vermeiden läßt, daß einige Stiele mit in die Nelken gelangen, sind sie in der Handelsware in geringen Mengen stets vorhanden. Nach den bisherigen Vereinbarungen werden bei uns sogar bis zu 10% Nelkenstiele zugelassen, eine Menge, die reichlich hoch erscheint.

Die Nelkenstiele sind stumpf vierkantig, die jüngsten, unmittelbar an den Blüten sitzenden Glieder gelblich, die übrigen braun. Die Epidermis gleicht jener der Blütenkelche und trägt auch Spaltöffnungen. An Stelle der Oberhaut findet sich zuweilen kleinzelliger Steinkork. Bei den jüngsten Stielgliedern ist der Querschnitt dem der Nelke ähnlich, jedoch befinden sich im Rindengewebe Steinzellen. Bei den älteren und daher dickeren Gliedern ist die Rinde in hohem Grade sklerosiert (Abb. 61). Teilweise findet sich unter der Epidermis eine Schicht kleiner einseitig verdickter Steinzellen. Im Rindenparenchym sind außerdem — zuweilen in Gruppen — gelbe Steinzellen von sehr unregelmäßiger Gestalt (Abb. 62) vorhanden, die bis über 100 μ groß werden und vorwiegend tangential gestreckt sind. Der Bast enthält in seinem äußeren Teil spindelige, häufig knorrige, bis 500 μ lange und 45 μ breite Fasern mit engem Lumen und spärlichen Poren (Abb. 62 *b*). Der Holzkörper (Abb. 63) besteht vorwiegend aus langgliederigen bis 25 μ weiten Netz- oder Treppengefäßen (Abb. 63 und 62 *g*), schwach porösem Parenchym und gefäßartigen Holzzellen. Die Innenseite des Holzzylinders ist wie die Außenseite von Bastfaserbündeln umsäumt. Im Mark finden sich ebenfalls Steinzellen, die oft sternförmig gestaltet sind (Abb. 62 *m*). Im Rinden- und Markparenchym beobachtet man außerdem kleinkörnige Stärke sowie Oxalat in Drusen und Einzelkrystallen.

Von den Pimentstielen (S. 438) unterscheiden sich die Nelkenstiele durch das Vorhandensein von gelben, teils hufeisenförmig, teils gleichmäßig verdickten Steinzellen, netz- und treppenartig verdickten Gefäßen, starken Bastfasern sowie das Fehlen der für Piment charakteristischen Haare.

Im Nelkenpulver sind also für Nelkenstiele kennzeichnend die gelben, verschieden geformten Steinzellen und die Netz- und Treppengefäße. Auch die größeren Bastfasern, Einzelkrystalle und kleinkörnige Stärke deuten auf Stiele hin, sind aber für sich allein nicht beweisend.

β) Auch Mutternelken (S. 451) werden als Verfälschungsmittel des Nelkenpulvers genannt. Sie dürften hierfür jedoch nur dann in Betracht kommen, wenn sie billiger sind als die Nelken, was in der Regel nicht der Fall ist. Sie sind an den knorrigen Bastfasern und an dem stärkereichen Kotyledonargewebe zu erkennen.

γ) Der Nachweis sonstiger Verfälschungsmittel, wie Piment (S. 435), Getreide- und Leguminosenmehle (vgl. Bd. V), Sandelholz (S. 393), Kakaoschalen (S. 239) und verschiedener bereits bei Pfeffer (S. 420 u. f.) erwähnter Stoffe bietet keine erheblichen Schwierigkeiten.

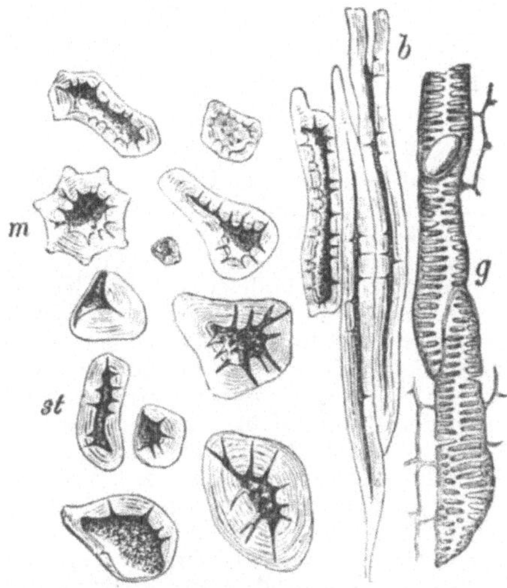

Abb. 62. Gewebselemente der Nelkenstiele (J. MOELLER). *st* Steinzellenformen der Außenrinde, *m* eine sternförmige Steinzelle aus dem Marke, *g* Gefäßröhren, *b* Bastfasern und eine stabförmige Steinzelle aus dem Bastparenchym.

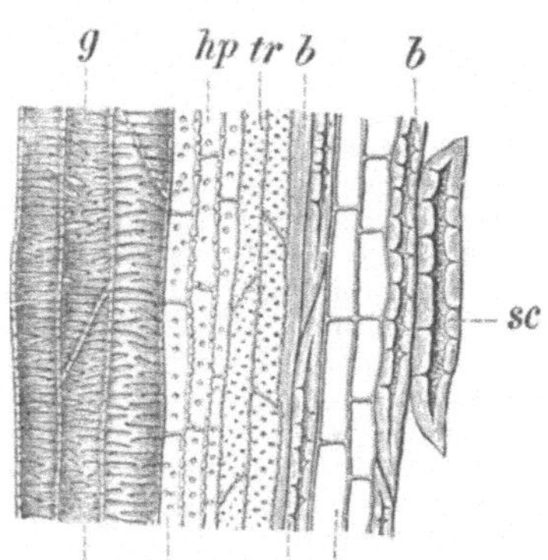

Abb. 63. Gefäßbündel aus einem Gewürznelkenstiel im Längsschnitt. *g* Gefäße, *hp* Holzparenchym, *tr* Tracheiden oder gefäßartige Holzzellen, *b* Bastfasern, *pa* Parenchym, *sc* langgestreckte Steinzelle. (Aus KÖNIG: Chemie, Bd. III/3.)

Anhaltspunkte für die Beurteilung der Gewürznelken.

a) Nach der chemischen Analyse. Der Verein deutscher Lebensmittelchemiker hat folgende Forderungen aufgestellt:

„Gewürznelken (Nelken) sind die nicht vollständig entfalteten (unaufgeblühten), getrockneten Blüten von Eugenia aromatica Baillon (Eugenia caryophyllata THUNBERG, Jambosa Caryophyllus NIEDENZU, Caryophyllus aromaticus L.), zu der Familie der Myrtaceen gehörend.

Ganze Nelken müssen unverletzt, voll sein und aus Unterkelch und Köpfchen bestehen; sie dürfen weder ganz noch teilweise ihres ätherischen Öles beraubt sein, müssen stark nach Eugenol riechen und schmecken und müssen beim Drucke mit dem Fingernagel aus dem Gewebe des Unterkelches leicht ätherisches Öl absondern.

Für den Gehalt an Mineralbestandteilen, an Nelkenstielen und an ätherischem Öl gelten die gleichen Anforderungen wie bei den gemahlenen Nelken.

Gemahlene Nelken müssen braunrot, braun und von kräftigem Geruch und Geschmack sein; ein Zusatz von Nelkenstielen oder von entölten Nelken bei der Herstellung der gemahlenen Ware ist unstatthaft.

Der Gehalt an Nelkenstielen darf 10% nicht übersteigen; der Gehalt an ätherischem Öl muß mindestens 10% betragen.

Als höchste Grenzzahlen für den Gehalt an Mineralbestandteilen (Asche) in der lufttrockenen Ware haben zu gelten 8% und für den in 10%iger Salzsäure unlöslichen Teil der Asche 1%"[1].

Das Deutsche Arzneibuch, 6. Ausgabe, läßt ebenfalls höchstens 8% Asche zu und verlangt außerdem mindestens 16% ätherisches Öl.

Nach dem Österreichischen Lebensmittelbuch, 2. Auflage, darf der Gehalt an Nelkenstielen 7% nicht übersteigen. Der Aschengehalt darf nicht mehr als 8%, der an Sand höchstens 1% betragen. Die Menge des ätherischen Öles sinkt niemals unter 12% und beträgt in der Regel 15—18%.

Im Schweizerischen Lebensmittelbuch (1917) sind als Grenzzahlen angegeben für Wasser 5—15%, für Asche 4,5—8%, für Sand höchstens 1%. Der Gehalt an Stielen darf nicht mehr als 5% betragen. Im Nachtrag (1922) werden außerdem mindestens 14% ätherisches Öl verlangt.

b) Für die Beurteilung von verfälschten Gewürznelken nach der Rechtslage liegen folgende Entscheidungen vor:

Gemahlene Nelken mit Nelkenstielen. Die Untersuchung der Probe gemahlener Nelken ergab eine Beimengung von etwa 50% der fast wertlosen Nelkenstiele, während bei einer Probe ganzer Nelken sich nicht mehr als 5% Nelkenstiele vorfanden.

Nach dem Sachverständigengutachten haben Nelkenstiele nur einen Gehalt von 4—5% ätherisches Öl gegenüber 10—20% der Nelken. Ihr Preis ist etwa halb so hoch wie der der Nelken. Ein Zusatzhöchstgehalt von 10% Abfallware, als welche Nelkenstiele zu erachten sind, unterliegt nur dann keiner Beanstandung, wenn derartige Bestandteile bei der Ernte unabsichtlich unter die Früchte kommen; ganz vermeiden läßt sich dies überhaupt nicht. Dagegen begründet jede, auch die kleinste absichtliche Beimengung minderwertiger Stoffe eine Verfälschung der reinen Ware. Es wird durch den Zusatz nicht normaler Bestandteile der innere Wert des Ganzen herabgedrückt und der Ware ein geringerer Verkaufs- und Gebrauchswert verliehen als jener, den sie zu haben scheint und den das Publikum berechtigterweise erwartet. Eine Herabsetzung des Preises ohne gleichzeitige Kenntlichmachung der minderwertigen Beschaffenheit der Ware durch eine besondere Bezeichnung hat nicht etwa den Erfolg der Aufklärung des Publikums über die Minderwertigkeit der Ware, sondern den der Preisdrückerei gegenüber reeller Handelsware. Verurteilung aus § 10, Anm. 1 u. 2 NMG.

LG. Nürnberg, 17. März 1909.

Gemahlene Nelken mit Kakaoschalen und Nelkenstielen. Die „rein gemahlenen Nelken" enthielten neben reichlichen Mengen Kakaoschalen 15—30% mitvermahlene Nelkenstiele. Unter „rein gemahlenen Nelken" werden im reellen Handel nur solche Mahlungen verstanden, welche aus dem reinen Naturprodukte, wie es aus dem Ursprungslande eingeführt wird, hergestellt sind. Es dürfen also nur die im Rohmaterial den Nelkenblüten teilweise noch anhaftenden Stiele und Blätter mit in dem Gewürzpulver enthalten sein. Ein Zusatz fremder, dem verwendeten Naturprodukt nicht eigentümlicher und zugehöriger Stiele ist unbedingt auszuschließen und muß, falls erfolgt, besonders deklariert werden. Nelkenstiele sind erheblich weniger wert als die Nelkenblüten, ihr Zusatz bedeutet in jedem Falle eine Verschlechterung des rein gemahlenen Gewürzes und dient dazu, ein trotz des gleichen Aussehens diesem gegenüber minderwertiges Mahlprodukt herzustellen. Die Beimengung von Kakaoschalen bewirkt nur eine Gewichtserhöhung, aber nicht zugleich eine entsprechende Wertsvermehrung, bedeutet also eine Verschlechterung der Qualität des Gewürzes.

Mithin sind die als „rein gemahlen" gelieferten Nelken als verfälscht anzusehen. In der Angabe der Gewürze als „rein gemahlen" wurde außerdem die Vorspiegelung einer falschen Tatsache gefunden. Vergehen gegen § 10, Anm. 2 NMG. und § 263 StGB.

LG. Leipzig, 4.—14. Dezember 1905.

Vgl. auch S. 335.

15. Kapern.

Kapern (Kappern) sind die noch geschlossenen, abgewelkten (in Essig oder Salzwasser) eingemachten Blütenknospen des Kapernstrauches Capparis spinosa L. (Capparidaceae), der im Mittelmeergebiet wild vorkommt, aber auch kultiviert wird.

---

[1] Die gleichen Grenzzahlen gibt das Deutsche Nahrungsmittelbuch 1922 an.

„Der Größe nach teilt man die Kapern im allgemeinen in „minores“ und „majores“ ein; die kleinste und geschätzteste Sorte heißt Nonpareilles, die größere Surfines, die größte Capucines und Capot. Die größten italienischen Kapern sind die Capperoni. Nach der Art des Einmachens in Essig und Salz oder in Salz allein unterscheidet man Essig- und Salzkapern“ (Österreichisches Lebensmittelbuch, 2. Ausgabe).

Die pfeffer- bis erbsengroßen Knospen sind schief eiförmig bis gerundet vierseitig, an den Seiten etwas zusammengedrückt, daher im Querschnitt gerundet rhombisch, oft kurz zugespitzt und mit einem kurzen Stielrest versehen. Jede Knospe hat vier ungleiche Kelchblätter, vier zarte Blumenblätter, zahlreiche Staubgefäße und einen langgestielten Fruchtknoten. Die zwei größeren äußeren Kelchblätter sind ziemlich derb, meist spangrün und durch zahlreiche hellere Fleckchen ausgezeichnet, die von auskrystallisiertem Rutin herrühren.

Chemische Zusammensetzung. Die eingelegten Kapern enthalten 86,5 bis 88,5% Wasser und in der Trockenmasse 21,5—30,0% Stickstoffsubstanz, 4,0 bis 4,5% Fett, 9,0 bis 12,0% Rohfaser und 9—10% Asche (bei in Essig eingelegten) und 24,0—25,0% (bei in Salz eingelegten Kapern). HANUŠ und BIEN fanden in der Trockensubstanz der Kapern 4,01% Pentosane.

Als kennzeichnenden chemischen Bestandteil enthalten die Kapern das Flavonglucosid RUTIN (etwa 0,5%) das beim Kochen mit verdünnter Säure in Quercetin, Rhamnose und Glucose zerfällt.

Verfälschungen und Ersatzmittel. Kapern werden nicht selten mit Kupfer aufgefärbt, was nur bis zu einem gewissen Grade zulässig erscheint (vgl. unten). Als Ersatzmittel bzw. zur Verfälschung dienen angeblich:

a) Die unreifen Früchte des Kapernstrauches (Cornichons de Caprier). Es sind längliche, vielsamige Beeren, die von den Kapern leicht zu unterscheiden sind.

b) Die Blütenknospen des Besenginsters (Spartium Scoparium L., Papilionaceae), auch deutsche, Ginster- oder Geißkapern genannt. Sie sind länglich und besitzen einen zweilippigen Kelch, 5 ungleiche Blumenblätter und 10 mit den Filamenten in eine Röhre verwachsene Staubgefäße, sowie einen zottigen, unter der Narbe keulig verdickten, kreisförmig eingerollten Griffel.

c) Blütenknospen der Kapuzinerkresse (Tropaeolum majus L., Tropäolaceae). Sie haben einen angenehmen, kressen- oder senfartig scharfen Geschmack, sind kugelig dreiseitig und bestehen aus einem fünfteiligen Kelch mit eilanzettförmigen Zipfeln, von denen der oberste in einen langen Sporn übergeht, 5 Blumenblättern, 8 freien Staubgefäßen und einem dreilappigen Fruchtknoten.

In gleicher Weise finden auch die unreifen Früchte der Kapuzinerkresse Verwendung, die sich aus je 3 einsamigen Schließfrüchten zusammensetzen und ebenso wie die Knospen schwach senfartig schmecken.

d) Knospen der Dotterblume (Caltha palustris L., Ranunculaceae). Sie sind leicht kenntlich an den 5 eirunden Perigonblättern, zahlreichen freien Staubgefäßen, sowie an den 5—10 lineallänglichen, zusammengedrückten, vom kurzen Griffel schief gespitzten Fruchtknoten. Das Österreichische Lebensmittelbuch bezeichnet dieses Kapernsurrogat gesundheitlich nicht als unbedenklich.

e) Die unreifen Früchte einer Wolfsmilchart (Euphorbia lathyris L., Euphorbiaceae). Sie sind kahl, 7—8 mm lang, dreifächerig, und enthalten je einen Samen. Sie gelten als giftig.

Chemische Untersuchung. Die Prüfung auf Teerfarbstoff erfolgt durch Ausfärben in der üblichen Weise.

Der Nachweis von Kupfer und die Bestimmung der Menge erfolgt am besten wie bei den Gemüsekonserven (vgl. Bd. II), indem man eine ausreichende Menge (40—50 g) in einer Porzellanschale trocknet und verascht, die Asche in Salzsäure löst, das Kupfer als Schwefelkupfer fällt und wägt. Die Bestimmung kann auch auf elektrolytischem oder colorimetrischem Wege erfolgen.

Mikroskopische Untersuchung. Die Oberhaut der Kelchblätter ist großzellig und mit streifiger Cuticula versehen (Abb. 64). Im Mesophyll finden sich Zellgruppen mit Haufen gelber Krystallnadeln, eingebettet in eine gelbbraune formlose Masse, die sich in Lauge mit gelber Farbe löst (Rutin). Die Epidermis der Blumenblätter ist kleinzelliger und trägt zahlreiche, fast kreisrunde Spaltöffnungen. Am Rande der Blumenblätter und auf ihrer Innenseite finden sich eigentümliche einzellige, keulenförmige, meist mehrfach eingeschnürte Haare

Abb. 64. Oberhaut des Kapernkelches (J. Moeller).

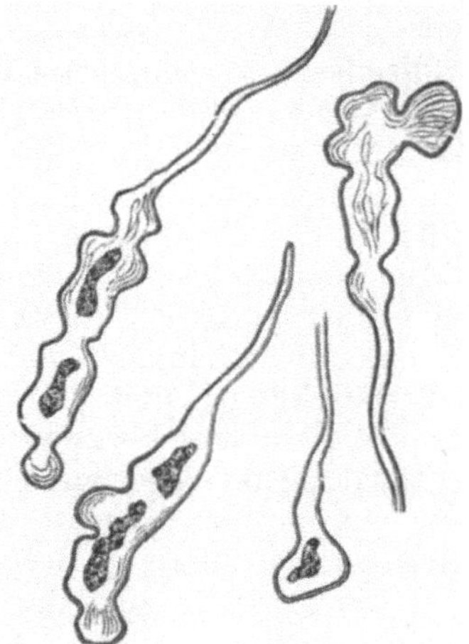

Abb. 65. Kapernhaare (J. Moeller).

(Abb. 65), die für die Kapern kennzeichnend sind. Auch in den Blumenblättern finden sich Rutinkryställchen.

Anhaltspunkte für die Beurteilung. Während in Deutschland und der Schweiz bisher keine Grundsätze für die Beurteilung der Kapern aufgestellt sind, heißt es im Österreichischen Lebensmittelbuch, 2. Ausgabe, 1931:

„Gute Kapern sind grün, noch vollständig geschlossen und rund, nicht zerdrückt oder teilweise offen; alte verdorbene Kapern dagegen weich und nicht selten bräunlich schwarz gefärbt; diese geben beim Zerdrücken häufig eine schwärzliche körnige Masse. Die Kapern enthalten etwa 0,5% Rutinsäure (Rutin). In der Trockensubstanz der eingemachten Ware findet man bis zu 30% Rohprotein und 5% Fett.“

Auffällig grün gefärbte Kapern erwecken den Verdacht eines Zusatzes von Kupfersulfat; dieser muß wie bei Gemüse (vgl. Bd. V) beurteilt werden.

Das Österreichische Lebensmittelbuch, 2. Ausgabe, bezeichnet Kapern als gesundheitsschädlich, die mehr als 55 mg Kupfer in 1 kg oder Knospen der Dotterblume oder unreife Wolfsmilchfrüchte beigemengt enthalten.

16. Zimtblüten.

Zimt- oder Cassiablüten (Flores Cassiae), die aus China in den Handel kommen, sind die nach dem Verblühen gesammelten und getrockneten Blüten des Zimtbaumes Cinnamomum Cassia (Nees) Bl. (Lauraceae).

„Sie sind keulen- oder kreisförmige, holzige, schwarz- oder graubraune, grobrunzelige Körper von 6—12 mm Länge und am Scheitel von 3—4 mm Breite. Meistens ist an den Blüten noch das kurze Stielchen vorhanden. Jedes Stück besteht aus einer Blütenachse (Unterkelch), die oben mit sechs seicht ausgerandeten, einwärts gewölbten Lappen einen linsenförmigen, hellbraunen, mitunter glänzenden, von dem Griffelüberrest kurz genabelten einfächerigen Fruchtknoten derart einschließt, daß nur eine kleine kreisförmige Fläche des letzteren unbedeckt bleibt." (Österreichisches Lebensmittelbuch, 2. Ausgabe).

Die Zimtblüten haben nur einen schwachen, aber angenehmen Zimtgeruch und Zimtgeschmack und finden nur selten als Kuchengewürz Verwendung, häufiger zu Destillationszwecken. Da sie teurer sind als Zimtrinde, können sie nur im extrahierten Zustand zur Fälschung des Zimtpulvers dienen.

W. SUTTHOFF fand für eine Probe Zimtblüte (Flores cassiae) folgende Zusammensetzung:

Wasser %	Stickstoffsubstanz %	Ätherisches Öl %	Fettes Öl %	Direkt reduzierender Zucker %	Stärke (in Zucker überführbar) %	Pentosane %	Rohfaser %	Asche %	Sand %
9,78	6,75	1,50	4,25	2,30	5,42	9,08	29,52	4,33	0,13

HANUŠ und BIEN fanden in der Trockensubstanz 6,15% Pentosane.

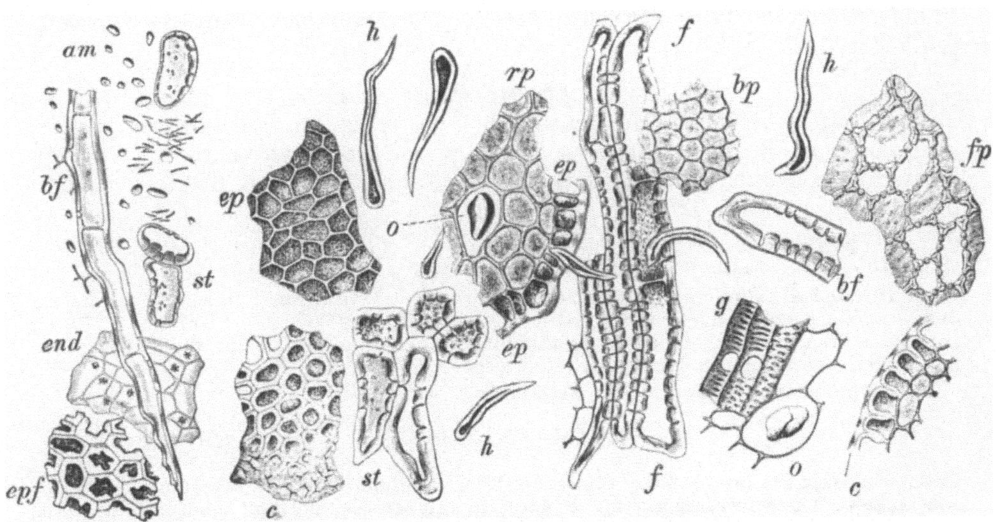

Abb. 66. Elemente der Zimtblüte (J. MOELLER).
ep Oberhaut des Perigons, *h* Haare, *st* Steinzellen, *f* Stabzellen, *bf* Bastfasern, *rp* Rindenparenchym, *bp* Bastparenchym, *g* Gefäße, *o* Ölzellen, *end* Endothel, *am* Stärke, *epf* Oberhaut der Frucht, rechts im Durchschnitt, links in der Flächenansicht mit der Cuticula *c*, *fp* Steinparenchym des Fruchtfleisches.

Mikroskopische Untersuchung. Perigon und Stiel sind von einer kleinzelligen, an die der Gewürznelken erinnernden Oberhaut bedeckt, die jedoch einzellige, häufig etwas gekrümmte, stark verdickte und nur am Grunde mit einem Lumen versehene Härchen trägt, die selten über 120 μ lang sind. Das Parenchym enthält reichlich Ölzellen.

Die im Stiel und Unterkelch vorhandenen weitlumigen Bastfasern haben den Charakter von Stabzellen und sind oft gefächert. Die Leitbündel enthalten etwa 15 μ weite, meist leiter- oder netzförmig verdickte Gefäße. Im Parenchym finden sich kleine, rundliche bis spindelförmige Stärkekörner und winzige Oxalatnädelchen.

Die Oberhaut des Fruchtknotens bzw. der unreifen Frucht ist stark cuticularisiert und fällt durch die ungleichmäßige Verdickung der Zellwände auf. Das darunterliegende Parenchym ist zum Teil sklerosiert. Das Endokarp enthält kleine Oxalatdrusen.

Auch in Pulverform sind die Zimtblüten leicht zu erkennen. Charakteristisch sind zunächst die ziemlich reichlich vorhandenen einzelligen Härchen (Abb. 66 *h*), weiter die ebenfalls reichlich vorkommenden, durch weites Lumen ausgezeichneten Bastfasern (*f* und *bf*), die von denen der Zimtrinde völlig verschieden sind, indem sie einerseits oft stabförmig ausgebildet, andererseits häufig gefächert sind. Der Zimt hat auch kein Gewebe, das der Epidermis der Zimtblüten ähnlich wäre. Diese ist an der Frucht am schärfsten ausgeprägt (*epf*) und dort durch starre helle Zellwände ausgezeichnet. Während die im Stiel und Perigon vorkommenden Steinzellen von denen des Zimts kaum zu unterscheiden sind, ist das Steinparenchym der Fruchtwand (*fp*) nur den Zimtblüten eigentümlich.

Der Aschengehalt der Zimtblüten soll nach J. Möller höchstens 4,5% betragen.

E. Früchte.

Hierher gehören die beerenartigen Früchte: Pfeffer, langer Pfeffer, Piment, Paprika, Mutternelken, Wacholderbeeren; die Kapselfrüchte: Kardamomen, Vanille, Sternanis; die Spaltfrüchte: Anis, Fenchel, Kümmel, Römischer Kümmel, Coriander, Sellerie.

17. Pfeffer.

Man unterscheidet im Handel zwischen schwarzem und weißem Pfeffer; beide sind die Beerenfrucht derselben Pflanze (Piper nigrum L., Piperaceae), eines in den Wäldern der Malabarküste Indiens heimischen Kletterstrauches, der in den meisten Tropengebieten angebaut wird (er wird gewöhnlich an Stangen gezogen, wie bei uns der Hopfen). Die zu 20—30 Stück an einer Ähre sitzenden beerenartigen Früchte sind bei der Reife rotbraun bis gelbbraun.

Der Geruch des Pfeffers wird durch das ätherische Öl verursacht, in dem l-Phellandren und Sesquiterpene nachgewiesen wurden. Der scharfe Geschmack ist auf das Piperin zurückzuführen, wahrscheinlich in Verbindung mit den gleichfalls in den Sekretzellen des Pfeffers vorhandenen harzigen Stoffen (vgl. S. 417).

Piperin ist das Piperidid der Piperinsäure

$$CH_2\langle\begin{matrix}O\\O\end{matrix}\rangle C_6H_3-CH=CH-CH=CH-CON\langle\begin{matrix}CH_2-CH_2\\CH_2-CH_2\end{matrix}\rangle CH_2.$$

Es krystallisiert bei älterer Ware öfters aus, auch veranlaßt es die Rotfärbung des Sekretzelleninhaltes mit Schwefelsäure (vgl. S. 418). Piperin löst sich bei gewöhnlicher Temperatur in 30 Teilen Weingeist, in 60—100 Teilen Äther, in Wasser nur wenig. Schmp. 128—129°. Ob im Pfeffer neben Piperin auch Chavicin, das Piperidid der Chavicinsäure vorhanden ist, ist noch zweifelhaft. Das nach Johnstone in kleinen Mengen vorhandene Piperidin ist nach Kasper im Pfeffer ursprünglich nicht enthalten, dagegen wurde von A. u. R. Pictet [1] als flüssige Base 0,01% Methylpyrrolin nachgewiesen.

Der schwarze Pfeffer ist die unreife (bzw. vor der völligen Reife gesammelte), noch grüne, an der Sonne oder über Feuer getrocknete, durch Schrumpfung gerunzelte Frucht.

Der weiße Pfeffer ist nach früherem Gebrauch die reife, nach einem zwei- bis dreitägigen Fermentationsvorgang von der äußeren Fruchtschale befreite und getrocknete Frucht.

Neuerdings wird aber Weißpfeffer auch aus dem schwarzen Pfeffer dadurch hergestellt, daß man letzteren entweder in Meer- oder Kalkwasser aufweicht und die Schalen mit den Händen abreibt oder auch durch besondere Schälmaschinen entfernt.

Das Pfefferpulver wird in der Weise gewonnen, daß man den schwarzen wie weißen Pfeffer, ähnlich wie Getreidekörner, erst zu Grobschrot bzw. Kern-

[1] A. u. R. Pictet: Z. 1931, 62, 539.

schrot und dieses weiter zu Mehl verarbeitet. Aus dem Kernschrot des schwarzen Pfeffers wird hierbei auch Weißpfefferpulver hergestellt.

Der ganze schwarze Pfeffer hat eine grauschwarze bis braunschwarze Farbe und eine je nach der Reife mehr oder weniger runzelige Oberfläche; die Runzeln entstehen durch das Eintrocknen des Fruchtfleisches. Die stark runzligen (weniger reifen) und grauschwarz aussehenden Früchte sind leichter im Gewicht, lassen sich leichter zerreiben und enthalten mehr Schalen als die weniger stark gerunzelten (mehr reifen), dunkelbraun gefärbten Früchte.

Die Oberfläche des weißen Pfeffers ist dagegen infolge des Reifezustandes und der Zubereitung glatt, grau- bis gelbweiß und durch die zutage tretenden Gefäßbündel schwach gestreift. Die Qualität der Pfeffersorten ist je nach dem Gewinnungsort sehr verschieden; im allgemeinen gelten die schwersten Sorten für die besten, wie Malabar- und Mangalorepfeffer; Penang- und Saigonpfeffer enthalten viel taube Körner, sind daher leichter und minderwertiger.

Die am meisten im Handel erscheinenden Sorten von schwarzem Pfeffer sind: Tellichery, Malabar, Java, Singapore, Saigon, Aleppy, Batavia (Lampong), Penang, Mangalore; von weißem Pfeffer: Muntok, Singapore, Penang, Java, Siam. Der Penangpfeffer ist häufig gekalkt oder getont und enthält bis 20% schwarzen Pfeffer beigemengt.

Die Verschiedenheit der äußeren Beschaffenheit des schwarzen Pfeffers ist aus der folgenden Tabelle ersichtlich, die insbesondere das 100 Korngewicht nach den Befunden von F. Härtel und R. Will[1] sowie von C. Hartwich[2] enthält:

Pfeffersorte, schwarze	Äußere Beschaffenheit	Kleine und taube Körner in 100	Schalen	Spindeln und Stielchen	Gewicht von 100 Korn
Tellichery	dunkelbraun, Schale fest am Perisperm	wenige	etwa 1,0%	sehr wenige	4,85 g (Härtel u. Will) 4,22 g (Hartwich)
Singapore	desgl.	selten (7—10 Stück)	selten	etwa 2%	4,10—4,56 g (Härtel u. Will)
Aleppy	schwarz und hellbraun	etwa 2 Gew.-%	2—3%	—	3,76 g (Härtel u. Will) 3,82 g (Hartwich)
Trang	hell- bis dunkelbraun, starke Schale	10—15%	etwa 3%	wenige	—
Lienburg	braun bis schwarz	taube = 0; 15—20% aufgeplatzte Körner	viel	—	—
Lampong	bräunlich bis schwarz	3—19 Stück taube, 5—15% hohle Körner	desgl.	wenige	3,2—3,54 g (Härtel u. Will)
Sumatra-Westküste	dunkelbraun bis schwarz	viele hohle Körner	3—5%	1—2%	—
Saigon	—	16 Stück taube	—	—	3,07 g (Härtel u. Will)
Acheen (Java-, Penang-, Atjeh-)	dunkelbraun	22—37 Stück taube, 3% kleine, 10—15% große hohle	viel	3—5%	2,05—2,97 g (Härtel u. Will)

[1] F. Härtel u. R. Will: Z. 1907, 14, 569. [2] C. Hartwich: Z. 1906, 12, 524.

Der weiße Pfeffer, der übrigens 3—6% schwarzen Pfeffer zu enthalten pflegt, ist naturgemäß schwerer als schwarzer; Härtel und Will fanden das Gewicht von 100 Körnern bei weißem Pfeffer zu 4,64—5,27 g; Hartwich suchte Körner von je 5 mm Durchmesser aus und fand das 100-Korngewicht gleich großen schwarzen Pfeffers zu durchschnittlich 3,9049 g (2,870—4,705 g), das der weißen Pfeffersorten durchschnittlich 4,6838 g (3,340 bis 5,323 g); das Gewicht von 100 Stück tauben Körnern schwankt zwischen 1,00—1,66 g.

Ebenso wie die äußere Beschaffenheit ist auch die chemische Zusammensetzung der Pfeffersorten großen Schwankungen unterworfen, wie aus folgenden Zahlen hervorgeht:

Bestandteile	Schwarzer Pfeffer			Weißer Pfeffer			Taube Körner		Pfefferschalen	
	Niedrigstgehalt %	Höchstgehalt %	Mittel %	Niedrigstgehalt %	Höchstgehalt %	Mittel %	Niedrigstgehalt %	Höchstgehalt %	Niedrigstgehalt %	Höchstgehalt %
Wasser	8,0	15,7	12,5	9,5	17,3	13,50	12,0	13,0	9,0	11,5
Stickstoffsubstanz	6,6	15,8	12,8	5,6	14,4	11,9	—	—	13,0	14,5
Ätherauszug	6,0	10,5	9,1	5,0	9,0	8,0	—	—	3,0	4,4
Ätherisches Öl [1]	1,2	3,6	2,25	1,0	2,4	1,5	1,6	2,1	0,8	1,0
Piperin [1]	4,6	9,7	7,5	4,8	10,0	7,8	4,3	6,7	wenig	4,7
Harz	0,3	2,1	1,05	0,2	1,0	0,35	0,94	0,96	1,19	1,28
Alkoholextrakt	6,4	16,6	10,3	5,6	12,6	9,1	—	—	6,3	10,2
Stärke (Glncosewert)	30,0	47,8	36,5	50,0	62,0	56,8	4,4	5,6	11,5	23,6
Pentosane [2]	4,0	6,5	5,0	1,2	1,8	1,5	—	—	8,5	11,3
Bleizahl in der Trockensubstanz	0,04	0,08	0,06	0,02	0,03	—	—	—	0,124	0,157
Rohfaser	8,7	17,5	14,0	3,5	7,8	4,4	30,4	32,6	24,0	48,0
Asche	3,0	7,4	5,15	1,5	6,0	1,9	7,4	8,5	6,8	51,4
Sand	0,1	2,0	0,52	wenig	1,0	0,2	0,7	1,4	0,5	41,7

Die Alkalität der Asche des schwarzen Pfeffers (für 1 g Asche Kubikzentimeter N.-Säure) schwankt nach Lührig und Thamm (bei 9 Sorten), wie folgt:

Gesamtasche	Wasserlösliche Asche	Wasserunlösliche Asche
9,6—11,3 ccm	6,4—9,1 ccm	12,2—16,3 ccm

H. Sprinkmeyer und A. Fürstenberg[3] untersuchten je 13 Proben selbstgemahlenen schwarzen und weißen Pfeffer in derselben Weise mit folgendem Ergebnis:

Pfeffer	Wasser	Asche	Sand	Alkalität der Asche (je 1 g Asche erfordert ccm N.-Säure)					
				Gesamtasche		Wasserlösliche Asche		Wasserunlösliche Asche	
	%	%	%	ccm	Mittel ccm	ccm	Mittel ccm	ccm	Mittel ccm
Schwarzer	13,22	4,68	0,38	9,0—12,4	11,1	8,5—11,0	9,5	12,1—15,2	13,2
Weißer	14,79	1,59	0,08	5,3—15,4	9,4	4,8—18,2	10,2	5,0—14,8	9,2

[1] Die Güte eines Pfeffers hängt nicht von dem Gehalt an Piperin und ätherischem Öl ab; so enthielt z. B. nach J. König

sehr guter Tellichery 6,62% Piperin und 2,00% ätherisches Öl, dagegen
minderwertiger Penang 9,78% Piperin und 3,18% ätherisches Öl.

Maßgebender für Güte ist hohes Körnergewicht und niedriger Gehalt an tauben Körnern.

[2] Ch. Arragon (**Z.** 1917, **33**, 271) fand wesentlich höhere Werte, nämlich bei schwarzem Pfeffer 7,8—9,1%, bei weißem Pfeffer 3,4—3,9% Pentosane.

[3] H. Sprinkmeyer u. A. Fürstenberg: **Z.** 1906, **12**, 652.

Th. v. Fellenberg fand im schwarzen Pfeffer einen Pektingehalt von 0,12 bis 2,42%, im weißen Pfeffer einen solchen von 0,26—1,93%.

Die Verunreinigungen und Verfälschungen sind gerade bei Pfeffer als dem meistverbreiteten Gewürz sehr mannigfach; beobachtet wurden folgende:

a) Bei ganzem Pfeffer. Beimengen von tauben Körnern (Pfefferköpfen); Färben von schwarzem Pfeffer mit Ruß; Überziehen mit Kreide oder Ton zur Vortäuschung von weißem Pfeffer; H. Kreis[1] z. B. fand einen geringwertigen Penangpfeffer, der mit kohlensaurem Kalk überzogen war, um ihm das Aussehen von gutem Singaporepfeffer zu geben; B. Fischer und Grünhagen[2], ebenso J. Heckmann[3] beobachteten als Überzug bei schwarzem Pfeffer Ton bzw. Schwerspat, E. Dinslage[4] Ton mit 7,5% Kalk; N. Petkow[5] 16,9% Dextrin und 14,4% Ton. G. E. Hanausek gibt für diesen Zweck ein weißes Pulver an, das aus Gummi, Stärke, Gips und Bleiweiß bestand. Der Kunstpfeffer wird durch Formen und Rösten von Mehlteig sowie entsprechendes Färben (z. B. mit Frankfurter Schwarz, Umbra oder mit Ruß) hergestellt. A. Bertschinger[6] sowie Rimbi[7] stellten Kunstpfeffer fest, bestehend aus Weizenmehl, Oliventrestern und etwas Paprikapulver bzw. Pfefferabfall, durch Dextrin zusammengehalten und mit Kohlepulver gefärbt.

Auch fremde Früchte aus der Familie der Piperaceen und anderen Familien werden untergeschoben.

A. Mennechet[8] beobachtete im schwarzen Pfeffer die Früchte von Myrsine africana L. und Embelia ribes Burm., Fleury[9] die Samen von Wicken, Bussard und Andouard[10] die Samen von Ervum ervilia L.

A. Barille[11] untersuchte einen neuen Pfeffer (Piper Famechonii Hackel), eiförmige cubebenartige Beeren, bzw. ein rotbraunes Pulver, das einen starken (aber angenehmen) Geruch und einen scharfen, aromatisch brennenden Geschmack besaß. Der Pfeffer enthielt:

Wasser %	Stickstoffsubstanz %	Ätherisches Öl %	Piperin %	Glucose %	Saccharose %	Stärke %	Rohfaser %	Asche %	Alkoholisches Extrakt %
14,60	12,20	4,47	3,65	5,20	1,66	38,00	10,0	4,55	19,25

C. Hartwich[12] stellte im schwarzen Pfeffer von Aleppy und Tellichery eine völlig ähnliche Piperaceenfrucht — am meisten ähnlich den Früchten von Piper arborescens — fest, ferner eine Verunreinigung mit den Samen einer Abart von Phaseolus radiatus L.

Brunner[13] beobachtete „schwarzen Pfeffer", der aus gemahlenen falschen Cubeben bestand (ohne Steinzellen im Perikarp). Ein chinesischer Pfeffer bestand aus den getrockneten Früchten von Xanthoxylon Bungei.

Als Pfefferersatz werden auch die Früchte von Schinus molle genannt. Bezeichnet waren diese nach C. Brunner[13] in einem Fall als Pimiento.

b) Bei gemahlenem Pfeffer. α) Pfefferschalen, die bei der Herstellung von Weißpfeffer aus schwarzem Pfeffer abfallen, weiter Schalen, Spindeln und

[1] H. Kreis: Z. 1903, **6**, 463. [2] B. Fischer u. Grünhagen: Z. 1901, **4**, 782.
[3] J. Heckmann: Z. 1902, **5**, 302. [4] E. Dinslage: Z. 1913, **26**, 200.
[5] N. Petkow: Z. 1915, **30**, 340. [6] A. Bertschinger: Z. 1901, **4**, 782.
[7] Rimbi: Z. 1904, **7**, 51. [8] A. Mennechet: Z. 1902, **5**, 371.
[9] Fleury: Z. 1910, **19**, 758. [10] Bussard u. Andouard: Z. 1913, **25**, 415.
[11] A. Barille: Z. 1904, **7**, 50. [12] C. Hartwich: Z. 1906, **12**, 527.
[13] Brunner: Jahresbericht des Instituts für angewandte Botanik Hamburg für 1928 und 1930.

Stiele (sog. Pfefferstaub), d. h. Abfälle, die durch Absieben der Importware erhalten werden;

β) verschiedenartige Mehle und gewerbliche Abfälle, z. B. Getreidemehle, Leguminosenmehle, Kartoffelmehl, Ölkuchenmehle bzw. Rückstände der Ölfabrikation, insbesondere Olivenkerne oder -trester, Palmkerne, Cocoskuchen, gemahlene Steinschalen von Mandel und Nüssen, Kakaoschalen, Steinnußmehl, Holz und anderes.

So fand A. RAU[1] z. B. in gemahlenem Pfeffer Hirsekleie, Wacholderbeeren, Mais und Mohnkuchen; V. PARLINI[2] Weinbeerkerne; F. NETOLITZKY[3] die gemahlenen Blätter vom Sumach (Cotinus Coggygria Scop. und Rhus Coriaria L.) neben Blättern und Stengeln von Gräsern, Eiche, Malve, Rosmarin; C. BRUNNER[4] gemahlene Erbsenschalen.

Die Pfeffermatta (vgl. S. 428) wurde vorwiegend aus Hirsekleie (bzw. Getreidemehlen) hergestellt.

Kunstpfeffer Otito, der in der Kriegszeit hergestellt wurde, war Steinnußmehl oder Spelzspreumehl mit synthetischem Piperidid (Dihydrocinnamylacrylpiperidid) versetzt und mit etwas Pfeffer aromatisiert. Pfefferex bestand nach J. HOCKAUF[5] aus Buchweizenmehl und Paprika.

I. Chemische Untersuchung.

Die Bestimmungen von Wasser, Stickstoff-Substanz, Äther- und Alkoholauszug, ätherischem Öl, Pentosanen, Asche und Sand sowie Alkalität der Asche werden nach den allgemein üblichen Verfahren ausgeführt. Die für die Beurteilung besonders wichtige Rohfaserbestimmung wird am besten nach dem WEENDER-Verfahren in der nachstehend mitgeteilten von SPAETH angegebenen Weise ausgeführt. Weiter kommen für Pfeffer noch einige besondere Bestimmungen in Betracht, die anschließend aufgeführt sind.

a) Bestimmung der Rohfaser. 3 g der feingepulverten, durch ein Sieb von 0,5 mm gesiebten Pfefferprobe werden in ein ERLENMEYER-Kölbchen gebracht, mit 50 ccm Alkohol und mit 25 ccm Äther versetzt und am Rückflußkühler im Wasserbade 1 Stunde lang ausgezogen. Nach dieser Zeit wird die Alkoholätherlösung vorsichtig von dem abgesetzten Pulver durch ein Asbestfilter — auf einer in einem Trichter mittlerer Größe befindlichen kleinen WITTschen Platte, am besten auf der Einlage im GOOCHschen Tiegel, wird eine dünne Schicht von mit Wasser angeschlämmtem, vorher gut und zweckentsprechend gereinigtem und ausgeglühtem Asbest gebracht, diese Asbestschicht mit der Saugpumpe angesaugt und mit Alkohol gewaschen — abgegossen, der Rückstand noch einige Male mit Alkoholäther nachgespült und abfiltriert. Das Asbestfilterchen bringt man in eine mit Stiel versehene Porzellanschale, sog. Rohfaserschale, bei der das Niveau von 200 ccm Flüssigkeit durch eine eingebrannte oder eingeätzte Marke angebracht ist, spült darauf das entölte Gewürzpulver mit einem Teil der 200 ccm der 1,25%igen Schwefelsäure aus dem ERLENMEYER-Kölbchen ebenfalls in die Schale und gießt den Rest der Schwefelsäurelösung durch den Trichter, um noch daran haftende Teilchen in die Schale zu bringen. Man kocht den Inhalt der Schale unter Ersatz des verdampfenden Wassers genau $^1/_2$ Stunde lang — man kann das Erhitzen auch in einem ERLENMEYER-Kolben am Rückflußkühler vornehmen — und filtriert durch das Asbestfilterchen. Vor dem Filtrieren der Säurelösung und später der Laugenlösung durch die Asbestfilterchen auf der WITTschen Platte läßt man immer erst absetzen, kocht zweckmäßig den Rückstand in der Schale (oder im Kolben) sowohl nach der Schwefelsäurebehandlung, wie nach der Behandlung mit der Lauge noch $^1/_4$ Stunde lang mit 200 ccm Wasser aus und wäscht tüchtig mit heißem Wasser nach. Das Asbestfilterchen mit den darauf gelangten Teilchen von der Schwefelsäurebehandlung des Gewürzes bringt man in die Schale oder in den Kolben zu dem ausgewaschenen Pulver und spült das Trichterchen mit den 200 ccm der 1,25%igen Lauge ab. Nach halbstündigem Kochen mit der Lauge (unter Ersatz des verdampfenden Wassers beim Kochen in der Schale!), Abfiltrieren auf dem Asbestfilter und Auswaschen, wie erörtert, wäscht man

[1] A. RAU: Z. 1901, 4, 44. [2] V. PARLINI: Z. 1903, 6, 463.
[3] F. NETOLITZKY: Z. 1910, 19, 758.
[4] C. BRUNNER: Jahresbericht des Instituts für angewandte Botanik Hamburg für 1929.
[5] J. HOCKAUF: Z. 1929, 37, 191.

zuletzt noch die mit Hilfe der Spritzflasche auf das Filter gebrachte Rohfaser mit 75 ccm heißem Alkohol und dann mit Äther nach, bringt das Asbestfilterchen in eine Platinschale, wischt etwa am Trichter hängende Teilchen mit etwas gereinigtem Asbest ab, gibt ihn in die Schale und trocknet diese mit Inhalt bei 105—110° 1 Stunde lang. Nach dem Wägen der Schale wird sie geglüht und dann wieder gewogen. Die Differenz ist die in 3 g der angewendeten Gewürzmenge vorhandene Rohfaser.

b) Bestimmung der Stärke bzw. des Glucosewertes. Die Stärke kann nach Behandlung des Pfeffers mit Alkohol und Äther auf polarimetrischem Wege bestimmt werden; man wendet hierfür zweckmäßig das EWERSsche Verfahren (Bd. II, S. 920) an.

F. HÄRTEL[1] gibt für die Bestimmung der Stärke bzw. des Glucosewertes im Pfeffer in Abänderung der Diastasemethode von MÄRKER und MORGAN folgendes Verfahren an:

5 g feingepulverter Pfeffer (Sieb V des Arzneibuches) werden mit 300 ccm Wasser 3 Stunden am Rückflußkühler gekocht. Nach dem Abkühlen wird 0,1 g Diastase zugefügt und 3 Stunden bei 55—60° verzuckert. Nach dem Erkalten werden 5 ccm Bleiessig, nach kräftigem Umschütteln 5 ccm gesättigte Natriumsulfatlösung zugegeben, dann wird auf 500 ccm aufgefüllt und filtriert. Der Rückstand wird mikroskopisch geprüft, ob alle Stärke verzuckert ist.

200 ccm des Filtrates werden mit 15 ccm Salzsäure (1,25 Spez. Gewicht) 3 Stunden im kochenden Wasserbade invertiert, sodann wird mit konz. Natronlauge genau neutralisiert, auf 250 ccm aufgefüllt und filtriert. In 25 ccm des Filtrates wird nach bekanntem Verfahren die Glucose bestimmt.

Unter Glucosewert ist die auf 100 g Pfeffer berechnete Glucosemenge zu verstehen. Nach HÄRTEL beträgt der Glucosewert normaler schwarzer Pfeffer durchschnittlich 36—40; bei den schlechtesten Sorten sinkt er bis 31, während er bei den besten Sorten bis 41 steigt. Bei der Beurteilung von schwarzem Pfeffer erscheint 30 als niedrigste Forderung gerechtfertigt.

CH. ARRAGON[2] glaubt durch eine Bestimmung der Jodzahl des ganzen Pfeffers eine Verfälschung mit fremder Stärke nachweisen zu können, indem er wie folgt verfährt:

2 g des auf das feinste gemahlenen Pfeffers werden wie bei der Bestimmung der Jodzahl von Fetten in einem Kolben mit eingeschliffenem Stöpsel mit 15 ccm Chloroform und 25 ccm HÜBLscher Jodlösung versetzt und der Jodüberschuß nach 4 Stunden mit Thiosulfat bestimmt. Man titriert zuerst bis zur Entfärbung der Lösung, fügt etwas Stärkelösung zu, schüttelt den Kolben stark 1 Minute lang, um das durch das Pulver zurückgehaltene Jod in Lösung zu bringen, und kann nun sehr genau zu Ende titrieren.

Die Jodzahlen betrugen hiernach:

Bei 6 Proben echtem weißen Pfeffer	Bei 3 Proben echtem schwarzen Pfeffer	Bei 30 reinen Handelsproben	Bei 4 mit Reisstärke verfälschten Proben
17,0—18,0	16,8—17,0	16,1—18,0	7,5

c) Bestimmung der Bleizahl. Für den Nachweis eines Schalenzusatzes erblickt W. BUSSE ein Hilfsmittel in den Pigmentkörpern, die nur in der Schale vorkommen und durch Fällen mit Blei bestimmt werden können. Unter „Bleizahl" versteht W. BUSSE[3] die Menge metallisches Blei (in Gramm ausgedrückt), die durch die im Auszuge aus 1 g wasserfreiem Pfefferpulver erhaltenen bleifällenden Körper gebunden wird. Die Bleizahl wird wie folgt bestimmt:

5 g der gepulverten und getrockneten (also wasserfreien) Substanz werden mit absolutem Alkohol vollkommen extrahiert, im Trockenschranke von anhaftendem Alkohol befreit, nach dem sorgfältigen Ablösen vom Filter in einer kleinen Porzellanschale mit wenig kaltem Wasser zu einem dicken Brei angerieben und mit 50—60 ccm kochendem Wasser in einen Kolben von etwa 200 ccm Inhalt gespült. Man setzt 25 ccm einer 100 g NaOH im Liter enthaltenden Natronlauge hinzu und digeriert unter wiederholtem Umschütteln 5 Stunden

[1] F. HÄRTEL: **Z.** 1907, **13**, 665.
[2] CH. ARRAGON: Mitt. Lebensmittelunters. Hygiene 1910, **1**, 271; **Z.** 1912, **23**, 66.
[3] W. BUSSE: Arb. Kaiserl. Gesundh.-Amt 1894, **9**, 509. Vgl. auch ED. SPAETH: **Z.** 1905, **9**, 591.

im Wasserbade, wobei der Kolben mit Rückflußkühler versehen wird. Dann wird die Flüssigkeit mit so viel konz. Essigsäure versetzt, daß noch eine schwach alkalische Reaktion vorhanden ist, in einen 250 ccm fassenden Meßkolben gegeben und mit Wasser bis zur Marke aufgefüllt. Man läßt nach kräftigem Umschütteln über Nacht absitzen und filtriert die klare Flüssigkeit am vorteilhaftesten mit Hilfe der Saugpumpe und einer WITTschen Platte. 50 ccm des Filtrats werden in einem Meßkolben von 100 ccm Inhalt mit konz. Essigsäure bis eben zur deutlich sauren Reaktion und darauf mit 20 ccm einer 100 g im Liter enthaltenden, ebenfalls schwach essigsauren Lösung von Bleiacetat versetzt; man füllt mit Wasser bis zur Marke auf und schüttelt stark um. Nach dem häufig langsam erfolgten Absetzen des Niederschlages wird durch ein kleines Filter filtriert und in 10 ccm des Filtrates nach Zusatz von 5 ccm verdünnter (1 + 3) Schwefelsäure und von 30 ccm absolutem Alkohol in bekannter Weise das Blei als Sulfat bestimmt.

Durch Multiplikation des gefundenen Bleisulfates mit 0,6822 wird der Bleigehalt berechnet und dieser gefundene Wert von dem in 2 ccm der angewendeten Bleiacetatlösung gefundenen abgezogen. Die Differenz gibt dann die Menge Blei an, die durch die in 0,1 g des Pfefferpulvers enthaltenen bleifällenden Körper gebunden wird; die Bleimenge wird auf 1 g wasserfreie Substanz berechnet.

Der Gehalt der Bleiacetatlösung bzw. das Einstellen derselben, ist durch eine genaue Bestimmung des Bleies als Sulfat von Zeit zu Zeit zu kontrollieren. Denn ein Unterschied von 1 mg im Gewichte des Bleisulfates entspricht schon einem Werte von 0,007 bei der Bleizahl. Aus dem Grunde ist auch bei dem Abmessen der 2 ccm der 10%igen Bleilösung eine äußerst genaue Pipette zu verwenden — am sichersten soll die Lösung abgewogen werden.

Die Bleizahl darf bei schwarzem Pfeffer nicht über 0,08 g, bei weißem Pfeffer nicht über 0,03 g Blei in 1 g liegen. Pfefferschalen zeigen eine Bleizahl von 0,129—0,157 g Blei in 1 g.

d) Bestimmung des Piperins. Das Piperin bestimmen F. HÄRTEL und R. WILL[1] in der Weise, daß sie 10 g feinst gepulverten Pfeffer wie WINTON, OGDEN und MITCHELL 20 Stunden lang im SOXHLETschen Apparat oder besser in dem Apparat von HILGER und BAUER[2] — in letzterem Falle genügen 4 Stunden — mit Äther ausziehen, das Lösungsmittel bei gewöhnlicher Temperatur verjagen, den Rückstand 18 Stunden über Schwefelsäure trocknen und wägen. Darauf wird dieser, um das ätherische Öl zu beseitigen, erst 6 Stunden bei 100°, dann bei 110° bis zur Gewichtsbeständigkeit getrocknet, weiter behufs Bestimmung des Stickstoffs nach KJELDAHL durch Kochen mit 1 g Quecksilberoxyd, 1 g Kupfersulfat, 20 g Kaliumsulfat und 25 ccm konz. Schwefelsäure zerstört. Aus dem gefundenen Stickstoffgehalt wird das Piperin berechnet; $N \times 20,354 =$ Piperin oder verbrauchte Kubikzentimeter $^1/_{10}$ N.-Schwefelsäure, mit 0,0285 multipliziert = Piperin.

Nach anderen Verfahren zur Bestimmung des Piperins werden 10 g oder mehr Pfefferpulver entweder mit Petroläther oder absolutem Äthylalkohol oder mit Methylalkohol ausgezogen; das Lösungsmittel wird verdunstet und der Rückstand mit einer Lösung von Natrium- oder Kaliumcarbonat behandelt. Hierdurch bleibt das Piperin ungelöst, es kann abfiltriert, gesammelt, durch die Lösungsmittel wieder gelöst und nach Verdampfung der letzteren zur Wägung gebracht werden. Aus der Alkalicarbonatlösung kann das Harz (neben Öl) durch Salzsäure ausgeschieden und ebenso quantitativ bestimmt werden.

e) Bestimmung des Harzes. Für die Bestimmung des Harzes im Pfeffer geben F. HÄRTEL und R. WILL[1] folgendes Verfahren an:

10 g Pfefferpulver werden in dem vorstehend bei Piperin beschriebenen Extraktionsapparate mit 100 ccm Alkohol 3 Stunden ausgezogen. Nach dem Abdestillieren des Alkohols bis auf etwa 2 ccm wird der Rückstand mit 10%iger Natriumcarbonatlösung unter wiederholtem vorsichtigem Umschütteln 24 Stunden digeriert. Hierauf wird filtriert und der Filterrückstand mit Natriumcarbonatlösung, später mit Wasser gut ausgewaschen. Das im Filtrate durch überschüssige Salzsäure zur Ausscheidung gebrachte Harz wird auf einem

[1] F. HÄRTEL u. R. WILL: **Z.** 1907, **14**, 567.

[2] In einer Kochflasche von 300—350 ccm Inhalt, deren Halsweite mindestens 30 mm beträgt, wird mittels durchbohrten Korkes ein ungefähr 15 cm langes und 22 mm weites Reagensglas eingesetzt und so weit eingeschoben, daß der Boden desselben noch eben etwas (etwa 0,5 cm) über die später in die Kochflasche zu bringende Extraktionsflüssigkeit (Äther bzw. Alkohol) zu stehen kommt. Im Boden des Reagensglases befindet sich eine etwa 5 mm weite Öffnung, ebenso in der Wandung dicht unterhalb des Korkes. Das Reagensglas wird seinerseits mit einem Rückflußkühler verbunden, das auszuziehende Pfefferpulver in eine Filtrierpapierhülse und diese in das Reagensglas gebracht, über dessen Boden man zweckmäßig zuvor etwas Baumwolle gelegt hat. Auch die Oberfläche des Pfeffers in der Papierhülse wird zweckmäßig mit etwas Baumwolle bedeckt. (Forschungsber. Lebensmittel 1896, 3, 113.)

Filter gesammelt, ausgewaschen und im Dampftrockenschranke vom größten Teile des Wassers befreit. Filter und Harz werden sodann in einem Wägegläschen bis zum konstanten Gewicht getrocknet. Hierauf wird das Harz durch heißen Alkohol quantitativ vom Filter gelöst, das Filter nach oberflächlichem Trocknen in das Wägegläschen zurückgegeben und abermals bis zum konstanten Gewicht im Trockenschrank erhitzt. Die Differenz zwischen der ersten und zweiten Wägung gibt die Menge des vorhandenen Harzes an.

Bei der Ausführung des Verfahrens ist folgendes zu beachten: der Alkohol darf nicht völlig abdestilliert werden; es muß ein Rest von etwa 2 ccm im Kolben zurückbleiben, da sonst durch das auftretende Schäumen der Destillationsrückstand an der Wandung des Kolbens aufsteigt, sich hier festlegt und infolgedessen die völlige Auflösung des Harzes nicht mehr gelingt. Aus dem gleichen Grunde muß, um ein Spritzen zu verhüten, die Natriumcarbonatlösung langsam und in kleinen Portionen am Rande des Kolbens entlang unter ruhigem Umschwenken zugegeben werden. In den ersten 2 Stunden des Digerierens mit der Natriumcarbonatlösung ist der Kolben alle 10 Minuten leicht umzuschwenken, da das Gemisch von Piperin und Harz das Bestreben hat, sich zusammenzuballen.

f) Nachweis eines mineralischen Überzuges. Ein aus Ton oder Schwerspat bestehender Überzug läßt sich leicht durch Reiben zwischen den Händen oder durch Abspülen mit Wasser abtrennen und nach dem Sammeln und Auswaschen auf einem Filter durch Aufschließen mit Schwefelsäure (Ton) oder mit Kaliumnatriumcarbonat (Schwerspat) identifizieren. Hierbei ist das Gewicht der Gesamtasche, die ebenfalls zur Bestimmung der beiden Bestandteile verwendet werden kann, wesentlich erhöht. So sind von FISCHER und GRÜNHAGEN bis 28,4% Ton, von J. HECKMANN bis 51,0% Schwerspat in überzogenen Pfeffern festgestellt worden (vgl. auch S. 411).

Häufiger als mit Ton oder Schwerspat wird schwarzer oder mißfarbiger Pfeffer mit Kalk oder Kreide überzogen. Derartige Pfeffer färben zwischen den Fingern ab oder zeigen mit 10%iger Essigsäure oder 1%iger Salzsäure mehr oder weniger starkes Aufbrausen. Wenn man die verdächtigen Pfefferproben mit diesen Säuren behandelt, mit Wasser nachwäscht und im Filtrat den Kalk — bei Anwendung von stark verdünnter Salzsäure nach Neutralisation mit Ammoniak — mit Ammoniumoxalat fällt, so geben sie eine erhöhte Menge Niederschlag von Calciumoxalat. ED. SPAETH fand in derartig überzogenen Pfeffern 0,6—1,16% Kalk (CaO), während ungekalkter Pfeffer unter gleicher Behandlung an Essigsäure oder verdünnte Salzsäure höchstens 0,04 bis 0,10% Kalk (CaO) abgibt.

W. PLAHL[1] schlägt für die Prüfung von Pfefferpulver auf unzulässigen Kalkgehalt bei der ambulanten Kontrolle die Anwendung einer konz. Chloralhydratlösung, die ungefähr 1% verdünnte Salzsäure enthält, in folgender Weise vor: Eine kleine Menge Pfefferpulver wird auf einen Objektträger gebracht und mit Hilfe eines zugespitzten Glasstäbchens rasch mit 2—3 Tropfen der Chloralhydratlösung vermischt, worauf man sofort ein Deckglas auflegt. Aus der Menge der Kohlensäurebläschen, die sich unter dem Deckglas ansammelt, läßt sich erkennen, ob ein unzulässiger Kalkzusatz in Betracht kommt. Die Entstehung von Luftblasen bei der Herstellung des Präparates muß natürlich vermieden werden. PLAHL fand in gekalktem Pfeffer bis 17,48% Asche.

g) Nachweis künstlicher Färbung. Zum Nachweise von Frankfurter Schwarz (Umbra) oder Ruß soll man bei ganzem Pfeffer nach ED. SPAETH eine größere Menge der verdächtigen Ware mit Chloroform vermischen und in einer Zentrifuge schleudern. Bei der mikroskopischen Untersuchung des Abgeschiedenen lassen sich dann die schwarzen Farbstoffe sofort erkennen. Im gemahlenen Pfeffer lassen sich solche Färbungsmittel ebenfalls mikroskopisch erkennen. Bei positivem Ergebnis ist weiter auf gemahlene Preßkuchen u. dgl. zu fahnden, da eine Färbung gewöhnlich zur Verdeckung derartiger Verfälschungen erfolgt.

[1] W. PLAHL: Z. 1927, 54, 369.

II. Mikroskopische Untersuchung.

Die zahlreichen Verfälschungsmittel pflanzlicher Natur, die bisher beim Pfeffer beobachtet wurden, lassen sich ihrer Art nach nur durch die mikroskopische Untersuchung sicher feststellen. Eine Bestätigung des so erhaltenen Befundes ist unter Umständen durch einzelne der angegebenen chemischen Verfahren möglich. Zuweilen läßt sich auch hierdurch die Menge des Zusatzes annähernd bestimmen.

a) Bau des echten Pfeffers. Macht man einen Längsschnitt durch die Pfefferfrucht (schwarzer Pfeffer), so erkennt man bei schwacher Vergrößerung innerhalb der dünnen dunklen Fruchtschale einen grauweißen Samenkern, in dessen Mitte sich eine unregelmäßige etwa 1 mm weite Höhle befindet (Abb. 67). Dieser Kern ist das Nährgewebe, das der Hauptsache nach aus Perisperm besteht. An seinem Scheitel sieht man bei einigermaßen reifen Früchten einen kleinen Ausschnitt, das Endosperm und in diesem eine kleine Höhle mit Resten des wenig entwickelten Keimlings.

An Querschnitten (Abb. 68) sind nach der Aufhellung in der Pfefferschale 4 Schichten erkennbar, von denen drei der Fruchtwand angehören; die vierte bildet die mit dem Perikarp verwachsene Samenschale, die wieder eng mit dem Perisperm zusammenhängt.

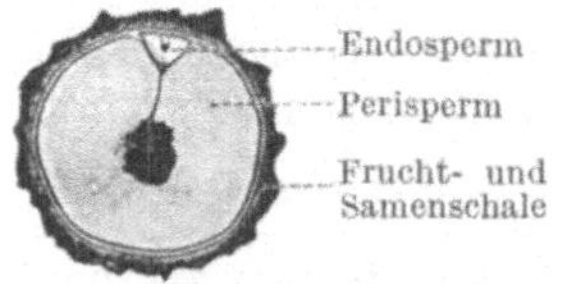

Abb. 67. Durchschnitt des schwarzen Pfeffers (J. Moeller).

1. Die Oberhaut besteht in der Flächenansicht aus kleinen, von einer dicken Cuticula überzogenen Zellen mit dunkelbraunem Inhalt.

2. Im Fruchtfleisch (Mesokarp) beobachtet man eine unmittelbar unter der Oberhaut gelegene, ein- bis mehrreihige, öfter unterbrochene Steinzellenschicht, deren Zellen häufig radial gestreckt, stark verdickt und getüpfelt sind. Die Zellwand ist gelb, der Inhalt dunkelbraun. Hierauf folgt ein Parenchym aus dünnwandigen Zellen, die zum Teil kleine Stärkekörner, auch Chlorophyll, enthalten. Eingelagert in die Parenchymschicht sind einzelne durch ihre Größe auffallende Zellen mit verkorkter Wand und gelbem aus Harz oder ätherischem Öl bestehenden Inhalt. In dem weiter innen liegenden kleinzelligen, mehr oder weniger zusammengedrückten Parenchym verlaufen die Leitbündel. Diese Zone ist die Grenze, bis zu der die Fruchtschale bei der Herstellung des weißen Pfeffers entfernt wird. Den innersten Teil des Fruchtfleisches bildet eine Lage großer Zellen mit farblosen Öltropfen, die Ölzellenschicht, auf die meist noch wenige Lagen dünnwandiger Parenchymzellen folgen.

3. Das Endokarp wird aus der inneren Steinzellenschicht und einer darauffolgenden stark zusammengepreßten, kaum sichtbaren Schicht gebildet. Die Steinzellschicht besteht aus einer Lage kleiner gelbbrauner, nur innen und an den Seitenwänden (hufeisenförmig) verdickter, reich getüpfelter Sklereiden. In der Flächenansicht (Abb. 69 *ist*) erscheinen diese als eine lückenlose Lage regelmäßig polygonaler Zellen, die nicht so stark wie die äußeren Sklereiden, aber auf allen Seiten gleichmäßig verdickt sind.

4. Innerhalb des Endokarps erkennt man eine braune Membran, die einerseits mit dem Endokarp und andererseits mit dem Perisperm verwachsene Samenhaut. In Flächenpräparaten unterscheidet man an ihr nach der Aufhellung zwei sich kreuzende Schichten gestreckter Zellen.

Das Perisperm ist von einer hyalinen, wahrscheinlich noch zur Samenschale gehörigen Membran umgeben. Das Perispermgewebe wird aus dünnwandigen Zellen gebildet, deren Größe von außen nach innen zunimmt. Die äußerste Lage enthält lediglich Aleuronkörner oder nur vereinzelte Stärkekörner, denn der Inhalt färbt sich mit Jod gelb. Auf sie folgt das Stärkeparenchym, dessen Elemente im wesentlichen radial gestreckt sind. Jede Zelle ist von einem Stärkeballen erfüllt, der aus zahlreichen sehr kleinen (2—4 μ,

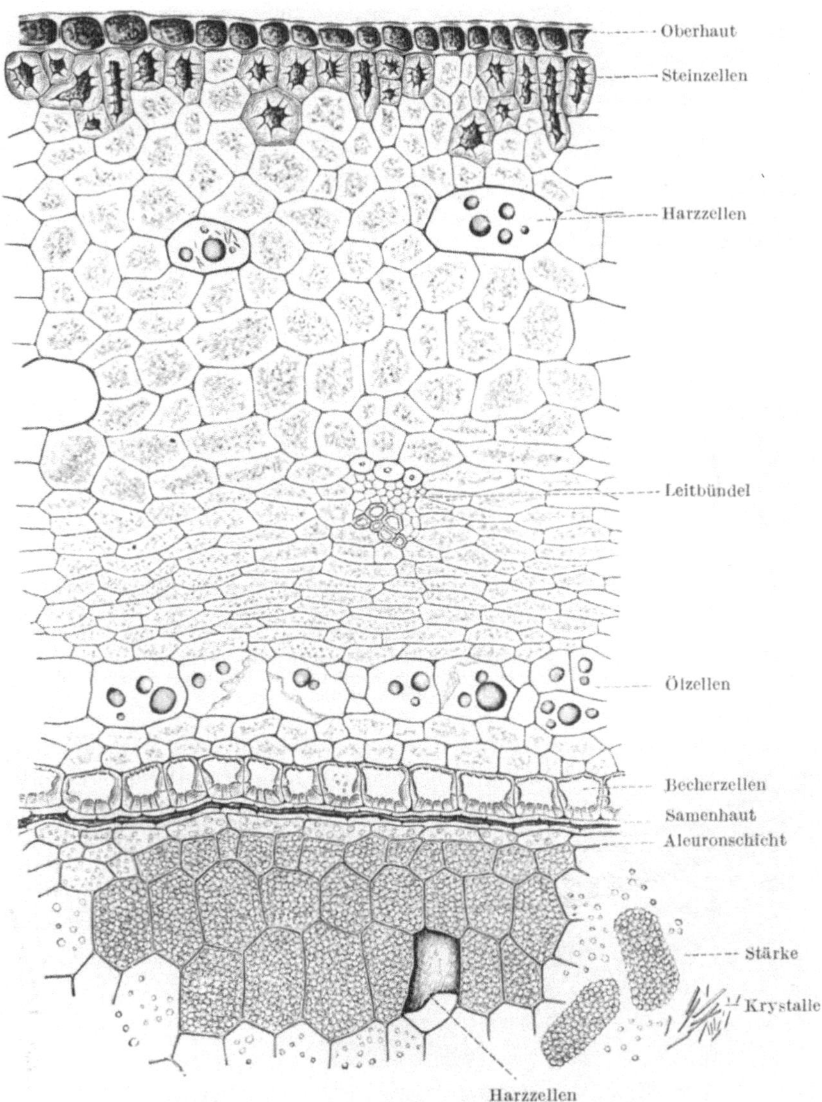

Abb. 68. Querschnitt durch schwarzen Pfeffer. (Nach J. MOELLER.)

höchstens 6 μ), zumeist polyedrischen Körnchen besteht. Bei vorsichtiger Anfärbung mit Jod, noch besser bei Einwirkung von Chloralhydrat, erkennt man namentlich an den äußeren Zellagen, daß die Ballen aus größeren runden, durch Füllstärke verbundenen Stärkekörpern bestehen. Einzelne Zellen des Parenchyms enthalten keine Stärke, sondern gelbe Öltropfen oder Harzklumpen, zuweilen auch winzige, in Wasser unlösliche, in Alkohol und Äther lösliche Krystallnadeln von Piperin. Der Inhalt dieser Sekretzellen färbt sich mit konz. Schwefelsäure rot, eine Reaktion, die hauptsächlich auf das Piperin zurückzuführen ist. Das Alkaloid Piperin ist ein geruchloser Stoff, der bei frischem

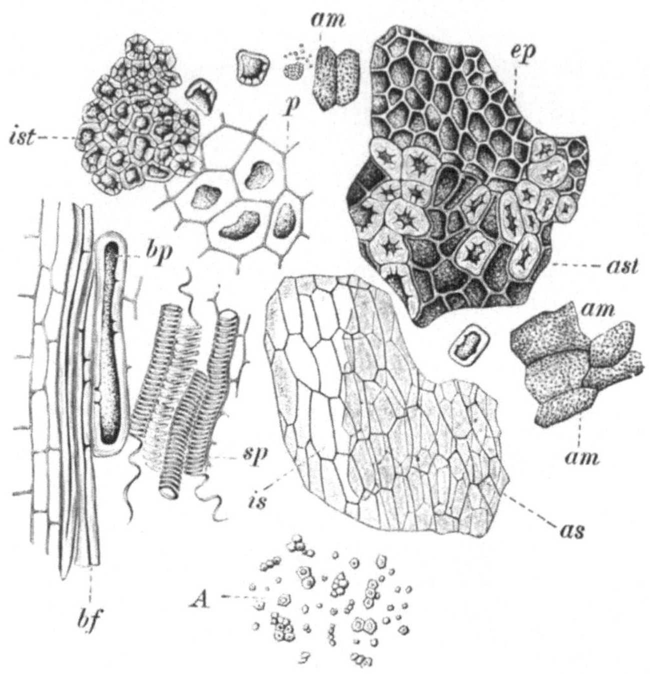

Abb. 69. Pfefferpulver. (Nach J. MOELLER.) *ep* Oberhaut, *ast* Steinzellenhypoderm, *ist* Becherzellen, *p* Ölzellen, *bp*, *pf*, *sp* Leitbündelelemente, *is*, *as* Samenhaut, *am* Stärke, *A* Stärkekörner bei 600facher Vergrößerung.

Pfeffer im ätherischen Öl gelöst ist und erst nach dessen Verflüchtigung zur Ausscheidung gelangt. Deshalb beobachtet man die Piperinkrystalle hauptsächlich bei alter Ware und im gemahlenen Pfeffer. Das ätherische Öl bedingt den Geruch, das Piperin zusammen mit dem Harz den Geschmack des Pfeffers.

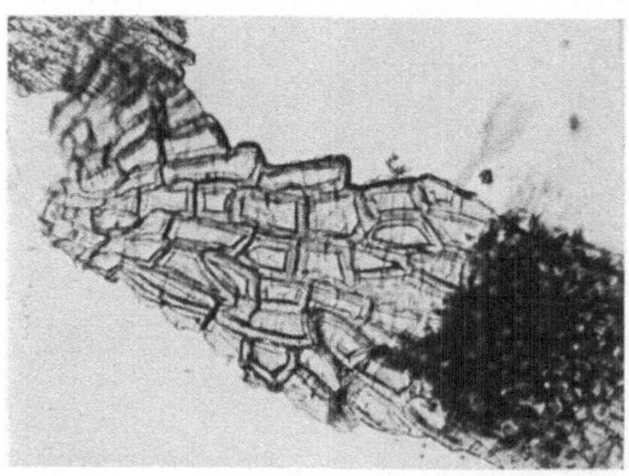

Abb. 70. Pfefferpulver. Sklerosierte Zellen der Samenhaut 1:120 (Phot. C. GRIEBEL).

Pfefferpulver. Gemahlener schwarzer Pfeffer (Abb. 69) läßt unterm Mikroskop vorwiegend die Trümmer des Stärkeparenchyms (kleinere Verbände der eckigen, meist gestreckten Perispermzellen, die ebenso geformten, aus den Zellen herausgefallenen Stärkeballen und ihre aus winzigen Stärkekörnchen bestehenden Bruchstücke) erkennen. Daneben finden sich Teile der schwarzbraunen Epidermis (*ep*), diese meist im Zusammenhang mit gelben Steinzellgruppen (*ast*), weiter Teile der inneren Steinzellenschicht (*ist*) oft noch in Verbindung mit der orangebraunen Samenhaut (*as* und *is*). Selten beobachtet man außerdem noch eine dritte, durch ihre Größe auffallende Form von sklerosierten Zellen (Abb. 70), die der äußeren Zellage der Samenhaut entstammen, nach TSCHIRCH aber meist nur in der Nähe des Griffelkanals vorkommen. Hin und wieder gelangen auch Elemente der Leitbündel (*bp*, *bf*, *sp*) zur Beobachtung, während Sekretzellen (*p*) in kleineren Zellverbänden nur ausnahmsweise noch erhalten sind.

Aus weißem Pfeffer hergestelltes Pulver sollte eigentlich Schalenbestandteile überhaupt nicht enthalten. In Wirklichkeit sind aber in der Regel Schalenteilchen in geringer Menge vorhanden, weil sich in der Handelsware fast immer einzelne ungeschälte Körner befinden. Im übrigen erscheint das ganze Gesichtsfeld von den Trümmern des Stärkeparenchyms bedeckt. Erst wenn man mit Lauge die Stärke beseitigt, werden die Teilchen der inneren Steinzellenschicht und der gelbbraunen Samenhaut sichtbar.

b) Verfälschungen des Pfeffers. Die Verfälschung ganzer Pfefferkörner hat bisher nur eine geringe Rolle gespielt, weil sie meist schon äußerlich erkennbar ist. Beobachtet wurden z. B. künstliche Pfefferkörner aus Weizenmehl mit Zusatz von Pfefferabfall und Oliventrestern, überzogen mit einer durch Klebstoff festgehaltenen dunklen Schicht (Ruß od. dgl.). Derartige Produkte zerfallen in Wasser mehr oder weniger. Ihre Bestandteile lassen sich dann durch die mikroskopische Untersuchung leicht erkennen. Auch Zusätze von Früchten oder Samen anderer Pflanzen sind selten und makroskopisch oder mikroskopisch leicht feststellbar. Insbesondere sind Leguminosensamen, wie Viciaarten, Ervum ervilia, Phaseolus radiatus u. a., am Bau der Samenschale (Palisaden und Trägerzellen) ohne weiteres als solche erkennbar. Hinzu kommt die charakteristische Form der Stärkekörner (vgl. Bd. V). Die Früchte von Myrsine africana L. besitzen eine rötliche Farbe, undeutliche Streifung, einen vierteiligen Kelch und kurzen Stiel. Die Früchte von Embelia ribes BURM. sind größer, von brauner Farbe, mit einem fünfteiligen Kelch und sehr langem Stiel versehen. Die dem Pfeffer ähnlichen Cubebenfrüchte, die zuweilen im schwarzen Pfeffer vorkommen, und im Pulver als Verfälschung beobachtet wurden, sind auf S. 427 näher behandelt. Die Früchte von Schinus molle L., dem peruanischen Pfefferbaum, sind rötlich und haben einen unangenehmen Beigeschmack. Das harzreiche Mesokarp ist stärkefrei und enthält keine Steinzellen. Das als dünne Steinschale ausgebildete Endokarp besteht aus palisadenartigen Sklereiden. Auch der Same enthält keine Stärke.

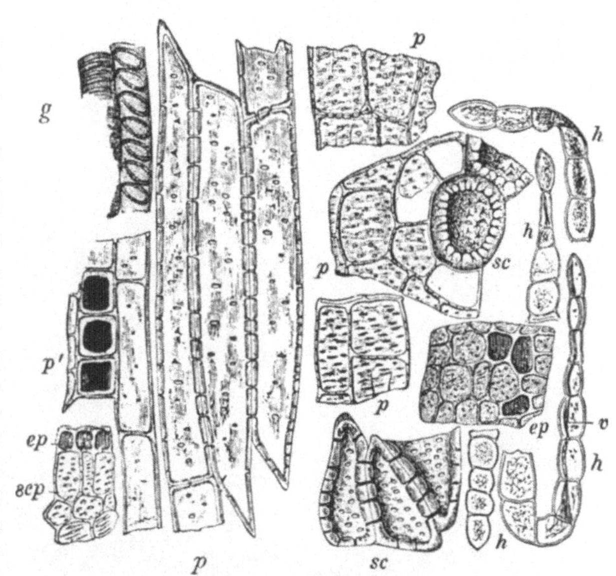

Abb. 71. Elemente der Fruchtspindel des Pfeffers. *ep* Epidermis, *h* Haare, *p* Parenchym und Stabzellen, *sc* Steinzellen, *g* Gefäße; etwa 1 : 200. (Nach HANAUSEK.)

Praktisch von Bedeutung sind eigentlich nur die Verfälschungen des Pfefferpulvers, die sehr mannigfacher Art sein können, weil durch zahlreiche pflanzliche Stoffe oder Kombinationen von solchen das Aussehen des gemahlenen Pfeffers nur unwesentlich verändert wird oder sogar nachgeahmt werden kann.

Pfefferschalen und Pfefferspindeln. Die bei weitem häufigste Verfälschung des gemahlenen schwarzen Pfeffers ist die mit Pfefferschalen, die bei der Herstellung des weißen Pfeffers durch Schälen von schwarzem Pfeffer in großen Mengen abfallen. Da es sich hierbei nicht um fremdartige Elemente handelt, ist ein solcher Zusatz, sofern er nur in mäßiger Menge erfolgt ist, mikroskopisch nicht mit Sicherheit möglich, weil der Schalengehalt auch bei normalem Pfeffer je nach der Reife der Körner ein verschiedener ist. Die tauben Körner (sog. Pfefferköpfe) bestehen übrigens ebenfalls fast nur aus Schalen. Im Pfefferabfall, den aus der Handelsware durch Absieben erhaltenen Verunreinigungen, sind neben Schalen, Staub u. dgl. auch zahlreiche Teile von Pfefferspindeln (Fruchtstielen) enthalten. Auch diese werden unter Umständen mit verarbeitet. Man erkennt sie (Abb. 71) an dem Vorhandensein von großzelligem porösem Parenchym, weitlumigen Steinzellen, Bastfasern und relativ weiten Gefäßen (20—30 μ), sowie insbesondere an den langen aus zahlreichen kurzen Gliedern bestehenden Haaren (Abb. 72), die an den schüsselförmigen Ansatzstellen der Früchte entspringen. Die in eine zugespitzte Zelle auslaufenden Enden der Haare sind gewöhnlich abgebrochen. Unwesentliche Reste solcher Fruchtstiele können natürlich auch in normalem Pfefferpulver vorkommen, weil ja die Handelsware vor der Reinigung zumeist mit Spindelteilchen verunreinigt ist.

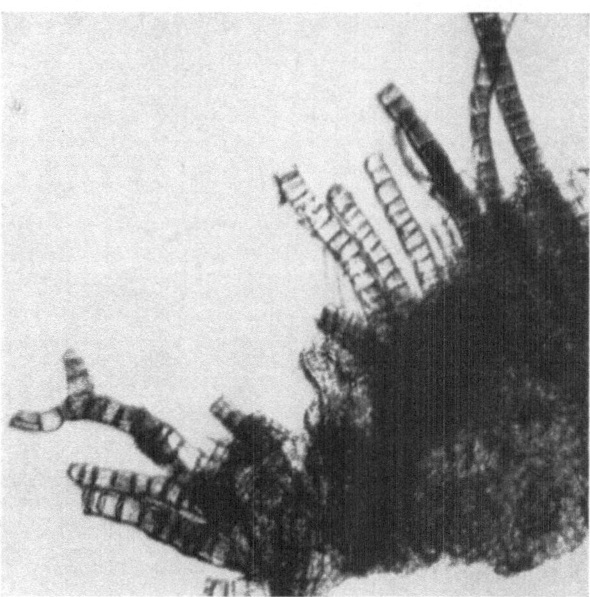

Abb. 72. Haare der Pfefferspindel 1:120 (Phot. C. GRIEBEL).

Fremdartige Zusätze.

1. Mehl- und Stärkearten. Etwa zugesetzte Mehle fallen sogleich durch die abweichende Größe ihrer Stärkekörner im Präparat auf, wie Weizen, Roggen, Gerste, Mais, Hafer, Reis, Hirse, Buchweizen, Erbsen, Bohnen, Linsen, Wicken, Sago, Tapioka. Über die mikroskopische Erkennung derartiger Beimengungen einschließlich der Kleiebestandteile vgl. unter Mehle (Bd. V).

Reismehl. Die Reisstärke ist zwar immer noch etwas größer als die Pfefferstärke, unter Umständen bereitet ihre Erkennung im Pfeffer aber dennoch Schwierigkeiten. M. WAGENAAR[1] verwendet deshalb zum Nachweis von Reismehl im Pfeffer eine ammoniakalische Lösung von Carmin in Glycerin, durch die Reisplasma intensiv violett gefärbt wird, während Pfeffer ungefärbt bleibt.

Zur Herstellung des Reagenses löst man 0,5 g Carmin (GRÜBLER) in einer Mischung von 25 g 4 N.-Ammoniak und 25 g Glycerin (Spez. Gewicht 1,26) und filtriert nach 12 Stunden ab. Von dem zu untersuchenden Pfefferpulver werden 50 mg in einem konischen Zentrifugierglas mit etwas Farblösung übergossen. Man läßt über Nacht stehen, füllt dann mit Wasser auf und zentrifugiert. Nach dreimaliger Wiederholung des Auswaschens wird das Sediment mikroskopiert. Durch Vergleich mit selbstbereiteten Mischungen ist eine Schätzung des Reismehlgehaltes möglich.

Oder man führt eine Zählung nach der von WAGENAAR[2] für die Bestimmung des Reismehls in Buchweizen usw. angegebenen Methode durch (vgl. Bd. V).

Zu dem Zweck wird eine bestimmte Menge Pfeffer (z. B. 100 mg) nach Färbung und Vorbehandlung in einigen Grammen Glycerin suspendiert. Nach Feststellung des Gewichtes der Suspension werden von dieser etwa 70 mg genau auf dem Objektträger abgewogen. Mittels eines kalibrierten Deckglases (nach FROST) bestimmt man genau auf dieselbe Weise wie bei der Bestimmung von Reismehl in Buchweizenmehl das Gesamtvolumen der gefärbten

[1] M. WAGENAAR: Z. 1928, **56**, 205. [2] M. WAGENAAR: Z. 1927, **54**, 362.

Reisfragmente und berechnet auf 1 g. WAGENAAR fand, daß 1 g Pfefferpulver, mit verschiedenen Reismehlmengen vermischt, im Mittel folgende Volumen von gefärbten Reismehlteilchen gibt:

Reismehl . . .	0,5	1,0	2,5	5	10	25	50 %
Gesamtvolumen	3,5	7,5	18,5	39	80	140	320 cmm

Diese Werte können bei der quantiativen Bestimmung als Grundlage dienen (vgl. im übrigen die Ausführungen im Original).

Sojamehl. Von Leguminosenmehlen ist in letzter Zeit wiederholt das praktisch stärkefreie Sojamehl beobachtet worden. Seine Erkennung bietet deshalb einige Schwierigkeiten, weil geschälte Sojabohnen zur Mehlbereitung Verwendung finden, so daß die

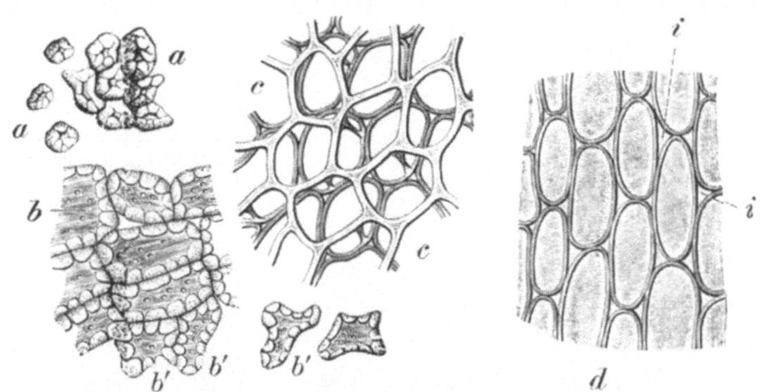

Abb. 73. Gewebselemente aus der Steinschale der Walnuß. *a* kleine Steinzellen der äußeren, *bb'* weitlumige Steinzellen der inneren Sklerenchymschicht, *b'* solche mit einspringenden buchtigen Wänden, *c* und *d* Schwammparenchym, *i* Intercellularräume. (Nach T. F. HANAUSEK.)

Elemente der Samenschale, insbesondere die charakteristischen Trägerzellen (vgl. Bd. V), die fast ebenso hoch sind wie die Palisadenzellen, nur ganz spärlich und erst nach längerem Suchen aufgefunden werden. Man beobachtet hauptsächlich nur die dünnwandigen, zumeist

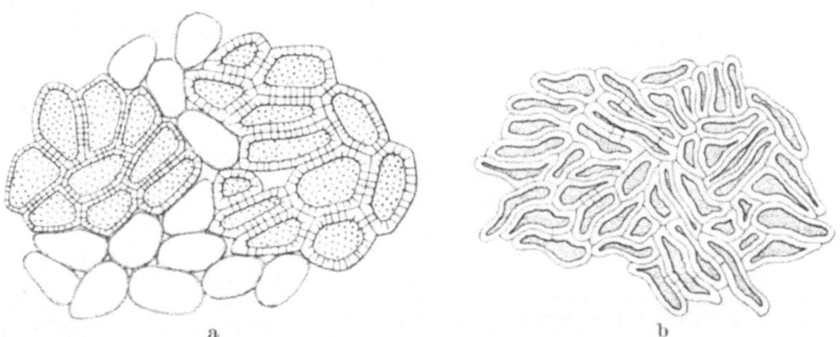

Abb. 74. Steinzellen aus dem Endokarp der Mandel in der Flächenansicht. (Nach G. GASSNER.)

gestreckten Zellen der Kotyledonen, die zahlreiche runde Aleuronkörner enthalten. Ihr Inhalt färbt sich daher mit Jodlösung gelbbraun.

2. Gemahlene Steinschalen. α) *Walnußschalen*[1]. Der Nachweis von gemahlenen Walnußschalen im Pfefferpulver ist ziemlich schwierig, er wird aber durch die Isolierung der verholzten Bestandteile des zu untersuchenden Pulvers, unter denen sich auch die Walnußschalentrümmer befinden, etwas erleichtert. Die Isolierung nimmt man am besten nach dem von PABST (vgl. unter Olivenkerne S. 422) angegebenen Verfahren mit Dimethylparaphenylendiamin vor. Man sucht mit der Lupe die rotgefärbten Teilchen aus und untersucht sie mikroskopisch, wobei man von größeren Stückchen Schnitte anfertigt.

An der Walnußschale lassen sich drei Schichten unterscheiden. Der äußere steinharte Teil der Schale setzt sich aus kleinen, rundlichen oder polyedrischen farblosen Steinzellen zusammen, die fast bis zum Verschwinden des Lumens verdickt und getüpfelt sind (Abb. 73*a*). Nach innen zu werden die Steinzellen immer größer und gehen allmählich in weitlumige, dicht getüpfelte und nur mäßig verdickte Elemente über (*b*), deren Wände zum

[1] Über Haselnußschalen vgl. Bd. IV.

Teil buchtig gefaltet sind. Diese weichere und leichter schneidbare Schicht geht in ein braunes schwammartiges Parenchym über, in dem die Zellen zum Teil noch dicht aneinander schließen (*c*), während das Samenträgergewebe von Intercellularen durchsetzt ist. Das schwammartige Parenchym färbt sich mit Eisensalzen schwarzgrün und enthält also Gerbstoff, Zum Unterschied von den gelben Steinzellen des Pfeffers erscheinen die der Nußschale farblos.

Als fremdartige Beimengung erkennt man die Steinzellen der Nußschale schon daran, daß sie niemals von anderen Gewebselementen unterbrochen werden.

β) Mandelschalen. Die gemahlenen Steinschalen der Mandel sind von denen anderer Steinfrüchte nicht leicht zu unterscheiden. Hinsichtlich der Isolierung gilt das bei den Olivenkernen und Walnußschalen Gesagte. Das steinharte Endokarp der Mandel setzt sich in den äußeren Schichten aus wenig gestreckten, stark getüpfelten Steinzellen zusammen, die mit unverdickten Parenchymzellen abwechseln (Abb. 74*a*). Die inneren Schichten werden aus stärker gestreckten, mäßig verdickten und unregelmäßig angeordneten Steinzellen gebildet (Abb. 74*b*). Im Pulver fallen weiter reichlich Spiralgefäße auf, die den mittleren Schichten des Endokarps entstammen. Das Fehlen von Steinzellen mit buchtigen Wänden bildet einen Unterschied vom Nußschalenpulver. Mit dem Endokarp gelangen aber stets anhaftende Teilchen der Samenschale in das Mahlprodukt, und diese sind durch die sog. Tonnenzellen ausgezeichnet, eigenartige relativ dünnwandige und weitlichtige, an der Innenwand und den Seitenwänden getüpfelte Steinzellen der Testaepidermis, die bis 100 μ breit und 175 μ hoch sind (vgl. Bd. IV).

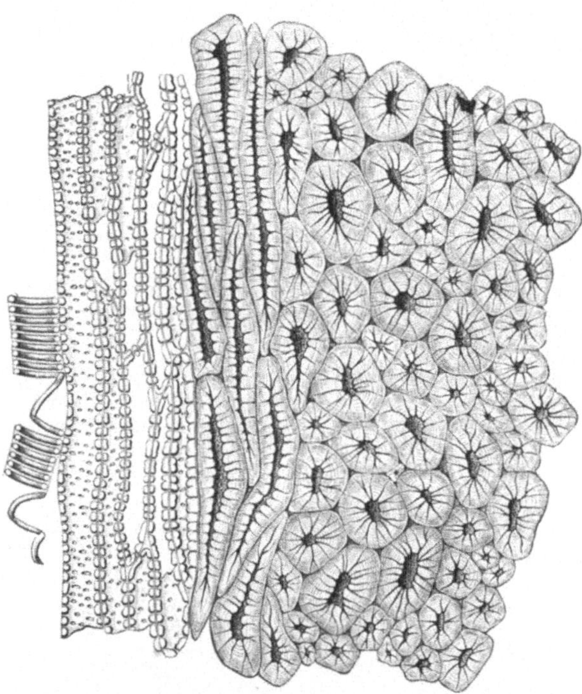

Abb. 75. Radialer Längsschnitt durch die Steinschale der Cocosnuß bei 300facher Vergrößerung (A. L. Winton).

γ) Cocosnußschalen. Während in Europa gemahlene Cocosnußkuchen (vgl. S. 425) als Fälschungsmittel für Gewürze Verwendung finden, dient nach A. Winton in Amerika die gemahlene Steinschale zu den gleichen Zwecken.

Das Endokarp der Cocosnuß, die außerordentlich harte Steinschale, besteht aus dicht aneinander gefügten Steinzellen und ist von teilweise zerstörten Leitbündeln durchzogen. An Schnitten (Abb. 75) erkennt man, daß die Steinzellen zumeist gestreckt und teils langitudinal teils transversal angeordnet sind, so daß sie sich gruppenweise kreuzen. Ihr Lumen ist von braunem Inhalt erfüllt. Die innere Auskleidung der Steinschale ist ein Teil der Samenschale und besteht aus großen porösen vielgestaltigen Zellen, zwischen denen sich Leitbündel befinden.

Das Cocosschalenpulver (Abb. 76) besteht überwiegend aus dunkelgelben bis braunen Steinzellen, neben denen sich auch Bruchstücke von Parenchym, Gefäßen und Fasern vorfinden. Die letzteren sind durch die ihnen anhaftenden Kieselkörperchen (*ste*), die für die Palmen charakteristisch sind, gekennzeichnet.

3. Gemahlene Preßkuchen oder Extraktionsrückstände ölhaltiger Samen.

δ) Olivenkerne oder *Oliventrester.* Die pflaumenartige Frucht des Ölbaumes (Olea europaea L. — Oleaceae), die Olive, dient bekanntlich zur Gewinnung des Olivenöls. Eine schlechtere Ölqualität wird gewonnen, wenn man die Kerne der Olive mit- oder diese allein preßt; die Rückstände hiervon, die Oliventrester oder die Olivenkerne, werden im extrahierten und gemahlenen Zustand zur Fälschung des Pfeffers verwendet.

A. Pabst benutzt zur Isolierung der Olivenkernbestandteile das von Wurster zur Bestimmung des Holzschliffes verwendete Dimethylparaphenylendiamin. Die Olivenkerne färben sich hiermit intensiv carminrot, wenn man das Pfefferpulver auf ein mit dem

Reagens angefeuchtetes Papier streut oder eine größere Menge des Pfeffers in einer Porzellanschale mit dem Reagens verreibt. (Siehe auch Nußschalen S. 421.)

N. PETTKOFF[1] empfiehlt ebenfalls für den Nachweis von Olivenkernen im Pfeffer die vorstehende Reaktion.

Da es sich um eine Ligninreaktion handelt, färben sich hierbei natürlich auch die Steinzellen des Pfeffers rot, die allerdings nicht in so großen Verbänden auftreten, wie dies bei den Trümmern der Olivenkerne der Fall ist, so daß die Färbung eine hellere bleibt. Die Probe ist daher eigentlich nur für die Kenntlichmachung und Isolierung der Olivenkernteilchen geeignet. Die Identifizierung muß gleichwohl durch die mikroskopische Untersuchung erfolgen, weil auch andere verholzte Zellen (z. B. gemahlene Nußschalen) in gleichstarker Weise reagieren. Die weiter unten erwähnten Idioblasten aus dem Fruchtfleisch der Olive färben sich mit Dimethylparaphenylendiamin ebenfalls rot.

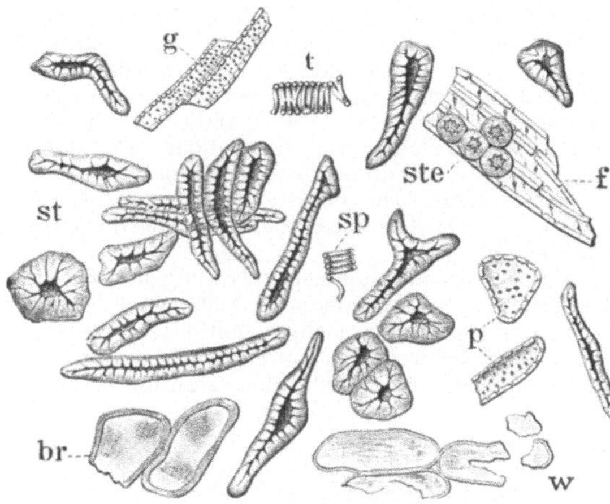

Abb. 76. Cocosschalenpulver (A. L. WINTON). *st* dunkelgelbe Steinzellen, *t* Netzgefäß, *sp* Spiralgefäß, *p* Parenchym der Samenschale, *g* Tüpfelgefäß, *w* farbloses Parenchym, *br* braunes Parenchym, *f* Bastfasern, *ste* Kieselkörperchen.

BONDIL[2] sowie GAROLA und BRAUN[2] verwenden für diese Zwecke eine frisch bereitete wäßrige Lösung von p-Phenylendiaminhydrochlorid, für die natürlich das gleiche gilt wie für Dimethylparaphenylendiamin.

Die Olivenkerne sind länglich eiförmig oder spindelförmig, an der Oberfläche grob runzelig, außen stets noch von Fruchtfleischresten bedeckt. Sie besitzen eine außerordentlich

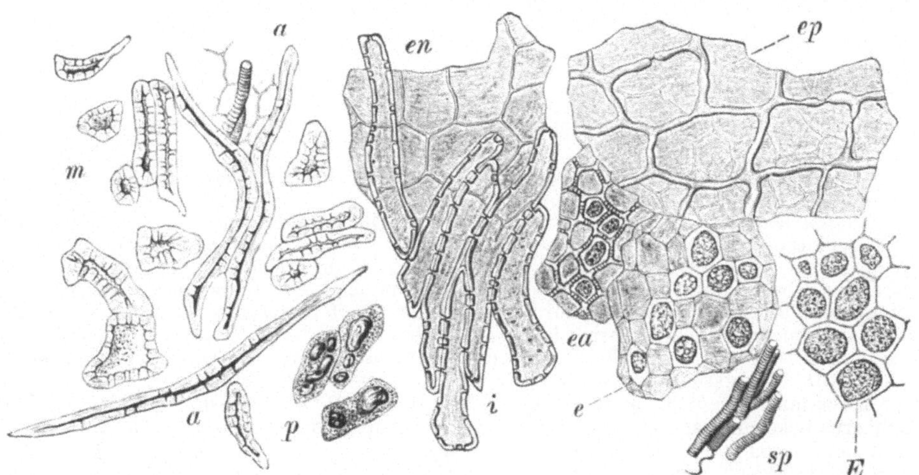

Abb. 77. Olivengewebe in der Flächenansicht (J. MOELLER). *a*, *m* und *i* Steinzellenformen und Fasern, *en* Auskleidung der Steinschale, *p* Ölhaltiges Fruchtfleisch, *ep* Oberhaut der Samenschale, *ea* Außenschicht des Nährgewebes, *E* und *e* Keimblattparenchym, *sp* Spiralgefäße.

harte, 2—3 mm dicke Steinschale (Endokarp), die sich aus hellgelblichen, größtenteils sehr stark verdickten und getüpfelten Steinzellen verschiedener Form und Größe zusammensetzt (Abb. 77). Die Steinzellen der äußeren Schicht sind ziemlich lang, bastfaserartig gestreckt, stark verdickt (*a*), während die an der Innenfläche der Schale mehr flach und wenig verdickt erscheinen (*i*). Die mittlere Schicht wird aus polyedrischen eiförmigen und

[1] N. PETTKOFF: Zeitschr. öffentl. Chem. 1908, **14**, 81.
[2] BONDIL, GAROLA u. BRAUN: Z. 1913, **25**, 415.

mehr oder weniger gestreckten, stark verdickten Steinzellen gebildet (*m*). Im ganzen unterscheiden sich die Elemente der Olivensteinschale durch ihre größere Länge und in der Hauptmasse spindelförmige Gestalt von den Steinzellen des Pfeffers, bei denen mehr rundliche Formen vorherrschen. Ein weiterer Unterschied ist die natürliche Farbe. Während die Pfeffersteinzellen im Wasserpräparat stets gelb erscheinen, sind die der Olive fast farblos und werden erst bei Zusatz konz. Schwefelsäure stark gelb, wobei sie mächtig aufquellen. Der vom Steinendokarp umschlossene Samen hat eine einfach gebaute Samenhaut mit großzelliger Epidermis (*ep*). Die Wände der oft 300 μ langen Oberhautzellen sind farblos, ungleichmäßig dick und stark quellbar. Das darunter liegende gelbe Parenchym, in dem die Leitbündel verlaufen, enthält Oxalatkrystalle. Der Samenkern besteht hauptsächlich aus Endosperm. Die oberste Zellage hat nach außen stark verdickte und getüpfelte Wände (*ea*). Das Gewebe enthält, wie auch dasjenige des Keimlings (*E* und *e*), neben Aleuron sehr viel Öl.

Für den Nachweis einer Fälschung mit Oliventrestern sind die äußeren Schichten der Frucht von besonderer Bedeutung. Die rundlichen Zellen der Epidermis und des darunter liegenden Parenchyms enthalten nämlich neben Öl einen violetten Farbstoff, der durch konz. Schwefelsäure intensiv morgenrot wird. Sehr charakteristisch sind außerdem die schon oben erwähnten Idioblasten aus dem Fruchtfleisch der Olive. Es handelt sich

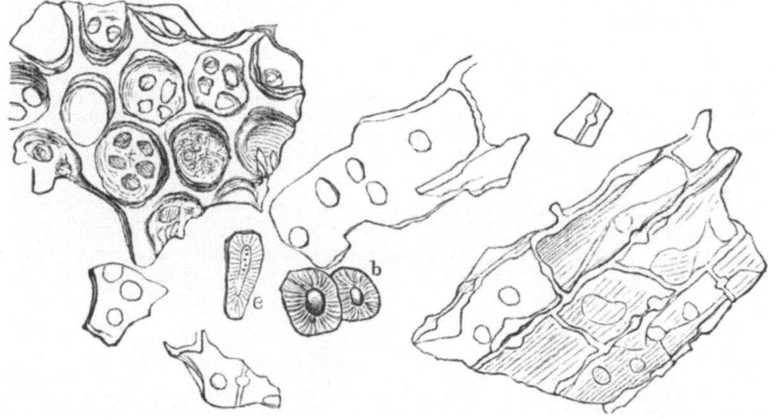

Abb. 78. Bruchstücke aus dem Palmkernmehl. (Aus König: Chemie, Bd. III/3.)

um große, sehr stark verdickte, getüpfelte Steinzellen, die durch geweihartige Fortsätze ausgezeichnet sind (vgl. Bd. IV).

ε) Palmkernmehl. Die Fettextraktionsrückstände der Samenkerne der Ölpalme (Elaeis guineensis L.) wurden zeitweise dazu benutzt, Pfefferstaub und Pfefferschalen das Ansehen des gemahlenen Pfeffers zu geben. Wenn man solches Pulver auf schwarzes Glanzpapier bringt und mit der Lupe scharf durchmustert, so findet man zwischen den gelblichen, glasig und meist bestaubt aussehenden Pfefferstücken gewöhnlich die weiß- und matt-seidenglänzenden Partikelchen des Palmkernmehles leicht heraus. Auch beim Drücken der Teilchen mit der Pinzette macht sich ein Unterschied bemerkbar. Die glasigen und harten Pfefferstücke lassen sich entweder nicht zerdrücken und springen leicht weg oder sie zerfallen zu Mehl, wenn sie mehr dem Innern des Endosperms entstammen; die Palmkernstückchen dagegen fühlen sich schwammig an, sie lassen sich also etwas zusammendrücken und dehnen sich wieder aus.

Nach A. Meyer verfährt man beim Nachweis des Palmkernmehles im Pfeffer zweckmäßig folgendermaßen: Man trennt das Pfefferpulver mit Hilfe eines Siebes in gröbere und feinere Anteile und untersucht die letzteren zuerst. Von dem feineren Pulver bringt man etwas mit Wasser und Jodlösung auf einen Objektträger: die Stärke des Pfeffers färbt sich blau, die Palmkernstückchen bleiben hell und nur ihre Proteinkörner färben sich gelblich. Ein weiteres Präparat wird mit Chloralhydratlösung hergestellt, wodurch die Splitter sehr schön aufgehellt werden. Das grobe Pulver untersucht man zuerst mit der Lupe. Finden sich größere Stückchen des Ölpalmendosperms, so klemmt man sie zwischen Korkstückchen oder Holundermark und fertigt mit dem Rasiermesser Schnitte an.

Bei der mikroskopischen Prüfung des feinen Pulvers, sowie bei Anfertigung von Schnitten aus den größeren Stücken erhält man Bilder, wie sie in den Abb. 78 und 79 dargestellt sind.

Der Palmkern, der Same der Ölpalme, besteht nämlich mit Ausnahme einer ziemlich dünnen braunen Samenhaut, deren Zellen wenig charakteristisch sind, aus dicht aneinander schließenden, abgesehen von den äußeren Lagen radial gestreckten, im Längsschnitt etwa rechteckigen Zellen. Die relativ dicken Wände dieser Zellen sind farblos und grob getüpfelt, so daß sie stellenweise knotige Verdickungen aufweisen. In der Flächenansicht erscheinen die Tüpfel als rundliche Poren (Abb. 79 *t'*). Der Inhalt der Zellen besteht aus krystallinischem Fett (schollige oder strichelige Massen) und sehr großen kugeligen Körpern, den Aleuronkörnern. Im Querschnitt (Tangentialschnitt am Samen) erscheinen die Zellen rundlich zylindrisch (Abb. 78, links oben).

Eine Feststellung der ungefähren Menge des Zusatzes von Palmkernmehl läßt sich auf chemischem Wege erzielen, indem man den Stärke- und den Rohfasergehalt des Gemisches bestimmt (vgl. S. 412 u. 413).

ζ) Cocoskuchenmehl. Das Endosperm des Cocossamens entspricht in seiner Struktur dem Palmnußendosperm (vgl. unter ε) nur sind die Zellen stärker gestreckt, die Zellwände dünner und eine Tüpfelung ist nicht ohne weiteres wahrnehmbar. Es fehlen also die knotigen Verdickungen. In Lauge erkennt man allerdings vereinzelte breite Tüpfel in der Zellwand (vgl. Bd. IV). Auch von der Steinschale (vgl. S. 422) gelangen Reste mit in die Preßrückstände des Samens.

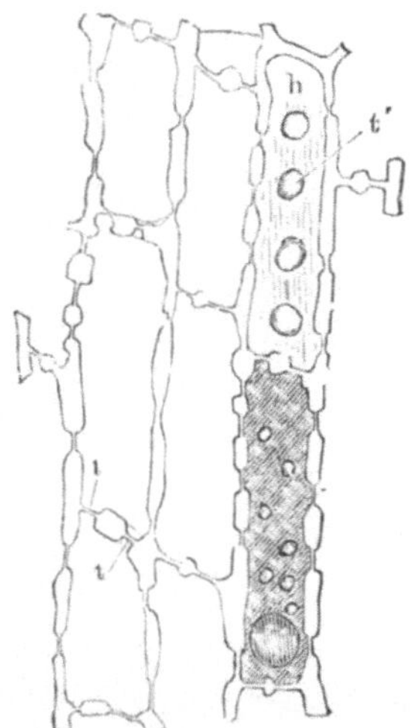

Abb. 79. Endospermzellen des Palmkernes. Längsschnitt. (Aus König: Chemie, Bd. III/3).

η) Erdnußkuchenmehl. Bei der Erdnuß (vgl. Bd. IV) bietet neben dem Keimblattgewebe insbesondere die Samenschale ein gutes Merkmal für die Erkennung. Charakteristisch ist namentlich die Oberhaut der Samenschale, deren Zellen an der Außenwand und den Seitenwänden zapfenartig in das Zellinnere vorspringende Verdickungsleisten aufweisen. Durch diese Verdickungen wird das Lumen der 5—6seitigen Zellen etwa sägezahnartig umsäumt (Abb. 80).

Die großen Keimblätter (Kotyledonen) bestehen aus großzelligem Parenchym, das nach der Entfettung noch kleine (etwa 5 μ) Aleuronkörner und bis 15 μ große rundliche Stärkekörner enthält. Nach Beseitigung des Zellinhaltes erkennt man, daß die Wände knotig verdickt sind. In der Fläche zeigen die Zellen daher grobe runde oder elliptische Poren. Selten enthält das Erdnußmehl auch noch Elemente der Fruchtschale, die aus untereinander verzahnten, in verschiedener Richtung gekreuzten Faserzellen bestehen.

Im Pfefferpulver ist Erdnußpulver auch dann zu erkennen, wenn man keine Schalenbestandteile auffindet. Denn nach Zusatz von Jodlösung fallen die Trümmer des Keimblattgewebes, die nur verhältnismäßig spärliche, in Form und Größe außerdem von der Pfefferstärke völlig verschiedene Stärkekörner enthalten, sofort auf.

ϑ) Mohnkuchenmehl. Eine Beimengung von Mohn (vgl. Bd. IV) zum Pfefferpulver ist an den Teilchen der Samenschale zu erkennen, wenn auch bei weißem Mohn nicht immer leicht. In der Flächenansicht erkennt man bei hoher Einstellung der Schalenteilchen dünnwandige polygonale Zellen, die reichlich Krystallsand und winzige Oxalatkrystalle enthalten, an größeren Teilchen außerdem die für die Mohnsamenoberfläche charakteristische Felderung. Letztere wird hauptsächlich durch eine unter den Krystallzellen gelegene Faserschicht verursacht, die sich wieder mit der folgenden aus braunen, meist beiderseits zugespitzten Querzellen kreuzt. Den Querzellen gleichlaufend sind schließlich wenig gestreckte Zellen, die eine zarte, netzförmige Verdickung der Zellwand aufweisen und beim blauen und braunen Mohnsamen einen dunkelbraunen, in Alkalien unlöslichen Farbstoff enthalten.

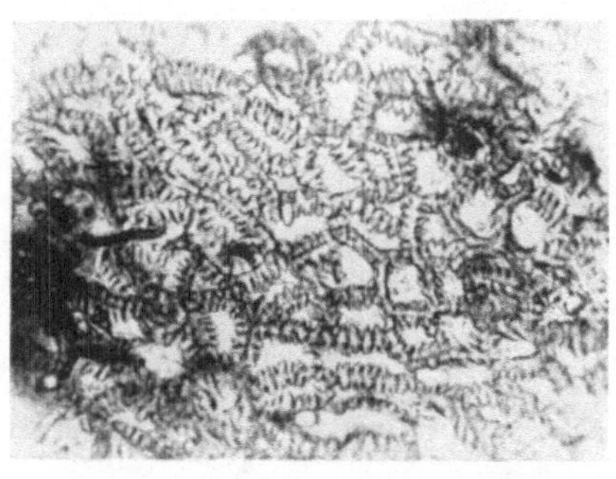

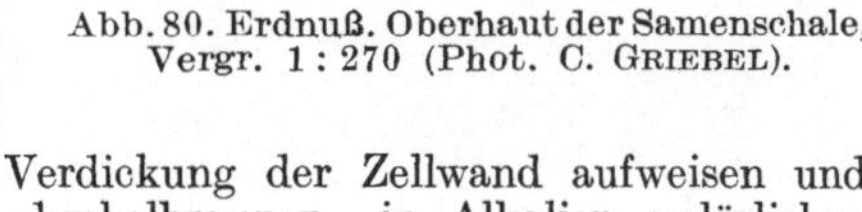

Abb. 80. Erdnuß. Oberhaut der Samenschale, Vergr. 1 : 270 (Phot. C. Griebel).

ι) Leinkuchenmehl. Auch beim Leinsamen (vgl. Bd. IV) sind an der für die Erkennung wichtigen Samenschale verschiedene Schichten wahrnehmbar, nämlich: 1. die aus großen farblosen in Wasser sehr stark aufquellenden Schleimzellen bestehende Epidermis, die im Pfefferpulver besonders auffällt; 2. eine aus rundlichen, in der Flächenansicht ringförmigen Zellen gebildete, lückige Parenchymschicht; 3. eine Lage stark verdickter und reich getüpfelter Fasern mit braunem Inhalt, die in Pulver einzeln und in Verbänden auftreten;

4. zu den Fasern gekreuzt verlaufende sehr zarte Querzellen; 5. eine einreihige Pigmentschicht aus fast quadratischen tafelförmigen Zellen mit sehr fein getüpfelten hellen Wänden und kompakten, gleichmäßig dunkelbraunen Inhaltskörpern. Diese Zellen sind das am meisten auffallende Element im Pulver. Ihr Inhalt ist oft im ganzen herausgefallen und färbt sich mit Eisenchlorid blau; in Alkohol, Wasser und Lauge ist er unlöslich.

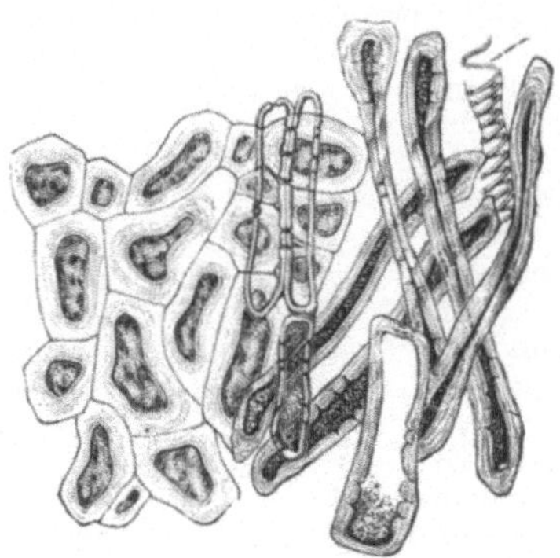

Abb. 81. Steinnußpulver (J. MOELLER). Stabzellen der Samenschale (rechts) und Endospermzellen der äußersten Schicht (links).

Außer den vorstehend genannten können als Fälschungsmittel des Pfefferpulvers auch noch andere gemahlene Ölkuchen vorkommen, so von Baumwollsamen, Sesam, Raps, Sonnenblumenfrüchten usw. (vgl. diese und andere in Bd. IV).

4. Früchte und Samen verschiedener Art.

ϰ) Steinnußmehl. Die Samen verschiedener Palmen werden wegen ihrer Härte als Steinnüsse bezeichnet und als „vegetabilisches Elfenbein" zur Knopffabrikation verwendet. In erster Linie in Betracht kommen die südamerikanischen Arten Phytelephas macrocarpa R. et P. und Phytelephas microcarpa R. et P. Die etwa 4 cm langen Samen bestehen hauptsächlich aus dem von einer dünnen braunen Haut bedeckten Nährgewebe. Die Samenhaut wird aus stabförmig gestreckten, etwas verdickten, reihenweise angeordneten Zellen gebildet, deren einzelne Lagen sich kreuzen. Zwischen ihnen liegen, ähnlich wie bei der Dattel, Pigmentschläuche. Die Endospermzellen sind außerordentlich dickwandig. In den äußersten Lagen sind sie fast isodiametrisch, nicht getüpfelt (Abb. 81), nach innen zu radial gestreckt, 35 bis über 50 μ dick, von Porenkanälen durchsetzt, die sich nach der Mittellamelle zu etwas erweitern. Das Lumen der Zellen ist meist schmaler als die Wandbreite. Die Wandverdickungen bestehen aus Reservecellulose und färben sich mit Chlorzinkjod violett.

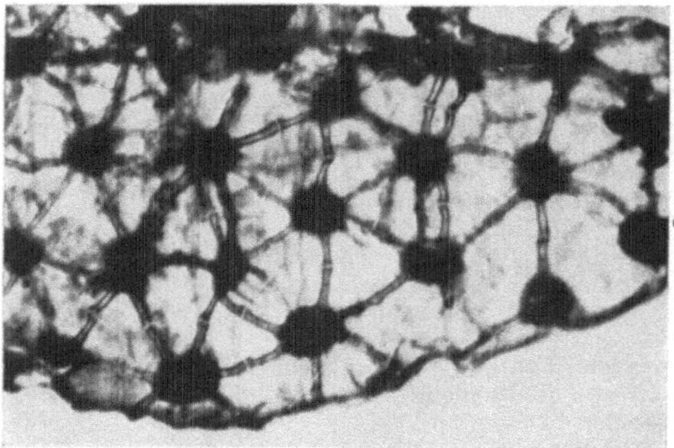

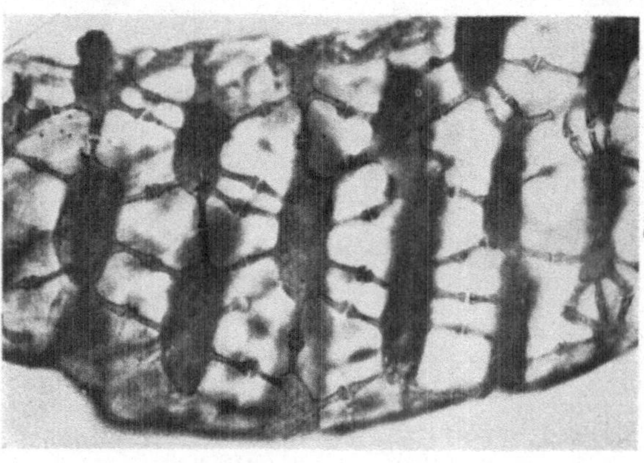

Abb. 82. Steinnußmehl (Phot. C. GRIEBEL). Endospermzellen. *a* in Querschnittlage, *b* in Längsschnittlage 1:220.

Die bei der Knopffabrikation abfallenden Drehspäne dienen im gemahlenen Zustand nicht nur als Streumehl in der Bäckerei, sondern auch als Fälschungsmittel für Gewürze, insbesondere für Pfefferpulver, ferner zur Herstellung von Kaffee-Ersatzmitteln (vgl. S. 101). Man erkennt das Steinnußmehl an den mächtigen weißen Wandverdickungen mit den charakteristischen Tüpfelkanälen, die von dem dunkel erscheinenden Zellumen wie Arme ausgehen (Abb. 82). Seltener beobachtet man die Elemente der Samenschale (Abb. 81).

In ähnlicher Weise wie die Samen von Phytelephas, werden auch die von Coelococcusarten (Tahiti- oder Fidschinüsse) und von Hyphaene thebaica MART. (Doumpalme) verarbeitet. Bei Coelococcus sind die Endospermzellen schlanker. Ihr Lumen ist meist breiter als die Wandbreite, die 20—30 μ beträgt. Die Mittellamelle ist im Gegensatz zu Phytelephas erkennbar. Die Zellen enthalten außerdem regelmäßig je einen prismatischen Oxalatkrystall.

Die Endospermzellen von Hyphaene besitzen noch weniger dicke Wände (10—25 μ). Die zarte Mittellamelle ist deutlich erkennbar. Die Porenkanäle sind kürzer und seltener als bei den anderen Arten. Charakteristisch ist die Form der Zellumina, die in der Mitte am breitesten sind und sich nach den Zellenden zu verjüngen. Oxalat fehlt.

λ) Birnenmehl. Als ein Bestandteil der später erwähnten Matta, aber auch als selbständiges Fälschungsmittel im Pfeffer, überhaupt in Gewürzen, wurde von NEVINNY das Mehl von gedörrten Birnen nachgewiesen. Die von J. MÖLLER (vgl. S. 438) in der Matta gefundenen Steinzellen und sklerotischen Fasern unbekannten Ursprungs sind von HANAUSEK und NEVINNY als Bestandteile solchen gedörrten Birnenmehls erkannt worden.

μ) Wacholderbeeren. Die bei der Destillation oder Extraktion von Wacholderbeeren (vgl. S. 453) hinterbleibenden Rückstände dienen im getrockneten und gemahlenen Zustand als Fälschungsmittel. Man erkennt sie an den rundlich polygonalen, dickwandigen getüpfelten Zellen der Oberhaut (vgl. S. 453, Abb. 109 *ep*), die einen braunen Inhalt führen, an den Nähten zu ineinandergreifenden Papillen verwachsen sind und an denen oft die Teilung in Tochterzellen zu erkennen ist, besonders aber an den sack- oder tonnenförmigen, zart- oder derbhäutigen glattwandigen gelben Zellen aus dem Fruchtfleisch (*p*), weiter an den stark verdickten farblosen Steinzellen (*st*) der Samenschale, die in ihrem Lumen meistens je einen großen Oxalatkrystall enthalten.

ν) Cubeben. Die Cubeben, die Früchte von Piper Cubeba L., die als Heilmittel, selten als Gewürz dienen, werden im extrahierten Zustand wegen ihrer Ähnlichkeit mitunter dem Pfeffer beigemischt. Sie haben einen an der Fruchtschale angewachsenen, 6—8 mm langen Stiel (daher auch „gestielter Pfeffer" genannt); der Same ist nur am Grunde der Fruchtschale angewachsen und kann leicht herausgenommen werden. Der Hauptunterschied besteht in der verschiedenartigen Ausbildung des Endokarps. An Stelle der kleinen hufeisenförmig verdickten Sklereiden des Pfeffers finden sich bei den Cubeben in einfacher (selten in doppelter Reihe) große (oft 80 μ), meist radial gestreckte, sehr stark und gleichmäßig verdickte, reich getüpfelte, blaßgelbe Steinzellen (Abb. 83), die sich mit Alkalien stärker gelb färben. Die Stärkekörner sind etwas größer (2—12 μ). Mit 80%iger Schwefelsäure wird Cubebenpulver carminrot, Pfefferpulver dagegen bräunlich- oder grünlichgelb. Man kann daher unterm Mikroskop die leuchtend roten Cubebenteilchen im Pfefferpulver ohne weiteres erkennen.

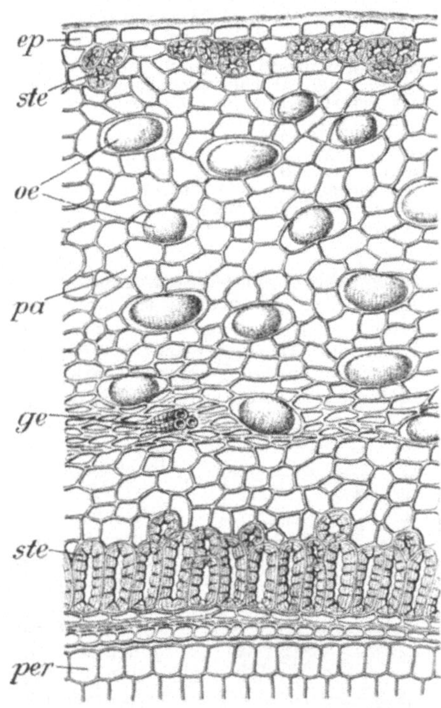

Abb. 83. Piper Cubeba L. Querschnitt durch die Fruchtwand (GILG). *ep* Epidermis, *ste* äußere und innere Steinzellenschicht, *oe* Ölzellen, *pa* Parenchym, *per* Perisperm.

ξ) Paradieskörner. Die Paradieskörner, auch Guineapfeffer oder Melegetapfeffer genannt, sind die 2—4 mm großen, unregelmäßig rundlich-eckigen Samen von Amomum Melegeta Roscoe (Zingiberaceae). Anatomisch sind sie den Malabarkardamomen ähnlich (vgl. S. 456). Für den Nachweis gibt UNGER folgende mikrochemische Reaktion an: Schwefelsäure, mit gleichen Teilen Glycerin verdünnt, gibt dem Endosperm des Pfefferkornes sofort eine intensiv gelbe Färbung, die nach einiger Zeit in grüngelb übergeht. Das Endosperm der Paradieskörner gibt hierbei keine Reaktion. Man kann daher unterm Mikroskop die ungefärbten Paradieskörnerteilchen neben den gelben Pfefferteilchen deutlich erkennen. Im übrigen sind die Zellen des Paradieskörnerendosperms länger und schmäler, also viel schlanker als die des Pfefferendosperms.

ο) Seidelbastfrüchte. Die im frischen Zustand scharlachroten, getrocknet netzigrunzeligen, graubraunen, pfefferkorngroßen Steinfrüchte des Seidelbastes (Daphne mezereum L. — Thymelaeaceae), auch Deutscher oder Bergpfeffer genannt, haben während des Krieges gelegentlich wieder als Pfefferersatz Verwendung gefunden. Früher wurden sie auch als Fälschungsmittel beobachtet. Da die Gewebselemente recht kennzeichnend sind, lassen sie sich verhältnismäßig leicht im Pfeffer feststellen. Zu erwähnen ist besonders folgendes: Das Parenchym der Fruchthaut besteht aus polyedrischen stark porösen Zellen, die je einen großen Stärkeballen enthalten und sonst vollständig mit Fett, Aleuron und Farbstoff angefüllt sind. Das Steinendokarp ist von einem dünnen gelben Häutchen bedeckt, das scharfeckig-polygonale Zellen mit feinporigen Wänden erkennen läßt. Die schwarze Steinschale besteht aus radial gestreckten, sklerotischen Zellen, deren Konturen in der Aufsicht erst nach Aufhellung in Form kreisrunder Wülste in der scheinbar homogenen Grundmasse sichtbar werden. Besonders charakteristisch ist die Samenhaut, deren rundlich-polygonale, etwas emporgewölbte Zellen eine zarte Netzverdickung zeigen.

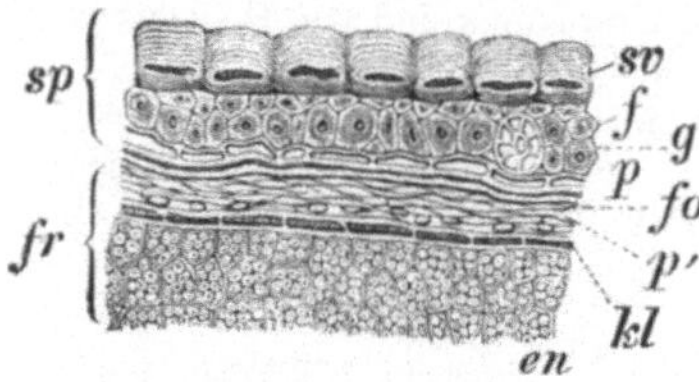

Abb. 84. Querschnitt durch die Spelze und Fruchtsamenschale von Setaria germanica. *sv* Oberhaut, *f* Hyperdoma, *g* Gefäßbündel, *p* Parenchym der Spelze *sp*, *fo* Fruchtoberhaut, *p'* Parenchym der Fruchtsamenschale, *kl* Kleberschicht, *en* Endosperm, *sp* Spelze, *fr* Fruchtkern. (Nach T. F. Hanausek.)

π) Pomeranzenfrüchte. A. Lendner beobachtete im Pfefferpulver gemahlene unreife Pomeranzenfrüchte (Fructus Aurantii immaturi) und schlägt für den Nachweis ein Färbeverfahren mit Kongorot vor.

Das Pulver ist aber an sich mikroskopisch ziemlich gut gekennzeichnet. Es besteht überwiegend aus den Trümmern des fast farblosen Schalenparenchyms, das sich im inneren Teil aus rundlichen, ziemlich dickwandigen Zellen zusammensetzt. Daneben findet man vereinzelt bräunlichgelbe Epidermisreste mit großen Spaltöffnungen, sowie kleine isolierte und noch in Zellen eingeschlossene Oxalateinzelkrystalle. Stärke fehlt. Bei Zusatz von Lauge färben sich die Teilchen infolge ihres Hesperidingehaltes sofort kanariengelb.

ϱ) Matta. Als Matta waren für bestimmte Gewürze appretierte Fälschungsmittel im Handel. Die erste Mitteilung über die Bestandteile der Matta hat J. Moeller gemacht; er fand, daß Hirsekleie, brandige Gerste, Steinzellen, sklerotische Fasern unbekannten Ursprungs (von Hanausek als Bestandteile von gepulverten gedörrten Birnen erkannt) und Mineralpulver die Materialien waren, aus denen die Matta hergestellt wurde. Die Pfeffer- und Cassiamatta soll als Hauptbestandteil Hirsekleie, die Pimentmatta vorwiegend die von T. F. Hanausek als zum Birnenmehl gehörig erkannten Steinzellen enthalten. Von den im Handel beobachteten verschiedenen Pfeffermattasorten gibt T. F. Hanausek folgende Beschreibung:

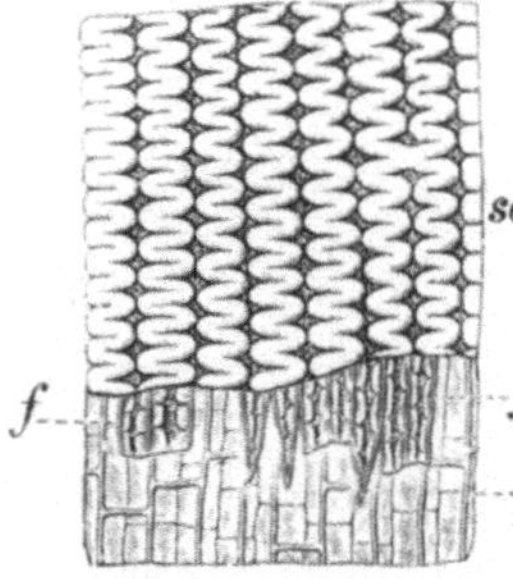

Abb. 85. Spelzengewebe von Setaria germanica. *so* Oberhaut, *f* Hypodermafasern, *p* Parenchym. (Nach Hanausek.)

„Pfeffermatta Nr. I besteht aus Hirsekleie (Setaria germanica); Matta für gepulverten schwarzen Pfeffer, von dem sie kaum zu unterscheiden ist.

Pfeffermatta Nr. II besteht aus Hirsekleie (höchstwahrscheinlich Panicum miliaceum), mit kleinen strohähnlichen Partikelchen gemischt und deshalb etwas auffälliger, sonst an Farbe dem schwarzen Pfeffer gleich.

Pfeffermatta Nr. III besteht aus Gerstenmehl, wahrscheinlich aus Malz. Sie ist grauweiß und makroskopisch von gepulvertem weißen Pfeffer nicht zu unterscheiden. Die Gerstenspelzen fehlen fast ganz.

Pfeffermatta Nr. IV besteht aus sehr grobem Weizenmehl, wahrscheinlich aus Bollmehl; sie wird schwarzem und weißem Pfeffer zugesetzt."

Der Hauptbestandteil der gebräuchlichsten Pfeffermatta (I) war danach die Frucht von Setaria italica var. moharia Alef. (Setaria germanica PB), deutsche Kolben- oder Borstenhirse, die Mohar. Diese hat strohgelbe, rotbraune oder schwarzbraune elliptische, vom Rücken zusammengedrückte Spelzen, die die platteiförmigen 2 mm langen, 1,5 mm breiten und 1 mm dicken Früchtchen umschließen. Die Oberfläche der äußeren Spelze hat eine sehr fein runzelige (nicht höckerige) Beschaffenheit, die durch schwache Erhebungen der Oberhaut veranlaßt wird. Der Querschnitt der bespelzten Moharfrucht zeigt folgende Gewebsschichten (Abb. 84): Die Oberhaut *sv*, die Sklerenchymfaserschicht *f* mit Gefäßbündeln *g*, das Parenchym *p*, die Innenepidermis, welche die Spelze nach innen abschließt. Darauf folgt die Fruchtschale mit der Oberhaut *fo*, dem Parenchym *p'*, vereinzelte Schlauchzellen und ein feines, die Fruchtschale abschließendes Häutchen. Darunter liegt die Kleberschicht *kl* ind das Endosperm *en* mit dünnwandigen, vollständig von Stärke erfüllten Zellen. Für die Aufsuchung der Setaria im Pfefferpulver sind von besonderer Wichtigkeit die Flächenbilder der Spelze, besonders die der Oberhaut. Die Wandungen der Spelzenoberhautzellen sind sehr scharf und gleichmäßig gewunden, die Zellen selbst äußerst lang, so daß man in Bruchstücken häufig keinen Zellenabschluß findet (Abb. 85, *so*). Von den etwas ähnlichen Gerstenspelzen (vgl. Bd. V) unterscheiden sie sich dadurch, daß zwischen den Oberhautzellen der Hirse keine Kurzzellen eingeschaltet sind. Unter diesen Oberhautzellen liegt, wie bei Gerste, Hafer usw., ein aus Sklerenchymfasern *f* bestehendes Hypoderm, darunter das Parenchm *p*. Das Spelzengewebe von der Rispen- oder gemeinen Hirse (Panicum miliaceum L.) ist genau so beschaffen, wie das von Setaria.

Die Flächenansicht der Fruchtoberhaut (Abb. 86) läßt buchtig wellige Oberhautzellen *fo*, das Parenchym *p'* und dünne, feine Schlauchzellen *se* erkennen. Diese Gewebsformen sind bei Setaria und Panicum nahezu gleich.

Die in den Endospermzellen enthaltenen Stärkekörner der Hirsearten sind klein, meist polyedrisch, seltener rundlich und stets mit Kern oder Kernspalte versehen (vgl. Bd. V). Die Stärkekörner von Setaria sind 7—14 μ (meist 10 μ) groß; die von Panicum etwas kleiner und immer scharfkantig.

Einen Überblick über die Elemente der Matta aus Setaria zeigt Abb. 87.

Über die Erkennung weiterer gelegentlich beobachteter Verfälschungsmittel, wie Piment (S. 436), Ingwer (S. 339), Galgant (S. 342), Lorbeerblätter (S. 373), Paprika (S. 446), Destillationsrückstände von Anis (S. 476), Fenchel (S. 482), Coriander (S. 488), Kakaoschalen (S. 239), Haselnußschalen (Bd. IV), Dattelkerne (S. 92), Weinbeerkerne (S. 95), Eicheln (S. 85), Holzmehl (Bd. V), Sumachblätter (S. 367), vgl. an den angegebenen Stellen.

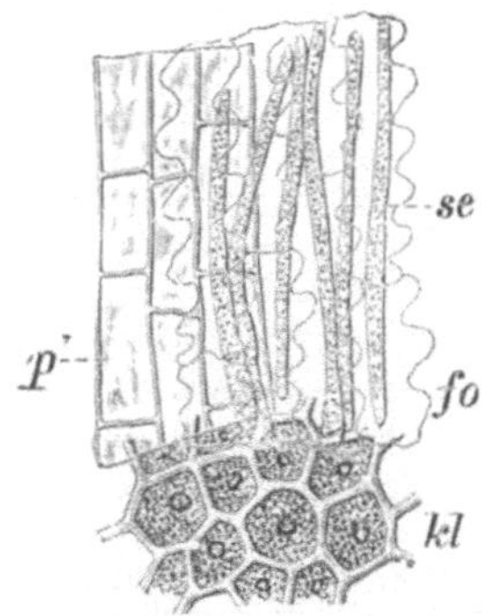

Abb. 86. Fruchtsamenschale von Setaria germanica. *fo* Oberhaut, *p'* Parenchym, *se* Schlauchzellen, *kl* Kleberzellen. (Nach T. F. HANAUSEK.)

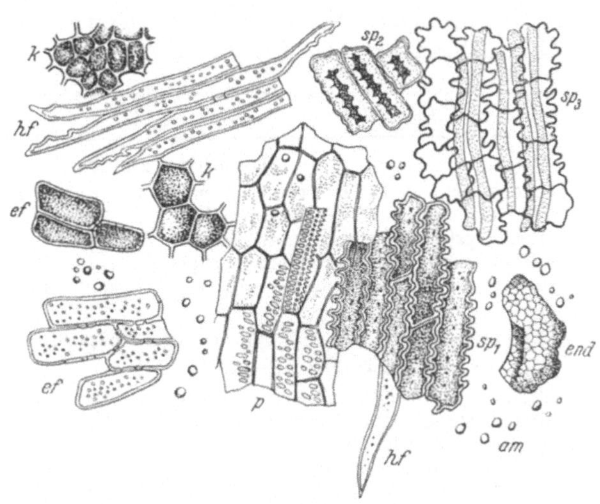

Abb. 87. Pfeffermatta aus Setaria. sp_1, sp_2 Spelzenoberhaut, *hf* Hypodermfasern, *p* Spelzenparenchym, auf dem ein kleines Treppengefäß liegt, sp_3 Fruchtschalenoberhaut mit darunter liegenden Schlauchzellen, *ef* Fruchtschalenparenchym, *k* Kleberzellen, *end* ein Stärkeklumpen aus dem Endosperm, *am* einzelne Stärkekörner. (Nach J. MOELLER.)

Anhaltspunkte für die Beurteilung des Pfeffers.

a) Nach der chemischen und mikroskopischen Untersuchung. 1. Die Vereinbarungen der deutschen Lebensmittelchemiker stellen folgende Begriffsbestimmungen und Forderungen auf[1]:

„a) Schwarzer Pfeffer ist die getrocknete unreife Steinfrucht von Piper nigrum L., Familie der Piperaceen.

b) Weißer Pfeffer ist die getrocknete reife, von dem äußeren Teil der Fruchtschale befreite Steinfrucht von Piper nigrum.

c) Schwarzer Pfeffer im ganzen Zustande ist die Handelsware, die aus möglichst vollwertigen, Schale und Perisperm enthaltenden, ungefärbten Körnern besteht. Der Höchstgehalt an tauben Körnern, Fruchtspindeln und Stielen darf nicht mehr als 15% betragen.

d) Weißer Pfeffer im ganzen Zustande ist die Handelsware, die aus vollwertigen reifen oder aus geschälten unreifen Körnern besteht. Tonen oder Kalken des Pfeffers ist als Fälschung anzusehen.

e) Schwarzer Pfeffer im gemahlenen Zustande muß ausschließlich aus den Früchten des schwarzen Pfeffers hergestellt sein, er muß den kräftigen charakteristischen Geruch und Geschmack zeigen; bei der mikroskopichen Prüfung muß das reichliche Vorhandensein von Perispermstücken in die Augen fallen; Pfefferschalen, Pfefferspindeln,

[1] Vgl. ED. SPAETH: **Z.** 1908, **15,** 74.

sog. Pfefferköpfe, das abgesiebte vom ganzen Pfeffer und Pfefferstaub dürfen beim Vermahlen oder dem Mahlprodukt nicht zugesetzt werden; ebenso ist das Vermahlen von Pfeffer mit mehr als 15% tauben Körnern, Spindeln u. dgl.[1] als eine Fälschung zu bezeichnen.

f) Weißer Pfeffer im gemahlenen Zustande muß ausschließlich aus den reifen oder aus geschälten schwarzen Pfefferkörnern hergestellt sein; er muß ebenfalls den kräftigen Geruch und Geschmack zeigen; bei der makroskopischen Prüfung dürfen Schalenteile in auffallender Menge nicht zu erkennen sein; extrahierter Pfeffer darf beim Vermahlen oder dem Mahlprodukt nicht zugesetzt werden."

Die Begriffsbestimmung des Deutschen Arzneibuches, 6. Ausgabe, für schwarzen Pfeffer stimmt mit der unter a) inhaltlich überein.

In den amtlichen Vorschriften von Österreich und der Schweiz haben die Begriffsbestimmungen folgenden Wortlaut:

Österreich	Schweiz
1. Schwarzer Pfeffer:	
Unter schwarzem Pfeffer versteht man die vor der völligen Reife gesammelten, also noch grünen, rasch getrockneten Beerenfrüchte des Pfefferstrauches Piper nigrum L. (Familie Piperaceae).	Schwarzer Pfeffer sind die mehr oder weniger unreifen, vollständigen Früchte, die dunkelbraun bis schwarz und stark runzelig sind. Sie sollen nicht zu unreif sein, was man an der geringen Entwicklung des Perisperms erkennt.
2. Weißer Pfeffer:	
Weißer Pfeffer sind die im Wasser erweichten, von den äußeren Gewebsschichten befreiten und hierauf getrockneten, reifen Beeren des oben genannten Pfefferstrauches.	Weißer Pfeffer sind die reifen Früchte, die vom äußeren Teile der Fruchtschale (bis auf die Gefäßbündel) befreit sind. Sie sind kugelig, am Scheitel etwas abgeflacht oder eingedrückt, grauweiß oder oft von den zarten Gefäßbündeln von oben nach unten durchzogen.

2. Außerdem sind vom Verein deutscher Lebensmittelchemiker und in anderen Ländern Höchst- bzw. Mindestgehalte festgesetzt (siehe Tabelle S. 111).

3. Inwieweit auch noch andere Bestandteile zur Beurteilung mit herangezogen werden können, erhellt aus der Übersicht der chemischen Zusammensetzung (S. 410). So wird durch Beimischung der proteinreichen Ölkuchenmehle der Gehalt an Stickstoffsubstanz (Protein), durch Beimischung von Kleien oder kleiereichen Mehlen der Gehalt an Pentosanen erhöht sein usw.

Der sichere Nachweis solcher Zusätze ist nur durch die mikroskopische Untersuchung möglich. Als weiteres Hilfsmittel können hierbei die Bestimmung der Stärke S. 413, der Rohfaser S. 412, des Piperins S. 414, der Bleizahl S. 413 und der Arragonschen Jodzahl S. 413 dienen.

4. Die Unterschiebung geringwertiger Pfeffersorten unter bessere, die Beimengung von fremden ähnlichen Früchten und Samen, die Beimengung von den bei der Bereitung von Weißpfeffer erhaltenen Schalenabfällen unter schwarzen gemahlenen Pfeffer, der Zusatz von fremden unorganischen oder organischen Stoffen irgendwelcher Art, das Überziehen mit Kreide, Kalk, Ton oder Schwerspat, das Färben mit Frankfurter Schwarz oder Ruß, sowie alle Behandlungen, die den Begriffsbestimmungen zuwiderlaufen und der Ware den Schein einer besseren Beschaffenheit verleihen sollen, sind als Fälschungen anzusehen.

[1] Nach dem Österreichischen Lebensmittelbuch, 2. Aufl., darf bei ungemahlenem schwarzen Pfeffer der Gehalt an tauben Körnern, Fruchtspindeln und Stielen insgesamt nicht mehr als 15%, an Fruchtspindeln allein höchstens 4% betragen.

	Für die lufttrockene Substanz								Für die Trockensubstanz [1]
	Gesamtasche	In 10%iger Salzsäure unlöslicher Anteil der Asche	Ätherisches Öl	Nichtflüchtiger Ätherauszug	Piperin	Stickstoff in 100 Teilen des nichtflüchtigen Ätherauszuges	Glucosewert	Rohfaser	Bleizahl
	Höchstens	Höchstens	Mindestens	Mindestens	Mindestens	Mindestens	Mindestens	Höchstens	Höchstens
	%	%	%	%	%	%	%	%	
1. Schwarzer Pfeffer:									
Deutsches Reich	7,0 [2]	2,0	—	(6,0) [3]	(4,0) [3]	(3,25) [3]	(30,0) [3]	17,5	0,08
Österreich. . .	7,0	2,0	2,0	—	6,0		30,0	17,5	—
Schweiz. . . .	6,0	2,0	—	—	—		—	16,0	—
2. Weißer Pfeffer:									
Deutsches Reich	4,0	1,0	—	(6,0) [3]	(5,5) [3]	(3,5) [3]	(45,0) [3]	7,5	0,03
Österreich. . .	3,0	1,0	1,5	—	6,0	—	40,0	7,5	—
Schweiz. . . .	2,0 3,5 (Pulver)	1,0	—	—	—		—	7,0	—

b) Beurteilung des Pfeffers nach der Rechtslage. Pfeffer mit Pfefferschalen. Der Angeklagte hatte als „rein gemahlenen schwarzen Pfeffer" Mischungen aus den verschiedenen Pfeffersorten und dem Schalenabfall des weißen Pfeffers hergestellt und verkauft. Der Zusatz von Schalenabfall betrug bis zu 50%.

Der Angeklagte hat durch seine Zusätze von Pfefferschalen, deren minderwertige Beschaffenheit ihm bekannt war, den Pfeffer durch Herabsetzung seines natürlichen Gewürzgehaltes verdünnt und verschlechtert und somit verfälscht. Unter „rein gemahlenem Pfeffer" verstehen Abnehmer und Publikum beim Fehlen einer weiteren Angabe die Frucht der Pfefferpflanze in gemahlenem Zustande ohne jedweden weiteren Zusatz, setzen also voraus, daß das Mahlprodukt nicht künstlich verdünnt und somit mit fremden Bestandteilen versetzt ist.

Das Gericht hielt eine Verfälschung im Sinne des § 10, Anm. 1 u. 2 NMG. für gegeben. LG. Leipzig, 17./19. Januar 1906.

Pfeffer mit Pfefferschalen (secunda-Ware). Der Angeklagte hatte das als „Pfefferschalen" bekannte Abfallprodukt der Schrotung von schwarzem Pfeffer zur Herstellung von weißem Pfeffer, welches aus den äußeren Hüllen des Pfefferkernes mit geringen Mengen anhaftender Bruchteile von Kernsubstanz besteht, mit schwarzem Pfeffer vermahlen und diese Mischung als „Pfeffer rein gemahlen, schwarz secunda" in den Handel gebracht. Der Rohfasergehalt dieses Gemisches betrug nur etwa 16%, blieb also hinter der von den Nahrungsmittelchemikern aufgestellten Höchstgrenze von 17,5% zurück.

Die Strafkammer hat tatsächlich festgestellt, daß durch die Bezeichnung des Pfeffers als „secunda"-Ware eine Täuschung ausgeschlossen war, indem die Detailkäufer wußten, in welcher Weise dieser „secunda"-Pfeffer gewonnen war und, soweit sie dies nicht wußten, ebenso wie das konsumierende Publikum aus dem Zusatze „secunda" jedenfalls entnahmen, daß sie keinen Pfeffer erster Güte erhielten, wobei es ihnen vollständig gleichgültig war, ob sie einen Naturpfeffer minderer Qualität oder einen solchen erster Güte, welcher aber durch Zusatz von Schalen in seiner Qualität herabgesetzt war, erhielten. Unter diesen Umständen kann in dem sich im Rahmen des anerkannt zulässig haltenden Zusatzes von Schalensubstanz, welche immer noch einen starken Inhalt an Piperin enthält, eine Verfälschung im Sinne des Gesetzes nicht erblickt werden, zumal dieser secunda-Pfeffer auch zu einem angemessenen und handelsüblichen Preise verkauft wurde. Hierbei mag noch

[1] Für den Wassergehalt ist nur im Österreichischen Lebensmittelbuch eine Höchstgrenze festgesetzt, nämlich für schwarzen und weißen Pfeffer 15,0%, obschon der Wassergehalt im weißen Pfeffer durchweg etwas höher ist. Bei dem schwankenden Wassergehalt wäre es richtiger, alle Grenzzahlen auf Trockensubstanz zu beziehen.

[2] Nach dem Deutschen Arzneibuch, 6. Ausgabe, darf schwarzer Pfeffer höchstens 5% Asche enthalten.

[3] Den eingeklammerten Zahlen bei den deutschen Vereinbarungen kommt der Wert als Grenzzahlen nicht zu, sie sind aber für die Beurteilung gleichwohl wertvoll.

hervorgehoben werden, daß nach den tatsächlichen Feststellungen der Strafkammer auch der Ausdruck „rein gemahlen" keine zur Täuschung geeignete Bezeichnung enthält, weil er nicht dahin verstanden wird, daß der Pfeffer keinen Zusatz an Schalensubstanz enthält, sondern dahin, daß er von fremden Stoffen frei sei.

OLG. Karlsruhe, 4. September 1909.

Pfeffer mit Pfefferköpfen. Der vom Angeklagten verkaufte gemahlene Pfeffer bestand zur Hälfte aus Singaporepfeffer, zur Hälfte aus sog. Pfefferköpfen und anderen in den Gewürzmühlen entstehenden Abfallprodukten.

Nur der Singaporepfeffer kann als Gewürzmittel dienen, während die aus hohlen Schalen bestehenden Pfefferköpfe und die anderen Abfallprodukte gänzlich wertlos sind und jeder Gewürzkraft entbehren. Durch ihren Zustz ist daher der Pfeffer verschlechtert worden, so daß diese als gemahlener Pfeffer bezeichnete Ware als ein verfälschtes Genußmittel im Sinne des NMG. anzusehen ist. Die Unkenntnis des Angeklagten von der verfälschten Beschaffenheit des Pfeffers war eine fahrlässig verschuldete. § 11 NMG. Die Revision wurde verworfen.

OLG. Dresden, 26. November 1903.

Pfeffer mit Bruchpfeffer. Der Angeklagte hatte 25% Bruchpfeffer mit 75% reinem Pfeffer vermischt, die Mischung gemahlen und als reinen Pfeffer in den Verkehr gebracht, ohne die Käufer von der Mischung zu unterrichten.

Der Bruchpfeffer ist ein beim Ausschälen des schwarzen Pfeffers übrigbleibender Rest. Er kostet für den Zentner etwa 20 Mark weniger als der ganzkörnige und enthält, da er Abfall ist, naturgemäß eine weit größere Menge Sand und Asche als dieser.

Eine Fälschung ist hier insofern schon vorhanden, als der Angeklagte Bruchpfeffer, der immer minderwertig ist, mit reinem Pfeffer vermischt und das, was nach dem Mahlen entstanden ist, als reinen Pfeffer in Verkehr gebracht hat. Die Verfälschung ist aber um so erheblicher, als der Bruchpfeffer, den er zur Mischung verwendet hat, ein sehr schlechter war, er enthielt 10% Asche und darunter 4,5% Sand. Durch die Mischung 75 : 25 hat der Angeklagte also dem gemahlenen Pfeffer etwa 2% Asche mehr zugefügt, als wenn er reinen Pfeffer verwendet hätte, und hierin liegt eine gröbliche Verfälschung der Ware. § 10, Anm. 1 u. 2 NMG.

LG. BRESLAU, 12. Oktober 1900.

Pfeffer mit zu hohem Aschengehalt. Der gemahlene schwarze Pfeffer enthielt 9,87%, davon 3,48% in verdünnter Salzsäure unlösliche Aschenbestandteile.

Nach Annahme des Gerichts ist dieser Pfeffer, weil er mehr als die zulässigen 6,5% solcher Bestandteile enthielt, als durch Beimengung fremdartiger Bestandteile, nämlich Pfefferstaub, Pfefferbruch und insbesondere mineralischer Bestandteile verfälschte Ware zu erachten. Der Angeklagte habe zweifellos ein verfälschtes Nahrungs- und Genußmittel unter einer zur Täuschung geeigneten Bezeichnung feilgehalten, insofern er den Pfeffer als Pfeffer erster und bester Qualität bezeichnet habe, während jeder, der solchen Pfeffer anbiete oder kaufe, reinen Pfeffer voraussetze. Dagegen hat sich das Gericht nicht überzeugen können, daß ein wissentliches Feilhalten stattgefunden habe. § 11 NMG.

LG. Regensburg, 25. Juli 1891.

Weißer Pfeffer mit Tonüberzug. Der Pfeffer bestand aus einem Gemenge von weißen und schwarzen Pfefferkörnern, die mit einem Überzuge von Ton versehen waren. Die Untersuchung ergab einen Aschengehalt von 32,8% und einen Tongehalt von 28,4%. Der Pfeffer wurde für objektiv verfälscht erachtet. § 10 NMG.

LG. Breslau, 12. Oktober 1900.

Gekalkter Penangpfeffer. Nach dem Gutachten der Sachverständigen wird der Pfeffer in Penang zum Schutze gegen Wurmfraß „gekalkt", d. h. mit einem Überzug aus Ton und Schlemmkreide versehen.

Es erscheint dem Landgericht bedenklich, dem Vorderrichter darin zu folgen, daß jedes Kalken des Pfeffers unzulässig sei und sich als Verfälschung im Sinne des NMG. darstelle. Der aus dem Bestreben, den Pfeffer gegen Wurmfraß zu schützen, entstandene Brauch entspricht vielmehr dem soliden Geschäftsherkommen. Zu einer Verfälschung wird das Kalken erst, wenn sich nachweisen läßt, daß es sich nicht im Rahmen des Üblichen gehalten hat, sondern dazu mißbraucht worden ist, das Gewicht des Pfeffers zu erhöhen, oder den Anschein einer besseren Beschaffenheit desselben hervorzurufen. Es erfolgte Freisprechung.

LG. II Berlin, 19. November 1903.

Gekalkter Penangpfeffer. Der Angeklagte hatte getonten Penangpfeffer so, wie er ihn erhalten hatte, vermahlen und als „reinen gemahlenen weißen Pfeffer" verkauft. Dieser enthielt 8% Asche und davon 38% Kieselsäure.

Das Landgericht gelangte zur Verurteilung aus § 10, Anm. 1 NMG. Es hob hervor, „daß durch Sieben oder Waschen die nach Beendigung des Seetransportes zum Schutze des Pfeffers jedenfalls zwecklose Kalk- oder Tonschicht unschwer zu beseitigen ist, was auch seitens vieler Gewürzmüller vor dem Mahlen zu geschehen pflegt".

Die Revision wurde verworfen. Aus dem Urteil: Mag der Kalk oder Ton auf dem Pfeffer während der Seereise den Schutz des Pfeffers bezweckt haben, so war er nach Beendigung des Transportes überflüssig. Es müßte daher befremden, wenn feststellbar gewesen sein sollte, es habe sich, noch dazu mit stillschweigender Zustimmung des kaufenden Publikums, ein Brauch herausgebildet, vermöge dessen die nun einmal auf dem Pfeffer liegende Kalk- oder Tonschicht anstandslos, so, als gehöre sie gewissermaßen zu den Bestandteilen der Ware selbst, mit vermahlen und dann dem menschlichen Magen, obwohl — als pulverförmiger Kalk oder Ton — tatsächlich Schmutz, statt einer Gewürzmasse oder unter und in einer solchen mit angeboten werden dürfte. Eine derartige Feststellung würde, wäre sie getroffen worden, die erheblichsten Bedenken gegen sich haben. Die Verurteilung des Angeklagten wegen Verfälschung von Pfeffer erscheint hiernach frei von Rechtsirrtum.

OLG. Dresden, 17. Dezember 1903.

Pfeffer mit Surrogat. Der Angeklagte hatte einen mit Surrogat vermischten Pfeffer unter der Bezeichnung „mélange" verkauft.

Das Landgericht stellte fest, daß diese ungenügende Bezeichnung des Pfeffers nur zur Umgehung des Gesetzes und zur Täuschung des Käufers von ihm gewählt sei.

Das Oberlandesgericht nahm an, daß das Landgericht das dolose Vorgehen des Angeklagten nicht nur in dem Gebrauch einer unrichtigen, zur Täuschung geeigneten Bezeichnung, sondern auch in der absichtlichen Unterlassung der nötigen Anordnung, die Kunden, ob sie danach fragten oder nicht, durch seinen Reisenden über die Beschaffenheit der Ware aufzuklären, erblickt hat. Vergehen gegen § 10, Anm. 2 NMG.

OLG. Colmar, 25. November 1890.

Pfeffer mit Palmkernmehl und sonstigen Beimengungen. Der „r. g. Pfeffer", d. h. rein gemahlener Pfeffer, enthielt eine Beimengung von Palmkernmehl, Paprika, schwarzem, braunem und grünem Farbstoff. Er war verfälscht im Sinne des § 10 NMG.

RG., 2. Februar 1894.

Pfeffer mit Zusatz von Weizenmehl, Kartoffelmehl und Kunstpfeffer aus Steinnußmehl und synthetischem Piperidid.

Der Angeklagte hatte den im gemahlenen Zustand bezogenen, mit Streckungsmitteln versetzten Pfeffer in Tüten mit der Aufschrift „Pfeffer, A's reine Gewürze" verkauft. Aus dem Urteil: Pfeffer, das wichtigste aller Gewürze (so Handbuch des Nahrungsmittelrechts von Lebbin und Baum, S. 489), ist vielfachen Fälschungen unterworfen. Dies ist dem Angeklagten als Großhändler mit dieser Ware genau bekannt. Er mußte daher damit rechnen, daß auch der von ihm bezogene gemahlene Pfeffer zuweilen, insbesondere aber dann, wenn er von einem ihm bisher unbekannten Lieferanten — wie er behauptet — einkaufte, verfälscht war. — Weiter war die mit Abnahme und Umfüllung des Pfeffers betraute Zeugin vom Angeklagten in voller Unkenntnis darüber erhalten worden, wie Untersuchungen des Pfeffers auf unzulässige Beimischungen stattzufinden haben. Der Angeklagte mußte daher mit der Möglichkeit rechnen, daß er verfälschten Pfeffer weiterverkaufte; er hat zur Verhinderung dieses Erfolges nichts getan, durch diese Unterlassung mithin vorsätzlich die Untersuchung des Pfeffers in sachgemäßer Weise unterbunden und den Weiterverkauf gefälschten Pfeffers, falls ihm ein solcher geliefert wurde, gewollt.

Der Angeklagte hat mithin, und zwar vorsätzlich, Pfeffer, ein Genußmittel, als „reines Gewürz" bezeichnet und entgegen dieser Bezeichnung in zahlreichen Fällen in unreinem Zustande verkauft. Er war daher auf Grund des § 1 der Bekanntmachung gegen irreführende Bezeichnung von Nahrungs- und Genußmitteln vom 26. Juni 1916 zu bestrafen.

Die Revision wurde verworfen. Aus dem Urteil:

Im übrigen ist es nicht rechtsirrig, wenn das Amtsgericht annimmt, daß der Angeklagte die nähere Untersuchung des Pfeffers pflichtwidrig unterlassen hat, mag auch im Handel eine oberflächliche Prüfung der Ware üblich sein. Denn die Bevölkerung hat einen unbedingten Anspruch darauf, gegen den Vertrieb unechter Ware geschützt zu werden. Wer eine diesen Schutz gewährleistende Untersuchung der Ware auf Echtheit technisch und finanziell mit seinem Betriebe nicht vereinigen zu können glaubt, mag den Handel mit der in Frage kommenden Ware aufgeben; auf laxe Anschauungen der Handelskreise die das eigene Interesse über das Wohl der verbrauchenden Bevölkerung stellen, kann er sich mit Erfolg nicht berufen.

KG. vom 18. Juli 1928. (**Z.** Beilage **1926**, **52**, 162.)

18. Langer Pfeffer.

Der nur noch wenig gebräuchliche „Lange Pfeffer" des Handels stammt von Piper officinarum D. C. und Piper longum L. (Piperaceae), die im südöstlichen Asien heimisch sind. Es handelt sich bei der Droge um den gesamten 2—6 cm langen und 6—8 mm dicken ährenförmigen Fruchtstand, der an der

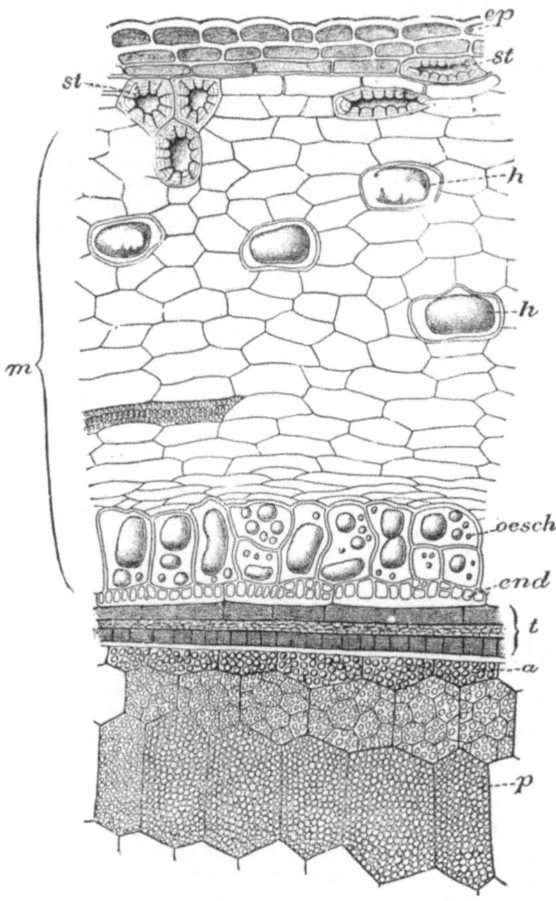

Abb. 88. Langer Pfeffer. Querschnitt durch den äußeren Teil eines Früchtchens (C. Griebel). *ep* Epidermis, *st* hypodermatische Steinzellen, *m* Mesokarp, *end* Endokarp, *h* Harzzellen, *oesch* Ölzellenschicht, *t* Samenschale, *a* Aleuronschicht, *p* Stärkezellen des Perisperms. Vergrößerung 1:200.

Basis noch das etwa 2 cm lange Stielchen trägt. Die Fruchtstände enthalten zahlreiche, dicht gedrängt in Spiralreihen angeordnete, sitzende Früchtchen.

Der Lange Pfeffer hat einen ähnlichen Geruch und Geschmack wie der schwarze Pfeffer und auch eine ähnliche Zusammensetzung (nach J. König: 10,69% Wasser, 12,87% Stickstoffsubstanz, 1,56% ätherisches Öl, 6,67% nichtflüchtigen Ätherauszug [darin 4,47% Piperin], 8,60% Alkoholextrakt, 42,88% Glucosewert, 11,16% Rohfaser und 7,11% Gesamtasche mit 1,10% in Salzsäure Unlöslichem); nach Hanuš und Bien enthält er 3,75% Pentosane in der Trockensubstanz; Arragon fand 6% Pentosane; v. Fellenberg 0,06 bis 1,49% Pektin. Der lange Pfeffer wird kaum noch für sich als Gewürz verwendet, sondern findet vorwiegend als Zusatz zu schwarzem Pfefferpulver Verwendung. Da er auch im anatomischen Bau (Abb. 88) dem schwarzen Pfeffer ähnlich ist, so ist sein Nachweis in Pfefferpulver meistens nicht leicht.

Oberhaut und Hypoderm ist nur an der freien Außenseite der einzelnen Früchtchen entwickelt; die Steinzellschicht ist häufiger unterbrochen, auch enthält sie reichlich langgestreckte, oft ein- oder zweiseitig zugespitzte Elemente (Abb. 89, *A*). Der Hauptunterschied vom schwarzen Pfeffer besteht in der Ausbildung des Endokarps, das aus niedrigen, langgestreckten, an den Seitenwänden stark porösen, an der Innenwand nur wenig verdickten Zellen gebildet wird, die in der Flächenansicht stark getüpfelt erscheinen (Abb. 89, *B*).

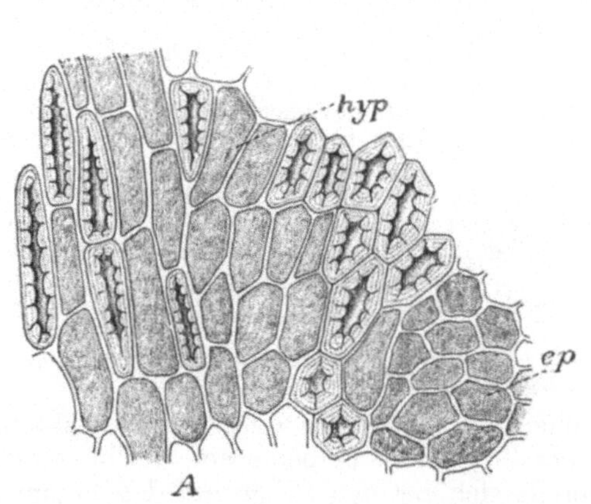

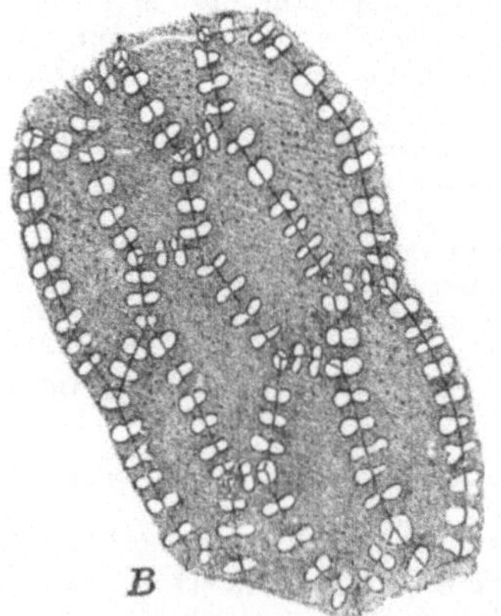

Abb. 89. Langer Pfeffer (C. Griebel). *A* Perikarp, *ep* Epidermis, *hyp* Hypoderm mit Steinzellgruppen, *B* Endokarp, Vergrößerung bei *B* 1:200, bei *A* etwas schwächer.

Die Stärkekörnchen sind etwas größer als beim schwarzen Pfeffer (etwa 4 μ). Sekretzellen fehlen im Perisperm. Konz. Schwefelsäure färbt die Teilchen des langen Pfeffers dunkelcarminrot (wie Cubeben), während schwarzer Pfeffer braunrot wird.

Im Pulver erkennt man die charakteristischen Endokarpzellen am besten in teilweise gebleichten Präparaten, weil sich dann die Wandverdickungen hell von dem graubraunen Grund abheben.

19. Piment.

Piment, Nelkenpfeffer, Neugewürz, Englischgewürz oder Jamaicapfeffer ist die nicht völlig reife, an der Sonne getrocknete Beere des kleinen Baumes Pimenta officinalis Berg (Myrtaceae), der in Mexiko, auf den Antillen und besonders auf Jamaica angebaut wird. Die Beere ist eirund bis kugelig, etwa 5—7 mm groß, rotbraun bis schwarzbraun, außen körnig rauh, am Scheitel mit 4zähnigem Kelchrand und Griffelrest, am Grunde mit der Narbe des Fruchtstieles versehen, zweifächerig. Die dünne, brüchige Fruchtschale umschließt in jedem Fache einen schwarzbraunen Samen ohne Endosperm, dessen kurze Keimblätter eingerollt sind. Der Nelkenpfeffer riecht und schmeckt ähnlich wie Gewürznelken (Schweizerisches Lebensmittelbuch).

Als Ersatzfrüchte kommen im Handel vor der Tabasko- oder Mexikopiment, eine großfrüchtige Varietät (8—10 mm lang), ferner der Kronpiment (Poivre de Thebet) von Pimenta acris, der ebenfalls aus dem tropischen Amerika stammt.

Die wichtigsten chemischen Bestandteile des Pimentes schwanken nach J. König zwischen folgenden Grenzen:

Wasser %	Ätherisches Öl %	Ätherauszug (Fett) %	Alkoholauszug %	Stickstoffsubstanz %	Gerbsäure %	Rohfaser %	Gesamtasche %
5,5—12,7	2,1—5,2	4,4—8,2	7,4—14,3	4,03—6,37	8,1—13,9	13,5—24,0	3,5—4,

Im Schweizerischen Lebensmittelbuch (1917) sind als Ergebnisse neuerer Untersuchungen angegeben:

Fett 6—8%, ätherische Öle 4—5%, Kohlenhydrate 20—25%, Stärke Spuren bis 5%, Pentosane 12—14%, Rohfaser 15—24%, Stickstoffsubstanz 5—7%.

Hanuš und Bien[1] fanden in der Trockensubstanz des Piments 11,29%, Arragon[2] im lufttrockenen Piment 12,7% Pentosane. v. Fellenberg[3] fand im Piment 2,86—3,07%, in den Stielen 4,33% Pektin.

Das ätherische Öl des Piments besteht hauptsächlich aus Eugenol (nach Leimbach sind 34,4% frei und 43,6% als Methyläther vorhanden), weiter ist Cineol und von Kohlenwasserstoffen Phellandren und Caryophyllen nachgewiesen.

H. Sprinkmeyer und A. Fürstenberg[4] untersuchten neun zuverlässig reine Pimentproben mit folgendem Ergebnis:

Wasser %	Asche %	Sand %	Alkalität der Asche (1 g Asche erfordert ccm N.-Säure)		
			Gesamtasche	In Wasser lösliche Asche	In Wasser unlösliche Asche
12,70	4,17	0,04	13,1—14,2 im Mittel 13,7	10,0—11,7 im Mittel 10,7	15,7—18,7 im Mittel 16,9

Als Verfälschungsmittel wurden beobachtet im Pimentpulver: Pimentstiele, Gewürznelkenstiele, Sandelholz, braungefärbte Abfälle der Steinnuß,

[1] Hanuš u. Bien: Z. 1906, 12, 395.
[2] Arragon: Z. 1917, 33, 271.
[3] v. Fellenberg: Z. 1916, 32, 330.
[4] H. Sprinkmeyer u. A. Fürstenberg: Z. 1906, 12, 652.

Kakaoschalen, Birnenmehl, Eichelmehl, Zichorienmehl, Nußschalen, Olivenkerne, gemahlene Borke, extrahierte Wacholderbeeren, extrahierter Piment, auch Mehl von Cerealien und Hülsenfrüchten. Ganzer Piment wird aufgefärbt mit Eisenoxyd oder Bolus; künstliche Pimentkörner bestehen aus Ton und etwas Nelkenöl.

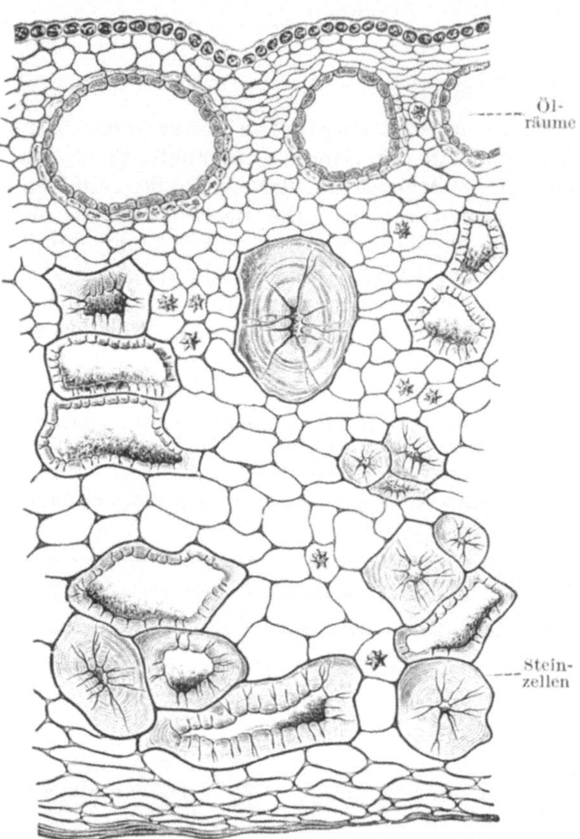

Abb. 90. Querschnitt der Pimentschale (J. MOELLER).

I. Chemische Untersuchung. Sie erfolgt nach den allgemein üblichen Verfahren. Über die Bestimmung des im ätherischen Öl enthaltenen Eugenols siehe unter Gewürznelken. Extrahiertes Gewürz ist durch den verringerten Gehalt an ätherischem Öl zu erkennen.

Künstliche Färbung durch Bolus od. dgl. erkennt man beim Abstreichen der Körner auf weißem Papier, das hierbei strichförmig braunrot gefärbt wird. Beim Schütteln der Körner mit Chloroform setzt sich die Farbe ab. Das Sediment wird gewogen. Der Nachweis von Ton in künstlichen Pimentkörnern erfolgt in der üblichen Weise.

II. Mikroskopische Untersuchung. Querschnitte durch die Fruchtwand (Abb. 90) zeigen im äußeren Teil einen meist einfachen Kranz großer Ölbehälter, im mittleren und inneren Mesokarp reichlich Steinzellen. An Oberflächenpräparaten (Abb. 91) erkennt man die von Spaltöffnungen (*st*) unterbrochene, sehr kleinzellige Oberhaut (*ep*), durch welche die kugeligen Ölräume, die auch die körnigrauhe Oberfläche der Frucht bewirken, hindurchschimmern. Die Oberhaut trägt auch vereinzelt leicht abfallende, einzellige, sehr stark verdickte, oft etwas gekrümmte Härchen, die bis 200 μ lang werden. Am häufigsten finden sie sich noch am Scheitel der Frucht.

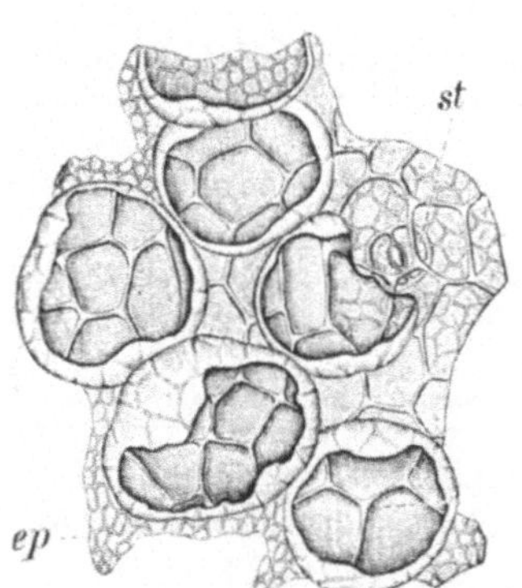

Abb. 91. Oberhaut und Ölräume der Pimentschale in der Flächenansicht (J. MOELLER).

Das Fruchtfleisch ist in seinem äußeren Teil ein kleinzelliges braunes Parenchym, in das die etwa 200 μ großen Ölbehälter eingelagert sind. Nach innen zu wird das braune Parenchym, in dem zarte Leitbündel verlaufen, großzellig und zeigt — namentlich im innersten Teil — Sklerosierung. Die Steinzellen sind hinsichtlich Größe, Form und Verdickungsgrad sehr verschieden. Zumeist sind sie rundlich, fast vollständig verdickt, deutlich geschichtet und von verhältnismäßig wenigen Porenkanälen durchzogen, oft auch tangential gestreckt, nur teilweise verdickt und dann reich getüpfelt. Durch die Farblosigkeit ihrer Wände im Wasserpräparat heben sie sich deutlich von der braunen gerbstoffreichen Umgebung ab; auch ihr Inhalt ist, wenn vorhanden, rotbraun. Im innersten Teil des Mesokarps bilden sie fast eine geschlossene Schicht. Die dünnwandigen Mesokarpzellen enthalten neben braunen formlosen Massen oft auch Oxalatdrusen. Die innere Auskleidung der Fruchtschale besteht aus einigen Lagen zusammengefallener Zellen.

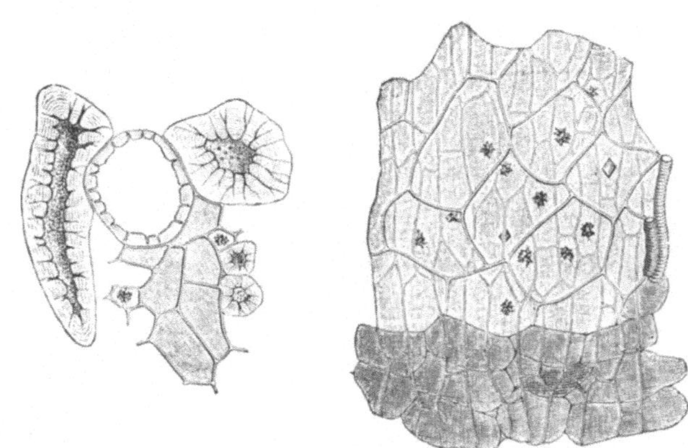

Abb. 92. Gewebe der Fruchtscheidewand des Piments (J. MOELLER).

Die pergamentartigen Fruchtscheidewände (Abb. 92) bestehen aus zusammengedrücktem braunen Parenchym, das reichlich Oxalatdrusen und Einzelkrystalle, sowie einzelne Steinzellen, auch Leitbündel mit zarten Spiralgefäßen enthält.

Die Samen setzen sich aus der sehr ungleich dicken Schale und dem Keimling zusammen, Nährgewebe fehlt. Die äußere Oberhaut der Testa (Abb. 93*ep*) wird aus schmalen, langgestreckten Zellen gebildet. Die Zellen der Mittelschicht (*p*) sind durch gelb- bis rotbraune, leicht im ganzen herausfallende Einschlüsse (Inklusen) gekennzeichnet, die sich mit Eisensalzen schwarzblau, mit Vanillin-Salzsäure schön rot färben und in Lauge beim Erwärmen mit schmutzig violetter Farbe lösen. Die inneren Schichten der Samenschale sind wenig charakteristisch.

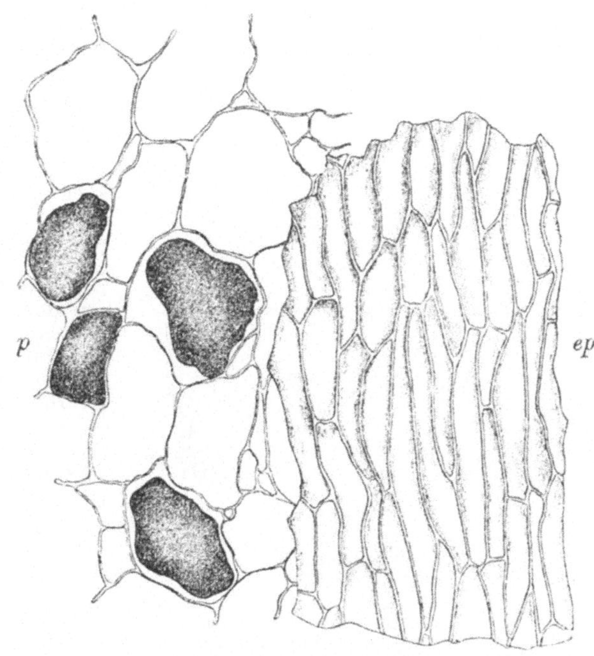

Abb. 93. Samenhaut des Piments (J. MOELLER). *ep* Oberhaut, *p* Parenchym.

Der flach schneckenförmige, dunkelviolette Keimling zeigt an Querschnitten des Stämmchens außen einen Kreis großer Ölräume. Das dünnwandige Parenchym (Abb. 94) enthält reichlich einfache (5—12 μ) und zu 3—6 zusammengesetzte Stärkekörner, die einen punktförmigen Kern oder eine Kernhöhle erkennen lassen; zum Teil enthalten die Zellen außerdem ein rotbraunes oder violettes, wasserlösliches Pigment, das deshalb in Glycerin oder Alkohol untersucht werden muß. Mit Eisensalzen färbt es sich blau.

Bei der Untersuchung des Pimentpulvers fallen am meisten auf die farblosen, verschieden gestalteten Steinzellen. Weiter beobachtet man kleine, einfache und zusammengesetzte Stärkekörner, zum Teil noch eingeschlossen in die Zellen des Keimlingsgewebes, Epidermistrümmer der Fruchtwand, meist in Verbindung mit braunem Parenchym, auch mit Ölbehältern, Parenchym mit Oxalatdrusen, die rotbraunen Einschlußkörper der Samenschale und vereinzelt die kleinen dickwandigen Haare.

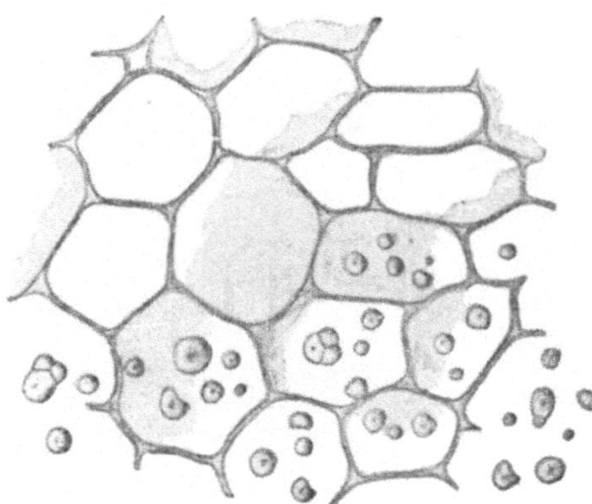

Abb. 94. Keimblattgewebe des Piments (J. MOELLER).

Verfälschungen des Pimentpulvers. Sind dem Pulver Pimentstiele beigemischt, so verraten sie sich durch das Vorkommen von größeren Gefäßfragmenten, Holzfasern, Markstrahlzellen, Bastfasern, Kammerzellen mit meist rhombenförmigen Einzelkrystallen und zahlreicheren einzelligen, meist kolbenförmig verdickten Haaren von verschiedener Form und Länge mit braunem Inhalt. Auch Nelkenstiele (S. 402), Nußschalen (S. 421), Kakaoschalen (S. 239), Sandelholz (S. 393), Mehle von Cerealien und Hülsenfrüchten (vgl. Bd. V) usw. sind im Pimentpulver schon beobachtet worden.

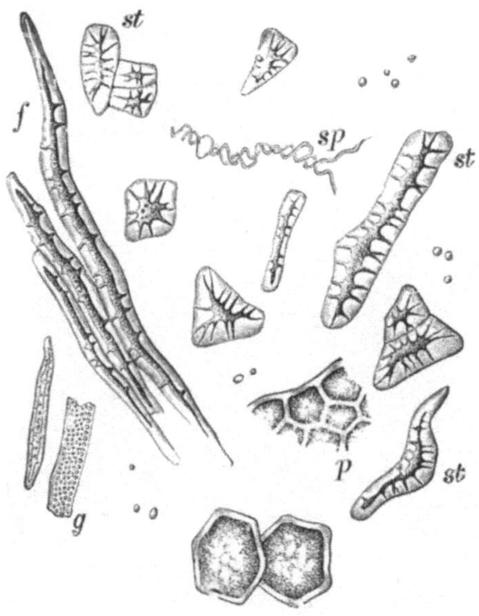

Abb. 95. Pimentmatta. *st* verschiedene Steinzellen, *f* Faserbündel, *p* Parenchym (wahrscheinlich Epidermis), *sp* das abgerollte Spiralband eines Gefäßes, *g* ein kleines Gefäß. (Nach J. MOELLER.)

Verschiedene Sorten von „Matta" (vgl. auch unter Pfeffer), die zur Verfälschung des Pimentpulvers dienten, hat T. F. HANAUSEK beobachtet und beschrieben.

Pimentmatta Nr. 1 (Abb. 95) enthielt reichlich Steinzellen, auch Bastfasern und war dem echten Piment sehr ähnlich. Die Elemente entstammten hauptsächlich dem Mehl von gedörrten Birnen (vgl. auch S. 427).

Pimentmatta Nr. 2 bestand aus braun gefärbter Hirsekleie.

Pimentmatta Nr. 3 bestand aus oft brandiger Gerste. Sie war durch strohähnliche Partikel und ungleichmäßige Färbung leicht zu erkennen.

Pimentmatta Nr. 4 bestand wahrscheinlich aus einem Cerealienmehl.

Anhaltspunkte für die Beurteilung des Piments. a) Nach den Vereinbarungen der deutschen Lebensmittelchemiker sind an Piment (Nelkenpfeffer) folgende Forderungen zu stellen:

„Piment ist die getrocknete, nicht völlig reife Frucht (Beere) von Pimenta officinalis BERG, Familie der Myrtaceen.

Ganzer oder gemahlener Piment muß den bekannten gewürzhaften Geruch und Geschmack zeigen; der Gehalt an Pimentstielen darf 2% und der Gehalt an überreifen schwarzen weichen Früchten 5% nicht übersteigen. Piment darf nicht extrahiert sein.

Als höchste Grenzzahlen, auf lufttrockene Ware berechnet, haben zu gelten für Mineralbestandteile (Asche) 6,0%, für den in 10%iger Salzsäure unlöslichen Teil der Asche 0,5%[1].

Der Gehalt an ätherischem Öle betrage nicht unter 2,0%. Das Färben des Piments ist als Fälschung zu erachten."

Nach dem Österreichischen Lebensmittelbuch, 2. Auflage, beträgt der Gehalt an ätherischem Öl über 1%, der an Asche nicht über 6% einschließlich 1% Sand.

Das Schweizerische Lebensmittelbuch (1917) gibt als Grenzzahlen an für Wasser 8—12%, für Asche 3—6%, für in Salzsäure unlösliche Asche höchstens 1% (Nachtrag 1922).

b) Über die gerichtliche Beurteilung von verfälschtem Piment liegen folgende Entscheidungen vor:

Piment mit Pimentsiebsel, Kakaoschalen und Nelkenstielen. Nelkenstiele haben zwar einen gewissen Gewürzgehalt, derselbe ist aber von ganz anderer Art und jedenfalls nicht geeignet, das dem Piment eigene Gewürz zu ersetzen. Durch den Zusatz solcher Stiele wird vielmehr, zumal auch der Wert der Nelkenstiele hinter dem des Piments zurückbleibt, eine Verschlechterung des Pimentpulvers bewirkt. Der Zusatz von Kakaoschalen zu Piment charakterisiert diese Mischung ohne weiteres als verfälscht. Denn dieser Zusatz ist ohne jeden Gewürzwert, er ist als Bestandteil des Pimentpulvers völlig wertlos. Der Zusatz von Pimentsiebsel, das ist der bei Reinigung des Piments abgesiebte Abfall an Staub, Stiel- und Blatteilen, den der Angeklagte besonders von auswärts bezog, zu dem als „rein gemahlene, Qualität II" gelieferten Piment kennzeichnet die so entstandene, ohne Deklaration des Zusatzes gelieferte Mischung als verfälschtes Gewürz. Pimentsiebsel ist als Gewürz völlig wertlos; dabei gleicht das Gemisch äußerlich vollkommen dem rein gemahlenen Piment, der Siebselzusatz ist für den Abnehmer nicht erkennbar. In der Bezeichnung „rein gemahlen" liegt zudem die Vorspiegelung einer falschen Tatsache. Verurteilung aus § 10, Anm. 2 NMG und § 263 StGB.

LG. Leipzig, 4./14. Dezember 1905.

Gefärbte Pimentkörner. Das Färben von Piment ist eine Verfälschung der Ware, weil einmal durch das Färben überreife, schwarze, also minderwertige Körner verdeckt werden können, zweitens der Ware ein minderwertiger Fremdstoff zugeführt wird — zwei Momente, die eine Verschlechterung der Ware bedingen — und drittens sowohl einer minderwertigen, wie einer Normalware ein gleichmäßigeres, vorteilhafteres, also besseres Aussehen erteilt wird, als ihr von Natur zukommt, worin eine Täuschung des Käufers zu erblicken ist.

AG. Meißen. (Pharm. Zentralh. 1905, **46**, 451.)

20. Paprika (spanischer Pfeffer) und Cayennepfeffer.

Spanischer Pfeffer (Paprika) ist die reife, saftlose, aufgeblasene, beerenartige Frucht von Capsicum annuum L. und Capsicum longum D. C. (Solanaceae), die in Spanien, Italien, Südfrankreich und besonders im südlichen Ungarn angebaut werden. Die frische Frucht kann, je nach der Kulturform, in Gestalt, Größe und Farbe sehr verschieden sein.

Die getrocknete Handelsware ist meist kegelförmig, 6—12 cm lang, an der Basis bis 4 cm breit, glänzend braunrot, vom bleibenden Kelch gekrönt und noch mit kurzem, meist gekrümmtem Fruchtstiel versehen. Im Basalteil ist die Frucht 2—3fächerig, im oberen Teil ungefächert. Die zahlreichen Samen sitzen im Basalteil an einer Zentralplacenta, im oberen Teil an zwei gegenüberliegenden leistenartig vorspringenden Wandplazenten. Die hellen, rundlich scheibenförmigen bis nierenförmigen Samen sind 3—5 mm im Durchmesser, 0,5—1 mm dick, ihre Oberfläche ist feingrubig. Die Beere ist geruchlos aber von sehr scharfem, brennendem Geschmack. Der wirksame Bestandteil, das Capsaicin, hat seinen Hauptsitz in den Fruchtscheidewänden (Samenträgern), weniger in den Samen, die Fruchtwand ist davon fast frei. Capsaicin ($C_{18}H_{28}NO_3$) ist nach E. K. NELSON und L. E. DAWSON[2] das Vanillylamid einer Methylnonylensäure, schwer löslich in Wasser und Petroläther, leicht löslich in Äther, Alkohol, Chloroform, Benzol. Schmp. 64°. Die rote Farbe der Frucht

[1] Die gleichen Grenzzahlen für Asche und Sand gibt das Deutsche Nahrungsmittelbuch (1922) an.

[2] E. K. NELSON u. L. E. DAWSON: Chem. Zentralbl. 1924, I, 171.

(Capsicumrot) besteht nach ZECHMEISTER und CHOLNOCKY hauptsächlich aus Capsanthin, in wesentlich geringerer Menge ist Carotin vorhanden, außerdem Zeaxanthin (vgl. Bd. I, S. 580). Capsanthin ist als Farbwachs an Fettsäuren gebunden. ZECHMEISTER und CHOLNOCKY erhielten aus 1 kg getrockneter Fruchtwand 4,0 g Capsanthin ($C_{35}H_{50}O_3$) und 0,5 bis 0,6 g Carotin.

Von SZENT-GYÖRGYI wurden im Paprika sehr erhebliche Mengen des Vitamins C (Ascorbinsäure) aufgefunden.

Das rote Pulver der ganzen Frucht des spanischen Pfeffers bildet den Paprika des Handels, der schon im Produktionsland gemahlen und in verschiedenen Qualitäten auf den Markt gebracht wird.

Die ungarische Regierung hat für das in Ungarn hergestellte Mahlprodukt bestimmte Normen aufgestellt, von denen folgendes hier interessiert:

1. Edelsüßer Paprika, durch feurigrote Farbe und süßen, würzigen, nur schwach scharfen Geschmack ausgezeichnet, wird aus erstklassigen Früchten gewonnen, die vom Kelch und Stengel, sowie von den Scheidewänden befreit und deren Samen durch Einweichen und Abreiben mit Wasser zuvor vom Capsaicin größtenteils befreit wurden; Asche bis 6,5%.

2. Der halbsüße oder Gollaschpaprika wird in derselben Weise bereitet, nur werden die Scheidewände nicht entfernt; Asche bis 6,5%.

3. Der Rosenpaprika wird durch Verarbeitung sämtlicher Fruchtteile mit Ausschluß des Stengels und Kelches hergestellt. Auch werden die Samen nicht gewaschen, so daß das gesamte Capsaicin erhalten bleibt; Asche bis 7,2%.

4. Scharfer Paprika (Sekundaqualität) ist eine geringere Sorte von ziegelroter Farbe, die in der Zusammensetzung im übrigen dem Rosenpaprika entspricht; Aschengehalt bis 8,5%.

5. Merkantilpaprika ist die Bezeichnung für die geringste Qualität. Sie wird aus den bei der Bereitung der besseren Sorten zurückbleibenden Schotenteilen hergestellt, darf aber Stengel- und Kelchteile höchstens vereinzelt enthalten. Farbe braunrot bis gelbbraun; Aschengehalt bis 12%.

Danach enthalten also sämtliche Paprikasorten Fruchtschale und Samen.

Unter Cayenne-(Guinea-)Pfeffer versteht man die kleinfrüchtigen Capsicumarten (Capsicum frutescens L., Capsicum fastigiatum BL.), die in Afrika, Südamerika und Ostindien angebaut werden, deren Früchte (Chillies) nur etwa 2 cm lang, im Geschmack aber noch schärfer sind.

Die chemische Zusammensetzung von Paprika und Cayennepfeffer ist nur wenig verschieden. So ergaben mehrere Analysen im Mittel nach J. KÖNIG folgendes:

Art	Wasser %	Stickstoffsubstanz %	Ätherisches Öl %	Fett (Ätherextrakt) %	Stärke[1] %	Rohfaser %	Gesamtasche %	Sand usw. %	Alkoholextrakt %
Spanischer Pfeffer	11,57	15,07	1,12	8,76	3,83	20,76	6,44	0,31	31,82
Cayennepfeffer . .	8,02	13,97	1,12	19,06	1,13	21,98	5,49	0,14	24,49

v. FELLENBERG fand im Paprika 3,19%, im Cayennepfeffer 2,33% Pektin; der Pentosangehalt in der Trockensubstanz wurde von HANUŠ und BIEN bei Paprika zu 8,28%, bei Cayennepfeffer zu 8,57% ermittelt.

Die Bestandteile schwanken nach A. BEYTHIEN[2] für Rosenpaprika (32 Proben) wie folgt:

Wasser %	Gesamtstickstoff %	Alkohollöslicher Stickstoff %	Ätherextrakt %	Alkoholextrakt %	Rohfaser %	Asche %
7,8—13,5	2,2—2,6	0,36—0,47	12,5—19,7	26,6—35,7	21,1—26,8	5,4—7,8

[1] Nach dem Diastaseverfahren bestimmt. [2] A. BEYTHIEN: Z. 1902, 5, 859.

Die Schwankungen können, wie A. BEYTHIEN und Mitarbeiter[1] weiter gezeigt haben, auch durch die Art und Länge der Aufbewahrung mit verursacht sein. So wurde im Mittel von vier Untersuchungsreihen nebenstehendes gefunden.

Paprika, Dauer der Aufbewahrung	Ätherextrakt %	Alkoholextrakt %	Gesamtextrakt %	Abnahme in Prozenten des Gesamtextraktes %
Frisch	12,72	14,71	27,43	—
6—6½ Monate	12,39	13,00	25,39	7,44
14—21 Monate	12,23	11,70	23,93	12,76

In zwei Fällen wurde nach 6monatiger Aufbewahrung eine schwache Gewichtszunahme des Gesamtextraktes beobachtet.

R. WINDISCH[2] untersuchte 18 Paprikasorten verschiedener Herkunft mit folgendem Ergebnis:

Größenverhältnisse der Früchte		Asche in der Trockensubstanz der gemahlenen ganzen Frucht	Asche in der Trockensubstanz der zur Verfälschung dienenden Kelche und Stengel
Länge mm	Breite mm	%	%
35,0—206,8	12,6—60,0	6,53—9,51 im Mittel 8,36	10,71—14,12 im Mittel 12,09

DOOLITTLE und OGDEN[3] zerlegten ungarische und spanische Paprikasorten in ihre Fruchtbestandteile und untersuchten diese auf ihre chemische Zusammensetzung. Die Früchte enthielten 60% Fruchtwand (ohne Samen, Plazenten und Stiele), 32,6% Samen und Plazenten, und 7,4% Stiele. Die chemische Zusammensetzung war im Mittel folgende:

Teile der Frucht	Wasser (Verlust bei 100°) %	Protein (N · 6,25) %	Nichtflüchtiger Ätherauszug %	Flüchtiger Ätherauszug %	Jodzahl des Ätherauszuges %	In Zucker überführbare Stoffe (Stärke) %	Rohfaser %	Gesamtasche %	Alkalität (ccm $^1/_{10}$ N.-Salzsäure für 1 g Asche) Gesamt	Alkalität wasserlösliche	Sand (in 10%iger Salzsäure unlöslich) %
Ganze Früchte . .	8,48	15,59	9,85	1,02	134,2	18,48	15,34	6,15	7,02	4,92	0,08
Schalen	9,08	14,69	4,85	0,88	131,1	21,58	17,25	6,60	7,69	5,97	0,08
Samen + Plazenten	5,77	15,86	19,86	1,71	132,7	16,90	20,24	4,16	3,59	3,44	0,07

A. v. SIGMOND und M. VUK[4] fanden für 25 fehlerfreie ungarische Paprikasorten im Mittel folgende Verteilung der einzelnen Fruchtanteile:

	Perikarp	Samen	Plazenten	Grünteile
In Prozenten der ganzen Frucht	58	32	4,5	5,5
Gehalt an Fett in Prozenten. .	14,80	32,09	13,81	2,54

E. OBERMAYER fand für das Öl folgende Werte:

Jodzahl nach WIJS	133,9	139,9	133,6	111,3
Refraktion bei 40°	105	64	75,8	—

Bei anderen Paprikasorten betrug die Samenmenge 28,8—61,2% der Frucht. Nach der chemischen Zusammensetzung kann man die einzelnen Paprikasorten nicht unterscheiden. Der zu fordernde Fettgehalt hängt wesentlich davon ab, ob die Samen vorhanden sind oder nicht; entsamter Paprika enthält 9—10%, samenhaltiger 15—28% Fett (Ätherauszug) in der Trockensubstanz, ferner 4,7—9,6% Asche und 0,02—2,99% Sand.

[1] A. BEYTHIEN: Z. 1910, **19**, 363.
[2] R. WINDISCH: Z. 1907, **13**, 389.
[3] DOOLITTLE u. OGDEN: Journ. Amer. Chem. Soc. 1908, **30**, 1481.
[4] A. v. SIGMOND u. M. VUK: Z. 1911, **22**, 599; 1912, **23**, 387.

Den Gehalt an Capsaicin fand K. MICKO für den spanischen Pfeffer zu 0,03%, für den Cayennepfeffer zu 0,55%, also in letzterem um ungefähr 20mal höher.

Die Verfälschungen sind vorwiegend folgende: 1. Ausziehen mit Alkohol und Wiederauffärben (mit Teerfarbstoffen, Curcuma, Ocker, Mennige, Chromrot); 2. Zusatz eines solchen Paprikas zu natürlichem Paprika; 3. Vermischen mit etwa 1—2% Öl, wodurch der Paprika einen besseren Glanz bekommt, so daß er sich nach W. SZIGETTI um 25—50% teurer verkaufen läßt; 4. Zusätze aller Art, wie Sandelholz, Holzpulver (Sägemehl), Tomatenschalen, Kleien, Brot, Maisgrieß, Ziegelsteinmehl, Schwerspat usw. M. NICOLOFF[1] beobachtete giftigen Paprika, der zur Verdeckung einer Verfälschung mit gemahlenen Preßkuchen einen Zusatz von 20% Mennige erhalten hatte.

I. Chemische Untersuchung.

Über die allgemeinen Untersuchungsverfahren vgl. S. 328 u. f. Im einzelnen sei noch folgendes angegeben:

a) Bestimmung des Capsaicins. Die Bestimmung des Capsaicins ($C_{18}H_{28}NO_3$) nach K. MICKO[2] hat für die Beurteilung der Beschaffenheit des Paprikas praktisch keine Bedeutung, weil das Verfahren zu umständlich ist. Dagegen kommt es für die Gewinnung von reinem Capsaicin, das zum Vergleich bestimmt ist, in Betracht. Nach dem genannten Verfahren sind in Capsicum annuum L. 0,02 bis 0,03% Capsaicin gefunden worden, in den Plazenten allein 0,9%.

E. K. NELSON[3] fand in Capsicum fastigiatum 0,14% Capsaicin.

Nach KALMAN v. FODOR gibt eine Lösung von Vandinoxytrichlorid in Chloroform, Tetrachlorkohlenstoff, Äther oder Aceton mit einer Lösung von Capsaicin in den gleichen Lösungsmitteln intensiv blaue Färbungen. Es genügen 0,2—0,3 mg Capsaicin, um in einigen Kubikzentimetern Flüssigkeit die Reaktion zu erhalten. Einige Milligramme verursachen schon einen dunkelblauen Niederschlag von Vanadylcapsaicin ($C_{18}H_{26}NO_3 \cdot VOCl_2$), der durch Wasser zersetzt wird, aber in Aceton löslich ist.

Da die Darstellung des Vandinoxytrichlorids umständlich ist, schlägt v. FODOR für die Praxis die Anwendung einer mit einigen Tropfen konz. Salzsäure versetzten Aufschlämmung von vanadinsaurem Ammonium in Aceton vor. Das zu untersuchende Paprikapulver wird mit Aceton ausgezogen und ein Teil der klar abgehobenen Flüssigkeit mit dem Reagens versetzt.

Auf diese Weise wurden gefunden in edelsüßem Paprika 0,01—0,015%, in halbsüßem 0,016—0,045%, in Rosenpaprika von 0,045% aufwärts, meist gegen 0,08% Capsaicin.

Zur Ausführung der colorimetrischen Bestimmung verwendet v. FODOR eine Vergleichsskala, bestehend aus einem Acetonauszug aus ganz mildem (möglichst capsaicinfreien) Paprika, der stufenweise mit verschiedenen Mengen einer Lösung von reinem Capsaicin[4] in Aceton versetzt wurde.

Zur Prüfung eines Paprikapulvers auf seinen Capsaicingehalt wägt man 2 g der Probe und außerdem 5mal 2 g einer milden sog. edelsüßen Paprikasorte ab, trocknet sie im Wassertrockenschranke und gibt diese Portionen in Reagensgläser, am besten Glasstöpselgläser, in die man je 10 ccm reines wasserfreies Aceton hineinpipettiert. Die Acetonpaprikamischung schüttelt man ungefähr 10 Minuten und zentrifugiert dann oder läßt 2—3 Stunden absitzen. Je 5 ccm der vollständig klaren Lösung, entsprechend 1 g Paprika, bringt man in Reagensgläser und gibt zu den roten Lösungen 0,0; 0,2; 0,4; 0,6 und 0,8 ccm einer 0,1%igen Lösung von reinem Capsaicin in reinem wasserfreiem Aceton (letztere ist nur einige Wochen haltbar). Sodann tropft man zu jeder Lösung 0,45 g konz. Salzsäure (etwa 9 Tropfen), so daß diese in die Flüssigkeit hineinfällt und fügt hierauf je 0,1 g vanadinsaures Ammonium hinzu. Nun schüttelt man die Proben kräftig, ohne mit dem Finger zu verschließen, und beobachtet nach dem sofort erfolgenden Absitzen oder, wenn die Flüssigkeit trübe sein sollte, spätestens

[1] M. NICOLOFF: Z. 1924, 47, 269.
[2] K. MICKO: Z. 1898, 1, 818; 1899, 2, 411.
[3] E. K. NELSON: Z. 1902, 5, 858.
[4] Hergestellt nach MICKO (Z. 1898, 1, 818).

nach 20 Sekunden die sich bildende Grünfärbung[1] und vergleicht die zu untersuchende Probe mit der Farbenskala von bekanntem Capsaicingehalt. Die Beobachtung muß 30 Sekunden nach dem Schütteln abgeschlossen sein.

R. WASICKY und FR. KLEIN[2] empfehlen die quantitative Bestimmung des Capsaicins nach der Zungenprobe, bei der man unter Verwendung eines Testpräparates (Capsaicin und n-Nonylsäure-Vanillylamid) die größte Verdünnung bestimmt, die auf der Zunge noch eben brennend wirkt. Empfindlichkeit: n-Nonylsäure-Vanillylamid 1:2083333, Capsaicin 1:1923076. Es wurde auf diese Weise ein mittlerer Gehalt von 0,2% Capsaicin im Paprika gefunden. Nach dem Verfahren von LAPWORTH und ROYLE[3] isoliertes Capsaicin gab mit Trioxymethylen-Schwefelsäure (0,02 g Trioxymethylen auf 5 ccm konz. Schwefelsäure) eine beständige violette Farbe (Reaktion nach WASICKY-KLEIN).

b) Bestimmung des Paprikafarbstoffes. Das von ZECHMEISTER und CHOLNOKY[4] ausgearbeitete colorimetrische Verfahren zur Bestimmung des Capsanthins — eine 0,2%ige Kaliumbichromatlösung entspricht in der Farbe im allgemeinen einer Äther-Petrolätherlösung von 2,5 mg Capsanthin im Liter — wird nach der vereinfachten Arbeitsweise von L. BENEDEK[5] folgendermaßen ausgeführt:

2 g lufttrockenes Paprikamahlgut werden in einer mit Korkstopfen verschlossenen Glasröhre mit 50 ccm Äther-Petroläther (1 : 1) übergossen. Das Rohr wird in einer drehbaren Schüttelmaschine $^1/_2$ Stunde lang zentrifugiert. Von der klaren Lösung gibt man 5 ccm in einen 100-ccm-Meßkolben und füllt mit Äther-Petroläther bis zur Marke auf; dann wird umgeschüttelt und durch Vergleich mit einer 100 mm hohen Schicht 0,2%iger Kaliumbichromatlösung festgestellt, eine wieviel Millimeter hohe Schicht der Paprikalösung die gleiche Farbstärke aufweist wie die Kaliumbichromatlösung. 125, geteilt durch die Schichthöhe, ergibt die Menge des Paprikafarbstoffes in g Capsanthin in 1 kg. $^1/_7$ dieses Farbstoffgehaltes entspricht dem Carotingehalt.

Bei den in Ungarn gebräuchlichen sechs Sorten Paprikamehlen wurden in frisch gemahlener Ware auf diese Weise gefunden in Delikateß-Edelsüß 3,55, Edelsüß 3,16, Halbsüß 2,82, Ia. Rosa 2,54, II. Qualität scharf 2,01, III. Qualität merkantil 1,73 g Capsanthin pro Kilogramm.

c) Bestimmung des Ätherextraktes (Fettes). Statt des üblichen langwierigen Ausziehens mit Äther — es ist eine 16—18stündige Extraktion erforderlich — empfehlen G. HEUSER und C. HASSLER[6] das GOTTLIEB-RÖSE-Verfahren, wie es bei Käse angewandt wird (vgl. Bd. III).

Verfahren von J. DÖMÖTÖR[7]. Da die in Ungarn amtlich vorgeschriebene Methode nach RÖZSÉNYI, bei der 5 g Substanz mit 100 ccm Äther behandelt werden, 12—24 Stunden langes Stehen in Anspruch nimmt, bis man einen aliquoten Teil des durch Absitzen geklärten Ätherauszuges abpipettieren kann, verfährt DOMÖTÖR in folgender Weise:

2,5 g Substanz werden je nach Qualität mit etwa 40—60 ccm Äther 1 Stunde lang im Schüttelapparat extrahiert. Der Äther braucht nicht genau abgemessen zu werden. Gleich nach dem Ausschütteln wird die Lösung durch drei gut ineinander passende ätherbenetzte Blaubandfilter (12 cm von SCHLEICHER und SCHÜLL) durch Dekantation filtriert. Das erste Filtrat wird wieder aufgegossen, Filter und Niederschlag werden mit Äther nachgewaschen, bis das ganze Öl entfernt ist. Gewöhnlich genügt ein viermaliges Abspritzen des Filters mit je 10—20 ccm Äther. Zum Schluß ist auch die Spitze des Trichterablaufrohres abzuspülen.

---

1 Die Grünfärbung resultiert aus der blauen Capsaicinreaktion und der Gelbfärbung des Reagenzes. Der Paprikafarbstoff wird hierbei größtenteils entfärbt, zum Teil unter Bildung bräunlich gefärbter Produkte.

2 R. WASICKY u. FR. KLEIN: **Z.** 1930, **60**, 559.

3 LAPWORTH u. ROYLE: Chem. Zentralbl. 1920, III, 47.

4 ZECHMEISTER u. CHOLNOKY: Ann. Chem. **455**, 79.

5 L. BENEDEK: **Z.** 1933, **66**, 601.

6 G. HEUSER u. C. HASSLER: **Z.** 1914, **27**, 201.

7 J. DÖMÖTÖR: **Z.** 1929, **57**, 239.

Das klare ätherische Filtrat wird in einem Erlenmeyer-Kolben von 100 ccm aufgefangen, der Äther verdunstet, der Rückstand bei 105° getrocknet und gewogen. Die Bestimmung ist mit Einschluß einer 2stündigen Trockenzeit in 4 Stunden beendigt.

d) Nachweis eines Ölzusatzes. W. Szigetti[1] hat zuerst vorgeschlagen, in dem bei 105° getrockneten Ätherextrakt die Jodzahl und die Refraktion zu bestimmen. Er fand für reines Paprikaöl eine Jodzahl von 114,4—116,2 und im Abbeschen Refraktometer eine Refraktionszahl von 1,489—1,490 bei 15°. Windisch[2] gibt eine Jodzahl von 129,5 an. A. v. Sigmond und M. Vuk[3] fanden für das Öl aus dem Perikarp die Jodzahl 134, aus den Samen 139—140, aus den Plazenten 132—134, aus den Stengeln 110—112,6 und halten den Nachweis von nur 1—2% Ölzusatz, wie er zur Verbesserung der Farbe vorgenommen wird, auf diesem Wege nicht für möglich. Sie versuchten deshalb nur das an der Oberfläche der Zellwände des gemahlenen Paprikas hängende hinzugefügte fremde Öl zu bestimmen, indem sie dieses mit Filtrierpapier aufsaugten. Das aus dem Filtrierpapier erhaltene Ätherextrakt wurde getrocknet und gewogen. Es betrug bei reinem Paprika 0,268—0,280%, bei mit 1% Öl beschwerter Ware 0,50—0,648%. Die Bestimmung der Jodzahlen dieser „Oberflächenöle" lieferte jedoch gleichfalls keine brauchbaren Ergebnisse.

G. Heuser und C. Hassler[4] fanden für die Ätherextrakte von sechs guten Sorten Paprika des Handels Jodzahlen von 107,2—123,6, für drei schlechte 103,6—110,1. Größere Unterschiede erhält man durch die Bestimmung der Jodzahlen für das natürliche Paprikapulver in ähnlicher Weise, wie von Arragon für Pfeffer (S. 413) empfohlen wurde:

1 g Paprikapulver wird mit 20 ccm Chloroform und wie üblich mit 25 ccm Hüblscher Jodlösung versetzt; nach 6stündiger Einwirkung wird in gewohnter Weise zunächst bis zur Gelbfärbung und nach Zugabe der Stärkelösung unter kräftigem Schütteln bis zu Ende titriert. Die rote Farbe des Paprikapulvers beeinträchtigt die Reaktion nicht, weil das Jod zerstörend auf sie wirkt, so daß am Ende der Titration eine vollkommene Entfärbung auftritt.

Heuser und Hassler fanden auf diese Weise:

Paprikasorten	Ätherauszug (Fett) %	Jodzahlen des Fettes	Jodzahlen auf angewandte Substanz berechnet	Direkte Jodzahlen für die Substanz
Gute Handelsware (6)	15,09—19,15	107,2—123,6	16,4—22,9	31,8—34,8
Schlechte Handelsware (3) . .	3,30— 6,57	103,6—110,1	3,4— 7,3	19,4—20,7

Heuser und Hassler sind der Ansicht, daß Paprikapulver, weil es durchweg unter Mitverwendung der Samen gewonnen wird, mit einem Ätherextraktgehalt von 12% an abwärts der Verfälschung verdächtig und mit einem solchen unter 8% als verfälscht zu beurteilen sei; ebenso läßt nach ihnen eine direkte Jodzahl von 25 an abwärts das Pulver als verdächtig, eine solche von 20 und weniger als verfälscht erscheinen.

Ob auf diese Weise der Nachweis von 1—2% Ölzusatz im Paprika möglich ist, erscheint gleichwohl sehr zweifelhaft.

e) Nachweis einer Extraktion. Die Branntweinschärfen pflegen in der Weise bereitet zu werden, daß man Paprika mittels Beutelchen in Spiritus oder Trinkbranntwein hängt. A. Beythien[5] weist darauf hin, daß eine derartige Behandlung des Paprikas durch Bestimmung des Alkoholextraktes nachgewiesen

[1] W. Szigetti: **Z.** 1903, **6**, 453. [2] Windisch: **Z.** 1907, **13**, 389.
[3] A. v. Sigmond u. M. Vuk: **Z.** 1911, **22**, 599; 1912, **23**, 387.
[4] G. Heuser u. C. Hassler: **Z.** 1914, **27**, 201. [5] A. Beythien: **Z.** 1902, **5**, 858.

werden könne, der wesentlich vermindert sei; er fand in einem solcherweise behandelten, verfälschten Paprika nur noch 6% Alkoholextrakt gegen 26,80% in natürlichem Paprika.

A. NESTLER[1] und R. KRŽIŽAN[2] haben aber gefunden, daß ein extrahierter Paprika unter Umständen kaum weniger Alkoholextrakt liefert als ein natürlicher. A. BEYTHIEN und Mitarbeiter[3] haben (vgl. S. 441) weiter gezeigt, daß der Alkohol-Ätherextrakt nach 14—21monatigem Lagern um 8—17% des Gesamtextraktes abnahm, während das Ätherextrakt im allgemeinen konstant blieb. HEUSER und HASSLER empfehlen daher für die Beurteilung eines Paprikas nur das Ätherextrakt heranzuziehen.

Wenn man nach NESTLER 5 g Paprikapulver mit nur 15 ccm 96%igem Alkohol behandelt, die alkoholische Lösung nach Zusatz von etwas Wasser mit Benzin durchschüttelt, so nimmt letzteres den roten Farbstoff auf, während die alkoholische Lösung das Capsaicin enthält, das man im Abdampfrückstand an seinem scharfen Geschmack erkennt. Das mit Alkohol ausgezogene Pulver ist so arm an Capsaicin, daß es geschmacklos zu sein scheint. Es gibt aber auch sog. milde Paprikas, Kulturrassen von Capsicum annuum, die an sich sehr wenig oder kein Capsaicin enthalten. So werden Formen mit grün bleibenden Früchten gezogen, die als Gemüse oder Salat genossen werden.

Die Extraktion der zerkleinerten Fruchtwand mit Alkohol, die Ausschüttelung des Auszuges mit Benzin und die Prüfung des Abdampfrückstandes der alkoholischen Lösung ist also ein einfaches Mittel um festzustellen, ob ein Paprika capsaicinfrei bzw. -arm ist.

f) Nachweis von Stärke. Nur Paprika aus nicht ganz reifen Früchten enthält geringe Mengen kleinkörniger Stärke. Der Nachweis fremder Stärke erfolgt im entfetteten Material auf mikroskopischem Wege.

Zur quantitativen Bestimmung der Stärke zieht man 3 g des Pulvers zweckmäßig erst mit Äther, Alkohol und Wasser aus und verfährt weiter nach Bd. II, 2[4].

g) Nachweis von fremden organischen Farbstoffen. Der Nachweis der Teerfarbstoffe, von denen R. KRŽIŽAN in einem Falle Orange I gefunden hat, ist darum erschwert, weil der im Paprika natürlich vorkommende Farbstoff (Capsanthin + Carotin) manche Eigenschaften mit den Teerfarbstoffen teilt. Er ist löslich in Aceton, Schwefelkohlenstoff, Alkohol, Äther, Olivenöl, Terpentinöl, aber fast gar nicht in Wasser (Unterschied von Safranfarbstoff); durch konz. Schwefelsäure wird er indigoblau gefärbt. Wenn der in Aceton gelöste Farbstoff nach Zusatz von Wasser und Essigsäure oder Sulfosalicylsäure oder von Aluminiumacetat- oder Zinnchlorürlösung erwärmt wird, so wird er sehr schön auf Wolle ausgefärbt (E. SPAETH). Beim Erwärmen der gefärbten Wolle im Trockenschrank bei 100°, nach W. SZIGETTI auch durch Behandlung mit Petroläther verschwindet jedoch diese Färbung. Entfärbung tritt dagegen nicht ein, wenn Teerfarbstoffe zugesetzt sind. — Über ihren Nachweis, der am besten nach Vorbehandlung des Pulvers mit Äther erfolgt, vgl. Bd. II, 2.

Über den Nachweis von Curcuma vgl. S. 341.

h) Nachweis von zugesetzten unorganischen Stoffen. Der Zusatz von Ziegelsteinmehl, Ocker, Mennige, Chromrot, Schwerspat wird sich meistens schon durch Schütteln mit Chloroform, sicher aber durch Bestimmung und Untersuchung der Asche zu erkennen geben. Wenn Zusatz von Mennige vermutet wird, verbrennt man die Substanz zweckmäßig mit konz. Schwefelsäure und Salpetersäure, wenn Chromrot oder Chromgelb vermutet wird, so schließt man die abgeschlämmte oder abgesiebte Farbe oder die Asche durch Schmelzen mit Kalium- oder Natriumcarbonat auf.

---

[1] A. NESTLER: Z. 1907, **13**, 739.
[2] R. KRŽIŽAN: Zeitschr. öffentl. Chem. 1907, **13**, 161.
[3] A. BEYTHIEN: Z. 1910, **19**, 363.
[4] Vgl. auch KÖSZEGI u. TOMORI: Z. 1934, **67**, 538.

II. Mikroskopische Untersuchung.

a) Anatomischer Bau des Paprikas. An Querschnitten durch die lederige Fruchtwand (Abb. 96) erkennt man unter der Epidermis, die durch eine cuticularisierte 15—20 μ dicke Außenwand ausgezeichnet ist, ein ziemlich kleinzelliges, mächtig entwickeltes Collenchym, das durch seine starken gelben Wände auffällt. Das Collenchym geht allmählich in ein großzelliges, dünnwandiges Parenchym über, in dem kleine Gefäßbündel verlaufen. An der Innen-

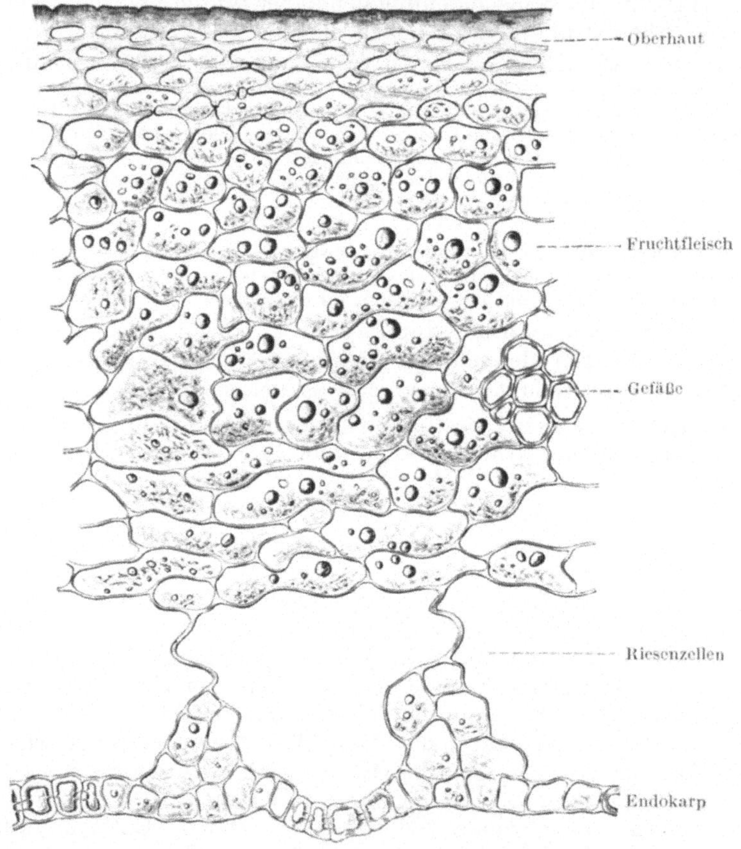

Abb. 96. Querschnitt der Paprikaschale (J. Moeller).

seite des Parenchyms liegen große Riesenzellen, die durch schmale Brücken kollabierter Zellen voneinander getrennt sind; zuweilen findet sich in den Riesenzellen Krystallsand. Die Zellen des Fruchtfleisches enthalten reichlich gelbrote Öltröpfchen und daneben winzige, gelbrote Chromoblasten. Die Öltröpfchen und Chromoblasten werden durch konz. Schwefelsäure indigoblau gefärbt. In nicht ganz reifen Früchten findet man gelegentlich auch sehr kleine Stärkekörner in geringer Menge. Das Endokarp wird aus parenchymatischen, gruppenweise sklerosierten Zellen gebildet, und zwar ist unterhalb jeder Riesenzelle eine Zellgruppe charakteristisch verdickt. Ihre eigenartige Ausbildung erkennt man an Flächenpräparaten, die man leicht durch Abziehen der inneren Oberhaut (Abb. 97) erhält. Bei stärkerer Vergrößerung sieht man, daß die zum Teil völlig buchtigen Zellen gleichmäßig verdickt und dicht getüpfelt sind

(Abb. 98). Da sich die Poren an der Mittellamelle verbreitern, erscheinen die Wandverdickungen fast perlschnurartig. Mit Phloroglucin-Salzsäure färben sich diese Zellen rot, sie sind also verholzt.

An Flächenschnitten sind die dickwandigen Zellen der äußeren Oberhaut rundlich polygonal (50—100 μ), in den Kanten stärker verdickt, dicht getüpfelt (Abb. 99). Die Cuticula ist durch rinnenförmige Vertiefungen parallel gestreift. Die Zellen des dickwandigen Hypoderms sind denen der Epidermis ähnlich.

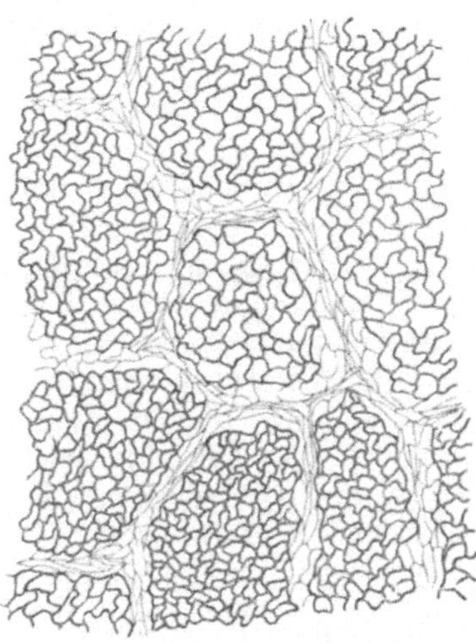

Abb. 97. Endokarp der Paprikaschale in der Flächenansicht bei schwacher Vergr. (J. MOELLER).

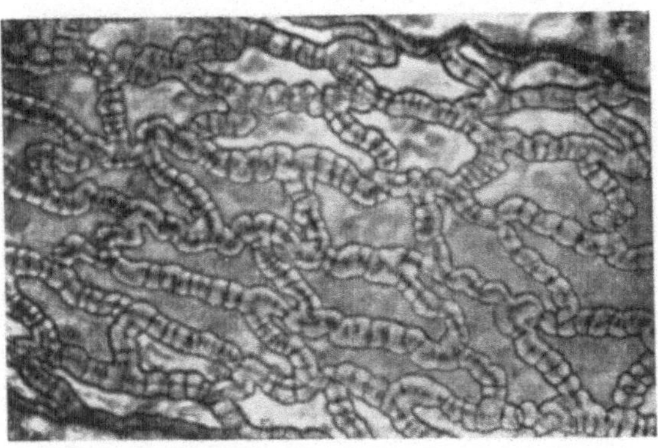

Abb. 98. Endokarp der Paprikafrucht. Vergr. 1 : 270 (Phot. C. GRIEBEL).

Die zentrale Placenta ist, wie die Scheidewände, ungefärbt und besteht aus großzelligem Parenchym mit reichlichen Intercellularräumen und einem weiten Gefäßbündelzylinder.

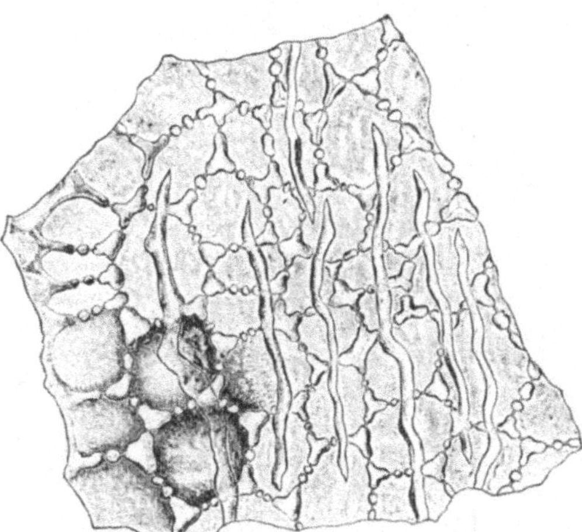

Abb. 99. Paprikaoberhaut in der Flächenansicht (J. MOELLER).

Abb. 100. Rand des Paprikasamens im Querschnitt (J. MOELLER). *ep* Oberhaut, *p* Parenchym, *E* Nährgewebe.

Die Epidermis der Scheidewände ist der Sitz des Capsaicins. Sie enthält Gruppen zartwandiger, etwas radial gestreckter Drüsenzellen, über denen die Cuticula durch das aus öligen Tropfen und später aus prismatischen oder tafelförmigen Capsaicinkrystallen bestehende Sekret abgehoben ist. In der reifen Frucht verbreitet sich übrigens das in den Plazenten gebildete Capsaicin auch über andere Fruchtteile, insbesondere die Samen.

An Querschnitten der scheibenförmigen, am Rande etwas gewulsteten Samen (Abb. 100) zeigt sich, daß die Samenschale mit dem Nährgewebe verwachsen ist. Sie besteht aus einer sehr großzelligen, charakteristischen Oberhaut und mehreren größtenteils zusammengedrückten Parenchymschichten. Die Oberhautzellen (*ep*) sind am gewulsteten Rande des Samens höher als an den flachen Seiten, an ihrer Außenseite dünnwandig, an den radialen Seiten- und Innenwänden stark und eigentümlich knollig verdickt. Die Verdickungen sind gelblich und deutlich geschichtet. In der Flächenansicht (Abb. 101) erscheinen die Zellen wellig-buchtig und mit ungleichmäßigen, gewulsteten Verdickungen versehen, bei tieferer Einstellung gekröseartig (Abb. 102) mit schlitzförmigen Tüpfeln (deshalb von Moeller „Gekrösezellen" genannt).

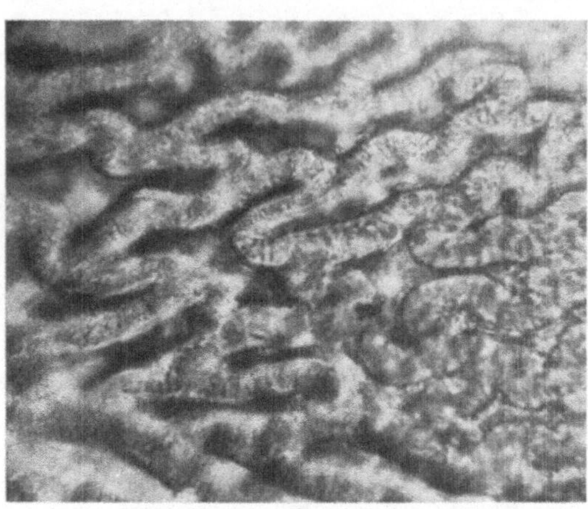

Abb. 101. Oberhaut der Paprikasamenschale 1:100. (Phot. C. Griebel.)

Das Endosperm besteht aus derbwandigen Zellen, die neben Fett Aleuronkörner mit je einem Krystalloid enthalten. Der Keimling setzt sich aus einem zartzelligen Gewebe mit den gleichen Inhaltsstoffen zusammen.

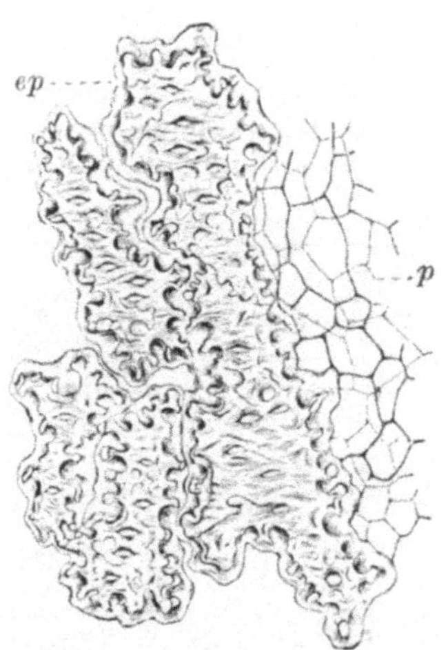

Abb. 102. Schale des Paprikasamens in der Flächenansicht (J. Moeller). *ep* Gekrösezellen, *p* Parenchym.

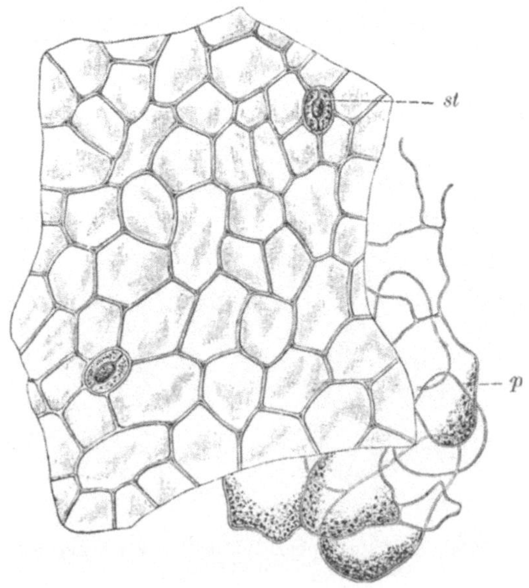

Abb. 103. Äußere Oberhaut des Paprikakelches, *st* Spaltöffnung, *p* Schwammparenchym.

Die unzerkleinerte Handelsware ist immer noch mit dem gestielten Kelch verbunden, der vor der Verarbeitung der Früchte zu Pulver beseitigt werden soll. Kelch und Stengelteile dürfen sich daher in den besseren Qualitäten nicht, in den geringeren nur vereinzelt vorfinden.

Die äußere Epidermis (Unterseite, Abb. 103) des 5—6lappigen grünen Kelches besteht aus großen polygonalen Zellen und trägt Spaltöffnungen.

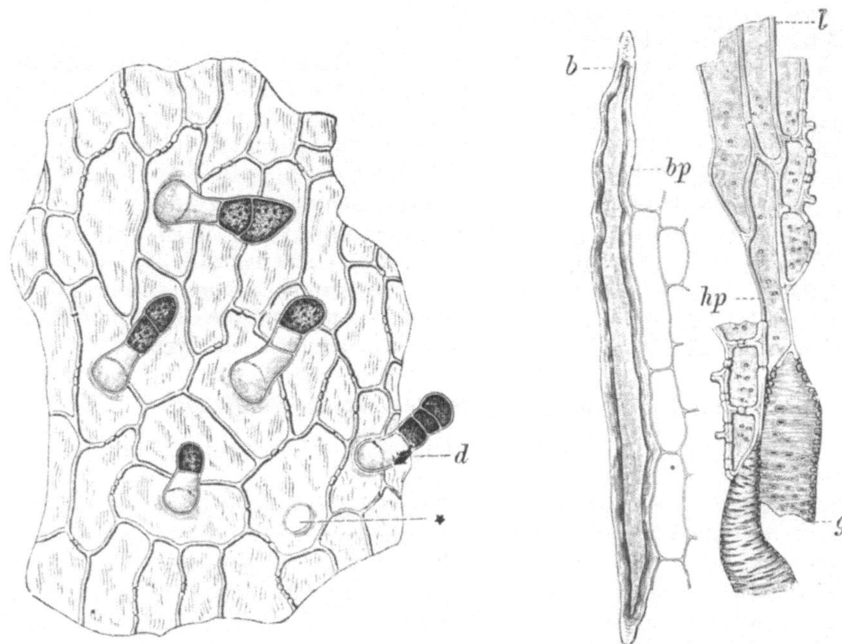

Abb. 104. Innere Oberhaut des Paprikakelches (J. MOELLER). *d* Drüsenhaare, * Spur derselben.

Abb. 105. Elemente des Paprikastieles (J. MOELLER). *b* Bastfaser, *bp* Bastparenchym, *l* Holzfasern, *hp* Holzparenchym, *g* Gefäße.

Das Mesophyll ist ein großzelliges Schwammparenchym, in dem sich Krystallsandzellen vorfinden. Die innere Oberhaut (Abb. 104) ist frei von Spaltöffnungen und hat teilweise buchtige, häufig etwas getüpfelte Zellen, aus denen zum größten Teil Drüsenhaare entspringen mit 1—2zelligem Stiel und mehrzelligem Köpfchen mit rotbraunem harzigen Inhalt. Im Kelchstiel (Abb. 105) ist der Holzkörper von einem schmalen unterbrochenen Bastring umgeben. Die Elemente des Holzes (Tüpfel und Netzgefäße, Holzfasern und Parenchym) sind stark verdickt. In den parenchymatischen Rindenzellen kommt Krystallsand vor. — Die im Geschmack viel schärferen, nur bis etwa 2 cm langen Früchte des Cayennepfeffers sind im Bau dem Paprika sehr ähnlich. Die Oberhautzellen der Fruchtwand (Abb. 106) sind gewöhnlich vierseitig und deutlich reihenweise angeordnet. Sie sind außerdem kleiner (20—55 μ), ihre Wände undeutlich getüpfelt. Die collenchymatische Außenschicht des Mesokarps fehlt.

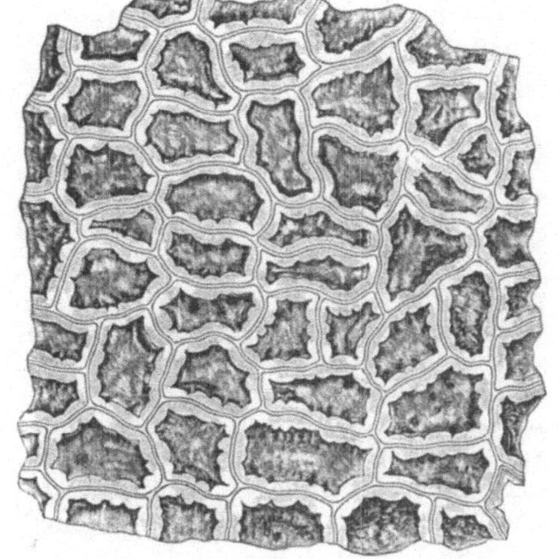

Abb. 106. Oberhaut des Cayennepfeffers in der Flächenansicht (J. MOELLER).

Das Paprikapulver (über die von der ungarischen Regierung aufgestellten Normen vgl. S. 440) ist besonders durch die in den Gewebetrümmern befindlichen, zum Teil auch freiliegenden gelbroten Öltröpfchen gekennzeichnet, die sich mit konz. Schwefelsäure blau färben. Charakteristisch sind außerdem die durch dicke gelbe Zellwände ausgezeichneten Teilchen der Oberhaut und des Hypoderms, besonders aber die eigenartig verdickten Endokarpzellen sowie die Gekrösezellen der Samenschale, die sich in allen Paprikapulvern des Handels vorfinden. Kleine rundliche Stärkekörner kommen höchstens in ganz geringer Menge vor. Teile von Kelch und Fruchtstiel dürfen nur in Spuren vorhanden sein.

b) Verfälschungen des Paprikas. Als Verfälschungsmittel sind zu nennen: Kleie, Getreidemehle, insbesondere Maismehl und Maisgrieß (vgl. Bd. V), Ölkuchenmehle (vgl. Bd. IV und S. 422), Curcuma (S. 341), Sandelholz (S. 393). Auch Teerfarbstoff wird gewöhnlich schon bei der mikroskopischen Untersuchung erkannt. Nach der Beseitigung des Fettes mit Äther finden sich dann häufig hellrot angefärbte Teilchen von Maisgrieß.

Anhaltspunkte für die Beurteilung des Paprikas.

a) Die Vereinbarungen deutscher Lebensmittelchemiker für Paprika usw. lauten wie folgt:

„Unter Paprika oder spanischem Pfeffer versteht man die getrockneten reifen, beerenartigen Früchte mehrerer Capsicumarten, besonders von Capsicum anuum L. und Capsicum longum DC., Familie der Solanaceen.

Als Cayennepfeffer kommen in gepulvertem Zustande die Früchte der kleinfrüchtigen Capsicumarten, von Capsicum frutescens L., Capsicum fastigiatum L. u. a. in den Handel.

Paprika, ganzer wie gemahlener, muß einen lange andauernden, brennenden Geschmack zeigen und darf keine ganz oder teilweise extrahierten, sowie künstlich aufgefärbten Früchte beigemischt enthalten, er darf auch nicht geölt sein.

Der alkoholische Extrakt betrage nicht unter 25%.

Als höchste Grenzzahlen, auf lufttrockene Ware berechnet, haben zu gelten für die Mineralbestandteile (Asche) 6,5%, für den in 10%iger Salzsäure unlöslichen Teil der Asche 1,0%."

Hierzu sei bemerkt, daß das alkoholische Extrakt unter Umständen niedriger sein kann. Als Grenze wäre vielleicht 20% anzunehmen. Über den Aschengehalt des Paprikas liegen verschiedene Angaben vor. Bitto[1] gibt 5,0—6,5% an; A. G. Stillwell[2] will für hochwertige Sorten 6—7%, für mittlere 7—8%, für minderwertige Sorten 9—13% Gesamtasche zulassen; A. Beythien[3] fand in 32 Proben des Dresdener Handels 5,35—7,76%, im Mittel 6,34%, K. Windisch[4] in 18 reinen Proben für die Trockensubstanz 6,53—9,51%, im Mittel 8,36% oder auf 10% Wassergehalt umgerechnet 5,87 bis 8,55%, im Mittel 7,52% Asche; der Sandgehalt wurde zu 0,09—0,26% gefunden. G. Gregor[5] weist nach, daß der Aschengehalt bei Paprika bis 10% steigen kann, ohne daß eine Verfälschung anzunehmen ist. Das Deutsche Arzneibuch, 6. Ausgabe, läßt 8% Asche zu. Das Deutsche Nahrungsmittelbuch 1922 will 8,5% Asche einschließlich 2% Sand zulassen.

Vielfach wird daher die Höchstgrenze von 6,5% Asche für zu niedrig gehalten.

---

[1] Bitto: Landw. Vers.-Stationen 1896, **46**, 309.
[2] A. G. Stillwell: Chem. Zentralbl. 1907, **1**, 130.
[3] A. Beythien: Z. 1902, **5**, 858.
[4] K. Windisch: Z. 1907, **13**, 389. [5] G. Gregor: Z. 1900, **3**, 460.

Dieser Wert wurde von E. SPAETH damit begründet, daß hierdurch die reichlich Samen und Stengelteile enthaltenden, also minderwertigen Sorten ausgeschlossen werden sollten.

Das Schweizerische Lebensmittelbuch, 3. Auflage 1917, hat ebenfalls den Höchstwert für Asche auf 6,5%, für den in Salzsäure unlöslichen Teil auf 1% festgesetzt.

Nach dem Österreichischen Lebensmittelbuch (Codex alimentarius Austriacus, 2. Auflage) beträgt bei den milden sog. „süßen" Sorten der Gehalt an Asche einschließlich 1% „Sand" nicht mehr als 7%, der Gehalt an ätherlöslichen Stoffen (Ätherextrakt) mindestens 12 und höchstens 18%, der an alkohollöslichen Stoffen (Alkoholextrakt) 25% und der Capsaicingehalt ungefähr 0,01%.

Bei Rosenpaprika beträgt der Höchstgehalt an Asche einschließlich „Sand" 7,5%, der Gehalt an Ätherextrakt mindestens 10%, der an Capsaicin unter 0,03% und der Rohfasergehalt bis zu 20%.

Bei den scharfen Sorten überschreitet die Asche nicht 8%, einschließlich 1,2% „Sand", der Ätherextrakt beträgt meist unter 9%, der Gehalt an Capsaicin zwischen 0,08 und 0,1%.

Bei Cayennepfeffer beträgt der Gehalt an Capsaicin mindestens 0,5%, der Aschengehalt nicht mehr als 7%, einschließlich 0,5% „Sand".

b) Über die gerichtliche Beurteilung von verfälschtem Paprika liegen folgende Entscheidungen vor:

Paprika mit Brot oder Stärkemehl und Carmin. Der als reingemahlener Paprika oder Rosenpaprika verkaufte Paprika enthielt einen Zusatz von gemahlenem Brot oder Stärkemehl in der Höhe von 15% und darüber und war mit Carmin künstlich aufgefärbt.

Der Angeklagte hat selbst zugegeben, daß er die Auffärbung durch Carminzusatz an mißfarbigem und deshalb zur Herstellung gut aussehenden und gangbaren Pulvers nicht geeignetem Rohmaterial und mit dem Willen vorgenommen hat, dieses verfälschte Gewürz als „rein gemahlen" unter Verschweigung der Verfälschung zu verkaufen und so die Abnehmer zu täuschen. Das muß aber auch für die Herstellung von Paprikapulver unter Zusatz von Brot angenommen werden. Denn nach dem Gutachten der Sachverständigen würde eine solche Mischung, wenn der Zusatz deklariert wird, überhaupt nicht verkäuflich sein. Vergehen gegen § 10, Anm. 1 u. 2 NMG. und § 263 StGB.

LG. Leipzig, 4./14. Dezember 1905.

Paprika mit Zusatz von Schwerspat. Der Paprika hatte einen Aschengehalt von 12,46%, dessen unlöslicher Teil (5,04%) in der Hauptsache aus Bariumsulfat (Schwerspat) bestand. Bariumverbindungen sind nach § 1 des Gesetzes vom 5. Juli 1887 als gesundheitsschädliche Stoffe anzusehen. Auch war mit dem gefundenen Aschengehalt die zulässige Maximalgrenze von 8% überschritten.

Der Angeklagte hatte den Paprika von dem Kaufmann H. bezogen, bei dem, wie der Angeklagte wußte, Paprika wegen seines Gehaltes an Schwerspat beanstandet worden war. Seiner Pflicht als vorsichtiger Kaufmann entsprechend, hätte er bei genügender, gebotener und ihm möglicher Aufmerksamkeit sich sagen müssen, daß auch bei seinem Paprika der Aschengehalt vorschriftswidrig zu hoch und der gesundheitsschädliche Stoff Barium hineingemischt sei; er hätte mit weiterem Verkaufe daher bis auf weitere Weisung der Behörde, nach der er sich nötigenfalls hätte umtun können, warten müssen.

Darin, daß er dies nicht erwog, liegt aber ein fahrlässiges Handeln. Der Angeklagte hat sich sonach der ihm nach § 12, Anm. 1, zur Last gelegten Handlung aus Fahrlässigkeit schuldig gemacht und war daher nach § 14 NMG. zu bestrafen.

LG. Breslau, 31. August 1912. (Z. Beilage 1913, 199.)

21. Mutternelken.

Mutternelken oder Anthophylli sind die nicht völlig ausgereiften Früchte des Gewürznelkenbaumes Jambosa Caryophyllus [SPRENG.] Ndz. (vgl. S. 397). Von den in den beiden Fruchtfächern der Gewürznelken enthaltenen Samenknospen pflegt sich nur eine zu entwickeln, so daß die Frucht eine einfächerige und meistens einsamige Beere — nämlich den vergrößerten bauchigen Unterkelch von 20—30 mm Länge und 6—10 mm Dicke — darstellt (Abb. 56 *B*). Der untere, nicht vergrößerte Teil bildet den Stiel der Frucht; ihr Scheitel ist von den gegeneinander gekrümmten Kelchzipfeln gekrönt, zwischen denen der quadratische Wall und die Griffelsäule noch gut erkennbar sind. Die Fruchtschale ist schwarz und fleischig, der Same (Abb. 56 *D*) fast zylindrisch, im Querschnitt kreis- bis eirund, an der Oberfläche glänzend schwarzbraun; er besteht aus zwei dicken, hartfleischigen, im Innern zimtbraunen Keimblättern, von denen das größere um das kleinere gerollt ist. Endosperm fehlt.

Die chemische Zusammensetzung erhellt aus folgenden von W. SUTTHOFF[1] ausgeführten Analysen:

Mutternelken	Wasser %	Stickstoffsubstanz %	Ätherisches Öl %	Fettes Öl %	Direkt reduzierender Zucker %	Stärke (in Zucker überführbar) %	Pentosane %	Rohfaser %	Asche %	Sand %
10 Jahre alt . .	11,47	3,75	2,04	1,69	10,74	26,97	7,32	6,34	3,80	0,85
1 Jahr alt . . .	13,15	3,81	2,30	2,09	6,60	31,64	7,04	7,88	3,71	0,12

Die Mutternelken gleichen im Geruch und Geschmack den Gewürznelken, d. h. den getrockneten Blütenknospen. Sie werden für sich in beschränktem Umfange als Gewürz, besonders für die Likörfabrikation verwendet, unter Umständen auch, wenn sie billig sind, im gepulverten Zustande dem Nelkenpulver zugesetzt.

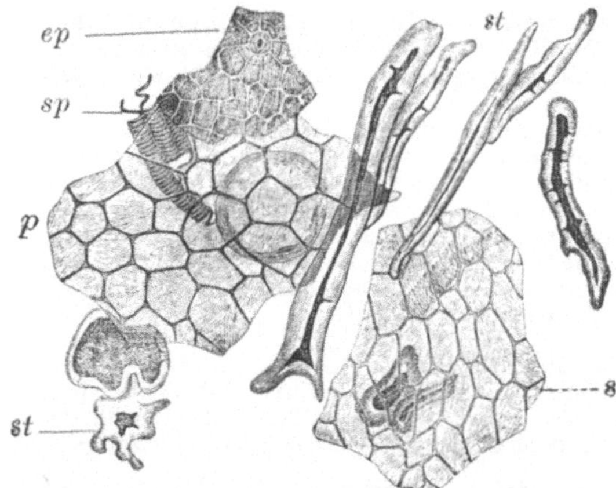

Abb. 107. Gewebselemente der Mutternelke (J. MOELLER). *ep* Oberhaut mit Spaltöffnung, *p* braunes Parenchym der Fruchtwand mit durchscheinender Öldrüse, *sp* Spiroiden, *st* Steinzellen und Fasern, *s* Endothel.

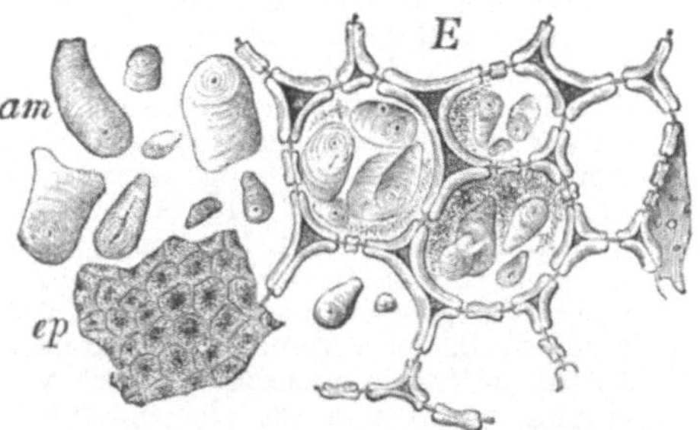

Abb. 108. Gewebselemente des Samens der Mutternelke (J. MOELLER). *E* Gewebe der Keimlappen mit Stärkekörnern *am*, *ep* Oberhaut der Keimlappen.

Die Mutternelken lassen sich in Gewürzpulvern mikroskopisch unschwer erkennen:

Die Fruchtwand stimmt im Bau mit dem Unterkelch der Nelke, aus dem sie hervorgegangen ist, überein, bis auf die Sklerosierung kleiner Zellgruppen, die bei der weiteren Entwicklung eingetreten ist. Die Steinzellen der Mutternelken (Abb. 107 *st*) sind in Gestalt und Größe sehr verschieden, überwiegend jedoch stab- oder faserförmig knorrig, bis 800 μ lang und 40 μ dick. Zumeist sind sie sehr stark verdickt, spärlich getüpfelt und undeutlich geschichtet. Mit den Bastfasern der Gewürznelken und Nelkenstiele, sowie mit den Steinzellen der letzteren (vgl. Abb. 58 u. 62) sind sie nicht zu verwechseln.

[1] W. SUTTHOFF: **Z.** 1915, **30**, 29.

Ein weiteres Erkennungsmerkmal ist das Gewebe des die Fruchthöhle fast vollständig ausfüllenden Samens, der nur aus den beiden Kotyledonen mit dem Würzelchen besteht. Das von einer kleinzelligen Oberhaut bedeckte Parenchym der Keimlappen (Abb. 108) setzt sich aus bis 45 μ großen, rundlichen, mäßig dickwandigen und derb getüpfelten Zellen zusammen, die neben Eiweiß charakteristische Stärkekörner enthalten. Die Körner (*am*) sind vorwiegend birnförmig oder länglich oval, 10—40 μ groß, oft abgestutzt, zuweilen zart geschichtet. Am breiteren Ende lassen sie ein Schichtenzentrum erkennen oder an dessen Stelle kleine Spalten.

Das Keimlingsgewebe hat zwar einige Ähnlichkeit mit dem der Leguminosen, durch die abweichend gebauten Stärkekörner ist es aber unschwer zu unterscheiden. Hierzu kommen die eben beschriebenen knorrigen Steinzellen der Fruchtwand, die die Erkennung der Mutternelken sichern.

22. Wacholderbeeren.

Die Wacholderbeeren sind die getrockneten reifen Beerenzapfen von Juniperus communis L. (Cupressaceae).

Sie sind kugelig, 6—8 mm dick, violett- bis schwarzbraun, meist bläulich bereift. Am Scheitel erkennt man eine dreistrahlige Narbe. Im hellbräunlichen krümeligen Fruchtfleisch liegen drei stumpf dreikantige Samen mit sehr harter brauner Schale, an deren Außenseite meist drei rundliche Ölbehälter angelagert sind.

Der Geruch ist aromatisch, der Geschmack würzig und süß.

J. König gibt die Zusammensetzung folgendermaßen an: Wasser 24,26%, Stickstoffsubstanz 4,16%, ätherisches Öl 0,9%, Fett 10,32%, Zucker 20,61%, sonstige stickstofffreie Extraktstoffe 16,49%, Rohfaser 20,55%, Asche 2,71%. An Pentosanen fanden Hanuš und Bien in der Trockensubstanz 8,48%.

Pritzker und Jungkunz[1] fanden in italienischen Wacholderbeeren (2 Proben) im Mittel: Wasser 10,10%, Stickstoffsubstanz 3,05%, ätherisches Öl 2,61%, Fett 9,50%, Invertzucker 32,8%, sonstige stickstofffreie Extraktstoffe 17,46%, Rohfaser 16%, Pentosane 6,82%, Asche 2,65%.

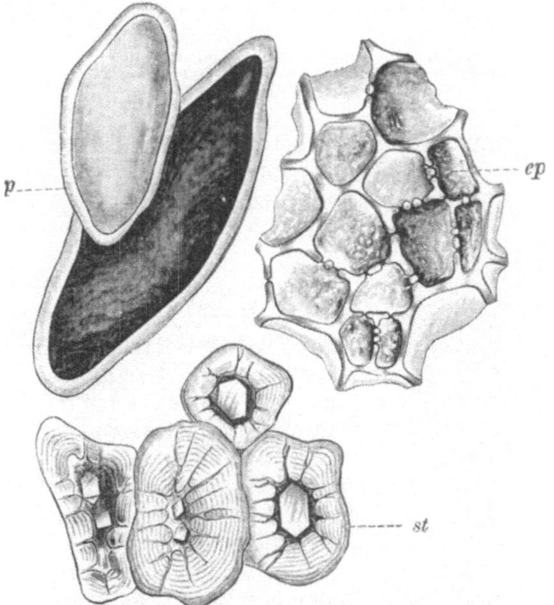

Abb. 109. Gewebe der Wacholderbeere (J. Moeller). *ep* Oberhaut, *p* Tonnenzellen aus dem Fruchtfleische, *st* Steinzellen der Samenschale.

Mikroskopische Untersuchung. Die Epidermis der Fruchtwand (Abb. 109 *ep*) besteht aus dickwandigen, mit braunem Inhalt versehenen Zellen, die am Scheitel der Frucht in der Umgebung des Spaltes papillenartig vorgewölbt sind. Das darunterliegende Hypoderm ist etwas collenchymatisch ausgebildet. Nach innen zu wird das Chlorophyllkörnchen enthaltende Parenchym so lückig, daß man die Zellen durch Druck mit dem Deckglas isolieren kann. In diesem Teil beobachtet man kleine Leitbündel und zahlreiche schizogene Ölräume. Die größten von ihnen (bis 1 mm) sind der Samenschale angewachsen

[1] Pritzker u. Jungkunz: Schweiz. Apoth.-Ztg. 1922, **60**, 245.

(Abb. 110). Besonders charakteristisch sind einzelne große, sack- oder tonnenförmige, wenig verdickte, aber verholzte gelbe Idioblasten (Abb. 109 *p*) mit meist glatter Wand.

Die Samenschale besteht hauptsächlich aus einem mächtigen Steinzellgewebe, dessen Elemente durch farblose, sehr stark verdickte, getüpfelte Wände ausgezeichnet sind. Die Steinzellen (*st*) enthalten in ihrem engen Lumen meist je einen großen oder mehrere kleine Oxalatkrystalle. Endosperm und Keimling bestehen aus dünnwandigem Parenchym, das fettes Öl und Aleuron enthält.

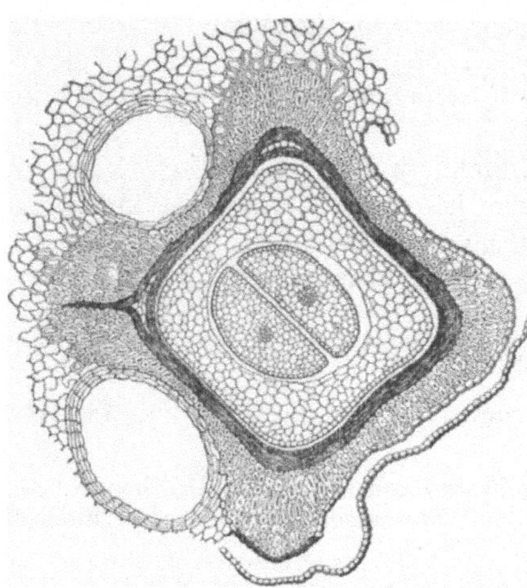

Abb. 110. Querschnitt durch den Wacholdersamen mit dem ihn umgebenden Gewebe (nach Tschirch).

Wacholderbeerpulver findet als Gewürz kaum Verwendung. Die gemahlenen Destillationsrückstände der Wacholderschnapsbrennerei haben aber gelegentlich als Verfälschungsmittel für Pfefferpulver gedient. Charakteristisch sind die großen länglichen Idioblasten, die dickwandigen, krystallführenden Steinzellen und die Bruchstücke der Epidermis.

Anhaltspunkte für die Beurteilung. Nach dem Deutschen Arzneibuch, 6. Ausgabe, muß der Gehalt an ätherischem Öl mindestens 1% betragen. Der Gehalt an Asche darf 5% nicht übersteigen.

Nach dem Österreichischen Lebensmittelbuch, 2. Auflage, beträgt der Gehalt an ätherischem Öl 0,5—1,2%, der Aschengehalt nicht mehr als 5%.

23. Kardamomen.

Im europäischen Handel unterscheidet man zwei Sorten von Kardamomen, die kleinen oder Malabarkardamomen und die wenig gebräuchlichen langen oder Ceylonkardamomen. Die ersteren sind die Früchte der im südöstlichen Asien heimischen und kultivierten Zingiberacee Elettaria Cardamomum White et Maton, während die letzteren von der Varietät Elettaria Cardamomum major Smith stammen. Die kurz vor der Reife geernteten Früchte gelangen entweder unmittelbar nach dem Trocknen in den Handel — ihre Farbe ist dann grünlichgrau oder bräunlichgrau, ihre Oberfläche durch die hervortretenden Gefäßbündel dicht längsstreifig — oder sie werden zuvor einem Bleichprozeß unterworfen, wodurch sie ein gelbliches Aussehen und eine fast glatte, pralle Oberfläche erhalten. Bei den kleinen Kardamomen werden nach den Produktionsgebieten hauptsächlich Malabar-, Aleppy-, Mangalore- und Mysorekardamomen unterschieden.

Als Kardamomen werden auch die Früchte einiger Amomumarten (Zingiberaceae) bezeichnet, die aber nur selten auf den europäischen Markt gelangen, wie die campherartig schmeckenden Siamkardamomen (Amomum cardamomum Blume), die zuweilen unter dem Namen „Campher seeds" in den Handel kommen — auch als Beimengung zu echten Kardamomen beobachtet — die Bastard- (Amomum xanthioides Wall.), bengalischen (Amomum subulatum Rxb.) und javanischen Kardamomen (Amomum maximum Rxb.), die gleichfalls campherartig schmecken, sowie die Paradieskörner (Amomum melegueta Roscoe). W. Busse[1] beschreibt Kamerunkardamomen, C. Hartwich und J. Swanland[2] solche aus Colombo.

[1] W. Busse: Arb. Kaiserl. Gesundh.-Amt 1898, **14**, 139.

[2] C. Hartwich u. J. Swanland: Z. 1904, **7**, 52.

Die Frucht ist stets eine dreifächerige Kapsel, die bei den einzelnen Arten durch Form und Größe verschieden ist. Die von einem Arillus umgebenen Samen sind im unzerkleinerten Zustand am Bau der Samenschale zu unterscheiden.

Die Frucht der kleinen sog. Malabarkardamomen ist eine stumpf-dreikantige, 10 bis 20 mm lange, dreifächerige, oft kurz geschnäbelte Kapsel mit dichtlängsstreifigen, lederartig zähem Fruchtgehäuse. Jedes der Fächer ist meist 5 (4—8)samig. Die rötlichgrauen bis rötlichbraunen Samen (Abb. 111) sind 2–3 mm lang, unregelmäßig eckig, quer gerunzelt, auf der Bauchseite mit einer Längsfurche (Raphe) versehen. Umgeben ist jeder Same von einem zarten, häutigen Samenmantel (Arillus), durch den die Samen jedes Faches paketartig etwas miteinander verklebt sind. Die Mysorekardamomen sind in der Form mehr gerundet und enthalten etwas größere Samen.

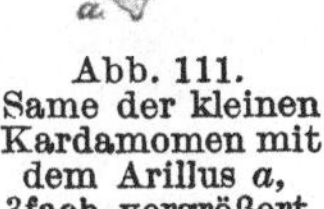

Abb. 111. Same der kleinen Kardamomen mit dem Arillus *a*, 3fach vergrößert (LUERSSEN).

Bei den langen oder Ceylonkardamomen ist die Kapsel scharf dreikantig, nicht selten leicht gekrümmt, graubraun, 7—9 mm breit und 25—40 mm lang. In jedem Fruchtfach finden sich etwa 20 Samen, die etwas größer sind als die der Malabarkardamomen.

Bei allen Kardamomsorten sind nur die harten Samen, die zum Teil auch als solche in den Handel gelangen (Kardamomsaat) aromatisch, nicht dagegen die strohig lederige Fruchtwand.

Die Kardamomen sind bisher nur wenig untersucht; danach sind die kleinen und langen in der chemischen Zusammensetzung etwas verschieden. So gibt das Schweizerische Lebensmittelbuch, 3. Auflage 1917, als Ergebnisse neuerer Untersuchungen an:

	Malabar	Ceylon
Ätherisches Öl	5— 7%	3— 4%
Kohlenhydrate	50—60%	35—40%
Stärke	12—30%	
Pentosane	4— 5%	6— 7,5%
Rohfaser	12—14%	15—19%
Stickstoffsubstanz	11—15%	

Erheblicher ist der Unterschied zwischen Schalen und Samen, wie folgende Übersicht nach J. KÖNIG erkennen läßt.

Fruchtteile	Ätherisches Öl %	Fett %	Stärke %	Rohfaser %	Asche %
Samen	3,0—4,0	1,0—2,0	22,0—40,0	11,0—17,0	2,5—10,5
Schale	0,1—0,7	2,0—3,0	18,0—21,0[1]	28,0—31,0	12,0—15,0

Der Gehalt der Früchte an Samen beträgt 60—75%, der an Schalen 40 bis 25%. HANUŠ und BIEN fanden den Gehalt der Malabarkardamomen (Samen) an Pentosanen zu 2,62%, den der Ceylonkardamomen (Samen) zu 2,37% in der Trockensubstanz. ARRAGON erhielt bei Ceylonkardamomen 6,4—6,9%, bei Malabarkardamomen 4,5% Pentosane. v. FELLENBERG fand in den Kardamomen 0,52—0,54% Pektin. Sowohl die Asche der ganzen Frucht als auch die der Schalen und Samen zeigt nach R. THAMM[2] außerordentlich große Schwankungen, desgleichen ihre Alkalitätszahlen (Verbrauch an Kubikzentimetern N.-Säure für 1 g Asche); er fand z. B. für zwei Proben Malabarkardamomen:

	Gemahlene ganze Früchte	Gemahlene Samen	Gemahlene Fruchtschalen
In Salzsäure Unlösliches	1,01 bzw. 2,43%	1,39 bzw. 1,84%	0,43 bzw. 0,70%
Sandfreie Asche	3,33 „ 7,08%	2,02 „ 3,58%	7,44 „ 12,70%
Alkalitätszahl der Asche	15,2 „ 9,5 ccm	7,4 „ 5,4 ccm	19,4 „ 12,3 ccm N.-Säure

R. THAMM glaubt, daß diese Schwankungen durch das Bleichen der Früchte mit Schwefliger Säure verursacht werden.

[1] Es handelt sich hierbei um andere Kohlenhydrate, da die Schale Stärke überhaupt nicht enthält. [2] R. THAMM: Z. 1906, 12, 168.

OTTE und WEISS[1] haben bei verschiedenen Handelssorten systematische Untersuchungen der Mineralbestandteile und der Rohfaser vorgenommen, getrennt nach ganzer Frucht, Samen und Schalen. Sie fanden, daß der Unterschied im Rohfasergehalt bei Samen und Schalen sehr beträchtlich ist. Auch der Mineralstoffgehalt ist bei den Schalen mehr als doppelt so hoch wie bei den Samen. In Verbindung mit dem mikroskopischen Befund wird hierdurch der Nachweis eines Zusatzes gemahlener Schalen ermöglicht.

Verfälschungen. Eine Unterschiebung der Siam-, Bastard-, bengalischen oder javanischen Kardamomen würde sich durch den abweichenden, vorwiegend campherartigen Geschmack zu erkennen geben und ist daher nicht wahrscheinlich. Paradieskörner schmecken zugleich pfefferartig.

Bei gemahlenen Kardamomensamen kommt als Verfälschung in Betracht das Mitvermahlen der kaum aromatischen Fruchtschalen, weiter die Beimengung von extrahierten Samen, von Getreide- und Leguminosenmehlen, extrahiertem Ingwer, Pomeranzenschalen (vgl. unter 2).

Nach C. BRUNNER[2] kommen gemahlene Kardamomschalen auch als solche in den Handel, woraus zu schließen ist, daß sie gelegentlich als Verfälschungsmittel für Gewürze dienen.

I. Chemische Untersuchung.

Sie erfolgt nach den üblichen Methoden (vgl. S. 328 u. f.). Der Nachweis von entölten Samen wäre durch Bestimmung des ätherischen Öles zu erbringen. Jedoch ist hierbei zu berücksichtigen, daß Kardamompulver bei der Aufbewahrung in kleinen Papierbeuteln das ätherische Öl nach einiger Zeit fast vollständig verliert. Der Nachweis von Fruchtschalen erfolgt am schnellsten durch die mikroskopische Untersuchung, gelingt aber auch durch die Rohfaserbestimmung.

II. Mikroskopische Untersuchung.

Um die Reinheit eines Kardamompulvers, das unterm Mikroskop auf den ersten Blick dem Pfeffer sehr ähnlich sieht, beurteilen zu können, ist es erforderlich, Fruchtschale und Samen im Bau näher zu studieren.

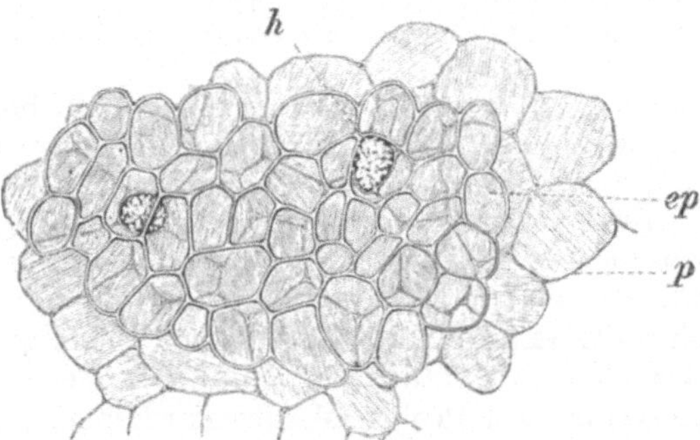

Abb. 112. Äußere Fruchtwand der kleinen Kardamomen (J. MOELLER). *ep* Oberhaut, *p* Parenchym mit Harzzellen *h*.

α) Malabarkardamomen. Die strohig-trockene, etwa 1 mm dicke Fruchtwand läßt an Flächenschnitten zwischen den rundlich-polygonalen Epidermiszellen (Abb. 112) Haarnarben erkennen. In das großzellige und lufthaltige farblose Parenchym, dessen Zellen nicht selten tafelförmige Krystalle enthalten, sind kleine Harzzellen (*h*), mit gelben oder rotbraunen Klumpen als Inhalt, eingestreut. Die in der Fruchtwand verlaufenden Leitbündel enthalten etwa 60 μ weite Spiralgefäße und ebenso breite, nur wenig verdickte, aber verholzte Fasern. Der innere Teil der Fruchtwand ist ein Schwammparenchym, das durch eine gestrecktzellige Oberhaut abgeschlossen wird.

[1] OTTE u. WEISS: Pharm. Zentralh. 1928, **69**, 613.
[2] C. BRUNNER: Jahresbericht des Instituts für angewandte Botanik Hamburg 1927.

Der die Samen dicht umgebende Samenmantel (Arillus) ist ein farbloses Häutchen aus mehreren Lagen zartwandiger, langgestreckter, kollabierter Zellen, die zuweilen Öltröpfchen enthalten (Abb. 113).

An Querschnitten (Abb. 114) erkennt man unter der Oberhaut zarte Querzellen, auf die große, dünnwandige, fast quadratische bis rechteckige Zellen mit farblosen Tropfen von ätherischem Öl folgen. Unter den Ölzellen liegt ein kleinzelliges Parenchym, das die innerste und zugleich charakteristischste Schicht der Samenschale, die etwa 25 μ hohen, palisadenartigen braunen Steinzellen bedeckt. Diese Steinzellen sind so stark verdickt, daß nur noch an der Außenseite eine kleine Höhle frei bleibt, in der ein winziger Kieselkörper liegt.

Der mit der Schale verwachsene Samenkern (Abb. 115) besteht aus Perisperm, Endosperm und Keimling. Das Perisperm (p), das die Hauptmenge des Samens ausmacht, ist ein großzelliges, mit Stärke vollgepfropftes Parenchym. Die Stärkekörnchen sind sehr klein (2—3, selten über 4 μ), kugelig bis polyedrisch und — ebenso wie beim Pfeffer — zu kompakten Massen verklebt, die oft im ganzen aus den Zellen herausfallen. In der Mitte jedes Stärkeklumpens befindet sich ein kleiner Hohlraum mit einem oder mehreren kleinen Oxalatkrystallen, die im Chloralhydratpräparat sichtbar werden. Das spärliche Endosperm enthält ebenso wie der kleinzellige Embryo Fett und Aleuron, aber keine Stärke.

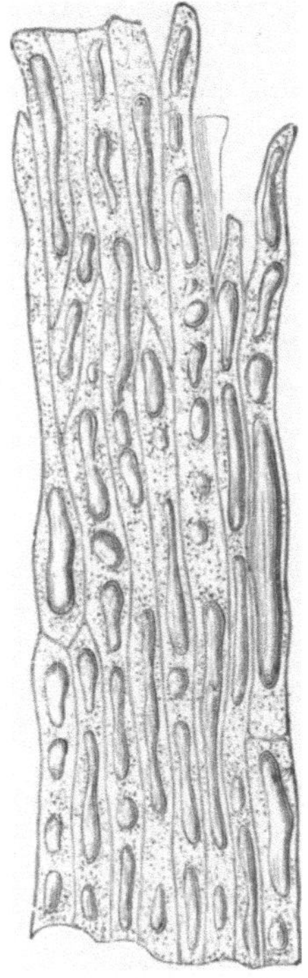

Abb. 113. Samenmantel der Kardamomen (J. MOELLER).

An Flächenpräparaten sieht man, daß die etwa 35 μ breiten Epidermiszellen der Samenschale (Abb. 116 *o*) langgestreckt und faserförmig ausgebildet sind; darunter erkennt man die Querzellen mit oft braunem Inhalt. Die braunen Steinzellen (*st*) sind in der Flächenansicht polygonal (8—20 μ breit), und je nach der Einstellung erscheinen sie dünnwandig oder kompakt.

Kardamompulver darf nur aus den Samen hergestellt sein. Es ist rötlich- bis bräunlichgrau und unterm Mikroskop auf den ersten Blick dem Pfefferpulver ähnlich, weil es hauptsächlich aus den rundlich-kantigen, zum Teil zertrümmerten Stärkeballen des Perisperms besteht. Bei näherem Zusehen, besonders im Chloralhydratpräparat, erkennt man jedoch leicht die braunen, in der Flächenansicht vieleckigen Sklereiden und die durch den Zusammenhang mit der Querzellenschicht braun erscheinenden Epidermiszellen.

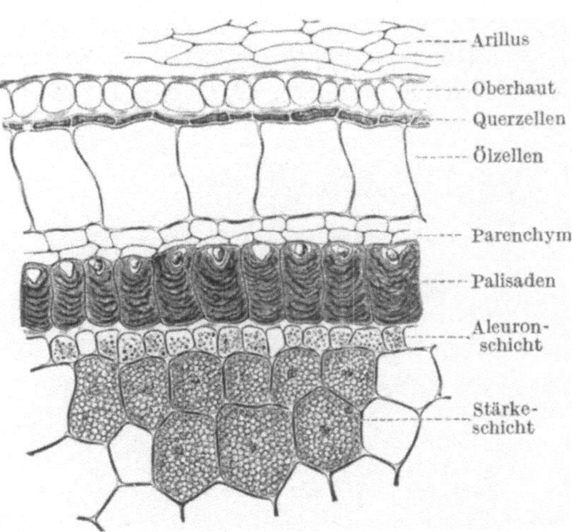

Abb. 114. Querschnitt der kleinen Kardamomen (J. MOELLER).

Wenn die Fruchtwand mitvermahlen wurde, so fällt das großzellige, lufthaltige Schalenparenchym mit Harzklumpen, Leitbündelteilen und verholzten

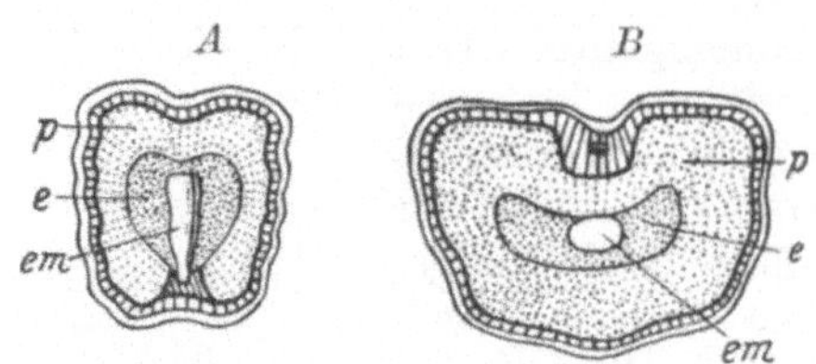

Abb. 115. Samen der kleinen Kardamomen (nach Luerssen). *A* Längsschnitt, 5fach vergrößert, *B* Querschnitt, 8fach vergrößert, *p* Perisperm, *e* Endosperm, *em* Embryo.

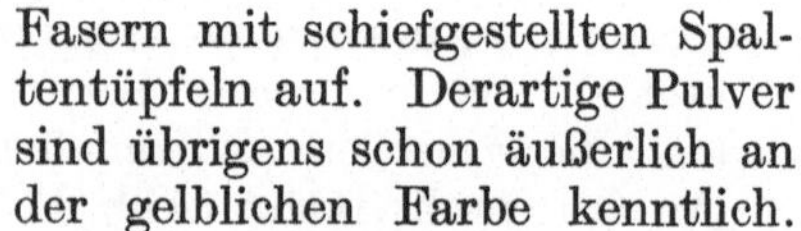

Fasern mit schiefgestellten Spaltentüpfeln auf. Derartige Pulver sind übrigens schon äußerlich an der gelblichen Farbe kenntlich.

Von fremdartigen Beimengungen zum Kardamompulver sind beobachtet worden G e t r e i d e - und L e g u m i n o s e n m e h l (vgl. Bd. V), extrahiertes I n g w e r p u l v e r (S. 340) und neuerdings P o m e r a n z e n s c h a l e n p u l v e r [1].

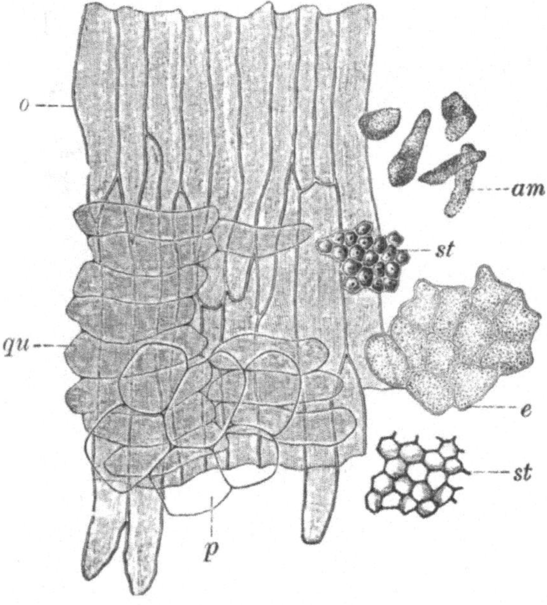

Abb. 116. Samengewebe der kleinen Kardamomen (J. Moeller).
o Oberhaut, *qu* Querzellen, *p* Parenchym, *st* Palisaden, *e* Perisperm, *am* Stärkeklumpen.

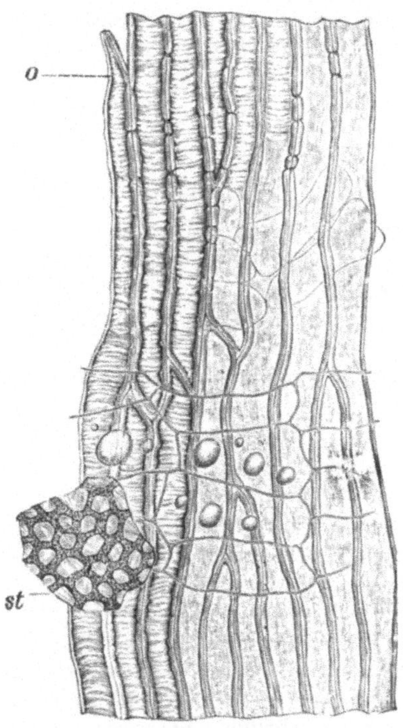

Abb. 118. Samengewebe der langen Kardamomen (J. Moeller).
o Oberhaut, *st* Palisaden.

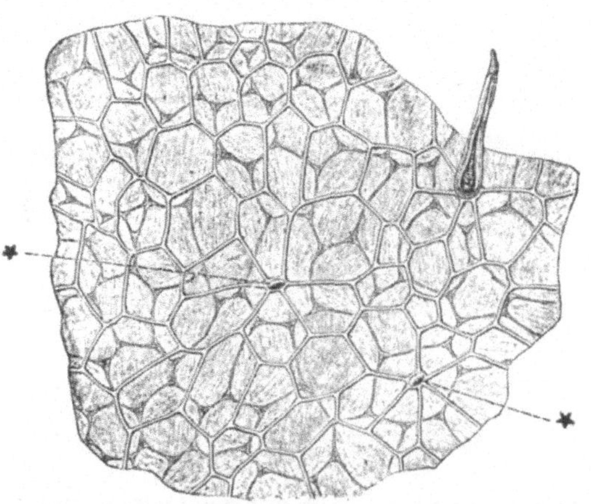

Abb. 117. Äußere Fruchtwand der Langen Kardamonen mit Haaren und deren Spuren.

Letzteres ist gekennzeichnet durch farbloses derbwandiges Parenchym, das in geringer Menge Oxalateinzelkrystalle enthält und sich mit Lauge lebhaft gelb färbt (Hesperidin). Außerdem findet man gelbliche Teilchen einer kleinzelligen Epidermis aus geradwandig-polyedrischen Zellen, zuweilen mit einzelnen Spaltöffnungen, und in geringer Menge

[1] Bisher nur in einer mir zugegangenen Probe festgestellt.

dünnwandiges Sternparenchym, das aus den inneren Fruchtwandteilen stammt, die bei der offizinellen Ware möglichst vollständig beseitigt sein sollen. Extrahiertes Pulver (Rückstände der Tinkturbereitung) gibt fast keine Hesperidinreaktion mehr.

β) Ceylonkardamomen. Die Ceylon- oder langen Kardamomen sind im Bau nur wenig von den Malabarkardamomen verschieden. Die Fruchtschale (Abb. 117) trägt auf der Oberhaut einzellige Haare oder Narben von solchen. Außerdem sind die Epidermiszellen der Samenschale (Abb. 118) bedeutend dickwandiger (6 μ).

Anhaltspunkte für die Beurteilung der Kardamomen.

Die vom Verein deutscher Lebensmittelchemiker für Kardamomen getroffenen Vereinbarungen lauten:

„Kardamomen sind die Früchte von Elettaria Cardamomum White et Maton, die als sog. kleine Kardamomen oder Malabarkardamomen aus Vorderindien stammen, oder die Früchte von einer Spielart der vorigen Pflanze, von Elettaria Cardamomum major Smith, die als sog. lange oder Ceylonkardamomen auf Ceylon wild wachsen und angebaut werden, Familie der Zingiberaceen.

Gemahlene Kardamomen dürfen nur aus den Samen bestehen; sie müssen einen angenehmen, scharf aromatischen Geruch und Geschmack zeigen.

Der Gehalt an ätherischem Öl betrage nicht unter 3%.

Die Herstellung von Mahlprodukten mit Hüllen (Fruchtschalen) ist nur unter entsprechender deutlicher Kennzeichnung zulässig.

Als höchste Grenzzahlen des Gehaltes an Mineralbestandteilen (Asche) haben, auf lufttrockene Ware berechnet, zu gelten[1]:

	Asche	In 10%iger Salzsäure unlösliche Asche
Für ganze Kardamomen (mit Hüllen) .	14%	4%
Für Kardamomensamen	10%	4%“.

Die Unterschiebung geringwertiger oder falscher Kardamomen sowie fremde Zusätze zu den ganzen oder gemahlenen Kardamomen sind selbstverständlich als Verfälschungen anzusehen.

Nach dem Österreichischen Lebensmittelbuch, 2. Auflage, soll der Gehalt an ätherischem Öl mindestens 3%, der an Asche bei ganzen Früchten nicht mehr als 6% (einschließlich 2% „Sand“), bei den Samen nicht mehr als 10% (einschließlich 2% „Sand“) betragen.

Das Schweizerische Lebensmittelbuch, 3. Auflage 1917, gibt folgende Grenzzahlen an:

	Malabar	Ceylon
Wasser	7—10%	
Asche	4—6%	10—14%
Fett	1,5—2,5%.	

24. Vanille.

Vanille ist die ausgewachsene aber nicht völlig ausgereifte, geschlossene, nach einem Fermentationsprozeß getrocknete, einfächerige und schotenförmige Kapselfrucht von Vanilla planifolia Andrews (Orchidaceae), einem im östlichen Mexiko heimischen Kletterstrauch, der jetzt in vielen tropischen Ländern kultiviert wird.

Die Mexikanische Vanille, die größtenteils in Amerika verbraucht wird, gilt als die feinste Sorte. Für den europäischen Handel hat hauptsächlich die Bourbon-Vanille Bedeutung, die von Réunion, aber auch von Madagaskar, den Comoren, Seychellen und anderen

[1] Die gleichen Grenzzahlen gibt das Deutsche Nahrungsmittelbuch (1922) an.

benachbarten Inseln kommt. Die Javanische Vanille geht hauptsächlich nach Holland, die von Ceylon nach England. Eine minderwertige Sorte ist die Tahitivanille, die einen an Heliotrop erinnernden Geruch aufweist, der durch das Vorhandensein von Piperonal verursacht wird und auf die Boden- und klimatischen Verhältnisse zurückzuführen sein dürfte. Denn ursprünglich war die Tahitivanille von einwandfreier Beschaffenheit.

Die unreifen Früchte werden gesammelt, wenn sie anfangen gelb zu werden. Sie sind dann noch fast geruchlos. Den charakteristischen Geruch und die braune Farbe erhalten sie erst durch eine besondere, ziemlich umständliche Behandlung, die in den einzelnen Produktionsländern etwas verschieden ist. Im allgemeinen erfolgt die Erntebereitung nach dem mexikanischen Verfahren, das in einem langsamen Trocknen, verbunden mit vorübergehendem „Schwitzen" besteht. Weniger verbreitet ist das Heißwasserverfahren. Während des Fermentationsprozesses scheidet sich das gebildete Vanillin zum Teil an der Oberfläche der Früchte aus.

Obwohl das Vanillin, der 3 Methyläther des Protocatechualdehyds $\left(C_6H_3\begin{cases}CHO & (1)\\ OCH_3 & (3)\\ OH & (4)\end{cases}\right)$, der wichtigste eigentümliche Bestandteil der Vanille ist, so hängt doch die Qualität der Früchte nicht allein vom Gehalt an Vanillin ab. Gerade die besten aus Mexiko stammenden Vanillesorten zeigen weder an der Oberfläche Vanillinausscheidungen, noch enthalten sie am meisten Vanillin. Das Vanillearoma ist auch nicht mit dem des synthetischen Vanillins identisch. Hieraus geht hervor, daß noch andere bisher unbekannte Stoffe an der Bildung des feinen Vanillearomas beteiligt sein müssen. Dies lassen auch die Untersuchungen von A. GORIS [1] erkennen, der drei verschiedene Glucoside aus frischen Vanillefrüchten isolierte, wovon die Hauptmenge auf Glucovanillin entfiel. Das zweite war Glucovanillinalkohol, während das dritte bei der enzymatischen Spaltung einen sehr stark und angenehm riechenden Ester lieferte.

Die in den Handel gelangende Vanille ist bis 25 cm lang und bis 1 cm breit, an der Basis verschmälert und etwas gekrümmt. Sie ist längsfurchig, fettglänzend, schwarzbraun, zäh und biegsam. Die auf der Außenseite abgeschiedenen weißglänzenden Vanillinnadeln werden bei längerem Lagern allmählich gelblich bis gelbbräunlich. Die mitunter auf den Fruchtkapseln erkennbaren, durch Wundkork vernarbten Verletzungen sollen Eigentumsmarken sein, die durch Einstechen in die jungen Früchte hervorgerufen werden. Beim Durchschneiden der Vanille findet man in dem fleischigen Perikarp die sehr kleinen (bis 0,2 mm), rundlich eiförmigen, gelbbraunen bis schwarzen glänzenden Samen, die in einer öl- oder balsamähnlichen Flüssigkeit liegen.

Der Vanillingehalt schwankt bei den einzelnen Vanillesorten etwa zwischen 0,75 und 2,9%. H. GAUTIER und A. KLING [2] fanden bei vier Proben Tahitivanille 0,73—1,01% Vanillin, bei einem Wassergehalt von 16,7—43%, auf Trockensubstanz berechnet 1,21—1,56% Vanillin.

Nach PRITZKER und JUNGKUNZ scheinen Bourbon- und Mexikovanille außer Vanillin keinen weiteren flüchtigen Stoff zu enthalten. Dagegen konnte bei Tahitivanille und bei Vanillons neben geringen Mengen von Piperonal 0,4 bis 0,7% eines flüchtigen Körpers unbekannter Natur von öliger Konsistenz festgestellt werden.

Für die allgemeine Zusammensetzung erhielt J. BALLAND [3] folgende Werte:

Herkunft der Vanille	Wasser %	Stickstoff-substanz %	Zucker und stickstofffreie Extraktstoffe %	Äther-auszug %	Zucker %	Rohfaser %	Asche %
Comoren. . . .	19,8	5,94	30,41	10,0	14,20	16,90	2,85
Réunion . . .	20,7	5,74	17,66	14,7	17,80	20,20	3,20
Tahiti	13,7	4,96	36,64	11,3	18,50	8,20	4,70

[1] A. GORIS: Compt. rend. Paris 1910, 3, 200.
[2] H. GAUTIER u. A. KLING: Ann. Falsif. 1924, 179, 70.
[3] J. BALLAND: Rev. internat. Falsif. 1905, 48.

W. Busse[1] gibt den Petrolätherauszug bei Peruvanille zu 21,24%, bei Tahitivanille zu 7,99 und bei Ceylonvanille zu 10,16% an. Die mit Petroläther erschöpften Proben ergaben noch 8—14% alkohollösliches Harz.

Da der Wassergehalt bei den Vanillesorten des Handels sehr stark schwankt — Pritzker und Jungkunz[2] fanden bei acht Proben 12,5—33% Wasser — haben die Genannten die erhaltenen Werte auf Trockensubstanz umgerechnet und sind hierbei zu folgendem Ergebnis gelangt:

	Bourbonvanille				Mexikovanille	Tahitivanille		Vanillons von Guadeloupe
	extra fine %	fine %	mifine %	fendue extra %	%	nature %	„givrée" %	%
Vanillin	3,8	3,4	2,9	3,7	2,7	1,7	8,7	0,7
Ätherextrakt	13,8	11,8	10,5	7,6	10,3	9,9	19,1	16,9
Ätherextrakt (vanillinfrei)	10,8	8,4	7,6	3,9	8,0	8,2	10,8	16,2
Stickstoffsubstanz	4,8	4,5	4,9	4,8	5,6	5,8	5,4	7,1
Rohfaser, ligninfrei	31,0	27,2	23,9	28,5	23,9	26,9	22,7	25,3
Asche	5,12	6,15	4,99	6,44	6,00	6,80	6,81	5,45
In Salzsäure unlösliche Asche	0,09	0,03	0,01	0,06	0,11	0,09	0,06	0,11
Saccharose	5,0	3,0	1,8	4,3	7,1	0,6	1,2	3,7
Invertzucker	16,6	16,8	15,5	15,6	14,3	14,9	18,9	12,9

Hanuš und Bien[3] geben den Pentosangehalt der Trockensubstanz der Vanille zu 5,48% an. v. Fellenberg fand 0,52—1,38% Pektin.

Bei der Untersuchung von acht Vanilleextrakten[4] wurden im Mittel folgende Werte gefunden:

Alkohol	Trockensubstanz	Asche	Alkalität der Asche ccm 0,1 N.-Lauge für 1 g Asche	Saccharose	Reduzierender Zucker	Vanillin
51,08 Vol.-%	22,62	0,26	0,17	18,39	1,33	0,16

Als Verfälschungen der Vanille sind zu beachten: mit Alkohol ausgezogene oder minderwertige Vanillesorten, die mit Öl, Perubalsam oder Zucker bestrichen und mit Benzoesäure oder künstlichem Vanillin — auch Acetanilid wird angegeben — bestäubt worden sind, ferner die Unterschiebung geringwertiger Sorten, z. B. der Tahitivanille, auch der wildwachsenden Vanillesorten (Vanilla palmarum Lindl., Vanilla Pompona Schiede, Vanilla guianensis Splittgerber und anderer) unter die besseren Sorten. Die wildwachsenden Vanillesorten, auch Vanillons genannt, unterscheiden sich im ganzen Zustande schon äußerlich von den echten Sorten; sie sind nämlich meist dreikantig, kürzer (nur etwa 15 cm lang) und breiter (25 mm), stark längsgefurcht, fettglänzend, oft mit Samen bedeckt. Sie besitzen, wie die Tahitivanille, einen heliotropartigen, von Piperonal (Heliotropin) herrührenden Geruch. In Tahitivanille fanden Pritzker und Jungkunz 0,016%, in Vanillons von Guadeloupe 0,064% Piperonal. Der Gehalt an Vanillin ist sehr verschieden; für Vanilla palmarum wurden von Peckolt, wie W. Busse angibt, 1,03%, für brasilianische Vanillons von Denner 0,1—0,2%, in zwei Proben Vanillons aus Britisch-Guyana 0,129% und aus Brasilien von W. Busse selbst 2,12% Vanillin gefunden.

[1] W. Busse: Arb. Kaiserl. Gesundh.-Amt 1899, **15**, 1—113.
[2] Pritzker u. Jungkunz: **Z.** 1928, **55**, 429.
[3] Hanuš u. Bien: **Z.** 1906, **12**, 395.
[4] **Z.** 1917, **33**, 272.

I. Chemische Untersuchung der Vanille.

Außer den allgemeinen Verfahren, die nach S. 328 u. f. ausgeführt werden, kommen für Vanille noch folgende in Betracht:

a) Nachweis und quantitative Bestimmung des Vanillins. Als Vorprobe ist die mikrochemische Prüfung geeignet. Man versetzt einen dünnen Querschnitt auf dem Objektträger mit einem Tropfen 0,4%iger Orcin- oder Phloroglucinlösung und dann mit einem Tropfen konz. Schwefelsäure, wobei sofort eine carmin- oder ziegelrote Färbung eintreten muß.

Nach MOLISCH werden Vanillinkrystalle durch Thymol, Salzsäure und Kaliumchlorat bei gewöhnlicher Temperatur carminrot gefärbt. S. ROTHENFUSSER[1] verwendet eine Lösung von p-Phenylendiaminchlorhydrat, mit der Gelbfärbung eintritt. Weitere organische Verbindungen, mit denen Vanillin kennzeichnende Reaktionen gibt, nennt E. F. HÄUSLER[2], KREIS und STUDINGER[3] verwenden ein nitrithaltiges Quecksilberreagens, das beim Erwärmen mit Vanillin enthaltenden Lösungen beständige weinrote Färbungen liefert.

Zur quantitativen Bestimmung des Vanillins werden nach dem von F. TIEMANN und W. HAARMANN angegebenen, von DANNER und E. SCHMIDT[4] weiter verbesserten Verfahren 3—5 g einer Durchschnittsprobe der zerkleinerten und innig mit ausgewaschenem Sand gemischten Vanille im SOXHLETschen Apparat mit Äther vollständig ausgezogen. Dem ätherischen Auszuge wird das Vanillin durch eine Natriumbisulfitlösung (Natriumbisulfitlauge und Wasser zu gleichen Teilen gemischt) durch wiederholtes Ausschütteln entzogen. Die Natriumbisulfitlösung wird mit verdünnter Schwefelsäure zersetzt; nach Beseitigung der Schwefligen Säure durch Wasserdampf oder besser durch Kohlensäure (E. SCHMIDT) wird mit Äther ausgeschüttelt, um das Vanillin zu lösen. Diese ätherische Lösung hinterläßt beim Verdunsten bei nicht zu hoher Temperatur (40—50°) das Vanillin, das für die Wägung im Exsiccator getrocknet wird.

J. HANUŠ[5] fand, daß das p-Bromphenylhydrazin $C_6H_4Br \cdot NH - NH_2$ sich zum Fällen des Vanillins eignet, wenn dieses sich in wäßriger Lösung befindet. Besser noch als Bromphenylhydrazin eignet sich nach J. HANUŠ[6] m-Nitrobenzhydrazid $C_6H_4 < {CO \cdot NH \cdot NH_2 \; (1) \atop NO_2 \; (3)}$ zur quantitativen Bestimmung des Vanillins.

J. HANUŠ schlägt dafür folgende Ausführung vor:

Etwa 3 g Vanille, in kleine Stückchen zerschnitten, werden 3 Stunden mit Äther extrahiert, wobei eine möglichst kleine Menge Äther (höchstens 50 ccm) in Anwendung kommt. Die ätherische Lösung wird im Wasserbade von 60° verdunstet, der Rückstand in einer kleinen Menge Äther gelöst und die Lösung durch ein kleines Filterchen in einen ERLENMEYER-Kolben filtriert[7]. Das Filter wäscht man gründlich mit Äther aus, verdampft die Ätherlösung wieder und nimmt den Rückstand in 50 ccm Wasser auf, wobei man etwa $^1/_4$ Stunde im Wasserbad von 60° stehen läßt, bis sich alles Vanillin gelöst hat. Man schüttelt hierauf kräftig durch und gibt 0,2 g m-Nitrobenzhydrazid in 10 ccm heißem Wasser gelöst hinzu. Der Kolben bleibt $^1/_2$ Stunde im Wasserbade, dann unter öfterem Umschütteln 24 Stunden bei gewöhnlicher Temperatur stehen. Den Niederschlag filtriert man durch einen bei 100° getrockneten gewogenen GOOCH-Tiegel, wäscht mit kaltem Wasser gründlich aus, entfernt das Fett durch dreimalige Extraktion mit Petroläther und trocknet den Tiegel mit Inhalt 2 Stunden im Lutftrockenschrank bei 100—105°. Das Gewicht des Kondensationsproduktes mit 0,4829 multipliziert ergibt den in der angewandten Substanzmenge vorhandenen Vanillingehalt.

Nach PRITZKER und JUNGKUNZ[8] verdient das Verfahren von HANUŠ, an dem die Genannten einige unwesentliche Änderungen angebracht haben, den Vorzug vor allen anderen.

---

[1] S. ROTHENFUSSER: Arch. Pharm. 1907, **245**, 360.
[2] E. F. HÄUSLER: Zeitschr. analyt. Chem. 1914, **53**, 363.
[3] KREIS u. STUDINGER: Mitt. Lebensmittelunters. Hygiene 1927, **18**, 333; vgl. PRITZKER u. JUNGKUNZ: Z. 1928, **55**, 428.
[4] DANNER u. E. SCHMIDT: Lehrbuch der pharmazeutischen Chemie, Braunschweig 1911.
[5] J. HANUŠ: Z. 1900, **3**, 531. [6] J. HANUŠ: Z. 1905, **10**, 585. [7] Z. 1900, **3**, 657.
[8] PRITZKER u. JUNGKUNZ: Z. 1918, **55**, 424.

Piperonal $\left(\text{Methylenprotocatechualdehyd} = C_6H_3{\lesssim}\begin{matrix}CHO & (1)\\ O{>}CH_2 & (3)\\ O & (4)\end{matrix}\right)$, das in einigen als Gewürz nicht verwendbaren Vanillesorten (Vanilla Pompona SCHIEDE, Vanilla palmarum LINDL., Vanilla guianensis SPLITTGERBER) vorkommt, reagiert ebenfalls mit m-Nitrobenzhydrazid, jedoch läßt sich dieser Aldehyd neben Vanillin durch Bromwasser qualitativ nachweisen. Aus wäßrigen Piperonallösungen scheidet sich nämlich durch Bromwasser je nach der Konzentration mehr oder weniger rasch eine weiße seidenglänzende krystallinische Substanz vom Schmelzp. 128° ab, während sich in Vanillinlösungen erst nach 24stündigem Stehen ein geringer brauner Niederschlag bildet.

Das Schweizerische Lebensmittelbuch gibt für die Vanillinbestimmung das colorimetrische Verfahren nach v. FELLENBERG[1] an.

b) Bestimmung des Piperonals neben Vanillin. Vanillin gibt mit Basen salzartige Verbindungen. Man behandelt deshalb das Aldehydgemenge mit verdünnter Natronlauge und destilliert dann mit Wasserdampf. Hierbei geht das Piperonal in Tröpfchen über, die in einer Kältemischung erstarren und bei 37° schmelzen.

SCHNEEGANS und GEHROCK schütteln die nach Zersetzung der Bisulfitverbindungen erhaltene ätherische Lösung der Aldehyde mit verdünnter Natronlauge und erhalten dadurch vanillinfreies Piperonal. Da die Trennung aber nicht quantitativ verläuft, hat BUSSE[2] das auf diese Weise isolierte Piperonal durch Behandeln mit wäßriger Permanganatlösung zu Piperonylsäure oxydiert. Es gelang aber nicht die Piperonylsäure mit einem Schmelzp. von 228° rein zu gewinnen; die Schmelzpunkte lagen vielmehr erheblich niedriger.

PRITZKER und JUNGKUNZ[3] verwenden als Fällungsmittel das von HANUŠ angegebene m-Nitrobenzhydrazid und verfahren hierbei folgendermaßen:

25—50 g zerkleinerte Vanilleschoten werden mit Wasserdampf so lange destilliert, bis etwa 500 ccm Destillat übergegangen sind. Das Destillat wird hierauf ziemlich stark mit N.-Natronlauge übersättigt und ihm das Piperonal durch dreimalige Ausschüttelung mit je 50 ccm Chloroform entzogen. Die vereinigten Chloroformauszüge überdeckt man in einem 300-ccm-Kolben mit 50 ccm Wasser, in dem 0,1 g m-Nitrobenzhydrazid gelöst ist und destilliert hierauf das Chloroform bis auf etwa 1 ccm ab. Die letzten Reste entfernt man durch Anschluß des noch warmen Kolbens an die Luftpumpe. Sodann wird der Kolben unter häufigem Umschütteln bei etwa 60° auf dem Wasserbad belassen, wobei sich das Kondensationsprodukt des Piperonals flockig abscheidet. Nach 24 Stunden wird durch einen GOOCH-Tiegel filtriert und wie bei der Vanillinbestimmung verfahren. Bei Versuchen unter Zusatz von 125 mg Piperonal wurden auch auf diese Weise nur 64% des Piperonals wiedergefunden.

c) Nachweis von Benzoesäure. Durch Bestäuben künstlich aufgetragene Benzoesäure läßt sich in der Weise nachweisen, daß man die Krystalle mit Äther löst, die Lösung mit Natriumbisulfit schüttelt, hierauf den abgehobenen Äther nach Filtration verdunstet und den Rückstand auf Benzoesäure prüft. Die Krystalle der Benzoesäure zeigen saure Reaktion. Die mit Ammoniak neutralisierte Lösung gibt mit Eisenchlorid fleischfarbene Fällung. Auf Zusatz von Salzsäure und alkoholischer Phloroglucinlösung bleibt Benzoesäure farblos, Vanillin wird rot. Reine Benzoesäure schmilzt bei 120—121° (Vanillin bei 80—81°).

d) Nachweis von Acetanilid neben Vanillin und Piperonal. Beim Ausschütteln der ätherischen Lösung mit konz. Bisulfitlösung bleibt Acetanilid im Äther und wird aus dem Verdunstungsrückstand erhalten. Es enthält zum Unterschied von den beiden Aldehyden Stickstoff und gibt die für primäre Amine

---

[1] v. FELLENBERG: Mitt. Lebensmittelunters. Hygiene 1915, **6**, 267.
[2] BUSSE: Arb. Reichsgesundh.-Amt 1899, **15**, 108.
[3] PRITZKER u. JUNGKUNZ: **Z.** 1928, **55**, 429.

charakteristische Isonitrilreaktion (vgl. Bd. IX). Acetanilid schmilzt bei 113 bis 114°.

e) Nachweis von Zucker. Die mechanische Abscheidung eines Zuckerzusatzes erfolgt mit Hilfe von Chloroform (vgl. S. 328).

f) Nachweis von extrahierter Ware. Der Nachweis einer stattgefundenen Extraktion kann durch Bestimmung des Vanillins und des Alkoholextraktes erfolgen. Bei Bourbonvanille beträgt nach Pritzker und Jungkunz im Durchschnitt der Gehalt an Alkoholextrakt 26,4%, an Vanillin 2,5%.

II. Untersuchung von Vanilleextrakten.

In den Handel gelangende alkoholische Vanilleextrakte werden angeblich zuweilen mit Tonkabohnenauszug verfälscht.

Die Bestimmung von Gesamtrückstand, Alkohol, Saccharose und Glycerin erfolgt nach den üblichen Methoden.

Nachweis von Cumarin:

Nach Winton und Bailey[1] (Winton und Silvermann) verdunstet man auf dem Wasserbad den Alkohol von 25 g Extrakt, wobei das Volumen der Flüssigkeit durch Hinzufügen von Wasser gleich erhalten werden soll. Dann fügt man tropfenweise Bleiacetatlösung hinzu, solange noch ein Niederschlag entsteht, filtriert und wäscht mit heißem Wasser aus. Das Filtrat wird mit Äther ausgeschüttelt, der Vanillin und Cumarin aufnimmt. Zur Abtrennung des Vanillins schüttelt man den Äther mit 2%igem Ammoniak aus. Der ammoniakalischen Flüssigkeit wird nach den Ansäuern mit Salzsäure das Vanillin durch Äther entzogen, das man schließlich mit Ligroin vom Siedep. 80—85° reinigt. Das in der obigen ätherischen Ausschüttelung zurückgebliebene Cumarin wird nach dem Abdunsten des Äthers mit Petroläther vom Siedep. 30—40° gereinigt. Schmp. des Cumarins 65—67°.

Nach A. E. Leach[2] sollen sich Vanillin und Cumarin noch durch folgendes Verhalten unterscheiden: Vanillin gibt mit einigen Tropfen Eisenchlorid Grünfärbung, Cumarin bleibt farblos; mit Jodjodkalium bildet Cumarin in wäßriger Lösung, im Gegensatz zu Vanillin, einen flockigen, erst braunen, nach dem Schütteln dunkelgrünen Niederschlag; aus ätherischer Lösung krystallisiert Vanillin in langen, dünnen Nadeln, die oft sternförmig angeordnet sind, während Cumarin kürzere und dickere Krystallformen liefert.

Nach L. Geret[3] betupft man den Abdampfrückstand der ätherischen Lösung mit Jodjodkaliumlösung. Cumarinkryställchen treten hierbei als blauschwarze Punkte scharf hervor.

Nachweis von Piperonal. Piperonal kann man in Vanilleextrakten nach C. B. Gnadinger[4] folgendermaßen nachweisen:

1. Phloroglucinmethode. 50 ccm Vanilleextrakt werden durch Abdampfen auf 40 ccm entalkoholisiert, mit Wasser in einen Schütteltrichter gebracht und mit 50 ccm Äther ausgeschüttelt. Es folgt dreimaliges Ausschütteln mit je 15 ccm 2%iger Natronlauge und einmaliges mit Wasser. Den Äther dampft man in einer Porzellanschale ab und fügt einige Körnchen Phloroglucin und 5 Tropfen konz. Salzsäure hinzu. Eine tiefe Rotfärbung zeigt Piperonal an.

2. Gallussäureverfahren. 100 ccm Extrakt werden wie bei 1. entalkoholisiert, mit Äther ausgeschüttelt und die ätherische Lösung gereinigt. Nach kräftigem Durchschütteln der ätherischen Lösung mit 30 ccm 15%iger $NaHSO_3$-Lösung läßt man 2 Stunden unter öfterem Umschütteln stehen. Die wäßrige Lösung wird abgezogen, mit Natriumcarbonat gegen Lackmus alkalisiert und mit 25 ccm Äther ausgeschüttelt. Die ätherische Lösung dampft man in einer Porzellanschale ab und löst den Rückstand in 1 ccm Alkohol. 0,1 ccm der Lösung mit einer Mischung von 0,1 ccm 20%iger alkoholischer Gallussäurelösung und 2 ccm konz. Schwefelsäure durch 2 Minuten auf dem Wasserbade erhitzt, zeigt bei Gegenwart von Piperonal eine smaragdblaue Färbung.

Nach beiden Methoden erwiesen sich Extrakte aus Bourbon-, Mexiko-, Java- und Südamerikavanille als frei von Piperonal, während Tahitivanille und Vanillon positive Reaktion gaben.

---

[1] Winton u. Bailey: Z. 1903, 6, 465; 1906, 11, 350.
[2] A. E. Leach: Z. 1904, 8, 523.
[3] L. Geret: Z. 1921, 42, 324.
[4] C. B. Gnadinger: Chem. Zentralbl. 1926, II, 838.

III. Untersuchung von Vanillezucker und Vanillinzucker.

a) Vanillezucker, Bestimmung des Wasserunlöslichen.

Nach PRITZKER und JUNGKUNZ[1] werden 10 g Vanillezucker in einem Stehkolben mit 200 ccm Wasser 5 Minuten lang gekocht. Die Flüssigkeit wird hierauf heiß durch eine mit Asbest bedeckte Siebplatte filtriert und der Rückstand mit heißem Wasser nachgewaschen. Asbest und Rückstand trocknet man in einer Platinschale bis zur Gewichtskonstanz, wägt, verascht sodann und wägt nochmals. Die Differenz wird als Wasserunlösliches in Rechnung gestellt. Der durch den unlöslichen Anteil der Asche entstehende Fehler kann vernachlässigt werden, weil fast zwei Drittel der Vanilleasche wasserlöslich sind. 10%iger Vanillezucker enthält etwa 3,7%, 30%iger etwa 11% Wasserunlösliches.

Die Bestimmung des Zuckers erfolgt durch Polarisation. Durch eine Bestimmung des Vanillingehaltes läßt sich weiter feststellen, ob außerdem ein Zusatz von synthetischem Vanillin stattgefunden hat.

b) Vanillinzucker. An Stelle von Vanillezucker findet jetzt in ausgedehntem Maße Vanillinzucker Verwendung. In diesem kann die Bestimmung des Vanillins nach PRITZKER und JUNGKUNZ sehr rasch titrimetrisch folgendermaßen erfolgen:

15,2 g Vanillinzucker oder der Inhalt einer Originalpackung werden in etwa 30 ccm Wasser bei etwa 50—60° in Lösung gebracht, abgekühlt mit 4 Tropfen Thymolphthalein versetzt und mit 0,1 N.-Natronlauge auf deutliches Blau titriert. Werden genau 15,2 g abgewogen, so geben die verbrauchten Kubikzentimeter Lauge, dividiert durch 10, direkt den Vanillingehalt in Prozenten an, weil 1 ccm 0,1 N.-Lauge 0,0152 g Vanillin entspricht.

Bei der gravimetrischen Methode mit m-Nitrobenzhydrazid stört der Zuckergehalt nicht.

In Mischungen mit Mehl, Stärke und Backpulver kann das Vanillin nicht durch direkte Titration bestimmt werden. Man verfährt nach PRITZKER und JUNGKUNZ wie folgt:

5 g des Gemenges werden in einem Zentrifugierglas mit 25 ccm 95%igem neutralen Alkohol und 1 ccm neutraler 10%iger Chlorcalciumlösung (bei Backpulver ist der Chlorcalciumzusatz wegzulassen) versetzt und 5 Minuten lang geschüttelt. Dann wird zentrifugiert und der Alkohol abgegossen. Dies wird noch einmal wiederholt, worauf die vereinigten Alkoholauszüge mit einigen Tropfen Phenolphthalein versetzt und mit 0,1 N.-Lauge auf deutliches Rot titriert werden. 1 ccm 0,1 N.-Lauge entspricht 0,0152 g Vanillin. Da bei diesem Verfahren etwa vorhandene organische Säuren, wie Benzoesäure, mitbestimmt werden, ist es notwendig, das Vanillin noch auf seine Reinheit zu prüfen.

H. SCHELLBACH und FR. BODINUS[2] fanden bei fast halbjährigem Lagern von Vanillinzucker in Päckchen, Vanillinverluste von nur 0—8%. Dagegen wurde von H. SPRINKMEYER und O. GRUENERT[3] eine sehr beträchtliche Flüchtigkeit des Vanillins (bis zu 81,6%) beobachtet. Später zeigte sich, daß durch Verwendung von Pergamentpapierbeuteln die Flüchtigkeit des Vanillins erheblich verlangsamt wird.

Das für Genußzwecke bestimmte Vanillin muß rein sein (Schmp. 80—82°). Liegt der Schmelzpunkt unter 79°, so besteht der Verdacht einer Verfälschung. Als Verfälschungsmittel des Vanillins werden genannt Benzoesäure, Salicylsäure, Acetylsalicylsäure, Acetanilid, Cumarin, Piperonal (Heliotropin), Guajacolcarbonat, Phthalsäureanhydrid, Terpenhydrat.

An Stelle von Vanillin findet auch der Äthyläther des Protocatechualdehyds, zumeist unter der Bezeichnung Bourbonal, Verwendung, der durch einen etwa viermal stärkeren vanilleähnlichen Geruch ausgezeichnet ist. Der Schmelzpunkt der reinen Substanz liegt bei 77,5°. Mit alkoholischer Kalilauge färbt sich Bourbonal intensiv kanariengelb, während Vanillin farblos bleibt.

---

[1] PRITZKER u. JUNGKUNZ: Z. 1928, **55**, 429.
[2] H. SCHELLBACH u. FR. BODINUS: Z. 1918, **36**, 187.
[3] H. SPRINKMEYER u. O. GRUENERT: Z. 1919, **38**, 153; 1920, **39**, 145; 1920, **40**, 34.

IV. Mikroskopische Untersuchung der Vanille.

Während sich die unzerkleinerten Kapselfrüchte der Vanillesorten schon durch ihre Form und Größe unterscheiden lassen, bedarf es für den Nachweis von echter Vanille und Vanillon in Pulvern bzw. in mit Vanille versetzten Lebensmitteln (wie Schokolade) einer eingehenden mikroskopischen Untersuchung. Für die Vanille sind besonders kennzeichnend die Samen, außerdem die Oberhaut der Fruchtwand, auch Raphidenschläuche.

Abb. 119. Vanillesame (HARTWICH).

Die Samen sind schwarz (einzelne auch heller), oval, nur etwa 0,2 mm groß. Um ihren Bau studieren zu können, kocht man sie mit Lauge und zerquetscht dann. Deutlichere Bilder erhält man aber durch Bleichen mit JAVELLEscher Lauge. Die polygonalen Oberhautzellen der Samenschale (Abb. 119) sind auffallend groß, bis 75 μ lang und bis 30 μ breit. In der Flächenansicht erscheinen sie gleichmäßig verdickt; an Querschnitten erkennt man jedoch, daß die Verdickung hufeisenförmig ist. Die innere Auskleidung der Samenschale besteht aus zartwandigen, gestreckten, braunen Zellen. Der nur wenig entwickelte Keimling besitzt kein Nährgewebe.

Die Oberhaut der Fruchtwand (Abb. 120) besteht aus derbwandigen, fein getüpfelten polygonalen Zellen, die eine braune, körnige Masse und meist je einen Oxalatkrystall enthalten, der von verschiedener Form sein kann. Auch

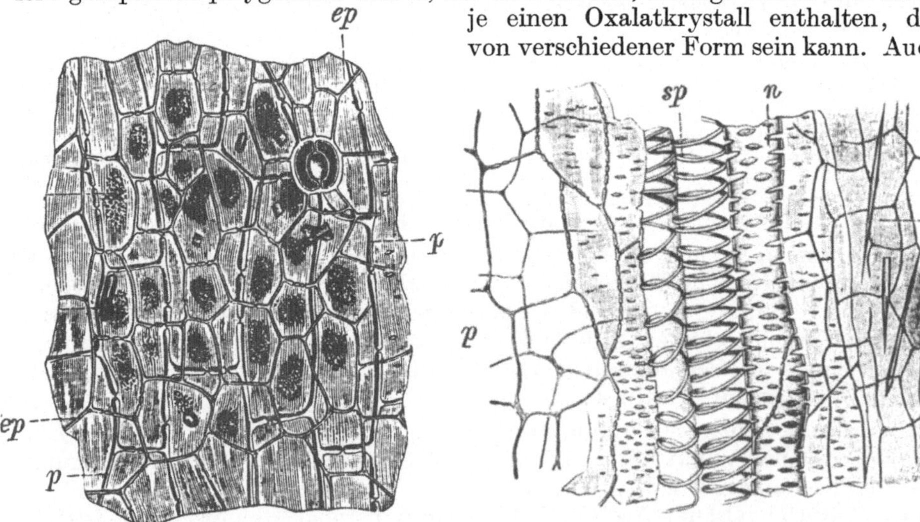

Abb. 120. Außenwand der Vanille in der Flächenansicht (J. MOELLER). *ep* Oberhaut mit Oxalatkrystallen, *p* Parenchym.

Abb. 121. Fruchtfleisch der Vanille (J. MOELLER). *p* Parenchym mit Krystallnadeln, *sp* und *n* Spiral- und Netzgefäße.

das Hypoderm, dessen derbwandige Zellen größer, deutlich gestreckt und getüpfelt sind, enthält ebenso wie die hierauf folgende collenchymatische Schicht Oxalatkrystalle. Nach innen zu werden die Zellen des Fruchtfleisches dünnwandig und größer (bis 150 μ). Man beobachtet in diesem Gewebe nach der Aufhellung lange, schmale, in Längsreihen angeordnete Zellen mit oft über 500 μ langen Raphidenbündeln.

Das Fruchtfleisch ist von Leitbündeln durchzogen (Abb. 121), deren Gefäße spiralig oder netzförmig verdickt sind und deren Fasern quergestellte ovale Tüpfel besitzen. Die inneren Parenchymschichten des Fruchtfleisches sind kleinzellig. Zwischen den drei gegabelten, in die Fruchthöhle ragenden Samenträgern (Abbildung 122) sind die Zellen der inneren Oberhaut zu Papillen ausgewachsen (etwa 300 μ lang), die Balsam enthalten (Abb. 123).

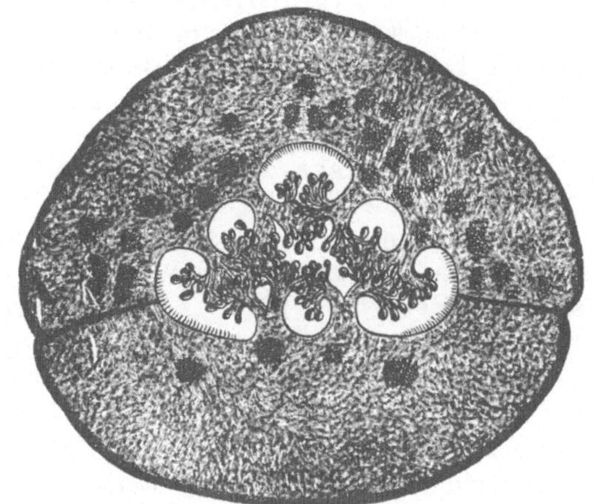

Abb. 122. Querschnitt der Vanille, 8fach vergrößert (BERG).

Zum Nachweis von Vanillepulver in Zubereitungen, wie Schokolade, entfettet man zunächst das Material mit Äther oder Petroläther und behandelt dann mit Wasser, um den Zucker zu lösen. Der Rückstand wird nach Anreicherung der in Lauge unlöslichen Teilchen in Lauge oder Chloralhydrat untersucht. Kennzeichnend sind in erster Linie die schwarzen Samen, außerdem die Epidermis; selten findet man Raphidenschläuche.

Die hauptsächlich in der Parfümerie Verwendung findende Pompona- oder La Guayravanille (Vanillon) ist mikroskopisch nur an der Großzelligkeit des Fruchtfleisches erkennbar.

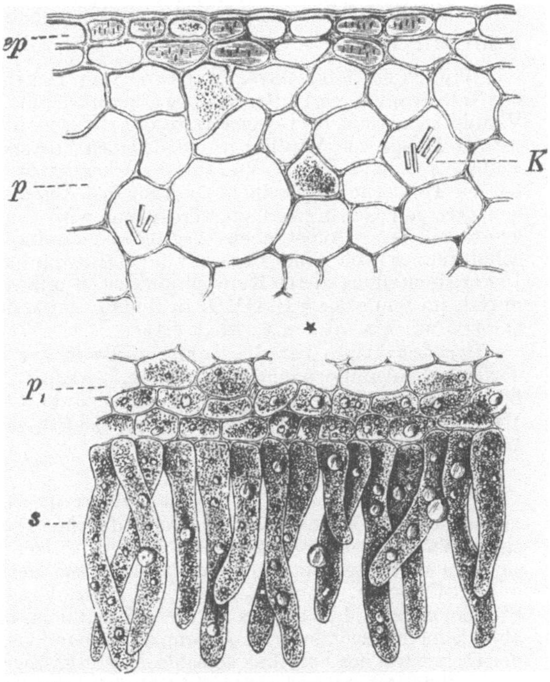

Abb. 123. Querschnitt der Vanille (J. MOELLER). *ep* Oberhaut, *p* Fruchtfleisch mit Krystallen *K*, *s* zu Balsampapillen ausgewachsene innere Oberhaut.

Anhaltspunkte für die Beurteilung.

a) Nach der chemischen und technischen Untersuchung. Der Verein deutscher Lebensmittelchemiker hat folgende Forderungen für Vanille vereinbart:

„Vanille ist die nicht völlig ausgereifte, noch geschlossene, nach einem Fermentationsprozeß getrocknete, schwarzbraune Kapselfrucht von Vanilla planifolia ANDREWS, Familie der Orchidaceen.

Vanille muß einen aromatischen Geruch und Geschmack zeigen und aus den unversehrten, nicht ausgezogenen, oben gekennzeichneten Kapselfrüchten bestehen.

Aufgesprungene, dünne, gelblichbraune steife Früchte, sowie heliotropartig riechende sind nicht zuzulassen.

Der Gehalt an Mineralbestandteilen (Asche) betrage nicht mehr als 5%."

Die gleiche Grenzzahl gibt auch das Deutsche Nahrungsmittelbuch (1922) an.

Vermerk. Mit Rücksicht auf den stark schwankenden Wassergehalt erscheint es bei Vanille zweckmäßig, Grenzzahlen auf Trockensubstanz zu beziehen.

Nach obiger Begriffsbestimmung sind die Unterschiebung geringwertiger Vanillesorten, sowie das Bestreichen dieser oder extrahierter Vanillesorten mit Öl oder Perubalsam und das Bestreuen derselben mit künstlichem Vanillin oder Benzoesäure oder mit Zucker oder mit anderen Stoffen, z. B. mit Glaspulver als Verfälschungen anzusehen.

Für Vanilleextrakt, Vanillezucker und Vanillinzucker bestehen in Deutschland bisher keine Festsetzungen.

Das Schweizerische Lebensmittelbuch, 3. Auflage 1917, setzt für Vanille eine Gesamtasche von höchstens 6% fest. Für Vanillezucker verlangt die Schweizerische Lebensmittelverordnung vom 23. Februar 1926 einen Gehalt von mindestens 10% getrockneter Vanillefrucht, was etwa 13 bis 15% Vanillepulver entsprechen würde.

Vanillinzucker muß mindestens 2% Vanillin enthalten (Nachtrag 1922).

Nach dem Österreichischen Lebensmittelbuch, 2. Auflage, beträgt — bezogen auf die Trockensubstanz — der Vanillingehalt in handelsüblichen Vanillesorten bis 3,5% und nicht weniger als 2%, der Wassergehalt nicht über 35%, der Gehalt an Mineralstoffen und in Salzsäure unlöslichem Rückstand (Sand) nie über 7%, bzw. 0,5%.

Vanillezucker und Vanilleextraktzucker müssen mindestens 0,2% Vanillin und 0,6% Gesamtätherextraktstoffe der Vanille enthalten. Außerdem muß Vanillezucker mindestens 2% unlösliche Vanillebestandteile enthalten. Vanillinzucker muß mindestens 1% reines Vanillin enthalten.

b) Nach der Rechtslage. Verkauf von Tahitivanille als Vanille. Der Angeklagte hat Tahitivanille verkauft. Dieses Produkt, eine auf der Insel Tahiti wachsende wilde Vanilleart, enthält im Gegensatz zu der stark vanillinhaltigen Bourbonvanille nur eine ganz geringe Menge von Vanillin im natürlichen Zustande. Während die erstere mit einem Filz weißer, aus natürlichem Vanillin bestehender Krystallnadeln überzogen ist, fehlt dieses bei der Tahitivanille gänzlich. Um ihr das Aussehen der Bourbonvanille zu geben und um den geringen Gewürzwert zu verdecken, wird die Schote der Tahitivanille mit Vanillinkrystallen, die auf künstlichem Wege gewonnen sind, überzogen. Trotzdem bleibt ihr Vanillingehalt immer noch mindestens um die Hälfte hinter demjenigen der Bourbonvanille zurück. In der Herstellung dieses Kunstproduktes ist unbedenklich das Nachmachen eines Genußmittels im Sinne des § 10 NMG. zu finden. Denn das Produkt erweckt den Anschein, etwas anderes zu sein, als es wirklich ist.

Der Angeklagte hat die Tahitivanille in der Verschweigung des Umstandes, daß sie der Bourbonvanille nachgemacht war, verkauft. Obwohl er ihre Eigenschaften kannte, bot er sie einer Frau als Vanille an, versicherte ihr, daß es gute Vanille sei und lieferte die Ware in Glashüllen, die lediglich die Aufschrift „Feinste Vanille" trugen, als Vanille. Vergehen gegen § 10, Anm. 2 NMG.

OLG. Düsseldorf, 5. August 1910.

Vanillin mit Mannit und Antifebrin. Der Angeklagte vermischte 3 kg Vanillin mit etwa 800 g Mannit und 1,2 kg Antifebrin. Dieses Gemisch verkaufte er als „krystallisiertes Vanillin" unter Verschweigung der Zusätze. Vanillin ist ein Genußmittel. Dies ergibt sich aus seiner gewöhnlichen Bestimmung zur Herstellung von Vanillezucker, Schokoladen und Parfümerien. Durch die Vermischung des Vanillins zu zwei Fünfteln mit minderwertigen Stoffen, insbesondere mit dem in dieser Zusammensetzung zwar nicht gesundheitsschädlichen, aber keinem angemessenen Geschmacks- oder Geruchszwecke dienenden Antifebrin wird der Grundstoff des Vanillins verschlechtert. Es liegt hiernach eine Verfälschung des Vanillins durch Beimischung minderwertiger Stoffe vor. Verurteilung aus § 10, Anm. 1 NMG. und § 263 StGB. (Betrug).

LG. Leipzig, 23. November 1905.

Vanillinzucker mit 0,23—0,46% Vanillin. Aufdruck: „Dieses Päckchen reicht, um einen großen Pudding usw. mit dem köstlichen Vanillearoma zu versehen; der Inhalt dieses Päckchens entspricht dem Aroma von 3 Schoten guter Vanille." Die Angabe der Herstellungszeit war geändert. Es erfolgte Verurteilung wegen irreführender Bezeichnung.

Die Revision wurde verworfen. Aus dem Urteil: Die Strafkammer nimmt einen zweifachen Verstoß gegen die Bundesratsverordnung vom 26. Juni 1916 gegen irreführende Bezeichnung an, einen vorsätzlichen und einen fahrlässigen. Bezüglich der vorsätzlichen Zuwiderhandlung stellt sie fest, der Angeklagte habe bewußterweise den Vanillinzucker unter einer zur Täuschung geeigneten Bezeichnung verkauft, indem er die Angabe der Herstellungszeit geändert und so in den Käufern den Irrtum erweckt habe, es handle sich um eine frische Ware. Die fahrlässige Zuwiderhandlung wird in dem oben wiedergegebenen Aufdruck gefunden, mit dem der Inhalt der Tüten nicht im Einklang gestanden habe, indem nur ein geringer Vanillingeschmack vorhanden war und der Inhalt des Päckchens nicht dem Aroma von 3 Schoten Vanille entsprochen habe. Diese Annahme ist rechtlich unbedenklich.

OLG. Hamm, 23. Juni 1923. (**Z.** Beilage 1924, **16**, 104.)

Vanillinzucker mit 0,23 und 0,31% Vanillin. Der Vanillinzucker des Angeklagten ist ein ganz minderwertiges Produkt, ist nach Vanille riechender Zucker, aber kein Vanillezucker, der diesen Namen verdient. Wie durch das Gutachten des Sachverständigen feststeht, muß der Vanillinzucker rund 0,5%ig sein, wenn eine Zehngrammdosis eine normale Speise mit dem Vanillearoma versehen soll. Mit diesem Gehalt muß ihn der Kunde zur alsbaldigen Verwendung in der Küche erhalten. Nun vergeht naturgemäß kürzere oder längere Zeit, bis die Ware den Weg vom Hersteller zum Verbraucher gemacht hat. Man kann mit einer Umlaufzeit von 6 Monaten rechnen. Dies muß der Fabrikant berücksichtigen. Er muß also, da das Vanillin sich verflüchtigt, den Vanillingehalt dem Vanillezucker erheblich stärker zusetzen. (§ 11 des NMG. und Bekanntmachung gegen irreführende Bezeichnung vom 26. Juni 1916.) Die Revision wurde verworfen.

LG. Bielefeld, 28. Juli 1925. (**Z.** Beilage 1926, **18**, 24.)

25. Sternanis.

Echter oder chinesischer Sternanis, Badian, ist der Fruchtstand des im südlichen China einheimischen Baumes Illicium verum HOOK fil. (Magnoliaceae).

Der Fruchtstand besteht aus meistens acht radial um die kurze Achse angeordneten, kahnförmigen, von der Seite zusammengedrückten und an der nach oben gekehrten Bauchwand aufspringenden Früchten, die runzelig, von brauner Farbe sind und je einen glänzenden hellbraun gefärbten Samen einschließen. Es sind meist nicht alle Früchte des Fruchtstandes entwickelt. Geruch und Geschmack sind feurig gewürzhaft nach Anis. (Schweizerisches Lebensmittelbuch.)

Diesen zum Verwechseln ähnlich sind die Früchte des giftigen, japanischen Sternanis (Shikimi) von Illicium religiosum SIEB. et ZUCC. Sie sind kleiner und meistens weniger gut ausgebildet als die echten und haben kein ätherisches Öl. Ihr Geruch und Geschmack sind scharf säuerlich, harzig, nicht nach Anis, jedoch werden diese Merkmale durch Beimengung von echtem Sternanis leicht verdeckt. Der giftige Bestandteil, das Sikimmin, hat seinen Sitz nach EYKMANN im Samen.

Die Vergiftungserscheinungen, die nach dem Genuß von giftigem Sternanis bei Menschen beobachtet worden sind, bestanden in wiederholtem Erbrechen, Krämpfen, erweiterten Pupillen, Cyanose und anderem.

Der Sternanis ist bis jetzt nur wenig untersucht; nach J. KÖNIG sind der echte und giftige Sternanis in dem Gehalt an allgemeinen chemischen Bestandteilen nur wenig unterschieden:

Sternanis	Wasser %	Stickstoff %	Ätherisches Öl %	Fett %	Rohfaser %	Asche %	Pentosane in der Trockensubstanz %
Echter	13,23	5,34	4,79	6,76	28,75	2,60	13,79
Giftiger	11,94	6,35	0,66	2,35	27,91	3,16	11,37

MEISSNER fand für die Karpelle und Samen des echten Sternanis folgenden Gehalt:

Fruchtteile	Ätherisches Öl %	Fettes Öl %	In Äther unlösliches Harz %	Benzoesäure %	Gerbende Substanz, Salze %
Karpelle	5,3	5,6	20,7	0,2	5,1
				Talgartiges Fett	Gummöser Extraktivstoff
Samen	1,8	17,9	2,6	1,6	23,0

Der wesentliche Bestandteil ist das zu etwa 90% aus Anethol bestehende, ätherische Öl, das aber u. a. auch Cineol enthält und sich dadurch nach VAN DEN DRIESEN MAREEUW[1] mit Ferrocyankaliumlösung von Anisöl unterscheiden läßt.

Im Schweizerischen Lebensmittelbuch, 3. Auflage 1917, sind als Ergebnisse neuerer Untersuchungen für den echten Sternanis angegeben: Fett 4—5%, ätherisches Öl 8—10%[2], Kohlenhydrate 13—15%, Stärke 0, Pentosane 11—13%, Rohfaser 28—30%, Stickstoffsubstanz 4—5%, für den giftigen Sternanis ätherisches Öl 2—3%[2].

HANUŠ und BIEN fanden, bezogen auf Trockensubstanz, im echten Sternanis 13,79%, im japanischen 11,37% Pentosane; ARRAGON erhielt 11,8—12,2% bzw. 10,4% Pentosane. v. FELLENBERG fand im echten Sternanis 2,69—4,58% Pektin.

J. F. EYKMANN[3] isolierte aus den Samen von Illicium religiosum eine giftige Substanz, die er Sikimmin nannte. Sie war löslich in Äther, Chloroform, Alkohol, Alkalien, verdünnter Essigsäure, schwer in kaltem, leichter in heißem Wasser, unlöslich in Petroläther. Die Krystalle waren stickstofffrei und schmolzen bei 175°.

Die von E. SIERSCH[4] neuerdings angestellten mikrochemischen Versuche das Sikimmin zum Nachweis des falschen Sternanis heranzuziehen, hatten jedoch kein positives Ergebnis, weil es zweifelhaft blieb, ob die hierbei in geringer Menge erhaltenen krystallinischen Substanzen mit dem Sikimmin EYKMANNS identisch waren.

Auch die von EYKMANN in den Karpellen von Illicium religiosum nachgewiesene ungiftige Sikimmisäure ist zur Unterscheidung nicht geeignet, weil sie auch in Illicium verum — allerdings in viel geringerer Menge — enthalten ist, eine Beobachtung, die von E. SIERSCH bestätigt werden konnte. Die Samen beider Arten enthalten keine Sikimmisäure.

„Skimitoxin" nannte TSAN-QUO-CHOU[5] eine amorphe, stickstofffreie, in Wasser, Chloroform und Alkohol gut lösliche Substanz aus Illicium religiosum, die heftige Krämpfe erzeugt.

Das einfachste Mittel zur Unterscheidung des echten und giftigen Sternanis bildet nach C. HARTWICH[6] die Geschmacksprobe; ist eine Probe verdächtig und gibt sie beim Zerkauen einen unangenehm scharfen, nicht anisartigen Geschmack, so soll sie beseitigt werden.

W. LENZ[7] empfiehlt zur Unterscheidung beider Sorten folgende, auch von C. HARTWICH als bewährt gefundene Behandlung:

[1] VAN DEN DRIESEN MAREEUW: Pharm. Weekbl. 1926, **63**, 189.
[2] Bestimmt nach dem indirekten Verfahren.
[3] J. F. EYKMANN: Mitt. Deutsch. Ges. Natur- u. Völkerk. Ostasiens 1881, 23. Heft, S. 120.
[4] E. SIERSCH: Pharm. Zentralh. 1928, **29**, 581, 601.
[5] TSAN-QUO-CHOU: Zit. nach Chem. Zentralbl. 1927, II, 714.
[6] C. HARTWICH: Z. 1901, **4**, 783; 1909, **17**, 755.
[7] W. LENZ: Z. 1899, **2**, 943.

Ein zerbrochenes Karpell wird zweimal mit 5 ccm 95%igem Alkohol gekocht, so daß etwa 1 ccm Alkohol verdunstet; der Alkohol wird abgegossen und mit dem 4—5fachen Volumen Wasser verdünnt, wodurch bei allen echten Sternanisproben eine Trübung auftritt; schüttelt man diese Flüssigkeit mit frisch rektifiziertem, unter 60° siedendem Petroläther, so löst dieser die Trübung auf und hinterläßt nach dem Verdunsten bei echtem Sternanis ein gelbliches Öl von starkem reinem Geruch, beim giftigen Sternanis dagegen einen kaum sichtbaren Rückstand von einem eigenartigen, an Wanzen erinnernden Geruch. Nimmt man den Rückstand weiter mit 2 ccm Essigsäureanhydrid auf, setzt eine Spur Eisenchlorid zu und schichtet über konz. Schwefelsäure, so tritt bei echtem Sternanis sofort eine braune Zone auf, bei giftigem bzw. falschem Sternanis färbt sich die Essigsäure-

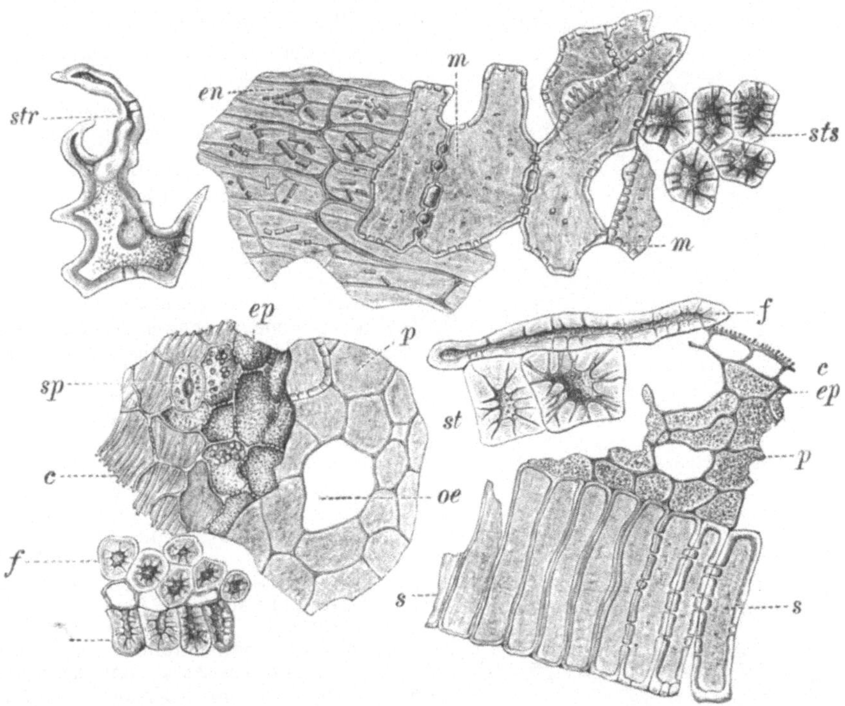

Abb. 124. Sternanispulver (J. MOELLER). *ep* Oberhaut der Fruchtwand mit der Cuticula *c* und der Spaltöffnung *sp*, *p* Fruchtfleisch im Durchschnitt und in der Flächenansicht mit der Ölzelle *oe*, *str* ein Idioplast, *f* Fasern, *st* Steinzellen von der Bauchnaht, *s* Palisaden der inneren Oberhaut, *m* Parenchym der Samenschale, *en* Innenschicht (Perisperm?) der Samenschale.

anhydridschicht grünlich und erst nach längerer Zeit erscheint an der Berührungsfläche beider Flüssigkeiten eine braune Zone.

Außer diesen beiden qualitativen Prüfungen kann zur Unterscheidung beider Sternanissorten bzw. von extrahiertem echtem Sternanis auch eine quantitative Bestimmung des fetten und ätherischen Öles dienen.

Mikroskopische Untersuchung. Die Fruchtwand des echten Sternanis (Abb. 124) zeigt große, an der Außenseite stark verdickte Epidermiszellen (*ep*) mit starken Cuticularleisten. Das Fruchtfleisch ist ein braunes, lückiges Parenchym mit einzelnen großen Ölzellen (*oe*). Zerstreut im Parenchym — reichlicher in der Columella und im Fruchtstiel — finden sich mannigfach verzweigte Steinzellen, sog. Astrosklereiden (*str*). Das Endokarp (*s*) ist eine weißglänzende Palisadenschicht aus schwachverdickten bis 600 μ hohen Zellen, die nach der Bauchnaht zu allmählich in kürzere, stärker verdickte Steinzellen übergehen. An der Spaltfläche (Bauchnaht) sind die Palisaden durch quaderartige Steinzellen ersetzt, das darunterliegende Fruchtfleisch ist sklerosiert. An Flächenschnitten erkennt man, daß es sich hierbei um die Bildung langer, stark verdickter Fasern (*f*) handelt.

Die Samenschale (Abb. 125) ist durch eine Epidermis aus gelbwandigen, stark verdickten, getüpfelten 150—200 μ hohen und 30—70 μ breiten Palisaden ausgezeichnet. Unter der Oberhaut liegen 1—2 Reihen tafelförmiger Steinzellen mit dunklem Inhalt. Hierauf folgt dünnwandiges Parenchym und schließlich eine farblose Schicht völlig kollabierter Zellen, in der reichlich Oxalateinzelkristalle liegen.

Das Endosperm besteht aus zartwandigen Zellen, die fettes Öl und große Aleuronkörner von unregelmäßiger warziger Oberfläche enthalten. Der kleine Embryo zeigt keine charakteristischen Merkmale.

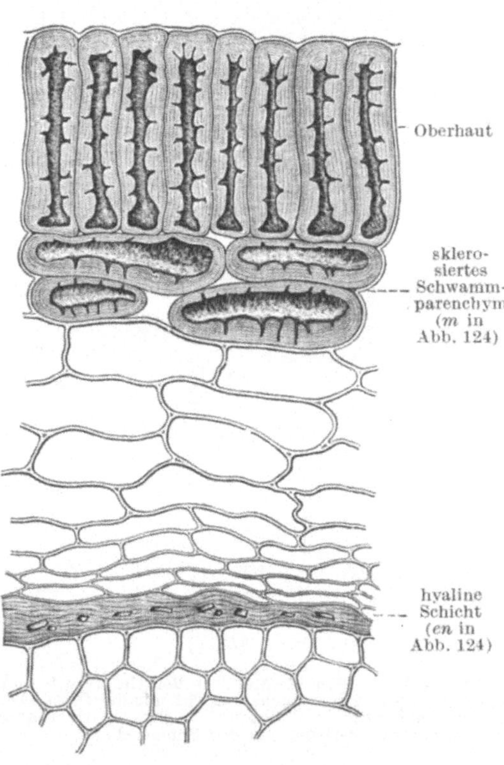

Abb. 125. Querschnitt des Badiansamens (J. Moeller).

Die Shikimifrüchte zeigen im Bau große Ähnlichkeit mit dem echten Sternanis. Der Hauptunterschied besteht im Fehlen der Astrosklereiden.

Lenz[1] benutzt zur Unterscheidung die an jeder Frucht vorhandene, wohlerhaltene Verlängerung des Fruchtstiels, die Columella. Schon bei makroskopischer Betrachtung der Früchte sieht man, daß die Columella bei Illicium verum (Abb. 126*a*) meist breit in der Höhe der Karpellränder endigt. Bei Illicium religiosum (Abb. 127*a*) dagegen mehr spitz schon unterhalb der Karpellränder, so daß sie unter diese eingesenkt erscheint. Abb. 126*b* und 127*b* zeigen die natürliche Frucht in der Seitenansicht nach der Entfernung aller Karpelle bis auf zwei gegenüberstehende. Untersucht man die Längs- und Querschnitte der Columella, so finden sich durchgreifende Unterschiede. Illicium religiosum besitzt in der Nähe seiner oberen, in die Karpelle einbiegenden Gefäßbündel einen Belag aus starkwandigen, im Querschnitt kreisrunden Zellen (Abb. 127*c*); im Längsschnitt (Abb. 127*d*) zeigen diese Zellen Tüpfel, die nur sehr wenig schräg gestellt sind. Die Länge der Zellen beträgt etwas das Drei- bis Sechsfache ihrer Breite; die Wandungen sind $^1/_4$—$^1/_3$ des lichten Durchmessers dick. Wo diese Art des Belages fehlt, pflegen in der unmittelbaren Nähe der Gefäßbündel die meist einerseits spindel-, andererseits keulenförmig gestalteten kleinen einfachen Sklereiden (Abb. 127*e*) aufzutreten. Lenz hat solche Gefäßbündelbeläge bei Illicium verum nicht gefunden, sie sind jedoch auch bei Illicium religiosum nicht ganz leicht zu sehen.

Kennzeichnend sind besonders die großen Sklereiden aus den Columellen der beiden Früchte. Bei Illicium religiosum sieht man auf Längs- und Querschnitten mehr oder minder verdickte Steinzellen von rundlicher Grundform (Abb. 127*e* und *f*), oft erscheinen diese unregelmäßig, aber niemals sind sie so verzweigt wie bei Illicium verum (Abb. 126*c*), bei dem die Columella neben kleinen rundlichen mehr oder minder stark verdickten Steinzellen, ebenso wie der Fruchtstiel große Astrosklereiden enthält. Das Fehlen dieser Astrosklereiden in der Columella ist kennzeichnend für Illicium religiosum.

Behufs Messung und Zählung der Sklereiden, die an Schnitten nicht durchführbar ist, erhitzt W. Lenz je eine Columella (die Spindel, welche nach dem Abbrechen der Karpelle

[1] Lenz: Arch. Pharm. 1899, **237**, 241; **Z.** 1899, **2**, 944.

übrigbleibt) in einem ganz kleinen, etwa 3 ccm fassenden Fläschchen mit einer Lösung von Natriumsalicylat in Wasser (1 : 1) mit fest zugebundenem Stöpsel $^1/_4$—$^1/_2$ Stunde im lebhaft strömenden Wasserdampf. Die nun leicht mit den Fingern zerdrückbare Fruchtspindel wird zerkleinert, mit heißem Wasser gewaschen, dann mit kalter, frischer, starker JAVELLEscher Lauge, weiter mit Salzsäure behandelt, ausgewaschen, in Alkohol übertragen und nach Beseitigung der Gasbläschen in schwach alkalischem Wasser mit etwas Glycerin untersucht.

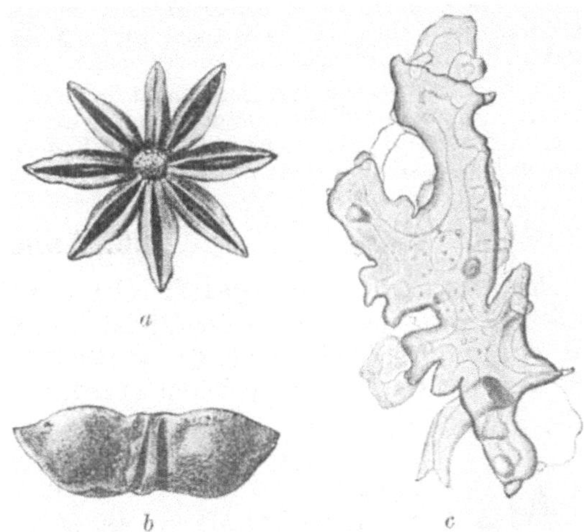

Abb. 126. Echter Sternanis. Illicium verum HOOK. *a* Frucht in der Aufsicht; 1 : 1, *b* Frucht in der Seitenansicht nach Entfernung aller Karpelle bis auf zwei gegenüberstehende, 1 : 1; *c* Sklereiden aus der Columella, 1 : 130. (Nach W. LENZ.)

Sternanispulver (Abb. 124) besteht vorwiegend aus braunem Detritus und enthält keine Stärke. Kennzeichnend sind besonders die gelben Palisaden der Samenschale, die schwächer verdickten Palisaden der Fruchtwand und die seltener anzutreffenden Astrosklereiden. Eine Beimengung des giftigen Sternanis läßt sich mikroskopisch kaum feststellen.

Anhaltspunkte für die Beurteilung. Während in Deutschland Mindestforderungen hinsichtlich der Beschaffenheit des Sternanis noch nicht bestehen, darf nach dem Österreichischen Lebensmittelbuch, 2. Auflage, der Aschengehalt, einschließlich 1% „Sand", keineswegs 5% übersteigen. Der Gehalt an ätherischem Öl wird zu 5—8% angegeben.

Nach dem Schweizerischen Lebensmittelbuch, 3. Auflage 1917, betragen

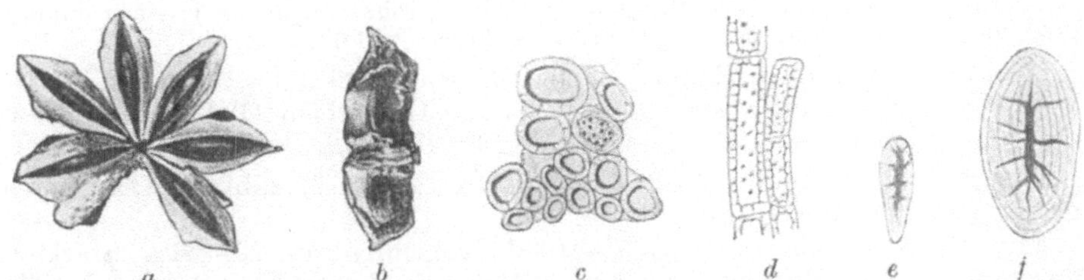

Abb. 127. Giftiger Sternanis. Illicium religiosum SIEB. *a* Frucht in der Aufsicht, 1 : 1; *b* Frucht in der Seitenansicht nach Entfernung der Karpelle bis auf zwei gegenüberstehende, 1 : 1; *c*, *d* und *e* Zellen der Columella, 1 : 130, *c* Querschnitt der starkwandigen Zellen des Belages in der Nähe der oberen in die Karpelle einbiegenden Gefäßbündel; *d* dieselben Zellen im Längsschnitt; *e* kleine einfache Sklereiden aus unmittelbarer Nähe der Gefäßbündel, welche beim Fehlen von *c* und *d* auftreten; *f* eigentliche Sklereiden aus der Columella, 1 : 280. (Nach W. LENZ.)

die Grenzzahlen für Wasser 3—6%, Gesamtasche 3—4%, in Salzsäure unlösliche Asche höchstens 1% (Nachtrag 1922).

Eine teilweise Entziehung des ätherischen Öles, ebenso eine Beimengung der Früchte von Illicium religiosum ist natürlich als Verfälschung zu beurteilen. Ist der Gehalt an falschem Sternanis erheblich, so hat die Ware außerdem als gesundheitsschädlich zu gelten.

Umbelliferenfrüchte.

Die folgenden Gewürze (Anis, Fenchel, Kümmel, Römischer Kümmel, Coriander, Sellerie) sind sämtlich Umbelliferenfrüchte, die in anatomischer Hinsicht weitgehende

Übereinstimmung zeigen. Die Umbelliferenfrüchte sind aus zwei einsamigen Achänen bestehende Spaltfrüchte, an deren Trennungsfläche (Fugenseite) sich ein gabelig geteilter Träger, das Karpophor, befindet, an dem die Teilfrüchtchen gewissermaßen aufgehängt sind.

Jedes Teilfrüchtchen hat fünf Rippen, in denen die Leitbündel verlaufen. Die zwischen den Rippen liegenden Fugen heißen Tälchen, aus denen sich zuweilen Nebenrippen erheben, die durch das Fehlen der Leitbündel von den Hauptrippen unterschieden sind. In den Tälchen liegen schizogene Ölgänge (Striemen).

Die aus Fruchtwand und Samenhaut gebildete Schale ist mit dem Kern allseitig verwachsen. Letzterer besteht zum größten Teil aus Endosperm, das in der Mitte den kleinen Embryo einschließt. Die Aleuronkörner des Endosperms sind durch winzige Oxalatrosetten gekennzeichnet, die am besten in Glycerin- oder Chloralhydratpräparaten erkennbar sind.

26. Anis.

Der Anis ist die reife Spaltfrucht von Pimpinella anisum L., heimisch im östlichen Mittelmeergebiet, aber jetzt vielerorts angebaut; der italienische und spanische Anis gilt als der wertvollste. Der italienische Anis besteht aus längeren (bis 6 mm), helleren grüngrauen und besonders süßen Früchten; kurze, dunkel- oder graubraun gefärbte Früchte deuten auf deutsche oder russische Saat hin.

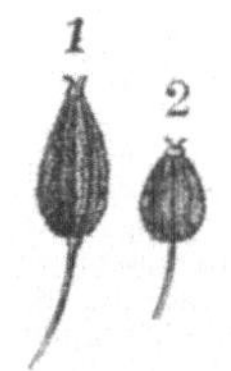

Abb. 128. Anisfrüchte (J. MOELLER). *1* Spanischer oder italienischer, *2* Deutscher oder russischer Anis.

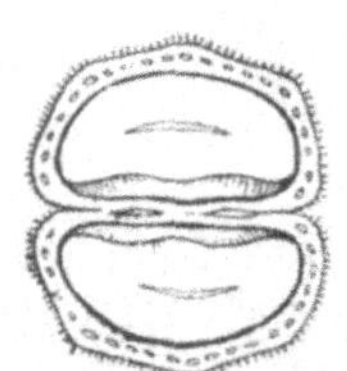

Abb. 129. Querschnitt des Anis, schwach vergrößert (J. MOELLER).

Die beiden Teilfrüchte hängen in der Handelsware fast immer noch zusammen. Die Früchte sind daher verkehrt birnförmig oder breit eiförmig (Abb. 128), von den Seiten her ein wenig zusammengedrückt; an der Spitze erkennt man das Stempelpolster und die vertrockneten Narben, unten häufig den kurzen Fruchtstiel; sie sind gewöhnlich 3—5 mm lang — die rundlich eiförmigen Sorten (deutsche und russische) nicht über 3 mm — und bis 2,5 mm breit. Die Frucht ist mit zehn wenig hervortretenden Längsrippen versehen und mit einzelligen sehr kurzen Haaren dicht besetzt. Die fast flache Fugenseite der Teilfrüchte zeigt eine helle Mittellinie und beiderseits von dieser je einen dunklen Sekretgang. Im Querschnitt (Abb. 129) ist die Frucht rundlich.

Chemische Zusammensetzung. Nach J. KÖNIG beträgt der Gehalt an Wasser 11—13%, an Stickstoffsubstanz 16—18%, an ätherischem Öl 1—3%, an Fett 8—11%, an Zucker 3,5—5,5%, an Rohfaser 12—25%, an Asche 6—10,5%.

Das Schweizerische Lebensmittelbuch (1917) gibt als Ergebnisse neuerer Untersuchungen an:

Fett 20—30%, ätherisches Öl 7—10%[1], Kohlenhydrate 22—25%, Stärke 0, Pentosane 6—9%, Rohfaser 18—20%, Stickstoffsubstanz 20—25%.

HANUŠ und BIEN[2] fanden in der Trockensubstanz 5,64%, ARRAGON erhielt nach dem Verfahren von TOLLENS 7,3% Pentosane; der Pektingehalt wurde von v. FELLENBERG zu 1,05—2,69% ermittelt.

Das ätherische Anisöl besteht zu 80—90% aus Anethol ($C_{10}H_{12}O$) das im reinen Zustand bei gewöhnlicher Temperatur fest ist (FP. 23°) und aus dem isomeren flüssigen Methylchavicol (Estragol).

Verfälschungen und Verunreinigungen. Bei ganzem Anis hat sich die Prüfung zu erstrecken auf Beimengung von extrahierten oder durch Dampf des ätherischen Öles beraubten Früchten, auf fremde Früchte (besonders Conium maculatum), Erdklümpchen (sog. Aniserde), Sand. Bei Anispulver ist auf die gleichen Beimengungen zu prüfen, außerdem auf Fenchel.

---

[1] Verschiedene der nach dem indirekten Verfahren des Schweizerischen Lebensmittelbuches erhaltenen Werte für ätherisches Öl sind, wie auch beim Anis, erheblich zu hoch.

[2] HANUŠ u. BIEN: **Z.** 1906, **12**, 395.

Die unzerkleinerte Handelsware ist zuweilen stark verunreinigt. So fand ZIMMERMANN[1] reichlich Coriander, daneben Pastinak, Nigella, Daucus carota, Setaria, Caryophyllaceen und Ranunculaceen.

H. KREIS[2] bestimmte in reinem ungemahlenem Anis die Kohlensäuremenge, die beim Übergießen mit verdünnter Salzsäure in Freiheit gesetzt wurde und erhielt hierbei 0,36—0,60% Kohlensäure, entsprechend 0,82—1,36% Calciumcarbonat. So geringe Mengen lassen also nicht auf einen absichtlichen Zusatz von kalkhaltigem Material schließen.

I. Chemische Untersuchung.

Die Bestimmung der allgemeinen Zusammensetzung erfolgt nach den üblichen Methoden; insbesondere ist stets die Bestimmung des ätherischen Öles und der Mineralstoffe auszuführen.

a) Nachweis von entöltem Anis. Wenn bereits extrahierter Anis mit normaler Ware vermengt worden ist, so kommt dies im allgemeinen im verminderten Gehalt an ätherischem Öl zum Ausdruck. Jedoch ist hierbei zu berücksichtigen, daß die natürlichen Schwankungen im Gehalt an ätherischem Öl — verursacht durch Herkunft und Gewinnungsjahr — beim Anis recht erheblich sind und daß durch ungeeignete Aufbewahrung — ganz besonders im gemahlenen Zustand — beträchtliche Verluste eintreten können. Bei unzerkleinerter Ware erkennt man aber die ihres ätherischen Öles beraubten Früchte bei genauerer Betrachtung an ihrem dunklen geschrumpften, nicht mehr vollen Aussehen, am teilweisen Fehlen der Oberhaut und beim Zerdrücken am Fehlen von Geruch und Geschmack. Auf diese Weise läßt sich durch Auslesen sogar die Menge extrahierter Früchte ziemlich genau ermitteln.

An Querschnitten zeigen extrahierte Früchte ein dunkles Endosperm und leere braune Ölräume (vgl. unter Fenchel S. 481).

b) Nachweis von Schierlingsfrüchten (Conium maculatum L.). Besonders italienischer Anis ist nicht selten mit den giftigen Früchten des gefleckten Schierlings verunreinigt. In der Regel enthält derartige Ware nach VOLKART zugleich auch die Früchte der leicht kenntlichen blaugrünen Borstenhirse (Setaria glauca BEAUV., vgl. Bd. V), deren Vorhandensein somit von vornherein den Verdacht auf Coniumfrüchte begründet erscheinen läßt. Weniger häufig kommen daneben die Früchte des Stachelgrases (Echinochloa crus galli BEAUV.) vor.

Die Früchte des gefleckten Schierlings sind meist ebenfalls nicht in die Teilfrüchte zerfallen, im Mittel 2,75 mm lang und 1,5 mm breit, also etwa ebenso groß wie kleine Anissorten. Im Umriß sind sie oval, zum Unterschied vom Anis aber mit je fünf kräftig vortretenden Rippen versehen und außerdem kahl. Die bei den frischen Früchten deutlich hervortretende Schlängelung der Rippen ist bei der getrockneten Ware wenig auffallend, zumal da die Rippen auch beim Anis nicht selten etwas geschlängelt erscheinen. Charakteristisch ist das Fehlen von Ölstriemen (vgl. mikroskopische Untersuchung).

Die Schierlingsfrüchte zeigen keinen Anisgeruch, lassen vielmehr beim Befeuchten mit Lauge den bekannten Mäusegeruch erkennen, der vom Coniin verursacht wird.

Zum Nachweis des Coniins kann man das übliche Alkaloidisolierungsverfahren von STAS-OTTO verwenden, indem man einen mit weinsaurem Alkohol hergestellten Auszug der Früchte verdunstet, den Rückstand mit Wasser aufnimmt, die Flüssigkeit zunächst mit Äther ausschüttelt, dann alkalisch macht und erneut mit Äther ausschüttelt. Beim freiwilligen Verdunsten des Ätherauszuges aus alkalischer Lösung hinterbleibt dann das

[1] ZIMMERMANN: Pharm. Zentralh. 1924, **65**, 432.

[2] H. KREIS: Bericht über die Lebensmittelkontrolle im Kanton Basel-Stadt, S. 10, 1918.

durch den charakteristischen Geruch kenntliche Coniin. Der Geruch ist auch gut wahrnehmbar, wenn man den Äther auf Filtrierpapierstreifen gießt und so verdunsten läßt.

Man kann das Coniin aus den ausgelesenen Früchten auch nach vorheriger Alkalisierung mit Soda durch Destillation mit Wasserdampf abscheiden und aus dem Destillat mit Äther ausschütteln. Das in der einen oder anderen Art isolierte Rohconiin, das aus einem Gemenge verschiedener Basen besteht, bildet einen öligen bräunlichen Rückstand von widerlichem, an Mäuseharn erinnernden Geruch und unangenehm scharfem Geschmack. Die für Coniin angegebenen Spezialreaktionen sind nicht sehr charakteristisch und wegen des kennzeichnenden Geruches auch entbehrlich. Von den allgemeinen Alkaloidreagenzien sind besonders empfindlich Jodjodkalium, Kaliumquecksilberjodid und Phosphormolybdänsäure.

Das Deutsche Arzneibuch, 6. Ausgabe, läßt die Prüfung des Anis auf Schierlingsfrüchte folgendermaßen vornehmen:

5 g zerquetschter Anis oder Anispulver werden in einem Kolben von 250 ccm Inhalt mit 75 ccm Wasser und 2 ccm Kalilauge mehrere Stunden lang stehengelassen. Das Gemisch wird nach Zusatz von 10 ccm einer wäßrigen Lösung von Bariumchlorid (1 + 9) der Destillation unterworfen, bis etwa 10 ccm Flüssigkeit übergegangen sind. Das Destillat wird nach Zusatz einiger Tropfen Salzsäure mit Äther ausgeschüttelt und die wäßrige Flüssigkeit in einer kleinen Glasschale auf dem Wasserbade verdampft, der Rückstand sodann mit einigen Tropfen Kalilauge aufgenommen und die erhaltene Lösung nach Auflegen eines Uhrglases auf die Glasschale auf dem Drahtnetz mit 1 cm hoher Flamme der Mikrodestillation unterworfen. Das an dem Uhrglas sich ansammelnde Destillat darf mit Jodlösung keine Trübung oder Fällung geben.

Nach G. KLEIN und E. HERNDLHOFER[1] kann man das Coniin mikrochemisch folgendermaßen nachweisen: Die zerkleinerte in einem Glasring auf dem Objektträger befindliche Probe wird mit Natronlauge versetzt. Auf den Glasring legt man ein Deckglas, auf dem ein Hängetropfen einer Lösung von Chloranil (Tetrachlorchinon) in Benzol angebracht wurde. Beim Erhitzen bildet das entweichende Coniin mit dem Reagens dunkelgrüne, netzsteinförmige Krystalle.

II. Mikroskopische Untersuchung.

Mit der Lupe nimmt man an Querschnitten der Anisfrucht (Abb. 129), wie bei allen Umbelliferenfrüchten, die an jedem Teilfrüchtchen befindlichen fünf

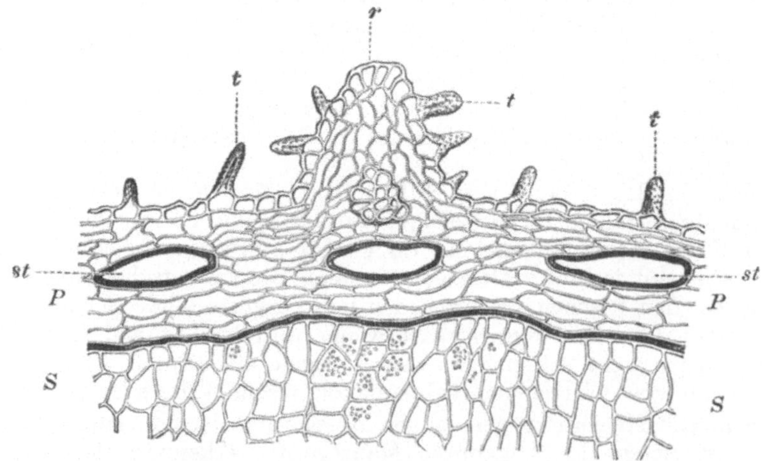

Abb. 130. Rand der Anisfrucht im Querschnitt (A. E. v. VOGL).
r Rippe, *t* Härchen, *P* Mesokarp mit den Ölgängen *st*, *S* Nährgewebe.

Rippen wahr, in denen die Leitbündel verlaufen. In den zwischen den Rippen liegenden Furchen, den sogenannten Tälchen erkennt man die als Ölstriemen bezeichneten Sekretgänge, von denen die Anisfrucht zwischen je zwei Rippen

[1] G. KLEIN u. E. HERNDLHOFER: Österr. botan. Zeitschr. 1927, 76, 229.

4—6 in der Fruchtwand aufweist. Fruchtwand und Samenhaut bilden zusammen die Schale, mit der der farblose Kern allseitig verwachsen ist. Dieser Kern besteht größtenteils aus Endosperm, in dessen Mitte der kleine Keimling liegt.

Bei stärkerer Vergrößerung eines Querschnittes (Abb. 130) sieht man, daß die äußere Oberhaut (vgl. auch Abb. 131) zahlreiche einzellige, kurze (bis 150 μ

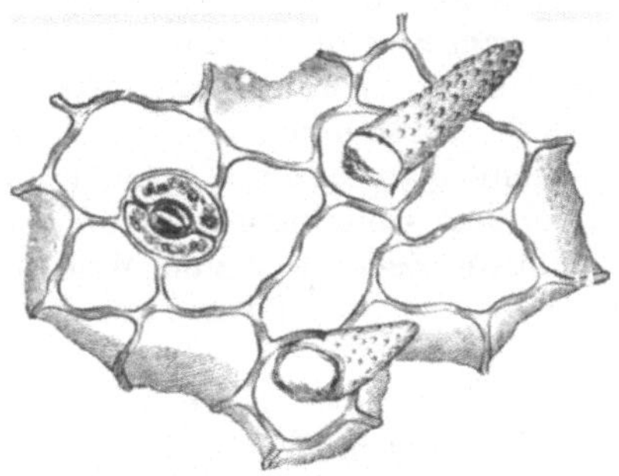

Abb. 131. Oberhaut des Anis in der Flächenansicht (J. MOELLER).

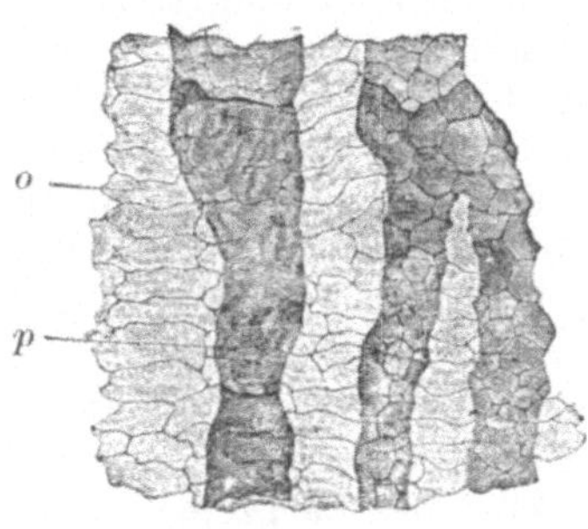

Abb. 132. Ölstriemen (o) des Anis, bedeckt von braunem Parenchym (p) (J. MOELLER).

lange), stumpfe Haare trägt, die vorwiegend nach der Fruchtspitze zu gebogen sind. Ihre dicke Wand ist mit einer feinwarzigen Cuticula versehen. Die im Mesokarp (p) verlaufenden zahlreichen Ölstriemen sind 10—150 μ breit, nicht selten untereinander verbunden (Abb. 132).

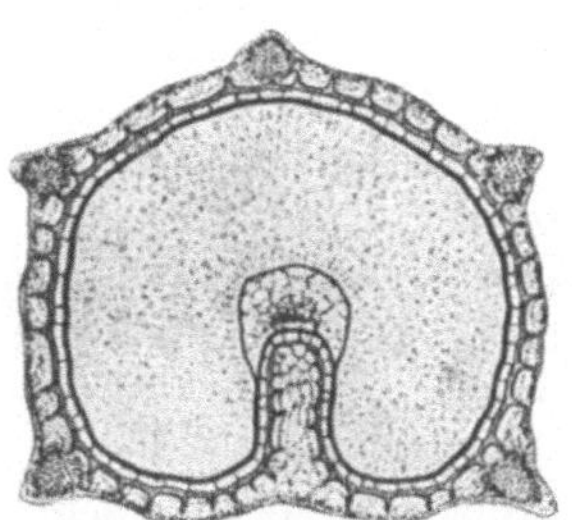

Abb. 133. Conium maculatum L. Querschnitt durch eine Teilfrucht 1 : 20. (Nach G. GASSNER.)

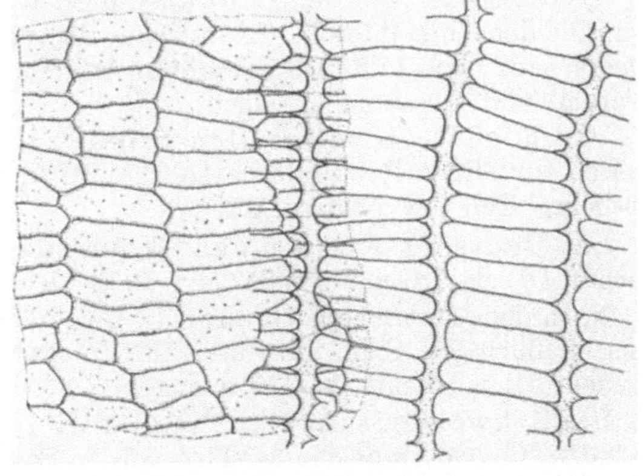

Abb. 134. Conium maculatum L. Querzellenschicht der inneren Fruchtwand in der Flächenansicht 1 : 200. (Nach G. GASSNER.)

Die Ölgänge setzen sich — wie auch bei den anderen Umbelliferenfrüchten — aus vertikal übereinanderstehenden Gliedern zusammen und sind von einer braunen Tapete (Epithel) aus polygonalen Zellen ausgekleidet.

An der Fugenseite jeder Teilfrucht enthält die Epidermis und das darunterliegende Gewebe der Fruchtwand mehr oder weniger stark verdickte, reich getüpfelte Zellen. Hier befinden sich in der Regel nur zwei sehr breite (300 bis 400 μ) Sekretgänge.

Die innere Epidermis der Fruchtwand (das Endokarp) wird aus einer Lage schmaler, quergestreckter Zellen gebildet. Die Samenhaut bietet keine besonderen Merkmale. Das Endosperm setzt sich aus kleinen, derbwandigen Zellen zusammen, die neben fettem Öl reichlich Aleuronkörner mit je 1—2 winzigen Calciumoxalatrosetten enthalten. Stärke fehlt.

Im Anispulver fallen vor allen Dingen die zahlreichen kurzen, zum Teil gekrümmten warzigen Haare auf, an denen es sicher zu erkennen ist. Außerdem beobachtet man zahlreiche Bruchstücke des Endosperms und namentlich in gröberen Pulvern Gewebetrümmer mit Bruchstücken von Sekretgängen, denen häufig rechtwinklig dazu gestreckte Querzellen aufliegen.

Während in der unzerkleinerten Ware das Vorhandensein von Schierlingsfrüchten leicht erkennbar ist — diese sind kahl, besitzen keine Ölstriemen und weisen an der Fugenseite eine tiefe Längsfurche im Endosperm auf (Abb. 133) — ist der Nachweis von Conium im Pulver nicht einfach. Bruchstücke der Rippen zeigen eine viel stärkere Ausbildung der Bastbündel als beim Anis. Nach Gassner ist außerdem die Querzellenschicht bei Conium doppelt ausgebildet (Abb. 134), und zwar besteht die innere, dem Endokarp entsprechende Lage aus allseitig dünnwandigen Zellen, während die Zellen der zum Mesokarp gehörenden Schicht verdickte Enden besitzt, die sich zu derben gezähnten Leisten vereinigen (Abb. 134 rechts).

Eine Beimengung von Fenchelpulver zum Anis gibt sich durch netzförmig verdickte Mesokarpzellen und gruppenweise in verschiedenen Richtungen orientierte Endokarpzellen zu erkennen (vgl. S. 483).

Anhaltspunkte für die Beurteilung.

Der Verein deutscher Lebensmittelchemiker hat für den Anis folgende Anforderungen vereinbart:

„Anis besteht aus den getrockneten Spaltfrüchten von Pimpinella anisum L., Familie der Umbelliferen. Er muß aus den unversehrten, ihres ätherischen Öles weder ganz noch teilweise beraubten Anisfrüchten bestehen und einen kräftigen Geruch und Geschmack zeigen.

Als höchste Grenzzahlen haben, auf lufttrockene Ware berechnet, zu gelten für Mineralbestandteile (Asche) 10%, für den in 10%iger Salzsäure unlöslichen Teil der Asche 2,5% [1].“

Das Deutsche Arzneibuch, 6. Ausgabe, verlangt mindestens 1,5% ätherisches Öl; der Aschengehalt darf 10% nicht übersteigen.

Nach dem Österreichischen Lebensmittelbuch darf der Aschengehalt, einschließlich 3% Sand, ebenfalls 10% nicht übersteigen. Der Gehalt an ätherischem Öl wird mit 2—3% angegeben.

Das Schweizerische Lebensmittelbuch gibt als Grenzzahlen für Wasser 8—10%, für Gesamtasche 8—11%, für in Salzsäure unlösliche Asche höchstens 2,5% an.

Bemerkt sei noch, daß Anis, der Schierlingsfrüchte enthält, unter Umständen als gesundheitsschädlich zu gelten hat.

27. Fenchel.

Der Fenchel ist die trockene, reife, mehr oder weniger in ihre Teilfrüchtchen zerfallene Spaltfrucht von Foeniculum vulgare Miller (Foeniculum officinale ND., F. capillaceum Gilib.). Der Fenchel wächst in Südeuropa wild, aber nur der kultivierte Fenchel hat Wert als Gewürz. Das Deutsche Arzneibuch, 6. Ausgabe, beschreibt ihn wie folgt:

„Fenchel ist 6—10 mm lang, bis 4 mm breit, oft noch mit dem kleinen Stiele versehen, annähernd zylindrisch, häufig leicht gekrümmt, kahl, bräunlichgrün oder grünlichgelb, in den Tälchen stets etwas dunkler gefärbt. Jede Teilfrucht hat fünf kräftige Rippen, von denen die Randrippen etwas stärker hervortreten. In jedem Tälchen ist ein breiter, dunkler

[1] Das Deutsche Nahrungsmittelbuch (1922) läßt 3,5% Sand zu.

Sekretgang und auf der ebenen Fugenfläche zu beiden Seiten einer hellen Mittellinie je ein gleichartiger Sekretgang erkennbar."

Fenchel riecht würzig und schmeckt süßlich, schwach brennend.

Man unterscheidet im Handel je nach dem Ursprungsland hauptsächlich zwischen deutschem (meist 5—8 mm lang, 3 mm breit), italienischem, mazedonischem, galizischem, indischem Fenchel usw., von denen einige Sorten nur 4—5 mm lang und 1,5 mm dick sind. Ein aus Südfrankreich stammender (römischer oder kretischer) Fenchel von Foeniculum dulce DEC. ist bis 12 mm lang, hat hellere Färbung und stark hervortretende Rippen. Die Früchte von wildwachsenden Fenchelpflanzen (aus Südfrankreich und Marokko) sind kleiner (3,5—4,0 mm) als die von kultivierten Pflanzen, von den Seiten häufig etwas zusammengedrückt, im Umriß mehr eirund, grünlich oder braun, mit weißlichen oder hellbraunen, dünneren Rippen und breiteren Tälchen versehen; ihr Geschmack ist etwas bitter.

Das Litergewicht von deutschem Fenchel beträgt nach JUCKENACK und SENDTNER[1] etwa 300 g, das vom mazedonischen 375 g, das vom galizischen 450 g.

Chemische Zusammensetzung. Nach J. KÖNIG enthält der Fenchel 10—16% Wasser, 16—17% Stickstoffsubstanz, 3—6% ätherisches Öl, 9—12% fettes Öl, 4—5% Zucker, 13—15% Rohfaser, 10,5—16,5% Alkoholextrakt, 21,0 bis 27,0% Wasserextrakt, 7,0—8,5% Reinasche, 0,4—5,6% abwaschbare erdige Bestandteile (Sand usw.).

In bezug auf den Gehalt an guten (keimfähigen) und verkümmerten Früchten, an fremden Samen sowie erdigen Bestandteilen verhalten sich die einzelnen Fenchelsorten nicht unwesentlich verschieden. So fanden JUCKENACK und SENDTNER folgende Verhältnisse:

Beschaffenheit der Früchte	Deutscher Fenchel		Mazedonischer Fenchel		Galizischer Fenchel	
	Schwankungen %	Mittel %	Schwankungen %	Mittel %	Schwankungen %	Mittel %
Gute Früchte	91,4—96,9	94,5	82,3—84,9	83,6	61,6—84,9	74,8
Keimfähigkeit	74—79	78	76—81	79	63—78	70
Verkümmerte Früchte	8,6— 3,1	5,5	13,3—12,1	12,7	28,3—11,9	17,4
Erdige Beimengungen	0	0	3,2— 5,8	4,5	3,0— 7,6	5,3
Abwaschbare Beimengungen	0,4— 0,7	0,5	0,5— 2,3	1,1	2,4— 5,6	4,3
Fremde Samen	0	0	—	—	2,7— 4,6	—

HANUŠ und BIEN[2] fanden in der Trockensubstanz einer Probe Fenchel 5,90% Pentosane; v. FELLENBERG fand 1,3% Pektin.

Das im Fenchel enthaltene ätherische Öl besteht überwiegend aus Anethol (50—60%). Charakteristisch ist außerdem des Fenchon, dessen Gehalt bei den verschiedenen Ölen erheblich schwankt (UMNEY fand 3,4—22,5%).

Verfälschungen. Beobachtet wurde hauptsächlich die Beimengung von ganz oder teilweise des ätherischen Öles beraubtem Fenchel sowie die künstliche Färbung reiner und ausgezogener Fenchelfrüchte. Die Extraktion wird entweder durch Destillieren im Wasserdampfstrome, im luftverdünnten Raume, oder dadurch bewirkt, daß der Fenchel in Leinwandsäckchen eingebunden und in Brennereigefäße gehängt wird. Die Alkoholdämpfe durchstreichen hierbei die Früchte und lösen einen Teil des ätherischen Öles. Der auf die eine oder andere Weise erschöpfte Fenchel wird lufttrocken gemacht, dann — ebenso wie mißfarbiger natürlicher Fenchel — zur Aufbesserung der

[1] JUCKENACK u. SENDTNER: Z. 1899, 2, 329.

[2] HANUŠ u. BIEN: Z. 1906, 12, 395.

Farbe mit Farbstoffen, denen zwecks besserer Bindung etwas Öl zugesetzt wird, umgeschaufelt und zuletzt gesiebt, um den Überschuß an Farbe zu entfernen. Als Farbstoffe werden Ocker, Chromgelb und Schüttgelb genannt. Letzteres ist ein Farblack, der durch Niederschlagen des gelben Farbstoffes der Gelbbeere oder Quercitronrinde mit Alaun, Kreide oder Barytsalzen gewonnen wird und oft noch mit Schwerspat gefüllt ist. G. Grégor fand in einem solchen Farbstoff 84,5% Barium.

Ch. Arragon[1] fand in einem Fenchel durch Auslesen 72,8% Fenchelkörner, 16,7% fremde Samen (havarierte Weizenkörner, Mohn- und Wickensamen) und 10,5% gelbe Steinchen (mit Eisenocker gefärbte Marmorstückchen). Die Fenchelteile bestanden weiter aus tauben und extrahierten Samen; die tauben Samen waren geschmacklos, indifferent gegen die Alkoholprobe und sanken im Wasser nicht unter. Die chemische Untersuchung ergab:

Wasserauszug		Alkoholischer Auszug	Fett	Ätherisches Öl	Asche	Sand
direkt bestimmt	pyknometrisch bestimmt					
%	%	%	%	%	%	%
16,5	16,3	5,6	5,2	1,5	7,4	0,13

Mitunter sollen dem Fenchel auch Früchte des Bärenfenchels (Meum athamanticum Jacqu.) oder des Dills (Anethum graveolens L.) beigemengt worden sein.

Die Früchte des Bärenfenchels sind etwa ebenso groß wie der Fenchel, auch stark gerippt, aber in der Farbe rotbraun. Auf dem Querschnitt erkennt man in jedem Tälchen 3—5, auf der Fugenseite 7—9 Sekretgänge.

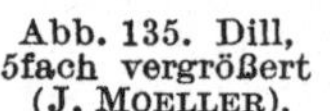

Abb. 135. Dill, 5fach vergrößert (J. Moeller).

Die Dillfrüchte (Abb. 135) sind 3—5 mm lang, 2—3 mm breit. Die drei rückenständigen Rippen sind nur wenig ausgeprägt, dagegen bilden die an der Fugenseite befindlichen 0,5 mm breite Flügel.

I. Chemische Untersuchung.

Die Feststellung der allgemeinen Zusammensetzung erfolgt nach den üblichen Methoden. Für die Bestimmung des wäßrigen und alkoholischen Auszuges haben A. Juckenack und R. Sendtner[2] eine etwas abweichende Arbeitsweise vorgeschlagen (vgl. das Original).

Zur Bestimmung der abwaschbaren erdigen Bestandteile verfahren Juckenack und Sendtner folgendermaßen:

„50 g ganzer Fenchel werden in eine Schüttelflasche von etwa 300 ccm Inhalt gegeben und die Flasche zur Hälfte mit Wasser gefüllt. Darauf schüttelt man entweder kurze Zeit mit der Schüttelmaschine oder kräftig mit der Hand, welches letztere auch vollständig genügt. Alsdann wird die trübe Flüssigkeit sofort durch ein Sieb in ein großes Becherglas gegeben. Die Maschenweite des Siebes ist so gewählt, daß sie möglichst weit ist, jedoch keinen Fenchel durchläßt.

Diese Behandlung wiederholt man mehrere Male, bis das Waschwasser klar bleibt. Bei unreinen Fencheln betragen die vereinigten Waschwässer etwa 1—1¼ Liter. Nachdem der Fenchel nach der letzten Waschung auf dem Siebe auch noch unter Umrühren abgespült wurde, läßt man das erhaltene Waschwasser kurze Zeit absitzen und filtriert durch ein getrocknetes und gewogenes Faltenfilter von bekanntem Aschengehalte. Nach dem Trocknen des Filterinhaltes und Wägen desselben erhält man durch Multiplikation des gefundenen Wertes mit 2 den Prozentgehalt des Fenchels an abwaschbaren erdigen Beimengungen und zwar als Trockensubstanz ausgedrückt. Hierauf verascht man das Filter nebst Inhalt,

[1] Ch. Arragon: Z. 1908, **16**, 400.
[2] A. Juckenack u. R. Sendtner: Z. 1899, **2**, 329.

berechnet die Asche auf 100 g des angewendeten Fenchels und erhält so die den erdigen Beimengungen entsprechenden Mineralbestandteile.

Juckenack und Sendtner fanden auf diese Weise bis 5,6% abwaschbare Erde in den untersuchten Fenchelsorten (S. 479) und halten 3% für die höchstzulässige Menge.

Nachweis von extrahiertem Fenchel. Nach E. Spaeth erkennt man extrahierte Früchte am einfachsten und sichersten durch eine genaue makroskopische Untersuchung. Die ganz oder teilweise ihres Öles beraubten Früchte zeigen eine dunkle Farbe; sie sind geschrumpft, hart, spröde und zumeist vollkommen geschmacklos, ausgenommen die mit Alkoholdämpfen ausgezogenen Früchte, die nach Fusel schmecken. Nach E. Spaeth kann auf drei verschiedenen Wegen die teilweise oder gänzliche Entziehung des ätherischen Öles erfolgen. Als Fälschungsmittel in Betracht kommen:

a) Die Preßrückstände der Destillation der Fenchelfrüchte im Dampfstrom; sie bestehen aus kleinen, deformierten, schwarzbraunen, leicht zerreiblichen Körnern mit ganz geringfügigem Ölgehalt.

b) Die von der Destillation mit Wasser herrührenden Früchte von ebenfalls brauner Farbe und etwas besserem Aussehen;

c) Körner, die von der Schnapsbrennerei herrühren; da hierbei die Früchte in Leinensäckchen in die Apparate eingehängt und nur von den Alkoholdämpfen durchstrichen werden, sind sie weniger verändert. Der Ölgehalt beträgt noch 1—2%. Derartige Früchte besitzen aber immer noch Fuselgeruch und Fuselgeschmack.

Durch Auslesen der dunklen, leicht zerreiblichen Körner läßt sich also ein Zusatz extrahierter Früchte leicht ermitteln und sogar der Menge nach bestimmen.

In zweifelhaften Fällen leistet die Alkoholprobe nach Juckenack-Sendtner[1] gute Dienste. Schüttelt man in einem Reagensglas etwa 3—5 ccm Fenchel mit dem 3—4fachen Volumen 96%igem Alkohol und läßt kurze Zeit stehen, so beobachtet man, daß sich die extrahierten Samen besonders in den Tälchen dunkel bis schwarz färben, während die unveränderten Samen ihre natürliche Farbe behalten.

Die ausgelesenen extrahierten Früchte färben den Alkohol nur blaßgrün, die normalen stark grün. Nicht ausgezogene Früchte färben Wasser bei 24stündigem Stehen nur gelblichgrün, ausgezogene mehr gelblichbraun.

Ausgezogene Früchte sind weiter beim Durchschneiden kenntlich an dem dunklen bis braunschwarzen Endosperm, während das Endosperm normaler Früchte hell ist. An Querschnitten sieht man, daß die Ölbehälter leer sind und dunkles Aussehen zeigen. Diese Erscheinungen treten bei den mit Wasserdampf oder durch Destillation mit Wasser erschöpften Früchten stärker hervor, als bei den durch Alkoholdampf nur zum Teil extrahierten.

Nachweis künstlicher Färbung. Die aufgefärbten Früchte lassen sich in der zu untersuchenden Probe meistens schon mit Hilfe der Lupe erkennen und auslesen, da der in den Tälchen hängende Farbstoff (Schüttgelb, Ocker, Chromgelb) leicht auffällt. Um den Farbstoff in Substanz nachzuweisen, verfahren Juckenack und Sendtner wie folgt:

„Etwa 50 g Fenchel werden mit Hilfe von Wasser nach dem oben angegebenen Verfahren zur Bestimmung der abwaschbaren Bestandteile vollständig von Ackererde und Schmutz gereinigt (der Farbstoff wird hierbei mit Wasser nicht oder nur in unbedeutendem Maße abgeschlämmt, da er, weil fettig, haften bleibt) und alsdann in einer Schüttelflasche mit dem etwa 3fachen Volumen absoluten Alkohols überschichtet. Man schüttelt jetzt kräftig mit Hilfe der Schüttelmaschine oder längere Zeit mit der Hand und gießt alsdann unverzüglich (ohne absitzen zu lassen) durch ein geeignetes nicht zu enges Sieb, welches den Fenchel zurückhält. Diese Manipulation wiederholt man zweimal. Den vereinigten Alkohol läßt man absitzen und filtriert. Auf diese Weise erhält man auf dem Filter deutlich den höchst fein verteilten Farbstoff, allerdings in sehr geringe Menge.“

[1] Juckenack-Sendtner: **Z. 1899, 2, 329.**

Jückenack und Sendtner haben auf diese Weise nur Ocker als künstlichen Farbstoff im Fenchel nachweisen können. Neumann-Wender[1] hat aber auch Chromgelb im gefärbten Fenchel gefunden. Er weicht zum Nachweise dieses Farbstoffes die verdächtigen Früchte in Wasser auf und preßt auf Filtrierpapier ab. Die Körner hinterlassen hierbei grünlichgelbe Flecke; diese behandelt man dann mit Kalilauge, übersättigt die Lauge mit Salzsäure und verwendet diese Lösung zur Prüfung auf Blei und Chrom.

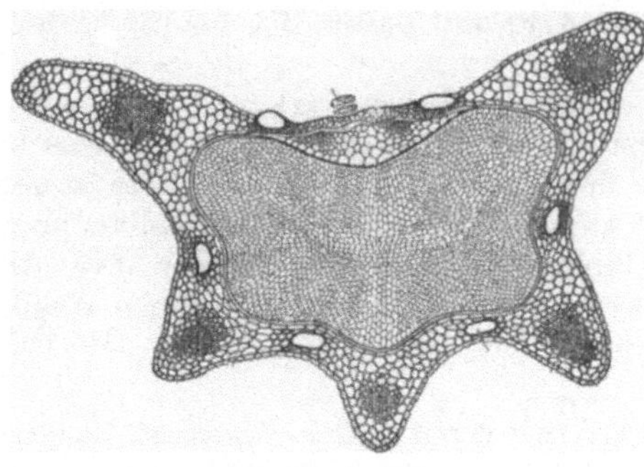

Abb. 136. Fenchel im Querschnitt. Lupenbild. (Nach Tschirch.)

E. Spaeth schüttelt den verdächtigen Fenchel mit Alkohol oder Chloroform in einem besonderen, von ihm angegebenen Sedimentierglas[2] und erreicht auf diese Weise leicht eine Abscheidung des Farbstoffs; der abgesetzte Farbstoff wird bei Verdacht auf Chromgelb mit Soda und Salpeter geschmolzen und in bekannter Weise auf Chrom (grüne Schmelze) und Blei geprüft. Baryumsulfat weist man durch Schmelzen des Farbstoffs mit Alkalicarbonat in üblicher Weise nach.

Zur Prüfung auf Schüttgelb kocht man etwas von dem Farbstoff im Reagensglas eine halbe Minute mit 1 ccm Eisessig und filtriert durch ein kleines Filter (Chromgelb bleibt hierbei auf dem Filter zurück). Zum Filtrat gibt man einen Tropfen konz. Schwefelsäure. War Schüttgelb vorhanden, so gibt der fast farblos in Eisessig gelöste Quercetinfarbstoff eine goldgelbe Färbung von Quercetinschwefelsäure.

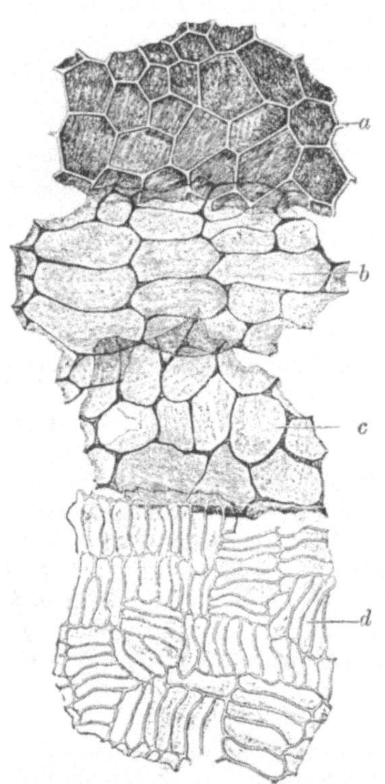

Abb. 137. Mesokarp des Fenchels (J. Moeller). *a* Tapete des Ölganges, *b*, *c* braunes Parenchym, *d* Endokarp.

II. Mikroskopische Untersuchung.

Der allgemeine anatomische Bau des Fenchels ist der für die Spaltfrüchte der Umbelliferen typische. Ein Querschnittsbild bei Lupenvergrößerung ist in Abb. 136 wiedergegeben. Man erkennt die vorspringenden Rippen, in den Tälchen je einen Ölgang und die stark verbreiterte Fugenseite, auf der sich zwei Ölgänge befinden.

Die Oberhaut der Fruchtwand besteht aus polygonalen Zellen mit ganz vereinzelten Spaltöffnungen. Das Mesokarp (Abb. 137) ist ein lückiges Parenchym, in dessen Mitte in den Rippen die von Fasersträngen begleiteten Leitbündel verlaufen. Zwischen je zwei Leitbündeln liegt im Mesokarp ein etwa 200 μ breiter, mit braunem Epithelbelag versehener, schizogener Ölgang von elliptischem Querschnitt. Die in der Umgebung der Leitbündel befindlichen Parenchymzellen

[1] Neumann-Wender: Österr. Chem.-Ztg. 1899, **2**, 588, 638.
[2] E. Spaeth: Zeitschr. angew. Chem. 1913, **26**, 304.

weisen größtenteils (für Fenchel charakteristisch) eine netz- oder leistenförmige Wandverdickung auf (Abb. 138). In der Nähe der Sekretgänge beobachtet man derbwandige braun gefärbte Zellen.

Die innere Epidermis der Fruchtwand (Abb. 137 *d*) besteht aus tafelförmigen Zellen, von denen die meisten in parallel gelagerte Tochterzellen geteilt sind, so daß in der Flächenansicht ein parkettiertes Aussehen entsteht.

Das Endosperm setzt sich aus kleinen, ziemlich starkwandigen Zellen zusammen, die neben fettem Öl Aleuronkörner mit winzigen, fast kugeligen Oxalatrosetten enthalten (Beobachtung am besten in Chloralhydratlösung mit dem Polarisationsmikroskop).

Fenchelpulver ist gekennzeichnet durch die Elemente des Endosperms, die netzförmig verdickten Zellen des Mesokarps und die gruppenweise in verschiedenen Richtungen angeordneten Zellen der inneren Epidermis. In geringer Menge findet man braune Epithelteilchen der Sekretgänge und schmale Fasern, die aus dem Karpophor (Fruchtträger) und den Leitbündeln der Rippen stammen. Stärke und Haare dürfen nicht vorhanden sein.

Abb. 138. Netzparenchym aus dem Mesokarp des Fenchels. (Nach J. MOELLER.)

Dillfrüchte wären im Pulver an dem sklerenchymatischen Gewebe der Flügel erkennbar, dessen Zellen in den inneren Lagen gestreckt und mit den Leitbündeln gekreuzt sind. Bärenfenchel enthält typisch steinzellartig ausgebildete Mesokarpzellen (in der Nähe der Rippen) mit kleinen punkt- oder spaltförmigen Tüpfeln. Die Endokarpzellen sind breiter und größer als die des Fenchels.

Anhaltspunkte für die Beurteilung.

Der Verein deutscher Lebensmittelchemiker hat folgende Vereinbarungen getroffen:

„Fenchel besteht aus den getrockneten reifen Spaltfrüchten von Foeniculum vulgare MILLER, Familie der Umbelliferen.

Fenchel muß aus den unverletzten, ihres ätherischen Öles weder ganz noch teilweise beraubten Fenchelfrüchten bestehen; er muß den charakteristischen Geruch und Geschmack deutlich erkennen lassen und darf Fruchtstiele in größerer Menge nicht enthalten.

Als höchste Grenzzahlen haben, auf lufttrockene Ware berechnet, zu gelten für Mineralstoffe 10%, für den in 10%iger Salzsäure unlöslichen Teil der Asche 2,5%."

Die gleichen Grenzzahlen gibt das Deutsche Nahrungsmittelbuch an.

Nach dem Deutschen Arzneibuch, 6. Ausgabe, muß Fenchel mindestens 4,5% ätherisches Öl enthalten; der Mineralstoffgehalt darf höchstens 10% betragen.

Das Österreichische Lebensmittelbuch, 2. Ausgabe, verlangt mindestens 3% ätherisches Öl; der Aschengehalt darf einschließlich 3% Sand 10% nicht übersteigen.

JUCKENACK und SENDTNER verlangen folgende, nach ihren Verfahren bestimmte Mindestwerte, bezogen auf Trockensubstanz: Reinasche 8,0%, wäßriges Extrakt 23,5%, alkoholisches Extrakt 12,0%.

Werden diese Werte unterschritten, so läßt sich eine Extraktion vermuten.

28. Kümmel.

Man unterscheidet im Handel den gewöhnlichen Kümmel und den römischen Kümmel, auch Mutterkümmel oder Kreuzkümmel genannt. Beide stammen von verschiedenen Pflanzen.

A. Der **allgemein als Gewürz übliche Kümmel** besteht aus den getrockneten Spaltfrüchten von Carum Carvi L., einer in Europa heimischen Pflanze, die in verschiedenen Ländern kultiviert wird. Je nach der Herkunft unterscheidet man hauptsächlich holländischen, mährischen, polnischen, russischen und ungarischen Kümmel[1]. Je dunkler die Ware ist, desto geringer wird sie im allgemeinen geschätzt.

Der Kümmel, der in seiner Form dem Fenchel ähnlich, aber kleiner und schlanker ist, zerfällt bei der Reife in seine Teilfrüchte, und in der Handelsware hat man es meistens nur mit diesen zu tun. Die Teilfrüchtchen sind 4—5 mm lang, 1,5 mm breit, sichelförmig gebogen, kahl und glatt, im Querschnitt fast regelmäßig fünfseitig (Abb. 139). Die fünf schmalen hellen Rippen heben sich scharf von den vier dunkelbraunen Tälchen ab, die je einen Sekretgang enthalten. Auf der ebenen Fugenfläche ist in der Mitte ein hellerer Streifen sichtbar und zu beiden Seiten je ein Sekretgang. Der Geruch ist angenehm aromatisch, der Geschmack stark würzig.

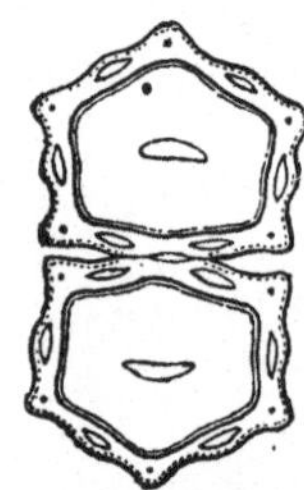

Abb. 139. Querschnitt des Kümmels, vergrößert (J. Moeller).

Chemische Zusammensetzung. Kümmel enthält nach J. König 11,0—16,0% Wasser, 19,0—20,5% Stickstoffsubstanz, 2,0 bis 6,0% ätherisches Öl, 10,0—20% fettes Öl, 2,0—4,0% Zucker, 17,0—22,5% Rohfaser (nach älteren Analysen, König fand in einer Probe nur 7,64%), 5,0—6,5% Asche; in der mit Äther erschöpften Substanz wurden noch 9,5—11,5% Alkoholextrakt, in der Trockensubstanz 6,86—8,00% Pentosane gefunden. v. Fellenberg fand 0,81 bis 1,41% Pektin.

Als Ergebnisse neuerer Untersuchungen gibt das Schweizerische Lebensmittelbuch (1917) an: 20—25% Fett, 2—7% ätherisches Öl, 20—25% Kohlenhydrate, 6—9% Pentosane, 10—15% Rohfaser, 20—25% Stickstoffsubstanz.

Der Hauptbestandteil des Kümmelöles ist d-Carvon, ein Keton vom Siedepunkt 230°, das zu 50—60% im Kümmelöl enthalten ist. Weiter sind u. a. erhebliche Mengen d-Limonen vorhanden.

Verunreinigungen und Verfälschungen. Als natürliche Verunreinigungen können, wie bei den anderen Spaltfrüchten, geringe Mengen Erde und Sand, sowie andere kümmelähnliche Früchte wildwachsender Umbelliferen vorkommen.

Als Verfälschung kommt hauptsächlich die Beimengung von ganz oder teilweise extrahiertem, auch wieder aufgefärbtem extrahiertem Kümmel in Betracht. Auch die Beimengung der Früchte von Aegopodium Podagraria, die das Schweizerische Lebensmittelbuch erwähnt, ist als Verfälschung anzusehen.

I. Chemische Untersuchung.

Die Bestimmung der allgemeinen Zusammensetzung erfolgt nach den üblichen Methoden. Ein Zusatz von ganz oder teilweise extrahierter Ware kommt in einer Verminderung des Gehaltes an ätherischem Öl zum Ausdruck, wobei jedoch zu berücksichtigen ist, daß der Ölgehalt des Kümmels je nach Herkunft und Lagerung ziemlich großen Schwankungen unterliegt.

Bei unzerkleinerter Ware erfolgt daher der Nachweis extrahierter Früchte am einfachsten und sichersten in ähnlicher Weise, wie bereits beim Fenchel

[1] Nach dem Österreichischen Lebensmittelbuch; E. Spaeth führt auch eine Thüringer (Halle) Sorte auf, die am meisten geschätzt werde.

(S. 481) angegeben wurde. Wie die ausgezogenen Fenchelfrüchte, sind auch die ausgezogenen Kümmelkörner am dunklen, fast schwarzen Aussehen kenntlich. Nur wenn sie zerquetscht sind, was nicht selten der Fall ist, gleichen sie gewöhnlich in der Farbe dem normalen Kümmel, jedoch sind sie ohne jeden Geschmack. Sie werden daher am besten ausgelesen und auf ihren Geschmack geprüft. Durch Wägen der ausgelesenen dunklen und der zerquetschten Früchte, die am Querschnitt ebenfalls dunkles Aussehen zeigen, läßt sich die zugesetzte Menge an extrahierter Ware leicht ermitteln.

Nach BENEDEK[1] zeigt natürlicher Kümmel im Dunkelfeld bei 20facher Vergrößerung einen weißen, scheinbar krystallinen Überzug, der bei mit Wasser extrahierter Ware ganz oder größtenteils verschwunden ist. Mit Alkohol extrahierte Ware zeigt diesen Unterschied weniger deutlich.

Die Früchte von Aegopodium Podagraria L. sind etwas kleiner als der Kümmel, außerdem tiefbraun, und durch die nur undeutlich hervortretenden wellig verlaufenden Rippen unterschieden. In jedem Tälchen liegen 4—8 sehr kleine Sekretgänge. Der Geschmack ist von dem des Kümmels völlig verschieden.

II. Mikroskopische Untersuchung.

Die Oberhaut der Fruchtwand besteht aus vierseitigen oder polygonalen, mit deutlicher Cuticularstreifung versehenen Zellen. Einzelne Spaltöffnungen sind vorhanden. Die im Parenchym der Fruchtwand (Abb. 140) verlaufenden, mit braunem Epithelbelag versehenen, im Querschnitt elliptischen Sekretgänge sind erheblich breiter (bis 350 μ) als beim Fenchel. Die Leitbündel zeigen starken Faserbelag. In ihrer Umgebung sind einzelne Zellen des sonst wenig charakteristischen Fruchtwandparenchyms mehr oder weniger verdickt. Die Zellen der inneren Epidermis der Fruchtwand sind quergestreckt, in Reihen angeordnet, nicht parkettiert. Das Endosperm besteht wie beim Fenchel aus derbwandigen Zellen, die neben fettem Öl Aleuronkörner mit winzigen, fast kugeligen Oxalatrosetten enthalten. Die Wände der Endospermzellen quellen in Chloralhydrat stark auf.

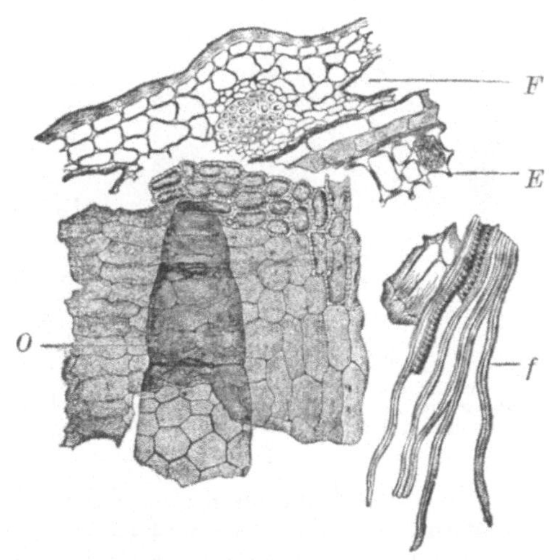

Abb. 140. Gewebe des Kümmels (J. MOELLER). *F* Schale im Querschnitt, *E* Nährgewebe, *f* Fasern des Leitbündels, *O* Ölstriemen, bedeckt von teilweise (oben) sklerosiertem Parenchym.

Kümmelpulver ist gelblichbraun, vom Fenchelpulver nicht leicht zu unterscheiden. Man beobachtet Teilchen des dickwandigen Endospermgewebes, Parenchymtrümmer mit Bruchstücken der braun erscheinenden Sekretgänge, vereinzelt auch wenig verdickte, poröse Parenchymzellen, Teile der äußeren Epidermis mit gestreifter Cuticula und der Querzellenschicht.

Die Früchte von Aegopodium Podagraria L. sind nach GASSNER durch große und stark gewellte Oberhautzellen mit feiner Cuticularstreifung und die etwas breiteren, aber viel kürzeren Querzellen vom Kümmel zu unterscheiden.

---

[1] BENEDEK: Z. 1934, 67, 447.

Anhaltspunkte für die Beurteilung.

Die Vereinbarungen deutscher Lebensmittelchemiker haben folgenden Wortlaut:

„Kümmel besteht aus den getrockneten Spaltfrüchten von Carum Carvi L., Familie der Umbelliferen.

Kümmel muß aus den unverletzten, ihres ätherischen Öles weder ganz noch teilweise beraubten Kümmelfrüchten bestehen und muß den charakteristischen Geruch und Geschmack erkennen lassen.

Als höchste Grenzzahlen haben, auf lufttrockene Ware berechnet, zu gelten für Mineralstoffe (Asche) 8%, für den in 10%iger Salzsäure unlöslichen Teil der Asche 2%."

Die gleichen Grenzzahlen gibt das Deutsche Nahrungsmittelbuch an.

Das Deutsche Arzneibuch, 6. Ausgabe, verlangt mindestens 4% ätherisches Öl und setzt als Höchstgrenze für den Aschengehalt 8% fest.

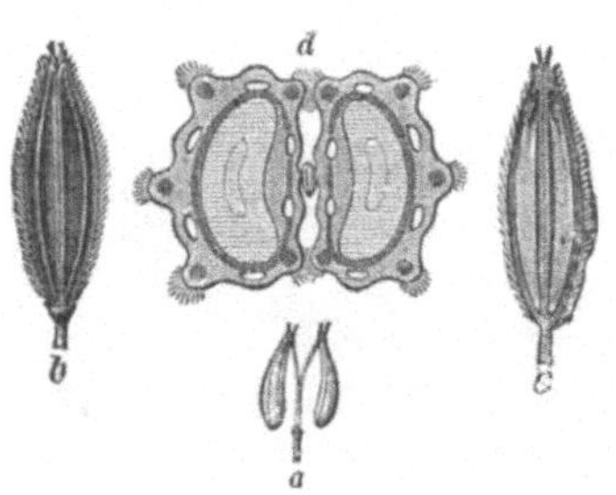

Abb. 141. Mutterkümmel (nach Hager). *a* natürliche Größe, *b* Rückseite, vergrößert, *c* Bauchseite, vergrößert, *d* Querschnitt, stärker vergrößert.

Nach dem Österreichischen Lebensmittelbuch, 2. Ausgabe, finden sich in normaler Ware niemals mehr als 8% Asche, einschließlich 2% Sand, während der Gehalt an ätherischem Öl von 3—7% schwankt.

Das Schweizerische Lebensmittelbuch (1917) gibt folgende Grenzzahlen an: Wasser 7—15%, Gesamtasche 7—9%, in Salzsäure unlösliche Asche höchstens 2%.

B. Römischer Kümmel, Mutterkümmel (auch Roß-, Linsen-, Pfeffer-, Hafer-, Kreuz-, Kron-, Mohren-, Welscher, Ägyptischer, Langer Kümmel genannt) ist die getrocknete Spaltfrucht von Cuminum cyminum L., einer Umbellifere, die in den Mittelmeerländern angebaut wird. Mutterkümmel findet nur noch wenig als Gewürz Verwendung (z. B. in Holland zum Würzen von Käse).

Die Früchte sind braun, 5—6 mm lang, meist noch zusammenhängend (Abb. 141). Jedes Teilfrüchtchen hat fünf fadenförmige Haupt- und vier breite, flache, grünlichgelbe Nebenrippen. Alle Rippen tragen reichlich bis 0,5 mm lange, spröde Börstchen, die zum Teil abgebrochen sind. Auf dem nierenförmigen Querschnitt erkennt man zwischen den Hauptrippen je einen und auf der Fugenseite zwei Sekretbehälter. Da sich die Fruchtwand leicht vom Samen ablöst, findet man in der Handelsware mehr oder weniger häufig freigelegte Samen.

Aus Marokko in den Handel gelangter Mutterkümmel enthielt nach Hartwich 50% Verunreinigungen, darunter Setaria glauca und Conium maculatum (wie der italienische Anis).

Der Geruch des Mutterkümmels ist eigenartig, nicht angenehm, der Geschmack gewürzhaft.

Chemisch ist der Mutterkümmel bis jetzt nur spärlich untersucht. Dr. W. Sutthoff fand in zwei Proben:

Art der Probe	Wasser %	Stickstoffsubstanz %	Ätherisches Öl %	Fettes Öl %	Direkt reduzierender Zucker %	In Zucker überführbare Stoffe %	Pentosane %	Rohfaser %	Asche %	Sand %
Alte Ware (wurmstichig)	8,90	18,44	2,23	11,30	3,89	7,33	11,14	5,52	7,80	1,86
Vorjährige Ware. . . .	9,77	17,31	2,15	14,43	3,43	4,68	10,64	7,52	12,91	2,59

Arragon fand 7,1%, Hanuš und Bien in der Trockensubstanz 7,82% Pentosane.

Das ätherische Öl (bis 3,2%) enthält neben Terpenen hauptsächlich Cuminaldehyd, außerdem Cymol; es riecht und schmeckt unangenehm.

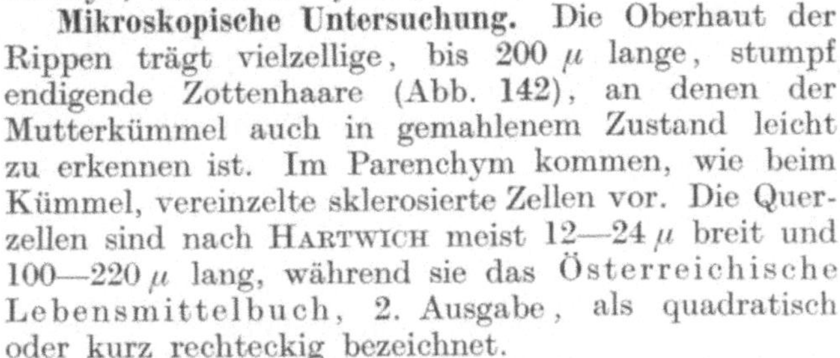

Mikroskopische Untersuchung. Die Oberhaut der Rippen trägt vielzellige, bis 200 μ lange, stumpf endigende Zottenhaare (Abb. 142), an denen der Mutterkümmel auch in gemahlenem Zustand leicht zu erkennen ist. Im Parenchym kommen, wie beim Kümmel, vereinzelte sklerosierte Zellen vor. Die Querzellen sind nach HARTWICH meist 12—24 μ breit und 100—220 μ lang, während sie das Österreichische Lebensmittelbuch, 2. Ausgabe, als quadratisch oder kurz rechteckig bezeichnet.

Anhaltspunkte für die Beurteilung. Während der Mutterkümmel in den deutschen Vereinbarungen und im Schweizerischen Lebensmittelbuch bisher keine Berücksichtigung gefunden hat, gibt das Österreichische Lebensmittelbuch den Gehalt an ätherischem Öl zu 2—3% an und setzt die Höchstgrenze für Asche auf 7% fest, einschließlich 2% Sand.

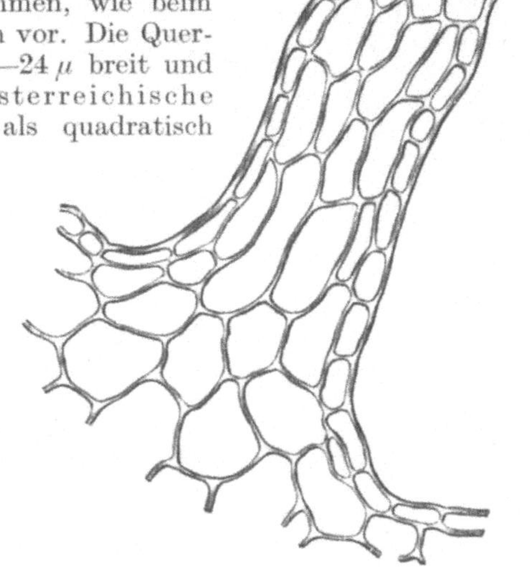

Abb. 142. Zotte des Mutterkümmels (J. MOELLER).

29. Coriander.

Der Coriander ist die getrocknete, reife Spaltfrucht von Coriandrum sativum L., einer im Mittelmeergebiet heimischen Umbellifere, die dort, aber auch in anderen Ländern Europas angebaut wird. Als Gewürzpflanze hat sie nur beschränkte Bedeutung.

Die aus den fest zusammenhängenden (an den Rändern verwachsenen) Teilfrüchtchen bestehende Frucht (Abb. 143) ist kugelig, bis 4 mm dick, oben von den Griffelresten gekrönt, hellbraun oder gelbrötlich, seltener blaßgrünlich, kahl und glatt. Die geraden, meridional verlaufenden Rippen sind die Nebenrippen, die Hauptrippen sind weniger deutlich und geschlängelt. An der Fugenseite sind die Teilfrüchtchen stark ausgehöhlt, so daß ein linsenförmiger Hohlraum in der Frucht entsteht, durch dessen Mitte der Fruchtträger geht. An Quer- und Längsschnitten erscheinen daher die Samen halbmondförmig. Nur an der Fugenseite der Teilfrüchte befinden sich je zwei Ölgänge.

Abb. 143. Coriander, vergrößert und im Querschnitt (J. MOELLER).

Geruch und Geschmack der getrockneten reifen Früchte sind angenehm gewürzhaft; frische und unreife Früchte riechen wanzenartig.

Chemische Zusammensetzung. Über die chemische Zusammensetzung des Corianders liegen nur spärliche Analysen vor; nach J. KÖNIG beträgt der Gehalt an Wasser 9,5—12%, an Stickstoffsubstanz 11—13%, an fettem Öl etwa 19%, an ätherischem Öl bei guten Früchten um 1% herum, an Rohfaser 26—31%, an Asche rund 5%. HANUŠ und BIEN fanden in der Trockensubstanz 11,77% Pentosane. ARRAGON gibt den Pentosangehalt zu 13,7—13,9% an. v. FELLENBERG fand 1,12—1,71% Pektin.

Das Schweizerische Lebensmittelbuch (1917) gibt als Ergebnisse neuerer Untersuchungen folgende Werte an: Fett 20—25%, ätherisches Öl 1,5—3%[1], Kohlenhydrate 20—22%, Stärke 0 bis Spuren, Pentosane 13—15%, Rohfaser 23—26%, Stickstoffsubstanz 13—15%.

[1] Nach dem indirekten Verfahren bestimmt.

Das ätherische Öl enthält neben Terpenen verschiedene Alkohole, darunter hauptsächlich Linalool.

Verfälschungen. Sie bestehen, wie auch bei anderen Spaltfrüchten, vorwiegend in der Entziehung des ätherischen Öles; da aber zu dem Zweck die Früchte zerkleinert werden müssen, so findet sich die Verfälschung mit erschöpfter Ware nur im Corianderpulver. Im Pulver ist auch von E. SPAETH fremde Stärke gefunden worden.

Abb. 144. Querschnitt des Corianders an der Stelle, wo die beiden Teilfrüchte miteinander verwachsen sind (A. E. v. VOGL).

I. Chemische Untersuchung.

Die Bestimmung der allgemeinen Zusammensetzung erfolgt nach den üblichen Methoden.

Der Nachweis extrahierter Ware im Pulver ist schwierig. E. SPAETH gibt zwar an, daß ein Gehalt von nur 0,5—0,6% ätherischem Öl ein Corianderpulver der Beimengung von extrahierter Ware verdächtig erscheinen lasse. Hierbei ist jedoch zu berücksichtigen, daß Coriander im gemahlenen Zustand, zumal bei ungeeigneter Aufbewahrung, wie in Papierbeuteln, sehr bald große Verluste an ätherischem Öl erleidet. Auf derartige Ware mögen auch die Angaben zurückzuführen sein, der Gehalt an ätherischem Öle schwanke beim Coriander zwischen 0,1 und 1%.

Bei einem sehr niedrigen Gehalt an ätherischem Öl wird es sich daher häufig um ein verdorbenes Pulver handeln — in kleineren Papierbeuteln geht das Aroma nach einiger Zeit fast vollständig verloren —, nicht aber um ein verfälschtes (vgl. im übrigen mikroskopische Untersuchung).

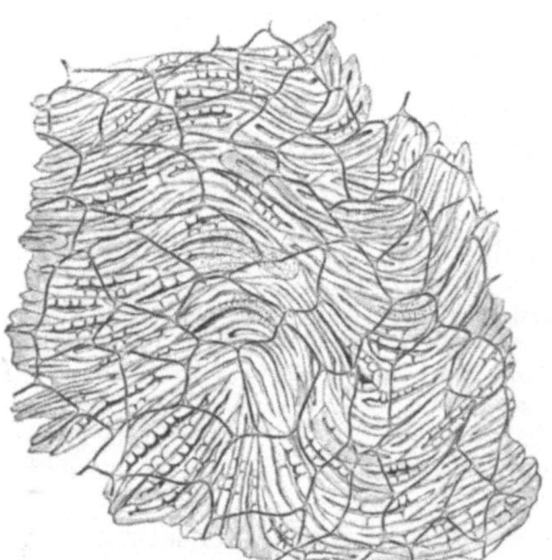

Abb. 145. Steinplatte des Corianders in der Flächenansicht (J. MOELLER).

II. Mikroskopische Untersuchung.

Die Oberhaut der Fruchtwand wird aus polygonalen, undeutlich getüpfelten Zellen gebildet, die kleine Oxalateinzelkrystalle enthalten. Charakteristisch ist die Ausbildung des Mesokarps, in dem eine 50—75 μ dicke Platte (Abb. 144) aus faserförmigen Sklereiden (Abb. 145) liegt, die meist wellig gebogen und in verschiedener Richtung gekreuzt sind. An den nicht sklerosierten Fugenseiten liegen je zwei 300—400 μ weite Ölgänge. Das Endokarp setzt sich aus schmalen, meist langen Zellen zusammen. Die Samenhaut, die an Querschnitten deutlich sichtbar ist, besteht aus einer Lage brauner polygonaler Zellen und einer Schicht orangebraunen zusammengedrückten Gewebes. Die derbwandigen Endospermzellen enthalten fettes Öl und Aleuronkörner mit Globoiden, Oxalatrosetten oder Einzelkrystallen.

Für Corianderpulver charakteristisch sind die stets reichlich vorhandenen Bruchstücke der Faserplatte aus wellenförmig gewundenen Zellen, die oft noch mit dem Endokarp und der orangebraunen Samenhaut verbunden sind.

Nach dem Österreichischen Lebensmittelbuch, 2. Ausgabe, läßt sich extrahiertes Pulver bei der Untersuchung in Cochenilleglycerin erkennen; es zeigt dann homogene oder nur wenige emulgirte, schaumige Öltropfen, während nicht erschöpftes Pulver reichlich kleinere und größere schaumige Öltropfen erkennen läßt.

Sonstige Anhaltspunkte für die Beurteilung.

Die Vereinbarungen des Vereins deutscher Lebensmittelchemiker lauten:

„Coriander sind die Spaltfrüchte von Coriandrum sativum L., Familie der Umbelliferen.

Als höchste Grenzzahlen für den Gehalt an Mineralbestandteilen (Asche) haben, auf lufttrockene Substanz berechnet, zu gelten 7,0% und für den in 10%iger Salzsäure unlöslichen Teil der Asche 2,0%."

Die gleichen Grenzzahlen gibt das Deutsche Nahrungsmittelbuch (1922) an.

Nach dem Österreichischen Lebensmittelbuch, 2. Ausgabe, darf Coriander nicht mehr als 7% Asche einschließlich 2% Sand enthalten; als Gehalt an ätherischem Öl wird 0,1—1% angegeben.

Das Schweizerische Lebensmittelbuch (Nachtrag 1922) gibt folgende Grenzzahlen an: Gesamtasche höchstens 9%, in Salzsäure unlösliche Asche höchstens 2,5%.

30. Sellerie.

Die Spaltfrüchte des Sellerie (Apium graveolens L.) finden bei uns u. a. zur Herstellung von Selleriesalz Verwendung. Sie sind nur 0,8—1,5 mm lang, in der Form dem Anis ähnlich, jedoch kahl. In jedem Tälchen finden sich 1—3 Ölstriemen.

Untersuchungen über die allgemeine Zusammensetzung scheinen bisher nicht vorzuliegen.

Mikroskopische Untersuchung. Die Epidermiszellen der Fruchtwand sind buchtig, mit zartgestreifter und stellenweise warziger Cuticula versehen. Am Scheitel der Frucht kommen in der Umgebung der Leitbündel Steinzellen vor. Die Zellen des Fruchtwandparenchyms sind im innersten Teil meist quergestreckt, ähnlich wie das Endokarp, so daß eine doppelte Querzellenschicht vorhanden ist. Die Endokarpzellen sind jedoch schmäler und nicht selten parkettartig angeordnet.

Im gemahlenen Zustand erkennt man die Selleriefrüchte hauptsächlich an der doppelten Querzellenschicht. Auch die Teilchen der Oberhaut sind charakteristisch.

F. Samen.

Zu den Samengewürzen gehören die Muskatnuß nebst dem zugehörigen Samenmantel (Macis oder Muskatblüte genannt) und der Senf.

31. Muskatnuß.

Die echte Muskatnuß (Bandamuskatnuß) ist der vom Arillus (S. 492) und der Steinschale befreite Same, also der Samenkern des echten auf den Molukken einheimischen und im ganzen Tropengürtel kultivierten Muskatnußbaums (Myristica fragrans HOUTT., Myristicaceae). Es handelt sich also nicht um eine Nuß im botanischen Sinne.

Die äußerlich einer Aprikose ähnliche Frucht spaltet sich bei der Reife in zwei Hälften und läßt im lederartig-derben Fruchtfleisch den mit einem blutroten, zerschlitzten Samenmantel (Arillus) bedeckten dunkelbraunen Samen erkennen. Nach der Entfernung des Samenmantels (vgl. unter Macis) trocknet man die Samen über schwachem Feuer so lange, bis sich die 1—2 mm dicken, festen Steinschalen beim Aufschlagen mit hölzernen Knüppeln leicht von den Kernen trennen lassen. Die guten Kerne werden kurze Zeit mit Kalkmilch behandelt und hierauf an der Luft getrocknet. Sie zeigen daher einen kreidigen Überzug. Die Kalkung bezweckt einerseits die Keimkraft zu vernichten und andererseits den Samen vor Insektenfraß zu schützen.

Im ungekalkten Zustand sind die ovalen, bis 3 cm langen und 2 cm dicken Kerne hellbraun und auf der Oberfläche netzaderig gerunzelt. Von dem am stumpfen Ende gelegenen Nabel zieht sich in einer schmalen Rinne die Raphe zum entgegengesetzten Pol, der vertieften Chalaza. Auf dem Querschnitt zeigen die Muskatnüsse ein marmoriertes Aussehen, weil ein braunes Gewebe, das den Rest des Perisperms darstellt, tief in die Falten des hellen Endosperms eindringt. Der kleine, am Grunde des Endosperms liegende Embryo hat für die Untersuchung keine Bedeutung.

Neben der Bandamuskatnuß kommt auch eine billigere Muskatnuß im Handel vor, nämlich die von Myristica argentea WARBURG stammende, in Neuguinea wachsende Papua- oder Makassarnuß; sie ist weicher, länger (25—45 mm) und schlanker, weniger aromatisch. — Die Bombay-Muskatnuß (Myristica malabarica Lam.) ist noch länger (bis 50 mm lang), hat eine walzenartige, sich nach oben verjüngende Form und deutlich geriefelte Oberfläche. Sie ist überhaupt nicht aromatisch und daher als Gewürz wertlos.

In der chemischen Zusammensetzung sind die beiden erstgenannten Sorten nicht wesentlich verschieden. Nach J. KÖNIG beträgt der Gehalt der echten und Papuanuß an ätherischem Öl 3,6 bzw. 4,7%, an Fett (Ätherauszug) 34,4 bzw. 35,5%, an Stärke 23,7 bzw. 29,3%, an Rohfaser 5,6 bzw. 2,1%, an Asche 3,0 bzw. 2,7%, an Alkoholextrakt 12,0 bzw. 16,8%.

Nach neueren Untersuchungen (Schweizerisches Lebensmittelbuch, 3. Auflage) wurde bei den echten Muskatnüssen folgende Zusammensetzung gefunden: Fett 37—40%, ätherisches Öl 6—10%[1], Kohlenhydrate 30—40%, Stärke 21 bis 23%, Rohfaser 4,5—7%, Stickstoffsubstanz 7—8%.

ARRAGON fand 2,5%, HANUŠ und BIEN in der Trockensubstanz 2,48% Pentosane, v. FELLENBERG fand 0,52—0,66% Pektin.

Das ätherische Öl, das überwiegend aus Terpenen besteht, enthält als charakteristischen Stoff Myristicin (4%).

Außer der minderwertigen Papuamuskatnuß gibt es verschiedene noch minderwertigere Sorten (M. officinalis MARTINS, M. sebifera Jow. und andere), die unter Umständen den echten Muskatnüssen beigemengt werden; auch sind verschiedentlich künstliche, schwach parfümierte Muskatnüsse, bestehend aus Mehl und Ton od. dgl. im Handel angetroffen worden. Wurm- bzw. insektenstichige Nüsse werden auch mit Kalkbrei oder einem Teig aus Mehl und Öl ausgebessert.

Sonst dienen die wurmstichigen, geschrumpften und zerbrochenen Nüsse zur Gewinnung der Muskatbutter, die in der Medizin und Parfümerie Verwendung findet. Sie hat Talgkonsistenz, ist meist gelbrötlich und enthält erhebliche Mengen ätherisches Öl. Sie schmilzt bei 38—51° und hat eine Verseifungszahl von 154—161, eine Jodzahl von 31—52.

I. Chemische Untersuchung.

Sie wird nach den allgemein üblichen Verfahren ausgeführt (S. 328) und gibt über eine etwaige Unterschiebung von künstlichen Muskatnüssen oder von Bombaymuskatnüssen, die nur sehr wenig ätherisches Öl enthalten, leicht Aufschluß. Kunstprodukte werden beim Behandeln mit kochendem Wasser weich und können mit den Fingern zu Pulver zerdrückt werden. Sie enthalten gewöhnlich 11—15% Asche und sind spezifisch schwerer als die echten Nüsse. Auch bei der Beurteilung des Muskatnußpulvers ist die chemische Untersuchung heranzuziehen, weil mit der Verwendung von Preßrückständen der Muskatbutterherstellung gerechnet werden muß.

---

[1] Bestimmt nach dem indirekten Verfahren.

II. Mikroskopische Untersuchung.

Bei der mikroskopischen Untersuchung werden Kunstprodukte, auch wenn sie aus Muskatnußpulver durch Komprimieren hergestellt sind, sofort erkannt, weil sie keine zellige Struktur aufweisen. Unerläßlich ist außerdem die mikroskopische Prüfung des nur verhältnismäßig wenig im Handel befindlichen Muskatnußpulvers.

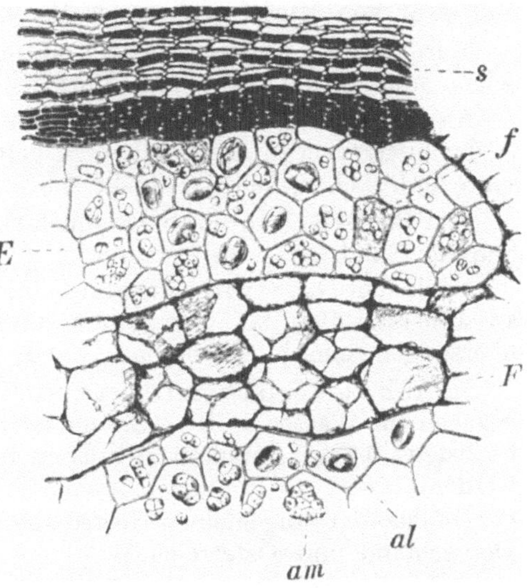

Abb. 146.
Durchschnitt der Muskatnuß (J. MOELLER).
E Nährgewebe, *F* Faltengewebe, *s* Hüllgewebe, *am* Stärke, *al* Aleuron, *f* Farbstoffzellen.

Das braune Hüllgewebe („Hüllperisperm") der Muskatnuß (Abb. 146*s*) besteht in den äußeren Schichten aus flachen, zum Teil verholzten Zellen, die braune Massen und häufig kleine prismatische, seltener tafelförmige Krystalle enthalten (Abb. 147). Die inneren Schichten des Perisperms, die auch als dunkle Stränge in die Falten des Endosperms eindringen und das ätherische Öl enthalten, bestehen aus kleinen, braunen, oft stark zusammengedrückten Zellen, zwischen die aber große Ölzellen in solcher Menge eingelagert sind, daß ein großzelliges Aussehen des Faltengewebes zustande kommt (Abb. 146*F*).

Das hellfarbige Endospermgewebe (*E*) ist ein zartzelliges, von oft krystallinischem Fett, Stärke und Aleuronkörnern erfülltes Parenchym, in dem sich vereinzelt Farbstoffzellen (*f*) mit braunem Inhalt und etwas Stärke finden. Die Stärkekörner sind teils einfach und kugelig (3—20 μ), teils zu mehreren zusammengesetzt, auch reihenweise zusammensitzend, und lassen eine deutliche Kernhöhle erkennen. Jede Zelle enthält ein Aleuronkorn, dessen Inneres meist von einem großen rhombenförmigen Eiweißkrystall ausgefüllt wird. Die geformten Inhaltskörper der Zellen werden erst nach Beseitigung des Fettes durch Äther deutlich sichtbar. Nach der Entfettung setzt man zweckmäßig Jodlösung zu.

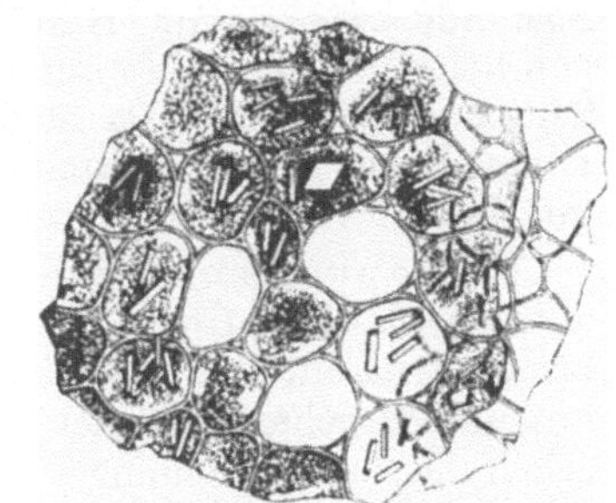
Abb. 147. Braunes Hüllgewebe der Muskatnuß in der Flächenansicht (J. MOELLER).

Muskatnußpulver ist rötlichbraun und besteht hauptsächlich aus dem klumpigen Inhalt der Endospermzellen. Daneben beobachtet man helle und braune Parenchymfetzen. Charakteristisch ist beim entfetteten Pulver das Verhalten gegen Jodlösung. Man sieht dann neben blauen Stärkekörnern glänzendbraune Eiweißkrystalle und gelben Detritus.

Als Fälschungsmittel sind beobachtet worden Beimengungen der Steinschale, Cerealien- und Leguminosenmehle (Bd. V), Kakaoschalen (S. 239), Leinölkuchen (Bd. IV).

Der mikroskopische Nachweis der verschiedenen Muskatnußarten ist im Pulver nicht möglich.

Anhaltspunkte für die Beurteilung.

Der Verein deutscher Lebensmittelchemiker[1] hat für die Beurteilung der Muskatnüsse folgende Vereinbarung getroffen:

„Muskatnüsse sind die nach geeignetem Trocknen und Entfernen (Zerschlagen) der harten Samenschale gekalkten Samenkerne des Muskatnußbaumes, und zwar von Myristica fragrans HOUTTUYN, Familie der Myristicaceen.

Muskatnüsse müssen einen aromatischen Geruch und Geschmack zeigen und dürfen nicht von Würmern usw. angefressen sein.

Als höchste Grenzzahlen für den Gehalt an Mineralbestandteilen (Asche) in der lufttrockenen Ware haben zu gelten 3,5% und für den in 10%iger Salzsäure unlöslichen Teil der Asche 0,5%."

Das Deutsche Nahrungsmittelbuch (1922) gibt als Grenzzahl für Asche 4,5% und für Sand 0,5% an.

Nach dem Österreichischen Lebensmittelbuch, 2. Auflage darf der Gehalt, an Mineralstoffen bei ungekalkten und gekalkten Muskatnüssen 4,5% nicht übersteigen, einschließlich 0,5% Sand.

Im Schweizerischen Lebensmittelbuch, 2. Auflage, sind als Grenzzahlen angegeben für Wasser 3—8%, Gesamtasche 2—5%, in Salzsäure unlösliche Asche höchstens 0,5%. Papuanüsse müssen im Schweizer Verkehr genau bezeichnet werden.

Infolge der allgemeinen Begriffsbestimmungen gilt das letztere auch für Deutschland und Österreich.

32. Macis.

Macis (sog. Macisblüte oder Muskatblüte) ist der getrocknete Samenmantel (Arillus) der echten Muskatnuß (Myristica fragrans HOUTT., Myristicaceae).

Der Baum ist auf den Molukken einheimisch und wird jetzt fast im ganzen Tropengürtel, besonders aber auf den Bandainseln angebaut. Deshalb heißt die echte Macis auch Bandamacis (Menadomacis). Sie bildet im getrockneten Zustande, wie sie im Handel vorkommt, ein zusammengepreßtes Haufwerk von hellgelber bis gelbbräunlicher Farbe und hornartiger, brüchiger Beschaffenheit; oberhalb der Basis ist der Arillus in zahlreiche, schmale und flache (etwa 1 mm dicke) Lappen (Lacinien) zerschlitzt. Außer der echten Macis kommen im Handel vor die sog. Papuamacis und die wilde oder Bombaymacis.

Die Papuamacis oder Makassarmacis (von Myristica argentea WARB.), auch Macisschalen genannt, ist rötlichbraun gefärbt; der Arillus ist länger als der erstgenannte, hat vier breitere Lappen, die oben in mehrere dünne Streifen auseinandergehen, die nach W. BUSSE[2] über der Spitze der Nuß zu einem konischen Deckel verschlungen sind. Die Papuamacis steht im Aroma und Geschmack der Bandamacis nach. Der Geruch erinnert beim Zerreiben zuletzt an Sassafrasöl (vom Safrolgehalt herrührend).

Die wilde Macis oder Bombaymacis (von Myristica malabarica Lam.) besitzt gar kein Aroma und nur eine ganz geringe Menge ätherisches Öl; sie ist rotbraun gefärbt, zuweilen auch gelb bis braungelb und wesentlich länger als die echte Macis und in feinere und zahlreichere Streifen zerschlitzt, die sich an der Spitze fest zu einer Art Knäuel, fast wie ein Flechtwerk aussehend, zusammenschieben. Die Bombaymacis ist als Gewürz wertlos.

---

[1] Z. 1905, 10, 27.
[2] W. BUSSE: Arb. Kaiserl. Gesundh.-Amt 1896, 12, 628—660.

Auch in der chemischen Zusammensetzung sind die drei Macisarten verschieden. Bei einem mittleren Gehalt von 10,5% Wasser (Schwankungen 5,0—23,0%) wurden nach J. König gefunden:

Macisart	Ätherisches Öl	Petrolätherauszug = Fett	Ätherlösliches Harz[1]	Alkohollösliches Harz[2]	In Zucker überführbare Stoffe[3]	Rohfaser	Asche	Sand
	%	%	%	%	%	%	%	%
Banda- (echte)	4,0—12,0	22,5—34,9	1,2— 5,1	3,8—4,0	22,7 - 34,4	etwa 4,5	1,8—2,5	0—0,3
Papua-. . . .	4,0— 6,0	53,0-55,5	0,4— 1,8	1,7—2,1	(8,8)	„ 4,6	etwa 2,0	0—0,3
Bombay-(wilde)	0,3— 1,3	29,0-34,5	27,5-37,5	2,5—3,5	(14,5)	„ 8,2	„ 2,0	0—0,2

Die echte (Banda-) Macis unterscheidet sich daher von den beiden anderen Macissorten durch den höheren Gehalt an ätherischem Öl und geringeren Gehalt an Fett (Petrolätherauszug); die wilde Macis ist dagegen durch den geringen Gehalt an ätherischem Öl und durch hohen Gehalt an ätherlöslichem Harz von den beiden anderen Macissorten unterschieden. Vgl. auch die Untersuchungen von A. Beythien, H. Hempel, P. Simmich, W. Schwerdt und C. Wiesemann[4].

Auch durch die Jodzahl des vom ätherischen Öl befreiten Fettes unterscheidet sich Bombaymacis von den beiden anderen Arten. Die Jodzahl beträgt nach E. Spaeth bei Bandamacis 77—80, bei Papuamacis 75—76, bei Bombaymacis 50—53.

Das Schweizerische Lebensmittelbuch führt als Ergebnisse neuerer Untersuchungen auf: Fett 23—26%, ätherisches Öl 12—14%[5], Kohlenhydrate etwa 40%, Stärke 0, Rohfaser 3—4,5%, Stickstoffsubstanz 6—7%.

Von Hanuš und Bien wurde bei Bandamacis in der Trockensubstanz ein Pentosangehalt von 4,39% gefunden, Arragon erhielt 5,7—6%. v. Fellenberg fand 2,61—4,66% Pektin bei Bandamacis.

Das ätherische Macisöl ist dem Muskatnußöl sehr ähnlich.

Die Verfälschungen bestehen, besonders bei Macispulver, im Zusatz der wertlosen Bombaymacis oder der minderwertigen Papuamacis. Auch sind Beimengungen von Zucker, Zwiebackmehl, Semmelmehl, gefärbtem Grieß und anderen Mehlen, auch Curcuma, beobachtet worden.

Wiederholt sind auch Ersatzmittel für Macis zur Beobachtung gelangt, die aus gelbgefärbtem Weizenmehl bzw. Maisgrieß bestanden, keine Spur Macis enthielten, aber mit etwas Macisöl parfümiert waren.

I. Chemische Untersuchung.

Die wichtige Bestimmung des ätherischen Öles, des Petroläther- und Äthylätherauszuges, sowie der Asche usw. erfolgt in üblicher Weise (vgl. S. 331). Über die Bestimmung der durch Diastase in Zucker überführbaren Stoffe vgl. Bd. II. Zu dem Zweck muß das Macispulver vorher entfettet werden. Da Macis keine Stärke enthält, gehört offenbar die erhebliche Menge von in Zucker überführbaren Stoffen der Gruppe der Dextrine an. Bei Anwesenheit von stärkehaltigen Mehlen in Macispulver wird die Menge der in Zucker überführbaren Stoffe natürlich noch erhöht sein. Für den Nachweis

[1] Ätherauszug nach Behandlung mit Petroläther (Ätherauszug minus Petrolätherauszug).

[2] Alkoholauszug nach Behandlung mit Äther.

[3] D. h. durch Diastase in Zucker überführbare Stoffe.

[4] **Z.** 1911, **21**, 667.

[5] Bestimmt nach der Differenzmethode.

von Zucker, Bombaymacis, Papuamacis, Teerfarbstoff, dienen die folgenden Verfahren:

a) Nachweis von Zucker. Gegenüber der Angabe von LUDWIG und HAUPT[1], die natürliche Macis enthalte 1,65—4,28% Zucker (als Glucose berechnet), weisen E. SPAETH[2] und ebenso F. UTZ[3] aber darauf hin, daß die in der Macis vorhandene, in kaltem Wasser lösliche Zuckermenge so gering sei, daß sie auf die Drehung der Ebene des polarisierten Lichtes kaum einen Einfluß habe. Zugesetzter Zucker läßt sich mechanisch durch Chloroform abscheiden. Nach E. SPAETH verfährt man wie folgt:

Etwa 10 g des Macispulvers — das vorher mit Petroläther vom Fett befreit sein kann — werden in bekannter Weise mit Chloroform entweder in einem Reagensglas oder in einem Sedimentierglas behandelt; der zugesetzte Zucker (Rohrzucker, Farinzucker, Milchzucker) setzt sich ab; man gießt das Chloroform ab, entfernt die letzten Kubikzentimeter des beim Sediment verbliebenen Chloroforms durch vorsichtiges Erwärmen im Wasserbade und löst den Rückstand — man sieht deutlich, ob Zucker vorhanden ist — in warmem Wasser. Die Lösung spült man in ein 50 ccm fassendes Kölbchen, kühlt den Inhalt ab, gibt 2,5 ccm Tonerdehydratbrei hinzu, füllt dann auf 50 ccm auf, läßt einige Zeit stehen und polarisiert das Filtrat. Man kann auch 10—20 g Macis (nicht vorher entfetten!) mit 100 ccm Wasser mehrere Minuten tüchtig schütteln und dann sofort filtrieren; 50 ccm des Filtrates werden mit 2,5 ccm Bleiessig und einigen Tropfen Tonerdehydratbrei versetzt und auf 55 ccm aufgefüllt; es wird dann filtriert und die Lösung im 220-mm-Rohr polarisiert.

b) Nachweis von Bombaymacis. Zur Prüfung auf Bombaymacis zieht man 4—5 g Macis mit der zehnfachen Menge Alkohol in der Wärme aus und prüft das Filtrat sowie das Filter in folgender Weise:

α) Liegt reine Macis vor, so ist das Filter fast farblos; Bombaymacis und Curcuma färben das Filter gelb. Das getrocknete Filter bleibt beim Betupfen mit Kalilauge unverändert, wenn Bandamacis vorligt; es färbt sich blutrot, wenn Bombaymacis und braun, wenn Curcuma vorhanden ist. Auf Curcuma wird dann weiter durch die Borsäurereaktion geprüft.

β) Versetzt man 1 ccm der alkoholischen Lösung mit der dreifachen Menge Wasser und sodann mit 1 ccm einer 1%igen Kaliumchromatlösung, so tritt beim vorsichtigen Erhitzen bis zum Sieden beim Vorliegen reiner Macis eine hellgelbe Farbe, bei Gegenwart von Bombaymacis eine lebhaftere, bis ockerfarbene oder sattbraun werdende Verfärbung der milchigen Flüssigkeit ein (WAAGE[4]).

γ) Werden der Mischung von 1 ccm Auszug mit 3 ccm Wasser einige Tropfen Ammoniak zugesetzt, so färbt sich die Flüssigkeit bei reiner Macis rosa, beim Vorhandensein von Bombaymacis tief orange bis gelbrot (BUSSE[5]).

δ) Bei Zusatz von Bleiessig entsteht im alkoholischen Auszug bei Gegenwart von Bombaymacis eine fleischfarbene, flockige Fällung, während sonst der Niederschlag hellgelb bleibt (HEFELMANN[6]).

ε) Mit dem Auszug getränkte und wieder getrocknete Filtrierpapierstreifen werden schnell in zum Sieden erhitztes gesättigtes Barytwasser getaucht und sofort zwischen Filtrierpapier getrocknet. Die trockenen Streifen sind bei reiner Macis bräunlichgelb, bei Anwesenheit von Bombaymacis ziegelrot gefärbt (BUSSE). Es empfiehlt sich, Vergleiche mit Auszügen von Banda- und Bombaymacis anzustellen.

ζ) Am raschesten führt gewöhnlich die mikrochemische Untersuchung zum Ziel, die auf dem Nachweis der Sekretzellen beruht, deren Inhalt sich mit Alkalien blutrot färbt (vgl. S. 496).

c) Nachweis von Papuamacis. Obwohl Papuamacis durch einen sehr hohen Fettgehalt ausgezeichnet ist, lassen sich geringere Beimengungen auf diese Weise nicht mehr erkennen. Auch der der Papuamacis eigene Geruch, bedingt durch einen Gehalt an Safrol, tritt in Gemengen mit Bandamacis sehr zurück. C. GRIEBEL verwendet deshalb zum Nachweis das Verhalten von Petroläther-

---

[1] LUDWIG u. HAUPT: Z. 1905, **9**, 208.
[2] E. SPAETH: Z. 1906, **11**, 447.
[3] F. UTZ: Z. 1906, **12**, 432.
[4] WAAGE: Pharm. Zentralh. 1912, **53**, 372.
[5] BUSSE: Arb. Kaiserl. Gesundh.-Amt 1896, **12**, 628.
[6] HEFELMANN: Pharm. Ztg. 1891, **36**, 122.

auszügen beim Unterschichten mit konz. Schwefelsäure. Bei Papuamacis färbt sich die Berührungszone sofort himbeerrot, bei Bandamacis zunächst bräunlich, dann braunrot, bei Bombaymacis grünlichgelb. Schüttelt man die beiden Flüssigkeitsschichten vorsichtig, so erscheint die an der Wand herunterlaufende Flüssigkeit bei Papuamacis rot mit bläulichem Stich, bei Bandamacis gelblichbraun. In Gemengen, in denen die Bandamacis überwiegt, verfährt man nach C. GRIEBEL[1] folgendermaßen:

Je 0,1 g reiner gemahlener Bandamacis und des zu prüfenden Pulvers werden in Reagensgläsern mit je 10 ccm leicht siedendem Petroläther übergossen und diese Gemische 1 Minute lang kräftig durchgeschüttelt. Ein Teil der Filtrate (etwa je 2 ccm) wird mit dem gleichen Volumen Eisessig gemischt und dann möglichst schnell hintereinander vorsichtig mit konz. Schwefelsäure unterschichtet, wobei jede Vermischung der Flüssigkeiten vermieden werden muß. Bei reiner Bandamacis entsteht alsdann an der Berührungszone ein gelblicher Ring, während bei Gegenwart von Papuamacis je nach der Menge derselben schneller oder langsamer eine rötliche Färbung auftritt. Falls nach 1—2 Minuten nicht eine deutlich rötliche Färbung eingetreten ist, ist die Reaktion als negativ anzusehen, weil später auch bei Bandamacis ähnliche Farbentöne entstehen. Aus diesem Grunde ist auch eine Kontrollprobe mit reiner Bandamacis nötig, und es empfiehlt sich, den Schwefelsäurezusatz bei dieser zuerst vorzunehmen. Weniger als 20% Papuamacis können aber auch auf diese Weise kaum erkannt werden.

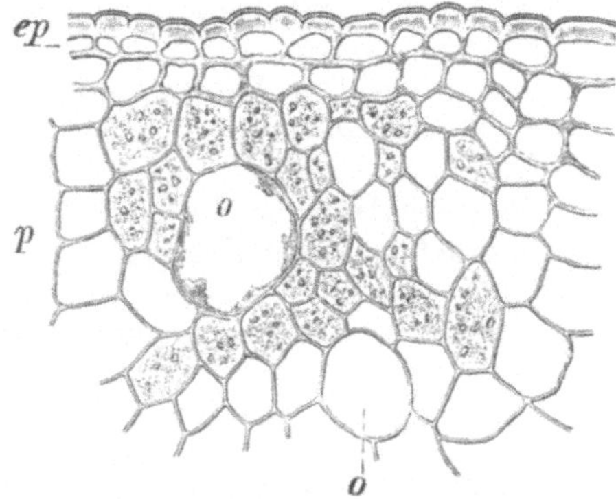

Abb. 148. Querschnitt der Bandamacis (J. MOELLER). *ep* Oberhaut und Hypoderm, *p* Parenchym mit den Ölzellen *o*.

d) Nachweis von Teerfarbstoffen. Zum Nachweise von Teerfarbstoffen schüttelt man nach E. SPAETH einige Gramme des Macispulvers mit ungefähr 10 ccm 70%igem Alkohol tüchtig aus — es empfiehlt sich auch Erwärmen im Wasserbad —, läßt längere Zeit stehen, schüttelt abermals um und gießt den bei Anwesenheit von Teerfarbstoffen stärker gefärbten Alkoholauszug in ein Reagensgläschen. Man säuert mit etwas Weinsäurelösung an, gibt einen reinen, fettfreien Wollfaden hinzu und erhitzt einige Zeit im Wasserbade; bei Anwesenheit von Teerfarbstoffen färbt sich die Wolle gelb.

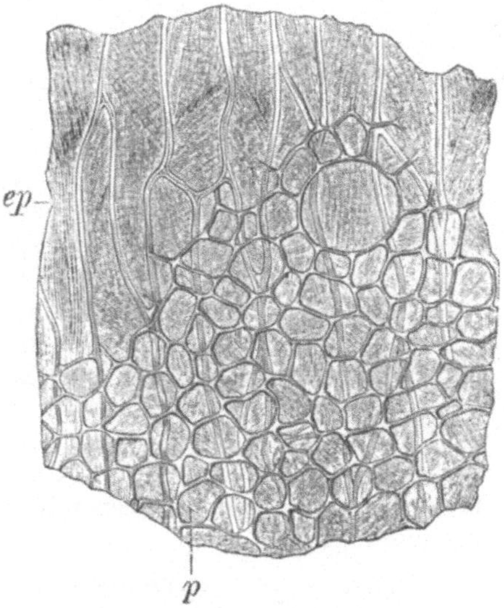

Abb. 149. Oberhaut (*ep*) und Parenchym (*p*) der Bandamacis in der Flächenansicht (J. MOELLER).

II. Mikroskopische Untersuchung.

a) Bandamacis. Ein Querschnitt (Abb. 148) durch das in schmale Lappen gespaltene Gebilde zeigt bei der Untersuchung in Glycerin beiderseits eine Epidermis, deren Zellen verdickte Außenwände aufweisen. Auch ein durch derbe Zellwände gekennzeichnetes Hypoderm ist teilweise erkennbar. Das übrige Gewebe besteht, abgesehen von einzelnen zarten Leitbündeln, aus dünnwandigem Parenchym, in das größere Ölzellen eingestreut sind. An Flächenschnitten (Abb. 149) erscheint die

[1] C. GRIEBEL: Z. 1909, 18, 202.

Oberhaut aus langgestreckten (bis 600 μ) an den Enden zugespitzten Zellen zusammengesetzt. Das parenchymatische Grundgewebe, das aus etwa isodiametrischen, dünnwandigen Zellen (25—50 μ) besteht, ist reich an Fett. Nach der Beseitigung des Fettes mit Äther erkennt man zahlreiche, kleine (bis 10 μ), rundliche bis stäbchenförmige, zumeist unregelmäßig geformte Körperchen von Amylodextrin, die sich mit Jodjodkalilösung weinrot bis rotbraun färben. In heißem Wasser sind sie löslich. Die in das Gewebe eingestreuten runden Sekretzellen (70—100 μ) enthalten als Wandbelag hellgelbes, ätherisches Öl, auch Harz, das durch Lauge in der Farbe kaum verändert wird.

Macispulver ist rötlichgelb bis bräunlichgelb und besteht der Hauptsache nach aus den Trümmern des fettreichen Grundgewebes mit farblosem Zellinhalt, der zahlreiche Amylodextrinkörnchen enthält. Stärke ist nicht vorhanden. Charakteristisch sind außerdem die Teilchen der Oberhaut, der oft noch Parenchym mit Ölzellen anhaftet. Durch Laugezusatz wird das Pulver in der Färbung kaum verändert.

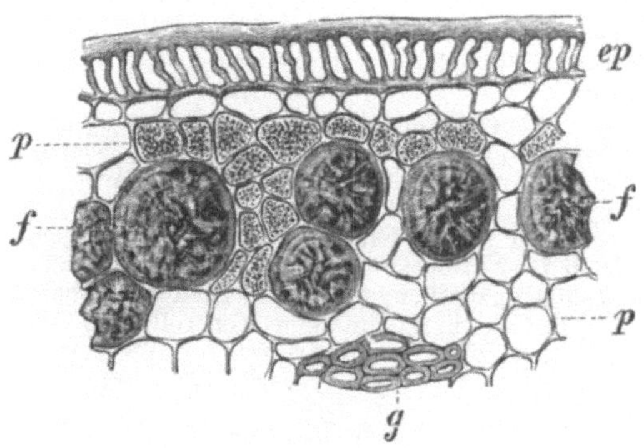

Abb. 150.
Querschnitt der Bombaymacis (T. F. Hanausek).
ep Oberhaut, *p* Parenchym, *f* Farbstoffzellen, *g* Leitbündel.

Zuweilen wird dem Macispulver Muskatnußpulver beigemengt (S. 491). Von fremdartigen Zusätzen wurden beobachtet Bombaymacis (vgl. unter γ) Curcuma (S. 341), Getreidemehle (Semmel, Zwieback) vgl. Bd. V, außerdem Ölkuchenmehle, wie Leinmehl (Bd. IV), Palmkernmehl (S. 424), Olivenkerne (S. 422), Mohnkuchenmehl (Bd. IV), die bei Jodzusatz durch die gelbbraune Färbung der Aleuronkörner auffallen.

b) Papua- (Makassar-) Macis. Die Papuamacis stimmt in anatomischer Hinsicht mit der Bombaymacis fast überein, sie läßt sich daher im zerkleinerten Zustand nur auf chemischem Wege nachweisen.

c) Bombaymacis. Die geruchlose Bombaymacis unterscheidet sich von der Banda- und Papuamacis am Querschnitt (Abb. 150) durch die hohen, schmalen Epidermiszellen und besonders durch die in das Grundgewebe ziemlich zahlreich eingestreuten, bis 120 μ großen Sekretzellen, die eine kompakte gelbe bis orangerote, mit Alkalien blutrot werdende Harzmasse enthalten. Obwohl der Inhalt der Sekretzellen im Pulver in der Regel zertrümmert ist, läßt sich die Bombaymacis durch die Rotfärbung bei Laugezusatz meist leicht nachweisen. In Zweifelsfällen muß man die auf S. 494 angegebenen Verfahren mit heranziehen.

Anhaltspunkte für die Beurteilung.

a) Nach der chemischen Untersuchung. Für die Beurteilung der Macis hat der Verein deutscher Lebensmittelchemiker folgende Vereinbarung getroffen:

„Muskatblüte, Macis ist der Samenmantel der echten Muskatnuß, abstammend von Myristica fragrans Houttuyn, Familie der Myristicaceen. Macis sowie das Pulver dieser muß aus dem seines ätherischen Öles nicht beraubten Samenmantel der echten Muskatnuß bestehen und muß einen kräftigen gewürzhaften Geruch und einen scharf bitteren Geschmack besitzen; als Zeichen besonderer Güte gilt eine möglichst hellgelbe Farbe der Macis.

Der Gehalt an ätherischem Öl muß mindestens 4,5% betragen.

Als höchste Grenzzahlen an Mineralbestandteilen (Asche) in der lufttrockenen Ware haben zu gelten 3% und für den in 10%iger Salzsäure unlöslichen Teil der Asche 0,5%."

Die gleichen Grenzzahlen für Asche und Sand gibt das Deutsche Nahrungsmittelbuch (1922) an.

Die Bestimmungen des Schweizerischen Lebensmittelbuches, 3. Auflage 1917, decken sich mit den vorstehenden Forderungen in bezug auf den Gehalt an Asche und in Salzsäure unlöslicher Asche.

Nach dem Österreichischen Lebensmittelbuch, 2. Auflage, beträgt der Gehalt an ätherischem Öl mindestens 4%, der an Fett höchstens 24%, der an Asche höchstens 3% und an in Salzsäure unlöslicher Asche höchstens 0,5%.

Ein Zusatz von Papuamacis ist weder nach dem Österreichischen noch nach dem Schweizerischen Lebensmittelbuch zulässig. Nach letzterem darf die Papuamacis wegen ihrer Minderwertigkeit nur unter genauer Bezeichnung in den Handel gebracht werden.

Die Minderwertigkeit der Papuamacis wird allerdings zuweilen bestritten. Jedoch steht fest, daß Papuamacis durchschnittlich weniger ätherisches Öl enthält, das zudem im Geruch von dem der Bandamacis verschieden ist, weil es erhebliche Mengen Safrol enthält. Aus der obigen Begriffsbestimmung folgt jedenfalls, daß ein Zusatz von Papuamacis mindestens deklariert werden muß.

b) Beurteilung nach der Rechtslage. Macisblüte mit Bombaymacis. Als Macisblüte wird der Samenmantel der eigentlichen Muskatnüsse bezeichnet, sie ist wegen ihres hohen Gehaltes an ätherischem Öl als Gewürz geschätzt. Diese Eigenschaft kommt aber nur der als Bandamacis von dem Myristica fragrans (oder moschata) genannten Baum gewonnenen Macisblüte zu, die ihren Gehalt an Gewürzstoff auch in getrocknetem Zustande bewahrt. Die von Myristica malabarica herrührende sog. Bombaymacis hat einen verschwindend geringen Gehalt von Gewürzstoff. Bandamacis ergibt beim Mahlen ein helles, sehr stark aromatisches, Bombaymacis ein dunkles, so gut wie geruchloses Mehl. Als reines Gewürz ist nur das aus Bandamacis (oder in geringerer Beschaffenheit aus Papuamacis) hergestellte Mehl zu bezeichnen. Das Mehl aus Bombaymacis ist als Gewürz völlig wertlos. Dem Verhältnisse der Beimischung von Bombaymacis entsprechend wird hierdurch eine Verschlechterung des Gewürzes erzielt.

Daß in der Vermischung der reinen Macis mit einem überhaupt kein Gewürz oder ein ganz anderes Gewürz darstellenden Produkt objektiv eine Verfälschung lag, bedurfte nach den Ausführungen des Gerichtes keiner Darlegung. Ebenso stand fest, daß der Angeklagte auf diese Art verfälschte Macisblüte verkaufte und daß er seinen Abnehmern die Verfälschung objektiv verschwiegen hatte. Der Angeklagte hatte dies fahrlässig getan. Vergehen gegen § 11 NMG.

LG. Leipzig, 25. Oktober 1904.

Macisblüten mit Paniermehl. Die Angeklagten hatten Macisblüten — Muskatblüten —, die zum großen Teile durch Beimengung von gemahlenen Semmeln (Paniermehl) verfälscht waren, unter Verschweigung dieses Umstandes als reine, unverfälschte Macisblüten an Geschäftskunden verkauft.

Das Berufungsgericht hat Fahrlässigkeit der Angeklagten beim Verkaufe der gefälschten Macisblüten darin gefunden, daß sie unterließen, von der Aufschrift auf den gelieferten Blechbüchsen, in welchen die Bestandteile der Waren als aus „Macisblüten, Muskatblüten und Paniermehl" bestehend bezeichnet waren, Kenntnis zu nehmen. Verurteilung aus § 11 NMG.

Die Revision wurde verworfen, „weil die Angeklagten unter Außerachtlassung pflicht- und berufsgemäßer Sorgfalt unterlassen hatten, sich über die Beschaffenheit dieser Ware die nach Lage der Sache mögliche Kenntnis zu verschaffen".

OLG. München, 14. November 1899.

Macisblüte mit Milchzucker. Der Angeklagte hatte der Macisblüte beim Mahlen bis zu 9% Milchzucker zugesetzt, weil sich die Macis wegen ihres zu starken Ölgehaltes nicht zu Pulver mahlen ließ. Das erhaltene Pulver hatte er unter Verschweigung des Zusatzes als reingemahlene Macis verkauft.

Nach dem Gutachten der Sachverständigen wird Macisblüte durch Zusatz von Milchzucker in ihrer Würzungskraft herabgesetzt, dessen war sich der Angeklagte als Drogen- und Gewürzhändler bewußt. Nicht minder mußte er sich sagen, daß seine Kunden unter „Macisblüte" oder „reingemahlener Macisblüte" nach den Grundsätzen des reellen und soliden

Geschäftsverkehrs ein von fremdartigen Zusätzen freies Macispulver erwarten durften. Demnach stellte sich die Macisblüte als durch den Milchzuckerzusatz verfälscht dar. Vergehen gegen § 10, Anm. 2 NMG.

LG. Leipzig, 14. März 1905.

33. Senf.

Die Samen verschiedener Brassica- und Sinapisarten sind durch einen scharfen Geschmack ausgezeichnet, dem sie ihre Verwendung als Gewürz verdanken. Als solches werden sie sowohl im ganzen Zustande als auch zerkleinert gebraucht.

Zur Bereitung von Senfmehl und Senf (Mostrich) dienen insbesondere die Samen vom schwarzen (braunen) Senf (Brassica nigra KOCH) und weißen (gelben) Senf (Sinapis alba L.); an Stelle des schwarzen Senfes wird auch der russische oder Sareptasenf (Brassica juncea Coss.) verwendet; weiter auch noch andere Arten, wie indischer Braunsenf (Brassica integrifolia O. E. SCHULZ) und chinesischer Senf (Brassica cernua [THUNB.] FORB. et HEMSL.). Den schwarzen Senfsamen sind aber auch häufig — im allgemeinen wohl als Verunreinigungen — die Samen von Ackersenf (Sinapis arvensis L.), Raps (Br. napus L.) und Rübsen (Br. rapa L.) u. a. beigemengt. Gelben Senf liefern außer Sinapis alba auch Sinapis dissecta LAGASCA (Gardalsenf), Eruca sativa Lam. (persischer Senf) und andere.

Der scharfe Geschmack aller Senfsamen kommt durch Einwirkung eines Fermentes (Myrosin) auf ein Glucosid zustande, wobei in allen Fällen ein flüchtiges oder nicht flüchtiges Senföl entsteht. Da das Myrosin nur in bestimmten Zellen des Keimlings getrennt vom Glucosid abgelagert ist, schmecken die Senfsamen beim Zerbeißen zunächst mild und erst, wenn durch Zerrtrümmern des Gewebes unter Einwirkung von Wasser die Fermentwirkung zur Geltung kommt, brennend scharf.

Beim schwarzen (braunen) Senf, dem Sareptasenf und verwandten Arten wird der scharfe Geschmack und zugleich Geruch durch das Glucosid Sinigrin (= myronsaures Kali) hervorgerufen, das sich unter dem Einfluß des Myrosins bei Gegenwart von Wasser in das flüchtige Allylsenföl (Isosulfocyanallyl), Zucker und Monokaliumsulfat spaltet nach der Formel:

$$C_{10}H_{18}KNS_2O_{10} = C_3H_5\cdot NCS + C_6H_{12}O_6 + KHSO_4$$
$$\text{Sinigrin} = \text{Allylsenföl} + \text{Zucker} + \text{Monokaliumsulfat.}$$

Im weißen (gelben) Senf und den ihm verwandten Arten ist ein anderes Glucosid, das Sinalbin, enthalten, das unter dem Einfluß von Myrosin in das nicht flüchtige (fast geruchlose) Sinalbinsenföl (p-Oxybenzylsenföl = $C_7H_7O\cdot NCS$), Zucker und saures schwefelsaures Sinapin zerlegt wird nach der Formel:

$$C_{30}H_{42}N_2S_2O_{15} + H_2O = C_7H_7ONCS + C_6H_{12}O_6 + C_{16}H_{24}N_2O_5HSO_4$$
$$\text{Sinalbin} \quad \text{Sinalbinsenföl} \quad \text{Zucker} \quad \text{saures schwefelsaures Sinapin.}$$

Sinalbinsenföl ist eine ölige Flüssigkeit von stark brennendem Geschmack, in Wasser schwer, in Alkohol und Äther leicht löslich.

Durch Zusatz von weißem Senf zum Mostrich wird der scharfe Geschmack erhöht.

Sinalbin wird durch Alkali intensiv gelb, durch MILLONS Reagens intensiv rot, auch Sinalbinsenföl färbt sich mit MILLONS Reagens intensiv rot. Dagegen reagiert weder Sinigrin noch Allylsenföl mit MILLON[1].

Da die zuerst von HARTWICH und VUILLEMIN[2] beobachtete Reaktion mit MILLONS Reagens sowohl bei Sinapis alba wie bei Sinapis arvensis eintritt, läßt sich eine Verfälschung des Pulvers von schwarzem Senf mit den genannten Samen auf diese Weise nachweisen (vgl. S. 503).

G. JÖRGENSEN empfiehlt den Stickstoffgehalt des aus dem abdestillierten Senföl durch Behandeln mit Ammoniak erhaltenen Thiosinamins zur Unterscheidung der Brassicaarten heranzuziehen. Er fand nur bei Brassica nigra und Brassica juncea 23,96—24,23% Stickstoff im Thiosinamin, alle anderen Brassicaarten enthielten weniger (18,86—21,16%). Eine sichere Unterscheidung

[1] J. PRITZKER u. R. JUNGKUNZ: Mitt. Lebensmittelunters. u. Hygiene 1923, **14**, 334.
[2] HARTWICH u. VUILLEMIN: Z. 1910, **20**, 738.

dieser und anderer Cruciferensamen ist jedoch nur durch die mikroskopische Untersuchung möglich.

Unter Senfmehl versteht man das durch feines Vermahlen der natürlichen oder entfetteten, zuweilen auch geschälten Senfsamen hergestellte Mehl. Das Mehl aus dem schwarzen und russischen Senfsamen — letzteres pflegt fast stets entfettet zu werden — ist von grünlichgelber Farbe, die durch Kalilauge citronengelb wird; das Mehl aus weißem (gelbem) Senf, das dem aus schwarzem Senf zur Erhöhung des scharfen Geschmackes zugesetzt zu werden pflegt, ist gleichmäßig gelb.

Unter Tafelsenf, Mostrich, versteht man das aus dem unentfetteten oder entfetteten Senfmehl durch Vermischen mit Wasser, Essig, Wein, Kochsalz, Zucker und verschiedenen aromatischen Stoffen hergestellte Gewürz.

Die chemische Zusammensetzung der Senfsamen, des Senfmehles und besonders die des Tafelsenfes ist großen Schwankungen unterworfen. Sie wird von J. König, wie folgt, angegeben:

	Wasser %	Stickstoff-substanz %	Ätherisches Öl %	Fettes Öl %	Rohfaser %	Asche %
Senfsamen . . .	4,8—10,7	20,5—39,5	0,06—0,90	20,0—38,5	7,0—16,5	4,0—5,5
Senfmehl. . . .	3,5— 7,0	25,6—43,5	0,24—1,85	20,0—38,5	1,8— 6,0	3,7—6,0
					Essigsäure	
Tafelsenf	74,0—81,5	6,0— 6,6	0,18—0,25	2,5— 8,5	2,0— 3,7	2,3—5,3

An Pentosanen fanden Hanuš und Bien in der Trockensubstanz beim weißen Senf 6,58%, beim schwarzen Senf 5,93%. v. Fellenberg fand im weißen 0,55%, im schwarzen Senf 0,82% Pektin.

Pritzker und Jungkunz[1] haben bei der Untersuchung von 34 aus dem Handel entnommenen und sechs selbst hergestellten Proben von Tafelsenf folgende Ergebnisse erhalten:

Tafelsenf	Flüchtige Stoffe	Stickstoff	Allylsenföl	Äther-extrakt	Gesamt-asche	In Salzsäure unlösliche Asche	Kochsalz	Kochsalz-freie Asche	Rohfaser, ligninfrei	Schweflige Säure mg pro kg	Essigsäure	Kochsalz-freie Trocken-substanz
Handelsware (34)	43,0 bis 72,0	0,53 bis 1,57	0 bis 0,19	1,16 bis 15,10	4,32 bis 9,50	0,04 bis 0,32	1,4 bis 6,0	0,73 bis 5,79	0,6 bis 4,1	0 bis 480	0,3 bis 3,2	23,2 bis 52,8
Selbst hergestellt (6)	54 bis 58	1,3 bis 1,95	0,14 bis 0,21	9,55 bis 14,85	4,98 bis 5,55	0,05 bis 0,24	2,8 bis 3,1	1,78 bis 2,45	2,6 bis 4,0	64 bis 69	1,9 bis 2,3	39,2 bis 43

An selbst bereiteten Proben stellten Pritzker u. Jungkunz fest, daß der anfänglich im Mittel 0,2% Allylsenföl enthaltende Tafelsenf trotz sehr guten Verschlusses seine Schärfe immer mehr verlor, bis nach etwa 6 Wochen ein Gehalt von 0,1% Allylsenföl erreicht war. Nach 5 Monaten betrug der Gehalt nur noch 0,035% im Mittel. Diese Abnahme der Schärfe ist wohl der Hauptgrund, weshalb bei der Herstellung von Tafelsenf größere Mengen von gelbem Senf mitverarbeitet werden, da das darin enthaltene p-Oxybenzylsenföl zum Unterschied von Allylsenföl nicht flüchtig ist, diesem aber an Schärfe im Geschmack nicht nachsteht.

In Speisesenf, der sich in Gefäßen befand, die mit Bleideckeln verschlossen waren, sind wiederholt beträchtliche Mengen Blei gefunden worden, so von Ed. Spaeth 0,476% Pb. Die Bleideckel sind in solchen Fällen durch die Essigsäure des Speisesenfes stark korrodiert, zuweilen mit Krystallen bedeckt.

[1] Pritzker u. Jungkunz: Mitt. Lebensmittelunters. Hygiene 1923, **14**, 249, 334.

Auf kochsalzfreie Trockensubstanz berechnet:

Tafelsenf	Stickstoff	Allylsenföl	Ätherextrakt	In Salzsäure unlösliche Asche	NaCl in sandfreier Asche	Alkalität nach v. FELLENBERG			Alkalitätszahl nach v. FELLENBERG			Rohfaser, ligninfrei	Stärke in der Trockensubstanz
						mit Methylorange	mit Phenolphthalein	mit $CaCl_2$-Zusatz	mit Methylorange	mit Phenolphthalein	mit $CaCl_2$-Zusatz		
Handelsware (34)	1,80 bis 5,51	0 bis 63	4,57 bis 43,67	0,15 bis 0,87	2,75 bis 17,49	0 [2] bis + 43,5	—16,5 bis + 25,8	—30,6 bis + 16,4	0 [1] bis + 11,2	—7,2 bis + 6,7	—9,5 bis + 4,2	2,4 bis 13,3	0 bis 45,2
Selbst hergestellt (6)	3,24 bis 4,77	0,34 bis 0,54	23,88 bis 36,31	0,12 bis 0,62	4,45 bis 6,02	—4,4 bis + 15,7	—14,0 [2] bis —35,7	—24,0 bis —47,9	—0,7 bis + 2,7	—3,0 bis —6,0	—4,6 bis —8,10	6,4 bis 9,3	0 bis 15,8

I. Chemische Untersuchung.

Beim Senfmehl erstreckt sich die Untersuchung hauptsächlich auf die Bestimmung von Senföl, Fett, Mineralstoffen und Stickstoffgehalt. Beim Tafelsenf (Mostrich) kommt außerdem die Bestimmung etwa zugesetzter Stärke und die Prüfung auf künstliche Färbung sowie auf Blei hinzu.

PRITZKER und JUNGKUNZ[3] geben für die Untersuchung des Tafelsenfes Arbeitsvorschriften, wobei sie den Mineralstoffgehalt und die Aschenalkalität unter Zusatz von Lauge nach v. FELLENBERG[4] bestimmen, weil die Senfasche stark sauer ist. Die so erhaltenen Werte können bei der Beurteilung von Bedeutung sein (vgl. im Original).

Die Bestimmung von Stickstoff, Fett und Rohfaser erfolgt bei Senfmehl und Tafelsenf nach den üblichen Methoden (vgl. Bd. II).

Die Bestimmung des Wassers erfolgt wegen des Vorhandenseins von flüchtigem Senföl, wozu bei Tafelsenf außerdem noch Essigsäure kommt, am besten nach der Xylolmethode (Bd. II).

a) Bestimmung des Senföles. α) Allylsenföl. A. SCHLICHT[5] hat für diese Bestimmung das ursprünglich von V. DIRKS[6] und später von O. FOERSTER[7] angegebene Verfahren zuletzt in folgender Weise angewendet:

20—25 g Senfsamenmehl werden zunächst mit Wasser 4 Stunden bei Zimmertemperatur behandelt, dann wird die Masse zum Sieden gebracht und ungefähr 15 Minuten darin erhalten. Nach völligem Abkühlen setzt man Myrosinlösung zu und läßt diese, ohne zu erwärmen, 16 Stunden einwirken. Oder man behandelt den gepulverten Samen mit 300 ccm Wasser, in dem 0,5 g Weinsäure gelöst sind, 16 Stunden bei Zimmertemperatur. In beiden Fällen ist der Entwicklungskolben von vornherein mit einem LIEBIGschen Kühler und der eine alkalische Permanganatlösung enthaltenden Vorlage verbunden. Die Permanganatlösung enthält ungefähr 20mal mehr Kaliumpermanganat, als zur Oxydation der anzunehmenden Menge Senföl erforderlich ist (etwa 50 ccm einer gesättigten Lösung) und außerdem $^1/_4$ der angewendeten Permanganatmenge an Kaliumhydroxyd. Nach dem Digerieren wird in beiden Fällen unter Vermeidung jeglicher Kühlung möglichst viel aus dem Entwicklungskolben abdestilliert. Nach beendeter Destillation wird der Inhalt der Vorlage unter tüchtigem Durchschütteln erwärmt, das überschüssige Permanganat durch Zusatz von reinem Alkohol zerstört, das Ganze auf ein bestimmtes Volumen gebracht, gemischt, durch ein trockenes Filter filtriert und in einem aliquoten Teil des Filtrates die Schwefelsäure bestimmt. Da jedoch der aus dem zugesetzten Alkohol etwa entstehende Aldehyd Kaliumsulfat reduziert haben kann, so setzt man zu dem abgemessenen Teil nach Ansäuern mit Salzsäure etwas

[1] Die Probe enthielt 43,1% Stärke in der Trockensubstanz.
[2] Die Probe enthielt 15,8% Stärke in der Trockensubstanz.
[3] PRITZKER u. JUNGKUNZ: Mitt. Lebensmittelunters. Hygiene 1923, **14**, 334.
[4] v. FELLENBERG: Mitt. Lebensmittelunters. Hygiene 1916, **7**, 81.
[5] A. SCHLICHT: Zeitschr. öffentl. Chem. 1903, **9**, 37.
[6] V. DIRKS: Landw. Vers.-Stationen 1883, **28**, 174.
[7] O. FOERSTER: Landw. Vers.-Stationen 1888, **35**, 209; 1898, **50**, 417.

Jod zu und fällt erst nach dem Erwärmen mit Chlorbarium. Aus dem erhaltenen Bariumsulfat berechnet sich durch Multiplikation mit 0,4249 der Gehalt an Senföl.

M. PASSON[1] hat vorgeschlagen, das Senföl in Eisessig aufzufangen und den Stickstoff nach KJELDAHL zu bestimmen.

1 Tl. Stickstoff = 7,0715 Tln. Senföl, oder 1 ccm 0,1 N.-Lauge = 0,0099 g Senföl.

KARL DIETERICH[2] und VUILLEMIN[3] haben das von EUGEN DIETERICH angegebene Verfahren zur Wertbestimmung des Senfsamens wie folgt abgeändert:

5 g Senfsamen zerquetscht man sorgfältig in einem Mörser, spült mit 100 ccm Wasser in einen etwa 200 ccm fassenden Rundkolben, verschließt den Kolben gut und läßt 2 Stunden bei 20—25° C unter öfterem Umschütteln stehen. Man setzt dann 20 ccm Alkohol hinzu, verbindet mit einem LIEBIGschen Kühler, legt einen etwa 200 ccm fassenden Kolben mit 30 ccm 10%igem Ammoniak und 10 ccm Alkohol vor und destilliert, indem man das Kühlrohr eintauchen läßt, ungefähr die Hälfte über. Den als Vorlage dienenden Kolben verbindet man zweckmäßig mit einem zweiten, mit Ammoniak und Alkohol beschickten Kolben, um jeden Verlust an Senföl auszuschließen. Den Kühler spült man mit etwas Wasser nach und versetzt das Destillat mit überschüssiger Silbernitratlösung (3—4 ccm 10%iger Lösung). Das Zusammenballen des Schwefelsilbers beschleunigt man durch Umschwenken und Erwärmen im Wasserbade. Nachdem sich der Niederschlag gut abgesetzt hat, sammelt man ihn durch Filtrieren der heißen Flüssigkeit auf einem vorher mit Ammoniak, heißem Wasser, Alkohol und Äther nacheinander gewaschenen Filter, wäscht ihn mit heißem Wasser aus, verdrängt die wäßrige Flüssigkeit mit starkem Alkohol und diesen wieder mit Äther. Der so behandelte Niederschlag wird bei etwa 80° C bis zur Gewichtsbeständigkeit getrocknet. Das erhaltene Ag_2S[4] gibt mit 8,622 — oder 8,602 nach VUILLEMIN — multipliziert, den Prozentgehalt der Samen an Senföl.

Ein ähnliches von GADAMER angegebenes Verfahren wird nach dem deutschen Arzneibuch, 6. Ausgabe 1926, folgendermaßen ausgeführt:

5 g gepulverter schwarzer Senf werden in einem Kolben von etwa 300 ccm Rauminhalt mit 100 ccm Wasser von 20—25° übergossen. Man läßt den verschlossenen Kolben unter wiederholtem Umschwenken 2 Stunden lang stehen und destilliert unter sorgfältiger Kühlung. Zur Verhütung des Schäumens erhitzt man zunächst sehr langsam mit kleiner Flamme, bis zum Sieden und dann mit größerer Flamme weiter. Die zuerst übergehenden 40—50 ccm werden in einem Meßkolben von 100 ccm Inhalt, der 10 ccm Ammoniakflüssigkeit und 10 ccm Weingeist enthält, aufgefangen und mit 20 ccm 0,1 N.-Silbernitratlösung versetzt. Dem Kolben wird ein kleiner Trichter aufgesetzt und die Mischung 1 Stunde lang im Wasserbade erhitzt. Nach dem Abkühlen und Auffüllen mit Wasser auf 100 ccm dürfen für 50 ccm des klaren Filtrats nach Zusatz von 6 ccm Salpetersäure und 5 ccm Ferriammoniumsulfatlösung höchstens 6,5 ccm 0,1 N.-Ammoniumrhodanidlösung bis zum Eintritt der Rotfärbung erforderlich sein, was 0,7% Allylsenföl entspricht. (1 ccm 0,1 N.-Silbernitratlösung = 0,004956 g Allylsenföl, Ferriammoniumsulfat als Indicator.)

JÖRGENSEN[5] bestimmt nach Überführung des Senföls in Thiosinamin den Stickstoff nach KJELDAHL.

β) p-Oxybenzylsenföl. Die Bestimmung des p-Oxybenzylsenföls hat W. MÜHLENFELD[6] in folgender Weise versucht.

5 g des gepulverten weißen Senfes wurden zuerst mittels Äther vollständig entfettet, nach dem Abdunsten des Äthers wurde das Pulver mit 20 ccm Wasser gemischt und einige Stunden unter häufigem Umschwenken stehengelassen. Hierauf wurde nach Zusatz von 20 g trockenem Natriumsulfat wiederholt mit Äther ausgeschüttelt, der Äther bei gewöhnlicher Temperatur verdunstet, der Rückstand in 20 ccm Weingeist gelöst und nach Zusatz von 10 ccm Salmiakgeist und 20 ccm 0,1 N.-Silberlösung mit Wasser im graduierten Kölbchen auf 100 ccm aufgefüllt.

---

1 M. PASSON: Zeitschr. angew. Chem. 1896, 422.

2 KARL DIETERICH: Z. 1901, 4, 381.

3 VUILLEMIN: Z. 1904, 8, 522.

4 Die Umsetzung hierbei erfolgt nach folgenden Gleichungen:

$$CNS\cdot C_3H_5 + NH_3 = CS\langle{}^{NH\cdot C_3H_5}_{NH_2} \text{ (Thiosinamin)}$$

$$CS\langle{}^{NH\cdot C_3H_5}_{NH_2} + 2\,AgNO_3 + 2\,NH_3 = NCNH\cdot C_3H_5 + Ag_2S + 2\,NH_4NO_3.$$

5 JÖRGENSEN: Z. 1910, 20, 738.

6 W. MÜHLENFELD: Apoth.-Ztg. 1907, 943.

Nach 24 Stunden wurden 50 ccm des Filtrates mit 6 ccm Salpetersäure und 1 ccm Ferriammoniumsulfatlösung versetzt und mit 0,1 N.-Rhodanammoniumlösung titriert. 1 ccm entspricht 0,008255 g p-Oxybenzylsenföl.

MÜHLENFELD fand in der untersuchten Probe 0,89%. Bevor weiteres Material vorliegt, läßt sich weder für weißen Senfsamen noch für Tafelsenf ein Mindestgehalt für p-Oxybenzylsenföl aufstellen.

b) Bestimmung der Stärke. Senfsamen enthält keine Stärke; reduzierende Stoffe finden sich nur in den Hülsen; daher soll entfettetes Senfmehl nach A. E. LEACH[1], wenn es mit Diastase behandelt wird, nicht mehr als 2,5% Glucose aufweisen (außerdem nicht mehr als 5% Rohfaser und nicht weniger als 8% Stickstoff enthalten).

H. KREIS[2] empfiehlt zur Bestimmung der Stärke im Senf das MAYRHOFERsche Verfahren, indem 5 g Senf am Rückflußkühler auf dem Wasserbade mit 50 ccm 8%iger alkoholischer Kalilauge 1 Stunde erwärmt, dann mit 50%igem Alkohol verdünnt, heiß durch einen GOOCH-Tiegel filtriert und mit 50%igem Alkohol ausgewaschen werden sollen usw. (vgl. Bd. II, S. 913). Man soll von der ermittelten Stärke 3% abziehen, da diese Menge auch in stärkefreiem Senf gefunden wird. Ebenso gut wird man aber auch in der Weise verfahren können, daß man eine bestimmte Menge Senfsamenmehl oder Senf im GOOCH-Tiegel mit Asbestlage erst mit Wasser, dann mit Alkohol und Äther auszieht, den Rückstand samt Asbest mit 2%iger Salzsäure kocht und die weitere Bestimmung nach Bd. II, S. 915, vornimmt.

In Anlehnung an die von AMBÜHL und WEISS[3] verbesserte v. FELLENBERGsche Methode verfahren PRITZKER und JUNGKUNZ[4] folgendermaßen.

5 g Tafelsenf werden in einer Porzellanschale zwecks Entwässerung zweimal mit je 10 ccm Alkohol verrieben, worauf die Substanz nach dem Abgießen des Alkohols zur Entfettung mit 50 ccm Äther behandelt wird. Nach dem Absaugen der Äther-Fettlösung durch ein gehärtetes Filter wird die auf dem Filter zurückbleibende Substanz mit Äther nachgewaschen und vom Filter abgenommen. Zur Vertreibung der letzten Ätheranteile trocknet man kurze Zeit im Trockenschrank, verreibt die Substanz mit 10 ccm Wasser und erhitzt mit 50 ccm Chlorcalciumlösung[5] (1 Tl. wasserfreies Chlorcalcium + 1 Tl. Wasser) sorgfältig 10 Minuten zum Sieden. Hierauf bringt man die Flüssigkeit in einen Meßkolben, füllt nach dem Abkühlen auf 100 ccm auf, mischt gut durch und filtriert sofort.

Gleichzeitig bereitet man als Typ eine Stärkelösung der gleichen Stärkeart, die im Tafelsenf mikroskopisch festgestellt wurde, indem man 0,1 g Stärke mit 10 ccm Wasser verreibt, mit 50 ccm Chlorcalciumlösung 10 Minuten lang kocht, auf 100 ccm auffüllt und ebenfalls filtriert.

10 ccm jeder Lösung werden dann in ein zylindrisches graduiertes Zentrifugenröhrchen gebracht, mit 1 ccm 0,1 N.-Jodlösung versetzt und kurze Zeit stehengelassen. Zu beachten ist, daß die Jodstärke hierbei richtig ausflockt und die überstehende Flüssigkeit deutlich gelb gefärbt erscheint (nicht farblos oder blau), daß also Jod im Überschuß vorhanden ist. Dann wird 10 Minuten zentrifugiert und die Niederschlagsmenge der zu untersuchenden Probe mit der der Typenlösung verglichen.

c) Prüfung auf fremde Farbstoffe. Der Nachweis fremder Farbstoffe erfordert eine gewisse Vorsicht, da sonst Irrtümer möglich sind.

P. KÖPCKE[6] erwärmt Senf mit wäßrigem Ammoniak, filtriert, verjagt das Ammoniak zum größten Teil und färbt nach Zusatz von Kaliumbisulfat wie gewöhnlich mit Wolle aus.

P. SÜSS[7] verfährt in folgender Weise:

Etwa 50 g Speisesenf werden mit etwa 75 ccm 70%igem Alkohol geschüttelt; nach 10 Minuten wird filtriert. Mit einem Teile des Filtrates wird die Wollfadenprobe vorgenommen. Eine schmutzig hellgelbe Farbe des Fadens, die nach dem Trocknen bald verblaßt, läßt eine künstliche Färbung ausgeschlossen erscheinen, wenn nicht auf Betupfen mit Salzsäure oder Ammoniak ein Farbenwechsel eintritt. In einem anderen Teil des Filtrates hängt

---

1 A. E. LEACH: Z. 1905, **9**, 229.

2 H. KREIS: Chem.-Ztg. 1910, **34**, 1021.

3 AMBÜHL u. WEISS: Mitt. Lebensmittelunters. Hygiene 1922, **13**, 170.

4 PRITZKER u. JUNGKUNZ: Mitt. Lebensmittelunters. Hygiene 1923, **14**, 342.

5 Falls die Chlorcalciumlösung gegen Phenolphthalein alkalisch reagiert, muß sie zunächst mit Essigsäure neutralisiert werden.

6 P. KÖPCKE: Pharm. Zentralf. 1905, **46**, 293.

7 P. SÜSS: Pharm. Zentralh. 1905, **46**, 291.

man einen Streifen dickes Fließpapier, den man nach 24 Stunden herausnimmt und trocknet. Inzwischen prüft man einen dritten Teil des Filtrates mit 10%iger Salzsäure und mit 10%igem Ammoniak. Gewisse gelbe Teerfarben (Methylorange usw.) geben mit Säure eine bläulichrote, mit Curcuma eine bräunlichrote Färbung. Den Capillarstreifen teilt man in 3 Teile und prüft ebenfalls mit Säure und Ammoniak; einen Teil hebt man auf. Hat Ammoniak Curcuma angezeigt, so behandelt man den dritten Streifen mit Borsäurelösung und nach dem Trocknen mit einem Tropfen Ammoniak.

P. Bohrisch[1] versetzt 10 g Senf nach Verjagen des größten Teiles des Wassers auf dem Wasserbade mit 30 ccm absolutem Alkohol, läßt 16 Stunden stehen, filtriert, hängt in das Filtrat Papierstreifen und prüft diese in der üblichen Weise. Reiner Senf zeigt gelbbraune, bräunliche, graubraune Bänder.

Die Wollfadenprobe führt P. Bohrisch in der Weise aus, daß er 20 g Senf in einer Porzellanschale mit 100 ccm Wasser übergießt, die Mischung unter öfterem Umrühren $^1/_2$ Stunde erwärmt und noch heiß filtriert; 50 ccm des Filtrats werden mit 10 ccm einer 10%igen Kaliumbisulfatlösung zum Kochen erhitzt, und in die Flüssigkeit wird alsdann 10 Minuten lang ein ungebeizter Wollfaden gebracht. Wenn der Wollfaden nach dem gründlichen Auswaschen mit Wasser, auch beim Behandeln mit Ammoniak eine rein citronengelbe Färbung beibehält, ist dies ein Beweis für den Zusatz von Teerfarbstoff. Die natürlichen ungefärbten Senfsamenmehle liefern nicht selten braungelbe Färbungen.

Th. Merl[2] empfiehlt Speisesenf mit reinem Aceton, Senfmehle mit 60%igem Aceton auszuziehen und einige Kubikzentimeter der Lösung in verschiedener Weise zu prüfen. Ein Teil der Flüssigkeit dient als Vergleichslösung. Es treten folgende Farbänderungen ein:

Bei Anwesenheit von	Mit verdünnter Salzsäure	Durch Ammoniak	Durch Zinnchlorür	
			sofort	nach Erwärmen
Curcuma	keine Veränderung	orangerot	schwach rötlicher Stich	hell- bis dunkelbraun
Teerfarbstoffen (Tropäolin, Citronin)	kirschrot	gelb	vorübergehend rot	gelb

Man kann die Acetonlösung auch auf einem Streifen gewöhnlichen Filtrierpapiers eintrocknen lassen; bei Anwesenheit von Teerfarbstoffen der genannten Art wird die gelbe Farbe des Papieres durch verdünnte Salzsäure in Rot umgewandelt, bei Anwesenheit von Curcumafarbstoff erst durch konz. Salzsäure. Für den weiteren Nachweis des letzteren kann man den Papierstreifen auch mit etwa 1%iger Borsäurelösung tränken, bei 80° trocknen, darauf mit der mit einer Spur Phosphorsäure versetzten Acetonlösung übergießen, diese vorsichtig verdunsten lassen, bis die gelbe Farbe des Papiers eben in Rosarot-Orangerot übergeht; beim Betupfen mit verdünnter Lauge geht diese Färbung dann in Blau bzw. Grün über.

E. Sievers[3] empfiehlt zum Ausziehen fremder Farbstoffe, besonders von Curcumafarbstoff, einige Gramm Speisesenf nach Zusatz einiger Tropfen Alkohol mit 10 ccm Äther etwa 1 Minute im Reagensglas zu schütteln. Die gefärbte Lösung läßt man auf Filtrierpapier verdunsten und prüft das gefärbte Papier mit Borsäure in der üblichen Weise auf Curcuma.

d) Nachweis von Sinapis arvensis und Sinapis alba im Pulver des schwarzen Senfs. Nach dem Schweizerischen Lebensmittelbuch (1917) werden 0,5 g Pulver mit 30 g Wasser angerührt, einige Minuten stehengelassen und filtriert. Das Filtrat wird mit frisch bereitetem Millons-Reagens versetzt und auf kleiner Flamme erhitzt. Enthielt das Pulver eine der Sinapisarten, so färbt sich der Niederschlag rotbraun und die überstehende Flüssigkeit rosa bis rot, während anderenfalls keine auffallende Färbung der Flüssigkeit eintritt.

Die Färbung der Flüssigkeit wird nach Pritzker und Jungkunz durch p-Oxybenzylsenföl verursacht. Das Ferment soll entgegen der Annahme von Hartwich und Vuillemin an dieser Reaktion nicht beteiligt sein.

e) Der **Nachweis von Konservierungsmitteln** und von **Schwermetallen** (Blei) im **Tafelsenf** erfolgt nach den üblichen Methoden.

f) Die **Bestimmung der Essigsäure** im Tafelsenf erfolgt durch Destillation mit Wasserdampf (wie beim Wein) und Titration des Destillates mit 0,1 N.-Säure.

[1] P. Bohrisch: **Z.** 1904, 8, 285. [2] Th. Merl: **Z.** 1908, **15**, 526.
[3] E. Sievers: **Z.** 1912, **24**, 393.

g) Bestimmung der Schwefligen Säure, bzw. von flüchtigen, jodbindenden Stoffen.

Nach dem Schweizerischen Lebensmittelbuch, 3. Auflage, darf Tafelsenf höchstens 40 mg Schweflige Säure in 1000 g enthalten. Pritzker und Jungkunz, die die Bestimmung durch Destillation der mit Phosphorsäure angesäuerten Flüssigkeit unter Durchleiten von Kohlensäure und Vorlage von Wasser, das mit 0,02 N.-Jodlösung versetzt war, durchführten und das nicht verbrauchte Jod zurücktitrierten, fanden auf diese Weise in selbstbereiteten Tafelsenfproben 64—69 mg Schweflige Säure, auf 1000 g berechnet, obwohl ein Zusatz von Schwefliger Säure nicht erfolgt war. Hieraus geht hervor, daß Tafelsenf flüchtige jodbindende Substanzen enthält. In Handelsware wurden auf diese Weise bis 480 mg Schweflige Säure gefunden (vgl. S. 499).

II. Mikroskopische Untersuchung.

Die im Handel befindlichen Senfsamen werden einerseits nach der Farbe, andererseits nach dem Herkunftsland bezeichnet. Beide Bezeichnungen sind jedoch für die Feststellung der botanischen Art nicht ausreichend. Denn einmal kommen bestimmte Arten mit hellen und dunklen Samen vor, und außerdem werden in verschiedenen Produktionsgegenden verschiedene Senfarten gleichzeitig angebaut.

Die Unterscheidung der Arten läßt sich daher nur auf Grund der mikroskopischen Untersuchung durchführen. Aber auch diese setzt große Erfahrung und zuverlässiges Vergleichsmaterial voraus, weil die Senfarten im Bau der Samenschale, die die unterscheidenden Merkmale liefert, große Ähnlichkeit aufweisen.

Bei den Brassica- und Sinapisarten lassen sich, wie bei allen Cruciferen, an der Samenschale, die mit dem Nährgewebe zusammenhängt, fünf Schichten unterscheiden: 1. Epidermiszellen, 2. sog. Großzellen, 3. Sklereiden, die auch als Becher-, Palisaden- oder Stäbchenzellen bezeichnet werden, 4. sog. Pigmentzellen, 5. Nährgewebe, bestehend aus einer Reihe Aleuronzellen und einer hyalinen Schicht aus mehreren Lagen zusammengedrückter Zellen. Hiervon sind nur die drei ersten Zellschichten, insbesondere die Epidermis und Sklereidenschicht zur Unterscheidung der Arten geeignet.

Die in der Flächenansicht meist 5—6seitigen Epidermiszellen quellen in Wasser und verdünnter Lauge bei einzelnen Arten in verschiedenem Grade und bilden oft große Mengen Schleim; in anderen Fällen ist die Epidermis gar nicht quellbar; Die unter der Epidermis liegende sog. Großzellenschicht aus inhaltsleeren Zellen ist an reifen Samen bei manchen Arten kaum mehr erkennbar und, abgesehen vom weißen Senf und den ihm verwandten Arten, auch sonst wenig kennzeichnend. Dagegen sind die nach innen folgenden radial gestreckten, hell, gelb oder braun gefärbten Sklereiden, die wegen ihrer eigenartigen Verdickung früher gewöhnlich als Becherzellen bezeichnet wurden, für die Unterscheidung um so wichtiger. Ihre Eigentümlichkeit besteht darin, daß an Querschnitten die Verdickungen je zweier Nachbarzellen zusammen eine radial gestreckte, in ihrem oberen Teil beiderseits schräg dachförmig abfallende Palisade bilden. Diese Palisaden sind bei einzelnen Arten ungleich hoch, auch ist das Verhältnis ihrer Dicke zum Lumen der Zelle bei manchen Arten verschieden. Der obere Teil der Palisaden ist bei den meisten Arten unverdickt. Bei bestimmten Arten, wie z. B. Brassica nigra Koch, wechseln nun Gruppen von niedrigen Palisaden mit höheren in der Weise ab, daß die Verbindungsfläche der oberen Palisadenenden gleichmäßige muldenartige Einsenkungen bildet. Da die äußeren Zellschichten (Großzellen und Epidermis) beim reifen Samen geschrumpft sind und den Einsenkungen folgen, so bekommt die Oberfläche dieser Samenarten ein netzig-grubiges Aussehen. In der Flächenansicht bilden die Sklereiden ein Mosaik aus kleinen polygonalen Zellen, über dem bei den Arten mit grubiger Oberfläche ein grobmaschiges Schattennetz erkennbar ist. Die unter den Sklereiden liegende Parenchymschicht enthält bei manchen Arten Farbstoff und wird deshalb Pigmentschicht genannt. Das Nährgewebe besteht aus einer Reihe derbwandiger Aleuronzellen, auf die eine hyaline Schicht folgt, die aus mehreren Lagen zusammengefallener Zellen entstanden ist.

Das Gewebe des Keimlings, das der Hauptsache nach aus den in der Mittellinie der Länge nach gefalteten Kotyledonen besteht, die das Würzelchen in der gemeinsamen Falte einschließen, ist zartzellig. Die Zellen enthalten bei reifen Samen Aleuronkörner und fettes Öl, dagegen keine Stärke. Einzelne Zellen zeigen einen abweichenden Inhalt. Sie wurden von Guignard als „Myrosinzellen" bezeichnet; weil sie wahrscheinlich der Sitz des Myrosins sind. Von den Nachbarzellen unterscheiden sie sich dadurch, daß sie frei sind von fettem Öl und Aleuron. Zu ihrem Nachweis werden nach Vuillemain die Querschnitte zunächst entfettet und hierauf mit verdünnter Essigsäure behandelt, um die Aleuronkörner zu lösen. Man erkennt dann die Myrosinzellen schon an ihrem körnerähnlichen Inhalt. Die ausgewaschenen Schnitte bringt man hierauf in einen Tropfen MILLONS Reagens und erwärmt vorsichtig auf dem Objektträger. Bei der Untersuchung fallen dann die intensiv rotgefärbten Myrosinzellen sofort auf. Bei Arten, die Sinalbin enthalten, sind verhältnismäßig vielmehr rotgefärbte Zellen zu sehen, weil Sinalbin mit MILLONS Reagens ebenfalls unter Rotfärbung reagiert.

Abb. 151. Brassica nigra L. Schwarzer Senf, Vergr. 1:9. (Phot. C. GRIEBEL.)

Myrosinzellen finden sich bei allen Cruciferen.

Zur Herstellung von Flächen- und Querschnitten bettet man die trockenen Senfsamen in hartes Paraffin ein. Flächenpräparate kann man auch durch Schaben erhalten. Man bringt die Objekte zunächst in Alkohol, gibt dann vom Rande des Deckglases her Wasser zu und beobachtet das Verhalten der Epidermiszellen. Später wird durch Lauge aufgehellt.

Zu berücksichtigen ist bei der Untersuchung ganzer Senfsamen, daß die Handelsware häufig durch andere Cruciferensamen (wie Raps, indischer Raps, Sarson, Rübsen) verunreinigt ist, die unter Umständen Verwechslungen veranlassen können. Wegen der genauen Beschreibung dieser hauptsächlich als Ölsaaten in Betracht kommenden Samen sei auf Bd. IV des Handbuches verwiesen. Ihre Hauptmerkmale sind aus der Zusammenstellung S. 512 ersichtlich. Hinsichtlich verschiedener Unkrautsamen, die zu den Cruciferen gehören und gelegentlich in der Senfsaat vorkommen können (wie Hederich, Pfennigkraut, Leindottor, Kresse) muß auf Bd. V verwiesen werden (unter Mehl).

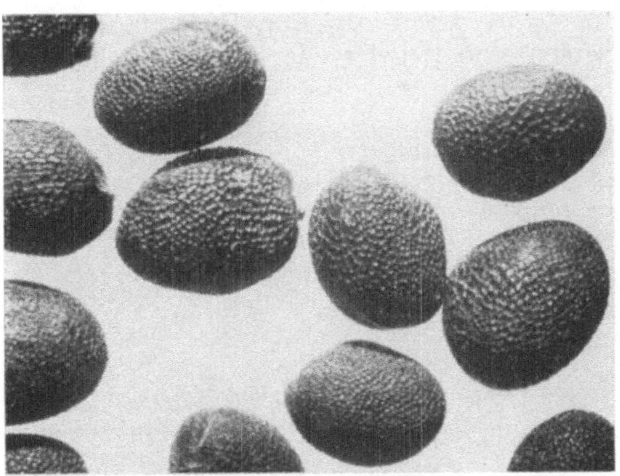

Abb. 152. Brassica nigra L. Indischer Riesensenf, Vergr. 1 : 9. (Phot. C. GRIEBEL.)

Bei der mikroskopischen Untersuchung des Senfmehles und besonders des Speisesenfs (Mostrichs) ist zunächst das Augenmerk auf fremdartige, nicht zum Senf gehörige Zusätze zu richten, wie z. B. Getreidemehle (Weizen, Mais), Erbsenmehl, Kartoffelstärke. Da der Senfsamen keine Stärke enthält, läßt sich ein solcher Zusatz an der Art und Menge der Stärkekörner im Jodpräparat unschwer erkennen (vgl. Bd. V). Von Preßrückständen ölhaltiger Samen wird Leinkuchenmehl genannt (vgl. Bd. IV), wodurch der Senf bindiger werden soll. Von Ölsamen kommen außerdem Raps und Rübsen in Betracht (vgl. Bd. IV und Tabelle S. 512). Der chemische Nachweis von Curcuma ist bereits S. 503 behandelt worden. Mikroskopisch ist Curcuma an den großen Kleisterzellen zu erkennen (vgl. S. 341), die durch Curcumin gelb gefärbt sind. Da Mostrich vielfach Gewürzzusätze erhält — die Vorschriften zu Mostrich nennen Zimt, Nelken, Piment, Ingwer, Muskatnuß, Cayennepfeffer, schwarzen Pfeffer, Coriander, Kümmel, Anis, Kapern, Zwiebel, Knoblauch, Vanille, Estragonpulver, Citronenschale — wird man auch die Elemente solcher Gewürze nicht selten beobachten.

Der Fettgehalt des Tafelsenfes wirkt in der Regel bei der Untersuchung störend. Deswegen behandelt man etwa 10 g Mostrich zunächst mit heißem Alkohol und entfettet das Sediment dann noch mit Äther. Den Rückstand untersucht man in Wasser und Chloralhydratlösung. Die Schalenbestandteile sind bei Tafelsenf aus geschälten Samen übrigens nur spärlich vorhanden und oft so fein zerkleinert, daß eine Bestimmung der Art die größten Schwierigkeiten bereiten kann.

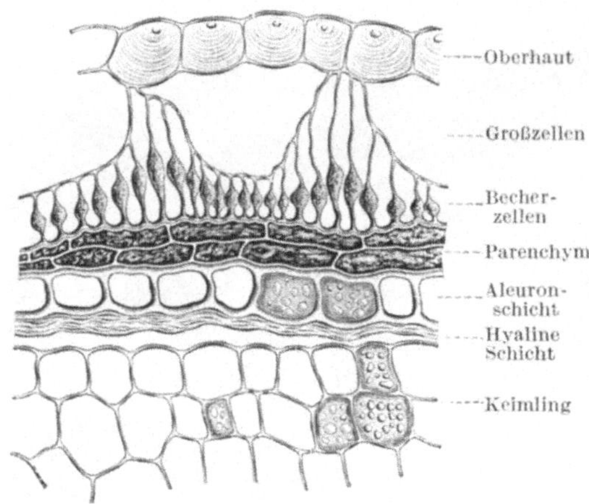

Abb. 153. Querschnitt des schwarzen Senfs (J. MOELLER).

Bei der Untersuchung von Senfmehl kann man zur Beseitigung des Keimlingsgewebes zunächst eine Probe mit starkem Alkohol anschütteln, wobei sich die Schalentrümmer zuerst absetzen, oder man kocht, wie bei der Rohfaserbestimmung, mit Säure und Alkali.

Nachstehend folgt eine Beschreibung der wichtigsten im Handel befindlichen Senfarten, bei der die neue Bearbeitung des Abschnittes „Senf" durch G. GASSNER[1] berücksichtigt wurde.

α) Schwarzer Senf. Der schwarze oder braune Senf (Brassica nigra [L] KOCH) wird in der gemäßigten Zone vielfach angebaut. Die 1—1,5 mm (beim indischen Riesensenf bis über 2 mm) großen Samen sind kugelig oder eirund, lichtbraun bis schwarzbraun, auf der Oberseite durch Epidermisfetzen häufig etwas weißschülferig[2] und zeigen unter der Lupe eine feine grubige Maschenzeichnung (Abb. 151 u. 152).

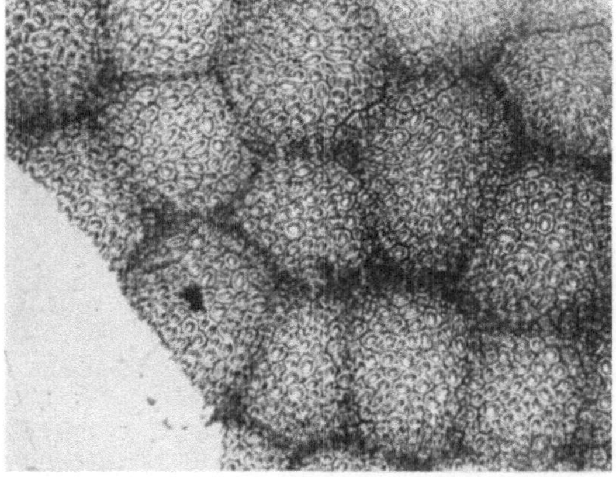

Abb. 154. Schale des Schwarzen Senfs in der Flächenansicht, 1 : 200. (Phot. C. GRIEBEL.)

Querschnitt (Abb. 153). Die Oberhaut besteht aus flachen, in Wasser wenig quellenden Zellen. Die farblosen Membranen sind so stark verdickt, daß ein Lumen nicht mehr erkennbar ist. Die unter der Epidermis liegenden dünnwandigen Großzellen sind stark zusammengedrückt. Die nun folgenden gelbbraun gefärbten Becherzellen (Palisaden) sind ungleich hoch (15—40 μ) und nur im unteren Teil verdickt. Ihre Breite beträgt 4—10 μ. Sie sind so angeordnet, daß die höchsten Becherzellen unter den radialen Seitenwänden der Großzellen liegen. Es entstehen auf diese Weise Mulden, deren jede einer der Großzellen entspricht. Bei der Reife der

[1] G. GASSNER: Mikroskopische Untersuchung pflanzlicher Nahrungs- und Genußmittel, S. 238. Jena 1931. Von dem dieser Bearbeitung zugrunde liegenden, durch C. BRUNNER bestimmten Material stellte das Institut für angewandte Botanik in Hamburg auch der Preußischen Landesanstalt für Lebensmittelchemie in Berlin Proben in entgegenkommender Weise zur Verfügung.

[2] Dies trifft für die meisten Senfarten zu.

Samen sinkt auch die Oberhaut in diese Mulden ein, wodurch die grubige Beschaffenheit der Oberfläche entsteht. Da bei der mikroskopischen Untersuchung in der Aufsicht die den Rand der Mulden bildenden höheren Becherzellen weniger Licht durchlassen als die den Boden der Mulden bildenden niedrigeren, erscheint die aus gelbbraunen in der Fläche polygonalen Zellen gebildete Sklereidenschicht von

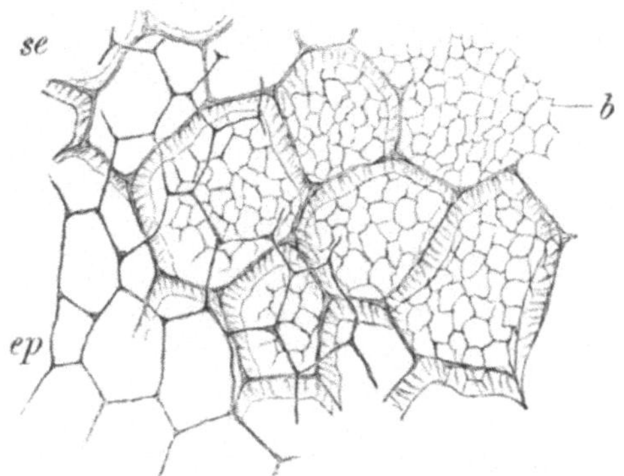

Abb. 155. Schale des schwarzen Senfs in der Aufsicht (J. MOELLER). *ep* Oberhaut, *se* Großzellen, *b* die oberen zarten Teile der Becherzellen.

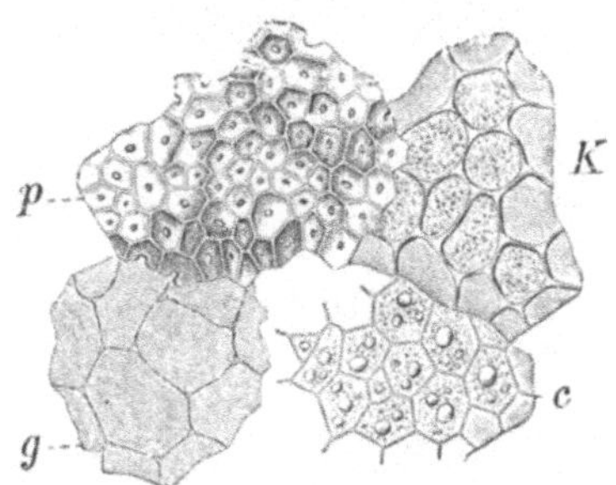

Abb. 156. Gewebe des schwarzen Senfs in der Flächenansicht (J. MOELLER). *p* Becherzellen in dem Schattennetz, *g* braunes Parenchym, *K* Aleuronschicht, *c* Keimblattgewebe.

einem großmaschigen Schattennetz bedeckt (Abb. 154). (Vgl. auch Sareptasenf, Indischen Braunsenf, Gardalsenf und Chinesischen Senf.) An geeigneten Präparaten sind bei günstiger Einstellung auch die oberen dünnwandigen Teile der Becherzellen erkennbar (Abb. 155). Die unter den Becherzellen liegende Parenchymschicht (sog. Pigmentschicht) führt braunen Inhalt, der sich mit Eisensalzen blau färbt.

Abb. 157. Brassica juncea COSS. Sareptasenf, Vergr. 1 : 9. (Phot. C. GRIEBEL.)

Das mit der Samenschale dicht verwachsene Endosperm besteht aus einer Reihe Aleuronzellen, der sich eine hyaline Schicht aus mehreren Reihen zusammengedrückter Zellen anschließt.

Der Keimling wird — wie bei allen Senfarten — beim reifen Samen aus stärkefreien Zellen gebildet, die fettes Öl und Aleuronkörner mit kleinen Globoiden enthalten. Bei unreifen Samen findet man geringe Mengen winziger Stärkekörner.

Abb. 156 zeigt verschiedene Gewebe des schwarzen Senfs in der Flächenansicht.

S e n f m e h l ist grünlichgelb, von rotbraunen Schalenteilchen durchsetzt. Größere Bruchstücke der Schale zeigen auf der Außenseite das über den gelbbraunen Palisaden liegende aus großen 5—6seitigen Maschen bestehende Schattennetz. Kennzeichnend sind auch die farblosen, sechseckigen 40—80 μ breiten Schleimzellen der Oberhaut (Abb. 155 *ep*).

BRUNNER[1] beobachtete in türkischem Braunsenf Coniumfrüchte (S. 478).

β) Sareptasenf (rumänischer Braunsenf).

Der in Rußland und in Rumänien vielfach angebaute Sareptasenf — nach der Stadt Sarepta genannt, in deren Umgebung er früher hauptsächlich kultiviert wurde — ist Brassica juncea Coss. Identisch hiermit ist Brassica Besseriana Andrz. und Sinapis juncea L., dagegen nicht Brassica juncea HOOK. fil. et THOMS., die den indischen Braunsenf liefert (s. unter γ) und jetzt als Brassica integrifolia O. E. SCHULZ bezeichnet wird.

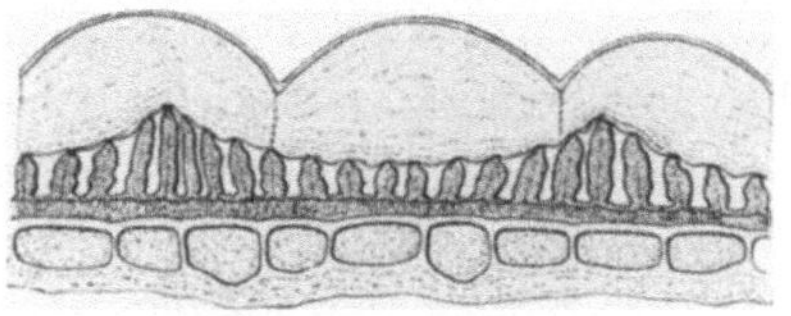

Abb. 158. Brassica juncea Coss. Sareptasenf, Querschnitt durch die Samenschale, 1 : 200. (Nach G. GASSNER.)

Die rötlichbraunen Samen sind etwas größer (bis 1,8 mm) als schwarzer Senf und ebenso deutlich genetzt als dieser (Abb. 157). An Querschnitten erkennt man eine zellige Schleimepidermis mit vorgewölbten Außenwänden (Abb. 158). Die unter ihr liegende Großzellenschicht ist vollständig zusammengedrückt und nur noch an der Netzzeichnung der Sklereidenschicht bei Flächenpräparaten wahrnehmbar. Die Becherzellen-(Sklereiden-)schicht besteht aus braunen, stark verdickten Zellen, die etwas breiter sind (bis 20 μ und darüber) als beim schwarzen Senf. Unter den Becherzellen liegt eine schmale nur wenig gefärbte Pigmentzellenschicht, auf die derbwandige Aleuronzellen folgen.

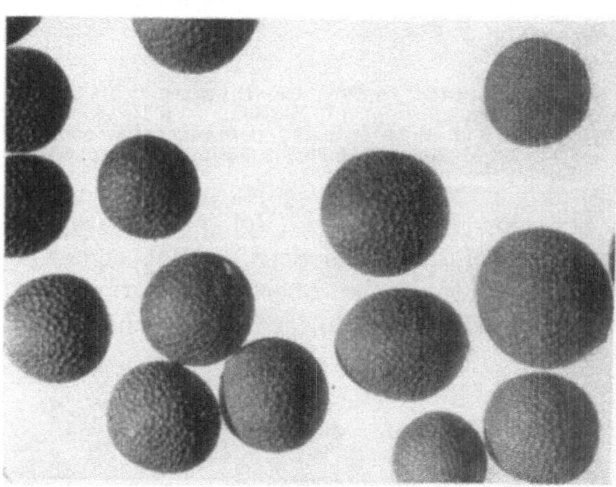

Abb. 159. Brassica integrifolia O. E. SCHULTZ. Indischer Braunsenf, Vergr. 1 : 9. (Phot. C. GRIEBEL.)

Vom indischen Braunsenf, der folgenden Art, unterscheidet sich der Sareptasenf durch die auch an Flächenpräparaten deutlich zellige Schleimepidermis, oft zartere Maschenzeichnung, sowie kleinere derbwandige Aleuronzellen.

Sareptasenf des Handels ist meist geschält; im Pulver sind daher die Elemente der Samenschale nur in Spuren vorhanden.

γ) Indischer Braunsenf.

Abb. 160. Brassica integrifolia O. E. SCHULTZ. Indischer Braunsenf. Querschnitt durch die Samenschale. 1 : 200. (Nach G. GASSNER.)

Der indische Braunsenf, auch Rai genannt, stammt von Brassica integrifolia O. E. SCHULZ (früher als Brassica juncea HOOK. fil. et THOMS. bezeichnet und nicht zu verwechseln mit Brassica juncea Coss., dem Sareptasenf). Die braunen Samen (Abb. 159) sind gewöhnlich etwas größer (etwa 1,5 mm) als die von Brassica nigra und weisen meist eine deutlichere Netzung der Oberfläche auf.

Die Epidermis ist zum Unterschied von der vorhergehenden Art nicht zellig gegliedert (Abb. 160) und bildet zusammen mit den Großzellen eine kollabierte Schicht. Die braunen Becherzellen sind etwa ebenso breit wie beim Sarepta-

[1] BRUNNER: Jahresbericht des Instituts für angewandte Botanik in Hamburg für 1931.

senf (bis über 20 μ), ihre radialen Wände sehr stark verdickt. Das Maschennetz in der Flächenansicht erscheint besonders grob. Die unter der schmalen Pigmentschicht liegenden Aleuronzellen sind auffallend groß (bis 80 μ).

An Flächenpräparaten unterscheidet sich der indische Braunsenf vom rumänischen Braunsenf (Sareptasenf) durch die nicht zellige Oberhaut, das gröbere Schattennetz und die großen Aleuronzellen.

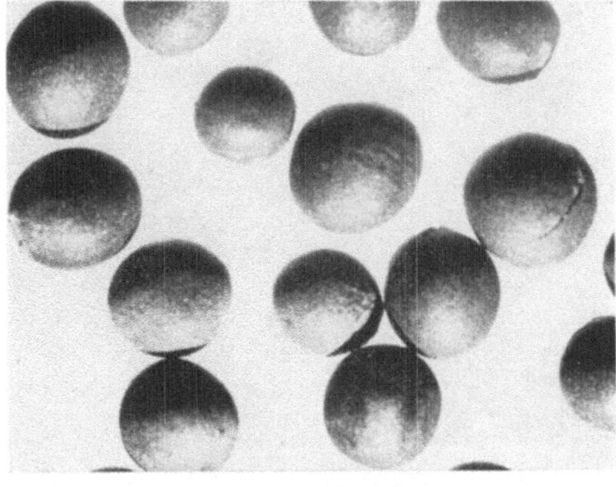

Abb. 161. Sinapis arvensis L. Ackersenf, Vergr. 1 : 9. (Phot. C. GRIEBEL.)

δ) Chinesischer Senf. Die Stammpflanze des chinesischen und japanischen Senfs ist Brassica cernua FORB. et HMSL. (Sinapis cernua THUNB.), die mit rötlichgelben bis braunen, etwa 1,5 mm großen Samen vorkommt. Unter der Lupe ist eine feine Maschenzeichnung der Oberfläche erkennbar.

Wie beim indischen Braunsenf ist die Epidermis nicht zellig gegliedert und bildet zusammen mit den Großzellen eine kollabierte Schicht. Die Sklereiden sind bei hellen Samen hellgelblich, ungleich hoch, ihre Seitenwände durch Ringleisten zackig verdickt; Breite bis 18 μ. An Flächenpräparaten ist eine schwache Maschenzeichnung erkennbar. Die unter den Sklereiden liegende schmale Pigmentschicht ist fast farblos. Die Schichten des Nährgewebes zeigen keine besonderen Merkmale.

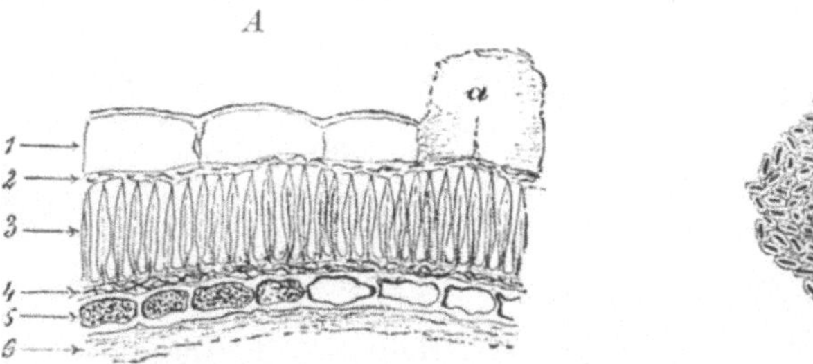

Abb. 162. Ackersenf, Vergr. 200. *A* Querschnitt durch die Samenschale; 1. Epidermis mit einer aufgequollenen Zelle *a*, 2 Parenchym, 3 Stäbchenschicht (Palisaden), 4 Farbstoffschicht, 5 äußere, 6 innere Endospermschicht. *B* Tangentialansicht der Palisaden. (Nach C. BÖHMER.)

ε) Ackersenf. Der Ackersenf (Sinapis arvensis L.) ist ein sehr häufiges Ackerunkraut, das besonders reichlich im Getreide vorkommt. Nach T. F. HANAUSEK und A. L. WINTON finden die Samen im Westen der Union vielfach bei der Mostrichherstellung Verwendung. Ihr Gehalt an Senföl ist nur gering.

Die fast schwarzen oder rotbraunen kugeligen Samen (Abb. 161) sind etwa 1,5 mm groß, auf der Oberfläche glatt, matt.

Der Querschnitt (Abb. 162 *A*) zeigt eine zellige Schleimepidermis mit vorgewölbten Außenwänden. Die darunterliegenden Großzellen sind vollständig zusammengedrückt. Die Sklereiden sind gelblichbraun, gleichmäßig hoch. Der dunkle Zellinhalt löst sich in Chloralhydratlösung mit schön roter Farbe. Die Pigmentschicht besteht aus einer Reihe großer Zellen mit gelblichbraunem Inhalt. Das Nährgewebe bietet nichts Charakteristisches.

An Flächenpräparaten zeigen die polygonalen Epidermiszellen (40—75 μ) fein getüpfelte Wände. Beim Quellen ihres schleimigen Inhalts entsteht zunächst um das Zentrum jeder Zelle ein zartes Maschennetz, dessen Maschen dem Durchmesser der Becherzellen entsprechen. Das Netzwerk geht dann in deutliche Schichtung des Schleiminhalts über. Sehr charakteristisch ist die Sklereidenschicht (Abb. 162 *B*), deren Zellen durch ihre hellgelbe Wand und ihren dunkelbraunen Inhalt auffallen. Ihr Lumen erscheint in der Aufsicht meist strichförmig. Die Aleuronschicht erinnert im Aussehen an die des Getreides.

Abb. 163. Sinapis alba L. Weißer Senf, Vergr. 1 : 9. (Phot. C. Griebel.)

ζ) Weißer Senf. Der weiße (gelbe) Senf stammt von Sinapis alba L., die in vielen Ländern, besonders häufig in England, Holland und Deutschland angebaut wird. Die Samen sind fast kugelig, 2—2,5 mm groß, gelblichweiß bis rötlichgelb, unter der Lupe sehr zartgrubig punktiert, nicht genetzt (Abb. 163). Im rumänischen Gelbsenf kommt in geringer Menge eine Abart mit dunklen Samen (Var. melanosperma) vor.

Querschnitt (Abb. 164). Die stark quellbare Epidermis besteht aus in der Fläche polygonalen Schleimzellen (60—100 μ). Bei Einwirkung von Wasser schichtet sich der Schleim konzentrisch um eine strangartig erscheinende zentrale Höhle. Die meist in zweifacher Lage vorhandenen Großzellen sind durch derbe Wände und collenchymatische Verdickungen in den Ecken ausgezeichnet. Die Becherzellenschicht besteht aus 20—28 μ hohen, farblosen Sklereiden, deren Radialwände im oberen Teil unverdickt sind. Breite 5—10 μ. Das unter den Becherzellen befindliche aus mehreren Reihen bestehende Parenchym enthält kein Pigment. Der Rest des Nährgewebes besteht aus einer Reihe Aleuronzellen und einer aus zusammengedrückten Zellen gebildeten hyalinen Schicht.

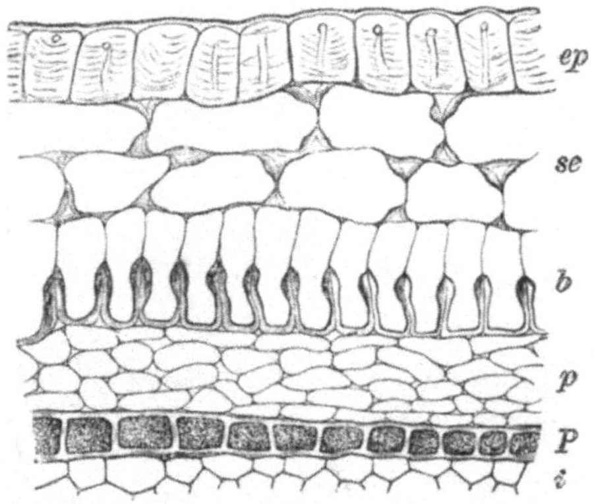

Abb. 164. Samenschale des weißen Senfs im Querschnitt (J. Moeller). *ep* Oberhaut, *se* Großzellen, *b* Palisaden oder Becherzellen, *p* Parenchym, *P* Aleuronschicht, *i* hyaline Schicht.

An Flächenbildern (Abb. 165) fallen außer den Zellen der Schleimepidermis, deren Radialwände sehr fein getüpfelt erscheinen, die derbwandigen Großzellen und die farblosen kleinen aber stark verdickten Sklereiden auf.

Die Schale der dunkelsamigen Varietät weist den nämlichen Bau auf, jedoch sind die Großzellen und Pigmentzellen gelblich, die Sklereiden bräunlich gefärbt.

η) Gardalsenf. Der in Rußland kultivierte Gardalsenf (Sinapis dissecta Lagasca) kommt mit gelben und braunen Samen vor. Sie sind länglich kugelig, oft etwas abgeflacht, 1,8 zum Teil bis über 2 mm groß und lassen unter der

Lupe eine feine Maschenzeichnung erkennen (Abb. 166), die kleiner ist als beim schwarzen Senf.

Die Epidermis besteht, wie beim weißen Senf, aus stark quellenden Schleimzellen (40—60 μ) mit fein porösen Radialwänden. Die darunterliegenden Groß-

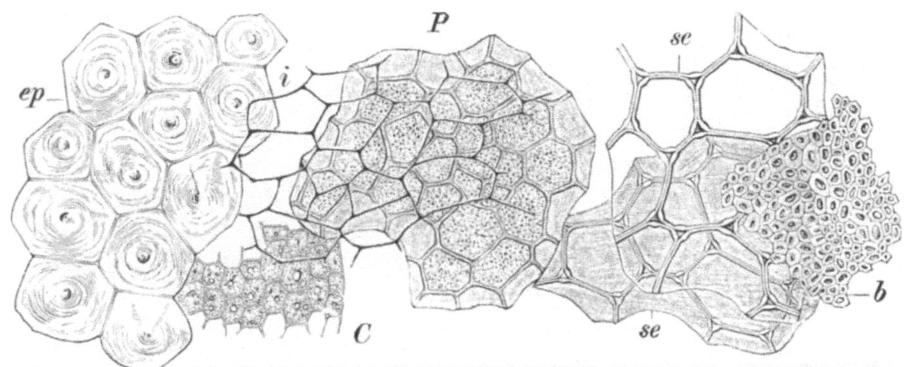

Abb. 165. Gewebe des weißen Senfs in der Flächenansicht (J. MOELLER). C Keimblattgewebe; die übrigen Buchstaben wie in Abb. 164.

zellen sind auch hier in doppelter Schicht vorhanden und durch collenchymatische Verdickung in den Ecken ausgezeichnet. Die Sklereiden sind ungleich hoch, im oberen Teil unverdickt, bis 10 μ breit. Bei hellen Samen sind sie grünlichgelb, bei dunklen bräunlich gefärbt. Das Maschennetz ist oft undeutlich. Die Pigmentzellen enthalten nur bei den dunklen Samen Farbstoff. Das Nährgewebe und der Keimling ist wie bei den übrigen Senfarten ausgebildet.

Abb. 166. Sinapis dissecta LAGASCA. Gardalsenf, Vergr. 1 : 9. (Phot. C. GRIEBEL.)

Wegen des oft undeutlichen Schattennetzes auf der Sklereidenschicht sind die hellen Samen des Gardalsenfes nur schwer vom weißen Senf zu unterscheiden. Die dunklen Samen unterscheiden sich vom schwarzen Senf hauptsächlich durch die quellenden Epidermiszellen und die doppelte Schicht von Großzellen mit schwach collenchymatisch verdickten Ecken und kleinen Intercellularen.

ϑ) Persischer Senf. Die in verschiedenen Gegenden als Ölpflanze angebaute Rauke (Eruca sativa LAM.) liefert den persischen Senf. Die Samen sind rötlichgelb bis dunkelgelb, 1,4—1,5 mm groß, etwas flach gedrückt, unter der Lupe glatt.

Die stark quellbare Epidermis besteht aus 40—50 μ großen Schleimzellen mit geschichtetem Schleim. Die Großzellen sind stark kollabiert. Die Sklereiden sind gleich hoch (15—20 μ), 10—20 μ breit, ihre Wände nur bis zur halben Höhe verdickt. Die darunterliegende Schicht ist ungefärbt. Das Nährgewebe bietet keine Besonderheiten.

Die Oberhaut der Keimblätter enthält einen blauen, in Chloralhydrat mit blutroter Farbe löslichen Farbstoff.

Zusammenstellung der Hauptmerkmale der verschiedenen Senfarten (einschließlich der zur Gattung Brassica gehörenden Ölsamen).

	Aussehen der Samen		Bau der Samenschale					
	Farbe	Oberfläche	Epidermis	Großzellen	Farbe der Steinzellen	Größe der Steinzellen	Maschenzeichnung der Steinzellschicht	Pigmentzellen
Senfsamen:								
Brassica nigra (L.) KOCH	rot- bis schwarzbraun	feingrubig	undeutlich, nicht quellend	nicht erkennbar	braun	4—10 μ	deutlich	braun
Brassica integrifolia O. E. SCHULZ	braun (selten gelb)	netzartig	strukturlos, nicht quellend	undeutlich	braun	10—24 μ	sehr deutlich	braun
Brassica juncea COSS.	rötlich- bis violettbraun	netzartig	Schleimzellen	undeutlich	braun	10—24 μ	deutlich	schwach gefärbt
Brassica cernua (THUNB.) FORB. et HEMSL.	rötlich-gelb bis hellbraun	netzartig	strukturlos, nicht quellend	undeutlich	gelblich	10—20 μ	deutlich	fast farblos
Sinapis alba L.	gelblich (selten graubraun)	fast glatt	Schleimzellen	deutlich, zweischichtig, verdickt	farblos (selten gelbbräunlich)	5—10 μ	fehlt	farblos (selten gelblich)
Sinapis dissecta LAGASCA	gelb oder braun	netzartig	Schleimzellen	desgl.	gelblich oder braun	6—12 μ	deutlich	farblos oder braun
Sinapis arvensis L.	schwarz bis rotbraun	glatt	Schleimzellen	nicht erkennbar	gelblich mit schwarzem Inhalt	5—15 μ	fehlt	hellbraun
Eruca sativa LAM.	rötlich-gelb	glatt	Schleimzellen	undeutlich	farblos	bis 20 μ, schwach verdickt	fehlt	farblos
Ölsamen:								
Brassica Napus L.	dunkelbraun	fein punktiert, fast glatt	strukturlos, nicht quellend	nicht erkennbar	braun	15—32 μ	fehlt	braun
Brassica Napus L. var. dichotoma PRAIN	dunkelbraun	desgl.	desgl.	desgl.	desgl.	desgl.	fehlt	braun
Brassica Napus L. var. glauca (ROXB.) O. E. SCHULZ	gelb oder leberbraun	glatt	desgl.	desgl.	farblos, selten gelbbraun	12—25 μ sehr stark verdickt	fehlt	farblos, selten hellbraun
Brassica campestris L.	dunkelbraun	sehr fein genetzt	desgl.	desgl.	braun	8—20 μ	undeutlich	braun

An Flächenpräparaten ist der persische Senf an den weitlumigen Sklereiden zu erkennen, deren Verdickung im Verhältnis zum Durchmesser geringer ist als bei den übrigen Senfarten.

ι) Über die als Verunreinigungen oder Verfälschungen im Senf vorkommenden Cruciferensamen, die hauptsächlich als Ölsamen dienen, insbesondere die Raps- und Rübsenarten, vgl. Bd. IV. Man erkennt sie hauptsächlich an den breiteren Sklereiden. In der vorstehenden von G. GASSNER herrührenden Zusammenstellung sind diese Ölsamen mitberücksichtigt.

Anhaltspunkte für die Beurteilung des Senfes.

a) Nach der chemischen und mikroskopischen Untersuchung. Der Verein deutscher Lebensmittelchemiker hat für die Beurteilung des Senfes folgende Vereinbarungen getroffen:

„Senfmehl, das zur Bereitung des Tafelsenfes (Speisesenf, Mostrich) benutzt wird, wird aus den Samen mehrerer zur Familie der Cruciferen gehörenden Pflanzen hergestellt, und zwar kommen hierbei in Betracht die Samen von Brassica nigra KOCH (schwarzer oder brauner Senf), die Samen von Sinapis alba L. (weißer oder gelber Senf) und die Samen von Sinapis juncea L. (Sareptasenf, russischer Senf).

Senfpulver, schwarzes (braunes) wie gelbes, darf nicht mehr als 4,5% Mineralbestandteile (Asche), auf lufttrockene Ware berechnet, enthalten, der in 10%iger Salzsäure unlösliche Teil der Asche betrage nicht mehr als 0,5% [1].

Zusätze von fremden Farbstoffen zum Senfpulver, wie zum Speisesenf, Tafelsenf, Mostrich, sind als Fälschung zu erachten, ebenso Zusätze von Mehl, Weizenmehl, Maismehl, Kartoffelmehl, Erbsenmehl u. dgl. zu Speisesenf, wenn diese Zusätze nicht deutlich gekennzeichnet sind.“

Nach dem Österreichischen Lebensmittelbuch (Codex alim. Austr., 2. Auflage) ist das englische Sareptasenfpulver fast stets, das Mehl der anderen Sorten oft des fetten Öles beraubt. Der Aschengehalt der reinen Senfpulver beträgt durchschnittlich 4% und übersteigt nicht 5%.

Das Schweizerische Lebensmittelbuch, 3. Auflage, gestattet als Zusatz zu Tafelsenf eine geringe Menge von Reismehl (höchstens 10% der Trockensubstanz), sowie von unschädlichen fremden Farbstoffen. Außerdem darf Schweflige Säure in einer Menge von höchstens 40 mg auf 1 kg vorhanden sein. Der Höchstgehalt der Asche ist für weißen Senf auf 5,5%, für schwarzen Senf auf 8,5% festgesetzt, an in Salzsäure unlöslicher Asche für beide auf 0,5%.

b) Nach der Rechtslage. Senf mit Weizenkleie. Der Senf enthielt einen Zusatz von 19% Weizenkleie. Das Gericht hat sich dem Gutachten des als Sachverständigen vernommenen Senffabrikanten angeschlossen. Hiernach ist anzunehmen, daß unter Senf ein Fabrikat, bestehend aus Senfsamen, Essig, Salz und Gewürz, allenfalls Farbe zu verstehen ist. Insofern die Angeklagten nun dem von ihnen hergestellten Senf Weizenkleie zugesetzt haben, haben sie den Senf verfälscht, da durch den Zusatz der Senf nicht nur objektiv verschlechtert ist, sondern auch durch den Zusatz von Weizenkleie einem geringwertigen, wenn auch unschädlichen Stoff, dem Senf eine Beschaffenheit gegeben ist, in welcher nach der durch die allgemeine Auffassung im Verkehr getragenen Anschauung des Konsumenten und Käufers über die Eigenschaft einer unverfälschten Ware eine Herabsetzung des Genußwertes zu erblicken ist. Das kaufende Publikum erwartet beim Einkauf von „Senf“ eine reine unverfälschte Ware und würde, falls es ihm bekannt würde, daß dem Senf Weizenkleie, ein Viehfutter, zugesetzt sei, diesen Senf nicht mehr als unverfälschten Senf ansehen. Die Verfälschung des Senfes geschah lediglich zum Zwecke der Täuschung im Handel und Verkehr. Auf Grund der Beweisaufnahme ist auch angenommen, daß der Angeklagte als Senffabrikant wohl gewußt hat, daß das kaufende Publikum unter „Düsseldorfer Tafelsenf“ bzw. „Prima“ nur reinen unverfälschten Senf, der frei von Weizenkleie ist, versteht. Vergehen gegen § 10, Anm. 1 u. 2 NMG.

LG. Düsseldorf, 30. Mai 1902.

---

[1] Die gleichen Grenzzahlen gibt das Deutsche Nahrungsmittelbuch (1922) an.

Senf mit Zusatz von Kartoffelstärke. Um seinen dünnflüssigen Senf zu verdicken, hat der Angeklagte zu etwa 200—300 Pfund Senf 3—5 Pfund Kartoffelstärke zugesetzt.

Nach den Gutachten der Sachverständigen ist in der Vermischung von Senf bzw. im Stadium der Verarbeitung zu Senf befindlicher Senfsaat mit Kartoffelstärke eine Verfälschung von Senf im Sinne des NMG. zu erblicken, da Senf zwar nicht lediglich aus Senfkörnern hergestellt wird, sondern bei der Fabrikation auch Zusätze von Zucker, Weinessig, Salz und Zimt oder ähnlichen den Geschmack mildernden Gewürzen zu erhalten pflegt, dagegen der Zusatz von Kartoffelstärke als einer den chemischen Bestandteilen des fertigen Senfs völlig fremden Substanz ein Fabrikationsprodukt ergibt, das in seiner Zusammensetzung mit dem im Handel und Verkehr eingebürgerten Begriffe reinen Senfs nicht vereinbar und als verfälschter Senf zu bezeichnen ist. Verurteilung nach § 10, Ziff. 2 NMG.

LG. Lüneburg, 8. Juli 1912. (**Z.** Beilage 1913, 5, 195.)

Gefärbter Senf. Der Senf war mit einem gelben Teerfarbstoff gefärbt. Zu den normalen Bestandteilen des Senfes sind nur Senfsamen, Essig, Salz und den Geschmack verfeinernde Zutaten, besonders Gewürz zu rechnen. Als ein solcher normaler Bestandteil kann aber Farbzusatz auch bei dem in Fabrikantenkreisen allgemein geübten Färbungsverfahren nicht gelten, da dieses Herkommen nicht unter Berücksichtigung der berechtigten Erwartungen des Publikums gebildet ist. Letzterem ist von einem Verfärben des Senfs nichts bekannt. Es meint vielmehr, mit dem gelben Senf ein „naturfarbenes" Produkt zu erhalten und will nur ein solches haben. Dies gilt sogar von der Mehrzahl der Detaillisten. Ein Farbstoff ist mithin ein anormaler Bestandteil des Senfes. Durch diesen ist dem Senf zum Zwecke der besseren Verkäuflichkeit der Anschein eines höheren Wertes gegeben worden. Denn die minderwertigen Senfqualitäten bekamen durch den Teerfarbstoff den gleichen Farbenton, den der nur aus der ersten, teuersten Senfsaatsorte — Holländer schwarz — fabrizierte Mostrich aufwies. Dem Publikum aber ist bekannt, daß gelb aussehender Senf an sich vollwertiger ist, als der mehr grau gefärbte.

Der Angeklagte hat aber den Senf nicht nur verfälscht, sondern ihn auch wissentlich unter Verschweigung dieses Umstandes verkauft und, soweit der von ihm angepriesene Naturellmostrich in Frage kommt, unter einer zur Täuschung geeigneten Bezeichnung feilgehalten. § 10, Anm. 1 u. 2 NMG.

LG. Leipzig, 10. April 1906.

Gefärbter Senf. Der Senf war mit etwa 1% Eisenocker gefärbt.

Daß durch diesen Ockerzusatz der Mostrich verfälscht oder verschlechtert worden ist, konnte nicht für erwiesen erachtet werden. Nach dem Gutachten der Sachverständigen wird Mostrich, der eine graue Naturfarbe hat, ganz allgemein gefärbt, da er erst dann die bekannte braungelbe Farbe erhält. Ocker ist ein für die menschliche Gesundheit durchaus unschädliches Färbemittel, welches den Mostrich nur dann verschlechtern könnte, wenn es bei seinem verhältnismäßig schweren Gewicht in solcher Menge zugesetzt würde, daß dadurch eine Vermehrung des Gewichtes des Mostrichs herbeigeführt werden würde; dies ist aber bei dem Zusatz von 1% ganz ausgeschlossen. Der Angeklagte hat dem Mostrich durch den Ockerzusatz nur die allgemein übliche braune Farbe gegeben, nicht aber bei dem Publikum den Schein einer besseren Beschaffenheit erwecken wollen.

LG. KÖNIGSBERG, 28. Februar 1899.

Mit Teerfarbstoff künstlich gefärbter Senf. Der Angeklagte hat Tafelsenf mittels eines künstlichen Teerfarbstoffs gelb gefärbt und den so gefärbten Senf verkauft und feilgehalten, ohne diese Färbung für die Konsumenten erkennbar zu deklarieren.

Der Handelsartikel Tafelsenf ist allerdings ein menschliches Genußmittel, dessen wesentlichen und überwiegenden Bestandteil zu Mehl verarbeitete Senfkörner bilden. Der Tafelsenf besteht aber nicht nur aus dem Senfmehl, sondern auch aus verschiedenen anderen Zutaten, insbesondere auch aus Essig, Salz, Zucker, Gewürzen, denen häufig auch noch andere Stoffe, namentlich Zubereitungen aus Sardellen oder Gurken beigemengt sind, je nachdem dieser oder jener Geschmack erzielt werden soll. Tafelsenf ist daher, wie auch die gehörten Sachverständigen erklärt haben, nicht ein reines Naturprodukt, sondern ein aus verschiedenen Stoffen künstlich hergestelltes Fabrikat, für dessen Zusammensetzung und äußeres Aussehen keine feste Norm besteht. Als wesentlichen Bestandteil des Tafelsenfs erwartet das konsumierende Publikum allerdings einen aus Senfkörnern, also einem Naturprodukt, hergestellten Stoff; es kann jedoch nicht angenommen werden, daß die Erwartung des Publikums auch dahin geht, daß der Tafelsenf frei von künstlicher Färbung sei. Dem Publikum kommt es vielmehr nur auf einen guten Geschmack und ein gefälliges Aussehen des Tafelsenfs, nicht darauf an, ob er gefärbt oder ungefärbt ist.

Der Zusatz von Farbstoff zu Tafelsenf kann daher nicht schlechtweg als gegen das Nahrungsmittelgesetz verstoßend angesehen werden. Eine Verfälschung würde allerdings dann vorliegen, wenn der Angeklagte zu dem von ihm hergestellten Senf Senfkörner von geringerem Werte verwendet hätte, als nach dem äußeren Aussehen des Senfs anzunehmen war.

Die Strafkammer hat nicht für erwiesen erachtet, daß der Angeklagte dadurch, daß er seine Senffabrikate färbte und ohne Deklarierung der Färbung feilhielt und verkaufte, die Abnehmer über die Güte der Ware täuschen wollte. Es ist auch nicht erwiesen, daß der Angeklagte zur Herstellung seiner Fabrikate Senfkörner von geringerer Güte und von geringerem Werte verwandt hat, als das äußere Aussehen der Fabrikate vermuten ließ. Durch den bloßen Zusatz des ganz unschädlichen Farbstoffes, der nur in ganz geringer Menge erfolgte, wurde das Wesen der Fabrikate nicht verschlechtert, sie erlangten dadurch nur ein gefälligeres Aussehen. Hierin kann eine Verfälschung nicht erblickt werden. Da es hiernach an den Voraussetzungen des § 10, Abs. 1 u. 2 NMG. fehlt, mußte der Angeklagte freigesprochen werden.

LG. I Berlin, 10. Mai 1912.

Regelung des Verkehrs und Verwertung der beanstandeten Gewürze.

Das Österreichische Lebensmittelbuch, 2. Auflage, gibt für den Verkehr mit Gewürzen und für die Verwertung der beanstandeten Gewürze folgende beachtenswerte Vorschriften:

A. Regelung des Verkehrs. Es ist außer auf die Beschaffenheit der Gewürze, die den vorstehend festgelegten Grundsätzen entsprechen muß, auf folgende Punkte Gewicht zu legen:

1. Sowohl im Groß- als im Kleinverkehr haben die zum Transport und zur Aufbewahrung dienenden Behälter allen allgemeinen sanitären Anforderungen vollkommen zu entsprechen; besonders sind die Gewürze gegen Staub, Feuchtwerden, „Ausrauchen“ (Verlust der flüchtigen Würzstoffe), Insekten („wurmstichige Gewürze“) und ekelerregende Verunreinigungen anderer Art zu schützen. Längeres unzweckmäßiges Aufbewahren hat auch einen ungünstigen Einfluß auf den Geschmack und die Farbe der Gewürze. Paprika soll womöglich vor Licht geschützt aufbewahrt werden. Der Gebrauch schlecht schließender oder gar offener Gefäße ist zu vermeiden.

2. Die Lagerräume sollen gut ventiliert und weder naß noch zu trocken sein; auch empfiehlt es sich, das Absieben, Reutern usw. und Mahlen der Gewürze in eigenen Räumen vorzunehmen.

3. Die Verpackung der Gewürze soll im Kleinverkehr in einwandfreien, geeigneten Umhüllungen erfolgen. Es erscheint zweckmäßig, bei der Abpackung gemahlener Gewürze auf der Signatur Herkunft des Erzeugnisses und die Erzeugungsfirma anzugeben. Schließlich empfiehlt es sich, nur dort Gewürze in kleinen Mengen abgewogen im Vorrate bereitzuhalten, wo ein rascher Absatz Gewähr dafür bietet, daß sie nicht lange lagern. Zum Einfassen der Gewürze ist zweckmäßig ein hölzerner oder hörnerner Löffel zu benutzen.

5. Da die Gewürze im Kleinverkehr gewöhnlich mit anderen Lebensmitteln zusammen feilgehalten werden, ist eine tunlichst getrennte Aufbewahrung anzustreben.

B. Verwertung beanstandeter Gewürze. Gewürze von gesundheitsschädlicher Beschaffenheit sind stets und verdorbene Waren dann zu vernichten, wenn es sich nur um geringe Mengen handelt; das gleiche hat mit gefälschten Gewürzen zu geschehen, deren Gehalt an Würzstoffen so gering ist, daß sich eine technische Verwertung nicht verlohnen würde. Die letztere, z. B. die Herstellung ätherischer Öle, kommt bei großen Mengen verdorbener und gefälschter Waren dieser Gruppe in Betracht.

Buch-Literatur.

G. Gassner: Mikroskopische Untersuchung pflanzlicher Nahrungs- und Genußmittel, 1931. — Möller-Griebel: Mikroskopie der Nahrungs- und Genußmittel aus dem Pflanzenreiche, 3. Aufl., 1928. — Wasicky: Gewürze, in V. Grafe: Handbuch der organischen Warenkunde, Bd. 4, S. 1, 1930.

Kochsalz.

Von

DR. R. STROHECKER-Frankfurt a. M.

Mit 1 Abbildung.

Begriffsbestimmung. Unter Kochsalz versteht man das in mehr oder weniger reinem Zustand im Handel erhältliche Natriumchlorid. Als Beimengung kommen bis 3% Wasser in Form des lose anhaftenden Wassers, bis 3% Krystallwasser und weiterhin etwa 2,5% andere Salze, wie Magnesiumchlorid, Calciumchlorid, Natriumsulfat, Magnesiumsulfat und Calciumsulfat in Frage. In Spuren sind mitunter Brom, Jod, Lithium und Bor vorhanden. Nach der Gewinnung bzw. Herkunft unterscheidet man zwischen Speisesteinsalz, Speisesiedesalz und Meer-, See- oder Baysalz.

Die im Handel vorkommenden Viehsalze sind gleichfalls mehr oder weniger reine Kochsalze, die durch Zusätze, wie Eisenoxyd (0,25%), Wermutkraut (0,25%), Holzkohle (0,25%), Kienruß (1%), Petroleum, Seifenpulver, Eisenvitriol u. dgl., denaturiert sind, damit sie nicht der Besteuerung unterliegen.

Vorkommen. Das Kochsalz ist im Erdinnern weit verbreitet. Mit Ausnahme der jüngsten Formationen (Alluvium und Diluvium) und der älteren und primitiven Gesteine sind Kochsalzablagerungen in allen dazwischenliegenden Schichten zu finden, so in der Molasse des Tertiärgebirges als der jüngsten Lagerstätte (Wieliczka), in den Kreideablagerungen (Cordova in Spanien), im Jura (in Algier), in der Triasgruppe, besonders im Keuper und Muschelkalk (hierzu zählen die meisten Steinsalzlager Deutschlands, Österreichs und der bayerischen Alpen) und schließlich im Zechstein (Staßfurt) und in den Kohleformationen. Das sehr rein vorkommende Kochsalz wird bergmännisch gewonnen. Durch Vermahlen der harten Steinsalzblöcke wird das Speisesteinsalz erhalten. An manchen Stellen der Erde treten stark salzhaltige Solen zutage, die auf Siedesalz verarbeitet werden. Die Solen sind mitunter an Kochsalz gesättigt.

Lüneburg besitzt eine 25grädige, Reichenhall eine 23grädige Sole (BAUMÉ-Grade). In großen Mengen kommt Kochsalz im Meerwasser vor. Auch in fast allen Lebensmitteln ist Kochsalz, wenn mitunter auch nur in Spuren, anzutreffen.

Bis vor dem Weltkriege spielte die Verwendung des gemahlenen Steinsalzes (Speisesalz) als Kochsalz nur eine untergeordnete Rolle. Erst im Weltkriege überschritt dann der Verbrauch an Speisesteinsalz den Verbrauch an Siedesalz. Nach O. LÜNING und H. HAUTOG[1] wird das Steinsalz weit weniger geschätzt als Siedesalz. Die eben angeführte Verschiebung im Verbrauch von Stein- und Siedesalz beruht demnach nicht auf dem freien Willen der Verbraucher. Das gilt nicht nur für Deutschland, sondern auch für die anderen Länder, in denen die aus Sole und Meerwässern gewonnenen Siedesalze dem Steinsalz vorgezogen werden.

Gewinnung. Die Gewinnung der Steinsalze ist recht einfach. Die reinen, von Abraumsalzen freigelegten Kochsalzblöcke werden einfach zu einem feinen Pulver vermahlen.

[1] O. LÜNING u. H. HAUTOG: **Z.** 1925, **49**, 7.

Bei der Gewinnung der Siedesalze verwendet man entweder Meerwasser, das von löslichen Salzen in erster Linie Natriumchlorid und in zweiter Linie Chlormagnesium enthält, oder natürliche Solen oder auch mitunter künstliche, d. h. durch Berieseln von Salzbergwerken erhaltene Lösungen. Diese Salzlösungen werden dann eingedampft, um durch Konzentrierung die Verunreinigungen auszuscheiden. In wärmeren Ländern verwendet man hierzu die Sonnenwärme. Bei Verwendung von Meerwasser als Ausgangsmaterial läßt man die Solelösungen in die sog. Salzgärten oder Becken, das sind bestimmte Grubenanlagen, einfließen. Nach Verdunstung eines Teiles des Wassers scheiden sich Kalk- und Magnesiumsalze ab. Die Mutterlauge wird dann in ein anderes Salzbecken abgelassen und weiter der Sonnenwärme ausgesetzt, wobei sich allmählich Kochsalz ausscheidet. Man schaufelt das zurückbleibende Salz in Haufen auf und läßt den Regen die noch vorhandenen Nebensalze auswaschen. Mitunter zentrifugiert man die konzentrierten Salzrückstände. Die hierbei abgetrennte Mutterlauge dient unter Umständen zur Bade- oder Düngesalzfabrikation oder bei Meerwasser zur Gewinnung seltener Elemente, wie Brom, Jod, Lithium. Die abgesonderten getrockneten Krystalle können als Speisesalz gehandelt werden. Das lange Eindunsten in den Salzgärten hat zur Folge, daß grobkörnige Massen entstehen, die besonders als Heringssalz [1] geschätzt werden. In den Gegenden mit kälterem Klima geht man entweder so vor, daß man die Solelösungen über Gerüste, die mit Schwarzdornreisig angefüllt sind (Gradierwerke) rieseln läßt, oder aber, daß man die Salzlösungen in großen eisernen Pfannen bis zur Sättigung eindunstet. In neuerer Zeit verwendet man auch Kessel nach Art der Flammrohrdampfkessel, in denen direkt befeuerte Heizkanäle angebracht sind, sodaß die Sole direkt in dem Kessel eindampfen kann. Im ersten Falle, bei Verwendung von Gradierwerken, konzentriert sich die Salzlösung infolge der Luftverdunstung, da man die Sole wiederholt über die Gradierwerke laufen läßt. Auf dem verwendeten Füllmaterial (Reisig) scheiden sich zunächst die schwerer löslichen Salzbeimengungen, der sog. Dornenstein, ab. Die durch den Rieselprozeß konzentrierte Sole wird dann in eisernen Pfannen dem Siedeprozeß unterworfen. Der Siedeprozeß zerfällt in mehrere Abteilungen. Um Gips, Ton und organische Verunreinigungen abzuscheiden, kocht man stark auf (Störprozeß). Hierbei gehen die genannten Stoffe in den Schaum und werden von Zeit zu Zeit abgehoben. Man „stört" so lange, bis sich Kochsalz abscheidet. An den Störprozeß schließt sich der Soggeprozeß, das eigentliche Sieden. Hierbei scheidet sich das Kochsalz in mehr oder weniger feiner Form aus. Die Ausscheidungen werden laufend vom Pfannenboden ausgetragen (ausgekrückt). Heute bedient man sich hierzu meist mechanischer Austragvorrichtungen. Entsprechend der Temperatur der Siedepfannen erhält man Feinsalz (bei Siedehitze), Grobsalz (unter 60°) und Mittelsalz. Grobsalz ist im Handel sehr beliebt. Mit der Zeit scheidet sich am Boden der Pfannen der sog. Pfannenstein ab, der in der Hauptsache aus Kochsalz und Sulfaten besteht. Er wird herausgebrochen als Düngemittel oder als „Lecksalz" für das Vieh verwendet.

Nach dem Abtropfen und Zentrifugieren der ausgetragenen Salzmasse wird in Heiztrommeln getrocknet. Um Heizmaterial zu sparen, versiedet man heute in Vakuumverdampfapparaten (Mehrkörperverdampfapparaten).

Zum Steinsalz zu zählen ist das sog. Hüttensalz. Es wird so gewonnen[2], daß man das bergmännisch geförderte Salz zermahlt und dann einem Schmelzprozeß unterwirft, wobei zunächst die Hauptmenge der Verunreinigungen ausgeschieden wird. Durch weiteres Erhitzen unter Einpressen von Luft und unter Zusatz geringer Kalkmengen wird die Oxydation der organischen Substanz und

[1] Vgl. BUTTENBERG: Mitt. Deutsch. Seefisch.-Ver. 1913, **75** u. Teil I, 1001.

[2] K. B. LEHMANN: Z. 1916, **32**, 107.

die Entfernung von Eisen und Aluminium erreicht. Das gereinigte und gemahlene Salz dient als Speisesalz.

Eigenschaften. Die Siedesalze besitzen eine überaus charakteristische Struktur. Sie bilden kleine treppenförmige, innen hohle Pyramiden, denen ein hohes Raumgewicht und gute Löslichkeit entspricht. Siedesalze können in jeder Körnung von grobkörnig bis feinkörnig hergestellt werden. Grobkörnige Salze dienen, wie schon angedeutet, als Heringssalze, feinkörnige eignen sich als Tafelsalze. Durch eine besondere Reinheit zeichnen sich die im Vakuum erhaltenen Produkte, die sog. Vakuumsalze, aus. Sie werden vorwiegend als Tafelsalz verwendet.

Auf die Verwendung des gemahlenen Steinsalzes als Speisesalz hat man anfängliche große Hoffnungen gegründet. Diese Hoffnungen sind jedoch nicht erfüllt worden. Es gelang nicht, das bergmännisch gewonnene Steinsalz allgemein als Speisesalz einzuführen. Die Gründe hierfür sind in gewissen Eigenschaften des Steinsalzes zu suchen. Steinsalz neigt stark zur Bildung harter Klumpen. Auch Siedesalz bildet mitunter Klumpen. Diese Klumpen sind jedoch leicht mit dem Finger zu zerdrücken. Dagegen erhält man selbst bei Anwendung von Gewalt aus Steinsalzklumpen nur kleine, sehr harte Bruchstücke und kein Pulver [1].

Was ist nun die Ursache des Zusammenballens? Man nahm bisher an, daß Natriumchlorid an sich nicht hygroskopisch sei, daß dagegen die geringen Beimengungen von Magnesiumchlorid für das Anziehen der Luftfeuchtigkeit verantwortlich seien. KARSTEN [1] wies schon 1847 darauf hin, daß Kochsalz schon an sich hygroskopisch sei. Dieser Befund wurde von STAS [1] bestätigt. Andererseits nimmt HESSE [1] an, daß geringe Mengen von Chlormagnesium nicht von Einfluß auf die Hygroskopizität sind. Versuche von O. LÜNING und H. HAUTOG [1] haben gezeigt, daß reines Natriumchlorid bis zu 1,14% Wasser aus der Luft anzuziehen vermag, wobei es sich allerdings bei diesem Höchstwert um einen in sehr feuchter Luft angestellten Versuch handelt. Bei den Handelssalzen wurde von den genannten Forschern allgemein eine Parallelität zwischen Feuchtigkeitszunahme und Magnesiumgehalt festgestellt. Die Versuche zeigten außerdem, daß die Feuchtigkeitsaufnahme mit der Vergrößerung der wirksamen Oberfläche zunimmt. Das Zusammenballen rührt nach O. LÜNING und H. HAUTOG daher, daß sich das festgebliebene Salz an der Berührungsfläche mit einer Salzlösung bedeckt, die eintrocknet, wobei die sich ausscheidenden großen Krystalle die gesamte Masse verkitten. Diese Theorie wird bestätigt durch die Tatsache, daß das Zusammenballen um so stärker vor sich geht, je feiner das Salz gemahlen ist oder je inniger die Berührung. Da bei Steinsalz die Berührungsfläche sehr groß ist, so findet sich gerade hier das stärkste Zusammenballen. Siedesalze dagegen weisen weniger ausgedehnte Berührungsflächen auf, da zwischen den einzelnen Krystallen trennende Luftgänge vorhanden sind.

Ein weiterer Vorzug des Siedesalzes gegenüber dem Steinsalz beruht darauf, daß Siedesalz viel weniger hart ist als Steinsalz, soweit die gröberen Sorten in Frage kommen. Besonders beim Genuß kann die Härte des Steinsalzes störend wirken. Hiermit hängt die Beobachtung zusammen, daß Steinsalz, besonders das grob gemahlene, schwerer löslich ist als das poröse Siedesalz.

O. LÜNING und H. HAUTOG haben die Raumgewichte der Salzsorten nachgeprüft. Das größte Raumgewicht wies Siedesalz auf, von dem 1 kg 1046 bis 1363 ccm einnahm. Tafelsalz zeigte für 1 kg Werte von 888—947, Steinsalze solche von 875—958 und englisches Vakuumsalz besaß den Wert 837 ccm.

[1] O. LÜNING u. H. HAUTOG: Z. 1925, 49, 1.

Der Geschmack des Kochsalzes wird nicht allein durch den Natriumchloridgehalt, sondern auch durch die Beisalze bestimmt. Möglicherweise ist die Schärfe des Kochsalzgeschmackes auf Magnesiumsalzbeimengungen zurückzuführen. Ein bitterer Geschmack wird durch Kalisalze bedingt. S. GOY [1] hat in dieser Richtung Versuche angestellt. Er fand, daß noch bei einem Gehalt von 1,5% KCl beim Genuß ein Kratzen und Brennen im Hals auftrat. In einem Falle wurde ein bitterer Geschmack bei Butter beobachtet, die unter Verwendung eines 5,5% KCl enthaltenden Kochsalzes gesalzen worden war. Die antiseptische Wirkung des Kochsalzes beruht nach L. LINDET [2] darauf, daß die Bakterien in konzentrierten Salzlösungen einen Teil ihrer Bestandteile an die Salzlösung abgeben (Plasmolyse), woraus sich eine erhebliche Schwächung der Bakterien und die Unmöglichkeit der Fortpflanzung ergibt.

Salzpräparate. Um das Zusammenballen von Kochsalz, das besonders bei dem für Tafelzwecke bestimmten Salz störend wirkt, zu verhindern, werden dem Kochsalz besondere Stoffe, wie Natriumphosphat, Soda, Magnesiumcarbonat und Calciumphosphat zugesetzt. Nach H. KREIS [3] enthielt das Cerebrossalz etwa 1,5% Natriumphosphat und 0,5% Natriumcarbonat. Ähnliche Produkte sind das Salettesalz und das Gresilsalz. In Amerika bedient man sich mitunter des Magnesiumcarbonats und des Calciumphosphates als Zusatz [4]. Für die Großbetriebe eignen sich derartige Salzmischungen nicht, da sie einmal nicht klar löslich sind, und gerade auf klare Salzlaken Wert gelegt wird, und da fernerhin der Zusatz von carbonathaltigen Salzen als Verstoß gegen das Fleischbeschaugesetz gewertet werden kann. J. TRAUBE [5] empfiehlt zur Herstellung von Speisesalz den Zusatz von Calciumsaccharat.

Zu den Salzpräparaten ist auch das sog. Nitritpökelsalz, eine Mischung von Kochsalz mit 0,5—0,6% Natriumnitrit zu zählen. Nach der Verordnung über Nitritpökelsalz vom 31. März 1930 darf dieses Pökelsalz nur in der vorgeschriebenen Weise im Handel abgegeben werden. Das Nitritgesetz vom 19. Juni 1934, das die obige Verordnung ersetzt hat, schreibt darüber hinaus die ministerielle Genehmigung der Nitritpökelsalzherstellung vor. Die Genehmigung ist an eine Reihe von Bedingungen geknüpft (Ministerialerlaß vom 26. Juli 1934 — IIIa II 2526/34). Das Nitritpökelsalz hat die Aufgabe, die rote Farbe des Fleisches bei der Pökelung zu erhalten. Eine konservierende Wirkung kann dem Nitrit nicht zugesprochen werden [6].

Auch hierher ist zu zählen das sog. jodierte Salz. Jodiertes Salz ist ein Kochsalz, dem zur prophylaktischen Bekämpfung des Kropfes Spuren von Jod in Form von Kaliumjodid zugesetzt worden sind. Nach L. W. WINKLER [7] enthält jodiertes Kochsalz auf 1000 g 5 mg Kaliumjodid. Es findet vorwiegend Verwendung in der Schweiz, in den österreichischen Alpen, in Oberbayern und im Allgäu. Nach G. PRANGE [8] wiesen 12 untersuchte Jodspeisesalze Schwankungen von 20,3—0,4 mg Kaliumjodid im Kilogramm auf. Längeres Lagern scheint den Jodgehalt von Jodspeisesalzen nicht erheblich zu verringern. Wie L. M. WINKLER hält auch G. PRANGE für Jodspeisesalze einen Kaliumjodidgehalt von 5 mg im Kilogramm für ausreichend. Er fordert in diesem Sinne eine gesetzliche Festlegung des Jodgehaltes und außerdem den Deklarationszwang für das Datum der Herstellung eines Salzes [9].

---

[1] S. GOY: **Z.** 1913, **26**, 185; vgl. Erl. Min. Innern vom 27. Mai 1918. **Z.** 1919, 184, Ges.
[2] L. LINDET: **Z.** 1917, **33**, 123. [3] H. KREIS: **Z.** 1909, **18**, 573.
[4] J. PH. STREET: **Z.** 1911, **22**, 259.
[5] J. TRAUBE: **Z.** 1919, **38**, 377.
[6] Über Aula-Pökelstoff vgl. M. JUNACK: **Z.** 1917, **33**, 213 u. M. MANSFELD: **Z.** 1917, **33**, 213.
[7] L. W. WINKLER: Pharm. Zentralh. 1923, **64**, 512.
[8] G. PRANGE: **Z.** 1933, **66**, 369.
[9] Vgl. hierzu Handbuch, Bd. 1, S. 1102.

Tabelle 1. Siedesalz[1].

Herkunft	$NaCl$ %	KCl %	$CaCl_2$ %	$MgCl_2$ %	$CaSO_4$ %	$MgSO_4$ %	K_2SO_4 %	Na_2SO_4 %	$CaCO_3$ %	$MgCO_3$ %	SiO_2 %	H_2O %	Organische Stoffe %
Halle	98,356	—	—	0,277	1,334	—	—	—	—	0,033	—	—	—
Schönebeck	97,141	0,004	0,564	1,466	0,817	—	—	—	—	0,008	—	—	—
Staßfurt	98,251	—	—	0,983	0,754	0,485	0,427	—	—	—	—	—	—
Artern	97,191	—	—	0,679	1,881	—	0,579	—	—	—	—	—	—
Dürrenberg	98,177	—	—	0,217	1,305	0,285	—	—	—	—	0,016	—	—
Ischl	87,39	—	—	2,06	0,35	0,43	—	1,25	—	—	—	7,91	0,35
Ludwigshall	99,45	—	—	—	0,23	—	—	0,05	—	—	—	—	—
Königsborn	95,90	—	0,27	—	1,10	—	—	—	—	—	—	—	—
Schwäbisch-Hall	98,90	—	—	—	0,49	—	—	0,005	—	0,005	—	0,60	—
Clemenshall	96,714	—	—	—	1,176	—	—	0,081	0,040	—	—	1,989	—
Neusalzwerk	91,35	—	—	0,39	0,57	—	—	1,00	—	—	—	6,68	—
Salzuflen	91,15	—	—	0,48	0,47	—	—	0,89	—	—	—	7,00	—
Rothenfelde	98,80	0,02	—	0,50	—	0,70	—	—	—	—	—	—	—
Salzungen	97,37	—	—	0,07	0,60	0,16	—	—	—	—	—	1,70	—
Russisches Kochsalz höchst	99,97	—	1,50	1,34	2,86	2,19	—	1,41	—	—	—	7,56	$Al_2O_3 + Fe_2O$ 0,15
Russisches Kochsalz niedrigst	89,44	—	0	0	0	0	—	0	—	—	—	0	0
Russisches Kochsalz Mittel	97,13	—	0,12	0,14	0,91	0,11	—	0,03	—	—	—	1,06	0,004

Tabelle 2. Steinsalze[2].

Fundort	$NaCl$ %	KCl %	$CaCl_2$ %	$MgCl_2$ %	$CaSO_4$ %	$MgSO_4$ %	Na_2SO_4 %	Ton %	Unlösliches %	H_2O %
Wieliczka	100	—	—	—	—	—	—	—	—	—
Friedrichshall	100	—	—	—	Spur	—	—	—	—	—
Sugatag	100	—	—	—	Spur	—	—	—	—	—
Wilhelmsglück	99,97	—	—	—	0,02	—	—	0,01	—	—
Berchtesgaden	99,85	—	—	0,15	—	—	—	—	—	—
Vizackna	99,34	—	0,05	—	0,11	—	—	—	0,377	0,139
Staßfurt	99,08	—	Spur	0,06	0,38	—	—	—	—	—
,,	98,42	—	0,53	0,24	0,99	—	—	—	—	—
,,	97,55	—	—	—	1,49	0,23	0,43	—	—	0,3
Douglashall	97,99	Spur	—	0,04	—	—	—	—	—	—
Erfurt	93,04	—	0,41	0,06	1,49	—	—	—	—	—
Vic	99,30	—	—	—	0,50	—	—	0,2 [3]	—	—
Vic	97,80	—	—	—	0,30	—	—	1,9 [4]	—	—
Catalonien	98,55	—	0,99	0,01	0,44	—	—	—	—	—
Djebl Sahari	98,34	—	—	0,05	0,60	0,03	—	0,98	—	—
Pet. Anse Luis.	98,88	—	0,13	0,23	0,76	—	—	—	—	—
Neyba	98,33	—	—	0,04	1,48	0,06	—	0,01	—	—
Khashm Usdom	97,68	—	—	0,12	1,50	0,03	—	0,52	SiO_2 0,15	—
Varennes rot	97,20	—	—	—	—	—	—	0,7	—	—
Varennes weiß	96,78	—	—	0,04	1,20	0,5	—	0,85	—	—
Varennes gelb	96,70	—	—	0,68	1,09	0,6	—	1,20	—	—
Varennes grün	96,27	—	—	0,23	1,21	0,66	—	1,57	—	—
Aus Peruguano	95,34	2,26	—	0,27	1,09	0,8	—	Spur	$CaCO_3$ 0,36	0,73
China	94,84	—	—	0,44	4,09	—	0,47	—	—	—
Staßfurt höchst	99,73	35,02	0,53	5,02	7,04	42,07	1,57	1,12	2,23	—
Staßfurt niedrigst	25,09	0	0	0	0,27	0	0	0	0	—

[1] Vgl. O. LÜNING u. H. HAUTOG: Siehe S. 518 und E. SARIN: Z. 1922, **44**, 251.
[2] Vgl. O. LÜNING u. H. HAUTOG: Siehe S. 518. [3] Mit Fe_2O_3. [4] Mit Bitumen.

Salzersatz. Als Salzersatz kommen neuerdings Erzeugnisse in den Handel, die einen dem Kochsalz ähnlichen Geschmack besitzen, andererseits jedoch nicht aus Kochsalz bestehen. Wie früher[1] schon mitgeteilt, werden dem Kochsalz schädigende Wirkungen auf den Organismus zugeschrieben. Aus diesem Grunde hat man versucht, das Natriumchlorid als Würzmittel völlig zu umgehen. Derartige Salzersatze sind z. B. das Hosal, das Diätsalz, Titrosalz usw. Diese Produkte bestehen unter anderem aus Calciumsalzen der Aminosäuren, aus ameisensauren Salzen oder aus Ammoniumphosphat bzw. aus Mischungen der genannten Salze. Diesen Produkten haftet meist ein deutlicher metallischer Geschmack an, der besonders bei den ameisensauren Salzen sehr ausgeprägt ist. Der salzartige Geschmack dieser Stoffe ist demjenigen des Kochsalzes an Intensität unterlegen, so daß vielfach größere Mengen davon angewandt werden müssen, um den dem Kochsalz annähernd gleichen Geschmack zu erzielen.

Über Salzsurrogate bei den Negerstämmen berichtet G. von Bunge[2]. Es handelt sich dabei um mehr oder weniger kalireiche Pflanzenaschen. Bei bestimmten Pflanzenaschen aus Französisch-Kongo wurden 56,37% und 57,64% K_2O und außerdem 0,235%, sowie 0,497% Na_2O angetroffen. „Natron", eine Pflanzenasche vom Taschadsee, enthielt 0,615% K_2O und 40,13% Na_2O.

Zusammensetzung. Die Zusammensetzung der Steinsalze, des Siedesalzes und des Meersalzes ergibt sich aus den Tabellen 1—4.

Tabelle 3. Steinsalze aus dem Handel[3].

Nr.	NaCl %	KCl %	$MgCl_2$ %	$CaSO_4$ %	$MgSO_4$ %	Unlösliches %	Wasser %
1	99,551	0,147	0,066	0,104	—	—	0,132
2	99,172	0,135	0,110	0,328	0,024	0,011	0,220
3	99,400	0,092	0,147	0,115	0,010	0,004	0,232
4	99,148	0,055	0,211	0,254	0,012	0,009	0,311
5	98,543	0,171	0,190	0,644	0,047	0,098	0,307
6	99,285	0,062	0,104	0,290	0,022	—	0,237

Tabelle 4. Meer- oder Seesalz.

Herkunft	NaCl %	$MgCl_2$ %	$MgSO_4$ %	$CaSO_4$ %	KCl %	$MgBr_2$ %	$CaCO_3$ %
Aus Ozeanen	2,723	0,334	0,225	0,126	0,077	0,008	0,012
Aus dem Mittelmeer . . .	3,007	0,385	0,249	0,140	0,086	0,008	0,012
Aus dem Toten Meer . . .	7,93	10,31	—	0,14	1,43	0,52	$CaCl_2$ 3,69

Untersuchung.

Die Untersuchung des Kochsalzes beschränkt sich in der Hauptsache auf folgende Feststellungen:

a) Bestimmung des Wassers. Die Wasserbestimmung kann in der Weise ausgeführt werden, daß man in einem bedeckten Tiegel eine bestimmte Kochsalzmenge bis zur schwachen Rotglut erhitzt und den Gewichtsverlust feststellt.

J. Pritzker und R. Jungkunz[4] empfehlen eine Destillationsmethode, bei der das Wasser mit Hilfe von Tetrachloräthan (Acetylentetrachlorid) übergetrieben wird. Das Destillationsmittel besitzt einen Siedepunkt von 144°.

[1] Vgl. Handbuch Bd. I, S. 661. [2] G. von Bunge: Z. 1909, **17**, 742.

[3] Vgl. O. Lüning u. H. Hautog: Siehe S. 518.

[4] J. Pritzker u. R. Jungkunz: Mitt. Lebensmittelunters. Hygiene 1929, **20**, 65; Chem.-Ztg. 1929, Nr 62; vgl. auch Bd. II, 2, S. 553.

Zu der Bestimmung ist der nebenstehend abgebildete Apparat[1] zu benutzen. In einen Erlenmeyer (*f*) aus Glas, Kupfer oder Eisen, der ein Volumen von 250 ccm besitzt, gibt man 60 ccm Destillationsmittel und darauf 20 g des zu untersuchenden Kochsalzes. Man verbindet dann mittels Korkstopfens Kolben und Aufsatz und gießt in die Meßröhre so viel Tetrachloräthan, daß etwas nach Rohr (*d*) überfließt. Hahn (*b* u. III) ist dabei so zu stellen, daß die Meßröhre und die Röhre (*c*) kommunizieren. Man erhitzt dann anfänglich mit großer, direkter Flamme. Sobald in Rohr (*d*) keine Wassertropfen mehr sichtbar sind, wird das Erhitzen unterbrochen. Man läßt erkalten und spritzt den Kühler (*e* u. II) mit Tetrachloräthan ab. Da Wasser leichter als Tetrachloräthan ist, steht es über dem Übertreibmittel. Mitunter schwimmen Tropfen von Tetrachloräthan auf dem Wasser; diese können aber leicht mit Hilfe eines Glasstabes nach unten gestoßen werden. Bei der Ablesung werden die Menisken in der in der Abbildung (IV) angegebenen Weise abgelesen. Die Reinigung des Apparates wird zweckmäßig mit Bichromatschwefelsäure durchgeführt. Die Methode eignet sich für Wassergehalte über 0,5%.

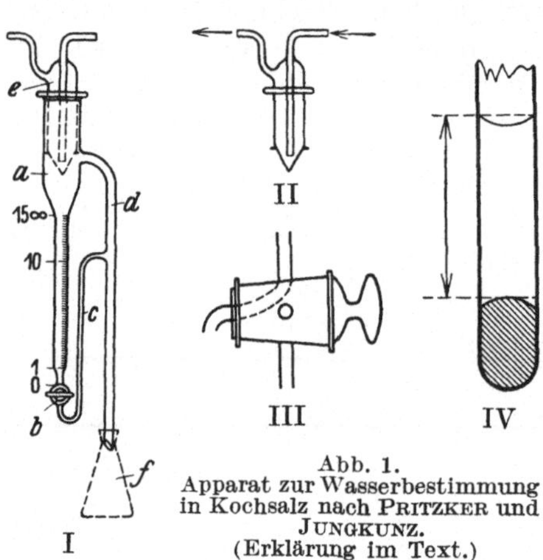

Abb. 1. Apparat zur Wasserbestimmung in Kochsalz nach PRITZKER und JUNGKUNZ. (Erklärung im Text.)

b) Bestimmung der wasserunlöslichen Stoffe. 20—25 g Salz löst man in heißem Wasser auf und filtriert die Lösung durch ein vorher getrocknetes und gewogenes Filter. Nach dem Abfiltrieren wird gewaschen, abermals getrocknet und zurückgewogen. In dem Rückstand können Kalk, Eisen usw. in der üblichen Weise bestimmt werden.

c) Bestimmung der Nebensalze. Die Nebensalze, in der Hauptsache Kalk und Magnesia, werden nach den üblichen quantitativen Methoden erfaßt.

d) Bestimmung des Chlors. Die Bestimmung des Chlors kann sowohl gravimetrisch, wie auch titrimetrisch in der üblichen Weise ausgeführt werden.

e) Bestimmung des Kaliumchlorids. Die Bestimmung des Kaliumchlorids, das, wie schon angedeutet, geschmackliche Nachteile des Kochsalzes mit sich bringt, wird nach O. LÜNING und H. HAUTOG[2] durchgeführt. Das Verfahren stellt ein Schnellverfahren dar, das zum Nachweis von größeren Mengen als 0,5% Chlorkalium im Kochsalz geeignet ist. In einer Porzellanschale werden 20 g Kochsalz in 60—65 ccm Wasser unter zeitweisem Zerreiben mit einem Pistill und unter Erhitzen auf einem lebhaft siedenden Wasserbad soweit eingeengt, daß aus dem fast trocken aussehenden Salzrückstand nach dem Abkühlen und Zerreiben durch Filtration noch eben 3 ccm Mutterlauge erhalten werden. Man filtriert zweckmäßig in unten verjüngte Zentrifugierröhrchen, die bei 3, 5 und 11 ccm eine Marke tragen. Hierauf füllt man mit einer Weinsäurelösung (10 g Weinsäure und 1 g Natriumacetat in 10 ccm Wasser) bis auf 5 ccm auf, reibt mit einem Glasstab die Wandungen des Röhrchens, indem man gleichzeitig in fließendem Wasser abkühlt. Man reibt so lange, bis keine Vermehrung der Krystallisation zu erkennen ist. Man füllt dann mit Wasser auf die Marke 11 ccm auf und zentrifugiert nach mehrmaligem, kräftigem, vorherigem Umschütteln. Man gießt dann vom Niederschlag ab, setzt 1 ccm Wasser hinzu und

[1] Der Apparat kann von der Firma Dr. Bender u. Dr. Hobein, München-Zürich, bezogen werden.

[2] O. LÜNING u. H. HAUTOG: vgl. S. 518.

schüttelt nunmehr nochmals durch. Beobachtet man jetzt wiederum ungelöste Krystalle, so sind in dem vorliegenden Kochsalz 0,5% oder mehr Chlorkalium enthalten.

Zur Bestimmung geringer Mengen Kalium in Kochsalz empfehlen die gleichen Forscher folgendes, auf der Ausfällung von Kaliumnatriumhexanitritokobaltiat beruhende Verfahren. Zur Ausführung des Verfahrens ist folgendes Kobaltreagens notwendig: 50 g Kobaltnitrat und 300 g Natriumnitrit werden in Wasser aufgelöst. Man läßt dann 25 ccm Eisessig langsam zufließen und füllt nach Aufhören der eintretenden Gasentwicklung auf 1 Liter auf. Die Lösung wird dann filtriert. Im einzelnen wird die Bestimmung des Kaliums in folgender Weise ausgeführt: 20 g Kochsalz werden in einem Becherglas mit 60 ccm Wasser gelöst und die Lösung filtriert. Nach Zusatz von 25 ccm des angegebenen Reagenses läßt man 12 Stunden stehen und filtriert dann durch ein kleines Filter. Der zurückbleibende Niederschlag wird mit einer verdünnten Reagensmischung (1 + 1) ausgewaschen. Darauf wird das Filter samt Niederschlag mit 20 ccm verdünnter Salzsäure bei Wasserbadtemperatur behandelt. Nach dem Verschwinden der gelben Farbe des komplexen Kobaltiates und nach Aufhören der Gasentwicklung wird in eine Glasschale filtriert und das Filter mit Wasser nachgewaschen. Zu dem Filtrat setzt man 10 ccm 20%iger Überchlorsäure und dampft nunmehr zur Sirupkonsistenz ein. Der dabei entstehende Niederschlag von Kaliumperchlorat wird mit 10 ccm 96%igem Alkohol verrieben und dann mit Hilfe eines vorher getrockneten und gewogenen Asbestfilterröhrchens abfiltriert. Man wäscht zunächst dreimal mit Perchlorsäurealkohol (100 ccm Alkohol + 0,2 ccm 20%ige Perchlorsäure) aus und dann mit reinem Alkohol nach. Nach dem Trocknen bei 130° wird der Tiegel zurückgewogen. Durch Multiplikation der gefundenen Kaliumperchloratmenge mit dem Faktor 0,5381 erhält man die gesuchte Menge Kaliumchlorid [1].

f) Bestimmung des Jods. Zum qualitativen Nachweis von Jod zieht man nach L. W. WINKLER [2] 10 g Kochsalz mehrmals mit kleinen Anteilen (5 ccm), im ganzen 25 ccm, reinem 95%igem Alkohol aus. Die Auszüge dampft man nach Zusatz von 1 Tropfen Natronlauge zur Trockne, löst den Rückstand in 2 ccm Wasser, filtriert und wäscht dreimal mit je 1 ccm Wasser aus. Die Filtrate versetzt man in einer Glasstöpselflasche mit 0,5 ccm Schwefelkohlenstoff, 2—3 Tropfen verdünnter Schwefelsäure (1 : 10) und 1 Tropfen Natriumnitritlösung (1 : 1000). Bei Gegenwart von 1 mg Kaliumjodid in 1000 g Salz tritt eben noch eine Färbung auf. Bei 2 mg erscheint eine blaßrosa Farbe. Natürlich vorhandenes Jod läßt sich durch Alkohol in der eben geschilderten Weise nicht aus dem Kochsalz ausziehen.

Zur quantitativen Bestimmung des Jods verfährt man in folgender Weise: Man verschließt einen gewöhnlichen Glastrichter (30 ccm Inhalt) mit einem angefeuchteten Wattebausch und gibt dann 10 g des zu untersuchenden Salzes in den Trichter. Darauf gibt man in kleinen Anteilen 100 ccm Wasser zu, so daß das Salz gelöst wird. Verunreinigungen bleiben zurück. In einem Erlenmeyer werden 200 ccm der klaren Lösung mit 1 ccm N.-Salzsäure und 1 ccm frischem Chlorwasser versetzt. Man hält nach Zusatz von etwas Bimssteinpulver 10 Minuten lang im Sieden, wobei ein Eindicken auf etwa $^2/_3$ des ursprünglichen Volumens erfolgt. Zur Bindung von Manganspuren setzt man noch heiß einen Tropfen einer 5%igen Oxalsäurelösung und 5 ccm Phosphorsäure (25%ig), sowie endlich 0,1 g reinstes jodatfreies Kaliumjodid zu. Nach 15 Minuten langem Stehen titriert man das aus dem beim Kochen gebildeten

[1] Über sonstige quantitative Kaliumbestimmungen vgl. Bd. II „Mineralstoffe“.
[2] L. W. WINKLER: Z. 1924, 48, 255.

Kaliumjodat unter Mitwirkung des Kaliumjodids in Freiheit gesetzte Jod mittels 0,002 N.-Natriumnitritlösung zurück (10 ccm Thiosulfatlösung auf 500 ccm). 1 ccm Thiosulfatlösung entspricht 0,05534 mg Kaliumjodid.

Die Methode von L. W. WINKLER wurde von G. PRANGE [1] mit Erfolg zur Jodbestimmung in Speisesalzen angewandt. Auch H. WERNER [2] empfiehlt die WINKLER-Methode zur Mikrojodbestimmung in Speisesalz. Er weist im übrigen darauf hin, daß bei Anwesenheit von Mangan und Eisensalzen eine Störung der Bestimmung eintritt, was man durch Zusatz von Oxalsäure bzw. von Phosphorsäure verhindern kann.

A. GRONOVER und E. WOHNLICH [3] empfehlen zur Jodbestimmung in jodiertem Speisesalz das Verfahren von v. FELLENBERG [4]. Es wird in folgender Weise ausgeführt:

Zunächst wird qualitativ geprüft, ob gleichmäßige Verteilung vorliegt. Hierzu sind folgende Reagenzien notwendig.

1. Stärkelösung. 1 g löslicher Stärke wird kochend in 250 ccm Wasser gelöst. Auf 10 ccm dieser Stärkelösung wird ein Tropfen konz. Schwefelsäure zugesetzt.

2. Natriumnitritlösung (1 : 100). Zu 10 ccm der Stärkelösung setzt man 4 Tropfen Natriumnitritlösung. Dieses Natriumnitritstärkereagens ist nicht haltbar. Es ist stets frisch herzustellen.

Die eigentliche qualitative Prüfung erfolgt in der Weise, daß man das Salz flach ausbreitet und an verschiedenen Stellen mit einem Tropfen des Natriumnitrit-Stärkelösungsreagenses betupft. Eine gleichmäßig auftretende Farbstärke der Tupfen deutet eine gleichmäßige Verteilung an.

Zur quantitativen Bestimmung des Jodes nach v. FELLENBERG sind folgende Reagenzien erforderlich:

1. N.-Salzsäure.
2. Gesättigtes Bromwasser.
3. Phosphorsäure (Spez. Gewicht 1,7) etwa 85%ig.
4. Chemisch reines Jodkalium.
5. Stärkelösung: 250 ccm, durch Kochen aus löslicher Stärke hergestellt.
6. Eine etwa 0,004 N.-Natriumthiosulfatlösung. 1 ccm 0,004 N.-Lösung = 0,1108 mg Jodkalium.

Zur eigentlichen Ausführung, die A. GRONOVER und E. WOHNLICH etwas abgeändert haben, werden 100 g des zu untersuchenden Salzes in destilliertem Wasser zu 500 ccm gelöst und die Lösung filtriert; 100 ccm Lösung, entsprechend 20 g Salz, werden mit 1 ccm N.-Salzsäure und 1 ccm gesättigtem Bromwasser versetzt und nach Zugabe von einigen Körnchen Bimsstein in einem breiten Becherglase 10 Minuten lang unter Ersatz des verdampfenden Wassers gekocht. Nach dem Abkühlen auf etwa 10° versetzt man mit 1,5 ccm der oben angeführten Phosphorsäure, 0,2 g krystallisiertem Kaliumjodid und titriert nach 3 Minuten langem Stehen im Dunkeln mit Thiosulfat unter Verwendung einer in 0,001 ccm eingeteilten Bürette von 2 ccm Inhalt bis nahe zum Verschwinden der gelblichen Farbe. Hierauf gibt man 1 ccm Stärkelösung hinzu und titriert bis zur Farblosigkeit, wobei man vor jedem weiteren Zusatz eines Tropfens Thiosulfat etwa 1—2 Minuten warten muß. Später wieder eintretende Färbung wird nicht berücksichtigt.

A. GRONOVER und E. WOHNLICH finden im übrigen, daß die Oxalsäure die störende Wirkung bei Eisensalzen weit besser aufhebt als die Phosphorsäure.

---

[1] G. PRANGE: Z. 1933, **66**, 369. [2] H. WERNER: Z. 1930, **60**, 495.
[3] A. GRONOVER u. E. WOHNLICH: Z. 1931, **61**, 306.
[4] v. FELLENBERG: Biochem. Zeitschr. 1923, **139**, 371.

Für 2 mg Eisen genügt ein Zusatz von 3 Tropfen einer 10%igen Oxalsäurelösung; der Zusatz erfolgt zweckmäßig nach dem Wegkochen des Broms zu der noch heißen Flüssigkeit. Verwendet man Oxalsäure, so ist auch bei der Titrierstellung die gleiche Menge zuzugeben.

g) Bestimmung des Raumgewichtes. Zur Unterscheidung von Siedesalz und Steinsalz bietet, wie angedeutet, das Raumgewicht einen Fingerzeig. Zur Ermittlung des Raumgewichtes wird das Gewicht von 100 ccm Salz festgestellt.

Beurteilung der Ergebnisse.

Das Kochsalz muß weiß, geruchlos und möglichst trocken sein. Es soll einen rein salzigen Geschmack und keinen bitteren Beigeschmack aufweisen. Der Wassergehalt des Kochsalzes (anhaftendes Wasser) beträgt im allgemeinen nicht über 3%. Nach dem Schweizerischen Lebensmittelbuch soll der Gesamtwassergehalt bei gewöhnlichem Kochsalz 5%, bei Tafelsalz 0,5% nicht übersteigen.

An Sulfaten (Natriumsulfat, Calciumsulfat) sollen im Kochsalz nicht mehr als 1%, an Magnesiumchlorid nicht mehr als 0,5% enthalten sein. Auch der Gehalt an Kaliumchlorid soll 0,5% nicht übersteigen[1].

Giftige Metallverbindungen dürfen natürlich nicht vorhanden sein. Der Gehalt an Natriumchlorid soll in der bei 140° gewonnenen Trockenmasse mindestens 95% betragen.

Über bisher festgestellte Raumgewichte vgl. S. 518.

Die Anforderungen, die an jodierte Salze gestellt werden, sind S. 519 besprochen.

---

[1] O. LÜNING u. H. HAUTOG: vgl. S. 518.

Anhang.

Gesetzliche Bestimmungen.

A. Deutsche Gesetzgebung.

Von

Dr. jur. Hugo Holthöfer - Berlin,
Oberlandesgerichtspräsident i. R.

Literatur und Abkürzungen.

Begr. . . . . Amtliche Begründung zu den aus dem Zusammenhang ersichtlichen Gesetzen oder Verordnungen.

Den vom Reichsgesundheitsamt herausgegebenen, im Verlag von Julius Springer in Berlin veröffentlichten Entwürfen der Verordnungen über Kaffee (Heft Nr. 4), Kaffee-Ersatzstoffe und Kaffee-Zusatzstoffe (Heft Nr. 5), Kakao und Kakaoerzeugnisse (Heft Nr. 6), waren im Reichsgesundheitsamt ausgearbeitete Begründungen beigegeben. Sie und diejenigen der dem Reichsrat vorgelegten Entwürfe — für Kaffee, Kaffee-Ersatzstoffe und Kaffee-Zusatzstoffe enthalten in der Reichsratsdrucksache Nr. 99 der Tagung von 1929, für Kakao und Kakaoerzeugnisse enthalten in der Reichsratsdrucksache Nr. 85 der Tagung 1932 — waren selbstverständlich auf den Text der Entwürfe zugeschnitten, denen sie beigegeben waren. Da die endgültigen Fassungen des Textes der Verordnungen von dem ihrer Entwürfe verschiedentlich in der Paragrapheneinteilung und im Inhalt abweichen, eine Begründung dem endgültigen Text aber nicht beigegeben ist, mußten die Begründungen der Entwürfe abgedruckt werden. Sie sind bei den Verordnungen über Kaffee, Kaffee-Ersatzstoffe und Kaffee-Zusatzstoffe den im Verlag von Julius Springer in Berlin erschienenen Entwürfen entnommen und hinsichtlich der Paragraphenfolge mit dem endgültigen Text in Einklang gebracht. Für Kakao und Kakaoerzeugnisse ist die Begründung der Reichsratsvorlage abgedruckt. Soweit die abgedruckten Begründungen auf den endgültigen Text nicht passen, enthalten die Anmerkungen zu den einzelnen Paragraphen entsprechende Hinweise.

Arlt . . . . Hans Arlt, Tabaksteuergesetz mit Ausführungsbestimmungen. Berlin: Stilke 1930. 2. Aufl. mit Nachtrag vom Februar 1931. Weitere Literatur zum Tabaksteuergesetz s. S. 568.

Holthöfer in Bd. 1 . . Holthöfer, Lebensmittelgesetz in Bd. 1 dieses Handbuchs, S. 1285f.

Holthöfer-Juckenack . Lebensmittelgesetz, erläutert von Holthöfer und Juckenack. 2. Aufl. Berlin: Carl Heymann 1933.

KaffeeVO. . . . . Verordnung über Kaffee vom 10. Mai 1930.

KaffeeErsVO. . . . . . Verordnung über Kaffee-Ersatzstoffe und Kaffee-Zusatzstoffe vom 10. Mai 1930.

KakaoVO. . . . . Verordnung über Kakao und Kakaoerzeugnisse vom 15. Juli 1933.

KG. . . . . Kammergericht.

LG.. . . . . Landgericht.

LMG. . . . . Lebensmittelgesetz.

MuW. . . . . Markenschutz und Wettbewerb, Monatsschrift für Marken-, Patent- und Wettbewerbsrecht. Schriftleitung Hamburg I, Bergstr. 7.

OLG. . . . . Oberlandesgericht.

ReichsMinBl.. . . . . . Reichsministerialblatt (früher: Zentralblatt für das Deutsche Reich), Jahrgang und Seite.

RG.. . . . . Reichsgericht.

RGSt.. . . . . Entscheidungen des Reichsgerichts in Strafsachen, herausgegeben von Mitgliedern des Gerichtshofs und der Reichsanwaltschaft, Band und Seite.

STENGLEIN	s. S. 533, Anm. 1b.
TabStG.	Tabaksteuergesetz, s. S. 568.
TabStAusfBest..	Ausführungsbestimmungen des Reichsfinanzministers zum TabStG., s. S. 568.
TabEO.	Tabakersatzstoffordnung, Anlage A zu den TabStAusfBest.
UnlWettbG.	Gesetz gegen den unlauteren Wettbewerb vom 7. Juni 1909 (RGBl. S. 409) in der Fassung vom 21. März 1925 (RGBl. II, S. 115) und vom 9. März 1932 (RGBl. I, S. 121, 122).

I. Allgemeines, Gewürze, Tee, Tee-Ersatz.

A. Die in dem vorliegenden Bande behandelten Stoffe mit Einschluß der zum menschlichen Genuß — sei es für sich oder in Verbindung mit anderen Stoffen — bestimmten Gewürze, des Salzes und des zum Rauchen, Kauen oder Schnupfen bestimmten Tabaks sind Lebensmittel im Sinne des § 1 LMG. Sie unterfallen den in Bd. 1, S. 1285 dieses Handbuchs näher erläuterten allgemeinen Rechtsvorschriften dieses Gesetzes.

Für **Tee, Tee-Ersatz, Mate** und für **Gewürze** fehlen Sondergesetze oder Verordnungen lebensmittelrechtlichen Inhalts. Bei der rechtlichen Beurteilung ihrer Bezeichnungen und stofflichen Beschaffenheit kommen daher (vgl. Bd. 1, S. 1295) entscheidend als Vergleichsmaßstäbe in Betracht: die Beschaffenheit, welche die Natur selbst Lebensmitteln dieser Art verleiht, redliche Handelsgebräuche und die weitgehend nach beiden eingestellte Verkehrsanschauung der Verbraucherschaft. Die von den Verbänden der Hersteller und Händler getroffenen Vereinbarungen über Bezeichnung und Beschaffenheit von Lebensmitteln stellen das Mindestmaß dessen dar, was der Verbraucher nach Treu und Glauben erwartet. So KG. 24. Januar 1930 (S. 698/29) und 2. Mai 1930 (1, S. 200/30) in **Z.** Beil. 1930, **60**, 119 über die „Vereinbarungen des Bundes deutscher Nahrungsmittelfabrikanten und -händler E. V. in Nürnberg" und ferner KG. 15. April 1929 (4, S. 47/29) in **Z.** Beil. 1931, **62**, 117. Kaffee, Tee und ihre Ersatzmittel, Gewürze und ihre Ersatzmittel, ferner Schokolade und Schokoladewaren (außer in Packungen unter 25 Gramm), Schokolade und Kakaopulver unterliegen, wenn sie in Packungen oder Behältnissen (d. h. in sog. Originalpackungen) an den Verbraucher abgegeben werden, einer **Kennzeichnungspflicht** gemäß § 1 Nr. 16, 13, 14 der auf Grund des § 5 Nr. 3 LMG. ergangenen Verordnung über die äußere Kennzeichnung von Lebensmitteln vom 29. September 1927 (RGBl. I, S. 318) in der Fassung vom 28. März 1928 (RGBl. I, S. 136).

Für Tabakerzeugnisse sind Packungszwang und Kennzeichnung sonderrechtlich geregelt. S. unten S. 573. Packungszwang besteht auch in § 8 KakaoVO. (S. 566). Für Kaffee siehe auch unten S. 571.

Wo rechtssatzmäßige Bezeichnungsvorschriften überhaupt fehlen oder sonstige Bezeichnungen und Angaben neben den vorgeschriebenen stillschweigend zugelassen sind, was die Regel bildet — etwa Hinweise auf den Ort der Gewinnung der Stoffe, auf den Herstellungsort, die herstellende Firma oder Phantasienamen —, dürfen solche Bezeichnungen, Angaben oder Aufmachungen nicht gegen die allgemeinen Vorschriften des Firmenrechts, des Warenzeichengesetzes, des UnlWettbG. und selbstverständlich auch nicht gegen das Verbot der Irreführung in § 4 Nr. 3 LMG. verstoßen. Daß das UnlWettbG. und § 4 Nr. 3 LMG. sowohl den Schutz des Wettbewerbers wie des Verbrauchers in sich schließen und hier wie dort der gleiche Austeilungsmaßstab gilt: nämlich die Verkehrsanschauung der Verbraucherkreise, an die sich die betreffende Bezeichnung usw. wendet, führt RG. 7. November 1933 (II, 111/38) in dem Urteil über Nordhäuser Branntwein, abgedruckt in MuW. XXXIV, S. 72, eingehend aus.

Dabei ist zu beachten, daß — im Gegensatz zu einer älteren, oft recht weitherzigen Ansicht — Publikum und Rechtsprechung, sich wechselseitig beeinflussend, in steigendem Maße örtliche Herkunftsangaben wieder als solche und in der Regel nicht als bloße Beschaffenheits- und Gattungsbezeichnungen werten. In die Generalrichtung dieser verfeinerten Auffassung lassen sich freilich Bezeichnungen nicht zurückdrängen, die sich im Laufe der Zeit aus ursprünglichen Herkunftsbezeichnungen im Verkehr zu Beschaffenheits- oder Gattungsbezeichnungen verflacht und als solche eingebürgert haben. Hierher gehören z. B. nach dem vorbezeichneten Urteil des RG. „Nordhäuser Branntwein" und nach dem Urteil des RG. vom 30. September 1932 (abgedruckt RGEntsch. in Zivilsachen Bd. 137, 282, ferner in Juristische Wochenschrift 1932, S. 3769 und in MuW. 1932, S. 533) „Steinhäger Branntwein". Indessen machen Zusätze wie „echter", „Original-" — wie das letzterwähnte Urteil klarstellt — die Bezeichnungen wieder zu dem, was sie ursprünglich waren, nämlich zu Herkunftsbezeichnungen, die besagen, daß die betreffenden Getränke in den angegebenen Orten hergsetellt sind.

Für die in der vorliegenden Abhandlung behandelten Lebensmittel seien folgende einschlägige Gerichtsentscheidungen mitgeteilt:

So darf z. B. eine Schokolade, in Cleve hergestellt — wenn auch von einer mit holländischem Material, mit holländischem Kapital, mit holländischen Leitern und Angestellten arbeitenden Firma —, nicht als „holländische Schokolade" bezeichnet werden. So RG. 5. März 1929 (II, 433/28) in **Z.** Beil. 1933, **65**, 30.

„**Echter** Nordhäuser Kautabak" oder „**Original** Nordhäuser Kautabak" darf ein außerhalb Nordhausens hergestellter Kautabak auf keinen Fall genannt werden, „mag auch das Wort ‚Nordhäuser Kautabak' ohne jenen Zusatz zu einer Beschaffenheitsangabe geworden sein". So RG 5. Oktober 1923 (II, 120/22) in MuW. XXIII, S. 136.

„Ägyptische Zigaretten" oder „egyptien Cigarettes" dürfen Zigaretten nur genannt werden, wenn sie in Ägypten hergestellt sind (Tabak wird in Ägypten nicht oder doch nicht in nennenswertem Maße angebaut, während das Klima in Ägypten der Herstellung von Zigaretten besonders günstig ist). So RG. 26. Juni 1934 (II, 17/34), 5. November 1926 (II, 43/26, 16. März 1909 (II, 286/08) in MuW. 1934, S. 325, 1926), S. 144, Bd. VIII, S. 211. Desgleichen WASSERMANN in MuW. XIX, S. 55. „Türkische Zigaretten" müssen aus türkischem Tabak, „russische Zigaretten" aus russischem Tabak — gleichviel wo — hergestellt sein. So CALLMANN: Der unlautere Wettbewerb (2. Aufl. Mannheim: Bensheimer 1932), § 5, Anm. 8, S. 261.

Die Zigarrenbezeichnung „Habana", in den Motiven zum Warenzeichengesetz vom 12. Mai 1894 noch als Gattungsbezeichnung behandelt, ist heutzutage unzulässig für eine Zigarre, deren Tabak dem in Habana gewachsenen nur der Art nach ähnlich und wie solcher behandelt ist, oder die nur ein Deckblatt aus echtem Habanatabak hat. Eine Zigarre, die als „echt Habana" bezeichnet ist oder durch Schrift- und Bildzeichen (etwa „valley Scarer Habana", „Bock & Co.", „Henry Clay" — vielleicht noch gar mit dem Zusatz „Provedor la Real Casa Clay") auf Habana als Ursprungsort hinweist, muß auch wirklich dort hergestellt sein. Ob die Bezeichnung „Habana" ohne derartige Zusätze nur für Zigarren zulässig ist, die in „Habana" hergestellt sind, oder auch für solche, die aus dort gewonnenen Tabakerzeugnissen anderswo hergestellt sind, läßt OLG. Hamburg 20. Januar 1914 in MuW. XIV, S. 28 dahingestellt. Vgl. zur Habanafrage CALLMANN am vorangeführten Ort S. 261, RG. 29. Januar 1907 in MuW. VIII, S. 12, WASSERMANN in MuW. XIX, S. 60.

Die Bezeichnung „Dannemann" für eine nicht von der Firma „Dannemann & Cia" in Brasilien hergestellte Zigarre mißbilligt RG. 5. November 1926 in MuW. XXVI, S. 200 unter Darlegung der Beziehungen der deutschen Firma „Dannemann & Co." zu jener Firma.

Daß eine „echt russische Teemischung", namentlich wenn ihre Packung mit russischer Beschriftung versehen ist, den Eindruck erweckt, daß sie nicht etwa echten russischen Tee enthalte, sondern in Rußland zusammengestellt und verpackt sei, führt RG. 5. November 1926 (II, 43/26) in MuW. XXVI, S. 144 aus.

B. Nach dem Sprachgebrauch — eine gesetzliche Begriffsbestimmung fehlt — „werden unter der Bezeichnung ‚Gewürze' im allgemeinen Pflanzenteile verstanden, die infolge ihres Gehalts an ätherischen Ölen oder besonders schmeckenden Stoffen bei der Zubereitung der menschlichen Nahrung als Geschmackszusätze Verwendung finden, z. B. Pfeffer, Muskat, Zimt, Majoran". (So Runderl. d. Min. d. Innern vom 8. Januar 1934 — IIIa II 4386/33 —, abgedruckt im Reichsgesundheitsblatt 1934, S. 22.) Zahlreiche über Gewürze ergangene **Gerichtsentscheidungen** sind in der Abhandlung von GRIEBEL (oben S. 321) mitgeteilt, solche allgemeinerer Art auf S. 335, die übrigen bei den einzelnen Gewürzen.

C. Eine eingehendere rechtliche Regelung unter lebensmittelrechtlichen Gesichtspunkten haben im Rahmen der allgemeinen Lebensmittelgesetzgebung auf Grund des § 5 LMG. Kaffee und Kaffee-Ersatz, Kakao und Schokolade gefunden. Das lebensmittelrechtlich bedeutsame Recht des Tabaks und des Salzes entstammt Rechtssetzungen, die vorwiegend Steuerzwecken dienen.

Das für Kaffee, Kaffee-Ersatz, Kakao und Schokolade sowie für Tabak und Salz geltende Sonderrecht ist in nachstehenden Sonderabhandlungen II bis VI ausführlich dargelegt.

Die aus Kaffee, Kaffee-Ersatzstoffen, Kakao und Kakaoerzeugnissen als wäßrige Aufgüsse zubereiteten Getränke haben in den betreffenden Verordnungen (II, III und IV) keine rechtssatzmäßige Regelung gefunden. Näheres hierzu siehe S. 530.

II. Verordnung der Reichsminister des Innern und für Ernährung und Landwirtschaft über Kaffee.

Vom 10. Mai 1930. (RGBl. I S. 169.)

Auf Grund des § 5 Nr. 1a, b, Nr. 2, 4[1] *des Lebensmittelgesetzes vom 5. Juli 1927 (RGBl. I, S. 134) wird nach Zustimmung des Reichsrats und nach Anhörung des zuständigen Ausschusses des Reichstags sowie des nach § 6 des Gesetzes verstärkten Reichsgesundheitsrats verordnet*[2 bis 4]*:*

Anmerkungen.

[1] § 5 LMG. ist Grundlage und Rahmen für die VO. über Kaffee. Die Mitangabe der einzelnen Nummern des § 5 soll nicht nur die gesetzliche Legitimation der Reichsregierung klarstellen, im Verordnungswege allgemein verbindliche Rechtssätze für den Verkehr mit Kaffee aufzustellen, die ohne diese Legitimation nur im Wege eines förmlichen Reichsgesetzes mit Wirkung für und gegen alle hätten erlassen werden können. Die Hervorhebung der einzelnen Nummern des § 5 LMG. ist in Verbindung mit den Überschriften (z. B. bei § 2: „Verbote zum Schutz der Gesundheit"; vor §§ 2—6: „Grundsätze für die Beurteilung") auch von Bedeutung für den verschieden starken Strafschutz, den §§ 12, 13 LMG. gewähren, je nachdem welche Nummern des § 5 LMG. die Grundlage der einzelnen Bestimmungen der VO. bilden.

[2] Wer gegen die „zum Schutz der Gesundheit" in § 2 der Kaffee-VO. gegebenen Vorschriften verstößt, die auf § 5 Nr. 1 LMG. beruhen, fällt unter die schwere Strafdrohung des § 12 LMG. Dort sind angedroht bei vorsätzlicher Begehung Gefängnis (von 1 Tag bis zu 5 Jahren) und Geldstrafe oder eine dieser Strafen. Die Geldstrafe kann 3—10000 RM betragen. Bei Handeln aus Gewinnsucht kann sie bis auf 100000 RM gesteigert werden, ja noch darüber hinausgehen (§§ 27a und 27c des Reichsstrafgesetzbuchs), wenn das Entgelt, das der Täter für die Tat empfangen hat, oder der Gewinn, den er aus ihr gezogen hat, höher sind. Der Versuch ist strafbar.

Bei Fahrlässigkeit besteht derselbe Strafrahmen, doch ist hier Geldstrafe an erster Stelle angedroht. Das hat die praktische Bedeutung, daß als Ersatz = Freiheitsstrafe für den Fall der Nichtbeitreibbarkeit der Geldstrafe Haft (statt Gefängnis) zulässig ist.

Über Vorsatz, Fahrlässigkeit, Ersatzfreiheitsstrafen, ferner über die Möglichkeit einer Nichtverfolgung der Tat bei Geringfügigkeit siehe HOLTHÖFER in Bd. I, S. 1313f., insbesondere Anm. 2, 3 und 6 daselbst.

[3] Die Blankettvorschrift der Nr. 2 des § 5 LMG. wird durch § 7 der Kaffee-VO. ausgefüllt. Zuwiderhandlungen gegen sie unterfallen der Strafdrohung des § 13 LMG.: Bei Vorsatz Gefängnis von 1 Tag bis zu 6 Monaten und (oder) Geldstrafe wie in vorstehender Anm. 1, bei Fahrlässigkeit Übertretungsstrafe.

Wegen der Möglichkeit einer Abstandnahme von strafrechtlichem Einschreiten siehe HOLTHÖFER in Bd. 1, S. 1316, Anm. 8.

[4] Die Begriffsbestimmungen in § 1 KaffeeVO. und die in §§ 3—6 daselbst aufgestellten Grundsätze, unter welchen Voraussetzungen Kaffee als verdorben, nachgemacht, verfälscht oder irreführend bezeichnet unter die Verbote des § 4 LMG. fällt, füllen für das Gebiet des Verkehrs mit Kaffee die Rahmenvorschrift des § 5, Nr. 4 LMG. aus. D. h., sie legen eindeutig und rechtsverbindlich — insoweit der Nachprüfung von Sachverständigen und Richtern entrückt — fest, daß Kaffee, der in der in §§ 3—6 bezeichneten Beschaffenheit unter den daselbst gekennzeichneten Namen im Verkehr auftritt, verdorben, nachgemacht, verfälscht oder „irreführend bezeichnet" ist.

Zur Bestrafung nach §§ 4, 13 LMG. ist aber weiterhin erforderlich, daß die übrigen Voraussetzungen des § 4 LMG. vorliegen, z. B. daß im Falle des § 4, Nr. 1 daselbst das nachgemachte oder verfälschte Erzeugnis Ergebnis eines auf Täuschung im Handel und Verkehr abzielenden Herstellungsprozesses ist.

Wegen der Tragweite dieser Vorschriften und der möglichen Nebenfolgen der Tat (Einziehung, Betriebsuntersagung, öffentliche Bekanntmachung des Urteils — §§ 14—16 LMG.) wird auf die Erläuterungen zu den entsprechenden Paragraphen des LMG. in Bd. 1, S. 1316f. verwiesen.

Auf die aus Kaffee, Kaffee-Ersatzstoffen, Kakao und Kakaoerzeugnissen als Grundstoffen hergestellten **Getränke** und Speisen (Torten, Puddings usw.) beziehen sich die Regelungen in den gemäß § 5 LMG. erlassenen Verordnungen nicht, jedenfalls nicht unmittelbar. (Vgl. hierzu z. B. KaffeeVO. § 1 Abs. 1 u. 4, § 3, Nr. 1, sowie Begr. zu § 6, Nr. 2 und 3; KaffeeErsVO. § 1, Abs. 1 und § 3, Nr. 3; KakaoVO. § 6 Nr. 15 und 17.) Maßgebend ist insoweit die Verkehrsanschauung. Sie versteht z. B. — wie die Begr. zu § 6, Nr 2 und 3 KaffeeVO. hervorhebt — unter „Mokka" oder „Mokka-Double" einen besonders starken Bohnenkaffeeaufguß, ohne daß der Name auf die Herkunft der Bohnen bezogen wird. Wer in einem Kaffeehaus „Bohnenkaffee" bestellt, erwartet in aller Regel ein Getränk frei von Kaffee-Zusatzstoffen und Kaffee-Ersatzstoffen. Wo „Kaffee" schlechthin auf der Getränkekarte angeboten wird, da muß man mit dem vielfach üblichen Zusatz eines färbenden Kaffeezusatzes (etwa „Karlsbader Kaffeegewürz") in verhältnismäßig geringer Menge rechnen. In einem Ausschank, der sich als „Malzkaffee-Ausschank" bezeichnet, wird niemand, der dort „eine Tasse Kaffee" bestellt, etwas anderes als ein Getränk aus Kaffee-Ersatzstoffen erwarten.

Welche Stärke des „Kaffees", d. h. welcher Gehalt an Mahlgut, dieser oder jener Art, verlangt werden kann, richtet sich weitgehend nach den Preisen, der Ausstattung des Raumes und sonstigen Umständen des Einzelfalles.

Teilweise übereinstimmend: die Aufsätze über Bezeichnung von Kaffeegetränken in der Deutschen Nahrungsmittel-Rundschau 1934, S. 55 und 92.

Die **Begr.** hebt in einer „Allgemeinen Vorbemerkung" folgendes hervor, was für alle auf Grund des § 5, Nr. 4 LMG. ergehenden Verordnungen gilt:

„Die auf Grund des § 5, Nr. 4 des LMG. ergehenden Verordnungen können naturgemäß dem Stande der Wissenschaft, Technik und Wirtschaft nur zur Zeit ihrer Verabschiedung entsprechen. Späterhin in Aufnahme kommende Stoffe, Verfahren und Gebräuche sind deshalb nach den allgemeinen Bestimmungen in §§ 3, 4 des LMG. zu beurteilen." Das bedeutet praktisch, daß auch Fälle von Verdorbensein, Nachgemachtsein usw. denkbar und strafbar sind, die nicht in dem Katalog der §§ 3—6 KaffeeVO., der nur die wichtigsten Fälle aufzählt („insbesondere"), ausdrücklich genannt sind.

§ 1.

Begriffsbestimmungen.

(1) Kaffee (Kaffeebohnen, Bohnenkaffee) sind die von der Fruchtschale vollständig und von der Samenschale (Silberhaut) nach Möglichkeit befreiten, rohen oder gerösteten, ganzen oder zerkleinerten Samen von Pflanzen der Gattung Coffea.

(2) Unverlesener Kaffee ist der im Großhandel befindliche, noch nicht durch Beseitigung der minderwertigen und fremden Bestandteile gereinigte rohe Kaffee.

(3) Als Kaffeesorten werden im allgemeinen unterschieden:

1. nach der geographischen Herkunft:

a) südamerikanischer Kaffee: brasilianischer (Santos-, Rio-, Bahia-, Parana-) Kaffee, Venezuela-, Columbia-Kaffee;

b) mittelamerikanischer Kaffee: Guatemala-, Costarica-, Mexiko-, Nicaragua-, Salvador-Kaffee;

c) westindischer Kaffee: Cuba-, Jamaika-, Haiti-, Domingo-, Portorico-Kaffee;

d) ostindischer Kaffee: Mysore-, Coorg-, Neilgherry-, Java-, Sumatra- (Padang-), Celebes- (Menado-) Kaffee;

e) arabischer (Mokka-) Kaffee;

f) afrikanischer Kaffee: abessinischer (Mokka-), ostafrikanischer, westafrikanischer, Kongo-Kaffee;

2. nach der pflanzlichen Abstammung: Kaffee von Coffea arabica L., Kaffee von Coffea liberica Bull. (Liberia-Kaffee);

3. nach der Stufe der Zubereitung: roher, gerösteter, gemahlener Kaffee.

(4) Der Wassergehalt des gerösteten Kaffees[1] *schwankt zwischen 1,5 und 5 Hundertteilen.*

(5) Perlkaffee ist Kaffee aus einsamig entwickelten Kaffeefrüchten.

(6) Bruchkaffee (Kaffeebruch) sind zerbrochene Kaffeebohnen.

(7) Ausschußkaffee ist Kaffee, der vorwiegend aus den bei der Verlesung von Kaffee abfallenden Bohnen und deren Bruchstücken besteht.

(8) Kaffeemischungen und gleichsinnig bezeichnete Erzeugnisse sind Gemische verschiedener Kaffeesorten.

(9) Kaffee-Extrakt und Kaffee-Essenz sind ausschließlich aus gerösteten, zerkleinerten Kaffeebohnen hergestellte, mehr oder weniger eingedickte, wäßrige Auszüge.

(10) Koffeinarmer Kaffee ist Kaffee, dessen Koffeingehalt höchstens 0,2 Hundertteile beträgt[2].

(11) Koffeinfreier Kaffee ist Kaffee, dessen Koffeingehalt höchstens 0,08 Hundertteile beträgt[2].

Begr.[3] zu § 1.

Abs. 1. Unter den Begriff Kaffee (Kaffeebohnen) fallen ganz allgemein die Samen von Pflanzen der Gattung Coffea, also auch die Samen solcher Arten, die Koffein nicht enthalten, z. B. Coffea mauritiana Lam. Die koffeinfreien Sorten haben allerdings bisher im Handel kaum Bedeutung erlangt.

Die Samen müssen von der Fruchtschale, d. h. der Oberhaut, dem Fruchtfleisch und der Pergamentschicht oder Hornschale vollständig, von der Silberhaut, soweit dies technisch möglich ist, befreit sein.

Abs. 2. „Unverlesener Kaffee" kann sowohl geröstet wie ungeröstet (roh) sein. Unverlesener Kaffee kommt im allgemeinen nur im Großhandel vor. Für die Beurteilung unverlesenen Kaffees gilt nicht die im § 5 Nr. 1 festgesetzte Grenzzahl.

Abs. 3 Nr. 1. Die Aufzählung der Kaffeesorten nach der geographischen Herkunft ist nicht erschöpfend, im Großhandel werden noch andere Sorten unterschieden; auch nimmt die Zahl der Kaffee-Anbaugebiete ständig zu. Die Aufzählung ist notwendig, weil durch die Herkunftsbezeichnung die Bewertung des Kaffees beeinflußt wird. Doch dabei soll die Reihenfolge nicht etwa einen Maßstab für die Güte der aufgezählten Sorten darstellen. Die Benennung kann entweder nach dem Erzeugungsgebiet oder nach dem Verschiffungshafen erfolgen. Der als Mokka bezeichnete Kaffee muß aus Arabien oder aus Abessinien stammen; aus anderen Gebieten stammende Kaffeesorten dürfen nicht als Mokka-Kaffee oder Mokka bezeichnet werden.

Nr. 2. Von den zahlreichen Arten und Spielarten der Gattung Coffea kommen für die Kaffeegewinnung außer den wichtigsten Arten Coffea arabica L. und Coffea liberica Bull. nur vereinzelt noch andere in Betracht, z. B. Coffea stenophylla G. Don., Coffea Ibo Froehner. Liberiakaffee ist somit keine Herkunftsbezeichnung, sondern weist auf die Abstammung der Pflanze von Coffea liberica hin, die auch in anderen Gebieten als Liberia, z. B. auf Java, angebaut wird.

Nr. 3. Unter rohem Kaffee ist ungerösteter Kaffee zu verstehen.

Abs. 4. Die Begriffsbestimmung für Kaffee bedarf einer ergänzenden Angabe, in welchen Grenzen der Wassergehalt des rohen[1] und gerösteten Kaffees schwankt. Werden die unteren Grenzwerte unterschritten, so bestehen dagegen keine Einwendungen, bei Überschreitung der Höchstgrenze gilt der Kaffee als verfälscht (vgl. § 5, Nr. 4).

Abs. 7. Ausschußkaffee ist nach der Begriffsbestimmung ein minderwertiger, also billiger Kaffee, der im Handel auch die Bezeichnung „Triage" führt (vgl. § 5, Nr. 1).

Abs. 8. Als gleichsinnig mit dem Worte „Kaffeemischungen" ist z. B. die Bezeichnung „Melange", auch in Wortverbindungen wie „Volksmelange", anzusehen. Mischungen, die außer Kaffee (Kaffeebohnen) noch Kaffee-Ersatzstoffe oder Kaffee-Zusatzstoffe enthalten, dürfen nicht als „Kaffeemischungen", sondern müssen als „Kaffeeersatz-Mischungen" bezeichnet werden (vgl. § 5, Nr. 18 dieser Verordnung und § 1, Abs. 12 der Verordnung über Kaffee-Ersatzstoffe und Kaffee-Zusatzstoffe).

Abs. 10, 11. Die Mengen an Koffein bei koffeinarmem und koffeinfreiem Kaffee sind in einem Maße begrenzt, daß von einer Koffeinwirkung beim Genuß von Getränken aus diesen Erzeugnissen praktisch nicht gesprochen werden kann. Um der Technik keine Beschränkungen aufzuerlegen, sind keine Angaben gemacht, in welcher Weise das Koffein den Kaffeebohnen zu entziehen ist; nach § 5, Nr. 16 wird jedoch verlangt, daß dem Kaffee hierbei keine anderen wasserlöslichen Bestandteile als Koffein in nennenswerter Weise mit entzogen werden.

Anmerkungen.

[1] In dem Entw., auf den sich die Begr. bezieht, war unter § 1, Abs. 4 auch eine Bestimmung des Wassergehalts für rohen Kaffee vorgesehen, die später fallen gelassen wurde. Hieraus erklärt sich die Miterwähnung des rohen Kaffees in der **Begr.** zu § 1, Abs. 4 des Entw.

[2] Siehe Anmerkung zu § 6 Nr. 4, 5 und 7.

[3] Vgl. über den Fundort der Begr. das Literaturverzeichnis S. 526 unter „Begr.".

§ 2.

Verbote zum Schutze der Gesundheit [1].

(1) Es ist insbesondere verboten:

1. Kaffee, Kaffeemischungen, Kaffee-Extrakt oder Kaffee-Essenz mit gesundheitsschädlichen Farbstoffen zu färben;

2. Kaffee oder Kaffeemischungen mit arsenhaltigem Schellack oder mit sonstigen Glasurmitteln zu überziehen, deren Genuß die menschliche Gesundheit zu schädigen geeignet ist;

3. Kaffee, Kaffeemischungen, Kaffee-Extrakt oder Kaffee-Essenz mit Borsäure, deren Salzen oder deren Verbindungen zu behandeln.

(2) Es ist verboten, derartig hergestellte Erzeugnisse in den Verkehr zu bringen [2].

Begr. zu § 2.

Die Verbote des § 2 dienen dem Schutze der Gesundheit. Damit ist indessen nicht gesagt, daß Erzeugnisse, die diesen Verboten zuwider behandelt worden sind, unter allen Umständen gesundheitsschädlich sein müssen. Andererseits ist die Aufzählung nicht erschöpfend; es lassen sich auch andere Verfahren denken, die Schäden für die menschliche Gesundheit zur Folge haben können. Solche Fälle sind nach den allgemeinen Bestimmungen in § 3 Nr. 1 a, b des Lebensmittelgesetzes zu beurteilen.

Anmerkungen.

[1] a) Allgemeines über die Strafvorschrift zu § 2 siehe unter Anm. 1 zu den Eingangsworten der KaffeeVO.

Während § 3 LMG. eine tatsächliche Eignung des betreffenden Lebensmittels zur Schädigung der menschlichen Gesundheit im konkreten Einzelfall erfordert, werden durch VO. auf Grund des § 5 Nr. 1 im Einzelfall „unwiderlegbare Vermutungen" (so

Stenglein, LMG. § 5 II Nr. 1a, S. 735) für die Gesundheitsschädlichkeit des durch die VO. Verbotenen geschaffen.

Deshalb gehört zum inneren Tatbestand einer vorsätzlichen Straftat gegen § 3 LMG., daß der Täter die Vorstellung hat, daß sein verbotenes Herstellen, Vertreiben usw. die menschliche Gesundheit zu schädigen geeignet ist.

Bei Bestrafung von Zuwiderhandlungen gegen die auf Grund des § 5 Nr. 1 LMG. erlassenen Verbote des § 2 KaffeeVO. ist erforderlich, aber auch genügend, daß der Täter weiß, daß diese Verbote der Reichsregierung bestehen. (Näheres hierzu Holthöfer in Bd. 1, S. 1314, Anm. 3.)

In der Praxis wird in den seltensten Fällen eine behauptete Nichtkenntnis der Verbote glaubhaft sein; denn die Tageszeitungen, die Fachpresse und der Verkehr mit Fachgenossen vermitteln heutzutage die Kenntnis solcher Verbote in weitestem Umfang. Siehe hierzu RGSt. **52**, 325, auch Urteil des Bayr. Obersten Landesgerichts vom 9. Mai 1932 — Rev.-Reg. II 171, 1932 — über Getreidekaffee.

b) Im Falle des § 2 Nr. 1 und Nr. 2 in Ansehung der „sonstigen Glasurmittel" muß freilich zu der Kenntnis von dem Bestehen des Verbots auch noch die Vorstellung hinzutreten oder aus Fahrlässigkeit unterbleiben, daß der verwendete Farbstoff bzw. das sonstige Glasurmittel gesundheitsschädlich sei. Denn hier ist zum Schutze der Gesundheit — und mithin unter der schweren Strafdrohung des § 12 LMG. — nicht die Verwendung jeglicher Farbstoffe (wie in § 5 Nr. 8 für gerösteten Kaffee unter der milderen Strafdrohung der §§ 4, 13 LMG.) und jeglicher Glasurmittel (vgl. § 5 Nr. 9 der KaffeeVO.) verboten, sondern in Anlehnung an § 5 Nr. 1d LMG. durch die Aufnahme des Wortes „gesundheitsschädlich" die wirkliche Gesundheitsschädlichkeit des Farbstoffs bzw. Glasurmittels zum Tatbestandsmerkmal gemacht. Vgl. hierzu die Ausführungen bei Holthöfer-Juckenack S. 137, Anm. 4b zu § 5 LMG. und bei Stenglein, Strafrechtliche Nebengesetze, 5. Aufl., Berlin: Liebmann 1928, Bd. 1, S. 737 zu § 5 LMG., Anm. II 1 d.

[2] „In Verkehr bringen" bedeutet jedes Überlassen an einen andern, durch welches dieser in die Lage versetzt wird, über den betreffenden Gegenstand in einer seiner Bestimmung entsprechenden Weise zu verfügen. Einzelheiten bei Holthöfer in Bd. 1, S. 1293, Anm. 16.

Grundsätze für die Beurteilung[1].

§ 3.

Als verdorben[3] sind insbesondere[2] anzusehen und auch bei Kenntlichmachung[4] vom Verkehr ausgeschlossen:

1. Kaffee, der infolge unzweckmäßiger Art der Ernte oder der weiteren Behandlung, infolge Beschädigung durch See- oder Flußwasser (Havarie) ungeeigneter Lagerung oder anderer Umstände in rohem oder geröstetem Zustande oder in dem daraus bereiteten Getränk eine derart ungewöhnliche Beschaffenheit, insbesondere einen so fremdartigen oder widerwärtigen Geruch[5] oder Geschmack aufweist, daß er zum Genuß ungeeignet ist;

2. Kaffee, der stark[5] von Schimmel befallen oder stark[5] verunreinigt ist;

3. gerösteter Kaffee, der ganz oder zu einem erheblichen[5] Teil verkohlt ist;

4. gerösteter Kaffee, der aus verdorbenem rohen Kaffee hergestellt ist;

5. Kaffee-Extrakt und Kaffee-Essenz, die aus verdorbenem Kaffee hergestellt sind.

Begr. zu § 3.

Auch die Grundsätze für die Beurteilung bieten keine erschöpfenden Angaben, sondern nur Beispiele. Konservierungsmittel sind hier nicht erwähnt, weil sie bei Kaffee keine Verwendung zu finden pflegen. Hieraus darf nicht gefolgert werden, daß die Verwendung von Konservierungsmitteln gestattet sei. Die im § 5 Nr. 9—13 zugelassenen Überzugsstoffe gelten nicht als Konservierungsmittel.

Abs. 1 Nr. 1. Durch See- oder Flußwasser (Havarie) beschädigter Kaffee ist nicht unbedingt als verdorben anzusehen, sondern nur dann, wenn der Kaffee dadurch zum Genusse untauglich geworden ist. Leicht havarierter Kaffee, der nur in seinem Genußwerte herabgesetzt ist, darf nach § 3 Abs. 3 Nr. 2 unter entsprechender Bezeichnung in den Verkehr gebracht werden.

Nr. 2. Ein größerer Kaffeevorrat, der nur an einzelnen Stellen leichte Schimmelbildung zeigt, ist nicht als stark von Schimmel befallen anzusehen. Ebenso kommt eine sonstige Verunreinigung nur dann in Betracht, wenn sie nach Art oder Menge als stark zu bezeichnen ist. Inwieweit ein Gehalt an wurmstichigen Bohnen, schwarzen Bohnen oder dergleichen eine starke Verunreinigung des Kaffees darstellt, ist von Fall zu Fall zu beurteilen.

Nr. 4. Ist roher Kaffee verdorben, so soll dieser Mangel nicht durch Rösten äußerlich verdeckt werden. Dadurch würde dem Kaffee nur der Schein einer normalen Beschaffenheit verliehen, da die Verdorbenheit durch das Rösten nicht beseitigt werden kann.

Anmerkungen.

1 Unter der Überschrift: „Grundsätze für die Beurteilung" faßt die VO. jetzt die §§ 3—6 zusammen. Im Entw. waren die jetzigen §§ 3—6 in einem einzigen Paragraphen (§ 3) als verschiedene Absätze enthalten. Im übrigen sind die Abweichungen des maßgebenden Textes vom Entw. verhältnismäßig geringfügig. Wo solche Abweichungen einen Zwiespalt zwischen dem Text des Gesetzes und der auf den Entw. desselben abgestellten Amtl. Begr. aufweisen, ist in der vorliegenden Abhandlung in geeigneter Weise darauf hingewiesen.

Über den Strafschutz bei Verfehlungen gegen die Grundsätze siehe unter Anm. 4 zu den Eingangsworten der VO.

2 Daß die Aufzählung in § 3 keine erschöpfende Aufzählung der möglichen Fälle ist, in denen Kaffee als verdorben anzusehen ist, wird durch das Wort „insbesondere" im Text der Verordnung und durch die **Begr.** klargestellt.

3 **Verdorben** ist ein Lebensmittel dann, wenn es schon bei der Herstellung oder Gewinnung oder späterhin durch natürliche oder willkürliche Einflüsse Veränderungen erleidet, die seine Brauchbarkeit als Lebensmittel wesentlich beeinträchtigen oder ausschließen (RGSt. **49**, 351). Allgemeine Kasuistik zu dem Begriff „verdorben" bei Holthöfer-Juckenack S. 96f., Anm. 8.

4 Hiermit wird festgelegt, daß die zweite Alternative des § 4 Nr. 2 LMG. (s. oben Anm. 4 zu den Eingangsworten der VO.) auf die in § 3 KaffeeVO. aufgezählten Fälle anwendbar sein soll.

5 Diese dehnbare Fassung läßt Raum für die Berücksichtigung von Handelsbräuchen und Verkehrsauffassung innerhalb der grundsätzlichen rechtssätzlichen Normierung des § 3 KaffeeVO. Bei Holthöfer in Bd. 1, S. 1295, Anm. 11 ist dargelegt, daß als Normen, an denen gemessen werden kann, ob ein Lebensmittel als verdorben, nachgemacht usw. hinter der Normalware zurückbleibt, Rechtssatz, Natur, Handelsbrauch, Verkehrsanschauung zu gelten haben.

§ 4.

Als nachgemacht[1] sind insbesondere anzusehen und auch bei Kenntlichmachung vom Verkehr ausgeschlossen[2] künstliche Kaffeebohnen.

Begr. zu § 4 (der dem § 3 Abs. 2 des Entw. der KaffeeVO. entspricht).

Künstliche Kaffeebohnen sind solche, die aus irgendwelchen Rohstoffen den natürlichen Kaffeebohnen äußerlich täuschend nachgebildet sind; sie dürfen auch nicht unter Kenntlichmachung in den Verkehr gebracht werden. Als künstliche Kaffeebohnen im Sinne dieser Verordnung sind jedoch nicht die aus Schokolade hergestellten, kaffeebohnenähnlichen Erzeugnisse anzusehen.

Anmerkungen.

1 Unter **Nachmachen** verstehen Rechtslehre und Gerichtspraxis die Herstellung eines zum Essen oder Trinken durch Menschen bestimmten Erzeugnisses derart, daß es einem bereits bekannten Erzeugnis nach Stoff und Beschaffenheit in der äußeren Erscheinungsform verwechselbar ähnlich, aber nach Wesen und Gehalt nicht gleichwertig ist. Vgl. RGSt. **41**, 205; Holthöfer-Juckenack S. 80 (§ 4 LMG. Anm. 2a) und Holthöfer in Bd. 1, S. 1295.

Verpackung, Aufschrift und sonstige Aufmachung, die keine Einwirkung auf Stoff und Beschaffenheit selbst in sich schließen, können für die rechtliche Begründung des Nachmachens nicht verwertet werden. Sie würden als irreführende Aufmachung dem § 4 Nr. 3 LMG. und § 6 der KaffeeVO. unterfallen.

2 Hiermit wird das Verkehrsverbot des § 4 Nr. 2, letzter Halbsatz LMG. ausgesprochen.

3 Kaffeebohnen aus Schokolade treten nicht als Kaffeeerzeugnis, sondern als Schokoladeerzeugnis in Kaffeebohnenform im Verkehr auf und wollen und können im

Handel und Verkehr mit echten Kaffeebohnen nicht verwechselt werden. Mit Recht nimmt sie die Begr. von der Behandlung als „nachgemachte" Kaffeebohnen aus.

[4] Wegen des Verbots von Maschinen zur Herstellung künstlicher Kaffeebohnen siehe unter § 6 der KaffeeVO.

§ 5.

Als verfälscht[1] sind insbesondere[2] anzusehen und, außer in den Fällen der Nr. 3, 10, 15, 18, auch bei Kenntlichmachung vom Verkehr[3] ausgeschlossen:

1. roher Kaffee, der mehr als 5 Hundertteile fremde Bestandteile enthält, ausgenommen Ausschußkaffee und unverlesener Kaffee;

2. gerösteter Kaffee, der mehr als 3 Hundertteile fremde Bestandteile enthält, ausgenommen Ausschußkaffee und unverlesener Kaffee;

3. durch See- oder Flußwasser in seinem Genußwerte wesentlich herabgesetzter (havarierter) Kaffe, auch wenn er mit anderem Kaffee gemischt ist, sofern nicht die minderwertige Beschaffenheit aus der Bezeichnung hervorgeht;

4. gerösteter Kaffee, der mehr als 5 Hundertteile Wasser enthält;

5. Kaffee, der zur Erhöhung des Gewichtes unmittelbar oder mittelbar mit Wasser beschwert worden ist[1];

6. Kaffee, dem Holzmehl oder andere bei seiner Reinigung verwendete Stoffe in einer technisch vermeidbaren Menge anhaften;

7. Kaffee, dessen minderwertige Beschaffenheit durch Farb- oder Überzugsstoffe verdeckt worden ist;

8. gerösteter Kaffee, der künstlich gefärbt ist;

9. gerösteter Kaffee, der mit anderen Überzugsstoffen versehen ist als Rüben- oder Rohrzucker, Stärkezucker (Kandiermittel), arsenfreiem Schellack, anderen gesundheitsundschälichen Harzen oder Wachsen oder Gemischen von solchen (Glasurmittel);

10. gerösteter Kaffee, der mit den nach Nr. 9 zulässigen Kandiermitteln versehen und nicht als kandiert gekennzeichnet ist;

11. kandierter Kaffee, bei dem auf 100 Teile rohen Kaffee mehr als 8 Teile Zucker[3] verwendet sind und der mehr als 4 Hundertteile abwaschbare Stoffe enthält;

12. kandierter Kaffee, bei dem auf 100 Teile rohen Kaffee mehr als 0,5 Teile Glasurmittel[3] mit verwendet worden sind;

13. glasierter Kaffee, bei dem auf 100 Teile rohen Kaffee mehr als 0,5 Teile Glasurmittel[3] verwendet worden sind;

14. Kaffee, der mit Alkali- oder Erdalkali-Hydroxyden oder -Karbonaten, Zuckerkalk (Calciumsaccharat), Ammoniak, Ammoniumsalzen oder schwefliger Säure behandelt worden ist;

15. Kaffee, dem Koffein entzogen worden ist, sofern er nicht als koffeinarm bzw. coffeinfrei gekennzeichnet ist;

16. Kaffee, dem, unbeschadet kleiner technisch nicht vermeidbarer Mengen bei der Herstellung von koffeinarmem oder koffeinfreiem Kaffee, andere wasserlösliche Bestandteile entzogen worden sind;

17. Kaffee, dem künstliche Kaffeebohnen, Lupinen, Sojabohnen oder andere Kaffee-Ersatzstoffe oder Kaffee-Zusatzstoffe beigemischt sind, die in der Mischung mit Kaffeebohnen mit diesen verwechselt werden können;

18. Kaffee, dem andere als die in Nr. 17 bezeichneten Kaffee-Ersatzstoffe oder Kaffee-Zusatzstoffe beigemischt sind, sofern nicht die Mischung als Kaffeeersatz-Mischung gekennzeichnet und der Mindestgewichtsanteil des Kaffees in der Mischung zahlenmäßig richtig angegeben ist;

19. Kaffee, dem andere als die nach Nr. 9, 18 zulässigen Stoffe beigemischt sind.

Begr. zu § 5 (der dem § 3 Abs. 3 des Entw. der KaffeeVO. entspricht, aber im Inhalt und der Numerierung der einzelnen Nummern etwas vom Entwurf abweicht; vgl. hierzu das zu § 3 unter Anm. 1 Gesagte).

Nr. 1, 2. Unter minderwertigen* Bestandteilen des Kaffees sind insbesondere solche Kaffeebohnen zu verstehen, die von der normalen Beschaffenheit der Bohne wesentlich abweichen, wie z. B. eingetrocknete Kaffeefrüchte (Kaffeekirschen), Bohnen mit der Pergamentschicht u. dgl. Fremde Bestandteile bilden z. B. Steinchen, Erd- und Holzstückchen, Stiele, Schalen und fremde Samen. Für Ausschußkaffee und unverlesenen Kaffee gilt eine Ausnahme, weil der Ausschußkaffee vorwiegend aus den Abfallbohnen besteht und unverlesener Kaffee noch nicht von den fremden Bestandteilen durch Verlesen befreit ist.

Nr. 3. Die Minderwertigkeit von havariertem, aber noch genußtauglichem Kaffee darf nicht lediglich aus dem Preise hervorgehen, sondern muß ausdrücklich gekennzeichnet sein.

Nr. 4, 5. Bei Überschreitung der Grenzzahl gilt der Kaffee stets als verfälscht, einerlei wie das Wasser hineingelangt ist. Die Beschwerung mit Wasser gilt auch dann als Verfälschung, wenn die in Nr. 4 festgesetzte Höchstgrenze nicht erreicht ist. Eine mittelbare Beschwerung mit Wasser kann z. B. dadurch eintreten, daß Kaffee in feuchten Räumen gelagert oder mit flüssigen Glasurmitteln behandelt wird. Das Waschen oder Befeuchten des Kaffees vor dem Rösten wird in der Regel nicht als Beschwerung anzusehen sein.

Nr. 7—13. Das Verbot der Färbung bezieht sich lediglich auf gerösteten Kaffee. Eine geringe Färbung der rohen Kaffeebohnen ist vielfach handelsüblich und gilt als erlaubt, sofern sie mit gesundheitlich unbedenklichen Farbstoffen ausgeführt wird (vgl. § 2 Abs. 1 Nr. 1); meist werden Pflanzenfarbstoffe dazu verwendet. Eine solche Färbung wird im allgemeinen nicht zur Verdeckung einer minderwertigen Beschaffenheit der Kaffeebohnen, sondern nur zur Verleihung eines gleichmäßigeren Aussehens vorgenommen; sie ist insoweit als erlaubte Schönung zu betrachten.

Die Farbänderung, die der Kaffee beim eigentlichen Rösten oder auch durch die Verwendung der zugelassenen Überzugsstoffe (vgl. Nr. 9) erfährt, fällt nicht unter das Verbot der künstlichen Färbung.

Die Verwendung von Überzugsstoffen beim Rösten des Kaffees ist ebenso wie die Verwendung von Farbstoffen unter allen Umständen als Verfälschung anzusehen, wenn damit eine Täuschung des Käufers über die Minderwertigkeit des Kaffees beabsichtigt ist. Gerösteter Kaffee normaler Beschaffenheit darf nicht künstlich gefärbt, wohl aber mit Kandier- oder Glasurmitteln überzogen werden. Dies geschieht nicht nur, um einem an sich einwandfreien Kaffee ein besseres Aussehen zu verleihen, sondern auch zu dem Zweck, durch die Umkleidung mit diesen Mitteln die Verflüchtigung der Aromastoffe zu verhindern. Bei den aus Zuckerarten bestehenden Überzugsstoffen kommt hinzu, daß sich aus diesen durch Karamelisierung Färbestoffe und Geschmacksstoffe bilden, die dem wäßrigen Auszuge, dem Kaffeegetränk, eine dunklere Färbung und einen bestimmten Geschmack verleihen.

Als Kandier- und Glasurmittel sollen nur die in Nr. 9 genannten Mittel zugelassen werden; die verwendeten Zuckerarten müssen in ihrer Reinheit den für die Verwendung zu Genußzwecken gebotenen Anforderungen entsprechen. Schellack sowie die anderen Harze und Wachse oder Gemische von solchen müssen gesundheitsunschädlich und technisch rein sein; sie dürfen nicht künstlich gefärbt sein. Die Anwendung von Lösungen der genannten Kandier- und

---

* Im Entw. (§ 3 Abs. 3 Nr. 1) lautete die jetzige Nr. 1 des § 5: „Kaffee, der mehr als 5 Hundertteile minderwertige oder fremde Bestandteile enthält, ausgenommen Ausschußkaffee und unverlesener Kaffee."

Glasurmittel, z. B. Zuckersirup oder Zuckerlösungen, Schellacklösungen u. dgl. ist nicht zulässig. Der mit Rohr- oder Rübenzucker oder mit Stärkezucker überzogene Kaffee muß als kandiert, der mit Schellack, anderen Harzen, Wachsen oder Gemischen von solchen überzogene Kaffee als glasiert gekennzeichnet sein. [Diese Kennzeichnungen sind nur erforderlich, wenn die Menge des angewandten Kandier- oder Glasurmittels 0,25 Hundertteile, bezogen auf rohen Kaffee, übersteigt (vgl. Nr. 9, 11) *]. Ferner wird, um eine unzulässige Beschwerung des Kaffees mit diesen Mitteln zu verhindern, ihre Menge begrenzt. Dies ist in Nr. 11—13 in einer Weise geschehen, die den bisherigen Erfahrungen Rechnung trägt, so daß die Industrie mit den zugelassenen Mengen an Überzugsstoffen auskommen kann und zugleich eine unzulässige Beschwerung vermieden wird. Jede der beiden Bedingungen muß für sich erfüllt sein.

Nr. 15, 16. Von Natur aus koffeinfreier Kaffee, der, wie bereits erwähnt, im Handel keine Bedeutung hat, braucht nicht als „koffeinfrei" gekennzeichnet zu sein. Im übrigen hat sich die Art der Bezeichnung, ob koffeinarm oder koffeinfrei, nach dem Grade der Koffeinentziehung zu richten, wobei die in § 1 Abs. 10, 11 gegebenen Begriffsbestimmungen maßgebend sind.

Koffeinarmer oder koffeinfreier Kaffee, dem bei der Koffeinentziehung noch andere wasserlösliche Stoffe in nennenswerter Menge entzogen worden sind, ist als verfälscht anzusehen.

Nr. 17—19. Mischungen von Kaffee mit Stoffen, die nicht zu den Kaffee-Ersatzstoffen oder Kaffee-Zusatzstoffen gehören, wie z. B. Kaffeeschalen oder Kaffeesatz, sind ohne weiteres als Verfälschungen anzusehen. Ebenso Mischungen von Kaffee mit Kaffee-Ersatzstoffen oder Kaffee-Zusatzstoffen, wenn diese nach ihrem Aussehen mit Kaffeebohnen verwechselt werden können. Dies gilt nicht nur von Stoffen, die künstlich in die Form von Kaffeebohnen gepreßt sind, sondern auch von gerösteten Sojabohnen, Platterbsen, Lupinen und gespaltenen Erdnüssen, die sich zwar, für sich betrachtet, von Kaffeebohnen merklich unterscheiden, aber in der Mischung mit Kaffeebohnen leicht mit diesen verwechselt werden. Dagegen sind Mischungen von Kaffee mit Kaffee-Ersatzstoffen oder Kaffee-Zusatzstoffen, soweit nicht die Gefahr der Verwechslung besteht, bei Kennzeichnung als Kaffeeersatz-Mischung und zahlenmäßig richtiger Angabe des Anteils an Kaffeebohnen zugelassen, z. B. als „Kaffeeersatz-Mischung mit 30 Hundertteilen Bohnenkaffee". Die Begriffe Kaffee-Ersatzstoffe und Kaffee-Zusatzstoffe sind stets im Sinne des § 1 der Verordnung über Kaffee-Ersatzstoffe und Kaffee-Zusatzstoffe zu verstehen.

Anmerkungen.

[1] **Verfälscht** wird ein Lebensmittel, wenn an seiner normalen stofflichen Zusammensetzung eine Veränderung vorgenommen wird, durch die es einen seinem wahren Wesen nicht entsprechenden Schein erhält, sei es, daß es durch Zusatz oder Nichtentziehung minderwertiger Stoffe oder durch Entziehung oder Weglassung wertvoller Bestandteile verschlechtert ist oder ihm den Anschein einer besseren als seiner wirklichen Beschaffenheit gegeben wird (RGSt. **60**, 49; **39**, 92). Einzelheiten siehe oben Anm. 4 zu den Einleitungsworten der VO. und bei Holthöfer-Juckenack S. 90f. Anm. 7. Eine Färbung von Kaffee zu dem Zweck, der Ware ein besseres gleichmäßiges Aussehen zu geben, bezeichnet schon RGSt. **27**, 6 vom 11. Dezember 1895 als erlaubt und setzt diese Färbung in Gegensatz zu einer solchen, die der Ware den trügerischen Schein einer höherwertigen und besseren

* Der in [ ] gesetzte Satz erklärt sich daraus, daß der Entw. in seiner Nr. 9 geringe Mengen von Kandiermitteln ohne Deklarationszwang zuließ, was im Text der geltenden VO. nicht mehr für Kandiermittel nachgelassen ist. § 3 Abs. 3 Nr. 9 Entw. (der sonst dem § 5 Nr. 10 des geltenden Textes der VO. entspricht) lautete: „gerösteter Kaffee, der mit den nach Nr. 8 (= Nr. 9 der geltenden VO.) zulässigen Überzugsstoffen versehen und, sofern ihr Anteil 0,25 Hundertteile, bezogen auf rohen Kaffee, übersteigt, nicht als kandiert oder glasiert gekennzeichnet ist".

Beschaffenheit beilegen soll. Dafür, ob das eine oder das andere vorliege, sei der Standpunkt des kaufenden Publikums zu berücksichtigen.

Hingewiesen sei auch auf den in RGSt. **25**, 117 als Verfälschung beurteilten Fall, in dem geringwertigen, kleinen, mißfarbigen Kaffeebohnen aus Brasilien (Campinos und Santos) durch Aufquellen und Färben die Größe und das Aussehen indischer Kaffeebohnen gegeben war und dieses Fabrikat als „Fabrikmenado" über unterrichtete Detailverkäufer an ununterrichtetes Konsumentenpublikum in Verkehr gebracht worden war.

[2] Die Aufzählung der Verfälschungsmöglichkeiten des Kaffees in § 5 ist nicht erschöpfend. Siehe hierzu Anm. 3 am Ende zu den Einleitungsworten der VO.

[3] Hiernach ist z. B. schlechtweg vom Verkehr ausgeschlossen Kaffee, der stärker, als in Nr. 11 bis Nr. 13 vorgesehen, kandiert oder glasiert ist.

Ist der Kaffee überhaupt, also in dem nach dem vorigen Satz zulässigen Rahmen, kandiert, so darf er nur in Verkehr gebracht werden (§ 4 Nr. 2 LMG.), wenn kenntlich gemacht wird, daß der Kaffee kandiert ist.

Glasurmittel im Rahmen der Nr. 13 dürfen ohne Deklaration verwendet werden, darüber hinaus sind sie auch bei Kenntlichmachung verboten.

[4] Siehe hierzu Anmerkung zu § 6 Nr. 4, 5 und 7.

§ 6.

Eine irreführende Bezeichnung, Angabe oder Aufmachung[1] *liegt insbesondere*[2] *vor:*

1. wenn im Verkehr mit Kaffee, Kaffee-Ersatzstoffen oder Kaffee-Zusatzstoffen ein Erzeugnis, das den im § 1 gegebenen Begriffsbestimmungen nicht entspricht, als Kaffee oder als eine bestimmte Kaffeesorte oder, vorbehaltlich des § 5 Nr. 5 der Verordnung über Kaffee-Ersatzstoffe und Kaffee-Zusatzstoffe vom 10. Mai 1930 (RGBl. I, S. 171), mit einer das Wort Kaffee enthaltenden Wortbildung bezeichnet wird;

2. wenn ein Kaffee mit einer Herkunftsbezeichnung versehen wird, ohne aus dem entsprechenden Erzeugungsgebiet zu stammen[3]*;*

3. wenn eine Kaffeemischung mit einer Herkunftsbezeichnung versehen wird, ohne daß der aus dem entsprechenden Erzeugungsgebiete stammende Anteil der Menge nach überwiegt und die Eigenart der Mischung bestimmt;

4. wenn ein Kaffee, der mehr als 0,2 Hundertteile Koffein enthält, als koffeinarm oder gleichsinnig bezeichnet wird;

5. wenn ein Kaffee, der mehr als 0,08 Hundertteile Koffein enthält, als koffeinfrei oder gleichsinnig bezeichnet wird;

6. wenn ein Erzeugnis als Kaffee-Extrakt oder als Kaffee-Essenz bezeichnet wird, ohne der Begriffsbestimmung im § 1 Abs. 9 zu entsprechen;

7. wenn im Verkehr mit Kaffee entgegen den Tatsachen auf eine besonders gute Beschaffenheit oder eine besonders sorgfältige Art der Herstellung hingewiesen wird;

8. wenn einem Kaffee entgegen den Tatsachen eine besondere diätetische oder gesundheitliche Wirkung zugeschrieben wird[4]*.*

Begr. zu § 6 (der dem § 3 Abs. 4 des Entw. voll entspricht).

Nr. 1. Den Anforderungen des § 1 müssen auch solche Erzeugnisse entsprechen, die nicht als Kaffee, sondern mit dem Namen einer Kaffeesorte, z. B. Menado, Mokka oder mit einem entsprechenden Handelsnamen, z. B. Melange, bezeichnet sind.

Für die Bezeichnung von Kaffee-Ersatzstoffen und Kaffee-Zusatzstoffen mit Wortbildungen, die das Wort Kaffee enthalten, gilt § 5 Nr. 5 der Verordnung über Kaffee-Ersatzstoffe und Kaffee-Zusatzstoffe.

Nr. 2, 3. Die Vorschriften über die Herkunftsbezeichnung sind dahin zu verstehen, daß z. B. „Java-Kaffee" aus Java stammt, „Santos-Kaffee" aus dem Gebiet, dessen Erzeugnisse über Santos verschifft werden. „Mokka-Kaffee" muß aus Arabien oder Abessinien stammen, „Guatemala-Mischung" muß sowohl zu mehr als der Hälfte aus Guatemala-Kaffee bestehen als auch den diesem eigentümlichen Geruch und Geschmack hervortreten lassen. Der in den Gaststätten als Getränk verabfolgte „Mokka“ oder „Mokka-Double“ fällt als Zubereitung nicht unter die Vorschriften dieser Verordnung; man versteht darunter herkömmlicherweise einen besonders starken Bohnenkaffee-Aufguß, ohne daß der Name auf die Herkunft hindeuten sollte.

Nr. 7. Das Verbot bezweckt, Bezeichnungen oder Angaben, die auf ein nach Beschaffenheit oder Art der Herstellung besonders gutes Erzeugnis hindeuten, wie z. B. Edelkaffee, Prima-Kaffee, Edelbrand-Kaffee, für solchen Kaffee auszuschließen, der lediglich als Handelsware gewöhnlicher Art gelten kann.

Nr. 8. Das Verbot richtet sich gegen Anpreisungen wie „Medizinalkaffee“, „Gesundheitskaffee“ usw., denen deshalb die innere Berechtigung fehlt, weil einzelnen Kaffeesorten oder Kaffeemischungen keine gesundheitlichen Vorzüge vor anderen Sorten oder Kaffeemischungen zukommen. Es soll damit nicht ausgeschlossen werden, daß z. B. in einer den Tatsachen entsprechenden Weise auf die gesundheitlichen Vorzüge des koffeinfreien und koffeinarmen Kaffees hingewiesen wird[4].

Anmerkungen.

[1] Im Sinne des § 4 Abs. 3 LMG. Siehe hierzu oben Anm. 4 zu den Einleitungsworten der VO. und weitere Einzelheiten bei HOLTHÖFER in Bd. 1, S. 1297, Anm. 20—24.

[2] § 6 gibt nur Beispiele.

[3] Siehe § 1 Abs. 3 Nr. 1 KaffeeVo.

[4] a) Ob einem Kaffee eine besondere diätetische oder gesundheitliche Wirkung zugeschrieben wird, ist nach dem Eindruck zu beurteilen, den die Anpreisung, Ankündigung, Aufschrift, Aufmachung usw. auf die Kreise macht, die als Abnehmer in Frage kommen. Sind es nicht nur Fachkreise (Werbeangebote an Kleinhändler, mit deren Auflegen im Laden oder Weitergabe an die Kundschaft gerechnet wird, sind auch für das große Publikum bestimmt), dann kommt es nach OLG. Hamburg 23. November 1927 (in Bf. III, 203/27, abgedruckt in **Z.** Beil. 1929, **57**, 35) darauf an, welchen Eindruck das Flugblatt oder Werbeschreiben in seiner Gesamtheit auf einen unbefangenen und unerfahrenen Leser bei flüchtiger Lektüre macht. „Ebenso oberflächlich, wie das Publikum ein solches Flugblatt zu lesen pflegt, ebenso sorgfältig und mit genauer Berechnung seiner Wirkung wird es von den Verfassern ausgearbeitet sein.“ (So LG. Hamburg 13. Mai 1927 in H. VIII, 39/27). Der hier fragliche Eindruck kann bei den Abnehmerkreisen sowohl dadurch bewirkt werden, daß der eigene Kaffee gerühmt als dadurch, daß die Ware des Konkurrenten schlecht gemacht wird (so OLG. Danzig 3. August 1927 in 2 U. 334/27).

Entgegen den Tatsachen bedeutet: entgegen dem, was nach dem heutigen Stand der Wissenschaft feststellbar ist. Hierzu macht das OLG. Hamburg im Urteil vom 11. Oktober 1928 in Bf. III, 679/27 folgende beachtlichen Ausführungen:

„Die Frage der Schädlichkeit des koffeinhaltigen Kaffees ist in der Wissenschaft noch nicht entschieden. Weder für die Behauptung: „Koffeinhaltiger Kaffee schadet keinem Menschen“ noch für die Behauptung „Koffeinhaltiger Kaffee schadet jedem Menschen“, läßt sich bei dem jetzigen Stand der Wissenschaft ein objektiver Beweis erbringen. Es kann nicht Sache des Gerichts sein, in wissenschaftliche Streitfragen nicht juristischer Natur entscheidend einzugreifen. Es ist wohl denkbar, daß in absehbarer Zeit die Wissenschaft einmütig den Genuß koffeinhaltigen Kaffees für schädlich erklären und jeden Menschen, sei er krank oder gesund, auch vor mäßigem Genuß dieses Kaffees warnen wird. Einstweilen stehen jedoch namhafte Wissenschaftler und Praktiker auf dem auch der Allgemeinheit geläufigen Standpunkt, mäßiger Kaffeegenuß schade einem gesunden Menschen nicht. Solange dieser Zustand noch andauert, verstößt die Beklagte gegen § 3 des UnlWettbG., wenn sie über die Ware ihres Konkurrenten die Behauptung aufstellt, sie sei wegen ihres Koffeingehalts gesundheitsschädlich, und sie ruft dadurch für ihre koffeinfreie Ware den Anschein eines besonders günstigen Angebots hervor.“

b) Die vorstehend unter a) angeführten Darlegungen sind Urteilen entnommen, die den Reklamestreit über coffeinhaltigen oder coffeinfreien Kaffee unter dem zivilrechtlichen Gesichtspunkt des UnlWettbG. (insbesondere §§ 1, 3, 4 und 14 daselbst) behandeln. Aber bei dem engen Zusammenhang des § 4 Nr. 3 LMG., in dessen Rahmen (s. oben Anm. 1) die KaffeeVO. ergangen ist, mit den Vorschriften des UnlWettbG. über verbotene unlautere Anpreisung (vgl. hierzu RG. — II, 111/33 — in MuW. 1934, S. 70, 74) gibt die Auslegung des letzterwähnten Gesetzes auch wertvolles Material für die Auslegung des § 6 Nr. 8 der KaffeeVO. Deshalb sei hier auch noch einige Kasuistik aus zivilgerichtlichen auf das UnlWettbG. abgestellten Urteilen mitgeteilt:

Im Urteil vom 18. Oktober 1927 (in SO. 15/27) hat das LG. Bremen die Wettbewerbsbehauptung nicht beanstandet: „Hag-Kaffee habe den vollen feinen Kaffeegeschmack und das volle Aroma des Bohnenkaffees, sei also echter Bohnenkaffee, habe auch die gleiche anregende Wirkung wie jeder andere Bohnenkaffee.“ Denn diese Behauptung liege auf dem Gebiet des persönlichen Geschmacks und enthalte keine Tatsache, die auf ihre Richtigkeit mit einem objektiven Maßstab nachprüfbar sei. Dagegen hat dasselbe Gericht in demselben Urteil — gleichfalls unter Billigung des OLG. Hamburg (11. Oktober 1928 in Bf. III, 679/27) — als nach dem heutigen Standpunkt der Wissenschaft unbeweisbar und daher im Sinne des § 3 UnlWettbG. unrichtig gewertet allgemein gehaltene — nicht auf Genuß im Übermaß und besonders empfindliche Menschen beschränkte — Behauptungen wie:

Gewöhnlicher (koffeinhaltiger) Kaffee sei gesundheitsschädlich, schädige Herz und Nerven, mache die Menschen nervös, verursache häufig ernste Störungen der Gesundheit sowie Blutandrang und Schlaflosigkeit (sie ist nicht gleichbedeutend mit Erschwerung des Einschlafens), sein ständiger Genuß verkürze die normale Lebensdauer.

Im Urteil vom 10. Oktober 1929 — Bf. III, 225/29 — hat OLG. Hamburg die in einem an stillende Mütter gerichteten Rundschreiben enthaltene Warnung vor schädlichen Wirkungen „starken“ Kaffees nicht beanstandet. Dagegen hat es in der Verbreitung einer in einer Erzählung: „Nansens Erfahrungen in Grönland“ Nansen in den Mund gelegten Äußerung, „er habe nach Kaffeegenuß die Nacht darauf desto schlechter oder gar nicht schlafen können“, einen Verstoß gegen sein vorerwähntes Urteil vom 11. Oktober 1928 erblickt.

Als Abwehrmaßnahme im scharfen Reklamekampf hat OLG. Frankfurt 21. Juli 1927 in 1 U. 121/27 den Schlagwortvers: „Kaffee ohne Koffein gleicht einem Auto ohne Benzin“ zugelassen, das Aufkleben des Verses aber in Gestalt von Siegelmarken auf Reklamegegenstände der Kaffee-Hag-Firma als über den Rahmen zulässiger Abwehr hinausgehend untersagt. Das RG. (Urteil vom 27. März 1928, abgedruckt in Z. Beil. 1929, 57, 37) hat diese Entscheidung des OLG. Frankfurt gebilligt.

Inwieweit originelle, witzige Form einer Behauptung ihre Schärfe nehmen kann, inwieweit ferner der Umstand, daß eine Behauptung die Antwort auf einen Angriff darstellt, ihre Zulässigkeit modifizieren kann, erörtert auch das OLG. Danzig 3. August 1927 — 2 U. 334/27 — an einem Fall, in dem der Vers „Kaffee ohne Koffein gleicht einem Auto ohne Benzin“ auf einem Kraftwagen angebracht war als Antwort auf Plakate mit einprägsamen Kurzbehauptungen wie:

„Aufregung fühlen Sie nie nach Kaffee Hag“,
„Abends nur Kaffee Hag“,
„Nervös? Dann Kaffee Hag“.

§ 7.

Maschinen zur Herstellung künstlicher Kaffeebohnen[1].

Es ist verboten, Maschinen oder Vorrichtungen, die zur Herstellung künstlicher Kaffeebohnen bestimmt sind, herzustellen oder in den Verkehr zu bringen.

§ 8.

Inkrafttreten.

Diese Verordnung tritt am 1. Oktober 1930 in Kraft; gleichzeitig tritt die Verordnung, betreffend das Verbot von Maschinen zur Herstellung künstlicher Kaffeebohnen, vom 1. Februar 1891 (RGBl. S. 11) außer Kraft.

Begr. zu §§ 7, 8 (die den §§ 4, 5 des Entw. entsprechen).

Die Verordnung, betreffend das Verbot von Maschinen zur Herstellung künstlicher Kaffeebohnen, vom 1. Februar 1891 (RGBl. S. 11) ist auf Grund des § 5 Nr. 2 des Lebensmittelgesetzes in den § 4 der vorliegenden Verordnung aufgenommen worden und deshalb außer Kraft zu setzen.

Die zugehörigen Strafbestimmungen finden sich in §§ 12, 13 des Lebensmittelgesetzes.

[1] Siehe Anm. 3 zu den Eingangsworten der VO.

IIa. Verordnung des Reichskommissars für Preisüberwachung über die Preisauszeichnung beim Kleinverkauf von Kaffee in vorbereiteten Packungen.

Vom 3. Mai 1933. (RGBl. I S. 259.)

Auf Grund der §§ 1, 3, 4 und 7 der Verordnung über die Befugnisse des Reichskommissars für Preisüberwachung vom 8. Dezember 1931 (RGBl. I S. 747) wird hiermit verordnet:

§ 1.

Bei dem Kleinverkauf von Kaffee in vorbereiteten Packungen[1] ist auf der Packung die Menge des Inhalts in Gramm, der Abgabepreis der Packung und der sich hiernach ergebende Preis je Pfund der Ware anzugeben.

§ 2.

Die Angaben müssen in einheitlicher Schrift von mindestens 6 mm Schrifthöhe erfolgen.

§ 3.

Die Verordnung tritt am 1. Juli 1933 in Kraft.

Anmerkung.

[1] Ein Packungszwang wie z. B. bei Tabak (s. unten S. 573) besteht nicht. Wird aber in vorbereiteten Packungen (s. HOLTHÖFER in Bd. 1, S. 1301, Anm. 11b) abgegeben, dann sind die in der VO. vom 3. Mai 1933 vorgeschriebenen Angaben zu machen.

III. Verordnung der Reichsminister des Innern und für Ernährung und Landwirtschaft über Kaffee-Ersatzstoffe und Kaffee-Zusatzstoffe.

Vom 10. Mai 1930. (RGBl. I, S. 171.)

Auf Grund des § 5[1] Nr. 1a, b[2], Nr. 4[3] des Lebensmittelgesetzes vom 5. Juli 1927 (RGBl. I, S. 134) wird nach Zustimmung des Reichsrats und nach Anhörung des nach § 6 des Gesetzes verstärkten Reichsgesundheitsrats verordnet[1]:

§ 1.

Begriffsbestimmungen[3].

(1) Kaffee-Ersatzstoffe sind durch Rösten von Pflanzenteilen, auch unter Zusatz anderer Stoffe, hergestellte Erzeugnisse, die durch Ausziehen mit heißem Wasser ein kaffeeähnliches Getränk liefern und bestimmt sind, als Ersatz des Kaffees oder als Zusatz zu ihm zu dienen.

(2) Kaffee-Zusatzstoffe (Kaffee-Gewürze) sind durch Rösten von Pflanzenteilen oder Pflanzenstoffen oder Zuckerarten oder Gemischen dieser Stoffe, auch unter Zusatz anderer Stoffe, hergestellte Erzeugnisse, die bestimmt sind, als Zusatz zu Kaffee oder Kaffee-Ersatzstoffen zu dienen.

(3) Kaffee-Ersatzstoffe und Kaffee-Zusatzstoffe sind Kaffee-Ersatzmittel im Sinne des § 1 Abs. 1 Nr. 16 der Verordnung über die äußere Kennzeichnung von Lebensmitteln vom 29. September 1927 (RGBl. I, S. 318).

(4) Als Rohstoffe für die Herstellung von Kaffee-Ersatzstoffen und Kaffee-Zusatzstoffen werden im allgemeinen verwendet:

1. Gerste, Roggen und andere stärkereiche Früchte;

2. Gerstenmalz, Roggenmalz und anderes gemälztes Getreide;

3. Zichorien, Zuckerrüben und andere Wurzelgewächse;

4. Feigen, Johannisbrot und andere zuckerreiche Früchte;

5. Erdnüsse, Sojabohnen und andere öl- und fettreiche Samen, auch teilweise oder ganz entölt;

6. Eicheln und andere gerbstoffreiche Pflanzenteile;

7. Zuckerarten.

(5) Als Zusatz- oder Überzugsstoffe werden vor, bei oder nach dem Rösten zucker-, gerbsäure- und koffeinhaltige Pflanzenauszüge, Kolanüsse, Speisefette und Speiseöle, Speisesalz (Chlornatrium), Alkalikarbonate, Rüben- oder Rohrzucker, Zuckersirup, Invertzucker, Stärkezucker, Stärkesirup, arsenfreier Schellack oder andere gesundheitsunschädliche Harze und Wachse verwendet.

(6) Gersten-, Roggen- (Korn-), Weizenkaffee sind aus den gereinigten Früchten der betreffenden Pflanzen durch Rösten hergestellte Erzeugnisse, die einen Weich- oder Dämpfungsprozeß durchgemacht haben. Gersten-, Roggen- (Korn-), Weizenkaffee enthalten bis zu 12 Hundertteile Wasser und liefern bis zu 4 Hundertteile Asche.

(7) Malzkaffee ist das aus Gerstenmalz durch Rösten mit oder ohne nachherige Behandlung mit Wasserdampf hergestellte Erzeugnis. Malzkaffee enthält bis zu 12 Hundertteile Wasser und liefert bis zu 4 Hundertteile Asche.

(8) Roggen(Korn)malzkaffee, Weizenmalzkaffee sind aus Roggen- oder Weizenmalz in gleicher Weise wie Malzkaffee hergestellte Erzeugnisse. Roggen- (Korn)malzkaffee, Weizenmalzkaffee enthalten bis zu 12 Hundertteile Wasser und liefern bis zu 4 Hundertteile Asche.

(9) Zichorienkaffee (Zichorie) ist das aus den gereinigten Wurzeln der Zichorie (Cichorium intybus), auch unter Zusatz von Zuckerrüben, geringen Mengen von Speisefetten, Speiseöl, Speisesalz (Chlornatrium), Alkalikarbonaten, durch Rösten und Zerkleinern mit oder ohne nachherige Behandlung mit Wasserdampf oder Wasser hergestellte Erzeugnis. Zichorienkaffee enthält bis zu 30 Hundertteile Wasser und liefert bis zu 8 Hundertteile Asche.

(10) Feigenkaffee ist das aus Feigen, den Scheinfrüchten des Feigenbaumes (Ficus carica), durch Rösten und Zerkleinern, mit oder ohne nachherige Behandlung mit Wasserdampf oder Wasser hergestellte Erzeugnis. Feigenkaffee enthält bis zu 20 Hundertteile Wasser und liefert bis zu 7 Hundertteile Asche.

(11) Eichelkaffee ist das aus den von der Fruchtschale und dem größten Teile der Samenschale befreiten Samen der Eiche (Quercus-Arten) durch Rösten und Zerkleinern, mit oder ohne nachherige Behandlung mit Wasserdampf oder Wasser hergestellte Erzeugnis. Eichelkaffee enthält bis zu 15 Hundertteile Wasser und liefert bis zu 4 Hundertteile Asche.

(12) Kaffee-Ersatz-Mischungen und gleichsinnig bezeichnete Erzeugnisse sind Mischungen von Kaffee-Ersatzstoffen, auch mit Kaffee-Zusatzstoffen und auch mit Bohnenkaffee.

(13) Kaffee-Ersatz-Extrakt und Kaffeezusatz-Extrakt sind aus Kaffee-Ersatzstoffen oder Kaffee-Zusatzstoffen hergestellte, mehr oder weniger eingedickte, wässerige Auszüge.

(14) Kaffee-Ersatz-Essenz und Kaffeezusatz-Essenz sind aus Zuckerarten, zuckerhaltigen Säften, Melasse oder Gemischen dieser Stoffe durch Karamelisieren hergestellte Erzeugnisse.

Begr. zu § 1[4].

Abs. 1, 2. Kaffee-Ersatzstoffe, die entweder ungemahlen oder gemahlen sein können, müssen als Hauptbestandteil geröstete Pflanzenteile enthalten; bei Zubereitungen, die nur als Kaffee-Zusatzstoffe oder Kaffee-Gewürze in den Verkehr gebracht werden, können auch Pflanzensäfte oder -auszüge oder Zuckerarten den Grundstoff bilden. Daß unter „anderen Stoffen“, deren Zusatz zugelassen ist, nicht etwa wertlose Stoffe verstanden werden dürfen, geht aus den Grundsätzen für die Beurteilung (vgl. § 4 Nr. 2) hervor.

Kaffee-Ersatzstoffe müssen für sich, mit heißem Wasser ausgezogen, ein kaffeeähnliches Getränk liefern; bei den nur als Kaffee-Zusatzstoffe bezeichneten Erzeugnissen ist dies nicht erforderlich. Kaffee-Ersatzstoffe werden daher im allgemeinen auch als Kaffee-Zusatzstoffe bezeichnet werden können, während das Umgekehrte häufig nicht der Fall ist.

Abs. 4. In Nr. 1—7 sind die wichtigsten Rohstoffarten aufgeführt, die zur Herstellung von Kaffee-Ersatzstoffen und Kaffee-Zusatzstoffen dienen; die Aufzählung soll jedoch nicht erschöpfend sein.

Abs. 5. Die als zulässig erachteten Zusatz- und Überzugsstoffe sind erschöpfend aufgezählt. Besonders hervorzuheben ist, daß ein Zusatz von Koffein zu Kaffee-Ersatzstoffen und Kaffee-Zusatzstoffen nur in Form der von Natur aus koffeinhaltigen Pflanzenauszüge zugelassen ist, dagegen Koffein als solches oder in Form seiner Salze hierzu nicht Verwendung finden darf. Solche koffeinhaltigen Kaffee-Ersatzstoffe und Kaffee-Zusatzstoffe dürfen nicht mehr als 0,2%, also nicht mehr Koffein enthalten als sog. koffeinarmer Kaffee (vgl. § 4 Nr. 5). Ein Bedürfnis zur Herstellung von Kaffee-Ersatzstoffen oder Kaffee-Zusatzstoffen mit einem höheren Koffeingehalt, etwa dem des Kaffees, kann nicht mehr anerkannt werden; nur während des Krieges, als der Kaffee völlig fehlte, ist die Herstellung von Kaffee-Ersatzstoffen unter Zusatz von Koffein zeitweilig zugelassen gewesen, jedoch nur in einzelnen Betrieben unter behördlicher Aufsicht und nur zur Versorgung der im Felde stehenden Truppen. Die Vermischung von Kaffee-Ersatzstoffen oder Kaffee-Zusatzstoffen mit Koffein bringt die Gefahr mit sich, daß die Mischung nicht gleichmäßig hergestellt wird, also Teile der Mischung größere Mengen Koffein enthalten, als mit der Rücksicht auf die Gesundheit der Verbraucher vereinbar ist.

Abs. 6. Nur für die wichtigsten, nach den Rohstoffen benannten Sorten von Kaffee-Ersatzstoffen sind in Abs. 6—11 besondere Begriffsbestimmungen gegeben. Diese sind durch Angaben über den Höchstwert für Wasser und Asche ergänzt.

Kornkaffee ist gleichbedeutend mit Roggenkaffee.

Lediglich trocken geröstete oder gebrannte Gerste, Roggen (Korn) und Weizen dürfen nicht als „Gerstenkaffee", „Roggenkaffee" („Kornkaffee") oder „Weizenkaffee" bezeichnet werden. Die genannten Erzeugnisse müssen vielmehr einen Weich- oder Dämpfungsprozeß durchgemacht haben. Hingegen sind Bezeichnungen wie geröstete Gerste, gebrannte Gerste, Röstgerste, gerösteter Roggen, gebrannter Roggen (Korn), Röstroggen für die lediglich durch Rösten hergestellten Erzeugnisse zulässig.

Abs. 7, 8. Unter Malzkaffee schlechthin ist stets Gerstenmalzkaffee zu verstehen.

Malzkaffee, Roggenmalzkaffee usw. müssen im Unterschiede zu Gerstenkaffee, Roggenkaffee usw. aus dem gemälzten Getreide hergestellt sein. Falls dem Malz ungemälztes Getreide beigemischt wird, fällt das Erzeugnis nicht mehr unter den Begriff „Malzkaffee". Die Bezeichnung „Malzgerstenkaffee" für ein Erzeugnis, das nicht den an Malzkaffee zu stellenden Anforderungen entspricht, wäre gleichfalls irreführend.

Abs. 9. Zur Herstellung von Zichorienkaffee (Zichorie) kommen in erster Linie die Wurzeln der kultivierten Zichorie in Betracht. Nur der Zusatz von Zuckerrüben ist erlaubt, nicht ihre Beimengungen in beliebiger Menge. Der Zusatz ist durch die Bestimmung in § 5 Nr. 7 auf höchstens 25 Hundertteile des Gesamtgewichts begrenzt. Wegen des erforderlichen Grades der Reinigung der Zichorienwurzel und der übrigen Rohstoffe vgl. § 4 Nr. 1, 8, 11.

Abs. 12. Als gleichsinnig mit dem Worte „Kaffeeersatz-Mischung" ist z. B. die Bezeichnung „Ersatz-Melange" auch in Wortverbindungen wie „Volks-Ersatz-Melange" anzusehen. Solche Bezeichnungen sind zulässig; die Erzeugnisse müssen aber gemäß § 5 Nr. 8 zudem ausdrücklich als Kaffee-Ersatzstoff bzw. Kaffee-Zusatzstoff gekennzeichnet sein. Eine Bezeichnung wie „Kaffee-Ersatz-Melange" wäre nach § 5 Nr. 5 nicht zulässig.

Anmerkungen.

[1] Siehe Anm. 1 zu den Einleitungsworten der KaffeeVO.

[2] Siehe Anm. 2 zu den Einleitungsworten der KaffeeVO. oben S. 529. Dem § 2 der KaffeeVO. entspricht hier der § 2 der KaffeeErsVO.

[3] Siehe Anm. 4 zu den Einleitungsworten der KaffeeVO. oben S. 530. Über Getränke aus Kaffee-Ersatzstoffen siehe ebendort. Den §§ 1, 3—6 der KaffeeVO. entsprechen die §§ 1, 3—5 der KaffeeErsVO.

[4] Die Begr. ist dem Heft Nr. 5 der im Verlag von Julius Springer in Berlin erschienenen Entwürfe zu Verordnungen über Lebensmittel und Bedarfsgegenstände entnommen (vgl. das Stichwort „Begr." im Literaturverzeichnis S. 526). Sie enthält eine „allgemeine Vorbemerkung", die im Wortlaut der in Anm. 4 der Einleitung zur KaffeeVO. (oben S. 530) abgedruckten entspricht.

Im § 1 des Entw. fehlte der Abs. 3 des heute geltenden Textes. Durch seine Einschaltung wurde aus Abs. 3 des Entwurfs Abs. 4 des jetzt geltenden Textes, aus Abs. 4 des Entwurfs Abs. 5 des jetzt geltenden Textes usw. In dem hier erfolgten Abdruck der Begr. ist die Nummernfolge derselben mit dem geltenden Text in Einklang gebracht.

§ 2.
Verbote zum Schutze der Gesundheit[1].

(1) Es ist insbesondere verboten:

1. bei der Herstellung von Kaffee-Ersatzstoffen oder Kaffee-Zusatzstoffen solche Pflanzenteile oder Stoffe[2]*, auch in Lösung, zu verwenden, welche die menschliche Gesundheit zu schädigen geeignet sind*[2]*, unbeschadet der Verwendung von Aromastoffen in gesundheitlich unbedenklichen Mengen;*

2. Kaffee-Ersatzstoffe aus Getreide herzustellen, das nicht von giftigen Samen, insbesondere Kornraden- und Taumellolchsamen sowie von Mutterkorn bis auf technisch nicht vermeidbare Mengen befreit worden ist.

(2) Es ist verboten, derartig hergestellte Erzeugnisse in den Verkehr zu bringen[3].

Begr. zu § 2.

Die Verbote des § 2 dienen dem Schutze der Gesundheit. Damit ist indessen nicht gesagt, daß Erzeugnisse, deren Beschaffenheit diesen Vorschriften zuwiderläuft, unter allen Umständen gesundheitsschädlich sind. Die Aufzählung ist indessen nicht erschöpfend; es lassen sich auch andere Verfahren denken, die Schäden für die menschliche Gesundheit zur Folge haben können. Solche Fälle sind nach den allgemeinen Bestimmungen in § 3 Nr. 1a, b des Lebensmittelgesetzes zu beurteilen.

Abs. 1 Nr. 1. Pflanzenteile und Stoffe, welche die menschliche Gesundheit zu schädigen vermögen, dürfen keinesfalls zur Herstellung von Kaffee-Ersatzstoffen oder Kaffee-Zusatzstoffen verwendet werden. Zu diesen Stoffen gehören das Koffein, das bei nicht genügender Vermischung mit dem Kaffee-Ersatzstoff gesundheitlich nicht unbedenklich ist, und der arsenhaltige Schellack. Hinsichtlich der Pflanzenteile, welche die menschliche Gesundheit zu schädigen geeignet sind, ist vornehmlich an Getreide zu denken, das mit giftigen, z. B. arsen-, uran- oder quecksilberhaltigen Pflanzenschutzmitteln gebeizt ist. Auch die Verwendung der Lupine soll ausgeschlossen sein wegen ihres Gehaltes an gesundheitsschädlichen Bitterstoffen. Bisher nicht verwendete Rohstoffe dürfen nicht verwendet werden, solange ihre Unschädlichkeit nicht durch eingehende wissenschaftliche Versuche oder ausgedehnte praktische Erfahrungen erwiesen ist. Eine Ausnahme ist vorgesehen für Aromastoffe, die zur Geschmacksverbesserung in so geringer Menge zugesetzt werden, daß sie als gesundheitlich unbedenklich angesehen werden können.

Nr. 2. Unter technisch nicht vermeidbaren Mengen sind die geringen Mengen zu verstehen, die durch die bei der Reinigung des Getreides üblichen Spezialmaschinen nicht entfernt werden können.

Anmerkungen.

1 Siehe Anm. 1 zu § 2 der KaffeeVO. oben S. 532. Was dort für § 2 der KaffeeVO. gesagt ist, ist sinngemäß anwendbar auf § 2 der KaffeeErsVO.

2 Im Falle der Nr. 1 genügt es zur Strafbarkeit aus § 5 Nr. 1 a und b, § 12 LMG., wenn mitverwendete Stoffe (nicht das fertige Erzeugnis, in dessen Menge ihre Gesundheitsschädlichkeit untergegangen sein kann), geeignet sind, die menschliche Gesundheit zu beschädigen. Diese Eignung der Stoffe muß der Täter entsprechend dem in Anm. 1b zu § 2 KaffeeVO. Ausgeführten in seine Vorstellung mit aufgenommen oder aus Fahrlässigkeit nicht mit aufgenommen haben.

3 Siehe Anm. 2 zu § 2 KaffeeVO. oben S. 533.

Grundsätze für die Beurteilung[1].

§ 3.

Als verdorben[2] sind insbesondere anzusehen und auch bei Kenntlichmachung vom Verkehr ausgeschlossen[3]:

1. Kaffee-Ersatzstoffe und Kaffee-Zusatzstoffe, die aus verdorbenen oder stark[4] verunreinigten Rohstoffen hergestellt sind;

2. Kaffee-Ersatzstoffe und Kaffee-Zusatzstoffe, die stark[4] von Schimmel befallen oder sauer geworden sind;

3. Kaffee-Ersatzstoffe und Kaffee-Zusatzstoffe, die als solche in dem daraus bereiteten Getränk einen ekelerregenden[5] Geruch oder Geschmack aufweisen;

4. Kaffee-Ersatzstoffe und Kaffee-Zusatzstoffe, die durch Pflanzenschädlinge (z. B. Larven, Käfer, Milben) oder auf andere Weise stark[4] verunreinigt sind;

5. Kaffee-Ersatzstoffe und Kaffee-Zusatzstoffe, die ganz oder zu einem erheblichen[4] Teil verkohlt sind.

Begr. zu § 3 (der den § 3 Abs. 1 des Entw. wiedergibt).

Auch die Grundsätze für die Beurteilung bieten keine erschöpfende Aufzählung, sondern nur Beispiele. Konservierungsmittel sind nicht erwähnt, weil sie bei Kaffee-Ersatzstoffen und Kaffee-Zusatzstoffen keine Verwendung zu finden pflegen. Hieraus darf nicht gefolgert werden, daß die Verwendung von Konservierungsmitteln gestattet sei. Die nach § 1 Abs. 5 zulässigen Zusatz- und Überzugsstoffe gelten nicht als Konservierungsmittel.

Abs. 1 Nr. 1. Durch die Worte „stark verunreinigt“ kommt zum Ausdruck, daß geringe Mengen von Verunreinigungen nicht als Anzeichen von Verdorbenheit angesehen werden sollen. Unter starker Verunreinigung ist auch der Zustand einer so ungenügenden Reinigung der Rohstoffe, namentlich der Zichorienwurzeln und Zuckerrüben, zu verstehen, daß der Kaffee-Ersatzstoff genußuntauglich wird und demgemäß als verdorben zu gelten hat (vgl. auch § 4 Nr. 1).

Anmerkungen.

1 Bedeutung siehe Anm. 4 zu den Eingangsworten der KaffeeVO. oben S. 530.

2 Siehe Anm. 3 zu § 3 der KaffeeVO. oben S. 534.

3 Siehe Anm. 4 zu § 3 der KaffeeVO. oben S. 534.

4 Siehe Anm. 5 zu § 3 der KaffeeVO. oben S. 534.

5 In Betracht kommt die Empfindung normaler, gesunder Menschen, nicht die von überempfindlichen Personen.

§ 4.

Als verfälscht[1] sind insbesondere[1] anzusehen und auch bei Kenntlichmachung vom Verkehr ausgeschlossen:

1. Kaffee-Ersatzstoffe und Kaffee-Zusatzstoffe, die aus ungenügend gereinigten Rohstoffen hergestellt sind;

2. Kaffee-Ersatzstoffe und Kaffee-Zusatzstoffe, die ausgelaugte Zuckerrübenschnitzel, Obsttrester oder ähnliche Abfälle, Steinnußabfälle, Nußschalen, Steinobstkerne, ausgelaugten Kaffee (Kaffeesatz), Farbstoffe oder andere für den Genuß des daraus bereiteten Getränkes wertlose Stoffe enthalten;

3. Kaffee-Ersatzstoffe und Kaffee-Zusatzstoffe, die unter Verwendung von Mineralölen, von Glycerin oder von Melasse, die weniger als 45 Hundertteile Gesamtzucker enthält, hergestellt sind;

4. Kaffee-Ersatzstoffe und Kaffee-Zusatzstoffe, die andere als die nach § 1 Abs. 5 zulässigen Zusatz- oder Überzugsstoffe enthalten;

5. Kaffee-Ersatzstoffe und Kaffee-Zusatzstoffe, die infolge Verwendung von koffeinhaltigen Pflanzenauszügen Koffein in größerer Menge als 0,2 vom Hundert enthalten[2]*;*

6. Kaffee-Ersatzstoffe aus gemälztem oder ungemälztem Getreide mit einem Wassergehalt von mehr als 12, aus Zichorien oder ähnlichen Wurzelgewächsen von mehr als 30, aus Feigen oder anderen zuckerreichen Früchten von mehr als 20, aus Eicheln oder anderen gerbstoffreichen Pflanzenteilen von mehr als 15, aus öl- oder fettreichen Samen von mehr als 10 Hundertteilen;

7. andere als die in Nr. 6 bezeichneten Kaffee-Ersatzstoffe sowie Kaffee-Zusatzstoffe mit einem höheren Wassergehalt, als einer handelsüblichen Ware entspricht;

8. Kaffee-Ersatzstoffe und Kaffee-Zusatzstoffe aus Getreide oder anderen stärkereichen Früchten, die mehr als 4, aus Zichorien oder ähnlichen Wurzelgewächsen, die mehr als 8, aus Feigen oder anderen zuckerreichen Früchten, die mehr als 7, aus öl- oder fettreichen Samen, die mehr als 7 Hundertteile Asche liefern;

9. andere als die in Nr. 8 bezeichneten Kaffee-Ersatzstoffe und Kaffee-Zusatzstoffe, die mehr Asche liefern, als einer handelsüblichen Ware entspricht;

10. Kaffee-Ersatzstoffe und Kaffee-Zusatzstoffe aus Zichorien oder ähnlichen Wurzelgewächsen mit einem Sandgehalt von mehr als 2,5, aus Getreide oder anderen stärkereichen Früchten, aus Feigen oder anderen zuckerreichen Früchten oder aus öl- oder fettreichen Samen von mehr als 1 Hundertteil;

11. andere als die in Nr. 10 bezeichneten Kaffee-Ersatzstoffe oder Kaffee-Zusatzstoffe mit einem höheren Sandgehalt, als einer handelsüblichen Ware entspricht;

12. Malzkaffee, sofern in weniger als 70 Hundertteilen der Körner der Blattkeim noch nicht bis mindestens zur Hälfte der Kornlänge entwickelt ist.

Begr. zu § 4 (der dem § 3 Abs. 2 des Entw. entspricht).

Nr. 1. Als genügender Grad der Reinigung der Rohstoffe wird derjenige zu gelten haben, der sich mit Hilfe vollkommener technischer Einrichtungen erreichen läßt. Für einige der wichtigsten Fälle sind in Nr. 8—11 bestimmte Reinheitsgrade vorgeschrieben. Infolge unsachgemäßer Reinigung kann außer Verfälschung unter Umständen auch Verdorbenheit (§ 3) oder sogar Gesundheitsschädlichkeit (§ 2 Abs. 1 Nr. 2) vorliegen.

Nr. 2. Die beim Rösten der Kaffee-Ersatzstoffe entstehenden dunkelgefärbten Stoffe, namentlich Karamel, gelten nicht als Farbstoffe. Als wertlose Stoffe sind z. B. Füllstoffe wie Holzmehl, Spelzmehl, Strohmehl usw. anzusehen.

Nr. 3. Unter Melasse im Sinne dieser Verordnung ist der Dicksaft der Rohzuckerfabrikation und der Zuckerraffinerie nach Entfernung des kristallisierfähigen Zuckers zu verstehen. Die Rückstände aus der Melasseentzuckerung nach dem Strontianverfahren (Schlempe) dürfen nicht verwendet werden.

Nr. 4. Werden Überzugsstoffe verwendet, so ist deren Kennzeichnung wohl bei Kaffee (vgl. § 5 Nr. 10 der Verordnung über Kaffee)[3], nicht aber bei Kaffee-Ersatzstoffen und Kaffee-Zusatzstoffen vorgeschrieben. Hinsichtlich ihrer Reinheit müssen die Überzugsstoffe den Anforderungen entsprechen, wie sie für die Verwendung zu Genußzwecken zu stellen sind. Schellack und andere Harze und Wachse müssen technisch rein und dürfen nicht künstlich gefärbt sein.

Nr. 6, 7. Die zahlenmäßige Begrenzung des Wassergehaltes ist wenigstens für die wichtigsten Kaffee-Ersatzstoffe geboten; der Wassergehalt der übrigen

Kaffee-Ersatzstoffe und Kaffee-Zusatzstoffe ist nach den Handelsgebräuchen zu beurteilen.

Der für Zichorienkaffee zugelassene Wassergehalt bis zu 30 Hundertteilen ist bedingt durch den Wassergehalt der sog. Speckzichorie, der bis zu der angegebenen Grenze ansteigt; im allgemeinen enthält Zichorienkaffee 15—20 Hundertteile Wasser.

Nr. 8—11. Durch Nr. 8—11 wird für die wichtigsten Kaffee-Ersatzstoffe und Kaffee-Zusatzstoffe ein bestimmter Reinheitsgrad und demgemäß ein bestimmter Grad der Reinigung der Rohstoffe vorgeschrieben.

Nr. 12. Durch die Vorschrift, daß bei Malzkaffee in mindestens 70 Hundertteilen der Körner der Blattkeim bis mindestens zur Hälfte der Kornlänge entwickelt sein muß, soll eine weitgehende Mälzung des Getreides gewährleistet werden. Die Forderung gilt nicht nur für Malzkaffee aus Gerste, sondern auch für Roggen-(Korn)malzkaffee und Weizenmalzkaffee. Spitzgerste, fälschlich Spitzmalz genannt, die nur eine angekeimte Gerste ist, ist hiernach nicht als ausreichend gemälzt anzusehen.

Anmerkungen.

[1] Siehe Anm. 1 und 2 zu § 5 der KaffeeVO. oben S. 537 u. 538.
[2] Siehe Begr. zu § 1 Abs. 5 oben S. 543.
[3] Vgl. oben S. 537 die Fußnote und S. 538 Anm. 3.

§ 5.

Eine irreführende Bezeichnung, Angabe oder Aufmachung[1] liegt insbesondere[1] vor[3]:

1. wenn Erzeugnisse als Kaffee-Ersatzstoffe oder Kaffee-Zusatzstoffe oder gleichsinnig bezeichnet werden, ohne den im § 1 gegebenen Begriffsbestimmungen zu entsprechen;

2. wenn Kaffee-Ersatzstoffe oder Kaffee-Zusatzstoffe als kandiert oder gleichsinnig bezeichnet werden und die Menge der abwaschbaren Stoffe in der fertigen Ware weniger als 2 vom Hundert beträgt;

3. wenn Kaffee-Ersatzstoffe oder Kaffee-Zusatzstoffe, auch in Mischungen mit Kaffee, als Kaffee oder mit Namen von Kaffeesorten oder als Kaffeemischung oder gleichsinnig bezeichnet werden;

4. wenn bei Kaffee-Ersatz-Mischungen, die Kaffee enthalten, die Kennzeichnung als Kaffee-Ersatz-Mischung fehlt oder der Anteil des Kaffees in der Mischung nicht zahlenmäßig richtig angegeben ist[2];

5. wenn Kaffee-Ersatzstoffe oder Kaffee-Zusatzstoffe mit Wortbildungen[2] bezeichnet werden, die das Wort Kaffee enthalten, ausgenommen: Malzkaffee, Roggenmalzkaffee oder Kornmalzkaffee, Weizenmalzkaffee, Gerstenkaffee, Roggenkaffee oder Kornkaffee, Weizenkaffee, Zichorienkaffee, Feigenkaffee, Eichelkaffee, Kaffeegewürz[4], Kaffee-Ersatz-Extrakt oder Kaffeezusatz-Extrakt, Kaffee-Ersatz-Essenz oder Kaffeezusatz-Essenz, Kaffee-Surrogat, Kaffee-Ersatz, Kaffee-Zusatz, Kaffee-Ersatz-Mischung, Kaffeezusatz-Mischung;

6. wenn in den Bezeichnungen „Kaffee-Ersatzstoff", „Kaffee-Zusatzstoff" oder in den sonst nach Nr. 5 zulässigen Wortbildungen das Wort „Kaffee" durch die Art des Druckes oder auf andere Weise gegenüber den übrigen Bestandteilen dieser Wortbildungen besonders hervorgehoben ist;

7. wenn Kaffee-Ersatzstoffe oder Kaffee-Zusatzstoffe mit einer nach Nr. 5 zulässigen Wortbildung nach einem bestimmten Rohstoff bezeichnet werden, aber nicht ausschließlich aus diesem Rohstoff hergestellt sind, unbeschadet des Zusatzes von Zuckerrüben zu Zichorie bis zu 25 Hundertteilen des Gesamtgewichts;

8. wenn Kaffee-Ersatzstoffe oder Kaffee-Zusatzstoffe mit anderen als den nach Nr. 5 zulässigen Bezeichnungen versehen sind[2], sofern sie nicht gleichzeitig deutlich sichtbar die Bezeichnung „Kaffee-Ersatzstoff“ oder „Kaffee-Zusatzstoff“ tragen;

9. wenn im Verkehr mit Kaffee-Ersatzstoffen oder Kaffee-Zusatzstoffen entgegen den Tatsachen auf eine besonders gute Beschaffenheit oder eine besonders sorgfältige Art der Herstellung hingewiesen wird;

10. wenn Kaffee-Ersatzstoffen oder Kaffee-Zusatzstoffen entgegen den Tatsachen eine besondere diätetische oder gesundheitliche Wirkung zugeschrieben wird;

11. wenn im Verkehr mit Kaffee-Ersatzstoffen oder Kaffee-Zusatzstoffen durch Umhüllungen, Bezettelungen oder Anpreisungen in Wort oder Bild auf Kaffee, seine Herkunft oder seine Gewinnung hingewiesen wird.

§ 6.

Inkrafttreten.

Diese Verordnung tritt am 1. Oktober 1930 in Kraft.

Begr. zu § 5.

(Er entspricht dem § 3 Abs. 3 des Entw., enthält aber in seinen Nummern 2 und 6 grundsätzliche Vorschriften, die im Entwurf noch nicht enthalten waren, also auch in der Begr. nicht berücksichtigt sind. Die Nummernbezeichnung in der Begr. ist hier mit der des endgültigen Textes der Kaffee-ErsVO. zur Erleichterung der Übersicht in Einklang gebracht.)

Nr. 3, 4. Kaffee-Ersatzstoffe und Kaffee-Zusatzstoffe, auch in Mischungen mit Kaffee, dürfen nicht als „Kaffee“, auch nicht als „Mokka“, „Mokkamalzkaffee“, „Malzmokka“, „Mokkamischung“, „Melange“ od. dgl. bezeichnet werden.

Bestimmte Mischungen sind durch § 5 Nr. 17 der Verordnung über Kaffee verboten, nämlich solche von Kaffeebohnen mit Sojabohnen, Lupinen oder anderen Kaffee-Ersatzstoffen oder Kaffee-Zusatzstoffen, die in der Mischung mit Kaffeebohnen mit diesen zu verwechseln sind. Im übrigen sollen Mischungen von Kaffee-Ersatzstoffen und Kaffee-Zusatzstoffen mit Kaffee nur dann zulässig sein, wenn sie als Kaffeeersatz-Mischung gekennzeichnet sind und der Anteil des Kaffees in der Mischung zahlenmäßig richtig angegeben ist, z. B. als „Kaffeeersatz-Mischung mit 30 Hundertteilen Bohnenkaffee“ (vgl. § 5 Nr. 18 der Verordnung über Kaffee). Die Vorschrift dient dem Schutze des Verbrauchers, dem weder ein höherer Gehalt an Kaffeebohnen noch ein gesundheitlich indifferentes Erzeugnis vorgetäuscht werden soll.

Nr. 5. In Verbindung mit dem Worte „Kaffee“ sollen für die Bezeichnung von Kaffee-Ersatzstoffen und Kaffee-Zusatzstoffen nur solche Wortbildungen zugelassen werden, die sich durch jahrzehntelangen Gebrauch eingebürgert haben und deshalb keinen Anlaß zu einer Täuschung des Verbrauchers bieten. Die zugelassenen Wortbildungen sind erschöpfend aufgezählt. Jedoch sollen Zusätze zu diesen Bezeichnungen, die auf den Hersteller oder auf die besondere Art der Ware hinweisen, wie z. B. „Kathreiners Malzkaffee“, „Karlsbader Kaffeegewürz“, nicht ausgeschlossen sein.

Nr. 7, 8. „Malzkaffee“ muß ausschließlich aus Gerstenmalz, „Feigenkaffee“ ausschließlich aus Feigen hergestellt sein, unbeschadet der Verwendung der nach § 1 Abs. 5 zulässigen Zusatz- und Überzugsstoffe. Nr. 7 gilt nicht für Kaffee-Ersatzstoffe, die nach einem Rohstoff benannt sind, sofern die Bezeichnung nicht das Wort Kaffee enthält, wie z. B. „Kornfrank“. Doch ist in diesen Fällen, ebenso wie bei der Verwendung von Phantasie- oder Firmennamen durch Nr. 8 die ergänzende Bezeichnung als „Kaffee-Ersatzstoff“ bzw. „Kaffee-Zusatzstoff“ vorgeschrieben.

Nr. 9, 10. Durch diese Vorschriften sollen Bezeichnungen wie „Edel-Kornkaffee", „Feinster Gerstenkaffee", „Zichorienkaffee, im Aroma feinstem Kaffee gleich", „Gesundheits-Feigenkaffee", „Kraft-Malzkaffee", „Medizinal-Eichelkaffee" sowie Angaben, die besagen, daß es sich um eine nach Herstellung oder Beschaffenheit besonders gute Ware handelt, wie z. B. „Malzkaffee, nach besonderem Verfahren hergestellt" für solche Erzeugnisse ausgeschlossen werden, die lediglich den an Kaffee-Ersatzstoffe bzw. Kaffee-Zusatzstoffe zu stellenden Anforderungen genügen.

Nr. 11. Diese Vorschrift soll verhindern, daß der Verbraucher durch wörtliche oder bildliche Hinweise, sei es auch mehr versteckter Art, auf Packungen oder Begleitpapieren in den Glauben versetzt wird, daß es sich nicht um Kaffee-Ersatzstoffe oder Kaffee-Zusatzstoffe handelt, sondern um Kaffee oder um Erzeugnisse, die aus Kaffee oder unter wesentlicher Verwendung von Kaffee hergestellt sind.

Zu § 6.

Die zugehörigen Strafbestimmungen finden sich in §§ 12, 13 des Lebensmittelgesetzes.

Anmerkungen.

[1] Siehe Anm. 1 und 2 zu § 6 der KaffeeVO. oben S. 539.

[2] Das Bayerische Oberste Landesgericht spricht sich in einem (soweit mir bekannt, nicht abgedruckten) Urteil vom 9. Mai 1932 (Rev.-Reg. II 171, 1932) über den Aufdruck auf einer Packung: „Getreidekaffee mit Bohnenkaffee..., gemischt..., 20 Teile Bohnenkaffee und 80 Teile Getreidekaffee" wie folgt aus: Der Aufdruck verletze nicht den § 5 Nr. 4 KaffeeErsVO., verstoße aber gegen Nr. 5 des § 5, denn das Wort Getreidekaffee befinde sich nicht unter den in Nr. 5 nachgelassenen Bezeichnungen. Nach Zweck und Sinn der KaffeeErsVO. könne es keinem Zweifel unterliegen, daß § 5 Nr. 5 sowohl für die Bezeichnung von Kaffee-Ersatzstoffen und Kaffee-Zusatzstoffen gelte, die ungemischt in den Verkehr gebracht würden, als auch für die Bezeichnung derartiger Stoffe, die als Bestandteile einer in den Verkehr gebrachten Kaffee-Ersatzmischung angeführt würden.

Das Verhältnis des § 5 Nr. 5 zu § 5 Nr. 8 der KaffeeErsVO. brauche im vorliegenden Fall nicht erörtert zu werden, weil der in der Mischung enthaltene und als „Getreidekaffee" bezeichnete Kaffee-Ersatzstoff (geröstete Gerste) nicht ausdrücklich mit der Bezeichnung „Kaffee-Ersatzstoff" versehen worden sei. Es könne daher dahingestellt bleiben, ob nicht etwa § 5 Nr. 8 KaffeeErsVO. nur für ungemischt in den Verkehr gebrachte Kaffee-Ersatzstoffe (und Kaffee-Zusatzstoffe) gelte.

[3] Gemäß der VO. über die äußere Kennzeichnung von Lebensmitteln vom 29. September 1927 in der Fassung vom 28. März 1928 (RGBl. I S. 136) unterliegen der Kennzeichnungspflicht nach dieser VO., sofern sie in Packungen oder Behältnissen (d. h. in sog. „Originalpackungen") abgegeben werden, auch Kaffee, Tee und ihre Ersatzmittel. Dabei gilt die Besonderheit (§ 2 Nr. 2 i), daß bei Kaffee-Ersatzmitteln an die Stelle des Gewichts zur Zeit der Füllung das Gewicht der Ware zu dem Zeitpunkt tritt, zu dem sie in den Verkehr gebracht wird.

[4] Die neuerdings in Aufnahme gekommene und sachlich richtigere Bezeichnung „Kaffeewürze" will der Reichsminister des Innern — vorbehaltlich einer späteren entsprechenden Gesetzesänderung — durch die Organe zur Überwachung der Lebensmittelüberwachung nicht beanstandet wissen (vgl. Rundschreiben vom 16. Dezember 1933 im Reichsgesundheitsbl. 1934, S. 22).

IV. Verordnung der Reichsminister des Innern sowie für Ernährung und Landwirtschaft über Kakao und Kakaoerzeugnisse.

Vom 15. Juli 1933. (RGBl. I S. 504.)

Auf Grund des § 5 Nr. 1a, b, Nr. 3a, b, Nr. 4 des Lebensmittelgesetzes vom 5. Juli 1927 (RGBl. I, S. 134)[1] *in der Fassung vom 31. Juli 1930 (RGBl. I, S. 421), der Verordnung des Reichspräsidenten zur Vereinfachung des Erlasses von Ausführungsschriften vom 30. März 1933 (RGBl. I, S. 147) und des § 11*

Abs. 1 des Gesetzes gegen den unlauteren Wettbewerb vom 7. Juni 1909 (RGBl. S. 449) wird nach Zustimmung des Reichsrats und nach Anhörung des nach § 6 des Lebensmittelgesetzes verstärkten Reichsgesundheitsrats verordnet:

Begriffsbestimmungen[2].

§ 1.

(1) Kakaobohnen sind die vom Fruchtfleisch befreiten, getrockneten, ungerotteten oder gerotteten rohen Samen des Kakaobaumes (Theobroma Cacao L.).

(2) Es werden im allgemeinen unterschieden

I. nach der geographischen Herkunft

a) mittelamerikanische Kakaobohnen: Mexiko, Nicaragua, Costarica;

b) südamerikanische Kakaobohnen: Ecuador (Guayaquil, Caraquéz, Arriba, Machala), Brasilien (Bahia, Para), Venezuela (Maracaibo, Puerto Cabello, Carácas, Carupano);

c) westindische (Antillen-) Kakaobohnen: Trinidad, San Domingo;

d) westafrikanische Kakaobohnen: Goldküste (Accra, Lagos, Fernando Po), Togo, Kamerun, San Thomé;

e) ostafrikanische Kakaobohnen: Madagaskar;

f) asiatische Kakaobohnen: Ceylon, Java;

g) australische Kakaobohnen: Samoa;

II. nach dem Grade der Reinheit

1. unverlesene Rohkakaobohnen:

a) ungestürzte: die aus dem Erzeugungsland in der ursprünglichen Verpackung eingeführte Rohware;

b) gestürzte: die nicht mehr in der ursprünglichen Verpackung befindliche Rohware, auch gemischt, soweit es sich um Ware derselben Herkunft handelt;

2. verlesene Rohkakaobohnen: die zur Weiterverarbeitung auf Kakao und Kakaoerzeugnisse bestimmte und von fremden Bestandteilen und ungeeigneten Bohnen hinreichend befreite Ware;

III. nach der Stufe der Zubereitung

a) rohe, gedarrte, geröstete Kakaobohnen;

b) Kakaokerne: gedarrte oder geröstete, entschälte und entkeimte verlesene Kakaobohnen; Kakaokerne enthalten Samenschalen, Samenhäutchen und Keime nur noch in technisch nicht vermeidbaren Mengen;

c) Kakaobruch: gebrochene Kakaokerne. Kakaobruch enthält wie die Kakaokerne Samenschalen, Samenhäutchen und Keime nur noch in technisch nicht vermeidbaren Mengen;

d) Kakaomasse: das Erzeugnis, das durch weitgehendes Zerkleinern (Mahlen, Walzen, Schleifen) der Kakaokerne oder des Kakaobruchs, auch unter Mitverwendung von höchstens 2 Hundertteilen Kakaogrus, gewonnen wird. Zuweilen wird der Kakaomasse im Fabrikationsgang Lezithin in geringer Menge zugesetzt[3];

e) aufgeschlossene Kakaomasse: die mit Alkalikarbonaten, Ammoniak, Ammoniumsalzen, Magnesiumoxyd oder anderen gesundheitsunschädlichen Stoffen, auch mit Dampf unter Druck behandelte Kakaomasse; ausgenommen sind organische Emulgierungsmittel. Kakaomasse und aufgeschlossene Kakaomasse enthalten im allgemeinen 52 bis 58 Hundertteile Kakaobutter und höchstens 0,3 Hundertteile Sand, berechnet auf fettfreie Trockenmasse; Kakaomasse liefert bis 5 Hundertteile, aufgeschlossene Kakaomasse bis 7 Hundertteile Asche;

f) Kakaogrus: kleine Kakaokernteilchen, die bei der Reinigung des Kakaoabfalls gewonnen werden und Samenschalen, Samenhäutchen und Keime nur noch in einer 10 Hundertteile nicht übersteigenden Menge enthalten;

g) Kakaoabfall: das beim Brechen, Schälen, Reinigen der gedarrten oder gerösteten Kakaobohnen anfallende Gemisch von Kernteilchen, Keimen, Samenschalen und Samenhäutchen;

h) Kakaoschalen: die beim Schälen der gedarrten oder gerösteten Kakaobohnen anfallenden, mehr oder weniger zerkleinerten Samenschalen[4].

Begr. zu § 1[5].

Abs. 1. Durch die Forderung, daß die Kakaobohnen „vom Fruchtfleisch befreit" sein müssen, soll nicht gesagt sein, daß sie vom Fruchtfleisch vollkommen befreit sein müssen; anhaftende Spuren sind nicht zu beanstanden.

Abs. 2 I. Die Aufzählung der Kakaobohnensorten nach der geographischen Herkunft ist nicht erschöpfend; es soll also der Handel mit Kakaobohnensorten, die in der Verordnung nicht angeführt sind, nicht etwa unterbunden werden.

II. Durch die Verordnung soll die Einfuhr von rohen Kakaobohnen nicht behindert werden. Aus Zweckmäßigkeitsgründen sind jedoch Begriffsbestimmungen auch für unverlesene, ungestürzte und gestürzte Kakaobohnen gegeben worden. Während an die Beschaffenheit ungestürzter Ware keine besonderen Anforderungen gestellt werden, darf gestürzte Rohware, sofern sie zur Weiterverarbeitung auf Kakaoerzeugnisse bestimmt ist, nicht mehr als insgesamt 15 Hundertteile an für diesen Zweck ungeeigneten Kakaobohnen und an fremden Bestandteilen enthalten (vgl. § 5 Nr. 1a). Unzulässig ist auch die Mischung unverlesener, gestürzter Rohkakaobohnen verschiedener Herkunft. Unmittelbar zur Verarbeitung auf Kakaoerzeugnisse bestimmte sog. verlesene Kakaobohnen dürfen jedoch nicht mehr als 3 Hundertteile an den genannten Verunreinigungen enthalten (vgl. § 5 Nr. 1b).

III. Der Aufzählung der Fertigerzeugnisse in §§ 2, 3 sind hier Begriffsbestimmungen für Ausgangsprodukte, Zwischenerzeugnisse und Abfallstoffe vorausgeschickt. Zwischenerzeugnisse gelten auch als Kakaoerzeugnisse.

b) Unter „technisch nicht vermeidbare Mengen" sind hier die Mengen zu verstehen, die bei sorgfältiger Verarbeitung mit modernen Reinigungsmaschinen nicht entfernt werden können. Im allgemeinen handelt es sich bei diesen unvermeidbaren Verunreinigungen der Kakaokerne und Kakaomassen um Samenschalen, Samenhäutchen und Keime in einer Gesamtmenge, die unter 2 Hundertteilen liegt.

d) Unter dem Zerkleinern der Kakaokerne zur Herstellung der Kakaomasse ist ein sorgfältiges Mahlen, Walzen oder Schleifen der Kerne zu verstehen. Die zugelassene Menge von 2 Hundertteilen Kakaogrus entspricht ungefähr dem Anteil an Kakaogrus, der beim Verarbeiten der Kakaobohnen anfällt.

e) Die Erweiterung der hier namentlich aufgeführten Stoffe durch die Zufügung der Worte „oder anderen gesundheitsunschädlichen Stoffen" erschien erforderlich, um z. B. einen gebräuchlichen Zusatz von Weinsäure als Abstumpfungsmittel nicht zu unterbinden. Organische Emulgierungsmittel, wie z. B. Gelatine, Leim, Tragant und dergleichen, dürfen zum Aufschließen der Kakaomasse nicht verwendet werden. Mit Alkalikarbonaten oder Magnesiumoxyd aufgeschlossene Kakaomassen liefern entsprechend mehr Asche als nicht aufgeschlossene oder mit Ammoniak oder mit Ammoniumsalzen aufgeschlossene Kakaomasse. Der Zusatz an den zum Aufschließen verwendeten Stoffen darf 2,5 Hundertteile der Kakaomasse nicht überschreiten; liefert also z. B. eine zum Aufschließen verwendete Kakaomasse schon an sich 3 Hundertteile Asche, so darf dieselbe nach dem Aufschließen höchstens 5,5 Hundertteile Asche, berechnet auf Kakaomasse mit einem Gehalt von 55 Hundertteilen Kakaobutter (vgl. § 6 Nr. 10c, 13, 14), liefern.

f) Die angegebene Höchstmenge von 10 Hundertteilen an Samenschalen, Samenhäutchen und Keimen im Kakaogrus entspricht der technisch nicht vermeidbaren Menge, die hier also höher liegt als bei den Kakaokernen (vgl. Begründung zu IIIb).

g), h) Kakaoabfall und Kakaoschalen sind hier als Fabrikationsabfälle bei der Gewinnung der Kakaokerne lediglich der Vollständigkeit wegen aufgeführt. Sie dürfen zur Weiterverarbeitung auf Kakaoerzeugnisse nicht verwendet werden.

Anmerkungen.

1 Vorschriften, die auf § 5 Nr. 1 LMG. gestützt sind und damit der hohen Strafdrohung des § 12 LMG. unterfielen, enthält die KakaoVO. nicht. Im übrigen gilt das oben S. 529 und 530 in Anm. 1 und 4 Ausgeführte über den Strafschutz der Vorschriften der VO. sinngemäß auch für die KakaoVO.

2 Siehe hierzu § 7 Nr. 1 in Verbindung mit § 4 Nr. 3 LMG.

3 Der Satz über Lezithin fehlte in dem veröffentlichten Entwurf. Auch der Reichsratsentwurf, in dem er enthalten ist, begründet ihn bei § 1 nicht. Die Zulassung, begrenzt in § 6 Nr. 8 und in der Begr. hierzu erörtert, soll nur dem Zweck dienen, die Kakaomasse geschmeidiger und leichter verarbeitbar zu machen. Auch in § 3 Abs. 14 ist dieser Zusatz erwähnt. Ernährungsphysiologische Bedeutung soll ihm nicht beigemessen werden. Deshalb darf auch in Beschriftungen und Anpreisungen nicht auf diesen Lezithinzusatz hingewiesen werden (§ 7 Nr. 9).

4 Kakaoerzeugnisse, die mehr als die technisch unvermeidbaren Mengen von Kakaoschalen enthalten, sind verfälscht und auch bei Kenntlichmachung verkehrsunfähig (§ 6 Nr. 3 und Nr. 18a nebst Begr.). Die VO. über den Verkehr mit Kakaoschalen vom 19. August 1915 ist in § 10 der KakaoVO. aufgehoben. Über den Nachweis und die Bestimmung von Kakaoschalen in Kakao und Schokoladen s. Dr. J. GROSSFELD in **Z.** 1926, **51**, 249.

5 Wegen des Fundorts der hier abgedruckten Begr. vgl. Literaturverzeichnis S. 526 unter „Begr.“. Der Begr. ist eine „allgemeine Vorbemerkung“ vorausgeschickt, die im Wortlaut übereinstimmt mit der in Anm. 4 der Einleitung zur KaffeeVO. (S. 530) abgedruckten allgemeinen Vorbemerkung.

§ 2.

(1) Kakaobutter[1, 2] *ist das aus Kakaokernen, Kakaobruch, auch unter Mitverwendung von höchstens 2 Hundertteilen Kakaogrus, oder aus Kakaomasse oder aufgeschlossener Kakaomasse durch Abpressen, mit oder ohne Filtration, ohne chemische Behandlung gewonnene Fett mit einem die Zahl 8 im Höchstfalle nicht übersteigenden Säuregrad.*

(2) Kakaopulver[3] *ist das aus Kakaokernen, Kakaobruch, auch unter Mitverwendung von höchstens 2 Hundertteilen Kakaogrus, oder aus Kakaomasse oder aufgeschlossener Kakaomasse, durch teilweises Abpressen der Kakaobutter gewonnene und sodann gepulverte Erzeugnis; zuweilen werden dem Kakaopulver im Fabrikationsgang Lezithin in geringer Menge sowie natürliche Gewürze, Vanillin oder der ihm entsprechende Äthyläther zugesetzt; Kakaopulver enthält mindestens*[4] *20 Hundertteile Kakaobutter. Stark entöltes Kakaopulver enthält mindestens*[4] *10, aber weniger als 20 Hundertteile Kakaobutter. Die Grenzwerte für den Gehalt an Kakaobutter beziehen sich auf ein Kakaopulver mit 5 Hundertteilen Wasser.*

(3) Haferkakao ist eine Zubereitung aus mindestens 50 Hundertteilen Kakaopulver oder stark entöltem Kakaopulver und aus Hafermehl oder Haferflocken; zuweilen sind etwas Speisesalz (Siedesalz, Steinsalz) und Gewürze zugesetzt.

(4) Haferkakao gezuckert ist eine Zubereitung aus mindestens 2 Teilen Haferkakao und höchstens 1 Teil technisch reinem weißem Verbrauchszucker (Saccharose).

(5) Malzkakao ist eine Zubereitung aus mindestens 50 Hundertteilen Kakaopulver oder stark entöltem Kakaopulver und aus Gerstenmalzmehl oder mindestens 5 Hundertteilen Gerstenmalzextrakt.

(6) Hafermalzkakao ist eine Zubereitung aus mindestens 50 Hundertteilen Kakaopulver oder stark entöltem Kakaopulver, aus Hafermehl oder Haferflocken

und aus mindestens 7 Hundertteilen Hafermalzmehl oder mindestens 5 Hundertteilen Hafermalzextrakt.

(7) Eichelkakao ist eine Zubereitung aus mindestens 60 Hundertteilen Kakaopulver oder stark entöltem Kakaopulver, aus mindestens 15 Hundertteilen geschälten, gerösteten und fein gemahlenen Eicheln oder einer entsprechenden Menge Extrakt aus solchen, ohne oder mit Zusatz von technisch reinem weißem Verbrauchszucker (Saccharose) und von geröstetem Weizenmehl.

Begr. zu § 2.

Abs. 1. Die Mitverwendung von Kakaogrus ist auch bei der Gewinnung von Kakaobutter zulässig; sein Anteil ist ebenfalls auf 2 Hundertteile begrenzt. Unter Kakaobutter ist lediglich das aus den angegebenen Rohstoffen durch Abpressen gewonnene Kakaofett zu verstehen. Durch Lösungsmittel gewonnenes Kakaofett darf nicht als Kakaobutter bezeichnet und auch nicht bei der Herstellung von Kakaoerzeugnissen verwendet werden (vgl. § 6 Nr. 4, 24). Denn das extrahierte Kakaofett ist gegenüber der Kakaopreßbutter zur Herstellung von Kakaoerzeugnissen wegen des Mangels an natürlichem Kakaoaroma und wegen seiner von der Kakaopreßbutter abweichenden physikalischen Eigenschaften als minderwertig zu bezeichnen. Die abgepreßte Kakaobutter darf lediglich einer Filtration, nicht aber einer chemischen Behandlung, z. B. Raffination, unterworfen werden. Der Säuregrad der Kakaobutter soll im allgemeinen die Zahl 6 nicht übersteigen, darf aber im Höchstfalle die Zahl 8 erreichen, ohne daß die betreffende Kakaobutter deshalb als verdorben anzusehen ist (vgl. § 5 Nr. 4).

Abs. 2. Die Mitverwendung von Kakaogrus bei der Herstellung von Kakaopulver ist wie bei der Herstellung der Kakaobutter zulässig. Jedoch ist die Menge des Kakaogruses auch hier auf 2 Hundertteile beschränkt (vgl. § 6 Nr. 6).

Unter Kakaopulver schlechthin ist ein Kakaopulver mit einem Gehalt von 20 und mehr Hundertteilen Kakaobutter zu verstehen. Kakaopulver mit einem Gehalt von weniger als 20, aber mindestens 10 Hundertteilen Kakaobutter muß als „stark entöltes" Kakaopulver gekennzeichnet sein. Kakaopulver mit weniger als 10 Hundertteilen Kakaobutter ist auch bei Kennzeichnung des geringeren Fettgehaltes vom Verkehr ausgeschlossen (vgl. § 6 Nr. 12).

Die Grenzwerte für den Gehalt an Kakaobutter beziehen sich auf ein Kakaopulver mit 5 Hundertteilen Wasser. Es würde somit z. B. für ein stark entöltes Kakaopulver mit dem zulässigen Höchstgehalt von 9 Hundertteilen Wasser schon ein Kakaobuttergehalt von nur 9,6 Hundertteilen als ausreichend anzusehen sein; denn bei Umrechnung dieses Kakaobuttergehaltes auf ein Kakaopulver mit 5 Hundertteilen Wasser würde der Grenzwert von 10 Hundertteilen erreicht werden.

Abs. 3, 4, 5, 6, 7. Haferkakao gezuckert, Malzkakao, Hafermalzkakao, Eichelkakao, die unter Verwendung von stark entöltem Kakaopulver hergestellt sind, müssen neben der Hauptbezeichnung des Erzeugnisses als „stark entölt" kenntlich gemacht sein (vgl. § 7 Nr. 3).

Abs. 4. Der im „Haferkakao gezuckert" zu mindestens zwei Dritteln enthaltene Haferkakao muß den für Haferkakao gegebenen Begriffsbestimmungen entsprechen.

Abs. 5. Unter der allgemeinen Bezeichnung „Malzkakao" ist nur Gerstenmalzkakao zu verstehen.

Abs. 6. Hafermalzkakao muß neben mindestens 50 Hundertteilen Kakaopulver oder stark entöltem Kakaopulver mindestens 7 Hundertteile Hafermalzmehl enthalten, das mit Hafermehl oder Haferflocken gemischt ist. Das Hafermalzmehl kann auch durch Hafermalzextrakt ersetzt sein; letzterer muß dann aber mindestens 5 Hundertteile, berechnet auf den Hafermalzkakao, betragen.

Abs. 7. Als 15 Hundertteilen Eichelmehl entsprechende Menge Extrakt können beim Eichelkakao im allgemeinen 5 Hundertteile handelsüblicher Eichelextrakt angesehen werden. Bei der Verwendung von Eichelmehl darf der Zusatz von Zucker einschließlich geröstetem Weizenmehl — andere Zusätze sind nicht erlaubt — insgesamt 25 Hundertteile nicht überschreiten. Bei der Verwendung von Eichelextrakt darf der Zusatz von Zucker einschließlich geröstetem Weizenmehl entsprechend höher sein.

Anmerkungen.

[1] Über den Nachweis von Fremdfett in Kakaobutter vgl. Dr. BRUNO PASCHKE in Z. 1932, **64**, 561.

[2] Entspricht die Bezeichnung eines Kakaoerzeugnisses nicht den Begriffsbestimmungen, so gilt § 7 Nr. 1 in Verbindung mit § 4 Nr. 3 LMG.

[3] Über Kakao**getränke** siehe oben S. 530 Anm. 4.

[4] Vgl. aber S. 275 Anhang für die Zeit der Vorratsstreckung.

§ 3[1,2].

(1) Schokolade ist eine geformte oder nicht geformte Zubereitung aus Kakaokernen, Kakaobruch, auch unter Mitverwendung von höchstens 2 Hundertteilen Kakaogrus, oder aus Kakaomasse und technisch reinem weißem Verbrauchszucker (Saccharose), ohne oder mit Zusatz von Kakaobutter, natürlichen Gewürzen, Vanillin oder dem ihm entsprechenden Äthyläther; Schokolade besteht zu mindestens 40 Hundertteilen aus Kakaomasse oder aus einem Gemisch von Kakaomasse und Kakaobutter und zu höchstens 60 Hundertteilen aus Zucker. Der Gehalt an Kakaobutter beträgt mindestens 21 Hundertteile. Der Gehalt an Kakaomasse beträgt bei Mitverwendung von Kakaobutter mindestens 33 Hundertteile.

(2) Schmelzschokolade ist eine durch besondere Bearbeitung (Walzen und Reiben) hergestellte Schokolade-Zubereitung, die zu mindestens 50 Hundertteilen aus Kakaomasse oder aus einem Gemisch von Kakaomasse und Kakaobutter und zu höchstens 50 Hundertteilen aus technisch reinem weißem Verbrauchszucker (Saccharose) besteht. Der Gehalt an Kakaobutter beträgt mindestens 26 Hundertteile. Der Gehalt an Kakaomasse beträgt bei Mitverwendung von Kakaobutter mindestens 35 Hundertteile.

(3) Sahneschokolade (Rahmschokolade) ist eine Schokolade-Zubereitung, die zu mindestens 25 Hundertteilen aus Kakaomasse oder aus einem Gemisch von Kakaomasse und Kakaobutter und zu höchstens 60 Hundertteilen aus technisch reinem weißem Verbrauchszucker (Saccharose) sowie aus Sahne oder aus Sahnepulver (Trockensahne) in einer solchen Menge besteht, daß der aus der Sahne oder dem Sahnepulver stammende[3] Fettgehalt dieser Schokolade mindestens[4] 5,5 Hundertteile beträgt. Der Gehalt an Kakaomasse beträgt bei Mitverwendung von Kakaobutter mindestens 10 Hundertteile. Zuweilen sind der Sahneschokolade noch, an Stelle einer entsprechenden Menge Zucker, Milch oder Milchpulver (Trockenmilch) zugesetzt.

(4) Milchschokolade (Vollmilchschokolade) ist eine Schokolade-Zubereitung, die zu mindestens 25 Hundertteilen aus Kakaomasse oder aus einem Gemisch von Kakaomasse und Kakaobutter und zu höchstens 60 Hundertteilen aus technisch reinem weißem Verbrauchszucker (Saccharose) sowie aus Milchbestandteilen[3] in einer solchen Menge besteht, daß der Gehalt an Milchfett mindestens 3,2 Hundertteile und der Gehalt an fettfreier Milchtrockenmasse mindestens[4] 9,3 Hundertteile beträgt. Der Gehalt an Kakaomasse beträgt bei Mitverwendung von Kakaobutter mindestens 10 Hundertteile.

(5) Magermilchschokolade (Schokolade mit Zusatz von entrahmter Milch) ist eine Schokolade-Zubereitung, die zu mindestens 25 Hundertteilen aus

Kakaomasse oder aus einem Gemisch von Kakaomasse und Kakaobutter und zu höchstens 60 Hundertteilen aus technisch reinem weißem Verbrauchszucker (Saccharose) sowie aus Milchbestandteilen in einer solchen Menge besteht, daß der Gehalt an fettfreier Milchtrockenmasse mindestens 12,5 Hundertteile beträgt. Der Gehalt an Kakaomasse beträgt bei Mitverwendung von Kakaobutter mindestens 10 Hundertteile.

(6) Gefüllte Schokolade (z. B. Kremschokolade, Marzipanschokolade, Nugatschokolade, Krokantschokolade, Trüffelschokolade, überzogene Pralinen) ist eine geformte Schokolade-Zubereitung, die aus einem Kern und einem Überzug aus Kakaomasse, Schokolade, Schokolade-Überzugsmasse, Sahne- oder Milchschokolade-Überzugsmasse besteht. Der Anteil an diesem Überzug beträgt bei den in Tafeln geformten Schokolade-Zubereitungen mindestens 25 Hundertteile des Gesamtgewichts.

(7) Fruchtschokolade ist eine Schokolade-Zubereitung, die unter Zusatz von Früchten oder Fruchtzubereitungen, bei Früchten der Zitrusarten auch unter gleichzeitigem Zusatz des natürlichen Schalenaromas oder unter Verwendung von Schalen, hergestellt ist.

(8) Nußschokolade ist eine Schokolade-Zubereitung, die unter Zusatz von Haselnüssen oder Walnüssen, auch in fein zerriebener Form, hergestellt ist; zuweilen wird der Ölgehalt der Nüsse durch Abpressen bis auf zwei Drittel des ursprünglichen Gehalts herabgesetzt.

(9) Mandelschokolade ist eine Schokolade-Zubereitung, die unter Zusatz von süßen Mandeln, auch in fein zerriebener Form, hergestellt ist; zuweilen wird der Ölgehalt der Mandeln durch Abpressen bis auf zwei Drittel des ursprünglichen Gehalts herabgesetzt.

(10) Schokolade (Abs. 1 bis 5) enthält zuweilen unter entsprechender Kenntlichmachung auch Zusätze, wie Kaffee, Orangeat.

(11) Schokolade-Überzugsmasse (Kuvertüre) ist eine Schokolade-Zubereitung, die zu höchstens 50 Hundertteilen aus rechnisch reinem weißem Verbrauchszucker (Saccharose) und zu mindestens 33 Hundertteilen aus Kakaomasse[4] *besteht, deren Gehalt an Kakaobutter durch Zusatz so erhöht ist, daß der Gesamtgehalt der Überzugsmasse an Kakaobutter mindestens 35 Hundertteile beträgt. Zuweilen sind in der Schokolade-Überzugsmasse bis zu insgesamt 5 Hundertteile Zucker durch die gleiche Menge von Haselnüssen, Walnüssen, süßen Mandeln, getrockneten Früchten (wie Rosinen, Sultaninen, Korinthen), Malzextrakt, Malzzucker oder Milchpulver (Trockenmilch) ersetzt.*

(12) Sahneschokolade-Überzugsmasse, Milchschokolade-Überzugsmasse sind Zubereitungen, die mindestens 35 Hundertteile Gesamtfett (Kakaobutter und Milchfett) und höchstens 50 Hundertteile technisch reinen weißen Verbrauchszucker (Saccharose) enthalten und im übrigen den Begriffsbestimmungen für Sahneschokolade, Milchschokolade (§ 3 Abs. 3, 4) entsprechen.

(13) Schokolade-Pulver (Schokolademehl, Puderschokolade, Trinkschokolade) ist eine gleichmäßige, in einem unter Wärmeentwicklung sich vollziehenden maschinellen Verfahren hergestellte Mischung von Kakaomasse oder aufgeschlossener Kakaomasse oder Kakaopulver oder stark entöltem Kakaopulver und technisch reinem weißem Verbrauchszucker (Saccharose); zuweilen sind natürliche Gewürze, Vanillin oder der ihm entsprechende Äthyläther zugesetzt. Der Zuckergehalt beträgt höchstens 60 Hundertteile, der Gehalt an Kakaobutter mindestens 6 Hundertteile.

(14) Kakaoerzeugnisse (§§ 1, 2, 3) enthalten zuweilen einen Zusatz von Lezithin in geringer Menge.

Begr. zu § 3.

Abs. 1. Eine Schokolade soll mindestens 40 Hundertteile Kakaomasse oder eines Gemisches von Kakaomasse und Kakaobutter und nicht mehr als 60 Hundertteile technisch reinen weißen Verbrauchszucker enthalten. Enthält die

Schokolade 60 Teile Zucker und 40 Teile eines Gemisches aus Kakaomasse und Kakaobutter, so müssen hiervon mindestens 33 Teile Kakaomasse sein. Auch bei geringerem Gehalt an Zucker hat der Gehalt an Kakaomasse mindestens 33 Hundertteile zu betragen. Die Mitverwendung von Kakaogrus bei der Herstellung von Schokolade und Schokolade-Zubereitungen ist wie bei der Herstellung von Kakaomasse, Kakaobutter und Kakaopulver zulässig, und zwar bis zu 2 Hundertteilen, berechnet auf die angewandte Menge Kakaokerne, Kakaobruch oder Kakaomasse; bei letzterer jedoch nur, wenn bei der Herstellung dieser Kakaomasse die Höchstmenge an Kakaogrus nicht schon mitverarbeitet wurde. Die Verwendung künstlicher Gewürze ist unzulässig, dagegen können künstliche Aromastoffe unter Kenntlichmachung zugesetzt werden. Neben Vanillin, dem Methyläther des Protokatechualdehyds, dürfen auch der Äthyläther, der im Handel unter Phantasienamen vertrieben wird, oder auch Gemische beider bei der Herstellung von Schokolade, Schokolade-Zubereitungen und Schokoladepulver auch ohne Kenntlichmachung verwendet werden. Solche Schokolade darf aber nicht als Vanilleschokolade bezeichnet werden (vgl. Begr. zu § 6 Nr. 9).

Abs. 2. Die Herstellung der Schmelzschokolade erfordert eine besonders sorgfältige Bearbeitung durch Walzen und Reiben, um eine gleichmäßige Beschaffenheit der Ware zu erzielen. Der Gehalt der Schmelzschokolade an Kakaobutter ist schon wegen des höheren Gehaltes an Kakaobestandteilen, mindestens 50 statt 40 Hundertteile in der Schokolade, wesentlich höher als der der Schokolade. Enthält eine Schmelzschokolade nur 50 Hundertteile eines Gemisches aus Kakaomasse und Kakaobutter, so dürfen in diesem Gemisch nicht mehr als 15 Teile zugesetzte Kakaobutter vorhanden sein. Ist der Gehalt an Kakaobestandteilen höher, so darf auch der Kakaobutterzusatz entsprechend höher genommen werden, doch müssen stets 35 Hundertteile Kakaomasse vorhanden sein. Der Zuckergehalt der Schmelzschokolade ist wegen des vorgeschriebenen höheren Gehalts an Kakaobestandteilen naturgemäß geringer als der der Schokolade; er darf höchstens 50 Hundertteile betragen.

Abs. 3, 4, 5. Sahnenschokolade, Milchschokolade und Magermilchschokolade dürfen wesentlich weniger Kakaomasse als die Schokolade und die Schmelzschokolade, jedoch nicht unter 10 Hundertteilen, enthalten; Kakaomasse allein ohne gleichzeitige Verwendung von Kakaobutter wird bei diesen Schokoladen selten verarbeitet.

Es ist vorgeschrieben, daß in diesen Schokoladen, sofern sie mit 25 Hundertteilen eines Gemisches aus Kakaomasse und Kakaobutter hergestellt sind, nicht mehr als 15 Hundertteile zugesetzter Kakaobutter enthalten sein dürfen. Auch bei höherem Gehalt an Kakaobestandteilen müssen mindestens 10 Hundertteile Kakaomasse zugesetzt sein.

Der Zusatz von Sahne oder von Sahnepulver muß bei Sahneschokolade in solcher Menge vorgenommen werden, daß der Milchfettgehalt in der Schokolade mindestens 5,5 Hundertteile beträgt. Zur Herstellung dieser Schokolade müßten von Sahnepulver mit z. B. 42% Fett in der Trockenmasse also mindestens 13,1 Hundertteile angewandt werden. Als Ersatz eines Teils der zugelassenen Menge an Zucker darf außerdem noch Milch oder Milchpulver zugesetzt werden.

Bei Milchschokolade ist ein Mindestgehalt an Milchfett von 3,2 Hundertteilen und ein Mindestgehalt an fettfreier Milchtrockenmasse von 9,3 Hundertteilen vorgeschrieben. Danach bleibt es also dem Hersteller überlassen, die Milchbestandteile in beliebiger Form zuzusetzen. So kann z. B. an Stelle von Milchpulver (Trockenmilch) auch Magermilchpulver mit entsprechendem Zusatz von Butter verarbeitet werden; wesentlich ist nur, daß der geforderte Mindestgehalt an Milchfett und fettfreier Milchtrockenmasse erreicht wird.

Für Magermilchschokolade wird kein Butterfettgehalt, sondern lediglich ein Mindestgehalt von 12,5 Hundertteilen fettfreier Milchtrockenmasse verlangt. Auch bei der Herstellung von Magermilchschokolade bleibt es unbenommen, die Milchbestandteile in beliebiger Form zu verwenden.

Zur Weiterverarbeitung auf Kakaoerzeugnisse bestimmte Milch und Milcherzeugnisse müssen den Anforderungen genügen, die in der Ersten Verordnung zur Ausführung des Milchgesetzes vom 15. Mai 1931 (RGBl. I, S. 150) an diese Lebensmittel gestellt sind.

Abs. 6. Der zur Füllung verwendete Kern muß, sofern die Schokolade eine bestimmte Bezeichnung, wie z. B. Marzipanschokolade, trägt, der handelsüblichen Zusammensetzung entsprechen. Im übrigen sind in der Verordnung keinerlei Vorschriften für die Art der Zusammensetzung des Kerns in gefüllten Schokoladen gegeben (vgl. auch § 4). Die als Überzug verarbeitete Kakaomasse, Schokolade oder Schokolade-Überzugmasse müssen den für diese Kakaoerzeugnisse festgesetzten Begriffsbestimmungen entsprechen. Ihr Anteil muß nur bei den in Tafeln geformten Zubereitungen mindestens 25 Hundertteile des Gesamtgewichts der Ware betragen, während er bei den nicht in Tafel geformten gefüllten Schokoladen, also auch bei Pralinen sowie beim Überzug von Schokoladekeks, Schokoladewaffeln u. dgl., unter dieser Grenze liegen kann.

Abs. 7. Schokolade, die unter Zusatz von Fruchtaromen (natürlichen oder künstlichen) hergestellt ist, darf nicht als Fruchtschokolade bezeichnet werden; derartige Schokolade-Zubereitungen müssen vielmehr gekennzeichnet werden, etwa als „Schokolade mit Fruchtgeschmack", mit „Fruchtaroma" oder „Aromatisierte Schokolade". Ausgenommen sind Fruchtschokoladen, bei denen Früchte der Zitrusarten, z. B. Orangen, verwendet werden; bei diesen ist die Mitverwendung des natürlichen Schalenaromas der Zitrusarten sowie der Schalen selbst ausdrücklich als zulässig bezeichnet. Als Frucht im Sinne dieser Begriffsbestimmung ist jedoch z. B. Bananenmehl nicht aufzufassen. Eine unter Zusatz von Bananenmehl hergestellte Schokolade darf nicht als Fruchtschokolade bezeichnet, sondern muß etwa als Bananenmehlschokolade gekennzeichnet werden. Unter Fruchtzubereitungen sind z. B. Fruchtsäfte, auch in konzentrierter Form, Fruchtpasten, Fruchtmassen zu verstehen.

Abs. 8, 9. Zur Herstellung von Nußschokolade dürfen keine anderen Nüsse als Haselnüsse oder Walnüsse verwendet werden. Diese können sowohl in ganzen oder zerkleinerten Stücken als auch in fein zerriebener Form zugesetzt sein. Durch Abpressen vom Öl befreite Nüsse dieser Art, die weniger als zwei Drittel ihres ursprünglichen Ölgehaltes enthalten, desgleichen mit Lösungsmitteln ganz oder teilweise entfettete Nüsse dürfen nicht verarbeitet werden. Das gleiche gilt für süße Mandeln, die zur Herstellung von Mandelschokolade verwendet werden.

Abs. 11. Um der Schokolade-Überzugsmasse die hinreichende Geschmeidigkeit zu verleihen, ist ein verhältnismäßig hoher Gehalt an Kakaobutter erforderlich. Der verwendeten Mindestmenge von 33 Hundertteilen Kakaomasse ist daher noch so viel Kakaobutter zuzusetzen, daß der Gesamtgehalt an Kakaobutter in der Überzugsmasse mindestens 35 Hundertteile beträgt. Enthalten also z. B. die 33 Hundertteile Kakaomasse 18 Teile Kakaobutter, so müssen noch mindestens 17 Teile Kakaobutter als solche mitverarbeitet werden. Zusätze von Haselnüssen, Walnüssen, süßen Mandeln usw. von insgesamt bis zu 5 Hundertteilen dürfen ohne Kenntlichmachung nur auf Kosten des höchstens 50 Hundertteile betragenden Zuckerzusatzes gemacht werden.

Abs. 13. Schokoladepulver muß, um eine gleichmäßige innige Mischung der Bestandteile zu erreichen, in einem unter Wärmeentwicklung sich vollziehenden maschinellen Verfahren hergestellt werden, d. h. entweder im sog. Schokoladeverfahren oder in Mischmaschinen, bei denen die Wärme erst im Misch- oder

Mahlprozeß als Reibungswärme entsteht. Erzeugnisse, die durch einfaches Zusammenmischen von Kakaopulver und Zucker hergestellt sind, dürfen demnach nicht unter der Bezeichnung „Schokoladepulver" in den Verkehr gebracht werden; sie können aber z. B. als Kakaopulver mit Zuckerzusatz, gesüßtes Kakaopulver in den Handel kommen. Liegt der Gehalt eines Schokoladepulvers an Kakaobutter zwischen 6 und 10 Hundertteilen, so muß das Schokoladepulver neben seiner Hauptbezeichnung deutlich als „stark entölt" kenntlich gemacht sein (vgl. § 7 Nr. 5).

Abs. 14. Vgl. Begründung zu § 6 Nr. 8.

Anmerkungen.

1 § 3 weicht in der Anordnung von dem veröffentlichten Entwurf in Heft 6 (s. S. 526) nicht unerheblich ab.

2 Die Klammerzusätze hinter den Haupt- oder Sammelbezeichnungen z. B. bei Abs. 5 und Abs. 6 bedeuten, daß statt „Magermilchschokolade" auch die in den Augen mancher Verbraucher weniger herabwertende Bezeichnung „Schokolade mit Zusatz von entrahmter Milch" gebraucht werden darf und daß im Falle der Nr. 6 statt der allgemeineren Bezeichnung „gefüllte Schokolade" die im Einzelfall zutreffende, auf die Art der Füllung hinweisende engere Bezeichnung wie „Krokantschokolade", „Trüffelschokolade" usw. Anwendung finden darf.

3 Im Falle des Abs. 3 (Sahneschokolade oder Rahmschokolade) muß der entsprechende Fettgehalt aus Sahne oder Sahnepulver stammen, während im Falle des Abs. 4 auf Wunsch der Schokoladeindustrie (wegen der begrenzten Haltbarkeit des stark fetthaltigen Milchpulvers) die Milchbestandteile in beliebiger Form, also auch in Form von Magermilchpulver oder Butter verwendet werden dürfen, vorausgesetzt, daß die vorgeschriebene Mindestmenge an Milchbestandteilen erreicht wird. Für Sahneschokolade lag ein gleichartiger Wunsch der Industrie nicht vor.

4 Vgl. aber S. 275 Anhang für die Zeit der Vorratsstreckung.

§ 4[1].

Ausnahmebestimmungen.

Unter diese Verordnung fallen nicht

1. Bonbons, Dragees, Karamellen, Fondants und ähnliche Erzeugnisse[2]*;*

2. massive Pralinen bis zu 20 g Einzelgewicht[2]*;*

3. die Kerne der gefüllten Schokoladen und Dauerbackwaren[2].

Begr. zu § 4.

Durch Aufzählung der unter Nr. 1, 2[1] erwähnten Erzeugnisse soll eindeutig zum Ausdruck gebracht werden, daß diese nicht unter die Bestimmungen der Verordnung fallen und daher weder als nachgemachte noch als irreführend aufgemachte Kakaoerzeugnisse anzusehen sind. § 4 gilt nicht für den Fall, daß Erzeugnisse der hier erwähnten Art in der für Schokolade gebräuchlichen Tafelform in den Verkehr gebracht werden (vgl. Begründung zu § 7 Nr. 1).

Anmerkungen.

1 Die Fassung des § 4 weicht von der Reichsratsvorlage, die nur 2 Nummern enthielt, und diese wiederum von der des veröffentlichten Entwurfs ab, welcher den gesamten Inhalt des § 4 ohne Unterteilung in Nummern brachte. Die vorstehende, auf die Reichsratsvorlage zugeschnittene Begr. muß deshalb dahin ergänzt werden, daß sie im Eingang lautet: „Durch Aufzählung der unter Nr. 1, 2, 3 erwähnten usw."

2 In dem in R. v. Deckers Verlag, G. Schenk in Berlin erschienenen grünen Heftchen „VO. über Kakao und Kakaoerzeugnisse" führen RIESS und LUDORFF in den Anmerkungen S. 35 hierzu aus:

„Unter ‚Bonbons, Dragees, Karamellen, Fondants' fallen die mannigfachen Erzeugnisse der Süßwarenherstellung, die schokoladeähnlich aussehen, ohne jedoch in ihrer Zusammensetzung einem Kakaoerzeugnis zu entsprechen.

Das schokoladeähnliche Aussehen kann hierbei durch Kakaomasse, Kakaopulver, Schokolade, Schokoladepulver oder andere Kakaoerzeugnisse oder aber auch durch irgendwelche braun färbenden Stoffe, wie Karamel, gebrannte Nüsse u. dgl. verursacht sein. Diese Erzeugnisse sind so verschiedenartig, daß es nicht möglich ist, sie unter Sammelnamen, wie ‚Bonbons', ‚Dragees' usw. erschöpfend aufzuzählen. Es war daher die Erweiterung ‚und ähnliche Erzeugnisse' erforderlich. . . . .

‚Massive Pralinen‘ sind solche, die nicht aus einem festen oder flüssigen Kern bestehen, der von kakaohaltiger Masse ganz oder teilweise umschlossen ist. Es fallen somit unter diese Ausnahmen nur Pralinen und pralinenförmige Erzeugnisse, die aus einer einheitlichen Masse bestehen, sofern das Gewicht des einzelnen Stücks 20 g nicht übersteigt. Alle anderen Pralinen, die entweder überzogen oder gefüllt sind, sind als gefüllte Schokoladen im Sinne von § 3 Abs. 6 anzusehen. Da es sich hierbei nicht um in Tafeln geformte Zubereitungen handelt, ist die Menge des Überzugs zahlenmäßig nicht begrenzt (vgl. ebenda).

In Nr. 3 sind die Kerne der gefüllten Schokoladen sowie die der Dauerbackwaren ausdrücklich ausgenommen. Für ihre Zusammensetzung soll auch dann die Rezeptfreiheit gewahrt bleiben, wenn bei ihrer Herstellung Kakaoerzeugnisse mitverwendet worden sind.“

Grundsätze für die Beurteilung[1].

§ 5.

Als verdorben[2] sind insbesondere anzusehen und auch bei Kenntlichmachung[2] vom Verkehr ausgeschlossen:

1. Rohkakaobohnen, die zur Weiterverarbeitung auf Kakaoerzeugnisse bestimmt sind,

a) gestürzte, sofern der Anteil an zur Weiterverarbeitung ungeeigneten Kakaobohnen sowie an fremden Bestandteilen mehr als insgesamt 15 Hundertteile beträgt;

b) verlesene, sofern der Anteil an zur Weiterverarbeitung ungeeigneten, insbesondere beschädigten Kakaobohnen sowie an fremden Bestandteilen mehr als insgesamt 3 Hundertteile beträgt.

Als beschädigt sind Rohkakaobohnen anzusehen, die durch Seewasser, Schimmel, Fäulnis, Brandrauch oder Insektenfraß in ihrem natürlichen Zustande wesentlich[2] verändert sind oder einen dumpfigen oder modrigen Geruch oder Geschmack haben;

2. Kakaoerzeugnisse aus solchen Rohkakaobohnen, bei denen der Anteil an zur Verarbeitung ungeeigneten, insbesondere beschädigten Kakaobohnen sowie an fremden Bestandteilen die technisch unvermeidbare Menge übersteigt;

3. Kakaoerzeugnisse, die im Aussehen, Geruch oder Geschmack so wesentlich[2] verändert sind, daß sie für den menschlichen Genuß nicht geeignet sind;

4. Kakaobutter, deren Säuregrad die Zahl 8 übersteigt oder die ranzig, dumpfig, schimmelig, kratzend oder ekelerregend riecht oder schmeckt;

5. Sahneschokolade, Milchschokolade und Magermilchschokolade, die unter Verwendung von verdorbener Milch oder verdorbenen Milcherzeugnissen im Sinne der §§ 6, 7 der Ersten Verordnung zur Ausführung des Milchgesetzes vom 15. Mai 1931 (RGBl. I S. 150) hergestellt sind.

Begr. zu §§ 5—7.

Auch die Grundsätze für die Beurteilung bieten keine erschöpfende Aufzählung. Immerhin sind die wesentlichsten in Betracht kommenden Fälle berücksichtigt. Konservierungsmittel sind nicht erwähnt, weil ihre Verwendung in einer besonderen Verordnung über Konservierungsmittel für Lebensmittel geregelt werden wird. Die in § 6 Nr. 7 zugelassenen Überzugsstoffe (z. B. Sandarak- oder Benzoelack) gelten nicht als Konservierungsmittel.

Im § 6 sind Nachmachungen und Verfälschungen nicht getrennt aufgeführt, weil diese Begriffe sich nicht immer streng voneinander trennen lassen. Zudem kommen nach dem Lebensmittelgesetz für Nachmachungen und Verfälschungen dieselben Strafbestimmungen in Betracht.

Begr. zu § 5.

Nr. 1a, b. Vgl. Begründung zu § 1 Abs. 2 II.

Nr. 2. Die technisch unvermeidbare Höchstmenge an zur Verarbeitung ungeeigneten, insbesondere beschädigten Kakaobohnen sowie an fremden Bestandteilen ist in § 5 Nr. 1b mit insgesamt 3 Hundertteilen festgesetzt.

Nr. 3. Kakaoerzeugnisse, die nur an einzelnen Stellen Veränderungen, z. B. leichte Schimmelbildung, zeigen, können noch nicht als verdorben gelten.

Nr. 4. Mit einem die Zahl 8 übersteigenden Säuregrad ist meist auch eine Verschlechterung des Geruchs und Geschmacks der Kakaobutter verbunden. Die festgesetzte Grenzzahl gilt nur für Kakaobutter des Handels, aber nicht für das bei der Analyse von Kakaoerzeugnissen extrahierte Kakaofett.

Nr. 5. Unter welchen Voraussetzungen Milch oder Milcherzeugnisse, die auf Sahneschokolade, Milchschokolade oder Magermilchschokolade weiterverarbeitet werden, als verdorben anzusehen sind, richtet sich nach den Bestimmungen in §§ 6, 7 der Ersten Verordnung zur Ausführung des Milchgesetzes vom 15. Mai 1931 (RGBl. I, S. 150).

Anmerkungen.

[1] Über die Bedeutung dieser Grundsätze im Hinblick auf die allgemeine Vorschrift des § 4 LMG. siehe oben Einleitung zur KaffeeVO. Anm. 4, S. 530.

[2] Für den Begriff „verdorben", für die Tragweite der Worte: „auch bei Kenntlichmachung vom Verkehr ausgeschlossen", für die Berücksichtigung von Handelsbrauch und Verkehrsauffassung bei der Beurteilung, ob eine „wesentliche" Veränderung vorliegt, gilt das bei § 3, Anm. 3, 4 und 5 der KaffeeVO. — oben S. 534 — entsprechend.

§ 6.

Als nachgemacht[1] oder verfälscht[1] sind insbesondere[2] anzusehen und, außer in den Fällen der Nr. 9, 11, 18c, 18f, 23, auch bei Kenntlichmachung[3] vom Verkehr ausgeschlossen:

1. Zubereitungen, die als Kakaoerzeugnisse in den Verkehr gebracht werden, sofern sie nicht den dafür aufgestellten Begriffsbestimmungen in §§ 1—3 entsprechen;

2. Zubereitungen, die zufolge ihrer sinnlich wahrnehmbaren Eigenschaften, insbesondere Aussehen, Geruch, Geschmack, mit einem der in §§ 1—3 bezeichneten Kakaoerzeugnisse verwechselbar sind, aber den dafür in §§ 1—3 aufgestellten Begriffsbestimmungen nicht entsprechen, vorbehaltlich der Vorschriften des § 8[4];

3. Kakaoerzeugnisse, die mehr als die technisch unvermeidbare Menge an Kakaoschalen, Kakaokeimen oder Kakaosamenhäutchen enthalten;

4. Kakaoerzeugnisse, deren Gehalt an Fett nicht oder nicht ausschließlich aus Kakaobutter besteht, abgesehen von dem Fettgehalt, der durch die zugelassenen Zusätze (§ 3 Abs. 3, 4, 5, 8, 9, 12, 14) bedingt ist[5];

5. Kakaoerzeugnisse, denen Mineralöl zugesetzt ist[6];

6. Kakaoerzeugnisse, die unter Mitverwendung von mehr als 2 Hundertteilen Kakaogrus, berechnet auf die Kakaobestandteile, oder ganz oder teilweise aus Kakaoabfall, aus Kakaoschalen oder aus Gemischen von diesen hergestellt sind;

7. Kakaoerzeugnisse, die künstlich gefärbt oder mit Lack überzogen sind[7], unbeschadet der Verwendung von gesundheitsunschädlichen Farben zur Ausschmückung und von Sandarak- oder Benzoelack oder anderen gesundheitsunschädlichen Lacken zum Überziehen von Schokoladefiguren;

8. Kakaoerzeugnisse, denen Lezithin in größerer Menge als 0,3 Hundertteile, berechnet als Reinlezithin und bezogen auf das Kakaoerzeugnis, zugesetzt ist;

9. Kakaoerzeugnisse, die mit natürlichen oder künstlichen Aromastoffen versetzt sind, sofern sie nicht entsprechend kenntlich gemacht sind, ausgenommen mit natürlichen Gewürzen, mit Vanillin oder dem ihm entsprechenden Äthyläther versetzte Kakaoerzeugnisse;

10. Kakaomasse, Kakaopulver, stark entöltes Kakaopulver, die fremde Stoffe enthalten, abgesehen von

a) kleinen, technisch nicht vermeidbaren Mengen von Kakaoschalen, Kakaokeimen und Kakaosamenhäutchen,

b) einem geringen, durch den Geruch nicht wahrnehmbaren Gehalt an Ammoniumsalzen,

c) einem Zusatz von Alkalikarbonaten, Magnesiumverbindungen oder anderen gesundheitsunschädlichen Stoffen zum Aufschließen oder Abstumpfen, sofern der Gehalt an diesen Stoffen 2,5 Hundertteile der Kakaomasse nicht überschreitet,

d) einem Zusatz von natürlichen Gewürzen oder von Vanillin oder dem ihm entsprechenden Äthyläther,

e) einem Sandgehalt bis zu 0,3 Hundertteilen, berechnet auf fettfreie Trockenmasse,

f) einem Zusatz von Lezithin (Nr. 8);

11. Kakaopulver mit einem Gehalt von weniger als 20 Hundertteilen Kakaobutter, sofern es nicht als „stark entölt" kenntlich gemacht ist;

12. stark entöltes Kakaopulver mit einem Gehalt von weniger als 10 Hundertteilen Kakaobutter;

13. Kakaopulver und stark entöltes Kakaopulver, aus nicht aufgeschlossener Kakaomasse, sofern sie mehr als 5 Hundertteile Asche, berechnet auf Kakaomasse mit einem Gehalt von 55 Hundertteilen Kakaobutter, liefern;

14. Kakaopulver und stark entöltes Kakaopulver, aus aufgeschlossener Kakaomasse, sofern sie mehr als 7,5 Hundertteile Asche, berechnet auf Kakaomasse mit einem Gehalt von 55 Hundertteilen Kakaobutter, liefern;

15. Kakaopulver und stark entöltes Kakaopulver, die mehr als 9 Hundertteile Wasser enthalten;

16. Schokolade, der im Fabrikationsgang mehr als 1 Hundertteil Wasser zugesetzt worden ist;

17. Schokolade, die mehr als 2,5 Hundertteile Wasser enthält, mit Ausnahme von Sahneschokolade, Milchschokolade und Magermilchschokolade;

18. Schokolade, die fremde Stoffe enthält, abgesehen von

a) kleinen, technisch nicht vermeidbaren Mengen an Kakaoschalen, Kakaokeimen oder Kakaosamenhäutchen,

b) einem Sandgehalt bis zu 0,3 Hundertteilen, berechnet auf fettfreie und zuckerfreie Trockenmasse,

c) einem Zusatz von Milch oder Milcherzeugnissen, sofern die Schokolade als Sahneschokolade (Rahmschokolade), Milchschokolade (Vollmilchschokolade) oder Magermilchschokolade (Schokolade mit Zusatz von entrahmter Milch) kenntlich gemacht ist,

d) einem Zusatz von natürlichen Gewürzen oder von Vanillin oder dem ihm entsprechenden Äthyläther,

e) einem Zusatz von Lezithin (Nr. 8),

f) der Mitverarbeitung von Haselnüssen, Walnüssen, süßen Mandeln, Erdnüssen, Kokosnüssen, Paranüssen, Cashewnüssen, Marzipan, Nugat, Trüffelmasse, Kaffee, Honig oder dergleichen, Früchten oder Fruchtzubereitungen, natürlichen oder künstlichen Aromastoffen (mit Ausnahme von Vanillin oder dem ihm entsprechenden Äthyläther), von Ei, Eigelb oder Eiweiß, sofern das Erzeugnis entsprechend der Art des Zusatzes kenntlich gemacht ist und die Gesamtmenge dieser Stoffe einschließlich des Zuckers nicht mehr als 60 Hundertteile beträgt; werden die Kerne oder Früchte ganz oder in Stücken zugesetzt, so bleiben sie außer Anrechnung;

19. Sahneschokolade, der Magermilchpulver (Trockenmagermilch) zugesetzt ist;

20. Sahneschokolade, Milchschokolade, Magermilchschokolade, die mehr als 60 Hundertteile Zucker einschließlich der zugelassenen Zusätze anderer Art enthalten; die ganz oder in Stücken zugesetzten Kerne und Früchte bleiben außer Anrechnung;

21. Nußschokolade und Mandelschokolade, die Rückstände aus der Ölgewinnung enthalten;

22. Schokolade-Zubereitungen, die unter Verwendung von Haselnüssen, Walnüssen, süßen Mandeln, Erdnüssen, Kokosnüssen, Paranüssen oder Cashewnüssen hergestellt sind, sofern ihnen Öl oder Fett aus den genannten Kernen zugesetzt ist;

23. Schokolade-Überzugsmasse mit einem Zusatz von Haselnüssen, Walnüssen, süßen Mandeln, Erdnüssen, Früchten über insgesamt 5 Hundertteile, sofern nicht das Erzeugnis entsprechend dem verwendeten Zusatz z. B. als „Nußschokolade-Überzugsmasse", als „Schokolade-Überzugsmasse mit Zusatz von Erdnüssen" kenntlich gemacht ist;

24. als Kakaobutter in den Verkehr gebrachtes Kakaofett, das durch Ausziehen mit Lösungsmitteln gewonnen ist;

25. Kakaobutter, die durch Ausziehen mit Lösungsmitteln gewonnenes Kakaofett oder tierische oder fremde pflanzliche Öle oder Fette oder gehärtete Fette oder Mineralöle oder andere fremde Stoffe enthält oder die künstlich gefärbt ist.

Begr. zu § 6.

Nr. 1, 2. Als nachgemacht oder verfälscht ist z. B. anzusehen ein als Kakaopulver in den Verkehr gebrachtes Erzeugnis, das aus fein gepulverten Kakaoabfällen oder Kakaoschalen besteht, oder eine nach ihren sinnlich wahrnehmbaren Eigenschaften, insbesondere Aussehen, Geruch, Geschmack, der Schokolade oder einem anderen in dieser Verordnung aufgeführten Kakaoerzeugnis ähnliche Zubereitung, die ganz oder teilweise an Stelle der Kakaobutter extrahiertes Kakaofett oder fremde Fette, wie gehärtetes Erdnußfett oder dergleichen, enthält. Durch Nr. 1 sollen solche Erzeugnisse vom Verkehr ausgeschlossen werden, die zufolge ihrer Bezeichnung oder Aufmachung als Kakaoerzeugnisse im Sinne dieser Verordnung anzusehen sind, aber hinsichtlich der Art oder der Menge ihrer Bestandteile nicht der vorgeschriebenen Zusammensetzung entsprechen. Unter die Bestimmnngen der Nr. 2 fallen solche Erzeugnisse, die mit einem Phantasienamen versehen sind oder in einer Aufmachung in den Verkehr gebracht werden, aus der nicht ohne weiteres ersichtlich ist, daß es sich um ein Kakaoerzeugnis handelt, aber zufolge ihrer sinnlich wahrnehmbaren Eigenschaften mit einem Kakaoerzeugnis im Sinne dieser Verordnung verwechselbar sind, ohne den aufgestellten Begriffsbestimmungen zu entsprechen.

Zugleich kann ein Fall von irreführender Aufmachung vorliegen, wenn solche Erzeugnisse in einer Form dargeboten werden, die den Anschein erweckt, als ob es sich um Kakaoerzeugnisse handelt, z. B. in der Tafelform der Schokolade.

Nr. 3. Kakaomasse darf im allgemeinen nicht mehr als 2 Hundertteile Kakaoschalen, Kakaokeime und Kakaosamenhäutchen enthalten (vgl. Begründung zu § 1 Abs. 2IIIb); bei den aus Kakaokernen, Kakaobruch oder Kakaomasse hergestellten Erzeugnissen, z. B. der Schokolade, vermindert sich der Höchstgehalt an solchen Verunreinigungen entsprechend der verwendeten Menge an Kakaokernen, Kakaobruch oder Kakaomasse.

Nr. 4. Eine Schokolade, in der die Kakaobutter zu einem Teil durch z. B. Erdnußhartfett ersetzt ist, würde hiernach als verfälscht anzusehen sein. Dagegen fällt nicht unter diese Bestimmung eine Milchschokolade mit einem dem Zusatz des Milcherzeugnisses entsprechenden Milchfettgehalt, desgleichen eine Schokolade, bei der z. B. Kokosnüsse mitverarbeitet worden sind, sofern das Erzeugnis entsprechend der Art des Zusatzes z. B. als „Kokosnußschokolade" kenntlich gemacht ist.

Nr. 5. Ein mit Mineralölzusatz hergestelltes Kakaoerzeugnis gilt auch dann als verfälscht, wenn der Mineralölzusatz nur aus fabrikationstechnischen Gründen erfolgte.

Nr. 6. Vgl. Begründung zu § 2, Abs. 1, 2.

Nr. 7. Tafelschokolade und Blockschokolade sind nicht als Figuren im Sinne dieser Vorschrift anzusehen. Wohl aber dürfen figürliche Darstellungen aus Schokolade, reliefartige Verzierungen aus Schokolade oder Kakaobutter sowie Schokoladeneier mit gesundheitsunschädlichen Farben ausgeschmückt oder mit Sandarak-, Benzoelack oder anderen gesundheitsunschädlichen Lacken überzogen werden.

Nr. 8. Ein Zusatz von Lezithin in begrenzter Menge bei der Herstellung von Kakaoerzeugnissen ist zugelassen, weil dadurch ein technischer Erfolg (u. a. Zeit- und Kraftersparnis) erzielt wird.

Nr. 9. Eine unter Zusatz von Vanillin oder dem ihm entsprechenden Äthyläther hergestellte Schokolade oder ein derartiges Schokoladepulver kann als Schokolade oder Schokoladepulver ohne oder mit Kennzeichnung dieser Zusätze in den Verkehr gebracht werden. Die Bezeichnung Vanilleschokolade ist für ein solches Erzeugnis unzulässig. Erzeugnisse, die mit natürlichen oder künstlichen Aromen, z. B. Kaffeearoma, hergestellt sind, müssen entsprechend gekennzeichnet sein, z. B. als „Kakaopulver (Schokolade) mit Kaffeegeschmack“ oder „Kakaopulver (Schokolade) mit Kaffeearoma“. Eine Ausnahme bildet das natürliche Schalenaroma der Zitrusarten (vgl. Begründung zu § 3 Abs. 7).

Nr. 10—14. Vgl. Begründung zu § 1 Abs. 2 IIIb, e, f und § 2 Abs. 1, 2.

Nr. 13, 14. Hiernach darf also z. B. ein nichtaufgeschlossenes, stark entöltes Kakaopulver mit einem Fettgehalt von 10 Hundertteilen bis zu 10 Hundertteile Asche, ein aufgeschlossenes Kakaopulver mit demselben Fettgehalt bis zu 15 Hundertteilen Asche liefern[8].

Nr. 16. Durch das ausdrückliche Verbot, der Schokolade im Fabrikationsgang mehr als 1 Hundertteil Wasser zuzusetzen, soll verhindert werden, daß bei der Herstellung namentlich billiger Schokoladen an Stelle von Kakaobutter größere Mengen Wasser verwendet werden, um damit einen fabrikationstechnischen Erfolg zu erzielen.

Nr. 18a, b. Die für Kakaomasse als zulässig erachtete Höchstmenge an Kakaoschalen, Kakaokeimen und Kakaosamenhäutchen (vgl. Begründung zu § 1 Abs. 2 IIIb und zu § 6 Nr. 3) sowie an Sand verringert sich für Schokolade entsprechend dem Gehalt des Fertigerzeugnisses an Kakaomasse.

Nr. 18d, f. Die Menge der für Schokolade erlaubten Zusätze, wie natürliche Gewürze, Vanillin usw., außer etwaigen Zusätzen von Nüssen, süßen Mandeln, Rosinen, ganz oder in Stücken, ist von dem zulässigen Zuckergehalt in Abzug zu bringen, so daß der vorgeschriebene Mindestgehalt an Kakaobestandteilen hierdurch nicht beeinträchtigt wird. Rosinen z. B. sind unter Früchten einbegriffen.

Nr. 20. Die Menge Milchzucker, die aus der Milch oder aus den Milcherzeugnissen in die hier genannten Schokoladearten gelangt, ist in die 60 Hundertteile der Höchstmenge an Zucker nicht miteinzubeziehen.

Nr. 21. Haselnüsse, Walnüsse und süße Mandeln, denen bis zu einem Drittel ihres Ölgehaltes durch Abpressen entzogen ist, sind nicht als Rückstände aus der Ölgewinnung anzusehen.

Nr. 23. Bei Schokolade-Überzugsmasse sind die geringen gebräuchlichen Zusätze von Milchpulver, Haselnüssen, Walnüssen, süßen Mandeln und Früchten ohne Kennzeichnung zulässig, sofern diese 5 Hundertteile nicht überschreiten. Entsprechend den Mengen dieser Zusätze ist der Zuckergehalt zu vermindern. Der Gehalt an Kakaomasse und Kakaobutter darf hierdurch nicht beeinträchtigt werden.

Nr. 24. Kakaofett, das nicht durch Pressung, sondern durch Ausziehen mit Lösungsmitteln gewonnen ist und als Kakaobutter bezeichnet wird, ist als nachgemachte Kakaobutter anzusehen.

Nr. 25. Kakaobutter, der extrahiertes Kakaofett oder ein Fremdfett, z. B. Kokosfett, zugesetzt ist, ist als verfälscht anzusehen. Der Zusatz z. B. von künstlichem Aroma, wie Vanillin, zu Kakaobutter ist ebenfalls als Verfälschung anzusehen.

Anmerkungen.

1 Über den Begriff „nachmachen" siehe oben S. 534, Anm. 1, über „verfälscht" S. 537, Anm. 1.

2 § 6 führt also nur die wichtigsten Fälle an. Bei ihrem Vorliegen hat eine Ware ohne weiteres als „nachgemacht" oder „verfälscht" im Sinne des § 4 Nr. 1 und 2 LMG. und mit der oben S. 530, Anm. 4 erörterten Tragweite zu gelten. Im übrigen vgl. auch die gemeinsame Begr. zu §§ 5—7, abgedruckt hinter § 5.

3 Siehe hierzu § 5, Anm. 2.

4 Es dürfen also die in § 8 behandelten Fettglasuren zum Überziehen von Back- oder Konditorwaren, die einer der Schokoladeüberzugsmassen (§ 3 Abs. 11 und 12) verwechselbar ähnlich sind, aber den an Schokoladeüberzugsmassen gestellten gesetzlichen Anforderungen stofflich nicht genügen, also nachgemacht sind, in den Verkehr gebracht werden, wenn sie das verwendete Fremdfett durch entsprechende Kenntlichmachung (etwa als „Erdnußfettglasur", „Kokosfettglasur") offenbaren. Das gleiche gilt von den mit solchen Zubereitungen überzogenen Backwaren und Konditoreierzeugnissen.

5 Riess und Ludorff weisen auf S. 36 ihres Büchleins (s. oben § 4, Anm. 2) darauf hin, daß ein geringer Gehalt an Sojaöl nicht als „Verfälschung" zu werten sein wird, wenn er durch die Verwendung von Sojalecithin, das weitgehend von Sojaöl befreit ist (§ 6 Nr. 8), bedingt ist.

6 Hier folgt die VO. den in RGSt. **63**, 60 niedergelegten Gedankengängen. Es handelte sich dort um eine Schokoladenüberzugsmasse für Pralinen, der ein Mineralöl (Paraffinum liquidum oder Formenplattenöl Gloria) in geringer Menge zugesetzt war. Vgl. hierzu auch Holthöfer-Juckenack, § 4, Anm. 6, S. 88. Riess und Ludorff a. a. O. (s. oben § 4, Anm. 2, S. 558) mißbilligen auch ein Ausschmieren der Schokoladeformen mit Mineralöl, da dadurch unvermeidlich Mineralöl in die Schokolade gelange.

7 Durch die Färbung darf stoffliche Minderwertigkeit nicht verdeckt werden.

Auf keinen Fall dürfen Farben verwendet werden, die als gesundheitsschädlich in § 1 des Gesetzes betreffs Verwendung gesundheitsschädlicher Farben usw. vom 5. Juli 1887 (RGBl. S. 277) bezeichnet sind. Im übrigen siehe die Begr. zu § 6, Nr. 7.

8 „100 g Kakaomasse mit einem Gehalt von 55 Hundertteilen Kakaobutter liefern 5 g Asche. Nach Abpressung von 50 Hundertteilen Kakaobutter würden die verbleibenden 50 g stark entöltes Kakaopulver 5 g Asche liefern, was 10 Hundertteilen Asche entspräche. In derselben Weise ergeben sich für aufgeschlossenes Kakaopulver 15 Hundertteile Asche." Diese Sätze enthält die Begr. als Fußnote zur Begr. zu § 6 Nr. 13, 14.

§ 7.

Eine irreführende Bezeichnung, Angabe oder Aufmachung[1] *liegt insbesondere*[2] *vor, wenn*

1. ein Erzeugnis mit einer Bezeichnung, Angabe oder Aufmachung versehen ist, als ob es sich um ein in §§ 1, 2, 3 aufgeführtes Kakaoerzeugnis handele, ohne daß es der dafür aufgestellten Begriffsbestimmung entspricht;

2. Kakaopulver als „fettreich" oder gleichsinnig bezeichnet ist;

3. Haferkakao, Haferkakao gezuckert, Malzkakao, Hafermalzkakao, Eichelkakao, die unter Verwendung von stark entöltem Kakaopulver hergestellt sind, nicht in unmittelbarem Zusammenhang mit der Bezeichnung des Erzeugnisses als „stark entölt" kenntlich gemacht sind;

4. die im § 6 Nr. 18c, f aufgeführten erlaubten Zusätze nicht ausreichend in unmittelbarem Zusammenhang mit der Bezeichnung des Erzeugnisses kenntlich gemacht sind;

5. Schokoladepulver mit einem Gehalt zwischen 6 und 10 Hundertteilen Kakaobutter nicht in unmittelbarem Zusammenhang mit der Bezeichnung des Erzeugnisses als „stark entölt" kenntlich gemacht ist;

6. gefüllte Schokolade in Tafelform nicht als „gefüllte Schokolade" oder gleichsinnig kenntlich gemacht ist;

7. in den in §§ 2, 3 aufgeführten Wortbildungen mit Kakao und Schokolade die Worte Kakao oder Schokolade durch die Art des Druckes oder auf andere

Weise vor den übrigen Bestandteilen dieser Wortbildungen besonders hervorgehoben sind;

8. im Verkehr mit Kakao oder Kakaoerzeugnissen entgegen den Tatsachen auf eine besonders gute Beschaffenheit oder eine besonders sorgfältige Art der Herstellung hingewiesen wird;

9. einem Kakaoerzeugnis im Einzelfall entgegen den Tatsachen eine besondere diätetische oder gesundheitliche Wirkung zugeschrieben wird[3].

Begr. zu § 7.

Nr. 1, 2. Als gleichsinnig mit dem Worte „Kakaopulver" ist z. B. die Bezeichnung „gepulverter Kakao" oder mit dem Worte „Nußschokolade" die Bezeichnung „Schokolade mit Nuß" anzusehen.

Als irreführende Aufmachung ist z. B. die Tafelform anzusehen, wie sie für Tafelschokolade oder gefüllte Schokolade üblich ist, zumal wenn auch eine Packung hinzukommt, die für Schokolade und Schokolade-Zubereitungen charakteristisch ist. Doch soll dies allein für den Tatbestand der Irreführung nicht genügen; die Erzeugnisse selbst müssen mit Kakaoerzeugnissen äußerlich verwechselbar sein. Inwieweit der Tatbestand der Nachmachung gemäß § 6 Nr. 1, 2 oder der Irreführung gemäß § 7 Nr. 1 gegeben ist, wird der Entscheidung von Fall zu Fall vorbehalten sein (vgl. auch Begründung zu § 4 und zu § 6 Nr. 1, 2).

Wird z. B. eine Schokolade nicht unter dieser Bezeichnung, sondern unter einem Phantasienamen in den Verkehr gebracht und entspricht sie den an Schokolade gestellten Anforderungen nicht, so gilt die Bezeichnung, Angabe oder Aufmachung als irreführend.

Nr. 2. Ein Kakaopulver mit mehr als 20 Hundertteilen Kakaobutter braucht nicht als „schwach entölt" gekennzeichnet zu sein (vgl. § 2 Abs. 2); es darf aber keinesfalls als „fettreich" oder gleichsinnig bezeichnet werden.

Nr. 3. Da ein „stark entöltes" Kakaopulver als solches gekennzeichnet werden muß, so muß folgerichtig bei Weiterverarbeitung eines derartigen Kakaopulvers auf Haferkakao u. dgl. eine Kennzeichnung des geringen Fettgehaltes gefordert werden.

Nr. 4. Nach dieser Bestimmung darf eine Schokolade, bei deren Herstellung etwa Kokosnüsse mitverarbeitet wurden, z. B. nicht als „Schokolade unter Zusatz von Nüssen hergestellt" bezeichnet werden, sondern es muß in der Bezeichnung deutlich zum Ausdruck kommen, daß Kokosnüsse verwendet wurden; auch darf dieser Hinweis sich nicht etwa nur auf der Rückseite der Tafelschokolade befinden, sondern muß in unmittelbarem Zusammenhang mit der Bezeichnung „Schokolade" und auf derselben Seite der Tafel angegeben werden. Bezeichnungen wie „Kokosnußschokolade" oder „Erdnußschokolade" würden im vorliegenden Falle als ausreichende Kennzeichnung anzusehen sein. Einer mengenmäßigen Angabe des Zusatzes bedarf es nicht.

Nr. 6. Als gleichsinnig mit der Bezeichnung „gefüllte Schokolade" sind z. B. Bezeichnungen wie „Kremschokolade", „Nugatschokolade" anzusehen.

Nr. 7. Durch diese Vorschrift wird bezweckt, daß Hauptbezeichnungen, wie z. B. Erdnußschokolade, Haferkakao, Magermilchschokolade, in gleich großen Buchstaben in den Angeboten und auf den Packungen geschrieben oder auf dem Erzeugnis eingepreßt werden.

Nr. 8. Das Verbot bezweckt, Bezeichnungen oder Angaben, die auf ein nach Beschaffenheit oder Art der Herstellung besonders gutes Erzeugnis hindeuten, wie z. B. Edelkakao, Primakakao, Kraftkakao, für Waren auszuschließen, die lediglich als Handelsware gewöhnlicher Art gelten können.

Nr. 9. Es soll damit nicht ausgeschlossen werden, daß z. B. ein unter Verwendung von künstlichen Süßstoffen hergestelltes Kakaoerzeugnis unter dem besonderen Hinweis auf dessen gesundheitliche Bekömmlichkeit für Diabetiker angeboten wird; Bezeichnungen wie „Gesundheitsschokolade", „diätetische Schokolade" für Schokolade gewöhnlicher Art sollen dagegen ausgeschlossen sein.

Anmerkungen.

[1] Im Sinne des § 4 Nr. 3 LMG.; siehe oben S. 530, Anm. 4.

[2] § 7 enthält nur die praktisch wichtigsten Beispiele irreführender Bezeichnungen; vgl. die hinter § 5 abgedruckte gemeinsame Begr. zu §§ 5—7.

[3] Das zu § 6 Anm. 4a der KaffeeVO Gesagte — oben S. 539 — gilt sinngemäß auch hier. Vgl. auch § 1 Anm. 3 der KakaoVO. betr. Nichtgestattung der Hervorhebung des in der VO. zugelassenen Lezithingehalts.

§ 8.

Fettglasuren[1].

(1) Zum Überziehen von Backwaren oder Konditoreierzeugnissen dienende Zubereitungen, die nach ihren sinnlich wahrnehmbaren Eigenschaften, insbesondere Aussehen, Geruch, Geschmack, mit Schokolade-Überzugsmasse verwechselbar sind, aber infolge der Mitverwendung von Fremdfetten den Begriffsbestimmungen des § 3 Abs. 11, 12 nicht entsprechen, dürfen nur in Behältnissen an den Verbraucher abgegeben werden. Solche Zubereitungen sind als nachgemachte Schokolade-Überzugsmasse anzusehen und sind dann vom Verkehr ausgeschlossen, wenn sie nicht je nach der Art der verwendeten Fremdfette als „Erdnußfettglasur", „Kokosfettglasur"[2] *usw. kenntlich gemacht sind.*

(2) Backwaren und Konditoreierzeugnisse, die mit solchen Zubereitungen überzogen sind, sind als nachgemacht oder verfälscht anzusehen und dann vom Verkehr ausgeschlossen, wenn sie nicht als „mit Erdnußfettglasur hergestellt", „mit Kokosfettglasur hergestellt" usw. kenntlich gemacht sind.

Begr. zu § 8.

An Stelle der Schokolade-Überzugsmasse werden im Bäcker- und Konditorgewerbe vielfach schokoladebraune Glasurmassen verwendet, die entweder aus Mischungen von Kakaopulver, Zucker und Fremdfetten, meist Erdnußhartfett oder Kokosfett, bestehen oder aus Kakaopulver und gekochtem Zucker zusammengesetzt sind (Wasserglasur, Fondantmasse). Wie auch in gerichtlichen Urteilen wiederholt festgestellt worden ist, handelt es sich dabei zweifelsfrei um Nachmachungen der Schokolade-Überzugsmasse (Kuvertüre). Solche Nachmachungen vom Verkehr vollkommen auszuschließen, erscheint nicht unbedingt geboten. Um den Verbraucher, der beim Ankauf von Mohrenköpfen oder anderen schokoladebraunen Konditorwaren nicht annehmen wird, daß sie mit Schokolade-Ersatz überzogen sind, vor Täuschungen zu bewahren, wird ausreichende Kenntlichmachung nach genau vorgeschriebenem Wortlaut verlangt werden müssen. Die Kenntlichmachung kann, je nach den Umständen, z. B. durch Anbringung eines Pappschildes mit entsprechender Aufschrift bei den ausgelegten Waren oder durch Verpackung in entsprechend bezeichneten Cellophanhüllen erfolgen. Um auch beim Vertrieb der Glasurmasse jede Täuschung des Abnehmers zu verhüten, muß gefordert werden, daß die Abgabe an die Verbraucher, zu denen auch die Bäcker und Konditoren gehören, in Behältnissen und mit einer genau vorgeschriebenen Kenntlichmachung erfolgt.

Anmerkungen.

[1] § 8 in der Fassung der geltenden KakaoVO. war als solcher in dem veröffentlichten Entwurf nicht enthalten. Auch die Fassung der Reichsratsvorlage weicht in Überschrift

(sie heißt dort: „Ersatz für Schokolade-Überzugsmasse") und auch sonst an einigen Stellen von dem jetzt geltenden Text ab. Da die Begr., wie sie vorstehend abgedruckt ist, auf den Text der Reichsratsverordnung abgestellt ist, paßt sie nicht überall zu dem Text der geltenden VO.

Der Reichsratsentwurf umfaßte (schon nach seiner Überschrift) auch die sog. „Wasserglasuren." Sie sind aber infolge ihres in der Regel nur geringen Kakaobuttergehaltes nicht so leicht einer Verwechslung mit Schokolade-Überzugsmasse ausgesetzt, daß man sie ohne weiteres als nachgemachte Schokolade-Überzugsmasse ansehen müßte und nur unter Kenntlichmachung zum Verkehr zulassen könnte.

Sie stellen überdies ein Erzeugnis dar, das sich ein gewisses selbständiges Existenzrecht erworben hat, da es schon vor dem Aufkommen der sog. fertigen Kuvertüren (§ 3 Abs. 11) von Bäckern und Konditoren zum Überziehen von Erzeugnissen der Feinbäckerei im Gebrauch war und weitgehend in den betreffenden Betrieben selbst hergestellt wurde. Deshalb sind Wasserglasuren auf Grund von Vorstellungen der beteiligten Kreise im Reichsrat nicht den gleichen Beschränkungen wie Fettglasuren unterworfen worden.

Nicht jedes einzelne Bäckerei- oder Konditoreierzeugnis, das mit Fettglasur überzogen ist, muß die vorgeschriebene Kennzeichnung auf der Ware selbst tragen. Es genügt eine Sammelbezeichnung (Papp- oder Porzellanschild), die deutlich die von ihr betroffenen Einzelstücke erkennen läßt.

[2] Ein als „Sandgebäck mit Überzug" bezeichnetes Kleingebäck, das zur Hälfte mit einem wie Schokolade aussehenden Überzug, der 10% Palmin enthielt, bedeckt war, hat schon vor der Geltung der KakaoVO. das LG. III Berlin 14. Dezember 1928 in **Z.** Beil. 1929, **57**, 41 als Verfälschung unter dem Gesichtspunkt des § 4 Nr. 1 u. 2 LMG. beurteilt. Einen ähnlichen Fall betrifft OLG. Braunschweig 9. Januar 1930 in **Z.** Beil. 1930, **60**, 123; auch dort waren Pflanzenfette wie Cocosfett und Palmöl, dem stark entfetteten Kakaopulver, das die Grundlage der Überzugsmasse (sog. „Dema") bei kegelförmigen Backwaren bildete, undeklariert hinzugesetzt.

§ 9.

Handel mit Tafelschokolade[1].

(1) Tafelschokolade darf im Einzelverkehr nur in Tafeln mit einem Reingewicht von 500, 250, 200, 125, 100, 50 oder 25 g gewerbsmäßig verkauft oder feilgehalten werden.

(2) Diese Vorschrift gilt nicht für die Abgabe von Stücken unter 25 g, für den Verkauf von Teilen (Riegeln, Rippen) einer Tafel, für die Abgabe durch Automaten und für Schokolade, die zugewogen verkauft wird.

(3) Das Gewicht darf bei Tafeln über 100 g nicht um mehr als 2% und bei Tafeln von 100 g und darunter nicht um mehr als 3% von den im Abs. 1 vorgeschriebenen Gewichten abweichen. Ausgenommen hiervon sind gefüllte Schokoladen sowie Schokoladen, denen Samen, Kerne oder Früchte, ganz oder in Stücken, zugesetzt sind; bei diesen darf das Gewicht der Tafeln über 100 g nicht um mehr als 4% und bei Tafeln von 100 g und darunter nicht um mehr als 5% von den im Abs. 1 vorgeschriebenen Gewichten abweichen.

§ 10.

Inkrafttreten.

Diese Verordnung tritt am 1. Oktober 1933 in Kraft. Gleichzeitig treten die Verordnung über den Handel mit Tafelschokolade vom 11. Dezember 1925 (RGBl. I S. 467)[1] *und die Verordnung über den Verkehr mit Kakaoschalen vom 19. August 1915 (RGBl. S. 507) außer Kraft.*

Begr. zu §§ 9, 10.

Die Verordnung über den Handel mit Tafelschokolade vom 11. Dezember 1925 ist in die vorliegende Verordnung übernommen worden. Unter den Begriff „Tafelschokolade" fallen außer den üblichen flachen Tafeln alle Formen mit geraden Flächen, wie Riegel, Blöcke, Rippen, Stege u. dgl., soweit sie nicht Teile einer Tafel sind. Die Verordnung über den Verkehr mit Kakaoschalen vom

19. August 1915 wird mit dem Inkrafttreten der vorliegenden Verordnung entbehrlich.

Die zugehörigen Strafbestimmungen finden sich in §§ 12, 13 des Lebensmittelgesetzes, zu § 9 im § 11 Abs. 4 des Gesetzes gegen den unlauteren Wettbewerb.

Anmerkung.

[1] Über die Kennzeichnungspflicht für Schokolade- und Schokoladewaren siehe die oben S. 527 erwähnte Kennzeichnungs-VO. § 1 Nr. 14, § 2 Nr. 1 u. Nr. 2 unter h.

Im übrigen siehe auch S. 275 u. 276 für die Zeit der Vorratsstreckung.

V. Tabak.

1. Rechtsquellen.

Mit Tabak und Tabakerzeugnissen unter lebensmittelrechtlichen Gesichtspunkten befaßt sich die Reichsgesetzgebung in folgenden Zusammenhängen:

a) In § 1 des **Lebensmittelgesetzes** werden für den Bereich des Lebensmittelgesetzes den Lebensmitteln gleichgestellt: Tabak, tabakhaltige und tabakähnliche Erzeugnisse, die zum Rauchen, Kauen oder Schnupfen bestimmt sind.

b) In § 16 Nr. 22, § 29 des GaststättG. vom 28. April 1930 wird unter Strafandrohung verboten: an Personen unter 16 Jahren in Abwesenheit des Erziehungsberechtigten oder seines Vertreters . . . Tabakwaren im Betrieb einer Gast- oder Schankwirtschaft zu eigenem Genusse zu verabreichen.

c) Hauptsächlich kommen in Betracht das **Tabaksteuergesetz** vom 12. September 1919 (RGBl. I, S. 1667), das seither vielfach geändert ist, und die umfangreichen dazu erlassenen Ausführungsbestimmungen des Reichsfinanzministers.

Das TabStG. von 1919 ist trotz der dem Reichsfinanzminister in Art. II Z. 4 des Gesetzes vom 10. August 1925 (RGBl. I S. 244) und in § 489 der Reichsabgabenordnung vom 22. Mai 1931 (RGBl I S. 161) gegebenen Ermächtigung bisher nicht in neuer Fassung bekannt gemacht worden. Wesentliche Änderungen enthalten die Reichsgesetze vom 10. August 1925 (RGBl. I S. 244), vom 22. Dezember 1929 (RGBl. I S. 234), vom 15. April 1930 (RGBl. I S. 135) und ferner die Notverordnungen des Reichspräsidenten vom 26. Juli 1930 (RGBl. I S. 311), vom 1. Dezember 1930 (RGBl. I S. 517), vom 5. Juni 1931 (RGBl. I S. 279), vom 6. Oktober 1931 (RGBl. I S. 537), vom 23. August 1932 (RGBl. I S. 413/424 betr. Zolländerung in § 88 TabStG.), vom 21. September 1933 (RGBl. I S. 537 betr. Verbot des Verkaufs von Tabakerzeugnissen unter Steuerzeichenpreis).

Nicht minder häufig sind die Ausführungsbestimmungen des Reichsfinanzministers (TabStAusfBest.) nebst ihren Anlagen geändert. Die Änderungen sind in der folgenden Darstellung mitberücksichtigt.

Zu den Ausführungsbestimmungen gehören als Anlagen:

Anlage A Tabakersatzstoff-Ordnung;
Anlage B ist fortgefallen; sie betraf Zigaretten-Kontingentierung;
Anlage C und D Tabakanbau-Ordnung und Tabaklager-Ordnung;
Anlage E Tabakzoll-Vergütungsordnung;
Anlage F Bestimmungen über die Tabakstatistik;
Anlage G Materialsteuerordnung.

Bei den vielfachen Änderungen dieses Rechtsstoffs ist man, wenn man nichts übersehen will, neben den in 4 Heftchen 1928 bei Carl Heymanns Verlag vom Reichsfinanzministerium herausgegebenen Texten des TabStG. und der AusfBest. nebst Anlagen weitgehend angewiesen auf die neueren Kommentare, von denen genannt seien:

Dr. Wulkow: „Kommentar zum Tabaksteuergesetz.“ Hanseatischer Rechts- u. Wirtschaftsverlag in Hamburg, **laufend mit Ergänzungsblättern,** 4. Auflage 1934.

Arlt: „Das Tabaksteuergesetz mit Ausführungsbestimmungen.“ Stilke, Berlin 1930, 2. Aufl. mit Nachtrag zu dieser 2. Aufl., der nur bis Februar 1931 reicht.

Dr. Adolf Flügler gibt in seinem umfangreichen Werk „Tabakindustrie und Tabaksteuer unter besonderer Berücksichtigung der Zigarette“ (bei Gustav Fischer, Jena 1931) eine übersichtliche Darstellung der Entwicklung der Tabakindustrie und der Tabakbesteuerung mit reichem statistischem Material.

d) Die einschlägige Rechtsprechung wird in der Süddeutschen Tabakzeitung laufend mitgeteilt.

Nachtrag zu den „Gesetzlichen Bestimmungen“ über Tabak in Band VI des Handbuchs der Lebensmittelchemie, S. 568—576.

Von

Dr. HUGO HOLTHÖFER-Berlin.

S. 568. Während des Drucks des Bandes VI wurden veröffentlicht:

1. Das Gesetz vom 13. 12. 1934 zur Änderung des Tabaksteuergesetzes vom 12. 9. 1919 (RGBl. S. 1667) und 21. 9. 1933 (RGBl. I S. 653) im Reichsgesetzblatt 1934 (Nr. 134) Teil I, S. 1229,

2. die Verordnung zur Durchführung dieses Gesetzes vom 15. 12. 1934 im Reichszollblatt 1934 Nr. 135, S. 727—737. Dort ist das unter 1. bezeichnete Änderungsgesetz mit abgedruckt.

Diese neuen, am 1. Januar in Kraft tretenden Vorschriften bringen wesentliche Änderungen in steuerlicher Hinsicht. Auch der in meinem Beitrag S. 568f. unter lebensmittelrechtlichen Gesichtspunkten mitgeteilte Rechtsstoff hat mannigfache Änderungen erfahren. Diese greifen aber nicht einschneidend in den sachlichen Gehalt des bisherigen Rechts ein. Sie betreffen mehr seine Form und Fassung. Da beabsichtigt ist, das durch die vielen Änderungen seit 1919 unübersichtlich gewordene TabStG. nebst seinen Durchführungsbestimmungen unter Anpassung an die Fortentwicklung des Steuerrechts in neuer Fassung zu veröffentlichen, die auch eine Änderung der Paragraphenfolge mit sich bringen wird, so soll hier nur auf die wichtigeren Änderungen des auf S. 570—576 mitgeteilten Rechtsstoffs hingewiesen werden.

S. 570. § 5 TabStG. ist neu gefaßt. Die bisherige Einteilung A—F der Tabakerzeugnisse ist unverändert geblieben. Der Inhalt der bisherigen Absätze 2 und 3 ist in neue Absätze 4 und 5 eingearbeitet, wobei die Begriffsbestimmungen für die einzelnen Erzeugnisse dem Reichsminister der Finanzen überlassen sind.

Er hat die Begriffsbestimmung für „feingeschnittenen Rauchtabak“ sachlich in § 7 Abs. 1 Satz 1 TabAusfBest. übernommen, hier also — wie bei anderen Tabakerzeugnissen — klarstellend bemerkt, daß es gleichgültig sein soll, ob die begriffsbestimmende Beschaffenheit durch einen auf die Zerkleinerung gerichteten Arbeitsvorgang oder zufällig entstanden ist.

Bei der Neufassung des § 6 TabAusfBest. ist der Begriff der „Schwarzen Zigaretten“ neu eingeführt. Als solche gelten „Zigaretten aus feingeschnittenem Tabak, zu deren Herstellung nachweislich Tabakblätter inländischer Herkunft in einer Mindestmenge von 50 v. H. der verarbeiteten Rohstoffe verwendet worden sind“.

„Schwarze Zigaretten“ können unter gewissen Voraussetzungen eine Steuervergünstigung genießen.

S. 571. Die TabStAusfBest. § 8 und § 10 über Pfeifen- und Schnupf-Tabak sind unwesentlich geändert.

§ 10a TabStG. ist geändert, ohne daß die Begriffsbestimmungen für Tabakersatzstoffe dadurch in Mitleidenschaft gezogen sind.

S. 572. Die TabEO. ist unverändert geblieben.

Die Strafvorschrift § 69 TabStG. hat eine neue Fassung erhalten, durch die § 69 dem Steuerstrafrecht der Reichsabgabeordnung angeglichen wird.

S. 573 und 574. Die §§ 14—16 TabStG. sind gestrichen. Ihr sachlicher Inhalt findet sich jetzt in einem neuen § 8a, der die Doppelüberschrift trägt: „Einhaltung der Preisklassen, Verpackungszwang.“

§ 44 TabStG. über „Steuerlager“ ist gestrichen.

Die hierauf bezüglichen Vorschriften der TabStAusfBest. sind entsprechend umgestaltet.

Die Überwachungsvorschriften §§ 20—55 TabStG. haben außer den Wegfall des bisherigen § 44 noch sonstige Änderungen erfahren, die aber ihren Grundcharakter und ihr Verhältnis zum LMG. nicht umgestalten.

S. 575. Insbesondere sind die §§ 52—55 TabStG. unverändert geblieben.

2. Tabak als Lebensmittel.

§ 1 Abs. 2 des LMG. vom 5. Juli 1927 (RGBl. I S. 134), unverändert geblieben durch die späteren Änderungen des LMG., lautet wie folgt:

„Den Lebensmitteln stehen gleich: Tabak, tabakhaltige und tabakähnliche Erzeugnisse, die zum Rauchen, Kauen oder Schnupfen bestimmt sind.“

Die Begr. bemerkt hierzu:

„Der Tabak in seinen Anwendungsformen als Rauch-, Kau- und Schnupftabak ist in Deutschland stets zu den Genußmitteln gerechnet worden. Da er nach dem herrschenden Sprachgebrauch nicht zu den Lebensmitteln gehört, bedarf es besonderer Erwähnung, daß Tabak, tabakhaltige und tabakähnliche Erzeugnisse dem Gesetz in gleicher Weise unterliegen sollen wie die Lebensmittel. Kaugummi fällt nicht unter § 1; sollte sich ein Bedürfnis ergeben, auch den Verkehr mit Kaugummi zu überwachen, so würde § 2 Nr. 6 hierzu eine Handhabe bieten.“

Dieser § 2 Nr. 6 LMG. lautet: „Bedarfsgegenstände im Sinne dieses Gesetzes sind:

1—5. . . . . .;

6. andere Gegenstände, welche die Reichsregierung mit Zustimmung des Reichsrats und nach Anhörung des zuständigen Ausschusses des Reichstags bezeichnet.“

Man hatte in den Vorberatungen zum LMG. erwogen, ob Kaugummi, dessen im Munde ausgelaugte Bestandteile zum Teil mit dem Speichel verschluckt werden, sich — wie z. B. Bonbons — unter den in § 1 Abs. 1 LMG. festgelegten Begriff der Lebensmittel bringen lasse. Hier kann aber ohne Zwang von einer Bestimmung zum Essen oder Trinken nicht geredet werden, auch nicht (s. unten) von einem kautabakähnlichen Erzeugnis im Sinne des § 1 Abs. 2 LMG. Deshalb hat man sich schließlich dahin geeinigt, daß Kaugummi, falls eine Überwachung des Verkehrs damit nötig werden sollte, als Bedarfsgegenstand den für diese geltenden Bestimmungen (vgl. §§ 3, 5 LMG.) durch besondere Anordnung der Reichsregierung unterstellt werden könne. Eine solche Notwendigkeit könnte sich z. B. ergeben, wenn in größerem Umfang stark wirkende Abführmittel statt in Pillen- oder Tablettenform als Zusatz zu Kaugummi verwendet würden, um so zu versuchen, sie außerhalb der Apotheken im Kleinhandel verkäuflich zu machen.

Dadurch, daß Tabak, tabakhaltige und tabakähnliche — zum Rauchen, Kauen oder Schnupfen bestimmte — Erzeugnisse kraft ausdrücklicher gesetzlicher Bestimmung in § 1 Abs. 2 LMG. den Lebensmitteln gleichgestellt sind, unterfallen sie ohne weiteres den allgemeinen Verboten der §§ 3 und 4, die das Verbraucherpublikum vor Gesundheitsgefährdung und Täuschungen (durch undeklarierten Vertrieb nachgemachter, verfälschter, verdorbener oder durch irreführend bezeichnete Ware) schützen sollen. Auch besteht die Möglichkeit, daß die Reichsregierung insoweit Verordnungen gemäß § 5 LMG. erläßt, insbesondere (§ 5 Nr. 4 LMG.) Begriffsbestimmungen für Tabakerzeugnisse aufstellt und Grundsätze darüber festsetzt, unter welchen Voraussetzungen Tabakerzeugnisse als verdorben, nachgemacht oder verfälscht unter die Verbote des § 4 LMG. fallen sowie welche Bezeichnungen, Angaben oder Aufmachungen als irreführend diesen Verboten unterliegen.

Bisher hat die Reichsregierung Verordnungen dieser Art für Tabakerzeugnisse nicht erlassen. Sie hat aber — ähnlich wie im Biersteuergesetz und im Branntweinmonopolgesetz (s. Holthöfer in Bd. I, S. 1296 unter II) — im Rahmen der Tabaksteuergesetzgebung Regelungen getroffen, die sachlich auch durch Rechtsverordnungen gemäß § 5 LMG. hätten vorgenommen werden können und in ihrer den Verkehr rechtlich normierenden Wirkung solchen Verordnungen gleichstehen.

Soweit solche Regelungen nicht bestehen, gelten die allgemeinen Vorschriften des LMG. So weist z. B. MERRES in der Deutschen Nahrungsmittel-Rundschau 1934, S. 58, darauf hin, daß Tabakerzeugnisse, abgesehen vom Pudern der Zigarren, zuweilen mittels Teerfarben „aufgehellt“ werden. Er will das als Verfälschung angesehen wissen.

3. Wichtige Bestimmungen aus dem Tabaksteuergesetz.

A. Tabakerzeugnisse, Tabakersatzstoffe, Tabakmischwaren, tabakähnliche Waren.

Was das TabStG. unter **Tabakerzeugnissen** versteht, deckt sich mit der allgemeinen Begriffsbestimmung in § 1 Abs. 2 LMG. und ergibt sich im einzelnen aus § 5 des TabStG. Dort sind nämlich in Abs. 1 unter A bis F im Zusammenhang mit den unterschiedlichen Steuersätzen als Tabakerzeugnisse angegeben: unter A Zigarren, unter B Zigaretten, unter C feingeschnittener (d. h. nach § 5 Abs. 4 TabStG. feiner als $1^3/_4$ mm geschnittener) Rauchtabak, unter D (sonstiger) Pfeifentabak, unter E Kautabak in Rollen oder Stangen, unter F Schnupftabak.

In § 5 Abs. 2 und Abs. 3 des TabStG. heißt es dann weiter:

„*(2) Für Tabakerzeugnisse, bei denen es zweifelhaft ist, zu welcher Abteilung des Abs. 1 sie gehören, stellt der Reichsminister der Finanzen die für ihre steuerliche Behandlung maßgebenden Grundsätze fest.*

(3) Für Tabakerzeugnisse der Abteilungen A, B und E“ (also Zigarren, Zigaretten und Kautabak) „*kann der Reichsminister der Finanzen Höchstgrenzen des Gewichts oder der Länge des Tabakstrangs für ein Stück festsetzen und anordnen, daß jeder diese Grenzen überschreitende Teil des Erzeugnisses für die Steuerberechnung als ein besonderes Stück gilt.*“

Weitergehende Begriffsbestimmungen für die einzelnen Tabakerzeugnisse sind im Gesetz selbst nicht gegeben. Sie fehlen auch in den TabStAusfBest. für **Zigarren.** Über die Bezeichnungen „Habana“, „Dannemann“ s. oben S. 528. Als **Zigaretten** sind nach § 6 TabStAusfBest. (wobei der Zweck, die Besteuerung, im Vordergrund steht):

(1) „anzusehen alle zum unmittelbaren Rauchgenusse geeigneten Tabakerzeugnisse von der Form der Zigarette, die ein Deckblatt oder Umblatt aus Papier (auch Tabakpapier“, d. h. Papier aus Stengeln oder Rippen von Tabakblättern) „haben oder aus feingeschnittetem Tabak“ (§ 7 TabStAusfBest.) hergestellt sind, in letzterem Falle ohne Rücksicht auf den Stoff, aus dem das Deckblatt oder die Hülse besteht und ohne Rücksicht darauf, ob neben dem Deckblatt noch ein Umblatt vorhanden ist oder nicht. Tabakerzeugnisse von der Form der Zigarette, die aus orientalischen oder diesen gleichartigen Tabaken hergestellt sind, sind wie Zigaretten auch dann zu versteuern, wenn ihre Tabakeinlage eine Schnittbreite von $1^3/_4$ mm oder mehr hat. Wie Zigaretten sind auch Preßzigaretten aus feingeschnittenem Tabak, das sind Zigaretten, bei denen ein Deckblatt durch Pressung entbehrlich gemacht ist, zu versteuern.

(2) Unter den Voraussetzungen des Abs. 1 werden wie Zigaretten auch solche Erzeugnisse versteuert, die neben feingeschnittenem noch grobgeschnittenen Tabak enthalten, soweit letzterer nicht überwiegt, sowie Feuerwerks-, Scherz-, Asthmazigaretten und dergleichen, die Tabak enthalten.“ Über die Bezeichnung „ägyptische“, „türkische“, „russische“ Zigaretten siehe oben S. 528.

§ 7 TabStAusfBest. — § 7 ist neu gefaßt durch VO vom 7. Oktober 1931 (ReichsMinBl. S. 734 und erneut geändert durch VO. vom 28. Dezember 1932 (ReichsMinBl. S. 774) — befaßt sich mit feingeschnittenem Tabak. Dabei ist besonders berücksichtigt sog. „Schwarzer Krauser“, das ist ein feingeschnittener kräftiger Tabak, der mindestens zu einem Drittel aus dunklem amerikanischen Kentuckytabak, im übrigen aus dunklem kentuckyartigen inländischen oder ausländischen Schwerguttabak besteht und außer den in den verwendeten Tabakblättern enthaltenen Rippen keine Rippenbeimischung in irgendeiner Form enthalten darf. Schwarzer Krauser ist gesoßt, dunkel in der Farbe und eignet sich sowohl zum Kauen als auch zum Rauchen; er enthält zur Zeit seiner Verpackung mindestens 15% Feuchtigkeit.

Nach § 8 TabStAusfBest. in seiner neuen Fassung vom 28. Dezember 1932 (ReichsMinBl. S. 774) ist „unter **Pfeifentabak** aller geschnittene oder auf sonstige Weise zerkleinerte Tabak, mit Ausnahme des feingeschnittenen Rauchtabaks (§ 7), zu verstehen, sowie Tabak in Rollen oder Platten, der zum Rauchen aus der Pfeife bestimmt ist."

§ 9 TabAusfBest. in seiner Fassung vom 28. Dezember 1932 (ReichsMinBl. S. 774) bestimmt über **Kautabak**: „Als Kautabak sind die zum Tabakgenuß in der Form des Kauens bestimmten, in der Regel gesoßten Tabakerzeugnisse in Rollen, Stangen u. dgl. zu versteuern."

„Kautabaktabletten" mit Zusatz: „Kein Ersatz, aus reinem Tabak hergestellt" erwecken den Anschein, daß sie aus Tabakblättern hergestellt seien. Sind sie in Wirklichkeit aus Tabakstaub, also Abfall, hergestellt und enthalten außerdem 42% erdige Bestandteile, so sind sie irreführend (im Sinne des § 4 Nr. 3 LMG.) bezeichnet. So KG. 20. September 1921 in **Z.** Beil. 1922 **44, 166.**

Über „echten Nordhäuser" vgl. oben S. 528.

§ 10 TabStAusfBest. befaßt sich mit **Schnupftabak** („gemahlenem oder in sonstiger Weise zerkleinertem, zum Schnupfen bestimmtem Tabak"). Ihm werden in steuerlicher Hinsicht zugeordnet: „Karotten, die an Kleinhändler abgegeben werden." Unter Karotten versteht man mit Bindfaden umwundenen Stangen-Tabak, der zum Zermahlen in Schnupftabak bestimmt ist.

Nach dem früheren Recht (§ 37 TabStG. von 1909) war die Verwendung von **Tabakersatzstoffen** nur für den Fall ihrer Mitverwendung zur Herstellung von Tabakerzeugnissen geregelt. Erst im Kriege hat die Tabakknappheit zu einer gleichartigen Regelung für Erzeugnisse aus Ersatzstoffen geführt, die ohne Mitverwendung von Tabak den Tabak ersetzen sollten (tabakähnliche Waren). Vgl. Bundesratsbek. vom 27. Oktober 1917 (RGBl. S. 974). Diese Regelung ist in dem jetzt geltenden Tabaksteuergesetz beibehalten.

Es heißt dort:

„§ 3.

(1) Tabakersatzstoffe[1, 2] *dürfen bei der Herstellung von Tabakerzeugnissen*[1] *sowie von Waren, die ohne Mitverwendung von Tabak bereitet sind und als Ersatz für Tabakerzeugnisse in den Handel gebracht werden sollen (tabakähnliche Waren), nur nach näherer Bestimmung des Reichsfinanzministers*[3] *verwendet werden. Bei der Herstellung von Zigarren dürfen Tabakersatzstoffe nicht verwendet werden*[4]. *Tabakerzeugnisse und tabakähnliche Waren, zu deren Herstellung nichtzugelassene Tabakersatzstoffe verwendet worden sind, dürfen nicht in den Verkehr gebracht werden*[4].

(Abs. 2 ist durch Gesetz vom 22. Dezember 1929 — RGBl. I S. 234 — Art. IV Nr. 12 gestrichen).

(3) Der Reichsrat kann Vorschriften über den Handel mit Tabakersatzstoffen erlassen.

(4) Bei Erzeugnissen, die aus Tabakersatzstoffen allein oder aus Tabak unter Mitverwendung von Ersatzstoffen hergestellt sind, ist dies nach näherer Bestimmung[5] *des Reichsministers der Finanzen auf den Packungen in einer dem Verbraucher erkennbaren Weise anzugeben.*

(5) Jede aus Tabakersatzstoff hergestellte Zigarette hat den Aufdruck ‚Ersatzstoff' und jede aus Tabak unter Mitverwendung von Ersatzstoffen hergestellte Zigarette den Aufdruck ‚Mischware' zu tragen[5].

§ 4.

Tabakähnliche Waren sind wie Tabakerzeugnisse zu versteuern."

Anmerkungen zu § 3 TabStG.

[1] Auf Tabakersatzstoffen lastet eine Abgabe (§ 10a TabStG.). Sie verfolgt nach Begr. S. 32, 33 den Zweck, eine Schädigung des inländischen Tabakbaues durch die Verwendung der Ersatzstoffe zu verhindern.

[2] Nach Begr. S. 33 ist unter Tabakersatzstoff im allgemeinen „jeder Stoff zu verstehen, der ohne Tabak zu sein, an Stelle von Tabak oder zwecks Verbesserung des Duftes u. dgl. als Zusatz zu Tabak verwendet wird".

[3] Diese nähere Bestimmung findet sich in der Tabakersatzstoff-Ordnung (TabEO.), die als Anlage A der TabStAusfBest. veröffentlicht ist und wie diese den Charakter einer Rechtsverordnung hat (so auch ARLT S. 65, Anm. 3), d. h. nicht nur Verwaltungsanordnungen für die Behörden darstellt, sondern sich (vgl. HOLTHÖFER-JUCKENACK S. 116), selbst bindend und befehlend in die Rechtssphäre der Bürger eingreifend, rechtssatzmäßig an die Allgemeinheit wendet.

In der Beilage zur TabEO. sind als Ersatzstoffe, die — ausgenommen bei der Herstellung von Zigarren (§ 3 Abs. 1 Satz 2 TabStG.) — mit Bewilligung des Finanzamts (Hauptamts) unter Steueraufsicht (TabEO. § 2) zur Herstellung von Tabakerzeugnissen (**„Tabakmischwaren"**) und zur Herstellung von **tabakähnlichen Waren** (ohne Mitverwendung von Tabak als Ersatz für Tabakerzeugnisse) verwendet werden dürfen, aufgeführt:

1. Blätter der gewöhnlichen Kirsche oder Süßkirsche (Prunus avium L.) und Blätter der Weichselkirsche oder Sauerkirsche (Prunus cerasus L.);
2. Melilotenblüten (Steinklee);
3. eingesalzene Rosenblätter;
4. Veilchenwurzelpulver;
5. sog. Vanilleroots (Blätter usw. von liatris odoratissima) sowie getrockneter Waldmeister;
6. Wegebreitblätter;
7. Altheeblätter;
8. Huflattichblätter;
9. Baldrianwurzeln;
10. getrocknete Brennesseln;
11. Krauseminze;
12. Citronenschalen;
13. Lavendel;
14. Thymian.

Einschränkend bemerkt § 1 Abs. 3 TabEO.: „Beimischungen, die lediglich als Hilfsmittel für die Tabakverarbeitung dienen und keinen Tabakersatz bilden, z. B. zur Duftverleihung bestimmte Stoffe und Auszüge aus Tabakersatzstoffen, fallen, sofern dadurch eine nennenswerte Gewichtsvermehrung nicht stattfindet, nicht unter diese Vorschriften und sind nicht abgabepflichtig."

[4] Die **Strafvorschrift** hierzu enthält der durch Art. VI, Nr. 12 des Gesetzes vom 22. Dezember 1929 (RGBl. I, S. 234) nicht mit aufgehobene **§ 69 TabStG.**, der in seiner durch die VO. über Vermögensstrafen und Bußen vom 6. Februar 1924 (RGBl. I, S. 44) Art. I, § 27, VIII, XIV in Verbindung mit der II. VO. zur Durchführung des Münzgesetzes vom 12. Dezember 1924 (RGBl. I, S. 775) wegen des Strafmaßes bestimmten Fassung lautet:

„(1) Wer, abgesehen von den Fällen der §§ 56—68, vorsätzlich oder fahrlässig andere als die zugelassenen Tabakersatzstoffe zur Herstellung von Tabakerzeugnissen oder tabakähnlichen Waren verwendet, oder Tabakerzeugnisse sowie tabakähnliche Waren, zu deren Herstellung andere als die zugelassenen Tabakersatzstoffe verwendet worden sind, in den Verkehr bringt (§ 3 Abs. 1), oder den Vorschriften über die Angabe oder Verwendung von Ersatzstoffen (§ 3 Abs. 4 und 5) zuwiderhandelt, wird, soweit nicht nach anderen Gesetzen eine schwerere Strafe verwirkt ist, mit Geldstrafe von 3—10000 RM bestraft.

(2) Neben der Geldstrafe kann auf Einziehung der Ersatzstoffe und der damit bereiteten Tabakerzeugnisse und tabakähnlichen Waren erkannt werden, ohne Rücksicht darauf, ob sie dem Verurteilten gehören oder nicht."

Bei Gewinnsucht treten die üblichen Strafschärfungsmöglichkeiten (§§ 27a und 27c StGB.) ein, das ist Geldstrafe bis 100000 RM und gegebenenfalls noch mehr, „wenn das Entgelt, das der Täter für die Tat empfangen, und der Gewinn, den er aus der Tat gezogen hat", höher sind. Vgl. hierzu, insbesondere auch über den Begriff der Gewinnsucht, HOLTHÖFER in Bd. I, S. 1314, Anm. 5.

Außer § 69 TabStG. können durch eine und dieselbe Tat auch § 3, Z. 1a und b, § 4, Z. 1, 2 oder 3 LMG. verletzt werden. So würde z. B. die Herstellung von Zigarren unter Verwendung von Tabakersatzstoffen, schlechtweg verboten durch § 3 TabStG., zugleich eine Verfälschung im Sinne des § 4, Z. 1 LMG. (strafbar nach § 13 LMG.) bedeuten; ihr Inverkehrbringen würde gegen § 4, Z. 2 LMG. verstoßen.

Das Inverkehrbringen von Zigaretten, bei denen zugelassene Tabakersatzstoffe mitverwendet worden sind, ohne die in § 3 Abs. 4 TabStG, §§ 10, 13 TabEO. vorgeschriebene Kennzeichnung der objektiv verfälschten Ware würde zugleich gegen § 69 TabStG. und §§ 4, Z. 2, 13 LMG. verstoßen.

Sind durch eine und dieselbe Tat § 69 TabStG. und Strafvorschriften des LMG., vielleicht auch obendrein noch § 263 StGB. (Betrugsparagraph) verletzt, so ist nach § 73 StGB. die Strafe aus dem Gesetz zu entnehmen, das die härteste Strafe androht. Es sind § 13 Abs. 1 LMG. und § 263 StGB., in denen Freiheitsstrafe mit angedroht sind, im Vergleich zu § 69 TabStG. härtere Gesetze im Sinne des § 73 StGB. Inwieweit auch § 418 der Reichsabgabenordnung in der Neufassung von 1931 (RGBl. I, S. 161) beim tateinheitlichen Zusammentreffen steuerlicher Zuwiderhandlungen mit sonstigen Strafvorschriften zur Anwendung zu gelangen hat, kann für die Zwecke des vorliegenden Werkes ununtersucht bleiben.

[5] Diese nähere Bestimmung ist in §§ 10—14 der TabEO. getroffen. Sie lauten:

„§ 10.

(1) Tabakmischwaren müssen auf der Packung in einer für den Käufer leicht erkennbaren Weise und in deutscher Sprache folgende Angaben enthalten:

1. den Namen oder die Firma und den Ort der gewerblichen Hauptniederlassung desjenigen, der die Ware herstellt; bringt ein anderer als der Hersteller die Ware in der Verpackung unter seinem Namen oder seiner Firma in den Verkehr, so ist statt dessen Name oder Firma und Niederlassungsort dieser Person anzugeben;

2. die Bezeichnung ‚Tabakmischware', die in Gewichtsteilen ausgedrückte Angabe der darin enthaltenen Mengen reinen Tabaks sowie die Bezeichnung der zur Herstellung sonst verwendeten Stoffe;

3. den Inhalt nach deutschem Gewicht oder Stückzahl.

(2) Von der Kennzeichnungspflicht sind Tabakmischwaren mit Ausnahme der Zigaretten befreit, bei denen die Beimischung von Tabakersatzstoffen nur aus gewöhnlichen Kirsch- und Weichselblättern oder aus Vanilleroots, an deren Stelle getrockneter Waldmeister verwendet werden kann, besteht und 5% des Gesamtgewichts nicht überschreitet. Die beigemischte Menge von 5% darf aus einem der genannten Ersatzstoffe, aus mehreren oder allen zusammen bestehen.

§ 11.

Tabakähnliche Waren müssen auf der Packung in einer für den Käufer leicht erkennbaren Weise und in deutscher Sprache außer den in § 10 Ziff. 1 und 3 vorgeschriebenen Angaben die Bezeichnung „tabakähnliche Ware" und die Angabe der zur Herstellung verwendeten Stoffe enthalten.

§ 12.

An nicht verpackungsfähigen Tabakmischwaren und an dergleichen tabakähnlichen Waren oder an den Behältnissen, in denen solche Waren feilgehalten werden, sind die in den §§ 10 und 11 vorgeschriebenen Bezeichnungen in einer dem Käufer erkennbaren Weise anzubringen.

§ 13.

Jede aus Tabakersatzstoffen hergestellte Zigarette hat außerdem den Aufdruck „Ersatzstoff" und jede aus Tabak unter Mitverwendung von Ersatzstoffen hergestellte Zigarette den Aufdruck „Mischware" in leicht erkennbarer Weise zu tragen. Die Schriftgröße des Aufdrucks muß dieselbe sein und an der gleichen Stelle stehen wie der übrige Aufdruck.

§ 14.

(1) Die in §§ 10—12 vorgeschriebenen Angaben sind vom Hersteller oder, falls ein anderer die Ware in der Verpackung unter seinem Namen oder seiner Firma in den Verkehr bringt, von diesem auf allen mit Aufdruck versehenen Außenseiten der Packung, bei Zigarettenpackungen auch auf der Innenseite des Deckels, in einer dem übrigen Aufdruck gleichkommenden Schriftgröße anzubringen.

(2) Die Angaben sind anzubringen, bevor der Verpflichtete die Ware weitergibt."

B. Packungszwang; Steuer und Zoll auf Tabakerzeugnisse.

Ein **Packungszwang** — wie er auf Grund des § 5 Nr. 3a LMG. auch im Verordnungswege hätte vorgeschrieben werden können — ist in §§ 14—16 des Tabaksteuergesetzes vorgeschrieben. Sie lauten:

§ 14.

Verpackungszwang.

Tabaksteuerpflichtige Waren jeder Art[1] *dürfen, abgesehen*[2] *von den Fällen des § 8 Abs. 2 und der §§ 17 und 18, aus den Herstellungsräumen oder den Tabaksteuerlagern nur in vollständig geschlossenen Packungen in den freien Verkehr des Inlandes gebracht werden. Die vorschriftsmäßige Verpackung hat vor dem Eintritt der Fälligkeit der Steuer (§ 10) zu erfolgen.*

§ 15.

(1) Die Art und Größe der zulässigen Packungen bestimmt der Reichsminister der Finanzen[3].

(2) Auf jeder Packung ist der Inhalt nach Art und Menge, bei Tabakerzeugnissen auch der Kleinverkaufspreis in Druckschrift anzugeben. An Stelle des Kleinverkaufspreises können die Preisgrenzen der zutreffenden Steuerklasse angegeben werden.

(3) Tabakerzeugnisse und Zigarettenhüllen, die an andere Betriebe zum Zwecke der weiteren Verarbeitung oder an ein Tabaksteuerlager (§ 44)[4] *abgegeben werden, sind unter Beobachtung der etwa vorgeschriebenen Sicherungsmaßnahmen von den Vorschriften in Abs. 1 und 2 befreit. Die Vorschriften erstrecken sich ferner nicht auf Waren, die zur Ausfuhr bestimmt sind.*

§ 16.

(1) Die Vorschriften der §§ 14 und 15 gelten auch für aus dem Ausland eingeführte tabaksteuerpflichtige Erzeugnisse.

(2) ......

(3) ......

Anmerkungen zu § 14 TabStG.

[1] Nach § 1 TabStG. unterliegt der Tabaksteuer der Übergang von Tabakerzeugnissen und von Zigarettenpapier in den freien Verkehr des Inlandes.

Sie wird bei den Tabakerzeugnissen, die in § 5 TabStG. unter A bis F aufgeführt sind (s. oben S. 570), nach dem Kleinverkaufspreise bemessen und in der Regel (§ 10 TabStG) in Banderolenform durch Anbringung von Steuerzeichen an den Umschließungen der Tabakerzeugnisse oder des Zigarettenpapiers entrichtet.

Außer der Banderolenabgabe unterliegt der in einem Zigarettenherstellungsbetrieb verbrauchte Tabak noch einer Gewichtssteuer, der sog. Materialsteuer (§§ 93—102 TabStG.). Sie wurde durch Reichsgesetz vom 10. 8. 1925 (RGBl. I, S. 244) eingeführt und in ihren Sätzen später geändert.

Tabakersatzstoffe unterliegen (§ 10a Abs. 3 TabStG.) nach näherer Bestimmung des Reichsministers der Finanzen einer Abgabe, bemessen nach dem Gewicht in verarbeitungsreifem Zustande.

Schließlich unterliegt der Tabak in seinen verschiedenen Formen (vom Blatt bis zur Fertigware) einem im wesentlichen Schutzzollzwecke verfolgenden **Einfuhrzoll,** dessen Abstufungen in § 88 TabStG. enthalten sind.

[2] Die Ausnahmen betreffen z. B. die sog. Arbeiterzigaretten (entsprechend dem Haustrunk im Weingesetz), die Ausfuhrware, den Reiseverkehr, Muster, zu Untersuchungen bestimmte Ware.

[3] Derartige Bestimmungen sind enthalten in §§ 34—37 TabStAusfBest.

[4] Solche sind in § 44 TabStG. noch für Zigarren, seit dem Gesetz vom 10. August 1925 — RGBl. I, S. 244 — aber nicht mehr für Zigaretten und andere Tabakerzeugnisse vorgesehen.

Zu unterscheiden von diesen Tabaksteuerlagern sind die öffentlichen Niederlagen oder unter amtlichem Mitverschluß stehenden Lager, in denen Tabak (§§ 30, 37 TabStG.) gelagert werden muß. Dieser Lagerzwang, dem Tabakhändler und -verarbeiter unterworfen werden, verfolgt den Zweck, den Tabak im Steuerinteresse unter Kontrolle zu halten.

C. Überwachung des Verkehrs mit Tabak.

a) Sehr eingehende **Überwachungsvorschriften** sind in §§ 20—55 **TabStG.** zur Sicherung des Aufkommens der auf dem Tabak lastenden Abgaben gegeben.

Der Handel mit Rohtabak, mit Halb- und Fertigerzeugnissen sowie mit tabakähnlichen Waren ist in § 20 einer besonderen Anmeldepflicht bei der Steuerbehörde unterworfen.

Auch Tabakanpflanzungen sind anzumelden (§ 21). Ihre Behandlung und Aberntung ist bis ins kleinste gesetzlich geregelt (§§ 22—27).

Desgleichen unterliegt der vom Pflanzer in den Verkehr gebrachte Tabak hinsichtlich seiner Lagerung, seiner Behandlung, seines Bezuges und seines Absatzes weitgehenden Beschränkungen (§§ 29—39, 45, 46, 47).

Eine strenge Buchführungspflicht (§§ 32, 40, 41) und regelmäßige Bestandsaufnahmen (§ 42) sollen die Kontrolle der Steuerbehörden erleichtern.

Zur Kontrolle der der Steueraufsicht unterstellten Betriebe (§ 51) sind den Steuerbeamten Kontrollbefugnisse gegeben, die erheblich über die in § 7f. LMG. den den Lebensmittelverkehr überwachenden Behörden zugestandenen Befugnisse hinausgehen.

§§ 52 und 53 TabStG. lauten:

„§ 52.

(1) Die Steuerbeamten sind befugt, die mit Tabak bepflanzten Grundstücke zu betreten, sowie die Räume, in denen Tabak, Tabakerzeugnisse, Tabakhalberzeugnisse oder Zigarettenpapier aufbewahrt, verarbeitet oder hergestellt werden, solange sie geöffnet sind oder darin gearbeitet wird, zu jeder Zeit, andernfalls zu den üblichen Geschäftsstunden oder, wo solche nicht bestehen, von morgens 6 Uhr bis abends 9 Uhr zu besuchen und, falls die Räume geschlossen sind, sofortigen Einlaß zu verlangen.

(2) Bei den der Tabakaufbewahrung dienenden besonderen Anlagen erstreckt sich die Aufsichtsbefugnis auf alle Räume dieser Anlagen sowie auf die mit ihnen in Verbindung stehenden oder unmittelbar daran grenzenden Räume.

(3) Die Zeitbeschränkung fällt weg, wenn Gefahr im Verzug ist.

(4) Innerhalb der der Steueraufsicht unterliegenden Räume dürfen keine Maßnahmen getroffen werden, die die Ausübung der gesetzlichen Aufsicht hindern oder erschweren.

§ 53.

Ist hinreichender Verdacht vorhanden, daß Abgabenhinterziehungen begangen sind, so dürfen die Steuerbeamten auch in anderen als den in § 52 bezeichneten Räumen unter Beobachtung der für Haussuchungen gesetzlich vorgeschriebenen Formen Nachschau halten.

§ 55.

Hilfeleistung bei Ausübung der Steueraufsicht.

(1) In Geschäften und Betrieben, in denen eine Aufsichtshandlung vorgenommen wird, sind den Aufsichtsbeamten unentgeltlich die Hilfsdienste zu leisten, die erforderlich sind, um die den Beamten obliegenden Dienstverrichtungen zu vollziehen. Ferner müssen die zu diesem Zwecke erforderlichen Aufschlüsse erteilt und die benötigten Hilfsmittel beschafft, im besonderen muß für ausreichende Beleuchtung gesorgt werden.

(2) Den Oberbeamten der Steuerverwaltung sind die auf den Ein- und Verkauf von Rohtabak, Tabakhalb- und ganzerzeugnissen und Zigarettenpapier sowie auf die Herstellung und den Absatz von tabaksteuerpflichtigen Erzeugnissen bezüglichen Geschäftsbücher und Schriftstücke auf Erfordern zur Einsicht vorzulegen.“

Eine besondere Strafbestimmung zu §§ 52, 53, 55 TabStG. — etwa wie sie § 17 LMG. zu § 9 LMG. enthält — findet sich im TabStG. nicht. Zuwiderhandlungen gegen § 55 TabStG. sind aber, nachdem § 70 TabStG. durch Art. VI Nr. 12 des Ges. vom 22. Dezember 1929 (RGBl. I, S. 234) aufgehoben ist, durch § 413 der Reichsabgabenordnung vom 22. Mai 1931 (RGBl. I, S. 161) mit Ordnungsstrafe bis zu 10000 RM bedroht. Auch die Zwangsmittel nach § 202 ReichsabgO. sind statt der Ordnungsstrafe zulässig.

b) Da Tabak und Tabakerzeugnisse durch § 1 Abs. 2 LMG. den Lebensmitteln gleichgestellt sind, so unterliegt der Verkehr mit ihnen im Rahmen der §§ 7—10 LMG. auch der **Überwachung** durch die mit der Überwachung des **Lebensmittelverkehrs** betrauten Behörden. Vgl. hierzu HOLTHÖFER in Bd. I, S. 1303f. Allzu große praktische Bedeutung wird die Überwachung durch die letztgenannten Behörden schwerlich gewinnen im Hinblick auf die scharfe Überwachung von der Steuerseite her. Immerhin werden Unzuträglichkeiten im Verkehr mit **„nicotinarmen“** und **„nicotinfreien“** Tabakwaren hier und da Anlaß zur Nachschau und Untersuchung bieten.

Nach HOLTHÖFER-JUCKENACK, § 4 Anm. 16 b II, S. 112 dürfen Tabakwaren als nicotinfrei nur bezeichnet werden, wenn ihnen das Nicotin soweit als technisch möglich entzogen ist. Nicotinarm sind Tabakerzeugnisse nicht, die dem Nicotingehalt gewöhnlicher Erzeugnisse dieser Art nur wenig nachstehen. Zum Vergleich sei auf § 6 Nr. 4 und 5 der KaffeeVO. hingewiesen.

Auch wird Bezug genommen auf nachfolgenden Runderlaß des Ministeriums für Volkswohlfahrt — LM. II 3859 — und des Ministeriums für Handel und Gewerbe, betr. nicotinarme und nicotinfreie Tabakfabrikate vom 26. November 1927 an die Regierungspräsidenten und den Polizeipräsidenten in Berlin:

„Wie die vom Reichsgesundheitsamt und von anderen sachverständigen Stellen vorgenommenen Untersuchungen ergeben haben, befinden sich unter Bezeichnungen wie „entnicotinisiert“, „nicotinarm“, „nicotinfrei“, „nicotinunschädlich“, „natürlich-nicotinarm“, „nicotinneutral“ Tabakwaren im Handel, die ebensoviel oder nur wesentlich weniger, zum Teil sogar mehr Nicotin enthalten oder an den Rauch abgeben wie durchschnittlich die gewöhnlichen Tabakerzeugnisse. Hierin liegt deshalb eine erhebliche Gefahr, weil empfindliche oder kranke Personen, denen der Arzt nur nicotinfreien Tabak gestattet hat, durch den Genuß solcher Tabakwaren gesundheitlich geschädigt werden können.

Tabakwaren, die als „nicotinfrei“, „nicotinunschädlich“, „nicotinneutral“ oder mit gleichsinnigen Bezeichnungen in den Handel kommen, sich aber in ihrem Nicotingehalt von gewöhnlichen Tabakerzeugnissen nicht wesentlich unterscheiden, sind jedenfalls als irreführend bezeichnet im Sinne des § 4 Nr. 3, § 13 des LMG. vom 5. Juli 1927 (RGBl. I S. 134) anzusehen. Daneben würde auch eine Strafverfolgung nach § 4 des Gesetzes gegen den unlauteren Wettbewerb vom 7. Juni 1909 (RGBl. S. 499) in der Fassung vom 21. März 1925 (RGBl. II, S. 115) sowie die Geltendmachung zivilrechtlicher Ansprüche nach §§ 1, 3 dieses Gesetzes in Betracht kommen. Inwieweit Bezeichnungen wie „nicotinarm“ Anlaß zur Beanstandung bieten, wird von den besonderen Verhältnissen des Einzelfalles abhängen.

Auf Vorschlag des Reichsgesundheitsamtes und des Reichsministeriums des Innern ersuchen wir ergebenst, die mit der Überwachung des Lebensmittelverkehrs betrauten Behörden und die öffentlichen Nahrungsmitteluntersuchungsanstalten entsprechend anzuweisen und auch die beteiligten Wirtschaftskreise aufzuklären. Das im Reichsgesundheitsamt ausgearbeitete Verfahren von PFYL und SCHMITT (vgl. Z. 1927, 54, 60) hat sich als einwandfrei und zuverlässig erwiesen. Die mit diesem Verfahren erzielten Ergebnisse sind auch durch die von Prof. Dr. HEIDUSCHKA in Dresden und Prof. Dr. POPP in Frankfurt a. M. angestellten biologischen Versuche bestätigt worden.“

Das Verfahren wurde von KOENIG und DÖRR ergänzt und verbessert (**Z.** 1934, **67**, 113). Nähere Beschreibung auch in diesem Werke unter „Tabak“ von P. KOENIG.

VI. Salz.

Mit Salz in seiner Eigenschaft als Lebensmittel (§ 1 LMG.) hatte sich die Rechtsprechung kaum zu beschäftigen. RGSt. **42**, 334 vom 11. Mai 1909 behandelt die Verwendung von denaturiertem Salz zum Einsalzen von Därmen als eines Halbfabrikats von Würsten (Nahrungsmitteln) im Hinblick auf die Salzsteuer. Das häufige Vorkommen des Salzes und sein billiger Preis bieten an sich nur geringen Anreiz zu Verfälschungen. Die Gesetzgebung befaßt sich mit Salz unter steuerlichen Gesichtspunkten im Salzsteuergesetz. Seine unterm 22. Juni 1932 im RGBl. I, S. 315 bekanntgegebene Neufassung ist abgeändert (§ 4 Abs. 1) durch die VO. des Reichspräsidenten vom 18. März 1933 (RGBl. I, S. 109 auf S. 113) und (§§ 2, 3, 4, 10—12) durch das Reichsgesetz vom 5. Juli 1934 Art. 2 (RGBl. I, S. 573)[4]. § 4 Abs. 2 des Salzsteuergesetzes hat auch lebensmittelrechtliche Tragweite.

Aus dem **Salzsteuergesetz** in seiner heute geltenden Fassung seien mitgeteilt:

§ 1.

(1) Salz (Chlornatrium), das zum Verbrauch im Geltungsbereich dieses Gesetzes bestimmt ist, unterliegt einer Abgabe (Salzsteuer).

(2) Salz im Sinne dieses Gesetzes[3] *sind das Stein-, das Hütten-, das Siede- und das Seesalz, ferner, wenn darin Chlornatrium enthalten ist, nach näherer Anordnung des Reichsministers der Finanzen mit Zustimmung des Reichsrats das als Nebenerzeugnis der chemischen Industrie gewonnene Salz, sämtliche Ausgangsstoffe für die Salzgewinnung, die Kalirohsalze, die Abraumsalze und die Salzabfälle. Kalirohsalze mit einem Chlornatriumgehalt von weniger als 85% ihres Gewichtes unterliegen der Steuer nicht.*

§ 2.

(1) In Ansehung des im Geltungsbereich des Gesetzes gewonnenen Salzes ist Steuerschuldner, wer Salz in den freien Verkehr überführt. Die Steuerschuld entsteht mit dem Übertritt des Salzes in den freien Verkehr.

(2) Als Gewinnung von Salz im Sinne des Abs. 1 gilt es auch, wenn aus vergälltem Salz (§ 4 Abs. 1), das sich im freien Verkehr befindet, das Vergällungsmittel ganz oder teilweise ausgeschieden wird oder wenn dem vergällten Salz Stoffe beigefügt werden, durch die die Wirkung des Vergällungsmittels in Beziehung auf Geschmack, Geruch oder Aussehen vermindert wird (Entgällung des Salzes)[2]*. In diesem Falle entsteht die Steuerschuld mit dem Beginn der Entgällung, Steuerschuldner ist, wer die Entgällung vornimmt.*

(3) ......

§ 4.

(1) Der Reichsminister der Finanzen ist ermächtigt, Salz, das zum Salzen von Heringen und ähnlichen Fischen, ferner Salz, das zu anderen Zwecken als zur Herstellung oder Bereitung von Lebens- oder Genußmitteln verwendet wird, von der Steuer zu befreien. Er kann anordnen, daß dieses Salz zum Genuß untauglich gemacht (vergällt) wird.

(2) Es ist verboten, vergälltes Salz zum Salzen von Heringen und ähnlichen Fischen oder zur Herstellung oder Bereitung anderer Lebens- oder Genußmittel zu verwenden[2].

(3) ......

Salzsteuerzuwiderhandlungen.

§ 10.

Die Bestrafung wegen Steuerhinterziehung[1] *tritt ein usw. ....*

§ 11.

Wer vergälltes Salz dem Verbot des § 4 Abs. 2 zuwider verwendet[2]*, wird bestraft, als habe er eine Steuerhinterziehung*[1] *begangen.*

Anmerkungen.

[1] Die Strafbestimmungen wegen Steuerhinterziehung finden sich in §§ 391f. der Reichsabgabenordnung in der Fassung vom 22. Mai 1931 (RGBl. I, S. 161), insbesondere in § 396 daselbst, wo für Steuerhinterziehungen Geldstrafe in unbeschränkter Höhe, mindestens in Höhe des Vierfachen des hinterzogenen Betrages, angedroht und daneben Gefängnisstrafe bis zu 2 Jahren zugelassen ist.

[2] a) Die Verwendung von vergälltem Salz oder entgälltem Salz bei der Herstellung von Lebensmitteln wird in der Regel das damit behandelte Lebensmittel zu einem verdorbenen im Sinne des § 4 Nr. 2 LMG. machen, das wegen des § 4 Abs. 2 des Salzsteuergesetzes auch bei Kenntlichmachung vom Verkehr ausgeschlossen ist. In diesem Falle wird nach § 418 der Reichsabgabenordnung (s. vorstehende Anm. 1) die Strafe aus dem Steuergesetz zu entnehmen sein, das gegenüber §§ 13, 4, Nr. 2 LMG. die härtere Bestrafung ermöglicht.

b) Denkbar ist auch, daß ja nach der Art und Stärke der zur Vergällung oder Entgällung benutzten Mittel die damit behandelten Salze oder die Lebensmittel, bei deren Herstellung oder Zubereitung sie verwendet sind, gesundheitsschädlich im Sinne des § 3 LMG. sind. Ihre Herstellung und ihr Vertrieb sind alsdann strafbar nach § 12 LMG., wo Gefängnis schlechtweg neben Geldstrafe angedroht ist, im Falle des § 12 Abs. 2 LMG. sogar Zuchthausstrafe bis zu 10 Jahren. In diesem Falle ist nach § 418 der Reichsabgabenordnung die Strafe aus § 12 LMG. zu entnehmen, daneben aber die nach dem Steuergesetz (§ 11 des Salzsteuergesetzes in Verbindung mit der Reichsabgabenordnung) verwirkte Geldstrafe besonders zu verhängen.

[3] Mit der Verwendung salpetrigsaurer Salze im Lebensmittelverkehr überhaupt und insbesondere mit Nitritpökelsalz befaßt sich das mit der Unterbezeichnung Nitritgesetz versehene Gesetz vom 19. Juni 1934 (RGBl. I, S. 513). Es ist in allen seinen Teilen am 1. August 1934 in Kraft getreten und hat die VO. über Nitritpökelsalz vom 21. März 1930 (RGBl. I, S. 100) außer Kraft gesetzt.

Nach der Begriffsbestimmung in § 3 des Nitritgesetzes ist „Nitritpökelsalz" ein ausschließlich aus Speisesalz (Steinsalz, Siedesalz) und salpetrigsaurem Natrium (Natriumnitrit) bestehendes gleichmäßiges Gemisch, das höchstens 0,6 und mindestens 0,5 Hundertteile salpetrigsaures Natrium (berechnet als $NaNO_2$) enthält. Nitritpökelsalz darf nur mit Genehmigung des Reichsministers des Innern hergestellt werden (§ 4). Es darf nur bei der Zubereitung von Fleisch- und Wurstwaren, mit Ausnahme von zerkleinertem frischem, Fleisch (Schabfleisch, Hackfleisch, Hackepeter), verwendet werden (§ 6).

Im übrigen muß hier auf das Nitritgesetz selbst verwiesen werden. Eine Begr. zu dem Gesetz ist im Reichsanzeiger Nr. 144 vom 23. Juni 1934 veröffentlicht. Ein das Gesetz in seinem Verhältnis zum LMG. würdigender Aufsatz von HOLTHÖFER findet sich in Juristischer Wochenschrift 1934, S. 1770.

[4] Die hierzu ergangene „VO. zur Änderung der Salzsteuerdurchführungsbestimmungen" und die neue „Salzsteuer-Befreiungsordnung" v. 24. Juli 1934 finden sich im Reichsministerialblatt 1934, S. 498ff. und im Reichszollblatt 1934, S. 396ff.

B. Ausländische Gesetzgebung.

Von

Oberregierungsrat Professor DR. E. BAMES-Berlin.

Kaffee, Tee.

Unter Kaffee versteht man die von Fruchtschicht und Samenhaut befreiten Samen des Kaffeebaums Coffea arabica L. (auch von Coffea liberica Bull. und Coffea robusta), und zwar im rohen sowie im gerösteten Zustand. Das Schönen des rohen und des gerösteten Kaffees ist in einigen Ländern gestattet, in anderen verboten. Zugelassene Schönungsmittel müssen gesundheitlich bedenkenfrei sein. Havarierter (durch Seewasser beschädigter Kaffee), stark verunreinigter, verschimmelter Kaffee, gilt als verdorben. Kaffee, der fremde Stoffe, Schalen usw. enthält oder der durch Behandlung mit Sirup, Fett, Wasserdampf verändert ist, muß als verfälscht angesehen werden. Einige Länder lassen das Glasieren oder Kandieren mit geringen Mengen Überzugsmitteln zu. Auslesekaffee, Bruchkaffee sind die ausgelesenen zerbrochenen Bohnen. Solcher Kaffee muß beim Verkauf kenntlich gemacht sein. Kaffee-Ersatzstoffe, Kaffee-Zusatzstoffe sind Erzeugnisse, die durch Rösten von Pflanzenteilen, zuweilen unter Zusatz anderer Stoffe hergestellt werden und die beim Ausziehen mit heißem Wasser kaffeeähnliche Getränke liefern und als Ersatz oder Zusatz bei der Herstellung von Kaffeegetränk dienen. Zumeist Verwendung finden: Zichorienwurzel, gemälztes oder ungemälztes Getreide, zuckerhaltige Früchte (Feigen, Johannisbrot usw.) und Samen (Erdnüsse, Sojabohnen, Eicheln usw.). Wertlose z. B. ausgelaugte Stoffe sind verboten.

Unter Tee versteht man besonders zubereitete Blätter des Teestrauchs Thea sinensis L. und einer Varietät assamica Sims. Tee wird fast ausschließlich in Asien (China, Japan, Vorderindien, Ceylon, Java usw.) gewonnen. Die Blätter läßt man an der Sonne oder an rauchfreiem Feuer welken und rollt sie dann. Durch Fermentation wird der Tee braun: schwarzer Tee. Nach dem Pflücken getrockneter Tee behält die Farbe: grüner Tee. Die Vorschriften beschreiben teilweise mehrere Sorten von Tee. Zusatz von anderen Blättern oder Zusatz ausgelaugter und wieder getrockneter Blätter ist Verfälschung. Havarierter, schimmeliger Tee ist verdorben. Die Umhüllungen dürfen nicht gesundheitsschädlich sein (Bleifolien).

1. Österreich.

Gefärbter Kaffee muß als solcher gekennzeichnet sein. Überziehen (Schönen) des gerösteten Kaffees mit Mineralöl, mit arsen- oder antimonhaltigem Schellack sowie die Verwendung von nicht zugelassenen Konservierungsmitteln ist verboten. Für Kaffee-Extrakt ist Natriumbenzoat (0,025%) gestattet. Rohkaffee mit mehr als 5%, Röstkaffee mit mehr als 1% Fremdstoffen gelten als verfälscht. Gerösteter Kaffee, der mehr als 6,5% Gesamtasche oder weniger als die Hälfte der Gesamtasche in wasserlöslicher Form oder weniger als 25% wasserlösliche Stoffe in normalem oder weniger als 22% in coffeinarmen oder coffeinfreiem Kaffee enthält, ist verfälscht. Kaffee darf nicht mehr als 4% abwaschbare Stoffe und nicht mehr als 5% Wasser enthalten. Falsch bezeichnet ist Kaffee, wenn ein unrichtiges Erzeugungsland angegeben ist, wenn gefärbter Rohkaffee ohne Kennzeichnung oder als „gewaschen", „lavé" usw. in den Verkehr gebracht wird. Auch caramelisierter, kandierter oder glasierter Kaffee muß genau gekennzeichnet sein. Coffeinarmer Kaffee darf nicht mehr als 0,2%, coffeinfreier nicht mehr als 0,08% Coffein enthalten. Bezeichnung ist auf Umhüllung anzugeben. Kaffee-Essenz, Kaffee-Extrakt, Kaffeekonserven usw. müssen aus Kaffee hergestellt sein. Das Nachmachen von Kaffeebohnen ist verboten, stark überrösteter Kaffee ist verdorben.

Kaffee-Ersatzstoffe, Kaffeesurrogate dürfen mit Kaffee gemischt nicht verkauft werden. Kaffeesurrogate sollen an wasserlöslichen Stoffen enthalten: Zichorie 60—80%, Feigen 70%, Getreide nicht unter 25%. Der Wassergehalt bei Zichorie und Feigen beträgt höchstens 18%, bei Getreide 7%; der Höchstgehalt für Asche ist bei Zichorie 6%, bei Feigen 4%, bei Getreide 7%, der Sandgehalt höchstens 2,5%.

Tee muß ausschließlich vom Teestrauch gewonnen sein. Der Wassergehalt darf höchstens 12%, der Aschegehalt 8% betragen, von der Asche soll die Hälfte in Wasser löslich sein. Der Sandgehalt darf nicht über 2% betragen. Der in Wasser lösliche Extrakt soll bei grünem Tee mindestens 28%, bei schwarzem Tee 24% ausmachen, der Theingehalt schwankt je nach der Sorte zwischen 1 und 4,5%. Es ist verboten, Tee mit Mineralstoffen zu beschweren.

Gesetze: Vorschriften des allgemeinen Lebensmittelgesetzes vom 16. Januar 1896[1]; Ministerialverordnung vom 17. Juli 1906 (RGBl. Nr. 142, Beilage II). Erlaß des Ministeriums des Innern vom 29. März 1909[2], betreffend den Verkehr mit Lebensmitteln und Gebrauchsgegenständen (Glasieren und Kandieren von Kaffee nur mit Harz und Zucker zulässig). Verordnung des Bundesministeriums betreffend das Verbot des gewerbsmäßigen Herstellens, Verkaufens und Feilhaltens einiger zur Fälschung von Lebensmitteln bestimmter Stoffe, vom 16. Dezember 1922[3]. Verordnung vom 24. Oktober 1919[4] (betreffend Zulassungsgesuche zur Herstellung, Verpackungszwang, Kennzeichnung). Verordnung vom 1. Februar 1891, betreffend sanitätspolizeilicher Überwachung des Verkehrs mit Thee und mit Lebens- und Genußmitteln[5]. Ministerialverordnung vom 29. Juni 1906 (RGBl. Nr. 132) betreffend Verpackung von Tee. Verordnung vom 16. September 1925, betreffend Ersichtlichmachung des Nettogewichts auf Teepackungen (RGBl. Nr. 358).

2. Belgien.

Kaffee darf höchstens 1—2% Fremdstoffe (Perikarp, Bruch, Abfall und Auslese) enthalten. Bruch- und Auslesekaffee können unter Kennzeichnung in den Verkehr gebracht werden. Verdorbene Bohnen, Frostbohnen, sog. Stinker (fèves puantes) sind verboten. Kaffee darf mit kleinen Mengen unschädlicher Stoffe mit Fett (nicht Mineralöl) oder Zucker (Höchstmenge 1%) behandelt werden. Waschen und nachheriges Trocknen des grünen Kaffees ist gestattet. Gebrannter Kaffee darf nicht mehr als 5%, grüner Kaffee nicht mehr als 12% Wasser enthalten. Aschegehalt des grünen Kaffees höchstens 5, des gebrannten Kaffees 6%.

---

[1] Bd. I, S. 1326.
[2] Veröffentl. Reichsgesundh.-Amt 1909, S. 604.
[3] Veröffentl. Reichsgesundh.-Amt 1923, S. 94.
[4] Veröffentl. Reichsgesundh.-Amt 1920, S. 6.
[5] Veröffentl. Reichsgesundh.-Amt 1891, S. 530.

Kaffee-Ersatzstoffe dürfen nicht mit Kaffee gemischt werden. Zichorienwurzel darf bei 100° C getrocknet nicht über 15% an Gewicht verlieren. Die Asche von pulverisierter Zichorie darf nicht über 10%, bei gekörnter Zichorie nicht über 8% betragen. Die wasserlöslichen Stoffe der Zichorie sollen mindestens 50% ausmachen. Der Zusatz von Fett und Zucker zu Zichorie darf nicht größer als 2% sein. Besonderer Wert ist auf die Kennzeichnung gelegt. Besondere Vorschriften über Tee sind nicht erlassen.

Gesetze: Kgl. Verordnung über den Verkauf von Kaffee vom 28. September 1891[1]. Auslegungen zu dieser Verordnung vom 24. Juli 1894[2] und vom 24. Dezember 1894[3]. Kgl. Verordnung, betreffend den Handel mit Zichorie, Kakao, Schokolade und Milch vom 18. November 1894[4]. Erlaß des Ackerbauministers zur Ausführung der vorstehenden Verordnung vom 31. Dezember 1894[5].

3. Dänemark.

In Dänemark sind besondere Bestimmungen über Kaffee, Kaffee-Ersatzstoffe und Tee nicht erlassen. Eine Verordnung zu Ausführungsbestimmungen über Kaffee, Tee, Kaffee-Ersatzstoffe und Tee-Ersatzstoffe soll bereits ausgearbeitet, aber noch nicht erlassen sein. Vgl. die Ministerialverordnung, betreffend Aufhebung der Vorschriften für Surrogate vom 3. Dezember 1919[6].

4. England.

In England sind Sonderbestimmungen über Kaffee und Tee und deren Ersatzstoffe bisher nicht erlassen.

5. Frankreich.

Mischungen verschiedener Kaffeesorten sind gestattet. Überziehen von geröstetem Kaffee mit Zucker und einigen nicht hygroskopischen Stoffen ist unter der Bedingung, daß dem Käufer der Überzug nach Art und Menge kenntlich gemacht wird, gestattet. Sofern der Überzug weniger als 2 kg auf 100 kg beträgt, ist Kenntlichmachung nicht notwendig. Die künstliche Färbung von Rohkaffee ist verboten. Auslesekaffee, beschädigte und ungeeignete Bohnen dürfen dem Kaffee nicht zugemischt werden. Rohkaffee darf höchstens 5% Fremdstoffe enthalten. Das Befeuchten des gerösteten Kaffees ist verboten. Höchstwassergehalt für gerösteten Kaffee soll 5% nicht überschreiten. Die Trockenmasse des Inhalts jeder Packung muß 95% des angegebenen Nettogewichts betragen. Ersatzstoffe, auch Wortzusammensetzungen als Bezeichnung für Ersatzstoffe, dürfen das Wort „Kaffee“, auch nicht einer „Kaffeeart“ (Mokka) nicht tragen. Ausgenommen sind die Bezeichnungen „Zichorienkaffee“, „coffeinfreier Kaffee“. Der letztere darf in 1 kg nicht mehr als 0,5 g Coffein enthalten.

Zichorie muß so gereinigt sein, daß die Asche nicht mehr als 10% beträgt; Sandgehalt 3%. Speisefett- und Zuckerzusatz darf 3% nicht übersteigen. Kaffee-Ersatzstoffe dürfen nur in Packungen in den Verkehr kommen. Zusammensetzung und Gewicht (Trockenmasse muß 85% des angegebenen Nettogewichts entsprechen) sowie Hersteller sind anzugeben.

Tee darf weder gefärbt noch geschönt werden. Ursprungsbezeichnungen dürfen nur verwendet werden, wenn der ganze Inhalt der Packung der

---

[1] Veröffentl. Reichsgesundh.-Amt 1892, S. 413.
[2] Veröffentl. Reichsgesundh.-Amt 1894, S. 867.
[3] Veröffentl. Reichsgesundh.-Amt 1896, S. 246.
[4] Veröffentl. Reichsgesundh.-Amt 1895, S. 124.
[5] Veröffentl. Reichsgesundh.-Amt 1895, S. 371, 372.
[6] Veröffentl. Reichsgesundh.-Amt 1920, S. 73.

Bezeichnung entspricht. Abweichend von Art. 2 des Gesetzes vom 15. April 1912 ist es gestattet, zum Verpacken von Tee Bleifolien, sowie Legierungen von Zinn und Blei zu verwenden. Aufschriften nur in französischer Sprache.

Gesetze: Verordnung des Präsidenten der Republik über Kaffee, Zichorie und Tee vom 7. Oktober 1932 (Journ. off. S. 11000)[1], Rundschreiben des Landwirtschaftsministers, betreffend die Verpackung von Tee, vom 10. Oktober 1913[2].

6. Italien.

Besondere Vorschriften über Kaffee und Tee sind nicht vorhanden, lediglich eine Verfügung des Ministeriums des Innern, vom 3. November 1905[3] verlangt, daß kein Posten Kaffee zum Verkehr zugelassen werden darf, der nicht zuvor untersucht ist.

7. Jugoslawien.

Die Ausführungsbestimmungen zum Lebensmittelgesetz vom 3. Juni 1930[4] bestimmen in Art. 165—176: Verkauf von verfälschtem Kaffee, von gefärbtem rohem Kaffee sowie Herkunftsbezeichnungen von Kaffee (Wort und Bild), die den Tatsachen nicht entsprechen, sind verboten. Ersatzstoffe dürfen nicht als echter Kaffee verkauft werden. Auch die Fälschung von geröstetem Kaffee mit Ersatzstoffen und das Verkaufen von Mischungen als Kaffee ist verboten.

Fälschung von Tee durch Vermischung guter und schlechter Sorten, durch Zusatz fremdartiger Blätter, durch Wiederverwendung ausgezogener Blätter, durch Beimischung gewichtsvermehrender Stoffe sowie durch Färbung ist verboten. Verkauf verschiedener Ersatzstoffe als Teeblätter ist verboten. Rechnungen für Tee sind aufzubewahren und den Aufsichtsbeamten auf Wunsch vorzulegen.

Gefälschte und falsch bezeichnete Ware wird beschlagnahmt und vernichtet.

8. Niederlande.

Die kgl. Verordnung über Kaffee und Tee (Ausführungsbestimmungen zu Art. 14 und 15 des Warengesetzes) vom 13. Januar 1925[5] abgeändert am 31. Juli 1926[6], bestimmt, daß gerösteter Kaffee höchstens 1% an Verunreinigungen, höchstens 5% Wasser, 6% Asche, davon nicht mehr als 1% Chloride (als Cl berechnet), nicht weniger als 20% Extrakt (berechnet auf Trockenmasse) nicht mehr als 1% mit Äther, Alkohol oder Wasser abwaschbare Stoffe und darunter keine anderen Stoffe als Öl, Zucker, Sirup, Leim, arabischen Gummi enthalten darf. Gemahlener gerösteter Kaffee darf höchstens 8% Wasser und Verunreinigungen nur in Spuren enthalten. Coffeinfreier Kaffee muß weniger als 0,1% Coffein enthalten. Kaffee-Extrakt muß mindestens 6% Extrakt und wenigstens 2,5% Coffein (berechnet auf 100 g wasserfreies Extrakt) enthalten. Wurzelkaffee, aus gereinigter Zichorienwurzel hergestellt, darf nicht über 10% der Trockenmasse Asche, nicht über 3% Sand enthalten; die löslichen Stoffe sollen mindestens 56% der Trockenmasse, der Wassergehalt nicht über 16% betragen. Geringe Mengen Tafelöl oder Fett sind zulässig. Zichorie soll höchstens 8% Asche, 3% Sand, höchstens 27% Wasser und keine Fremdstoffe enthalten, der Extraktgehalt soll nicht unter 65% der Trockenmasse betragen. Kaffeesirup soll 12,5% Asche, nicht unter 70% Extrakt und höchstens geringe Menge

---

[1] Reichsgesundh.-Bl. 1933, S. 229.
[2] Veröffentl. Reichsgesundh.-Amt 1914, S. 74.
[3] Veröffentl. Reichsgesundh.-Amt 1906, S. 212.
[4] Reichsgesundh.-Bl. 1932, S. 531. Deutsch. Handelsarch. 1932, S. 1166.
[5] Reichsgesundh.-Bl. 1926, S. 1010.
[6] Reichsgesundh.-Bl. 1929, S. 34.

Zichorie, Öl, Kakao enthalten. Als Kaffee-Ersatzstoffe werden genannt Eichelkaffee, Malz-, Roggen-, Gersten-, Weizen-, Haferkaffee, nur Rohstoffe bester Qualität und Beschaffenheit sollen verwendet werden.

Tee soll aus Blattknospen der jungen Blätter der verschiedenen Gattungen Thea hergestellt sein. Der Extraktgehalt soll mindestens 33%, der Aschegehalt höchstens 7% (davon die Hälfte in Wasser löslich) betragen. Verunreinigungen sollen nur in Spuren vorhanden sein. „Mischungen mit Tee-Ersatz" sind als solche zu kennzeichnen. Metallverbindungen oder Metalle, ausgezogene Teeblätter, fremde Farbstoffe, verdorbene und beschädigte Teeblätter sind verboten. Die Ausfuhrware braucht diesen Anforderungen nicht zu entsprechen.

9. Norwegen.

Sonderbestimmungen über Kaffee und Tee sind nicht erlassen.

10. Schweden.

Bestimmungen über Kaffee, Tee und deren Ersatzstoffe sind nicht erlassen.

11. Schweiz.

Den Verkehr mit Kaffee, Tee und deren Ersatzstoffen regelt das Kapitel 19 der Verordnung, betreffend den Verkehr mit Lebensmitteln und Gebrauchsgegenständen vom 26. Februar 1926[1], die mehrere Abänderungen erfahren hat. Nach dieser Verordnung sind Poliermittel oder sog. Einlagen (schwarze oder verdorbene Bohnen, Schalen und Fremdkörper) mehr als 5% unzulässig. Eine Reinigung unter amtlicher Aufsicht ist erforderlich. Coffeinfreier oder coffeinarmer Kaffee darf höchstens 0,15% Coffein enthalten, der Extraktgehalt muß mindestens 20% betragen. Bezeichnungen „entgiftet", „giftfrei" usw. sind verboten. Färben, Quellen und Anrösten ist unter Kennzeichnung gestattet. Havarierter Kaffee ist verdorben. Röstkaffee darf nicht mehr als 5% verkohlte Bohnen und keine ausgezogenen Bohnen enthalten. Auf Packungen ist der Name des Herstellers oder des Verkäufers anzugeben. Glasieren und Behandeln mit Fetten oder Ölen sowie jede Art von Beschwerung des Röstkaffees ist verboten. Gemahlener Kaffee darf keine Abfallprodukte von Kaffee enthalten.

Kaffee-Ersatzmittel sind auch die Gemische von Kaffee mit Ersatzstoffen; Rohstoffe für diese müssen einwandfrei sein, wertlose Stoffe sind verboten, Kaffee-Ersatzmittel sind nach dem Hauptrohstoff (Zichorie, Malzkaffee, Feigenkaffee, Eichelkaffee, Melasse usw.) zu bezeichnen. Bezeichnungen wie Kaffee-Essenz für Kaffee-Ersatz aus Zucker oder aus Melasse sind verboten, Bezeichnung Kaffee-Extrakt ist nur für ein Extrakt aus reinem Kaffee zulässig. Packungen müssen deutlich bezeichnet sein, Angaben, die besondere gesundheitliche Wirkung erwarten lassen (Gesundheitskaffee, Nährsalzkaffee-Zusatz usw.) sind unzulässig.

Tee darf keine extrahierten oder verdorbenen Teeblätter enthalten, auch nicht aus Abfall zusammengeklebte Teilchen. Abfall muß als solcher gekennzeichnet sein.

12. Spanien.

Der Verkehr mit Kaffee, Kaffee-Ersatz und Tee wird geregelt durch die Kgl. Verordnung über Anforderungen an Lebensmittel, sowie an die zugehörigen Papiere, Geräte und Gefäße. Vom 17. September 1920, mit Ergänzungen vom 26. April, 5. September 1922, 25. Januar, 7. August 1923[2].

[1] Reichsgesundh.-Bl. 1927, S. 100, 486; 1928, S. 183; 1930, S. 678.

[2] Veröffentl. Reichsgesundh.-Amt 1925, S. 502.

Kaffee verschiedener Sorte darf gemischt werden, jede andere Behandlung ist verboten. Glasur darf 2% ausmachen und ist nur unter Kenntlichmachung zulässig. Gerösteter Kaffee darf bei 100° getrocknet höchstens 5% verlieren, Asche soll 5% betragen (davon Chlor höchstens 1%). Mischungen von Kaffee mit Ersatz sind verboten, auch dürfen diese das Wort Kaffee nicht tragen. Gebrauchter Kaffee darf nicht verkauft, sondern muß mit Ammonsulfat vergällt werden.

Zichorie muß 60% lösliche Stoffe (Extrakt) enthalten, der Wassergehalt darf höchstens 12%, Aschegehalt 8% betragen. Jede Kaffee-Ersatzfabrik darf nur ein Erzeugnis aus 1 Rohstoff herstellen.

Tee darf aus verschiedenen Sorten gemischt werden; Kenntlichmachung ist erforderlich. Der Wassergehalt darf nicht höher als 10%, der Aschegehalt nicht höher als 7% (davon die Hälfte in Wasser löslich) sein. Theingehalt soll nicht unter 1% betragen.

13. Vereinigte Staaten von Amerika.

Kaffee besteht aus den Samen von Coffea arabica L. oder Coffea liberica HIERN., muß dem Ort der Herkunft entsprechend bezeichnet sein und muß von Samenschalen bis auf einen geringen Teil befreit sein. Gerösteter Kaffee soll mindestens 10% Fett enthalten, der Aschegehalt soll nicht höher sein als 3% (diese Bestimmungen sind neuerdings fallen gelassen).

Tee stammt von verschiedenen Spielarten des Teestrauchs Thea sinensis L., die nach anerkannten Gewinnungsverfahren vorbehandelt und verarbeitet sind. Aschegehalt beträgt zwischen 4 und 7%. Tee muß den Festsetzungen des Gesetzes vom 2. März 1897 sowie den Ergänzungen vom 16. Mai 1908 und 31. Mai 1920 zur Regelung der Einfuhr und Untersuchung von Tee entsprechen.

Gesetze: Bekanntmachung des Secretary of Agriculture über Begriffsbestimmungen und Festsetzungen für Lebensmittel. Vom 15. November 1928[1] mit Ergänzungen vom 29. August und 10. November 1931[2]. Allgemeines Lebensmittelgesetz vgl. Bd. I, S. 1349.

Kakao und Schokolade.

Kakao ist das aus den getrockneten oder fermentierten und getrockneten gerösteten, teilweise entfetteten Samen des Kakaobaumes Theobroma Cacao L. hergestellte Pulver. Bisweilen wird Kakao durch Aufschließen (Behandlung mit Dampf oder mit kohlensaurem Natron, Kali, Magnesium oder Ammoniak) „löslich“ gemacht. Schokolade ist ein aus Kakaomasse und Zucker hergestelltes Erzeugnis, das bisweilen Gewürze (Vanille, Zimt, Nelken usw.) oder andere Stoffe (wie Milch, Nüsse, Mandeln), auf die bei der Bezeichnung Rücksicht genommen werden muß, enthält. Schädliche Stoffe, unzulässige Konservierungsmittel, Farbstoffe sowie verschimmelte, dumpfige, von Insekten (Kakaomotte) zerfressene Bohnen sind verboten.

1. Österreich.

Kakaopulver darf keine nennenswerten Mengen Schalen, Keime, fremde Stärke, Mineralstoffe und Farbstoffe enthalten. Asche des unaufgeschlossenen Kakao beträgt 10% (in der fettfreien Trockenmasse), einschließlich 2% wasserlöslicher kohlensaurer Alkalien (berechnet als K_2CO_3). Aschegehalt des aufgeschlossenen Kakao soll 16,6% nicht übersteigen. Der Wassergehalt soll nicht höher als 9%, Sandgehalt nicht mehr als 0,3% und Rohfasergehalt nicht mehr als 9% betragen. Schokolade mit weniger als 40% Kakaobestandteilen, Kakaomassen mit weniger als 45% Kakaobutter, Tunkmassen (Kuvertüren) mit

[1] Reichsgesundh.-Bl. 1929, S. 432. [2] Reichsgesundh.-Bl. 1932, S. 255.

weniger als 35% Kakaobutter und weniger als 17,5% fettfreier Kakaotrockenmasse sind verfälscht. Bitterschokoladen, die einen Zusatz von Bitterstoffen ohne Kennzeichnung, Kakaoerzeugnisse, die Fremdstoffzusatz (Fette, Öle, Extraktionsfett) erfahren haben oder die künstlich gefärbt sind, gelten gleichfalls als verfälscht. Kakaopulver muß mindestens 20% Fett enthalten, sonst als Magerkakao, bei weniger als 10% Fett mit genauer Angabe des Fettgehaltes gekennzeichnet sein.

Zusätze zu Schokoladen oder Tunkmassen, wie Kaffee, Vanille, Vanillin, Zimt, Nelken, Hasel-, Walnüsse, Mandeln, Rahm, Trockenmilch, Honig sind bis 5% des Gesamtgewichts kennzeichnungsfrei; größere Zusätze sind anzugeben. Gefüllte Schokolade, die weniger als 25% des Gesamtgewichts an Tunkmasse enthält, Milchschokolade, die weniger als 12,5% Magermilchtrockenmasse oder weniger als 25% Kakaobestandteile und die weniger als 3%, bei Vollmilchschokolade weniger als 3,5% Milchfett oder weniger als 5% fettfreie Kakaotrockenmasse enthält, Nährmittel mit Kakao, die nicht 35% Kakaobestandteile enthalten, sind nur unter Kennzeichnung zulässig. Nachgemacht sind Erzeugnisse, die aus anderen Stoffen als Kakao hergestellt sind und Kakao vorzutäuschen vermögen.

Gesetze: Neben den Vorschriften des Lebensmittelgesetzes vom 16. Januar 1896[1] kommen in Frage die Ministerialverordnung vom 13. Oktober 1897 (RGBl. Nr. 235) mit Änderung vom 10. November 1928 (BGBl. Nr. 321). Vgl. auch den Erlaß des Finanzministeriums vom 5. Mai 1902 (BGBl. Nr. 102). Weiter die Ministerialverordnungen vom 17. Juli 1906 (betreffend Farben und Umhüllungen für Lebensmittel) vom 2. April 1901 (RGBl. Nr. 36) (betreffend ungenießbare Gegenstände für Lebensmittel) und vom 16. Dezember 1933 (BGBl. Nr. 925) (Vermahlen und Verkaufen von Kakao).

2. Belgien.

Kakao und Kakaopulver darf teilweise entölt sein (Fettgehalt muß mindestens 20% betragen). „Cacao alcalinisé" löslicher Kakao darf nicht über 3% Alkalicarbonat (auf Trockenmasse berechnet) enthalten. Mit Alkali behandelter Kakao darf nicht als „rein" bezeichnet werden. Bezeichnung „alkalisiert" ist für Kakao, der zur Ausfuhr bestimmt ist, nicht erforderlich. Im Inland in den Verkehr gebrachter Kakao muß die Bezeichnung der Zubereitungsart tragen, sonst darf die Bezeichnung „Kakao" nicht verwendet werden. Schokolade muß mindestens 35% Kakaobestandteile enthalten. Andere Zusätze als Kakao, Zucker und Gewürz sind in gleicher Schrift zu kennzeichnen. Sind in dem Erzeugnis weniger als 35% Kakao, so darf das Wort „Schokolade" nicht zur Bezeichnung verwendet werden. Auf Umhüllungen und Behältern sind neben den Warenbezeichnungen Namen und Firmen des Herstellers oder des Verkäufers und Nettogewicht über 150 g anzugeben. Die Verordnung gilt nicht für Cremeschokolade und für Erzeugnisse der Zuckerbäckerei (Pralinés, Pastillen, Plätzchen usw.). Milchschokolade muß 15% Vollmilchpulver und 30% Kakaomasse enthalten. Die Rohstoffe müssen nach den Vorschriften des Nahrungsmittelgesetzes einwandfrei sein; Konservierungsmittel, unbrauchbare Stoffe, Glycerin, organische Verbindungen oder Mittel zum Dicklichmachen sind verboten. Für Ausfuhrware gelten die Bestimmungen nicht.

Gesetze: Kgl. Verordnung, betreffend den Handel mit Kakao und Schokolade vom 28. Mai 1926[2] (Moniteur Belge Nr. 162, S. 3145), durch die die früheren Verordnungen vom 18. November 1894 und vom 18. Mai 1896 aufgehoben werden.

---

[1] Bd. I, S. 1326. [2] Reichsgesundh.-Bl. 1927, S. 125.

3. Dänemark.

Besondere Bestimmungen über Kakao und Schokolade sind nicht vorhanden.

4. England.

Sondervorschriften für Kakao und Schokolade sind nicht erlassen.

5. Frankreich.

Kakaomasse darf höchstens 2% Keime und Schalenbestandteile enthalten, Kakaopulver darf teilweise entfettet sein. Aufschließung mit Alkalicarbonat ist gestattet, sofern nicht die angewendete Menge 5 g 75 Kaliumcarbonat oder eine äquivalente Menge eines anderen Carbonats auf 100 g trockenen fettfreien Kakao überschreitet. Die Kennzeichnung „solubilisé" ist erforderlich, solcher Kakao darf aber nicht als rein „pur" bezeichnet werden. Schokolade muß mindestens 32% Kakaobestandteile enthalten. Milchschokolade muß 15% Milchtrockenbestandteile enthalten (aus abgerahmter oder nicht abgerahmter Milch). Das Lackieren von Schokolade kann mit Schellack oder mit Benzoeharz erfolgen. Kuvertüre darf 5% ihres Gewichts an anderen eßbaren Stoffen enthalten.

Gesetze: Verordnung des Präsidenten der Republik, betreffend den Verkehr mit Zuckerwaren, Honig, Konfitüren, Gelees, Marmeladen, Kakaowaren und Süßholzextrakt vom 19. Dezember 1910[1], Ausführungsbestimmungen zum Gesetz vom 1. August 1905. Rundschreiben des Landwirtschafts-Ministeriums, betreffend Bezeichnung von Schokolade vom 30. Januar 1913[2] und vom 1. Dezember 1913[3].

6. Italien.

Kakaopulver muß mindestens 20% Kakaobutter enthalten; der Aschegehalt darf nicht höher sein als 7%. Löslich gemachter Kakao (mit kohlensauren Salzen oder Dampf) darf 3% Alkalicarbonate und 7% Asche enthalten. Fremdstoffe und Schalenzusatz sind verboten. Schokolade muß aus Kakao mit und ohne Kakaobutterzusatz, Zucker und Aromastoffen bestehen. Zucker höchstens 65% (Saccharose, höchstens 5% anderer Zucker), Kakaobutter mindestens 16%. Andere Zusätze müssen gekennzeichnet sein; Erzeugnisse, die Mehl, andere Fette als Kakaobutter, oder andere Samen als Wal-, Haselnüsse, Mandeln enthalten, müssen als Schokoladeersatz bezeichnet werden. Milchschokolade muß mit Vollmilch hergestellt sein oder als Schokolade mit Magermilch bezeichnet werden. Nettogewicht der mehr als 20 g wiegenden Stücke muß aus Umhüllungen und aus Etiketten deutlich erkennbar sein. Trinkschokolade (cioccolata in bevande) muß aus Schokolade oder Kakao hergestellt sein, die der Verordnung entsprechen. Angabe der Firma des Herstellers auch der Schutzmarke (marchio depositato) auf der Ware sind erforderlich.

Gesetze: Gesetz betreffend Beschaffenheits-, Bezeichnungs- und Verkaufsvorschriften für Kakao, Schokolade und Süßigkeiten vom 9. April 1931[4]. Ausführungsbestimmungen zu diesem Gesetz vom 26. Mai 1932[5].

7. Jugoslawien.

Zusatz von Mehl, Dextrin und anderen ähnlichen Stoffen, Kakaoschalen zu Kakao ist verboten. Das Färben von Kakao, der Verkauf von Ersatzstoffen als Kakao ohne genaue Bezeichnung, woher sie stammen und wieviel Prozent

---

[1] Veröffentl. Reichsgesundh.-Amt 1911, S. 597.
[2] Veröffentl. Reichsgesundh.-Amt 1913, S. 811.
[3] Veröffentl. Reichsgesundh.-Amt 1914, S. 282.
[4] Reichsgesundh.-Bl. 1932, S. 52. [5] Reichsgesundh.-Bl. 1933, S. 122.

echten Kakao sie enthalten, ist nicht gestattet; das gleiche gilt für Schokolade. Gefälschte Ware ist zu beschlagnahmen und zu vernichten.

Gesetze: Ausführungsbestimmungen zum Lebensmittelgesetz vom 3. Juni 1930[1].

8. Niederlande.

Kakaomasse (cacao in brooden) ist so gut als möglich gereinigte, aus gemahlenen Kakaobohnen hergestellte Masse oder Paste; etwas Kakaobutter darf zugesetzt werden. Kakaopulver ist gepulverte Kakaomasse, der ein Teil des Fettes entzogen ist. Kakaopulver mit weniger als 22% Kakaobutter ist als Magerkakao oder als stark entfettet zu bezeichnen (ausgenommen Eichelkakao). Schokolade (chocolaad, chocolat, chocolate) oder Kuvertüre sind Mischungen aus Kakaomasse und Zucker oder aus Kakao, Zucker und zugesetzter Kakaobutter. Milchschokolade oder Milchkuvertüre besteht aus Schokolade und kondensierter oder getrockneter oder auch gewöhnlicher Milch. Schokoladepulver, Puderschokolade ist gekörnte oder gemahlene Schokolade oder Kuvertüre.

Kakaomasse und Kakaopulver dürfen mit Alkalicarbonaten löslich gemacht werden, die Ware darf aber gegen Lackmus nicht alkalisch reagieren. Aromatische Stoffe in geringer Menge sind ohne Kennzeichnung zulässig, ebenso geringe Mengen Milchbestandteile, Walnuß oder Haselnußkerne, Mandeln, Pfirsich-, Aprikosenkerne, Erdnüsse, Pineolen und Pistazien. Werden solche Stoffe als Ersatzmittel gebraucht, so ist für ihre Verwendung besondere Genehmigung und genaue Angabe der Art und Zusammensetzung auf der Verpackung erforderlich. Für Schokolade ist nur Zucker (keine synthetischen Süßstoffe) zulässig. Muffige, schimmelige, von Insekten zerfressene Kakaobohnen sind von der Verwendung ausgeschlossen. Kakaomasse muß mindestens 50% (der Trockenmasse) Kakaobutter enthalten. Schalengehalt darf nicht über 4%, Aschegehalt nicht über 14% der fettfreien Trockenmasse betragen, Alkalität der Asche soll 120 ccm N.-Alkali auf 100 g der fettfreien Trockenmasse nicht überschreiten. Kakaopulver und Schokolade muß den gleichen Anforderungen entsprechen. Der Wassergehalt von Kakaopulver soll 9% nicht überschreiten. Schokolade muß mindestens 32% Kakaobestandteile (einschließlich Kakaobutter), Kuvertüre mindestens 33% Kakaobutter und mindestens 42% Kakaobestandteile einschließlich Kakaobutter enthalten. Milchschokolade soll mindestens 25% Kakaomasse, die den Bedingungen für Schokolade entsprechen muß, und 12,5% Vollmilchpulver enthalten. Zuckerwaren, gefüllte Schokolade brauchen nur, soweit sie aus Schokolade bestehen, den Vorschriften der Verordnung zu entsprechen. Für Ausfuhrware gelten diese Vorschriften nicht.

Gesetze: Kgl. Verordnung zu Art. 14 und 15 des Warengesetzes vom 23. Oktober 1924[2] mit Abänderung vom 31. Juli 1926[3].

9. Norwegen.

Bestimmungen über Kakao und Schokolade sind nicht erlassen.

10. Schweden.

Bestimmungen über Kakao und Schokolade sind nicht erlassen.

11. Schweiz.

Kakaomasse ohne Entzug von Kakaobutter aus Kakaobohnen gewonnen. Kakaopulver ist aus zum Teil entfetteter Kakaomasse hergestelltes Pulver mit

[1] Reichsgesundh.-Bl. 1932, S. 531. [2] Reichsgesundh.-Bl. 1928, S. 826.
[3] Reichsgesundh.-Bl. 1929, S. 34.

mindestens 16% Kakaobutter. Löslicher Kakao darf höchstens 3% zugesetztes kohlensaures Alkali enthalten. Schokolade und Schokoladenpulver besteht aus Kakaomasse und Zucker (nicht über 68%) oder aus Kakao, Kakaofett und Zucker, der Gehalt an Kakaobutter muß mindestens 16% betragen. Milchschokolade muß mindestens 25% Kakao, Kakaofett und Gewürz enthalten. Künstliche Süßstoffe sind unter Kennzeichnung zulässig. Auf Packungen muß Name und Firma neben der Inhaltsangabe angebracht sein. Milchschokolade darf keine Konservierungsmittel (auch nicht aus Milch stammend) enthalten. Fremdstoffe, Keime, Schalenbestandteile, Farbstoffe sowie von Insekten zerfressene, schimmelige oder sonst verdorbene Kakaobohnen dürfen nicht verwendet werden. Fremde Fette wie Butter, Rinder-, Schweinefett, Öle usw. sind verboten. Spezialprodukte (Erdnuß-, Haferkakao und -schokolade) sind genau nach Art und Zusammensetzung zu kennzeichnen. Mehl, Stärke, Kastanien, geröstete Eicheln, Dextrin, Gummi usw. sind Verfälschungen.

Gesetze: Verordnung, betreffend den Verkehr mit Lebensmitteln und Gebrauchsgegenständen, vom 23. Februar 1926[1] (Eidg. Ges.-S., Nr. 6, S. 41), Art. 221—230 mit Änderungen vom 14. April[2] und 21. Oktober 1927[3], 27. März 1928[4], 22. Juli 1930[5] und 20. November 1931[6].

12. Spanien.

Kakao soll von Schalen frei sein, Höchstgehalt 4% Schalen, Schokolade darf höchstens 70% Zucker enthalten, der Fettgehalt muß mindestens 23% betragen. Schmelzpunkt des Kakaofettes soll bei 32—34^0 liegen, der Theobromingehalt mindestens 1% betragen. Teilweiser Ersatz des Kakaos durch Nährstoffe ist unter Kennzeichnung gestattet. Die Zusammensetzung muß bekanntgegeben sein, die Fabrikanten müssen die Rezepte zur Genehmigung vorlegen. Schokolade und Kakaoerzeugnisse, die nicht die Aufschrift „Mezcla autorizada“ („genehmigte Mischung“) tragen, müssen aus reiner Schokolade oder reinem Kakao bestehen.

Gesetze: Kgl. Verordnung über Anforderungen an Lebensmittel, sowie an die zugehörigen Papiere, Geräte und Gefäße, vom 17. September 1920 mit Ergänzungen vom 26. April und 5. September 1922 und 25. Januar und 7. August 1923[7].

13. Vereinigte Staaten von Amerika.

Das Lebensmittelgesetz kennt folgende Kakaoerzeugnisse: gebrochener Kakao (cracked cocoa), geröstete oder getrocknete von Samenschale und Samenhaut befreite Kakaobohnen. Kakaomasse, bittere Schokolade, Überzugsmasse muß mindestens 50% Kakaobutter und höchstens 7% Rohfaser, 8% Gesamtasche, davon 0,4% in Salzsäure unlösliche Asche enthalten. Süße Schokolade, süße Überzugsmasse, mit Rohrzucker (Saccharose) versetzt muß den Anforderungen an Schokolade entsprechen. Milchschokolade besteht aus Schokolade und Zucker und muß mindestens 12% Milchtrockenmasse enthalten. Kakao, Kakaopulver ist zum Teil entfettete, gepulverte Kakaomasse und muß den Anforderungen im übrigen entsprechen. Süßer Kakao besteht aus Kakao, der 65% Zucker (Saccharose) enthält. Süßer Milchkakao muß 12% Milchtrockenmasse enthalten. Kakaomasse nach holländischer Art ist mit höchstens

[1] Reichsgesundh.-Bl. 1927, S. 100.
[2] Reichsgesundh.-Bl. 1927, S. 486.
[3] Reichsgesundh.-Bl. 1928, S. 183.
[4] Reichsgesundh.-Bl. 1930, S. 678.
[5] Reichsgesundh.-Bl. 1930, S. 678.
[6] Reichsgesundh.-Bl. 1932, S. 243.
[7] Veröffentl. Reichsgesundh.-Amt 1925, S. 502.

3% Kaliumcarbonat oder einem ähnlich wirkenden Stoffe löslich gemacht und muß im übrigen den Bedingungen der Verordnung entsprechen.

Gesetze: Bekanntmachung des Secretary of Agriculture über Begriffsbestimmungen und Festsetzungen für Lebensmittel, vom 15. November 1928[1].

Tabak.

In Österreich ist Tabak Gegenstand eines Staatsmonopols. Lebensmittelgesetzliche Bestimmungen kommen nicht in Frage, dagegen besteht eine Verordnung des Finanzministers vom 14. Oktober 1868 (V.Bl. Nr. 41), die für die Aufbewahrung von Schnupftabak nur Gefäße aus Glas, Porzellan, Steingut, Horn, Holz oder Papiermaché zuläßt, nicht aber Tiegel aus Blei und Zinn. Auch die Verordnung vom 29. Juni 1906 (RGBl. Nr. 132) verbietet Metallfolien für die unmittelbare Umhüllung von Kau- und Schnupftabak, die in 100 Gewichtsteilen mehr als 1 Teil Blei enthalten. Im Gegensatz zum Deutschen Reich unterliegen in den übrigen Ländern Tabak, tabakähnliche Erzeugnisse nicht den Bestimmungen der Lebensmittelgesetze.

Gewürze.

Gesetzliche Sonderbestimmungen für Gewürze sind nur in wenigen Ländern erlassen. Gegen Verfälschungen, Nachmachungen und irreführende Bezeichnung sollen die allgemeinen Lebensmittelgesetze schützen. Da Gewürze in Ländern, in denen sie nicht wachsen, häufig sehr teuer sind, ist es verständlich, daß gewissenlose Händler sich gerade auf diesem Gebiet durch Beimischung minderwertiger Stoffe Gewinn zu verschaffen suchen und es wird deshalb auch von den Ländern, die noch keine gesetzlichen Bestimmungen über Gewürze getroffen haben, in nicht zu ferner Zeit mit gesetzlichen Maßnahmen zu rechnen sein.

1. Österreich.

Für den Verkehr mit Gewürzen in Österreich sind maßgebend: Das Lebensmittelgesetz vom 16. Januar 1896[2]; die Ministerialverordnung über Erzeugung und Zurichtung von Eß- und Trinkgeschirren, dann Geschirren und Geräten, die zur Aufbewahrung von Lebensmitteln oder zur Verwendung bei denselben bestimmt sind, sowie über den Verkehr mit denselben, vom 13. Oktober 1897 (RGBl. Nr. 235)[3] in der Fassung der Ministerialverordnung vom 29. Juni 1906 (RGBl. Nr. 132), die Ministerialverordnung vom 17. Juli 1906[4] (RGBl. Nr. 142) über die Verwendung von Farben und gesundheitsschädlichen Stoffen bei Erzeugung von Lebensmitteln und Gebrauchsgegenständen, sowie über den Verkehr mit derart hergestellten Lebensmitteln und Gebrauchsgegenständen. Die Ministerialverordnung vom 10. November 1928[5] (RGBl. Nr. 321), wodurch die beiden vorhergehenden Verordnungen abgeändert oder ergänzt werden. Die Ministerialverordnung vom 2. April 1901[6] (RGBl. Nr. 36), wodurch die Verwendung ungenießbarer Gegenstände für Eßwaren, sowie für das Verkaufen und Feilhalten solcher mit ungenießbaren Gegenständen versehener Eßwaren verboten wurde. Die Ministerialverordnung vom 16. Dezember[7] 1922 (RGBl. Nr. 925), wodurch das gewerbsmäßige Herstellen, Verkaufen und Feilhalten

[1] Reichsgesundh.-Bl. 1929, S. 444.
[2] Siehe Bd. I, S. 1326.
[3] Veröffentl. des Reichsgesundh.-Amt 1897, S. 982.
[4] Veröffentl. des Reichsgesundh.-Amt 1906, S. 962.
[5] Reichsgesundh.-Bl. 1929, S. 136.
[6] Veröffentl. des Reichsgesundh.-Amt 1901, S. 739.
[7] Veröffentl. Reichsgesundh.-Amt 1923, S. 94.

einiger zur Fälschung von Lebensmitteln bestimmter Stoffe verboten wird. Endlich die Ministerialverordnung vom 13. Oktober 1897[1] (RGBl. Nr. 239), durch welche die Verwendung des „japanischen Sternanis (Skimmifrüchte)“ zu arzneilichen und zu Genußzwecken jeder Art verboten wird.

Das Österreichische Lebensmittelbuch (Codex alimentarius austriacus, 2. Auflage) gibt eine Beschreibung der verschiedenen Gewürze, eine Aufzählung ihrer mikroskopischen Kennzeichen, Angaben für die chemische Untersuchung und endlich die Beurteilung der Gewürze auf Grund der Untersuchungsergebnisse. Als gesundheitsschädlich (gesundheitsgefährlich) werden angesehen alle „sanitär bedenklichen Stoffe“, die von der Aufbereitung der Gewürze stammen, wie Gewürzmühlenkehricht, Staub und Schmutz. Verdorben sind: deutlich schimmelige oder faule, von Insekten und ihren Larven oder anderen Tieren verletzte, havarierte oder nasse Waren, z. B. wurmstichige Muskatnüsse, Safran mit mehr als 15% Feuchtigkeit. Verfälscht sind Gewürze und Gewürzmischungen, deren Würzstoffe teilweise extrahiert sind oder normale Gewürze, die mit extrahierter Ware gestreckt sind oder die mineralische oder organische Streckungsmittel enthalten. Für die einzelnen Gewürze sind Höchst-Aschen- und Sandgehalte angegeben. Nachgemacht sind Gewürze, die Nachbildungen von Gewürzen in bezug auf charakteristische äußere Eigenschaften darstellen, wie sie z. B. in Form von Pfefferkörnern, Gewürznelken, Muskatnüssen bisweilen vorkommen. Als Nachmachungen gelten auch Ersatzstoffe und Abfälle von der Reinigung von Gewürzen herrührend, wenn sie durch Vermahlung, Färbung u. dgl. den reinen Gewürzen ähnlich gemacht werden.

Besondere Bestimmungen, die für die einzelnen Gewürze Grenzzahlen angeben, folgen.

Als gesundheitsschädlich gelten: Majoran, dem Blätter des provençalischen Sumachs beigemengt sind; Kapern, die mehr als 55 mg Kupfer in 1 kg enthalten; Kapern, die Knospen der Dotterblume oder unreife Früchte von Wolfsmilch enthalten; Anis, dem Schierlingssamen beigemischt sind; Sternanis, der japanischen Sternanis enthält; Pfeffer, dem Pfefferstaub beigemischt ist. Verfälscht sind: Zimt, dem „Chips“ (holzige Abfälle) oder Zucker zugesetzt wurde; Kapern, denen Früchte des Kapernstrauchs beigefügt sind; Gewürznelken mit mehr als 7% Nelkenstielen oder mit weniger als 12% ätherischem Öl; Safran mit mehr als 20% Invertzucker, mit Wasserzusatz oder mit Beimengung von Griffeln, mit Zusatz von künstlicher Farbe; Kardamomen mit einem Zusatz von Fruchtschalen; parfümierte Vanille, Pfeffer mit Pfefferschalen, gekalkter oder gefärbter Pfeffer, schwarzer Pfeffer mit mehr als 17,5%, weißer Pfeffer mit mehr als 7,5% Rohfaser, ganzer schwarzer Pfeffer mit mehr als 15% tauben Körnern, Fruchtspindeln und Stielen oder mit mehr als 4% Fruchtspindeln; Piment mit größerem Gehalt an Fruchtstielen; Paprika, dem Paprikaabfälle zugesetzt wurden oder dessen Rohfasergehalt mehr als 20% beträgt; Macis, die mit Bombay- oder Papuamacis vermischt ist; nicht technisch reines Vanillin, Naturvanillezucker mit weniger als 0,2% Vanillingehalt und weniger als 0,6% Ätherextraktstoffen der Vanillefrucht (die beiden letzteren Waren sind auch als verfälscht anzusehen, wenn sie einen Zusatz von künstlichem Vanillin erfahren haben); Vanillinzucker mit weniger als 1% Vanillin. Als Nachmachungen gelten: In den Verkehr gebrachte Ersatzstoffe, die in gemahlenem Zustand den echten Gewürzen nur in einzelnen Eigenschaften nahekommen, z. B. Zimtmatta, Pfefferschalen, gemahlener Samen, Kelche und Fruchtstiele der Paprikafrucht.

---

[1] Veröffentl. des Reichsgesundh.-Amt 1897, S. 982.

Falsch bezeichnet ist u. a. piperonalhaltige La Guaira-, Pompona-, brasilianische und Tahitivanille als Vanille zu Genußzwecken, auch bei Kennzeichnung des Piperonalgehaltes. Hierunter fallen auch Mischungen von echten Gewürzen und Ersatzstoffen oder solche unter Namen echter Gewürze.

2. Belgien.

In Belgien gelten nur die Bestimmungen des Lebensmittelgesetzes.

3. Dänemark.

In Dänemark sind besondere Bestimmungen für Gewürze angeblich vorbereitet, aber noch nicht erlassen.

4. England.

In England sind bisher gesetzliche Bestimmungen für Gewürze nicht erlassen. Vgl. Teil V § 34 des Lebensmittelgesetzes vom 3. August 1928[1].

5. Frankreich.

In Frankreich ist eine Ministerialverordnung, betreffend die chemische Untersuchung von Mehl, Brot, Gewürzen usw. auf Grund des Erlasses vom 18. Januar 1907[2] ergangen (Journ. officiel vom 4. März 1907, S. 1778)[3]. In dieser Verordnung werden die üblichen Fälschungsmethoden, die bei ganzen und pulverisierten Gewürzen üblich sind, aufgezählt und die Untersuchungsverfahren angegeben. Auch hier werden verschiedene Verfälschungen aufgeführt, Sternanis mit „japanischem Sternanis" (badiane du Japon), Anis mit Schierlings- oder Petersiliensamen, Zimt mit fremden Pulvern (Holzmehl, Curcumapulver, Rindenpulver, Mineralien), Ingwer mit Stärkeabfällen, Leinsamenpulver, Mineralpulver; Nelken extrahierte, mit Stielen versetzte, Senfmehl mit Stärkezusatz; Muskatnüsse mit Stärkemehl, Bruchstücken, Leinsamenmehl usw. Piment mit Getreidetrümmern, Sandelholzpulver, Curcumapulver; Pfeffer mit Galangapulver und anderen wertlosen Pulvern vermischt. Bei Pfeffer und Safran sind chemische Untersuchungsmethoden angeführt, auch für Vanille ist eine Vorschrift zur Erkennung von Verfälschungen gegeben. Grenzzahlen sind in der Verordnung nicht aufgestellt. Vgl. auch das Gutachten des Conseil supérieur d'Hygiène publique de France, betreffend die Verwendung bleihaltiger Kapseln für Senf u. a. essighaltige Erzeugnisse, vom 3. Juli 1911[4].

6. Italien.

In Italien bestehen für Gewürze keine besonderen gesetzlichen Bestimmungen. Vgl. Gesetz, betreffend die Gesundheitspflege und den öffentlichen Gesundheitsdienst vom 22. Dezember 1888[5]. Art. 115d und e.

7. Jugoslawien.

Zum Jugoslawischen Lebensmittelgesetz (vom 8. Februar 1930)[6] sind am 3. Juni 1930 Ausführungsbestimmungen erlassen, die in Art. 157—164[7] die Gewürze betreffen. Es ist ausgeführt, daß die für Genußzwecke in den Verkehr kommenden Gewürze nicht verdorben, in gemahlenem oder natürlichem Zustand nicht verfälscht, nicht mit Beschwerungsmitteln oder Farben oder

---

[1] Reichsgesundh.-Bl. 1929, S. 327.
[2] Veröffentl. Reichsgesundh.-Amt 1907, S. 659.
[3] Veröffentl. Reichsgesundh.-Amt 1908, S. 1229.
[4] Ann. Falsif. 1911, S. 543. — Veröffentl. Reichsgesundh.-Amt 1912, S. 401.
[5] Veröffentl. Reichsgesundh.-Amt 1901, S. 791.
[6] Siehe Bd. I, S. 1338. [7] Reichsgesundh.-Bl. 1932, S. 536.

Ersatzstoffen vermischt sein dürfen; besonders erwähnt ist die Fälschung von Zimt mit extrahiertem Zimt. Den Vorschriften nicht entsprechende Waren sind zu beschlagnahmen und zu vernichten. Rechnungen müssen vom Händler aufbewahrt und auf Forderung der Behörde vorgelegt werden.

8. Niederlande.

Für die Gewürze kommt in Betracht die Gewürzverordnung, Spezereienverordnung vom 19. Mai 1924[1], eine Verordnung zu Art. 14 und 15 des Warengesetzes vom 19. September 1919[2]. Nach dieser Verordnung sind Gewürze Teile von Pflanzen, die aromatisch schmecken und riechen oder einen scharfen Geschmack besitzen und Eßwaren und Getränken zugesetzt werden. Für die einzelnen Gewürze gelten die Bestimmungen der nachstehenden Tabelle:

	Mindestgehalt an ätherischem Öl in %	Aschegehalt %	Sandgehalt %	Besonderes %
Anis	2	10	—	
Macis	4	3	0,5	
Ingwer	—	8	3	
Ceylonzimt	1,5	5	2	
Zimt	1	8	2	
Kümmel	2	6	—	
Nelken	12	8	1	
Senfsamen	—	5	1,5	
Senfmehl	—	5	1	
Muskatnuß	25 ätherischer Extrakt	4,5	1	höchstens 15% wurmstichige Nüsse
Pfeffer, schwarz . . .	6 desgl.	7	2	weniger als 17% Rohfaser
Pfeffer, weiß.	6 desgl.	4	1	(weniger als 17% Rohfaser)
Piment	2	6	1	
Safran	—	8	1	0,2% Griffel
Vanille	—	6	—	nur geringe Menge Piperonal
Fenchel	3	11	—	
Allerlei Gewürz . . .	—	7	2	

Senf (Tafelsenf) mit Essig, Molken, Wasser, Salz, Gewürz und Zucker hergestelltes Gemisch wird zu den Gewürzen gerechnet. Kochsalzfreie Asche der Trockenmasse darf höchstens 8%, der Sandgehalt 1% betragen. Kochsalzgehalt muß weniger als 15% des Trockenstoffs, der Wassergehalt unter 74% sein. Zusatz von reiner Schwefelsäure (weniger als 1,5%) oder Salicylsäure oder Benzoesäure (von diesen 250 mg auf 1 kg Senf), auch Färbung mit unschädlichem Farbstoff ist gestattet. Gewürze dürfen nicht verfälscht, nachgemacht oder verdorben, durch Insekten angefressen oder verunreinigt sein. Aufschriften müssen dem Inhalt entsprechen. Gewürze, die der Verordnung nicht genügen, müssen als „Gewerbe-. . . .“, „Industrie-. . . .“ (z. B. Gewerbezimt, Industriekaneel) bezeichnet sein und außerdem die Aufschrift tragen „nicht zum menschlichen Gebrauch bestimmt“. Vgl. auch die Kgl. Verordnung über Ergänzung verschiedener Verordnungen vom 31. Juli 1926[3].

9. Norwegen.

Besondere Bestimmungen für Gewürze sind nicht erlassen.

10. Schweden.

Bestimmungen über Gewürze sind bisher nicht bekannt.

---

[1] Veröffentl. Reichsgesundh.-Amt 1928, S. 564.
[2] Bd. I, S. 1340 (Veröffentl. Reichsgesundh.-Amt 1920, S. 70).
[3] Reichsgesundh.-Bl. 1928, S. 564.

11. Schweiz.

Allgemeine Bestimmungen über Gewürze sind in den Art. 231—235 der Verordnung, betreffend den Verkehr mit Lebensmitteln und Gebrauchsgegenständen, vom 23. Februar 1926[1] enthalten, danach sind Gewürze und Mischungen von ihnen genau zu bezeichnen (nicht mit allgemeinen Sammelnamen, wie z. B. Birnbrotgewürz), extrahierte Ware ist im Verkehr nicht zulässig, Verunreinigungen dürfen nur in geringer Menge vorhanden sein. Auf den Packungen ist außer der vorschriftsmäßigen Sachbezeichnung die Firma des Lieferanten oder Verkäufers anzugeben. Vanillinzucker ist eine Mischung von Zucker und Vanillin (Mindestgehalt 2% Vanillin, Fehlergrenze höchstens 0,2% bei gelagerter Ware); anzugeben ist das Herstellungsdatum. Vanillezucker muß 10% Vanille enthalten. Ersatzmittel für Vanille- und Vanillinzucker müssen als solche kenntlich gemacht sein. Tafelsenf (Mischung von Senfpulver mit Essig, Wein oder Wasser, bisweilen mit Kochsalz, Zucker und Aromastoffen) darf auf Trockensubstanz berechnet 10% Reismehl enthalten, Färbung ist gestattet, desgleichen 100 mg SO_2 auf 1 kg. Bei Gewürzersatzmitteln, deren Mischung mit Gewürzen verboten ist, müssen die verwendeten Rohstoffe sowie die Firma des Herstellers oder Verkäufers aus der Aufschrift ersichtlich sein.

12. Spanien.

Der Verkehr mit Gewürzen ist geregelt durch die Kgl. Verordnung, betreffend die Verhütung der Verfälschung von Nahrungsmitteln, vom 22. Dezember 1908, abgeändert durch die kgl. Verordnung über Anforderungen an Lebensmitteln, sowie an die zugehörigen Papiere, Geräte und Gefäße, vom 17. September 1920 mit Ergänzungen vom 26. April und 5. September 1922 und 25. Januar und 7. August 1923[2]. Vgl. auch Kgl. Verordnung über die Untersuchung des zur Ausfuhr bestimmten Safran, vom 31. März 1928[3].

Es sind nur wenige Gewürze aufgeführt. Safran (azafrán) darf nur eine sehr kleine Menge Griffel enthalten. Spanischer Pfeffer (pimentón) soll enthalten höchstens 14% Wasser, 8% Asche, 15% ätherisches Extrakt, 20% Cellulose. Gewürznelken sollen 10—16% ätherisches Öl und höchstens 7% Asche enthalten. Im schwarzen Pfeffer (pimienta negra) soll der Höchstgehalt an Asche 7%, an Cellulose 35%, an alkoholischem Extrakt 18%, an Wasser 12 bis 14% betragen. Weißer Pfeffer soll höchstens 3,5% Asche, 7% Cellulose, 13% alkoholisches Extrakt und Wasser höchstens 14% enthalten. Senf (mostaza) Mischung aus schwarzem oder weißem Senfmehl mit Essig oder Weißwein und mit Zusatz von Salz, Zucker, Gewürzen. Gepulverter Senf soll 1—2% Öl und höchstens 5% Asche enthalten. Zimt (canela) soll höchstens 5% Asche, 18% alkoholisches Extrakt und mindestens 1% ätherisches Öl enthalten.

13. Vereinigte Staaten von Amerika.

Die ausführlichsten Vorschriften über Gewürze sind in der Bekanntmachung des Secretary of Agriculture über Begriffsbestimmungen und Festsetzungen für Lebensmittel vom 15. November 1928[4] enthalten.

Außer den Gewürzen kommen die Aromastoffe in Betracht, ätherische Öle, alkoholische Auszüge oder Lösungen mit oder ohne natürlichen Farbstoffgehalt aus den verwendeten Pflanzenteilen. Die ätherischen Öle sind zumeist ohne besondere Bestimmungen aufgezählt Zimtöl, Ceylonzimtöl, Nelkenöl müssen bleifrei sein, Zimtöl muß 80%, Ceylonzimtöl 65% Zimtaldehyd enthalten, der

[1] Reichsgesundh.-Bl. 1928, S. 564.
[2] Veröffentl. Reichsgesundh.-Amt 1925, S. 502.
[3] Reichsgesundh.-Bl. 1928, S. 492.
[4] Reichsgesundh.-Bl. 1929, S. 432.

Gehalt an Eugenol soll nicht höher als 10% sein. Citronenöl soll im 100 mm-Rohr bei 25° eine Spez. Drehung von + 60° zeigen und 4% Citral enthalten, Pomeranzenöl eine Drehung von + 95°, Pfefferminzöl muß 50% Menthol enthalten.

Gewürz	Aschegehalt in %	In Salzsäure unlösliche Stoffe %	In Salzsäure lösliche Stoffe %	Rohfaser %	Ätherextrakt flüchtig %	Ätherextrakt nicht flüchtig %	Weitere Forderungen
Piment (Nelkenpfeffer)	6	0,4	—	25	—	—	Mindestens 8% Gerbsäure
Anis	9	1,5	—	—	—	—	—
Kümmel	8	1,5	—	—	—	—	—
Kardamom	8	3	—	—	—	—	—
Roter Pfeffer	8	1	—	—	—	—	—
Cayennepfeffer	8	1,25	—	23	—	15	Stärke höchstens 1,5%
Paprika	8,5	1	—	—	—	—	Jodzahl des Öles 125—136
Ungarischer Rosenpaprika	6	0,4	—	23	—	18	—
Ungarischer Königspaprika	6,5	0,5	—	23	—	18	—
Spanischer Paprika	8,5	1	—	—	—	18	—
Selleriesamen	10	2	—	—	—	—	—
Zimt, gemahlen	5	2	—	—	—	—	—
Gewürznelken	7	0,5	—	10	15	—	Höchstens 5% Blütenknospen, mindestens 12% Gerbsäure
Coriander	7	1,5	—	—	—	—	—
Kümmelsamen (Cuminum cyminum)	9,5	1,5	—	—	—	—	—
Dillsamen	10	3	—	—	—	—	—
Fenchel	9	2	—	—	—	—	—
Ingwer	7	—	2	8	—	—	42% Stärke, 1% CaO, mindestens 12% in kaltem Wasser lösliche Stoffe
Jamaikaingwer	10	—	2	8	—	—	15% in kaltem Wasser lösliche Stoffe, sonst wie Ingwer
Kalkingwer	10	—	2	8	—	—	Höchstens 4% $CaCO_3$, sonst wie Ingwer
Macis	3	0,5	—	10	—	20—30	—
Majoran	16	4,5	—	—	—	—	Höchstens 10% Stengel und Fremdbestandteile
Senf, weiß	5	1,5	—	—	—	—	—
Senf, schwarz	5	1,5	—	—	0,6	—	—
Senfmehl	6	—	—	—	—	—	Höchstens 1,5% Stärke
Zubereiteter Senf	—	—	—	12	—	—	Mindestens 5,6% N, hierbei Kohlenhydrate als „Stärke" zu berechnen
Muskatnuß	5	0,5	—	10	—	25	—
Pfeffer, schwarz	7	1,5	—	—	—	6,75	30% Stärke
Pfeffer, weiß	3,5	0,3	—	5	—	7	52% Stärke
Safran	7,5	1	—	—	—	—	14% bei 100° flüchtige Stoffe 10% Griffel und Fremdstoffe
Salbei	—	—	—	—	—	—	12% Stengel
Sternanis	5	—	—	—	—	—	—
Thymian	14	4	—	—	—	—	—

Die Auszüge sollen bestimmte Mindestgehalte an ätherischen Ölen aufweisen und aus den Pflanzenteilen durch Ausziehen oder aus ätherischen Ölen durch Lösen in Alkohol gewonnen sein. Vorgeschrieben ist für Mandelauszug 1% blausäurefreies Bittermandelöl (Handelsbittermandelöl kann auch aus Aprikosen-, Pfirsichkernen und bitteren Mandeln hergestellt sein). Anisauszug muß

3%, Selleriesamenauszug 0,3%, Zimtauszug 2%, Ceylonzimtauszug 2%, Nelkenextrakt 2%, Citronenauszug 5%, Pomeranzenauszug 5%, Pfefferminzauszug 3%, Rosenauszug 0,4%, Bohnenkrautauszug 0,35%, Minzeauszug 3%, Sternanisauszug 3%, süßer Basilienauszug 0,1%, süßer Majoranauszug 1%, Thymianauszug 0,2%, Wintergrünauszug 3% ätherisches Öl enthalten. Ingwerauszug muß in 100 ccm Alkohol die löslichen Stoffe von 20 g Ingwer, Vanilleauszug die löslichen Stoffe von 10 g Vanille enthalten, Tonkaauszug muß ohne Zucker und ohne Glycerin hergestellt sein und 0,1% Cumarin enthalten.

Kochsalz.

Vorschriften über Kochsalz gibt es nur in wenigen Ländern. In Österreich ist das Kochsalz Gegenstand eines Staatlichen Monopols. Die Gewinnung von Kochsalz oder Salz schlechthin kann durch Salinenbetrieb, durch bergmännischen Abbau oder durch Verdunsten von Meerwasser erfolgen. Sein Geschmack muß einwandfrei sein, das Salz darf keine fremden, gesundheitsschädlichen oder ekelerregenden Stoffe enthalten. Der Gehalt an Wasser soll höchstens 7%, der Gehalt an NaCl 94% der Trockensubstanz betragen. Giftige Metallverbindungen und Denaturierungsmittel sind zu beanstanden. Sonderbestimmungen für Kochsalz sind noch erlassen von Spanien[1], wo vorgeschrieben ist, daß Kochsalz ohne bemerkbaren Rückstand sich in Wasser lösen soll und daß nicht mehr als 8% Wasser und nicht mehr als 1% Kalksalze in Form von Sulfat und Magnesiumsalze (als Chloride berechnet) enthalten sein dürfen. Die Schweiz gibt in ihrer Verordnung, betreffend den Verkehr mit Lebensmitteln und Gebrauchsgegenständen, vom 23. Februar 1926[2] nur Begriffsbestimmungen über Kochsalz und Tafelsalz (Art. 236). Die Vereinigten Staaten von Amerika schreiben vor, daß Tafelsalz, Molkereisalz, feingemahlenes krystallisiertes Speisesalz, höchstens 1,4% Calciumsulfat in der Trockensubstanz, 0,5% Calcium- und Magnesiumchlorid und höchstens 0,1% in Wasser unlösliche Stoffe, enthalten darf. Wasserfreies Calciumsulfat (Anhydrit) darf mehr als 0,1% vorhanden sein, vorausgesetzt, daß der Gesamtgehalt an Calciumsulfat 1,4% nicht übersteigt.

[1] Kgl. Verordnung vom 17. September 1920 mit verschiedenen Ergänzungen. Siehe Veröffentl. Reichsgesundh.-Amt 1925, S. 502.
[2] Reichsgesundh.-Bl. 1927, S. 100.

Sachverzeichnis.

Druck der Universitätsdruckerei H. Stürtz A.G., Würzburg.